電腦網路：開放源碼導向
Computer Networks: An Open Source Approach

Ying-Dar Lin
National Chiao Tung University

Ren-Hung Hwang
National Chung Cheng University

Fred Baker
Cisco Systems, Inc.

著

林盈達、黃仁竑
審閱

王志強
譯

McGraw Hill Education

國家圖書館出版品預行編目資料

電腦網路：開放源碼導向 / Ying-Dar Lin, Ren-Hung Hwang, Fred Baker 著；王志強譯. -- 初版. -- 臺北市：麥格羅希爾, 2013.10
　　面；　公分. -- (資訊科學叢書；CI017)
譯自：Computer networks : an open source approach
ISBN 978-986-157-872-9(平裝)

1.電腦網路

312.16　　　　　　　　　　　101010749

資訊科學叢書 CI017

電腦網路：開放源碼導向

作　　　者	Ying-Dar Lin, Ren-Hung Hwang, Fred Baker
譯　　　者	王志強
執 行 編 輯	胡天慈
特 約 編 輯	張文惠
企 劃 編 輯	李本鈞
業 務 行 銷	李本鈞 陳佩狄
業 務 副 理	黃永傑
出 版 者	美商麥格羅・希爾國際股份有限公司台灣分公司
地　　　址	台北市 10044 中正區博愛路 53 號 7 樓
網　　　址	http://www.mcgraw-hill.com.tw
讀 者 服 務	E-mail: tw_edu_service@mheducation.com
	TEL: (02) 2311-3000　　FAX: (02) 2388-8822
法 律 顧 問	惇安法律事務所盧偉銘律師、蔡嘉政律師
總經銷(台灣)	臺灣東華書局股份有限公司
地　　　址	10045 台北市重慶南路一段 147 號 3 樓
	TEL: (02) 2311-4027　　FAX: (02) 2311-6615
	郵撥帳號：00064813
網　　　址	http://www.tunghua.com.tw
門 市 一	10045 台北市重慶南路一段 77 號 1 樓　TEL: (02) 2371-9311
門 市 二	10045 台北市重慶南路一段 147 號 1 樓 TEL: (02) 2382-1762
出 版 日 期	2013 年 10 月（初版一刷）

Traditional Chinese Abridge Copyright © 2013 by McGraw-Hill International Enterprises, LLC., Taiwan Branch
Original title: Computer Networks: An Open Source Approach　　ISBN: 978-0-07-337624-0
Original title copyright © 2012 by McGraw-Hill Education
All rights reserved.

ISBN：978-986-157-872-9

※著作權所有，侵害必究。如有缺頁破損、裝訂錯誤，請寄回退換

尊重智慧財產權！

本著作受銷售地著作權法令暨國際著作權公約之保護，如有非法重製行為，將依法追究一切相關法律責任。

作者簡介

林盈達（Ying-Dar Lin）

林盈達教授目前任職於交通大學資訊工程系。他於 1993 年取得 UCLA 電腦科學博士學位，在 2007 年及 2010 年分別擔任思科（Cisco）訪問學者及電信技術中心執行長各一年；並在 2002 年創立網路測試中心 NBL（Network Benchmarking Lab, www.nbl.org.tw）且擔任主任至今，該中心近年以真實流量測試網通產品。他於 2011 年再新創嵌入式測試中心 EBL（Embedded Benchmarking Lab, www.ebl.org.tw），將範圍延伸至手機與平板等手持設備。他的研究領域涵蓋網路協定設計、實作、分析與測試，近年以網路安全、無線通訊及嵌入式軟硬體效能為主軸，其 multi-hop cellular 論文被引用次數超過 500 次。他目前擔任約十個國際期刊之編輯，包括 IEEE Transactions on Computers、IEEE Network、IEEE Computer、IEEE Communications Magazine—Network Testing Series、IEEE Communications Surveys and Tutorials、IEEE Communications Letters、Computer Communications、Computer Networks、IEICE Transactions on Information and Systems。

黃仁竑（Ren-Hung Hwang）

黃仁竑教授為國立中正大學資工系特聘教授。他於 1993 年取得美國麻州大學電腦科學博士，並曾於 2001 年及 2005 年分別擔任美國明尼蘇達大學及華盛頓大學訪問學者。黃教授已發表超過 150 篇之國際期刊與會議論文，他的研究領域涵蓋無所不在計算（ubiquitous computing）、同儕網路、新世代無線行動網路及數位學習。他曾擔任 2009 年 ISPAN 國際會議的議程主席及 2011 年 UIC 國際會議的議程副主席，亦擔任 Journal of Information Science and Engineering 編輯委員。黃教授曾獲得中正大學教學優良獎、教育部通訊科技教育改進計畫教材編撰佳作、優等及特優獎、資通訊教改計畫教材編撰優等獎、台灣學術網路數位學習傑出貢獻人員獎。他目前也擔任台灣網路資訊中心 IP 位址及網路協定委員、中華工程教育學會工程教育認證規範與程序委員及資訊教育認證執行委員、高等教育評鑑中心評鑑委員、經濟部 SBIR 計畫資通領域之審查委員等職務。

Fred Baker

Fred Baker 自從 1970 年代末期便活躍於網路和通訊業界,先後服務於 CDC、Vitalink 和 ACC 等企業。他目前擔任思科系統的院士一職。他從 1996 年到 2001 年擔任 IETF 主席。他也擔任過許多 IETF 工作小組的主席,其中包括 Bridge MIB、DS1/DS3 MIB、ISDN MIB、PPP Extensions、IEPREP 和 IPv6 Operations;並在 1996 年到 2002 年期間任職於網際網路結構協會。他已經與人合著或編輯過大約 40 份的 RFC,並且對其他 RFC 也有貢獻。其涵蓋的主題包括網路管理、OSPF 和 RIPv2 路由、服務品質(使用整合服務和差別服務之模型)、合法截取、網際網路上基於優先權的服務等等。此外,他從 2002 年到 2006 年這段期間中擔任網際網路協會的理事會成員以及主席。他也是美國聯邦通訊委員會的技術顧問委員會的前任成員。他目前擔任 IETF 的 IPv6 Operations 工作小組的共同主席,而且也是 IETF 行政監督委員會的成員。

譯者序

　　由於電腦網路和一般大眾的日常生活緊密結合在一起，目前國內外大學的電腦相關科系早已把電腦網路列為必修的課程。我在求學過程中也不例外──不但修過這門課，而且還閱讀過許多經典的電腦網路教科書。在這些教科書之中，有些是以描寫通訊協定標準作為主軸，有些著重於網路應用方面，而有些則採用系統觀點。對於當時身為學生的我而言，這些教科書美中不足之處在於缺乏了實際運作的程式碼範例，讀者難以學習如何落實做出相關軟體。本書恰好彌補了電腦網路教科書在實作方面的空缺，並且結合網際網路技術原理和 Linux 作業系統的開放源碼實作範例，藉此讓讀者能把理論與實作融會貫通。這本書是我讀過最詳盡又最貼近實作的電腦網路教科書，其內容編排明確且陳述分明，因此我願將這本書介紹給有志於電腦網路的廣大中文讀者。

　　關於本書的內容與特色，原作前言已有說明，無須贅述。在此，我想以一位學界讀者的觀點來談談讀完本書後粗淺感受。本書作者林盈達教授和黃仁竑教授乃當今電腦網路學界治學嚴謹且著作豐富的著名學者，而 Fred Baker 先生更是網路和通訊業界的泰山北斗。由於目前電腦網路教材內容陳舊、重理論卻輕實踐的現象嚴重，因此諸位教授不辭辛勞，以 Linux 系統開放源碼為例，對電腦網路的教材進行理論與實作的整合。本書的每一章除了論述電腦網路的設計之外，還附有許多補充教材，包含原理應用、歷史演進、效能專欄，以及開放源碼之實作等。此外，書中還附有書寫練習題和動手實作練習題，以及介紹 Linux 系統開發工具和網路實用工具的附錄。這些扎實的內容，佐以 Linux 工具的輔助，讓讀者能夠很容易地把電腦網路理論活用在實作，所以本書實為學習電腦網路的最佳入門指南。

　　諸位教授論年資比我高出一輩，論學識更比我造詣深厚。因此我在翻譯此書時，無不力求完美以報賞識之情。限於個人翻譯功力以及經驗不足，錯誤在所難免，望讀者不吝批評與指正。

王志強　謹識

2012 年 5 月 28 日

前言

網路課程的趨勢

電腦網路科技已經歷了數個世代的演進,而其中許多的技術早已失敗或式微,但其中也有一些於現今脫穎而出。目前看來,以 TCP/IP 為主的網際網路技術主導了此一領域。因此,一個很明顯的編排網路課程的趨勢是將主題圍繞在 TCP/IP,再增列一些較低層的鏈結層技術與許多較高層的網路應用,並且捨棄詳述已沒落的技術,也許僅解釋這些技術沒落的背後原因。

電腦網路領域所使用的教科書也同樣經過了數次的革新,從傳統式枯燥的對通訊協定的描述,到以應用為主、由上而下和由系統觀點出發的教法。目前的趨勢是除了解釋協定如何運作之外,還有更多解釋其運作行為的背後原因,讓讀者能進一步理解各種協定設計的箇中奧妙。而此一演進仍然持續地進行中。

設計與實作之間的落差

另一個明顯的趨勢則是在通訊協定的描述裡加入一些實作的風味。其他教科書的讀者可能不曉得通訊協定設計要在何處執行及如何被執行。最終結果是當這些讀者在從事研究之時,會傾向於採用模擬其設計的方法來做效能評估,而不是用實際的指標軟體來測試實作成品。當這些讀者加入業界,他們可能需要從頭開始學習實作的環境、技術及相關問題。顯然,學生從這些教科書所學得的知識和技術之間存有落差,但是可以藉助實際運作且簡單易懂的開放源碼範例來彌補這種落差。

開放源碼之導向方式

幾乎所有目前使用中的通訊協定,都有針對 Linux 作業系統及許多開放源碼的軟體套件的實作。Linux 與開放源碼的社群已經發展到一個龐大的規模,並且將會持續盛行。然而,這些社群所擁有的充沛資源尚未被資訊工程領域(特別是在電腦網路領域)的正規教科書所利用。我們預期將會有一股新的潮流,即有些課程教科書可以利用這些資源來填補專業領域知識與動手技能兩者之間的落差。這些課程包括作業系統(附有行程管理、記憶體管理、檔案系統、I/O 管理等 Linux 系統核心之實作範例)、計算機組織(附有處理器、記憶體單元、I/O 裝置控制器等 www.opencores.org 網站的 Verilog 程式碼範例)、演算法(附有經典演算法的 GNU 程式

vii

庫範例）及電腦網路（附有通訊協定之實作的開放源碼範例）。本書或許可被證明是最早採行此一潮流的先行者。

我們的開放源碼之導向方式，交織穿插著通訊協定的行為描述以及從開放源碼套裝軟體所摘錄的生動實作範例，藉此彌補了前述所提的落差。這些範例皆有明確的編號，舉例來說，開放源碼之實作 3.4。本書亦提供可以下載這些真實範例的完整程式的網站出處。舉例來說，緊接著在解釋「路由表查詢」的「最長字首比對」的概念之後，我們馬上說明路由表的結構是如何組織而成（乃是一組根據字首長度所整理出的雜湊函數表構成的有序陣列），以及如何在 Linux 核心裡製作出該比對演算法（即是最先比對成功，因為比對流程始於有最長字首的雜湊函數表）。這可以讓授課教師輕鬆地講授路由表查詢的設計與實作，同時又能給學生出一些扎實的動手實作計畫。比方說，描繪出路由表查詢的瓶頸，或是修改雜湊函數表之實作。我們的論點是，此交織鋪敘之法遠比單獨開另一門實作課程或用另一本教科書的分拆法來得好。中等程度的學生更會因此受益最多，因為該法將設計與實作緊密結合在一起，而且大多數的學生不太可能再另修一門單獨的網路實作課程。如果使用其他版的教科書，授課教師、教學助理及學生都需要付出額外的心力來彌補設計與實作之間的極大落差；而這正是長期受到忽略、甚至在大多數情況下完全沒有被涉及到的領域。

在描述通訊協定的內容裡穿插有 42 個具代表性的開放源碼之實作，其範圍從影音編／解碼器、數據機、CRC32、CSMA/CD、密碼等 Verilog 或 VHDL 程式碼，到介面卡驅動程式、PPP 守護行程和驅動程式、最長字首比對、IP/TCP/UDP 校和、NAT、RIP/OSPF/BGP 路由守護行程、TCP 的慢速啟動和壅塞避免、插槽、支援 DNS、FTP、SMTP、POP3、SNMP、HTTP、SIP、影音串流、P2P 等熱門軟體套件的 C 程式碼。每個開放源碼實作之後和每一章節之後附有動手實作練習，可進一步強化讀者的系統意識，而從這些練習中，讀者可學習到如何執行、搜尋、追蹤、描繪及修改特定核心程式碼片段、驅動程式或守護程式的源碼。可以預期的是，具有這種系統意識、動手技能及通訊協定專業領域之知識的學生將有能力做出更多完善的學術研究工作，或是扎實的產業界研發工作。

「為何」比「如何」更重要

本書是以邏輯論證的思維來寫成，其觀點為通訊協定之設計的背後原因比通訊協定如何運作要來得更重要。許多關鍵概念和基層原理，會在解釋機制和通訊協定如何運作之前，先被說明清楚。它們包括無狀態、控制層面、資料層面、路由和交換、碰撞和廣播網域、橋接的擴充性、無分類和分類路由、位址轉換和配置、轉發和路由之對比、窗框流量控制、RTT 之估計、公認連接埠和動態連接埠、疊代和並行伺服器、ASCII 應用協定訊息、變動長度和固定欄位協定訊息之對比、通透式代理伺服器，以及許多其他技術。

知識上的誤解和正確的理解其實是同等重要的，故值得用特殊的處理方式來辨識它們。我們在每章開頭安排了「一般性議題」，以引導出基礎問題。透過「原理應用」、「歷史演進」、「效能專欄」等補充教材來彰顯關鍵性原理、技術演進的歷史、效能數據等主題。最後，在每章之末則有「常見誤解」（用來釐清讀者群的常見誤解）、「進階閱讀」、「常見問題」（讓讀者得以預習和複習），以及一系列的「動手實作題」和「書面練習題」。

幫助讀者準備好所需的技術

不論讀者是否為熟習 Linux 系統的授課者或學生，皆可採用本教科書。在授課所用的各章內容之外，本書的附錄 B、C 和 D 涵蓋了 Linux 相關的動手技能。這三章附錄可賦予讀者足夠的動手實作技能，其包含了 Linux 系統核心之總覽（附有追蹤程式碼之教學）、開發工具（`vim`, `gcc`, `make`, `gdb`, `ddd`, `kgdb`, `cscope`, `cvs/svn`, `gprof/kernprof`, `busybox`, `buildroot`）及網路實用工具（`host`, `arp`, `ifconfig`, `ping`, `traceroute`, `tcpdump`, `wireshark`, `netstat`, `ttcp`, `webbench`, `ns`, `nist-net`, `nessus`）。除此之外，附錄 A 有一整個小節向讀者介紹開放源碼資源。在第 1 章尚有一小節談論「封包的一生之旅」，藉此生動地描繪出本書內容的路線圖。

降低採用開放源碼的技術門檻也是本書考慮的重點之一。與其僅僅列出程式碼再加以解釋，我們將它組織成總覽、方塊流程圖、資料結構、演算法之實作和練習題，這讓授課老師和學生可輕鬆地採用開放源碼。

教學特點和輔助教材

近期出版的教科書通常具有一些豐富的特色和課程輔助教材來幫助讀者和授課教師。我們提供的功能和課程輔助教材摘要如下：

1. 42 個有明確編號的關鍵協定和機制的「開放源碼之實作」[1]。
2. 4 章附錄，其主題分別為網際網路和開放源碼社群裡誰是誰、Linux 系統核心之總覽、開發工具、網路實用工具。
3. 從「為何」、「何處」及「如何」這三點來邏輯論述協定的設計與實作。
4. 在每章的開始就引導出重大問題，以激勵讀者對一般性議題之學習動機。

---

[1] 本書的英文版共有 56 個「開放源碼之實作」，本版中譯書並未收錄第 7 章和第 8 章之內容。

5. 「封包的一生之旅」從伺服器和路由器的角度，說明本書的內容路線圖以及如何追蹤程式碼裡的封包行進流程。
6. 置於每章之末的「常見誤解」指出了常見的錯誤理解。
7. 除了「書面練習題」之外，尚附有基於 Linux 系統的「動手實作練習」。
8. 總共 59 個補充教材[2]，涵括「歷史演進」、「原理應用」和「效能相關」，藉此凸顯相關技術的演進、原理和效能數據。
9. 每章結尾的「常見問題」可幫助讀者辨識出需回答之關鍵問題，並充當每章的課後複習。
10. 線上資源網站（www.mhhe.com/lin）提供完整的課程輔助教材，包含授課用投影片、解答手冊，以及試題樣本。

讀者和課程之路線圖

本書是資訊工程系或電機工程系大學部四年級或研究所一年級所使用的電腦網路教科書。資料通訊業界的專業工程師也可使用本書。就大學部課程而言，我們建議授課老師涵蓋第 1 章至第 6 章即可。對於同時教授大學部和研究所課程的授課者，有兩種的授課方法，分別為給研究所課程指派較重的動手實作作業和額外的閱讀作業。無論是大學部或研究所，授課者都可以在課程開始的前三個星期內指派學生自主學習附錄裡的內容，以便學生能熟悉 Linux 系統和 Linux 的開發和實用工具。該熟悉度可藉由動手實作測驗或練習題來檢驗。在各章的授課過程裡，書面和動手實作練習題兩者皆可指派給學生當作業來加強他們的知識和技能。

本書章節之安排如下：

- 第 1 章幫助讀者準備好關於電腦連網的條件和原理等足夠的背景知識，然後提出鑒於基礎原理並且滿足連網條件的網際網路解決方案。網際網路的設計理念，例如無狀態、非連接式、終端至終端等論點，將會被一一說明。經由這個過程，我們引導出包含連接性、擴充性、資源分享、資料層面和控制層面、封包交換和電路交換、延遲時間、處理量、頻寬、負載、遺失、抖動、標準和協同運作能力、路由和交換等關鍵概念。接下來，我們用 Linux 作為網際網路解決方案的例子來說明在何處且如何將網際網路結構和協定實作成晶片、驅動程式、系統核心及守護行程。最後以有趣的「封包的一生之旅」描繪出本書的內容路線圖，並以此作為本章之總結。

---

[2] 本書的英文版共有 69 個補充教材，本版中譯書並未收錄第 7 章和第 8 章之內容。

- 第 2 章提供一個精要的實體層的處理方式。首先建立了關於類比和數位信號、有線和無線傳輸媒介、編碼、調變及多工傳輸等概念上的背景知識,然後涵蓋了編碼、調變及多工傳輸方面的經典技術和標準。有 2 個開放源碼之實作穿插於本章,用來說明如何以硬體製作出使用 8B/10B 編碼法的乙太網路 PHY,以及使用 OFDM 的 WLAN PHY。
- 第 3 章介紹三種主流的鏈結技術:PPP、乙太網路及 WLAN。藍牙和 WiMAX 也會被簡介。接下來介紹的是利用第二層橋接而實現的區域網路互連。最後,我們詳細敘述負責傳送封包到網路介面卡和由該處接收封包的適配器驅動程式。本章有 10 個開放源碼之實作,包含 CRC32 和乙太網路 MAC 之硬體設計。
- 第 4 章討論 IP 層的資料層面和控制層面。資料層面包括 IP 轉發過程、路由表查詢、校驗和、封包分割、NAT 及具爭議性的 IPv6,而控制層面則包含了位址管理、錯誤回報、單點傳播路由及多點傳播路由。路由協定和演算法兩者皆會被詳細介紹。本章共計有 12 個開放源碼之實作穿插其中,用來說明如何實作出這些設計。
- 第 5 章則上移至傳輸層,涵蓋了終端至終端或主機至主機之議題。UDP 和 TCP 兩者皆會被詳細介紹,尤其是其設計理念、行為及 TCP 的各種版本。然後會介紹用於即時多媒體傳輸的 RTP。接下來的一個小節則用來講解插槽的設計和實作,其中封包會被拷貝在核心空間和使用者空間之間。本章含有 10 個開放源碼之實作。
- 第 6 章涵蓋了傳統的網路應用,其包含有 DNS、Mail、FTP、Web、SNMP,及包含 VoIP、影音串流、P2P 等新的應用。共計有 8 個實作這些應用的開放源軟體套件將會被討論。

致謝

　　本書的草稿經歷過數次的更新和修訂。在這個過程中,有許多朋友直接或間接地做出了貢獻。首先,在國立交通大學、國立中正大學及思科系統公司的許多實驗室成員和同事,對本書貢獻了想法、範例及程式碼之說明。我們尤其想感謝林柏青、曹世強、林義能、魏煥雲、張本杰、張舜理、賴源正、洪瑞村、鄭紹余、古佳育、陸曉峰、林宗輝等人。如果沒有他們的投入,我們可能無法將如此多的有趣和原創的想法融入到本書之中。我們也要感謝台灣的行政院國家科學委員會、工業技術研究院(ITRI)、友訊科技公司、瑞昱半導體公司、合勤科技公司、思科系統公司,以及英特爾公司於過去數年來支持我們的網路研究。

　　其次,我們想感謝那些幫忙校閱全部或部分草稿的朋友,包括 Amin Vahdat、Mahasweta Sarkar、Fang Liu、Jiang Guo、Oge Marques、Robert Kerbs、Mitchell

Neilsen、Lotzi Boloni、Tricha Anjali 和 Xiao Jiang 等人。也同樣感謝高雄應用科技大學資訊工程系王志強助理教授幫忙修飾草稿文法。

　　最後，要感謝在本書編製過程中大力協助的麥格羅・希爾出版公司的同仁。特別感謝全球出版經理 Raghu Srinivasan、研發編輯 Lorraine Buczek、專案執行經理 Jane Mohr 以及專案經理 Deepti Narwat。他們在本書製作期間提供了非常多的支援與指導。

Ying-Dar Lin
Ren-Hung Hwang
Fred Baker

目錄

Chapter 1

基礎概念　1

1.1　電腦連網的條件　2
 1.1.1　連接性：節點、鏈結、路徑　2
 歷史演進：鏈結技術標準　4
 歷史演進：沒落的 ATM 技術　6
 1.1.2　擴充性：節點的數量　6
 1.1.3　資源分享　8

1.2　基層原理　11
 1.2.1　效能評量　11
 原理應用：資料通訊 vs. 電信通訊　11
 原理應用：Little 的結論　14
 1.2.2　控制層面的操作　16
 1.2.3　資料層面的操作　18
 1.2.4　協同運作能力　22

1.3　網際網路的結構　24
 1.3.1　提供連接性的解決方案　25
 原理應用：飽受挑戰的無狀態之設計原則　26
 1.3.2　提供擴充性的解決方案　28
 1.3.3　提供資源分享的解決方案　30
 1.3.4　控制層面和資料層面的操作　33

1.4　開放源碼的實作　35
 原理應用：網際網路結構的特色　35
 1.4.1　開放 vs. 封閉　36
 1.4.2　Linux 系統的軟體結構　37
 1.4.3　Linux 核心　40
 1.4.4　客戶端和守護行程伺服器　40
 1.4.5　介面驅動程式　41

 1.4.6　裝置控制器　42

1.5　本書內容路線圖：封包的一生之旅　42
 1.5.1　封包的資料結構：sk_buff　43
 1.5.2　封包在網頁伺服器的生涯　44
 效能專欄：伺服器內部從插槽至驅動程式　46
 1.5.3　封包在閘道器的生涯　47
 效能專欄：路由器內部從輸入埠至輸出埠　48
 原理應用：封包在網際網路裡的生涯　49

1.6　總結　50

常見誤解　51

進階閱讀　53

常見問題　56

練習題　58

Chapter 2

實體層　61

2.1　一般性議題　62
 2.1.1　資料和訊號：類比或數位　63
 原理應用：奈奎斯特理論 vs. 夏農理論　64
 2.1.2　傳輸流程和接收流程　67
 2.1.3　傳輸：線路編碼和數位調變　69
 2.1.4　傳輸損耗　70
 歷史演進：軟體定義的無線電　71

xiii

2.2 傳輸媒介 72
    2.2.1 有線傳輸媒介 73
    2.2.2 無線傳輸媒介 76
2.3 資訊編碼和基頻傳輸 78
    2.3.1 信源編碼和頻道編碼 78
    2.3.2 線路編碼 80
2.4 數位調變和多工傳輸 90
    開放源碼之實作 2.1：8B/10B 編碼器 91
    2.4.1 通頻調變 93
    2.4.2 多工傳輸 101
2.5 進階議題 105
    2.5.1 展頻 105
    2.5.2 單一載波 vs. 多重載波 115
    2.5.3 多重輸入多重輸出 118
    開放源碼之實作 2.2：IEEE 802.11a OFDM 傳輸器 121
    歷史演進：手機傳輸之標準 125
    歷史演進：LTE-advanced vs. 802.16m 126
2.6 總結 127
常見誤解 128
進階閱讀 129
常見問題 132
練習題 134

Chapter 3

鏈結層 137

3.1 一般性議題 138
    3.1.1 訊框封裝 139
    3.1.2 定址 142
    3.1.3 錯誤控制和可靠性 143

原理應用：CRC 或校驗和？ 146
原理應用：錯誤矯正碼 146
開放源碼之實作 3.1：校驗和 147
開放源碼之實作 3.2：CRC32 148
    3.1.4 流量控制 149
    3.1.5 媒介存取控制 151
開放源碼之實作 3.3：鏈結層封包流程的函數呼叫圖 152
    3.1.6 橋接 152
    3.1.7 鏈結層的封包流程 152
3.2 點對點協定 155
    3.2.1 高階資料鏈結控制 156
    3.2.2 點對點協定 158
    3.2.3 網際網路協定控制協定 161
開放源碼之實作 3.4：PPP 驅動程式 161
    3.2.4 乙太網路上運行的 PPP 163
3.3 乙太網路（IEEE 802.3）164
    3.3.1 乙太網路的演進：全貌之宏觀 164
    3.3.2 乙太網路的 MAC 167
歷史演進：乙太網路的競爭對手 167
開放源碼之實作 3.5：CSMA/CD 175
    3.3.3 乙太網路領域的精選議題 181
歷史演進：電力線網路：HomePlug 181
歷史演進：骨幹網路：SONET/SDH 和 MPLS 184
歷史演進：最先一哩網路：xDSL 和纜線數據機 185
3.4 無線鏈結 186
    3.4.1 IEEE 802.11 無線區域網路 187
原理應用：為何 WLAN 不採用 CSMA/CD？ 191
開放源碼之實作 3.6：用 NS-2 模擬

IEEE 802.11 MAC　192
3.4.2　藍牙科技　197
歷史演進：藍牙和 IEEE 802.11 之比較　201
3.4.3　WiMAX 技術　202
歷史演進：3G、LTE 和 WiMAX 之比較　206

3.5　橋接　206
3.5.1　自主學習　207
歷史演進：直接穿透 vs. 儲存再轉發　209
開放源碼之實作 3.7：自主學習的網路橋接　210
3.5.2　涵蓋樹協定　212
開放源碼之實作 3.8：涵蓋樹　214
3.5.3　虛擬區域網路　216
原理應用：VLAN vs. 子網　218

3.6　網路介面的裝置驅動程式　221
3.6.1　裝置驅動程式的概念　221
3.6.2　與 Linux 裝置驅動程式的硬體進行通訊　221
開放源碼之實作 3.9：探測 I/O 埠、中斷處理和 DMA　224
開放源碼之實作 3.10：Linux 的網路裝置驅動程式　227
效能專欄：驅動程式裡的中斷和 DMA 處理　230

3.7　總結　231
歷史演進：驅動程式的標準介面　231

常見誤解　232
進階閱讀　235
常見問題　237
練習題　239

Chapter 4

網際網路協定層　243

4.1　一般性議題　244
4.1.1　連接性議題　244
原理應用：橋接器 vs. 路由器　246
4.1.2　擴充性議題　246
4.1.3　資源分享議題　247
4.1.4　IP 層協定和封包流程之總覽　248
開放源碼之實作 4.1：IP 層封包流程的函數呼叫圖　249
效能專欄：IP 層內部的延遲時間　250

4.2　資料層面的通訊協定：網際網路協定　251
4.2.1　網際網路協定第 4 版　252
開放源碼之實作 4.2：IPv4 封包轉發　259
效能專欄：在路由快取和路由表所花費的查詢時間　261
開放源碼之實作 4.3：以組合語言編寫的 IPv4 校驗和　264
開放源碼之實作 4.4：IPv4 封包分割　266
4.2.2　網路位址轉換（NAT）　269
原理應用：各種不同類型的 NAT　271
原理應用：混亂複雜的 NAT 應用層閘道器　273
開放源碼之實作 4.5：NAT　274

4.3　網際網路協定第 6 版　279
效能專欄：NAT 之執行和其他機制所花費的 CPU 時間　279
歷史演進：NAT vs. IPv6　280
4.3.1　IPv6 的標頭格式　280

xv

4.3.2　IPv6 擴充標頭　282
4.3.3　IPv6 裡的封包分割　283
4.3.4　IPv6 位址表示法　284
4.3.5　IPv6 位址空間的分配　284
4.3.6　自動設定　287
4.3.7　從 IPv4 到 IPv6 的轉型　288

4.4　控制層面協定：位址管理　289
4.4.1　位址解析協定　289
開放源碼之實作 4.6：ARP　291
4.4.2　動態主機設定　293
開放源碼之實作 4.7：DHCP　297

4.5　控制層面協定：錯誤回報　299
4.5.1　ICMP 協定　299
開放源碼之實作 4.8：ICMP　302

4.6　控制層面協定：路由　304
4.6.1　路由原理　304
原理應用：最佳路由　307
4.6.2　內部網域路由　318
開放源碼之實作 4.9：RIP　320
開放源碼之實作 4.10：OSPF　329
效能專欄：路由守護行程的計算耗損　331
4.6.3　跨網域路由　332
開放源碼之實作 4.11：BGP　335

4.7　多點傳播路由　336
4.7.1　把複雜性轉移到路由器的身上　336
4.7.2　群組成員資格之管理　338
4.7.3　多點傳播路由協定　340
原理應用：當斯坦納樹有別於最低成本路徑樹　342
4.7.4　跨網域多點傳播　348
原理應用：IP 層多點傳播或應用層多點傳播？　350
開放源碼之實作 4.12：Mrouted　350

4.8　總結　352
常見誤解　353
進階閱讀　355
常見問題　359
練習題　363

Chapter 5

傳輸層　369

5.1　一般性議題　370
5.1.1　節點對節點 vs. 終端對終端　371
5.1.2　錯誤控制和可靠性　372
5.1.3　速率控制：流量控制和壅塞控制　373
5.1.4　標準程式介面　374
5.1.5　傳輸層的封包流程　374
開放源碼之實作 5.1：傳輸層封包流程的函數呼叫圖　375

5.2　不可靠的非連接式傳輸：UDP　377
5.2.1　標頭格式　378
開放源碼之實作 5.2：UDP 校驗和與 TCP 校驗和　379
5.2.3　攜帶單點傳播／多點傳播的即時訊流　381

5.3　可靠的連接導向式傳輸：TCP　381
5.3.1　連接之管理　381
5.3.2　資料傳送的可靠性　386
5.3.3　TCP 流量控制　388
5.3.4　TCP 壅塞控制　392
開放源碼之實作 5.3：TCP 滑窗流量控制　393
歷史演進：眾多 TCP 版本的統計數據　394

開放源碼之實作 5.4：TCP 的緩慢啟動和壅塞避免　397

5.3.5　TCP 標頭之格式　400

原理應用：TCP 壅塞控制之行為　402

5.3.6　TCP 計時器的管理　405

開放源碼之實作 5.5：TCP 重傳計時器　406

開放源碼之實作 5.6：TCP 持續計時器和存活計時器　409

5.3.7　TCP 的效能問題和增強機制　410

歷史演進：NewReno、SACK、FACK、Vegas 的多重封包遺失之恢復機制　417

原理應用：針對有高頻寬延遲積的網路所使用的 TCP　421

5.4　插槽程式介面　422

 5.4.1　插槽　422

 5.4.2　通過 UDP 和 TCP 來綁定應用程式　423

原理應用：SYN 氾濫傳送和 Cookies　425

開放源碼之實作 5.7：插槽的 Read/Write 內部構造之揭露　426

效能專欄：插槽的中斷處理和記憶體拷貝　429

開放源碼之實作 5.8：繞過傳輸層　430

 5.4.3　繞過 UDP 和 TCP　430

開放源碼之實作 5.9：自我設定成混雜模式　433

開放源碼之實作 5.10：Linux 的插槽過濾器　434

5.5　用於即時訊流傳輸的傳輸層協定　436

 5.5.1　即時傳輸所需的條件　436

原理應用：串流傳輸：TCP 或 UDP ？　438

 5.5.2　標準的資料層面通訊協定：RTP　439

 5.5.3　標準的控制層面通訊協定：RTCP　440

歷史演進：可用於 RTP 實作的資源　441

5.6　總結　442

常見誤解　442

進階閱讀　443

常見問題　446

練習題　448

Chapter 6

應用層　453

歷史演進：行動應用　455

6.1　一般性議題　456

 6.1.1　連接埠如何運作　456

 6.1.2　伺服器如何啟動　457

 6.1.3　伺服器之分類　458

 6.1.4　應用層協定之特徵　461

歷史演進：雲端運算　463

6.2　網域名稱系統　464

 6.2.1　導論　464

 6.2.2　網域名稱空間　465

 6.2.3　資源紀錄　467

 6.2.4　名稱解析　469

歷史演進：全球的根 DNS 伺服器　471

開放源碼之實作 6.1：BIND　474

6.3　電子郵件（e-mail）　477

 6.3.1　導論　478

6.3.2 網際網路訊息標準 480
6.3.3 網際網路郵件協定 485
歷史演進：網頁式郵件 vs. 桌面式郵件 492
開放源碼之實作 6.2：qmail 493

6.4 全球資訊網（WWW） 497
6.4.1 導論 498
6.4.2 全球資訊網之命名和定址 499
6.4.3 HTML 和 XML 503
6.4.4 HTTP 503
原理應用：透過 80 連接埠或 HTTP 所傳輸的非 WWW 訊流 506
歷史演進：Google 應用程式 507
6.4.5 網頁快取和代理 508
開放源碼之實作 6.3：Apache 510
效能專欄：網頁伺服器的處理量和延遲時間 513

6.5 檔案傳輸協定（FTP） 515
6.5.1 導論 515
6.5.2 雙連接之運作模式：頻外訊號通知 517
歷史演進：為何 FTP 選擇使用頻外訊號通知？ 518
6.5.3 FTP 協定訊息 519
開放源碼之實作 6.4：wu-ftpd 522

6.6 簡單網路管理協定（SNMP） 525
6.6.1 導論 525
6.6.2 結構之框架 526
6.6.3 管理資訊庫（MIB） 527
6.6.4 SNMP 的基本操作 531
開放源碼之實作 6.5：Net-SNMP 534

6.7 網路電話（VoIP） 537
6.7.1 導論 537
歷史演進：私有網路電話服務——Skype 和 MSN 538

6.7.2 H.323 539
6.7.3 對話啟動協定（SIP） 542
歷史演進：H.323 vs. SIP 546
開放源碼之實作 6.6：Asterisk 546

6.8 串流傳輸 551
6.8.1 導論 551
6.8.2 壓縮演算法 552
6.8.3 串流協定 554
歷史演進：用 Real Player、Media Player、QuickTime 和 YouTube 做串流傳輸 556
6.8.4 服務品質和同步機制 557
開放源碼之實作 6.7：Darwin 串流伺服器 558

6.9 同儕式應用（P2P） 562
6.9.1 導論 563
歷史演進：熱門的 P2P 應用 564
歷史演進：Web 2.0 社交網路：Facebook、Plurk 和 Twitter 565
6.9.2 P2P 結構 566
6.9.3 P2P 應用的效能議題 572
6.9.4 個案研究：BitTorrent 574
開放源碼之實作 6.8：BitTorrent 577

6.10 總結 582
常見誤解 583
進階閱讀 585
常見問題 588
練習題 590

Appendix A

誰是誰 593

A.1 IETF：制定 RFC 標準 594

A.1.1　IETF 的歷史　595
A.1.2　RFC 制定過程　595
　　歷史演進：在 IETF 裡誰是誰　596
A.1.3　RFC 的相關數據　598
A.2　開放源碼的社群　599
　A.2.1　遊戲的開始與規則　600
　A.2.2　開放源碼資源　601
　A.2.3　開放源碼的網站　603
　A.2.4　大事件及相關人士　604
A.3　研究和其他標準的社群團體　604
A.4　歷史　607
進階閱讀　609

Appendix B

Linux 系統核心之總覽　611

發行套件和版本　611

B.1　核心程式碼的樹狀結構　612

B.2　網路的核心程式碼　616

B.3　用於追蹤程式碼的工具　616
　　範例：IPv4 封包碎片重組之追蹤　620

進階閱讀　624

Appendix C

開發工具　627

C.1　編程　628
　C.1.1　文字編輯器－vim 和 gedit　628
　C.1.2　編譯器－gcc　630
　C.1.3　自動編譯－make　633
C.2　偵錯　634
　C.2.1　偵錯器－gdb　634

C.2.2　有圖形使用者介面的偵錯器－ddd　636
C.2.3　核心偵錯器－kgdb　638
C.3　維護　640
　C.3.1　程式碼瀏覽器－cscope　640
　C.3.2　版本控制－git　642
C.4　效能剖析　645
　C.4.1　剖析器－gprof　645
　C.4.2　核心剖析器－kernprof　647
C.5　嵌入　648
　C.5.1　微型實用工具－busybox　649
　C.5.2　嵌入開發－uClibc 和 buildroot　650

進階閱讀　652

Appendix D

網路實用工具　655

D.1　名稱定址　656
　D.1.1　網際網路裡誰是誰－host　656
　D.1.2　區域網路裡誰是誰－arp　657
　D.1.3　我是誰－ifconfig　658
D.2　周邊探測　659
　D.2.1　偵測存活的呼喚－ping　659
　D.2.2　找出特定的路－tracepath　660
D.3　訊流監測　662
　D.3.1　轉儲原始資料－tcpdump　662
　D.3.2　有圖形使用者介面的嗅探器－Wireshark　663
　D.3.3　收集網路數據－netstat　664
D.4　效能評估指標　665
　D.4.1　主機對主機的封包處理量－ttcp　665

xix

D.5 模擬與仿真 667
  D.5.1 網路模擬－ns 667
  D.5.2 網路仿真－NIST Net 668
D.6 駭客攻擊 670
  D.6.1 利用掃描技術－Nessus 670
進階閱讀 672

索引 675

Chapter 1

基礎概念

電腦網路（computer networking）或稱**資料通訊**（data communications），是一組關於電腦系統或裝置之間通訊的規則。它有它所需之條件和基層原理。自從 ARPANET〔先進研究計畫署網路，稍後改名為網際網路（Internet）〕的第一個節點於 1969 年建立之後，儲存再轉發的封包交換技術便塑造出網際網路的結構，但網際網路僅是所有滿足資料通訊所需之條件和基層原理的眾多解決方案的其中之一。該解決方案於 1983 年匯聚成 TCP/IP 協定套件（TCP/IP protocol suite），並且從那之後一直持續地演進。

網際網路協定或稱 TCP/IP 協定套件，僅是眾多解決方案裡的其中之一，只不過它正好是其中主宰市場的技術。尚有其他的解決方案也同樣滿足資料通訊所需之條件和基層原理。舉例來說，X.25 與開放系統互連（Open System Interconnection, OSI）也同樣於 1970 年代開始發展，但最後仍被 TCP/IP 取代。在 1990 年代當紅的非同步傳輸模式（Asynchronous Transfer Mode, ATM）和 TCP/IP 有相容上的技術困難，所以也已經式微。多重協定標籤交換（Multi-Protocol Label Switching, MPLS）則存活下來，因為它從一開始就被設計成能和 TCP/IP 相容。

很類似地，在各式各樣的電腦系統或裝置上也有許多不同版本的網際網路協定之實作。在這些版本之中，開放源碼之實作享有和網際網路結構一樣的開放精神和由下而上（bottom-up）的精神，提供給一般大眾可實際取得軟體源碼的管道。藉著由下而上的做法，自願者不但貢獻出他們的設計或實作，也可以同時尋求軟體開發社群的意見和協助，而這正好與另一種由當權者所驅動的由上而下（top-down）做法相反。這些實作不但公開其源碼且供大眾免費獲取，因此可作為各種網路機制在具體細節上如何運作的扎實又實際之範例。

這一章的目的是幫助讀者預習在本書裡會用到的電腦網路基礎概念。第 1.1 節從連接性、擴充性和資源分享這三方面給出電腦網路的定義，藉此指出資料通訊所需之關鍵條件。這一節也會介紹封包交換的概念。主宰資料通訊的基層原理則會在第 1.2 節說明。諸如頻寬、供給之負載、處理量、延遲時間、延遲時間之變動、遺失等效能評量指標會先被定義。我們然後會解釋用來處理控制封包和資料封包的通訊協定和演算法的相關設計議題。因為網際網路僅是電腦網路的眾多可能解決方案的其中之一，第 1.3 節會描述網際網路針對連接性、擴充性和資源分享所提出的解決方案，同時也會介紹它的控制封包和資料封包的處理機制。第 1.4 節會討論開放源碼之實作如何進一步在運轉的系統上，尤其是在 Linux 系統上，實現網際網路之解決方案。我們會解說為何及如何將各種協定和演算法之模組實作到電腦系統的核心、驅動程式、守護行程和控制器裡。在第 1.5 節，我們展示封包的一生是如何穿越網頁伺服器和中繼互連裝置裡的各個模組，藉此描繪出本書的內容路線圖。這一節也為接下來章節所詳述的開放源碼之實作奠定了理解所需的基礎。我們會在附錄 A 回顧對網際網路解決方案的設計和開放源碼之實作有貢獻的人士，以及其他如曇花一現的網路科技，作為本章之補充教材。

　　閱讀完本章之後，讀者應該能夠解釋：(1) 為何網際網路的解決方案是被設計成現在的模樣，以及 (2) 該開放式解決方案如何被實作於真實的系統之中。

1.1　電腦連網的條件

　　電腦連網的條件，用另一種說法來表示，就是在設計、製作和操作一個電腦網路時所必須滿足的一組目標。這麼多年以來，這組條件的確逐漸地在改變，但它的核心條件卻依然維持相同：「經由各式各樣共享的傳輸媒介和裝置來連接在數量上日益增長的使用者群和應用程式，以便讓他們彼此間能相互通訊。」前述句子指出資料通訊所需要的三個條件和所需解決的相關議題：(1) 連接性：連接的對象以及如何去連接；(2) 擴充性：連接的數量有多少；(3) 資源分享：如何有效利用連接性。本節會介紹這些核心條件，並且討論在大多數電腦網路裡都能滿足這些條件的通用解決方案（並非僅限於網際網路）。

1.1.1　連接性：節點、鏈結、路徑

　　從連接性的觀點來看，一個電腦網路可以被視為「由一組**節點（nodes）**和**鏈結（links）**所構成的一幅連通圖（connected graph），其中任意一對節點能夠經由一序列的節點和鏈結所構成的一條**路徑（path）**來互相聯繫彼此。」使用者之間需要連接性以便能交換訊息或進行會談，應用程式之間需要連接性來維護網路的正常運作，使用者和應用程式之間需要連接性來存取資料或使用服務。有各式各樣的傳輸媒介和裝置可以被用來建立節點之間的連接性；這些裝置包括**集線器（hub）**、**交換器（switch）**、**路由器（router）**、**閘道器（gateway）**，而傳輸媒介則被區分為**有線（wired）**或**無線（wireless）**兩種。

節點：主機或中繼裝置

在電腦網路裡的一個節點可以是一台電腦**主機（host）**或是一台**中繼互連裝置（intermediary interconnection device）**。前者是使用者或應用程式所運行之終端電腦，而後者可作為一個中繼點，其擁有多個和其他電腦主機或中繼裝置互連的鏈結介面。諸如集線器、交換器、路由器、閘道器等皆是一般常見的中繼裝置。有別於以電腦系統為基礎的主機，一台中繼裝置可能裝設有特殊設計的 CPU 卸載之硬體，藉此推升處理速度並減少硬體和處理成本。當鏈結或線路之速度增加時，**線速（wire-speed）**之處理就需要更快的 CPU 或特殊硬體，比如說**特殊應用積體電路（application specific integrated circuit, ASIC）**，來替 CPU 卸載。

鏈結：點對點或廣播

電腦網路裡的鏈結如果以每頭接一個節點的方式來連接正好兩個節點，就被歸類成點對點（point-to-point）鏈結；但如果連接的節點數量超過兩個，就被歸類成廣播（broadcast）鏈結。其中的關鍵差別在於，接附在廣播鏈結的節點群彼此間需要相互競爭來爭奪在鏈結上傳輸的權利。另一方面，透過點對點鏈結來通訊的節點，如果使用的是**全雙工（full-duplex）**之鏈結，則雙方可任意傳輸於鏈結之上；如果使用的是**半雙工（half-duplex）**之鏈結，則雙方必須依次輪流來傳輸；如果使用的是**單工（simplex）**之鏈結，則必須利用兩條鏈結來做雙向傳輸，而每條負責固定的一個方向。換句話說，全雙工和半雙工之鏈結分別支援同時性的雙向通訊和一次僅一個方向的雙向通訊，而單工之鏈結僅支援單向通訊。

不論是點對點鏈結或廣播鏈結，一條鏈結的實體形式可以被區分成有線或無線。通常，在區域網路（local area network, LAN）裡所使用的鏈結，不論是有線或是無線，都屬於廣播鏈結；而廣域網路（wide area network, WAN）裡所使用的則是點對點鏈結。這是因為用於廣播鏈結的多重存取（multiple access）方法在短距離內比較有效率，而第 3 章會對此做更深入的解釋。然而，例外確實存在。舉例來說，基於衛星技術的 ALOHA 系統將廣播鏈結應用於廣域網路。此外，乙太網路（Ethernet）原先是被設計成用於區域網路的廣播鏈結技術，但如今已經演進成可應用於區域網路和廣域網路的點對點鏈結技術。

有線或無線

就有線鏈結而言，常見的傳輸媒介包括雙絞線（twisted pairs）、同軸電纜（coaxial cables）以及光纖（fiber optics）。一條雙絞線含有兩條彼此相互環繞盤絞的銅線，以便於更有效地阻隔雜訊；雙絞線被廣泛用於普通舊式電話系統（plain old telephone system, POTS）的接入線路和乙太網路之類區域網路的接入線路。一條等級 5（Category-5, Cat-5）雙絞線的口徑，比住家內部 POTS 接線用雙絞線的口徑來得更厚。所以它能夠在數公里範圍之內以 10 Mbps 的速度，或在 100 公尺左右的範圍之內以高於 1 Gbps 的速度來進行傳送。同軸電纜用塑膠絕緣體隔離一條較粗的銅線和一條較細的內嵌銅線，而它適用於長距離傳輸，例如有線電視在涵蓋 40 公里寬的範圍內播送超過 100 個 6 MHz 的電視頻道。經由纜線數據機處理之後，有些頻道每個能以 30 Mbps 的數位化速度來提供資料或影音服務。光纖則有龐大的傳輸能力，能夠將訊號傳送到更遠的距離。光纖大多被用在速度介於 Gbps 到 Tbps 的骨幹網路（backbone networks），有時候則用在 100 Mbps 到 10 Gbps 的區域

歷史演進：鏈結技術標準

現今的資料通訊有許多鏈結技術標準。我們可以將鏈結技術分成以下類別：區域（local）、最後一哩（last-mile）、租用專線（leased lines）。表 1.1 分別列出這些鏈結技術標準的名稱和資料傳輸速度。部署區域鏈結的目的是供區域網路使用，而其中兩個主流技術是基於等級 5 的乙太網路（cat-5 based Ethernet）和 2.4 GHz 的無線區域網路（WLAN）。前者的傳輸速度較快並且擁有經由等級 5 雙絞線的專用傳輸頻道，但

表 1.1 普遍使用的有線和無線鏈結技術

	有線	無線
區域	等級 5 雙絞線的乙太網路 （10 Mbps ~ 1 Gbps）	2.4 GHz 波段的 WLAN （2 ~ 54 Mbps ~ 600 Mbps）
最後一哩	POTS（28.8 ~ 56 kbps） ISDN（64 ~ 128 kbps） ADSL（16 kbps ~ 55.2 Mbps） CATV（30 Mbps） FTTB（10 Mbps ~）	GPRS（128 kbps） 3G（384 kbps ~ 數 Mbps） WiMAX（40 Mbps）
租用專線	T1（1.544 Mbps） T3（44.736 Mbps） OC-1（51.840 Mbps） OC-3（155.250 Mbps） OC-12（622.080 Mbps） OC-24（1.244160 Gbps） OC-48（2.488320 Gbps） OC-192（9.953280 Gbps） OC-768（39.813120 Gbps）	

是後者比較容易被建立並且擁有較佳的行動性。所謂的最後一哩或最先一哩之鏈結橫跨了從住家或行動使用者到網際網路服務提供商（Internet service provider, ISP）的「最先一哩」（first mile）。就目前而言，在這個類別的所有技術裡，非對稱數位用戶線路（asymmetric digital subscriber line, ADSL）、有線電視和光纖到大樓（fiber-to-the-building, FTTB）是其中最普遍的有線鏈結技術，而 3G（3rd Generation）和 WiMAX（Worldwide Interoperability for Microwave Access）是其中最普遍的無線鏈結技術。POTS 和整合服務數位網路（Integrated Service Digital Network, ISDN）則算是已經過時的技術。

就有線鏈結技術而言，FTTB 比其他的技術都快，但也更加昂貴。ADSL 利用傳統電話線路，而它的傳輸速度會隨著和 ISP 之間距離的增加而降低。有線電視利用電視的同軸電纜；它在距離上的限制比較少，但頻寬是和電視節目的訊號所共同分享。假如你需要的是不經由公眾分享網路的網站對網站之連接，那麼你可以向電信公司承租一條專用線路。舉例來說，在北美地區，電信公司的租用專線服務包含了基於銅線的數位信號 1（Digital Signal 1 或 DS1, T1）和 DS3（T3），以及各種光纖 STS-x〔synchronous transport signal（同步傳輸訊號），OC-x（optical carrier，光學載波）〕之鏈結。後者雖然昂貴，但是近年來因為它能夠滿足對頻寬日益增長之需求，所以變得很受歡迎。

網路。

如果依據傳輸頻率之增遞來排序，無線鏈結可使用的頻率包括無線電（radio, 10^4~10^8 Hz）、微波（microwave, 10^8~10^{11} Hz）、紅外線（infrared, 10^{11}~10^{14} Hz）、更高頻的電磁波（紫外線、X 光、伽瑪射線）。一條低頻（低於數 GHz）的無線鏈結通常為全方向（omni-directional）之廣播鏈結，而一條高頻（超過數十 GHz）的無線鏈結就可以是比較有限定方向的點對點鏈結。無線資料通訊仍處於高速發展的階段，而目前盛行的系統包括無線區域網路（wireless LAN, 100 公尺半徑範圍內的資料傳輸速度為 54 Mbps~600 Mbps）、通用封包無線電服務（general packet radio service, GPRS，數公里範圍內的傳輸速度為 128 kbps）、3 G（數公里範圍內可達 384 kbps 至數 Mbps）、藍牙（10 公尺範圍內的傳輸速度為數 Mbps），而這些技術皆運作在介於 800 MHz 到 2 GHz 的微波頻譜範圍之間。

路徑：路由或交換？

任何試圖想連接兩個遠端的節點必須先在兩點之間找出一條路徑，也就是找出兩點之間一序列串連的中繼節點和鏈結。一條路徑可以是路由式（routed）或交換式（switched）。當節點 A 想要送訊息給節點 B，如果被傳送的訊息所經過的是非事先建立好的並且是獨立選擇出來的路途，我們稱這些訊息是經由路由傳輸。透過路由傳輸，訊息的目的地位址會被拿來和路由表裡的資料做比對，藉此找出通往該目的地的輸出鏈結。這個比對流程通常需要數次的查表運算，而每次運算會花費掉一次記憶體存取（memory access）和一次位址比對（address comparison）。另一方面，當使用一條交換式路徑時，在訊息送出之前所有參與的中繼節點需要事先建立好路徑，並且在每個節點的交換表裡都記錄好該路徑的狀態資訊。要送出的訊息然後會被貼上一個索引號碼，而該號碼則指向交換表裡的某一個特定狀態資訊。對該訊息做交換傳輸，就變成只花費一次記憶體存取的簡單索引式交換表查詢。因此，交換的執行速度比路由快得多，但是它所付出的代價則是路徑設置的相關耗損。

一條路由式路徑可被視為一條無狀態（stateless）或非連接式（connectionless）的中繼鏈結和節點所形成的串連；而一條交換式路徑則可以被視為一條有狀態（stateful）或連接導向式（connection-oriented）之串連。ATM 裡所有的連接都是交換式；換句話說，當資料開始流動之前，來源點到目的地之間的路徑上必須事先建立好一條連接，並且把它記錄在路徑上所有的中繼節點裡。相反地，網際網路則是無狀態和非連接式，在第 1.3 節將會討論該非連接式設計的背後哲理。

1.1.2　擴充性：節點的數量

能夠連接十個節點和能夠連接一百萬個節點是完全不同的兩碼事。因為能運用在小群組上的技術並不一定能套用在大群組上，所以我們需要一個可擴充的方法來實現連接性。因此，從擴充性的角度來看，一個電腦網路必須能「為一組龐大數量的節點來提供一個可擴充的平台，讓每個節點都知道如何去連絡網路裡的任何其他節點」。

歷史演進：沒落的 ATM 技術

ATM 過去一度被視為資料通訊未來必將採用的骨幹交換技術。不同於網際網路的結構，ATM 採用 POTS 的有狀態交換之概念；它的交換器會保存連接導向的狀態資訊，藉此判斷該如何對一條連接來做交換。因為 ATM 出現的時間較晚，大約在 1990 年代早期才被推出，所以它必須想辦法能和當時主流的網際網路技術相容。然而，將一個連接導向的交換技術和一個無連線的路由技術整合在一起會產生很多的耗損。這兩個技術的整合可以採用 ATM 網域和網際網路網域彼此網路互連的形式，或採用以 ATM 攜帶網際網路封包的分層混合方式。這兩種方式都需要先找出既有的 ATM 連接或先建立新的 ATM 連接，但稍後在送出了僅僅數個封包之後又要拆除掉剛才建立好的連接。此外，分層混合方式是很蠻橫地摧毀了網際網路結構原本的無狀態之本質。因此，ATM 技術遲早會被淘汰掉。

節點的階層

要連接數量龐大的節點群，一種很直接的方式是把它們組織成許多群組（groups），每個群組由一小群節點所構成。假使所組成的群組數量仍然十分龐大，我們可以進一步地把這些群組聚集成一群數量較小的**超級群組（super-groups）**，而如果需要的話，這些超級群組還可以被進一步地聚集成**超-超級群組（super-supergroups）**。這種遞迴式的叢集方法創造出了一種可管理的樹狀階層結構，其中每個群組（或超級群組、超-超級群組等）僅和少數幾個其他群組相連。假如不使用上述的叢集之法，如此數量龐大的節點所形成的互連網路可能就如同雜亂無章的網狀結構（mesh）一般。圖 1.1 說明了如何把 40 億個節點給組織並且連接成一個簡單的 3 階層結構，其底部有 256 個分支而其頂部有 65,536 個分支。如同我們將在第 1.3 節看到的，網際網路使用很類似的叢集方式，而其中的群組和超級群組分別被稱為**子網（subnet）**和**網域（domain）**。

LAN、MAN 和 WAN

一種很自然的做法是把處於一個小型地理區域裡的節點，例如在數平方公里範圍以內的節點，用來做成底層的群組。而連接這類小型底層群組的網路就被稱為區域網路（local area network, LAN）。對於一個規模為 256 的群組，它需要至少 256 條點對點之鏈結〔就環狀網路（ring-shaped network）而言〕或最多 32,640 條點對點之鏈結〔就完全連接網狀網路（fully-connected mesh）而言〕來建立節點間的連接性。在小型區域裡管理這麼多條鏈結是很冗長繁瑣的事，因此廣播鏈結成為此一領域裡的主流技術。藉由將全部 256 個節點接附在一條廣播鏈結之上〔可形成匯流排（bus）、環狀（ring）或星狀拓樸（star topology）〕，我們可以很簡單地實現以及管理它們的連接性。單一廣播鏈結也可以被應用於涵蓋大型地理區域的網路，比如說都會網路（metropolitan area network, MAN），來連接遠端的節點或甚至遠端的區域網路。都會網路通常具有環狀的網路拓樸，以便建造雙重匯流排（dual bus）來加強對鏈結失效的容錯性。

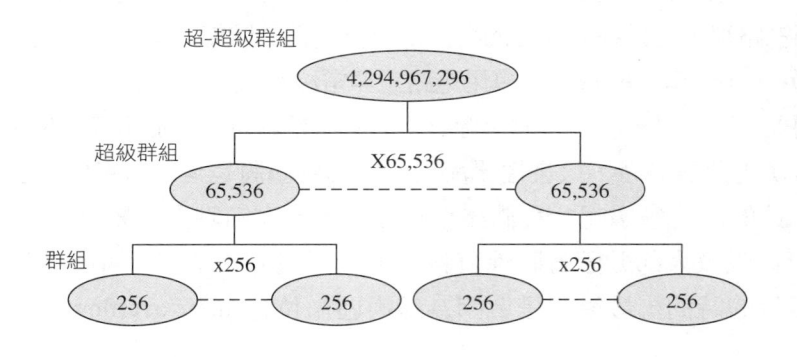

圖 1.1 節點之階層：把數十億個節點組成一個 3 階層結構

然而，這種環狀廣播之布置在容錯率的程度上以及在網路所能支援的節點數量或 LAN 數量上都有其限制。至於點對點鏈結則天生就適合用在無限制之廣域連接。一個廣域網路（wide area network, WAN），由於其網站所散布的地理位置的隨機性，通常具有網狀之拓樸（mesh topology）。對於廣域網路而言，樹狀拓樸是很缺乏效率的，因為在一個樹狀網路裡，所有訊流必須先被上傳至根（root）節點，然後在某個分支再下傳至目的地之節點。如果在兩個葉節點（leaf node）之間的訊流量過於龐大，樹狀網路可能需要使用額外的點對點鏈結直接將該兩點連接起來，而這會在拓樸結構裡製造出迴圈並且導致樹狀結構變形成網狀結構。

在圖 1.1 中，一個位於底部的群組是被預設為一個以集線器或交換器連接少於 256 台主機的區域網路。一個中間層的超級群組可以是一個校園網路或企業網路，其擁有少於 256 個區域網路，並以路由器將所屬之區域網路互連成樹狀或網狀結構。在頂層則可能有數萬個超級群組以點對點鏈結連接成一網狀廣域網路。

1.1.3　資源分享

在建立了可擴充之連接之後，我們現在來解決如何能讓網路使用者來分享此一連接；也就是說，如何來分享鏈結和節點的傳輸能力。同樣地，從資源分享的角度，我們可以把電腦網路定義成「一個共享之平台，其中的節點和鏈結是被用來傳輸節點之間的通訊訊息」。而這一點恰好是資料通訊和傳統語音通訊兩者間的最大不同之處。

封包交換 vs. 電路交換

在 POTS 電話系統裡，致電方和收電方之間的電路必須先被找出來並且完成交換，然後才能開始語音通話。在整個通話的過程中，縱使雙方在整段通話時間內都保持沉默不語，通話雙方之間所配置的那條 64 kbps 電路仍必須被維持住。這種專用的資源配置被稱為**電路交換（circuit switching）**；它提供了穩定的資源供給，並且因此能支持像影像或聲音訊號等高品質的連續性資料串流。然而，電路交換並不適用於資料通訊，因為其中的互動應用或檔案傳輸應用會在任何它們想要的時候灌輸資料到網路裡，可是在大部分的時間卻保持閒置的狀態。顯然地，給這種**叢發性訊流（bursty traffic）**配置一條專用電路是非常沒有效率的做法。

一個更為寬鬆且更有效率的資源分享的做法是讓所有訊流來競爭傳輸之權利。然而，當使用此法之時，叢發性訊流所導致的壅塞將是無法避免的。那我們該如何處理如此的訊流壅塞呢？我們讓它排隊等候。在節點上放置緩衝空間（buffer space）可以吸收大部分因暫時性資料暴衝量所造成的壅塞，可是假如壅塞持續了一段很長的時間，最後還是會因為緩衝區溢位（buffer overflow）而發生資料遺失。這種儲存再轉發（store-and-forward）的資源分享模式，被稱為**封包交換（packet switching）**或**資料包交換（datagram switching）**，其中資料訊流裡的訊息被切割成一個個封包或資料包，而它們被儲存在路徑上每個中繼節點的緩衝佇列（buffer queue）裡，並且被沿著路徑朝向目的地來轉發。

POTS 採行電路交換，而網際網路和 ATM 則採用封包交換。如同在第 1.1.1 小節所解釋的，ATM 的路徑是交換式，而網際網路的路徑則是路由式。讀者可能會感到很奇怪，為何網際網路在封包「交換」網路裡採用的卻是「路由」式路徑？很不幸地，這個領域的社群並不完全是根據名稱來區分這些網路技術。更準確地說，網際網路上運行的是封包之路由，而 ATM 和 POTS 上運行的分別是封包交換和電路交換。就某種意義上，ATM 用連接之設置來模仿電路交換，以便於求取更好的通訊品質。

封包化

要送出一筆訊息的話，某些標頭資訊（header information）必須被附加在訊息上來做成一個**封包（packet）**，而如此一來，網路才能得知該如何處理這筆訊息。訊息本身是被稱作封包的**酬載（payload）**。標頭資訊則通常含有來源點位址和目的地位址以及許多其他用來控制封包傳遞流程的欄位。可是，封包和其酬載的長度最多能有多長呢？這取決於底層的鏈結技術。如同我們將於第 2.4 節所看到的，一條鏈結對於封包的長度有它一定的限制，而該限制可能導致傳送端之節點必須先把它的訊息分割成數個長度較小之片段，然後在每個碎片附上標頭以便能經由鏈結來傳輸，正如圖 1.2 所描繪的一樣。封包之標頭會指示中繼節點和目的地節點如何傳遞和如何重新組裝這些封包。有了標頭資訊，當一個封包通過網路之時，它便能完全獨立地或半獨立地被路由器、交換器處理。

負責定義和標準化標頭欄位的是**通訊協定（protocol）**。按照定義，一個通訊協定是經由通訊頻道來傳送資訊所需要的一組關於資料表示（data representation）、訊號發送（signaling）、錯誤偵測（error detection）的標準規則。這些標準規則定義了協定訊息的標頭欄以及接收端在收到協定訊息時該如何回應。如同我們將在第 1.3 節所看到的，一個訊息的片段可能被數層標頭封裝起來；每一層標頭會描述一組協定參數，而且每一層標頭會被附加在前一層標頭的前面。

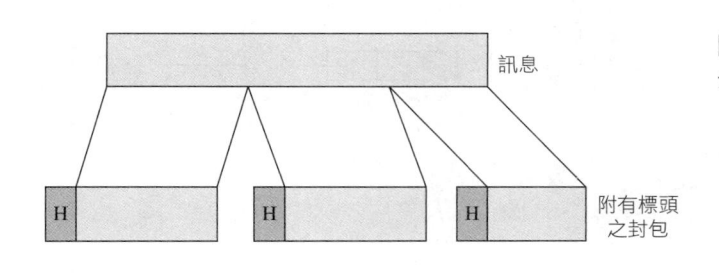

圖 1.2 封包化：將一筆訊息分割成數個封包並且附上標頭

排隊等待

如同之前所描述的，網路節點會配置好緩衝佇列來吸收叢發性訊流所導致的壅塞。因此，當一個封包抵達一個節點時，該封包會加入節點的緩衝佇列裡和其他已經抵達的封包們一起排隊，等待由節點內的處理器來處理。一旦該封包移動到佇列的前端，它就可以獲得處理器的服務，而處理器會根據標頭欄位來處理該封包。如果節點的處理器決定將封包轉發到另一個資料傳輸埠，該封包便會加入另一個緩衝佇列，在那裡等候由埠的傳輸器來傳輸。當一個封包經由一條鏈結被傳輸出去時，不論它是點對點鏈結或廣播鏈結，它都需要花一些時間才能將封包的資料從鏈結的一頭傳播到另一頭去。假如封包穿過的是一條有 10 個節點和有 10 條鏈結的路徑，那麼上述的流程便會重複十次。

圖 1.3 說明了在一個節點裡排隊等待之過程以及節點的輸出鏈結，而我們可以用一個有單一佇列和單一伺服器的排隊系統（queuing system）來作為其模型。節點內的伺服器通常是一個處理器或一組 ASIC，其服務時間取決於節點模組（例如 CPU、記憶體、ASIC）的時脈速度。另一方面，鏈結的服務時間通常是下面兩項之和：(1) 傳輸時間（transmission time），其取決於收發器（傳輸器與接收器）灌輸資料的速度有多快以及封包有多大；(2) 傳播時間（propagation time），其取決於訊號所需傳播的距離有多遠。位於節點的前一階段僅有一個伺服器來處理封包，而使用較快速的收發器可縮短封包在此階段所花費的時間。然而，位於鏈結的後一階段則有數個平行伺服器（parallel server，其數量相當於鏈結內所允許的已送出但未確認之封包的最大數量），可是不論採用何種技術皆不能縮短封包在此處所消耗的時間。訊號經由任何鏈結的傳播速度大約是 2×10^8 公尺／秒。總之，在上述所提之中，當科技進步時，節點的處理時間和傳輸時間，包含它們在佇列的排隊時間，都可以進一步縮短，但是傳播時間大概會保持不變，因為其最小值受限於光的速度。

圖 1.3 在節點裡和在鏈結裡的排隊過程

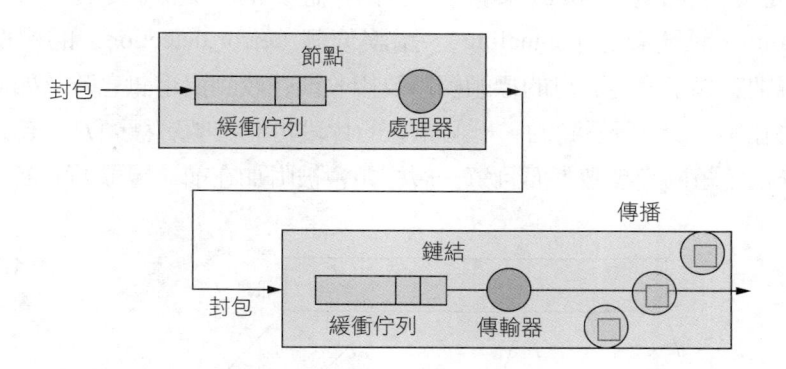

原理應用：資料通訊 vs. 電信通訊

這裡是一個很好的時機來再一次強調資料通訊（datacom，也就是電腦網路）和電信通訊（telecom）兩者之間的主要差異，並以此來結束我們對電腦網路所需條件的討論。就連接性、擴充性和資源分享而言，它們之間在擴充性方面的差異不大，主要差異在於它們所採用的連接技術的類型以及它們分享資源的方式。傳統的電信通訊在兩個通訊方之間只建立了一種類型的連接，而且所提供的唯一應用就是電話通話應用。然而，資料通訊裡的應用範圍則十分廣泛，因此它需要使用各種不同類型的連接。它的連接可能被建立在兩客戶端之間（例如電話通話）、在客戶端和伺服器端的行程之間（例如檔案下載或串流傳輸）、在兩伺服器端的行程之間（例如電子郵件之轉送或內容更新），或甚至在一群的個別使用者或行程之間。每個應用可能都有獨一無二的訊流剖析屬性，可被歸類成叢發性或連續性。同質且通常為連續性的電信通訊訊流是用電路交換技術在高頻來傳輸；和前者不同，資料通訊訊流需要使用封包交換技術來充分利用資源之分享。然而，沒有使用緩衝區的電路交換技術的主要考量僅僅是通話阻塞（call-blocking）和通話中斷（call-dropping）之機率；和它相比起來，封包交換技術引進了更複雜的效能問題。如同我們將在下一節所看到的，資料通訊需要控制緩衝區之溢位或封包遺失、處理量、延遲時間、延遲時間之變動。

1.2 基層原理

作為資料通訊的基層技術，封包交換技術已經奠定了資料通訊所需遵守的原理。我們將相關原理分成三類：**效能（performance）**主宰了封包交換的服務品質，**操作（operation）**則詳述封包處理所需機制的類型，而**協同運作能力（interoperability）**則定義了哪些應該和哪些不應該被放進標準協定和演算法裡。

1.2.1 效能評量

在本小節裡，我們提供了基礎的背景知識，以便讀者能理解封包交換的規則。此一背景知識對於分析整個系統或特定協定之行為是很重要的。要去設計和實作一套系統或協定卻根本不了解它（事先或事後）在一般或極端的運作情況下的效能評量，在本領域是不能被接受的一種做法。在一個系統被實作出來以前，它的效能結果來自於數學分析或系統模擬，而在系統已經被實作出來之後，則來自於在測試平台所做的實驗數據。

一個系統讓使用者感受到的運作表現，取決於三個因素：(1) 系統的硬體處理能力;(2) **供給之負載(offered load)** 或輸入至系統的訊流量;(3) 用來處理供給之負載的系統內建的機制或演算法。一個處理能力高但其機制卻設計拙劣的系統縱使在處理低負載時可能有良好的表現,可是它在處理高負載時卻往往不具有良好的擴充性。然而,一個擁有傑出設計但低處理能力的系統則不應該被放在訊流量沉重的位置點。硬體處理能力通常被稱為**頻寬(bandwidth)**,此乃網路領域所常用之術語,可廣泛應用在節點、鏈結、路徑或甚至整個網路。一個系統的供給之負載可能從輕負載變成正常運作之負載,到最後再變成極為沉重之負載〔例如**線速(wire-speed)**之壓力負載〕。假如系統要保持在穩定的狀態下運作而同時又要讓所設計的內部機制能發揮出增進系統效能的作用,那麼系統的頻寬和供給之負載之間應該相互匹配得當。對於封包交換而言,**處理量(throughput**,和輸入訊流量的供給之負載相比,可視其為輸出訊流量)看起來是我們最在乎的效能評量指標,雖然像**延遲時間(latency** 或通常被稱為 delay)、**延遲時間之變動**〔**latency variation** 或更常被稱為**抖動(jitter)**〕、**遺失(loss)**等其他評量指標也很重要。

頻寬、供給的負載以及處理量

「頻寬」這個詞是從電磁波輻射的研究而來,而它最初指的是用來傳送資料的一整段頻率的寬度。然而,在電腦網路領域裡,這個名詞通常被用來描述系統在一段時間內所可以處理的最大資料量,而系統可泛指節點、鏈結、路徑或網路。舉例而言,一個 ASIC 晶片或許能以 100 MBps(每秒百萬位元組)的速度將資料加密,一個收發器或許能以 10 Mbps(每秒百萬位元組)的速度來傳輸資料,而在路徑上沒有其他外部訊流干擾的情況之下,由 5 個 100 Mbps 節點和 5 個 10 Mbps 鏈結所組成的終端對終端之路徑或許能處理高達 10 Mbps 的資料量。

讀者可以把一條鏈結的頻寬當作是鏈結在訊號一秒鐘傳播的距離內所能夠傳輸和容納的位元總數。因為光在媒介裡的速度大約固定在 2×10^8 公尺/秒,所以較高的頻寬意味著每秒在 2×10^8 公尺長的媒介裡會容納了更多的位元資訊。就一條長 6000 英哩(9600 公里,而傳播延遲為 9600 公里/(2×10^8 公尺/秒)= 48 毫秒)和頻寬為 10 Gbps 的橫貫洲際大陸的鏈結而言,它所能容納的最大位元數量為 9600 公里/(2×10^8 公尺)$\times$10 Gbps = 480 Mbits。很類似地,一個被傳輸的位元在鏈結上傳播的「寬度」也隨著鏈結的頻寬而改變。如圖 1.4 所示,10 Mbps 鏈結上的位元寬度以時間為單位來計算是 $1/(10\times10^6)$ = 0.1 微秒,或以長度為單位來計算則是 0.1 微秒 $\times 2\times10^8$ 公尺/秒 = 20 公尺。也就是說,一個位元的訊號波在鏈結裡實際上是占據了長達 20 公尺的一小段鏈結。

供給之負載或輸入之訊流可以根據頻寬來被正規化(normalized),而正規化的結果可以被用來指出系統的使用率(utilization)或系統有多忙碌。就一條 10 Mbps 的鏈結,供給它 5 Mbps 的負載意味著其正規化的負載值為 0.5,而這就表示該鏈

0.1 微秒（以時間為單位）或 20 公尺（以長度為單位）

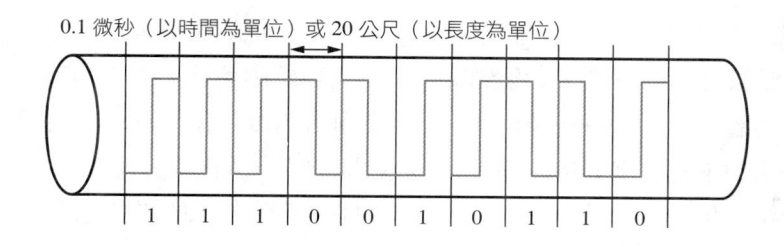

```
1 1 1 0 0 1 0 1 1 0
```

圖 **1.4** 在一條 10 Mbps 鏈結裡的位元寬度（以時間和長度為單位來表示），其中傳輸的資料是以廣泛使用的曼徹斯特碼（Manchester code）來編碼

結平均的忙碌程度僅僅是 50%。正規化的負載值有可能會超出 1，然而這會導致系統進入一個不穩定的狀態。而系統的處理量或輸出之訊流可能會也可能不會和系統的供給之負載相等，就如同圖 1.5 所示。在理想的情況下，當供給之負載小於頻寬的時候（見曲線 A），系統的處理量應該等同於其供給之負載。超出那裡之後，處理量會收斂成頻寬之值。可是在現實中，即使在供給之負載小於頻寬的情況之下，處理量可能會因為緩衝區溢位（在節點或鏈結裡面）或碰撞（在廣播鏈結裡面）的緣故而低於供給之負載（見曲線 B）。在碰撞沒有被控制好的鏈結之中，當供給之負載持續增加的時候，處理量甚至可能會掉到零，就如同圖 1.5 中曲線 C 所示。藉由縝密的設計，我們或許能讓處理量收斂至一個低於頻寬之值來避免上述情形的發生。

延遲時間：節點、鏈結、路徑

除了處理量之外，延遲時間是另一個我們關注的關鍵評量指標。Agner Krarup Erlang 首先在 1909 年和 1917 年發展出的排隊理論告訴我們，假如封包的到達間隔時間和封包的服務時間兩者皆為指數分布函數，且前者的平均值大於後者的平均值，以及緩衝區為無限大，則其延遲時間之平均值是頻寬與供給之負載兩者之差的倒數，也就是，

$$T = 1/(\mu - \lambda)$$

其中 μ 是頻寬，λ 是供給之負載，而 T 是平均延遲時間。雖然在現實中指數分布並

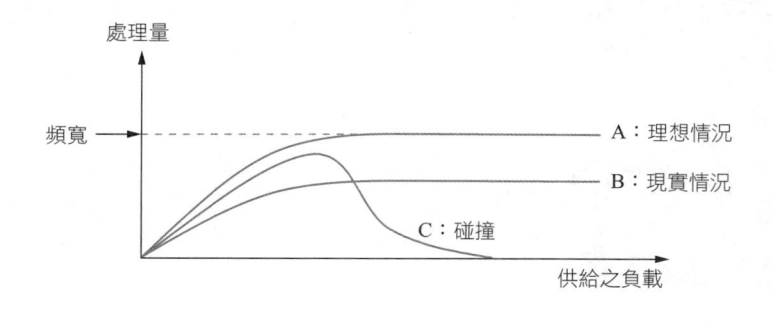

圖 **1.5** 頻寬、供給之負載以及處理量

不適用於真正的網路訊流，但這個方程式告訴了我們一個頻寬、供給之負載及延遲時間之間的基本關係。根據這個方程式，如果頻寬和供給之負載兩者皆加倍，則延遲時間將會被減半，而這意味著大型系統通常會有較短的延遲時間。換句話說，從延遲時間的角度來看，資源不應該被分拆成許多較小的零碎部分。同樣地，假如我們把一個系統分拆成兩個相等尺寸的較小系統來處理同樣被平分為二的供給之負載，兩個較小系統的延遲時間也都會加倍。

封包的延遲時間其實是排隊時間和服務時間的總和。後者對於供給之負載相對地較為不敏感，但是前者對於供給之負載就相當敏感。節點的服務時間其實就是花在封包處理上的 CPU 時間。另一方面，鏈結的處理時間則由傳輸時間和傳播時間所構成。也就是說，節點的延遲時間可表示成：

$$延遲時間 = 排隊時間 + 封包處理時間$$

而鏈結的延遲時間可表示成：

$$延遲時間 = 排隊時間 + 傳輸時間 + 傳播時間$$

原理應用：Little 的結論

一個有趣的問題是，如果我們能夠測量一個節點的供給之負載和延遲時間，則該節點到底容納了多少個封包呢？John Little 在 1961 年發展出的理論回答了這個問題：如果處理量等同於供給之負載，這意味著沒有任何封包遺失，則佔用量之平均值（mean occupancy，即在節點裡的平均封包數量）等同於平均處理量乘上平均延遲時間。也就是說，

$$N = \lambda \times T$$

其中 λ 是供給之負載，T 是平均延遲時間，而 N 是平均佔用量。Little 的結論非常強而有力，因為它不需要對任何上述變數的分布函數做出假設。一個很實際的應用是用 Little 的結論來預估一個黑箱（black-box，即內部情況不詳）節點所需的緩衝區容量。假如我們能夠測量到一個節點在沒有任何封包遺失的最大處理量以及它在該處理量下的延遲時間，那麼把它們相乘所得出的佔用量大約就是節點所需的最小緩衝區容量。在圖 1.6 中，在沒有封包遺失的情況下，佔用量之估計就會成立。

圖 1.6　Little 的結論：在箱子裡有多少個封包呢？

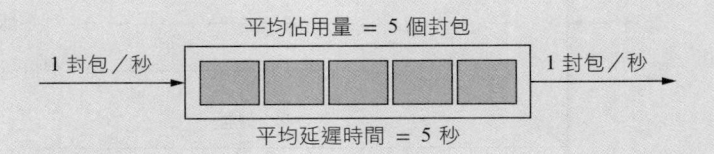

1 封包／秒 → 平均佔用量 = 5 個封包 → 1 封包／秒

平均延遲時間 = 5 秒

和應用在節點的 Little 結論很雷同，應用在鏈結的**頻寬延遲積（bandwidth delay product, BDP）**則指出有多少傳輸中的位元容納於管線（鏈結）之中。圖 1.7 比較了長且胖之管線所容納的位元數量和短且瘦之管線所容納的位元數量。這裡 L 所表示的延遲指的是傳播延遲而非傳輸延遲或排隊時間，而 L 取決於鏈結之長度。BDP 對於訊流控制機制的設計是一個很重要的因素。有較大 BDP 值的鏈結或路徑應該採用具預防性質的機制而非具反應性質的機制，因為等到壅塞發生後再去反應就為時已晚矣。

抖動或延遲時間之變動

有些資料通訊的應用，以封包語音為例，需要不僅短而且還要維持一致的延遲時間。有些其他的應用，以影音串流為例，可能在某種程度以內容忍高度的延遲時間並能吸收**延遲時間之變動（latency variation）**或**抖動（jitter）**。因為串流伺服器從一個方向灌注連續性訊流到客戶端，所以如果客戶端的播放緩衝區（playout buffer）不會下溢（underflow，緩衝區全清空）或溢位（overflow，緩衝區全存滿），則客戶端所感受到的播放品質將會很好。這類的客戶端使用了播放緩衝區來吸收抖動，藉著暫緩所有封包的播放時間來對齊某一校準時間線。舉例來說，假如抖動為 2 秒鐘，客戶端可自動把所有封包的播放時間給延遲成封包上的播放**時間戳記（timestamp）**再加上 2 秒鐘。因此，該緩衝區必須準備好一個佇列能夠儲存播放時間長達 2 秒鐘的封包。如此一來，縱然延遲時間被拉長，但是抖動卻被縮短或甚至被吸收掉了。對於封包語音而言，因為兩同儕（peers）之間所需之互動性的緣故，上述的去除抖動之法就不能全被採用。在此處我們不能為了要去除抖動而在延遲時間方面犧牲太多。然而，對於非連續性訊流而言，抖動並非一個重要的評量指標。

遺失

最後一個但非最不重要的效能評量指標是封包遺失機率。造成封包遺失的主要原因有兩個：**壅塞（congestion）**和**錯誤（error）**。資料通訊系統容易發生壅塞。當壅塞發生在鏈結或節點之時，封包會在緩衝區裡排隊等候，以便於吸收掉壅塞。但如果壅塞持續下去，那麼緩衝區便會開始出現溢位。假設某一個節點有 3 條有相

B　L
0110110101011001
0010011100111110
1001100010111010
0110001101001000

長且胖之管線

B'　L'
01110010
10010100

短且瘦之管線

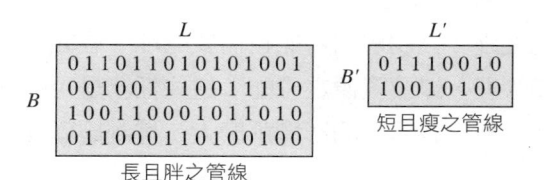

圖 1.7　頻寬延遲積：長且胖管線 vs. 短且瘦管線

同頻寬之鏈結。當訊流以線速從鏈結 1 以及鏈結 2 進入並流向鏈結 3，該節點可能會有至少 50% 的封包遺失。對於這種**速率不匹配（rate mismatch）**之情形，緩衝可能無法發揮任何功效；這裡反而應該使用某種控制機制。緩衝只對短期的壅塞有效。

在鏈結或節點上發生的錯誤也會導致封包遺失。雖然現今許多的有線鏈結具有很好的傳輸品質和非常低的位元錯誤率，但是大多數的無線鏈結，因為干擾和訊號衰退的緣故，仍然有很高的位元錯誤率。單一位元錯誤或多重位元錯誤可能讓整個封包變得毫無用處並因而被丟棄掉。傳輸並非錯誤的唯一來源；節點的**記憶體錯誤（memory errors）**可能也佔了一大部分，尤其當記憶體模組已經被使用多年。當封包在節點緩衝區裡排隊等候時，位元錯誤可能發生在緩衝區的記憶體裡，以至於被讀出的位元組不同於當初所寫進去的位元組。

1.2.2 控制層面的操作

控制層面 vs. 資料層面

封包交換網路的運作牽涉到處理兩種封包：控制和資料。控制封包攜帶的訊息是用來指引節點如何傳輸資料封包，而資料封包內含有使用者或應用軟體真正想要傳送的訊息。一組用來處理控制封包的操作被稱為**控制層面（control plane）**，而另一組用於資料封包的操作則被稱為**資料層面（data plane）**。雖然有某些被稱為**管理層面（management plane）**的操作是作為管理目的之用，可是為了簡單起見，此處我們把它們合併到控制層面裡。控制層面和資料層面之間的關鍵差異在於前者通常發生在背景端（background）並且有較長的時間量度單位（time scale），比如說數百毫秒到數十秒，而後者則發生在前景端（foreground）並且比較趨向即時性，比如說以微秒或奈秒為時間單位。控制層面的操作通常需要較複雜的計算來做出決定，比方說，如何替訊流做出路由決定以及如何配置資源以求取資源分享和資源利用之最佳化。另一方面，資料層面必須在當下立刻處理封包並且將其轉發，以便於優化處理量、延遲時間和遺失。這一小節指出那些機制應該被放入控制層面之中，而資料層面則留到下一小節再談。這裡也會提及它們的設計考量。

同樣地，資料通訊裡控制層面的任務是提供資料層面一些好的指令來傳輸資料封包。如圖 1.8 所示，為了達成這個目標，一台中繼裝置的控制層面需要瞭解路由會把封包傳到哪裡（到哪一條鏈結或哪個埠），而這通常需要交換控制封包以及複雜的路由計算。除此之外，控制層面可能也需要處理一些冗雜的事情，比方說像錯誤回報、系統設定和管理、以及資源之分配。這些任務是否很好地達成對於效能評量的直接影響通常不會像資料層面的影響那麼大。控制層面反而比較在乎資源是否

第 1 章 基礎概念

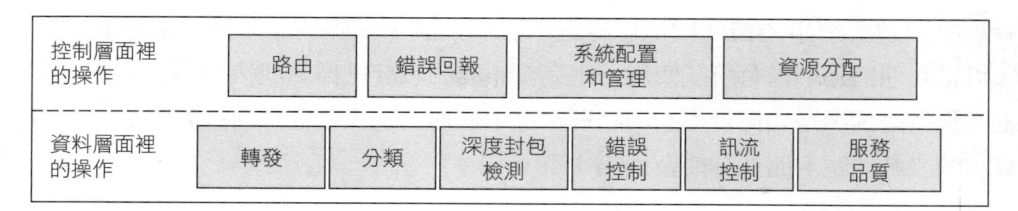

控制層面裡的操作	路由	錯誤回報	系統配置和管理	資源分配	
資料層面裡的操作| 轉發	分類	深度封包檢測	錯誤控制	訊流控制	服務品質

圖 1.8 中繼裝置裡控制層面和資料層面裡的一些操作

被有效地、公平地、以及最佳化地利用。我們現在來檢視那些機制應該被放入控制層面裡。

路由

大部分的文獻並沒有清楚地對**路由**（routing）和**轉發**（forwarding）做出區隔。在這裡我們把路由定義為找出封包要送去的地方，而轉發則定義為送出封包。因此，路由是計算出路由之路線（route），並將其儲存在稍後轉發封包時所要查詢的表格之中。路由通常週期性地在背景端執行，以便於維護和更新轉發表（forwarding tables）。（注意，許多文獻將轉發表稱作路由表。這兩個名詞在本書裡指的都是相同的表格。）如果等到封包抵達並需要立刻被轉發的時候再計算路由路線，那就太晚了。那時候的時間只夠查詢表格之用，不足以執行路由計算演算法。

路由，亦即路線之計算，並不似我們乍看之下所想的那樣簡單。在我們談及路由演算法的設計之前，有許多問題必須先作回答。

- 路線應該以逐站跳接（hop-by-hop）的方式在每個中繼路由器之處來計算，或是在來源端點主機之處便需計算好，或稱來源點之路由（source-routed）？
- 路由決定的細緻度（granularity）其範圍可從每個目的地、每對來源點-目的地、到每個封包流，或甚至在最極端的情況下對每個封包都要做決定。
- 當給予某種細緻度，我們要選用單一路徑（single-path）或多重路徑（multiple-path）之路由？
- 路線的計算是基於網路的全面的或部分的資訊？
- 如何散布全面的或部分的資訊？是要在所有參與的路由器之間廣播（broadcasting），還是要在相鄰路由器之間交換（exchanging）？
- 最佳路徑（optimal path）的定義究竟為何？它是最短、最寬，或最能抵抗錯誤的（robust）？
- 路由器應該只提供一對一之轉發，還是也要提供一對多之轉發呢？也就是說，單點傳播（unicasting）還是多點傳播（multicasting）？

所有這些問題必須事先被仔細地思考過。我們強調了網際網路所做的上述設計選擇，可是其他網路結構有可能使用一組完全不同的設計選擇。我們並不打算在這裡詳細解說這些選擇是如何實際在網際網路之中運作。這裡我們只會提到路由協定和演算法的設計問題，而把細節留到第 4 章。

訊流和頻寬配置

我們可以從一個更具效能導向的角度來做路由的考量。如果訊流量和頻寬的資源能夠被測量出來並加以操控，我們就能夠選定某一特定的訊流量，然後引導它流經有頻寬配置的路徑。配置或指派訊流有另一個和路由很類似的術語，就叫作**訊流工程**（traffic engineering）。**頻寬配置**（bandwidth allocation）和訊流工程通常都有特殊的優化目標，比方說當給予一組需被滿足的系統限制之時，找出終端至終端之平均延遲時間的最小化以及最佳的負載平衡。因為這種優化問題需要非常複雜的計算但卻又無法在即時時間內完成，又因為僅有少數幾個系統能夠當下立刻調整頻寬的配置，所以訊流配置和頻寬配置通常是在網路規劃階段或是離線時在管理層面裡完成。

1.2.3　資料層面的操作

不像控制層面的操作只能被運用在控制封包上，並且是以數百毫秒到數十秒作為時間單位；資料層面裡的操作可被運用在所有封包上，並且是以少於數毫秒的時間單位在進行著。封包之轉發看起來是資料層面最主要的工作，因為通常當一個封包抵達一個介面埠或鏈結之後，它很可能就會被轉發到另一個埠。事實上，轉發只是資料層面所提供眾多服務的其中之一。其他可能的服務包括封包過濾、加密，或甚至內容過濾。所有這些服務都需要將封包分類（classifying），而方法是對照控制層面所維護的規則或管理者事先所配置好的規則，來檢查封包內的數個欄位。所檢查的欄位絕大部分是在封包的標頭裡，但也可能出現在封包的酬載裡。一旦比對結果是符合的，相關的比對規則會告知哪些服務是封包應該接受的以及如何施行這些服務。

轉發本身並不能夠保證網路能正常地運轉。除了上述所提及的轉發和其他的加值服務，**錯誤控制**（error control）和**訊流控制**（traffic control）是資料層面的其他兩個基本處理封包的操作；前者是用來確保封包完好且沒有位元錯誤，而後者是用來避免壅塞並且維持良好的處理效能。如果沒有這兩個基本操作而僅有轉發的話，網路會變成容易發生壅塞又錯誤橫生的一團混亂。在此我們仔細檢視圖 1.8 所列出的操作。

轉發

封包之轉發牽涉到檢查一或數個封包內的標頭欄位，而這取決於控制層面的路由是如何做出決定。它可能只使用目的地位址欄位來做轉發表查詢，但也可能會使用更多的欄位。在路由所做出的抉擇將直接決定如何才能夠實現轉發，而這包括了要檢查哪些封包內的標頭欄位、要比對轉發表裡的哪些項目等。雖然看起來轉發所能做的都已經由路由決定好了，但事實上裡面仍然有許多可以發揮的空間。就封包轉發而論，必須要回答的最重要的問題就是「我們需要用多快的速度來轉發封包？」假設某路由器有四條鏈結而每條的處理能力為 10 Gbps；又假設封包的尺寸很小且固定為 64 位元組。路由器每秒鐘的最大封包總匯數量可能是 4×10 G／(64×8)＝78,125,000 個。這意味著如果想要達成線速的話，該路由器將需要每秒鐘轉發 78,125,000 個封包；也就是說，每個封包的轉發僅能用掉 12.8 奈秒。這個條件對於轉發機制之設計而言無疑是一個極大的挑戰。

如何去實作轉發表的資料結構以及用在該資料結構上的查表和更新演算法完全取決於設計者。這些設計決定了一台路由器是否能夠達成線速的轉發。在某些環境下，要達成每秒鐘數百萬個封包的轉發速度，可能需要特殊的 ASIC 將該工作從 CPU 處卸載並且承接過來。雖然說速度無疑是轉發的既定目標，可是資料的大小也很重要，因為用來儲存轉發表的資料結構很可能在規模上受到限制。就 80,000 項每項 2 至 3 個位元組大小的轉發表而言，我們可以試著以不佔用超過數百個**千位元組（kilobyte, KB）**的空間把轉發表存入樹狀資料結構，或將它存入佔用數**百萬位元組（megabyte, MB）**的扁平式索引表（flat index tables）。直接觀察所得的一個結論便是，轉發表的實作需在時間複雜度（time complexity）和空間複雜度（space complexity）這兩個目標之間權衡折衷。

分類

如之前所述，許多服務需要將封包分類的操作。封包分類就是用一或數個封包內的標頭欄位來比對一組規則的一種比對流程。一條規則含有兩個部分：條件（condition）和行動（action）；它規定了當某個欄位如果符合了某種條件，應該被施加於比對符合的封包的相關動作。因為每種服務有自己規定的一組要檢查的欄位和一組用來比對的規則，所以每種特殊服務都需要一個**分類器（classifier）**和它的相關規則，而分類器和相關規則合起來就是所謂的**分類資料庫（classification database）**。舉例來說，對於封包轉發之服務而言，轉發表就是它的分類資料庫。

一個很類似於「我們需要用多快的速度來轉發封包？」的問題就是「我們需要用多快的速度來分類封包？」這裡的速度取決於兩個因素：欄位的數量（從一到數個）和規則的數量（從數個到數萬個）。這兩個數量直接影響到分類器的處理量的擴充性。因此，這裡的目標就是設計出一個可以隨著欄位數量和規則數量來很好地擴充的多重欄位分類器演算法。一個分類器的設計如果在這兩個數量小的時候有高的處理量，可是當其中任何一個數量相對變大時卻發生處理量大幅衰減的情況，則這一個設計就是擴充性不佳。和轉發很類似，我們可以借助於 ASIC 來達成封包分類的高處理量。

深度封包檢測

轉發和分類都會檢查封包內的標頭欄位，可是往往會有一些惡意的內容躲藏在封包酬載的深處。舉例來說，入侵攻擊和電腦病毒就分別存在應用層的標頭和酬載裡。關於這些內容的知識通常被轉化成一個**簽章（signatures）**資料庫，然後用該資料庫來比對接收到的封包酬載。這種比對流程就是所謂的**深度封包檢測（deep packet inspection, DPI）**，因為它深入地檢視封包的酬載。簽章通常是以簡單的字元字串或正規表示所表示，所以字串比對是 DPI 裡關鍵的操作。

同樣地，能夠以多快的速度來執行字串比對是此處主要的考量。和一維之轉發以及二維之分類相比，深度封包檢測是一個三維的問題，其中的參數分別為簽章之數量、簽章之長度、以及簽章字串的字元組的規模。而更具挑戰性的是設計出能在這個龐大的問題空間裡很好地向上擴充及向下擴充的演算法。畢竟，這是一個也需要 ASCI 硬體來達成高處理量的開放性議題。

錯誤控制

如第 1.2.1 小節所討論的，位元錯誤可能出現在封包裡。這種錯誤可能在封包傳輸的過程之中或是當封包存在記憶體的時候發生。這裡需要回答兩個基本問題：(1) **偵測（detect）**或**矯正（correct）**？(2) **逐站跳接（hop-by-hop）**或**終端對終端（end-to-end）**？第一個問題關注的是出錯封包的接收端如何偵測和處理錯誤。現有兩種方法：接收端可以用額外的**備援位元（redundant bits）**來偵測錯誤並且通知傳送端要再重傳一次，或除了偵測之外，如果額外的備援位元能夠辨識出哪些是確切的出錯位元，就直接矯正位元錯誤。後者的方法可能需要更多的備援位元，所以會產生高額的耗損。是否要做錯誤矯正取決於被傳輸的訊流的類型。對於即時應用的訊流，要求傳送端再重傳出錯的封包並非是一個有效的做法。既然如此，假如說應用程式可以容忍小幅度的封包遺失的話，一種簡單可行的做法就是丟棄掉出錯的封包但是也不採取任何更進一步的動作；否則的話，錯誤矯正便應該被實行。

第二個問題完全是關於錯誤可能會在何處發生：是在鏈結處還是在節點處呢？假如位元錯誤僅發生在鏈結，錯誤控制可以被放置在每條鏈結的接收器上來偵測並且矯正錯誤。這樣做的話，路徑或許能免於錯誤，因為所有的鏈結都能自錯誤中恢復。然而，如果存於節點的封包遭遇到記憶體錯誤，則上述的說法就不成立，也就是說位元錯誤會繼續維持下去而不會被偵測出來，因為鏈結的傳送端和接收端所監控的僅僅是鏈結上的傳輸錯誤。換句話說，僅使用串連起來的逐站跳接式（鏈結接著鏈結）的錯誤控制是不夠的，而終端至終端的錯誤控制是必要的。有人可能會問：既然如此，為何不拿掉逐站跳接的錯誤控制而僅保留終端至終端的錯誤控制呢？從錯誤控制的角度來看，這樣做的確是可行的。但問題是要花多久時間才能從錯誤中恢復：拿掉逐站跳接式的錯誤控制，將會延長整個錯誤恢復流程所花的時間。此外，如果鏈結的位元錯誤率非常高，這樣做甚至可能連錯誤恢復都有困難，因為終端至終端的錯誤恢復成功機率是路徑上每條鏈結的錯誤恢復成功機率的乘積。上述邏輯之推論其實牽涉到第 1.3 節的終端至終端之論點。

訊流控制

資料層面裡另一種施行在每個封包上的操作是調節封包串流（packet stream）的灌輸流程。灌輸封包的速度太快可能會導致中繼路由器或目的地節點發生緩衝區溢位，進而造成許多封包重傳並且導致壅塞情況更加惡化。另一方面，灌輸封包的速度太慢則可能造成它們的緩衝區下溢，進而導致頻寬資源的低利用率。訊流控制是一個通用的術語，其泛指任何避免或解決壅塞的機制，但是壅塞本身卻可能有相當複雜的含義。它指的可能是終端至終端（一條路徑上來源點和目的地之間）、逐站跳接（一條鏈結上傳送端和接收端之間）或熱點（hot-spot，單一瓶頸節點或鏈結）之現象。**流量控制（flow control）**是一種訊流控制；它控制傳送端和接收端之間的同步，藉此預防傳送端的傳輸速度超出接收端所能接收的速度。傳送端和接收端可能是由一條鏈結或路徑所連接，所以流量控制指的可能是逐站跳接式或是終端至終端式。

身為另一種訊流控制，**壅塞控制（congestion control）**是處理由一組訊流來源所引起且更為複雜的瓶頸壅塞。一個瓶頸不論是節點或鏈結，都可能有許多封包流通過，而每條封包流都是促成壅塞的來源之一。明顯的解決之道是要求這些來源減緩傳輸速度或完全停止傳輸。然而，尚有一些細節需要被解決：哪些來源應該減緩傳輸速度，而又該減速多少呢？背後的政策為何？我們可以讓所有或部分的來源把傳輸速度減慢，而大家減速的程度可以相同亦可不同，不過這些都應該由底層的政策來決定。公平顯然是一個合理的政策，但是該如何去定義公平且該如何以有效的方式來實施公平之政策，卻是設計上的選擇，而在不同網路結構裡的選擇也各有不同。

服務品質

當網路有流量控制和壅塞控制維持令人滿意的運行時，它可能就運作得相當好。但總是會有更多嚴格的要求出現，其明確地規定訊流參數（如速率和訊流叢發長度等）以及期望的效能評量（如延遲時間和遺失等），而這就是明確的**服務品質**（**quality of service, QoS**）。在過去數十年來，服務品質的要求對於封包交換而言是一大挑戰。各種不同的訊流控制模組，例如監管器（policer）、塑形器（shaper）和排程器（scheduler），可能被放置在網路進入點或網路核心之處來調節訊流，以便達到 QoS 的目標。雖然目前已經有很多作為解決方案的結構被提出來，可是它們都沒有被大規模地部署在運轉中的網路裡。縱然如此，許多的訊流控制模組其實早已嵌入各式各樣的裝置裡，作為部分 QoS 的解決方案。

1.2.4　協同運作能力

標準 vs. 依賴實作

有兩種方式能讓各種裝置彼此間互相溝通。一種方式是只向一個供應商購入所有的裝置，而該供應商需提供某種方法讓它的裝置之間能互相通訊。另一種方式是定義出一個不同裝置之間能夠使用的標準通訊協定；如此一來，只要供應商都按照這些協定來做，我們就能讓從不同供應商所購買的裝置一起共同運作。如果我們不想在購買第一批裝置之後就被特定的供應商給綁住，這種協同運作能力（interoperability）就是一項必要的條件。另一方面，主宰市場的供應商卻可能希望把自己的**私有協定**（**proprietary protocol**），也就是供應商本身所制訂而非標準機構所制訂的協定，置入到它們的裝置裡，以便能綁住顧客。然而，假如這種置入性私有協定沒有做好的話，它們的市場佔有率很有可能會在不知不覺中萎縮。

既然如此，哪些應該而哪些又不應該被定義成標準呢？協同運作能力可作為判斷的準則。就封包處理的流程而言，有些部分需要標準化，但是其餘的部分可以留給供應商來決定。需要標準化的部分是那些會影響到來自不同供應商的裝置之間的協同運作能力，所以通訊協定的訊息格式當然需要標準化。然而，許多不會影響和其他裝置之間協同運作能力的內部機制（例如表格的資料結構以及它的查表和更新演算法）則是依賴實作的（implementation-dependent），意思就是供應商所特有的），而通常就是這些供應商所特有的設計，才是改善裝置效能的關鍵。

標準協定和演算法

在預設情況下，協定應該標準化，雖然某些私有協定的確存在。一旦這種私有協定主宰了市場，它們很可能會變成**業界標準**（**de facto standard**）。當訂定一個協定規格和結構的框架時，有兩個介面需要被定義出來：**同儕介面**（**peer interface**）和**服務介面**（**service interface**）。同儕介面是把支援該協定的系統之間所交換的協定訊息給格式化；服務介面則定義出特別的函數呼叫，讓同台機器上其他的模組可以用來存取某模組所提供的服務。一個協定可能有數種類別的訊息，而每一種類別都有它自己規定的標頭格式。一個標頭含有數個有固定長度或變動長度的欄位。當然，每個標頭欄位的語法（syntax，即格式）和語意（semantics，即詮釋）都必須標準化。一個傳送端會把協定的握手機制（protocol handshake）所用的訊息編碼到協定訊息的標頭裡，而如果有任何資料的話，再把資料附上去作為協定訊息的酬載。

控制協定（**control protocols**）把控制資料放進協定訊息的標頭裡，供控制層面運作之用。另一方面，**資料協定**（**data protocols**）把所有種類的資料，不論是使用者資料還是控制資料，通通放進它們協定訊息的酬載裡。它們的標頭資訊僅告知該如何轉發這些封包。

除了協定訊息的語法和語意之外，某些控制層面和資料層面的演算法也應該標準化。舉例來說，控制層面所使用的路由演算法必須獲得全部參與之路由器的一致同意，這樣才能讓所有路由器達成對最短路徑的一致看法。如果兩個相鄰的路由器，比方說 A 和 B，使用不同的路由演算法來計算它們到目的地 X 的最短路徑，那麼有可能 A 會把 B 當成通往 X 的最短路徑上的下一站，而 B 的情況正好相反。最後的結果會導致送往 X 的封包一旦抵達 A 或 B 點的時候，就會在 A 和 B 之間來回繞圈。資料層面的錯誤偵測或錯誤矯正演算法是很類似的例子。如果傳送端和接收端分別使用不同的資料編碼和解碼演算法，則這套系統將完全無法運作。

依賴實作的設計

不同於協定規格，協定的實作裡則存有許多彈性。不是所有控制層面和資料層面演算法的每一部分都需要標準化。舉例來說，像 Dijkstra 之類的路由演算法之實作需要用到一個資料結構來儲存網路拓樸以及一個用在該資料結構上來尋找出到所有目的地的最短路徑的演算法；可是這個實作並不需要標準化，因為還是可能會有人能夠設計出一個比教科書裡所教的還更有效的計算方法。另一個例子是封包轉發裡的查表演算法。如何才能設計出一個資料結構來儲存大量的欄位並且為它設計出能在速度和規模上超越目前最好的設計的相關查詢和更新演算法，這永遠是一個有趣的挑戰。

分層協定

實際上，協同運作能力的問題不僅發生在兩個系統之間，也發生在兩個協定之間。單獨一個協定並不足以驅動一整個系統。事實上是一套**協定堆疊**（**protocol stack**）才能驅動整個系統。一套協定堆疊是由一組**分層協定**（**layered protocols**）所構成，其中的每層涵蓋了部分的資料通訊機制，並且提供服務給上層的協定。一種自然的演進是將複雜的系統給抽象化成一個個模組之個體，亦即此處所提到的分層協定，以便於讓下層模組提供服務給它們的上層但同時對上層隱藏了內部的細節。

就如同兩個系統需要使用同樣的協定來通訊，同一個系統上處於不同層的兩個協定也需要像 send 和 recv 之類的服務介面來交換資料。如果兩個協定之間使用一個共用的介面來通訊，則當系統需要更換協定堆疊裡的任何協定時，將會有更好的彈性。舉例來說，假如兩個遠端主機 X 和 Y 有一個通訊堆疊 A-B-C，其中 A 是上層協定而 C 是某一特定鏈結的協定，那麼對主機 X 而言，它可以用另一種更可靠的鏈結所使用的協定 D 來取代協定 C，但仍然保持它的協定 A 和協定 B 不變，以便能和主機 Y 裡面所對應的協定 A 和協定 B 一起協同操作。然而，因為主機 X 和主機 Y 在兩條不同的鏈結上分別運行協定 C 和協定 D，所以應該有一個中繼裝置，比方說 Z，在主機 X 和主機 Y 之間把它們橋接起來。

1.3 網際網路的結構

當給予由封包交換的原理而來的限制，網際網路有自己的一套解決方案來達成資料通訊的三項條件，亦即連接性、擴充性和資源分享，就如同第 1.1 節所說明的一樣。所有網際網路結構所選擇的解決方案都有它們的背後哲理來證明其設計選擇的正當性。然而，也有存在著其他的資料通訊結構，例如已經式微的非同步傳輸模式（Asynchronous Transfer Mode, ATM）和正在崛起的多重協定標籤交換（Multiple-Protocol Label Switching, MPLS）。和網際網路結構相比，這些結構都有某一些共同點但也有自身獨特之處；當然，它們也有一套哲理來證明它們的結構設計選擇的正當性。它們是否能夠盛行通常取決於：(1) 誰先出現，以及 (2) 誰比較能滿足那三項資料通訊的條件。網際網路顯然在 1969 年就率先出現並且很令人滿意地滿足了那三個條件，縱使它持續受到要求做出基礎性改變之壓力。

本節透露出網際網路結構所採用的關鍵解決方案。為了解決連接性和無狀態之路由，終端至終端之論點可作為一個關鍵的哲理，用來定義出一個機制該放置在哪裡或哪些東西應該在網路內和網路外來完成。在這個論點的指導之下便定義出了協定的各個分層；接著又出現了**子網（subnet）**和**網域（domain）**等觀念來支援所需的擴充性。身為封包交換裡最難處理的議題，資源分享早已被一般性盡力而為傳遞服務（common best-effort carrier service）、網際網路協定（Internet protocol, IP），再加上兩個終端至終端服務：傳輸控制協定（Transmission Control Protocol, TCP）和使用者資料包協定（User Datagram Protocol, UDP）。TCP 提供終端至終端的壅塞控制讓使用者和諧地分享資源以及一種可靠且免於遺失之服務，而 UDP 提供一種平凡的無控制又不可靠的服務。

1.3.1 提供連接性的解決方案

兩個不相交的終端是經由一條具有節點和鏈結的路徑所連接。為了決定如何建立以及維護這個在網際網路裡的終端至終端之連接，我們必須回答三個問題：(1) 使用路由式連接或交換式連接？(2) 使用終端至終端的機制或逐站跳接的機制來維護連接的正確性（可靠且有秩序的封包傳遞）？以及 (3) 建立和維護連接性的任務應如何安排組織？網際網路已選擇了用路由式的連接，用終端至終端的層級來維護此一連接的正確性，以及把這些任務安排給四個協定層。

路由：無狀態和非連線式

雖然交換比路由來得快，就像第 1.1.1 小節所討論的一樣，可是前者需要交換裝置去記住所有流經過裝置的連接的**狀態（state）**資訊，而這種狀態資訊就是記錄在裝置的**虛擬電路表（virtual circuit table）**裡的（輸入埠，進入的虛擬電路號碼）對（輸出埠，出去的虛擬電路號碼）之映射。不同於電信通訊裡的連續性聲音訊流，資料訊流通常是叢發性的。把一條長期存在且又是叢發性質的連接的狀態資訊給長期保存在記憶體裡，從記憶體使用的角度來看，是很沒有效率的作法，因為該狀態資訊將需要被長期保存在記憶體裡但是偶爾才會被使用到。很類似地，從**初始時間延遲（initial time delay）**的角度來看，替短期存在的連接來建立狀態資訊也是很沒有效率的作法，因為就為了服務僅僅少數幾個封包卻要花費許多的耗損。簡而言之，對資料通訊來說，交換在空間和時間耗損方面比路由更沒有效率。

然而，路由並非在每一方面都是勝出。如同第 1.1.1 小節所介紹的，網際網路的路由會把封包的整個目的地位址拿去和轉發表（或稱路由表）裡的項目做比對。這個比對流程需要走訪一個大型的資料結構，也因此會耗費好幾次的記憶體存取和比對指令。另一方面，交換會把封包的虛擬電路號碼拿去索引查詢它的虛擬電路表，也因此僅需用到一次的記憶體存取。

許多網路結構，包含 ATM、X.25、訊框中繼（Frame Relay）和 MPLS，採用封包交換技術。它們可被視為電信通訊產業所提出的資料通訊解決方案，而它們技術的共同根源都來自於採用交換技術的 POTS 系統。圖 1.9 把這些網路結構都放在一條狀態譜之上，而其中所指的狀態並不僅限於節點所記錄的表格項目，它也包括了保留給封包流或連接串流的鏈結頻寬。POTS 是上述兩種狀態皆有的純粹電路交

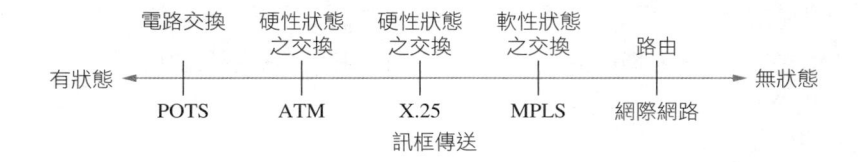

圖 1.9 網路結構的狀態譜

有狀態 ←　電路交換　｜　硬性狀態之交換　｜　硬性狀態之交換　｜　軟性狀態之交換　｜　路由　→ 無狀態

POTS　　ATM　　X.25 訊框傳送　　MPLS　　網際網路

換，而其餘的都屬於封包交換。在後者這一組裡，網際網路和 MPLS 分別採用的是路由和軟性狀態（soft-state）之交換，而其他則採用硬性狀態（hard-state）之交換。ATM 比 X.25 和訊框中繼更具有狀態性，因為它提供頻寬配置給個別的連接。

終端至終端的論點

為了提供從來源點到目的地一種可靠且有秩序的封包傳遞，錯誤控制和訊流控制應該在逐站跳接之基礎上或終端至終端之基礎上來實行。也就是說，在所有鏈結上或僅在終端主機上來實行。逐站跳接之論點主張，如果在所有鏈結上的傳輸都是可靠的而且按照秩序的，則終端至終端之傳輸的可靠性和次序性將獲得保證。然而，此一論點是在節點完全沒有錯誤的情況下才會成立。因為一條路徑是由節點和鏈結所構成的，所以保證鏈結運作的正確性並不包含節點運作的正確性，因此也就不包含沿著路徑、終端至終端傳遞的正確性。終端主機仍然需要錯誤控制和訊流控

原理應用：飽受挑戰的無狀態之設計原則

有人可能會說，網際網路結構所做的最獨特的決定是採用無狀態之路由。這個決定從最初開始便把網際網路帶向一個無狀態、非連接式的網路，其中每一個封包都是獨立地以路由傳送而並沒有事先在中繼路由器裡建立好路徑。無狀態指的是路由器並沒有保存任何用來追蹤經過的封包串流的狀態資訊。因為無狀態之路由的簡易性（以及其他本節將會提及的關鍵設計選擇），網際網路有很好的擴充性並且提供了有彈性的連接和經濟實惠的資源分享給所有的資料通訊應用來使用。

網際網路是否應該保持純粹的無狀態，這引起了許多的爭議。事實的情況是，許多新的需求，尤其是在服務品質和多點傳播方面，已經吸引了許多要把有狀態的設計元素放進網際網路結構的提議。要求網際網路進行基礎結構之改變的並非僅有 QoS 和多點傳播這兩個需求。另一個有迫切需求的則是線速之轉發（wire-speed forwarding）；因為鏈結頻寬的快速增長，線速之轉發要求網際網路改採交換而捨棄路由。MPLS 的目標是讓多一些封包採用交換傳輸而少一些路由，藉此來加快網際網路的傳輸速度。如之前所述，交換比路由來得快，因為前者僅需要對虛擬電路表做簡單的索引查詢而後者在查表時則需要更加複雜的比對。和屬於硬性狀態之交換的 ATM 不同，MPLS 是軟性狀態之交換；意思是說，如果某個封包串流的交換表項失效了或根本就不存在，MPLS 能夠改變回去使用無狀態之路由。MPLS 是否能被大規模地部署於原先的網際網路結構仍然是研究中的議題，可是新的需求像是保障效能的 QoS、群組通訊或群組散播所用的多點傳播、以及用於更快速基礎結構的線速之轉發等，它們在被滿足以前不會罷休。

制來防止節點之錯誤。另一方面，終端至終端之論點則主張，不要把一個機制放在較低的層裡，除非該機制全部都可以在那一層裡來完成。因此，終端至終端之論點在這一點上是勝出的。雖然有一些逐站跳接式的錯誤控制和訊流控制可以被放在鏈結上，但是這樣做僅僅是為了**效能優化（performance optimization）**之目的，以便於盡早偵測出錯誤並且從錯誤中恢復。而終端至終端之機制仍然是作為保證連接之正確性的主要防護。

終端至終端之論點也把複雜性推向網路之邊緣，而讓網路核心保持簡單到足以良好地擴充。應用感知服務（application-aware services）的處理應該在終端主機處來完成，也就是說，應該在網路外而非在網路內來處理，而留在網路內的應該是單一的傳輸服務。我們將會在提供資源分享的解決方案裡看到這一點。

四層的協定堆疊

複雜的資料通訊系統的抽象化設計引領出了分層協定（layered protocols），其中的下層協定會對上層協定隱藏自己內部的設計細節。可是到底需要多少層協定而每一層裡面究竟該放些什麼東西呢？總共四層的網際網路結構有時候又被稱作 TCP/IP 結構，而後者是以其中代表兩個最重要的分層的協定來命名。最底層的是**鏈結層（link layer）**，而該層可能是由很多不同種類的鏈結協定所組成。一個鏈結層協定是依賴硬體的（hardware-dependent）而且是用硬體〔**介面卡（adaptor card）**〕和軟體〔介面卡驅動程式（adaptor driver）〕之組合所實作出來。**IP 層（IP layer）**是基於鏈結層之上，由單獨一個 IP 協定所構成，並且經由無狀態之路由來提供主機至主機的連接（host-to-host connectivity，而在資料鏈結層所用的術語是 end-to-end connectivity，以便和 hop-by-hop connectivity 形成對比）。第三層為**傳輸層（transport layer）**，其包含了兩個協定（TCP 和 UDP）。TCP 和 UDP 提供頂部應用層所需的行程至行程的連接。傳輸層替應用層的通訊行程把下層網路拓樸的細節藏在抽象的虛擬鏈結或頻道（channel）的背後。在應用層裡的每一個客戶-伺服器（client-server）或**同儕式應用（peer-to-peer (P2P) application）**都有專用的協定。

圖 1.10(a) 展示出網際網路協定堆疊裡常用的協定。以虛線圓圈標示的協定屬於控制層面協定，而其餘則屬於資料層面協定。很重要的是注意到 TCP、UDP 和 IP 是作為核心協定來支援許多的應用層協定，但同時它們是乘載在許多可能的鏈結之上。我們將會在後面章節裡介紹圖 1.10(a) 的重要協定的細節。舉例來說，在這個四層協定堆疊裡的一種可能的階層結構是 HTTP-TCP-IP-Ethernet，其中資料酬載要被傳送時會依序被封裝在 HTTP 標頭、TCP 標頭、然後 Ethernet 標頭裡，而要被接收時則是把整個流程給反轉過來，如圖 1.10(b) 所示。

圖 1.10　(a) 網際網路協定堆疊：常用的協定 (b) 封包之封裝

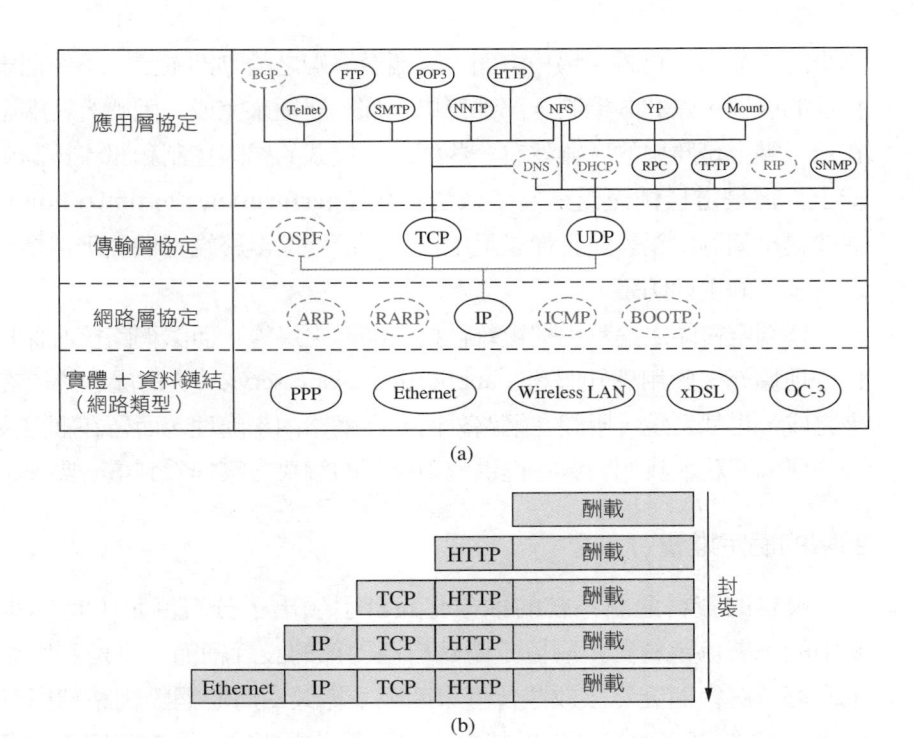

1.3.2　提供擴充性的解決方案

　　一個系統要用什麼方法把很大數量的節點給叢集起來，這就決定了該系統能擴充到什麼程度。因此，這些節點的定址（addressing）便是其中的關鍵議題。圖 1.1 指出了把 40 億個節點組織成一個 3 階層結構的可能方向。可是我們要如何定址以及組織這些節點呢？對於以擴充網際網路到 40 億個節點作為設計目標，必須先回答三個關於基礎設計的問題：(1) 階層結構裡面要有多少層？(2) 每個階層結構裡要有多少個獨立個體？以及 (3) 如何管理這個階層結構？如果節點之群組僅有一個層級而一個群組的規模為 256，則群組之數量將會是 16,777,216 個，而這麼龐大的數量對於互連路由器而言根本無法處理。這些路由器必須要當心注意如此龐大的群組數量。如圖 1.1 所建議，如果加上另一層規模也同樣是 256 的超級群組，則每個超級群組裡的群組數量和超級群組的總數就分別是 256 和 65,536。對於一個網路營運者，其可能為一個組織或一個網際網路服務供應商（Internet Service Provider, ISP），256 是一個能夠管理的規模。因此，網際網路採用一個 3 階層結構，並且分別以**子網（subnet）**和**自治系統（autonomous system, AS）**作為它的最底層和中間層，而許多的自治系統則留在頂層。

子網

網際網路使用子網來表示一個有相連位址區塊（contiguous address block）的實體網路裡的所有節點。一個實體網路是由一條點對點或廣播鏈結和接附於該鏈結上的節點群所組成。一個在廣播鏈結上的子網於是形成了一個區域網路，其自身成為一個廣播網域。也就是說，假如有封包要被送往同一區域網路裡的另一台主機，則只需要用到一個跳接點（hop），封包便可以被同一區域網路裡的任何主機或任何路由器傳送出去，然後自動地被該同一區域網路裡的目的地主機接收。然而，在兩個子網或兩個區域網路之間傳輸的封包則需要用路由器來做逐站跳接（hop-by-hop）的轉發。一個在點對點鏈結上的子網通常形成一條連接兩台路由器的廣域網路鏈結（WAN link）。圖 1.11 說明了用**網路遮罩（netmask）**和**字首（prefix）**所定義的子網，而第 4 章會正式地討論這些議題。

點對點鏈結上的子網之規模固定為 2 個節點。廣播鏈結上的子網之規模通常取決於效能和管理政策。然而，放太多台主機在一個子網上會導致嚴重的傳輸權之競爭。同時，管理政策通常偏好讓它管理的所有網域全都使用一個固定的子網規模，而一個規模為 256 的子網是比較常見的設置。

自治系統

網際網路上的節點可被群組成一定數量的子網，並且藉由路由器將子網相互連接。目前的網際網路有超過五千萬台主機和數百萬台路由器。如果每個子網的平均規模為 50，則子網的總數將會超過一百萬；這意味著路由器將會有太多子網的表項而根本無法去記錄和查詢這麼多的表項。很顯然地，子網之上需要有另一層的階層結構，也就是之前提過的自治系統。自治系統有時也被稱為**網域（domain）**，是由一個組織管理下的子網和它們之間的互連路由器所組成。一個自治系統裡的路由器會認識同一自治系統裡全部的內部自治系統（intra-AS）路由器和子網，再加上

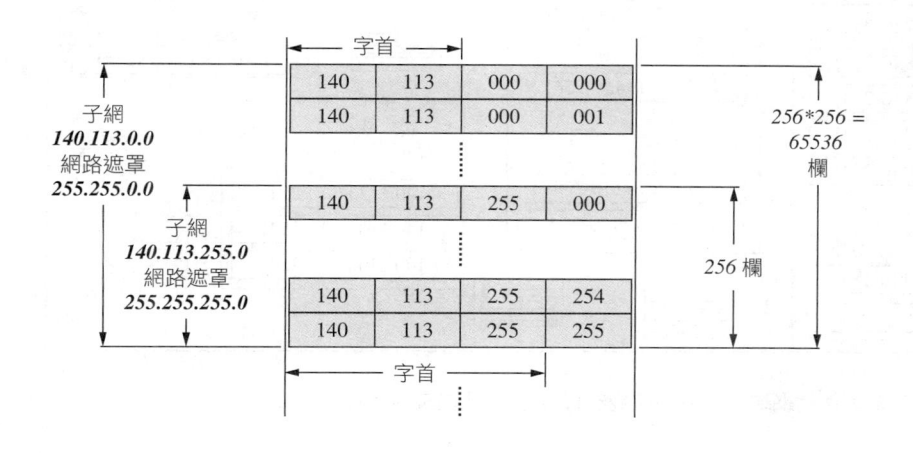

圖 **1.11** 子網、網路遮罩、字首：分段的相連位址區塊

一或數個負責自治系統之間路由的跨自治系統（inter-AS）路由器。送往同一自治系統裡的主機的封包是由 intra-AS 路由器來轉發。假如封包是被送往另一個自治系統裡的主機，事情就會變得更加複雜。該封包會先被數個 inter-AS 路由器轉發到區域自治系統裡的其中一個 inter-AS 路由器，然後再被這個 inter-AS 路由器轉發到目的地的自治系統，最後再被目的地自治系統裡的 intra-AS 路由器轉發到目的地之主機。

有了子網和自治系統，intra-AS 或 inter-AS 封包轉發便能以可擴充之方式來落實而不會給 intra-AS 和 inter-AS 路由器增添太多負擔。延續先前的例子；如果一個自治系統內的平均子網之數量為 50，則自治系統的總數將會是 20,000，而這是一個 inter-AS 路由器能夠處理也負擔得起的數量。自治系統不僅解決了擴充性的問題，它也讓網路營運者保留了管理的權力。一個自治系統內部的路由和其他內部的操作能和外界隔絕開來並且對外界隱藏起來。

圖 1.12 展示出國立交通大學的自治系統，其中在同一自治系統之下的每個系（department）會被分配到多個子網。整個網際網路擁有數萬個類似於這種的網域。

1.3.3 提供資源分享的解決方案

和主要用於電話通話的電信通訊相比，資料通訊擁有種類繁多的應用。因此，決定網際網路結構是否應該具有多種類型的連接以供各種不同種類的應用來使用，是非常重要的一件事。

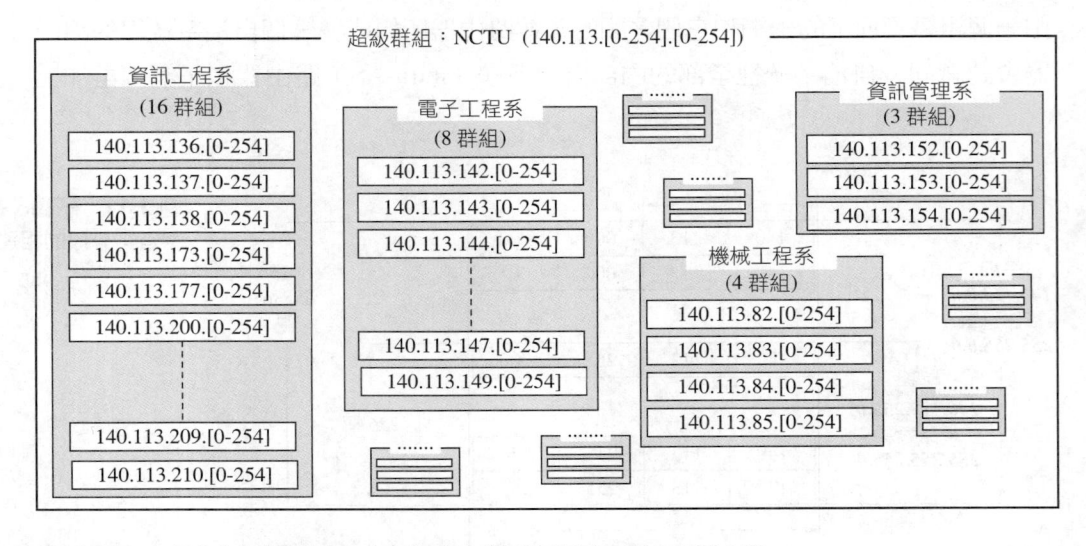

```
超級群組：NCTU (140.113.[0-254].[0-254])

資訊工程系                電子工程系                      資訊管理系
(16 群組)                 (8 群組)                       (3 群組)
140.113.136.[0-254]                                     140.113.152.[0-254]
140.113.137.[0-254]       140.113.142.[0-254]           140.113.153.[0-254]
140.113.138.[0-254]       140.113.143.[0-254]           140.113.154.[0-254]
140.113.173.[0-254]       140.113.144.[0-254]
140.113.177.[0-254]                                     機械工程系
140.113.200.[0-254]                                     (4 群組)
                          140.113.147.[0-254]           140.113.82.[0-254]
                          140.113.149.[0-254]           140.113.83.[0-254]
140.113.209.[0-254]                                     140.113.84.[0-254]
140.113.210.[0-254]                                     140.113.85.[0-254]
```

圖 1.12 一個作為範例的網域（自治系統或超級群組）：國立交通大學

應用的多樣性並非是資源分享方面的唯一問題。封包交換所造成的壅塞呈現了一個更為棘手的挑戰。某種壅塞控制和流量控制應該被強制實用，以避免網路內和接收端的緩衝區溢位。根據終端至終端之論點，許多人認為訊流控制應該在來源點上實行而非在中繼路由器上實行。

總之，網際網路結構回答了三個決定資源分享方式的問題：(1) 是否對不同應用的訊流要給予差別對待？(2) 資源分享之政策為何？以及 (3) 用來實施政策的訊流控制機制要放在何處？網際網路選擇了在網路內提供一般性盡力而為傳遞服務（common best-effort service），而同時讓終端至終端的壅塞控制和流量控制來實踐頻寬分享裡的公平政策。

一般性盡力而為傳遞服務：IP

應用可被分成至少三類：**互動（interactive）**、**檔案傳輸（file transfer）**、**即時（real-time）**。互動應用僅產生少量的訊流但是卻要求適時的回應。相反地，檔案傳輸之應用會灌注大量的訊流，但是卻能忍受較長的延遲時間。即時應用則對於連續訊流量和低延遲時間都有要求。如果網際網路決定讓上述每一類的應用都有一特定類型的連接來支援，則網際網路內的路由器就必須能夠察覺出封包的類型，以便能給予封包差別性的對待。然而，網際網路卻決定提供單一類型的連接服務，亦即盡力而為的 IP 服務。所有的 IP 封包在分享有限的資源方面是被平等地對待。

身為網際網路核心的傳輸服務，IP 擁有封包交換的最純樸的形式。我們用純樸來形容它是因為除了轉發和用於錯誤偵測的簡單**校驗和（checksum）**之外，IP 沒有任何其他有附加價值的服務；它沒有內建的訊流控制，而且它在處理量、延遲時間、抖動和遺失等方面來看是不可靠的。換句話說，它不能夠保證封包會以多快的速度來傳遞、封包什麼時候會抵達它們的目的地、以及封包究竟能不能夠抵達它們的目的地。此外，IP 也不能夠保證會按照順序來傳遞一整個序列的封包；也就是說，一個串流裡封包抵達目的地的順序可能和它們離開來源點的順序不一致。然而，一旦 IP 發現某個封包的校驗和是無效的話，它會丟棄掉該封包，並且把任何可能的錯誤恢復留給某個特定的終端至終端之協定來處理。如果一個應用需要錯誤恢復或訊流控制，則它必須依賴一個特定的終端至終端之協定來提供這些加值服務。

終端至終端的壅塞控制和錯誤恢復：TCP

TCP 是一種和諧的終端至終端之協定，而它會管制某一來源點的一條封包流的**未確認之位元數量（outstanding bits）**，以便讓所有的封包流都能公平地分享資源。藉著要求所有的來源點都要和諧並且積極地對壅塞做出回應，碰到壅塞的機率和自壅塞中恢復所花的時間都會減少。TCP 也是一種執行錯誤恢復的可靠的終端至終端之協定。TCP 就封包遺失而言是可靠的；也就是說，TCP 協定可以恢復由錯誤或壅塞所引起的封包遺失。然而，就處理量、延遲時間和抖動等其他效能評量而言，TCP 依然是不可靠的。如果要在封包交換的網路裡保證這些效能評量，需要把額外的而且通常是有狀態的機制加諸到網路內部裡面。雖然相關的解決方案確實存在，可是它們沒有一個曾經被大規模地部署。事實上，對於大多數的資料通訊應用，TCP 的零封包遺失之保證已經足夠。

也有許多應用是不需要零封包遺失之保證。舉例來說，封包語音和影像串流等應用便能夠容忍一小部分的封包遺失但仍然維持它們的播放品質。事實上，對於這些即時應用而言，為了錯誤恢復的緣故而使用會延長傳輸時間的終端至終端封包重傳，這是不能被接受的。有些其他的應用，例如網路管理，可能有它們自己內建於客戶端和伺服器端裡的錯誤控制，因此並不仰賴下層終端至終端的傳輸服務來提供錯誤控制。對於這些應用而言，UDP 可作為另一種選擇。UDP 是另一個終端至終端的協定，縱然它相當的原始而且只有簡單的校驗和以供錯誤偵測之用，但是卻沒有任何的錯誤恢復或訊流控制。在圖 1.10(a) 裡，我們可以看到乘載在 TCP 和 UDP 之上的應用。

為了避免壅塞以及公平地分享頻寬，一個有趣的哲理於是被嵌入到 TCP 之中：每個資料流的未確認位元之數量應該差不多相同；也就是說，所有活躍的 TCP 資料流所貢獻到網際網路的訊流量應該要相等。未確認位元之數量事實上指的就是頻寬延遲積（bandwidth delay product, BDP）。為了要讓 BDP 維持不變，假如有一條 TCP 資料流穿越了一條較長的路徑，而它的延遲時間因此變得比較長，則這條資料流的傳輸速率（頻寬）應該要變得比較小。事實上，TCP 資料流並沒有明確的傳輸速率；它們反而是使用窗框尺寸（window size）來控制 BDP（未確認位元之數量）。考慮一條有許多 TCP 資料流穿過的鏈結，而這些資料流的跳接點數量或終端至終端之延遲可能都不相同。為了達成相同的 BDP，它們的傳輸速率可能會有差異。因此，縱然網路上的頻寬很充沛而且路徑上都沒有壅塞發生，一條橫貫洲際大陸的 TCP 資料流當然還是會有比區域 TCP 資料流更低的傳輸速率。

除了公平性政策之外，TCP 需要調整其基於窗框的控制，以便能反映出當時網路和接收端的情況。首先，傳輸速率應該被接收端的處理能力所限制。其次，當網路開始壅塞時，傳輸速率應該減緩，而當壅塞平息時，速率則應該增加。可是 TCP 應該以多快的速度來增加或減緩它的傳輸速率或窗框尺寸呢？**加法增加乘法減少（Additive Increase Multiplicative Decrease, AIMD）** 看起來是個很好的選擇，因為它會緩慢地消耗頻寬但會快速地對壅塞做出回應。許多 TCP 相關的效能議題和考量需要進一步地澄清，並且會在第 5 章解決。

1.3.4 控制層面和資料層面的操作

雖然有了解決連接性、擴充性和資源分享的決定，但是仍然有許多細節需要解決，以便能讓網際網路如預期般地運作。其中包括了控制層面的路由和錯誤回報，以及控制層面的轉發、錯誤控制、訊流控制。

控制層面的操作

在第 1.2.2 小節，我們提過設計路由協定及其演算法的問題。在那時候所做的決定可以摘要如下：在背景端事先計算、逐站跳接、每一目的地字首（子網或自治系統）的精細度、供 intra-AS 路由所用的部分或整體網路狀態資訊、供 inter-AS 路由所用的部分網路狀態資訊、以及大多數採用單一最短路徑。當然，在這些選擇的背後是有理由的。需求即辦的來源路由（on-demand source routing）是適合於相當動態的網路拓樸；否則，在每個路由器上事先計算好的逐站跳接路由將會更為合適。因為有了子網和自治系統所構成的可擴充之階層結構，intra-AS 路由和 inter-AS 路由的精細度就分別是以每個子網和每個自治系統作為單位。

如第 1.3.2 小節所探討的，在一個子網數量少的自治系統裡面，比方說僅有數十到數百個子網，不管是部分的或是整體的網路狀態資訊都能很容易地被收集到。然而，全世界的自治系統數量可能高達數萬個，因此要收集最新的整體網路狀態資訊是相當困難的。整體的網路狀態資訊涵蓋了全部的網路拓樸，是用全部的路由器所廣播的鏈結狀態（link states）來建構而成。另一方面，部分的網路狀態資訊包括下一站的跳接點路由器以及該路由器到目的地子網或目的地自治系統的距離，是用相鄰路由器之間交換的距離向量（distance vectors）來建構而成。最後，採用單一最短路徑而非多重路徑是為了簡單化而做出的決定。擁有到指定目的地子網或目的地自治系統的多重路徑將會帶來更佳的資源使用率和負載平衡，但這樣做也會讓路由和轉發的設計變得更加複雜。當一個指定目的地在轉發表裡有一個以上的項目時，在控制層面裡維護表項以及在資料層面裡選擇要去哪個表項都不再是微不足道的小事。**路由資訊協定（Routing Information Protocol, RIP）**和**開放最短路徑優先（Open Shortest Path First, OSPF）**是兩個常見的 intra-AS 路由協定；前者所依賴的是部分網路狀態資訊，而後者則依賴整體網路狀態資訊。**邊界閘道協定（Border Gateway Protocol, BGP）**則主宰 inter-AS 路由，而它所依賴的是部分網路狀態資訊。

在控制層面尚有一些其他的工作，像是多點傳播之路由、錯誤回報和主機配置等，都需要加以解決。多點傳播之路由比單點傳播之路由來得更複雜。雖然目前有許多解決方案，我們把它們留到第 4 章再來討論。錯誤回報就是當封包處理的錯誤發生在路由器或目的地的時候，把該情形回報給來源點。它也可以被用來探測網路。**網際網路控制訊息協定（Internet Control Message Protocol, ICMP）**是用於錯誤回報的協定。**動態主機設定協定（Dynamic Host Configuration Protocol, DHCP）**是一種試圖把主機設定的任務給自動化，以便能達成**隨插即用（plug-in-play）**。雖然整個網路的完全自動設定（automatic configuration）在目前仍然是一件不可能的事情，但是 DHCP 已經把網路管理者從不得不手動設定所有主機的 IP 位址和其他參數的冗長工作中給解放出來。然而，路由器的設定仍必須以手動完成。

資料層面的操作

封包之轉發其實只是一種查表的流程，也就是拿封包裡目的地 IP 位址和轉發表項目裡的 IP 字首來做比對。對於 intra-AS 和 inter-AS 轉發而言，轉發表項目的精細度分別是以每一子網和每一自治系統為單位。一個子網或一個自治系統的 IP 字首可能有 2 到 32 位元之間的任何長度。字首比對符合的那個表項就含有封包轉發的下一站資訊。然而，如果一個位址區塊被配置給兩個子網或兩個自治系統，則找到兩個以上比對符合的字首是有可能的。舉例來說，如果一個 140.113 的 IP 位址區塊被切割成 114.113.23 和其餘位址這兩個部分，並且被指派給兩個自治系統，則 inter-AS 轉發表可能會含有字首 140.113 和字首 140.113.23 的兩個項目。當一個被送往 140.113.23.53 的封包被路由器接收，則該封包的字首比對會同時符合這兩個項目。在預設的情況下，轉發會選擇其中符合最長字首比對的那一個項目。

按照在第 1.3.1 小節所討論的終端至終端之論點，網際網路裡的錯誤控制是被放進到終端至終端的 TCP 和 UDP 之中。TCP 和 UDP 裡的校驗和會被用來檢查在整個封包裡所出現的錯誤，雖然它能夠偵測出的錯誤只限於單一的位元錯誤。如果一個封包被偵測出錯誤，則 UDP 接收端只會丟掉並忽略這個封包，可是 TCP 接收端就會告知 TCP 傳送端以便要求它重新傳送封包。雖然 IP 裡面也有校驗和，可是它只保護封包的標頭以避免在協定處理中發生錯誤；卻沒有保護封包的酬載。如果封包在一個節點處被偵測出錯誤，那個節點就會丟掉該封包，並且送回一個 ICMP 封包給來源點。來源點如何處理這個錯誤取決於實作的設計。此外，為了效率之目的，許多底下的鏈結也在鏈結層放了錯誤控制，可是這樣的錯誤控制和在 TCP、UDP 和 IP 層的錯誤控制完全不相關。

訊流控制之目的是為了避免壅塞並且解決壅塞，同時還要能公平地分享頻寬資源。TCP 提供一個相當令人滿意的解決方案，正如第 1.3.3 小節所討論的。另一方面，UDP 卻照著它自己的意願來發送封包。雖然目前 TCP 訊流在訊流量方面仍是主宰，但是影音串流和 VoIP 應用很可能在未來的某一天就會推動 UDP 訊流超越 TCP 訊流。當 TCP 訊流和 UDP 訊流兩種混在一起的時候，TCP 訊流會遭受到損害。而這個現象需要新一輪的研究使用類似 TCP 的終端至終端之壅塞控制和訊流控制來控制 UDP 訊流。簡而言之，一條 UDP 資料流應該要對 TCP 資料流表示友

> **原理應用：網際網路結構的特色**
>
> 在此再次強調網際網路所獨有的「特色」。為了解決連接性和資源分享的問題，網際網路以最大的程度採納了終端至終端之論點，而把複雜度推向到邊緣裝置並且讓網路核心保持無狀態。也就是說，網路核心負責提供不可靠且無狀態之路由服務，而網路邊緣則分別用錯誤控制和壅塞控制來照顧網路傳輸的正確性和健全性。除此之外，一個有子網和網域的簡單 3 階層結構便足以讓網際網路擴充到數十億個節點。額外的機制因此需要遵守網際網路的這些特色。OSI、ATM、IntServ/DiffServ 所提供的 QoS，以及 IP 多點傳播全部都不能取代網際網路，甚至是不能和它共存的失敗例子。這些失敗例子都需要有狀態的網路核心把通過的連接記錄在表的項目裡。MPLS 用交換來傳輸多一些封包，而用路由傳輸少一些封包，但它也面臨同樣的難題。雖然 MPLS 使用上述有彈性的軟性狀態交換，讓它更能夠遵從無狀態之路由，也因此更容易以小規模（比如說，一個 ISP 的規模）來部署，但是要讓網際網路廣泛地採用 MPLS 仍具有挑戰性。

善，所以它對共存的 TCP 資料流的影響應該和一條 TCP 資料流對其他共存的 TCP 資料流的影響是相同的。

1.4 開放源碼的實作

　　網際網路結構提出一套可以滿足資料通訊的條件和原理的整合性解決方案，而這一套解決方案是開放的標準。網際網路結構的開放源碼之實作，則把同樣的開放精神更向前推進了一步。本節將討論網際網路結構的開放源碼之實作的理由和實踐的方法。我們首先比較開放式和封閉式實作的做法。然後我們會說明 Linux 系統裡的軟體結構，而該系統可以是主機或是路由器。這個軟體結構然後會被分解成許多部分：核心、驅動程式、守護程式、控制器，而每一部分都會有簡要回顧來做介紹。

　　我們把更多實作的總覽和對兩組有用工具的介紹留給後面三個附錄。附錄 B 檢視 Linux 核心的**源碼樹（source tree）**並且摘要它的網路程式碼。常見的開發工具和實用工具分別在附錄 C 和附錄 D 中一併介紹。我們鼓勵讀者在進行本書的動手實作練習之前，先瀏覽這三個附錄。另外，開放源碼的非技術性知識，包含歷史、授權模式、可用之資源等，將在附錄 A 的第 A.2 節裡回顧。

1.4.1 開放 vs. 封閉

供應商：系統、IC、硬體及軟體

在描述網際網路結構的實作方法之前，我們應該指出系統裡的主要組件以及相關的供應商。就主機或路由器而言，一個系統是由軟體、硬體以及積體電路（IC）等組件所構成。在一台主機上，網際網路結構大部分是以軟體而一部分是以 IC 來實作完成。在協定堆疊之中，TCP、UCP、IP 是實作在作業系統裡，而應用協定和鏈結協定則分別實作在應用程式和介面卡的 IC 裡。路由器的實作也極為類似，但除了一個例外情況：在 CPU 無法達到所想要的線速之處理的情況下，部分的協定之實作可能從軟體移到 IC。

一個**系統供應商（system vendor）**可能會自行內部開發並整合所有這三種組件，又或者會把其中某些組件外包給軟體、硬體或 IC 的**組件供應商（component vendor）**。舉例來說，一個路由器系統供應商可以去設計、實作和製造該系統的硬體，但它所使用的內建晶片（on-board chips）可能是來自一家或數家的 IC 供應商，而它獲得授權和用來修改的軟體則來自另一家軟體供應商。

從私有、第三方到開放源碼

有三種方式把網際網路結構實作在一個主機或路由器系統裡。它們是 (1) **私有封閉式（proprietary closed）**，(2) **第三方封閉式（third-party closed）**，和 (3) **開放源碼（open source）**。一家大規模的系統供應商或許可以負擔得起維持一個數百名工程師的龐大團隊來設計和實作私有封閉式的軟體和 IC。其成果就是一個由該系統供應商獨佔智慧財產權的封閉系統。對於小規模的系統供應商而言，維持這樣龐大的團隊是非常花錢的。因此，他們寧願訴諸於軟體供應商或 IC 供應商所提供的第三方解決方案，由軟體或 IC 供應商轉移實作給系統供應商並且向他們收取授權費和每份的使用費（royalty，適用於軟體）或代價（price，適用於 IC）。

軟體和 IC 的開放源碼之實作提供了第三種系統實作的方式。在不用維持龐大的研發團隊或被特定組件供應商給綁住的情況之下，一個系統供應商可以利用現有的充沛軟體資源，而系統和 IC 供應商則有更多的資源來運用。他們又可以轉而貢獻回去給這個開放源碼的社群。

開放性：介面或實作？

當我們談論起開放性，很重要的是指出到底什麼才算是開放？它指的是**介面（interface）**還是**實作（implementation）**呢？所謂的開放源碼，我們指的是開放式的實作。舉例來說，網際網路是一種開放式的介面，而 Linux 系統則是該開放式介面的一種開放式實作。事實上，對於一個協定要能夠變成網際網路結構的一部分，其中的一個條件是該協定必須有穩定而且公開提供的可運行程式碼。這裡的開放式介面和開放式實作是一起攜手進行。另一方面，IBM 的**結構式網路架構**（Structured Network Architecture, SNA）是一個封閉式介面，所以當然也有一個封閉式的實作，而微軟視窗系統（Microsoft Windows）是開放式網際網路結構的一個封閉式實作。SNA 已經消失了，但視窗系統仍然屹立不搖。對於不同供應商的系統之間的協同操作能力而言，開放式介面是一項必須的條件，但開放式實作則不是。然而，開放式實作有許多優點。一個受歡迎的開放式套裝軟體擁有遍及世界的貢獻者，而這給它帶來了快速的修補檔來修理軟體的缺陷或是強化軟體的功能，以及更好的程式碼品質。

1.4.2　Linux 系統的軟體結構

當一個結構被實作成一個系統，很重要的是找出在哪些地方來實作哪些東西。這裡有幾個必須要做出的關鍵決定：應該在哪裡來實作控制層面和資料層面裡的操作？哪些東西應該被實作成硬體、IC 或軟體？如果要被實作成軟體，則它應該屬於軟體結構的哪一個部分呢？如果要替一個基於 Linux 的系統做出這些決定，我們首先應該了解 Linux 系統的軟體結構。

行程模型

和任何其他類似 UNIX 的或現代的作業系統一樣，一個 Linux 系統有**使用者空間**（user space）和**核心空間**（kernel space）程式。核心空間程式提供服務給使用者空間程式。一個**行程**（process）是核心空間程式或使用者空間程式的化身，而它能被排班在 CPU 上執行。核心空間程式處於核心記憶體空間之內，是用來管理系統的運作以便能提供服務給使用者空間行程，縱然服務並非以直接的方式來提供。使用者空間行程處於使用者記憶體空間之內，能作為客戶端在前景端來執行或作為應用伺服器在背景端來執行。在核心空間裡存在一些裝置驅動程式，用來執行在周邊裝置上的一些 I/O 操作。一個驅動程式是依賴硬體的，而且必須能夠察覺周邊裝置的硬體類型才能去控制它。

當一個使用者空間行程需要核心空間程式所提供的一個特殊的服務（比方說，發送或接收一個封包），前者發出的**系統呼叫**（system call）會產生軟體中斷（software interrupt）到核心空間裡。然後該行程切換到核心空間裡去執行核心空間程式，以便於執行所要求的服務。一旦完成服務，行程會返回到使用者空間裡去繼續執行它的使用者空間程式。注意到服務是由核心空間程式所提供（並非之前提到的負責管理系統的核心空間行程），而該核心空間程式是在使用者空間行程切換到核心空間時,被使用者空間行程執行。系統呼叫作為使用者空間和核心空間之間的應用編程介面(application programming interface, API)。插槽(socket)是系統呼叫裡的一個專門用於網路用途的子集。第 1.4.4 小節有更多關於插槽的描述。

在哪裡實作哪些東西?

當給予上述的行程模型,有幾個觀察能被用來決定要在哪裡實作哪些東西。因為核心空間程式提供了基礎服務給使用者空間程式,不依賴應用(application-independent)的程式就應該被實作成核心空間程式,而把應用的客戶端和伺服器端留給使用者空間程式。在核心空間裡,依賴硬體(hardware-dependent)的處理應該被實作成裝置驅動程式,而其他則待在核心作業系統裡。如果遵從這些指導方針,要在哪裡來實作哪些東西就變得很明顯了。所有應用協定應該被實作成使用者空間的客戶端和伺服器端之程式,而 TCP、UDP 和 IP 應該被實作在 Linux 核心裡面。各種不同的依賴硬體的鏈結層應該被實作成驅動程式和硬體。取決於哪些東西已經被放在鏈結的硬體裡面,比如說一塊簡單的內建電路或特殊應用積體電路(ASIC),一條鏈結的驅動程式可以是鏈結層協定的處理程式,或是純粹的封包讀寫器。對於某些鏈結而言,**時序(timing)**是保證其鏈結協定能正確運作的關鍵,因此這些鏈結的鏈結層協定應該被實作成沒有 CPU 參與的 ASIC。否則的話,簡單的收發器就可以作為鏈結的硬體,而把協定之處理留給該鏈結的驅動程式來執行。

有了 IP 的轉發功能、大部分在 TCP 而部分在 IP 和 UDP 的錯誤控制、和 TCP 的訊流控制(它們的實作都在 Linux 核心裡面),有一個問題還是存在:我們應該把網際網路的控制層面操作放在哪裡呢?這些操作包括 RIP、OSPF 和 BGP 裡的路由、ICMP 裡的錯誤回報、DHCP 裡的主機設定等。因為 ICMP 簡單又不依賴應用,所以它直接被放置在核心裡來充當 IP 的夥伴協定。雖然 RIP、OSPF、BGP 和 DHCP 都不依賴應用,可是它們很複雜(尤其是前三個都需要執行複雜的路由計算演算法)卻又只能用在控制封包的處理。因為這個緣故,它們被放在使用者空間程式裡,而該程式以守護行程(daemon process)的形式在背景端持續地執行。我們可以得出一個結論,所有的單點傳播和多點傳播路由協定是被實作成守護行程。另一個不把它們放進作業系統核心的原因是它們的數量實在是太多了,可是這樣做卻會造成另外一個問題:使用者空間的路由守護行程需要去更新核心空間的 IP 轉發程式所查詢的轉發表。解決之道是讓路由守護行程經由使用者空間和核心空間之間的插槽 API,把一個資料結構寫入核心裡。

路由器和主機的內部

以下列舉兩個範例告訴讀者哪些常見的操作會被實作在網路節點裡,而它們又會被放置在哪些地方。圖 1.13 說明路由器裡常見的操作。路由協定(RIP、

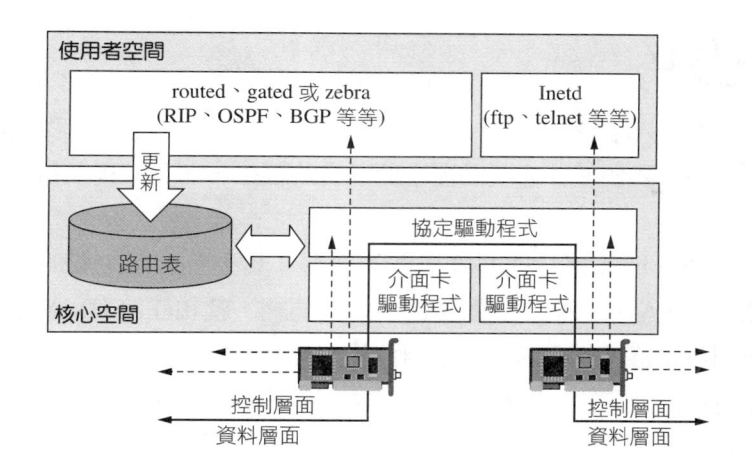

圖 1.13 Linux 系統裡的軟體結構：路由器

OSPF、BGP 等) 被實作成守護行程 (routed、gated 或 zebra，以作為先進路由協定之用)；它會更新核心內供協定驅動程式來查詢的路由表 (或稱作轉發表)。協定驅動程式是由 IP、ICMP、TCP 以及 UDP 所組成，而它會呼叫介面卡的驅動程式去發送和接收封包。另一個守護行程，inetd (超級網路守護行程)，會引發各種用於網路相關服務的程式。如同圖中帶箭頭的線所顯示，控制層面的封包是在協定驅動程式裡由 ICMP 來處理或在上方的守護行程裡由 RIP、OSPF、BGP 等來處理。然而，資料層面的封包則是被協定驅動程式裡的 IP 層給轉發出去。

很類似地，圖 1.14 顯示出一台伺服器主機裡的操作。各種不同應用協定 (比如說網頁、電子郵件) 的伺服器被實作成守護行程 (比方說 apache、qmail、net-snmp 等)。主機和路由器之間一個很明顯的差異就是，在主機裡並沒有封包轉發，所以它只需要一個鏈結介面或介面卡。就這個主機而言，大多數的封包是要上傳給守護行程伺服器的資料層面封包和從那邊傳下來的資料層面封包。伺服器主機僅有的控制層面協定可能就是用於錯誤回報的 ICMP。

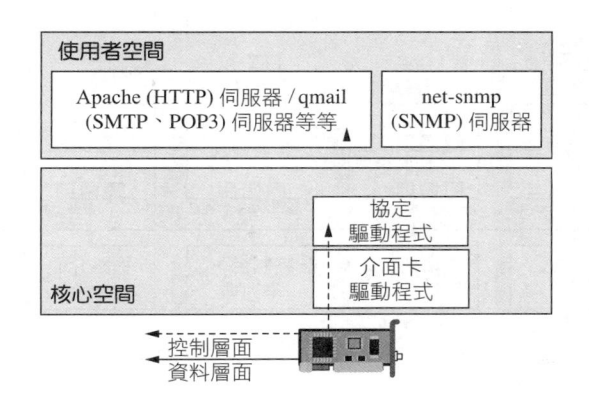

圖 1.14 圖 Linux 系統裡的軟體結構：伺服器主機

1.4.3 Linux 核心

把協定個體定位到守護程式、Linux 核心、驅動程式和 IC 之後，我們現在來檢視這些組件的內部。我們並非想要涵蓋它們所有的細節，而是只提及每一個組件的關鍵特點。

圖 1.15 展示了在 Linux 核心裡關鍵組件的部署。其中有五個主要的組件：行程管理、記憶體管理、檔案系統、裝置控制、電腦連網，就和任何 UNIX 之類的作業系統一樣。我們並未打算詳細講解每個組件的用途為何。

每一個組件有兩個分層：非依賴硬體的和依賴硬體的。依賴硬體的部分事實上就是硬碟、控制台和介面卡的驅動程式，或是 CPU 依賴結構的程式碼和各種 CPU 結構的虛擬記憶體管理者。在這些組件之中，電腦連網是我們關注的焦點。附錄 B 會簡單介紹 Linux 核心的源碼樹，尤其是電腦連網的部分。

1.4.4 客戶端和守護行程伺服器

在核心的上方，使用者空間行程執行它們的使用者空間程式，雖然它們偶爾會引發系統呼叫並且切換到核心裡去接受服務。對於網路服務而言，插槽 API 提供了一組系統呼叫，讓使用者空間行程能和另一個遠端使用者空間行程來通訊（經由 TCP 或 UDP 插槽），產生它自己的 IP 封包（經由原始插槽），直接聽取介面卡〔經由資料鏈結提供者介面插槽（Data Link Provider Interface socket）〕，或是和同一台機器的核心來通訊（經由路由插槽）。圖 1.16 說明這些插槽。對於每一個特定插槽

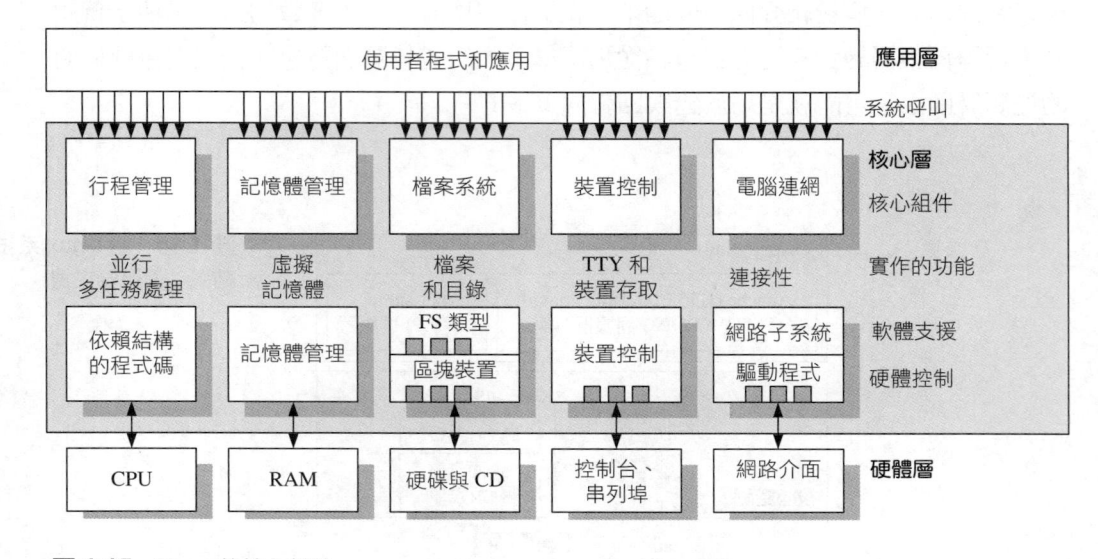

圖 1.15 Linux 的核心組件

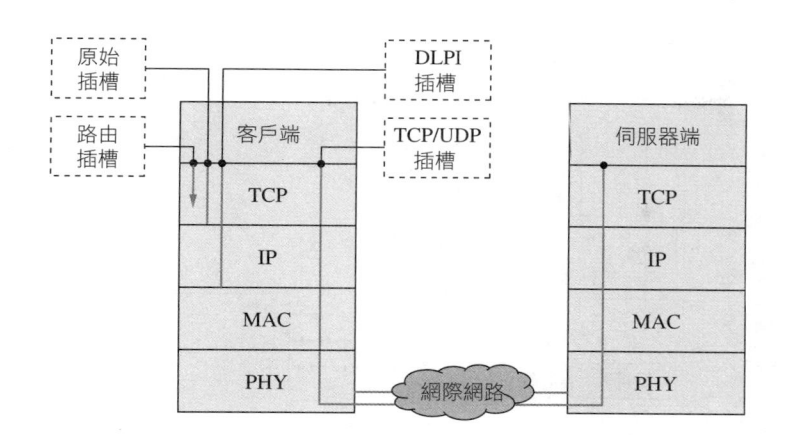

圖 **1.16** 客戶端和守護行程伺服器：四種插槽 API

API 的系統呼叫，Linux 核心用一組核心空間函數來實作該系統呼叫。

這些插槽有不同的應用。舉例來說，Apache 伺服器和許多其他的伺服器使用 TCP 插槽。zebra 路由守護行程利用路由插槽來更新核心裡的轉發表，以及使用 UDP 插槽、原始插槽、TCP 插槽來發送和接收 RIP、OSPF、BGP 協定訊息。圖 1.10(a) 的協定堆疊顯示它們所選擇的插槽 API。RIP、OSPF 和 BGP 分別是在 UDP、IP 和 TCP 的上方。

1.4.5 介面驅動程式

一個裝置驅動程式是核心所呼叫的一組動態連結的函數。這裡很關鍵的是要知道驅動程式的操作是由硬體中斷（hardware interrupt）所觸發。當一個裝置完成了一個 I/O 操作或是偵測到一個需要處理的事件時，它會產生一個硬體中斷。這個中斷必須被了解該裝置的驅動程式來處理，可是在此之前，所有的中斷必須由核心來先行處理。核心又怎麼知道該選擇哪一個驅動程式來處理手中的硬體中斷呢？因此，裝置的驅動程式應該事先就要求核心把自己註冊成一個中斷服務常式（interrupt service routine），專門用來處理某特定編號的硬體中斷。然而，部分的驅動程式並不在中斷服務常式的裡面。被核心所呼叫但卻非中斷處理的部分並不會被放入中斷服務常式裡。圖 1.17 顯示一個網路介面卡的驅動程式。封包接收器和部分的封包傳輸器會被註冊為該介面卡的中斷服務常式。當有源自介面卡的硬體中斷時，核心便會呼叫它們。部分的傳輸器並沒有被註冊在中斷服務常式裡面，因為它是在核心有封包要傳送時才會被呼叫。

除了傳輸和接收封包，驅動程式可能會做些鏈結層協定的處理。雖然某部分的鏈結層協定可以被實作成介面卡裡的 ASIC，正如我們會在第 3 章看到的，驅動程式裡面可能仍然會含有某些協定的處理。

圖 1.17 中斷驅動的介面驅動程式：in 和 out

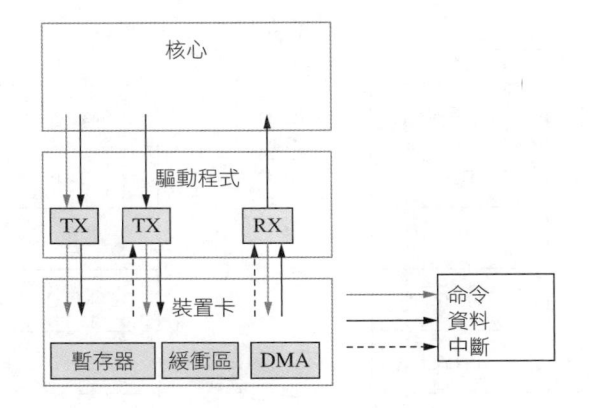

1.4.6 裝置控制器

如同上一小節所描述，驅動程式是被放在核心的後面來處理裝置所產生的中斷。此外，在初始化的階段或當核心想要改變某些設定時，驅動程式就需要去設定裝置。既然如此，一個驅動程式要如何和一個裝置來通訊呢？事實上，在裝置內部有一個裝置控制器，其通常是負責和驅動程式來通訊的一塊 IC 晶片。控制器提供給驅動程式一組用來讀和寫的暫存器。藉由讀取和寫入這些暫存器，驅動程式可以對裝置發出**命令**（commands）或從裝置來讀取出**狀態**（status）。此外，根據 CPU 結構的類型，有兩種不同的方法來存取這些暫存器。有些 CPU 提供一組特定的 I/O 指令，例如 in 和 out，以供驅動程式和裝置之間來通訊，而有些則保留一定範圍的記憶體位址，供驅動程式使用像記憶體存取一樣的方式來發出 I/O 指令，例如記憶體映射 I/O（memory-mapped I/O）。

裝置控制器確實是一個裝置的核心，它經常監視著裝置並且立刻對外部環境或驅動程式的事件做出回應。舉例來說，網路介面卡的控制器一旦感測到驅動程式在它的命令暫存器裡寫入了一個傳輸命令，它可能會馬上執行一個 MAC 協定來傳輸一個封包。而當碰撞（collision）發生時，它可能會一再地嘗試去重傳封包。在此同時，它會監視著網路線，以便於偵測任何傳入的封包，接收該封包並且存入介面卡的記憶體裡，根據 MAC 標頭來檢查封包的正確性，然後觸發一個中斷來要求相關的驅動程式把封包轉移到主機的記憶體裡。

1.5 本書內容路線圖：封包的一生之旅

我們已經走完了一段漫長的介紹過程，並且從中學習到關於網際網路結構和其開放源碼實作的種種理由和實踐方法，可是至今還沒有提及到足夠的細節。接下來的章節會深入並詳細地檢視協定堆疊裡每一層的種種理由和實踐方法，再加上兩個網際網路裡不容忽視的問題：QoS 和安全。在進入這些章節之前，我們先來看看終端主機或中繼裝置的內部是如何儲存和處理封包；這不但具有教育意義，同時也很有趣。本節也會幫助讀者準備好足以了解本書所涵蓋的開放源碼實作的背景知識。

1.5.1 封包的資料結構：`sk_buff`

對於在第 1.3 節所提到的封包之封裝而言，不管是把資料包裝成封包或是打開封包把資料取出，都一定需要多個網路分層（或模組）之間的合作。為了避免經常在這些模組之間拷貝資料，它們之間會有一個共同的資料結構被用來儲存和描述封包，也因此每個模組只要用一個**記憶體指標（memory pointer）**便能很簡單地傳遞或存取封包。在 Linux 系統裡面，這樣的資料結構被命名為 `sk_buff`，而它的定義是在檔案 `skbuff.h` 裡。

一個 `sk_buff` 資料結構是被用來儲存一個封包以及它的相關資訊，例如長度、類型或任何和封包一起在網路模組之間交換的資料。如圖 1.18 所示，該資料結構包含著許多指標參數，其中大多數是指向一個額外的固定尺寸的記憶體空間，也就是真正儲存封包的地方。有「+」字首的欄位名稱表示一個基於 head 欄位的偏移量。`next` 和 `prev` 這兩個參數將資料結構分別連結到前一個和下一個 `sk_buff` 資料結構，好讓節點裡的封包能被維護在一個雙向連結串列（doubly linked list）的資料結構裡。參數 `dev` 和 `sk` 分別標示著網路裝置和插槽，而從前者可以接收到封包或是把封包送到後者來傳輸出去。`transport_header`、`network_header` 和 `mac_header` 這三個參數分別含有封包裡第 4 層、第 3 層和第 2 層的標頭位置偏移量，而偏移量是從 head 參數所指的位置開始儲存。

除了 `sk_buff` 資料結構之外，有一組常式被提供給網路模組來配置或釋放 `sk_buff`，以及修改 `sk_buff` 裡面的資料。當從網路裝置接收到一個封包的時候，常式 `alloc_skb()` 首先會被呼叫，替接收到的封包配置一個緩衝區。如圖 1.18 最左邊的 `sk_buff` 所示，一開始在配置好的空間還沒有儲存任何封包，因此所有指向該封包空間的指標都有和 head 參數相同的值。當一個傳入的封包抵達到配置好的空間時，它看起來可能會像圖 1.18 中間的 `sk_buff`，此時常式 `skb_put()` 會被呼叫，而且它會把 tail 指標指向封包的末端以及把其他三個標頭指標指向正確的位置。接下來，當每一次有協定模組把封包的標頭拿掉並且把封包傳遞給上一層的協定時，常式 `skb_pull()` 便會被呼叫來把 data 指標往下移動。在上層協定的封包看起來可能會像圖 1.18 最右邊的 `sk_buff`。最後，當封包被處理完之後，常式 `kfree_skb()` 會被呼叫，以便於返還 `sk_buff` 的記憶體位址。

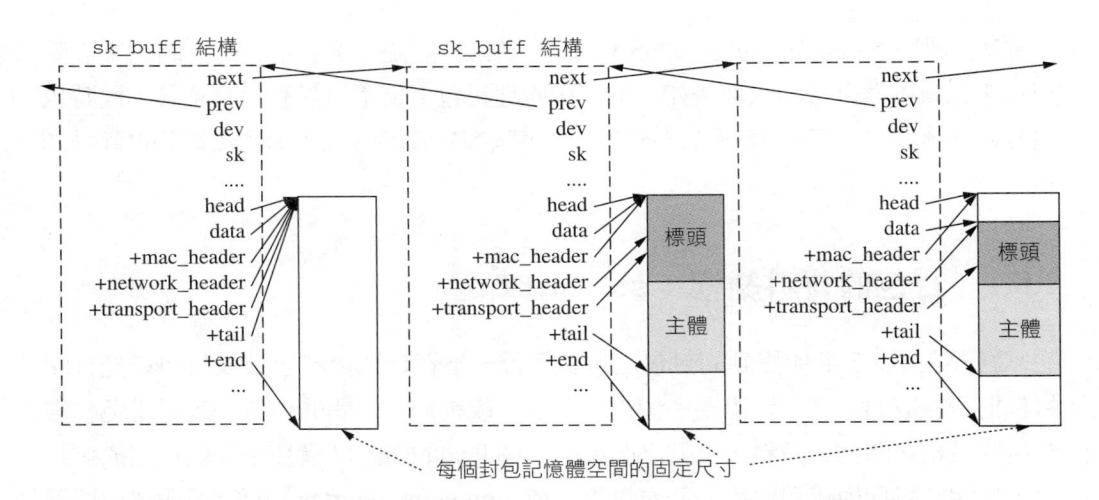

圖 1.18 `sk_buff` 資料結構的雙向連結串列以及每一個 `sk_buff` 裡的一些重要欄位

在接下來的兩個小節，我們將把一個封包在網頁伺服器和閘道器（或路由器）裡的生涯之旅分解成幾個階段，並且把這些階段和接下來的章節聯繫起來。這些可以作為本書內容路線圖之說明。

1.5.2　封包在網頁伺服器的生涯

圖 1.19 畫出網頁伺服器裡常見的四種封包流。一般而言，當一個網際網路客戶端想要從網頁伺服器提取一個網頁，客戶端會送出一個封包其指出目的地網頁伺服器之身分和所要求的網頁。接下來，封包會被一連串的路由器轉發到網頁伺服器。當伺服器的網路介面卡（NIC）接收到封包之後，它在伺服器的旅程就如同所繪的路徑 A 一樣地展開。首先，NIC 會把訊號解碼成資料，而這個流程涵蓋在第 2 章。然後 NIC 會示警介面卡的驅動程式，要求它把封包搬移到驅動程式事先從 `sk_buff` 池所配置出來的記憶體空間。藉由閱讀第 3 章，讀者將能更進一步學習到 NIC 和介面卡裡運作的協定和機制。

一旦封包被儲存在一個 `sk_buff` 裡，介面卡驅動程式會呼叫並且傳遞一個指向該 `sk_buff` 的指標給 IP 模組的接收函數。接收函數接下來會檢查封包的有效性，並且把封包鉤在 IP 的路由前置處理表（pre-routing table）上來做安全檢查。`netfilter` 是嵌入在 Linux 核心裡的防火牆模組，而該表是 `netfilter` 所使用的其中一個重要資料結構。IP 模組裡的資料結構和操作將會在第 4 章裡詳細說明。接下來，封包會被 `netfilter` 推到 TCP 模組裡，而第 5 章將會描述如何把使用者資料從一個 `sk_buff` 的封包中抽出、做錯誤控制，然後把它傳遞給在網頁伺服器裡的應用程式。因為網頁伺服器是一個使用者空間程式，它的資料，也就是封包

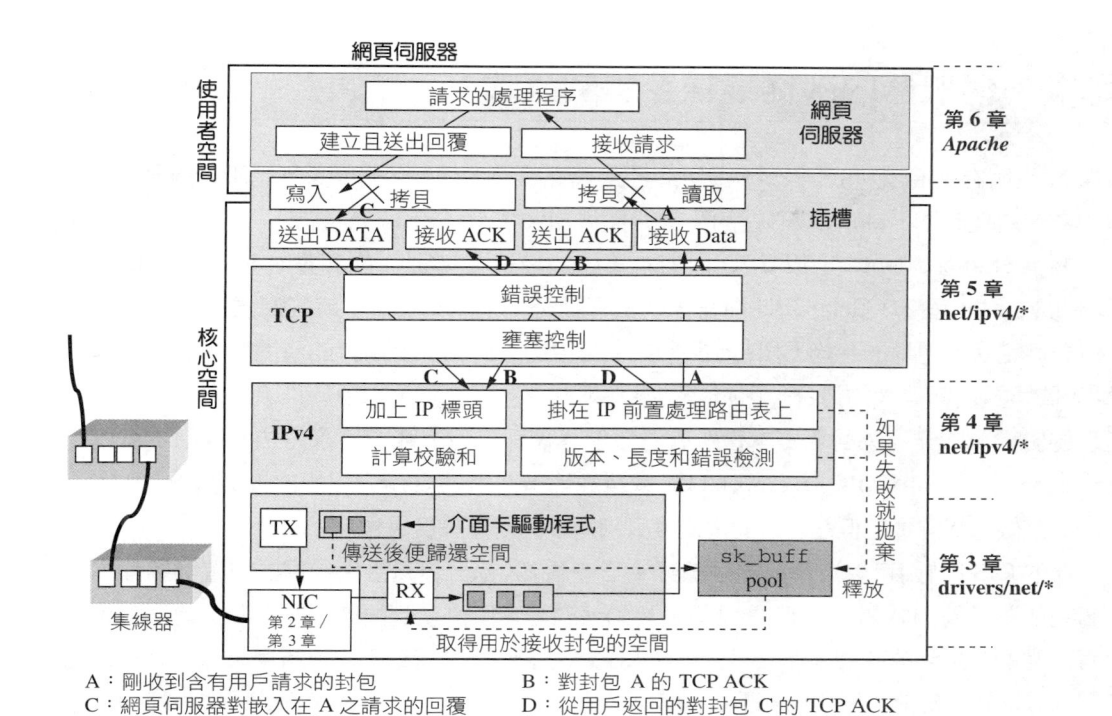

```
                    網頁伺服器
使  ┌──────────────────────────────────┐
用  │        ┌─請求的處理程序─┐         │  網頁
者  │  ┌建立且送出回覆┐  ┌接收請求┐    │  伺服器   第 6 章
空  │                                   │           Apache
間  │   寫入   拷貝    拷貝    讀取     │
    │  ┌────┐ C     ┌────┐   A        │  插槽
    │  │送出 │ │接收 │ │送出 │ │接收 │ │
    │  │DATA│ │ACK │ │ACK │ │Data│  │
    │  └──C─┘ └──D─┘ └──B─┘ └──A─┘  │
    │  TCP    ┌──錯誤控制──┐          │          第 5 章
核  │         └──壅塞控制──┘          │          net/ipv4/*
心  │              C    B    D    A   │
空  │  IPv4  ┌加上 IP 標頭┐ ┌掛在 IP 前置處理路由表上┐│
間  │        │計算校驗和  │ │版本、長度和錯誤檢測    ││  如果失敗就拋棄  第 4 章
    │        └───────────┘ └─────────────────────────┘│                  net/ipv4/*
    │         ┌───介面卡驅動程式────┐                 │
    │    TX   │   傳送後便歸還空間  │      sk_buff    │  第 3 章
    │    NIC  │                     │      pool       │  drivers/net/*
    │         │RX  取得用於接收封包的空間 │  釋放     │
    └──────────────────────────────────┘
集線器

A：剛收到含有用戶請求的封包          B：對封包 A 的 TCP ACK
C：網頁伺服器對嵌入在 A 之請求的回覆  D：從用戶返回的對封包 C 的 TCP ACK
```

圖 1.19 四種封包在網頁伺服器裡的生涯

的酬載，必須從核心記憶體裡被複製到使用者記憶體。在此同時，根據所接收的封包的標頭，TCP 模組會建立一個 ACK 封包並且把 ACK 封包沿著路徑 B 傳輸出去。ACK 會向下穿越過 TCP 模組、IP 模組、介面卡驅動程式、NIC、網路路徑，然後抵達到客戶端。因此，客戶端便能確定對想要的網頁之請求已經成功地傳遞到網頁伺服器了。

在此同時，網頁伺服器會處理儲存在其插槽資料結構裡、從 TCP 模組所複製過來的請求，接下來產生回覆，然後經由插槽介面把回覆送出去。該回覆會如同路徑 C 所示穿越過 TCP 模組和 IP 模組，接著被協定標頭封裝起來，並且在離開 IP 模組要透過網際網路來傳輸時，該回覆或許會被分拆成數個封包。最後，配置給封包的空間會被釋放然後回收到 sk_buff 池裡。稍後當網際網路客戶端收到回覆之後，它的 TCP 模組會回傳一個 TCP ACK 給網頁伺服器的 TCP 模組，而這個回覆會走完路徑 D 的流程，以便能確保回覆已經成功地被傳遞到網際網路的客戶端。第 6 章會涵蓋網頁伺服器的議題。

效能專欄：伺服器內部從插槽至驅動程式

圖 1.20 說明在一台有 Intel 82566 DM-2 乙太網路介面卡和一個 2.0 GHz CPU 的 PC 伺服器裡的封包處理時間。Linux 核心裡的分層介面被加裝了 `rdtscll()` 函數，而該函數會讀取 TSC（TimeStamp Counter，以 CPU 週期為單位的時戳計時器）來測量在每一層所損失的 CPU 時間。對一個 2.0 GHz CPU 而言，一個週期等同於 0.5 奈秒。這些測試會一直重複以求取每一協定層所用掉的平均 CPU 時間。如果其中的測試結果有用掉的時間比平均消耗掉的 CPU 時間還要明顯過大的情況，則這些結果將不會被納入計算，以便於排除掉內容交換和中斷處理的影響。除非另外聲明，本書所有的效能專欄都採用上述的測量方法。我們也可以使用 `do_gettimeofday()` 和 `printk()`，或單純地借助附錄 C 所介紹的剖析工具 `gprof/kernprof` 來做時間測量，但是它們的準確度只到微秒的時間量度單位。

消耗掉的 CPU 時間可以被分成兩個部分。第一個 RX 部分描述從鏈結層的裝置驅動程式接收到封包所測量到的時間、從 IP 層和傳輸層的封包處理所測量到的時間，以及從傳遞封包到使用者空間所測量到的時間。第二個部分 TX 描述在核心空間裡每個協定層用來處理來自使用者空間伺服器程式的外出封包所花費的時間。總花費時間是 34.18 微秒，而這是排除掉伺服器程式的請求處理和回覆處理之後所得到的伺服器內部的往返時間（round-trip time）。在這兩個部分裡，傳輸層消耗掉的 CPU 時間皆佔了最高的比例。很顯然地，它花了很多時間在使用者空間和核心空間之間拷貝資料。此外，鏈結層消耗掉了 RX 和 TX 裡面最少的時間。然而，我們必須知道花在鏈結層的時間很大的程度是取決於裝置驅動器的效能以及底層的硬體。在某些案例裡，如同我們會在下一小節所看到的，它消耗掉的時間會和 IP 層消耗的一樣多。

圖 1.20 在伺服器裡從插槽到驅動程式的 CPU 時間

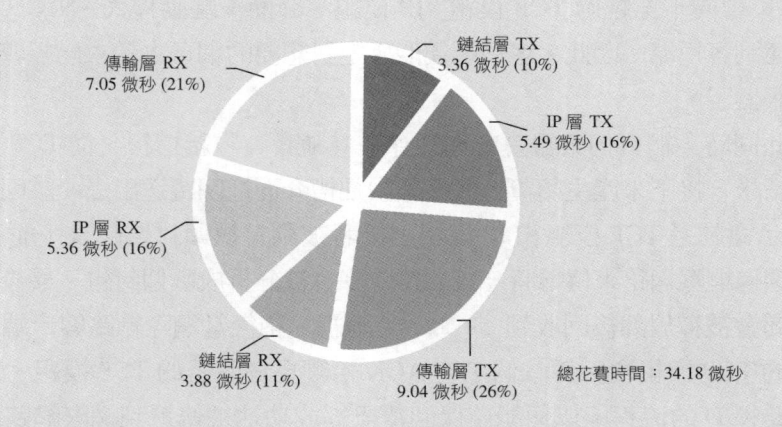

- 鏈結層 TX 3.36 微秒 (10%)
- 傳輸層 RX 7.05 微秒 (21%)
- IP 層 TX 5.49 微秒 (16%)
- IP 層 RX 5.36 微秒 (16%)
- 鏈結層 RX 3.88 微秒 (11%)
- 傳輸層 TX 9.04 微秒 (26%)
- 總花費時間：34.18 微秒

1.5.3 封包在閘道器的生涯

路由器或閘道器的目標,是在網際網路裡或在網際網路和內部網路之間來轉發或過濾封包,所以它需要至少兩個網路介面卡,如圖 1.21 所示。值得注意的是,內部網路是一個私有網路,可以讓一個機構的員工們在其中安全地分享機構裡的任何資源。此外,路由模組和過濾模組分別需要決定要把封包轉發給哪一個介面卡,以及是否因為內部網路的安全考量所以必須丟棄某個封包。它們的基本運作,像是 `sk_buff` 之處理、錯誤回報以及模組之間的互動,都和伺服器裡的一模一樣。除了一些用於路由和安全功能的守護程式之外,路由器或閘道器裡通常沒有 TCP 或更上層的模組,但是它會啟動核心裡的轉發、防火牆以及 QoS 功能,如我們在圖 1.21 所見。

一旦自內部網路接收到一個封包,如圖 1.21 的右半邊所示,閘道器可能會先驗證封包的正確性,然後檢查路由前置處理表來決定是否把封包轉發到網際網路裡。舉例來說,如果閘道器裡的通透式代理伺服器被啟動,則一個 URL 請求的封包可能不會被送到實際的網站;它反而是會被重新導引到區域網頁代理伺服器來尋求該網頁的快取暫存備份,如同第 6 章會談到的代理(proxy)議題。然後,閘

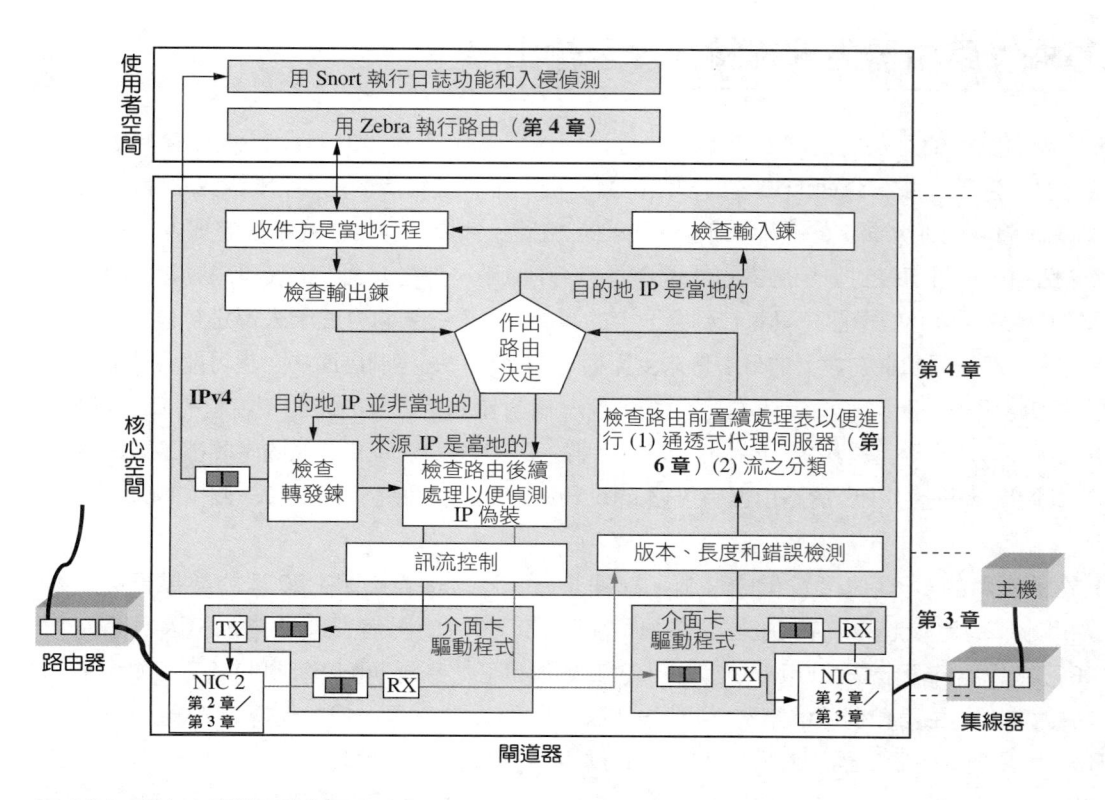

圖 1.21 封包在閘道器的生涯

道器會用遠端目的地位址來檢查它的**轉發鍊（forward chain）**，這也就是之前所說的轉發表，以便做出轉發之決定；這整個流程會在第 4 章裡說明。因為安全之考量和 IP 位址的匱乏，閘道器可能提供**網路位址轉換（network address translation, NAT）**功能，讓一個公有 IP 位址被私有網路裡全部的主機所共享。就 NAT 功能而言，當外出的封包通過路由後續處理（post-routing）模組之後，它的 IP 位址可能會被替換掉，而這種通常被稱為 **IP 偽裝（IP masquerading）**的功能也會被包含在第 4 章中。最後，一個封包可能在路由前置處理模組裡被貼上標籤（tag），以便能分辨出該封包的服務類別以及它在輸出鏈結上有頻寬保留的轉發優先權，而這些都是由訊流控制模組所管理。

另一方面，如圖 1.21 的左半邊所示，對於一個來自網際網路的封包，因為它會被檢查是否內含有惡意軟體（malware），所以該封包會從一般轉發鍊被複製到入侵偵測模組（intrusion detection module）以供日誌分析（log analysis）和偵測。SNORT 就是擁有這類功能的軟體模組。如果該封包的收件方是當地的行程，比方說第 4 章介紹的路由守護行程，則該封包會經過**輸入鍊（input chain）**然後被上傳給守護行程。同樣地，守護行程可能經由**輸出鍊（output chain）**送出它的封包。

效能專欄：路由器內部從輸入埠至輸出埠

不同於伺服器的案例，封包通常不需要經過路由器或閘道器內的傳輸層。如圖 1.21 所示，當封包抵達時，網路介面卡先發出一個中斷。接下來，鏈結層內的裝置驅動程式會觸發 DMA 傳輸，將封包從介面卡的緩衝區搬移到核心記憶體。然後，封包會被傳遞給 IP 層，而後者會檢查路由表並且轉發封包至適當的外送介面卡。同樣地，外送介面卡的裝置驅動程式會利用 DMA 傳輸來從核心記憶體拷貝封包到介面卡的緩衝區，然後要求介面卡去傳送封包。在這整個過程裡，傳輸層和在它之上的分層皆未受影響。然而，有些控制層面的封包可能會被上傳給傳輸層和應用層。圖 1.22 顯示路由器內在處理一個封包上所花費的時間。這裡的 DMA 時間是一個例外。它實際上是用掉的時間而非消耗掉的 CPU 時間。所有其他的時間都是被消耗掉的 CPU 時間。該基於 PC 的路由器有一個 Intel Pro/100 乙太網路介面卡和一個 1.1 GHz 的 CPU。

由於所使用的 CPU 速度較低的緣故，這裡 IP 層 RX 的時間比圖 1.20 裡的結果更高。再者，和圖 1.20 比較起來，花在鏈結層裡面的 RX 和 TX 時間兩者都顯著增加，因為 Intel Pro/100 乙太網路介面卡是 100 Mb 的介面卡，其效能是低於身為 Intel 82566DM-2 乙太網路介面卡的效能。路由器和伺服器案例之間另一個值得注意的差別是：把封包傳過 IP 層（即 IP 層的 RX）所需要的時間。雖然這兩個案例在 IP 層 TX 裡都走一樣的路徑，但它們的 `sk_buff` 裡攜帶的資訊卻不相同。在路由器裡，`sk_buff` 裡含有已經準備好馬上可以送出去的資訊，只除了來源 MAC 位址還需要更改而已。然而在伺服器裡，IP 層把 `sk_buff` 的送到鏈結層之前必須先在 `sk_buff` 的前面加上乙太網路標頭，而這會造成伺服器裡 IP 層 RX 的處理時間比路由器裡的還要長。最後，雖然用了較低速的硬體設備，路由器的封包處理所花費的全部時間，29.14 微秒，仍然比用高階硬體的伺服器所花的時間來得低，正如圖 1.20 所示。

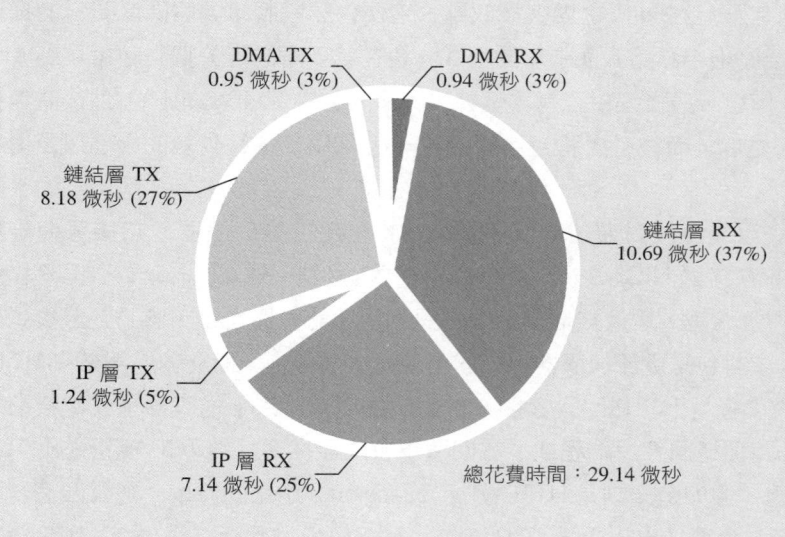

圖 **1.22** 在路由器裡從輸入到輸出的 CPU 時間

DMA TX 0.95 微秒 (3%)
DMA RX 0.94 微秒 (3%)
鏈結層 TX 8.18 微秒 (27%)
鏈結層 RX 10.69 微秒 (37%)
IP 層 TX 1.24 微秒 (5%)
IP 層 RX 7.14 微秒 (25%)
總花費時間：29.14 微秒

原理應用：封包在網際網路裡的生涯

　　檢視一個封包在網頁伺服器裡、在路由器裡以及在閘道器裡的生涯，確實是相當好玩的一件事。現在就讓我們從一個封包在客戶端誕生的開始，然後它流經數個路由器的路由經過，到最後它抵達網頁伺服器以後的情形，來說完這一整個故事的來龍去脈。如第 6 章所述，客戶端程式首先呼叫插槽函數來要求核心去準備一組插槽資料結構。客戶端程式接著呼叫「`connect`」函數，要求核心 TCP 模組用三向握手（three-way handshake）機制，如第 5 章所詳述，和網頁伺服器上的 TCP 模組來建立一條 TCP 連接。正常的情況下，在兩個對應的 TCP 模組之間會傳送三個封包（SYN、SYN-ACK、ACK）。換句話說，在 HTTP 請求能被送出之前，通訊雙方之間就已經交換了三個封包。這三個封包會遵循著 HTTP 請求在客戶端的、在路由器和閘道器的、以及在伺服器的同樣程序，只除了它們會中止於 TCP 模組而不會被上傳到客戶端和伺服器程式。

　　在客戶端和伺服器程式之間設立好 TCP 連接之後，客戶端程式會在它的使用者程式空間裡建立一個 HTTP 請求，並且呼叫「`write`」函數把該請求寫進核心裡。然後被中斷的核心從使用者空間把 HTTP 請求拷貝到它用來儲存 HTTP 請求的插槽資料結構（包含 `sk_buff`）。客戶端程式裡的「write」函數會在這個時間點返回。核心的 TCP 模組然後就負責處理剩下來的事：用 TCP 標頭把 HTTP 請求封裝起來，並且將它下傳給 IP 模組來做 IP 標頭之封裝，然後是介面卡驅動程式，而最後則是做鏈結層封裝的 NIC。這個封包然後穿越過一序列的路由器或閘道器，而在其中的每一個裡面都會經過如第 1.5.3 小節所描述的同樣程序。也就是說，在每個路由器或閘道器，封包一旦在 NIC 之處被接收到，這便會觸發將訊號解碼成資料的操作（會在第 2 章詳述），然後發出中斷給介面卡驅動程式（會在第 3 章詳述）把封包拷貝到 sk_buff 並且將其傳遞給 IP 模組，最後經由正常轉發鍊去轉發（會在第 4 章詳述）。然後封包會再次被介面卡驅動程式來處理，而後者會將封包傳給另一個 NIC 來進行封包的編碼以及傳輸（會在第 2 章詳述）。

在被數個路由器轉發以後，被封裝的 HTTP 請求終於抵達它的伺服器。它接著會走第 1.5.2 小節所描述的程序。在穿過 NIC，被介面卡驅動程式拷貝到一個 sk_buff，被 IP 模組檢查，被 TCP 模組向客戶端確認，以及被插槽介面拷貝到用戶記憶體之後，該封包最後抵達伺服器程式。在這一刻，該封包是處於伺服器程式的用戶記憶體之中，而在伺服器做完 HTTP 請求訊息的語法分析以及準備好 HTTP 回覆之後，它的一生便會結束。伺服器程式然後會重複同樣的程序，把 HTTP 回覆送回客戶端程式。該回覆也會觸發從客戶端 TCP 模組送出 TCP 確認給伺服器的 TCP 模組。假如這一刻是 HTTP 對話（session）結束的時候，通常四個封包（FIN、ACK、FIN、ACK）會被送出以中止 TCP 連接。整個過程總共會有至少 3（TCP 連接的設立）+ 1（HTTP 請求）+ 1（針對該請求的 ACK）+ 1（HTTP 回覆，如果它短到可以塞進一個封包裡）+ 1（針對該回覆的 ACK）+ 4（TCP 連接的拆除）= 11 個封包。

1.6 總結

我們從建立電腦網路所需要滿足的三個條件或目標開始談起，即連接性、擴充性和資源分享。然後我們解釋在效能、操作和協同運作能力上的原則，其限制了我們能夠探索的解決方案之空間。接下來就介紹了網際網路解決方案和它們基於 Linux 的開放源碼之實作。最後，我們藉著一個封包在網頁伺服器和路由器裡的生涯之旅來說明本書的內容路線圖。在本章，我們介紹了這整本書裡都會用到的許多觀念和術語。在它們之中，交換、路由、無狀態、軟性狀態、盡力而為、資料層面和控制層面，對讀者而言是很重要而且必須理解的重點。

網際網路演進過程中最重大的設計決定就是終端至終端之論點。它把錯誤控制和訊流控制的複雜度推向終端主機，同時又保持了網路核心的簡單性。該核心是如此簡單，以至於它運行的是無狀態之路由，而不是有狀態之路由，而且提供的僅限於盡力而為的不可靠 IP 服務。主機的終端至終端傳輸層則執行擁有錯誤控制和訊流控制的可靠、連接導向式 TCP 服務，或者執行沒有太多控制的不可靠、非連接式 UCP 服務。是因為 TCP 去執行流量控制和壅塞控制，所以網際網路才能保持它在資源分享方面的健全性以及公平性。另一個重大的決定是把網際網路組織成一個用相連 IP 位址區塊的網域和子網所組成的 3 階層結構。它把路由問題拆解成網域內的路由問題和網域間之間的路由問題，藉此解決了擴充性之議題。前者的問題規模通常是小於 256，而後者的問題規模則是 65,536；兩者的規模都在可處理之範圍，但是分別需要不同的計畫方案才能夠加以擴充。

持續演進的沙漏型結構

目前的網際網路在網路層裡只有單一一個 IP 技術，而在傳輸層裡卻有好幾個，但是它卻乘坐在許多類型的鏈結上並且提供龐大數量的應用服務。這種沙漏形狀的協定堆疊持續地演進並且將會有更多創新。中間層維持了相當程度的穩定，但卻面臨著從 IPv4 轉變成 IPv6 以及限制不和諧 UDP 訊流等要求的壓力，我們會分別在第 4 章和第 5 章討論。在此同時，如之前所解釋的一樣，它的無狀態之設計原則一直飽受挑戰。在每個市場區隔裡，較低層的技術已經匯聚成一或數種技術，縱然最後一哩的無線鏈結技術仍是一個尚未定論的戰場。我們在第 2 章和第 3 章將會討論很多東西。在最頂層，傳統的客戶-伺服器的應用緩慢地持續演進，可是新的同儕式（P2P）應用卻以極快的速度浮現出來，正如我們將在第 6 章說明。

在 1990 年代末期和 2000 年代初期，大家本來希望網際網路可以被重新設計成能夠提供服務品質（QoS），以便能保證延遲時間、處理量或遺失率。可是當時所有的提議都需要把某種程度的有狀態之性質加進核心網路裡，而這牴觸了網際網路原本的無狀態之本質，也因此失敗了。今天許多的 QoS 技術僅被應用在鏈結層，而不在終端至終端的層級上。除了無線和 P2P 之外，安全議題可能是現在最熱門的迫切議題。早期是關注在控制「誰能夠存取什麼」以及保護「在公用網路上的私有資料」，而目前的焦點早已經轉移到保護系統免於入侵攻擊、病毒和垃圾郵件之害。

常見誤解

- **傳輸延遲 vs. 傳播延遲**

這兩者顯然不同，可是令人驚訝的是，如果我們不把它們放在一起比較，有些第一次接觸它們的讀者就是無法加以區分。傳輸延遲（transmission delay）代表著裝置把封包完全推到網路鏈結裡所需的全部時間。延遲（delay）是取決於封包的長度和鏈結的頻寬。舉例來說，就一個長達 250 位元組（也就是 2000 位元）的封包，它在一個有 1 Gbps 鏈結的主機上的傳輸時間是 2000（位元）$/ 10^9$（位元／秒）$= 2$ 微秒。

傳播延遲（propagation delay）代表著一個封包穿越過一條鏈結所需的全部時間，它取決於訊號行進的速率和距離。因為封包絕大多數是以電子訊號來傳輸，所以它行進的速率是光速的一部分而且僅受到傳輸媒介的影響。舉例來說，假如一個封包要穿越一條洲際大陸之間長達 1000 公里的深海電纜，它的傳播延遲是 1000（公里）/（2×10^8 公尺／秒）= 5 毫秒。

● 處理量 vs. 利用率

同樣的事發生在這兩個術語。處理量（throughput）是用來描述在一個單位時間裡（通常以秒為單位）有多少資料（通常以位元或位元組為單位）被裝置傳輸出去或處理完畢。舉例來說，我們測量了一分鐘內經過外出鏈結的資料量並得到測量結果為 75×10^6 位元組，然後我們可以計算平均的處理量為 75×10^6（位元組）／ 60（秒）= 1.25×10^6 Bps。也就是說，每秒鐘平均有 1.25×10^6 位元組的資料會流經該鏈結。我們可以用系統的處理能力將處理量來正規化，而它正規化的值會介於 0 和 1 之間。

另一方面，利用率（utilization）指的是一條鏈結裡有多少比例的頻寬被使用或是一個裝置有多少比例的時間處於忙碌狀態。按照上述的例子並假設鏈結的頻寬是 100×10^6 bps，則鏈結的利用率便是 1.25×10^6 Bps / 100×10^6 bps = 10%。

● 第二、三、四、七層交換器

我們常聽見別人提到第二層或第七層交換器，可是為什麼需要這麼多種類的交換器呢？一個交換器的基本運作原理是依賴封包的標籤（tag）來選擇一個埠（port）。這樣的原理可以被用來建造不同層的交換器，而不同層的交換器會使用不同的協定來取得標籤。舉例來說，一個第二層的交換器，藉由觀察從一個埠進來的封包的來源 MAC 位址，便可能學到並且記住一個介面卡的所在之處；稍後它就可以把目的地 MAC 位址為該介面卡的封包交換到那個埠。因此，MAC 位址是第二層交換器所使用的標籤。

同樣地，IP 位址、資料流 ID 和 URL 可分別作為第三、四、七層交換器所使用的標籤。一個第三層的 IP 交換器事實上就是 MPLS 技術，會將標籤簡化成一個號碼並且要求上游的交換器將未來的封包都貼上這個號碼，以便能對標籤表做快速索引。這種 IP 交換器可能比傳統 IP 路由器執行得更快。一個第四層的交換器使用 5 元組（tuple）的資料流 ID（來源 IP 位址、目的地 IP 位址、來源埠號碼、目的地埠號碼、協定 ID）作為標籤，並且把同一個資料流的封包給交換到同一個輸出埠。這種持久性交換對於電子商務之應用是非常重要，因為在整個電子商務交易的過程裡，用戶必須要被交換到同一台伺服器。一個第七層的網頁交換器更進一步地使用諸如 URL 或網頁 cookie 等應用標頭資訊來作為持久性交換所使用的標籤。這樣做可以讓一個電子商務的交易持續得更久並且能橫跨許多條連接或資料流。注意一件很有趣的事，就是沒有第五層或第六層交換器這種東西。這僅僅是因為基於七層的 OSI 模型的緣故，大家習慣把應用層叫作第七層而非第五層。

- **基頻 vs. 寬頻**

有些讀者把**寬頻（broadband）**錯誤地解讀成很大的頻寬，而把**基頻（baseband）**誤解成很小的頻寬。事實上，這兩個術語根本沒有任何關於頻寬量的含義。在基頻傳輸，資料的數位訊號是經由鏈結來直接傳輸。訊號看起來像方形的原來模樣就是它被傳輸出去的模樣。因此，傳送和接收這種信號是很容易的。然而，一條鏈結一次不能攜帶一個以上的基頻訊號。除此之外，這種方形訊號很容易衰變而且不能在長距離的傳輸下維持住。因此，基頻主要用於區域網路。

在寬頻傳輸，資料的數位訊號會和調到特定頻率的**類比載波（analog carrier）**訊號混合在一起。如此一來，不僅生成的訊號能夠傳到很遠的距離，而且可以讓數位訊號在接收端之處還原；鏈結也可以藉著把每個數位訊號和不同頻率的類比載波融合在一起，來平行傳輸多重的數位訊號。然而，這需要用到更複雜的收發器。寬頻主要用於廣域網路。

- **數據機 vs. 編解碼器**

有些讀者可能認為我們能夠反向使用**編解碼器（codec）**來作為數據機之用，或反之亦然，可是事實上這樣做是行不通的。數據機是一種專門裝置，它把數位訊號轉換成類比訊號來傳輸，而反之亦然。前者被稱為**調變（modulation）**，而後者是**解調（demodulation）**。它的目的是加強長距離傳輸所能**容忍雜訊（noise-tolerance）**的能力。最普遍的案例就是從你家的個人電腦透過 ADSL 數據機或纜線數據機來上網。

編解碼器則是用來把類比訊號轉換成數位訊號以及反過來把數位訊號轉換成類比訊號的裝置。它的目的是利用數位訊號的錯誤恢復能力。最普遍的案例就是當你用手機通話時，你說話所發出的類比聲音首先在手機數位化，然後被調變成類比訊號以供長距離傳輸到基地台和更遠的地方。數位訊號能夠很容易地在每個傳輸站被復原，所以在接收端把數位訊號解調之後，它就會呈現出原來的類比聲音。

進階閱讀

其他教科書

在 scholar.google.com 上搜尋，我們找出了六本重要的電腦網路教科書。

- A. S. Tanenbaum, *Computer Networks*, 4th edition, Prentice Hall, 2002.
- D. Bertsekas and R. Gallager, *Data Networks*, 2nd edition, Prentice Hall, 1992.
- W. Stallings, *Data and Computer Communications*, 8th edition, Prentice Hall, 2006.
- J. F. Kurose and K. W. Ross, *Computer Networking: A Top-Down Approach*, 3rd edition, Addison-Wesley, 2003.

- L. L. Peterson and B. S. Davie, *Computer Networks: A System Approach*, 4th edition, Elsevier, 2007.
- D. E. Comer, *Internetworking with TCP/IP, Volume I: Principles, Protocols, and Architecture*, 4th edition, Prentice Hall, 2000.

Tanenbaum 的書較為傳統，它概述每個觀念，並且以說故事的方式來呈現。Bertsekas 和 Gallager 的書則著重於效能模型和分析，所以應該在進階課程來使用。Stallings 的書則有如百科全書般平坦的結構並且著重在較低層。Kurose 和 Ross 的特徵是以由上而下的順序來呈現分層協定，其對於較上層協定的著墨較深。Peterson 和 Davie 談論比較多關於系統實作的相關議題，但是大多數討論都沒有附上可實際運作之範例。Comer 的書僅專注在 TCP/IP 協定堆疊，而把範例程式碼留到第二冊再講。

網際網路結構

下面列出的前三篇文獻是在討論驅動網際網路設計的一般性哲理。如果讀者想要弄清楚細節的話，它們是很好的參考文獻。關於乙太網路的文章是談論乙太網路的由來的經典文獻。雖然乙太網路並非網際網路結構的一部分，可是它目前主宰了承載網際網路結構的有線基礎設施，所以我們仍然把乙太網路的文章放在這裡。接下來的三篇為建立網際網路結構之基礎的關鍵 RFC。下一篇 RFC 開啟了為期一個世紀、嘗試著要重新設計網際網路以便提供 QoS 之保證的努力。最後兩篇對於壅塞控制的重要研究，則維護了網際網路的健全性。在網際網路工程工作小組（Internet Engineering Task Force, IETF）的網站，可以找到定義網際網路的所有 RFC 文獻以及其他的資源。

- J. Saltzer, D. Reed, and D. Clark, "End-to-End Arguments in System Design," *ACM Transactions on Computer Systems*, Vol 2, No. 4, pp. 277–288, Nov. 1984.
- D. Clark, "The Design Philosophy of the DARPA Internet Protocols," *ACM SIGCOMM*, pp. 106–114, Aug. 1988.
- K. Hafner and M. Lyon, *Where Wizards Stay up Late: The Origins of the Internet*, Simon & Schuster, 1996.
- R. M. Metcalfe and D. R. Boggs, "Ethernet: Distributed Packet Switching for Local Computer Networks," *Communications of the ACM*, Vol. 19, Issue 7, pp. 395– 404, July 1976.
- J. Postel, "Internet Protocol," RFC 791, Sept. 1981.
- J. Postel, "Transmission Control Protocol," RFC 793, Sept. 1981.
- M. Allman, V. Paxson, W. Stevens, "TCP Congestion Control," RFC 2581, Apr. 1999.
- R. Braden, D. Clark, S. Shenker, "Integrated Services in the Internet Architecture: An Overview," RFC 1633, June 1994.
- V. Jacobson and M. J. Karels, "Congestion Avoidance and Control," ACM Computer

Communication Review: Proceedings of the SIGCOMM, Aug. 1988.
- S. Floyd and K. Fall, "Promoting the Use of End-to-End Congestion Control in the Internet," *IEEE/ACM Transactions on Networking*, Vol. 7, Issue 4, Aug. 1999.
- Internet Engineering Task Force, www.ietf.org.

開放源碼之發展

前兩項分別是第一個開放源碼計畫和第一篇談論開放源碼的文章。第三項則是將第一篇關於開放源碼的文章擴展成書。接下來兩篇是關於開放源碼之發展的總覽，其中，第一篇是從技術面的角度來考量，而第二篇是關於如何組織計畫活動。FreshMeat.net 是下載開放源碼套件的巨大程式庫中心，而 SourceForge.net 則主辦了許多開放源碼之計畫。甚至連硬體都可以有開放源碼。OpenCores.org 是開放源碼硬體組件的下載中心。

- R. Stallman, The GNU project, http://www.gnu.org.
- E. S. Raymond, "The Cathedral and the Bazaar," May 1997, http://www.tuxedo.org/~esr/writings/cathedral-bazaar/cathedral-bazaar.
- E. S. Raymond, *The Cathedral and the Bazaar: Musings on Linux and Open Source by an Accidental Revolutionary*, O'Reilly & Associates, Jan. 2001.
- M. W. Wu and Y. D. Lin, "Open Source Software Development: an Overview," *IEEE Computer*, June 2001.
- K. R. Lakhani and E. Von Hippel, "How Open Source Software Works: 'Free' User-to-User Assistance," *Research Policy*, Vol. 32, Issue 6, pp. 923-943, June 2003.
- Freshmeat, freshmeat.net.
- SourceForge, sourceforge.net.
- OpenCores, opencores.org.

效能模型與分析

前兩項是 Agner Krarup Erlangn 分別在 1909 年和 1917 年以丹麥文所寫的最先談論排隊理論的著作，而第三項是在 1961 年出版，通常被稱為「Little's result」的經典論文。Kleinrock 在 1975/1976 年所出版的書籍是經典之作，也是第一本把排隊理論應用於製作電腦和通訊系統的模型。Leon-Garcia 的書是作為隨機過程（random process）第一期課程的教科書，它可提供排隊理論模型所需的基礎知識。最後三項是談論效能分析的額外或最新出版的書籍。

- A. K. Erlang, "The Theory of Probabilities and Telephone Conversations," *Nyt Tidsskrift for Matematik B*, Vol. 20, 1909.
- A. K. Erlang, "Solutions of Some Problems in the Theory of Probabilities of Significance in

Automatic Telephone Exchanges," *Elektrotkeknikeren*, Vol. 13, 1917.
- J. D. C. Little, "A Proof of the Queueing Formula L = λW," *Operations Research*, Vol. 9, pp. 383-387, 1961.
- L. Kleinrock, *Queueing Systems, Volume 1: Theory*, John Wiley and Sons, 1975.
- L. Kleinrock, *Queueing Systems, Volume 2: Applications*, John Wiley and Sons, 1976.
- A. Leon-Garcia, *Probability, Statistics, and Random Processes for Electrical Engineering*, 3rd edition, Prentice Hall, 2008.
- R. Jain, *The Art of Computer Systems Performance Analysis: Techniques for Experimental Design, Measurement, Simulation and Modeling*, John Wiley and Sons, 1991.
- T. G. Robertazzi, *Computer Networks and Systems: Queueing Theory and Performance Evaluation*, 3rd edition, Springer-Verlag, 2000.
- L. Lipsky, *Queuing Theory: A Linear Algebraic Approach*, 2nd edition, Springer, 2008.

常見問題

1. 網際網路如何能擴充到數十億個節點？（描述何種結構和何種層級被用來組織網路內的主機，並且計算出每一層所含的個體之數量。）
   答案
   3階層結構，其中每256台主機可組成一個子網，而256個子網可組成一個網域，最後產生可容納40億台主機的65,536個網域。

2. 路由和交換之比較：有狀態或無狀態、連接導向或非連接式、比對或索引？（把這些特性和路由、交換連繫在一起。）
   答案
   路由：無狀態、非連接式、比對
   交換：有狀態、連接導向式、索引

3. 哪些因素可能增加或減少網際網路內的延遲時間？（哪些因素可能增加或減少延遲時間裡的排隊等候、傳輸、處理以及傳播時間呢？）
   答案
   排隊等候：訊流負載、網路頻寬或CPU處理能力
   傳輸：網路頻寬
   處理：CPU處理能力
   傳播：鏈結／路徑的長度

4. Little的結論和頻寬延遲積告訴了我們什麼呢？（提示：前者是關於一個節點，而後者是關於一條鏈結或一條路徑。）

第 1 章 基礎概念

答案
Little 的結論：在一個節點裡的平均封包數量是平均封包抵達速率和平均延遲時間的乘積，也就是說在箱子裡的平均數量等於平均速度乘上平均延遲時間。

頻寬延遲積：仍在鏈結／路徑裡傳輸而尚未被確認的位元的最大數量。

5. 終端至終端之論點是在說關於電腦連網的什麼看法呢？

答案
假如一個問題不能在較低層（或在路由器）被完全解決的話，就在較高層（或在終端主機）來解決它。這把複雜度從核心路由器推向終端主機。

6. 根據終端至終端之論點，我們應該把網際網路的錯誤控制放在哪一層呢？可是既然如此，我們又為什麼把錯誤控制放在包含鏈結層、IP 層和傳輸層等這麼多層裡面？

答案
錯誤控制應該被放在終端至終端的傳輸層，因為在那裡，鏈結錯誤和節點錯誤都能被偵測到和被矯正過來。也就是說，鏈結層只能夠處理鏈結錯誤但卻不能處理節點錯誤。但是因為效率的緣故，錯誤控制也被放在鏈結層和 IP 層裡，以便能盡早處理錯誤。

7. 什麼類型的機制應該被分別放進控制層面和資料層面之中？（具體說明它們的封包類型、用途、處理時間的細緻度以及作為實例之操作。）

答案
控制層面：控制封包、維護資料層面的正常運作、通常以秒為單位、路由。

資料層面：資料封包、正確地傳輸封包、通常以毫秒為單位、轉發。

8. 在路由器裡，哪些是標準組件和依賴實作式之組件？（具體說明它們的類型和實例。）

答案
標準組件：會影響路由器之間協同運作能力的協定訊息格式和演算法；路由協定例如 RIP。
依賴實作之組件：不會影響協同運作能力的內部資料結構和演算法；例如路由表和它的查表演算法。

9. 在一份 Linux 發行版裡含有些什麼呢？（具體說明你在 Linux 發行版裡找到什麼類型的檔案以及它們如何被組織起來。）

答案
檔案類型：文件（documents）、設定檔（configuration files）、日誌檔（log files）、圖像檔、核心和應用軟體套件的源碼。

組織：它們被組織成目錄結構。

10. 我們什麼時候會把一個網路裝置的機制分別實作成 ASIC、驅動程式、核心以及守護行程？（具體說明它們實施之準則以及實例。）

答案
ASIC：通常是當該機制為 PHY/MAC，而有些時候是 IP/TCP/UDP 以及更上層之加速器；實例為 Ethernet/WLAN PHY/MAC 和密碼加速器。

驅動程式：通常是當該機制為 MAC 和 IP 之間的介面，而有些時候則為鏈結層；實例為 Ethernet/WLAN 驅動程式和 PPP 驅動程式。

核心：通常是 IP/TCP/UDP 層；實例為 NAT 和 TCP/IP 防火牆。

守護行程：應用層之客戶端、伺服器或同儕端；實例為網頁客戶端、伺服器端以及代理伺服器。

練習題

動手實作練習題

1. 造訪 freshmeat.net、sourceforge.net 以及 opencores.org 網站，然後扼要地描述並且比較它們所擁有的東西。
2. 安裝最新的 Linux 發行版，然後摘要：(1) 它的安裝流程，和 (2) 包含在一個 Linux 發行版裡的東西。
3. 先閱讀附錄 B，然後根據所使用的 Linux 發行版的版本，在原始碼檔案所存在的 /src、/usr/src 或其他目錄下查詢相關的程式；扼要地描述並且把目錄裡的東西給分類。
4. 按照附錄 C 裡的指令，使用 gdb 和 kgdb 來幫一個應用程式和 Linux 核心來偵錯。也分別用 gprof 和 kprof 來剖析一個應用程式和 Linux 核心。寫出一份報告來說明你如何完成這些事情以及你在偵錯和剖析的過程中發現了什麼。
5. 試用附錄 D 裡所描述的 host、arp、ping、traceroute、tcpdump 以及 netstat 等工具來探索並且摘要你身處的網路環境。
6. 追蹤 Linux 核心程式碼來找出：
   (a) 哪些函數會分別為圖 1.19 裡的請求和回覆，呼叫 alloc_skb() 來配置 sk_buff。
   (b) 哪些函數會分別為圖 1.19 裡的請求和回覆，呼叫 kfree_skb() 來釋放 sk_buff。
   (c) 哪個函數會呼叫 alloc_skb() 來配置圖 1.21 裡的 sk_buff。
   (d) 哪個函數會呼叫 kfree_skb() 來釋放圖 1.21 裡的 sk_buff。
   (e) 你如何動態地或靜態地追蹤這些過程呢？
7. 找出一個狀態為「標準」(Standard, STD) 的 RFC。
   (a) 閱讀該 RFC，並且扼要地說明該 RFC 如何描述一個協定。
   (b) 搜尋 Linux 或 Linux 發行版的源碼樹來找出一個開放源碼之實作。描述在你找到的程式碼裡是如何實作出一個協定。
   (c) 如果你將要從頭開始研發出一個開放源碼之實作，你要如何根據該 RFC 來實作出你的版本？

書面練習題

1. 考慮一條長 5000 英哩、橫貫洲際大陸的鏈結，其頻寬為 40 Gbps。假設傳播速度為 2×10^8 公尺／秒。
   (a) 在鏈結上傳播一個位元，其寬度以時間為單位和以長度為單位來計算分別是多少？
   (b) 該鏈結最多可以容納多少位元？
   (c) 一個長 1500 位元組的封包需要多久的傳輸時間？
   (d) 穿越這條鏈結需要多久的傳播時間？

2. 一條封包串流穿越過網際網路裡由十條鏈結和節點所組成的一條路徑。每條鏈結長 100 公里，其處理能力和傳播速度分別為 45 Mbps 和 2×10^8 公尺／秒。假設沒有任何流量控制，沒有其他訊流經過該路徑，而來源以線速灌注封包到路徑裡。
   (a) 每條鏈結裡最多可容納多少位元？
   (b) 假如經過每個節點的平均延遲時間是 5 毫秒，則每個節點裡所容納的平均位元數是多少？
   (c) 平均而言，在該路徑中總共容納了多少個位元？

3. 假設一條 1 Gbps 鏈結的封包抵達間隔時間（packet inter-arrival time）和服務時間（service time）皆為指數分布，其中封包的長度固定為 1500 位元組。我們想要運用排隊理論和 Little 的結論來計算出平均延遲時間、排隊等候時間以及佔用量。
   (a) 如果平均抵達速率是 500 Mbps，則平均延遲時間、排隊等候時間以及佔用量分別為多少？
   (b) 假如鏈結頻寬和平均抵達速率都增加一個數量級，分別變成 10 Gbps 和 5 Gbps，則平均延遲時間、排隊等候時間以及佔用量分別為多少？

4. 如果有 30% 的封包長度為 64 位元組，50% 的封包長度為 1500 位元組，而其餘封包的長度均勻地分布在 64 位元組和 1500 位元組之間，則在一個有 12 條鏈結、每條鏈結 10 Gbps 的路由器上，每秒鐘所得的封包總匯的最大數量是多少？

5. 假如每分鐘有 3,000,000 通新的電話抵達全球的交換電話系統，每通電話平均持續 5 分鐘，而且打電話方和接電話方之間平均有 6 個跳接點（即 6 條鏈結和 6 個節點）。在這個例子，如果要能夠維持全球的交換電話系統，則平均有多少記憶體項目（memory entry）會被佔據？

6. 在 4,294,967,296 節點的叢集裡，假如我們仍然想要維持圖 1.1 的 3 階層結構，可是在群組、超級群組和超-超級群組裡又分別想要有同樣數量的群組成員、群組和超級群組，則該數量約是多少？

7. 假如由於 IP 位址之匱乏，我們把圖 1.1 裡的群組和超級群組的規模分別減半，而每個群組和每個超級群組最多只能有 128 個成員和 128 個群組，則這樣的設置可以允許多少個超級群組存在呢？

8. 比較資料通訊和電信通訊在條件和原則方面的差異。舉出並且解釋其中三個最重要的差異。
9. 為何網際網路要被設計成路由式而非交換式的網路呢？如果它被設計成一個交換式的網路，哪些分層和機制需要被改變？
10. 這裡我們比較路由傳輸之封包和交換傳輸之封包的耗損。為何路由的時間複雜度比交換來得高，而交換的空間複雜度又比路由來得高？
11. 如果路由器將支援一個新的路由協定，則什麼該被定義成標準，而什麼又該是依賴實作之設計呢？
12. 內容網路要求網際網路本身變得更為應用感知（application-aware），也就是能夠知道誰在存取哪些資料、誰和誰正在通話、以及哪些會擾亂原來的終端至終端之論點。哪些改變可以被帶進網路裡來支援內容網路呢？
13. ATM（asynchronous transfer mode）和 MPLS（multi-protocol label switching）並沒有無狀態之核心網路。它們保存了什麼狀態？它們保存狀態的方法有何主要差別？
14. ATM 是資料通訊的另一種技術。當 ATM 和 IP 一起運作來運送 IP 封包時，為何會產生高額的耗損？
15. MPLS 是 IP 交換的一種標準，其目的是大多數的 IP 封包用交換傳輸，而少數的 IP 封包用路由傳輸。部署 MPLS 的障礙是什麼？如何才能減少該障礙的影響力呢？
16. 當支援一個協定，我們可以把該協定之個體放進核心裡或守護行程裡。這裡的考量為何？換句話說，你什麼時候會把協定之個體放進核心，而什麼時候又會把它放進守護行程裡？
17. 在圖 1.13，為何我們把路由任務作為守護行程放進用戶空間，而把路由表查詢保留在核心裡？為何不把這兩個一起放進用戶空間或一起放進核心裡？
18. 當你替網路介面卡寫一個驅動程式時，哪些部分應該而哪些部分又不應該被寫進中斷服務常式裡？
19. 當你實作一個資料鏈結協定時，你會分別把哪些部分實作成硬體和驅動程式？
20. 我們需要了解硬體如何協同它的驅動程式一起運作。
    (a) 網路介面卡的驅動程式和網路介面卡的控制器之間的介面是什麼？
    (b) 驅動程式如何要求控制器送出一個封包，而控制器如何回覆它已將工作完成？
    (c) 當一個封包抵達網路介面卡時，控制器如何回覆驅動程式？
21. Linux、apache、sendmail、GNU C library、bind、freeS/wan 和 snort 是很普遍的開放源碼軟體套件。在網路上搜尋並且找出它們的授權模式。
22. 當你在瀏覽器裡鍵入一個 URL，在數秒內你就會得到相關網站的首頁。簡單描述在你的主機、中繼路由器以及相關的伺服器裡發生了什麼事。在寫下你的答案之前，請先閱讀第 1.5.2 小節以便讓你的答案能更精確，但是這個題目並未假設一定要在 Linux 系統上執行。

Chapter 2

實體層

實體層（physical layer）是電腦網路的 OSI 模型和 TCP/IP 模型的最底層，而且是唯一會和傳輸媒介互動的一層。一個傳輸媒介是某一種原料物質，能把被稱為訊號的能量從一個傳輸器傳播到一個接收器。自由空間也可以被視為一種電磁波的傳輸媒介。傳輸媒介只能傳送訊號而非資料，可是從鏈結層而來的資訊來源卻是以數位資料的型態來呈現。因此，實體層必須先把數位資料轉換成適當的訊號波形，然後才能進行傳送。在現代的數位通訊，這種轉換過程需要兩個步驟。它首先運用資訊編碼對數位資料進行資料壓縮和保護，然後將編碼過的資料調變成適合經由通訊媒介傳輸的訊號。應該注意的是，類比通訊僅使用到後者的調變（modulation）過程。

為了要能夠高速傳輸，實體層必須根據傳輸媒介的性質來決定到底要使用哪種編碼技術或調變技術。有線媒介的可靠性較佳，因此它的實體層僅專注於改善媒介的處理量和使用率。另一方面，無線媒介的可靠性較差且其訊號是暴露在公開環境，因此實體層必須對付外界的雜訊和干擾並且防止資料受損。其所需之技術除了要能夠改善處理量和使用率之外，還要能夠處理無線媒介裡充斥的雜訊、干擾和多重路徑之衰退（multi-path fading）。

一個傳輸媒介上可存在有多個通訊頻道。在傳輸器和接收器之間的一個頻道可以是實體或邏輯的。有線網路裡的一個實體頻道是通過一序列電纜線的一條傳輸路徑，而無線網路裡的一個實體頻道則是電磁波頻譜裡某一範圍的頻率波段（frequency band，也稱為頻帶）。一個邏輯頻道則是一個子頻道（sub-channel），而分時（time-division）、分頻（frequency-division）、分碼（code-division）和空間分割（spatial-division）等各種不同的分割方法可以把傳輸媒介分割給一群子頻道來使用。因此，還需要有另一種所謂的**多工**（**multiplexing**）技術來更有效地使用傳輸媒介。

本章會介紹一些基礎的轉換技術。在第 2.1 節，我們首先談論「類比資料／訊號」和「數位資料／訊號」之間的差別。接下來我們會說明傳輸流程和接收流程、經過編碼和調變的資料／訊號轉換過程、用來獲取更佳利用率的多工技術、以及其他會影響到訊號的因素。第 2.2 節描述無線和有線這兩類傳輸媒介的特徵。用來達成更佳之傳輸器-接收器間時脈同步（clock synchronization）的各種**線路編碼**（**line coding**）技術，將在第 2.3 節中呈現。**不歸零**（**non-return-to-zero, NRZ**）、**曼徹斯特**（**Manchester**）、**交替記號反轉**（**alternate mark inversion, AMI**）、**MLT-3**（**multilevel transmission 3，多階傳輸 3**）、4B/5B 等經典線路編碼技術將會一一介紹。除此之外，也會介紹 8B/10B 編碼器的一種開放源碼實作。

第 2.4 節涵蓋數位調變技術，其包含振幅偏移調變（ASK）、頻率偏移調變（FSK）、相位偏移調變（PSK）以及正交振幅調變（QAM）。調變是將數位的位元串流傳送過一個類比的通頻頻道（passband channel），其中一個類比載波訊號會被數位的位元串流所調變。換句話說，編碼後的資料會被轉換成一個用於數位傳輸的通頻訊號，而產生的訊號是包含在一段有限頻寬內並且集中在載波訊號頻率的一個實數值（或複數值）的連續時間之波形。接下來我們會介紹基本的多工技術，包括分時多工（TDM）、分頻多工（FDM）以及波長分割多工（WDM）。

包含**展頻**（**spread spectrum**，或稱擴展頻譜）、分碼多重存取（CDMA）、正交分頻多工（OFDM）以及多重輸入多重輸出（MIMO）等進階議題會留到第 2.5 節再談。展頻的目標包括防阻斷、防干擾、多重存取以及隱私保護。這些目標的達成是藉由把資訊來源的位元串流擴展成擁有高片碼速率和低功率密度的一序列片碼（chips）。直接序列展頻（DSSS）、跳頻展頻（FHSS）和 CDMA 是三個將說明的例子。OFDM 是一種利用多重載波的數位通訊技術。MIMO 代表著一種新的通訊媒介，其中有多個天線被用在傳輸器端和接收器端。MIMO 可以引進**空間多工**（**spatial multiplexing**）和**空間分集**（**spatial diversity**）來改善通訊的可靠性和處理量。最後，我們會簡單地介紹使用 OFDM 的 IEEE 802.11a 傳輸器的開放源碼之實作。

2.1　一般性議題

實體層經由傳輸媒介送出訊號，也會從傳輸媒介接收訊號。有幾個議題要求能產生出一種可以經由某種特殊媒介來傳輸和接收並且可以達成高頻道處理量和高頻道利用率的訊號。首先，從鏈結層而來的資料是數位位元串流的型態，所以它必須被轉換成數位訊號或類比訊號，然後才能進行數位傳輸。我們會先區分出「類比資料／訊號」和「數位資料／訊號」之間的差別。整個的傳輸流程和接收流程在實體層裡實際上會經過數次的轉換，所以接下來會說明清楚這兩個流程。第三個議題是為何需要編碼和調變。為了進一步改善頻道的利用率，我們需要像是多工和多重存取等技術讓多重使用者能使用同樣的頻道，而這就是第四個議題。最後，我們需要有數種補償方法作為對於頻道耗損的回應，尤其在無線媒介之中更是如此。

2.1.1 資料和訊號：類比或數位

資料（data）和**訊號（signal）**可以是**類比的（analog）**或**數位的（digital）**。在電腦裡，資料一般是數位型態，而語音和視訊等類比資料則通常被轉換成數位的數值以便於儲存和通訊，因為以類比訊號形式表示的類比資料很容易受到雜訊的影響。相形之下，數位資料和數位訊號能被重複器重新產生，並且可藉由錯誤矯正碼（error correcting code）來保護其免於損壞，所以它們比較能夠抵抗雜訊的干擾。因此，類比資料通常被轉換成位元串流形態的數位資料。等到稍後要傳送資料的時候，這些數位資料會先被轉變成訊號然後再被傳送出去。簡而言之，數位資料是電腦網路用來表示圖像（image）、語音（voice）、音訊（audio）、視訊（video）等類比資訊來源的資料類型。

在電腦網路裡，位元串流又稱為訊息（message），而訊息必須通過傳輸媒介來跨越網路連接，才能從一台機器移動到另一台機器。傳輸媒介會沿著實體路徑來運送訊號的能源；該路徑可能是由運送電子訊號的電纜、運送光學訊號的纖維或運送電磁波訊號的自由空間等所構成。一般而言，類比訊號可以傳遞的距離較遠，所以類比訊號比數位訊號更具有持久不變的優勢。實體層所扮演的角色是把數位資料轉換成特定傳輸媒介所使用的數位訊號或類比訊號。我們會在這裡指出資料和訊號之間以及類比和數位之間的差別。

類比資料和訊號

一個類比訊號是一個連續時間（continuous-time）之訊號。它含有類比資訊來源所產生的類比資訊，比方說一種聲音或是一個圖像。類比訊號的數值通常是連續性的。一個類比通訊的實例便是一個由人類發聲系統和助聽系統所構成的組合系統。類比訊號可以被進一步採樣，然後再被量化成數位訊號以供儲存和通訊之用。

數位資料和訊號

數位資料則呈現離散數值（discrete value，意指不連續之數值），例如電腦系統使用的 0 和 1 就是一個很好的實例。數位資料可以被轉變成數位訊號，然後在短距離內可以被直接傳送出去。又或者，數位資料可以調變（modulate）載波（carrier，亦即週期性類比訊號），而調變過的訊號能被傳輸到很遠的距離。大多數的教科書把調變過的訊號當成是一種數位訊號，因為它們認為數位調變是數位傳輸或資料傳輸的一種形式，縱然調變其實是數位轉換類比的一種形式。藉由在離散時間點對類比訊號採樣然後把樣本之值量化成離散數值，我們就能從類比訊號中萃取出數位訊號。換句話說，一個採樣所得的類比訊號先變成一個離散值之訊號，再被進一步量化成數位訊號。如果一個波形（waveform）只使用兩個電位來表示

「0」和「1」兩個二進制狀態,那麼它就是一個表示位元串流的二進制數位訊號。這裡我們將更正式地給出一些術語的定義。

　　採樣(sampling)是一種在離散時間點,從一個連續時間(在影像處理則稱為連續空間)訊號裡挑選出樣本的流程。每個採樣得到的值在採樣週期內會維持不變。舉例來說,一個連續時間之訊號 $x(t)$ 可以經由採樣來產生一個離散時間之訊號,而其中的 t 是定義在整個連續時間的實數空間裡的一個變數。該離散時間之訊號在採樣時間點的採樣值可以被一個數值序列或是一個離散函數 $x[n]$ 來表示;其中 n 是一個離散變數,而它的作用是從一組整數裡取值來表示離散時間值。一個採樣所產生的訊號是一個離散時間之訊號,而它的訊號則具有連續性的數值。

原理應用:奈奎斯特理論 vs. 夏農理論

　　一條通訊頻道是傳輸器和接收器之間的一條連接,其中的資訊會經由電纜、光纖或無線頻譜等傳輸媒介構成的路徑來傳送。頻道可以是無雜訊或有雜訊的。假如頻道被認為是無雜訊的,則它的最大資料速率會遵守奈奎斯特理論;如果是有雜訊的,便會遵守夏農理論。

　　需要多快的採樣速率才能讓一個訊號被準確地重建呢?當資訊經由一條無雜訊的頻道來傳送時,能夠達到的最大資料速率為何?奈奎斯特(Harry Nyquist)在 1924 年提出這些問題,而稍後的奈奎斯特採樣理論和最大資料速率則回答了這些問題。如同奈奎斯特採樣理論所宣稱,要能夠獨一無二地重建一個訊號而不走樣,一個系統必須以至少比訊號頻寬更快兩倍的速度來採樣。舉例來說,如果一個有限頻寬之訊號的最大頻率為 f_{max},則它的採樣速率 f_s 就必須大於 $2 \times f_{max}$。奈奎斯特理論指出,一個頻寬為 B Hz(赫茲)的無雜訊頻道,如果其中的訊號編碼方法使用 L 個狀態來表示訊息裡的符號,則該頻道的最大資料速率就是 $2 \times B \log_2 L$。舉例來說,如果一條無雜訊的 3 kHz 電話線與一種 1 位元的訊號編碼(兩種狀態)被一併使用,當聲音被傳送過該電話線時,其最大資料速率為何?根據奈奎斯特理論,最大資料速率應為 $2 \times 3 k \times \log_2 2$ bps = 6 kbps。

　　實際的頻道卻並非是無雜訊的,而是充斥著許多不需要的雜訊,比方說熱雜訊(thermal noise)、交互調變雜訊(inter-modulation noise)、串音干擾雜訊(crosstalk noise)以及脈衝雜訊(impulse noise)。在 1948 年,夏農(Claud Elwood Shannon)提出了「一個通訊的數學理論」和「在有雜訊的情況下通訊」兩篇論文,用來計算出一個有雜訊頻道的最大資料速率。夏農理論指出,如果一個訊號雜訊比(signal-to-noise ratio, SNR)S/N 的訊號被傳輸經過一個頻寬為 B Hz 且有雜訊之頻道,它的最大資料速度便是 $B \times \log_2 (1+\frac{S}{N})$。夏農理論也被稱為夏農之極限(Shannon's limit),而且該極限和編碼方法並無關係,反而是和訊號雜訊比有關。同樣地,考慮一條有雜訊的 3 kHz 電話線;如果它的訊號雜訊比為 30 dB,則它的最大資料速度為何呢?根據夏農之極限,最大資料速度應該是 $3 k \times \log_2 (1 + 1000)$ kbps,所以大約是 29.9 kbps。

量化（quantization）是一種流程，它會把一個範圍的數值映射到一組有限的離散數值。這樣的映射流程通常是使用**類比到數位轉換器**（analog-to-digital converter, ADC）來執行。一個量化過的訊號可以是一個有離散數值的連續時間之訊號。然而，量化會引進量化誤差（quantization error），又被稱作量化雜訊（quantization noise）。

重建（reconstruction）是一種訊號內插（interpolation）的流程，它可以用採樣所得的離散時間之訊號來還原原來的連續時間之訊號。只要採樣的速率是等於或是快於原來訊號的最高頻率的兩倍，則所得的一序列採樣值便足以完美地重建原來的訊號。這個充分條件是**奈奎斯特-夏農採樣理論**（Nyquist-Shannon sampling theorem）的結論。

週期性和非週期性訊號

如之前所提，一個訊號可以是類比的或數位的。如果該訊號是連續時間之訊號並且有連續性的數值，則它就是一個類比訊號。如果它屬於離散時間之訊號並且有離散性的數值，則它就是一個數位訊號。除了上述的區分方法，訊號也可以被歸類成**週期性**（periodic）和**非週期性**（aperiodic）兩種訊號。一個週期性訊號會在某一段時間之後重複它自己的訊號波形，而非週期性訊號則不會。類比訊號和數位訊號兩者都可以是週期性或非週期性。舉例來說，人類語音的聲音訊號是一種非週期性類比訊號；一個數位的時脈訊號則是一種週期性數位訊號。

除了對訊號做出時間領域（time-domain）的描述之外，另一種方式是根據**傅立葉理論**（Fourier theory）對訊號做出頻率領域（frequency-domain）的描述。如果一個訊號的線譜是由無數個可能的離散頻率所組成，則該訊號就被稱為週期性訊號。一個**線譜**（line spectrum）其實就是一種**頻譜**（spectrum），只不過線譜中的能量會集中在一些特定的波長。如果一個訊號有一個連續性的頻譜和無數個可能的支撐（support，指的是數學裡定義的函數之支撐），則它就被稱作非週期性訊號。此外，如果一個訊號具有有限之支撐，則它會被視為頻帶有限的（band-limited）；比方說它是恰當地被包含在 $f_1 \sim f_2$ 的頻帶裡面。圖 2.1 畫出類比訊號的頻譜。在圖 2.1(a)，離散頻率 100 kHz 和 400 kHz 被用來表示兩個擁有不同振幅的週期性類比訊號。圖 2.1(b) 則顯示出一個非週期性且頻帶有限的類比訊號。

圖 2.2 描繪出數位訊號的頻譜。根據傅立葉理論，一個週期性數位訊號會有一個線譜；將 sinc 函數的頻譜乘上一個離散的頻率脈衝列（frequency impulse train）所構成的週期性線譜，就可以得出週期性數位訊號的線譜。一個非週期性數位訊號則有一個連續性頻譜；將 sinc 頻譜乘上一個範圍從零到無窮大的週期性連續性頻譜，便可以得出非週期性數位訊號的頻譜。傅立葉理論也說，一個數位訊號可以被表示成由不同頻率、振幅和相位的正弦曲線訊號，即包含正弦和餘弦函數所組成的

圖 2.1 類比訊號之頻譜

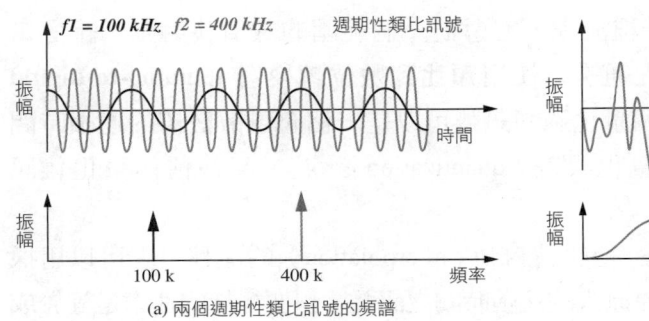

(a) 兩個週期性類比訊號的頻譜

(b) 一個非週期性類比訊號的頻譜

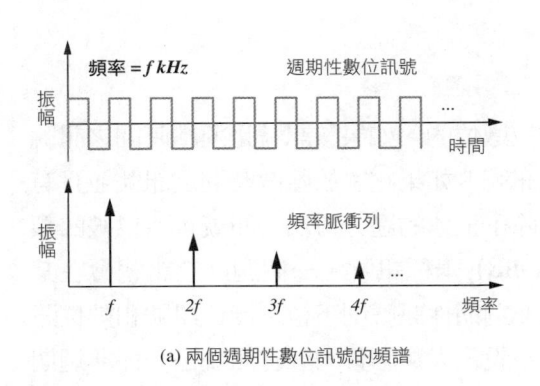

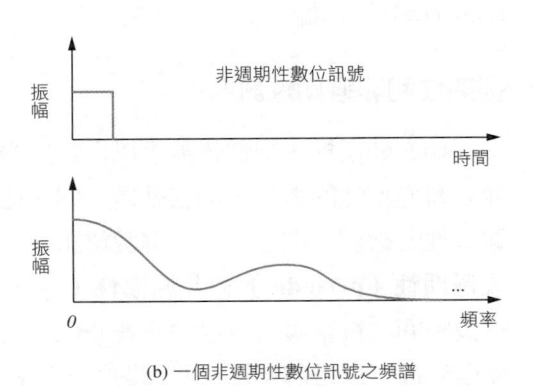

圖 2.2 數位訊號之頻譜

(a) 兩個週期性數位訊號的頻譜

(b) 一個非週期性數位訊號之頻譜

一個加權組合。把圖 2.1 和圖 2.2 合併在一起，我們便能得出以下的結論：

- 如果一個訊號是週期性的，它的頻譜會是離散性；如果是非週期性，該頻譜會是連續性。
- 如果一個訊號是類比的，它的頻譜會是非週期性；如果是數位的，該頻譜會是一個週期性頻譜乘以 sinc 函數的乘積。

在數位通訊中，週期性類比訊號或非週期性數位訊號是經常被用到的，因為週期性類比訊號需要較少的頻寬，而非週期性數位訊號能表示數位資料各種不同的數值，如圖 2.1(a) 和圖 2.2(b) 所示。本章剩下的內容在沒有明確指出的情況下，一個數位訊號暗指一個代表資料串流的非週期性數位訊號；一個時脈訊號所指的是一個週期性數位訊號；一個載波所指的是一個週期性類比訊號；而一個調變後的訊號意味著一個非週期性類比訊號。

2.1.2 傳輸流程和接收流程

在了解類比訊號和數位訊號的性質，並且辨別出週期性訊號和非週期性訊號的面貌之後，接下來說明圖 2.3 裡一個簡化的透過實體層的傳輸流程和接收流程。源自於資訊來源的訊息符號首先被**信源編碼**（source coding）壓縮，然後被頻道編碼（channel coding）給編碼成頻道符號。一個**符號**（symbol）是一個有一定長度的二進制元組（binary tuple）。訊息符號則是一序列源自於訊息來源的資料串流。頻道符號代表著已經被信源編碼和頻道編碼處理過的資料串流，而且可能和其他訊息來源的符號被多工結合在一起。結合後的頻道符號然後被線路編碼〔line coding，又被稱為**數位基頻調變**（digital baseband modulation）〕做成一個基頻之波形。此時的基頻訊號可以透過電纜之類的有線網路直接傳送到一個接收器，或者可以把這個基頻訊號和載波一起數位調變之後，再透過無線網路來傳輸。調變過的訊號是一個通頻波形（bandpass waveform），也就是一個得自於數位調變而應用於數位傳輸的通頻訊號（bandpass signal）。許多教科書認為，如果一個調變過的訊號攜帶的是數位資料而非類比資料，則它應該被視為一個數位訊號而非一個類比訊號。最後，數位通訊系統裡的傳輸器會把通頻波形（它仍然是一個基頻訊號）轉換成一個可傳輸之訊號，例如一個 RF（無線電頻率）訊號。該可傳輸訊號連同干擾和雜訊一起被傳送過頻道。

對於一個處理傳輸設備其處理能力大於一個資料串流之需求，**多工**（multiplexing）可以將該傳輸設備之資源分拆成多個頻道，並且利用多個頻道來分享該傳輸設備的資源，以便改善頻道的利用率。多工可以合併多個數位資料串流，或多個像通頻訊號之類的數位訊號，因此多工可以應用在許多地方。多工能夠利用分頻多工（FDM）、分時多工（TDM）、分碼多工（CDM）或空間分割多工

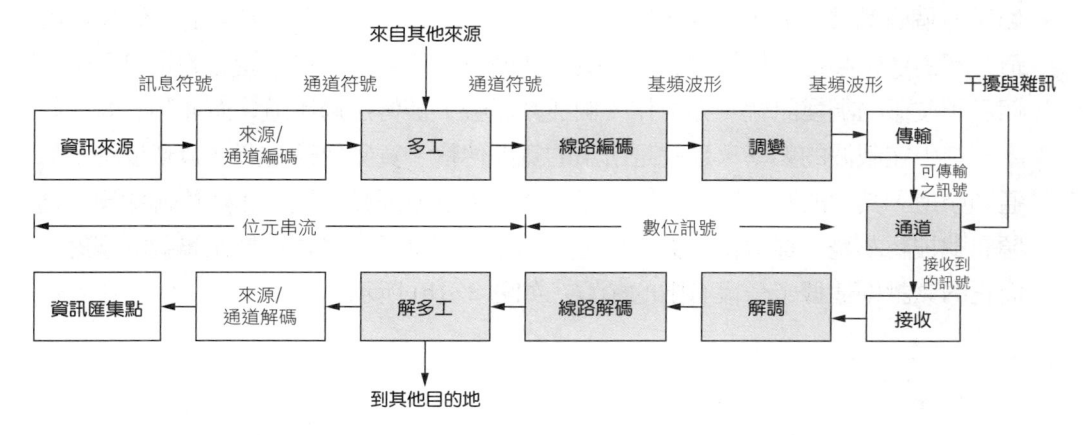

圖 2.3 數位通訊系統的傳輸流程和接收流程

（SDM）在頻率、時間、代碼或空間等領域來產生邏輯上的頻道。多工技術的差別在於它們如何將一個實體頻道分割成多個頻道或邏輯頻道。FDM 是一種類比技術，而 TDM 和 CDM 則是數位技術。因此，TDM 或 CDM 在通訊系統裡的位置可以位於圖 2.3 裡的多工／解多工之模組，而 FDM 是發生在通頻模組之後，在那裡其他的訊號會被合併起來一起分享頻道。一個通訊系統能藉由像 TDM 等技術來建立多個頻道，而一群使用者可以使用像是「載波感測多重存取」（carrier sense multiple access, CSMA）的特殊多重存取技術來共同存取其中的一個頻道。注意，多工技術是被提供在實體層，而多重存取技術則被安排在鏈結層。

基頻或寬頻

在圖 2.3 裡的基頻波形是一個可以直接行進在基頻頻道而不用進一步轉換成類比訊號的數位訊號。這被稱為基頻傳輸（baseband transmission），其中通頻調變則被省略。如果是寬頻頻道的話，則數位訊號將需要一個有別於簡易線路編碼的調變技術。寬頻指的是透過某一遠高於數位訊號頻率的頻帶，讓多個資料串流能同時被傳送並且讓多個訊號可以共用同樣一個媒介。

如之前所述，一個非週期性數位訊號擁有一個頻譜，而獲得該頻譜之方法是把週期性的連續性頻譜乘上一個 sinc 函數。該頻譜之振幅在高頻率下是一直遞減並逼近零。因此，該頻譜在高頻率下可被忽略不計。要在基頻或高頻來傳輸訊息是取決於傳輸媒介和傳輸頻道的性質：

- 如果一個實體頻道是一個低頻通過（簡稱低通，low-pass）的廣頻頻道，則數位訊號就可以直接透過頻道來傳輸。接收到的訊號僅有因高頻部分的遺失所導致的輕微訊號失真，而且可以在接收器處還原。這種基頻傳輸是處理非週期性之數位訊號，正如圖 2.2(b) 所示，而圖中的高頻部分的振幅值很低，因此可予以忽略不計。
- 如果一個實體頻道擁有一個起始值非零的有限頻寬，則該頻道便是一個通頻頻道。經由通頻頻道來傳輸的訊息需要一個載波來運輸該訊息；產生的結果則是一個通頻波形的調變訊號（亦稱作一個通頻訊號）被傳送過頻道，而通頻訊號的頻率會集中在載波的頻率。這就是所謂的寬頻傳輸。寬頻傳輸會運送資料橫跨一個通頻頻道，其中的數位基頻訊號必須被調變轉換成通頻訊號。在數位傳輸裡，通頻訊號被認為是一種數位訊號，可是它的波形卻呈現非週期性類比訊號的型態，而它的頻譜則佔據了一段有限的頻寬，如圖 2.1(b) 所示。

2.1.3　傳輸：線路編碼和數位調變

在通訊的世界裡，一個實體層會利用各種不同的編碼和調變技術來將資料轉變成訊號，藉此讓訊息能被運送過一個實體頻道並且讓訊號能穿越過傳輸媒介。在電腦網路裡則強調線路編碼和數位調變的技術。前者將一個數位位元串流給轉換成一個用於數位基頻頻道的數位訊號，而後者將一個數位基頻訊號轉換成一個用於通頻頻道的通頻訊號。線路編碼和數位調變都是為了同樣的數位傳輸（資料傳輸）之目的，只不過兩者使用不同的轉換方法。

同步、基線漂移和直流成分

線路編碼，亦以數位基頻調變之名為大眾所識，使用具有離散時間、離散數值之訊號，例如方波或數位訊號，而這些訊號僅以用來傳輸零和壹的振幅和時序作為其特點。然而，在一個資料串流之中，當訊號出現很長一連串同樣的位元值而沒有任何的改變，這可能會造成接收器的時脈失去了和傳送器之間的同步並造成基線（baseline）之漂移（即偏離其應有之期望值）。

自我同步（self-synchronization）可被用來校準接收器的時脈，而該時脈是供傳送端的位元間隔和接收器的位元間隔兩者同步之用。基線則是用來判定所接收的訊號所代表的數位資料之值。**基線漂移**（**baseline wandering** 或 baseline drift）之現象會讓解碼器更難以判斷所接收到訊號的數位數值。同時，一些像是不歸零（NRZ）的編碼技術可能仍會引進直流（direct current, DC）之成分。這使得數位訊號在頻率為 0 Hz 有一個不為零之頻率成分，也就是所謂的直流成分或稱直流偏壓。

把這樣的編碼技術運用於很長一連串同樣的位元值不但承受了同步上的風險，也會產生了具有常數電壓值但缺乏相位變化的數位訊號。和一個直流平衡波形（無直流成分）比較起來，一個擁有直流成分的訊號會消耗掉更多的電功率。此外，有一些類型的頻道是無法傳輸直流電壓或直流電流。要把數位訊號傳過這類頻道的話，需要一種沒有直流成分的線路編碼方式。

總而言之，線路編碼的主要目標在於避免基線漂移、消除直流成分、啟動自我同步、提供錯誤偵測和錯誤矯正，以及加強訊號對雜訊和干擾的抵抗力。

振幅、頻率、相位和代碼

數位調變使用連續時間或離散時間之連續數值訊號（即類比訊號）來表示源自資訊來源的一個位元串流，而該訊號是以振幅、頻率、相位或代碼為特點。數位調變將一個位元串流轉換成一個通頻訊號，以便能經由一個頻寬有限且集中於載波頻率的通頻頻道來做長程傳輸。舉例來說，把訊息透過一個無線頻道來傳送需要線路編碼和數位調變之流程，好讓訊息能被一個載波來運輸並且讓它的調變訊號能透過一個通頻頻道來傳越過自由空間。利用振幅、頻率、相位、代碼、以及它們之間的組合便能夠開發出範圍廣闊的數位調變技術。複雜的調變技術通常目標是在頻道為低頻寬和有雜訊的情況下以高資料速率來傳輸。

進一步而言，線路編碼或數位調變是可以被優化來適應任何媒介的特性。舉例來說，在無線通訊裡，**鏈結調適（link adaptation）**，或稱**自適應編碼和調變（adaptive coding and modulation, ACM）**，會配合頻道的情況來選用編碼和調變的方法以及通訊協定的參數。

2.1.4 傳輸損耗

傳輸媒介並非完美無缺。接收到的和當初傳輸出去的訊號其實並不完全相同。許多因素或許會損害媒介的傳輸可靠性，例如**衰減（attenuation）**、**衰退（fading）**、**失真（distortion）**、**干擾（interference）**和**雜訊（noise）**。這些傳輸損耗以及它們的補償方法將在此處來討論。

衰減：衰減指的是無線電波或電子訊號等**通量（flux）**逐漸喪失其強度。衰減會影響電波和訊號的傳播。當一個訊號傳越過一個媒介時，因為傳輸媒介的阻力，該訊號便會失去它部分的能量。舉例來說，當電磁波被水粒子吸收或是分散在無線通訊之中，電磁波輻射的強度就會衰減。因此，在傳輸器和在接收器之處需要有低雜訊之增幅器（amplifier）來放大訊號，以便讓原來的訊息能在特定處理之後被偵測到並且被復原。增幅（amplification）是一種用來抵消衰減損耗的方法。

衰退：在無線網路之中，一個穿越過某特定媒介的調變波形可能會經歷衰退。衰退是一種隨時間變化的衰減之偏差，因為它會隨著時間、地理位置或無線電頻率而改變。現有兩種類型的衰退：多重路徑衰退（multipath fading）指的是多重路徑之傳播所造成的衰退，而遮蔽衰退（shadow fading）則是障礙物所引起的。一個正在經歷衰退的頻道則被稱作衰退頻道（fading channel）。

失真：接收到的訊號的形狀可能和原來的不太一樣。這種失真損耗通常發生在複合訊號。一個複合訊號是由許多不同頻率的訊號所組成；在傳播之後，複合訊號裡不同頻率的訊號會遭遇不同的傳播延遲，所以複合訊號會因此而失真。這產生不同相位的偏移，並因此扭曲了訊號的形狀。一個數位訊號通常是以數個週期性類比訊號所組成的一個複合類比訊號所表示。因此，數位訊號通常在傳輸後會被扭曲，所以並不能行進太遠。為了要補償傳輸的耗損，我們可以使用適合長距離傳輸的類比訊號波形。

干擾：干擾一般有別於雜訊。任何會擾亂傳過一個頻道的訊號都被視為干擾。干擾通常會把不需要的訊號添加到想要的訊號。有好幾個著名的干擾實例，包括同頻道干擾（co-channel interference, CCI，也被稱作串音干擾）、**符號間干擾（inter-symbol interference, ISI）**、**載波間干擾（inter-carrier interference, ICI）**等諸如此類。

雜訊：雜訊是類比訊號的一種隨機變動。電子雜訊發生在所有的電子電路裡。熱雜訊（thermal noise）又稱奈奎斯特雜訊，是載流子（charge carrier）的熱擾動（thermal agitation）所產生的一種電子雜訊。它通常是白雜訊（white noise）；也就是說，它的功率譜密度在整個頻譜的區間裡皆為均勻分布。其他種類的雜訊還有感應雜訊、脈衝雜訊以及量化雜訊。感應雜訊來自像電器之類的來源。脈衝雜訊則得自於電力線或閃電，而量化雜訊是量化誤差所引入的。**訊號雜訊比（signal-to-noise ratio, SNR）**的定義為訊號功率的平均值除以雜訊功率的平均值所得之比率；它是用來界定理論上位元速率之上限值的一種評量指標。為了要補償雜訊對傳輸資料的影響，我們可以提升訊號之功率或是降低傳輸的位元速率。另一種應急方法是採用其他更能抵抗雜訊的調變技術。

因為訊號的強度在傳播的時候會衰退，所以實體層通常把一個位元串流或數位波形轉換成一個調變過的通頻訊號，然後透過一個實體頻道來傳送該訊號。這些轉換技術，不論是編碼或是調變，皆能緩和通訊系統上的損耗。在接收器之處，當一個訊號被偵測到時，它會被解調變然後再被解碼，最後便可以復原原始的資料。換句話說，一個數位通訊系統需要能夠經由一個有雜訊頻道來傳送訊息，然後過濾掉雜訊，最後將訊號自傳播衰退中復原。

歷史演進：軟體定義的無線電

傳統的和 SDR 的通訊系統擁有相同的訊號處理流程。兩者的差別在於訊號在何處被數位化然後再被軟體來處理。圖 2.4 顯示一個能透過一連串無線電功能來執行各種無線通訊標準的無線電節點。和圖 2.3 相比，圖 2.4 擴大以便能包含用來操控 IF（intermediate frequency）波形和 RF（radio frequency）波形的 IF 處理和 RF/ 頻道存取等組件。RF 的範圍介於 3 kHz 到 300 GHz，是一個載波群的集體振盪（collective oscillation），而 IF 則介於 10 到 100 MHz，是藉由把 RF 和區域振盪器（local oscillator, LO）之頻率混合所產生的一個更容易處理的較低頻率。

在一個無線通訊系統之中，在傳輸器的數位訊號首先被調變成通頻波形（此時仍處於基頻頻率之範圍內），然後被向上轉換成 IF 和 RF 波形以便能透過一個無線電頻道來傳輸。在接收器處，接收到的 RF 波形先被 RF/ 頻道存取之模組處理，然後被轉換成 IF 波形後再向下轉換成基頻波形，而基頻波形再被調變並且解碼成位元串流。在 SDR，訊號之數位化可以實施

圖 2.4 一個無線通訊系統裡訊號流程的功能模型

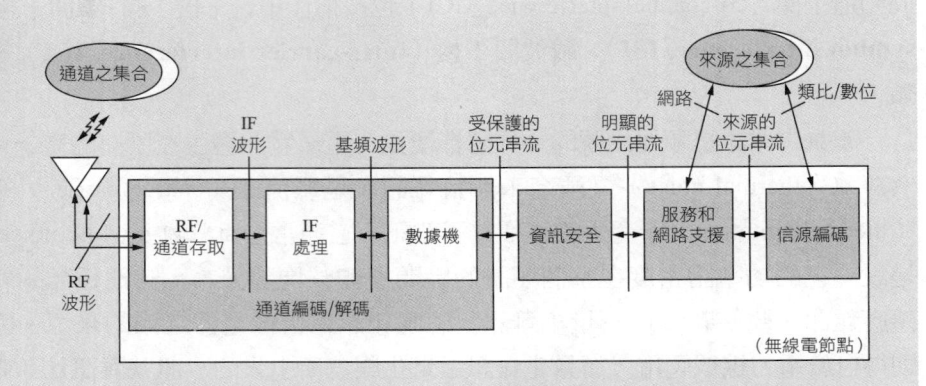

在 RF、IF 或基頻波形，其分別被稱作 RF 數位化、IF 數位化或基頻數位化。RF 數位化是個讓 SDR 完全以軟體來處理剩餘無線電功能的理想地方。然而，因為高速廣頻 ADC 和通用處理器計算能力的硬體限制，要讓一個軟體之無線電來實作 RF 數位化是很困難的事。此外，基頻數位化並不被視為軟體無線電系統，因為這樣做就等同於傳統通訊系統之數位化而沒有任何的收穫。IF 數位化因此是 SDR 數位化的最佳選擇。

有數個公開的軟體無線電計畫，像是 SpeakEasy、JTRS（Joint Tactical Radio System）以及 GNU Radio，已經被發展來研發軟體無線電系統。GNU Radio 計畫是在 2001 年由 Eric Blossom 所啟動，致力於使用最少的硬體需求來建立一個無線電系統。GNU Radio 是一個開放源碼之開發工具，其提供了訊號處理區塊的一個 C++ 程式庫以及 Python 所寫成的一個用來建置軟體無線電的接合軟體。GRC（GNU Radio Companion）是一個 GNU 工具，能讓使用者能以類似 Labview 和 Simulink 的方式將訊號處理區塊互連起來，而同時也會建置出一個無線電系統。GRC 能夠促進 GNU Radio 之研究並且能大幅地減少學習曲線的時間。Matt Ettus 所發展的 USRP（Universal Software Radio Peripheral，即通用軟體無線電周邊設備）是目前最受歡迎的 GNU Radio 之硬體平台。

2.2 傳輸媒介

實體層利用傳輸媒介將訊號從傳送端給輸送到接收端。這些傳輸媒介裡，自由空間可作為無線之媒介，而金屬電纜和光纖電纜則作為有線之媒介。由於要採用何種編碼技術和調變技術是部分取決於傳輸媒介的類型，我們首先來檢視這些傳輸媒介的特性。另一個影響要選擇何種技術的因素是媒介的運作品質，而該品質很大程度上取決於傳輸之距離以及環境之損耗。

2.2.1 有線傳輸媒介

常見的金屬電纜和光纖電纜等有線媒介包括**雙絞線**（twisted pairs）、**同軸電纜**（coaxial cables）以及**光纖**（optical fibers）。訊號在穿越這些媒介時是以固定方向傳播，而訊號的傳播也受實體媒介的特性所限制。

雙絞線

雙絞線是由兩條銅導線所構成，而該兩條銅線被盤絞在一起，以避免外部的電磁波干擾和雙絞線內部的串音干擾。一條雙絞線電纜可以是遮蔽式和無遮蔽式；**遮蔽式雙絞線**（shielded twisted pairs）簡稱為 **STP**，而**無遮蔽式雙絞線**（unshielded twisted pairs）簡稱為 **UTP**。圖 2.5(a) 和 (b) 分別畫出 STP 和 UTP 的結構。STP 內部有附加一層金屬遮蔽網來提供阻擋電磁波干擾的額外保護；UTP 由於成本較低，故較為常見。隨著科技的進步，UTP 已經足夠滿足實用的需求。雙絞線的分類是根據它們所能允許的最大訊號頻率。表 2.1 摘要出 ANSI EIA/TIA Standard 568〔美國國家標準協會（ANSI）、電子工業協會（EIA）、電信工業協會（TIA）〕裡常見的規格。較高的類別表示雙絞線裡的銅導線每一英呎擁有較多圈的扭轉，並因此能承受較高的訊號頻率以及較高的位元速率。其長度上的限制取決於所定的位元速率之目標。一般而言，電纜線愈短，可達成之位元速率就愈高。

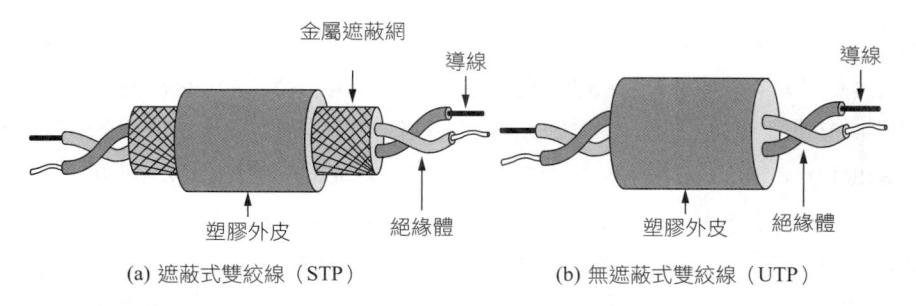

(a) 遮蔽式雙絞線（STP）　　(b) 無遮蔽式雙絞線（UTP）

圖 2.5 雙絞線電纜

表 2.1 常見的雙絞線電纜之規格

規格	描述
類別 1/2	供傳統電話線之用；在 TIA/EIA 並無相關規格
類別 3	規定的傳輸特性最高到 16 MHz
類別 4	規定的傳輸特性最高到 20 MHz
類別 5(e)	規定的傳輸特性最高到 100 MHz
類別 6(a)	規定的傳輸特性最高到 250 MHz（類別 -6）以及 500 MHz（類別 -6a）
類別 7	規定的傳輸特性最高到 600 MHz

要以一個高位元速率來傳輸，我們可以使用有支援較高頻寬的電纜線，或者設計出一個更為複雜的編碼和調變技術以便能在同樣長的一段時間內編碼更多的位元。雖然設計一個複雜的編／解碼器或數據機以低頻訊號來傳輸資料是可行的，可是所需的硬體電路成本可能會太高而使得該設計無法被實用。因為這些年來電纜線成本已降低許多，使用品質較佳的電纜線來傳輸資料反而比依賴複雜的編碼和調變技術還要更為經濟實惠。舉例來說，雖然透過類別 3/4 之電纜線來傳輸 100 Mbps 的乙太技術的確存在，可是實際上這種做法卻極少被採用。幾乎所有現存的 100 Mbps 乙太介面都是運行在類別 5 電纜線的 100BASE-T 之標準。

同軸電纜

同軸電纜（coaxial cable）是由一條包覆著一層絕緣體的內部導線、一條編織而成的外部導體、另一層絕緣體以及一層塑膠護套所構成，如圖 2.6 所示。在許多的應用，像是有線電視網路和寬頻網際網路接入等，都可以看見同軸電纜的使用。它也曾經是乙太網路最普遍使用的媒介，可是現在已經被雙絞線和光纖所取代。

不同類型的同軸電纜擁有不同的內部和外部參數，而這又會影響到像阻抗（impedance）之類的傳輸特性。最受歡迎的類型是直徑為 0.0403 英吋的 RG-6，而它能夠運作在大約 3 GHz 的頻率。

光纖

光可以從一個透明媒介傳播到另一個媒介，可是它的方向會因此而改變。這就是所謂的光之**折射（refraction）**。光的方向所改變的多寡取決於媒介的折射率，也就是光在真空中的速度和光在該介質中的速度之比率。這種稱為 Snell 定律的折射現象關係是 Willebrord Snell 所推導出。如圖 2.7 所示，Snell 定律指出 $n_1 \sin \theta_1 = n_2 \sin \theta_2$，其中 n 是介質折射率，而 θ 是折射角。當光從折射率較高的介質傳播到折射率較低的另一個介質，光可能被折射 90°。假設現在入射角的臨界角度為 θ_c，如圖 2.7 所示。如果光射到這兩個媒介間介面的入射角大於 θ_c，則它將不會進入到第二個介質裡，反而會被反射回到第一個介質之中。這種現象被稱為**全內反射（total**

圖 2.6 同軸電纜

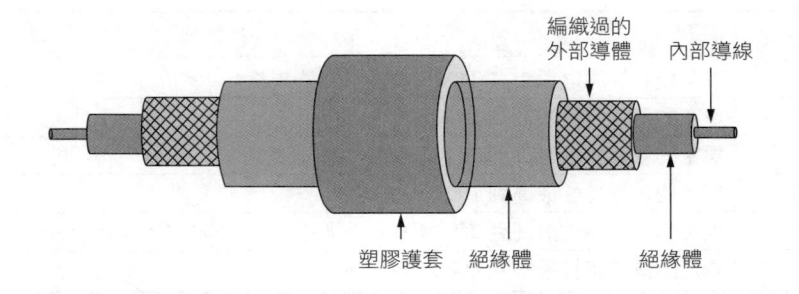

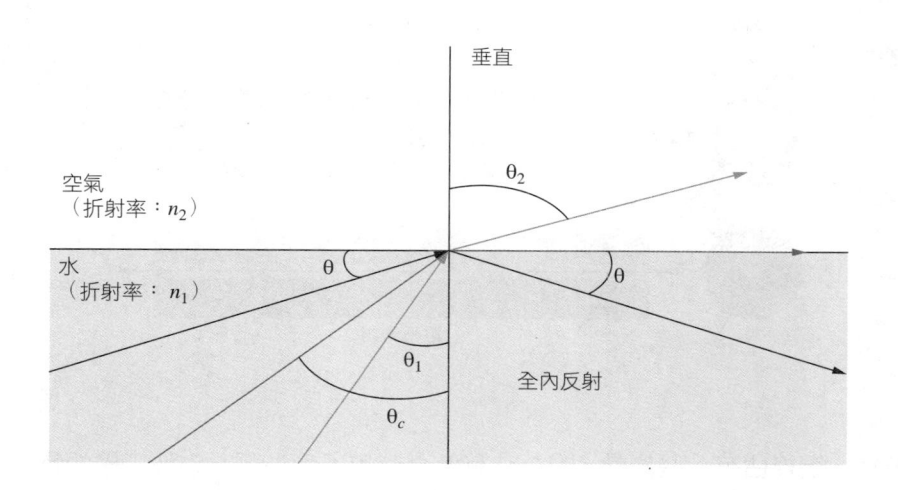

圖 2.7 光的反射和全內反射

internal reflection)。光纖的應用便是根據全內反射的原理。

光纖沿著電纜的內芯來傳播光之訊號。因為全內反射的緣故，光可以被保持在核心內。光的訊號來源可以是**發光二極體（light-emitting diode, LED）**或雷射光。圖 2.8 顯示光纖的結構，其內部有一條細的玻璃或塑膠之纖芯被另一不同密度的玻璃包層給包覆住，然後外部再覆蓋一層塑膠護套。包層介質的折射率很低，而纖芯則有很高的折射率。

光纖之中光被導引的獨特方式被稱為模式（mode）。如果一條光纖使用多於一個在特定波長的模式，它就被稱作一個多模（multi-mode）光纖。某些光纖的芯可能非常細，僅能允許一個模式的傳輸，這被稱作單模（single-mode）光纖。圖 2.9 顯示出光纖的兩種主要類別，亦即多模和單模。多模光纖有較厚的芯（通常大於 50 微米），而光在其中是以反射來行進而非直線行進。雖然多模光纖的傳輸器和接收器較為便宜，可是由於光訊號之間傳播速度的差異，多模光纖也引入了模態色散（modal dispersion）的問題。色散限制了多模光纖的頻寬和通訊距離。單模光纖有一條更細（通常少於 10 微米）來強迫光訊號以直線行進。它容許更遠和更快的傳輸，可是其製造成本也相對更高。

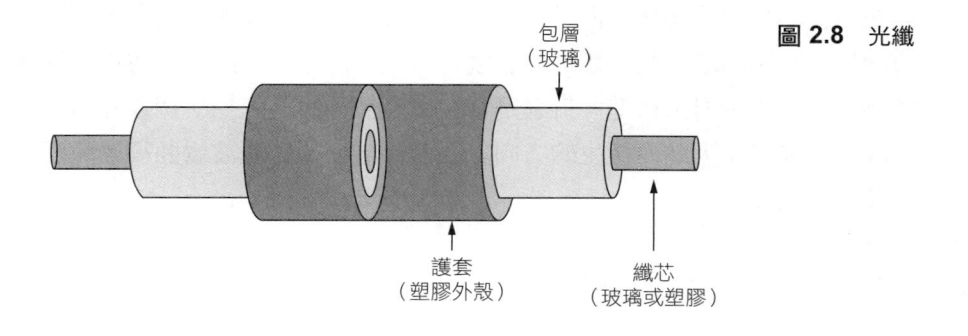

圖 2.8 光纖

圖 2.9 單模光纖和多模光纖

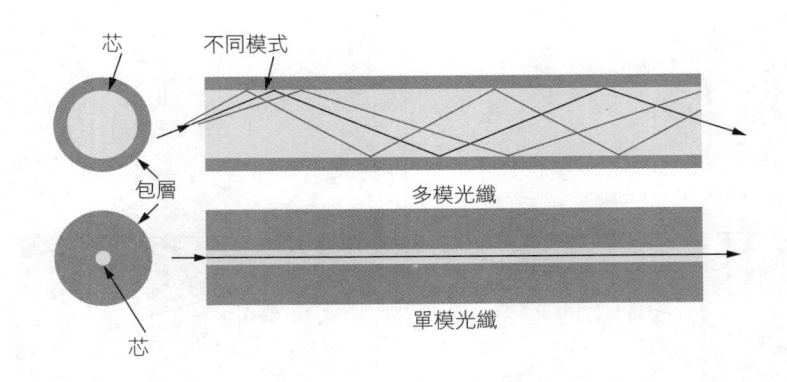

光纖比銅線佔有一些優勢，因為它有低衰減和不受外部電磁波干擾的特性。光纖也比銅質電纜更不容易被竊聽。因此，它通常被用在高速和長距離的傳輸，而且由於光纖的部署成本非常昂貴，它主要是被部署作為網路之骨幹而非私人之用途。

2.2.2 無線傳輸媒介

無線傳輸媒介是沒有使用到任何實體電纜卻能允許電磁波傳輸的自由空間。電磁波在自由空間裡是以廣播來傳送，所以在電磁波所能抵達的範圍之內，任何能夠察覺到它們的天線接收器都可以接收到電磁波。

傳播方法

電磁波傳播的三種方法分別是地面傳播、天空傳播、視線傳播。在大氣層較低部分傳播的低頻率波或訊號使用的是地面傳播。地面傳播之應用有無線電導航或無線電信標（beacons）。較高頻率的波最高會傳播到電離層（ionosphere），然後透過天空傳播向下反射到地球。AM（amplitude modulation，振幅調變）無線電、FM（frequency modulation，頻率調變）無線電、手機、WLAN、VHF（very high frequency，甚高頻）TV、UHF（ultra high frequency，特高頻）TV 以及民用波段都屬於此類之應用。藉由視線傳播，高頻率的波能夠直接從來源端傳送到目的地。衛星通訊乃是採用視線傳播方法的應用。視線這個名稱意味著傳送端和接收端必須能夠在一直線上看見彼此。但是這只對於非常高頻率的波才能成立，因為它們行進的方向是極為單向的。此一類別的訊號有很大一部分除了能直線傳播和反射之外，也能夠以折射和繞射來行進。折射是當波以一個角度進入另一個媒介時所伴隨的行進速度之改變以及因此而產生的方向之改變。繞射指的是波彎曲繞過障礙物並且通過小孔散射出波。

傳輸波：無線電、微波、紅外線

傳輸用的電磁波被分類成三類：無線電、微波和紅外線。無線電的範圍大約從 3 kHz 到 1 GHz。該範圍包括 VLF（very low frequency，即甚低頻，3~30 KHz）、LF（low frequency，即低頻，30~300 kHz）、MF（middle frequency，即中頻，300 kHz~3 MHz）、HF（3~30 MHz）、VHF（30 MHz~300 MHz）以及部分的 UHF（300 MHz~3 GHz）。無線電波通常使用全向性（omni-directional）天線，其能夠透過地面傳播或天空傳播在所有方向來傳送和接收訊號。使用全向性天線的缺點是容易受到鄰近地區裡其他使用相同頻率之使手者的干擾；好處則是訊號能被一個天線送出但是能被許多天線接收。它很適合用於多點傳播或廣播。此外，經由天空來傳播的無線電波能行進很遠的距離。這就是為何選擇無線電波作為長距離廣播的原因。相關應用有 FM 和 AM 無線電、電視廣播和傳呼（paging）。

微波的範圍一般從 1 GHz 到 300 GHz，包括部分的 UHF（300 MHz~3 GHz）、SHF（3~30 GHz）和 EHF（extremely high frequency 即極高頻，30~300 GHz）。然而，大多數的應用通常落在 1 GHz 到 40 GHz 之間的範圍。舉例來說，全球定位系統（global positioning system, GPS）以大約 1.2 GHz 到 1.6 GHz 傳輸訊號；IEEE802.11 使用 2.4 GHz 和 5 GHz；WiMAX 運作於 2 到 11 GHz。如果傳輸用和接收用的天線能夠排成一直線來進行視線傳播，則更高頻率的微波就可以使用定向天線來傳輸和接收訊號。該類型的定向天線是一個喇叭狀之天線，而它能利用喇叭彎曲的形狀來送出平行的電磁波束。另一方面，定向接收天線的類型是像一個拋物面的盤子，而它能夠把一個寬廣範圍的平行電磁波束捕捉到一個共同點以便於收集這些訊號。收集到的訊號然後經由傳導線傳送到接受器。

和無線電波類似，微波傳輸需要在從監管機構配得的頻譜裡有閒置可用的波段。幸好，ISM（industrial, scientific and medical，工業、科學及醫療）頻帶是可供無照操作之用。一個使用 ISM 頻帶的常見例子是運作在 2.4 GHz 波段的微波爐。無線電話（coredless phones）、WLAN 和許多短範圍的無線裝置也運作在 ISM 頻帶，因為該頻帶之使用執照是免費的。因為多個分享 ISM 頻帶的無線裝置通常會在同一時間運作，所以避免這些裝置之間的干擾是必要的。展頻（spread spectrum）是使用於 WLAN 以避免干擾的一種技術，而它會把訊號功率分散在一個寬廣的頻譜範圍。因為一個分散在較寬頻譜的訊號就可能不受窄頻（narrowband）的干擾所影響，接受器因而有較高的機率將展頻之訊號準確地恢復。第 2.5 節會介紹展頻技術。

紅外線波（infrared waves）是供短距離傳輸之用，其範圍落於 300 GHz 到 400 THz。因為它高頻率的特性，紅外線波無法穿透牆壁；因此，在一個房間內使用紅外線波並不會干擾到另一個房間內的裝置。有些像是無線鍵盤、滑鼠、筆記型電腦和印表機等裝置，會使用紅外線波透過視線傳播來傳輸資料。

移動性

無線通訊贏過有線通訊的最明顯優勢在於它的移動性。不像有線連接使用電纜來傳輸，無線連接使用無線頻譜。大多數無線系統使用微波頻譜，尤其是 800 MHz 到 2 GHz 的波段，以便能達成全向性和高位元速率之間的平衡。一個較高的頻譜可以提供較快的位元速率但也會變成更為定向性並因此降低移動性。

2.3 資訊編碼和基頻傳輸

在電腦網路和資訊處理之中，一個代碼（code）是把資訊從一個形式或表示法轉換成另一種的一種格式；編碼是資訊轉換成符號的一種流程，而解碼則反轉編碼的流程。第 2.1 節所描述的傳輸流程和接收流程之中，電腦網路裡的訊息來源在傳輸或進一步調變之前，是由信源編碼、頻道編碼和線路編碼所處理。信源編碼和頻道編碼是資訊和編碼理論（information and coding theory）的領域，而線路編碼屬於數位基頻調變的領域。

信源編碼意圖壓縮和減少儲存空間之需求，並因此改善資料傳輸過頻道的效率，尤其是針對儲存或傳送圖像、音訊、視訊和語音。信源編碼通常發生在應用層。頻道編碼一般會添加額外的位元到原始資料之中，讓資料變得更能抵抗頻道所引進的損耗。它執行之處是在鏈結層和實體層這兩層。線路編碼不僅把數位資料轉換成數位訊號，也處理基線漂移、同步之遺失和直流分量等問題，如同第 2.1 節所討論的。本節會簡述信源編碼和頻道編碼，並且呈現各種不同的線路編碼之設計。

2.3.1 信源編碼和頻道編碼

信源編碼

信源編碼是為了形成有效率的訊息來源之描述，以便能減少所需的儲存或頻寬資源。信源編碼已經變成了一個基礎的通訊之子系統；它使用來自**數位訊號處理**（digital signal processing, DSP）和**積體電路**（integrated circuit, IC）的技術。現有數個壓縮演算法和標準可供圖像、音訊、視訊和語音方面的信源編碼使用。

圖像壓縮：如果沒有壓縮的話，圖像來源的資料量會過大而無法被儲存或被傳送過頻道。JPEG（Joint Photographic Experts Group）和 MPEG（Moving Picture Experts Group）是兩種最受歡迎的圖像壓縮格式。

音訊壓縮：受歡迎的音訊壓縮技術包括光碟（compact disc, CD）、數位多功能影音光碟（digital versatile disc, DVD）、數位音訊廣播（digital audio broadcasting, DAB），以及 MP3（Moving Picture Experts Group Audio Layer 3）。

語音壓縮：語音壓縮通常運用在電話通話，尤其用在手機通話。G.72x 和 G.711 是語音壓縮標準的兩個例子。

頻道編碼

頻道編碼是用來保護數位資料通過一個有雜訊之媒介或保護在一個有瑕疵之儲存媒介中儲存的數位資料，而這些媒介可能在傳輸或取回資料時導致資料出錯。一個通訊系統裡的傳輸器通常會根據事先制定好的演算法，把備援位元（redundant bits）添加到訊息裡。接收器可以偵測到並且還原雜訊、衰退或干擾所造成的錯誤。任何頻道代碼的效能都受到夏農頻道編碼理論的限制；該理論指出只要傳輸的速率低於被稱作頻道處理能力（channel capacity）的某一數值，就可能以幾乎零錯誤的方法將數位資料傳輸過一個有雜訊的頻道。更正式的陳述則是，對於任何無窮小的 ε > 0 和任何小於頻道處理能力的資料傳輸速率，有存在一個編碼和解碼的方法，其可以確保一個長度夠長的代碼的錯誤機率小於。反過來說，夏農的頻道編碼理論也指出當傳輸的速率超過頻道處理能力時，它必然有一個錯誤機率其上限偏離零。

對於一個錯誤矯正系統來說，接收器通常使用兩種設計來矯正錯誤。一是 ARQ（automatic repeat request，即自動重傳請求），而另一個是 FEC（forward error correction，即前向錯誤矯正）。不同於 ARQ，FEC 不用要求傳輸器重傳原始資料，便能夠矯正錯誤。**位元交錯（bit interleaving）**是另一種數位通訊用來抵抗**叢發性錯誤（burst errors）**的方法，縱然它會增加延遲時間。它會重新排列資料串流的編碼位元，使得傳輸中的叢發性錯誤只能影響到數量有限的連續之編碼位元。

錯誤矯正碼可以被分類為**區塊碼（block codes）**和**卷積碼（convolutional codes）**。卷積碼是個任意長度的位元串流，而它的資訊是以逐個位元為單位來處理；區塊碼則是以逐個區塊為操作單位，而它的位元串流是由固定尺寸的區塊所構成。常見的區塊碼之實例包括**漢明碼（Hamming codes）**和 **Reed-Solomon 碼（Reed-Solomon codes）**。**渦輪碼（turbo codes）**乃是 1993 年研發出來的一種非常強大的錯誤矯正技術；它是源自於卷積碼再加上事先預設好的一個交錯器。

漢明碼在 1950 年被發現，然後一直被用於像記憶體裝置的錯誤矯正之類的應用。Reed-Solomon 碼則被使用在很廣泛的應用。舉例來說，CD、DVD、藍光光碟（Blu-ray Disks）、DSL（digital subscriber line，即數位用戶線路）、WiMax（Worldwide Interoperability for Microwave Access，即全球互通微波存取）、DVB（digital video broadcasting，即數位視訊廣播）、ATSC（Advanced Television Systems Committee，即進階電視系統委員會）和 RAID（redundant array of independent disks，即獨立磁碟備援陣列）等系統皆為使用 Reed-Solomon 碼之應用。卷積碼通常被運用在數位無線電通訊、行動通訊和衛星通訊等應用。渦輪碼能夠接近頻道處理能力或夏農之極限值。它被廣泛地使用在 3G 行動標準之長期演進（long term evolution, LTE）計畫和 IEEE 802.16 WiMAX 標準。

2.3.2　線路編碼

線路編碼是一種將脈衝調變運用在一個二進制符號並產生一個脈衝碼調變波形的流程。PCM 波形也被稱為**線路碼（line codes）**。脈衝調變利用一序列規律的脈衝來表示一序列相對應的資訊承載量。有四種基本的脈衝調變：**脈衝振幅調變（pulse-amplitude modulation, PAM）**、**脈衝碼調變（pulse-code modulation, PCM）**、**脈衝寬度調變（pulse-width modulation, PWM）** 或**脈衝時間調變（pulse-duration modulation, PDM）** 和**脈衝位置調變（pulse-position modulation, PPM）**。不同於 PAM、PWM 和 PPM，PCM 使用兩種不同的振幅所組成的一個序列來表示一個量化的樣本或是一個相對應的位元串流，因此 PCM 變成現代數位通訊最喜愛的脈衝編碼技術。這是因為就接收器而言，偵測和判斷由兩種狀態組成的一個序列之資料所代表的值，比起 PAM、PWM 和 PPM 分別要準確地測量出一個脈衝的振幅、持續時間和在接收器的位置，前者更為簡單。所有在這裡描述的線路編碼設計都屬於 PCM。

自我同步

儲存在電腦網路的資料是數位形式的位元所組成的序列。這些序列必須被轉換成數位訊號，才能被傳輸通過一個實體頻道。如同之前在第 2.1 節所提到，線路編碼把數位資料轉換成數位訊號，以便能通過一個基頻頻道來進行通訊。如果通訊是透過一個通頻頻道或是一個寬頻頻道來執行，那麼將會使用另一種把資料轉換成通頻訊號的設計。圖 2.10 說明了一個線路編碼設計，其中訊號之資料從一個傳輸器被送到一個接收器。

一個接收器的線路解碼器的位元間隔必須完全搭配得上相對應傳輸器的線路編碼器的位元間隔。任何位元間格的輕微變化或是偏移可能導致訊號被錯誤解讀。為了確保一個接收器能正確地把接收到的訊號解碼成和傳輸器送出來的一序列位元一模一樣，讓接收器的時脈同步於傳輸器的時脈是很重要的一環。如果一個線路編碼設計把位元間隔之資訊嵌入在一個數位訊號之中，則收到的訊號便能夠幫助接收器將它的時脈同步於傳輸器的時脈，而且它的線路解碼器能夠正確地從收到的數位訊號中取回數位資料。這就是自我同步的技術。有些線路編碼設計提供自我同步，而其他則否。

訊號資料比

在圖 2.10 中，訊號資料比（signal-to-data ratio, sdr，類比於 SNR）是訊號元件

圖 2.10 線路編碼和訊號資料比

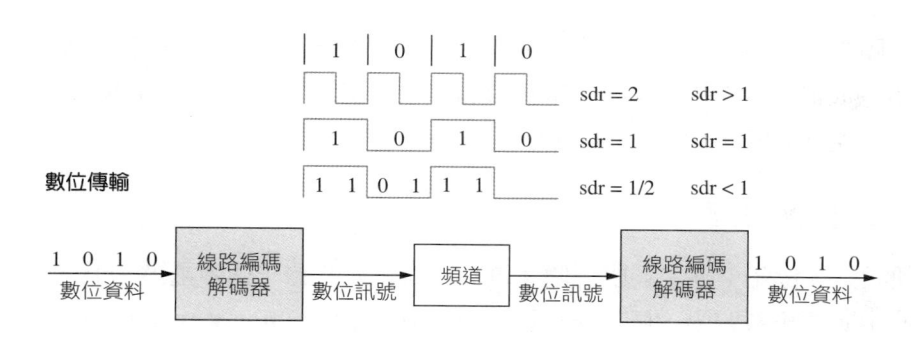

的數量和資料元件的數量之比率。**資料速率（data rate）**是每一秒鐘送出的資料元件的數量或被稱作**位元速率**（**bit rate**，以 bps 為單位），而**訊號速率（signal rate）**是每一秒鐘送出的訊號元件的數量，或被稱作**鮑率（baud rate）、脈衝速率（pulse rate）、或調變速率（modulation rate）**。訊號速率和資料速率之間的關係可以被表示成 $S = c \times N \times sdr$，其中 S 是訊號速率，c 是案件之因素，以及 N 是資料速率。案件之因素 c 可被指定為代表最壞的、最佳的或平均的情況。在平均的情況下，c 的值被假設為 1/2。訊號速率的值愈小，一個頻道所需的頻寬就愈少。因此，從上述的討論可以得知，如果 $sdr > 1$，訊號可能含有自我同步的資訊而頻道的頻寬需求會減少。

在第 2.1 節裡，我們提到一個非週期性訊號擁有一個無限大範圍的連續性頻譜。然而，大多數的高頻率頻譜有極小的振幅，所以可以被忽略不計。因此，一個有效的有限頻寬，而非無窮範圍之頻寬，可以被用於數位訊號之傳輸。頻寬通常被定義成以**赫茲（Hertz）**為單位且供傳輸頻道之用的一段範圍之頻率。因此，我們假定以赫茲（頻率）為單位的頻寬和鮑率（訊號速率）成正比，而以每秒之位元數量（bps）為單位的頻寬則和位元速率（資料速率）成正比。

線路編碼之設計

此處簡介線路編碼中的術語。在一個二進制波形中，「1」被稱作「*mark*」（傳號）或「*HI*」，而「0」被稱作「*space*」（空號）或「*LO*」。在**單極性訊號（unipolar signaling）**中，「1」代表著一個有限的 V 伏特電壓，而「0」意味著零伏特。在**極性訊號（polar signaling）**中，「1」有一個有限的 V 伏特電壓，而「0」則有 $-V$ 伏特。最後在**雙極性訊號（bipolar signaling）**中，「1」是一個有限的 V 或 $-V$ 伏特，而「0」是零電壓。線路編碼設計可以被分成幾個類別，如表 2.2 所列出一般。除了上述的三種類別，尚有**多階（multilevel）**和**多重轉換（multi-transition）**之類別。因為單極性訊號是直流不平衡的（DC-unbalanced）而且比極性訊號需要更多的功率來傳輸，所以目前它們通常不被使用。線路編碼設計的波形被描繪在

圖 2.11 之中。圖 2.12 則說明每個編碼設計所需的頻寬。接下來我們利用這兩個圖來詳細描述這些設計。此外，兩種進階的編碼設計，運行**長度有限（run length limited, RLL）**和**區塊編碼（block coding）**，也會被介紹。

無自我同步的單極性不歸零

使用這種設計，位元 1 被定義成一個正電壓，而位元 0 為一個零電壓。因為訊號在位元的中間並不會歸零，所以這個設計被稱作**不歸零（non-return-to-zero, NRZ）**。單極性不歸零所需的功率是極性不歸零所需的兩倍。

無自我同步的極性不歸零

這個編碼設計把 1 定義成一個正電位，而把 0 定義成一個負電位。有幾個 NRZ 的修改版設計，包括 polar NRZ-L、polar NRZI 和 polar NRZS。

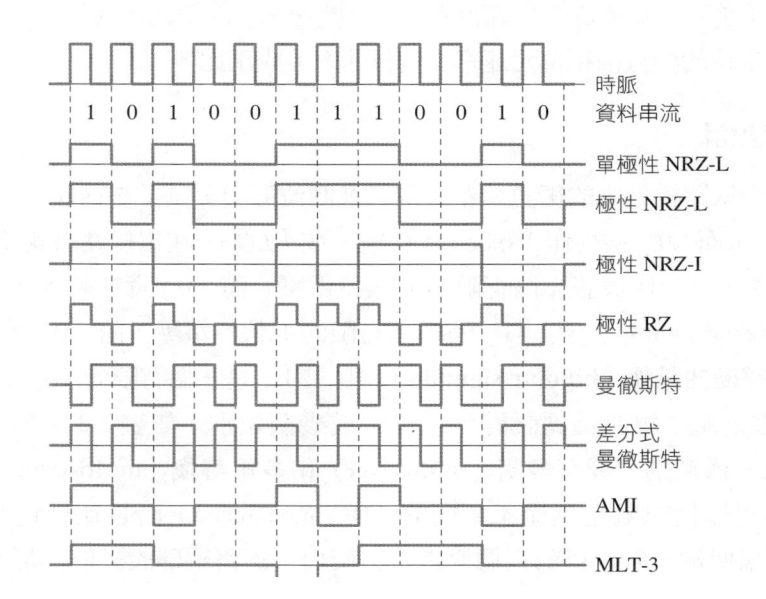

表 2.2　線路編碼的分類表

線路編碼的類別	線路編碼
單極性（Unipolar）	NRZ
極性（Polar）	NRZ、RZ、曼徹斯特、差分式曼徹斯特
雙極性（Bipolar）	AMI、偽三進制
多階（Multilevel）	2B1Q、8B6T
多重轉換（Multitransition）	MLT3

圖 2.11　線路編碼設計的波形

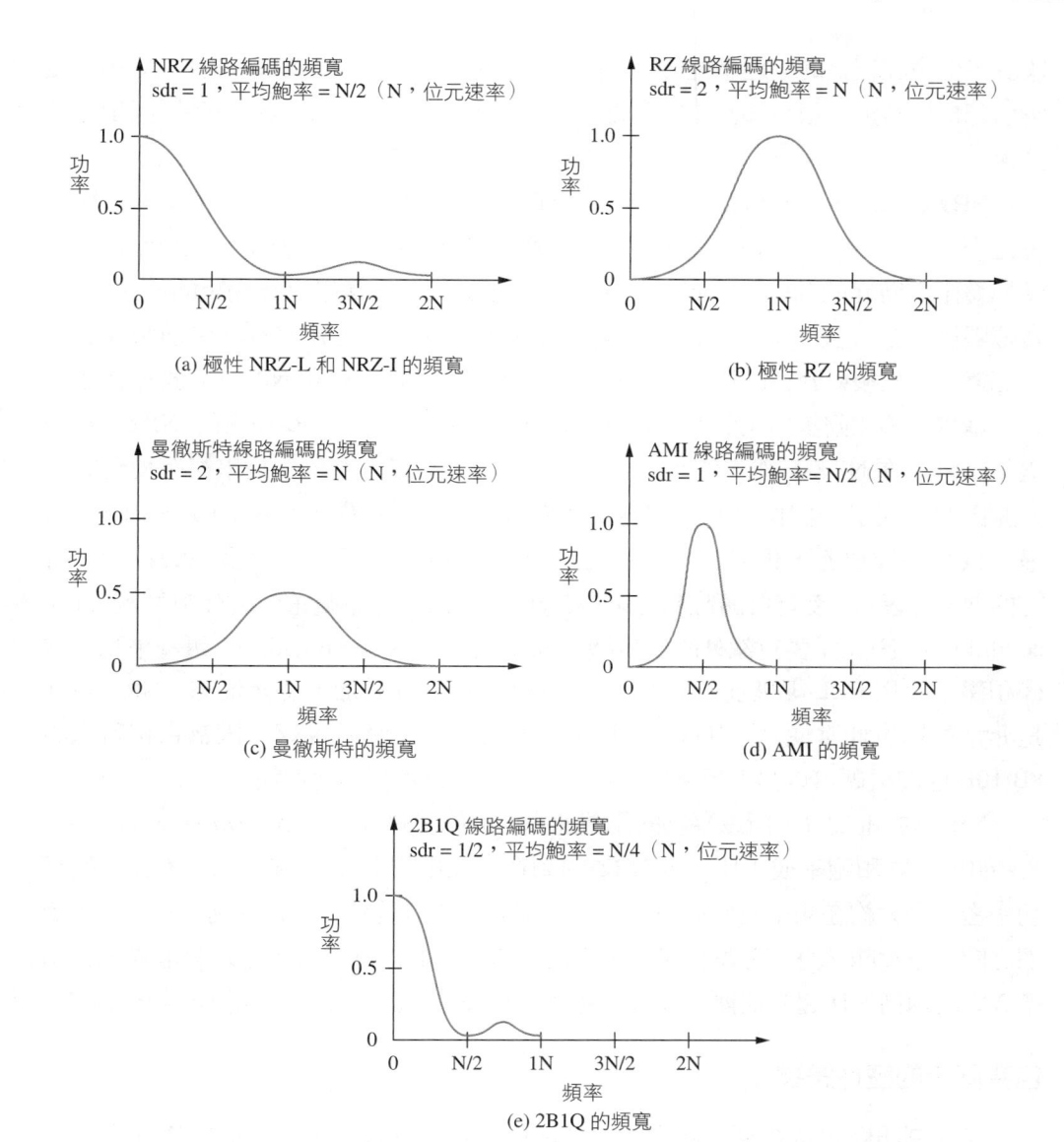

(a) 極性 NRZ-L 和 NRZ-I 的頻寬

(b) 極性 RZ 的頻寬

(c) 曼徹斯特的頻寬

(d) AMI 的頻寬

(e) 2B1Q 的頻寬

圖 2.12 線路編碼的頻寬

NRZ-L（non-return-to-zero level，即不歸零電位）：這個設計把 1 定義成一個正電位，而 0 為另一個負電位。如果有長度很長又沒有變化的一連串位元（不論是一連串位元「1」或位元「0」）發生，則位元間隔訊息便會遺失。此一設計需要額外支援傳輸器和接收計之間的時脈同步。

NRZS（non-return-to-zero space，即不歸零空號）：「1」表示訊號電位沒有改變，而「0」表示在訊號電位會有一次轉換。**高階資料鏈結控制（High-level Data Link Control, HDLC）**和**通用序列匯流排（Universal Serial Bus, USB）**使用此一

設計,但會在很長的一連串位元「1」之中填入位元「0」。因為填入的位元「0」能夠引起電位轉換,很長卻沒有電位變化的情形就能被避免,並且達成時脈同步之目的。

NRZI(non-return-to-zero inverted,即不歸零反轉):和 NRZ-S 相反,這裡的位元「1」意味著一次轉換,而位元「0」意味著沒有轉換。當給予一個位元,電位轉換發生在時脈的前緣(leading edges)。很類似地,一長串沒有變化的位元「0」會摧毀同步之性質。前一小節所討論的區塊編碼能被運用在 NRZ-I 之前來減少同步之遺失。稍後會介紹的運行長度有限(RLL)編碼也可以和 NRZ-I 合併來使用。

基線漂移和同步這兩個問題在 NRZ-L 裡的嚴重性是在 NRZ-S 和在 NRZ-I 裡的兩倍,因為在 NRZ-L 裡,位元「1」和位元「0」都可能產生一長串沒有變化的位元並因此造成了一個偏離的平均訊號功率以及同步之遺失,而在 NRZ-S 和 NRZ-I 裡,只有一種位元,位元「1」或位元「0」,會產生一長串沒有變化的位元。所有的 NRZ 設計都沒有**自調時脈(self-clocking)**和在零訊號電位的休息狀況(rest condition);因此需要有額外的同步機制來避免位元滑失(bit slip)。舉例來說,磁碟和磁帶使用 RLL 編碼加上 NRZ-I,而 USB 使用 NRZ 加上位元填充。NRZ 設計是非常簡單也非常便宜。1000BASE-X 乙太技術仍然使用 NRZ,因為它相對應的 8B/10B 區塊編碼可以提供足夠的同步來支援乙太網路裡高速傳輸。

NRZ 的 sdr 是 1,所以平均的訊號速率(鮑率)是 $S = c \times N \times sdr = \frac{1}{2} \times N \times 1 = \frac{N}{2}$。如果頻寬和鮑率成正比,則 NRZ 的頻寬可以用圖 2.12(a) 來表示。因為一個高功率密度是大約在頻率為零的附近,而大部分的能量是被分散在 0 到 $N/2$ 的頻率範圍之間,這意味著直流分量攜帶了很多的功率,而且功率並沒有平均分散在訊號頻率 $N/2$ 的兩側。比起其他擁有幾近於零直流成分的設計,NRZ 消耗掉更多的功率。

自我同步的極性歸零

二進制訊號可以被極性歸零編碼(polar return-to-zero, RZ),如圖 2.11 所示。代表著位元「1」或位元「0」的脈衝,總是在目前位元的中途就回歸到一個中立或休息狀態,其被表示為零。這種編碼法的好處是,它的訊號具有可供同步所用的自調時脈之特性,但卻是以使用雙倍於 NRZ 的頻寬作為代價。RZ 的頻寬顯示在圖 2.12(b)。RZ 編碼的平均鮑率和位元速率一樣是 N,而 sdr 是 2。它的功率強度是平均地分布在平均鮑率 N 的兩側,其中的 DC 分量僅攜帶了幾乎是零的一點點功率。然而,使用三位階的電壓會增加編碼和解碼裝置的複雜度。因此,曼徹斯特和差分式曼徹斯特設計擁有比 RC 更佳的效能。目前已經沒有人在使用 RZ 了。

自我同步的極性曼徹斯特和差分式曼徹斯特

曼徹斯特編碼使用低到高之轉換來代表「1」,並且使用高到低之轉換來代表

「0」,其中的每個轉換發生在位元「1」或「0」的週期之中間。這個設計是 RZ 和 NRZ-L 兩者的結合。它藉著在每個資料位元裡引進了一個訊號轉換來保證自調時脈的特性。同樣地,這會加倍訊號的頻率,所以曼徹斯特編碼需要雙倍於 NRZ 的頻寬。因為雙倍頻寬之需求,曼徹斯特編碼不會被採用在像 100 Mbps 乙太網路的更高傳輸速率的應用。然而,在 IEEE 802.3(乙太網路)和 IEEE 802.4(token bus,即令牌匯流排)的較低速版本,例如 10BASE-T,曼徹斯特編碼由於自調時脈的優點而被使用。

差分式曼徹斯特是曼徹斯特的一個修改版設計,但表現卻比後者更佳。在差分式曼徹斯特,一個「1」需要前半段的訊號維持和先前的訊號一樣,而「0」則需要前半段的訊號變得和先前的訊號相反,其中永遠有一個轉換發生在訊號的中間點。這樣的設計導致「1」有一個轉換,而「0」則有兩個。它可被視為 RZ 和 NRZ-I 之結合。由於比起比較訊號的振幅和一固定臨界值,訊號轉換的偵測要更為可靠,差分式曼徹斯特編碼比曼徹斯特編碼在錯誤方面有更佳的表現。IEEE 802.5(token ring LAN,即令牌環狀區域網路)使用差分式曼徹斯特。

曼徹斯特和差分式曼徹斯特兩者都沒有基線漂移和直流分量的問題,可是和 NRZ 比較起來,它們必須使用加倍的訊號速率。它們的 sdr = 2 和平均訊號速率 N 就如同 RZ 的情況一樣。圖 2.12(c) 顯示出曼徹斯特的頻寬。

非自我同步的雙極性交替傳號反轉和偽三進制

在 AMI(Alternate Mark Inversion,即交替傳號反轉)編碼法裡,一個「0」或「space」(空號)會被編碼成一個零伏特,而一個「1」或「mark」(傳號)則被編碼成一個交替的正伏特或負伏特電壓,如圖 2.11 所示。偽三進制(pseudoternary)是 AMI 的一個修改版,其中位元「1」是以零伏特來表示,而位元「0」是被編碼成一個正伏特或負伏特電壓。藉由交替變更同樣位元值的電壓就可以達成直流之平衡。如果在 AMI 裡的資料含有一長串的「1」或是在偽三進制裡的資料含有一長串的「0」,這個設計可能會丟失同步。為了補償這個問題,AMI 編碼器會在七個連續的 0 位元之後添加一個「1」作為第八個位元。使用這種類似於 NRZ-S 裡所用的位元填充,總體的線路編碼會比源碼平均長出小於 1% 的幅度。這種編碼被 T 載波(T-carriers)用於長距離通訊。它的兩個優點是零直流分量和更佳的錯誤偵測。圖 2.12(d) 顯示出它的頻寬。它的 sdr 和訊號速率就如同 NRZ 的一樣。不同於 NRZ,縱使有一長串的位元「1」或位元「0」,AMI 也不會有直流分量的問題。此外,它的功率強度集中在訊號速率 $N/2$ 的附近,而非集中在零。

為了避免添加額外的位元,一個使用**擾亂碼(scrambling)**的 AMI 修改版設計,被稱為改進的 AMI(modified AMI),被 T 載波和 E 載波使用。它不會增加原始資料裡的位元數。我們來檢視兩種擾亂碼:雙極性八零替換(bipolar with 8-zero replacement, B8ZS）和高密度雙極性三零（high-density bipolar 3-zero, HDB3）。DB3 編碼使用 000B 或 B00V 來替換掉連續 4 個「0」位元，而這取決於最近一次替換之後的非零位元的數量。假如該數量為奇數，它會使用 000V；如果偶數，它就使用 B00V。這個規則的用意是在每次替換之後還能保持一個偶數數量的非零位元。

多階編碼：m 二進制 n 位階（mBnL）

多階編碼設計的目的是使用多重位階之訊號來表示數位資料，藉此來減少訊號速率或頻道之頻寬。該 mBnL 之符號是被用來表示編碼的設計。字母 B 意味著二進制資料；L 意味著訊號裡的位階之數量；m 是該二進制資料樣式的長度，而 n 是訊號樣式的長度。如果 L = 2，B（binary，即二進制）會被使用，而不是 L。很類似地，如果 L = 3，T（ternary，三進制）會被使用；如果 L = 4，Q（quaternary，四進制）會被使用。因此，我們或許能觀察出一些多階編碼類型的規則，像是 2B1Q、4B3T 和 8B6T。

根據 mBnL 之表示法，我們可以有 2^m 個樣式的二進制資料以及 L^n 個樣式的訊號。如果 $2^m = L^n$，所有的訊號樣式都被用來表示資料的樣式。如果 $2^m < L^n$，訊號樣式的數量就多於資料樣式的數量，也就是說有一些多餘的訊號樣式可以被用來避免基線漂移，並且提供同步和錯誤偵測的功能。如果 $2^m > L^n$，訊號樣式的數量則不足以表示全部的資料樣式；因此，這種情況下是不可能完全地編碼所有的二進制資料。在這裡我們來討論三種典型的設計。

二 - 二進制，一 - 四進制（2B1Q）：二位元的資料被映射成一個有 4 位階的訊號元素，如表 2.3 所示；因此 sdr 等於 $\frac{1}{2}$。平均鮑率的計算方式為 $c \times N \times sdr = \frac{1}{2} \times N \times \frac{1}{2} = \frac{N}{4}$，也就是位元速率的四分之一。圖 2.12(e) 顯示出 2B1Q 的頻寬。和 NRZ 相比，2B1Q 只需要 NRZ 所用頻寬的一半。換句話說，在相同的鮑率下，2B1Q 能攜帶的資料速率是 NRZ 的兩倍。然而，使用 2B1Q 的裝置比 NRZ 更為複雜，因為 2B1Q 使用 4 位階來表示 4 種資料樣式。為了能區分這 4 個位階，該裝置中需要更為複雜的電路。此編碼並沒有多餘的訊號樣式，因為 $2^m = 2^2 = L^n = 4^1$ 的等式成立。**整合服務數位網路（Integrated Services Digital Network, ISDN）**使用 2B1Q 編碼設計。

表 2.3 2B1Q 編碼的對映表

兩個位元	00	01	10	11
如果前一個訊號為正電位，下一個訊號電位 =	+1	+3	−1	−3
如果前一個訊號為負電位，下一個訊號電位 =	−1	−3	+1	+3

4B3T 和 8B6T：4B3T 的線路編碼是用在 ISDN 的**基本速率介面（Basic Rate Interface, BRI）**，而它用 3 種脈衝來表示 4 個位元。8B6T 是被 100BASE-4T 電纜所用。因為 8B 指的是資料樣式，而 6T 指的是訊號樣式，許多備援的訊號樣式可以供直流平衡、同步和錯誤偵測之用。因為 sdr 是 6/8，平均鮑率變成 3N/8，亦即 $c \times N \times sdr = \frac{1}{2} \times N \times \frac{6}{8} = \frac{3N}{8}$。

非自我同步的多階傳輸 3 位階

NRZ-I 和差分式曼徹斯特兩者都是 2 階傳輸編碼，其根據連續位元質之改變來編碼二進制資料。MLT-3（Multilevel Transmission 3 Levels）使用 3 位階來編碼二進制資料。要編碼位元「1」，它使用三個位階，即 +1、0、−1，和從位階 +1, 0, −1, 0, 到 +1 依序循環的四種轉換。位階 +1 表示一個正實體電位，而位階 −1 表示一個負實體電位。要編碼位元「0」的時候，電位保持和先前位元一樣而不變。因為 MLT-3 使用四種轉換來完成一個完全的循環，也就是說，4 個資料元素被轉換成一個訊號元素（訊號樣式），它的 sdr 值類似於 $\frac{1}{4}$。根據 $S = c \times N \times sdr$ 公式，在最糟的 $c = 1$ 案例，它的鮑率變成 $S = c \times N \times sdr = 1 \times N \times \frac{1}{4} = \frac{N}{4}$；該鮑率僅為資料速率的四分之一。此一特點使得 MLT-3 適合用在透過銅電纜的較低頻率之傳輸。100BASE-TX 採用 MLT-3 的原因是：銅電纜僅能夠支援 31.25 MHz 的鮑率，可是該資料速率卻高達 125 Mbps。

運行長度有限

RLL（run length limited，即運行長度有限）限制重複位元的長度，以避免過長又沒有轉換的連續位元串流。運行長度（run length）是值沒有改變的位元之數量。如果 NRZ-I 被放在 RLL 之後來編碼來源之資料，其中一個「1」代表著一個轉換，而一個「0」表示沒有轉換，則運行長度就變成「0」的統計數量。RLL 使用兩個參數：d 代表著最小的零位元運行長度，而 k 代表著最大的零位元運行長度。因此，RLL 的表示法是 (d, k) RLL。RLL 的最簡單形式是 (0,1) RLL。某些硬碟的 RLL 工業標準是 (2, 7) RLL 和 (1, 7) RLL。它們的編碼表列在表 2.4。表 2.4(c) 是 (1,7) RLL，它會把 2 位元的資料映射到 3 位元。一對 (x, y) 位元是根據 (NOT x, x AND y, NOT y) 之規則來轉換，但 4 位元序列 ($x, 0, 0, y$) 則是例外——它會被轉換成 (NOT x, x AND y, NOT y, 0, 0, 0)。

區塊編碼

區塊編碼，是一種錯誤偵測／矯正之技術，而它是將輸入序列映射到另一較長之序列，以求得更好的錯誤方面的表現。編碼增益（coding gain）能夠測量出使用頻道編碼對於錯誤方面表現的改善程度。編碼增益是同樣錯誤表現所需的無編碼資

表 2.4　RLL 編碼之範例

| (a) (0,1) RLL || (b) (2,7) RLL || (c)(1,7) RLL ||
資料	(0,1) RLL	資料	(2, 7) RLL	資料	(1, 7) RLL
0	10	11	1000	00 00	101 000
1	11	10	0100	00 01	100 000
		000	000100	10 00	001 000
		010	100100	10 01	010 000
		011	001000	00	101
		0011	00001000	01	100
		0010	00100100	10	001
				11	010

料和編碼過的資料，兩者的 SNR 之比率。區塊編碼所引進的額外之位元可以被用來供同步和錯誤偵測之用，所以它可以簡化在它之後的線路編碼。通常區塊編碼是被執行於線路編碼之前。當一個區塊碼被用來作為一個錯誤偵測碼，它可以在接收器偵測到傳輸錯誤並且丟掉出錯的訊框。區塊編碼可以用 mB/nB 來表示，其中一個 m 位元之串流被編碼成一個 n 位元的碼字（codeword）。區塊編碼一般而言有三個步驟：分割（partition）、編碼（encoding）和串接（concatenation）。舉例來說，一個位元串流首先被分割成 m 位元之區段，而區段再被編碼成 n 位元的碼字。最後，這些 n 位元的碼字會被串接起來，形成一個新的位元串流。

區塊碼通常是以**硬性決定演算法（hard-decision algorithms）**來解碼，並且已經被廣泛地運用在許多的通訊系統之中。兩種區塊碼，4B/5B（four binary/five binary，即 4 個二進制／5 個二進制）和 8B/10B（eight binary/ten binary，即 8 個二進制／10 個二進制），它們的探討如下。

4B/5B 區塊編碼把每 4 位元之區塊轉換成 5 個位元。4B/5B 之編碼將一組 4 個位元映射成一組 5 個位元，如表 2.5 所示，而其中的 5 位元之碼字擁有最多一個前導之零和最多兩個尾隨之零。如果任何 5 位元之碼字和任何其他的 5 位元之碼字串接起來，所產生的二進制元組將擁有最多三個連續的零。4B/5B 編碼器永遠不可能產生一長串的位元「0」。此外，源自有效資料的 5 位元碼字的樣式可以聰明地挑選出來，以便能平衡在訊號中位元「1」和「0」的數量，並且能保證在線路編碼裡存有一定數量的電位轉換。因為資料空間從 16 個 4 位元字組被延伸到 32 個 5 位元碼字，所以有 16 個多餘的碼字可用於額外的用途，例如用來表示一個訊框的開始和結束的控制字組。有些字組是故意被保留作為錯誤偵測之用。因為尚無有效的資料字組能夠被轉換成這些保留字組，所以如果在接收器出現了一個保留字組就代表著

表 2.5　4B/5B 編碼表

名稱	4B	5B	描述
0	0000	11110	（16 進制之資料）0
1	0001	01001	（16 進制之資料）1
2	0010	10100	（16 進制之資料）2
3	0011	10101	（16 進制之資料）3
4	0100	01010	（16 進制之資料）4
5	0101	01011	（16 進制之資料）5
6	0110	01110	（16 進制之資料）6
7	0111	01111	（16 進制之資料）7
8	1000	10010	（16 進制之資料）8
9	1001	10011	（16 進制之資料）9
A	1010	10110	（16 進制之資料）A
B	1011	10111	（16 進制之資料）B
C	1100	11010	（16 進制之資料）C
D	1101	11011	（16 進制之資料）D
E	1110	11100	（16 進制之資料）E
F	1111	11101	（16 進制之資料）F
Q	n/a	00000	安靜（訊號遺失）
I	n/a	11111	閒置
J	n/a	11000	開始 #1
K	n/a	10001	開始 #2
T	n/a	01101	結束
R	n/a	00111	重設
S	n/a	11001	設置
H	n/a	00100	停止

（n/a 代表「not available」，即不可使用）

偵測到一個傳輸之錯誤。

　　4B/5B 編碼一般會如同圖 2.13 中的結構一樣，和 NRZ-I 編碼一起使用。額外的位元「1」則產生一個額外的轉換供同步之用。事先訂定的編碼表將 4 位元轉換成擁有至少兩個轉換的 5 位元之區塊碼。使用 4B/5B 區塊編碼之後，輸出的位元速率會增加 25%。此時，以 100 Mbps 位元速率來傳輸的 4 位元碼字之串流需要 125 Mbps 來傳送新的 5 位元碼字之串流。4B/5B 的技術可以避免 NRZ-I 的同步問題，可是直流分量的問題依舊存在。其最基本的頻率僅是數位資料速率的四分之一，因此需要有至少 4 個位元才能產生一個完整的循環。其輸出之訊號能夠很容易地被 Cat-5 電纜來傳送。

　　更為複雜的區塊編碼，例如 8B/10B 和 64B/66B，一般被運用於高速傳輸。這

圖 2.13 結合 4B/5B 編碼和 NRZ-I 編碼的結構

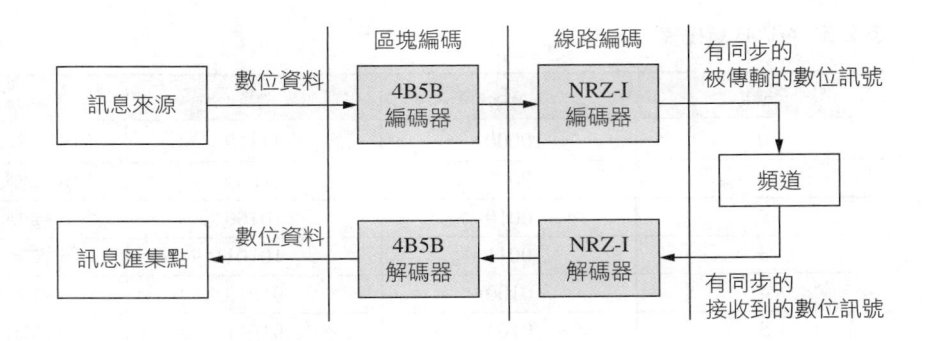

些複雜的編碼技術能夠計算出是否有更多的 0 或 1 位元被傳輸，並且根據哪種位元的傳輸更為頻繁來即時地選擇出適當的編碼方式；這樣便能夠平衡所傳輸的 0 和 1 之位元數量。因為 10 位元之碼字會有最多一個額外的位元「1」或位元「0」所造成的不平衡，所用的紀錄表僅包含了一個稱作**運行不對等（running disparity, RD）**的位元。每一個碼字的傳輸會更新 RD，其中 RD+ 代表位元「1」的數量超出位元「0」的數量，而 RD– 代表相反的情況。此外，使用更廣泛的編碼空間也讓實體層能夠有更高程度的錯誤偵測。

在總結本節之前，我們強調之前介紹的 8B/10B 和 64B/66B 編碼是錯誤偵測／矯正碼中最為簡單的一種，因此它們大部分被用於通訊頻道較為可靠且較少雜訊的有線短距離通訊。對於像無線通訊之類有較高雜訊的頻道，通常需要使用到一個更為強大且長度更長的編碼。在這樣的應用裡，編碼的長度可以達到一千或甚至一萬。此外，和用於 8B/10B 之解碼的硬性決定演算法相比，一種更為複雜、運作在機率領域的軟性決定演算法通常被用來解碼這麼長的編碼。

2.4 數位調變和多工傳輸

電信通訊和電腦網路需要用數位調變將一個數位位元串流轉換成一個通頻之波形，以便讓資料能傳輸通過一個類比通頻之頻道。該通頻之波形即一個通頻訊號，其乃得自於一個用數位位元串流的振幅、相位或頻率所調變的正弦曲線之類比載波。這個流程被稱為**數位通頻調變（digital passband modulation）**，簡稱為數位調變，相對於之前所提的數位基頻調變或稱線路編碼。不論是調變過的訊號或是原始的訊號都可以進一步地被多工配置在一個實體頻道上，以便能更有效地使用該頻道。我們首先會介紹基本的數位調變設計，包括**振幅偏移調變（amplitude shift keying, ASK）**、**相位偏移調變（phase shift keying, PSK）**、**頻率偏移調變（frequency shift keying, FSK）**以及混合的**正交振幅調變（quadrature amplitude modulation, QAM）**。然後我們會呈現兩個基本的多工設計：**分時多工**

開放源碼之實作 2.1：8B/10B 編碼器

總覽

　　8B/10B 已經廣泛地被高速資料通訊標準，包含 PCI Express、IEEE 1394b、serial ATA、DVI/HDMI 和 Gigabit 乙太網路等所採用作為線路編碼。它以有限的運行不對等將 8 位元之符號映射成 10 位元之符號，其提供了兩個重要的特性。一是直流平衡之特性，亦即一個特定的資料傳流會產生相同數量的 0 位元和 1 位元，藉此來避免電荷累積在特定的媒介之中。另一個特性是最大的運行長度，亦即連續 0 位元和 1 位元的最大數量，其目的在於給予足夠的狀態之改變以供時脈同步之用。一個開放源碼的實例可以從 OPENCORE（www.opencores.org）網站處獲得，而該實例呈現了一個 VHDL 程式碼所纂寫的 8B/10B 編碼器和解碼器的實作，而其中的 8B/10B 編碼器則是由一個 5B/6B 編碼器和一個 3B/4B 編碼器所組成。

方塊流程圖

　　圖 2.14 說明了 OPENCORE 8B/10B 編碼器的結構。它接受了一個 8 位元平行的原始（尚未編碼的）資料位元組。該位元組由位元 H, G, F, E, D, C, B, A 所組成，而 A 是最小有效位元。尚有一個輸入位元 K 是用來指出哪個輸入字元應該被編碼成 12 個被允許的控制字元的其中一個。

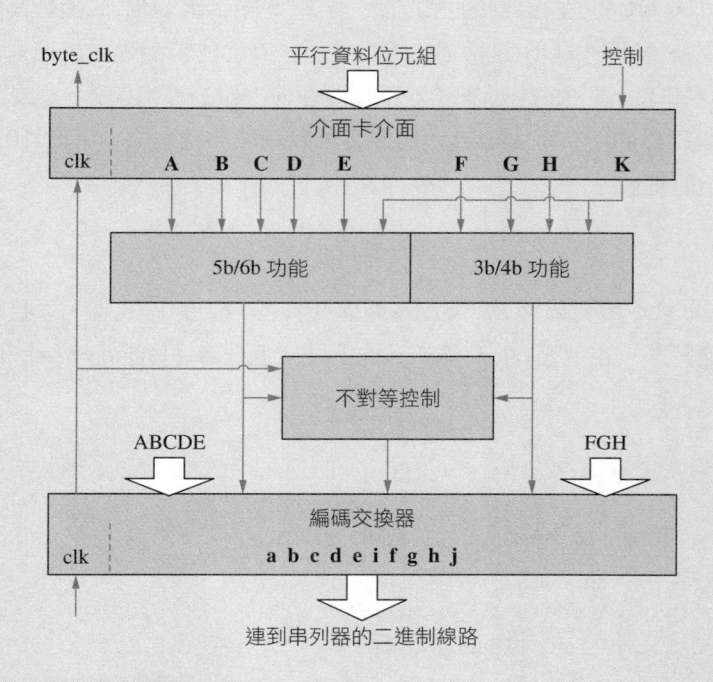

圖 2.14　8B/10B 編碼器的方塊流程圖

該程式碼會使用兩個編碼器將 8 位元平行輸入的資料映射成一個 10 位元的輸出。其中一個是 5B/6B 編碼器，而它會將 5 位元之輸入 (A, B, C, D, E) 映射成一個 6 位元之群組 (a, b, c, d, e, i)，而另一個則是會將剩下的 3 位元 (F, G, H) 映射成一個 4 位元之群組 (f, g, h, j) 的 3B/4B 編碼器。

為了能減少輸入資料式樣的數量，裡面的函數模組把輸入位元給組成許多類別。舉例來說，每 5 位元的碼字，根據前 4 位元 (A, B, C, D)，可以被分類成四個類別 (L04, L13, L22, L40)。不對等控制（disparity control）會產生訊號給編碼交換器（encoding switch），以便於指出正電壓或負電壓不對等編碼之選擇。編碼交換器會重複使用分類的結果並且在每一時脈會輸出編碼過的位元群。

資料結構

8B/10B 編碼器的資料結構主要是 8 個輸入位元和 10 個輸出位元。所有的輸入和輸出會和 clk 同步，如以下所述：(1) (K, H, G, F) 在 clk 的下降緣的時候會被鎖住儲存於內部。(2) (j, h, g, f) 在 clk 的下降緣的時候會被更新。(3) (E, D, C, B, A) 在 clk 的上升緣的時候會被鎖住儲存於內部。(4) (i, e, d, c, b, a) 在 clk 的上升緣的時候會被更新。

演算法之實作

在 OPENCORE 8B/10B 計畫裡，VHDL 實作的 8B/10B 編碼器是在 8b10_enc.vhd 檔案之中，而 enc_8b10b_TB.vhd 是該編碼器的測試檔。圖 2.15 顯示出 5B/6B 函數模組的一段程式碼，而它是許多 NOT、AND 和 OR 邏輯閘的組合邏輯。其他的模組也是由這些簡單的邏輯閘所建構而成，而 8B/10B 編碼器的全部實作並不需要任何複雜的算術運算，例如加法和乘法。因為描述 8B/10B 編碼器的所有程式碼會太過冗長，我們導引讀者去參考 8b10_enc.vhd 檔案裡每個位元計算的相關細節。

練習題

找出在 8b10_enc.vhd 和圖 2.14 中 3B/4B 編碼交換器相關的程式碼，並且說明哪一行的程式碼控制著輸出之時序，也就是 clk 時脈訊號的下降或上升緣（falling or rising edge）。

```
    L40 <= AI and BI and CI and DI ;                    -- 1,1,1,1
    -- Four 0's
    L04 <= not AI and not BI and not CI and not DI ;    -- 0,0,0,0
    -- One 1 and three 0's
L13 <= (not AI and not BI and not CI and DI)            -- 0,0,0,1
    or (not AI and not BI and CI and not DI)            -- 0,0,1,0
    or (not AI and BI and not CI and not DI)            -- 0,1,0,0
    or (AI and not BI and not CI and not DI) ;          -- 1,0,0,0
```

```
-- Three 1's and one 0
L31 <= (AI and BI and CI and not DI)              -- 1,1,1,0
    or (AI and BI and not CI and DI)              -- 1,1,0,1
    or (AI and not BI and CI and DI)              -- 1,0,1,1
    or (not AI and BI and CI and DI) ;            -- 0,1,1,1
-- Two 1's and two 0's
L22 <= (not AI and not BI and CI and DI)          -- 0,0,1,1
    or (not AI and BI and CI and not DI)          -- 0,1,1,0
    or (AI and BI and not CI and not DI)          -- 1,1,0,0
    or (AI and not BI and not CI and DI)          -- 1,0,0,1
    or (not AI and BI and not CI and DI)          -- 0,1,0,1
    or (AI and not BI and CI and not DI) ;        -- 1,0,1,0
```

圖 2.15 5B/6B 函數的程式碼

（time-division multiplexing, TDM）和**分頻多工**（frequency-division multiplexing, FDM）。我們把**分碼多工**（code-division multiplexing, CDM）和數個其他的進階技術留到第 2.5 節再來介紹。

2.4.1 通頻調變

通頻調變（passband modulation）是一個兩步驟之流程。它首先根據所使用的設計，例如 ASK、PSK、FSK 或 QAM，將數位訊號轉換成一個複數值的基頻訊號。這些基頻波形然後會被乘以一個擁有更高頻率的複數值的正弦曲線之類比載波。在移除掉虛數分量之後，所產生的實數值的通頻訊號就準備好被傳輸了。前者之步驟通常被稱為數位調變（digital modulation），而後者則是藉由頻率混合來完成。這裡關注的是數位調變，其流程顯示在圖 2.16。不同於上一節所描述的基頻傳輸所使用的線路編碼，這裡的資料速率是 $S = N \times \frac{1}{r}$，而且並不考慮案件因素。

在數位通訊，基頻數位訊號一般是被較高頻率的正弦曲線載波所攜帶，以便能透過較高頻率的頻道來傳輸。什麼是**正弦曲線載波**（sinusoidal carriers），而一個載波又如何能攜帶訊息呢？在通頻通訊，一個傳送端必須產生一個稱為載波的高頻訊號來攜帶資料訊號。一個接受器會被調到載波的頻率，以便於接收來自傳送端的載波所攜帶的訊號。載波任何方面的改變，或是任何在振幅、頻率和相位的改變，都能夠被用來表示數位資料。用數位資料來修改載波的一或多個方面之技術被稱為調變（modulation）或偏移調變（shift keying）。這些技術被歸類成振幅偏移調變（ASK）、頻率偏移調變（FSK）、相位偏移調變（PSK）。還有一種同時包含振

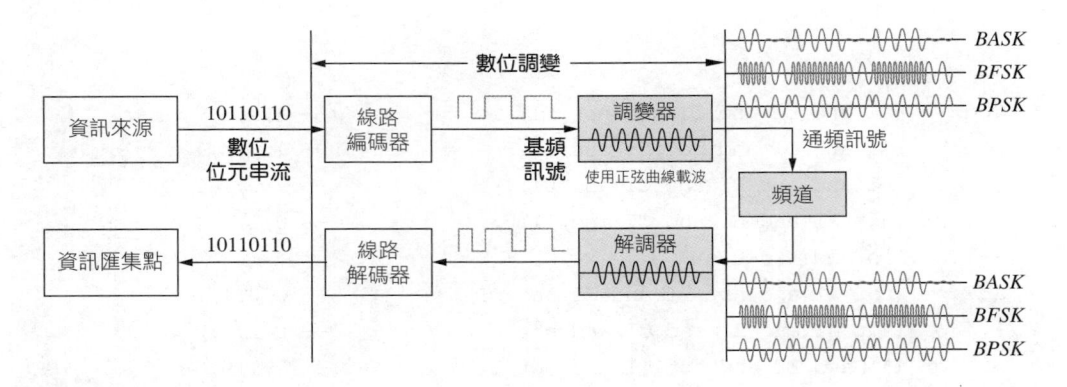

圖 2.16 數位調變

幅和相位方面的混合技術，被稱作正交振幅調變（QAM）。QAM 比 ASK、FSK 和 PSK 都更有效率，因為它利用載波的許多方面，除此之外，一個載波某些方面的改變，例如相位之改變，是被用在**差分式 PSK（differential PSK, DPSK）**。

訊號星座圖

訊號星座圖（constellation diagram）是一種工具，其定義從數位資料樣式到訊號星座點的映射。星座圖是用在所有的數位調變之中，而圖中的星座點是用來定義一個訊號元素的振幅和相位。圖 2.17 是一個使用兩個載波的 4-PSK 的星座圖之範例；沿著實數軸的是一個同相軸（in-phase axis），而另一個沿著虛數軸的是一個正交軸（quadrature axis）。在這個圖中，四個星座點是用來定義出四個獨特的訊號元素，而這些訊號元素會被映射成四個兩位元的資料樣式。

圖 2.18 說明數位調變裡的四種基本調變技術：ASK、FSK、PSK 和 DPSK。接下來我們會先介紹它們，然後再介紹 QAM。

振幅偏移調變

振幅偏移調變（ASK）之技術使用不同位階的載波振幅來表示數位資料。通常在 ASK 會使用二位階的振幅，一個代表位元「1」，而另一個代表位元「0」，而載波的頻率和相位在調變中並不會改變。使用二位階振幅的 ASK 被稱為二進制 ASK （BASK）或是 OOK（on-off keying，即開關調變）。圖 2.19(a) 是它的訊號星座圖。它僅使用一個載波，同相載波（in-phase carrier）；其中的零伏特表示位元「0」，而一個正電壓則表示位元「1」。圖 2.18 畫出它的調變波形，其中有一個單極性 NRZ 線路編碼被用來編碼數位資料，並產生用來調變一個載波的數位訊號。

根據 BASK，r 之值為 1，而 $S = N \times \frac{1}{r} = N$。訊號速率 S 等於資料速率 N。如果訊號的頻寬和訊號的速率成正比，我們可以得出頻寬 $BW = (1 + d)S$，其中的

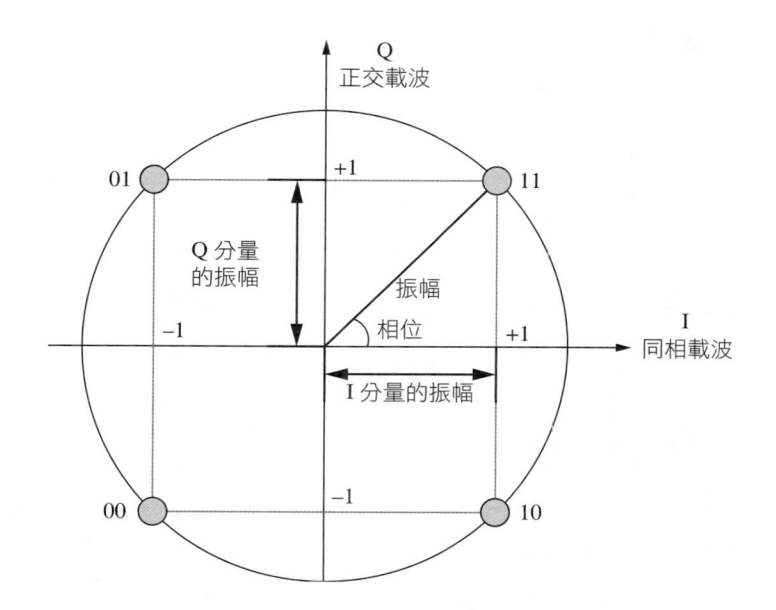

圖 2.17　一個訊號星座圖：兩位元（b_0b_1）的星座點

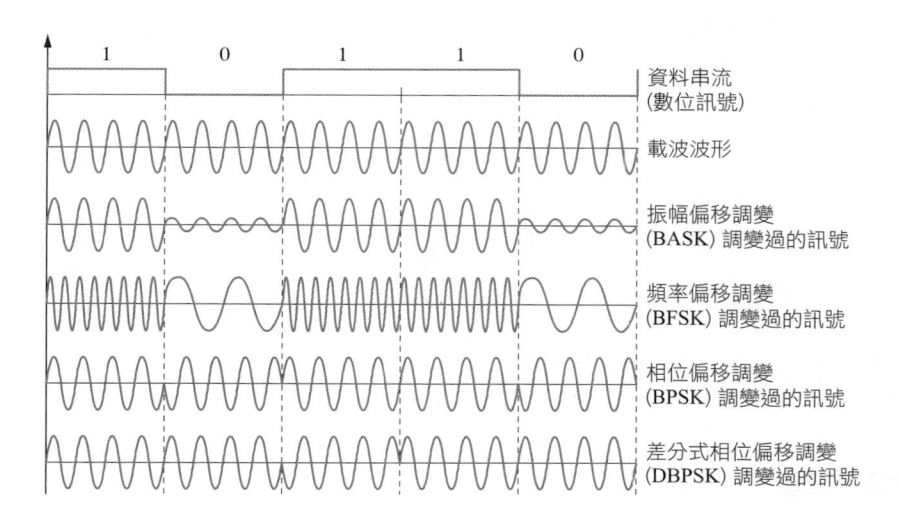

圖 2.18　四種基本數位調變的波形

d 是一個介於 0 和 1 之間、取決於調變和濾波（filtering）流程的因素。雖然載波是一個正弦曲波的訊號，ASK 的調變訊號卻是一個非週期性的類比訊號。根據圖 2.1(b)，它的頻寬是一個有限範圍的頻率集中於載波頻率的附近，如圖 2.20(a) 所示。圖 2.20(b) 顯示出實作 ASK 的機制。對於一個簡化的實作，一個乘法器會將基頻波形，也就是一個單極性 NRZ 的輸出，乘上一個本地振盪器（local oscillator）所產生的載波，以便得出一個調變之訊號。這樣的乘法被稱為頻率混合（frequency mixing），也就是通頻調變的第二個步驟。

圖 2.19 ASK 和 PSK 的訊號星座圖

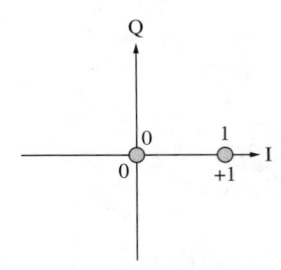

(a) ASK (OOK): b_0 的星座圖

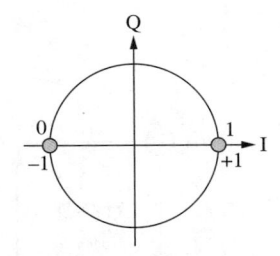

(b) 2-PSK (BPSK): b_0 的星座圖

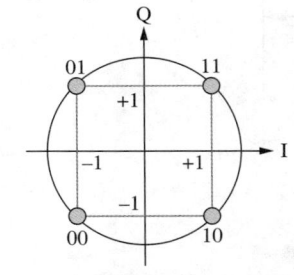

(c) 4-PSK (QPSK): b_0b_1 的星座圖

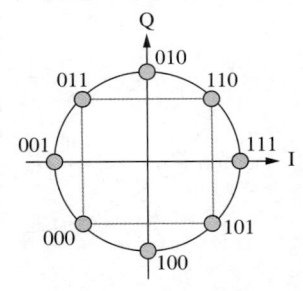

(d) 8-PSK: $b_0b_1b_2$ 的星座圖

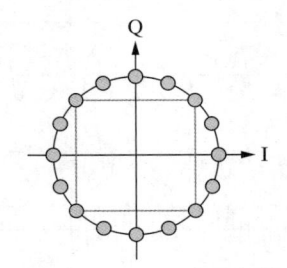

(e) 16-PSK: $b_0b_1b_2b_3$ 的星座圖

頻率偏移調變

頻率偏移調變（FSK）的技術使用載波的頻率來表示數位資料。換句話說，載波的頻率會被改變，藉此表示數位訊號的值。最簡單的 FSK 設計使用「1」作為傳號頻率，而「0」作為空號頻率。圖 2.18 顯示出二進制頻率偏移調變（BFSK）和其他偏移調變技術的比較。圖 2.21(a) 顯示出 BFSK 的頻譜，其中兩個獨特的頻率，f_1 和 f_2，分別被用來表示「0」和「1」。

在 BFSK，位元元素數量對訊號元素數量的比率是 1，即 $r = 1$，而訊號速率 S 是 $N \times \frac{1}{r} = N \times \frac{1}{1} = N$。如果 BFSK 技術被視為兩個不同頻率的 BASK 設計之結合，則每個頻率的頻寬便是 $S(1 + d)$。兩個中心頻率的差是 $2\Delta f$。這個差的值一定會大於集中於頻率的 f_1 一半頻寬和集中於頻率的 f_2 另一半頻寬之和，即 $S(1 + d)$。因為 d 是介於 0 和 1 之間的因素，所以在最糟的 $d = 1$ 之案例，$2\Delta f \geq 2S$，也就是

(a) BASK 的頻寬

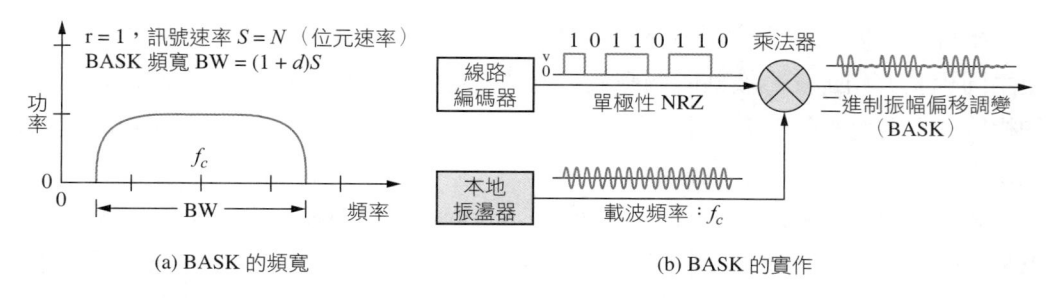

(b) BASK 的實作

圖 2.20 BASK 的頻寬和實作

$\Delta f \geq S$。這個條件確保了兩個訊號的頻譜不會相互重疊，所以每個訊號在頻率領域不會對彼此干擾。BFSK 的調變訊號的總頻寬是 $BW = S(1 + d) + 2\Delta f$，如圖 2.21(a) 所示。

一個簡化的 BFSK 實作設計如圖 2.21(b) 所示，其中有一個**電壓控制振盪器**（**voltage-controlled oscillator, VCO**）是被用來改變載波的頻率。FSK 機制的輸入是一個單極性 NRZ 訊號，其會被映射成 VCO 的輸入電壓。FSK 和它的修改版設計，**最小偏移調變**（**minimum shift keying, MSK**）和音訊 FSK（audio FSK, AFSK），則被運用在 GSM 行動電話標準和來電顯示（caller ID）來運送訊息。

相位偏移調變

相位偏移調變（PSK）技術是利用調變一個載波的相位來把一定數量的位元給編碼成一個符號。換句話說，一個載波的相位是被用來表示數位資料。在 PSK，載波的振幅和頻率保持不變。一個接收器藉著把一群有限數量的相位映射到一群有限數量的位元樣式，能夠自接受到的訊號中取回數位訊號。

圖 2.19 畫出了 m-PSK，例如 2-PSK、4-PSK、8PSK 和 16-PSK 的訊號星座圖，而圖中的星座點是平均地環繞著一個圓圈。在這些 PSK 星座圖上僅顯示相位之

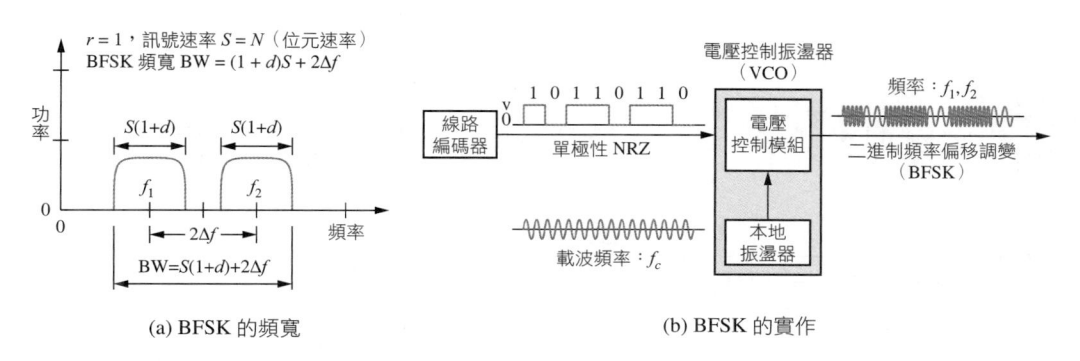

(a) BFSK 的頻寬

(b) BFSK 的實作

圖 2.21 BFSK 的頻寬和實作

差。根據這些圖，我們發現 BPSK 僅使用一個載波，即同相載波，而其他 m-PSK 使用同相載波和正交載波共兩個載波。這個安排能夠幫助 PSK 達成一個最大幅度的相位分離進而避免干擾。星座點的數量是 2 的冪，因為數位資料一般是以二進制位元來傳遞。

二進制相位偏移調變（binary phase-shift-keying, BPSK）：BPSK 是最簡單的 PSK；它僅使用一個載波，即同相載波。如圖 2.19(b) 所示的訊號星座圖，兩個不同相位代表著二進制資料：相位 0° 表示位元「1」，而相位 180° 表示位元「0」。一個極性 NRZ 線路編碼器會被用來促進 BPSK 的實作，如圖 2.22(b) 所示。該極性 NRZ 訊號的正電壓不會改變載波的相位，而它的負電壓則會把載波的相位轉變成 180° 之反向。BPSK 的技術比 BASK 更能抵抗雜訊，因為訊號的振幅比訊號的相位更容易受雜訊影響而變糟。此外，BPSL 只使用一個頻率，而 BFSK 使用兩個頻率，因此 BPSK 勝過 BFSL。BPSK 的頻寬和 BASK 的頻寬相等，但少於 BFSK 的頻寬，如圖 2.22(a) 所示。

正交相位偏移調變（quadrature phase-shift-keying, QPSK）：QPSK 是一種調變技術，其使用同相載波和正交載波來攜帶兩個序列的數位資料。圖 2.23 說明一個簡單的 QPSK 實作。它類似於兩個不同的有 90° 相位差的 BPSK 調變。在這個圖中，一個位元串流 11000110 首先被平均地分成兩個子串流。每一個子串流會被一個極性 NRZ-L 編碼器處理，以便產生一個將要調變的訊號。其中一個訊號會調變同相載波成為一個 I 訊號（同相訊號）；另一個會調變正交載波成為一個 Q 訊號（正交訊號）。結合 I 訊號和 Q 訊號就產生了一個 QPSK 訊號。每個訊號元素可能有 45°、135°、–45° 和 –135° 四個其中一個相位。因此，一個二進制位元串流 11000110 會被轉換成一個 QPSK 訊號。圖 2.24 顯示出 I 訊號、Q 訊號和 QPSK 訊號的波形。在實數軸的振幅會調變一個餘弦載波成為一個 I 訊號，而在虛數軸的振幅會調變一個正弦載波成為一個 Q 訊號。接收器所收到的一個 QPSK 訊號會經由相符的濾波器（filter）、採樣器（sampler）、判斷裝置和多工器的處理，然後被還原成原始的資料。QPSK 的技術將兩個資料元素（兩個位元）編碼成一個訊號

(a) BPSK 的頻寬　　　　　　　　　(b) BPSK 的實作

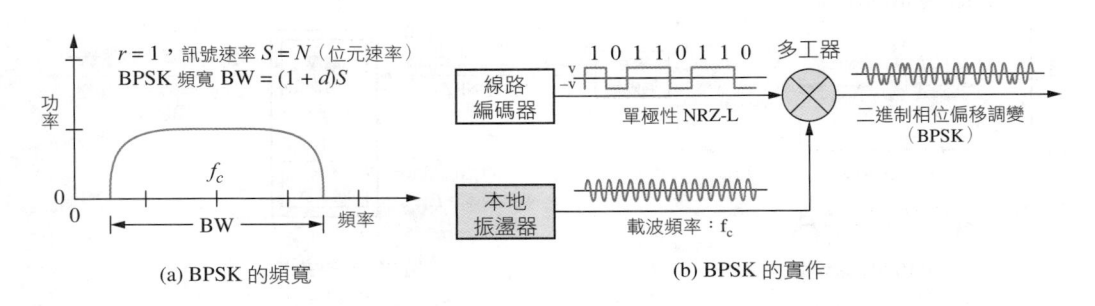

圖 2.22 BPSK 的頻寬和實作

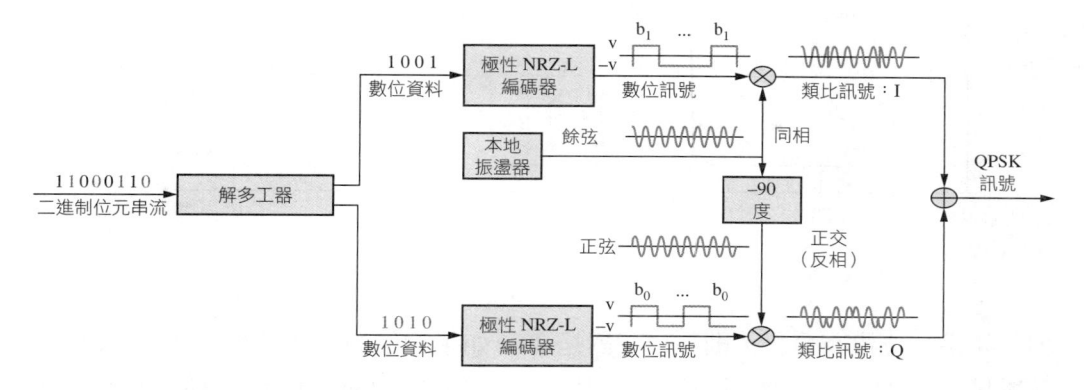

圖 2.23 一個簡化的 QPSK 之實作

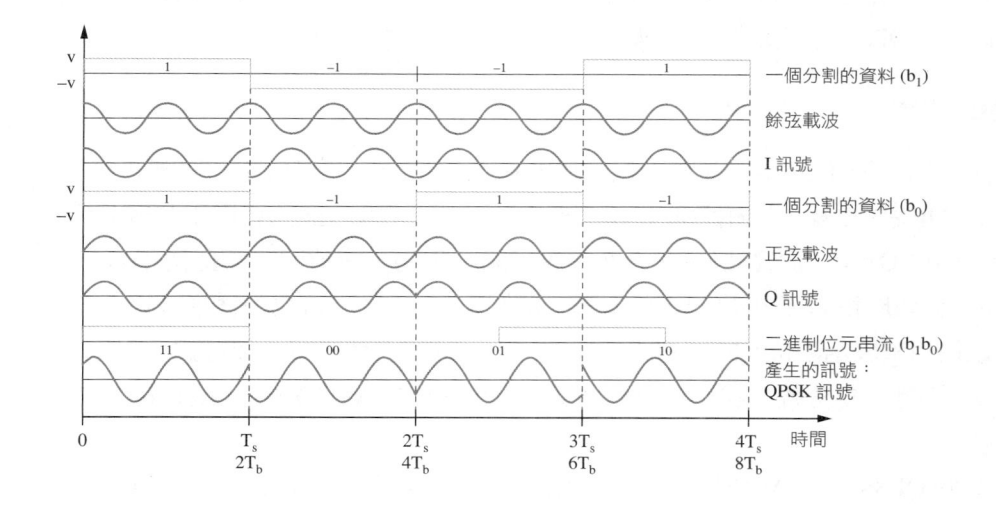

圖 2.24 I 訊號、Q 訊號和 QPSK 訊號的波形

元素。這一特點讓 QPSK 能夠處理雙倍於 BPSK 所能處理的資料速度。相位延遲天生就會發生在接收到的 QPSK 訊號上，所以接收器的時脈必須和傳輸器的時脈同步。此外，這種**都普勒偏移（Doppler shift）**可以導致相關頻率的偏移。頻道所誘發的相位延遲和頻率偏移必須藉由精確地調整在接收器的正弦曲線函數來加以補償。一個電纜系統標準，稱為**有線電纜資料服務介面規範（Data Over Cable Service Interface Specification, DOCSIS）**，規定了供上傳（upstream）調變之用的 QPSK 或 16-QAM。

差分式相位偏移調變（DPSK）：DPSK 是 PSK 的修改版。此處的位元樣式會被映射到訊號位元的改變。這種設計顯著地簡化了調變裝置和解調裝置的複雜度。圖 2.25 顯示出差分式二進制相位偏移調變（DBPSK）和 DQPSK 的波形。

在 DBPSK 調變，如果訊號的相位被改變，則接下來的訊號就代表位元 1；否則就代表 0。DQPSK 調變則是根據訊號相位的變化，判斷出接下來的兩個位元的

圖 2.25 DBPSK 和 DQPSK 的訊號

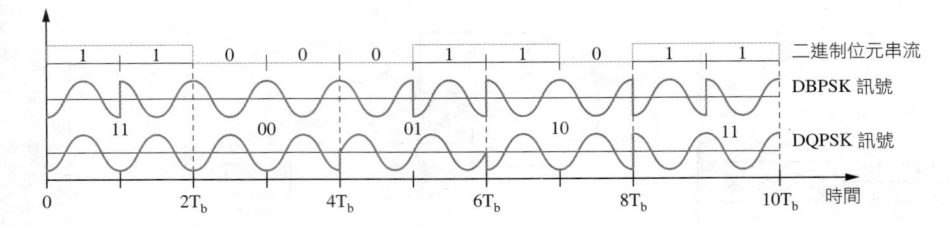

值。如果相位沒有變化，則該位元對是 00。如果相位的變化是 π/4，接下來的位元對是 01。如果是 –π/4，該位元對就是 10。如果相位的改變是 π，該位元對便是 11。因為 DPSK 的解調器並不需要一個參考訊號，所以它的數據機的設計更為簡化，但付出的代價是更高的錯誤機率。然而，這個缺陷可以藉由稍微增加 SNR 來移除。因此，DPSK 廣泛地使用在 Wi-Fi 的無線通訊標準。

正交振幅調變

正交振幅調變（QAM）改變一個載體的振幅和相位，並形成不同訊號元素的波形。QAM 使用振幅、同相載波和正交載波的位階，所以它是 ASK 和 PSK 兩者的結合。由於 QAM 的訊號用多個方面來表示訊號中的多個位元，因此使用 QAM 能夠達成比 ASK 和 PSK 更快的傳送速率。舉例來說，二位階的振幅和兩個不同的相位可以被用來表示兩位元的四種組合樣式，而一種組合代表著一種符號。因此，一個有 2^N 種組合的符號一次可以攜帶 N 位元的資料。QAM 需要至少兩種振幅和兩種相位。

類似於 QPSK，QAM 使用兩個呈反相的正弦曲線載波。QAM 使用兩種訊號星座圖：圓形和長方形。圖 2.26 顯示數個圓形的訊號星座圖，其中的 4-QAM 圖和 QPSK 圖是一樣的。圖 2.27 顯示出 4-QAM、8-QAM 和 16-QAM 長方形的訊號星座圖。在圖 2.28，一個 64-QAM 長方形星座圖表示不同振幅和相位的 64 種組合，

(a) 圓形 4-QAM: b_0b_1 的星座圖　　(b) 圓形 8-QAM: $b_0b_1b_2$ 的星座圖　　(c) 圓形 16-QAM: $b_0b_1b_2b_3$ 的星座圖

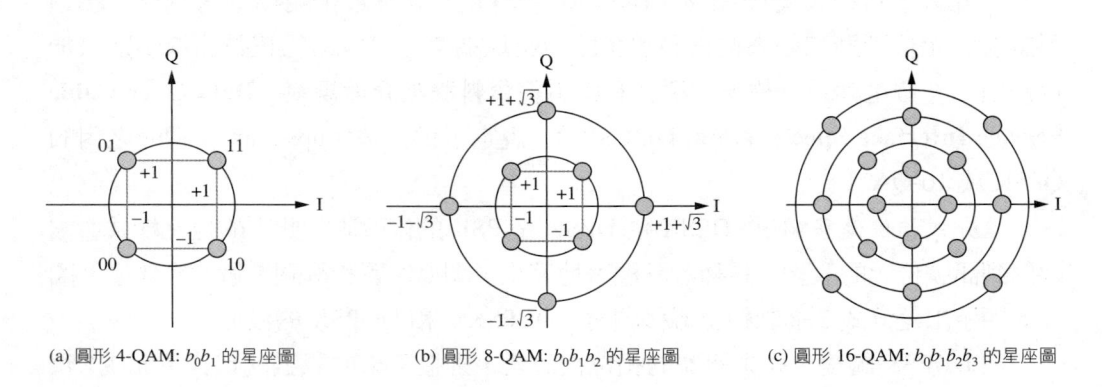

圖 2.26 圓形的訊號星座圖

(a) 長方形 4-QAM: b_0b_1 的星座圖
(b) 長方形 4-QAM: b_0b_1 的星座圖
(c) 長方形 8-QAM: $b_0b_1b_2$ 的星座圖
(d) 長方形 8-QAM: $b_0b_1b_2$ 的星座圖
(e) 長方形 16-QAM: $b_0b_1b_2b_3$ 的星座圖

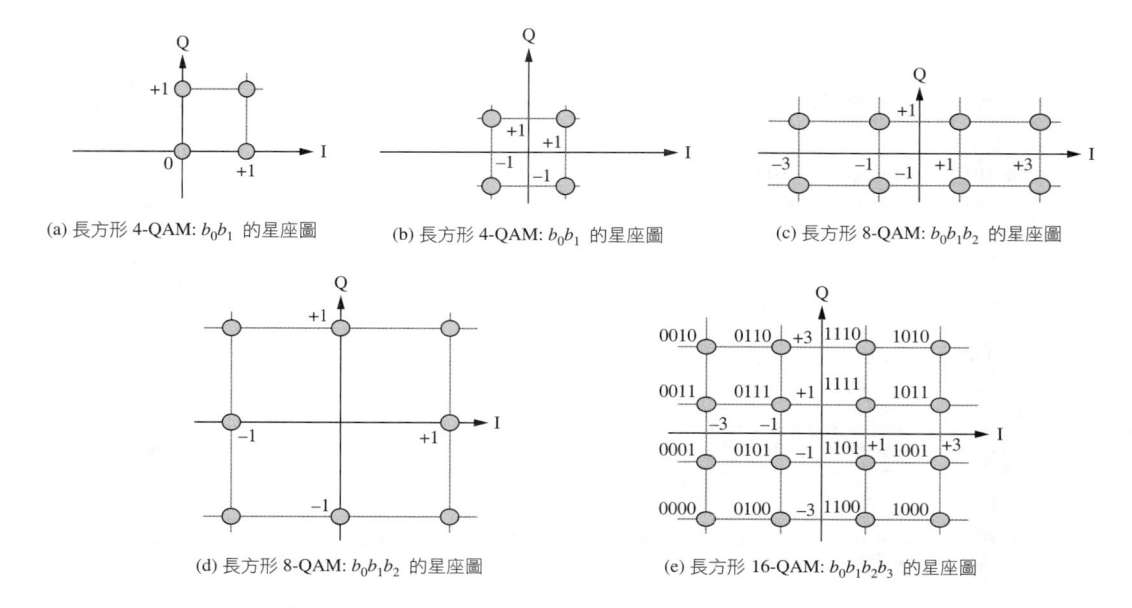

圖 2.27 長方形的訊號星座圖

而這種調變技術每個符號能夠傳輸 6 個位元。然而，增加組合的數量會使得編碼和解碼的電路更為複雜，而且當太多組合被塞進一個符號的時候，分辨組合之間的差異性會變得更加困難。因為這種技術所調變的訊號很容易出錯，使用這種調變的傳輸需要額外的錯誤偵測技術的支援。

在 QAM 傳輸器的資料串流會被分割成兩個子串流。每個子串流會由一個 ASK 調變器來處理。I 頻道上的輸出訊號會和一個餘弦函數相乘，而 Q 頻道上的則和正弦函數相乘。把 I 訊號和 Q 訊號相加便可得出一個最終的 QAM 訊號。QAM 接收器會反轉上述的流程來取出原始的資料。當使用 QPSK 或 16-QAM 作為上傳調變，DOCSIS 利用 64-QAM 或 256-QAM 作為下載之調變。此外，更新穎的 DOCSIS 2.0 和 3.0 也使用 32-QAM、64-QAM 和 128-QAM 作為上傳調變。

2.4.2 多工傳輸

一個在傳輸媒介裡的實體頻道，其所提供的頻寬可能比一個資料串流需要的還多。為了能有效地使用頻道的處理能力，有數種頻道存取設計可以用來改善頻道的使用率。當使用頻道存取方法時，多個收發器能夠分享同一個傳輸媒介。有三種類型的頻道存取方法：電路模式、封包模式、**雙工（duplexing）**。多工傳輸屬於用在實體層的電路模式。在鏈結層的頻道存取方法則屬於封包模式；它是以**媒介存取控制（media access control, MAC）**子層的多重存取協定為基礎。雙工方法被用來分

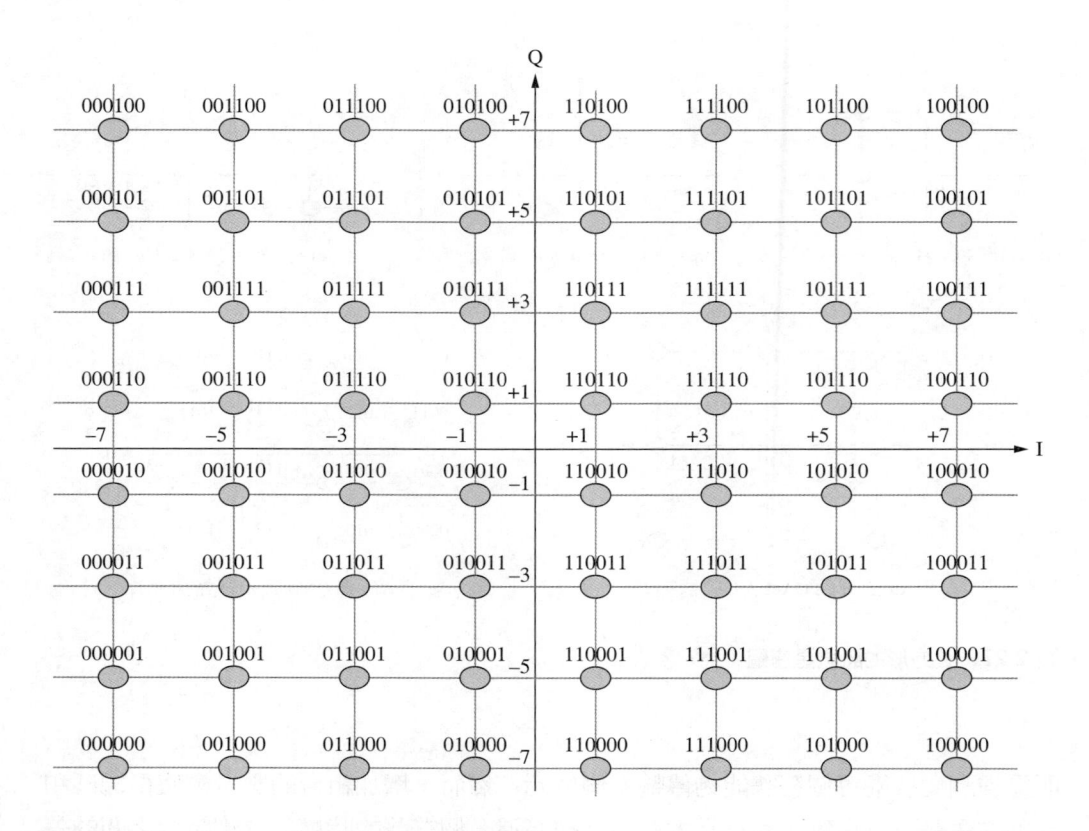

圖 2.28 長方形 64-QAM：$b_0b_1b_2b_3b_4b_5$ 的訊號星座圖

離上傳鏈結和下傳鏈結的頻道。這裡略過封包模式和雙工方法。

　　圖 2.29 顯示出一個有**多工器**（multiplexer, MUX）和**解多工器**（demultiplexer, DEMUX）的多工傳輸系統。此圖顯示，來自多個資料來源的資料串流被多工處理後，透過一個共享的實體頻道來傳輸。多工傳輸技術包括 TDM、FDM、**波長分割多工**（wavelength-division, WDM）、**分碼多重存取**（code division multiple access, CDMA）、**空間多工**（spatial multiplexing, SM）等。表 2.6 顯示頻道存取和它們相

圖 2.29 用於多重使用者通過多重子頻道的實體頻道

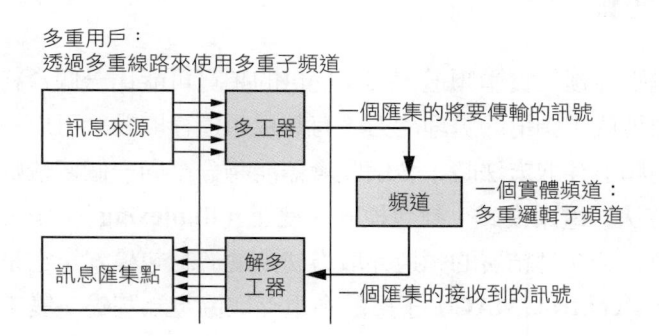

表 2.6　頻道存取和多工傳輸設計之間的配對

多工傳輸	頻道存取機制	應用
分頻多工	分頻多重存取	1G 手機
波長分割多工	波長分割多重存取	光纖
分時多工	分時多重存取	GSM 手機
展頻	分碼多重存取	3G 手機
直接序列展頻	直接序列 CDMA	802.11b/g/n
跳頻展頻	跳頻 CDMA	藍牙
空間多工	空間分割多重存取	802.11n、LTE、WiMAX
空間時間編碼	空間時間多重存取	802.11n、LTE、WiMAX

對應的多工傳輸技術。我們在此將介紹基本的技術，而把 CDMA 留到第 2.5.1 小節再談。

分時多工

分時多工（TDM）是一種把低速頻道的多重數位訊號合併到一個高速頻道的技術，而該高速頻道是以時槽（time slot）為單位被輪流分享。圖 2.30 顯示一個簡化的 TDM 設計，其中不同來源的資料串流被交錯放置在一連串的時槽之中。

TDM 將時間領域分割成數個經常性的固定長度的時槽。每個時槽被當作是一個子頻道（sub-channel）或邏輯頻道的一部分。每個子頻道被用來傳輸一個資料串流。交錯的時槽需要在解多工器之處同步；其實作之一是在每個被傳輸的訊框之開頭添加一或多個同步位元，而這種實作被稱為同步式 TDM（synchronous TDM）。另一種統計式 TDM（statistical TDM）則能夠動態地配置時槽給子頻道，而不用指派時槽給閒置的輸入線。如果輸入資料的速率並不相同，有數種技術可以使用，

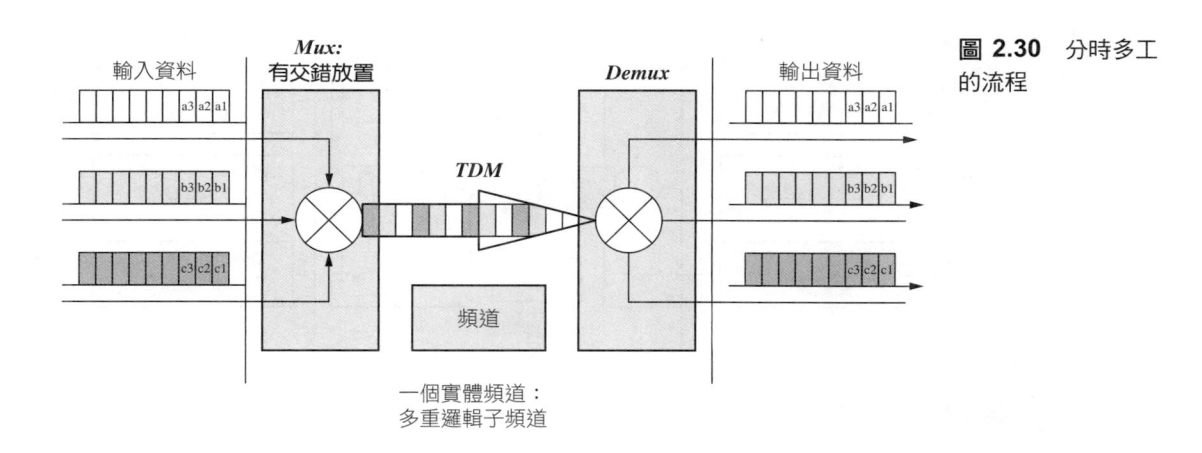

圖 2.30　分時多工的流程

例如多階多工（multilevel multiplexing）、多槽配置（multi-slot allocation）、脈衝填充〔pulse stuffing，或位元填充（bit stuffing）、位元填補（bit padding）〕。電話通訊業使用 T 型線來實作數位訊號服務。T 型線被分類成不同服務資料速率的 T1 到 T4 類型。

TDM 能被擴展成分時多重存取（time division multiple access, TDMA）設計。在鏈結層的 TDMA 政策是透過在實體層真正做工作的 TDM 來執行。GSM 電話系統是其一種應用。

分頻多工

分頻多工（FDM）將頻率領域分割成數個互不重疊的頻率範圍，而每個範圍變成一個子載波所使用的子頻道。圖 2.31 顯示出 FDM 的流程。在傳輸器，多工流程會合併從資料串流得來的所有波形，並且產生一個經由一個實體頻道來傳輸的複合訊號；其中的每一個子頻道是使用一個子載波。在接收器，數個通頻濾波器被用來自接收到的複合訊號中萃取出每個子頻道的訊息。FDM 只可以用於類比訊號。一個數位訊號可以藉著調幅來轉換成一個類比訊號，然後 FDM 便可以用於調幅後的訊號。AM 和 FM 的無線電廣播是兩個使用 FDM 的典型應用。舉例來說，從 530 kHz 到 1700 kHz 的頻寬是被指派給 AM 無線電，而這個實體頻道媒介的頻寬則被所有的無線電台所分享。

分頻多重存取（frequency division multiple access, FDMA）是自 FMD 延伸出來的一種存取方法。**正交分頻多重存取**（orthogonal frequency multiple access, OFDMA）是以**正交分頻多工**（orthogonal frequency division multiplexing, OFDM）為基礎的 FDMA 之修改版。單載波 FDMA（SC-FDMA）是以**單載波頻域等化器**（single carrier frequency domain equalization, SC-FDE）為基礎的另一種 FDMA 之修改版。**波長分割多重存取**（wavelength division multiple access, WDMA）是以

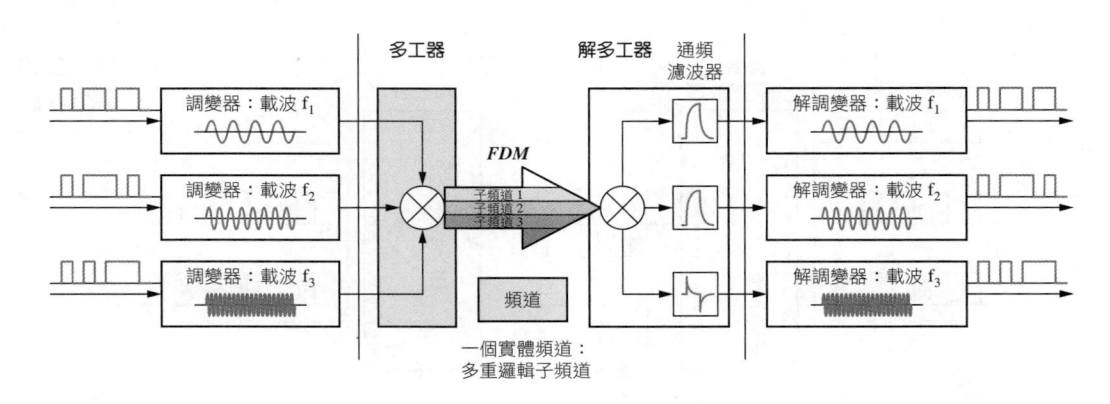

圖 2.31 分頻多工之流程

波長分割多工（WDM）為基礎的另一種 FDMA 之修改版。WDM 其實等同於分頻多工，可是 WDM 通常用於光纖通訊，其中的波長是用來描述由光纖訊號所調變的載波之常見術語。WDM 使用不同的雷射光波長來攜帶不同的訊號，而每個波長被指定為在單一光纖裡的一個子頻道。因為光纖的資料速率比雙絞線電纜要快得多，WDM 通常用於聚集來自多重使用者的資料。SONET（Synchronous Optical Networking，即同步光纖網）是使用 WDM 的一個應用。

2.5 進階議題

本節會概數幾個數位調變的進階議題，不具電機背景的讀者可以在第一次閱讀的時候略過這一節。更多的輔助教學和詳盡的論述可以在資料或數位通訊的教科書中找到。對於需要可靠且安全的傳輸的通訊而言，例如軍事應用或無線應用，通常會考慮**展頻（spread spectrum）**技術，因為擴展之後的訊號在頻率頻譜中看起來就像雜訊一般，所以很難被偵測出來也很難被干擾。**直接序列展頻（direct sequence spread spectrum, DSSS）**和**跳頻展頻（frequency hopping spread spectrum, FHSS）**是兩個典型的設計。作為一個進階的多工傳輸和多重存取之設計，**分碼多重存取（code division multiple access, CDMA）**運用展頻的觀念讓多重訊息來源用正交或統計上不相關的碼來表示資料並且將資料散布在整個頻道。

和單載波調變比較起來，一個多重載波的系統在數個獨立的載波訊號上執行調變，以便能改善頻寬之利用率以及對付多重路徑衰退。具有**快速傅立葉轉換（Fast Fourier Transform, FFT）**實作的多重載波調變，例如**正交頻率分割多工（orthogonal frequency-division multiplexing, OFDM）**，目前已經被廣泛地使用在許多通訊系統裡面。最近，在傳輸器端有多個傳輸天線並且在接收器端有多個接收天線的**多重輸入多重輸出（multiple-input multiple-output, MIMO）**系統變得非常受歡迎，因為它們在處理量和可靠性方面提供了卓越的效能增益。

表 2.7 比較現行使用展頻、CCK 和 OFDM 技術的 IEEE 802.11 WLAN 標準。

2.5.1 展頻

一個資料串流的頻譜可以被散布在一段較寬的頻帶之中。這種**擴展頻譜（spread spectrum, SS）**之技術，簡稱展頻，能夠提供額外的冗餘來減少無線通訊容易受竊聽、阻斷和雜訊之弱點。在展頻的資料串流是由一個特定的**偽雜訊（pseudo-noise, PN）**序列所攜帶，而這項工作是在資料串流調變 PN 序列的時候進行。一個 PN 序列是用重複產生的一個 PN 碼所組成，而一個 PN 碼是以一序列的片碼（chip）所表示。一個片碼本身即是一個位元。和資料位元相比，片碼只是

表 2.7　IEEE 802.11 WLAN 標準使用的調變技術

	802.11a	802.11b	802.11g	802.11n
頻寬	580 MHz	83.5M0Hz	83.5 MHz	83.5MHz/580MHz
作業頻率	5 GHz	2.4 GHz	2.4 GHz	2.4 GHz/5 GHz
互不重疊的頻道之數量	24	3	3	3/24
空間串流之數量	1	1	1	1, 2, 3, 4
每個頻道的資料速率	6-54 Mbps	1-11 Mbps	1-54 Mbps	1-600 Mbps
展頻技術	OFDM	DSSS, CCK	DSSS, CCK, OFDM	DSSS, CCK, OFDM,
子載波的調變技術	BPSK, QPSK, 16 QAM, 64 QAM	n/a	BPSK, QPSK, 16 QAM, 64 QAM	BPSK, QPSK, 16QAM, 64 QAM

一個 PN 碼產生器所輸出的位元序列。因此，一個片碼通常是一個振幅為 +1 或 –1 的長方形脈衝，所產生的展頻訊號的能量會被散布在一個比資料串流訊號的頻寬還要更寬的頻譜之中。此一冗餘就像錯誤矯正碼裡的冗餘一樣，在資料受損時可以增強接收器端的資料還原能力。

偽雜訊碼和序列

一個偽雜訊序列，也被稱作偽隨機數序列〔pseudo random numerical（PRN）sequence〕，並非一個真的隨機數序列；它是以一個確定的樣式所產生的序列。該序列之中有一個 PN 碼一直重複出現。類似於一個位元是一個資料串流裡的基本元素，一個片碼則是一個 PN 碼裡的基本元素。和資料速度相比，片碼速率指的是每秒鐘所處理的片碼之數量。在圖 2.32 的例子中，PN 碼是一個有 11 個片碼的 11 位元之**巴克碼（Barker code）**。重複地產生這個 PN 碼就形成一個 PN 序列；用 XOR 運算把 PN 序列和資料串流一起調變，就產生了一個展頻序列。圖 2.32 的片碼速率是資料速率的 11 倍。展頻的片碼速率和 PN 序列的片碼速率相同，但是卻比資料串流的速率更高。這個現象解釋了為何傳輸一個展頻序列需要比資料串流更多的頻寬。

圖 2.33 顯示變寬的展頻頻寬以及展頻序列的傳輸訊號的擴散之能量。一種展頻處理所用的評量指標，**處理增益（process gain, PG）**，被定義成片碼速率（C）對資料速路之比率。片碼速率永遠高於位元速率。此外，PN 碼的速率決定了被傳輸的擴展波形的頻寬。處理之增益被用來衡量展頻比窄頻干擾更具有的效能上的優勢。它可以被視為在接收器解除展頻之後，所得到的訊號對阻斷（干擾）的功率之比。假設資料速率是一個常數，片碼速率愈大，PG 就愈高。這表示展頻會佔據一個較大的頻寬。如果 PG 夠大的話，擴展的波形將能夠以一個小於雜訊的功率來穿越一個有雜訊的頻道，而該資料串流仍然能被還原於接收器之處。如何計算處理之

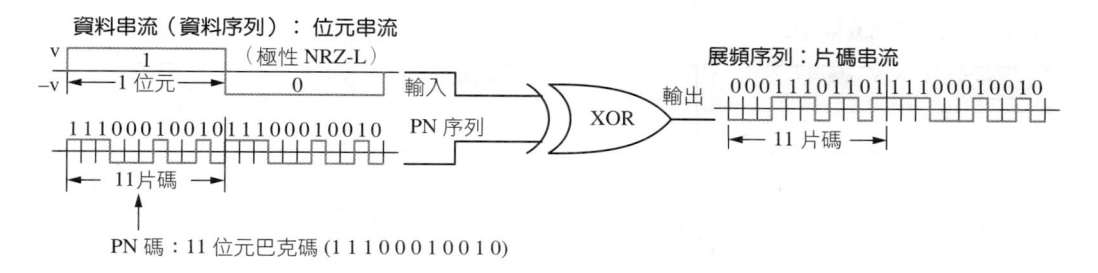

圖 2.32 一個資料串流被一個 PN 序列所展頻

增益？舉例來說，如果一個 11 位元的巴克碼被用作 PN 碼，則處理之增益的計算是 $10 \log_{10} \frac{C}{R} dB = 10 \log_{10} \frac{11}{1} dB = 10.414\ dB$（片碼／位元）。這裡的 dB 被稱為分貝（decibel），是一種表示一個物理量（例如片碼速率）相對於一個規定的參考等級（例如資料速率）的幅度。

PN 序列在擴展一個資料串流時扮演關鍵的角色。它的類型和長度決定了一個展頻系統的處理能力。選擇一個好的 PN 序列能夠幫助匹配的濾波器有效地排除被耽擱了一個片碼時間以上的多重路徑訊號。我們稍後會看到在 CDMA 也有很類似的做法，其中的 PN 碼也被用在接收器替接收到的訊號解除展頻。

巴克碼、威拉德碼、互補碼調變

IEEE 802.11 標準以 11 片碼／資料符號的片碼速率，使用 11 位元的巴克碼作為 PN 碼。巴克碼有很好的相關性。**威拉德碼（Willard code）**是由電腦模擬和優化所得出，而它可能提供比巴克碼更好的效能。表 2.8 列舉一些巴克碼和威拉德碼。我們可以循環地使用巴克碼或威拉德碼，建構出一個很長的 PN 序列。DSSS 技術使用 11 位元和 13 位元的巴克碼。IEEE 802.11b 標準循環地使用一個 11 位元的巴克碼，以擴展 1 Mbps 或 2 Mbps 的資料串流。

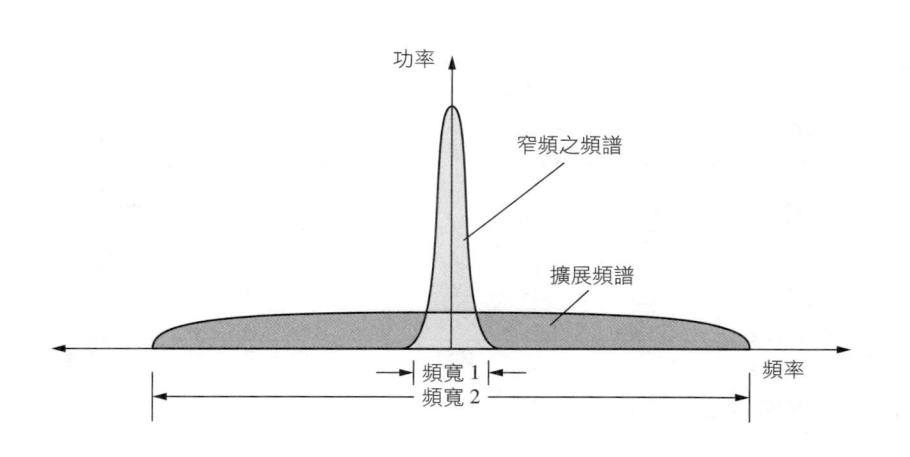

圖 2.33 擴展頻譜和窄頻頻譜的比較

表 2.8　巴克碼和威拉德碼

代碼長度（N）	巴克碼	威拉德碼
2	10 或 11	n/a
3	110	110
4	1101 或 1110	1100
5	11101	11010
7	1110010	1110100
11	11100010010	11101101000
13	1111100110101	1111100101000

　　IEEE 802.11 標準的高速延伸版是利用 CKK（Complementary Code Keying，即互補碼調變）作為調變技術，在 2.4 GHz 的波段來編碼 5.5 Mbps 或 11 Mbps 的資料。不同於巴克碼，一個 CKK 序列能夠完全消除旁瓣（side lobes）。在頻率頻譜中，一個旁瓣是除了所想得到的主瓣之外的任何瓣。此外，CCK 碼字能夠藉由它特殊的數學特性（此處省略）來有效地排除雜訊和多重路徑之干擾。

一個展頻系統的例子

　　圖 2.34 顯示出一個展頻系統，其中擴展的訊和會穿越一個有雜訊、窄頻／廣頻干擾、多重路徑的頻道。在一個廣頻系統，一個位元速率 R_b 的輸入資料串流 d_t 被片碼速率為 R_c 的 PN 序列 pn_t 所擴展，結果得出一個擴展的片碼串流 tx_b。基頻頻寬為 R_b 的輸入資料傳串流被擴展到一個更寬的範圍 R_c。一個頻寬擴充因素 SF 或是處理增益 G_p 可由 R_c/R_b 得到。在通頻調變之後，tx_b 變成 tx 以供傳輸之用。在接收器之處，天線會接收到一個展頻訊號 rx，然後該訊號會被解調。解調後所得的訊號 rx_b 然後透過自相關（autocorrelation）和互相關（crosscorrelation）之使用，被一個 PN 序列 pn_r 解除擴展。兩個相關序列的自相關係數，例如所需資料訊

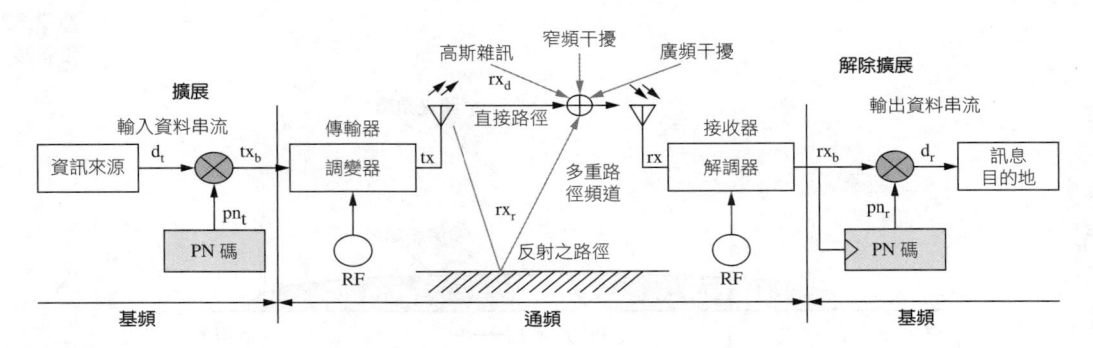

圖 2.34　通過有雜訊頻道的展頻系統

號的 PN 序列和它的多重路徑訊號，會很接近 1；而兩個不相關序列的互相關係數，例如所需資料訊號的 PN 序列和一個干擾訊號，則會很接近 0。在解除擴展之後便會得到一個輸出資料串流 d_r。如果 pn_r 的 PN 碼等於 pn_t 的 PN 碼，那麼 PN 序列 pn_r 會和 pn_t 同步。輸入資料串流 d_t 能夠被還原成輸出資料串流 d_r，因為 pn_t 和 pn_r 的自相關係數接近 1。

相反地，如果 pn_t 和 pn_r 的互相關係數明顯很小、無法辨認以及非常接近 0（即類似於雜訊），則輸入的資料串流將無法在接收器之處還原。在不知道傳輸器所使用的 PN 碼的情況下，接收器會把展頻訊號當作白雜訊來處理。因此，如果 PN 碼沒有被洩露給第三方知道，兩通訊方之間可保有通訊的隱私性。

類似於多工傳輸一般，展頻可以結合數個擁有不同 PN 序列的資料來源來進行傳輸；這樣做可以改善隱私性和防阻斷性，可是也需要更大的頻寬供傳輸使用。展頻訊號和雜訊很類似，而這個特性讓訊號能融入背景的干擾波形之中，因此能夠穿越過頻道而不被他人偵測到或被竊聽。這尤其是為了無線通訊所設計的；因為無線通訊的傳輸媒介是公開曝光的，所以很容易被他人截取。

無線通訊中有多重的傳播路徑是由大氣層反射或折射、地面或建築或其他物體的反射所產生。這些多重路徑訊號，例如圖 2.34 的 rx_r，可能會導致變動發生在直接路徑上傳輸的訊號，例如圖 2.34 的 rx_d。從每條路徑而來的訊號有它自己的衰減和時間之延遲。接收器必須將直接路徑的訊號與其他路徑的訊號、干擾、雜訊分開。如果多重路徑的訊號被耽擱的時間大於一個片碼時間，那麼它們會變成和所想得到的訊號不相關，而它們之間的自相關係數會遠離 1，而互相關係數則接近 0。換句話說，從間接路徑而來的 PN 序列將不再同步於直接路徑的 PN 序列。因此，展頻系統中的多重路徑衰退便不會產生重大的影響，而且也能被有效地過濾掉。

直接序列展頻

如圖 2.34 所示，一個展頻系統的後面通常會緊接著一個通頻調變器，例如 BPSL、M 進制 PSK（MPSL，M 大於 2）和 QAM。圖 2.35(a) 為一個 DSSS（Direct Sequence Spread Spectrum，即直接序列展頻）系統，後面接著一個 MPSK 調變器。因為 MPSK 調變器有同相成分和正交成分，該系統需要兩個擴展流程。輸入的資料被分成兩個資料的子串流，而每個子串流被一個 PN 序列所擴展。其中一個用於同相成分，而另一個用於正交成分。DSSS 用一個 PN 碼或它的補數來取代資料串流中的每一個位元。由圖 2.35(b) 之中，被傳輸的訊號的頻譜是由片碼速率 R_c 而非資料串流的位元速率 R_b 所決定。

(a) 使用 MPSK 調變的 DSSS 系統

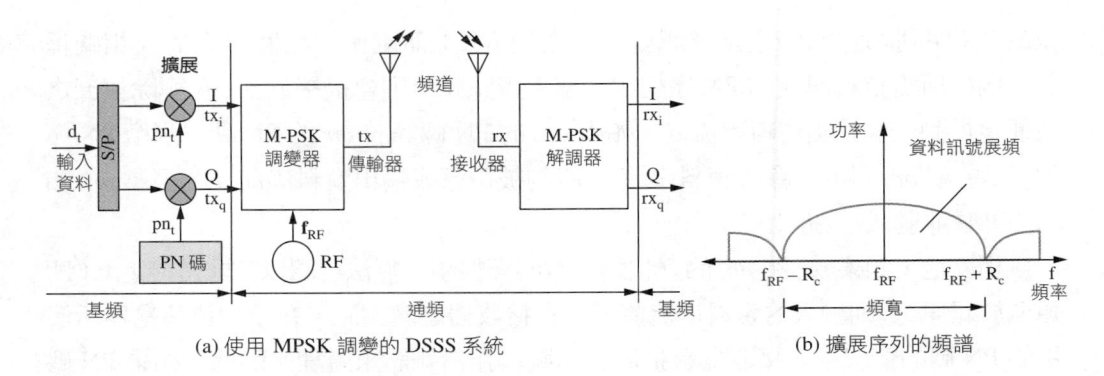

(b) 擴展序列的頻譜

圖 2.35 DSSS 系統和擴展序列的頻譜

干擾和雜訊對 DSSS 的影響

假設一個 DSSS 系統受到干擾訊號 i 的影響。接收器所收到的訊號是一個包含干擾訊號和雜訊的複合訊號。該複合訊號被一個 PN 序列給解除擴展，以便於還原從傳輸器來的資料串流。這裡會解釋展頻技術如何能減輕干擾和雜訊的影響。

- 如果 i 是一個窄頻干擾，這表示 i 是來自於另一個資料串流的訊號。在解除擴展之後，從窄頻干擾所產生的序列變成一個有平坦頻譜的擴展序列，而它的功率密度會極度低於所想得到的資料串流的頻譜。使用一個低通濾波器可以過濾掉 i。因此，展頻技術能夠排除掉窄頻干擾，而傳統的窄頻技術則不能。
- 如果 i 是一個廣頻干擾，譬如是來自於另一個使用者但使用不同 PN 序列的擴展序列。在解除展頻之後，從廣頻干擾所產生的序列也很平坦，因為廣頻干擾使用一個不同的 PN 序列，所以和使用同樣 PN 碼的廣頻訊號相比，前者的互相關係數會非常小而且和雜訊很類似。該平坦的干擾可以很容易地被一個低通濾波器過濾掉。這裡的結論是展頻技術能夠移除廣頻的干擾。
- 如果 i 是一個雜訊，從雜訊所產生的序列仍然是一個類似雜訊的擴展序列其以片碼速率傳播而且有一個低功率密度。一個平坦的高斯雜訊（Gaussian noise，即白雜訊）也可以被一個低通濾波器過濾掉。展頻系統的訊號更能抵抗雜訊，而當訊號穿越過一個充斥雜訊的頻道時，這點尤其重要。

IEEE 802.11 通常被允許使用從 2.412 到 2.462 GHz 的 11 個頻道，每個的寬度為 5 MHz。頻道 1 集中在 2.412 GHz。IEEE 802.11 運用 DSSS 調變在 1 Mbps 和 2 Mbps，而 IEEE 802.11b 使用 CCK 調變在 5.5 Mbps 和 11 Mbps。IEEE 802.11g 支援 ERP（extended-rate PHY，即延伸速率 PHY）。ERP-DSSS、ERP-CCK 和 ERP-OFDM 調變被用於支援回溯相容性。在 WLAN 裡，DSSS 的實體層包括兩個子層：PLCP（Physical Layer Convergence Procedure，實體層收斂程序）和 PMD（Physical

Medium Dependent，實體層媒介相關）子層。PLCP 主要用於訊框封裝。圖 2.36 顯示 PMD 子層，而擴展器（spreader）就位在這個子層之中。

跳頻展頻

跳頻展頻（frequency hopping spread spectrum, FHSS）將一段頻寬切割成 N 個子頻道，以便讓一個被傳輸的訊號能在這些子頻道之間跳躍。被傳輸的訊號會停留在每個子頻道一段時間，這段時間稱為**停留時間**（dwell time）。在圖 2.37(a)，一個 PN 碼產生器會製作出一個 PN 序列 pn_i 所映射而成的**頻率字**（frequency words）。這些頻率字表示一個表格裡的跳頻序列；它們會被輸入到一個頻率合成器，進而生成 N 個不同頻率的載波，如圖 2.37(b) 所示。傳輸器依序在這 N 個載波之間跳躍。在圖 2.37 中，FHSS 系統結合了 M-FSK 調變器和 FH 調變器，分別作為調變和跳頻之用。FHSS 的傳輸器和接收器使用相同的跳頻樣式。在每次跳躍時，被傳輸訊號的頻寬就和 M-FSK 輸出訊號的頻寬一樣。在一個 FHSS 子頻道停留的訊號是一個窄頻訊號。

FHSS 提供一些不同頻率的載波供來源訊號使用。一個訊號一次只能使用一個載波，而它的訊息能夠被不同的載波來傳輸。假如在這個載波池裡有 n 個載波，則所需的頻寬便是單一載波所使用的頻寬的 n 倍，再加上數個保護頻帶（guard band）。不同於利用 PN 序列來擴展源碼的 DSSS，FHSS 從 PN 碼所製作的映射表中選出一個頻率。只有在每次跳躍都使用不同頻率的條件成立時，所需之頻寬才可以被多重使用者分享。使用不同頻率來分享頻寬的觀念類似於分頻多工技術。一個 PN 碼產生器重複地替一個頻率合成器來製作位元樣式。這些位元樣式可以被用來選出載波，而被選出的載波則在跳躍時間內（hopping period）傳送輸入之訊息。也有可能發生多位使用者挑選同一個子頻道來傳輸的情況，而這會造成該子頻道之阻斷（jamming）。當一個符號被重複地在數個跳躍頻道傳送，如果在大多數的跳躍頻道裡該符號之傳送並沒有被阻斷，則接收器仍然能夠將該符號還原。

如果跳躍時間很短，竊聽者將很難在不知道 PN 碼的情況下截取到訊號。入侵者也很難在不知道 PN 碼的情況下，製作出和使用者一模一樣的跳躍序列，並且藉此來阻斷使用者方的訊流。FHSS 被使用在**藍牙**（Bluetooth）和原版的 IEEE

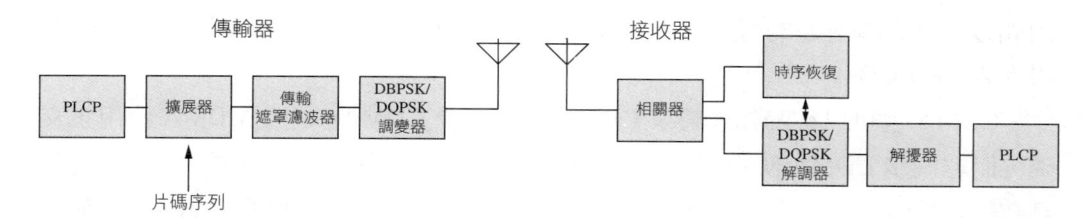

圖 2.36 DSSS 收發器

圖 2.37　FHSS 系統和子頻道的頻譜

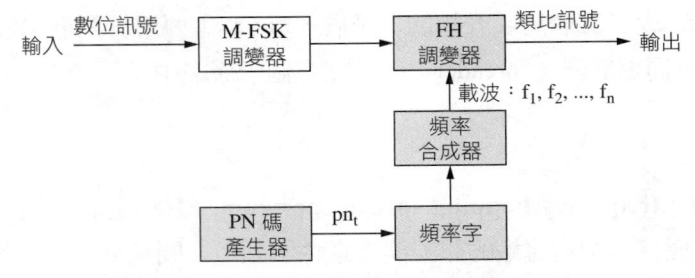

(a) 使用 PN 碼產生器來選擇載波跳頻的 FHSS

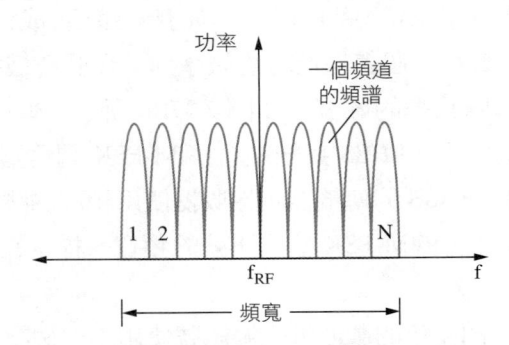

(b) 由 N 個子頻道所組成的 FHSS 頻道的頻譜

802.11。然而，一旦涉及在高速傳輸下以很短的時間間隔來進行快速跳躍（fast hopping），在傳輸器和接收器之間同步就變得非常困難。因此，IEEE 802.11 a/b/g/n 沒有採用 FHSS。

分碼多重存取

分碼多工（CDM）允許源自多個獨立來源的訊息能同時透過相同的頻率波段來穿越過同一個頻道。CDM 是一種展頻技術，而它被分碼多重存取（CDMA）所使用。因此，CDMA 算是一種展頻多重存取。不同於 TDMA 和 FDMA，CDMA 並非把一個實體頻道切割成在時間或頻率領域裡的子頻道。CDMA 系統的每個使用者都會同時佔據著同一個實體頻道的全部頻寬，但是每個使用者會使用一個獨立的正交碼（orthogonal code）或 PN 碼。CDMA 多工器就是利用一組不同的正交碼或 PN 碼來區分不同的使用者。數個 CDMA 的修改版擁有它們自己的多工方法，例如以 DSSS 為基礎的直接序列 CDMA（DS-CDMA）和以 FHSS 為基礎的跳頻 CDMA（FH-CDMA）。

CDMA 也可以被歸類成同步 CDMA 和非同步 CDMA。同步 CDMA 使用正交碼，而非同步 CDMA 使用 PN 碼。正交碼是成對之內積為零的向量，而 PN 碼則具有統計性質；如果密切相關的話，PN 碼的成對之自相關係數是接近 1，而如果不相關的話，成對之互相關係數是接近 0。兩者都使用頻譜的增益，讓接受器能夠辨識出想要的訊號和其他不需要的訊號。如果一個渴望的使用者訊號和其他使用者的訊號並不相關，則同步 CDMA 裡的內積會是零，而非同步 CDMA 裡的互相關係數則會接近零。類似於一般展頻裡對多重路徑干擾的解決辦法，如果一個所想要的訊號偏移了大於一個片碼時間，則它的內積將會是零，或者它和另一個和同樣正交碼或 PN 碼調變的訊號之間會有低度的自相關。同樣地，這個特性有助於移除掉多重路徑干擾。

同步 CDMA

在同步 CDMA，正交碼被映射到和零內積相互正交的一組向量。正交碼被分配給使用者作為擴展使用者的資料頻譜之用。該碼可以從如圖 2.38 所示的**正交參數擴展因素（orthogonal variable spreading factor, OVSF）碼樹**來取得。這些碼有成對正交（pair-wise orthogonal）的特性。

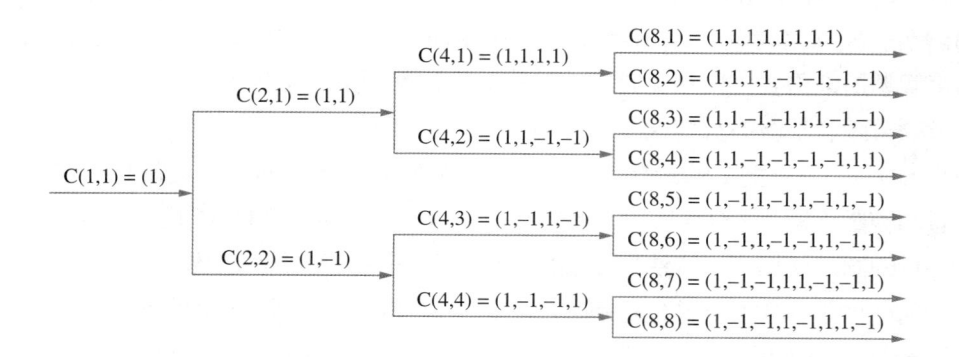

OVSF 碼樹是以**阿達馬矩陣（Hadamard matrix）**為基礎。阿達馬矩陣是一種方矩陣，其中的每個元素都是 +1 或 −1，而且每列都是相互正交的。OVSF 碼樹中的每個碼都可以被指派給獨立的使用者，而該使用者可以用它作為一個片碼來表示一個資料串流中的某一個位元。舉例來說，如果一個正交碼是 (1, −1, 1, −1)，則該碼之向量可以被表示成 v = 1, −1, 1, −1。如果 v 被用來代表位元 0，而 −v 被用來代表位元 1，一個「10110」的資料串流就可以被表示成 (−v, v, −v, −v, v)。該資料串流會先被擴展成（−(1, −1, 1, −1), (1, −1, 1, −1), −(1, −1, 1, −1), −(1, −1, 1, −1), (1, −1, 1, −1)），最後變成 (−1, 1, −1, 1, −1, 1, −1, 1, −1, 1, −1, 1, −1, 1, 1, −1, 1, −1)。這個流程是以 XOR 運算實作而成，如圖 2.39 所示。一個資料訊號的脈衝持續時間為 T_b，而一個正交碼訊號的則為 T_c。換句話說，資料訊號的頻寬是 $1/T_b$，而正交碼的頻寬是 $1/T_c$。一個擴展因素，或稱為處理之增益，是正交訊號對資料訊號的頻寬比 T_b/T_c，而它限制了所有使用者總數的上限值。

圖 2.38 同步 CDMA 所使用的 OVSF 碼樹

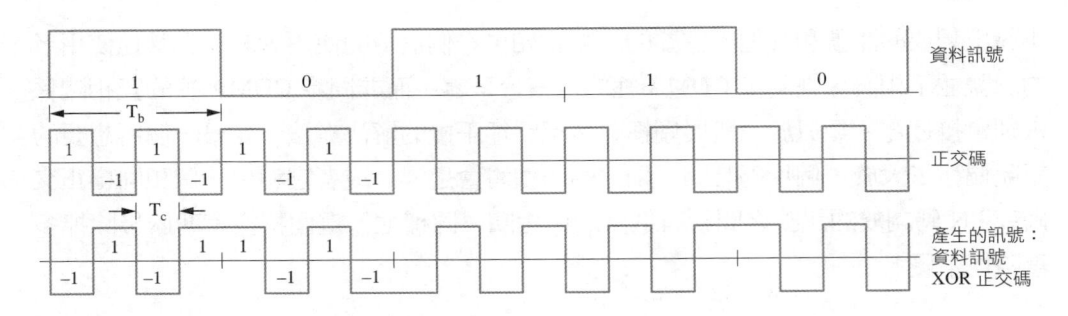

圖 2.39 擴展資料訊號，讓每一個子頻道使用一個正交碼

非同步 CDMA

　　非同步 CDMA 利用 PN 碼。和在一般的展頻技術一樣，一個 PN 碼是帶有確定隨機性質的二進制序列，其確定之隨機行為能夠在接收器端被重新複製出來。如同正交碼在同步 CDMA 裡的用途一樣，PN 碼在非同步 CDMA 是用於擴展及解展使用者的訊號。在統計上而言，PN 碼彼此是接近不相關的。和同步 CDMA 不同，其他使用者的訊號是以雜訊的形式出現，並且會輕微地干擾到所想要的訊號。也就是說，對於所想得到的某特定 PN 碼所產生的訊號而言，其他不同的 PN 碼所產生的訊號就如同一個廣頻雜訊一般。縱使一個被接收到的訊號和所想要的訊號一樣有相同的 PN 碼，如果它是在一個偏移時間內被接收到的，則該訊號對於所要得到的訊號而言仍然像是一個雜訊。

　　當同步 CDMA、TDMA 和 FDMA 分別因為代碼之正交性、時槽和頻道的緣故而能完全地排除掉其他的訊號，非同步 CDMA 僅能部分地排除掉不需要的訊號。如果不需要的訊號比所想要的訊號更強，那麼所想要的訊號將會被嚴重地影響。因此，在每個傳輸站都需要一個功率控制的設計來管理傳輸訊號的功率。儘管有上述的缺點，非同步 CDMA 仍擁有以下的優點。

1. 非同步 CDMA 比 TDMA 和 FDMA 更能有效地利用頻譜。TDMA 裡的每個時槽都需要一段保護時間（guard-time）來同步所有使用者的傳輸時間。FDMA 裡的每個頻道則需要一段保護頻帶，以避免從相鄰頻道而來的干擾。保護時間和保護頻帶兩者都會浪費掉頻譜的使用。

2. 非同步 CDMA 可以把 PN 碼彈性地分配給活躍的使用者，而不需要嚴格限制使用者的總數；同步 CDMA、TDMA 和 FDMA 只能夠將它們的資源分配給一固定數量的同時使用者，取決於正交碼、時槽和頻率波段的固定數量。這是由於 PN 碼的低度、但並非零的互相關之本質，以及自相關和互相關的運作。在高訊流叢發量的電信通訊和資料通訊，非同步 CDMA 在分配 PN 碼給更多使用者上來得更有效率。然而，在非同步 CDMA 裡的使用者數量仍然受到位元錯誤的限制，因為**訊號干擾比（signal-to-interference ratio, SIR）**和使用者數量成反比。
3. 和同步 CDMA 使用正交碼一樣，非同步 CDMA 基於 PN 序列的防阻斷能力，提供了一顯著的保護通訊隱私之特性。使用偽隨機碼賦予展頻訊號和雜訊相似的特性。如果在不知道指定的 PN 序列為何的情況下，非同步 CDMA 接收器將無法解碼所接收到的訊息。

CDMA 的優點

這裡我們總結使用展頻的 CDMA 的優點。CDMA 技術可以有效地減少多重路徑的衰退和窄頻的干擾，因為 CDMA 訊號是一種佔據著一段範圍寬廣的頻寬的展頻訊號。僅有一小部分的訊號會受到多重路徑衰退和窄頻干擾的影響。受到干擾的部分可以被濾波器移除，而遺失的資料可以藉由使用錯誤矯正技術來還原。多重路徑的干擾也能被 CDMA 排除，因為源自多重路徑的延遲訊號會變成和所想要的訊號幾乎互不相關，縱使兩者都擁有相同的 PN 碼。

CDMA 能夠重複使用同樣的頻率，因為不同的頻道會被不同的正交碼或 PN 碼給隔開，而 FDMA 和 TDMA 則不行。在**蜂巢式系統（cellular system**，也就是手機所用的無線通訊系統）中，重複使用相鄰蜂巢房（cell）的頻率的能力可以讓 CDMA 使用**軟性交遞（soft handoff）**之技術。軟性交遞是一種特點，讓手機電話可以在一通電話的期間同時連接到數個蜂巢房。手機電話維持了一份相鄰蜂巢房的功率測量的清單，藉此來判斷該向誰要求進行軟性交遞。軟性交遞讓一個行動台能保持一個較好的訊號強度和品質。

2.5.2 單一載波 vs. 多重載波

多重載波調變（multiple-carrier modulation, MCM）將一個資料串流分割成多個資料子串流；每個子串流會調變一個相對應的載波以便能傳送過一個窄頻子頻道。調變過的訊號可以進一步地被分頻多工處理，這被稱為**多重載波傳輸（multi-carrier transmission）**。一個由 MCM 所產生的複合訊號是一個寬頻訊號，其更能抵抗多重路徑衰退和符號之間的干擾。如果子頻道是由分碼多工所處理，我們稱它為**多碼傳輸（multi-code transmission）**。這裡只討論使用多重載波的正交分頻多工（OFDM）。

正交分頻多工

正交分頻多工（OFDM）的主要特點是子載波的正交性；它可以讓資料同時穿越一個在緊密頻率空間裡、由許多正交子載波所構成的子頻道，而不受彼此之間的干擾。OFDM 結合了多工、調變和多重載波的技術來建立一個通訊系統。OFDM 是用一對**反快速傅立葉轉換（inversed fast Fourier transform, IFFT）**和**快速傅立葉轉換（fast Fourier transform, FFT）**所實作出來的。不同於傳統的 FDM 其中的每個資料串流只佔據了一個使用某特定載波的子頻道，OFDM 把一個資料串流分割，以便能讓它同時使用多個子頻道。使用多個載波的好處是如果一個子頻道失效了，資料串流仍然可以在接收器處被還原，因為僅有一部分的資料受損，比方說，因叢發性錯誤所導致的資料受損。

圖 2.40 顯示一個 OFDM 系統的方塊流程圖。IFFT 執行多重載波調變器的功能來產生 OFDM 的複合訊號。一個循環的前置碼會被加在 OFDM 訊號之前，以作為**避免符號間干擾（inter-symbol interference, ISI）**的一個防護間隔。一個符號是持續一段固定時間的頻道的一種狀態。它能夠以一或多個位元編碼而成。因此，一序列的符號或者符號之間的轉換都能夠表示資料。接收器端的解調器是以 FFT 所實作而成。

使用 IFFT 和 FFT 的 OFDM 系統

多重載波調變器通常是以一個 IFFT 操作所實作而成，如同圖 2.41 描繪的一樣。當要產生一個 OFDM 訊號的時候，IFFT 會把源自於正交載波的訊號結合在一起，而這些正交載波是已經被個人資料子串流所調變過的。IFFT 有一個對應的 FFT。不論是時間領域的訊號或頻率領域的訊號都可以被 FFT 或 IFFT 處理。如果一個訊號被一對 IFFT 和 FFT 所處理，則輸出的訊號就會和原始訊號一樣。這就是 OFDM 機制是以一對 IFFT 和 FFT 實作而成的原因。在圖 2.41，IFFT 把頻率領域的訊號轉換成時間領域的訊號，而 FFT 則執行反向的轉換。這裡 IFFT 的時間領域的輸入位元是被當成在頻率領域的頻率之振幅；IFFT 輸出的複合訊號則是類似時間領域的訊號。如果不考慮它們的輸入和輸出的話，IFFT 和 FFT 都是數學上的概念，而且它們都是線性的流程並可以被完全反轉。

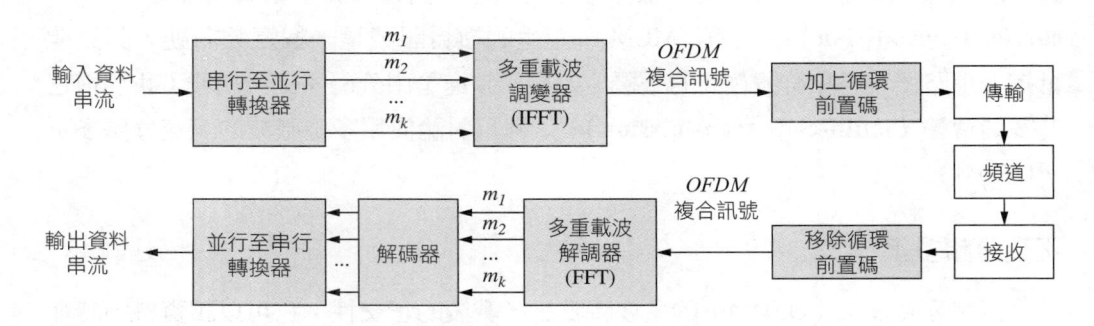

圖 2.40 一個多重載波的 OFDM 系統

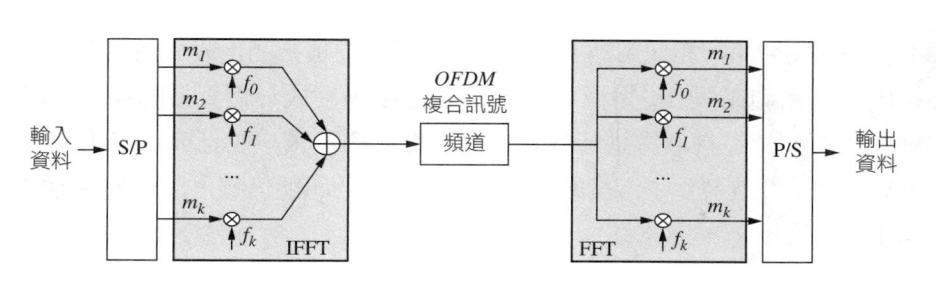

圖 2.41 IFFT 和 FFT 的功能圖

正交性

圖 3.42 顯示訊號在頻率領域的正交性。兩個訊號如果在零之振幅點交叉，則這兩個訊號就是彼此互為正交。每個頻率被分配給一個子載波或子頻道，並且可以和一個像 QAM 或 QPSK 之類典型的調變技術一起運用。

使用循環的前置碼作為符號間的保護間隔簡化了被傳輸訊號的直接卷積以及多重路徑頻道對於循環卷積的回應；這其實等同於在做完 FFT 操作之後直接相乘，因而可以消掉 ISI。然而，OFDM 需要傳輸器和接收器之間精準的頻率同步，因為任何頻率的偏移會毀掉子載波的正交性，並且導致**載波間干擾（inter-carrier interference, ICI）**或子載波間的串音干擾。

多重路徑衰退

在無線通訊中，多重路徑之傳播是一種被傳輸的訊號，經由不同的路徑在不同的時間抵達到接收器的天線。因為反射體環繞著傳輸器和接收器，被傳輸的訊號會被反射，然後從不同的路徑抵達接收器。多重路徑的訊號可能會導致不同等級的建設性或破壞性干擾、相位偏移、延遲或衰減。強力的破壞性干擾指的是一種深度的衰退，其導致訊號雜訊比驟然下滑，而且讓兩方之間的通訊失敗。多重路徑的訊號可視為被傳輸訊號和多重路徑頻道的回應兩者的一個直接卷積。雖然這樣的效應可以在接收器透過頻導等化（channel equalization）的方法來加以移除或減輕，藉由

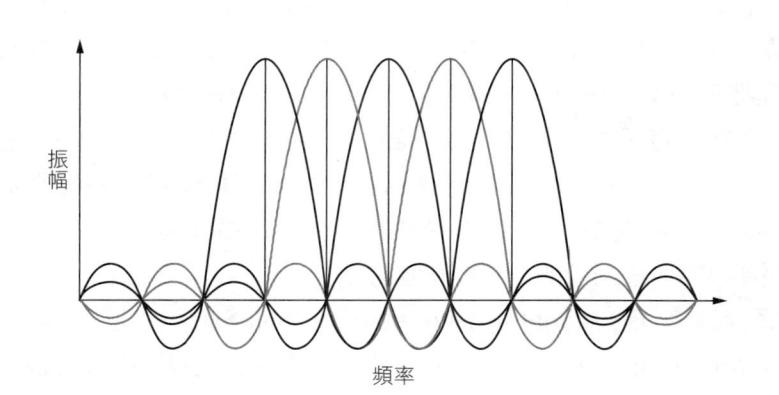

圖 2.42 OFDM 的正交性示意圖

在頻率領域裡調變訊號和使用循環的前置碼，直接卷積被簡化成一個循環的卷積。而在接收器做完 FFT 操作之後，它在頻率領域中會變成一個直接的乘法。因此，OFDM 完全排除掉在接收端進行複雜的等化操作的需求，並且簡化了接受器的設計。就算某個子載波發生了深度的衰退，被接收到的訊號仍然可以藉由編碼技術和錯誤矯正碼來恢復。

OFDM 的應用

OFDM 的應用是 ADSL 和 VDSL 寬頻連接、電力線通訊、DVB-C2、IEEE 802.11a/g/n 的無線 LAN、數位音頻系統（如 DAB 和 DAB+）、地面數位電視系統、IEEE 802.16e 的 WiMAX。OFDM 是被設計成讓一個位元串流能以一序列 OFDM 符號傳輸通過一個通訊頻道，但它也可以和時間、頻率或代碼等多重存取技術一起使用。正交分頻多重存取（OFDMA）將不同的子頻道分配給不同的使用者，以便能達成 FDMA。

2.5.3 多重輸入多重輸出

一個**多重輸入和多重輸出（multiple input and multiple output, MIMO）**系統基本上是由在傳送端與接收端的天線陣列和適應性訊號處理單元（adaptive signal processing units）所組成。該系統使用多種**分集（diversity）**技術來提供資料通訊。分集技術，例如時間分集、頻率分集、空間分集、多重使用者分集等，賦予訊號一種抵抗衰退的能力。時間分集要求一個訊號被傳輸於不同的時間點，而頻率分集要求一個訊號被不同的頻道來傳送。空間分集讓一個訊號從多個傳輸電線送出，然後被多個接收天線接收。多重使用者分集是以一種機率主義式的使用者排班法實作而成，而該排班法會根據頻道的資訊來選擇一個最佳的使用者。MIMO 利用這些分集技術的優點來加強系統的可靠性。

MIMO 被使用於有線和無線系統。舉例來說，Gigabit DSL 便是 MIMO 的一種有線應用。在這裡我們專注於使用天線陣列的 MIMO 無線傳輸系統。天線陣列藉由多重傳輸和接收天線來提供了空間分集，以便能改善無線鏈結的品質和可靠性，例如**位元錯誤率（bit error rate, BER）**。擁有天線陣列的鏈結提供了可讓訊號通過的多重傳播路徑。有不同傳播的多重路徑訊號會對接收器產生一定的延遲和衰退，進而產生空間分割（space-divided）的頻道。MINO 把傳統無線系統裡多重路徑傳播的缺點轉變成一項優點，尤其對於那些沒有視線傳輸的系統而言。當 MINO 利用多重路徑傳播時，使用者的資料速率也會增加。

在**空間分割多工（spatial division multiplexing, SDM）**，也被稱作**空間多工（spatial multiplexing, SM）**，多個位元串流經由不同的天線被平行傳送出去。**空間**

分割多重存取（space division multiple access, SDMA）是一種頻道存取方法；它能夠經由空間多工和空間分集來創造出平行的空間通道。SDMA 使用從 MIMO 演進的智慧天線（smart antenna）技術以及關於行動站的空間位置的知識，在基地台執行輻射圖形；而基地台的傳輸和接受會適應每個使用者，以求得最高之增益。相反地，在傳統的蜂巢式系統裡，基地台並不知道行動台的位置，所以訊號會以各種方向傳送出去。這可能會浪費傳輸功率，並且對使用同樣頻率的鄰近蜂巢房造成干擾。

MIMO 系統的類別

MIMO 可以根據頻道知識或使用者數量的用法來加以分類。根據對於頻道知識的認知，MIMO 的類型可以被分為三種：前置編碼、空間多工、分集編碼。前置編碼的方法需要頻道狀態資訊（channel state information, CSI），而分集編碼則不需要。空間多工不論使用或不使用頻道知識皆可。

有頻道認知的前置編碼利用頻道狀態的回饋資訊，以安排在傳輸器的波束成形（beamforming）或空間處理（spatial processing）。波束成形是一種訊號處理的技術，或一種空間濾波器，其結合來自一組小型非定向天線的一組無線電訊號，以便模擬一個大型的定向天線。這種模擬的定向天線會被引導來判斷被傳輸訊號的方向。前置編碼的方法能夠增加訊號之增益，並且減少多重路徑的衰退。空間多工的技術需要關於天線設置的資訊，才能讓一個高速率的訊號串流被分割成數個低速子串流，並使用同樣的頻道在不同的天線來傳輸。分集編法的方法並不需要頻道知識。傳輸器以空間-時間編碼法來編碼一個訊號，以便於利用在多重天線鏈結的獨立之衰退。一個使用分集編碼技術的 MIMO 系統並沒有波束成形或陣列之增益。

如果 MIMO 系統是根據使用者數量來分類，則 MIMO 的類型可分成單一使用者 MIMO（single user MIMO, SU-MIMO）和多重使用者 MIMO（multi-user MIMO, MU-MIMO）。SU-MIMO 是一個擁有空間-時間編碼和串流多工傳輸的點對點連接，其中鏈結的處理量和可靠性是主要的考量。多個天線擴展了訊號處理和偵測的自由度。因此，SU-MIMO 提升了實體層的效能。

然而，MU-MIMO 系統專注在系統的處理量。MIMO 可運用在實體層和鏈結層。在鏈結層，在空間維度的多重存取協定極大地增加了 MINO 裡天線陣列的效能利益，例如更大的每位使用者速率或頻道的可靠性。MIMO 需要多重使用者的資訊，以便於設計出增加系統處理量的使用者排班。因此，對於 MU-MINO 造成影響的是：結合了實體層的編碼和調變以及鏈結層的資源配置和使用者排班的技術。一個最佳的使用者排班計畫取決於前置編碼和頻道狀態回饋技術的選擇。對於使用 MU-MIMO 的無線通訊而言，這導致了一個跨層設計的問題。

MU-MIMO 系統

我們簡短描述一個使用前置碼技術的 MU-MIMO 系統結構,如圖 2.43 所示,其擁有天線陣列所建造的無線廣播頻道。在此圖中,一個擁有多重傳輸天線的基地台(base station, BS)將訊息送給移動站(mobile station, MS)。每個移動站裝備著一個由 M_r 個天線所組成的天線陣列,並且有一個接收實體來平行處理多重的子串流。該接收實體首先把**最小均方差(minimum mean squared-error, MMSE)**過濾法和**連續干擾消除(successive interference cancellation, SIC)**運用到每個子串流。MMSE-SIC 模組有兩個方面:**干擾歸零(interference nulling)**和**干擾消除(interference canceling)**,從已經被偵測到的子串流中移除,或是減去干擾。然後,這些子串流就被空間解多工所融合。最後,我們就會在接收器得到輸出的資料串流。

因為這個 MU-MIMO 系統結構需要頻道資訊以供多重使用者排班之用,所以 BS 使用一個控制器來收集來自接收器的頻道狀態訊息回饋。這個訊息包括**頻道方向訊息(channel direction information, CDI)**和**頻道質量資訊(channel quality information, CQI)**。CDI 決定了波束成形的方向,而 CQI 調整每個波束的傳輸功率。控制器在基地台使用這些資訊來執行像多重使用者之類的空間-時間處理、像 ACM〔(adaptive coding and modulation,自適應編碼和調變,或稱鏈結調適(link adaptation)〕之類的功率和調變調適、波束成形。控制器則控制 ACM 選擇編碼和調變的類型以及協定參數。ACM 的選擇是根據無線電的鏈結情況,例如路徑遺失、干擾和接收器的靈敏度,以便能增加天線使用的效率並達成更高的處理量。簡而言之,基地台在傳輸訊息時,結合了用於波束成形的 CSI 回饋訊號的資訊來取得最佳的傳輸樣式。ACM 的功能和前置編碼的目的是:要能最大化鏈結的處理量且最小化錯誤率。

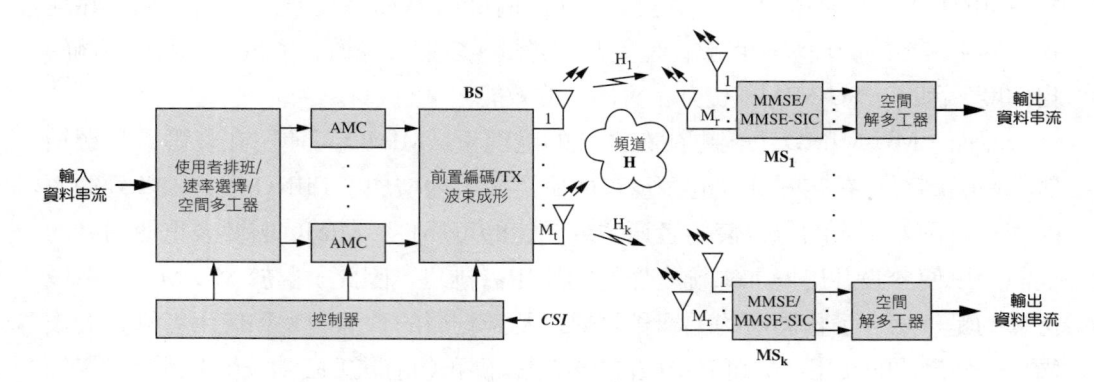

圖 2.43 多重使用者的 MIMO 系統

MU-MIMO 系統利用使用者多樣性來達成使用者排班。一個有效的使用者排班提供了在空間和時間領域的許多優點，例如空間 - 波束成形、上傳鏈結回饋訊號和進階的接收器。它可以和改良的 SIC 接收一併結合；舉例來說，所有的傳輸天線可以根據 SIC 或最小均方差（MMSE）被配置給最佳的使用者。

總之，一個 MIMO 系統經由多個天線平行送出多筆資料串流，以便於改善可靠性和頻譜效率，而**空間 - 時間區塊編碼（space-time block coding, STBC）**可能有助於達成全傳輸分集（full transmit diversity）。波束成形能夠藉著排除干擾和線性地結合波束來改善鏈結的可靠性。傳輸和接收分集能夠減少衰退的波動，以便於獲得分集之增益。空間多工藉著同時在不同的傳輸天線送出不同的資料訊號來利用多工之增益。

MIMO 應用

EDGE（Enhanced Data rates for GSM Evolution，即增強資料速率 GSM 演進）和 HSDPA（high speed downlink packet access，即高速下載鏈結封包存取）是 MIMO 系統，其使用一種速率調適演算法，根據無線頻道的品質來管理編碼和調變方案。3GPP WCDMA/HSDPA 的標準使用 MU-MIMO 和使用者排班。IEEE 802.11n-2009 在每個 40 MHz 的頻道添加四個空間串流到 MIMO 系統，藉此將網路處理量改善到 600 Mbps 的最大值。除此之外，IEEE 802.11n 在鏈結層行使訊框匯集。

開放源碼之實作 2.2：IEEE 802.11a OFDM 傳輸器

總覽

802.11a 是 IEEE 的一種無線通訊標準。該標準利用廣泛用於許多無線通訊系統中的 OFDM 調變技術（包括 WiMAX 和 LTE）。一個可從 OPENCORE（www.opencores.org）網站獲得的開放源碼之實例，是以 Bluespec System Verilog（BSV）語言所纂寫的 802.11a 傳輸器之實作。我們首先綜述這個 OFDM 傳輸器裡的模組和處理流程，然後再看其中的卷積編碼器（convolutional encoder）的操作。

方塊流程圖

圖 2.44 說明 OPENCORE 802.11a 傳輸器的結構，其主要由控制器、擾亂器、卷積編碼器、交錯器、映射器、反快速傅立葉轉換（IFFT）和循環延伸所組成。它們的描述如下：

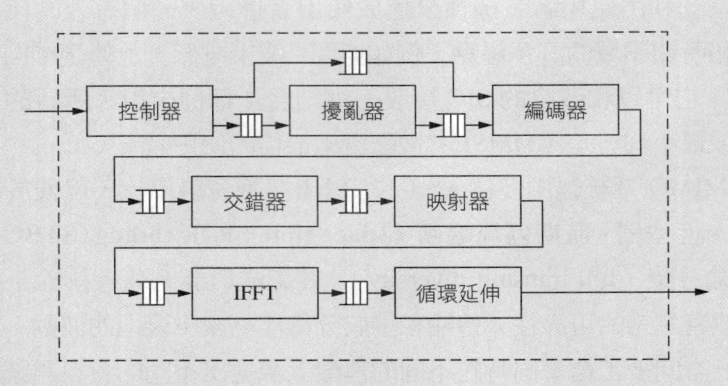

圖 **2.44** 802.11a 傳輸器的方塊流程圖

- 控制器：控制器從 MAC 層接收到像資料串流（PHY 酬載）一般的封包並且替每個資料封包產生標頭欄位。
- 擾亂器：擾亂器將每個資料封包和一個偽隨機位源字串一起做 XOR 運算。
- 卷積編碼器：對所接收到的每個位元，它會產生兩個位元的輸出。
- 交錯器：交錯器會記錄單一封包內的位元。它運作在以 48、96、192 位元為區塊單位的 OFDM 符號上，取決於使用的速率為何。
- 映射器：映射器也運作在 OFDM 符號的層級。它把交錯的資料轉換成 64 個複數，而這些複數是於用於不同頻率的調變值。
- IFFT：IFFT 把複數調變值映射到每個子載波並且執行一個 64 點的反快速傅立葉轉換來把它們轉換到時間領域。
- 循環延伸：它把訊息的開端和尾端附加在全部訊息的主體，藉此來延伸 IFFT 轉換後的符號。

OPENCORE 802.11a 傳輸器的設計只實作出 802.11a 規格的三種最低資料速率（{6, 12, 24} Mb/s）。在這些速率，打孔器並沒有任何對資料的操作，所以我們在此省略它的討論。

資料結構和演算法之實作

最頂層的模組叫作 Transmitter.bsv，而它負責處理傳輸流程。該流程從 Controller.bsv 開始，首先創造出封包的標頭（PHY 封包格式且長度為 24 位元的訊號欄位），然後從 MAC 層取得資料串流（PHY 封包格式的資料欄位）。因此，控制器有兩個 FIFO 輸出，其中之一是有一個長 24 位元的控制元素的 *toC*，而另一個是 *toS*，其含有數個長 24 位元且取決於 MAC 層資料長度的資料元素。然後 *toS* 的資料元素會被輸入到 Scrambler.bsv，並且和一個偽隨機位源字串一起做 XOR 運算。同時，*toC* 的控制元素會被傳遞給 Convolutional.bsv，並且以 1/2 的編碼速率被編碼。

在接下來的循環，被擾亂的資料元素開始被編碼，仍然以 1/2 的速率進行編碼，因為支援的資料速率只有 6、12、24 Mb/s。Convolutional.bsv 把長 24 位元的輸入元素編碼成一個有 48 編碼位元的 FIFO 元素（1/2 編碼速率）。Interleaver.bsv 從 FIFO 佇列拿到編碼位元，並且操作在以 48、96、192 位元為區塊單位的 OFDM 符號上，取決於使用的速率為何。它會重新排序一個封包裡的所有位元。

假設每一個方塊一次只能在一個封包上操作，這意味著在最快的速率時我們可以期待每個週期會輸出一次，其中的區塊尺寸長 192 位元，所以需要 4 個輸入所編碼的位元串流。Mapper.bsv 把交錯的 42 個位元直接轉換成 64 個複數資料（要調成的頻率之目標）。IFFT.bsv 執行一個 64 點的反快速傅立葉轉換，其會把複數頻率資料給轉換成時間領域的資料（有 64 個複數資料的 IFFT 轉換後的符號）。OPENCORE 802.11a 傳輸器提供了數種 IFFT 的實作並且提議一個基於 4 點蝴蝶運算的組合設計。最後，CyclicExtender.bsv 產生了一個全部的傳輸訊息，其結構為輸入的 IFFT 轉換後的符號的最後 16 個複數資料跟隨著 IFFT 轉換後符號。

為了避免冗長的敘述，我們只解釋圖 2.45 裡的一段 BSV 程式碼，而該程式碼詳細地編輯

```
Bit#(n6) history; // Bit#(n6) means bit vector with length (n+6)
if(input_rate == RNone) // for new entry of the same packet at next cycle
    history = {input_data, histVal};
else
    history = {input_data, 6' b0}; // for an new packet
Bit#(nn) rev_output_data = 0;
Bit#(1) shared = 0;
Bit#(6) newHistVal = histVal;

for(Integer i = 0; i < valueOf(n); i = i + 1)
begin // encoding
    shared = input_data[i]^history[i + 4]^history[i + 3]^history[i + 0];
    rev_output_data[(2*i)+0] = shared^history[i + 1];//output data A
    rev_output_data[(2*i)+1] = shared^history[i + 5];//output data B
        // save the delay register status for next new entry
        // only last update will be saved
    newHistVal = {input_data[i], newHistVal[5:1]};
end
    // enqueue encoded bit stream
RateData#(nn) retval = RateData{
    Rate: input_rate,
    Data: reverseBits(rev_output_data)};

outputQ.enq(retval);

// setup for next cycle
histVal <= newHistVal;
```

圖 2.45 Convolutional.bsv 的一段程式碼

卷積編碼器的關鍵程式。

圖 2.46 顯示一個卷積編碼器的電路，而它可以被簡潔地描述成每秒輸入一個位元以及有一個位移暫存器和數個 OR 邏輯閘。歷史資料代表著一個位元串流，而該串流是由輸入位元和所有位移暫存器裡的延遲暫存器（T_b）的位元所組成。在每一個 *for* 迴圈的重複回合，目前的輸入位元和延遲的暫存器位元兩者的 OR 運算會產生兩個輸出的編碼位元。為了同一個封包裡接下來 24- 位元的輸入串流，編碼過的位元會被保存下來。對於一個新的封包而言，每個延遲暫存器的值會被重設成零。

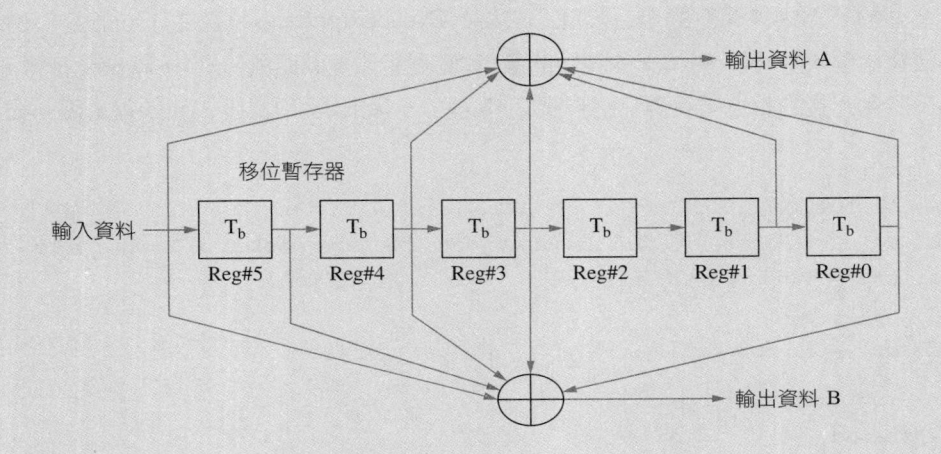

圖 2.46 802.11a 所定義的卷積編碼器的電路

練習題

表 2.9 卷積編碼器的輸出位元和狀態

重複回合	1	2	3	4	5	6	7	8	9	10
輸入位元	0	1	1	0	1	1	0	0	0	0
偏移暫存器 [543210]	000000									
輸出 [A,B]										

歷史演進：手機傳輸之標準

手機標準已經從 1G、2G、3G，一直演進到 4G。表 2.10 顯示它們的實體層特性。在 1G 裡，資料訊號是以類比形式來傳遞；舉例來說，AMPS 或 TACS 的標準。在 2G 裡，資料訊號的傳輸變成數位化；GSM 的標準是最為盛行的。3G 標準提供高速 IP 資料網路供多媒體和展頻傳輸之用，包括 CDMA2000 和 LTE（long term evolution，長期演進）。現在，4G 標準必須支援的功能包括 All-IP 交換網路、行動超寬頻存取、多重載波傳輸（OFDM）和 MIMO〔也被稱作天線陣列（antenna array）或智慧天線〕。LTE-advanced 和 WiMAX-m（IEEE 802.16m）標準是兩個針對 4G 所提出的方案。此外，有些人相信，支援多數協定的融合解決方案也可以被視為 4G。因此，軟體無線電和感知無線電也被當成 4G 技術來加以考量。OFDM 而非 CDMA 技術被 4G 採用是因為它在調變和多工的簡單性；它可以實現 4G 標準裡規定的十億位元（gigabit）的速度要求。渦輪碼（turbo codes）被用在 4G 以便於最小化在接收端所需的 SNR。

表 2.10 手機標準的實體層特性

手機標準	AMPS	GSM 850/900/1800/1900	UMTS（WCDMA, 3GPP FDD/TDD）	LTE
世代	1G	2G	3G	準 4G
無線電訊號	類比	數位	數位	數位
調變	FSK	GMSK/8PSK（僅 EDGE）	BPSK/QPSK/8PSK/16QAM	QPSK/16QAM/64QAM
多重存取	FDMA	TDMA/FDMA	CDMA/TDMA	DL：OFDMA UL：SC-FDMA
雙工（上傳鏈結/下傳鏈結）	n/a	FDD	FDD/TDD	FDD+TDD（FDD 為焦點）
頻道頻寬	30 kHz	200 kHz	5 MHz	1.25/2.5/5/10/15/20 MHz
頻道的數量	333/666/832 頻道	124/124/374/299（每個頻道有 8 個使用者）	取決於服務	每個蜂巢房（cell）有 >200 個使用者（用於 5 MHz 的頻譜）
最大資料速率	訊號速率 = 10 kbps	14.4 kbps 53.6 kbps（GPRS） 384 kbps（EDGE）	144 kbps（移動）/ 384 kbps（徒步）/ 2 Mbps（室內）/ 10 Mbps（HSDPA）	DL：100 Mbps UL：50 Mbps （用於 20 MHz 的頻譜）

歷史演進：LTE-advanced vs. 802.16m

　　LTE 標準是一個先於 4G 的技術，但是它並不完全符合 IMT-advanced 的要求。因此，LTE-advanced 標準，也就是 LTE 的一種進化版，應該可以滿足或超越 IMT-advanced 的需求。LTE-advanced 可回溯相容於 LTE；它有數種技術特點，像是協調的多點傳輸和接收、支援更廣闊的頻寬、空間分割多工以及中繼功能（relaying）。轉送功能加強了高資料速率的覆蓋率、群體的移動性、臨時性的網路部署，並且提供在新的區域的覆蓋率。LTE-advanced 也使用以 20 MHz 區塊為單位來執行頻譜的頻帶匯集（band aggregation）。這可以在每個方向形成一個完整的 100 MHz（5 個區塊）傳輸，不論是下傳鏈結或上傳鏈結。支援進階服務的 ITE-advanced，它增強後的最大資料速率在高移動性的情況下是 100 Mbps，或在低移動性的情況下是 1 Gbps。不同於 WiMAX，LTE-advanced 將 SC-FDMA 運用在上傳鏈結（UL），而兩者都在下傳鏈結（DL）使用 OFDMA。於是乎，LTE-advanced 技術比 WiMAX 更為高效節能。

　　WiMAX 是 IEEE 802.16 所發展的標準，而它的進化版標準，WiMAX-m，是 LTE-advanced 的替代方案。WiMAX-m 是 IEEE 標準 802.16e 在 PAR P802.16m 之下的修正版。WiMAX 和 LTE-advanced 同時都具備了數種魔法般的技術 – OFDM、MIMO 和智慧天線。這些技術能讓 All-IP 網路使用。LTE-advanced 和 WiMAX-m 兩者都支援 All-IP 封包交換網路、行動超寬頻存取以及多重載波傳輸。

　　行動 WiMax（IEEE 802.16e）、WiMAX-m（IEEE 802.16m）、3GPP-LTE 和 LTE-advanced 等標準，它們實體層的特性列於表 2.11。WiMAX-m 下載鏈結的最大資料速率是預期會超過 350 Mbps，而 LTE-advanced 則是 1 Gbps。WiMAX-m 和 LTE-advanced 的覆蓋率以蜂巢房的大小來估計的話差不多相等；例如，最佳化的蜂巢房尺寸是 1 到 5 公里之間。當一個蜂巢房的尺寸是 30 公里，它的效能是相當合理。如果蜂巢房的尺寸高達 100 公里，系統應該還是會正常運作並且有可接受的效能。WiMAX-m 和 LTE-advanced 在移動性方面的表現很類似，大約是在 350 公里/小時，但可高達 500 公里/小時。使用 WiMAX-m，下載鏈結的頻度效率會大於 17.5 bps/Hz，而上傳鏈結則大於 10 bps/Hz。LTE-advanced 對於頻譜效率有較高的要求；下載鏈結的要求是 30 bps/Hz，而上傳鏈結則是 15 bps/Hz。WiMAX-m 和 LTE-advanced 兩者都使用 MIMO 技術來改善空間之利用率。WiMAX 遺留下來的標準是 IEEE 802.16e，而 LTE-advance 遺留下來的標準是 GSM、GPRS、EGPRS、UMTS、HSPA 和 LTE。

表 2.11　行動 WiMAX、WiMAX-m、LTE 和 LTE-advanced 等標準的實體層的性質

功能	行動 WiMAX（3G）（IEEE 802.16e）	WiMAX-m（4G）（IEEE 802.16m）	3GPP-LTE（準 4G）（E-UTRAN）	LTE-advanced（4G）
多重存取	無線 MAN-OFDMA	無線 MAN-OFDMA	DL：OFDMA UL：SC-FDMA	DL：OFDMA UL：SC-FDMA
最大資料速率（TX × RX）	DL：64 Mbps（2×2） UL：28 Mbps（2×2 協力的 MIMO）(10 MHz)	DL：> 350 Mbps（4×4） UL：> 200 Mbps（2×4）（20 MHz）	DL：100 Mbps UL：50 Mbps	DL：1 Gbps UL：500 Mbps
頻道頻寬	1.25/5/10/20 MHz	5/10/20 MHz 或更多（可擴充頻寬）	1.25-20 MHz	頻帶匯集（每 20 MHz 一個區塊）
覆蓋率（蜂巢房半徑、蜂巢尺寸）	2-7 公里	至多 5 公里（最佳化） 5-30 公里（在頻譜效率會優雅的退化） 30-100 公里（系統應該可以運作）	1-5 公里（一般） 至多 100 公里	5 公里（最佳的性能） 30 公里（合理的性能），至多 100 公里（可接受的性能）
移動性	至多 60～120 公里/小時	120-350 公里/小時，至多 500 公里/小時	至多達 250 公里/小時	350 公里/小時，至多 500 公里/小時
頻譜效率（bps/Hz）（TX × RX）	DL：6.4（最大） UL：2.8（最大）	DL：> 17.5（最大） UL：> 10（最大）	5 bps/Hz	DL：30（8×8） UL：15（4×4）
MIMO（TX×RX）（天線技術）	DL：2×2 UL：1×N（協力的 SM）	DL：2×2/2×4/4×2/4×4 UL：1×2/1×4/2×2/2×4	2×2	DL：2×2/4×2/4×4/8×8 UL：1×2/2×4
既有標準	IEEE 802.16a~d	IEEE 802.16e	GSM/GPRS/EGPRS/UMTS/HSPA	GSM/GPRS/EGPRS/UMTS/HSPA/LTE

2.6　總結

　　本章我們已經學到了實體層的屬性和用於此層之技術，大多數為編碼和調變之設計。受歡迎的線路編碼設計，包含 NRZ、RZ、曼徹斯特、AMI、mBnL、MLT、RLL，以及像是 4B/5B 和 8B/10B 的區塊編碼設計都已經一一說明；而自我同步在這些編碼設計中扮演著主導的角色。我們也學到包括 ASK、PSK 和 FSK 等基本的調變技術，混合的 QAM 和包括展頻（DSSS、FHSS、CDMA）、多重載波 OFDM 和 MIMO 等進階技術。如何在既有的頻寬和 SNR

的條件下傳遞更多的位元，是驅動這個領域的革新的原動力。我們也涵括了像 TDM、FDM 和 WDM 的基本多工傳輸設計。總結是，要使用哪一種設計是取決於傳輸媒介的特性、頻道狀況、和目標位元速率。對於有線鏈結而言，QAM、WDM 及 OFDM 被認為是先進的技術。對於易受干擾的無線鏈結而言，OFDM、MINO 和智慧天線目前是先進系統所偏好的選擇。

為了簡單起見，實體層並不會區分來自於鏈結層的訊框。因此，來自鏈結層的訊框會被轉換成原始的位元串流，然後被傳遞到實體層來進一步處理。原始的位元串流會被線路編碼和調變調整成訊號，以便讓訊號能透過特定傳輸媒介的一個實體頻道傳輸。在接收器，訊號會經歷一個反轉的流程，然後被轉換成位元串流；位元串流會被一個在鏈結層的訊框封裝（framing）的機制所劃定界限。接下來的第 3 章會討論訊框封裝。

一個實體頻道可以被多個使用者分享，如果它的頻道處理能力是超過單一使用者所需之頻寬。多工傳輸技術，例如 FDM、WDM、TDM、SS、DSSS、FHSS、OFDM、SM 或 STC，被用於實體層讓多重使用者能存取一個共享的實體頻道。與之相對應地，要存取一個共享的頻道，鏈結層必須提供一個仲裁機制來高度利用並能公平地存取共享的頻道。在鏈結層裡實作的頻道存取設計包括了 FDMA、WDMA、TDMA、CDMA、DS-CDMA、FH-CDMA、OFDMA、SDMA 或 STMA。

訊號傳越過一個頻道會受失真、干擾、雜訊和其他訊號所支配，尤其在無線通訊頻道裡更是如此。因為錯誤很容易發生於傳輸之中，接收器必須能夠偵測出它們。為了解決這個問題，鏈結層可能會丟棄、矯正或要求重傳已損毀的訊框。因此，錯誤控制功能像是校驗和、循環冗餘校驗（cyclic redundancy check, CRC）被用在鏈結層。要存取一個頻道的話，鏈結層必須檢查該實體頻道的可用性，也就是查看它是處於閒置或忙碌的狀態。這就是封包模式的頻道存取方法。舉例來說，CSMA/CD（carrier sense multiple access with collision detection，即載波感測多重存取與碰撞偵測）便適合用在有線的頻道，而 CSMA/CA（carrier sense multiple access with collision avoidance，即載波感測多重存取與碰撞避免）則是用在無線頻道。這些都被涵蓋在第 3 章中。

常見誤解

- 資料速率、鮑率、符號速率

資料速率，或稱作位元速率（bit-rate），其定義是每時間單位所傳遞的位元數量。資料速率的單位是位元／秒或 bps（bits per second）。總位元速率（gross bit-rate）、原始位元速率（raw bit-rate）、線路速率（line rate）或資料訊號速率（data signaling rate）是每秒傳送過一個通訊鏈結的位元總數，包括資料和協定之開銷（overhead）。在數位通訊裡，一個符號能代表資料的一或數個位元。符號速率，或稱鮑率（baud rate），是在一個數位調變訊號或一個線路碼的使用中，每秒改變狀態的符號之數量。符號速率的單位是符號／秒或鮑（baud）。基頻頻道的最大鮑速被稱為奈奎斯特速率，而它是頻道頻寬的一半。

- 計算和訊號處理所指的頻寬

　　計算裡所說的頻寬指的是資料速率，或稱做網路頻寬。它的單位是 bps。訊號處理所說的頻寬可能指的是基頻頻寬或通頻頻寬，而這取決於所指的情況。基頻頻寬是一個基頻訊號的高頻截止頻率（upper cutoff frequency）。通頻頻寬指的是一個通頻訊號的高頻和低頻截止頻率之間的差值。在訊號處理中，頻寬的單位通常是赫茲（hertz）。

- 窄頻、廣頻、寬頻、超頻

　　窄頻：在無線通訊，窄頻意味著一個頻道是充分地狹窄，以至於在這個頻道上的頻率響應（frequency response）可以被當成是平坦的，亦即頻率響應的數值都差不多。頻率響應是一種測量系統輸出頻譜對於在一個頻道的輸入訊號的反應。在一個音訊頻道，窄頻表示音訊只佔據了一段狹窄範圍的頻率。

　　廣頻：在通訊裡，廣頻被用來描述在一個頻譜中的一段寬廣範圍的頻率。它正好是窄頻的相反。當一個頻道擁有一個高資料速率，它必須使用一個廣頻之頻寬。

　　寬頻：在電信通訊裡，它意味著一種用來處理相對寬廣範圍的頻率的訊號方法，而該段頻率可以被分割成多個頻道。在資料通訊，它指的是多件資料被同時傳送，以便能增加傳輸的有效速率。

　　超頻或超廣頻：它是一種用在非常低能量的無線電技術，供使用大部分無線電頻譜的短範圍高頻寬通訊之用。

進階閱讀

實體層

　　一些受歡迎的電腦網路教科書有專門的一章在談論實體層，而它們沒有一個可以涵括所有的議題。對細節感興趣的讀者可以閱讀資料通訊的教科書。Proakis 的書對數位通訊有全面性的論述。它為研究所層級的課程提供了通訊理論。Sklar 的書是另一本很好的教材；它涵蓋了許多類型的數位通訊，並結合了理論和應用。如書名所指，Forouzan 和 Fegan 的書想要平衡地談論在實體層和鏈結層的通訊，以及在更高層的連網技術。它比其他教科書帶給電機工程系學生更多資訊工程方面的知識。同樣地，在這一章，我們試著帶給資訊工程系學生更多電機工程方面的知識和一些開放源碼的講解。Charan Langton 所管理的網站 ComplextoReal.com 提供了一些關於類比和數位通訊議題的線上輔助教材。Harry Nyquist 所寫的文章 "Certain Topics in Telegraph Transmission Theory" 和 Claud Elwood Shannon 所寫的 "A Mathematical Theory of Communication" 以及 "Communication in the Presence of Noise" 是現在數位通訊的基礎。

- J. G. Proakis, *Digital Communications*, McGraw-Hill, 2007.
- B. Forouzan and S. Fegan, *Data Communications and Networking*, McGraw-Hill, 2003.
- C. Langton, "Intuitive Guide to Principles of Communications," http://www.complextoreal.com/tutorial.htm
- B. Sklar, *Digital Communications*, 2 nd edition, Prentice-Hall, 2001.
- H. Nyquist, "Certain Factors Affecting Telegraph Speed," *Bell System Technical Journal*, 1924, and "Certain Topics in Telegraph Transmission Theory," *Transactions of the American Institute of Electrical Engineers*, Vol. 47, pp. 617–644, 1928.
- H. Nyquist, "Certain Topics in Telegraph Transmission Theory," *Proceedings of the IEEE*, Vol. 90, No. 2, pp. 280–305, 2002. (Reprinted from Transactions of the AIEE, February, pp. 617–644, 1928.)
- C. E. Shannon, "A Mathematical Theory of Communication," *Bell System Technical Journal*, Vol. 27, pp. 379–423, pp.623–656, July & October 1948.
- C. E. Shannon, "Communication in the Presence of Noise," *Proceedings of the IEEE*, Vol. 86, No. 2, 1998. (Reprinted from Proceedings of the IRE, Vol. 37, No. 1, pp. 10–21, 1949.)

展頻

Lamarr 和 Antheil 一起發明了最早形式的展頻通訊技術。在 1941 年的 6 月，他們出版了美國專利號碼為 2292387 的 "secret communication system"。此乃是跳頻展頻形式的展頻技術的誕生。如果想進一步學習展頻理論的話，讀者可以參考 Torrieri 所寫的書。Nayerlaan 的報告則介紹了展頻的基礎概念和應用。

- H. Lamarr and G. Antheil, "Secret Communication System," U.S. Patent 2,292,387, Aug. 1942.
- D. Torrieri, *Principles of Spread-Spectrum Communication Systems*, Springer, 2004.
- J. D. Nayerlaan, "Spread Spectrum Applications," Oct. 1999, http://sss-mag.com/sstopics.html.

OFDM

在展頻之後，OFDM 已經歷過夠長時間的演進而能匯集成一些書籍。以下的書籍談論了 OFDM 系統的設計議題。Li 和 Stuber 提供了對 OFDM 理論和實務的全面性討論。Chiueh 和 Tsai 的書在談論 OFDM 接收器的設計之前，先介紹一個精簡但又全面性的數位通訊的背景。也討論到關於實體 IC 實作的硬體設計議題。Hanzo 和 Munster 的書則對 OFDM、MIMO-OFDM 和 MC-CDMA 有深度的討論。

- T. Chiueh and P. Tsai, *OFDM Baseband Receiver Design for Wireless Communications*, Wiley, 2007.
- L. Hanzo, M. Munster, B. J. Choi, and T. Keller, *OFDM and MC-CDMA for Broadband Multi-User*

Communications, WLANs and Broadcasting, Wiley-IEEE Press, 2003.
- G. Li and G. Stuber, *Orthogonal Frequency Division Multiplexing for Wireless Communications*, Springer, 2006.

MIMO

MIMO 仍然是一個新穎的題材。Oestges 的書提供了關於對 MIMO 頻道的空間 - 時間分割的深入見解。它聯繫了傳播、頻道模型、訊號處理和空間 - 時間編碼。Kim 的論文是針對使用使用者排班、空間波束成形和回饋訊號控制系統的 WCDMA/HSDPA 的一個多重使用者 MIMO 系統。Gesbert 的論文則討論多重使用者 MIMO 和其他關於 MIMO 系統的理論。

- C. Oestges and B. Clerckx, *MIMO Wireless Communications: From Real-World Propagation to Space-Time Code Design*, Computers—Academic Press, 2007.
- D. Gesbert and J. Akhtar, "Breaking the Barriers of Shannon Capacity: An Overview of MIMO Wireless Systems," *Telenor's Journal: Telektronikk*, pp. 53–64, 2002.
- D. Gesbert, M. Kountouris, R. Heath, C. Chae, and T. Salzer, "From Single User to Multiuser Communications: Shifting the MIMO Paradigm," *IEEE Signal Processing Magazine*, Vol. 24, No. 5, pp. 36–46, 2007.
- D. Gesbert, M. Shafi, D. Shiu, P. Smith, A. Naguib, et al., "From Theory to Practice: An Overview of MIMO Space-Time Coded Wireless Systems," *IEEE Journal on Selected Areas in Communications*, Vol. 21, No. 3, pp. 281–302, Apr. 2003.
- S. Kim, H. Kim, C. Park, and K. Lee, "On the Performance of Multiuser MIMO Systems in WCDMA/HSDPA: Beamforming, Feedback and User Diversity," *IEICE Transactions on Communications*, Vol. E89-B, No. 8, pp. 2161–2169, 2006.

開發環境

在電腦網路，訊息從一個節點經由一條鏈結被傳送到另一個節點，而鏈結上的訊號是在實體層被處理。事實上，有些訊號處理能夠以硬體或軟體來製作。Mitola 的論文所提議的軟體定義的無線電解決了部分的訊號處理步驟，例如調變和解調變，而做法是藉由一般用途處理器來執行無線電軟體函數。GNU 的 Radio Project 沿著此一方向，提供了開放源碼的解決方案。

雖然部分的訊號處理能夠以軟體來實作，一個通訊系統仍然需要一個硬體平台來傳送訊號。硬體平台的組件可能包括 AD/DA 轉換器、功率增幅器（PA）、混合器、振盪器、鎖相迴路（phase-locked loop, PLL）以及微控制器（microcontroller）或微處理器（microprocessor）。這些組件是類比或數位積體電路。因此，開發一個通訊系統用的硬體平台需要類比或數位電路設計的工具。比方說，MatLab/Simulink 可以被用作系統分析、設計和模擬。Verilog（System

Verilog）和 VHDL 能有助於設計和模擬數位 IC。從 MatLab/Simulink 模型到 HDL 模型的自動轉換工具已經被開發來加速數位 IC 系統的設計。SPICE（Simulation Program with Integrated Circuit Emphsis）和 Agilent ADS（Advanced Design System）是用於類比積體電路設計和無線電頻率 IC 設計的工具。它們的參考文獻如下：

- J. Mitola, "Software Radio Architecture: A Mathematical Perspective," *IEEE Journal on Selected Areas in Communications*, Vol. 17, No. 4, pp. 514–538, Apr. 1999.
- GNU Radio Project: http://gnuradio.org/redmine/wiki/gnuradio
- The MathWorks: A Software Provider for Technical Computing and Model-Based Design, http://www.mathworks.com/
- VASG: Maintaining and Extending the VHDL Standard (IEEE 1076), http://www.eda.org/vasg/
- IEEE P1800: Standard for System Verilog: Unified Hardware Design, Specification and Verification Language, http://www.eda.org/sv-ieee1800/
- SPICE: A General-Purpose Open Source Analog Electronic Circuit Simulator, http://bwrc.eecs.berkeley.edu/Classes/IcBook/SPICE/
- Agilent Technologies Advanced Design System (ADS) 2009: A High-frequency/High-speed Platform for Co-design of Integrated Circuits (IC), Packages, Modules and Boards, http://www.home.agilent.com/

常見問題

1. 什麼是位元速率和鮑率？

    答案

    位元速率：又稱作資料速率，即每一時間單位所傳送的位元數量。

    鮑率：又稱符號速率，即每一時間單位所傳送的符號數量。

2. 採樣理論、奈奎斯特理論以及夏農理論之間的差別為何？

    答案

    採樣理論：計算出能讓一個訊號被獨一無二地重建的採樣速率。

    奈奎斯特理論：計算出一個無雜訊頻道的最大資料速率。

    夏農理論：計算出一個有雜訊頻道的最大資料速率。

3. 在數位通訊，何種訊號常被使用？其原因為何？

    答案

    在數位通訊，週期性類比訊號和非週期性數位訊號是常被使用的訊號，因為前者需要的頻寬較少，而後者是被用來表示數位資料。

4. 和類比訊號相比，哪些是數位訊號的優點？

   答案

   數位訊號：當訊號穿越過傳輸媒介時，它更能抵抗雜訊以及更容易還原。

   類比訊號：容易遭受雜訊、干擾所導致的損壞以及更難完全地恢復。

5. 為何在實體層需要線路編碼？

   答案

   線路編碼可以避免基線漂移、直流成分，實現自我同步，提供錯誤偵測和矯正，以及增加訊號對雜訊和干擾的抵抗能力。

6. 哪些因素可能會損耗一個實體層的傳輸能力，尤其是在傳過無線頻道的情況下？

   答案

   衰減、衰退、失真、干擾和雜訊。

7. 什麼是調變用的訊號星座圖呢？

   答案

   訊號星座圖是一種工具，其定義一個類比訊號和它相對應的數位資料樣式之間的映射。

8. 數位通訊裡的基本調變有哪些？

   答案

   ASK、FSK 和 PSK 是三種數位通訊裡的三種基本調變。

   ASK：不同層級的載波振幅被用來表示數位資料。

   FSK：不同的載波頻率被用來表示數位資料。

   PSK：一個載波的相位，而不是相位的改變，被用來表示數位資料。

   QAM：ASK 和 PSK 的一種組合，藉著改變載波振幅和相位的層級來形成不同訊號元素的波形。

9. 在數位通訊，為何透過高頻率頻道傳輸的訊號必須先經過調變？

   答案

   如果一個基頻數位訊號（它的頻率較低）想要通過一個高頻率頻道，它必須被一個正弦曲波來傳送。換句話說，該訊號必須調變一個較高頻率的載波之後，它才能被傳輸通過頻道。

10. 為何需要多工傳輸？

    答案

    當一個頻道的頻寬多於一個資料串流的需求，該頻道可以被多重使用者分享以便於改善頻道的利用率。

11. 哪些是使用展頻的好處？

    答案

    在擴展後會得到如雜訊般的訊號：很難偵測和干擾，有額外的冗餘來減少無線通訊在於竊聽、阻斷和雜訊方面的弱點。

12. OFDM 的特色為何？為何 4G 裡使用的是 OFDM 而非 CDMA？

    答案

    主要特色：子載波之間的正交性讓多個子頻道能同時傳送資料。

    OFDM 的優點：

    (1) 結合多工、調變和多重載波。

    (2) 速率高於 CDMA（一種展頻技術）。

13. 比較傳統無線電系統和軟體無線電系統之間的差異。

    答案

    軟體無線電：盡可能以軟體實作出用於訊號處理的無線電函數，而不是像傳統無線電系統依賴專門的電路。此外，它是以軟體而非硬體來實行調變和解調。

    優點：

    (1) 就不同的標準而言，軟體無線電更具有彈性，尤其是搭配一個可重新配置的硬體在較高頻率來支援訊號處理。

    (2) 減少切換到其他標準所需的成本和上市時間。

練習題

動手實作練習題

1. 在 www.opencores.org 的網站找出和網路相關的模組並將它們的摘要整理成一個表。在這個表，比較它們協定的分層、用途、編程語言、關鍵演算法和機制的實作。

2. 在 www.opencores.org 的網站找出實體層的模組。描述每一個模組它的完成度有多少，也就是說，哪些部分的演算法或機制已經被實作完成，而哪些部分則否？

3. GNU Radio 是一個軟體無線電系統的套件。在有安裝 Linux 作業系統的機器上建置一個 GNU Radio 系統。

    (a) 從 http://gnuradio.org/redmine/wiki/gnuradio/Download 網站下載 GNU Radio 最新的穩定發行版。

    (b) 閱讀下述網站的建置手冊 http://gnuradio.org/redmine/wiki/gnuradio/BuildGuide，按照這些說明來建置一個 GNU Radio 系統。

    (c) 安裝 GNU Radio 所有必需的套件，如同在 GNU Radio 網站所描述的一般。

    (d) 許多軟體無線電範例是位於「/usr/share/gnuradio/examples」檔案夾之中。執行「…/gnuradio/examples/audio/dial_tone.py」。這個範例類似於 C++、Java、Python 等任何程式語言裡的一個「Hello World」範例。嘗試去執行更多的範例。（提示：GNU Radio 套件已經被收集在 Fedora 套件倉庫之中。如果使用 yum 或 rpm 工具的話，就可以很容易地安裝好這個套件。）

4. 從 http://www.joshknows.com/grc 網站下載並且安裝 GRC（GNU Radio Companion）工具在你的電腦上。GRC 可以幫助學習 GNU Radio。現在使用 GRC 工具來設計以下的系統：（提示：你可以參考 Naveen Manicka 所寫的「GNU Radio Testbed」。）

    (a) 一個能夠過濾一個有雜訊頻道的系統。

    (b) 一個 QAM 調變器／解調變器系統。

書面練習題

1. 為什麼一個資料串流通常被表示成一個非週期性的數位訊號？為什麼一個調變過的訊號會被表示成一個非週期性的類比訊號？
2. 比較下列訊號的表示所需要的頻率數量和頻寬大小：(1) 週期性類比；(2) 非週期性類比；(3) 週期性數位；(4) 非週期性數位。
3. 衰退（fading）和衰減（attenuation）兩者間的差別為何？
4. 雜訊（noise）和干擾（interference）兩者間的差別為何？
5. 解釋 sdr（signal-to-data-ratio，訊號資料比）和 SNR（signal-to-noise-ratio，訊號雜訊比）所代表的意思，以及如何使用它們評估系統的效能。
6. 比較高頻率訊號和低頻率訊號在直線傳播、反射、折射和繞射情形下的處理能力。
7. 在單極性 NRZ-L、極性 NRZ-L、NRZ-I 和 RZ、曼徹斯特、差分式曼徹斯特、AMI、MLT-3 之中，在同步、基線漂移和直流成分方面沒有問題的分別是哪些？
8. 畫出下列資料串流相對應於單極性 NRZ-L、極性 NRZ-L、NRZ-I 和 RZ 的波形。計算出它們的 sdr 之值和平均鮑率。

    (a) 101010101010

    (b) 111111000000

    (c) 111000111000

    (d) 000000000000

    (e) 111111111111

9. 畫出下列資料串流相對應於曼徹斯特和差分式曼徹斯特編碼法的波形。計算出它們的 sdr 之值和平均鮑率。

    (a) 101010101010

    (b) 111111000000

    (c) 111000111000

    (d) 000000000000

    (e) 111111111111

10. 畫出下列資料串流相對應於 MLT-3 編碼法的波形。計算出它們的 sdr 之值和平均鮑率。
    (a) 101010101010
    (b) 111111000000
    (c) 111000111000
    (d) 000000000000
    (e) 111111111111
11. 當給予一個資料串流其位元速率為 1 Mbps、2 Mbps 或 54 Mbp，計算出使用 BFSK、BASK、BPSK、QPSK、16-PSK、4-QAM、16QAM 和 64QAM 調變的鮑率。
12. 假設鮑率為 8 kBd 和 64 kBd，計算出使用 BFSK、BASK、BPSK、QPSK、16-PSK、4-QAM、16QAM 和 64QAM 調變的相對之位元速率。
13. 當給予一個資料串流其位元速率為 56 kbps 或 256 kbps，如果 11 位元或 13 位元的巴克碼被用來作為 PN 碼來擴展資料串流，則片碼率和處理之增益分別為何？
14. 同步 CDMA 和非同步 CDMA 之間的主要差別是什麼？
15. 比較 CDMA 裡所使用的 PN 碼和正交碼之間的差別。為什麼用 PN 碼能夠支援的使用者數量比用正交碼的還要多？
16. 如何判斷非同步 CDMA 裡所使用的兩個 PN 碼是否相關？
17. 如何判斷同步 CDMA 裡所使用的兩個碼是否相互正交？
18. 解釋為何展頻可以減輕周遭的雜訊和來自其他鄰近使用者的干擾，不論是窄頻或寬頻。為什麼展頻能夠提供更好的通訊隱私之保護？
19. 在 FHSS，兩個傳輸站有可能會同時跳到同一個子頻道，也就是可能會發生碰撞嗎？證明你的答案的正當性。
20. 被用來實作 OFDM 裡多重載波機制的主要組件有哪些？一個資料串流如何利用多重載波來通過一個 OFDM 頻道？
21. 在 OFDM 裡，兩個訊號互為正交的判斷準則為何？
22. 一個 MIMO 系統有或沒有關於頻道狀態訊息的知識皆可；其優點和缺點分別為何？
23. 單一使用者 MIMO 和多重使用者 MIMO 兩者之間的主要差別為何？

Chapter 3

鏈結層

要在實體鏈結上從一個節點到另一個節點進行有效且效率又高的資料傳輸，這不僅僅是單純地將位元串流調變或是編碼成訊號。必須先解決幾個問題，才能成功進行資料傳輸。舉例來說，在成對的相鄰鏈結之間的串音干擾雜訊往往會出乎意料之外地損害傳輸訊號，並且導致訊號出錯；所以鏈結層需要適當的錯誤控制機制，以便實現可靠的資料傳輸。傳輸器的傳送速率有可能快於接收器所能處理的速率，因此如果發生這種情況的話，前者必須放慢傳送的速度。傳輸器必須在封包中加入目的地和自己的位址，以便告知接收器該筆封包的來源位於何處。如果有多個節點共用一個區域網路（LAN），那麼就需要一個仲裁機制來判斷接下來是哪個節點可以傳送資料。除了上述之外，我們還需要把數個區域網路連接在一起，亦即**橋接（bridging）**不同的區域網路，以便讓封包轉發的範圍能延伸到單一區域網路之外。雖然這些問題需要用位於實體層之上的一組函數功能來加以解決，可是 OSI 結構裡的鏈結層會替上層的函數來管理實體層，所以讓上層免於繁瑣的實體層控制之工作。鏈結層大幅減輕了上層通訊協定的設計，並且讓它幾乎不受實體傳輸的特性所影響。

在本章中，我們提供 (1) 在鏈結層裡所提供的功能或服務，(2) 現實世界中普遍使用的鏈結層協定，以及 (3) 一組挑選過的以開放源碼軟體和硬體所實作的鏈結層技術。第 3.1 節處理在設計如**訊框封裝（framing）**、**定址（addressing）**、**錯誤控制（error control）**、**流量控制（flow control）**、**存取控制（access control）** 以及與其他層之介面等鏈結層功能時會遇到的一般性議題。我們會說明在網路介面卡裡的介面和封包之流程，並且以 Linux 之函數呼叫來說明上方 IP 層，作為第 1.5 節裡封包一生之旅的放大顯示。

考慮到有非常多種各式各樣的鏈結層技術，如同表 3.1 所摘錄的一般，要在本章描述所有這些技術幾乎是不可能的事，因此這裡我們只專注於少數幾個主流的鏈結技術。我們會 (1) 在第 3.2 節詳述**點對點協定（point-to-point protocol, PPP）**以及它的開放源碼之實作；(2) 在第 3.3 節詳述一個有線的廣播鏈結層協定、乙太網路，以及它的 Verilog 硬體之實作；(3) 在第 3.4 節詳述一個無線廣播鏈結層協定、無線區域網路（wireless LAN, WLAN），以及藍

表 3.1　鏈結層協定

	個人網路（PAN）/ 區域網路（LAN）	都會網路（MAN）/ 廣域網路（WAN）
已過時或逐漸式微	令牌匯流排 (802.4) 令牌環 (802.5) HIPPI 光纖頻道 等時 (802.9) 要求優先權 (802.12) FDDI ATM HIPERLAN	DQDB (802.6) HDLC X.25 訊框中繼 SMDS ISDN B-ISDN
主流或仍在運作中	乙太網路 (802.3) WLAN (802.11) 藍牙 (802.15) 光纖頻道 HomeRF HomePlug	乙太網路 (802.3) 點對點協定 (PPP) DOCSIS xDSL SONET 蜂巢式無線電通訊 [3G, LTE, WiMAX (802.16)] 抗錯封包環 (802.17) ATM

牙和 WiMAX。我們選擇這些實例的原因是基於它們的普遍性。在最後一哩的撥號連線服務（dial-up services）或是在經由點對點鏈結來傳送各種不同網路協定的路由器，PPP 是普遍使用的鏈結層協定。乙太網路一直主導有線區域網路技術，而且也很有希望會在都會網路（MAN）或廣域網路（WAN）裡普及。不同於桌上型個人電腦通常會使用有線鏈結來連接網路，筆記型電腦或手機等行動裝置的使用者偏好無線鏈結技術，也就是 WLAN、藍牙和 WiMAX。因為多個區域網路能夠以橋接技術來連結起來，我們會在第 3.5 節說明此項技術以及它的兩個關鍵組件的開放源碼之實作：**自主學習（self learning）**和**涵蓋樹（spanning tree）**。最後的第 3.6 節說明 Linux 裝置驅動程式的概括性概念，然後我們將深入乙太驅動程式的實作細節。

3.1　一般性議題

鏈結層位於實體之鏈結和網路層之間，它提供上方的網路層對於實體通訊的控制與服務。這一層會執行以下主要功能。

- **訊框封裝**：傳輸在實體鏈結上的資料是以訊框為單位被封裝起來。一筆訊框包含兩個主要的部分：標頭裡的控制資訊和酬載裡的資料。控制資料，像是目的地位址、所使用的上層協定、錯誤偵測碼等，對於訊框處理極為關鍵，從上層傳下來的資料部分會和控制資訊一起被封裝成訊框。因為訊框在實體層是以未處理的位元串流形式來傳送，所以鏈結層的服務應該在傳送時把訊框轉成位元串流，並且在接收時將收到的位元串流分拆成訊框。許多文獻會交換使用封包和訊框這兩個術語，可是我們明確地把鏈結層的一筆資料單位稱為一筆訊框。

- **定址**：當寫信給我們朋友時，我們需要指明一個地址，另外當打電話給他們時也需要一個電話號碼。鏈結層裡需要定址也是同樣的原因。一個鏈結層的位址通常是以一定長度的數值形式呈現，它表明了一台主機的身分。當主機 A 想要傳送一個訊框給主機 B，它會把自己的位址和主機 B 的位址包含在訊框標頭裡的控制資訊，分別作為訊框的來源位址和目的地位址。

- **錯誤控制和可靠性**：經由實體媒介所傳送的訊框可能會發生錯誤，所以接收器必須能夠透過某些機制來偵測出這些錯誤。一旦偵測到一個出錯的訊框，接收器可能單純地把該訊框丟棄，或是告知傳輸器該錯誤的發生並且要求傳輸器重傳該訊框。對於像乙太網路的資料鏈結技術而言，位元錯誤率（bit error rate）非常低，所以資料重傳的機制可以留給像 TCP 之類的更高層的通訊協定來處理，以便能獲得更佳的效率。另一方面，對於像 802.11 的無線鏈結技術而言，傳輸器會在一段時間內等待接收器傳回一個收到訊框的確認（acknowledgement），而如果在時間截止時沒有收到任何確認，則傳輸器會重傳最近一筆的訊框，以確保重傳能及時完成。

- **流量控制**：傳輸器的傳送速度可能超出接收器所能負擔的速度。在這種情況下，接收器必須丟掉過多的訊框，並且讓傳輸器重傳被丟掉的訊框；可是這樣做毫無意義，只是浪費它們的處理能力。流量控制提供一種機制，讓接收器能減緩傳輸器的傳送速度，以避免來自傳輸器的資料讓接收器負荷超載。

- **媒介存取控制**：當多台主機想要經由一個共用的媒介來傳送資料時，這時必須要有一個仲裁機制決定接下來哪台主機可以傳送資料。一個好的仲裁機制必須提供主機能夠公平存取該共享媒介的方法，而在許多主機有傳送資料積壓時（也就是資料在佇列裡排隊等著被送出），它又能夠讓共享的媒介保持被高度使用的狀態。

3.1.1 訊框封裝

因為資料在實體層是以原始位元串流的形式來傳送，所以當接收到一串位元串流時，鏈結層必須能夠分辨出位元串流裡每個訊框的開始點和結束點。相反地，它也必須將訊框轉換成位元串流以便能進行實體的傳送。上面所述的功能被稱為訊框封裝。

訊框分界

許多方法可以被用來劃分出位元串流裡訊框與訊框之間的邊界。特殊的位元樣式（bit patterns）或是崗哨文字符號（sentinel characters）可以被用來標示訊框的邊界，比方說稍後會介紹的 HDLC 訊框就是一個實例。有些乙太網路系統使用特殊的**實體編碼（physical encoding）**來標示訊框的邊界，而其他系統則是單純地藉著訊號是否出現來找出訊框的邊界[1]。前者自從高速乙太網路（即 100 Mbps）就開始被使用，因為它可以偵測出實體鏈結的狀態。後者就不能像前者這樣做，因為它無法分辨一條沒有訊號的鏈結到底是壞掉了，還是沒有訊框在上面傳送（在這兩種情況裡，鏈結上都不會有訊號出現）。後者的方法一度被 10 Mbps 的乙太網路所使用，但是之後的乙太網路科技都不再使用。

一筆訊框可以是位元導向（bit-oriented）或位元組導向（byte-oriented），這取決於它內部的基本單位。一個位元導向的訊框封裝之協定可以定出一個特定的位元樣式，例如 HDLC 裡的 01111110，然後用它來標示訊框的開始點與結束點，而一個位元組導向的訊框封裝之協定則可以定出特殊的文字符號來達到相同的作用，比方說 SOH（start of header，即標頭之開始點）和 STX（start of text，即正文之開始點）可以被用來標示訊框的標頭與資料的開始點。可是一旦正常資料的文字符號或位元組合恰巧呈現出和特殊定出一樣的樣式，就會造成判斷上的混淆，所以一種稱作位元組填充（byte-stuffing）或位元填充（bit-stuffing）的技術被用來解決這個判斷上混淆的問題，如同圖 3.1 的說明。在一個位元組導向的訊框中，一個稱作 DLE（data link escape，即資料鏈結逃脫）的特殊逃脫文字符號（escape character）會被置放於擁有特殊樣式的文字符號之前，藉此指出 DLE 之後的文字符號為正常的資料。HDLC 則採用位元填充；在 HDLC 的正常資料中，每出現一次 5 個連續位元 1 的序列之後就會插入一個位元 0，如此一來正常資料裡就絕不會出現 01111110 的位元樣式。讓傳輸器和接受器都遵循同樣的規則就能夠解決判斷上混淆的問題。

乙太網路採用不同的訊框封裝的作法。舉例來說，100BASE-X 使用特殊編碼法來標示訊框的邊界；藉由 4B/5B 編碼法，如同第 2 章所描述的，32（= 2^5）個可能出現的代碼中僅有 16 個來自真正的資料，而其餘的都用作控制代碼（control codes）。這些控制代碼可以被接收器獨一無二地辨認出來，因此可以被用來劃分位

---

[1] 乙太網路使用「串流」（stream）這個術語來表示一個訊框的實體封裝。嚴格來說，特殊編碼或訊號之出現會界定串流的邊界而非訊框的邊界。然而，我們在這裡不會花費太多心思煩惱這些細節。

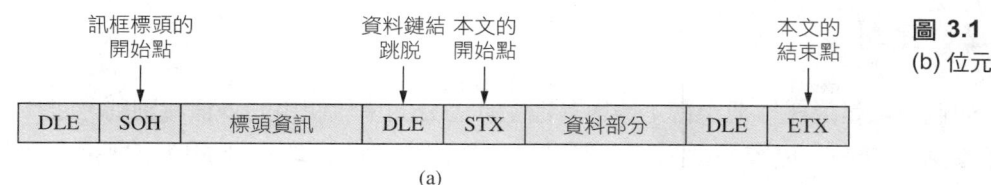

```
  訊框標頭的                  資料鏈結 本文的                              本文的
   開始點                     跳脫    開始點                              結束點

┌─────┬─────┬──────────┬─────┬─────┬──────────┬─────┬─────┐
│ DLE │ SOH │  標頭資訊 │ DLE │ STX │  資料部分 │ DLE │ ETX │
└─────┴─────┴──────────┴─────┴─────┴──────────┴─────┴─────┘
                              (a)
```

圖 3.1　(a) 位元組填充；(b) 位元填充

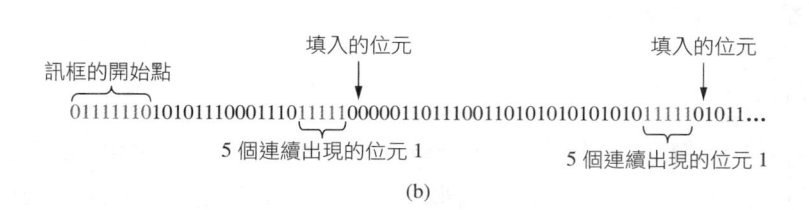

```
訊框的開始點      填入的位元                填入的位元
              ⌒                         ⌒
01111110101011100011011111000001101110011010101010101111101011...
                5個連續出現的位元1        5個連續出現的位元1
                              (b)
```

元串流裡的訊框的邊界。另一個乙太網路系統，10BASE-T，則是單純地藉著訊號是否出現來辨識訊框的邊界。

訊框格式

訊框的標頭包含各種不同的控制資訊，而訊框的資料則包括鏈結層的資料或從網路層來的資料。從網路層來的資料一樣包含了從更上層來的控制資訊和資料。訊框標頭裡典型的控制資訊包括以下欄位：

- **位址**：它通常指出**來源位址（source address）**和**目的地位址（destination address）**。如果一筆訊框的標頭裡的目的地位址和接收器自己的位址相同，則接收器就曉得這個訊框是要寄給自己的。該接收器也可以使用訊框的來源位址來回覆訊框的來源，作法是把接收到的訊框的來源位址填入要送出的回覆訊框的目的地位址欄位裡。

- **長度**：它可能指出整個訊框的長度或僅資料部分的長度

- **類型**：網路層協定的類型被編碼成此一欄位的資訊。鏈結層協定可以讀取這個欄位裡的資訊代碼，然後用代碼來判斷接下來該啟動哪一個網路層模組，比方說**網際網路協定（Internet Protocol, IP）**，來處理訊框的資料欄位。

- **錯誤偵測碼**：它其實就是一個數學函數式用一筆訊框的內容作為輸入參數所計算出來的值。傳輸器計算出一筆訊框的錯誤偵測碼函數值之後就把值嵌入訊框裡。當接收器收到這個訊框時，它會依照同樣的方法計算出訊框的函數值，並且查看是否計算出來的值和嵌入在訊框裡的值相同。如果兩者不同，這代表訊框的內容在傳輸過程中有被更動。

3.1.2 定址

一個位址是通訊裡把一台主機與其他主機區分開來所使用的一種識別碼。雖然一個名稱（name）更容易被記住，但是一個數值表示的位址在低層協定裡是一種更為精簡的表示方法。我們把使用名稱作為主機之識別符號的概念留到第 6 章再談（請看第 6.2 節「網域名稱系統」）。

全球位址或區域位址

一個位址可以是全球唯一性或區域唯一性。一個全球唯一性的位址指的是在全世界都找不出第二個相同的位址；而一個區域唯一性的位址指的是該位址的獨一無二特性僅限於一個區域地點的範圍之內。一般而言，一個區域唯一性的位址使用較少數量的位元，但相對需要管理者多花一些功夫來確保區域範圍內的獨一無二特性。其實在位址裡多幾個位元並不算什麼多大的開銷，所以目前大家偏好的是全球唯一性的位址，因為如此一來管理者只是簡單地隨自己的意願把主機加入他的網路裡，而不需要擔心區域位址之間有衝突。

位址長度

一個位址應該有多長？一個長位址要花較多的位元來傳送，而且要記住或提到這麼長的位址也較為困難，可是一個短位址可能就不足以確保全球唯一性。對於一組區域唯一性的位址，8 或 16 位元應該就足以應付，但是要支援全球唯一性的位址便需要使用更多的位元。IEEE 802 裡面有一個非常普及的定址格式使用 48 位元的位址長度，而我們把它作為一個練習題，讓讀者去討論這個長度是否足以應付全球規模的使用。

IEEE 802 MAC 位址

IEEE 802 之標準提供鏈結層定址格式一些極佳的實例，因為它們被廣泛地採用在許多鏈結層協定，包括乙太網路、**光纖分散式資料介面（Fiber Distributed Data Interface, FDDI）**、無線區域網路等。正當 IEEE 802 規定使用 2 位元組或 6 位元組長的位址，大多數實作採用 6 位元組（48 位元）長的定址格式。為了確保位址的全球唯一性，位址會被劃分成兩部分：**組織唯一識別碼（Organization-Unique Identifier, OUI）**和**組織指派部分（Organization-Assigned Portion）**，每部分佔據三個位元組。IEEE 負責管理前者，所以組織可以聯絡 IEEE 來申請一個自己專用的 OUI [2]，然後組織便負責自己 OUI 的組織指派部分的唯一性。理論上，採用 IEEE 802 之標準的話總共可指派 2^{48}（大約 10^{15}）個位址，而這個數字大到足以

---

[2] 關於 OUI 如何被分配，請看 http://standards.ieee.org/regauth/oui/oui.txt。

確保位址的全球唯一性。一個 IEEE 802 位址通常是以十六進制的寫法來表示，而每兩個位數之間以破折號或冒號分開，比方說 00-32-4f-cc-30-58。圖 3.2 說明 IEEE 802 的位址格式。

依照傳輸順序的第一個位元被保留起來，用來指明該位址是單點傳播（unicast）或多點傳播（multicast）位址[3]。一個單點傳播位址的目的地是單一主機，而一個多點傳播位址的目的地則是一群主機。多點傳播的一個特殊案例是廣播（broadcast），其中位址裡的位元全部是 1。廣播類型的訊框會被傳送給鏈結層裡可以到達的所有主機。注意到位址的每個位元組裡面的位元，它們的傳輸順序可能和它們儲存在記憶體裡面的順序不同。乙太網路的傳輸順序是每個位元組裡的**最低有效位元（least significant bit, LSB）**先傳，稱作小端序（little-endian）。舉例來說，考慮一個位元組 $b_7b_6 \cdots b_0$，乙太網路先傳 b_0，然後 b_1、b_2 等依此類推。在其他協定像 FDDI 或令牌環（token ring），傳輸順序是每個位元組裡的**最高有效位元（most significant bit, MSB）**優先，這被稱作大端序（big-endian）。

3.1.3 錯誤控制和可靠性

訊框在傳送過程中可能發生錯誤，而鏈結層的裝置應該即時偵測出這些錯誤。如第 3.1.1 小節所述，錯誤偵測碼是一個訊框內容的函數值，它是由傳輸器所計算出來並且被填入訊框裡的一個欄位。接收器會使用同樣的演算法來重新計算出接收到的訊框內容的錯誤偵測碼，並且查看兩個碼值是否相符。如果不符，傳輸過程中必定有錯誤發生。接下來我們將介紹兩個常用的錯誤偵測函數：校驗和和循環冗餘校驗。

錯誤偵測碼

校驗和（checksum）之計算只是單純地把訊框的內容切割成 m 位元的區塊，然後計算這些區塊的 m 位元之和。這個計算很簡單，可以很容易地用軟體實作。在開放源碼之實作 3.1，我們將會介紹校驗和計算之實作的一小段程式碼。

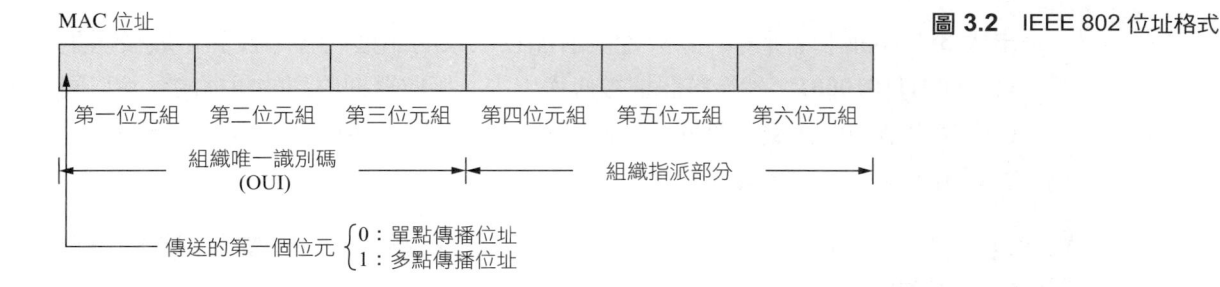

圖 3.2　IEEE 802 位址格式

---

[3] 第二個位元可以指出位址是全球唯一性或是區域唯一性。然而這種用法很罕見，所以此處忽略之。

另一個很強大的技術是**循環冗餘校驗**（**cyclic redundancy check, CRC**），它比校驗和更複雜但是卻很容易以硬體實作。假設訊框內容裡有 m 個位元。傳輸器可以產生一序列的 k 位元作為**訊框校驗序列**（**frame check sequence, FCS**），如此一來整個長 $m + k$ 位元的訊框便能夠被一個事先定好的位元樣式整除，而該位元樣式被稱為產生器（generator）。接收器也用同樣的除法處理接收到的訊框，然後查看所得的餘數是否為零。如果餘數不為零，則傳輸過程中一定有發生錯誤。接下來的範例會說明 CRC 產生 FCS 的程序。

$$\text{訊框內容 F} = 11010001110\,（11\text{ 個位元}）$$
$$\text{產生器 B} = 101011\,（6\text{ 個位元}）$$
$$\text{FCS} = （5\text{ 個位元}）$$

該程序遵循以下步驟進行：

步驟 1　將 F 左移 5 位元，然後在它後面附上 5 個位元 0，最後產生 1101000111000000。

步驟 2　步驟 1 所產生的結果除以 B。此過程如下所示：

〔下面的計算全是模 2（modulo-2）算術〕

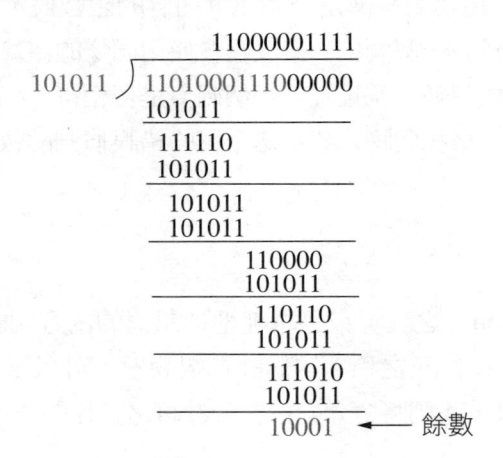

```
                    11000001111
          101011 ) 1101000111000000
                   101011
                    111110
                    101011
                     101011
                     101011
                       110000
                       101011
                        110110
                        101011
                         111010
                         101011
                          10001    ← 餘數
```

步驟 3　上面計算所得的餘數會被附加在原來的訊框內容的後面，最後產生 1101000111**10001**。然後該訊框被傳送出去。接收器把收到的訊框內容除以同樣的產生器，以便驗證訊框。我們保留接收器端的 CRC 驗證作為之後的一道練習題。

雖然以上敘述很瑣碎，但是在實際 CRC 計算後面的推理卻有數學上相當的複雜度。CRC 能夠偵測許多種類的錯誤，已經被證明的包括：

1. 單一位元錯誤。
2. 雙位元錯誤。
3. 任何叢發性的錯誤，其長度短於 FCS 的長度。

CRC 的計算可以很容易地以硬體的互斥閘（exclusive-OR gates）和移位暫存器（shift registers）實作出來。假設我們將產生器表示為 $a_n a_{n-1} a_{n-2} \cdots a_1 a_0$，其中 a_n 和 a_0 必須是 1。我們在圖 3.3 畫出 CRC 計算之硬體實作的一般性電路結構。訊框內容被一位元接著一位元地移進圖中的電路，而最後保存在位移暫存器裡的位元樣式便是 FCS，也就是 $C_{n-1} C_{n-2} \cdots C_1 C_0$。$C_{n-1} C_{n-2} \cdots C_1 C_0$ 的初始值並不重要，因為一旦計算開始，它們就會被移出電路之外。對於非常高速的鏈結而言，平行 CRC 計算的電路被用來滿足高速的要求。

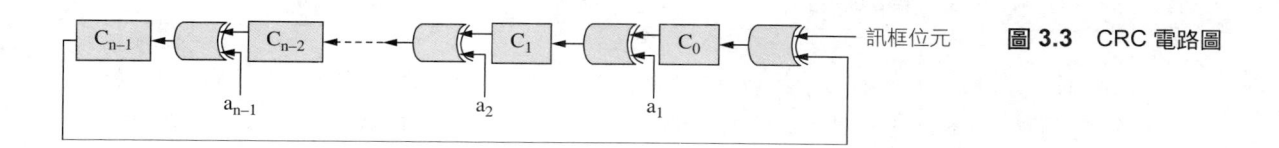

圖 3.3 CRC 電路圖

資料可靠性

接收器收到一個出錯的訊框之後該如何回應呢？接收器能以下列方式回應：

1. 安靜地丟掉所收到的不正確的訊框。
2. 當收到的訊框正確時，回覆一個代表正面確認的訊框。
3. 當收到的訊框不正確時，回覆一個代表負面確認的訊框。

傳輸器會重傳出錯的訊框或單純忽略此錯誤。在後者的情況下，較高層的協定（如 TCP）將處理重傳。

另一個要做的決定為是否在鏈結層實作資料的確認。乙太網路並沒有使用確認機制；因為乙太網路的位元錯誤率相當低，所以對每個傳送出去的訊框都要求確認根本是一種殺雞用牛刀的做法。確認機制因此被留給像 TCP 等更高層的協定來處理。對於無線鏈結而言，它們的位元錯誤率比乙太網路高出太多（亦即無線鏈結更不可靠），因此確認每一個傳送出去的訊框是比較安全的做法。然而，使用確認機制所要付出的代價是處理量降低，因為傳送端必須等到收到了確認之後才能進行下一個傳送。鏈結層的設計裡仍然需要在高處理量和即時偵測錯誤的能力之間做出取捨。

原理應用：CRC 或校驗和？

校驗和被用在像 TCP、UDP 和 IP 等高層協定，而 CRC 則被用於乙太網路和無線區域網路。有兩個原因造成這種區別。第一，CRC 很容易以硬體實作，但以軟體實作並不容易。因為高層協定幾乎都是以軟體製作而成，所以採用校驗和對它們來說是很自然的選擇。第二，數學上已經證明 CRC 可以對抗實體傳輸中的一些錯誤。既然 CRC 已經過濾掉大部分的傳輸錯誤，實踐上使用校驗和再一次檢驗罕見的錯誤（例如發生在網路裝置內部的錯誤）應已足夠。

原理應用：錯誤矯正碼

像 CRC 與校驗和之類的錯誤偵測碼只能偵測傳輸錯誤。一旦找出一個訊框出錯，接收器除了把訊框丟掉之外並沒有辦法做任何事。另一種選擇是前向錯誤矯正（forward error correction, FEC）。使用 FEC，傳送端會將更多冗餘位元附在訊息上面。錯誤矯正和錯誤偵測的關鍵差異在於前者有可能推測出哪些位元出錯並且改正它們。訊框內的錯誤位元被改正之後，訊框就可以被接受而不需要重傳。我們在此不深入相關的數學細節，而寧願指出一個一般性的原則：要能夠改正更多個位元，就必須使用更多的冗餘位元。一個問題因此浮現：增加更多的冗餘位元以供錯誤矯正之用到底值不值得？

上述問題的答案取決於位元錯誤率、傳輸的可能方向以及資料的重要性。在像是乙太網路的一般資料鏈結協定裡，位元錯誤率非常低。比方說在乙太網路裡每傳送 10^{10} 位元才會有一個位元出錯。在這種情況下使用錯誤矯正碼未免太小題大做；甚至對於無線區域網路而言，錯誤偵測其實就足以使用。此外，當資料經由網際網路傳送時，雖然說會有更多錯誤的發生，可是這其實是因為網際網路壅塞所導致封包被丟棄的緣故，因此在這種情況下，錯誤矯正碼仍然無法發揮太大的作用。

錯誤矯正碼一般應用在太空電信通訊（space telecommunications）、資料儲存（data storage）以及衛星廣播（satellite broadcasting）。太空電信通訊的重傳成本非常高，所以值得使用錯誤矯正碼。衛星廣播是單向的所以不可能有確認，自然也就無法重傳；因此它需要使用錯誤矯正碼。在資料儲存元件裡，如果有錯誤發生，錯誤偵測就無法發揮太大的作用，因為資料儲存元件是資料的唯一來源，所以根本無法自錯誤中恢復。在這種情況下，錯誤矯正碼能夠至少把位元錯誤恢復到一定的程度。在衛星廣播裡，因為接收器無法通知位元錯誤的來源端，因此這個案例偏好錯誤矯正碼。

開放源碼之實作 3.1：校驗和

總覽

校驗和之計算是 IP、UDP 和 TCP 等網際網路協定裡常用的錯誤偵測碼。它的效率是良好路由性能的關鍵因素，因為每個封包在它的網路層標頭和傳輸層標頭都需要校驗和的計算。舉例來說，TCP 標頭裡的校驗和欄位涵蓋了 TCP 資料區段的標頭和酬載內容以及一個包含來源 IP 位址和目的地 IP 位址等額外資料的偽標頭（pseudo header）。如果 TCP 協定堆疊裡的校驗和計算沒有被良好地製作，在封包轉發的過程中它將會消耗非常多個 CPU 週期。

方塊流程圖

圖 3.4 是一個用來說明校驗和如何被實作出來的方塊流程圖。一開始，sum 和 checksum 兩個變數會被初始化為零，而每一批從封包的涵蓋範圍讀進來的 16 位元長之字組輸入會更新它們的值。在最後一批的計算之後，sum 的值會被對折（folding）以便產生 checksum 的值。以下會詳述 Linux 版本的校驗和之實作。

資料結構

校驗和計算的資料結構是相當瑣碎的。它包含一個變數 sum，其累積了涵蓋的欄位和酬載內所有 16 位元字組的總和，而 count 變數則計算還剩下多少個 16 位元字組。注意到 sum 的長度為 32 位元是因為要捉住累加所產生的進位值。計算完最後一個 16 位元字組之後，變數 sum 會被對折成一個長 16 位元的字組，而 checksum 的值就是對折的值再取 1 的補數。

演算法之實作

對於校驗和計算所要轉換的那些位元組，相鄰的位元組首先配對形成 16 位元的字組，接下來計算出這些字組的 1 的補數的和。如果有一個單獨的位元組無法配對，就把它直接加到校驗和。最後，把計算結果的 1 的補數填入校驗和的欄位裡。接收器會遵循相同的程序，並且使用相同的位元組以及接收到的校驗和欄位的值來計算新的校驗和之值。如果計算結果的位元全是 1，校驗就通過了。Linux 版本的校驗和之實作，基於效率的考量，通常是以組合語言纂寫，因此我們在此顯示的版本是 RFC 1071 裡的 C 程式碼，以便呈現較佳的可讀性。

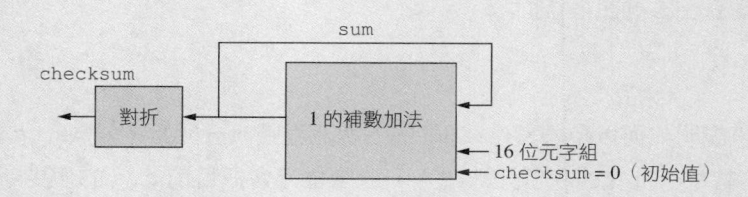

圖 3.4 校驗和計算的方塊流程圖

```
              /* 從 "addr" 位置開始的 "count" 個位元組,
               *           計算出它們的網際網路之校驗和。
               */
              register long sum = 0;
              while( count > 1 )  {
                      sum += * (unsigned short) addr++;
                      count -= 2;
              }
              /*  Add left-over byte, if any */
              if( count > 0 )
                      sum += * (unsigned char *) addr;
              /*  Fold 32-bit sum to 16 bits */
              while (sum>>16)
                      sum = (sum & 0xffff) + (sum >> 16);
              checksum = ~sum;
```

練習題

1. 當一個 IP 封包通過一個路由器時,IP 封包的 TTL 欄位會被減掉 1,因此在減法完成後,校驗和的值也必須隨之改變。請找出一個有效率的演算法來重新計算新的校驗和的值。(提示:參考 RFC 1071 和 1141。)
2. 解釋為何 IP 校驗值在它的計算過程裡沒有包含酬載。

開放源碼之實作 3.2:CRC32

總覽

　　CRC32 是許多 MAC 協定所常用的一種錯誤偵測碼,這些協定包括乙太網路和 802.11 無線區域網路。為了達成高速計算的緣故,CRC32 通常以硬體實作成網路介面卡的晶片內建功能。當資料以 4 位元為一批次由實體鏈結輸入或輸出到實體鏈結,它們會依照批次單位的順序被處理,最後便得出 32 位元的 CRC 值。計算結果如果不是被用來驗證一個訊框的正確性,那麼就是被附加在要傳送出去的訊框後面。

方塊流程圖

　　圖 3.5 是一個用來說明如何以硬體實作 CRC 的方塊流程圖。一開始,變數 crc 的值被初始化為 32 個位元 1。當每一批次的 4 位元被讀入,這些位元會把目前 crc 的值更新為 crc_ next，而下一批次的 4 位元輸入時，crc_next 再被用來計算 crc 的新值。這個更新過程很冗長，所以我們省略它的細節。所有的資料都處理完之後，儲存在變數 crc 裡面的值就是最後的計算結果。

資料結構

CRC32 計算的資料結構主要是 32 位元的變數 crc。crc 儲存了讀完每一批次的 4 位元資料之後的最新狀態。CRC32 計算的最後結果是讀完最後一批次資料之後的狀態。

演算法之實作

CRC32 的一種開放源碼之實作可以在 OPENCORES 網站上（http://www.opencores.org）的乙太網路 MAC 計畫（Ethernet MAC project）裡面找到。請參考該計畫的 CVS 儲存空間裡的 Verilog 版本實作 eth_crc.v。在這個實作裡，資料以每一批次 4 位元為單位輸入到 CRC 模組裡。一開始 CRC 的值被初始化為 32 個位元 1。目前 CRC 每一個位元的值來自於輸入之 4 位元裡選出的位元和前一輪的 CRC 之值裡選出的位元兩者互斥運算的結果。由於過程冗長，我們請讀者參考 eth_crc.v 裡每個位元計算的相關細節。當資料的計算完畢之後，最後的 CRC 之值也同時被得出。接收器則遵循同樣的程序來計算 CRC 之值並且驗證所收到的訊框的正確性。

練習題

1. eth_src.v 裡的演算法是否很容易以軟體實作？解釋你的答案的正確性。
2. 為何我們選擇在鏈結層裡使用 CRC-32 而不是校驗和之計算呢？

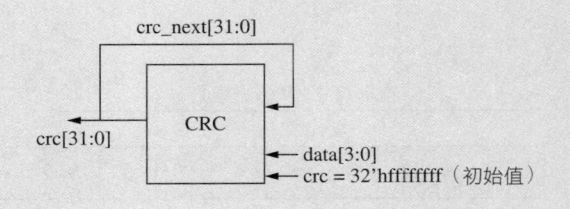

圖 3.5 CRC32 計算的方塊流程圖

3.1.4 流量控制

流量控制（flow control）解決的是傳輸器快而接收器慢的問題。它提供一個方法讓負載過重的接收器告訴傳輸器減慢傳輸的速度。最簡單的流量控制方法是**停止並等候**（stop-and-wait）；在這個方法裡，傳輸器傳送一個訊框之後就等待接收器送回來一個**確認**（acknowledgement），然後才能再傳送下一個。然而，這個方法導致傳輸鏈結的利用率非常低。接下來介紹更好的流量控制方法。

滑窗協定

滑窗協定（sliding window protocol） 能夠達成更有效的流量控制。在滑窗協定裡，傳輸器可以在沒有接到確認的情況下送出高達一定數量的訊框。當確認自接收器處返回，傳輸器就可以繼續傳送更多的訊框。為了能夠追蹤哪個送出去的訊框是對應到哪個返回的確認訊框，每個訊框上必須被標示一個序號（sequence number）。序號的範圍應該大到足以避免一個序號被兩個以上的訊框同時使用；否則的話，將會發生混淆，因為我們將無法判斷該序號到底是代表較早的訊框還是新的訊框。

圖 3.6 說明滑窗機制的一個範例。假設傳輸器的窗框尺寸（window size）為 9，意思是傳輸器能夠在沒有收到確認的情況下，送出高達 9 個訊框，比方說訊框 1 號到 9 號。假設傳輸器已經送出 4 個訊框（見圖 3.6(a)），並且已經收到一個確認前三個訊框都被成功地接收的確認訊框。窗框將會向前滑動三個訊框的序號（見圖 3.6(b)）。窗框原來涵蓋訊框 1 號到 9 號，現在則是涵蓋了訊框 4 號到 12 號，這在某種意義上就好像窗框是沿著訊框序號在移動。滑窗流量控制在**傳輸控制協定（Transmission Control Protocol, TCP）**裡是一項非常重要的技術，而這也是採用滑窗機制的一個很好且最實用的實例。我們將在第 4 章介紹它在 TCP 裡的應用。

其他方法

還有許多其他方法可以實作流量控制。舉例來說，乙太網路裡面的機制包括回壓（back pressure）和暫停訊框（pause frame）。然而，要了解這些方法首先需要知道這些協定是如何運作。我們把這些流量控制技術留到第 3.3.2 小節再談。

圖 3.6 在已傳送的訊框上滑動窗框

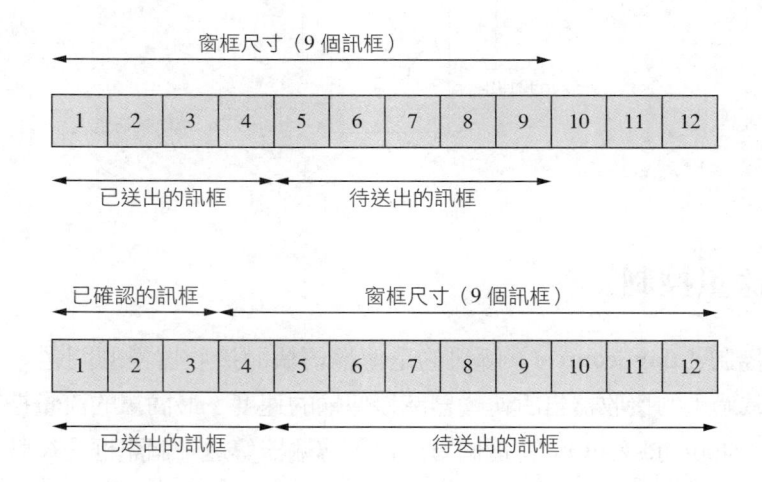

3.1.5　媒介存取控制

媒介存取控制（medium access control），或簡稱為 MAC，是在有多個節點分享一個共同實體媒介時所需要的控制機制。它包括了一個所有節點都應該遵守的仲裁機制，以便節點能公平且有效地分享媒介。我們把存取控制技術摘要成以下兩種類別。

競爭式的方法

藉由競爭式的方法，多個節點會相互競爭共用媒介的使用權。一個經典的實例是 ALOHA 系統。ALOHA 的節點會隨意傳送資料；如果有兩個以上的節點同時傳送訊框，碰撞（collision）就會發生，而節點所傳送的訊框在碰撞之後會變成亂碼，進而降低處理量之效能。一種改進的版本是分割時槽 ALOHA（slotted ALOHA），其中每一個節點在每一個傳輸週期裡都有自己專屬的一段時間，稱為時槽（time slot），而節點只能在自己的時槽內傳送訊框。更進一步的改良版是載波感測（carrier sense）和碰撞偵測（collision detection）。載波感測指的是節點能夠感測出在共用的媒介上是否有正在進行中的傳輸（在訊號處理的領域則稱之為載波）。傳輸器會禮貌性地等待，直到共享的媒介變得空閒。碰撞偵測則可以在偵測到碰撞的時候就馬上停止傳輸，因此可以縮短已變成亂碼的位元串流所浪費的時間。

免於競爭的方法

一旦無法及時偵測出碰撞，競爭式的方法就會變得很沒有效率。在此情形下，在傳送能夠被停止以前，有可能會把一整個早已發生碰撞的訊框都傳送完畢。有兩種常見的免於競爭的媒介存取控制方法：循環式（round-robin）和預約式（reservation-based）。在前者的方法中，為了讓一群節點能公平地分享媒介，一個令牌（token）會在這群節點裡一個接著一個循環，而只有持有令牌的那個節點擁有傳送訊框的權利。最典型的例子是**令牌環（Token Ring）**和 FDDI；雖然它們的結構不同但是機制卻很類似。預約式的方法會在傳輸器真正傳送訊框之前，先設法預訂一個共用媒介的頻道。知名的實例為 IEEE 802.11 WLAN 裡的 RTS/CTS 機制。我們將在第 3.4 節談論更多關於這個機制的細節。使用預約機制通常會引起一種效能上的取捨，因為它本身的過程會產生效能上的耗損。如果訊框的遺失並不會造成太大的損失，比方說所傳送的都是很短的訊框，則競爭式的方法在這種情形就可能表現更佳。如果只有兩個節點在一條點對點的鏈結上而且鏈結又是全雙工式，則存取控制可能就不必要了。我們會在第 3.2 節繼續討論全雙工的操作。

3.1.6 橋接

把獨立的區域網路連接成一個互連的網路能夠延伸網路通訊的範圍。一個運作在鏈結層的互連裝置是被稱為 MAC 橋接器（MAC bridge），或簡稱為橋接器。橋接器會把區域網路們相互連接在一起，猶如它們的節點是處於同一個區域網路裡面。橋接器知道是否應該將一個剛接收到的訊框轉發出去以及要轉發到哪個介面埠（interface port）。要能夠支援隨插即用（plug-in-play）之操作和輕鬆管理，橋接器應該自動地去學會、記住訊框的目的地主機是屬於哪個輸出埠。

隨著一個橋接之網路的拓樸變得愈來愈大，網路管理者可能會不經意地在網路拓樸裡製造出一個迴圈。IEEE 802.1D，或 IEEE MAC 橋接標準，規定了一個**涵蓋樹協定（spanning tree protocol, STP）**來消除橋接網路裡的迴圈。橋接網路裡還有一些其他的議題，像是邏輯上分隔一組區域網路、把多條鏈結結合成一條幹線（trunk）以便獲得更高的傳輸速率、以及規定訊框的優先權。我們將在第 3.5 節介紹相關的細節。

3.1.7 鏈結層的封包流程

鏈結層位於實體層的上方以及網路層的下方。在封包傳輸的期間，它會接收從網路層送來的封包，用合適的鏈結層資訊〔例如訊框標頭裡的 MAC 位址和在訊框尾端的訊框校驗序列（frame check sequence）〕來封裝該封包，並且把這筆封裝好的訊框透過實體鏈結來傳送出去。一旦收到從實體鏈結送來的封包，鏈結層把標頭資訊給萃取出來，接著驗證訊框校驗序列，最後根據在標頭裡的協定資訊，把訊框的酬載傳遞給網路層。可是在這些協定層之間真正的封包流程到底是如何進行的？延續著第 1.5 節「封包的一生之旅」，在此我們用開放源碼之實作 3.3，從訊框的接收和傳輸這兩方面來說明封包之流程。

開放源碼之實作 3.3：鏈結層封包流程的函數呼叫圖

總覽

鏈結層的封包流程遵循著兩條路線。在接收流程的路線，鏈結層從實體鏈結處收到一個訊框之後，就把它傳遞給網路層。在傳輸流程的路線，鏈結層從網路層收到一個訊框之後，就把它傳遞給實體鏈結。鏈結層和實體鏈結之間有部分的介面是屬於硬體上的介面，而稍後的開放源碼之實作 3.5 介紹的乙太網路介面就是一個實例。我們在這裡介紹裝置驅動程式裡的程式

圖 3.7 鏈結層的封包流程

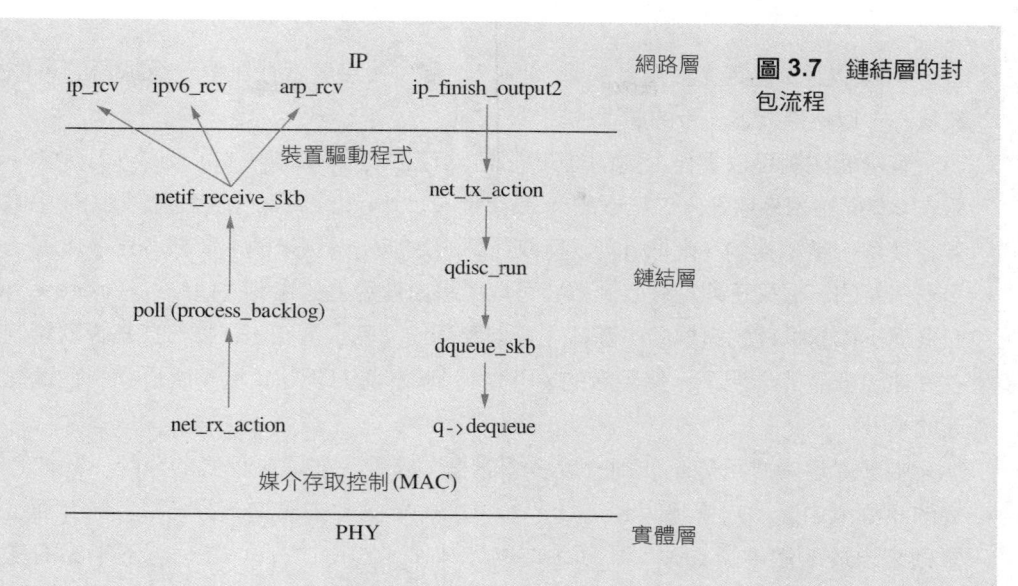

```
                              IP                           網路層
    ip_rcv  ipv6_rcv  arp_rcv      ip_finish_output2
    ─────────────────────────────────────────────
                       裝置驅動程式
            netif_receive_skb          net_tx_action
                                            ↓
                                         qdisc_run        鏈結層
                                            ↓
            poll (process_backlog)       dqueue_skb
                                            ↓
            net_rx_action               q->dequeue
    ─────────────────────────────────────────────
                     媒介存取控制 (MAC)
    ─────────────────────────────────────────────
                          PHY                             實體層
```

碼，以便專注在訊框傳輸或訊框接收流程裡的軟體部分。

方塊流程圖

圖 3.7 說明鏈結層上方的介面和下面的介面以及它整體的封包流程。稍後的「演算法之實作」將會詳細地解釋封包如何流過圖 3.7 的函數。對於 MAC 和 PHY 之間的硬體介面，請閱讀開放源碼之實作 3.5：CSMA/CD 裡面的典型乙太網路之實例。

資料結構

最關鍵的資料結構是 `sk_buff` 結構，它在 Linux 核心裡代表一個封包。`sk_buff` 裡的某一些欄位是記錄之用，而其他欄位則存放封包的內容，包括標頭和酬載。舉例來說，下列的 `sk_buff` 欄位包含標頭和酬載的資訊。

```
sk_buff_data_t          transport_header;
sk_buff_data_t          network_header;
sk_buff_data_t          mac_header;
unsigned char           *head,
                        *data;
```

演算法之實作

接收路線裡的封包流程

當網路介面收到一個訊框的時候，就會產生一個中斷 (interrupt) 來通知 CPU 去處理該訊框。中斷處理常式 (interrupt handler) 會以 `dev_alloc_skb()` 函數來配置一個 `sk_buff` 結構，並且把訊框拷貝到該結構裡。中斷處理常式然後初始化 `sk_buff` 裡面的一些欄位，尤其是上層協定會使用到的 protocol 欄位；接著就把訊框已經抵達的事件通知作業系統核心，以便進行進一步的處理。

有兩個機制可以實作上述的通知程序：(1) 舊的 netif_rx() 函數，以及 (2) 新的從核心版本 2.6 開始用來處理入口訊框的 net_rx_action() API。前者純粹是中斷驅動，而後者則混合使用中斷和輪詢（polling）以獲取更高的效能。舉例來說，當核心正在處理一個訊框，而另一個新的訊框又正好抵達時，核心可以繼續處理手上的還有入口佇列（ingress queue）裡的訊框而不被新抵達的訊框給中斷掉，直到整個佇列完全清空。根據一些指標軟體測試的結果，在高訊流負載的情況下，使用新的 API 會得到較低的 CPU 負載，所以我們在這裡只專心介紹新的 API。

中斷處理常式可能牽涉到一或多個訊框，這取決於驅動程式的設計。當核心被一個新抵達的訊框所中斷，它會呼叫 net_rx_action() 函數去輪詢一份名單上的介面，而該介面名單則來自於軟體中斷 NET_RX_SOFTIRQ。NET_RX_SOFTIRQ 是一個下半部的處理常式，所以它可以在背景執行，以避免在處理新抵達的訊框時會佔據 CPU 太久的時間。輪詢是以循環式的方式來執行，但是每一次每個介面可以被處理的訊框則有最大數量上的限制。net_rx_action() 函數會呼叫 poll() 這個虛擬函數（即一個通用函數，其會依次呼叫裝置上特定的輪詢函數）並把它用在每個裝置上，就可以從入口佇列中取出訊框。如果由於可以被處理的訊框數量或是可使用的 net_rx_action() 之執行時間已經到達上限的緣故，所以一個介面無法清空它的入口佇列，則它必須等到下一回合的輪詢才能繼續手上未完成的工作。在此情況下，預設的 process_backlog() 處理常式會被 poll() 函數所使用。

poll() 虛擬函數則會呼叫 netif_receive_skb() 來處理訊框。當 net_rx_action() 被執行時，L3 協定類型早已經被中斷處理常式寫在 sk_buff 的 Protocol 欄位裡了。因此，netif_receive_skb() 知道訊框屬於 L3 協定類型，所以它可以呼叫下面的函數來把訊框拷貝給和 protocol 欄位相關的 L3 協定處理常式：

ret = pt_prev->func(skb, skb->dev, pt_prev, orig_dev);

此處的函數指標 func 指向一般性的 L3 協定處理常式，例如處理 IPv4、IPv6 和 ARP 的 ip_rcv()、ip_ipv6_rcv() 和 arp_rcv() 等（留到第 4 章再談）。到目前為止，訊框的接收流程才終於完成，而此時 L3 協定處理常式會接管訊框並且決定接下來該做些什麼。

傳輸路線裡的封包流程

在傳輸路線裡的封包流程正好和在接收路線裡的封包流程兩者對稱。net_tx_action() 函數是對應到 net_rx_action()，而它會被呼叫的時機是當某些裝置準備好要傳送從軟體中斷 NET_TX_SOFTIRQ 而來的訊框。類似於 net_rx_action() 源自於 NET_TX_SOFTIRQ，下半部處理常式 net_tx_action() 能夠設法完成耗時的任務，比方說像在一個訊框被傳送完畢之後釋出它的緩衝空間。net_tx_action() 可執行兩個任務：(1) 確保那些等著被傳送的訊框會真的被 dev_queue_xmit() 函數傳送出去，以及(2)在傳送結束之後釋放掉 sk_buff 所佔據的資源。依照某些佇列排隊紀律，出口佇列（egress queue）裡面的訊框會被安排傳送的順序。qdisc_run() 函數會選擇出下一個要傳送的訊框，然後呼叫 dequeue_skb() 從佇列 q 之中取出一個封包。這個函數然後呼叫相關佇列排隊紀律的 dequeue() 虛擬函數去處理佇列 q。

練習題

解釋為何在高訊流負載的情況下使用新的 net_rx_action() 函數可以降低 CPU 負載？

3.2 點對點協定

這一節專注於**點對點協定**（Point-to-Point Protocol, PPP），一個被傳統撥號連線或 ADSL 的網際網路連網服務廣泛使用的協定。PPP 源自於一個早期但被廣泛使用的協定，即**高階資料鏈結控制**（High-level Data Link Control, HDLC）。它的運作裡含有兩個協定：**鏈結控制協定**（Link Control Protocol, LCP）和**網路控制協定**（Network Control Protocol, NCP）。有許多住家和機構使用像 ADSL 數據機的橋接裝置連接到網際網路服務提供商（ISP）；隨著乙太網路進駐到這些住家和機構，於是就產生了**在乙太網路上運行 PPP**（PPP over Ethernet, PPPoE）的需求。圖 3.8 顯示這些協定之間的關係。

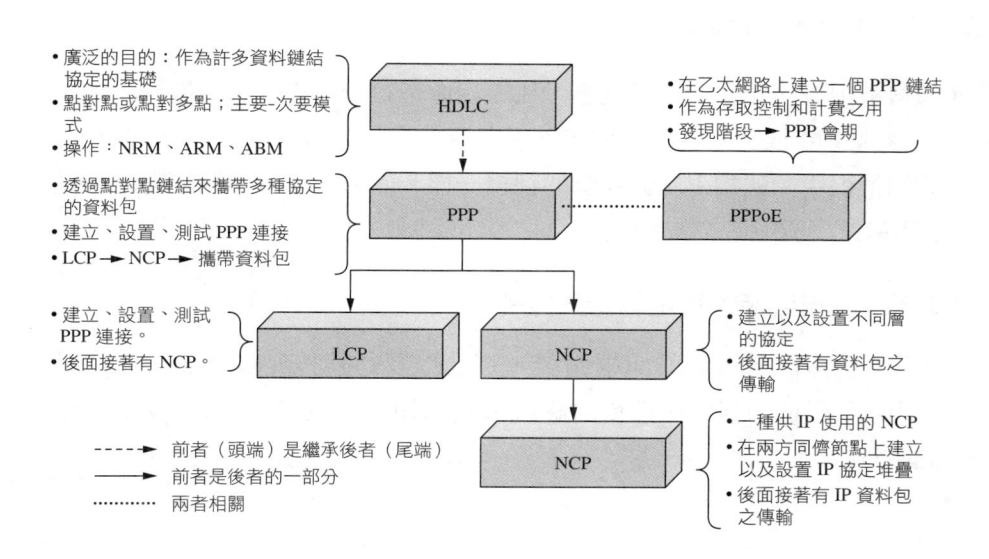

圖 3.8 和 PPP 相關的協定之間的關係

HDLC
- 廣泛的目的：作為許多資料鏈結協定的基礎
- 點對點或點對多點；主要-次要模式
- 操作：NRM、ARM、ABM

PPP
- 透過點對點鏈結來攜帶多種協定的資料包
- 建立、設置、測試 PPP 連接
- LCP → NCP → 攜帶資料包

PPPoE
- 在乙太網路上建立一個 PPP 鏈結
- 作為存取控制和計費之用
- 發現階段 → PPP 會期

LCP
- 建立、設置、測試 PPP 連接。
- 後面接著有 NCP。

NCP
- 建立以及設置不同層的協定
- 後面接著有資料包之傳輸

NCP
- 一種供 IP 使用的 NCP
- 在兩方同儕節點上建立以及設置 IP 協定堆疊
- 後面接著有 IP 資料包之傳輸

-----▶ 前者（頭端）是繼承後者（尾端）
──▶ 前者是後者的一部分
‥‥‥ 兩者相關

3.2.1 高階資料鏈結控制

源自於一個 IBM 的早期協定，即**同步資料鏈結控制協定**（Synchronous Data Link Control protocol, SDLC），**高階資料鏈結控制**（High-level Data Link Control, HDLC）協定是一個 ISO 標準，也是許多其他鏈結協定的基礎。舉例來說，PPP 使用類似 HDLC 的訊框封裝。IEEE 802.2 **邏輯鏈結控制**（Logical Link Control, LLC）是 HDLC 的改良版。CCITT（在 1993 年改名為 ITU）將 HDLC 改良成為 X.25 的一部分，稱為**鏈結存取程序平衡**（Link Access Procedure, Balanced, LAP-B）。在所有改良版之中，HDLC 支援點對點和點對多點的鏈結，以及半雙工和全雙工的鏈結。接下來我們將深入介紹 HDLC 之運作。

HDLC 之運作：媒介存取控制

在 HDLC 裡面，節點如果不是**主站**（primary station），就是**次要站**（secondary station）。HDLC 支援下列三種傳輸模式，每種都提供一種方式來控制節點存取媒介。

- **正常回應模式**（**normal response mode, NRM**）：次要站只能被動地等待主站的輪詢（poll），然後才能傳輸資料，以作為對於主站的輪詢的回應。回應可能由一或多個訊框組成。在點對多點的情況下，次要站必須經由主站才能通訊。

- **非同步回應模式**（**asynchronous response mode, ARM**）：次要站可以在沒有主站輪詢的情況下啟動資料傳輸，可是主站仍然負責控制連接。

- **非同步平衡模式**（**asynchronous balanced mode, ABM**）：通訊中的雙方皆可扮演主站和次要站的角色，而這表示參與的兩個站的地位平等。這種類型的站被稱為**複合站**（combined station）。

NRM 通常被用於一條點對多點鏈結，比方說像是在一台電腦和一群終端機之間的鏈結。雖然 ARM 很少被使用，它在點對點鏈結享有優勢，可是 ABM 甚至更佳。ABM 的耗損很少，就和主站的輪詢的耗損一樣，而通訊雙方能夠擁有控制鏈結的權力。ABM 尤其適合點對點鏈結。

資料鏈結功能：訊框封裝、定址和錯誤控制

我們接下來會探討 HDLC 的訊框封裝、定址以及錯誤控制等議題。做法是先直接檢視 HDLC 訊框的格式，然後討論流量控制和媒介取控制。圖 3.9 描繪出 HDLC 的訊框格式。

旗標	位址	控制	資訊	FCS	旗標
8	8	8	任意長度	16	8

位元長度

圖 3.9 HDLC 的訊框格式

- **旗標（flag）**：旗標之值是固定為 01111110，以便能劃分出訊框的開始點和結束點。如第 3.1.1 小節所示，位元填充被用來避免真正的資料和旗標的值兩者混淆不清。

- **位址（address）**：位址欄位指出參與傳輸的次要站，尤其是在點對多點的情形。一個次要站是在主站的控制之下運作，就如 HDLC 之運作裡所提。

- **控制（control）**：這個欄位指出訊框的類別以及例如像訊框的序號等其他的控制資訊。HDLC 有三種類別的訊框：資訊類（information）、監督類（supervisory）及無編號類（unnumbered）。我們稍後將會深入檢視它們。

- **資訊（information）**：資訊欄位可能是以位元為單位的任意長度。它攜帶著要被傳送出去的資料酬載。

- **FCS**：這裡使用的是一個 16 位元的 CRC-CCITT 碼。HDLC 允許使用正面確認和負面確認，兩者皆可。HDLC 裡的錯誤控制很複雜。正面確認可代表一個訊框被成功地傳送，或代表到某一點的所有訊框都被成功地傳送。負面確認可以駁回一個剛收到的或某個指定的訊框。我們並不會深入其中的細節，感興趣的讀者可以參考在進階閱讀裡所列出的補充教材清單。

資料鏈結功能：流量控制和錯誤控制

　　HDLC 裡的流量控制也使用一種滑窗機制。傳輸器會保有一個計數器，用來記錄下一個該傳送出去的訊框序號。另一方面，接收器也保有一個計數器，用來記錄所預期的下一個進來的訊框序號；接收器會檢查是否接收到的訊框的序號符合計數器裡記錄的序號。如果收到的訊框的序號符合預期的值，而且訊框的內容沒有出錯，則接收器就遞增計數器的值，並且以正面確認的方式來通知傳送方，也就是會送回給對方一個訊息，其中含有下一個所預期的序號。假如接收到的訊框是不符合預期的或者用 FCS 欄位偵測出訊框的內容有錯誤，則該訊框就會被丟掉而且一個要求重傳的負面確認會被送回給傳送方。當接收到一個要求重傳訊框的負面確認，傳輸器將會照接收器所要求的去進行重傳。上述的方法就是 HDLC 所採用的錯誤控制機制。

訊框類型

之前所提及的功能是經由各種不同的訊框才能達成。一個資訊類訊框被稱為 I-frame，它攜帶了來自上層的資料和一些控制資訊，而控制資訊裡包括了兩個三位元長的欄位是用來記錄它自己的序號和來自接收器的確認序號。這些序號就是作為流量控制和錯誤控制之用，如之前所描述的一般。一個 poll/final（P/F）位元也在控制資訊裡面，用來標示此是主站寄來的一個輪詢或者是次要站寄來的最近一筆回應。

一個監督類訊框被稱為 S-frame，它僅攜帶控制資訊。如同我們在之前的討論看到的 HDLC 訊框格式，錯誤控制支援正面確認以及負面確認。一旦有錯誤發生，傳輸器可以重傳所有未被確認的訊框或僅重傳控制資訊裡指明的錯誤訊框。接收器也可以傳送一個 S-frame 給傳輸器，要求它暫時停止傳輸之運作。

一個無編號類的訊框被稱為 U-frame。U-frame 也被用於控制的用途，只不過它不能攜帶任何序號，這就是其名字由來的緣故。U-frame 包括一些雜項的指令，像是模式設置、資訊轉移和恢復等，但在此我們不會深入細節的部分。

3.2.2 點對點協定

點對點協定（point-to-point, PPP）是 IETF 訂定的一種標準協定，是用於攜帶多種協定封包通過一條點對點鏈結。它被廣泛地用在撥號（dial-up）和租用專線（leased-line）的網際網路連接。為了能夠攜帶多種協定的封包，它有三個主要的組成元件：

1. 一種封裝的方法，用來把網路層來的封包給封裝成一個訊框。
2. 鏈結控制協定（LCP），用來處理鏈結層連接的建立（setup）、設定（configuration）和拆除（tear-down），這一整個循環。
3. 網路控制協定（NCP），用來設定不同的網路層選項。我們先來看 PPP 的運作，然後再來看它的功能。

PPP 的運作

在一種服務提交的情形下，在進入像 HDLC 的 MAC 運作之前，PPP 先需要完成登入和認證才能送出資料封包。PPP 的運作遵循著圖 3.10 的階段圖。PPP 首先送出 LCP 封包來建立並且測試連接。當連接被建立好之後，在進行任何網路層封包的交換之前，啟動建立連接的同儕節點可能需要先完成它自己的身分認證。然後 PPP 開始送出 NCP 封包來設定一或多個網路層的協定，以便能進行通訊。一旦設定完成，網路層的封包就能夠被送過鏈結，一直到鏈結進入最後的終止階段。

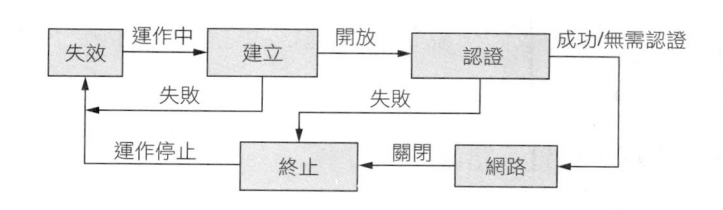

圖 3.10　PPP 連接的建立和拆除的階段圖

我們接著解釋圖中每一個主要的階段之轉換：

- **失效到建立**：當一個同儕節點開始使用實體鏈結時，該轉換會被載波感測或網路管理者的設定所引發。

- **建立到認證**：LCP 要開始建立連接時，會在同儕節點之間交換設定所用的封包。所有沒有被協商的選項會被設成它們的預設值。僅有和網路層無關的選項可以被協商，而關於網路層設定的選項則留給 NCP 負責。

- **認證到網路**：認證在 PPP 裡是一個選項，可是如果鏈結建立階段需要它的話，PPP 的運作會切換到認證的階段。如果認證失敗，連接會被終止；否則的話，適當的 NCP 會開始協商每一個網路層協定。

- **網路到終止**：終止發生在許多的情形，包括載波遺失、認證失敗、閒置的連結時間截止、使用者終止等。LCP 負責交換終止封包，以便關閉連接，而稍後 PPP 會叫網路層協定也關閉。

LCP 訊框分為三種：設定、終止、維護。一對的設定請求和設定確認之訊框可以開啟一個連接。某些選項，例如最大接收單位或是認證之協定，在連接建立

表 3.2　LCP 訊框類型

種類	類型	功能
設定	設定 - 請求	給予所需的選項之變動，以便開啟一個連接
	設定 - 確認	確認先前的設定 - 請求
	設定 - 否認	拒絕先前的設定 - 請求，因為選項不能被接受
	設定 - 拒絕	拒絕先前的設定 - 請求，因為選項無法被辨識
終止	終止 - 請求	請求關閉連接
	終止 - 確認	確認先前的終止 - 請求
維護	代碼 - 拒絕	從同儕節點來的不明請求
	協定 - 拒絕	從同儕節點來的協定不被支援
	回音 - 請求	把請求原封不同地送回去（偵錯用）
	回音 - 回覆	回音 - 請求的回音回覆（偵錯用）
	丟掉 - 請求	把請求丟棄掉（偵錯用）

時是可以協商的。因此，在我們檢視 LCP 訊框格式之前，我們接下來首先要介紹 PPP 訊框格式。

資料鏈結功能：訊框、定址、錯誤控制

PPP 訊框是以類似 HDLC 的格式封裝起來，如同圖 3.11 所描繪的一樣。旗標之值和 HDLC 裡所使用的相同，作為訊框的分界符號之用。

PPP 訊框與 HDLC 訊框有些不同，其中的差別摘要如下：

1. PPP 訊框的位址之值固定為 11111111，而在 HDLC 格式裡該值代表著所有的主機站的位址。因為點對點鏈結只有兩個同儕節點，所以這種情況下完全沒有指出個別主機站的需要。
2. 控制代碼的值固定為 00000011，而該值是對應到 HDLC 格式裡的無編號訊框。這意味著在預設的狀況下，PPP 不會使用到序號以及確認。感興趣的讀者可以參考 RFC1663，它定義了一種 PPP 的擴充版，讓 PPP 連接變得可靠。
3. 訊框中加入了一個協定欄位，用來指出訊框攜帶的是哪個類型的網路層協定，比方說是 IP 或是 IPX。協定欄位的預設長度是 16 位元，但是使用 LCP 協商可以將它縮減至 8 位元長。
4. 資訊欄位的最大長度限制，被稱為最大接收單位（Maximum Receive Unit, MRU），其預設值為 1500 位元組。用其他值作為 MRU 是可以協商的。
5. FCS 的預設長度為 16 位元，但是可以經由 LCP 協商將其延伸為 32 位元長。如果在收到的訊框裡偵測到錯誤，接收器可以將收到的訊框丟掉。訊框重傳的責任則落在上層協定的身上。

資料鏈結功能：沒有流量控制，也沒有媒介存取控制

因為 PPP 乃全雙工並且僅有兩台主機站在一條點對點鏈結上，所以 PPP 不需要媒介存取控制。另一方面，PPP 不提供流量控制而把它留給上層的協定去處理。

LCP 和 NCP 協商

LCP 訊框是一種 PPP 訊框，它的協定欄位的值為 0xc021（0x 表示一個 16 進制的數字）。協商資訊是被嵌入在資訊欄位裡的四個主要欄位：代碼可指出 LCP 的類型，識別碼可比對請求與回覆，長度可指出該四個欄位的總長，資料則攜帶協商

圖 3.11 PPP 訊框格式

旗標 01111110	位址 11111111	控制 00000011	協定	資訊	FCS	旗標 01111110
位元長度 8	8	8	8 或 16	任意長度	16 或 32	8

的選項。

因為 IP 是網際網路裡的主流網路層協定，我們尤其對運行在 PPP 之上的 IP 感興趣。我們在下一小節裡將會介紹 IP 用的 NCP——**網際網路協定控制協定**（Internet Protocol Control Protocol, IPCP）。

3.2.3 網際網路協定控制協定

網際網路協定控制協定（IPCP）是一種 NCP，它專門用來設定運用在 PPP 之上的 IP。PPP 首先用 LCP 建立一條連接，然後用 NCP 來設定它攜帶的網路層協定。在設定之後，資料封包就能夠透過鏈結傳送。IPCP 使用類似 LCP 的訊框格式，而其訊框也是協定欄位設成 0x8021 的一個 PPP 訊框的特例。IPCP 使用的交換機制和 LCP 使用的相同。透過 IPCP，在雙方同儕上的 IP 模組可以被啟動、設定並且關閉。

開放源碼之實作 3.4：PPP 驅動程式

總覽

Linux 裡的 PPP 之實作基本上是由兩個部分所組成：資料層面的 PPP 驅動程式和控制層面的 PPP 守護行程（PPPd）。一個 PPP 驅動程式會建立起網路介面，並且在串行傳輸埠（serial port）、核心網路程式碼和 PPP 守護行程之間傳遞封包。PPP 驅動程式處理前一小節所描述的資料鏈結層的功能。PPPd 和同儕節點協商以便建立起鏈結連接以及 PPP 網路介面。PPPd 也支援認證，所以它能夠控制哪些其他系統可以建立一條 PPP 連接，並且定出它們的 IP 位址。

方塊流程圖

一個 PPP 驅動程式是由 PPP 通用層和 PPP 頻道驅動程式所組成，如圖 3.12 所示。

資料結構

Linux 系統裡有非同步式和同步式 PPP 驅動程式（見 `drivers/net` 目錄下的 `ppp_async.c` 和 `ppp_synctty.c`）。兩者的差別在於 PPP 頻道驅動程式所接附上的 `tty` 裝置的類型。當它接附上的 `tty` 裝置是同步式 HDLC 卡，例如 FarSite Communications Ltd. 製造的 FarSync T 系列的卡，則同步式 PPP 頻道驅動程式會被使用。另一方面，當接附上的 `tty` 裝置是非同步式串行傳輸線路（serial lines），像 Infineon Technologies AG 製造的 PEB 20534 控

圖 3.12　PPP 軟體架構

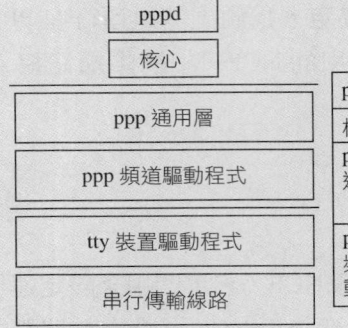

```
        ┌─────────┐
        │  pppd   │
        ├─────────┤
        │  核心   │
        ├─────────┤
        │ ppp 通用層 │
        ├─────────┤
        │ ppp 頻道驅動程式 │
        ├─────────┤
        │ tty 裝置驅動程式 │
        ├─────────┤
        │ 串行傳輸線路 │
        └─────────┘
```

pppd	處理控制平面的封包
核心	處理資料平面的封包
ppp 通用層	處理 ppp 網路介面、/dev/ppp 裝置、VJ 壓縮、多重鏈結
ppp 頻道驅動程式	處理資料封裝和訊框封裝

制器，則非同步式 PPP 頻道驅動程式就會被使用。

這兩種驅動程式相關的 I/O 函數指標是定義在 `tty_ldisc_ops` 結構裡，而使用這些指標可以正確地啟動相關的 I/O 函數。舉例來說，如果是非同步式 PPP，read 欄位會指向 `ppp_asynctty_read()`，而對於同步式 PPP，它就會指向 `ppp_sync_read()`。

接下來不深入詳述這兩種 PPP 裝置的內部細節，而是介紹封包傳輸和封包接收的一般流程，因為它們可以更好地反映出 PPP 驅動程式裡的封包流程。

演算法之實作

封包傳輸

要傳送出去的一筆資料封包會被儲存在 `sk_buff` 結構裡面，接著被傳遞給 `ppp_start_xmit()`。該函數在封包的前面附上 PPP 標頭，然後把封包儲存在傳輸佇列 xq 裡面（見 `ppp_generic.c` 裡面的 `ppp_file` 結構）。最後，`ppp_start_xmit()` 呼叫 `ppp_xmit_process()`，而後者會自 xq 佇列裡取出封包，然後呼叫 `ppp_send_frame()` 來進行某些封包處理，比方說標頭壓縮。在這個步驟之後，`ppp_send_frame()` 不是呼叫非同步函數 `ppp_async_send()`，就是呼叫同步函數 `ppp_sync_send()`，以便經由個別的驅動程式來傳送封包。

封包接收

當不管是非同步式或同步式驅動程式接收到一個進來的封包，該封包會被傳遞給 PPP 通用驅動程式的 `ppp_input()` 函數，它會把收到的封包加進去接收佇列 rq 裡面。PPPd 會從 /dev/ppp 裝置的佇列讀入封包。

練習題

討論為何 PPP 的功能是以軟體實作，而乙太網路功能是以硬體實作。

IPCP 提供的設定選項分別為：IP- 位址群（IP-Addresses）、IP- 壓縮 - 協定（IP-Compression-Protocol），以及 IP- 位址（IP-Address）。前者已被廢棄並且被第三個選項所取代。第二項則指明使用 Van Jabobson 的 TCP/IP 標頭壓縮。第三項允許同儕節點提供一個 IP 位址在本地的終端上來使用。在 IPCP 協商之後，正常的 IP 封包就可以透過 PPP 鏈結來傳送，而傳送的做法是把 IP 封包給封裝在協定欄位的值為 0x0021 的 PPP 訊框裡面。

3.2.4 乙太網路上運行的 PPP

對 PPPoE 的需求

隨著乙太網路技術變得更便宜和成為市場之主流，愈來愈多的使用者在住家或辦公室裡用乙太網路架設自己的區域網路。另一方面，寬頻接取技術（broadband access），比方說 ADSL，已經變成一種由住家或辦公室接取網際網路的常見方法。多個在乙太區域網路上的使用者透過相同的寬頻橋接裝置來接取網際網路，因此服務提供商想要有一種方法能夠提供以每個使用者為基礎的存取控制和計費功能，就如同傳統的電話撥接連網服務一樣。

PPP 傳統上已經是建立同儕節點之間點對點關係的一種解決方案，但是一個乙太網路卻牽涉到多個主機站。因此，乙太網路上運行的 PPP（PPP over Ethernet protocol, PPPoE）是用來協調兩種互相衝突的技術理念。PPPoE 創造出一個在乙太網路介面上的虛擬介面，使得區域網路上的每一個別的主機站可以經由一般的橋接裝置和一個遠端的 PPPoE 伺服器建立一個 PPP 對話（session）。PPPoE 伺服器是位於 ISP 裡面的接取集中器（Access Concentrator, AC）。在區域網路上的每位使用者都會看見一個 PPP 介面，就如同在撥接連網服務裡所見的一般，但是 PPP 訊框其實是被封裝在乙太網路訊框裡面。經由 PPPoE，使用者的電腦可以獲取一個 IP 位址，而 ISP 可以很容易地將一個 IP 位址和一組使用者帳號與密碼聯繫在一起。

PPPoE 的運作

PPPoE 的運作有兩個階段：發現階段和 PPP 對話階段。在發現階段，使用者的主機站發現接取集中器的 MAC 位址，並且和它建立一個 PPP 對話；一個獨一無二的 PPPoE 對話識別碼會被指派給該對話。一旦對話被建立完成，兩方同儕節點會進入 PPP 對話階段，而它們運作的方式就和一個 PPP 對話的運作一模一樣。

發現階段是照著下列四個步驟來進行：

1. 要接取網際網路的主機站廣播一個啟動訊框，以要求遠端的接取集中器回覆它們的 MAC 位址。
2. 遠端的接取集中器回覆它們的 MAC 位址。
3. 原先的主機站選擇其中的一個接取集中器，並且送給它一個對話-請求訊框。
4. 接取集中器產生一個 PPPoE 對話辨識碼，並且回覆一個含有該對話識別碼的確定訊框。

PPP 對話階段的運作和一般 PPP 對話相同，就像第 3.2.2 小節解釋的一樣，兩者的差別只在於前者的 PPP 訊框是由乙太網路訊框所攜帶。當 LCP 終止一個 PPP 對話，PPPoE 對話也會一同被拆除。一個新的 PPPoE 對話需要從發現階段開始一個新的 PPPoE 對話。

一個正常的 PPP 終止行程能夠終止一個 PPPoE 對話。PPPoE 允許發起的主機站或是接取集中器送出一個明確的終止訊框來關閉掉一個對話。一旦終止訊框被送出或被接收到，從此刻起將不允許再有任何的訊框傳輸，就算是正常的 PPP 終止訊框也是如此。

3.3　乙太網路（IEEE 802.3）

乙太網路（Ethernet）原先是由 Bob Metcalfe 在 1973 年所提出。它一度曾是區域網路科技中的競爭者，但最終變成了這個領域中的贏家。在這段超過 30 年的時間裡，乙太網路已經被重新設計許多次，以便能適應市場的新需求，最後產生出龐大的 IEEE 802.3 之標準，而此一進化未來勢必會持續進行。我們將介紹讀者乙太網路的演進和設計哲學，並簡介目前正在發展中的乙太網路的熱門議題。

3.3.1　乙太網路的演進：全貌之宏觀

正如同該標準的名稱「載波感測多重存取以及碰撞偵測之存取方法和實體層之規格」〔"Carrier sense multiple access with collision detection（CSMA/CD）access method and physical layer specification"〕所暗示，乙太網路和其他區域網路科技（像是令牌匯流排和令牌環）之間的最大區別就在於它的媒介存取方法。Xerox 的一間實驗室在 1973 年發明了乙太網路，而稍後 DEC、Intel 和 Xerox 在 1981 年將它標準化成為 DIX 乙太網路（DIX Ethernet）。雖然此一標準和 Xerox 的原來設計只有一點點相似之處，但是它確實保存了 CSMA/CD 的精髓。在 1983 年，IEEE 802.3 工作小組批准了一個基於 DIX 乙太網路且只有少許變更的標準，而這個標準就成了眾所皆知的 IEEE 802.3 標準。因為 Xerox 放棄了乙太網路（Ethernet）這個商標,所以當提到乙太網路和 IEEE 802.3 標準這兩個術語時,兩者之間已經沒有區別了。事實上,自從它的第一個版本開始,IEEE 802.3 工作小組就一直領導著乙太網路的發展。圖 3.13 說明了乙太網路標準的重大發展里程碑。在過去 30 年來,它經歷過數次重大的修改。我們在下面列出它主要的發展趨向。

- **從低速到高速**:從一開始傳送速度為 3 Mbps 的原型,乙太網路的速度已經成長到 10 Gbps ——速度提升了 3000 倍以上。目前有一個工作 IEEE 802.3ba 正在進行中,其目標是要進一步將資料速度提升到 40 Gbps 和 100 Gblos。雖然乙太網路技術的發展令人吃驚,但是它的價格仍然很便宜,因此乙太網路在世界各地都被廣泛地接受。幾乎每一台桌上型或筆記型電腦的主機板上都有內建的乙太網路。我們確信,乙太網路技術將會十分普及於有線的區域網路連接。

- **從共用的到專用的媒介**:原來的乙太網路是在一個同軸電纜做成的匯流排拓樸(bus topology)上運行。多台主機站可使用 CSMA/CD MAC 演算法來共用乙太網路匯流排,但是在匯流排上卻經常發生碰撞。自 10BASE-T 的發展開始,在兩裝置間使用專用媒介變成了乙太網路的主流。專用媒介對於稍後全雙工乙太網路的發展是必要的。全雙工可允許兩主機站同時透過一條專用的媒介進行傳輸,其實際效果等於讓頻寬加倍。

- **從 LAN 到 MAN 然後到 WAN**:乙太網路是以區域網路(LAN)科技的身分聞名於世。兩個因素促使乙太網路走向都會網路(MAN)和廣域網路(WAN)的市

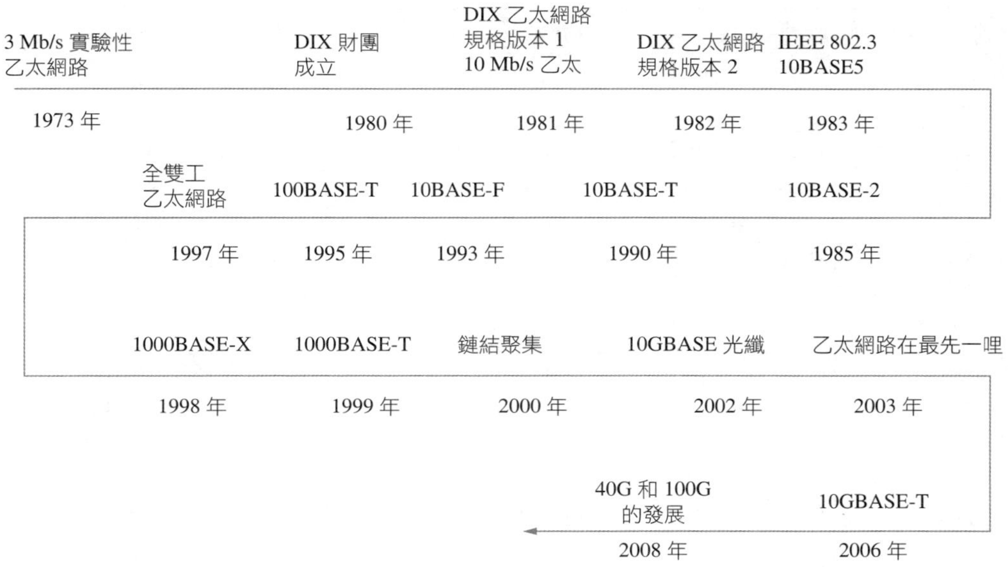

3 Mb/s 實驗性乙太網路		DIX 財團成立	DIX 乙太網路規格版本 1 10 Mb/s 乙太	DIX 乙太網路規格版本 2	IEEE 802.3 10BASE5
1973 年		1980 年	1981 年	1982 年	1983 年
	全雙工乙太網路	100BASE-T	10BASE-F	10BASE-T	10BASE-2
	1997 年	1995 年	1993 年	1990 年	1985 年
	1000BASE-X	1000BASE-T	鏈結聚集	10GBASE 光纖	乙太網路在最先一哩
	1998 年	1999 年	2000 年	2002 年	2003 年
			40G 和 100G 的發展 2008 年	10GBASE-T 2006 年	

圖 3.13 乙太網路標準的發展里程碑

場。第一是成本因素。乙太網路因為簡單，所以它的製作成本很低。如果 MAN 和 WAN 也採用乙太網路的話，則在建立網路之間的協同運作性時，就可省去不少麻煩和花費。第二個因素來自於全雙工，因為它排除了 CSMA/CD 的必要性，並且讓乙太網路使用上的距離限制因此而放寬——資料能夠被傳送到實體鏈結所能到達的範圍。

- **更豐富的媒介**：乙太（ether）這個名詞原本是指一度被認為存在的太空中傳播電磁波的介質。雖然乙太網路從未使用乙太來傳輸資料，但是它確實在各種不同的媒介上傳送訊息：同軸電纜、雙絞線和光纖。「乙太網路乃是多媒體！」—— Rich Seifert 在他的 *Gigabit Ethernet*（1998）一書中所說的這段有趣的話最能貼切地描繪出這種情境。表 3.3 從傳輸速度和運行所用的媒介這兩個角度，列出 802.3 系列裡所有的成員。

並非 802.3 所有的成員都獲得商業上的成功。舉例來說，100BASE-T2 從來沒有相關的商業化產品。相比之下，有些則非常成功，幾乎所有人都可以在一個區域網路的電腦上找到 10BASE-T 或 100BASE-TX 的網路介面卡（Network Interface Card, NIC）。目前大多數新的桌上型電腦主機板都會附上一個 100BASE-TX 或 1000BASE-T 的乙太網路介面。表 3.3 裡括弧中的數字代表著 IEEE 批准該項規格的年份。

表 3.3 802.3 系列

速度 \ 媒介	同軸電纜	雙絞線	光纖
10 Mbps 以下		1BASE5（1987） 2BASE-TL（2003）	
10 Mbps	10BASE5（1983） 10BASE2（1985） 10BROAD36（1985）	10BASE-T（1990） 10PASS-TS（2003）	10BASE-FL（1993） 10BASE-FP（1993） 10BASE-FB（1993）
100 Mbps		100BASE-TX（1995） 100BASE-T4（1995） 100BASE-T2（1997）	100BASE-FX（1995） 100BASE-LX/BX10（2003）
1 Gbps		1000BASE-CX（1998） 1000BASE-T（1999）	1000BASE-SX（1998） 1000BASE-LX（1998） 1000BASE-LX/BX10（2003） 1000BASE-PX10/20（2003）
10 Gbps		10GBASE-T（2006）	10GBASE-R（2002） 10GBASE-W（2002） 10GBASE-X（2002）

> **歷史演進：乙太網路的競爭對手**
>
> 歷史上一度有許多其他的區域網路科技和乙太網路競爭，比方說像是令牌環（Token Ring）、令牌匯流排（Token Bus）、DQDB 和 ATM 區域網路仿真，可是乙太網路最後還是在有線區域網路系統的領域裡脫穎而出。乙太網路成功的背後的一個根本原因在於乙太網路比其他科技來得簡單，而簡單就意味著低成本。一般大眾覺得夠用就好而不想花錢買更高價的產品，所以從這個角度考量的話，乙太網路當然會勝出。
>
> 為什麼乙太網路比其他科技便宜？乙太網路缺少了其他科技可提供的花俏功能，例如提供服務品質的優先權機制以及中央控制。因此，乙太網路並不需要管理令牌，也不需要處理環狀網路裡加入和離開等複雜問題。CSMA/CD 相當簡單，而且能夠很容易地製作成硬體邏輯（見開放源碼之實作 3.5）。全雙工甚至更簡單。這個優點讓乙太網路成為贏家。
>
> 然而，目前乙太網路仍然遇到一些競爭者，其中最強的競爭者就是無線區域網路。無線區域網路有較好的移動性，而這項特質正好是乙太網路所缺乏的。只要是需要移動性的情況下，無線區域網路就會勝出。然而，一旦移動性並非必要的考量時，例如使用桌上型電腦的時候，乙太網路仍然是一般大眾的選擇，因為大多數主機板都有內建的乙太網路介面。另一方面，乙太網路也試著把自己擴展到最先一哩和 WAN 的科技領域。考慮到現有的 xDSL 和 SONET 的技術有著大量的安裝據點，我們認為就算乙太網路最終能取代它們的話，逐漸取代它們也要花上很長的一段時間。然而，和乙太網路能如此普遍的原因一樣，如果現有的 xDSL 和 SONET 安裝據點很便宜而且能夠滿足大眾的需求，乙太網路可能都永遠無法取代它們。

乙太網路的命名法

乙太網路可運行的實體規格十分豐富，如表 3.3 所示。它的表示法遵循著 {1/10/100/1000/10G}{BASE/BROAD/PASS}[-]phy 的格式。第一個項目表示速度。第二個項目則說明，訊號是屬於基頻或寬頻。除了舊的 10BROAD36 和 10PASS-TS 之外，幾乎所有的乙太網路訊號都是基頻。第三項原本是表示最大長度的限制，以 100 公尺為單位，而且原本第二項和第三項之間並沒有橫線。第三個項目後來被改成表示實體規格，例如媒介類型和訊號編碼等，並且有橫線將它和第二項連在一起。

3.3.2 乙太網路的 MAC

乙太網路訊框封裝、定址和錯誤控制

802.3 MAC 子層是乙太網路的媒介獨立的部分（意思是它不受媒介的類別所影

響）。和 IEEE 802.2 裡規定的**邏輯鏈結控制（Logical Link Control, LLC）**子層一起，它們組成了 OSI 分層模型裡的資料鏈結層。和 MAC 子層相關的功能包括了資料封裝和媒介存取控制，而那些和 LLC 子層相關的功能是用來作為乙太網路、令牌環、WLAN 等鏈結層的共同介面。Linux 也在像橋接設定的功能裡製作了後者的部分，因為設定訊框是以 LLC 格式來規定（見第 3.6 節）。圖 3.14 提供了無標籤[4]的乙太網路訊框。透過訊框格式，我們首先介紹乙太網路的訊框封裝、定址和錯誤控制，並且把媒介存取控制和流量控制留到稍後再談。

- **前導訊號**：這個欄位使得接收器端的實體訊號時序能同步化。依照傳輸順序[5]，它的數值固定為 1010…1010，總長度為 56 位元。值得注意的是，訊框的邊界可能是以特殊的實體編碼或藉著訊號是否出現來標示，取決於 PHY 裡指定的是哪種規格。舉例來說，100BASE-X 乙太網路可以使用 4B/5B 編碼法把前導訊號的第一個位元組，/1010/1010/，轉換成兩個數值為 /11000/10001/ 的特殊代碼群組 /J/K/。4B/5B 編碼法把正常的資料數值 1010（依照傳輸順序）轉換成 01011，以避免混淆的情形發生。很類似地，100BASE-X 把兩個數值為 /01101/10001/ 的特殊代碼群組 /T/R/ 附在訊框之後，用來標示訊框的結束點。

- **SFD**：開始訊框分界符號（Start Frame Delimiter, SFD）欄位利用數值 10101011（依照傳輸順序）指出訊框的開始點。歷史上，DIX 乙太網路標準規定了一個 8 位元組的前導訊號，其數值和 802.3 訊框裡的前兩個欄位一樣，兩者之間的差別只在於它們的命名法而已。

- **DA**：這個欄位包含 48 位元的目的地主機的 MAC 位址，而它採用的是第 3.1.2 小節裡介紹的格式。

- **SA**：這個欄位包含 48 位元的來源主機的 MAC 位址。

- **類型／長度（T/L）**：由於過去歷史的原因，這個欄位有兩種涵義。DIX 之標準規定這個欄位是作為酬載的協定類型的代碼，比方說 IP 的代碼，而 IEEE 802.3 之

圖 3.14 乙太網路的訊框格式

前導訊號	SFD	DA	SA	T/L	資料	FCS
位元組長度　7	1	6	6	2	46-1500	4

SFD：開始訊框分界符號　　DA：目的地位址　　SA：來源位址　　T/L：類型／長度
FCS：訊框校驗序列

---

[4] 一個乙太網路訊框可以攜帶一個 VLAN 標籤。我們將會在第 3.5 節談論 VLAN 時看到這類的訊框格式。

[5] 乙太網路的傳輸是依照小端序位元順序，而我們會在常見誤解之章節裡釐清這一點。

標準則規定這個欄位是作為資料欄位的長度[6]，而把協定的類型留給 LLC 子層去處理。稍後 802.3 之標準也批准了它作為類型欄位的用途，導致目前可對此一欄位的涵義做出兩種解讀。要分辨出這個欄位代表的是哪一種涵義，其方法十分簡單：因為資料欄位的長度不會超過 1500 位元組，所以欄位中的數值如果小於或等於 1500 就代表著長度欄位，如果數值大於或等於 1536（=0x600）就代表著類型欄位。雖然它們的目的不同，這兩種解讀由於上述的簡單分辨方法所以可以並存無誤。至於 1500 和 1536 之間欄位數值則是蓄意不予以定義。大多數的訊框使用這個欄位作為類型欄位，因為目前主流的網路層協定 IP 是把它用作類型欄位。

- **資料**：這個欄位攜帶了長度介於 46 到 1500 位元組的資料。

- **FCS**：這個欄位攜帶著一個作為訊框校驗序列的 32 位元 CRC 碼。如果接收器找出一個出錯的訊框，它會默默地丟掉該訊框。傳輸器根本不清楚該訊框是否被丟棄掉。訊框重傳的責任就落在像 TCP 的上層協定身上。這個方法還相當有效率，因為如此一來，傳輸器不需要等到確認訊框的到來之後才能開始進行下一個傳送。在這裡，訊框出錯並非是一個太大的問題，因為乙太網路實體層的位元錯誤率非常低。

訊框的尺寸是一個變數。我們通常扣掉前兩個欄位，然後說一個乙太網路訊框的最小長度為 64（= 6 + 6 + 2 + 46 + 4）位元組，而最大長度為 1518（= 6 + 6 + 2 + 1500 + 4）位元組。有人可能會認為最大長度並不夠長，因為乙太網路訊框的標頭耗損比令牌環的或 FDDI 的標頭耗損還要大。

媒介存取控制：傳輸流程和接收流程

我們現在要說明在乙太網路的 MAC 裡面，一個訊框是如何被傳送以及接收，而你將會看到 CSMA/CD 運作的細節。圖 3.15 顯示 MAC 子層在訊框傳送和接收的流程中所扮演的角色。

CSMA/CD 是以一種很簡單的方式來運作，就如它的名稱所暗示的一樣。當有一筆訊框要送出時，CSMA/CD 會先感測作為傳輸媒介的電纜線。如果感測出電纜上有載波的存在，也就是電纜正忙碌中，則 CSMA/CD 會繼續感測電纜，一直到電纜變成閒置的狀態；否則的話，它會等待一小段間隔時間之後再送出訊框。如果在傳輸中偵測到一個碰撞，CSMA/CD 會阻塞（jam）電纜線，終止傳輸，等待一段隨機的退讓（back-off）時間間隔，然後再重試一遍。圖 3.16 呈現出傳輸流程，而

---

[6] 有一個廣泛的誤解就是長度欄位裡指出的是訊框的尺寸。這個觀念其實是錯的。訊框的結束點是藉由特殊實體編碼或訊號是否出現來標示。因此，乙太網路的 MAC 可以很容易地計算出它在一個訊框裡到底接收到了多少個位元組。

圖 3.15 MAC 子層裡的訊框傳輸和訊框接收

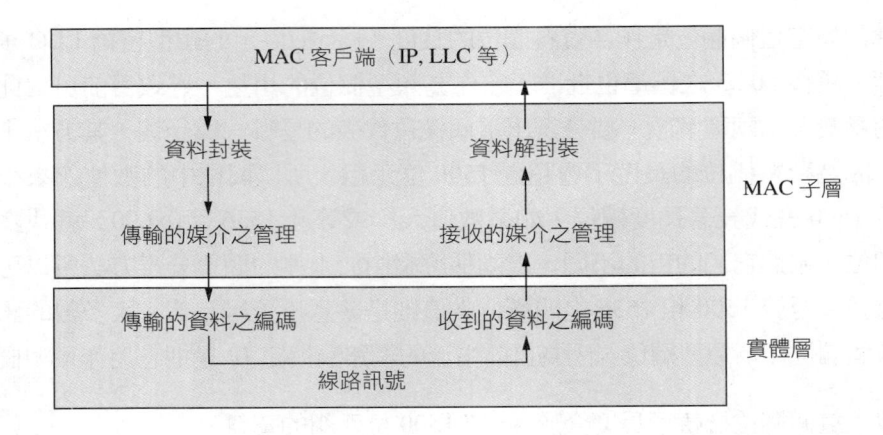

圖 3.16 CSMA/CD 的訊框傳輸流程

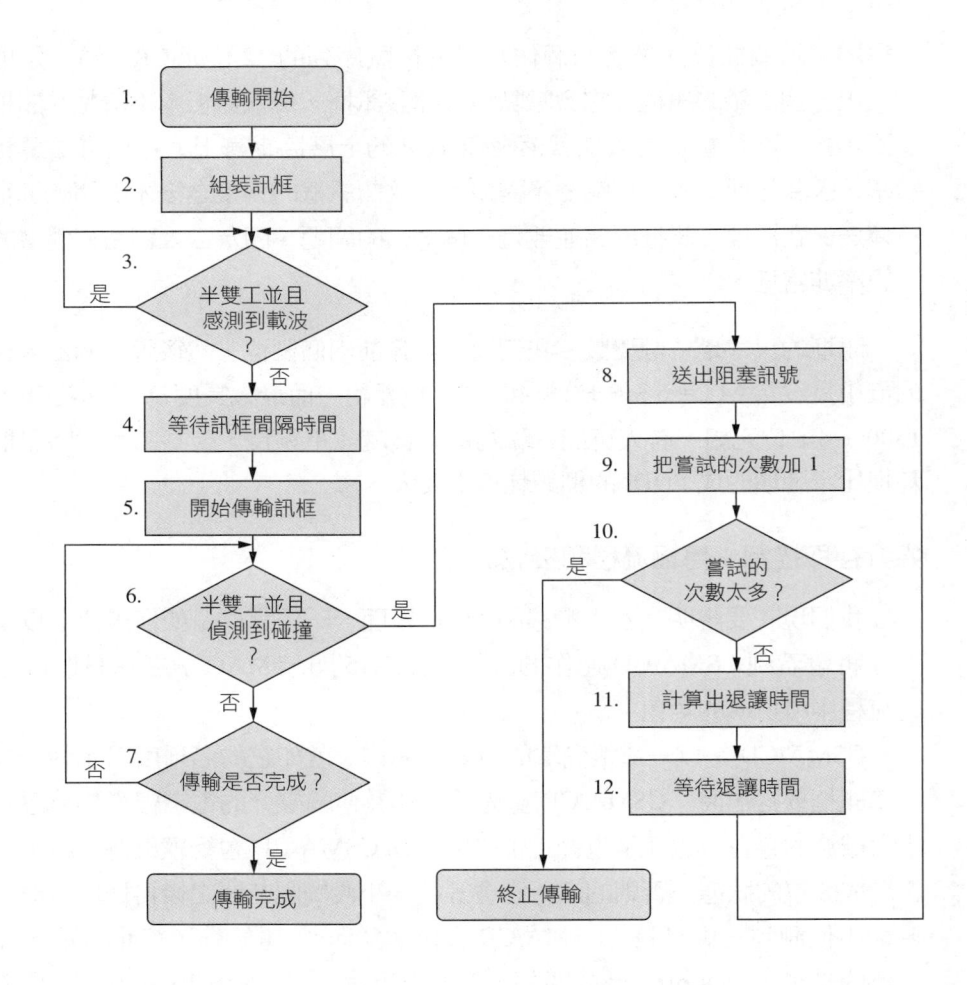

確切的程序則列在下面。注意到在全雙工的鏈結上，載波感測和碰撞偵測實際上是因為不再需要所以就消失了。

1. MAC 客戶端（IP、LLC 等）要求訊框傳輸。

2. MAC 子層把 MAC 資訊（前導訊號、SFD、DA、SA、類型和 FCS）附加在從 MAC 客戶端來的資料上。
3. 在半雙工的模式裡，CSMA/CD 的方法會感測載波以便能判斷出傳輸頻道是否忙碌。如果是的話，傳輸會被延期，一直到頻道變成閒置的狀態。
4. 等待一段被稱作**訊框間隔**（inter-frame gap, IFG）的時間長度。對所有的乙太網路類型而言，該時間長度是 96 個位元時間。一個**位元時間**（bit time）是一個位元傳輸所花的時間，因此就等於是位元速率的倒數。IFG 讓接收器有充分的時間替接收進來的訊框去做一些像是中斷或指標調整等等的處理工作。
5. 開始傳輸訊框。
6. 在半雙工的模式裡，傳輸器應該一直監視是否在傳輸中有碰撞發生。監視的方法取決於所接附的傳輸媒介。在同軸電纜上的多個傳輸會產生高於正常值的絕對電壓。就雙絞線而言，在傳送訊框時，如果在接收對（receive pair）察覺到一個接收到的訊號，那麼就可斷定有碰撞發生。
7. 如果在傳輸中沒有偵測到碰撞，訊框傳輸會進行下去一直到完成。如果在半雙工模式裡偵測到碰撞，繼續進行下面的步驟 8-12。
8. 傳輸器送出一個 32 位元長的阻塞訊號（jam signal）來製造出夠長的碰撞，以便確保碰撞的長度足以讓所有牽涉到的主機站都能知道碰撞已經發生。
9. 終止目前的傳輸，並嘗試去安排下一次訊框重傳的時間。
10. 訊框重傳的最大嘗試次數是 16 次。如果已經嘗試了這麼多次而訊框傳輸還是失敗，放棄傳送這一筆的訊框。
11. 在嘗試要重傳訊框時，首先會從 0 到 $2^k - 1$ 的範圍中隨機地選出一段以時槽（slot）為單位的退讓時間長度，其中的 $k = \min(n, 10)$，而 n 則是嘗試的次數。隨著嘗試的次數增加，退讓時間的範圍以指數方式成長，所以這個演算法被稱為**截斷式二元指數退讓法**（truncated binary exponential back-off）。10/100 Mbps 乙太網路裡的一個時槽的時間長度是 512 個位元時間，而 1 Gbps 乙太網路的一個時槽則長達 4096 個位元時間。當我們在第 3.3.3 小節裡討論 Gigabit 乙太網路時，我們會探討時槽長度的選擇以及它背後的原因。
12. 等待一段退讓時間，然後再一次嘗試訊框重傳。

接收一個訊框則容易許多。在把訊框傳遞給 MAC 客戶端之前，其中會有一連串對訊框長度的檢查（檢查訊框是否太短或太長），以及對目的地 MAC 位址、FCS 和位元組分界的檢查。圖 3.17 說明了接收流程。我們把相關程序列在下面。

1. 接收器的實體層偵測到一筆訊框的到來。
2. 接收器把接收到的訊號解碼，然後把除了先導訊號和 SFD 以外的資料往上傳遞給 MAC 子層。

圖 3.17 CSMA/CD 的訊框接收流程

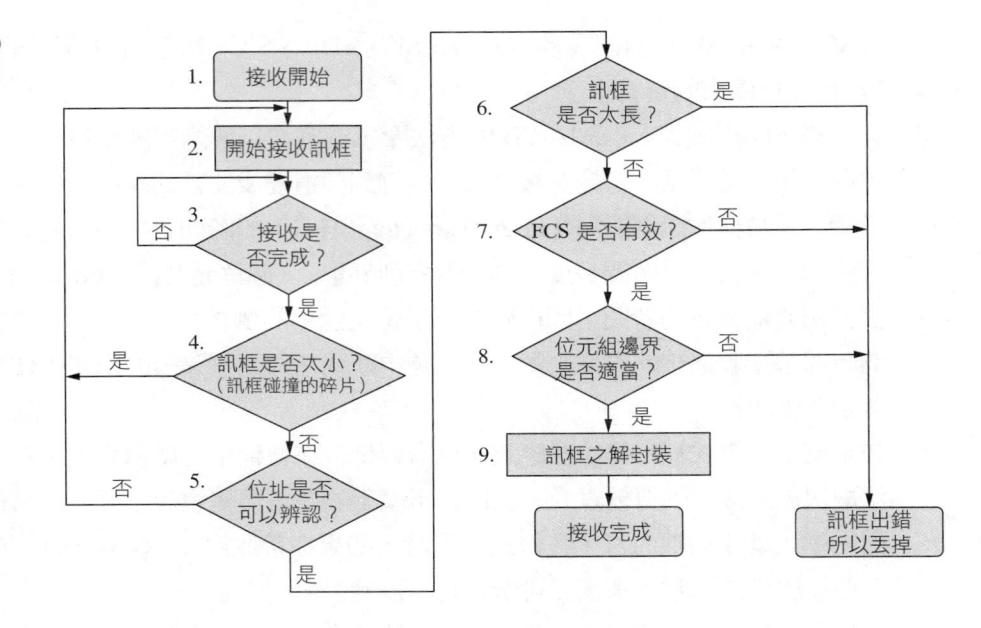

3. 只要接收的訊號持續下去，接收流程就隨之持續地進行。當訊號停止時，接收進來的訊框就會在最近的一個位元組分界處被截斷。
4. 如果訊框太短（少於 512 個位元），它會被視為訊框碰撞所產生的一個碰撞碎片並且被丟掉。
5. 如果目的地位址並非接收器的位址，訊框會被丟掉。
6. 如果訊框太長，它會被丟掉；而錯誤會被記錄下來，以作為管理用的統計數據。
7. 如果訊框的 FCS 校驗發現錯誤，訊框會被丟掉，而錯誤會被記錄下來。
8. 如果訊框的長度無法被位元組整除，它會被丟掉，而錯誤會被記錄下來。
9. 如果所有的檢查都通過，訊框會被解封裝，然後相關的欄位會被上傳給 MAC 客戶端。

碰撞可能會導致很差的效能嗎？

碰撞這個名詞聽起來很糟！然而，碰撞是 CSMA/CD 正常仲裁機制的一部分，並非系統功能失常的結果。碰撞可能導致一個亂碼狀態的訊框，可是如果在碰撞被偵測到時就立即停止傳輸的話，這樣就不算太糟。進一步地分析碰撞所造成的位元時間的損失，我們首先要回答一個關鍵的問題：碰撞可能發生在何處？我們用圖 3.18 裡面的訊框傳送模型來回答這個問題。

假設主機站 A 傳送一個長 64 位元組的最小尺寸的訊框，而在訊框的第一個位元抵達主機站 B 之前所花的傳播時間是 t。即便使用載波感測，主機站 B 可能在 t

圖 3.18 碰撞偵測和傳播延遲

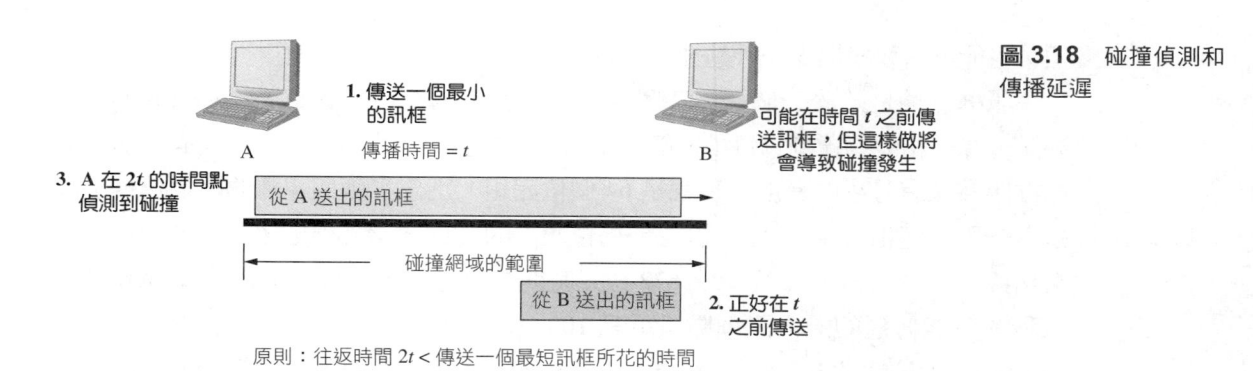

1. 傳送一個最小的訊框
   傳播時間 = t
2. 正好在 t 之前傳送
3. A 在 2t 的時間點偵測到碰撞

可能在時間 t 之前傳送訊框，但這樣做將會導致碰撞發生

從 A 送出的訊框
從 B 送出的訊框
碰撞網域的範圍

原則：往返時間 2t < 傳送一個最短訊框所花的時間

之前的任何時間點送出訊框，因而導致碰撞發生。更進一步假設最糟的情形發生，也就是主機站 B 正好在時間點 t 送出訊框，因而產生碰撞。碰撞然後要花上另外的 t 時間才能傳播回去主機站 A。如果主機站 A 在往返時間 2t 結束之前完成最小訊框的傳輸，則主機站 A 將沒有任何機會來啟動碰撞偵測並安排下一次的訊框重傳，因此該訊框將會遺失。為了讓 CSMA/CD 能正常地運作，往返時間必須小於傳送一個最小的訊框所需要的時間，這意味著 CSMA/CD 機制限制了同一**碰撞網域**（**collision domain**）裡兩台主機站之間的距離。這個限制讓半雙工的 Gigabit 乙太網路之設計更加複雜，而我們將會在第 3.3.3 小節裡介紹 Gigabit 乙太網路時再更深入探討這個議題。因為最小的訊框尺寸是 64 個位元組，它也代表著在上述的距離限制之下，一個碰撞必須發生在訊框的前 64 個位元組之內。如果超過 64 個位元組被傳送出去，則由於其他主機站的載波感測機制的緣故，發生碰撞的機會就完全不可能存在。

如果我們把 32 位元的阻塞訊號納入考量，訊框內真正被傳輸的位元數加上阻塞訊號不能超過 511 個位元，就如同訊框接收流程的步驟 4 所描述的一樣，因為 512 個位元（=64 個位元組）是一個正常訊框的最小長度。否則的話，接收器將會把這些位元當成是一個正常的訊框而非碰撞的碎片。因此，被浪費掉的位元時間之最大數量是 511 + 64（從前導訊號而來）+ 96（從 IFG 而來）= 671。這對於一個大的訊框而言僅是一小部分而已。除此之外，我們必須強調說這裡所描述的是最糟的情況。就大多數的碰撞而言，它們在前導訊號期間就會被偵測出來，因為兩個傳輸站之間的距離並不會太遠。在此情形之下，被浪費掉的位元時間之數量只有 64（從前導訊號而來）+ 32（從阻塞訊號而來）+ 96（從 IFG 而來）= 192。

最大訊框速率

在一秒鐘內一個傳輸器（接收器）能夠傳送（接收）多少個訊框呢？這是一個很有趣的問題，尤其是當你設計或分析一個封包處理裝置時，比方說是一個交換

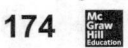

器，可能就需要找出每一秒鐘你的裝置可能需要處理多少個訊框。

訊框傳輸是始於一個長達 7 個位元組的前導訊號和一個長 1 位元組的 SFD。要讓一條鏈結能夠達到它每秒所能送出的訊框數量的最大傳輸速度，所有要送出的訊框應該保有最小的長度，也就是 64 個位元組。別忘了兩個連續的訊框傳輸之間還有一段長度相當於 12 位元組（= 96 位元）的 IFG。全部算起來，一個訊框傳輸會佔據 $(7 + 1 + 64 + 12) \times 8 = 672$ 位元時間。因此，在一個 100 Mbps 的系統裡，每秒鐘所能傳送的最大訊框數量就是 $100 \times 10^6 / 672 = 148{,}800$。這個數值被稱為 100 Mbps 鏈結的最大訊框速率（maximum frame rate）。對於有 48 個介面埠的交換器來說，匯集的最大訊框速率可能會高達 $148{,}800 \times 48 = 7{,}140{,}400$。換言之，就是超過 700 萬！

全雙工 MAC

早期的乙太網路使用同軸電纜作為傳輸媒介，用它把主機站連接成一個匯流排的網路拓樸。基於容易管理的緣故，雙絞線已經取代了大部分同軸電纜的使用。現在主流的做法是用一條雙絞線電纜把每台主機站連接到一台像是集線器（hub）或交換器（switch）之類的集中裝置，最後形成一個星狀的網路拓樸。就普遍使用的 10BASE-T 和 100BASE-TX 而言，一條雙絞線中有一對導線是專門負責傳輸或接收之用[7]。一個碰撞因此被定義為，在傳輸導線對上傳送資料的時候，同時察覺到接收導線對上出現了接收到的訊號。然而，這種做法仍然缺乏效率。既然在星狀拓樸的設置中，媒介是專門用於點對點的通訊，那麼為何新的乙太網路科技還需要保留碰撞作為一種仲裁的方法呢？

在 1997 年，IEEE 802.3x 工作小組在乙太網路裡新增了全雙工的運作，也就是說，傳輸和接收可以同時進行。全雙工模式裡並沒有支援載波感測或碰撞偵測，因為現在已經不需要它們——在專用的媒介上根本就沒有多重存取。因此，CS、MA 和 CD 全部都被拿掉了！有趣的是，這對於乙太網路的設計其實是一種相當戲劇化的改變，因為乙太網路最有名的就是它的 CSMA/CD 機制。有三個條件需要被滿足才能運行全雙工的乙太網路：

1. 傳輸媒介必須能夠在兩個端點上傳輸和接收而不會有干擾。
2. 傳輸媒介應該是剛好兩台主機站所專用的，形成主機站之間的一條點對點鏈結。
3. 兩台主機站應該能夠被設定成全雙工模式。

---

[7] 在 1000BASE-T，傳輸和接收可以同時成對發生。仲裁機制仍非必要，但所需的代價是使用精密的 DSP 電路來分離接收和傳輸的訊號。

IEEE 802.3 標準明確地排除掉在集線器上運行全雙工模式的可能性，因為集線器的頻寬是共用而非專用的。三種全雙工傳輸的典型情形分別為：主機站對主機站鏈結（station-to-station link）、主機站對交換器鏈結（station-to-switch link）以及交換器對交換器鏈結（switch-to-switch link）。在任何情況下，這些鏈結都必須是專用的點對點鏈結。

全雙工的乙太網路實際上把兩主機站之間的頻寬加倍，它也讓由於使用 CSMA/CD 而產生的距離限制得以放寬。這點對於高速（high-speed）以及廣域（wide-area）的傳輸是非常重要的，正如我們將在第 3.3.3 節所討論的一般。目前，差不多所有的乙太網路介面都支援全雙工。任一方的通訊介面可以執行自動協商（auto-negotiation）來判斷是否通訊雙方都支援全雙工。如果是的話，雙方將以全雙工模式運作，以獲得較高的效率。

乙太網路流量控制

乙太網路裡的流量控制取決於其雙工模式。半雙工模式利用**偽造載波（false carrier）**的技術；藉由這種技術，如果接收器無法負擔得起更多的訊框傳進來時，接收器可以在共用的媒介上傳送一個載波，比方說一序列的 1010…10，一直到它能夠承擔更多的訊框。傳輸器將會感測到載波，並且延緩接下來的傳輸。另一種做法則是，每當偵測到一個訊框傳輸時，壅塞的接收器可以強迫使一個碰撞發生，進而導致傳輸器退讓並且重新安排它的傳輸時間。這個技術被稱為強迫碰撞（force collision），而兩種技術合稱為回壓（back pressure）。

然而，全雙工模式並沒有提供回壓，因為它已經不再使用 CSMA/CD。IEEE 802.3 規定了一個 PAUSE（暫停）訊框，作為全雙工模式的流量控制之用。接收器明確地把一個 PAUSE 訊框傳送給傳輸器，而當接收到 PAUSE 訊框時，傳輸器馬上停止傳輸。PAUSE 訊框攜帶一個稱為 pause_time 的欄位，用來告訴傳輸器它停止傳輸應該要持續多久的時間。因為要事先預估暫停時間的長度並不容易，實際上 pause_time 會被設成最大值，以停止傳輸。一旦接收器能夠接收更多的訊框時，另一個 pause_time=0 的 PAUSE 訊框會被傳送給傳輸器，以重新啟動傳輸器的傳輸。

開放源碼之實作 3.5：CSMA/CD

總覽

CSMA/CD 是乙太網路 MAC 的一部分，而大部分的乙太網路 MAC 是以硬體實作而成。

一個開放源碼的乙太網路實例可從 OPENCORE（www.opencores.org）網站獲得，它提供了可合成的（synthesizable）Verilog 程式碼。所謂可合成的，是指該 Verilog 程式碼完整到足以被一連串的工具給編譯成一個電路。它提供根據 IEEE 的 10 Mbps 和 100 Mbps 乙太網路規格所製作的第 2 層協定的實作。

方塊流程圖

圖 3.19 說明 OPENCORE 乙太網路核心的結構。該結構主要由主機介面、傳輸（TX）模組、接收（RX）模組、MAC 控制模組和媒介獨立介面管理模組。它們的描述如下：

1. TX 和 RX 模組啟動所有傳輸和接收的功能。這些模組會處理先導訊號的產生和移除。這兩個模組併入 CRC 產生器以供錯誤偵測之用。此外，TX 模組會執行退讓程序所使用的隨機時間產生，並且監測 `CarrierSense` 和 `Collision` 這兩個訊號以運行 CSMA/CD 的主體。
2. MAC 控制模組提供全雙工的流量控制，它在兩個通訊的主機站之間傳送 PAUSE 控制訊框。因此，MAC 控制模組會支援控制訊框偵測和產生、與 TX 和 RX MAC 之間的介面、PAUSE 計時器以及時槽計時器。
3. MII 管理模組實作 IEEE 802.3 MII 的標準，它提供了乙太網路 PHY 和 MAC 層之間的相互連接。透過 MII 介面，處理器可以強迫乙太網路 PHY 運作在 10 Mbps 或 100 Mbps，並且設定它運作於全雙工或半雙工模式。MII 管理模組裡面有運作控制、移位暫存器、輸出控制器模組和時脈產生器等子模組。
4. 主機介面是一個 WISHBONE（WB）匯流排把乙太網路的 MAC 連接到處理器和外部的記憶

圖 3.19 乙太網路 MAC 和新的架構

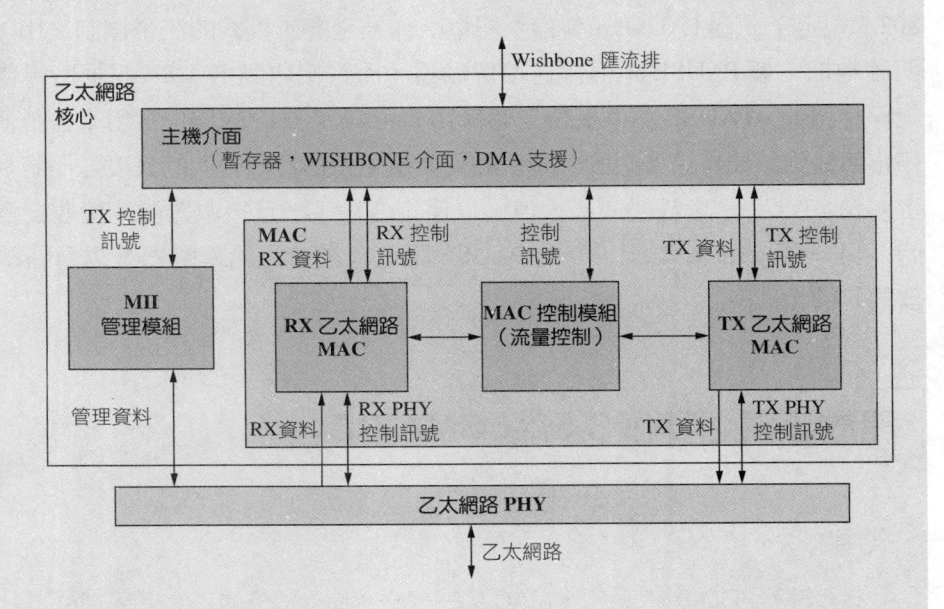

體。WB 是 OPENCORE 計畫的一個互連規格,到目前為止,它支援的資料傳輸只有 DMA 傳輸。主機介面也有狀態(status)和暫存器(register)模組。狀態模組記錄了寫入相關緩衝器描述子的狀態。暫存器模組是供乙太網路 MAC 的操作所使用,而它包含了設定暫存器(configuration registers)、DMA 操作、傳輸狀態和接收狀態。

資料結構和演算法之實作

狀態機:TX 和 RX

在 TX 和 RX 模組裡面,TX 和 RX 狀態機會分別控制它們的行為。圖 3.20 顯示這兩種狀態機。我們在此只描述 TX 狀態機的行為,因為 RX 狀態機運作的方式很雷同。TX 狀態機開始於 `Defer`(延緩)狀態,一直等到載波消失(亦即 `CarrierSense` 訊號是不存在的)後便進入了 `IFG`(訊框間隔)狀態。在訊框間隔(Inter-frame Gap, IFG)之後,TX 狀態機會進

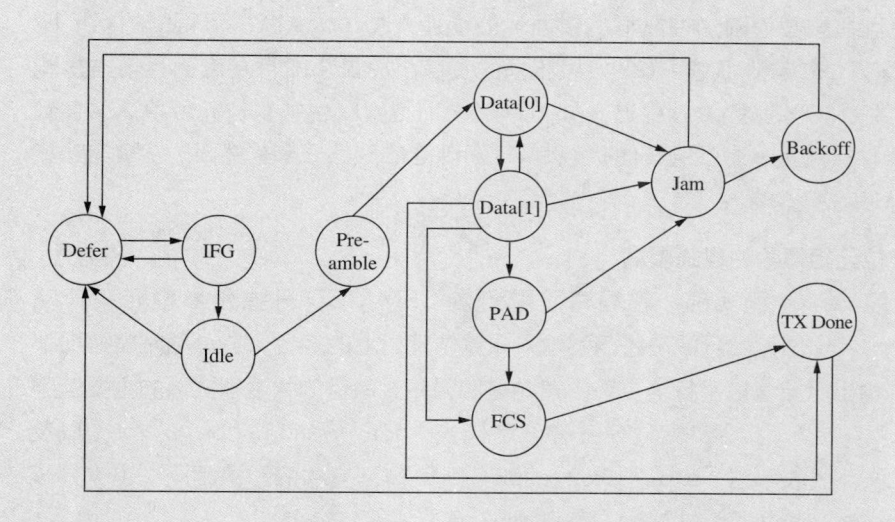

圖 3.20 TX(上圖)和 RX(下圖)狀態機

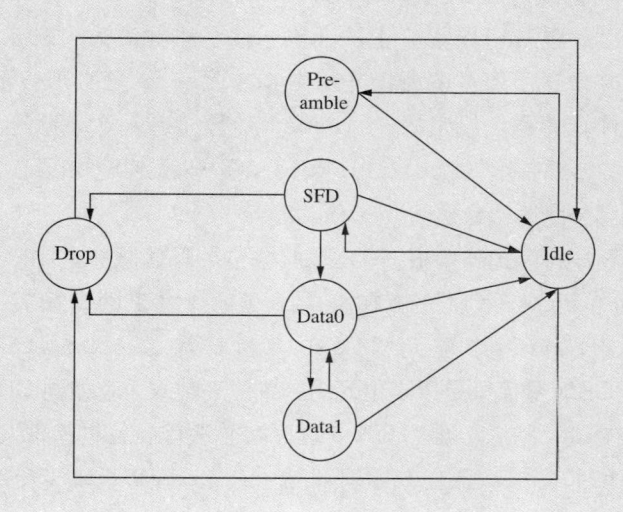

入 Idle（閒置）狀態，等待從 WB 介面傳來一個傳輸請求。如果介面仍然沒有載波出現，狀態機就進入 Preamble（前導訊號）狀態並且啟動一個傳輸；否則，它會返回 Defer 狀態，然後再一次等待直到載波消失。在 Preamble 狀態中，前導訊號 0x5555555 和開始訊框分界符號 0xd 會被送出，然後 TX 狀態機先後分別進入 Data[0] 和 Data[1] 狀態，以半位元組（nibble）為單位來傳送資料位元組。半位元組的傳輸開始於最低有效位元組（LSB），一直到訊框的結束點才會停止，而每次傳送一個位元組時，TX 狀態機就會通知 Wishbone 介面，要求它提供下一個要傳送的資料位元組。

- 如果傳輸中有碰撞發生，TX 狀態機就會進入 Jam 狀態以便送出阻塞訊號，然後進入 Backoff 狀態等待一段退讓時間，最後回到 Defer 狀態並再一次嘗試傳輸。
- 當只剩下一個位元組要傳送時（傳輸中沒有發生碰撞），(1) 如果訊框的總長度大於或等於最小訊框長度而且 CRC 功能已被啟動，TX 狀態機就會進入 FCS 狀態，計算出資料的 32 位元 CRC 數值並且把該數值附加在訊框的後面，最後進入 TxDone 狀態；否則的話，TX 狀態機就會直接進入 TxDone 狀態。(2) 如果訊框的長度小於最小訊框長度而且填充功能（padding）已被啟動，TX 狀態機就會進入 PAD 狀態，而且資料會被 0 位元所填滿，直到最小訊框長度之條件被滿足。剩下的其他狀態和 (1) 所陳述的狀態一樣。然而，當填充功能被取消時，PAD 狀態會被省略。

CSMA/CD 訊號和半位元組傳輸的程式編寫

圖 3.21 是一小段 Verilog 程式碼，它編寫了關鍵的 CSMA/CD 訊號和半位元組傳輸（nibble transmission）。一個輸出訊號是將多個輸入訊號做算術上的結合，在每個時脈週期都會更新一次。所有的輸出訊號會被平行地更新，這點是和循序式執行的軟體程式碼的主要差別所在。「~」、「&」、「|」、「^」以及「=」等符號分別代表「not」、「and」、「or」、「xor」以及「assign」等操作。條件式表示法「exp1? exp2: exp3」則和 C 語言中的語法相同（也就是，如果 exp1 的結果是對的，exp2 將會被執行；否則 exp3 會被執行）。

一個主機站在半雙工模式裡會觀察 PHY 媒介上的活動。除了訊框傳輸的載波之外，它也會觀察到超過一個主機站同時傳送所產生的碰撞（藉由 Collision 變數來表示）。如果一個碰撞發生，所有主機站會停止傳送，設定好 StartJam 參數（進入 Jam 狀態）並且在 Backoff 狀態中退讓一段隨機的時間長度（StartBackOff 參數被設定）。如果在 Jam 狀態或 Backoff 狀態時載波出現的話，狀態機會返回 Defer 狀態。

在「nibble transmission」下方的程式碼會根據 TX 狀態機位於哪個狀態之中來選擇要被傳送的半位元組（nibble，即 4 位元）。TX 狀態機在小端序傳輸時會來回切換於 Data[0] 和 Data[1] 之間，因此要送出的資料半位元組 MTxD_d 會輪流載入 TxData[3:0] 和 TxData[7:4]。在 FCS 狀態，CRC 數值則是以半位元組為單位來載入，就如同 CRC 之計算是以 crc 移位暫存器來實作。在 Jam 狀態，雖然 802.3 之標準並沒有規定阻塞訊號的內容，任意選用的數值 1001（亦即 4'h9）會被載入作為阻塞訊號。在 Preamble 狀態，前導訊號

CSMA/CD Signals
```
assign StartDefer = StateIFG & ~Rule1 & CarrierSense & NibCnt[6:0] <= IPGR1 &
NibCnt[6:0] != IPGR2
| StateIdle & CarrierSense
| StateJam & NibCntEq7 & (NoBckof | RandomEq0 | ~ColWindow | RetryMax)
| StateBackOff & (TxUnderRun | RandomEqByteCnt)
| StartTxDone | TooBig;
assign StartDefer = StateIdle & ~TxStartFrm & CarrierSense
          | StateBackOff & (TxUnderRun | RandomEqByteCnt);
assign StartData[1] = ~Collision & StateData[0] & ~TxUnderRun & ~MaxFrame;
assign StartJam = (Collision | UnderRun) & ((StatePreamble & NibCntEq15)
          |(StateData[1:0]) | StatePAD | StateFCS);
assign StartBackoff = StateJam & ~RandomEq0 & ColWindow & ~RetryMax & NibCntEq7 &
~NoBckof;
```
Nibble transmission
```
always @ (StatePreamble or StateData or StateData or StateFCS or StateJam or
StateSFD or TxData or  Crc or NibCnt or NibCntEq15)
begin
if(StateData[0])    MTxD_d[3:0] = TxData[3:0];    // Lower nibble
else  if(StateData[1])   MTxD_d[3:0] = TxData[7:4]; // Higher nibble
else  if(StateFCS) MTxD_d[3:0]={~Crc[28],~Crc[29],~Crc[30],~Crc[31]}; // Crc
else  if(StateJam)    MTxD_d[3:0] = 4'h9;     // Jam pattern
else  if(StatePreamble)
if(NibCntEq15)     MTxD_d[3:0] = 4'hd;    // SFD
else     MTxD_d[3:0] = 4'h5;              // Preamble
    else    MTxD_d[3:0] = 4'h0;
end
```

圖 3.21　CSMA/CD 訊號和半位元組傳輸

0x5555555 和開始訊框分界符號 0xd 會依次被載入。

　　因為在碰撞被偵測出來之後，TX 模組會啟動退讓程序（back-off process），它會像圖 3.22 一樣，從一個偽隨機數（pseudorandom）得出一段時間長度並且在該段時間內一直等候。二元指數（binary exponential）演算法被用來在事先限定的數值範圍內產生一段隨機的退讓時間。在陣列 x 裡的元素 x[i] 是一個數值為 0 或 1 的隨機位元，而陣列 x 可被視為以二進制表示的一個 10 位元的隨機數值（總共 10 位元，因此隨機數的範圍是 0 到 2^k-1，其中的 k = min(n, 10)，而且 n 是嘗試的次數）。根據圖 3.22 的陳述，當 RetryCnt 大於 i，如果 x[i] = 1，Random[i] 會被設成 1；否則的話，Random[i] 會被設成 0。換句話說，如果 RetryCnt 增加 1 的話，隨機數裡更高階的一個位元可能會被設成 1，而這意味著隨機數值的範圍隨著嘗試的次數增加而呈現指數增長。得出隨機數之後，如果傳輸頻道因為碰撞而被阻塞

```
assign Random [0] = x[0];
assign Random [1] = (RetryCnt > 1) ? x[1] : 1'b0;
assign Random [2] = (RetryCnt > 2) ? x[2] : 1'b0;
assign Random [3] = (RetryCnt > 3) ? x[3] : 1'b0;
assign Random [4] = (RetryCnt > 4) ? x[4] : 1'b0;
assign Random [5] = (RetryCnt > 5) ? x[5] : 1'b0;
assign Random [6] = (RetryCnt > 6) ? x[6] : 1'b0;
assign Random [7] = (RetryCnt > 7) ? x[7] : 1'b0;
assign Random [8] = (RetryCnt > 8) ? x[8] : 1'b0;
assign Random [9] = (RetryCnt > 9) ? x[9] : 1'b0;
always @ (posedge MTxClk or posedge Reset)
begin
  if(Reset)
    RandomLatched <= 10'h000;
  else
    begin
      if(StateJam & StateJam_q)
        RandomLatched <= Random;
    end
end
assign RandomEq0 = RandomLatched == 10'h0;
```

圖 3.22 退讓隨機產生器

的話（藉由 StateJam 和 StateJam_q 變數來判斷），隨機數會被鎖在 RandomLatched 參數之中。如果隨機數碰巧是 0（亦即退讓時間是 0），RandomEq0 變數會被設定，而且退讓程序將不會被啟動（圖 3.21 的最後一個數值指派的陳述中，StartBackoff 的值為偽）。

練習題

1. 如果乙太網路 MAC 運作於全雙工模式（目前非常普遍），應取消設計裡的哪個組件呢？
2. 全雙工模式的設計比半雙工模式的設計更為簡單，所以前者的效能高於後者的效能。既然如此，為何我們還要這麼麻煩在乙太網路 MAC 裡實作半雙工模式？

流量控制在乙太網路中是一個選項而已。它能被使用者啟動或經由自動協商來啟動。IEEE 802.3 之標準在 MAC 和 LLC 之間提供了一個選項性的子層，其名稱為 MAC 控制子層（MAC Control sublayer）。該子層定義出 MAC 控制訊框，以便於提供 MAC 子層運作的即時操控。PAUSE 訊框只是 MAC 控制訊框的其中一種。

歷史演進：電力線網路：HomePlug

乙太網路是區域網路的主流科技，可是它需要在節點和節點之間部署網路電纜線，以供節點間有線連接之用。雖然無線區域網路可以完全排除掉電線的使用，無線訊號卻會受到各種干擾的影響並因此有較差的穩定性。在上述兩個科技之間有一個較不普遍但相當有效的解決方案，稱為 HomePlug，它利用電力線來傳送資料。乙太網路電纜線可以掛上一個電力線介面卡（power-line adapter），該介面卡然後插入一個電線插座。其他裝置也可以用同樣的方法來完成連接，然後就可以透過電力線的基礎架構來傳送資料。電力線的基礎架構在一般的住家內都是必備的，因此兩個電線插座之間不需要任何額外的線路。

HomePlug 憑藉 OFDM 調變在電力線上傳輸資料。HomePlug 1.0 規格在半雙工模式下允許高達 14 Mbit/s 的傳輸速度。一種私有的解決方案在渦輪模式下則允許高達 85 Mbps 的速度。稍後的一種規格把傳輸速度推升到 189 Mbps。該解決方案是另一種便宜的選擇，它可以減少一般住家或辦公室內的線路部署。

3.3.3 乙太網路領域的精選議題

Gigabit 乙太網路

Gigabit 乙太網路的約定原先是分成兩個工作小組：802.3z 和 802.3ab。後者的工作小組負責**最先一哩的乙太網路（Ethernet in the First Mile, EFM）**，其規定了三個新的可運行於十億位元速度的 PHY。為了清楚起見，我們把後面的部分留到介紹 EFM 的時候再談。表 3.4 僅列出 802.3z 和 802.3ab 的規格。

Gigabit 乙太網路的設計裡有一個難題，就是源自於 CSMA/CD 的距離限制。

表 3.4　Gigabit 乙太網路的實體規格

工作小組	規格名稱	描述
IEEE 802.3z（1998 年）	1000BASE-CX	25 公尺長的 2 對遮蔽式雙絞線（STP）以及 8B/10B 編碼法
	1000BASE-SX	短波雷射的多重模式光纖以及 8B/10B 編碼法
	1000BASE-LX	長波雷射的多重或單一模式光纖以及 8B/10B 編碼法
IEEE 802.3ab（1999 年）	1000BASE-T	100 公尺長的 4 對類別 5（或更好的）無遮蔽式的雙絞線（UTP）以及 8B1Q4

這個距離限制對於 10 Mbps 和 100 Mbps 乙太網路並不是問題；在 100 Mbps 乙太網路裡，銅線連接的距離限制大約是 200 公尺，而這對於正常的設定已經足夠。10 Mbps 乙太網路的距離限制則更長。然而，Gigabit 乙太網路的傳輸速度是 100 Mbps 乙太網路傳輸速度的十倍，這使得前者的距離限制縮短了十倍。對於許多網路的部署，約 20 公尺的距離限制是無法被接受的，所以 Gigabit 乙太網路的設計目標就是要讓距離限制放寬但同時維持訊框格式不變。

IEEE 802.3 之標準把一連串的**延伸位元**（extension bits）附加於訊框之後，以便確保訊框的傳輸時間會超過往返時間。這些位元可以是實體層的任何資料符號。此一技術被稱為**載波延伸**（carrier extension），它實際上延伸了訊框的長度但卻沒有改變最小的訊框尺寸。然而，雖然此技術的立意良好，可是它所產生的處理量卻很差。相比之下，全雙工乙太網路完全不需要 CSMA/CD，使得這個解決方案對於全雙工乙太網路而言根本就不必要。全雙工乙太網路的實作比半雙工乙太網路來得簡單。它的處理量高出非常多，而且距離限制也不再是問題。既然半雙工式的 Gigabit 乙太網路並不是非要不可，為何我們要這麼麻煩去製作它呢？Gigabit 乙太網路交換器能夠支援全雙工，而且隨著製作交換器功能的 ASIC 科技的進步，它們比以往要便宜許多。對於 Gigabit 乙太網路的部署而言，主要考量的重點是性能而非成本。市場已經證明了半雙工式 Gigabit 乙太網路的失敗，因為目前市面上只存在著全雙工式 Gigabit 乙太網路產品。

10 Gigabit 乙太網路

就像摩爾定律陳述微處理器的處理能力每隔 18 個月會增加 1 倍，乙太網路的速度從早期開始便呈現指數增長。IEEE 802.3ae 工作小組所研發的 10 Gigabit 乙太網路標準在 2002 年推出。稍後在 2006 年它被擴充成可運作在雙絞線之上，稱作 10GBASE-T。10 Gigabit 乙太網路支援以下的功能：

- **僅有全雙工**：IEEE 802.3 的人員從 Gigabit 乙太網路的研發中學到了一課：10 Gigabit 乙太網路裡僅支援全雙工模式；半雙工模式甚至從沒有考慮過。

- **相容於過去的標準**：訊框格式和 MAC 的運作維持不變，這使得它和既有產品之間相互運作相當容易。

- **走向 WAN 的市場**：因為 Gigabit 乙太網路已經走向 MAN 的市場，10 Gigabit 乙太網路將更進一步走進 WAN 的市場。一方面而言，新標準的最長距離是 40 公里；另一方面而言，一個 WAN PHY 在同步光纖網（SONET）的基礎架構中是被定義成和 OC-192 的界面相交，而 OC-192 運作的速度非常接近 10 Gigabit。

IEEE 802.3ae 除了 LAN PHY 之外，還推出了一個 WAN PHY 的選項。這兩個 PHY 使用相同的傳輸媒介，因此也有相同的傳輸距離。它們的差別在於 WAN PHY 在實體編碼子層（Physical Coding Sublayer）裡有一個 WAN 介面子層（WAN Interface Sublayer, WIS）。WIS 是一個訊框封裝器，它把一個乙太網路訊框映射成一個 SONET 的酬載，使得乙太網路接附於 OC-192 裝置更為容易。

表 3.5 列出 IEEE 802.ae 的實體規格。在代碼名稱裡的字母「W」代表著一個可以直接連接到 OC-192 介面的 WAN PHY，其他則僅供 LAN 所使用。除了 10GBASE-LX4，每一個實體規格使用複雜的 64B/66B 區塊編碼。10GBASE-LX4 使用 8B/10B 區塊編碼，並且憑藉著四個波長分割多工（WDM）的頻道來達到 10 Gbps 的傳輸速度。除了 IEEE 802.3ae 的第一批規格之外，稍後的規格像是 10GBASE-CX4 和 10GBASE-T 甚至允許銅線以 10 Gbps 傳輸資料。一個擴充到乙太網路被動式光纖網路（Ethernet Passive Optical Network, EPON）的版本從 2008 年起就一直在開發中，它可以運作於 10 Gbps 的速度。

最先一哩乙太網路

我們看到了乙太網路主宰著有線區域網路，並且看見它正在接收 WAN 的市場，但是 LAN 和 WAN 之間介面的情況又是如何呢？假設 LAN 和 WAN 都有充沛的頻寬，我們在家裡仍然需要透過 ADSL、纜線數據機等來接取網際網路。在 LAN 和 WAN 之間的用戶接取網路（subscriber access network）這一段，也被稱為最先一哩（first mile）或最後一哩（last mile），可能會成為一條終端對終端之連接的瓶頸。在 LAN、最先一哩和 WAN 分別使用不同的科技會導致協定轉換，進而會引起不少的耗損。隨著用戶接取網路愈來愈普及，這個潛在市場變得很吸引乙太網路研發者的注意。

表 3.5　IEEE 802.3ae 的實體規格

代碼名稱	波長	傳輸距離（公尺）
10GBASE-LX4	1310 nm	300
10GBASE-SR	850 nm	300
10GBASE-LR	1310 nm	10,000
10GBASE-ER	1550 nm	10,000
10GBASE-SW	850 nm	300
10GBASE-LW	1310 nm	10,000
10GBASE-EW	1550 nm	40,000

歷史演進：骨幹網路：SONET/SDH 和 MPLS

SONET 和 SDH 是經由光纖上的多工協定。SONET 是 synchronous optical network（同步光纖網）的簡寫，而 SDH 是 synchronous digital hierarchy（同步數位階層）的簡寫。前者是美國和加拿大在使用，後者是世界其他國家在使用。SONET 的載波層級是以 OC-x 標示，而 OC-x 的線速大約是 51.8*x Mbps。因此，OC-3 的線速大約是 155 Mbps，OC-12 的線速大約是 622 Mbps，以此類推。高速 SONET/SDH，像速度大約是 10 Gbps 的 OC-192，通常被部署在骨幹網路。

由於 SONET/SDH 的基礎架構很龐大，要一下子用乙太網路取代掉它是很困難的。這就是為何 10 Gigabit 乙太網路要支援可以直接連接到 OC-192 介面的 WAN PHY。因此，讓 10 Gigabit 乙太網路和既有的 SONET/SDH 基礎結構並存是確切可行的。

要在如此高速的網路裡轉發封包，多重協定標籤交換（MPLS）的技術可以讓邊緣的路由器把封包貼上標籤（labels），然後核心路由器只要檢視標籤就可以轉發封包。這種機制比一般的路由器裡昂貴的 IP 最長字首比對要快得多。我們會在第 4 章討論這個議題。

IEEE 802.3ah 最先一哩乙太網路（Ethernet in the First Mile, EFM）工作小組替這個市場定出一個標準。假如有線網路裡的任何一個環節都採用乙太網路的話，那就不需要協定轉換了，而整體的耗損成本也會降低。總而言之，這個標準預期會提供一種便宜而又快速的科技給潛在廣大的最先一哩市場。乙太網路有希望變得非常普及，而 IEEE 802.3ah 的目標如下：

- **新的網路拓樸**：用戶接取網路的要求包括光纖上點對點、光纖上點對多點以及銅線上點對點等傳輸模式。此標準可以滿足這些要求。

- **新的 PHY**：表 3.6 概述 IEEE 802.3ah 的 PHY，包括以下的規格：
  - 點對點的光纖：這個種類的 PHY 是從一點到另一點的單一模式光纖。它們包括 100BASE-LX10、100BASE-BX10、1000BASE-LX10、1000BASE-BX10，其中 LX 表示一對光纖而 BX 表示單一光纖。這裡的 10 意味著傳輸距離是 10 公里，比 IEEE 802.3z Gigabit 乙太網路的最大距離 5 公里還要長。
  - 點對多點的光纖：在這個拓樸裡，單獨一點會服務多個地點。在支流裡是一個沒有電力供給的被動式光纖分歧器（passive optical splitter），因此它的網路拓樸也被稱為被動式光纖網路（passive optical network, PON）。這個類型的 PHY 包含 1000BASE-PX10 和 1000BASE-PX20。前者可以傳到 10 公里之遠，而後者可以傳到 20 公里。IEEE 802.3av 另一個正在進行的工作是推動乙太網路 PON

表 3.6　IEEE 802.3ah 的實體規格

代碼名稱	描述
100BASE-LX10	100 Mbps 在一對光纖上可達 10 公里
100BASE-BX10	100 Mbps 在一條光纖上可達 10 公里
1000BASE-LX10	1000 Mbps 在一對光纖上可達 10 公里
1000BASE-BX10	1000 Mbps 在一條光纖上可達 10 公里
1000BASE-PX10	1000 Mbps 在被動式光纖網路上可達 10 公里
1000BASE-PX20	1000 Mbps 在被動式光纖網路上可達 20 公里
2BASE-TL	至少 2 Mbps 在 SHDSL 上可達 2700 公尺
10PASS-TS	至少 10 Mbps 在 VDSL 上可達 750 公尺

達到 10 Gbps 傳輸速度。Zheng 和 Mouftah 在 2005 年對乙太網路 PON 裡媒介存取控制做了一次總覽的簡介。

- 點對點的銅線：它的 PHY 是用於無載語音等級（non-loaded voice grade）的銅電纜線。這些 PHY 包含 2BASE-TL 和 10PASS-TS。前者在 SHDSL 上至少 2 Mbps 並且可達 2700 公尺，而後者在 VDSL 上至少 10 Mbps 並且可達 750 公尺。在無法使用光纖的情況下，上述的 PHY 都是經濟划算的解決方案。

● 遠端操作、管理和維護（Far-end Operations, Administration, and Maintenance（OAM））：可靠性對於用戶接取網路而言是極為關鍵。為了提供容易的 OAM 功能，這個標準定義了新的方法用作遠端故障指示、遠端迴路和鏈結監測。

歷史演進：最先一哩網路：xDSL 和纜線數據機

有各式各樣的數位用戶線路（DSL）科技在舊的電話線路上提供資料傳輸。因為電話線路無所不在，所以 DSL 科技也非常普遍。xDSL 裡的字母「x」代表著 DSL 科技的類型，包括了 ADSL（asymmetric DSL，即非對稱 DSL）、vDSL（very high-speed DSL，即非常高速 DSL）、SHDSL（symmetric high-speed DSL，即對稱非常高速 DSL）等等。由於它們的普及程度，甚至 EFM 裡的點對點銅線科技會利用實體層裡的 SHDSL 和 vDSL 技術，而把乙太網路訊框留在鏈結層裡。

在 DSL 科技的類型之中，能提供不同上傳速度和下載速度的 ADSL 是其中最普遍的。它的下載速度可高達 24 Mbps，而上傳速度可高達 3.5 Mbps，取決於 ADSL 數據機到當地電信局的距離。vDSL 在光纖到大樓（FTTB）的應用裡也很普及，因為光纖到住家（FTTH）是一

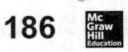

種很昂貴的選擇。光纖可以達到住家附近的電信配線箱，從那裡開始部署 vDSL。因為銅線的距離比較短，所以它的速度可能會非常快，在最新的 vDSL2 標準裡可高達 100 Mbps。

和透過電話線傳送資料的 xDSL 對比，纜線數據機是根據有線電纜資料服務介面規範（data-over-cable service interface specification, DOCSIS），而 DOCSIS 是一種標準其規定如何透過有線電視系統來傳送資料。它的上傳和下載的處理量大約是 30~40 Mbps。雖然由於傳輸媒介的緣故（有線電視的電纜線），纜線數據機有較大的整體頻寬和較長的傳輸距離，可是它的頻寬是被有線電視的用戶所共享的。比較起來，xDSL 的使用者在最先一哩的接取網路上有專用的頻寬。這兩種仍是互相競爭的科技。

3.4 無線鏈結

無線鏈結很具有吸引力，因為使用者不用受到線路的距離限制，況且在某些情況下線路的部署可能很麻煩或是過於昂貴。然而，無線鏈結的特性和有線鏈結的不同，因此在協定的設計上施加了特殊的要求。我們在下面列出了這些特性：

- **較低的可靠性**：在空氣中傳播的訊號並沒有任何的保護，這使得傳輸更容易被干擾（interference）、路徑遺失（path loss）、多重路徑失真（multi-path distortion）等所耗損。外面的干擾來自於鄰近無線訊號的來源。微波爐和無線鏈結的藍牙裝置是可能的雜訊來源處，因為它們都運作於 ISM（工業、科學及醫療）頻帶。路徑遺失是訊號在空氣中傳播時所經歷的一種衰減。這種衰減比訊號在線路中的衰減還要嚴重許多，因為訊號天生就會在空氣中分散開來，並不會像在有線鏈結上一樣集中。多重路徑失真是由於訊號某些部分的延遲所產生的現象，因為它們撞到實體障礙物反彈之後就會經由不同的路徑傳播到接收器。

- **更高的移動性**：由於沒有線路來限制主機站的移動性，無線網路的拓樸可能會很動態地變化。注意一件事，雖然移動性和無線通常會被同時談到，可是兩者其實是不同的觀念。無線不一定代表有移動性。舉例來說，一個行動主機站可以被攜帶到一個地點然後插入到一個有線的網路。移動性也不一定代表是無線。舉例來說，兩個很高的建築物可能會使用固定式的無線中繼設備來通訊，因為在它們之間架設線路可能太過於昂貴而無法負擔。這在網路部署是相當常見的例子。

- **更少的電力供應**：行動主機站通常是用電池供電，因此它們可能有些時候需要被設為休眠狀態來節省電力。在接收器休眠的情況下，傳輸器應該把資料存放在緩衝區，一直到接收器醒來接收資料為止。

- **更低的安全性**：在傳輸範圍內的所有主機站可以很容易地竊聽到在空氣中傳播的資料。選項的加密和認證機制可以確保資料的安全不受外面威脅。

在這一小節裡，我們選擇了 IEEE 802.11 無線區域網路、藍牙和 WiMAX 作為範例來介紹無線鏈結。我們選擇這三個是因為 IEEE 802.11 無疑主宰了無線區域網路，藍牙主宰了個人網路，而 WiMAX 則很有希望在無線都會網路裡變得普及。因為它們的優勢和重要性，它們可以作為無線鏈結科技的代表。

3.4.1　IEEE 802.11 無線區域網路

WLAN 的演進

IEEE 802.11 工作小組成立於 1990 年，其目的是研發無線區域網路的 MAC 和 PHY 規格。研發的過程花了很久的時間，以至於該標準的初版一直到 1997 年才出現。一開始，802.11 制訂出能夠以 1 Mbps 和 2 Mbps 進行傳輸的三種 PHY 規格，分別是紅外線（infrared）、直接序列展頻（DSSS）和跳頻展頻（FHSS）。展頻技術（請參考第 2 章）的目的是要讓訊號更能夠抵抗干擾。802.11 稍後在 1999 年被加強成兩個修正版本 802.11a 和 802.11b。IEEE 802.11b 把 DSSS 系統擴充為更高的 5.5 Mbps 和 11 Mbps 的資料速度。IEEE 802.11a 規定了一個新的正交分頻多工（OFDM），它運作在 5 GHz 的頻帶而非先前標準裡的 2.4 GHz 頻帶。它的資料速度則顯著地增加到 54 Mbps。然而，這兩個標準彼此並不相容。運作速度為 11 Mbps 的 IEEE 802.11b 產品在市場上已經很普及。使用 OFDM 的 802.11g 之標準也以 54 Mbps 的速度運作，而且它使用了調變以便和 802.11b 相容。IEEE 802.11n 能夠使用 MIMO-OFDM 來達成 300 Mbps 的運作速度，而它的特色就是使用 OFDM 搭配上多重傳輸器和接收器，如同第 2 章裡所描述的一樣。

除了在無線區域網路裡不斷地增加速度，IEEE 802.11 也加強了其他的功能。IEEE 802.11e 訂定出一組 QoS 功能，供時間關鍵的應用來使用。IEEE 802.11i 規定了一種加強安全的機制，因為原來的 802.11 標準裡所使用的**有線等效保密（Wired Equivalent Privacy, WEP）**已經被證明並不安全。有些正在研發中的標準也很令人感興趣。IEEE 802.11s 訂出如何讓 ad-hoc 模式中的裝置產生一個網狀網路；IEEE 802.11k 和 IEEE 802.11r 是作為**無線漫遊（roaming）**之用。前者會提供用來找出最適合接取點的資訊，而後者允許移動中的裝置保持連結以及快速地交遞（handoff）。

建置組塊

802.11 無線區域網路的基本的建置組塊是**基本服務群（basic service set,**

BSS)。一個 BSS 是由一群 MAC 和 PHY 能夠符合 IEEE 802.11 標準的主機站所組成。一個單獨的 BSS 被稱為獨立型 BSS（Independent BSS, IBSS），而屢見不鮮的情況是將其稱為是一個行動隨意網路（ad hoc network），因為它的網路拓樸通常是即時形成而沒有事先規劃。一個最小的 BSS 只包含了兩個主機站。多個 BSS 可以經由一個**分配系統**（distribution system, DS）連結。IEEE 802.11 之標準並沒有指定一定要用哪一種的 DS 才正確，可是乙太網路是一種常用的 DS。一個 DS 和一個 BSS 是經由一個**接取點**（Access Point, AP）來連結。此一延伸的網路結構被稱為一個基礎架構（infrastructure）。圖 3.23 說明無線區域網路裡的建置組塊。圖 3.24 則描繪出 IEEE 802.11 裡的分層結構。IEEE 802.11 的 PHY 包括紅外線、DSSS、FHSS 和 OFDM，正如第 2 章所描述的一樣。在它們的上方是 MAC 子層。我們在這一節會著重在 IEEE 802.11 MAC。至於 PHY 的議題，我們鼓勵讀者參考「進階閱讀」。

圖 3.23 IEEE 802.11 無線區域網路裡的建置組塊

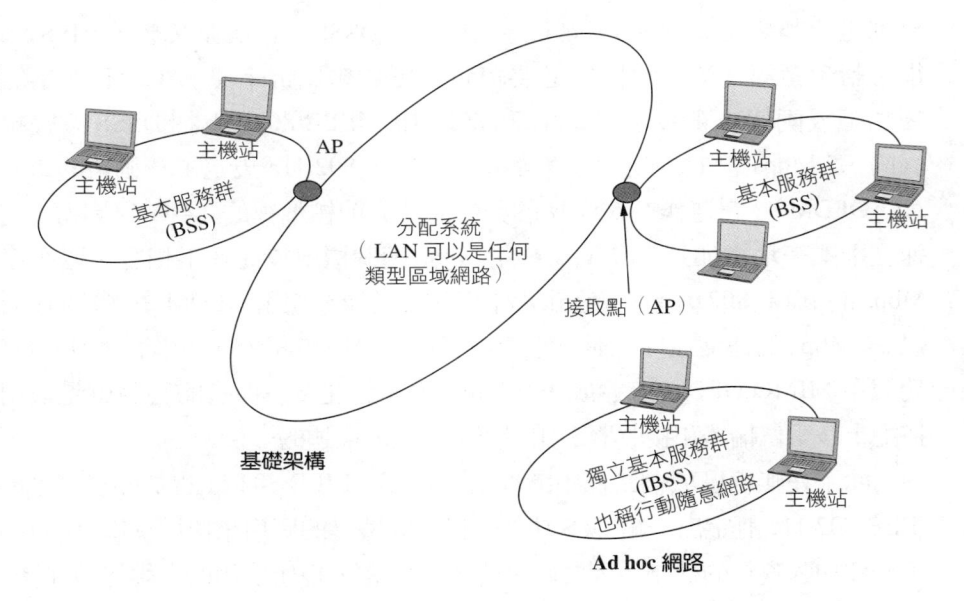

圖 3.24 IEEE 802.11 裡的分層結構

802.2 LLC	資料鏈結層
802.11 MAC	
FHSS	DSSS	IR	OFDM	實體層

FHSS：跳頻展頻
DSSS：直接序列展頻
OFDM：正交分頻多工
IR：紅外線

CSMA/CA

IEEE 802.11 MAC 使用兩個主要功能來配置頻寬：**分散式協調功能**（distributed coordination function, DCF）以及**點協調功能**（point coordination function, PCF）。DCF 是必須執行的，PCF 只有在基礎架構裡面才會執行。這兩種協調功能可以同時運作在同一個 BSS 裡面。

DCF 背後的設計哲學是**載波感測與碰撞避免**（carrier sense multiple access with collision avoidance, CSMA/CA）。它和乙太網路 MAC 之間最顯著的差別就是碰撞避免。和 CSMA/CD 一樣，一台主機站在傳輸之前必須先行聆聽。如果有主機站正在傳輸中，其他的主機站將會順延它們的傳輸，直到傳輸頻道變為空閒。一旦頻道暢通，主機站會等待一小段被稱為訊框間隔（inter-frame space, IFS）的短暫時間，而 IFS 就相當於乙太網路裡的訊框間隔（inter-frame gap, IFG）。在最後一次傳輸的時間內，可能會有很多台主機站等著要傳送訊框。如果它們都被允許在 IFS 之後馬上傳輸，這很可能會導致碰撞的發生。為了避免可能的碰撞，主機站在傳輸之前應該再等待一段隨機的退讓時間，而該退讓時間是以時槽為單位來計算。退讓時間是從 0 到 CW 的範圍中隨機選出。CW 代表著 Contention Window，亦即競爭窗框，它的範圍是從 CWmin 到 CWmax。CWmin、CWmax 和時槽時間全都取決於 PHY 的特性。一開始的時候，CW 是設成 CWmin。如果傳輸頻道在一個 IFS 週期內都保持空閒的狀態，退讓時間就會被減去一個時槽時間；否則的話，退讓時間就會被固定，一直到頻道變為空閒。當退讓時間最終達到零的時候，主機站便開始傳輸。當一個訊框被成功地接收到時，接收器會送回給傳輸器一個確認訊框。傳輸器確實需要使用確認訊框，以判斷是否訊框於接收器之處有碰撞的情況。下面的「原理應用」有更多關於這方面的討論。圖 3.25 顯示 CSMA/CA 程序的流程圖。它的接收流程和 CSMA/CD 的很類似，除了兩者的確認機制不同。

RTS/CTS：先清空再送

一種能夠減少碰撞成本的選項是明確的 RTS/CTS 機制，如圖 3.26 所示。在傳送一個訊框之前，傳送方（主機站 A）送出一個小的請求傳送（request to send, RTS）訊框來通知目標接收方（主機站 B）。雖然 RTS 也會因為碰撞而受損，可是它的成本很低。接收方會回覆一個小的已清空可傳送（Clear to Send, CTS）訊框，而 CTS 也會通知在它傳輸範圍內的所有主機站（包括主機站 A 和主機站 D）。這兩種訊框都會攜帶一個期間（duration）欄位。RTS 裡的期間欄位是用來通知傳送方（主機站 A）周遭的主機站（例如主機站 C），要它們在接收方把 CTS 送回給傳送方的期間內安靜地等待。在接收方（主機站 B）傳送範圍內的其他主機站（例如主機站 D）會避免在 CTS 指定的期間內進行傳輸，而且它們不需要實際地去

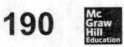

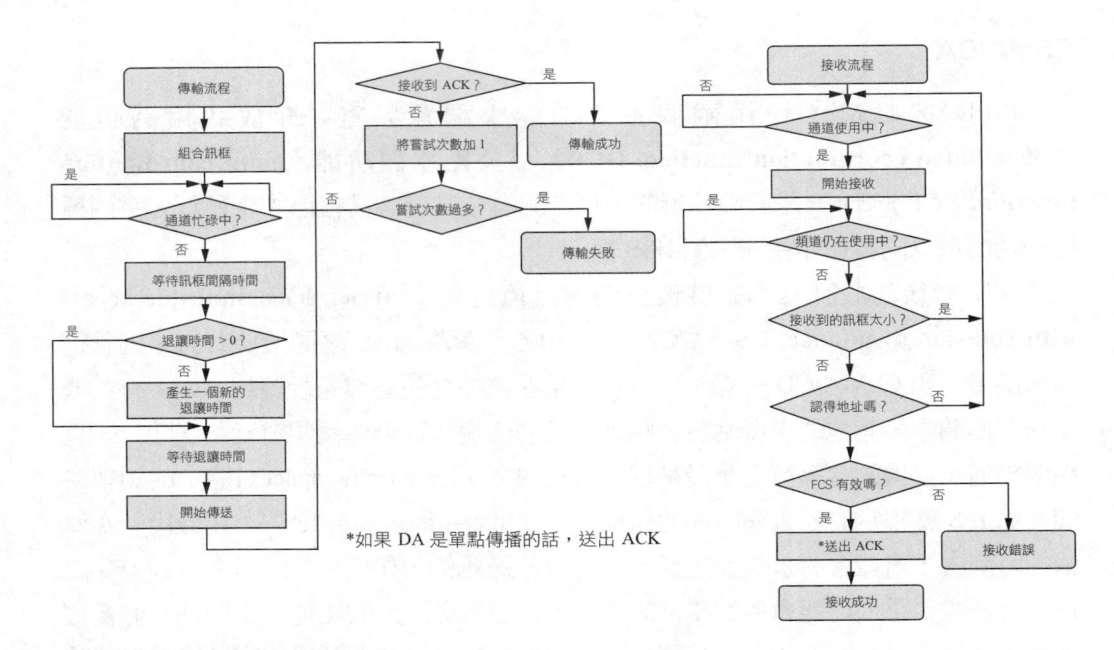

圖 3.25 CSMA/CA 流程圖

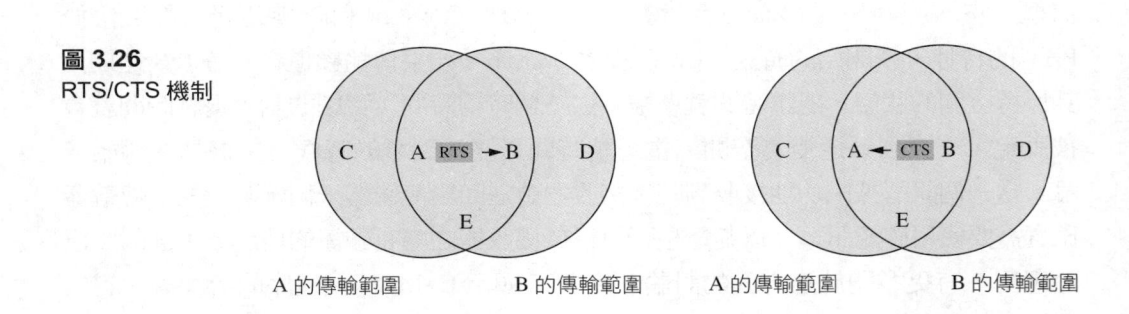

圖 3.26 RTS/CTS 機制

執行載波感測，因此在 CTS 之後傳送的訊框可以免於在接收器之處（主機站 B）發生碰撞。因為這個緣故，RTS/CTS 機制也被稱為**虛擬載波感測（virtual carrier sense）**。注意到一點，就是碰撞只有發生在接收方時才要緊，而非發生在傳送方。更進一步來說，RTS/CTS 機制只能用在單點傳播的訊框。在多點傳播和廣播的情況下，從數個接收方而來的 CTS 將會導致碰撞的發生。很類似地，在這個情況下，作為回覆的確認訊框也不會被送出。

交織穿插著 PCF 和 DCF

處於 AP 裡的一個**點協調器（point coordinator, PC）**會執行每個 BSS 裡面的 PCF（點協調功能）。PC 會週期性地傳送一個 beacon（訊標）訊框來宣告一個**免競爭週期（contention-free period, CFP）**的開始。BSS 裡的每個主機站會察覺到

原理應用：為何 WLAN 不採用 CSMA/CD ？

IEEE 802.11 MAC 和 IEEE 802.3 MAC 之間最明顯的區別，就是很難在 WLAN 裡面製作碰撞偵測。全雙工 RF（Radio Frequency）的成本過高，而且可能有隱藏的主機站使得碰撞偵測失效。後者被稱為隱藏終端的問題（hidden terminal problem），如圖 3.26 所示。主機站 A 和主機站 C 無法感測到彼此的存在，因為它們的位置處於彼此的傳輸範圍之外。如果它們同時傳送資料到主機站 B，碰撞就會發生在主機站 B，但是卻無法被主機站 A 和主機站 C 偵測到。不像乙太網路裡的碰撞偵測可以在偵測到碰撞時馬上停止資料傳輸，傳送方除非等到傳輸完成後沒有收到確認訊框，否則沒有其他方法可以得知訊框已經受損。因此，如果傳送的是一個很長的訊框，碰撞的成本就會很高。另一方面，如果接收器成功地接收到一個訊框而且 FCS 是正確的，那麼它就應該回覆一個確認訊框。乙太網路則不需要這種確認。

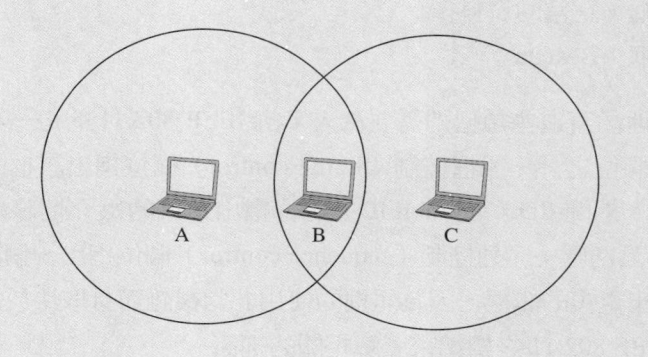

圖 3.27　隱藏終端的問題

beacon 訊框並且在 CFP 的期間內保持沉默。PC 有權判定誰可以傳輸，而只有被 PC 輪詢的主機站被允許傳送。標準裡並沒有訂出輪詢的順序；輪詢順序是供應商所特定的。

圖 3.28 說明 DCF 和 PCF 可以共存的情況。CFP 是裡面的第一個步驟，而 CP 則是第二個步驟。

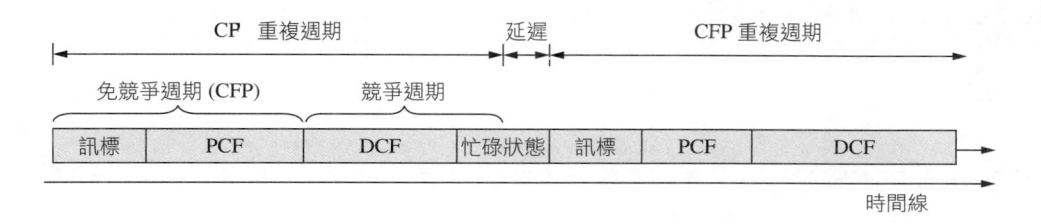

圖 **3.28**　DCF 和 PCF 兩者共存

1. DCF 可以立刻跟在一個 CFP 的後面，然後 BSS 就進入了被稱作競爭週期（contention period, CP）的一段期間。
2. 之後，PC 會傳送一個 beacon 訊框，該訊框有一個 CFP 重複週期（CFP repetition period）。如果 CP 結束的時候，傳輸頻道碰巧處於忙碌的狀態，CFP 重複週期會被延遲，直到傳輸頻道的忙碌狀態結束。

圖 3.29 描繪出 IEEE 802.11 MAC 訊框的一般格式。特定訊框類型可能只包含了這些欄位中的一部分。有四個欄位分別能記錄來源位址、目的地位址、傳輸器位址（在無線橋接裡從 AP 到一台無線主機站）以及接收器位址（receiver address，連到另一台介面的 AP）。後面兩個位址為選項，用於和一台 AP 橋接。我們把訊框分成三種類型：

1. 控制訊框：RTS、CTS、ACK 等。
2. 資料訊框：正常的資料。
3. 管理訊框：Beacon 等。

要完全地涵蓋這些類型則需要深入了解 IEEE 802.11 的每一項操作。除了前述的四個位址欄位之外，訊框控制（frame control）欄位指出訊框的類型和關於訊框的一些資訊。期間/ID（duration/ID）欄位指出預期的媒介忙碌期間或一台主機站所屬的 BSS 識別碼。序列控制（sequence control）欄位指出一個訊框的序列號碼，以便能辨識出重複的訊框。因為訊框的使用非常複雜而且取決於訊框的類型，讀者可以參考 IEEE 802.11 之標準來了解相關的細節。

一般的訊框格式

訊框控制	期間/ID	位址1	位址2	位址3	序列控制	位址4	訊框主體	FCS
2	2	6	6	6	2	6	0-2312	4

位元組

圖 3.29　一般的 IEEE 802.11 訊框格式

開放源碼之實作 3.6：用 NS-2 模擬 IEEE 802.11 MAC

總覽

不像 CSMA/CD，CSMA/CA 一直到現在才有開放源碼的硬體實作，因此我們用很普遍的開放源碼模擬器 NS-2 來介紹一個 802.11 MAC 的模擬。NS-2 是一種用於網路研究的離散事件型模擬器,它提供了大量的支援來模擬在有線和無線網路上的 TCP、路由以及多點傳播協定。在一個事件驅動的模擬器,網路裡所有的活動都會依照機率被產生並且被製作成有時戳 (timestamp)的事件。這些事件會被事件排班器(event scheduler)來排出它們發生的時間順序。許多研究學者在早期的設計階段會使用 NS-2 來評估它們的通訊協定。近期 NS-2 被廣泛地用來模擬 802.11 網路的行為。

方塊流程圖

圖 3.30 呈現 NS-2 802.11 MAC 和 PHY 的結構,而該結構是由數個網路模組所組成。為了簡單起見,這些模組可以被歸類在以下的三個主要的分層:

- 第 2 層有三個子層。第一個是鏈結層物件(Link Layer Object),而它相當於傳統區域網路裡的邏輯鏈結控制(Logical Link Control, LLC)。鏈結層物件是搭配著位址解析協定(Address Resolution Protocol, ARP)一起運作;ARP 則留到第 4 章再談。第二個是介面佇列(interface queue),它負責指定路由協定訊息的優先權,例如像是動態來源路由協定(Dynamic Source Routing Protocol, DSR)。第三個子層是 802.11 MAC 層,它負責處理所有單點傳播的 RTS/CTS/DATA/ACK 訊框以及所有廣播的 DATA 訊框。CSMA/CA 被製作在這一層裡面。
- 第 1 層是 802.11 PHY,這是可以設定直接序列展頻的參數的網路介面。這些參數包括了天線的類型、能量模型以及無線電傳播模型。
- 第 0 層是頻道層。它模擬的是無線通訊所使用的實體空氣媒介。頻道層把訊框從一個無線節點傳遞給該節點感測範圍內的鄰居節點,並且複製訊框給第 1 層。

資料結構

這個設計裡面最重要的資料結構是一組計時器,其包括了傳輸計時器(transmit timer)、退讓計時器(back-off timer)、接收計時器(receive timer)、延緩計時器(defer timers)等,

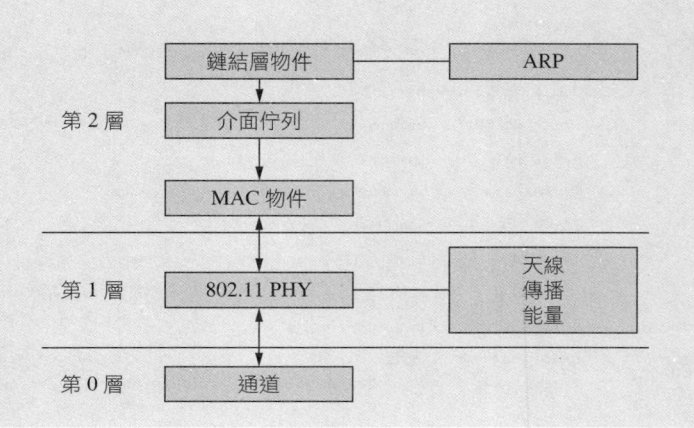

圖 3.30 NS-2 802.11 MAC 和 PHY 的結構

如下所述。接下來的章節將會以函數呼叫來描述這些計時器之間的互動，藉此來詳細說明 802.11 MAC 和 PHY 的運作。

演算法之實作

802.11 MAC 的 NS-2 源碼

802.11 MAC 是 MAC 的一種子類別，而它的相關源碼是 mac-802_11.cc、mac-802_11.h、mac-timer.cc 和 mac-timer.h。為了讓讀者能更清楚地了解 NS-2 MAC 源碼，圖 3.31 列出主要的入口函數，並且畫出相關函數的呼叫順序。因為 NS-2 是由事件驅動，當相關的事件被觸發時，除了主要的 recv() 函數之外，send_timer()、deferHandler()、recv_timer() 和 backoffHandler() 也都是進入點。至於 802.11 MAC 的接收流程和傳輸流程，recv() 函數是負責處理來自實體層和上層的訊框。另一個 send() 函數則是傳輸流程的進入點，可是它是被 recv() 函數呼叫來處理要送出去的封包。

上面列出的主要進入點的詳細解釋如下：

- send_timer() 是用來處理來自其他行動節點的確認訊框。當傳輸計時器到期時會呼叫 send_timer()。計時器到期有不同的解讀意義，取決於被送出去的是哪種訊框。舉例來說，如果最後送出的訊框是一個 RTS，計時器過期就代表 CTS 沒有被收到，而原因如果不是 RTS 碰撞，就是作為接收方的節點延緩傳輸。MAC 的回應是呼叫 RetransmitRTS() 函數來重傳 RTS。如果最後送出的訊框是資料訊框，過期就代表 ACK 沒有被收到，因此 MAC 會呼叫 RetransmitDATA() 處理這個情況。當計時器過期被處理完而且有一個訊框被準備好要重傳之後，控制會交回到 tx_resume() 函數的手上。當最後送出的訊框是 CTS 或是 ACK，send_timer() 函數會直接呼叫 tx_resume() 而沒有進一步的重傳。在 tx_resume() 之後，如果有一個訊框被重傳，競爭窗框會被增加而且退讓計時器會被啟動。

- recv() 處理從實體層和上層送來的訊框。當有訊框要送出去時，recv() 會呼叫

圖 3.31 802.11 MAC 的 NS-2 源碼

```
send_timer() ┬─ tx_resume()
             └─ retransmitRTS() ── tx_resume() ── start backofftimer

deferHandler() ┬─ check_pktRTS()  ── transmit() ┬─ start sendtimer
               ├─ check_pktCTRL() ── transmit() └─ start receivetimer
               └─ check_pktTx()   ── transmit()

recv_timer() ┬─ recvACK()  ── tx_resume() ── callback_ ── rx_resume()
             ├─ recvRTS()  ── sendCTS()  ── tx_resume()
             ├─ recvCTS()  ── tx_resume() ── start defer timer ── rx_resume()
             └─ recvDATA() ── sendCTS()  ── uptarget_ ── recv() ── start defer timer ── rx_resume()

backoffHandler() ── check_pktRTS() ── transmit()

recv() ┬─ start receive timer
       └─ send() ── sendDATA() and sendRTS() ── start defer timer
```

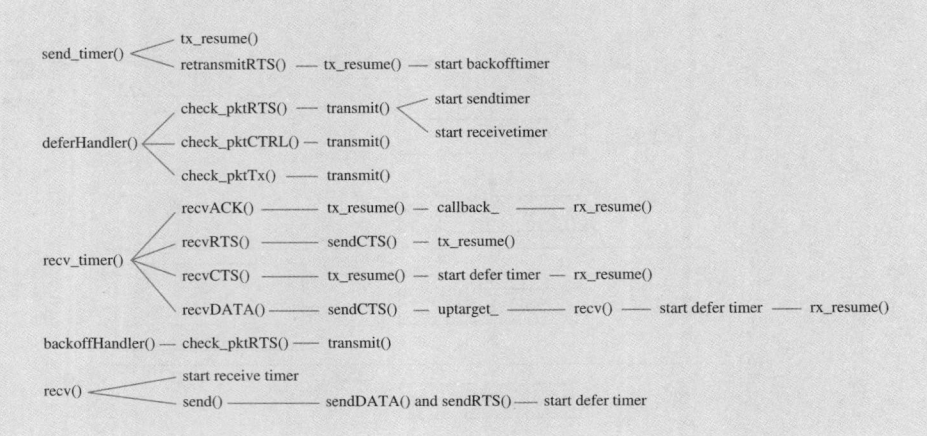

send()。另外，send() 會呼叫 sendDATA() 和 sendRTS() 分別去建立資料訊框和 RTS 訊框的標頭。如果 recv() 準備好要接收訊框，送來的訊框會被傳給 recv_timer()，而且該訊框的接收計時器會被啟動。

- backoffHandler() 是當退讓計時器過期時會被呼叫的一個事件服務常式。退讓計時器是在頻道忙碌時，被用來暫停傳輸。當 backoffHandler() 被呼叫之後，check_pktRTS() 函數會檢查是否有一個 RTS 訊框等著被送出。如果有被擱置的 RTS 訊框，一個 RTS 或一個資料訊框將會在計時器過期時被送出，取決於 RTS/CTS 機制是否被啟動。

- recv_timer() 則是接收計時器的處理函數，它會檢查接收到的訊框的類型和子類型。當接收計時器過期時，接收計時器的處理函數就會被呼叫。計時器過期意味著一個訊框被完整地接收到而且已經準備好被處理。MAC recv_timer() 的決定是根據接收到的訊框的類型。如果訊框是 MAC_Type_Management，它會被丟掉。如果被接收到的是 RTS、CTS、ACK 或 DATA 訊框，recvRTS()、recvCTS()、recvACK() 或 recvDATA() 分別會被呼叫。當訊框被適當地處理之後，控制會被遞交給 rx_resume()。

- deferHandler() 也是一個事件服務常式；當延緩計時器到期時，它會被呼叫。延緩計時器代表著延緩時間加上一段退讓時間，其目的是為了確保在傳輸之前，無線節點等待的時間夠久，以便減少碰撞的機率。該常式被呼叫之後，負責檢查的函數會呼叫 check_pktRTS()、check_pktTx() 和 check_pktCTRL() 準備一個新的傳輸。如果有任何其中一個 check_ 函數返還的數值為零，check_ 函數一定已經成功傳送一個訊框，因使延緩處理函數就此結束。就 RTS 和控制訊框的傳輸而言，傳輸的程序可能也會啟動接收計時器和傳輸計時器，以便從另一個行動節點來接收一個確認訊框。

CSMA/CA 的運作

CSMA/CA 的運作是在 send() 函數裡執行。圖 3.32 顯示出它的程式碼，其中的 mhBackoff_.busy()==0 意味著退讓計時器並非在忙碌狀態，is_idle()==1 代表無線頻道是閒置狀態，而 mhDefer_.busy()==0 代表延緩計時器並非在忙碌狀態。如果無線頻道是閒置狀態，而且退讓計時器和延緩計時器兩者都並非忙碌狀態，send() 函數將進行延緩之操作；否則的話，等待將持續進行而且計時器不會被重新設定。如果它進行的是延緩之操作，要送出的訊框必須暫時延緩一段 DIFS 的時間再加上一段隨機的時間，也就是 phymib_.getDIFS()+rTime。這段隨機時間是從 (Random::random()%cw_)*(phymib_.getSlotTime()) 所計算出來的，而且其數值是在 0 到 cw_ 之間，其中的 cw_ 是目前的競爭窗框。假使退讓計時器並非忙碌，但是無線頻道也並非閒置，這表示 PHY 媒介被偵測到處於忙碌狀態，那麼節點會呼叫 mhBackoff_.start(cw_, is_idle()) 來啟動退讓計時器。

用 Tcl script 來模擬

一個 NS-2 模擬可以被一個定義模擬情節的 Tcl script（腳本）檔案所啟動。一個 Tcl script

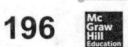

```
void send(Packet *p, Handler *h) {
...
if(mhBackoff_.busy() == 0) {
    if(is_idle()) {
    if (mhDefer_.busy() == 0) {
        rTime =(Random::random() % cw_)*
        (phymib_. getSlotTime());
        mhDefer_.start(phymib_.getDIFS()+ rTime);
    }
} else {
        mhBackoff_.start(cw_, is_idle());
    }
 .}
}
```

圖 3.32 send() 函數中的 CSMA/CA 運作

包含了網路拓樸之定義、無線節點的設定、節點座標、節點移動情節以及封包的追蹤。

圖 3.33 描繪出一個簡單的模擬案例,其中有一個 ad-hoc 網路由兩個分別為節點 0 和節點 1 的行動節點所組成。行動節點的移動範圍是侷限於 500 公尺 × 500 公尺的範圍之內。一條 TCP 連接也被建立在節點之間,以便提供 FTP 之服務。*wireless.tcl* 腳本檔案定義了圖 3.33 裡的範例,而表 3.7 描述了該腳本檔案裡詳細的模擬情節。

練習題

1. 為何 send() 函數是由 recv() 呼叫?
2. 為何要送出去的訊框應該等待一段隨機的時間?

圖 3.33 一個 NS-2 的範例,其中有兩個行動節點使用 TCP 和 FTP

表 3.7 圖 3.33 的 NS-2 Tcl script

描述	wireless.tcl 的主要程式碼
定義選項: 頻道的類型、 無線電 - 傳播的模型等	set val(chan) Channel/WirelessChannel ;# 頻道類型 set val(prop) Propagation/TwoRayGround ;# 無線電 - 傳播的模型 set val(netif) Phy/WirelessPhy ;# 網路介面的類型 …

表 3.7　圖 3.33 的 NS-2 Tcl scrip（續）

描述	wireless.tcl 的主要程式碼
產生一個模擬、追蹤紀錄以及拓樸	set ns_　[new Simulator]　# 產生一個模擬物件 set tracefd　[open simple.tr w] # 定義一個追蹤檔來記錄所有的訊框 … set topo　[new Topography]　# 產生一個網路拓樸 $topo load_flatgrid 500 500　# 設定拓樸的範圍為 500 公尺 × 500 公尺
設立頻道並且設定 MAC 節點	create-god $val(nn)　# 產生 God set chan_1_ [new $val(chan)]　# 設定節點 $ns_ node-config -adhocRouting $val(rp) \　# 設立節點的參數 　　　　-llType $val(ll) \ …
設定 802.11 PHY 的參數	Phy/WirelessPhy set Pt_ 0.031622777 Phy/WirelessPhy set bandwidth_ 11Mb …
取消隨機移動	for {set i 0} {$i < $val(nn) } {incr i} { 　　　　set node_($i) [$ns_ node] 　　　　$node_($i) random-motion 0 }
設定並且初始化兩個無線節點的座標 (X,Y,Z)	$node_(0) set X_ 10.0　# 設定節點 0 的座標為 (10.0, 20.0, 0.0) … $ns_ initial_node_pos $node_(0) 10 $ns_ initial_node_pos $node_(1) 10
設定節點之間的 TCP 和 FTP 封包流	set tcp [new Agent/TCP/Sack1]　# 產生一條 TCP 連接 … $ftp attach-agent $tcp
開始模擬	$ns_ at 1.0 "$ftp start"　# 在 1.0 秒的時候，開始傳輸 … $ns_ run

3.4.2　藍牙科技

　　除了在我們的電腦後面有大量的電纜線連接電腦的周邊設備，甚至還有更多的電纜線連接不同種類的通訊和網路裝置。這些電纜線是很累贅的，所以為了方便的緣故最好擺脫掉它們。藍牙的名稱源自於第十世紀的丹麥國王之名，其技術是用來支援短距離（通常在 10 公尺以內）的無線電鏈結，以便於取代連接電子裝置的電纜線。在 1998 年，Ericsson、Nokia、IBM、Toshiba 和 Intel 這五家主要的公司聯合起來發展藍牙科技。為了確保藍牙科技能迅速地擴散出去，它的研發目標是把許多功能整合在單一的晶片來縮減成本。藍牙技術聯盟（Bluetooth Special Interest Group, Bluetooth SIG）稍後由多家公司所組成，其目的是推廣以及定義新的標準。

　　藍牙裝置運作於 2.4 GHz ISM 頻帶，和大多數使用跳頻的 IEEE 802.11 裝置一樣。它的頻帶範圍是從 2.400 GHz 到 2.4835 GHz，其中含有 79 個 1 MHz 的頻道作為跳頻之用，以避免其他訊號的干擾。這些頻道的上下方分別有 2.5 MHz 和 2 MHz 的保護頻帶。細心的讀者或許會馬上注意到當 IEEE 802.11 和藍牙裝置運作在很近的距離時可能會有干擾的問題。IEEE 802.11 和藍牙裝置兩者的共存是一個很大的問題，所以我們將在這一小節的最後再來多談一點這個問題。藍牙由於它的傳輸距離很短，所以被歸類在無線個人網路（wireless personal area network, wireless PAN）的領域裡面。

微微網和散網中的主設備和從設備

　　圖 3.34 說明了基本的藍牙網路拓樸。類似於 IEEE 802.11 裡的 BSS，多個裝置分享著同一個頻道，這就形成了一個**微微網（piconet）**。不同於一個 IBSS 裡面所有的主機站都被平等地對待，一個微微網是由正好一個主設備（master）和多個從設備（slaves）所構成。主設備有權力可以控制微微網裡的頻道存取，比方說它可以決定跳頻的序列（hopping sequence）。從設備可以處於活躍（active）或停止（parked）的狀態，而每個主設備最多可同時控制高達七個從設備。停止的從設備不會進行通訊，可是它們仍然保持和主設備同步，並且在主設備要求時，它們可以轉變成活躍模式。如果一個主設備想要和多於七個從設備進行通訊，它會要求一或多個從設備進入停止模式，然後邀請所需的停止的從設備進入活躍模式。如果要讓更多的裝置能同時通訊，多個微微網可以彼此互相重疊，然後形成一個更大的散網（scatternet）。圖 3.34 也說明兩個微微網如何以一個橋接節點（bridge node）來形成一個散網，而橋接節點可以是兩個微微網共同擁有的從設備或是其中一個微微網的主設備。橋接節點會以分時（time-division）的方式來參與這兩個微微網，以至於有些時候它屬於其中的一個微微網，而有些時候則屬於另一個微微網。

圖 3.34 藍牙網路拓樸：微微網和散網

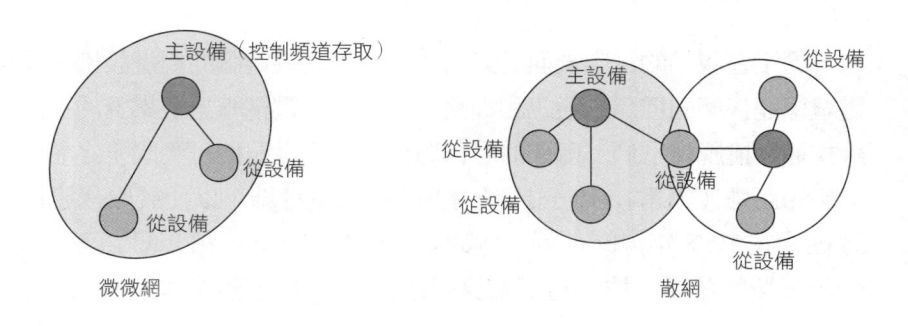

查詢和呼叫程序

藍牙裝置必須察覺到彼此的存在，然後才能進行通訊。一個查詢（inquiry）程序是被設計用來讓鄰近的裝置發現彼此的存在，而接下來就是啟動呼叫（paging）程序來建立起一條連接。一開始，所有的藍牙裝置都是預設成待機（standby）模式。一個想要通訊的裝置將會試著在它的覆蓋區域內廣播一個查詢訊框。如果廣播者周遭的其他裝置願意的話，可以用關於自己的資訊，例如位址等，來回覆查詢。當接收到這些回覆時，查詢者就曉得它周遭有哪些裝置；此時查詢者成為這個微微網裡面的主設備，而其他裝置則成為該微微網的從設備。在查詢之後，主設備會送出一個單點傳播的訊息給目的地裝置。目的地然後會回覆一個確認訊框，因此一條主設備和從設備之間的連接就建立起來了。過了片刻之後，一個從設備可以執行同樣的呼叫程序來接手微微網裡主設備的角色。圖 3.35 說明了這個過程的細節。值得注意的是，對同一個查詢的多個回覆可能會導致碰撞發生。因此，作為接收方的裝置應該延緩一段隨機的退讓時間再回覆查詢。

跳頻時槽

一個微微網的頻道是被分拆成數個時槽，每個時槽能容納一個不同的跳躍頻率。一個時槽的持續時間是 625 微秒，其數值乃是跳躍速率 1600 次跳躍／秒的倒數。主／從設備之配對使用時間多工並且以相同的跳頻序列把時槽整合在 79 個 1 MHz 的頻道裡面，其中的跳頻序列是得自於一個主／從設備都知道的偽隨機序列。其他的從設備和上述的通訊過程無關。在 1 Mbps 的資料速率時，每個時槽在理想的狀況可以攜帶 625 位元的資料。然而，因為一個時槽內特定的時間間隔會被保留起來作為跳頻和穩定之用，所以每個時槽實際上只能攜帶最多 366 個位元的資料資訊。一般而言，每個時槽會攜帶一個藍牙訊框，其中的欄位有 72 位元的存取代碼、54 位元的標頭資訊和不同長度的酬載。很明顯地，在一個理論上能夠攜帶

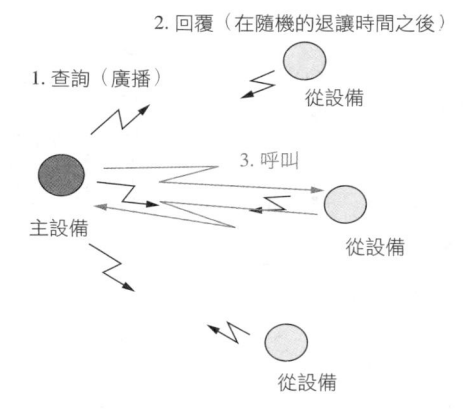

圖 3.35 查詢和呼叫程序

625 位元的時槽內只傳送 366 − 72 − 54 = 240 個位元（30 個位元組）的酬載，這是非常沒有效率的做法。為了改善效能，一個藍牙訊框被允許能佔據最多五個連續的時槽，所以在最好的情況下，跳頻控制的耗損總共只佔五個時槽中的 625 − 366 = 259 個位元。

交錯穿插著已保留之時槽和已配置之時槽

一條藍牙連接在使用時槽來通訊時有兩種選項。第一種是**同步連接導向式鏈結**（Synchronous Connection-Oriented link, SCO link），而它會定期地保留時槽給時間限制性資訊（像語音資料之類）來使用。舉例來說，電話等級語音的採樣速率是 8 KHz，每個樣本產生一個位元組的資料；換句話說，每 0.125 毫秒就有一個位元組產生。因為每個時槽裡的一個訊框可以攜帶 30 個位元組的資料，所以每 3.75 毫秒（0.125 毫秒 ×30）就應該保留一個時槽來攜帶語音資料。每個時槽的長度是 625 微秒，這意味著每六個時槽中（3.75 毫秒／625 微秒）就有一個被保留。第二種選項則是**非同步非連接式鏈結**（Asynchronous Connection-Less link, ACL link），而使用這種選項的話，時槽會在有需求時才會被配置，而非被事先保留起來。主設備是負責一或多個從設備所要求的時槽配置，以避免碰撞的發生並且控制鏈結的服務品質。當主設備輪詢一個從設備時，從設備可以送出一個 ACL 訊框給主設備。類似 WLAN 裡的 PCF 和 DCF，SCO 和 ACL 時槽是被交織穿插在一起；然而，其中的主要差別是 ACL 執行一個免於碰撞的輪詢以及時槽配置。圖 3.36 說明了 SCO 鏈結和 ACL 鏈結的時槽。SCO 鏈結裡的訊框相當地規律，而 ACL 鏈結裡的訊框是有需求時才配置。

圖 3.37 描繪出藍牙規格裡的通訊堆疊。每個軟體模組的函數被簡單描述於圖的右半邊。紅線上方的模組是以軟體實作而成，而其他的模組則是以硬體實作而成。基頻模組和 RF 模組上方的鏈結管理協定（link manager protocol）是負責藍牙單位之間鏈結的設立。此一協定也可以處理關於封包尺寸和加密金鑰的協商，並且可以執行實際的加密和解密。

圖 3.36 SCO 鏈結和 ACL 鏈結裡的時槽

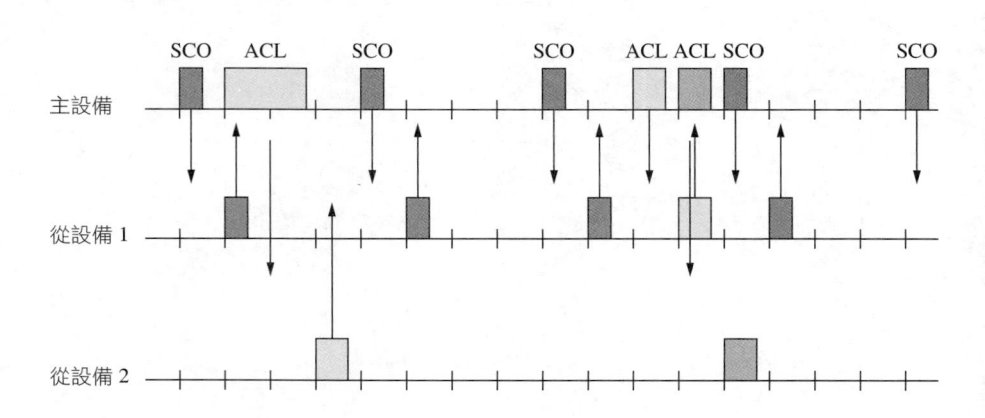

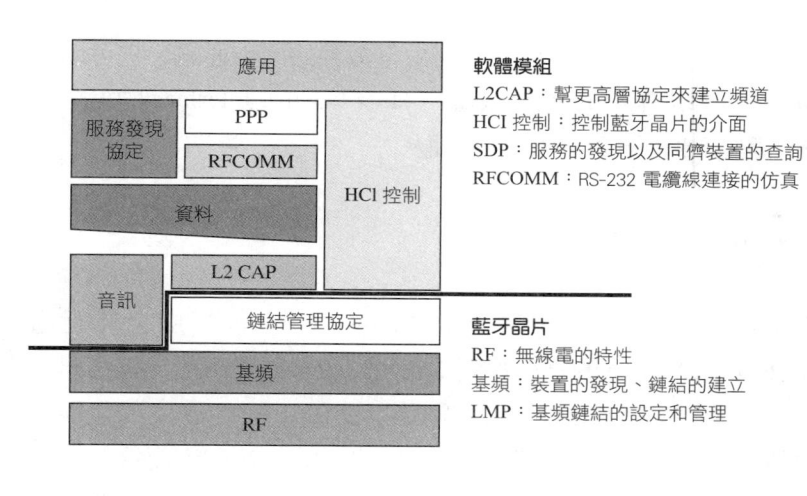

圖 3.37 藍牙協定堆疊，其中的基頻和鏈結管理協定這兩個模組扮演著 MAC 子層的角色

軟體模組
L2CAP：幫更高層協定來建立頻道
HCI 控制：控制藍牙晶片的介面
SDP：服務的發現以及同儕裝置的查詢
RFCOMM：RS-232 電纜線連接的仿真

藍牙晶片
RF：無線電的特性
基頻：裝置的發現、鏈結的建立
LMP：基頻鏈結的設定和管理

L2CAP（Logical Link Control and Adaptation Layer 的縮寫）模組會支援更高層協定所使用的封包之多工、分段以及重組。它也支援有服務品質（QoS）的通訊。服務發現協定（service discovery protocol）能夠發現其他藍牙裝置上可用的服務。

歷史演進：藍牙和 IEEE 802.11 之比較

藍牙和 IEEE 802.11 是根據不同的目的而設計的。IEEE 802.11 是無線區域網路的標準，而藍牙是被設計作為無線個人網路（WPAN）之用。表 3.8 簡單地摘要了 IEEE 802.11 和藍牙之間的比較。IEEE 802.15 WPA 工作小組和藍牙 SIG 正一起合作來改善藍牙的標準。IEEE 802.15 工作小組專注於解決可能的干擾所導致的共存問題，所以這兩個標準的共存是指日可待。

表 3.8 藍牙和 IEEE 802.11 之比較

	IEEE 802.11	藍牙
頻率	2.4 GHz（802.11, 802.11b） 5 GHz （802.11a）	2.4GHz
資料速率	1, 2 Mbps（802.11） 5.5, 11 Mbps（802.11b） 54 Mbps（802.11a）	1 – 3 Mbps （提案裡寫的是 53-480 Mbps）
範圍	約 100 公尺	1 – 100 公尺的範圍內，取決於電源的類型
消耗功率	較高（1W 以內，通常是 30 – 100 mW）	較低（1 mW – 100 mW，通常約 1mW）
PHY 規格	紅外線 OFDM FHSS DSSS	（能自主適應的）FHSS
MAC	DCF PCF	時槽配置
售價	較高	較低
主要的應用	無線區域網路	短距離連接

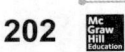

RFCOMM 提供一個基礎讓藍牙的使用可以取代經由電纜線的串列通訊。它可以在 L2CAP 上仿傚 RS-232 串列埠之電路的運作。HCI（Host Control Interface 的縮寫）控制則提供了主機站一個控制藍牙硬體的軟體介面。

3.4.3 WiMAX 技術

WiMAX 技術（Worldwide Interoperability for Microwave Access，即全球互通微波存取）是被規定在 IEEE 802.16 的標準裡面；它可以支援長距離的無線通訊，長達數十英哩之遠。和 IEEE 802.11 的無線區域網路以及和 IEEE 802.15 的無線個人網路相比之下，WiMAX 也被稱作無線都會網路（wireless MAN），而這個命名是由於它的長距離通訊範圍的緣故。WiMAX 裝置的部署可以是固定式或行動式。IEEE 802.16-2004 制定了適用於固定式連接的技術規格。它主要的應用是最先一哩的寬頻接取；目前在這個領域裡，有線連接像 ADSL 或纜線數據機等都非常昂貴。IEEE 802.16e-2005 則制定了適用於行動式連接的技術規格，而它的主要應用是透過行動裝置的網際網路連接。

擁有頻寬配置和排班的 MAC

WiMAX 在許多方面不同於 802.11 無線區域網路。首先，它們針對不同的應用。IEEE 802.11 主要是被研發用來提供短距離的連接，例如像是住家或辦公室的用途，可是 WiMAX 則是被研發用來提供數英哩長的寬頻連接。第二，它們使用不同的媒介存取控制機制。IEEE 802.11 是基於競爭式的，這意味著有一群無線裝置必須彼此間互相競爭可用的頻寬。因此，除非是有 802.11e 提供 QoS 服務，否則它比較不適合對時間比較敏感的應用，比方說 VoIP。相較之下，WiMAX 使用一個排班演算法替一群裝置來配置頻寬。在 WiMAX 裡面，一台基地台會把一個時槽配置給一個裝置，而其他裝置都無法使用該時槽。這樣做的話，基地台可以服務一群數量龐大的用戶台，而且同時也能夠替時間敏感的應用來控制時槽配置。事實上，它的 MAC 很類似纜線數據機之標準 DOCSIS，因為兩者都有上傳鏈結／下載鏈結的結構來推動集中式的頻寬控制和排班。欲了解更多細節，讀者可以在 http://www.lrc.ic.unicamp.br/wimax_ns2 網站上找到模擬 WiMAX 網路的 NS-2 模組。

從 OFDM 到 OFDMA

WiMAX 在它的實體層裡面使用一個很寬的從 2 GHz 到 11 GHz 以及從 10 GHz 到 66 GHz 的授權頻譜，不像 802.11 使用的是不需要授權的 ISM 頻帶。WiMAX 的最初版本是運作在 10 GHz 到 66 GHz。運作在如此高的頻率的優點是有更多可以使用的頻寬，可是訊號也會更容易被障礙物所影響。在此情形之下，WiMAX 需要花費極昂貴的成本來部署非常多的基地台以便能繞過障礙物。WiMAX 後來的一個版本支援 2 GHz 到 11 GHz 的頻率，其中有些頻帶需要執照才能使用，而有些則不需要執照。由於使用的頻率較低，部署也變得更容易和更便宜。為了避免 WiMAX 裝置干擾到在同一個頻率範圍內運作的其他裝置，它的標準提供了動態地選擇頻率的方案。此外，WiMAX 支援了一種網狀模式（mesh mode），該模式可讓一個用戶台從別的用戶台取得資料。網狀模式簡化了 WiMAX 的部署，因為如果基地台和用戶台之間的通訊被阻礙物所阻斷的時候，我們可以把在那個阻礙物位置附近的一個用戶台部署成一個中繼站。WiMAX 在它的實體層支援 OFDM 以及一個新的方案叫做 OFDMA（Orthogonal Frequency Division Multiple Access，即正交分頻多重存取）；OFDMA 會指派一群子載波給數個使用者，以供多重存取之用。藉由 OFDMA，數個使用者可以在不同的子載波上同時存取相同的頻道，而使用 CSMA/CA 作為媒介存取方法的 WLAN 則無法提供這樣的同時存取。

OFDMA 在時間領域裡可以使用的資源，是以符號（symbols）的形式被管理，而頻率領域裡可以使用的資源是以子載波（sub-carriers）的形式被管理並且被進一步分組成子頻道（sub-channels）。在頻率領域的邏輯分割裡，子載波是比子頻道在分割上更為細緻的載波之單位。最小的頻率-時間資源單位是一個時槽；在基本的 PUSC（Partial Usage of Sub-Channels，即部分使用子頻道）模式裡，一個時槽包含了 48 個資料子載波和長達兩個符號的下載時間長度或是長達三個符號的上傳時間長度。802.16 PHY 支援分時雙工（time divisino duplex, TDD）、分頻雙工（frequency division duplex, FDD）以及半雙工 FDD（half-duplex FDD）模式──雖然觀念上它們是脫離 OFDMA 而獨立的，可是它們都可以同 OFDMA 一起運作。在 WiMAX 裡 TDD 會被優先考慮，因為它只需要一個頻道來支援時槽和調整失去平衡的下載鏈結／上傳鏈結之負載。相較之下，FDD 需要兩個時槽分別供下載鏈結和上傳鏈結之用。TDD 裡的傳收器之設計也比 FDD 裡的更為簡單。

注意到一點，WiMAX 也支援 IEEE 802.16e-2005 裡的行動運作。它的標準可以在高達 75 mph（每小時 75 英哩）的速度下支援交遞（handoffs）和無線漫遊。行動運作是在較低的 2.3 GHz 到 2.5 GHz 頻率之間運行，讓行動裝置可以四處移動，即使有阻礙物存在裝置和基地台之間。一個行動裝置需要 OFDMA 以便能精密地利用子頻道並減少干擾。WiMAX 在行動應用上是和很受歡迎的 3G 以及它的下一世代 3GPP 在競爭，可是目前還看不出來哪種技術會勝出。雖然 3G 已經在全世界有廣大的覆蓋範圍，可是 WiMAX 有較快的資料速度，可高達 75 Mbps，而且它的基地台可以涵蓋半徑 30 英哩的區域範圍。至少目前大多數的筆記型電腦既沒有安裝 WiMAX 也沒有安裝 3G 作為無線網際網路接取之用，所以這應該是 WiMAX 可以贏取的首要潛在市場。

802.16e 同時支援軟性交遞（soft handoff）和硬性交遞（hard handoff）。採用硬

性交遞時，使用者一次只會和一台主機站綁在一起，這代表著舊的連接必須先被拆掉，然後新的連接才能被建立起來。硬性交遞比較簡單並且足以應付資料應用。如果是採用軟性交遞，在舊的連結被切斷之前就可以建立一條新的連接，所以兩者間切換的延遲時間會比較短。因此，軟性交遞比較適合時間關鍵的應用。

不像 802.11 針對的是短距離的通訊，WiMAX 主要應用在都會網路，所以它必須能夠控制所有往裝置去或從設備來的資料通訊，以便避免同步的問題。以下我們簡述 WiMAX 在 TDD 模式下的訊框結構，描述五種上傳鏈結的排班服務類別而它們的連接會填滿訊框，並且詳細敘述基地台 MAC 裡面的封包流。

TDD 的子訊框

圖 3.38 顯示出 TDD 模式下的訊框結構，其包括 (1) UL-MAP 和 DL-MAP 用作控制訊息，以及 (2) 下載鏈結和上傳鏈結的資料子訊框。頻寬配置演算法替下載鏈結和上傳鏈結安排好時槽的排班，並且在 UL-MAP 和 DL-MAP 訊息裡指出排班的資訊。所有 UL-MAP/DL-MAP 和子訊框是由數個 OFDMA 時槽所組成，而其中的一個時槽是一個在上傳鏈結裡有三個 OFDMA 符號的子頻道和一個在下載鏈結裡有兩個 OFDMA 符號的子頻道。此模式被稱為 PUSC（Partial Usage of Sub-Channels，即部分使用子頻道），即 802.16 裡面的基本模式。

上傳鏈結的排班類別

802.16e-2005 目前支援五種上傳鏈結的排班類別，它們分別是**主動授予服務**（Unsolicited Grant Service, UGS）、**即時輪詢服務**（Real-time Polling Service, rtPS）、**非即時輪詢服務**（non-real-time polling Service, nrtPS）、**盡力而為**（Best Effort, BE），以及最近提出的**延伸即時輪詢服務**（Extended Real-time Polling Service, ertPS）。表 3.9 摘要這些服務類別的特性，而它們和 DOCSIS 的服務類別非常類似。每種服務類別定義了一個不同的資料處理機制，以執行差別化的服務。

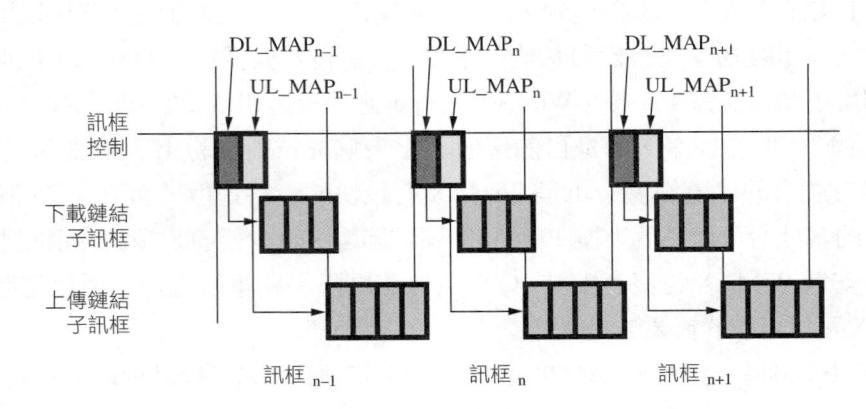

圖 3.38 TDD 子訊框結構

表 3.9　服務類別以及相對應的 QoS 參數

功能		UGS	ertPS	rtPS	nrtPS	BE
請求的長度		固定	固定但可以改變	變數	變數	變數
單點傳播輪詢		N	N	Y	Y	N
競爭		N	Y	N	Y	Y
QoS 參數	最小速率	N	Y	Y	Y	N
	最大速率	Y	Y	Y	Y	Y
	延遲時間	Y	Y	Y	N	N
	優先權	N	Y	Y	Y	Y
應用		VoIP 但沒有靜音抑制（silence suppression）、T1/E1	影像、VoIP 有靜音抑制	影像、VoIP 有靜音抑制	FTP、網頁瀏覽	E-mail、訊息為基礎的服務

UGS 擁有最高的優先權，並且為了頻寬保證的緣故，它在每一段時間間隔裡會保留一個固定數量的時槽。rtPS、nrtPS 和 BE 則憑藉著週期性的輪詢來從基地台獲得傳輸的機會；ertPS 會像 UGS 一樣保留一個固定數量的時槽，並且在競爭週期裡通知基地台時槽之保留有什麼改變。如果 nrtPS 和 BE 沒有從輪詢得到足夠的頻寬，它們就會根據事先設定好的優先權來競爭傳輸的機會。一個 nrtPS 服務永遠比 BE 服務更為優先。

細說 MAC 層裡面的封包流

接著說明基地台 MAC 的上傳鏈結和下載鏈結裡全部的封包流。就下載鏈結的處理流程而言，藉由 MAC 標頭的封裝（encapsulation）和解封（decapsulation），網路層裡的 IP 封包和 ATM 封包會從 MAC 收斂子層（convergence sublayer, CS）的資料轉變而來，或者轉變成 MAC 收斂子層裡的資料。根據位址還有埠的資訊，封包會被分類成一個服務流相對應的連接識別碼（connection identifier），該服務流會進一步決定 QoS 參數。分割和封包封裝接著會被執行，以便形成一個基本的 MAC 協定資料單元（protocol data unit, PDU）而 PDU 的長度經常會遷就頻道的品質。再接下來就是把產生的 PDU 配置到佇列裡。一旦配置開始，頻寬管理單元（bandwidth management unit）會安排資料叢發傳輸（data burst transmission）來填滿訊框。MAP 建置器（MAP builder）然後把之前的安排（也就是配置的結果），寫進 MAP 訊息裡，以便在送出／接收到時間訊框裡所排定的資料的時候能夠通知 PHY 介面。在 PDU 最後被送到 PHY 之前，加密、標頭校驗和以及 CRC 計算會被實行在 PDU 上。上傳鏈結的處理流程很像下載鏈結的處理流程，除了基地台也會

> ### 歷史演進：3G、LTE 和 WiMAX 之比較
>
> 802.16e-2005 也被稱作行動 WiMAX，它的目的是要支援行動應用。如正文所提到，WiMAX 有很高的資料速率（75 Mbps）和很長的距離（30 英哩），而 3G 僅有約 3 Mbps 的資料速度。然而，3G 可以更自然地從手機使用者來得出它的覆蓋範圍。
>
> WiMAX 最後是否會變成一個受歡迎的行動應用的解決方案呢？目前有很多供應商擁護 WiMAX。舉例來說，Intel 把行動 WiMAX 的功能整合到它的下一世代的筆電 Wi-Fi 晶片。3G 技術也同樣在進化——下一世代的 LTE（Long Term Evolution），由第三代夥伴計畫（Third Generation Partnership Project (www.3gpp.org)）所研發，可以達到 300 Mbp 下載和 100 Mbps 上傳，而且在 3G 技術現有的龐大基礎架構下，LTE 可以很快地被部署完成。IEEE 也採用 IEEE 802.16m 標準裡的 WiMAX 2.0，其更進一步地把行動使用者的資料速率推升到 100 Mbps，並且把固定應用的資料速率推升到 1 Gbps。兩者的競爭十分激烈。在此同時，由於製作上和協同運作能力認證上的延遲，行動 WiMAX 的部署仍然不夠廣泛。上市的時間在此處是一個關鍵因素，它決定了行動 WiMAX 在市場的成功機會。

接收獨立式的（standalone）或搭便車式的（piggybacked）頻寬請求。在上述的運作之中，很明顯的一點就是頻寬管理以及頻寬配置演算法是最為關鍵的，所以尤其要小心設計才能改善系統的效能。

3.5 橋接

網路管理員通常會把單獨的區域網路連接成一個互連的網路，以便於延伸一個區域網路的範圍或者是為了管理上的用途。運作在鏈結層的互連裝置被稱為 **MAC 橋接器（MAC bridge）**，或者簡稱為橋接器。它通常被叫作**第二層交換器（layer-2 switch）**、乙太網路交換器（Ethernet switch），或者就簡稱為交換器；我們稍後就會曉得其中的緣故。一個橋接器把數個區域網路互連起來，讓它們運作起來好像全部都處於同一個區域網路一樣。IEEE 802.1D 之標準已經把橋接的運作給標準化了。我們接下來將會介紹箇中的來龍去脈。

幾乎所有個橋接器都是透明式（transparent）橋接器，因為在互連區域網路上所有的主機站都不會察覺到橋接器的存在。要傳送訊框的主機站簡單地把目的地 MAC 位址封裝到訊框裡然後送出訊框，就好像目的地和來源主機站是在同一個區域網路裡面。橋接器會自動地轉發訊框。另一種類別的橋接器是來源-路由橋接器（source-routing bridges）。在這個類別裡，主機站應該要發現路由途徑並且把轉發

的資訊封裝在訊框裡,以便於指示橋接器如何轉發這個訊框。由於乙太網路稱霸了區域網路市場,這個類別的橋接器十分罕見,因此我們只介紹透明式橋接器。

橋接器有區域網路可以連接的埠(port)。每一個埠運作於混雜模式(promiscuous mode),這表示說連接到埠的區域網路上的每一筆訊框,埠全都會接收到,不管該訊框的目的地是在哪裡。如果一筆訊框必須被轉發給另一個埠,橋接器自己會照著去做。

3.5.1 自主學習

橋接器的奧祕是在於它如何能判斷是否應該把一個接收進來的訊框給轉發出去,以及應該轉發到哪一個埠。圖 3.39 說明了橋接器的運作。一個橋接器會維持著一份位址表,也被稱為轉發表,以便於儲存 MAC 位址對埠的號碼的映射。一開始的時候,位址表是空白的,而橋接器完全不知道任何主機站的位置。假設 MAC 位址為 00-32-12-12-6d-aa 的主機站 1 傳送一個訊框到 MAC 位址為 00-1c-6f-12-dd-3e 主機站 2。因為主機站 1 被連接到橋接器的 3 號埠,橋接器會從 3 號埠接收到主機站 1 傳送的訊框。藉由檢查該訊框的來源位址欄位,橋接器學習到 MAC 位址

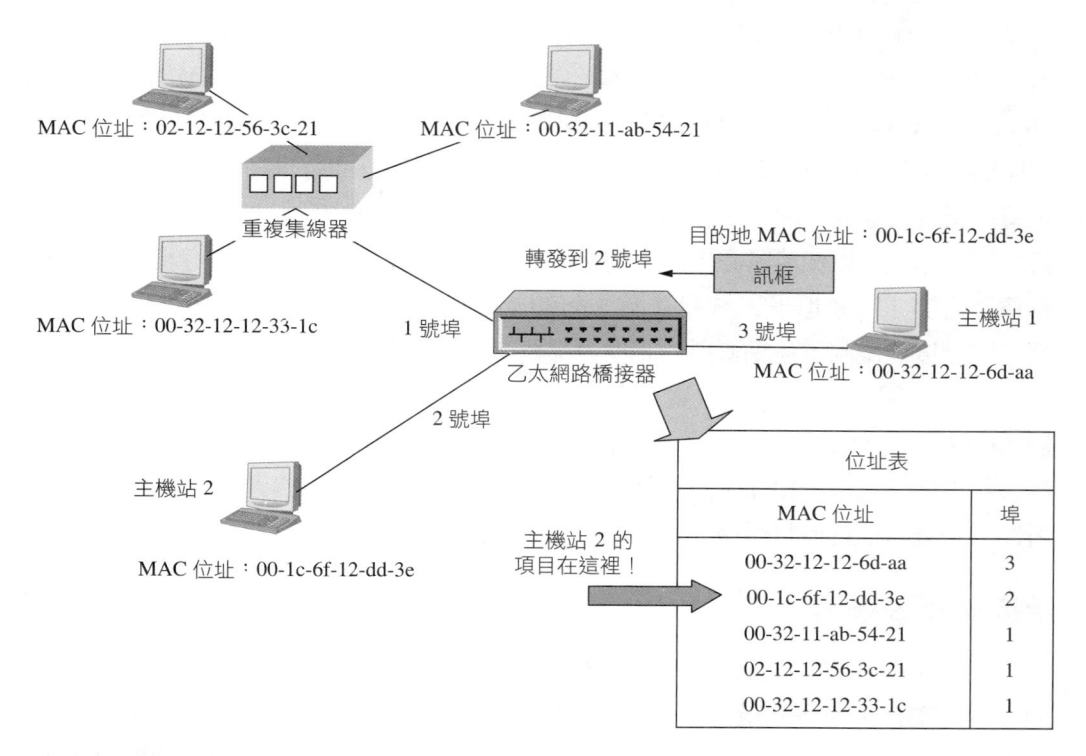

位址表	
MAC 位址	埠
00-32-12-12-6d-aa	3
00-1c-6f-12-dd-3e	2
00-32-11-ab-54-21	1
02-12-12-56-3c-21	1
00-32-12-12-33-1c	1

圖 3.39 橋接器的運作:自主學習

00-32-12-12-6d-aa 是位在連接到 3 號埠的網路區段，然後就把這個學到的事實記錄在位址表裡面。然而，此時橋接器仍然不曉得目的地位址 00-1c-6f-12-dd-3e 所在的位置。為了確保目的地可以接收到訊框，橋接器就簡單地廣播送出訊框到它的每一個埠，但是訊框進來的那個埠（3 號埠）除外。假設過了一會兒之後，主機站 2 傳送一個訊框到某個位址，那麼橋接器就會學習到主機站 2 的位址是從 2 號埠進來的，然後也會把這個事實記錄在位址表裡面。後續要送達主機站 2 的訊框將只會被轉發到 2 號埠而不會被廣播。以上的過程被稱為**自主學習（self-learning）**。

自主學習大幅地節省了其他網路區段的頻寬，並且在有可能發生碰撞的情況時，減少了碰撞的機率。當然，如果主機站 2 一直保持沉默，橋接器將永遠無法得知主機站 2 位於何處，而所有要送達主機站 2 的訊框將只能被廣播送出，但是這種情況非常罕見。一個典型的情形是主機站 2 在收到一個傳給它的訊框之後便回覆了一些東西，然後橋接器就可以從回覆的訊框裡學習到主機站 2 位於何處。

有時候一台主機站可能會搬遷到別處或是被撤掉，而這會使得它在位址表裡的項目失效。這個問題可以藉由一種**老化（aging）**機制來加以解決。如果在給予的一段時間內一台主機站都沒有傳送任何東西，它的項目最後就會到期失效。後續要送給該主機站的訊框將會被廣播送出，一直到橋接器又再度學習到它存在的位置。

如果目的地位址是一個多點傳播位址或是廣播位址，橋接器會把訊框轉發到除了來源埠以外所有的埠。然而，氾濫地送出（flood）訊框是很浪費資源的。為了減少不必要的氾濫傳送的成本，IEEE 802.1D 之標準訂出了 GMRP（GARP Multicast Registration Protocol，即 GARP 多點傳播註冊協定）。GMRP 是通用屬性註冊協定（Generic Attribute Registration Protocol, GARP）的子集。當這個協定被啟動時，橋接器能夠註冊從多點傳播位址的接收者送來的請求。註冊資訊將會傳播於橋接器群之間，以便能辨認出所有的接收者。如果在某條路徑上沒有發現任何的多點傳播之請求，那麼多點傳播修剪（multicast pruning）會被執行來刪除掉這條路徑。透過這個機制，多點傳播的訊框會被轉發到通往接收者的那些路徑。

注意在圖 3.39 有一個裝置叫作**重複集線器（repeater hub）**，或簡稱為**集線器（hub）**。集線器是第一層的裝置，也就是說它只會簡單地還原訊號的振幅和時序，然後把訊號傳播給除了訊框進來的埠之外全部的埠，可是集線器對於訊框一無所知。畢竟訊框對於實體層而言只是一序列編碼過的位元。

橋接器 vs. 交換器

根據 Kalpana 的命名慣例，橋接器是以「交換器」之名在市場推銷，不論它們的運作是儲存再轉發式或直接穿透式。IEEE 標準仍然使用「橋接器」這個名稱，並且明確地強調這兩個術語是同義詞。現在大多數的交換機只提供儲存再轉發，因為直接穿透之設計並未帶來顯著的效益，正如表 3.10 裡的比較所示。「交換器」這個術語也常被用在那些根據從上層來的資訊來做轉發決定的裝置。這就是為何現在我們常會看到 L3 交換器、L4 交換器和 L7 交換器。

歷史演進：直接穿透 vs. 儲存再轉發

除了先導訊號和 SFD 欄位之外，目的地位址（DA）是訊框的第一個欄位。橋接器在位址表查詢 DA 之後，就可以判斷要把訊框轉發到哪裡去。橋接器在訊框被完全地接收完畢之前，就可以開始從目的地埠把訊框轉發出去。這種運作稱為直接穿透（cut-through）。相反地，如果橋接器只在訊框被完全地接收完畢之後才能轉發訊框，它的運作就被稱為儲存再轉發（store-and-forward）。

這兩種方式的區別有歷史性的原因。在 1991 年之前，交換器當時是被稱為橋接器，兩者都在 IEEE 標準裡面，並且皆在市場上販售。早期的橋接器是以儲存再轉發的方式在運作。在 1991 年，Kalpana 企業以交換器的名字推出了第一款的直接穿透式橋接器，藉此把這個產品和儲存再轉發式橋接器做出區隔，並且也強調直接穿透式有較短的延遲時間。然後，儲存再轉發式和直接穿透式的支持者之間便起了爭論。表 3.10 摘要了這兩種機制的比較。

表 3.10　直接穿透和儲存再轉發之比較

	儲存再轉發	直接穿透
傳輸時間	完全接收到一個訊框之後才能傳送該訊框	完全接收到一個訊框之前就可以傳送該訊框[8]
延遲時間	延遲時間稍長一點	可能有稍短一點的延遲時間
廣播／多點傳播	對於廣播訊框或多點傳播訊框都沒有問題	一般而言不可能處理廣播訊框或多點傳播訊框
錯誤檢查	可以即時檢查 FCS	可能來不及檢查 FCS
普及度	在市場上佔多數	在市場上比較不普遍

---

[8] 如果輸出埠的區域網路或輸出佇列被別的訊框所佔據，那麼即便是在直接穿透式交換機裡面，訊框也仍然無法被轉發出去。

開放源碼之實作 3.7：自主學習的網路橋接

總覽

一個交換器會維持一個轉發資料庫（forwarding database），用來判斷訊框應該被轉發到哪個埠去。資料庫的學習過程是自動的，以便把管理工作減到最少。這就是為何我們叫它自主學習的原因。自主學習的關鍵其實相當簡單：如果一個接收進來的訊框是從 n 號埠進來的而且它的來源 MAC 位址為 A，這意味著交換器可以由 n 號埠達到 MAC 位址為 A 的主機，而且一個要送達 A 的訊框會被交換器轉發到 n 號埠。我們將介紹 Linux 核心裡的自主學習機制的源碼，因為一台 Linux 主機也可以作為一台交換器（或橋接器）。

方塊流程圖

圖 3.40 說明了學習過程，其中的轉發資料庫是以雜湊表（hash table）製作。如果有發生一個雜湊之碰撞，同一桶（bucket）的項目（entry）會被儲存在一個鏈結串列（linked list）裡面。

當一個來源 MAC 位址為 A 的訊框進入一個交換器，該交換器會計算出 A 的雜湊函數值以用來找出轉發資料庫裡的項目，然後便嘗試在 A 的雜湊函數值所對應的那一桶裡找出 A 的項目（也許需要走訪鏈結串列）。如果 A 已經在資料庫裡面，原先的項目將會被刪除，這代表說 A 對應的埠會被更新。最後，A 以及訊框進來的埠將會被記錄在轉發表裡面。

資料結構

最重要的資料結構就是轉發資料庫，而它是被定義在 `net_bridge` 結構裡（見 `br_private.h`）。結構中的雜湊之欄位是雜湊表，其定義如下：

```
struct hlist_head hash[BR_HASH_SIZE];
```

串列裡的項目包含了 MAC 位址和埠的關聯，其定義如下。這裡的 `mac` 是 MAC 位址，而 `dst` 是相對應的埠。因為一台主機有可能會連接到一個不同的埠，所以如果 `ageing_timer` 過期的話，相關的項目會被刪除或是變成失效。

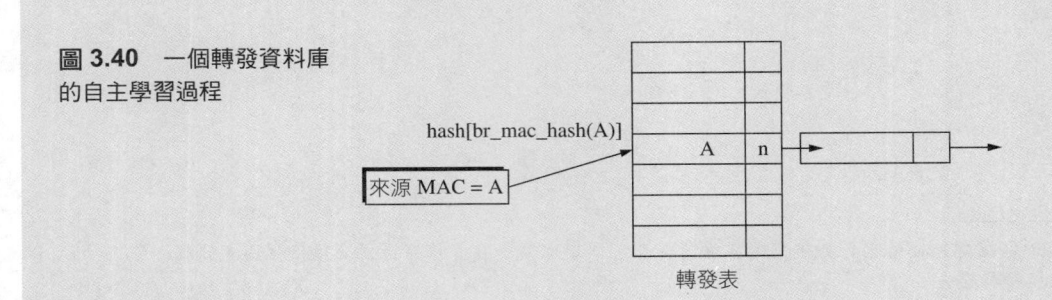

圖 3.40 一個轉發資料庫的自主學習過程

hash[br_mac_hash(A)]

來源 MAC = A

A n

轉發表

```
struct net_bridge_fdb_entry
{
    struct hlist_node          hlist;
    struct net_bridge_port     *dst;
    struct rcu_head            rcu;
    atomic_t                   use_count;
    unsigned long              ageing_timer;
    mac_addr                   addr;
    unsigned char              is_local;
    unsigned char              is_static;
};
```

演算法之實作

Linux 在 net/bridge/br_fdb.c 裡面製作查表,其中 fdb 是表示轉發資料庫。查表之過程會用一個 MAC 位址去辨識出資料庫裡的一個項目,然後計算 br_mac_hash() 的雜湊函數以辨識出正確的雜湊表的桶。下方的一段 br_fdb.c 的程式碼說明雜湊表示如何被查詢。

```
struct net_bridge_fdb_entry *__br_fdb_get(struct net_
bridge *br, const unsigned char *addr)
{
    struct hlist_node *h;
    struct net_bridge_fdb_entry *fdb;
        hlist_for_each_entry_rcu(fdb,h,
        &br->hash[br_mac_hash(addr)],hlist) {
        if (!compare_ether_addr(fdb->addr.addr,
                                        addr)) {
            if (unlikely(has_expired(br, fdb)))
                break;
            return fdb;
        }
    }
    return NULL;
}
```

hlist_for_each_entry_rcu() 搜尋 &br->hash[br_mac_hash(addr)] 所指向的整個鏈結串列,以便找出在 net_bridge_fdb_entry 裡面的正確項目。net_bridge_fdb_entry 含有要轉發過去的埠。這裡的 rcu(Read-Copy-Update)是在第 2.5 版研發時加到 Linux 核心的一種同步機制,其提供了執行緒(threads)之間的互斥(mutual exclusion)。查詢會伴隨一種老化機制來把搜尋

作廢。如果一個項目已經過期，搜尋就會被忽略。如果網路拓樸改變的話，這種機制可以讓資料庫保持最新的狀態。

當一筆訊框被接收到的時候，一個新的項目會被插入到轉發資料庫裡。這被稱為橋接運作的自主學習機制。相關的一段程式碼也在 `br_fdb.c` 裡面，如下所示：

```
static int fdb_insert(struct net_bridge *br, struct
net_bridge_port *source, const unsigned char *addr)
{
        struct hlist_head *head = &br->hash[br_mac_
         hash(addr)];
        struct net_bridge_fdb_entry *fdb;
        if (!is_valid_ether_addr(addr))
                return -EINVAL;
        fdb = fdb_find(head, addr);
        if (fdb) {
                if (fdb->is_local)
                        return 0;
                fdb_delete(fdb);
        }
        if (!fdb_create(head, source, addr, 1))
                return -ENOMEM;
        return 0;
}
```

上述的項目插入是開始於在轉發資料庫裡面查詢剛進來的 MAC 位址。如果一個項目被找到，它會被新的項目所取代；否則的話，新的項目會被插入在資料庫裡。

練習題

1. 追蹤源碼並且找出老化計時器（aging timer）是如何運作的。
2. 找出在你的 Linux 核心程式碼的 `fdb` 雜湊表中有多少項目。

3.5.2 涵蓋樹協定

當一個橋接網路的拓樸變得龐大又複雜，網路管理者可能會不經意地在拓樸裡建立一個迴圈（loop）。這種情況不是我們想要的，因為訊框可能會一直循環繞著迴圈，而且位址表可能變得不穩定。舉例來說，有兩個有雙埠的交換器形成一個迴圈，而且一台主機站廣播了一個在迴圈上循環的訊框。每一台交換器在接收到廣播的訊框時會把它轉發給另一台交換器，使得訊框會無限期地繞著迴圈循環。

為了解決迴圈的問題，IEEE 802.1D 規定了一個**涵蓋樹協定（spanning tree protocol, STP）**來消除橋接網路裡的迴圈。因為它的實作很簡單，所以幾乎全部的交換器都支援這個協定。圖 3.41 是一個簡單的涵蓋樹之範例，而下面列出了它程序裡的步驟。

1. 一開始，每台主機站和每個埠會被指定一個辨識碼，而該辨識碼是由一個可管理的優先權數值和交換器位址（或是埠之號碼）所構成。為了簡單起見，我們在這個說明裡使用 1 到 6 來作為辨識碼。
2. 每條鏈結被指定一個成本值（cost），而該成本值可以是和鏈結速度成反比。我們在此假設所有的鏈結成本是 1。
3. 有最小識別碼的交換機作為涵蓋樹的根（root）。根是被選出來的，透過交換器之間互相交換設定資訊的訊框。
4. 每個區域網路被連接到現行拓樸裡某交換器的一個埠。區域網路會透過一個埠來傳送源自於根的訊框，該埠被稱為指定埠（designated port, DP），而該交換器被稱為指定橋接器（designated bridge）。交換器會透過一個埠來接收源自於根的訊框，該埠被稱為根埠（root port, RP）。
5. 設定資訊會被定期地放在**橋接協定資料單元（bridge protocol data unit, BPDU）**並且從根向下傳播。BPDU 的目的地位址是一個給交換器用的保留的多點傳播的位址，01-80-C2-00-00-00。BPDU 訊框包含的資訊像是根辨識碼（root identifer）、傳輸交換器辨識碼（transmitting switch identifier）、傳輸埠辨識碼（transmitting port identifier）以及源自於根的路徑的成本。
6. 每台交換器可能會根據所收到 BPDU 裡面攜帶的資訊來設定自己。設定的規則是：

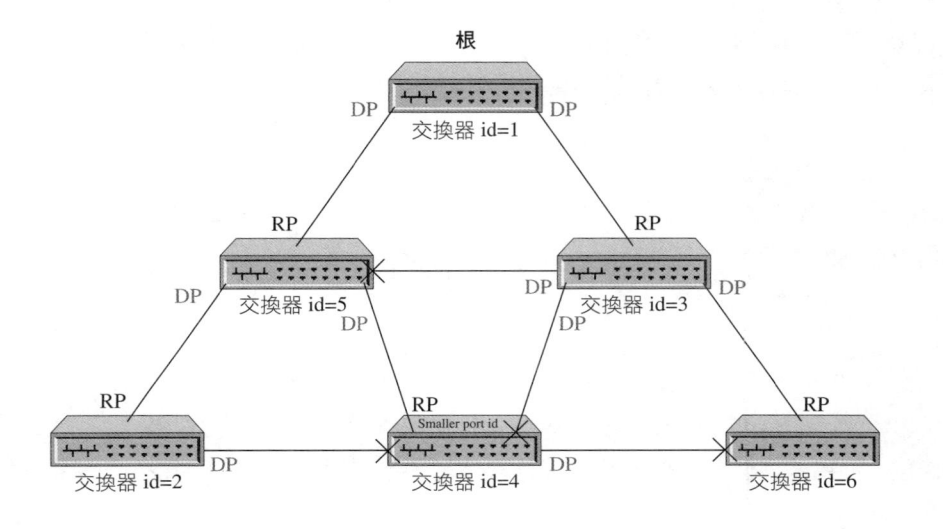

圖 3.41　一個有迴圈的橋接網路

- 如果交換器和 BPDU 裡面所宣傳的路徑成本比較之後發現，它自己可以提供一條較低成本的路徑，則交換器將會傳送含有它的最低路徑成本的 BPDU，藉此試著成為指定的橋接器。
- 在不明確的情況下，比如說有路徑成本相同的多重選擇，有最小識別碼的交換器或埠會被選為指定橋接器（埠）。
- 如果交換器發現自己的識別碼小於目前的根識別碼，它會傳送把它的識別碼作為根識別碼的 BPDU，藉此試著變成新的根。
- 注意，一台交換器並不會轉發任何進來的 BPDU，但是可能會產生新的 BPDU 來攜帶它的新狀態給其他的交換器。

7. 除了 DP 和 RP 之外，所有的埠都會被阻塞起來。一個阻塞的埠不能轉發或接收資料訊框，但是它仍然可以繼續聆聽 BPDU 來看看是否它可以再次活動起來。

圖 3.41 也呈現了生成的涵蓋樹。我們鼓勵讀者去追蹤它的程序。涵蓋樹之協定是如此有效率，而它可以根據網路拓樸的改變來動態地更新涵蓋樹。

開放源碼之實作 3.8：涵蓋樹

總覽

涵蓋樹之設定的更新是根據入口 BPDU（ingress BPDU）裡的資訊，正如前文所描述的一樣。當橋接器接收到一個 BPDU，它首先解析訊框，然後建立一個包含 BPDU 資訊的資料結構。它接下來會根據 BPDU 的資訊來更新橋接器的設定。在此之後，新的根會被選出，然後指定埠會被確定。最後，根據新的設定，埠的狀態會被更新。

方塊流程圖

圖 3.42 說明了處理 BPDU 訊框的呼叫流程。該流程基本上是遵循著之前介紹的順序。我們會描述下面每一個函數呼叫的細節。

資料結構

`br_config_bpdu` 是最重要的資料結構（它的定義位於 `net/bridge/br_private_stp.h`）。在解析訊框之後，`br_config_bpdu` 會從 BPDU 訊框取得 BPDU 資訊。它包含了下面列出的結構裡的欄位，而這些欄位可以從一個 BPDU 訊框裡的協定欄位直接拷貝過來。

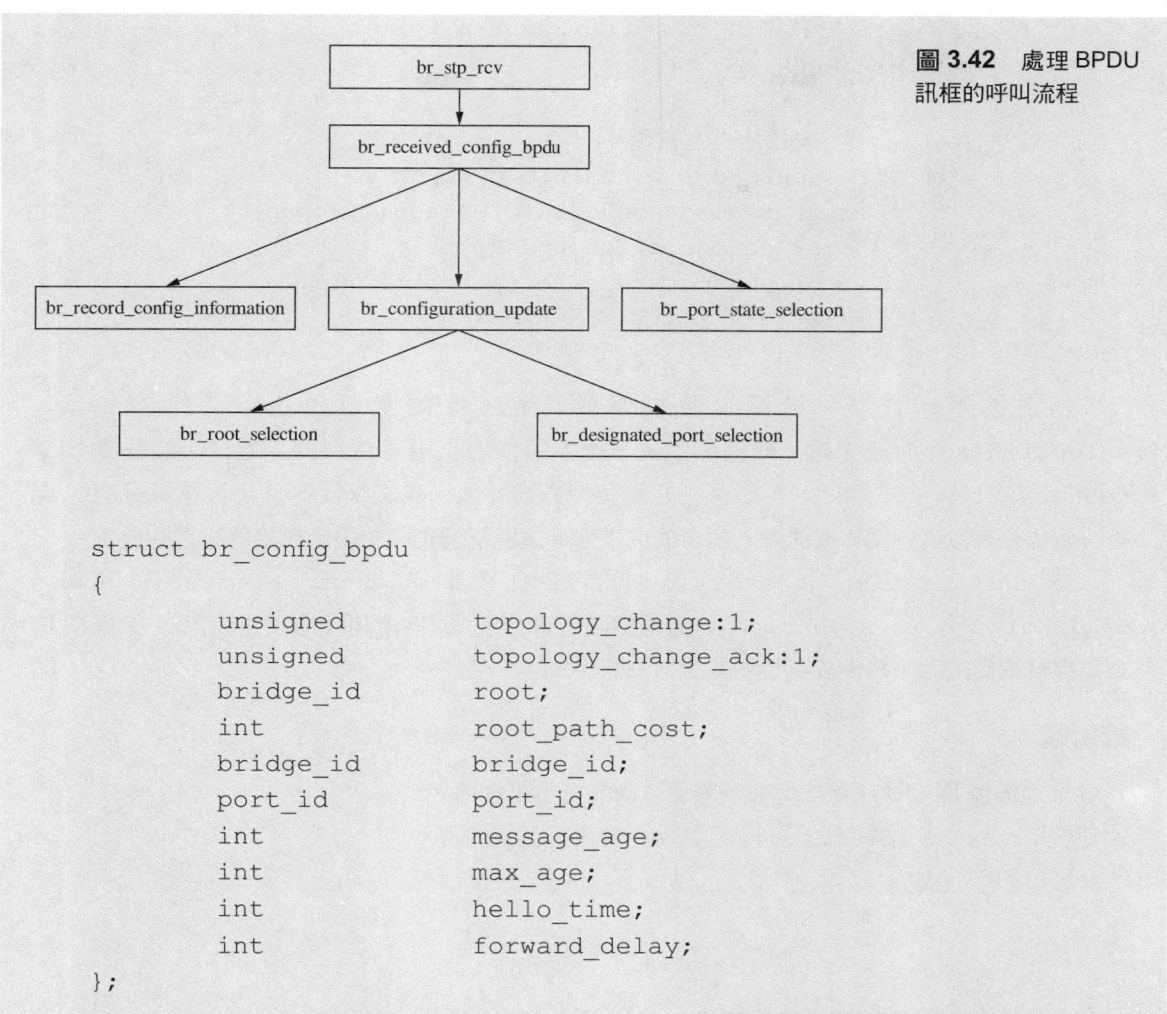

圖 3.42 處理 BPDU 訊框的呼叫流程

```
                    br_stp_rcv
                        │
                        ▼
             br_received_config_bpdu
              ╱         │         ╲
             ▼          ▼          ▼
br_record_config_information  br_configuration_update  br_port_state_selection
                      ╱         ╲
                     ▼           ▼
           br_root_selection   br_designated_port_selection
```

```
struct br_config_bpdu
{
        unsigned            topology_change:1;
        unsigned            topology_change_ack:1;
        bridge_id           root;
        int                 root_path_cost;
        bridge_id           bridge_id;
        port_id             port_id;
        int                 message_age;
        int                 max_age;
        int                 hello_time;
        int                 forward_delay;
};
```

接收到的 BPDU 訊框被用來更新在 net_bridge 結構裡的全域橋接器設定（定義在 net/bridge/br_private.h）。這個結構不僅供涵蓋樹協定使用，也供其他協定使用。它也包含了一台橋接器所需要的所有資料結構，比方說轉發資料庫。因此，我們在這一節不會探討這個議題。

演算法之實作

在 br_stp_bpdu.c（net/bridge 目錄之下）裡的 br_stp_rcv() 函數會處理涵蓋樹設定的更新。此函數會解析 BPDU 並且建立一個 BPDU 資訊的 br_config_bpdu 結構。接下來該結構和埠的資訊會被送給 br_stp.c 裡的 br_received_config_bpdu() 函數。這個函數首先會呼叫 br_record_config_information() 去註冊在埠的 BPDU 資訊，然後會呼叫 br_configuration_update() 去更新橋接器的設定。相關的一段程式碼如下：

```
void br_received_config_bpdu(struct net_bridge_port
```

```
            *p, struct br_config_bpdu *bpdu)
{
        // 此處省略了一些程式碼
        if (br_supersedes_port_info(p, bpdu)) {
                br_record_config_information(p, bpdu);
                br_configuration_update(br);
                br_port_state_selection(br);
        // 此處省略了一些程式碼
}
```

設定被更新之後,根據埠被指派的角色,埠的狀態也在 `br_port_state_selection()` 裡面被更新。舉例來說,一個埠可能會被阻塞住以避免迴圈。注意到 `br_configuration_update()` 可能會在好幾個地方被呼叫。舉例來說,系統管理員可能會執行一個指令來取消一個埠或改變一個埠的成本值。這種情況也將會引起橋接器設定的更新。

`br_configuration_update()` 函數單純地呼叫 `br_root_selection()` 和 `br_designated_port_selection()` 這兩個函數來分別選出新的根和決定指定埠。如果根或指定埠被改變的話,路徑成本也可能會被更新。

練習題

1. 簡單地描述 BPDU 訊框如何被沿著涵蓋樹的拓樸來傳播。
2. 研究 `br_root_selection()` 函數如何選出一個新的根。

3.5.3 虛擬區域網路

一旦一個裝置被連接到一個區域網路,它便屬於該區域網路。也就是說,區域網路的部署完全是取決於實體的連接。在某些應用中,我們需要在實體部署上建立邏輯的連接性。舉例來說,我們可能想要讓交換器裡的某些埠屬於一個區域網路而其他的埠屬於另一個區域網路。更進一步來說,我們可能想要把跨多個交換器的一群埠指派給同一個區域網路,然後把剩下的其他埠都指派給另一個區域網路。一般而言,我們需要有彈性的網路部署。

虛擬區域網路(virtual LAN, VLAN)能夠提供邏輯上的區域網路設定。管理員可以簡單地使用管理工具而不需要去改變底層網路拓樸的實體的連結。除此之外,有了 VLAN 的隔離,一台交換器上的一組埠可以分別被指派給不同的 VLAN,而每個埠運作起來就好像一個實體上獨立的交換器。如此一來,我們便能夠增強網路安全並且節省頻寬,因為網路上的資訊流量,尤其是多點傳播和廣播的訊流，可以被侷限在特殊定義出來的訊流所屬的 VLAN。舉例來說，如果使用的是一台沒有 VLAN 的交換器時，每當傳送的是廣播訊框或沒有目的地位址的單點傳播訊框時，這筆訊框就會出現在該交換器的全部的埠上面。在這種情況下，不僅這筆訊框會消耗不需要用到的埠的頻寬，而且懷有惡意的使用者還有機會能夠監看到這筆訊框。藉著把一台交換器的一組埠劃分成數個 VLAN，交換器可以把訊框的傳送侷限於一個由訊框意圖被送達的埠所組成的 VLAN 之內。

圖 3.43 說明一個實際的例子，彰顯出 VLAN 的用處。假設我們有兩個 IP 子網：140.113.88.0 和 140.113.241.0，每個含有數台主機站。如果我們想要把這兩個子網連接到一台路由器，我們可以用圖中畫出的方式來部署網路。

如果我們改用兩個 VLAN 來設定交換器，那麼只需要一個交換器就夠用了。路由器可以被連接到屬於這兩個 VLAN 的一個埠，然後在路由器上設好兩個 IP 位址並且配給每個子網一個 IP 位址。在這個案例裡的路由器稱為**獨臂路由器**（one-armed router），如圖 3.44 所示。目前，許多第三層的交換器有能力像正常的路由器一樣根據第三層的資訊來轉發訊框。有了 VLAN，管理員可以任意地把一群埠給組合成數個 IP 子網，這讓網路管理變得非常方便。

IEEE 802.1Q 之標準規定了一組協定和演算法來支援 VLAN 運作。這個標準描述了 VLAN 在設定、設定資訊的散布以及中繼等方面的結構上的框架。第一個光看字義就可以明白。第二個是關於在能意識到 VLAN 的交換器之中散布 VLAN 成員資訊的方法。第三個處理如何將送進來的訊框加以分類和轉發以及藉由增加、改變和移除**標籤**（tag）來修改訊框的程序。我們接下來要討論標籤的概念。

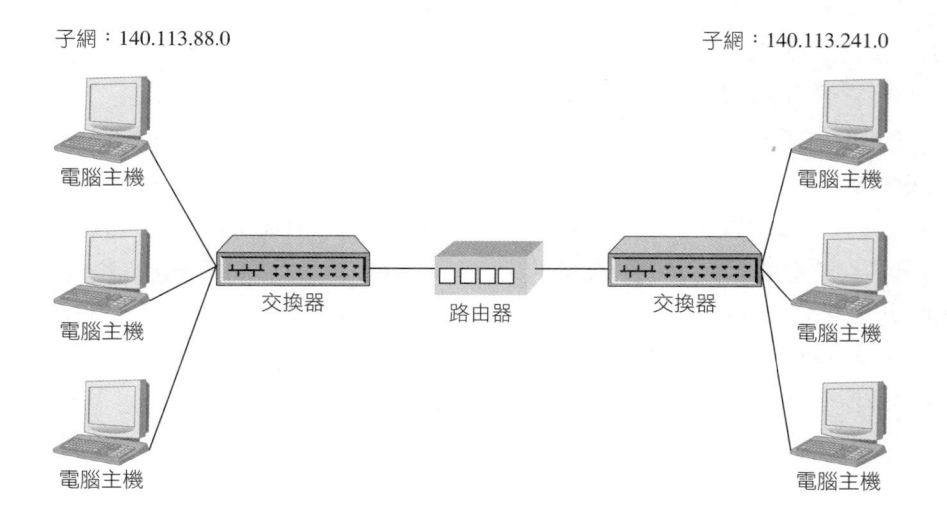

子網：140.113.88.0　　　　　　　　　子網：140.113.241.0　　　　**圖 3.43**　沒有使用 VLAN 的情況下，兩台交換器的部署

電腦主機　　電腦主機　　電腦主機　　交換器　　路由器　　交換器　　電腦主機　　電腦主機　　電腦主機

圖 3.44 使用 VLAN 和獨臂路由器的一台交換器的部署

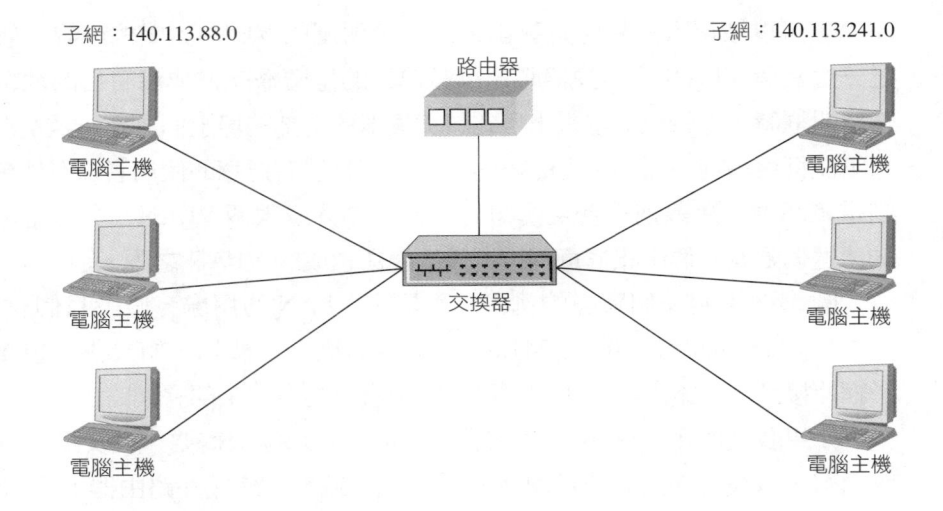

子網：140.113.88.0　　　　路由器　　　　子網：140.113.241.0

交換器

電腦主機（×6）

原理應用：VLAN vs. 子網

　　VLAN 是一種第二層的概念，它可以讓網路管理員設定在第二層的連接而不用去重接實體的網路線。舉例來說，一台交換器的 1 號埠和 2 號埠可以被設定為屬於同一個 VLAN，而 3 號埠和 4 號埠可以被設定為屬於另一個 VLAN。雖然這些埠都在同一個交換器裡面，通過這些埠的連接在邏輯上則是分開的。屬於同一個 VLAN 裡的主機不需要更高層的裝置，尤其是路由器，就可以互相溝通，而且 VLAN 可以限制廣播訊框能夠到達的範圍（也就是只能在一個 VLAN 的範圍裡）。

　　子網（subnet）則是一種第三層的概念。在同一個子網內的主機不需要路由器的幫助就可以互相傳送封包給對方，這當然也包括了廣播封包。VLAN 和子網這兩個術語在限制廣播網域的背景上是很相似的。那麼它們的差別在什麼地方呢？

　　注意到子網是一種第三層的概念。子網的設定是把子網內主機的 IP 位址設成有相同的字首（prefix），而子網遮罩（subnet mask）可以被用來判斷字首的長度。比較起來，VLAN 是設定在交換器上，其是一種第二層的裝置。前者是邏輯上的隔離而後者是實體上的隔離。因此，把邏輯上獨立的多個子網設定成屬於同一個 VLAN（例如，把多個子網連接到同一台交換器而不個別使用獨立的 VLAN），這種做法是有可能的。縱然有邏輯上的隔離，一個第二層的廣播訊框（其目的地 MAC 位址所有的位元都是 1）實際上仍然能夠遍及整個 VLAN。在這種情況下，比較好的做法是在交換器上設定多個 VLAN，在實體上隔離出廣播網域。

IEEE 802.1Q 之標準並沒有規定主機站要如何和 VLAN 聯繫。VLAN 的成員資訊可能是以埠、MAC 位址、IP 子網、協定和應用為基礎。每個訊框可以和含有一個 VLAN 辨識碼的標籤聯繫在一起,以便讓交換器可以快速地辨識出它聯繫的 VLAN 而不需要複雜的欄位分類。然而,標籤稍微地改變了訊框的格式。圖 3.45 描繪出了一個貼有標籤的訊框的格式[9]。一個 VLAN 辨識碼有 12 個位元;考慮到有一個辨識碼被保留沒有使用而有另一個辨識碼已經被用來指出一個優先權標籤(見下),最多只可以允許有 4094($= 2^{12} - 2$)個 VLAN。

優先權

如果區域網路裡的負載很高,使用者將會感覺到很長的延遲時間。有些語音或影音的應用是對時間很敏感的,所以長的延遲時間會惡化這些應用的品質。在傳統上,區域網路技術會使用超量供給(over-provisioning)來解決這個問題。超量供給指的是供給超過所需的頻寬量。可是在短期壅塞的情況下,資訊的流量可能會暫時超出可用的頻寬量,所以較高的優先權可以被指派給關鍵應用的訊框,以便保證這些訊框能接受到更好的服務。

乙太網路天生就沒有優先權的機制。如同之後被整合成 IEEE 802.1D 的 IEEE 802.1p,一個優先權數值可以作為選項被指派給一個乙太網路訊框。貼有標籤的訊框也會攜帶這個數值,如同圖 3.45 所描繪的一樣。一個貼有標籤的訊框加進了額外的四個位元組。它們是 2 個位元組長的類型(type)欄位以用來指出 VLAN 協定的類型(其值 $= 0 \times 8100$),還有 2 個位元組長的標籤控制諮詢(tag control information)欄位。後者會被進一步分成三個欄位:優先權(priority)、典範格式指示碼(Canonical Format Indicator, CFI)以及 VLAN 辨識碼(VLAN identifier)。一個貼有標籤的訊框並不需要攜帶 VLAN 資訊。標籤裡可以只含有訊框的優先

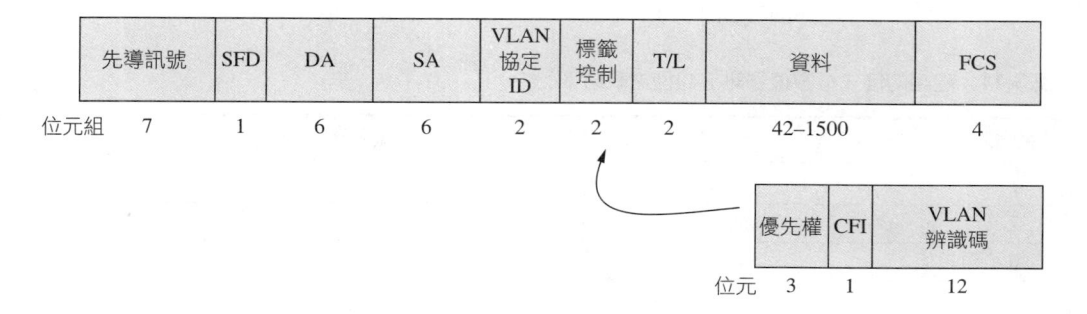

先導訊號	SFD	DA	SA	VLAN 協定 ID	標籤控制	T/L	資料	FCS
位元組 7	1	6	6	2	2	2	42–1500	4

優先權	CFI	VLAN 辨識碼
位元 3	1	12

圖 3.45 一個貼有標籤的訊框的格式

---

[9] 注意到 VLAN 的使用並不侷限於乙太網路。VLAN 之標準也能應用在其他區域網路的標準,比方說令牌環(Token Ring)。然而,因為乙太網路是最普遍的,所以我們在此討論乙太網路的訊框。

權。VLAN 辨識碼可幫助交換器辨識出訊框所屬於的 VLAN。CFI 欄位看起來很神祕，但它其實只是個 1 位元長的欄位，用來指出是否 MAC 資料裡面可能攜帶的 MAC 位址是採用典範格式。我們在此不會深入典範格式的細節。感興趣的讀者可以參考 IEEE 802.1Q 文件裡的第 9.3.2 項條款。

因為在優先權欄位裡面有三個位元，優先權之機制總共允許有八種的優先權類別。表 3.11 列出了標準裡所建議的優先權數值到訊流類型之映射。一台交換器可以將送進來的訊流加以分類並且安排適當的佇列服務，以便能根據標籤的數值來滿足使用者的需求。

鏈結匯集

我們要介紹的最後議題是**鏈結匯集（link aggregation）**。數條鏈結可以被匯集成類似一條有較大處理能力的管線。舉例來說，如果需要更龐大的鏈結處理能力的話，使用者可以匯集兩條 gigabit 之鏈結成為單獨一條 2-gigabit 的鏈結。使用者們不需要購買 10-gigabit 的乙太網路產品，因為鏈結匯集已經帶來了有彈性的網路部署。

鏈結匯集原先是思科企業（Cisco）的一種被稱為乙太頻道（EtherChannel）之技術，或通常被稱為埠之幹線化（port trunking）；稍後在 2000 年，它在 IEEE 802.3ad 被標準化。鏈結匯集並不是侷限於兩台交換器之間的鏈結──一台交換器和一台主機站之間的鏈結，和兩台主機站之間的鏈結也可以被匯集。鏈結匯集的原理其實很簡單：傳輸器會把訊框分散給參與匯集的一組鏈結傳送，而接收器則收集從參與匯集的一組鏈結送來的這些訊框。然而，一些難題會讓這個設計變得複雜。舉例來說，考慮在一種情況下，一個長訊框後面緊接有許多短訊框。如果長的訊框被分配給一條鏈結傳送，而其他的短鏈結被分配給另一條鏈結傳送，則接收器可能在接收到這些訊框的順序上會錯亂。雖然像 TCP 之類的上層協定能夠處理順序錯

表 3.11　建議的優先權數值到訊流類型之映射

優先權	訊流之類型
1	背景
2	備用
0（預設值）	盡力而為
3	卓越的盡力
4	受控制的負載
5	＜ 100 毫秒的延遲時間和抖動
6	＜ 10 毫秒的延遲時間和抖動
7	網路控制

亂的訊框，可是這樣做很沒有效率。一條網路資訊流裡面的訊框的順序必須在鏈結層裡就被維持好。為了更好的負載平衡或因為鏈結故障的緣故，一條資訊流可能需要從一條鏈結被移到另一條去。為了滿足這些需求，於是便有了鏈結匯集控制協定（link aggregation control protocol, LACP）的設計。讀者可以參考 IEEE 802.3 標準裡的第 43 項條款。

3.6 網路介面的裝置驅動程式

3.6.1 裝置驅動程式的概念

作業系統的一個主要功能是控制 I/O 裝置。作業系統裡 I/O 的部分可以被做成一個四層的結構，如圖 3.46 所示。中斷處理常式（interrupt hanlder）可以被當作是驅動程式的一部分。

所有的裝置獨立的程式碼會被嵌入在驅動程式裡面。裝置驅動程式會發出命令（command）給裝置暫存器（device register）並且檢查是否命令被正確地執行。因此，網路裝置驅動程式是作業系統裡唯一一個知道網路介面卡有多少個暫存器以及這些暫存器是做什麼用的。

裝置驅動程式的工作是接收來自於它上方的裝置獨立軟體所發出的抽象請求，然後以發號命令給裝置暫存器的方式來處理這些請求。當命令被發號出去之後，有兩種可能：一是裝置驅動程式把自己阻斷，直到中斷回來把它的阻斷取消。二是操作立刻執行完畢，所以驅動程式不需要被阻斷。

3.6.2 與 Linux 裝置驅動程式的硬體進行通訊

在一個裝置驅動程式能和一台裝置進行通訊之前，它必須將環境初始化。初始化包括探測（probing）I/O 埠以便與裝置暫存器通訊，以及探測 IRQ 以便能正確地

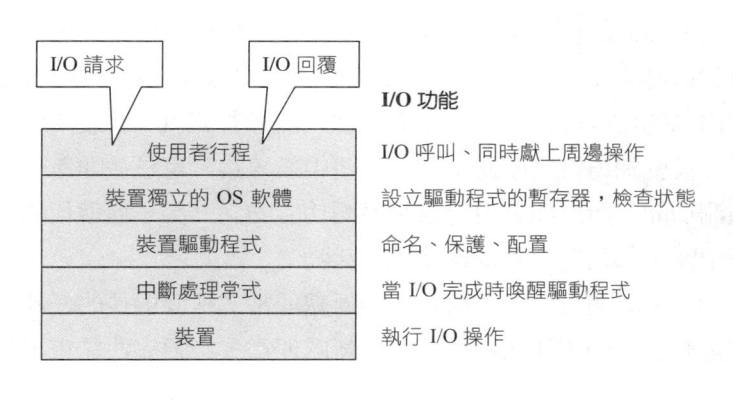

圖 3.46 I/O 軟體的結構

	I/O 功能
使用者行程	I/O 呼叫、同時獻上周邊操作
裝置獨立的 OS 軟體	設立驅動程式的暫存器，檢查狀態
裝置驅動程式	命名、保護、配置
中斷處理常式	當 I/O 完成時喚醒驅動程式
裝置	執行 I/O 操作

（I/O 請求 → ，I/O 回覆 ←）

安裝中斷處理常式。我們也會探討直接記憶體存取（direct memory access）如何轉移一大批的資料。

探測 I/O 埠

一個硬體裝置通常有數個暫存器，而且它們會被映射到一塊連續位址的區域以便於讀寫之操作。讀出和寫入這些位址（事實上是指相關的暫存器）因此就可以操控該硬體裝置。注意到所有的 I/O 埠是和裝置暫存器綁定在一起。使用者可以根據 /proc/ioports 裡的內容來看位址對硬體裝置的映射。

一個裝置的程式設計員可以請求 I/O 埠裡的一塊區域供裝置來使用。這個請求必須先檢查是否該區域已經被配置給其他裝置使用。注意到檢查必須和配置一起以一個原子操作（atomic operation，即不可分割之操作）來執行，否則其他的裝置在檢查之後可能有機會獲得該區域並且導致操作的錯誤。驅動程式在獲得 I/O 埠裡的一塊區域之後，它就能夠用讀出或寫入 8 位元、16 位元或 32 位元為單位的埠之方式來探測裝置的暫存器，而埠的長度單位取決於暫存器的長度。這些操作是以稍後會介紹的特殊功能來執行。在操作之後，如果 I/O 埠的區域不會再被使用到，驅動程式會把 I/O 埠的區域還給作業系統。

中斷處理

除了經常地探測裝置暫存器之外，裝置在探測過程中可以使用一個中斷（interrupt）來把 CPU 讓渡給另一個任務。一個中斷是一種硬體產生的非同步之事件，用來喚起 CPU 的注意。一個裝置驅動程式可以把被稱為處理常式（handler）的一小段程式碼註冊成一個中斷，如此一來，如果該中斷發生，相關的裝置驅動程式就會被執行。在系統裡的中斷都有編號，而中斷號碼對裝置的映射可以在 /proc/interrupts 這個檔案裡面看到。

中斷線路（interrupt line）的註冊和獲得 I/O 埠的方式相仿。驅動程式可以請求一條中斷線路，使用它，然後在完成工作之後釋放這條線路。其中有一個問題就是哪條中斷線路要被裝置所使用？雖然使用者可以手動指定一條中斷線路，可是這種做法需要用戶花上額外的功夫來理解哪一條中斷線路是可以用的。另一個比較好的解決方法是自動偵測（auto-detection）。舉例來說，PCI 之標準要求裝置必須宣告暫存器裡面要使用到的中斷線路；藉由這個方法，驅動程式就可以從 I/O 埠取得中斷線路的號碼，然後就知道裝置所使用的是哪些中斷線路。可是並非所有的裝置都支援這種自動偵測功能，所以如果沒有自動偵測功能的話，另一種替代的方法是要求裝置產生一個中斷，然後觀察哪條線路正在活動。

中斷處理的一個問題就是：如何執行中斷處理常式裡面很長的任務。回應一個裝置的中斷通常有很多的工作要做，可是中斷處理常式必須盡快結束，才不會阻斷其他的中斷太久的時間。Linux 解決這個問題的方法是把中斷處理常式拆成兩半。上半部是回應中斷的常式，而它也是註冊到中斷線路的處理常式。剩下的下半部處理比較耗費時間的部分，而上半部會把下半部的執行安排在一個安全的時段，這意味著執行時間的要求並不是很關鍵。因此，在上半部處理常式已經完成之後，CPU 便可以被釋放出來處理其他的任務。Linux 核心有兩種機制來製作下半部的處理：BH（bottom half）和 tasklets。前者是舊的機制。新的 Linux 核心自從 2.4 的版本就開始製作 tasklets，所以我們在介紹後半部處理時會專注於後者之機制。

直接記憶體存取

直接記憶體存取（direct memory access, DMA）是一種硬體機制；它能有效地從主憶體或對主記憶體轉移大批資料但卻不需要 CPU 的參與。這種機制能夠顯著地增加一台裝置的處理量，並同時減輕處理器的負擔。

有兩種途徑會觸發 DMA 的資料轉移：(1) 軟體用 read 之類的系統呼叫來要求資料，以及 (2) 硬體非同步式地寫入資料。當一個程式明確地用系統呼叫來要求資料時，前者就會被使用。而後者被使用的時機是：當一個採集資料的裝置可以非同步式把所採集到的資料寫入記憶體的時候，縱使當時尚未有行程要求這些資料。

前者的步驟摘要如下：

1. 當一個行程需要讀取資料時，驅動程式會配置好一個 DMA 緩衝區間。行程會被放到睡眠狀態，等待 DMA 緩衝區間從硬體讀取資料。
2. 硬體將資料寫入 DMA 緩衝區間，並且在寫入完畢之後發出一個中斷訊號。
3. 中斷處理常式獲得資料並且喚醒行程。此時行程已經得到了資料。

後者的步驟摘要如下：

1. 硬體發出一個中斷訊號來宣告資料之抵達。
2. 中斷處理常式配置好 DMA 緩衝區間並且通知硬體開始資料轉移。
3. 硬體將資料從裝置寫入到緩衝區間，然後當工作完成時發出另一個中斷訊號。
4. 處理常式會調度新的資料，並且喚醒相關的行程去處理該筆資料。

我們將會在接下來的開放源碼之實作裡面更深入地檢視相關的函數。

一個典型的 Linux 系統有一定數量的裝置驅動程式以供它各種不同的硬體組件來使用。在這些驅動程式之中，網路裝置的驅動程式是和電腦網路最為相關的。Linux 核心支援一定數量的網路介面驅動程式（見 drivers/net 目錄）。我們選擇 NE2000 乙太網路介面的驅動程式作為接下來的一個範例，介紹網路介面驅動程式的設計。

開放源碼之實作 3.9：探測 I/O 埠、中斷處理和 DMA

總覽

Linux 驅動程式會透過 I/O 埠之探測、中斷處理和 DMA 來和硬體互動。I/O 埠會被映射到硬體裝置上的暫存器，以便讓裝置驅動程式能夠存取 I/O 埠來讀寫暫存器。舉例來說，一個驅動程式可以把一個命令寫入到暫存器裡，或是讀取裝置的狀態。按理説，當驅動程式指派一個任務給裝置去執行，它可能會經常地輪詢狀態暫存器來得知是否任務已經完成，但是碰上任務不能很快完成的情況時，這樣做很可能會浪費許多的 CPU 週期。驅動程式可以轉而使用中斷機制；中斷機制會通知 CPU，而之後當中斷發生時，相關的中斷處理常式會被調來處理該中斷事件。因此，CPU 就不需要處於忙碌等待（busy-waiting）的狀態。如果說有一大堆資料要被轉移，DMA 能夠代表 CPU 來處理資料轉移。以下將會介紹和這些機制有關聯的函數呼叫。

函數呼叫

I/O 埠

自從 Linux 核心版本 2.4 直到現在，I/O 埠已經被整合到通用資源管理裡了。我們可以使用下列的裝置驅動程式裡的函數來獲得一個裝置的 I/O 埠：

```
struct resource *request_region (unsigned long start, unsigned long n, char* name);
void release_region (unsigned long start , unsigned long len);
```

我們使用 request_region() 來保留 I/O 埠，其中的 start 是 I/O 埠區域的開始位址，n 是要獲得的 I/O 埠的數量，而 name 是裝置名稱。如果返回的數值不為零，請求就已經成功了。當工作完成時，驅動程式接著呼叫 release_region() 釋放 I/O 埠。

在獲得 I/O 埠的區域之後，裝置驅動程式可以存取 I/O 埠以便控制裝置上的暫存器，其可能是命令暫存器或是狀態暫存器。大多數硬體會區分 8 位元、16 位元和 32 位元的埠，所以一個 C 語言程式必須呼叫不同的函數來存取這些長度不同的 I/O 埠。Linux 核心定義出以下的函數來存取 I/O 埠。

```
unsigned inb (unsigned port);
void outb (unsigned char byte, unsigned port);
```

inb() 讀取位元組（8 位元）的 I/O 埠，而 outb() 則寫入位元組的埠。

```
unsigned inw (unsigned port);
void outw (unsigned char byte, unsigned port);
```

inw() 讀取 16 位元的 I/O 埠，而 outw() 則寫入 16 位元的埠。

```
unsigned inl (unsigned port);
void outl (unsigned char byte, unsigned port);
```

inl() 讀取 32 位元的 I/O 埠，而 outl() 則寫入 32 位元的埠。

除了單次的 in 和 out 的操作，Linux 也支援以下的字串操作，而這些字串操作可以真正地被一個 CPU 指令執行，或是如果 CPU 沒有字串 I/O 的指令的話，也可用一個緊密的迴圈來執行。

```
void insb (unsigned port, void *addr, unsigned long count);
void outsb (unsigned port, void *addr, unsigned long count);
```

insb() 會從位元組埠來讀取 count 個位元組，並且把讀取的位元組儲存到從 addr 這個位址開始的記憶體。outsb() 將位於記憶體位址 addr 的 count 個位元組寫入位元組 I/O 埠。

```
void insw (unsigned port, void *addr, unsigned long count);
void outsw (unsigned  port, void *addr, unsigned long count);
```

它們的操作很類似，除了 I/O 埠是個 16 位元的埠。

```
void insl (unsigned port, void *addr, unsigned long count);
void outsl (unsigned port, void *addr, unsigned long count);
```

它們的操作很類似，除了 I/O 埠是個 32 位元的埠。

中斷處理

和獲取 I/O 埠的方法很類似，驅動程式使用以下的函數對一個中斷線路來註冊（安裝）以及釋放（卸除）一個中斷處理常式。

```
#include <linux/sched.h>;
int request_irq(unsigned int irq, irqreturn_t (*handler) (int,
void *, struct pt_regs *), unsigned long flags, const char *dev_
name ,void *dev_id);
void free_irq (unsigned int irq, void *dev_id);
```

在前者，irq 是所要請求的中斷線路，而 handler 是相關的中斷處理常式。其他的參數是：flags 是中斷之屬性、dev_name 是裝置名稱，而 dev_id 是指向裝置的資料結構的指標。free_irq() 裡的參數和 request_irq() 裡的參數有相同的意義。

當一個中斷發生的時候，Linux 核心裡的中斷處理會把中斷號碼推到堆疊（stack）上去，然後呼叫 do_IRQ() 去確認中斷。然後函數 do_IRQ() 會查表找出和中斷有關聯的中斷處理常式，接著如果有的話就透過 handle_IRQ_event() 函數來呼叫該常式；否則的話，該函數將會返回，而 CPU 就可以繼續處理任何暫停的軟體中斷。中斷處理常式通常執行起來很快，所以其他的中斷不會被阻斷得太久。中斷處理常式可以很快地把 CPU 釋放出來，然後安排它的下半部在一個安全的時段裡執行。

新版本的 Linux 使用 tasklet 來提供下半部的功能。舉例來說，如果你寫了一個 `func()` 函數用來作為下半部的常式，第一步就是用巨集 `DECLARE_TASKLET(task,func,0)` 來宣告 tasklet，其中的 `task` 是 tasklet 名稱。在 `tasklet_schedule(&task)` 替 tasklet 排程之後，tasklet 常式和 `task` 會在作業系統方便的時候很快地被它執行。

以下為使用 tasklets 的函數：

```
DECLARE_TASKLET(name, function, data);
```

此巨集可宣告 tasklet，其中的 `name` 是 tasklet 的名稱，`function` 是實際要被執行的 tasklet 函數，而 `data` 是要被傳給 tasklet 函數的參數。

```
tasklet_schedule(struct tasklet_struct *t);
```

此函數會幫 tasklet 安排在作業系統方便的時候被作業系統執行，其中的 `t` 指向 tasklet 的結構。

直接記憶體存取

由於牽涉到和 CPU 快取之間的一致性問題，DMA 緩衝區間的配置是稍微比較複雜。如果 DMA 緩衝區間的內容改變的話，CPU 應該廢止它對於 DMA 緩衝區間的快取映射。因此，驅動程式應該小心以確保 CPU 注意到 DMA 轉移。為了減輕程式設計員在這個問題上的負擔，Linux 提供了一些函數以供 DMA 緩衝區間配置之用。在此我們會介紹一個常見的緩衝區間配置之方法。

驅動程式配置好緩衝區間之後（舉例來說，使用 `kmalloc()`），它會用下列的函數來指出對於裝置上緩衝區間的緩衝區間映射。

```
dma_addr_t dma_map_single(struct device *dev, void *buffer,
    size_t size, enum dma_data_direction direction);
```

`dev` 參數指出裝置，`buffer` 是緩衝區間的開始位址，`size` 是緩衝區間的大小，`direction` 是資料移動的方向（例如，從裝置而來，往裝置而去，或雙向的）。在資料轉移之後，緩衝區間之映射可以下列函數來加以刪除掉。

```
dma_addr_t dma_unmap_single(struct device *dev, void *buffer,
    size_t size, enum dma_data_direction direction);
```

類似於 I/O 埠和中斷，DMA 頻道在使用之前就應該完成註冊。用於註冊和釋放的兩個函數是

```
int request_dma(unsigned int channel, const char *name);
void free_dma(unsigned int channel);
```

channel 參數是一個介於 0 到 MAX_DMA_CHANNELS（在 PC 上通常是 8）之間的數字，它是由核心設定所定義的。name 參數則指出裝置。

在註冊完畢之後，裝置應該設定好 DMA 控制器來執行適當的操作。下列的函數能夠執行 DMA 控制器的設定：

```
void set_dma_mode(unsigned int channel, char mode);
```

第一個參數指的是 DMA 頻道。mode 參數可以是用來表示從裝置來讀取的 DMA_MODE_READ，用來表示寫入裝置的 DMA_MODE_WRITE，以及用來表示連接兩個 DMA 控制器的 DMA_MODE_CASCADE。

```
void set_dma_addr(unsigned int channel, unsigned int addr);
```

第一個參數是 DMA 頻道。addr 參數是 DMA 緩衝區間的位址。

```
void set_dma_count(unsigned int channel, unsigned int count);
```

第一個參數是 DMA 頻道。count 參數是要轉移的位元組之數量。

練習題

1. 請研究 tasklet_schedule() 函數呼叫，然後解釋它如何幫 tasklet 排程。
2. 請列舉在一個什麼樣的情況下，輪詢（polling）是比中斷更為優先考慮的選項。

開放源碼之實作 3.10：Linux 的網路裝置驅動程式

總覽

本節使用一個實際的例子，解釋裝置驅動程式是如何被實作，以便能和一個網路介面互動。該互動主要包括裝置的初始化、傳輸流程和接收流程。在裝置初始化的階段，驅動程式會配置空間，並且將網路介面的重要資料結構初始化，例如 IRQ 號碼和 MAC 位址。在傳輸流程和接收流程中，裝置驅動程式使用中斷來通報流程的完成。

方塊流程圖

裝置驅動程式最重要的流程是訊框之傳輸和訊框之接收。在「演算法之實作」的圖 3.47 和圖 3.48 中，我們會說明這兩個流程。

資料結構

net_device 資料結構是和關於一個網路裝置的資訊有關聯。當一個網路介面被初始化時，這個介面的 net_device 的空間就已經被配置而且也註冊好了。該資料結構相當龐大，包含了關於設定、統計數據、裝置狀態、名單管理等的相關欄位。我們列出和初始化相關的數個設定用的欄位。

char name[IFNAMSIZ]：裝置的名稱，例如 eth0。
unsigned int irq：裝置所使用的中段號碼。
unsigned short type：指出裝置類型的號碼，比方說乙太網路。
unsigned char dev_addr[MAX_ADDR_LEN]：裝置的鏈結層位址。
unsigned char addr_len：鏈結層位址的長度，比方說在乙太網路是 6 位元組。
int promiscuity：是否正在執行混雜模式。

演算法之實作

裝置初始化

Linux 核心是以 net_device 資料結構來表示一個網路裝置，其中牽涉到把資料結構裡的欄位和裝置的屬性聯繫在一起。在網路介面能夠被使用之前，它的 net_device 資料結構必須先被初始化，而且該裝置必須被註冊完成。初始化是以 net/core/dev.c 裡面的 alloc_netdev() 函數來執行。如果初始化成功的話，該函數會返還一個指標給最新配置好的資料結構。有三個參數會被傳遞給 alloc_netdev() 函數：結構的尺寸、裝置的名稱和設置之常式。alloc_netdev() 函數是通用的，而且可以從各種不同類型的初始化函數來啟動這個函數。舉例來說，net/ethernet/eth.c 裡的 alloc_etherdev() 會以裝置名稱「eth%d」來呼叫 alloc_netdev() 函數，所以核心能夠以 dev_alloc_name() 函數來指派該裝置類型的第一個未被指派的數字，以便完成裝置之名稱。這就是為什麼我們在使用者空間裡會看到像「eth0」這類的名稱。初始化會替 IRQ、I/O 記憶體、I/O 埠、MAC 位址、佇列排隊之紀律等來設置 net_device 資料結構裡的欄位。

用 alloc_netdev() 函數來配置並且初始化 net_device 資料結構之後，netdev_boot_setup_check() 函數就可以檢查作為選項之用的網路裝置的開機設定參數，比方說 IRQ 號碼。在此程序之後接著使用 register_netdevice() 函數將裝置註冊在裝置資料庫裡面。同樣地，當裝置驅動程式自核心移除時，unregister_netdevice() 函數會被呼叫，而被裝置所佔據的資源，例如 IRQ，也應該被釋放掉。

傳輸流程

圖 3.47 呈現了 NE2000 乙太網路的例子裡的傳輸流程。當核心有一筆訊框要傳送，它首先會呼叫通用的 hard_start_xmit() 函數，而該函數接著會呼叫在裝置上特定的 ei_start_xmit() 函數。ei_start_xmit() 函數會調用 ne2k_pci_block_output() 來

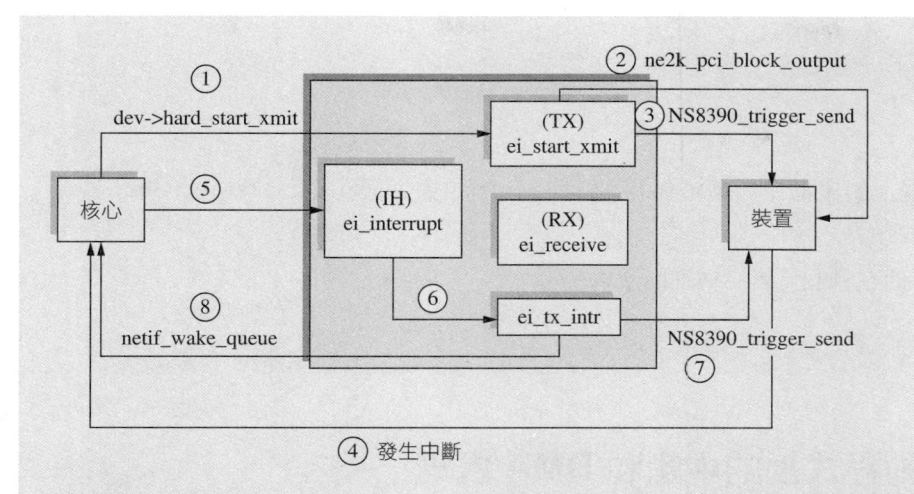

圖 3.47 訊框傳輸時所執行的函數的順序

把訊框移動到網路介面。當該訊框已經被傳送出去時，NE2000 介面會以中斷的方式來通知核心，然後核心會呼叫相關的中斷處理常式 `ei_interrupt()`。`ei_interrupt()` 首先會判斷中斷屬於哪種類型。當它發現中斷代表的是訊框的傳輸，它會呼叫 `ei_tx_intr()` 函數，而後者接著呼叫 `NS8390_trigger_send()` 去傳送在介面上的下一筆訊框（如果有的話），然後呼叫 `netif_wake_queue()`，告訴核心去進行下一個任務。

接收流程

圖 3.48 呈現出前一個例子的接收流程。當網路介面接收到訊框時，它會以中斷來通知核心。核心接著會呼叫相關的處理常式 `ei_interrupt()`。`ei_interrupt()` 函數會判斷中斷是哪一種類型，然後當它發現中斷代表的是訊框接收時，它就會呼叫 `ei_receive()` 函數。`ei_receive()` 函數會呼叫 `ne2k_pci_block_input()` 去把訊框從網路介面移動到系統記憶體並且把訊框填入到 `sk_buff` 資料結構。`netif_rx()` 函數會把訊框傳遞給上層，

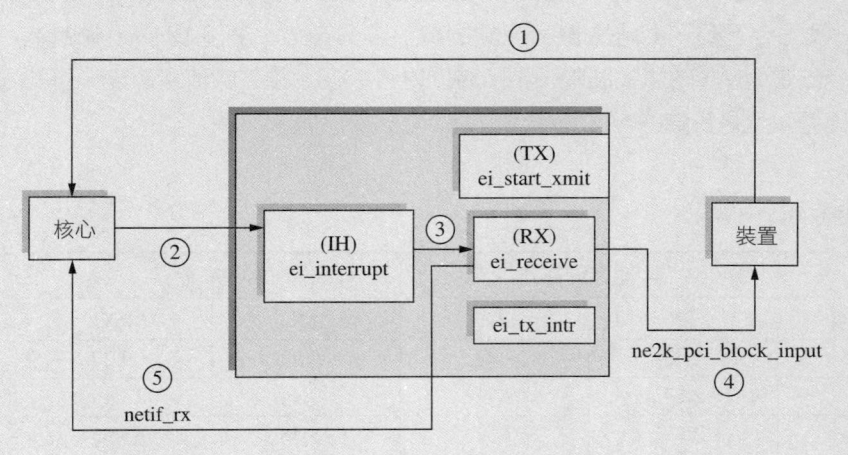

圖 3.48 訊框接收時所執行的函數的順序

然後核心便繼續進行下一個任務。

練習題

1. 請解釋在網路裝置上的訊框是如何被搬移到 sk_buff 結構裡面（見 ne2k_pci_block_input()）。
2. 請找出裝置是被註冊在哪個資料結構裡面。

效能專欄：驅動程式裡的中斷和 DMA 處理

　　表 3.12 列出具有 2.33 GHz CPU 和 Realtek 8169 乙太網路介面卡的個人電腦在處理 ICMP 訊框上，所花費的中斷處理時間和 DMA 用掉的時間。DMA 用掉的時間並非所消耗掉的 CPU 時間，因為資料轉移已經卸載給 DMA 去執行。該表的結果指出，中斷處理常式的處理時間並不隨著訊框的尺寸而變動。其原因是中斷處理常式的主要任務，例如發送命令給裝置暫存器來和底層硬體互動，和訊框並沒有關聯。另一方面，DMA 時間卻是取決於被傳送的訊框的尺寸。另一個觀察則是中斷處理常式的 RX 時間稍微高於它的 TX 時間，而 DMA 的 RX 時間則是顯著地高於 TX 時間。RX 中斷處理常式需要配置和映射 DMA 緩衝區間以供轉移之用，因此它會花費比 TX 中斷處理常式稍微多一點的時間。我們測量到的 RX DMA 時間包括 DMA 轉移時間以及額外的 DMA 控制器的硬體處理時間，但是 TX DMA 時間只包括 DMA 轉移時間，這點使得 RX DMA 時間比 TX DMA 時間還要高出許多。

　　最後，值得注意的是，中斷處理時間是取決於 CPU 的速度，而 DMA 用掉的時間主要是取決於底層的介面卡。就如同我們在第 1.5.3 節所呈現的，Intel Pro/100 乙太網路介面卡和一個 1.1 GHz CPU 的 DMA 時間是大約 1 微秒，而長 64 位元組的封包在鏈結層裡的處理時間是大約 8 微秒（TX）和 11 微秒（RX）。上述數據和此處的數值差異頗大。表 3.12 中，封包為 100 位元組的那一行顯示出當 DMA 時間較高時，中斷時間變得較低。雖然數值會改變，可是這裡觀察所得的結論和硬體類型是無關的。

表 3.12 中斷和 DMA 的封包處理時間

ICMP 封包的酬載長度	中斷處理常式 TX	中斷處理常式 RX	DMA TX	DMA RX
1	2.43	2.43	7.92	9.27
100	2.24	2.71	9.44	12.49
1000	2.27	2.51	18.58	83.95

時間單位：微秒

歷史演進：驅動程式的標準介面

在早期 x86-DOS 之年代，作業系統並不提供任何網路模組，所以一個驅動程式是直接和應用程式綁在一起，並且需要親自處理所有的網路功能。在 1986 年，FTP 軟體研發了 PC/TCP 產品，也就是一個 DOS 的 TCP/IP 函數庫，並且定義出封包驅動程式介面（Packet Driver interface），其規範了一個 PC/TCP 和裝置驅動程式之間的編程介面。有了共同介面的幫助，驅動程式研發人員在開發一個新的硬體的驅動程式時，就不需要改寫太多的程式碼。商業的作業系統將它們的介面標準化，舉例來說，Novell 和 Apple 的 ODI（Open Data-link Interfac）和 Microsoft 和 3Com 的 NDIS（Network Driver Interface Specification）。Linux 在核心版本 2.4 之前並沒有替它的介面規定任何名稱；它使用中斷驅動的方式來處理所接收到的訊框。自從核心版本 2.5，一個叫作 NAPI（New API）的新介面被設計用來支援高速的電腦連網，可是當製作一個驅動程式時，它在核心版本 2.6 仍然是作為選項的一種功能。NAPI 設計後面的動機是太頻繁的中斷會降低系統的效能。NAPI 交替地使用中斷處理常式以避免延遲時間過長，並且使用循環式的輪詢（round-robin polling）來一次處理多個訊框，而非每次都要觸發中斷處理常式。

有另一種裝置驅動程式必須支援的介面：硬體規格（hardware specification）。一個規格通常被稱為資料表（data sheet），它記載驅動程式和硬體之間的介面。

它提供了詳盡的編程資訊，包括 I/O 暫存器的功能和長度以及 DMA 控制器的性質。裝置研發人員可以遵循著規格來把硬體初始化，獲取狀態，請求 DMA 轉移，以及傳送和接收訊框。Novell NE2000 區域網路卡的銷售如此成功，以至於它的裝置驅動程式變成是時尚的標準。許多製造廠商宣稱他們的網路晶片組和 NE2000 相容，因此可以簡化驅動程式的研發。為了能和 NE2000 相容，I/O 暫存器和 DMA 控制器的功能必須完全模仿 NE2000 的資料表。由於它有限的功能性，NE2000 已經不再流行。遵照硬體控制器的資料表來編程控制器，對驅動程式研發者而言，已經變成一種標準的作法。

3.7 總結

我們從鏈結層的關鍵概念開始談起，其包括訊框封裝、定址、錯誤控制、流量控制以及媒介存取控制。這些較高層級的概念提供超出實體訊號傳輸的機制，以供兩個以上節點能夠彼此通訊。接著從這些概念學習相當普及的有線和無線連結的鏈結技術。在有線和無線的技術中，我們尤其著重在乙太網路和 IEEE 802.11 WLAN，因為它們在其類別之中是主要的技術。一般而言，乙太網路比較快也比較可能，但是 802.11 WLAN 擁有移動性而且它的部署也比較容易。我們也介紹了把多個區域網路互連在一起的橋接技術。橋接的主要問題包括了訊框之轉發、用來避免轉發迴圈的涵蓋樹協定，以及提供簡單區域網路設定的虛擬區域網路。在這些科技之後，我們解釋了一個網路介面的裝置驅動程式的實作。從這些實作的細節中，讀者應該已經知道網路介面如何運作。

雖然這些年來乙太網路和 IEEE 802.11 WLAN 的速度都顯著地增長，可是這種增長都是由於在實體層的訊號處理技術的進步。鏈結的部分像是訊框封裝等幾乎都因為回溯相容（backward compatibility）的緣故而沒有改變。然而，鏈結技術也有它自己的進步，比方說更好的設定、更好的媒介存取控制（例如全雙工之操作）以及更好的安全性。例如鏈結匯集之類的機制也對節點間的匯集處理量作出貢獻。一直持續中的演進包括了更高的速度、鏈結層的 QoS 和省點的機制。速度永遠是要追求的一個目標。40 Gbps 和 100 Gbps 乙太網路正在形成。在 802.11n 的原始資料速度被推升到 600 Mbps。在 WiMAX 之類的無線技術裡開始提供鏈結層的 QoS，而省電技術永遠是行動裝置的一大考量。

鏈結層協定主要是處理兩個直接鏈結起來的節點它們之間的連接性，不論是透過有線還是無線的鏈結。然而，在網際網路裡任意兩個節點之間的連接是更加困難，因為在牽涉到數十億台主機的廣大網際網路之中，從一個節點到另一個節點的封包可能會通過很多條鏈結。首先，必須要有一種可擴充的位址機制來定址在網際網路裡數量這麼多的主機；如此一來，來源和目的地主機之間的節點就不需要維持通往整個位址空間裡所有可能的目的地的路由途徑。第二點，路由路徑必須被定期更新以便能反映來源到目的地的最新連接狀態。舉例來說，如果一條路由途徑裡面的一條鏈結故障了，那麼必須要有某種方法能察覺到這個問題，並且挑出從來源到目的地的一條新的路由途徑。這些都是要在第 4 章談論的網路層的問題。因為網際網路協定（Internet Protocol）是網路層裡最主要的協定，第 4 章會涵蓋網際網路協定如何解決可擴充的定址（scalable addressing）、封包轉發（packet forwarding）以及可擴充的路由資訊之交換等議題。

常見誤解

- 乙太網路的效能（半雙工和全雙工模式裡的利用率）

研究人員曾經一度對極度沉重負載下乙太網路的最大頻道利用率很感興趣，縱然這種情況不太可能會發生。電腦模擬、數學分析和真實世界的測量是可能獲取數值的方法。不同於像 ALOHA 和分割時槽 ALOHA（slotted ALOHA）之類的簡單機制，數學分析一整組的 CSMA/CD 機制是很困難的。最早在 Xerox 實驗室發明試驗性質的乙太網路的時期，Bob Metcalfe 和 David Boggs 在 1976 年發布了一篇論文宣稱使用他們簡化的模型，乙太網路能夠達到最多 37% 的頻道利用率。很不幸的是，這個數值已經被引用了非常多年，儘管乙太網路技術已經完全不同於當初 DIX 標準的實驗模型。不同的 FCS、不同的先導訊號、不同的位址格式、不同的 PHY 等——只剩下 CSMA/CD 的精神仍被保留下來。除此之外，實驗裡假設有 256 台主機站處於相同的碰撞網域之中，這點在真實世界裡也不太可能會發生。

稍後在 1988 年，David Boggs 等人出版了一篇論文試著去釐清其中的錯誤。他們在一個有 24 台主機站的 10 Mbps 乙太網路系統上執行了真實的測試，藉由不斷地氾濫傳送訊框。它顯示出使用最大訊框時利用率是超過 95%，而使用最小訊框時則有大約 90% 的利用率[10]。

　　隨著交換器愈來愈普及，於是多區間之網路就被分割成許多個別的碰撞網域。許多台主機站處於同一碰撞網域的情況就更為罕見。自從全雙工操作的進步，CSMA/CD 所施加之限制已不復存在，所以一條鏈結的兩端都能夠以全速來傳送。一台提供最大訊框速率和資料處理能力的交換器就被稱為一台線速（wire-speed）或非阻斷（non-blocking）的交換器。

　　另一個可能需要考量的問題是乙太網路裡的資料欄位是否夠長。不像其他科技，例如令牌環在 4 Mbps 的速度下有長 4528 位元組的資料欄位和在 16 或 100 Mbps 的速度下有長 18,173 位元組的資料欄位，乙太網路的資料欄位在一個長 1518 位元組的最大未標籤的訊框裡面只佔了 1500 個位元組。可能有人會懷疑說，非資料耗損所佔的百分比（包含標頭、標尾資訊及 IFG 等）會大於其他科技裡的耗損。

　　為何乙太網路訊框的長度沒有很長？這背後有其歷史上的原因。乙太網路的發明是早於 30 年之前，而在那個時代的記憶體是很昂貴的，所以訊框的緩衝區間記憶體的尺寸也相當有限。因此，在那個時代設計出不太長的訊框是很合理的決定。就 FTP 訊流之類的大量資料轉移而言，這種應用傾向於使用長訊框來轉移；在使用乙太網路的情況下，資料欄位可以佔據高達 1500 /(1518 + 8 + 12) = 97.5% 的頻寬，因此耗損相當低！大幅增加乙太網路的最大訊框尺寸對於減少耗損只有些許的幫助。

- 碰撞網域、廣播網域和 VLAN

　　第一次接觸乙太網路的學生通常會搞混前兩個術語。一個碰撞網域是一個網路的範圍，其中如果有多個傳輸同時進行就會造成碰撞的發生。舉裡來說，一個重複集線器和接附在它上面的主機站一起形成了一個碰撞網域。相較起來，一台交換器明確地把碰撞網域在埠與埠之間分開。換句話說，從接附於交換器上的一個埠的共用區域網路而來的傳輸和從相同的區域網路但經由不同的埠而來的傳輸，此兩個傳輸將不會產生碰撞。

　　然而，當一筆訊框的目的地位址是一個廣播用位址，一台交換器將把訊框轉發給除了來源埠之外的所有的埠。廣播訊流能夠抵達的網路範圍就被稱為一個廣播網域，所以我們或許會為了安全考量或是節省區域網路頻寬的考量而限制廣播訊流的範圍。

　　VLAN 的作法也將廣播網域之間隔離，但是它是在實體連接上進行邏輯性的隔離。換句話說，沒有任何的實體連接需要被改變。執行隔離的部分僅牽涉到裝置的設定，而效果就好像和實體的改變一模一樣。兩個或多個獨立的 VLAN 之間需要一個提供高層連接的裝置來連接，比方說需要一台路由器。

---

[10] Bogg 的論文在利用率裡面計算標頭（header）、標尾（trailer）以及 IFG 的耗損。因此，如果沒有碰撞發生，縱使有這些耗損，他的論文裡還是會假設百分之百的利用率。

5-4-3 規則和多區間之網路

有人說乙太網路遵循著一種 5-4-3 規則。它聽起來很容易記住，但是這個規則可沒有像它聽起來一樣簡單。該規則事實上是眾多保守規則中的一個，它是被用來驗證 10 Mbps 多區間乙太網路的正確性。它並非是所有乙太網路部署都應該遵守的一種法則。

正如我們之前所提，為了讓網路能正常地運作，在一個碰撞網域裡的往返傳播時間應該不能太長。然而，不同的傳輸媒介和不同數量的重複器集線器會引起不同的延遲時間。作為一個網路管理人員的快速指南，IEEE 802.3 之標準提供了兩種傳輸系統模型（Transmission System Models）。傳輸系統模型 1 是滿足上述要求的一組設定。換句話說，如果你照著這些設定來做，你的網路將會正常地運作。偶爾，你或許會需要採用其他不同於傳輸系統模型 1 的設定方式來部署你的網路。你必須自己去計算你的網路是否合於要求。傳輸系統模型 2 提供給你一組計算援助。舉例來說，它告訴你某種媒介類型的一段網路區間的延遲時間。

在第 13 條款裡，"System considerations for multi-segment 10 Mbps baseband networks"（多區間 10 Mbps 機頻網路的系統考量），此一標準在傳輸系統模型 1 裡面有相關的規則：

當一條傳輸路徑是由四套的重複器組和五塊區間所組成，最多其中的三塊區間可以是混合的，而其餘的必須是鏈結區間——引用來自標準。

這就是眾所皆知的 5-4-3 規則。一個混合的區間（mixing segment）是在其之上有多於兩個實體介面的媒介。一塊鏈結區間（link segment）是一種能夠全雙工而且處於不多不少剛好兩個實體介面之間的媒介。通常有人會把鏈結區間當成沒有 PC 的區間，可是這種說法並非很精準的描述。5-4-3 規則意味著如果你照這種方法來設定你的網路，它一定可以正常運作。當愈來愈多的區間以全雙工模式來運作，此一規則就已經過時了。

大端序和小端序

熟悉網路編程的讀者或許會被大端序（big-Endian）和小端序（little-Endian）搞混。他們知道網路位元組順序（network byte order）。舉例來說，網際網路協定的位元組順序採用大端序。然而，我們提過乙太網路是以小端序的順序來傳送資料。這之中有沒有衝突呢？

考慮一個長四位元組的字組，每個位元組按照其有效性減少的順序以 $b_3b_2b_1b_0$ 表示。把字組存放在記憶體中有兩個選項：

1. 把 b_3 存放在最低的位元組位址，b_3 存放在次低的位元組位址，以此類推。
2. 把 b_3 存放在最高的位元組位址，b_3 存放在次高的位元組位址，以此類推。

前者被稱為大端序的位元組順序，而後者被稱為小端序的位元組順序。該順序會隨者主機上的 CPU 和 OS 而變動。當透過網路傳送多個位元組的資料例如整數時，這會導致不一致性。網路位元組順序會被強制執行以便保持一致性。最普遍的網路層協定，網際網路協定，採用大端序順序。不論主機的位元組順序為何，資料在傳輸之前就應該被轉換成網路位元組順序，然後在接收時如果有不一致的地方，再被轉換回去主機的位元組順序。

那就是網際網路協定的工作。鏈結協定一個位元組接著一個位元組地從上層協定接收資料。上層協定的位元組順序和鏈結層協定沒有關聯。鏈結層協定在傳輸過程中只關心位元順序而非位元組順序。

乙太網路使用小端序之位元順序。它在位元組傳送裡首先傳送最低有效位元，最後才傳送最高有效位元。相反地，令牌環或 FDDI 在位元組傳送裡首先傳送最高有效位元，最後才傳送最低有效位元。它們使用的是大端序之位元順序。這些位元順序不應該和位元組順序搞混在一起。

進階閱讀

PPP

PPP、PPPoE 以及 IPCP 分別是被定義在 RFC 1661、RFC 2516 以及 RFC 1332。Sun 的動手實作的書介紹 Linux 上實用的 PPP 操作。

- W. Simpson, "The Point-to-Point Protocol (PPP)," RFC 1661, July 1994.
- L. Mamakos, K. Lidl, J. Evarts, D. Carrel, D. Simone, and R. Wheeler, "A Method for Transmitting PPP over Ethernet," RFC 2516, Feb. 1999.
- G. McGregor, "The PPP Internet Protocol Control Protocol (IPCP)," RFC 1332, May 1992.
- A. Sun, *Using and Managing PPP*, O'Reilly, 1999.

乙太網路

Seifert 是 IEEE 802.1 和 802.3 標準的一位共同作者。他的 Gigabit 乙太網路書籍有著技術準確性和對市場的深入觀察。如果你希望能了解 Gigabit 乙太網路的技術細節而又不想要讀到一堆非常詳細卻又很無趣的標準，那麼這是一本必須擁有的書。他也有出版一本詳細討論交換器的書。你將會在他的書中發現很多關於 STP、VLAN、鏈結匯集等技術的細節。Spurgeon 是一位很有經驗的網路結構設計師；他的書從一位管理員的角度來介紹乙太網路。

- Rich Seifert, *Gigabit Ethernet*, Addison Wesley, 1998.
- Rich Seifert, *The Switch Book*, Wiley, 2000.
- Charles E. Spurgeon, *Ethernet: The Definitive Guide*, O'Reilly, 2000.

這裡有一份標準文件的清單。所有 IEEE 802 的標準已可從 http://standards.ieee.org/getieee802/ 網站上免費取得。10 Gigabit 聯盟已出版一份白皮書，而該團體是提倡新世代 10 Gigabit 乙太網路的技術聯盟。

- ISO/IEC Standard 15802-3, "Media Access Control (MAC) Bridges," 1998 Edition.
- IEEE 802.1Q, "Virtual Bridged Local Area Networks," 1998 Edition.

以下則是 MAC 橋接標準以及 VLAN 橋接標準，也同樣可以從上述網站取得。

- ISO/IEC Standard 15802-3, "Media Access Control (MAC) Bridges," 1998 Edition.
- IEEE 802.1Q, "Virtual Bridged Local Area Networks," 1998 Edition.

以下是數篇常被引用的關於乙太網路的研究論文。前兩篇是早期對乙太網路的效能分析。

- R. M. Metcalfe and D. R. Boggs, "Ethernet: Distributed Packet Switching for Local Computer Networks," *Communications of the ACM*, Vol. 19, Issue 7, July 1976.
- D. R. Boggs, J. C. Mogul, C. A. Kent, "Measured Capacity of an Ethernet: Myths and Reality," *ACM SIGCOMM Computer Communication Review*, Vol. 18, Issue 4, Aug. 1988.
- W. Willinger, M. S. Taqqu, R. Sherman and D. V. Wilson, "Self-similarity Through High Variability: Statistical Analysis of Ethernet LAN Traffic at the Source Level," *IEEE/ACM Trans. Networking*, Vol.5, Issue 1, pp. 71-86, Feb. 1997.
- G. Kramer, B. Mukherjee, S. Dixit, Y. Ye and R. Hirth, "Supporting Differentiated Classes of Service in Ethernet Passive Optical Networks," *Journal of Optical Networking*, Vol. 1, Issue 9, pp. 280-298, Aug. 2002.
- J. Zheng and H. T. Mouftah, "Media Access Control for Ethernet Passive Optical Networks: An Overview," *IEEE Communications Magazine*, Vol. 43, No. 2, pp. 145-150, Feb. 2005.

無線協定

這裡我們列出無線區域網路的標準，而這些標準也同樣可以從上述網站取得。此外也有一本關於 IEEE802.1 的優秀著作，還有三篇很常被引用的關於 IEEE 802.11 無線區域網路 QoS 增強機制和網路效能的論文。

- ANSI/IEEE Standard 802.11, "Wireless LAN Medium Access Control (MAC) and Physical Layer (PHY) Specification," 1999 Edition.
- M. Gast, *802.11 Wireless Networks: the Definitive Guide*, 2nd edition, O'Reilly, Apr. 2005.
- Q. Ni, L. Romdhani, T. Turletti, "A Survey of QoS Enhancements for IEEE 802.11 Wireless LAN," *Journal of Wireless Communications and Mobile Computing*, Vol. 4, Issue 5, pp. 547-577, Aug. 2004.
- A. Balachandran, G. M. Voelker, P. Bahl and P. V. Rangan, "Characterizing User Behavior and Network Performance in a Public Wireless LAN," *ACM SIGMETRICS Performance Evaluation Review*, Vol. 30, Issue 1, June 2002.
- D. Pilosof, R. Ramjee, D. Raz, Y. Shavitt, P. Sinha, *Understanding TCP Fairness over Wireless LAN*, INFOCOM, 2003.

以下是關於藍牙技術的標準文件、一個很好的輔助教學以及一篇常被引用的論文，接下來的則是關於 WiMAX 技術的一篇常被引用的論文和一本書。

- Bluetooth SIG, "Specification of the Bluetooth System," Ver. 1.1, http://www.bluetooth.com/developer/specification/specification.asp, Feb 2001.
- P. Bhagwat, "Bluetooth: Technology for Short-Range Wireless Apps," *IEEE Internet Computing*, Vol. 5, Issue 3, pp. 96-103, May/June 2001.
- A. Capone, M. Gerla, R. Kapoor, "Efficient Polling Schemes for Bluetooth Picocells," *IEEE International Conference on Communications*, June 2001.
- Z. Abichar, Y. Peng, J. M. Chang, "WiMAX: the Emergence of Wireless Broadband," *IT Professional*, Vol. 8, Issue 4, July 2006.
- Loutfi Nuaymi, *WiMAX: Technology for Broadband Wireless Access*, Wiley, 2007.

裝置驅動程式

這裡有一本非常棒的書，它可以教會你如何纂寫 Linux 裝置驅動程式。

- J. Corbet, A. Rubini, G. Kroah-Hartman, *Linux Device Drivers*, 3rd Edition, O'Reilly, 2005.

常見問題

1. 在乙太網路上運行的 IP 裡面的位元組順序和位元順序分別為何？
   答案
   位元組順序：大端序，也就是先傳送高階的位元組。
   位元順序：小端序，也就是先傳送低階的位元。
2. 為何在尾端需要 FCS？為何在標頭裡需要 IP 校驗和？
   答案
   FCS：是硬體所計算出來，貼上和檢視的操作都是立即的。
   IP 校驗和：通常是軟體所計算出來、儲存以及處理。
3. 為何數值大的頻寬延遲積（BDP）對於 CSMA/CD 而言是件壞事？
   答案
   數值大的 BDP 代表著和鏈結的長度比較起來，訊框很小。其中隱藏的含意是鏈結效能會很低落，因為當小訊框傳播經過一條很長的鏈結時，其他的主機站會一直感測並且維持在閒置狀態。

4. 在半雙工 gigabit 乙太網路裡面的問題為何？
   答案
   傳送一個最小訊框的時間可能小於往返傳播時間。此時碰撞偵測可能會無法及時捨棄掉一個發生碰撞的傳輸，也就是說在傳送端的主機站感測到碰撞之前，傳輸就已經結束了。

5. 當傳送在 gigabit 乙太網路時，以公尺為單位的最小訊框長度是多少？
   答案
   $64 \times 8 / 10^9 \times 2 \times 10^8 = 25.6$ 公尺。

6. 為何無線區域網路不採用 CSMA/CD？
   答案
   如果在接收器的碰撞是由於終端機對傳送方是隱藏的，那麼傳送方必定無法感測到碰撞。因此，在此情形下 CD 無法發揮功能。除此之外，傳送方在傳送時是無法進行感測。

7. 在無線區域網路裡 RTS/CTS 是替 CSMA/CA 解決何種問題？
   答案
   它讓接收器周遭的終端機在接收器正在接收資料訊框的過程中保持沉默（在接受到 CTS 之後），藉此解決了隱藏終端的問題。

8. 碰撞網域、廣播網域和 VLAN 之間的差別為何？
   （描述它們為何、它們的範圍以及是否它們可以重疊。）
   答案
   碰撞網域：在這網域裡面，沒有兩台主機站可以同時傳輸成功；它在一台集線器裡也是一個廣播網域，可是卻被縮減為一台交換器裡的一個埠。
   廣播網域：一個廣播訊框將會被廣播網域裡所有的主機站接收到；它在一台集線器裡也是一個碰撞網域，但在一台交換器裡卻是一組埠。
   VLAN：一個廣播網域是被人為地從一台交換器或一組交換器給劃分出來。

9. 第二層橋接和第三層路由之比較？（比較它們的轉發機制、管理以及可擴充性。）
   答案
   橋接：藉著氾濫傳送或自主學習的表；隨插即用；數量限制為數千。
   路由：藉由全域或區域資訊的表；需要設定；可擴充。

10. 在一個大型的校園網路上運行第二層橋接？為何不能這樣做？
    答案
    每個校園的橋接交換器需要學習並且記住校園裡所有的主機，這需要很大的表。在此同時，如果並非全部的主機都被學到，可能會發生經常性的氾濫傳送。

11. 為何我們說橋接器對主機而言是透明的，而路由器則否？
    答案
    在橋接裡，主機傳送訊框是不管目的地是否在同一個區域網路裡。在路由裡，如果目的地不在主機的子網裡，主機明確地把封包送給預設路由器。因此，主機會察覺到路由器但不會察覺到橋接器。

12. 為什麼我們在透明式橋接裡需要一個涵蓋樹？

    答案

    為了消除網路拓樸裡的迴圈；它們會混淆橋接器並且導致訊框一直環繞迴圈。

13. 我們如何把一個 MAC 設計在一個 IC 晶片裡？（描述一般性的設計流程以及在編程中會使用的變數。）

    答案

    設計流程：有輸入和輸出訊號的方塊流程圖→每個方塊／模組的狀態機→Verilog 或 VDHL 平行硬體之編程→合成好也模擬完成的電路→布局（layout）以及下線（taped-out）。

    變數：以輸入變數／訊號和區域變數／訊號的平行函數作為程式輸出參數／訊號。

14. 一個驅動程式傳送和接收訊框是如何運作的？（描述如何以硬體和中斷處理來處理外送和進來的封包。）

    答案

    外送的封包之處理：調用遠端 DMA 把訊框移到介面卡，把命令寫到命令暫存器，註冊一個中斷處理常式去讀取狀態暫存器並且送出隨後的訊框。

    進來的封包之處理：註冊一個中斷處理常式去讀取狀態暫存器，並且調用遠端 DMA 把訊框移到主記憶體裡面。

15. 當一個網路介面卡驅動程式探測硬體時，它所想要的到底為何？又為了什麼？哪些中斷會導致系統去執行一個網路介面卡驅動程式？

    答案

    (1) IRQ 號碼：為了把一個中斷處理常式綁定一個硬體號碼。

    (2) I/O 埠號碼：為了把硬體暫存器映射到一個用來讀取狀態以及寫入命令的 I/O 埠號碼的區間。

    (3) 訊框抵達、傳輸完成、或不正常的傳輸所引起的硬體中斷。

練習題

動手實作練習題

1. 閱讀以下兩份文件並理解 IEEE 之標準如何問世。寫出關於標準化流程的摘要。

    (1) 10 Gigabit Ethernet Alliance, "10 Gigabit Ethernet Technology Overview: White paper," http://www.10gea.org, September 2001.

    (2) http://www.ieee802.org/3/efm/public/sep01/agenda_1_0901.pdf.

2. 你可以從以下網站下載 IEEE 802 之標準：

    http://standards.ieee.org/getieee802/.

寫下以下計畫的發展目標：802.1w, 802.3ac, 802.15, 802.16, 802.17。

3. 找出你的網路介面卡的 MAC 位址。查看：
   http://standards.ieee.org/regauth/oui/oui.txt
   然後比較它的 OUI 和已經被註冊的 OUI。

4. 使用嗅探器（sniffer）或類似的軟體去捕捉乙太訊框，並且找出你捕捉到的乙太訊框裡的 "Type" 欄位有多少種類的 "protocol types"。如果有的話，它們所屬的傳輸層／應用層協定為何？

5. 找出你的網路介面卡是運作在半雙工或全雙工模式？

6. 追蹤下列協定的源碼：
   (1) HDLC　　　(2) PPPoE　　　(3) WLAN　　　(4) 藍牙
   解釋協定實作裡的每個主要函數的目的，並且用函數名稱畫出一張流程圖以便顯示出執行的流程。

7. 在生成核心（making kernel）以及選擇要模組化的驅動程式之後，我們如何編譯和安裝驅動程式，並且執行這些模組？也請寫下一個小模組來驗證你的答案。需要哪些命令才能編譯及安裝你的模組？你如何驗證你的模組是否已經被成功地安裝？（提示：閱讀 insmod (8)、rmmod (8) 以及 lsmod (8)。）

8. 一個封包的一生：測驗一個封包花在驅動程式、DMA 和 CSMA/CD 介面卡上的時間有多少。（你可以使用 <asm/msr.h> 裡面定義的 "rdtscll" 取得過去的 CPU 時脈週期。）

書面練習題

1. 我們知道長 32 位元的 IPv4 位址可能不夠用。48 位元的 MAC 位址就夠用嗎？寫下簡短的討論來證明你的答案的正當性。

2. 閱讀 RFC1071 和 RFC1624 以便理解 IP 校驗和是如何被計算出來的。然後用手計算以下的練習題：
   0x36f7　0xf670　0x2148　0x8912　0x2345　0x7863　0x0076

3. 計算訊息 1101010011 和樣式 10011 的 CRC 代碼。證明該代碼是正確的。

4. 為什麼目的地位址之欄位通常是位於訊框的頭部，而 FCS 欄位卻是位於訊框的尾部？

5. 如果我們把最小乙太網路訊框的尺寸加大，該做法的優點和缺點為何？

6. 假設每一筆訊框裡的資料酬載的前面都有附上長 40 位元組的 IP 和 TCP 標頭。如果每筆訊框是最大無標籤之訊框，則在 100 Mbps 乙太網路裡面能夠攜帶多少位元的資料酬載？

7. 在進來的訊框被轉發之前，交換器是否應該重新計算它的新 FCS？

8. 在乙太網路訊框裡有一個作為選項的優先權標籤，但是它並不常被使用。為什麼？

9. 為什麼乙太網路不製作一個類似於滑窗（sliding-window）的複雜流量控制機制？

10. 如果你的網路介面卡在一個共享的網路裡面執行全雙工模式的話，會發生什麼事？

11. 交換器裡的每一個埠是否都應該有自己的 MAC 位址？請討論之。

12. 假設一台交換器的位址表裡的每一個項目都需要儲存 MAC 位址、8 位元的埠號碼以及 2 位元的老化資訊。如果位址表可以記錄 4096 個項目的話,交換機所需的最小記憶體尺寸為何?

13. 假設在 5 個連續的位元 1 之後要有一個位元 0 作為位元填充。假設在位元串流裡面出現位元 0 和位元 1 的機率相等,而且它們的出現是隨機發生的。這個位元填充機制的傳輸耗損為何?(提示:首先制定出一個遞迴公式 $f(n)$ 來找出一個長 n 位元的字串裡耗損位元的預期數量。)

14. 寫出一個模擬程式來證明上面的數值答案是正確的。

15. 在 1000BASE-X,一筆長 64 位元組的訊框在傳送之前是先被 8B/10B 區塊編碼。假設傳播速度是 2×10^8。以公尺來計算的訊框之「長度」為何?(假設電纜線長 500 公尺。)

16. 在第一次碰撞之後,兩台主機站再多嘗試五次就能夠解決碰撞的機率是多少?(假設在碰撞網域裡只有兩台主機站。)

17. 如果交換器的每個埠是以全雙工模式在運作,則一台有 16 個高速乙太網路(100 Mbps)之埠的交換器所可以處理的最大訊框數量為何?

18. 有一個 CPU 執行指令的速度為 800 MIPS。資料每一次能夠被拷貝 64 個位元,而每次 64 位元長的字組之拷貝會花費六個指令。如果每個進來的訊框必須被拷貝兩次,那麼該系統所能夠負擔的一條線路,其位元速度最高可達多少?(假設所有指令都是以 800 MIPS 全速在執行。)

19. 有一個長 1500 位元組的訊框沿著路徑穿越了 5 台交換器。每一條鏈結的頻寬為 100 Mbps,其長度為 100 公尺,而傳播速度是 2×10^8 公尺/秒。假設在每台交換器的佇列等待(queuing)和處理之延遲時間共為 5 毫秒,則這個訊框的終端對終端(end-to-end)之延遲時間大約是多少?

20. 如果位元錯誤率是 10^{-8},則平均每 100 個長 1000 位元組的訊框中有一個會遭遇到錯誤,這樣的機率是多少?

Chapter 4

網際網路協定層

網際網路協定（Internet Protocol, IP）層提供主機對主機（host-to-host）的傳輸服務。它在 OSI 模型裡也被稱為第三層或網路層。它是整個網際網路協定堆疊裡最關鍵的一層，而且比鏈結層還要更複雜許多。其原因是它提供了可能相距數千英哩之遠的任意兩台主機之間終端對終端的連接。對 IP 層來說，最關鍵的挑戰就是如何有效地以可擴充的方式來提供任意兩台主機之間的連接；更具體來說，它面臨了連接性、擴充性和有效資源分享的問題。首先，最基本的問題是如何連接處於全球網路裡任意位置的任意兩台主機？其次，連接數十億台散布於全世界的主機需要非常具有擴充性的定址、路由及封包轉發機制。最後，中繼裝置的有限資源，例如路由器的處理能力和頻寬，必須被有效地分享，以便提供令人滿意的服務給終端使用者。

必須要有控制層面機制和資料層面機制，才能夠提供主機對主機的傳輸服務。控制層面處理控制協定，以便判斷封包應該如何處理。舉例來說，路由是 IP 層裡最重要的功能，它主要是用來找出在任意兩台主機之間的一條路由途徑，並且把路由資訊儲存在路由器裡被稱作路由表或轉發表的特殊設計的資料結構。在另一方面，資料層面負責如何處理資料封包。舉例來說，IP 層裡另一個重要的功能是轉發（forwarding），它會在路由器裡根據路由表把一個封包從一個進入的網路介面轉移到一個出去的網路介面。也需要有其他的機制才能支援連接功能，例如位址設定、位址翻譯以及錯誤回報。本章會描述網際網路裡用來提供主機對主機連接服務的所有控制層面和資料層面的主要機制。

本章的組織如下。網際網路協定層的設計議題在第 4.1 節討論。接下來的章節裡會描述資料層面和控制層面的機制，以及它們的開放源碼之實作。對於資料層面的機制而言，我們會介紹網際網路協定第 4 版（IPv4），並且揭露它是如何以可擴充而又有效的方法來提供主機對主機之服務。在第 4.2 節的最後，我們會說明網路位址轉換（network address translation, NAT）之機制，該機制是被設定作為 IPv4 位址短缺的暫時性解決方案。網際網路協定第 6 版（IPv6）是被提出來解決 IPv4 所遭遇到的問題，而在第 4.3 節裡會描述 IPv6。

接下來的四個小節會討論控制層面之機制。我們在第 4.4 節會檢視位址管理（address management）的機制，其包括**位址解析協定（address resolution protocol, ARP）**和**動態主機設定協定（dynamic host IP configuration protocol, DHCP）**。處理網際網路之錯誤的協定，即**網際網路控制訊息協定（Internet Control Message Protocol, ICMP）**，則會呈現在第 4.5 節。IP 層最重要的控制機制是路由，而路由負責找出兩主機之間的一條路徑。第 4.6 節會詳細敘述網際網路的路由協定，揭露它們是如何以一種可擴充的方式來實現路由。最後在第 4.7 節裡，我們會回顧多點傳播（multicast）路由協定，其乃是點對點路由到多點到多點路由的一種擴充版本。

4.1 一般性議題

網路層的目標，或 TCP/IP 參考模型裡的 IP 層的目標，是把封包從送出封包的主機傳送到接收封包的主機。不同於鏈結層所提供的服務是實現兩相鄰主機之間的通訊，網路層所提供的服務會允許任何兩台主機之間的通訊，不論它們相距有多遠。此一連接性之要求引進了三個一般性議題，亦即如何透過鏈結層技術來連接網路、如何在全球範圍來辨識出一台主機、如何找出兩台主機間的一條路徑並且沿著該路徑來轉發封包？這些議題的解決方案必須具有非常良好的擴充性，才能容納數十億台主機之間的連接。最後，它也需要解決如何有效地分享像頻寬之類的有限資源。

4.1.1 連接性議題

網路互連

對於要能夠從一台主機傳送封包到另一台主機而言，連接性確實是最基本的要求。有許多議題必須要先被解決之後才可以達成上述的主機層之連接性。首先，要如何把主機連接起來？主機可能透過不同的鏈結層技術，例如乙太網路或無線區域網路，來連接到網路。如我們在第 3 章所見，這些鏈結層技術上最基本的限制是距離。也就是說，一個區域網路所覆蓋的範圍無法超過一定的距離。此外，一個區域網路裡可以共同分享頻寬的節點的數量也有其限制。因此，要把分散在全世界的主機給組織起來，需要用到數量很多的區域網路以及它們的網路互連裝置。一組互連在一起的網路被稱為一個**互聯網路（internetwork）**或簡稱為 互聯網（internet）。目前廣泛使用的全球性互聯網被稱為**網際網路（Internet）**。把網路連接成互聯網路的網路互連裝置通常被稱為**路由器（router）**。換句話說，我們可以使用路由器把區域網路連接成一個全球性的網路,藉此來實現任意兩台主機之間的連接性。圖 4.1 顯示一個互聯網路的例子,其中含有路由器以及各種不同種類的區域網路。

定址

第二個在網路層的連接性之議題是:如何在一個全球的互聯網路中辨識出一台主機,這便是**定址(addressing)**的議題。和鏈結層的定址不同,一台主機的網路層的位址需要對它所存在的網路提供全球性的辨識。換句話說,一台主機的位址必須能夠指認出該主機所屬的網路以及該主機自己本身。這種位址被稱為階層式位址(hierarchical address)。指派一個網路層位址給一台主機也產生一個新的議題:除了鏈結位址之外,一台主機的每個網路介面卡會有一或多個網路位址。因此,這兩層之間的位址解析(address resolution)變成了一個新議題。和定址相關的議題是如何指派一個網路層位址給一台主機?事實上,這可以手動實行或自動實行。如果是自動實行,位址可以靜態或動態的方式來指派。在大多數情況下,一台主機可能想要它的位址被自動且動態地設定,所以一個動態主機設定協定是需要的。

路由和轉發

假設一台主機可以被辨識出來,接下來的問題便是:如何找出一條路徑,以便能從一台主機傳送封包到另一台主機?一條路徑是由串聯起來的相鄰路由器所組成。找出一條路徑和沿著該路徑來傳輸封包的議題分別被稱為**路由和轉發**。在控制層面運行的路由協定是負責來找出兩台主機(或兩個網路)之間的一條路徑。路由表被建立的目的是用來記錄路由的結果。當一個封包抵達一個路由器時,根據符合該封包的目的地位址的路由表項目(routing table entry),它會被轉發到路由路徑上的下一站。這裡我們清楚地做出一個路由和轉發之間的區分:路由是被路由協定所執行,而路由協定需要交換路由訊息以及計算最短之路徑;轉發則是被主機或路由器所執行;而執行方法是查詢路由表,並且找出最適合的網路介面來轉發封包。

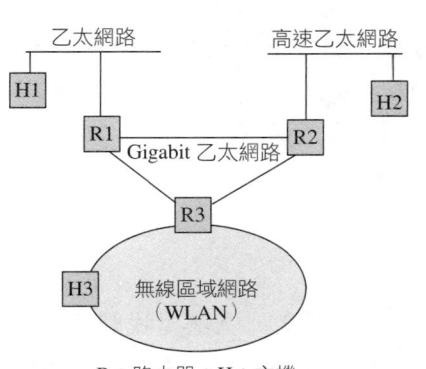

圖 4.1 互聯網路的一個範例

R:路由器;H:主機

原理應用：橋接器 vs. 路由器

橋接器和路由器之間有一些相似之處。舉例來說，兩者都可以被用來連接兩個或更多的區域網路，兩者都需要查表才能轉發封包，以及諸如此類等等。然而，它們在許多方面也有相當的差異性。在這裡，橋接器是作為一個通用術語，代表著所有類型的橋接器，不管是雙埠或多埠的類型。

分層：橋接器是鏈結層的裝置，而路由器是網路層的裝置。橋接器轉發訊框是根據鏈結層的標頭資訊，例如目的地 MAC 位址，而路由器轉發封包是根據網路層的標頭資訊，例如目的地 IP 位址。

表：一台橋接器通常會經由透明式的自主學習來建立一個轉發表，而一台路由器則會明確地運行一個路由協定來建立一個路由表。當數台橋接器連接在一起時，每一台橋接器也需要運行一個涵蓋樹協定來避免迴圈的產生。

碰撞網路 vs. 廣播網域：一個橋接器是被用來分離一個碰撞網域，而一個路由器則是被用來分離一個廣播網域。一個碰撞網域指的是一個網路的區段，而在其中的全部主機會分享同一個傳輸媒介，所以如果有兩個以上的封包被同時傳送，可能就會導致碰撞的發生。一個 n 埠的橋接器可以把一個碰撞網域分給 n 個埠，藉此把碰撞網域分隔成 n 個碰撞網域。然而，所產生的 n 個碰撞網域仍然處於同一個廣播網域，除非有不同的 VLAN 被創造出來。一個廣播網域指的是一個網路，其中全部的節點都可以藉由鏈結層的廣播來互相通訊。從網際網路協定的觀點來看，一個廣播網域對應的是一個 IP 子網（IP subnet）。一個 n 埠的路由器可以把一個廣播網域分隔成 n 個廣播網域。當一群橋接器所形成的一個骨幹上創造出數個 VLAN，廣播網域的觀念就變得十分重要。不論它們之中有多少台橋接器，在同一個 VLAN 之中的所有主機都是位於同一個廣播網域之中，所以用鏈結層的廣播應該可以傳達到一個 VLAN 裡所有的主機。另一方面，位於不同 VLAN 上的兩台主機縱使是連接到同一台橋接器，它們也必須透過一台路由器才能和彼此通訊。

擴充性：由於其廣播之需要，橋接的擴充性比路由的擴充性來得差。如前述所提，連接到一或多個橋接器的一群主機仍然處於同一個廣播網域，並且可以被鏈結層的廣播傳達到。因此，如果數百萬的主機被橋接在一起，要傳遞廣播的訊息給所有的主機會是件非常困難的事。在此同時，當訊框的 MAC 目的地位址沒有被記錄到轉發表裡，氾濫傳送（flooding）會被用於訊框的轉發，而在一個大型的互聯網路裡採用這種作法極端缺乏效率。

4.1.2 擴充性議題

擴充性對於網路互連是很重要的，尤其當我們考量到連接在網際網路裡的主機和網路的數量。擴充性對於路由和轉發更是重要，舉例來說，要從一組數十億的主機之中有效地找出一條通往一台主機的路徑是非常具有挑戰性的。我們將會在這一章看到網路階層（network hierarchy）如何被用來解決擴充性的問題。在網際網路裡，節點被群組成**子網路（subnetwork）**，通常被簡稱為**子網（subnet）**。每個子網代表著一個邏輯上的廣播網域，所以在一個子網內的主機可以直接傳送封包給彼此而不需要路由器的幫助。然後數個子網被群組成網域（domain）。內部網域（intra-domain）和跨網域（inter-domain）之路由可以分別由不同的路由協定來實現，而路由表裡的項目可能代表著一個子網或一個網域。

有許多關於路由的議題需要被解決，如同第 1 章裡所討論的一樣。考量到擴充性所需要的條件，此刻我們應該很清楚網際網路的路由所選擇的解決方案是**逐站跳接（hop-by-hop）**、最短路徑之路由，並且以每一目的地網路的精細度來實現。要如何計算一條路徑以及如何去收集路由資訊也取決於擴充性。對於內部網域路由，擴充性較不構成問題，而最佳性通常是比較重要的。因此，一個網域內路由的其中一個目標就是有效的資源分享，而這個目標的達成是藉由找出每一對來源 - 目的地節點之間的最短路徑。路由資訊的收集可以採用只在兩個相鄰路由器之間交換資訊或是採用氾濫傳送把路由資訊傳送給同一網域內的所有路由器。因此，內部網域路由的決定（找出最短路徑）可以是根據部分的路由資訊或是全球的路由資訊。另一方面，對於跨網域之路由，擴充性比最佳性更為重要。另一個需要考量的關於跨網域路由之議題是由不同網域的管理員所制定的管理政策，因為不同網域的管理員可能希望禁止某些訊流穿越過特定的網域。因此，對於跨網域之路由，基於政策的路由比有效的資源分享更為重要。為了達成擴充性和基於政策的路由，跨網域之路由通常只在兩相鄰的路由器之間交換摘要的資訊，並且根據部分的路由資訊來做出路由的決定。我們將會在第 4.6 節討論更多路由議題的細節。

4.1.3 資源分享議題

無狀態和不可靠

最後，讓我們探討幾個資源分享的議題。在網際網路哩，資源是被自由地分享而沒有任何網路層的控制。網際網路協定提供了上層一種非連接式的服務模式。在這種非連接式的服務模式之下，封包需要在它們的標頭裡攜帶足夠的資訊，以便讓中繼路由器能夠正確地以路由傳輸封包或是轉發封包到它們的目的地。如此一來，在送出封包之前不需要設置之機制。這是分享網路資源的最簡單的方式。該無連接式的服務模式也暗示著**盡力而為（best effort）**的服務，雖然它不必一定如此。當轉發封包時，路由器只會盡力照著路由表把封包正確地轉發到它們的目的地。如果某個地方出了差錯，比方說一個封包遺失、無法抵達它的目的地，或是被傳送的順序錯亂等等，網路也不會去解決這個問題。網路只會盡它最大的努力去傳遞封包。這也意味著網路層所提供的服務是不可靠的（unreliable）。

由於網路層的服務是不可靠的，我們需要有一個錯誤回報（error reporting）的機制去通知原先的來源或來源主機的上層。關於錯誤回報的議題包括了如何傳送錯誤訊息、如何辨識出錯誤的類型、如何讓來源知道是哪個封包導致錯誤的發生、如何在來源端處理錯誤訊息、錯誤訊息所使用的頻寬是否應該被限制等等。

關於資源分享的最後一個議題便是安全。在安全議題上有需多方面需要探討。**存取控制（access control）**的一個議題關係到誰有權可以存取網路資源。另一個資料安全的議題則關係到把封包加密，以便保護資料不受竊聽之害。最後，系統安全的議題是關於保護主機不受非法入侵或電腦病毒攻擊，雖然其中有些議題，比方說存取控制和資料安全，可以在 IP 層裡解決。

4.1.4　IP 層協定和封包流程之總覽

圖 4.2 為本章討論的協定的路線圖。當一台主機啟動時，DHCP 協定可以被用來設定它的 IP 位址、子網遮罩、預設之路由器等。在主機被恰當地設定之後，從上層（TCP 或 UDP）送來的一個封包會被 IP 層接著處理，以判斷如何轉發該封包。不論封包是要被直接送給位於同一子網內的接收方，或是送給路由器去執行封包轉發，ARP 協定會被用來把接收方的 IP 位址轉換成它的鏈結層（MAC）位址。如果在 IP 處理中發生錯誤，ICMP 協定會被用來傳送錯誤訊息給產生原來 IP 封包的來源。如果該封包是被傳送給一台路由器（通常為預設路由器），路由器會根據該封包的目的地位址和路由表裡的路由資訊來轉發該封包。路由表是被運行在路由

圖 4.2　灰色框內為本章所討論的協定

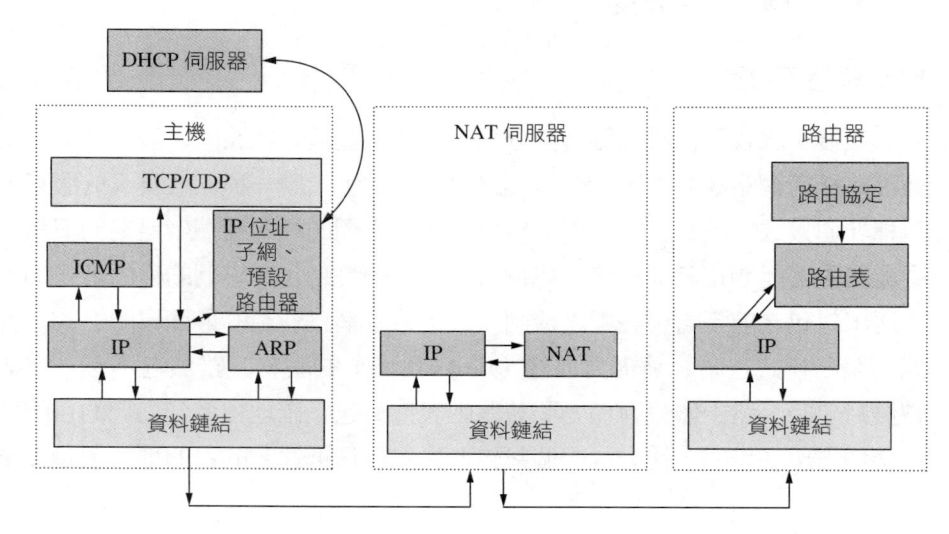

開放源碼之實作 4.1：IP 層封包流程的函數呼叫圖

總覽

在網際網路堆疊內，IP 層坐落於鏈結層之上、傳輸層之下。既然使用了分層之法，在任何兩個相鄰的分層之間就必須提供介面。因此，IP 層的介面包括和鏈結層的介面以及和傳輸層的介面。如同在第 3 章的作法一樣，我們透過封包接收路徑和封包傳輸路徑來檢視這兩個介面。在接收路徑，從鏈結層接收到一個封包之後，該封包就被傳遞給傳輸層之協定，其包含 TCP、UDP 以及原始 IP 插槽介面（raw IP socket interface）。在傳輸路徑裡，從一個傳輸層協定接收到一個封包之後，該封包就被傳遞給鏈結層。

接收路徑

從網路介面卡接收的一個訊框會觸發一個中斷，而中斷處理常式會呼叫 `net_rx_action()` 來處理接收到的訊框。如同在第 3 章所描述的，真正喚起網路層協定處理常式的是 `netif_receive_skb()`。然後，註冊到 `backlog_dev.poll()` 的函數會被調用來處理接下來的接收操作。正如在圖 4.3 所顯示的一樣，當 `sk_buff` 裡所註冊的網路層協定類型是 IP 協定，`ip_rcv()` 會被呼叫作為協定的處理常式。然後封包會被數個 IP 層函數處理，本章稍

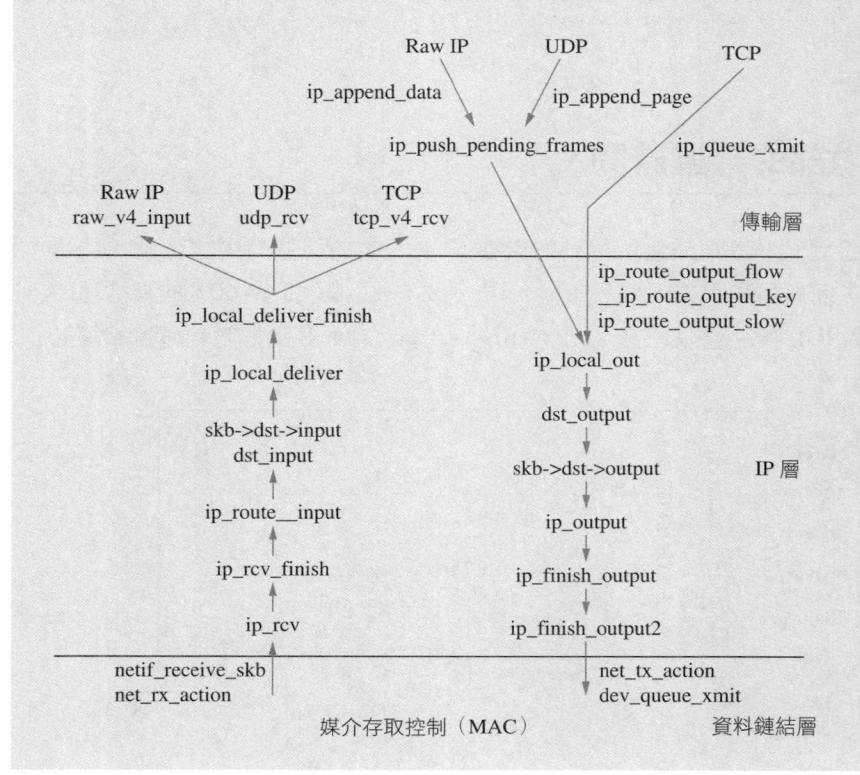

圖 4.3 函數呼叫圖裡的封包流程

後會探討這些 IP 函數。如果封包是要傳給本地主機（local host），`ip_local_deliver()` 會被呼叫，然後它再呼叫 `ip_local_deliver_finish()` 把封包傳遞給傳輸層的協定處理常式。傳輸層的協定處理常式可能是 `raw_v4_input()`、`udp_rcv()` 或 `tcp_v4_rcv()` 的其中之一，取決於上層的協定是原始 IP 插槽介面、UDP 或是 TCP。

傳輸路徑

圖 4.3 也顯示出傳輸路徑。一個上層協定會把封包推到它在 IP 層的佇列裡。取決於使用的是哪個傳輸層協定，`ip_append_data()`、`ip_append_page()` 或 `ip_queue_xmit()` 就會被呼叫，以便把封包傳遞給 IP 層。為了避免傳送太多小尺寸的封包，前兩個函數會先把資料儲存在一個臨時性的緩衝佇列，而稍後會呼叫 `ip_push_pending_frames()` 再把臨時性緩衝佇列裡的資料封裝成適當尺寸的封包。所有這些函數將會呼叫 `dst_output()`，而它接著呼叫註冊在 `sk_buff` 裡的虛擬函數 `skb->dst->output()`，以便在網路層協定為 IP 的時候能夠調用網路層處理常式 `ip_output()`。如果不需要封包分割（fragmentation）的話，`ip_finish_output2()` 將會透過 `net_tx_action()` 把封包傳遞給鏈結層，正如第 3 章所描述的一樣。

練習題

沿著接收路徑和傳輸路徑追蹤源碼，觀察這兩條路徑上函數呼叫的細節。

效能專欄：IP 層內部的延遲時間

圖 4.4 顯示傳送 64 位元組 ICMP 封包所用到的重要 IP 層函數的延遲時間之分解。總延遲時間大約是 4.42 微秒，而瓶頸函數 `ip_finish_output2()` 佔據了超過 50% 的總處理時間。如同在開放源碼之實作 4.1 裡所提及，`ip_finish_output2()` 負責把封包傳遞給鏈結

圖 4.4 在 IP 層傳輸 ICMP 封包的延遲時間

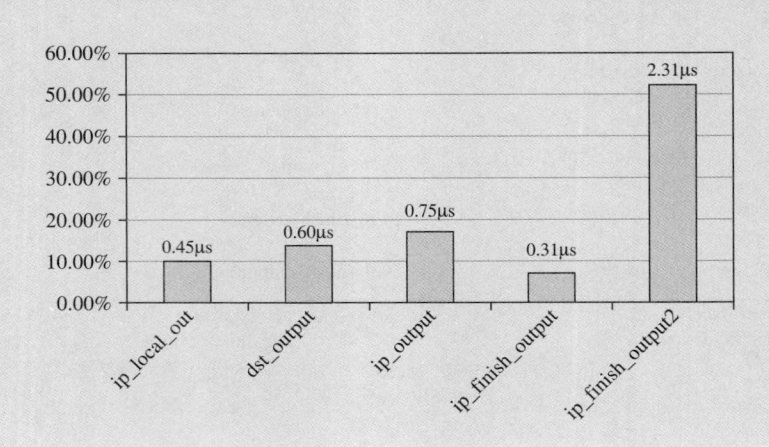

函數	延遲時間
ip_local_out	0.45μs
dst_output	0.60μs
ip_output	0.75μs
ip_finish_output	0.31μs
ip_finish_output2	2.31μs

層。在呼叫 `net_tx_action()` 之前，它需要把乙太網路標頭貼於封包的前面。這種標頭前置的任務會引發記憶體拷貝，因此它會比其他函數消耗掉更多的時間。

圖 4.5 顯示了在 IP 層的封包接收函數的延遲時間。最耗費時間的函數的前四名是 `ip_route_input()` (26%)、`ip_local_deliver_finish()` (24%)、`ip_rcv()` (17%) 及 `ip_rcv_finish()` (16%)。`ip_route_input()` 消耗時間是在查詢路由表上面。`ip_local_deliver_finish()` 會移除 IP 標頭，查詢雜湊表來找出封包的正確的傳輸層處理常式，然後把封包傳給處理常式。`ip_rcv()` 則是驗證 IP 封包裡標頭的校驗和欄位。最後，`ip_rcv_finish()` 會更新路由表的統計數據。

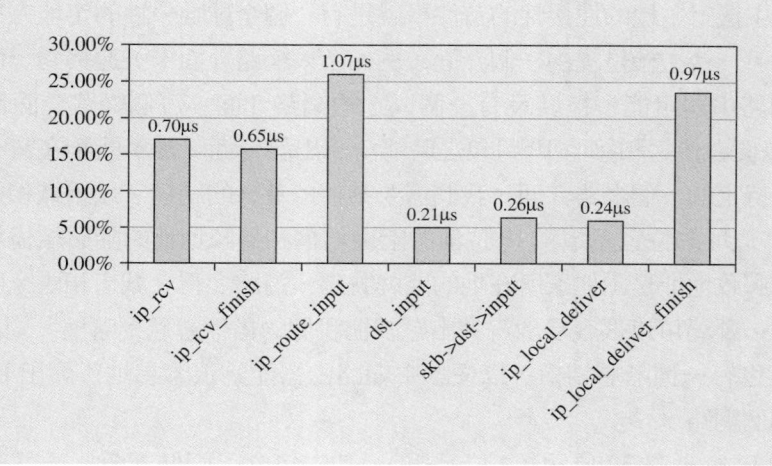

圖 4.5 在 IP 層接收 ICMP 封包的延遲時間

器的路由協定所維護。當封包抵達到接收方時，封包會被 IP 層接收並且處理；如果沒有錯誤的話，會被送給相對應的上層協定。如果因為隱私或安全的理由而使用私用 IP 位址（private IP address），網路位址轉換協定（network address translation protocol, NAT protocol）會被用來轉換 IP 封包的 IP 位址和傳輸層辨識碼（TCP/UDP 埠號碼），以便能實現全球網際網路之連接性。

4.2 資料層面的通訊協定：網際網路協定

在這一節，我們首先檢視網際網路協定目前的版本 IPv4。在 IPv4，一個特殊類型的位址被稱為私用 IP 位址，而它的使用是由於安全和 IP 位址耗竭的緣故。在第二小節，我們會檢視網路位址轉換協定，而它會讓使用私用 IP 位址的主機能夠接入網際網路。

4.2.1 網際網路協定第 4 版

網際網路協定（Internet Protocol），或更常被稱為 IP 協定，是網際網路用來提供主機對主機之傳輸服務最關鍵的機制。目前有兩個版本的 IP 協定正在使用中：用於目前網際網路的 IP 第 4 版以及新世代的網際網路所要使用的 IP 第 6 版。IPv4 協定是被定義在 RFC791，而 IPv6 則是被定義在 RFC2460。我們首先介紹 IP 定址模型，然後使用這個模型來解釋網際網路如何提供連接性。

IPv4 定址

要建立主機對主機的連接性的首件事就是有一個全球唯一性的定址方案來辨識出一台主機。一台主機是經由一個介面（例如乙太網路介面卡）連接到一個網路。一些主機和路由器可能會被裝設有一個以上的網路介面。每個網路介面都會有一個 IP 位址以便在傳送和接收 IP 封包之時能辨認出該介面。為了能夠在數十億台主機之中找到特定的一個網路介面，我們需要某種階層性的結構，以組織和找出全球任何一個 IP 位址的位置。這種 IP 位址的階層結構和郵政地址的階層結構很類似。我們住家的郵政地址是由住家所在地的門牌號碼、道路名稱、城市和國家所構成，而如此一來，郵局可以很容易地辨識出應該把我們的信件傳遞到哪裡。同樣地，IP 定址的方案也有一種階層結構，以便讓中繼路由器能夠很容易地辨識出 IP 封包應該傳遞到哪個網路。

每一個 IP 位址長 32 位元（4 位元組），其中包含了兩個部分：一個網路位址（network address）和一個主機的辨識碼（host id）。一般來說，一個 IP 位址的寫法是採用點分十進制（dotted-decimal）表示法。舉例來說，在圖 4.6，IP 位址的前 8 位元是 10001100，其相當於十進制的 140。IP 位址的 4 個十進制之數字之間是以點來分隔。

最初，IP 位址是一種有分類的定址方案。有五種類別的 IP 位址被定義出來，如圖 4.7 所示。所有類別的位址都有一個網路位址和一個主機識別碼，可是它們的差別在於這兩個部分的長度。一個 A 類（class A）的位址有一個 8 位元長的網路位址和一個 24 位元長的主機識別碼。按照 IPv4，網際網路可以容納最多 2^7 個 A 類的網路，而每個 A 類的網路可以有最多 $2^{24} - 2$ 台主機（兩個特殊的位址被保留，見下面的敘述）。很類似地，網際網路可以容納最多 2^{14} 個 B 類的網路以及 2^{21} 個 C 類的網路。一個 B 類的網路和一個 C 類的網路分別可以有最多 $2^{16} - 2$ 台和 $2^8 - 2$ 台主機。D 類的位址是多點傳播的位址，而該位址可允許多點對多點的傳

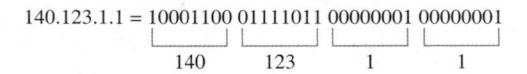

圖 4.6 一個 IP 位址的點分十進制表示法

140.123.1.1 = 10001100 01111011 00000001 00000001
                      140   123   1   1

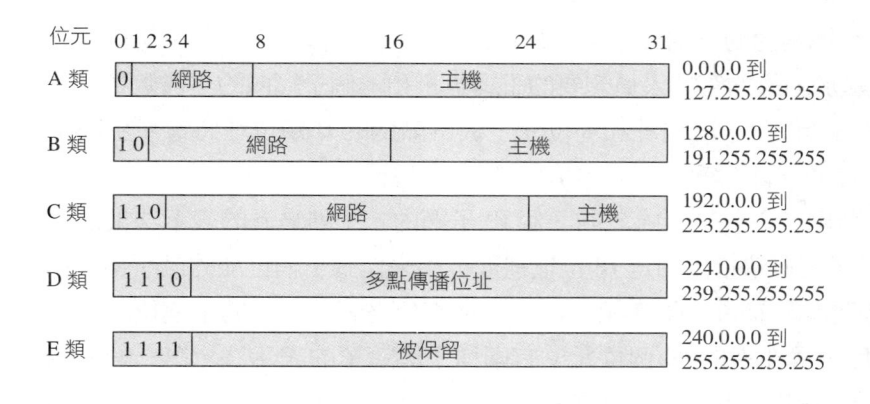

圖 4.7　IPv4 位址格式的分類

```
位元  0 1 2 3 4      8           16         24        31
A 類  [0|  網路  |         主機              ]   0.0.0.0 到
                                                127.255.255.255
B 類  [1 0|    網路        |      主機       ]   128.0.0.0 到
                                                191.255.255.255
C 類  [1 1 0|      網路         |  主機      ]   192.0.0.0 到
                                                223.255.255.255
D 類  [1 1 1 0|       多點傳播位址          ]   224.0.0.0 到
                                                239.255.255.255
E 類  [1 1 1 1|        被保留                ]   240.0.0.0 到
                                                255.255.255.255
```

輸。我們將在第 4.7 節討論 IP 多點傳播。第五種類別開始的位址字首（address prefix）是 11110，而它是被保留起來以備將來使用。

考量到圖 4.7 分類位址的起始字首，這代表每一個位址類別的範圍也是固定的。A 類位址所涵蓋的範圍是從 0.0.0.0 到 127.255.255.255〔注意到 0.0.0.0/8 是被保留作為本地網域之辨識，而 127.0.0.0/8 則被保留作為本地主機的回送測試（loopback test）〕。從 128.0.0.0 到 191.255.255.255 和從 192.0.0.0 到 223.255.255.255 分別是 B 類和 C 類位址的範圍。D 類位址的範圍是從 224.0.0.0 到 239.0.0.0。最後，從 240.0.0.0 到 255.255.255.255 的位址被保留，以備將來使用。

每一個類別裡有些 IP 位址是被保留作為特殊的用途。例如，如果一個位址的主機辨識碼的部分是零，它就是被用來表示一個 IP 子網。舉例來說，140.123.101.0 是一個 B 類子網的位址。另一方面，如果主機辨識碼的部分的每一個位元都是 1，它是被用作為那個 IP 子網裡的廣播位址。最後，當來源主機還不知道自己的 IP 位址時，該主機會使用 IP 位址 255.255.255.255 作為本地 IP 子網的廣播位址。舉例來說，當一台主機需要聯繫 DHCP 伺服器來取得自己的 IP 位址時，就會使用 255.255.255.255 來廣播。我們會在第 4.4 節討論 DHCP 協定。

IP 子網劃分

最初，一個 IP 位址的網路位址應該獨一無二地標示一個實體網路。然而，一個實體網路通常是用第 3 章描述的區域網路技術所建構而成。就一個 A 類或 B 類的網路而言，它的主機辨識碼的數量遠比任何區域網路技術所能支援的主機數量還要多出許多。因此，期待在 A 類或 B 類的網路裡只有一個實體網路，是很不切實際的想法。因此，一個擁有 A 類、B 類或甚至 C 類網路位址的組織，通常會把它自己的網路劃分成數個子網。在邏輯上而言，同一個 IP 子網裡的兩台主機必須能夠使用鏈結層技術直接把封包傳送給彼此，而不需要透過路由器來傳送封包。要維持 IP 位址的階層結構，同一個 IP 子網內的全部主機必須在它們的 IP 位址裡有相同的字首（最左邊的一連串位元）。因此，部分的主機辨識碼會被用來表示在一個

A 類、B 類或 C 類網路內的子網位址，如圖 4.8 所示。位址裡用來表示子網位址的位元之數量是取決於組織的管理人員想要的子網數量和一個子網內的主機數量。舉例來說，一個採用 8 位元子網位址和 8 位元主機辨識碼的 B 類位址將會產生高達 2^8 個子網，而它的每一個子網內最多可容納 2^8-2 台主機。

為了能夠判斷兩台主機是否處於同一個 IP 子網內，子網遮罩的表示法被運用在 IP 子網劃分。子網遮罩指出的是 IP 位址裡面被用來作為子網位址的最左邊一連串位元的長度。延續之前的一個 B 類位址的子網劃分之範例，它的子網位址是長 32 位元的 IP 位址裡最左邊的 24 個位元。有兩種子網遮罩的表示法。第一種表示法使用一個 32 位元長的字串來表示子網遮罩，而字串中代表子網位址部分的位元和代表主機辨識碼部分的位元分別以位元 1 和位元 0 來填滿；套用到之前的範例，其中的子網遮罩用這種表示法寫出就是 255.255.255.0。另一種表示法則會把 IP 位址寫成 140.123.101.0/24，其中的「/24」表示子網遮罩長 24 位元。

因此，一個典型的網路是由數個子網所組成，而同一個子網內所有的主機有著相同的子網遮罩和子網位址。舉例來說，在圖 4.9 中，有五台主機連接到分別為 140.123.1.0、140.123.2.0 和 140.123.3.0 的三個子網。主機 H1 和 H2 連接到同一個子網並因此擁有相同的子網位址 140.123.1.0。子網則被路由器（R1~R3）連接成一個互聯網路。一台路由器的一個網路介面連接到一個子網，而這個網路介面和在同

圖 4.8 IP 子網定址

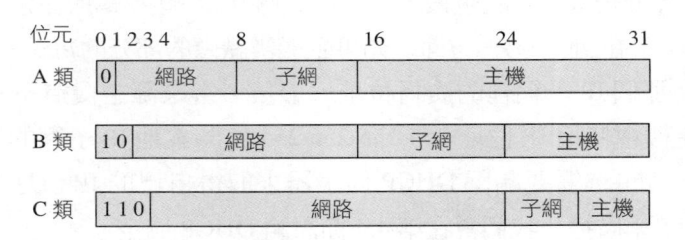

位元	0 1 2 3 4	8	16	24	31
A 類	0	網路	子網	主機	
B 類	1 0	網路	子網	主機	
C 類	1 1 0	網路		子網	主機

圖 4.9 IP 子網劃分的範例

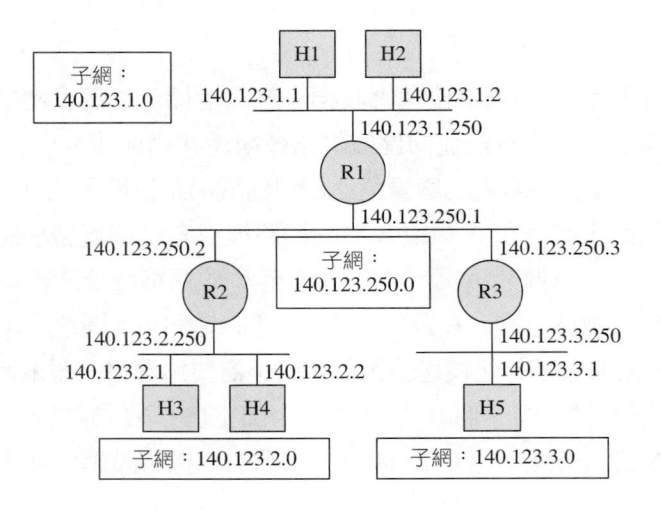

一子網裡的主機都有著相同的子網位址和子網遮罩。值得注意的是，每一台路由器通常都配備著數個網路介面卡。有一些網路介面卡將路由器連接到子網；然而，有一些則是被用來連接路由器到其他的路由器，藉此形成一個訊流交換或是分配骨幹，例如圖 4.9 的 140.123.250.0 子網。

CIDR 位址

分類的 IP 定址有兩個問題。首先，由於網路位址的長度固定，當指派 IP 位址給一個中型的組織時，比方說一個擁有 2000 台主機的組織，此時就會遇到一種進退兩難的困境。對於這種中型組織而言，一個 C 類的網路位址所能容納的主機數量太少，因為它只能夠支援最多 254 台主機，但如果使用一個 B 類網路位址又太大，會剩下超過 63,000 個沒有被使用到的位址。一個可能的解決方案是指派給數個 C 類網路位址給該組織使用，但是採用這種解決方法又會衍生出另一個路由和轉發上的擴充性問題。在單純使用分類 IP 定址的情況下，每一個 C 類網路位址會佔去骨幹路由器裡的路由表的一個項目。然而，在一個組織擁有數個 C 類網路位址的情況下，和這些 C 類網路位址相關的路由表項目全都指向通往組織的同一條路徑。這個現象導致一個問題：由於使用非常多的 C 類網路位址，骨幹路由器的路由表會非常龐大，但是其中的許多路由表項目卻攜帶著相同的路由資訊。

無類別跨網域路由（Classless Inter-Domain Routing, CIDR）因此被提出來解決上述問題。在使用 CIDR 的情況下，一個 IP 位址的網路部分就能夠有任意的長度。因此，我們就能夠把一整塊 IP 位址區塊指派給一個中型組織，而該 IP 位址區塊通常是由連續的 C 類網路位址所構成。舉例來說，對於一個擁有 2000 台主機的組織，我們可以指派給它一整塊 IP 位址，其範圍從 194.24.0.0 到 194.24.7.255，並且使用子網遮罩 255.255.248.0 或 194.24.0.0/21。也就是說，IP 位址的前 21 個位元是被用來指定組織的網路位址。這樣做的話，骨幹路由器只需要一個路由表項目就可以記錄通往該組織的網路介面，正如圖 4.10 所示。組織裡的 IP 子網劃分可以如之前所述來實行。

封包轉發

記得在第 4.1 節曾提到，轉發是從上層或一個網路介面接收一個封包，然後在適當的網路介面把該封包送出去的流程。主機和路由器都需要轉發封包。就一台主機而言，從上層來的封包必須在它的其中一個外出網路介面上被送出。就一台路由器而言，從它的網路介面進入的封包必須在它的另一個網路介面上被轉發。IP 轉發流程的關鍵概念就是：如果被轉發的封包目的地是位於和執行轉發的節點相同的子網，該封包就會被直接送到它的目的地。否則的話，執行轉發的節點必須要查路由表以便找出恰當的下一站路由器來轉發封包，然後把封包直接送到下一站路由

圖 4.10 沒有使用 CIDR（圖左）和有使用 CIDR（圖右）的路由表之比較

目的地	下一站
194.24.0.0	19.1.1.250
194.24.1.0	19.1.1.250
194.24.2.0	19.1.1.250
194.24.3.0	19.1.1.250
194.24.4.0	19.1.1.250
194.24.5.0	19.1.1.250
194.24.6.0	19.1.1.250
194.24.7.0	19.1.1.250

目的地	字首長度	下一站
……	……	……
194.24.0.0	/21	19.1.1.250
……	……	……

器。一個路由表項目是由一個（目的地／子網遮罩，下一站）配對所組成，但是它可能也包含額外的資訊，取決於底下所運行的路由協定的類型。路由表項目中目的地通常是以網路位址的形式來表示，比方說 194.24.0.0/21。下一站可能是一台路由器的 IP 位址，或者是一個網路介面。下一站路由器和目前這一站的其中一個網路介面必定位於同一個子網，如此一來，它們才可以直接互相通訊。一般而言，路由表中會有一個項目記錄著預設路由器，而它的目的地位址是 0.0.0.0/0。如果一個封包的目的地並不符合路由表裡的任何項目，則它將會被轉發到預設路由器。

我們可以從兩方面來描述封包轉發演算法。首先，對於一台主機，我們考慮有一個封包從上層（例如 TCP）而來，要被送往目的地。我們特別考慮最常見的情況，其中主機只有一個網路介面卡和一台預設路由器。在這種情況下，IP 轉發演算法的運作如下：

```
If 封包是要被傳遞給目前的本地主機
     把封包傳遞給恰當的上層協定
Else If ( 目的地的網路位址 == 目前本地主機的子網位址 )
     把封包直接傳給目的地
Else
     查找路由表
     把封包傳給預設路由器
End if
```

現在，讓我們考慮一個情況，其中有轉發能力的一台路由器或一台主機從它的一個網路介面接收到一個封包。在這個情況下，封包可能會在適當的網路介面上被轉發到目的地，或者如果目的地位址是主機自己本身的話，封包會被傳送給本地主機的一個上層的協定。相關轉發演算法的運算如下：

```
If 封包是要被傳遞給上層
    把封包傳遞給恰當的上層協定
Else 查找路由表
    If 封包是要被傳遞給一個直接連接的子網
        把封包直接傳給目的地
    Else
        把封包傳遞給下一站路由器
    End if
End if
```

在前兩個演算法裡有三種操作值得進一步的討論。首先，執行轉發的主機如何獲得目的地的網路位址並判斷自身和目的地是否為直接相連？這個布林判斷式可以很容易地以下面的操作執行：

If((主機的 IP ^ 目的地的 IP) & 子網遮罩) == 0)

其中的 ^ 是位元 XOR 操作（bitwise-exclusive-or），而 & 是位元 AND 操作（bitwise-and）。

其次，在一個子網內傳送一個封包到目的地是需要產生一個有目的地 MAC 位址的第二層訊框。這牽涉到位址解析之操作，而我們將會在第 4.4 節加以描述。最後，接下來會描述查詢路由表的程序。

路由表之查詢

如前所述，路由表之查詢對於 IP 轉發演算法是一種基本的操作。由於 CIDR 定址的緣故，現在的查詢路由表都被視為最長字首比對之問題。換句話說，路由表項目只要符合封包目的地位址的最長字首，它就會被選擇作為封包轉發之用。考慮以下的一個情況：有 A 和 B 兩個組織，而組織 A 擁有從 194.24.0.0 到 194.24.6.255 的 IP 位址。因為送往這個範圍內任何 IP 位址的封包應該會被路由傳送到同一個網路介面，路由表裡只需要一個路由表項目就能夠以路由傳送封包到組織 A。代表組織 A 的路由表項目的網路位址就會被表示為 194.24.0.0/21，以作為路由途徑的摘要。組織 B 只擁有一個 C 類網路位址，其範圍是從 194.24.7.0 到 194.24.7.255。因此，代表組織 B 的路由表項目會記錄網路位址 194.24.7.0/24。現在假設我們想要查詢目的地 IP 位址 194.24.7.10 的路由表項目。很明顯地，目的地 IP 位址同時符合這兩個路由表項目，也就是 ((194.24.7.10^194.24.0.0) & 255.255.248.0)==0，而且 ((194.24.7.10^194.24.7.0) & 255.255.255.0) ==0。我們知道 194.24.7.10 屬於組織 B，所以擁有較長網路位址 194.24.7.0/24 的路由表項目應該被選取。仔細地檢視這兩個網路位址,我們發現 194.24.7.10 吻合 194.24.7.0/24 的前 24 個位元,但是僅吻合 194.24.0.0/21 的前 21 個位元。現在我們應該很清楚為何用採用最長字首比對。

近年來,有更快的最長字首比對演算法被提出。在文獻裡,結合**快取記憶體（cache）**、雜湊函數（hash）和硬體實作的轉發表（平行演算法、以 CAM 為基礎或以 DRAM 為基礎）皆是一些眾所皆知的解決方案。Linux 系統裡面的路由表查詢演算法主要是根據二階層的雜湊函數。傳統的 BSD 實作使用**查找樹（trie）**資料結構。查找樹也被稱作字首樹（prefix tree）,它是一種按順序排列的樹狀資料結構。因為 IP 位址是位元所組成的字串,所以用於最長字首比對的查找樹被稱為二進制查找樹（binary trie）,如圖 4.11 所示。一台路由器首先建立一個用全部路由字首所組成的字典。然後把字典裡的字首一個一個地加進查找樹的結構,於是一個查找樹就可以被建立起來。在圖 4.11 裡,如果查找樹裡標示「*」的一個節點是對應到字典裡的一個字首,則它就攜帶了下一站的資訊。當搜尋最長字首比對的一個目的地位址時,在查找樹裡的每一道邊（edge）代表著一串二進制位元字串,而它會導引著搜尋,直到搜尋沒有進一步的進展。搜尋終止時所停留的查找樹節點則儲存了作為最長字首比對的結果的下一站資訊。舉例來說,使用圖 4.10 裡的查找樹來搜尋位址 00001111 的最長字首比對,我們從根（root）開始,沿著左分支移動兩次,然後在節點 00* 停住,因為位址的第三個和第四個位元是 00,它們不符合節點 00* 的任何一個子節點。因此,最長字首比對的結果是字首 00*。

圖 4.11 擁有字首 {00*, 010*, 11*, 0001*, 001*, 10100, 111*} 的查找樹範例

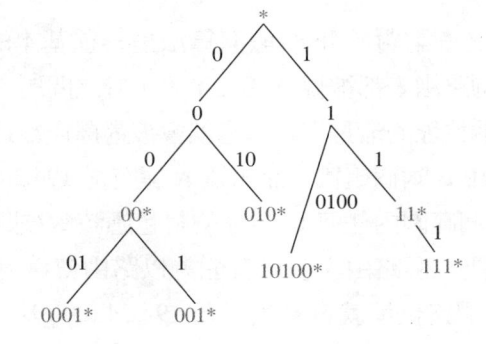

開放源碼之實作 4.2：IPv4 封包轉發

總覽

現在讓我們來檢視在 Linux 2.6 的核心裡如何實作封包轉發。一個封包的轉發是根據最長字首比對演算法所選取的路由表項目。被選中的項目含有封包轉發的下一站之資訊。封包轉發的第一步是查詢路由表來找出符合最長字首比對結果的路由表項目。查詢路由表非常費時，尤其是在執行最長字首比對的時候。因此就有很好的資料結構被提出，以加速路由表的搜尋，例如，使用查找樹、根據字首長度的二進制搜尋等等。另一方面，因為同樣的目的地很可能被頻繁地造訪，所以我們可以把第一次造訪的搜尋結果儲存在一個路由快取記憶體，接下來的造訪就去搜尋路由快取，這樣做便能夠大幅省下路由表查詢所花費的時間。因此，Linux 2.6 的實作就使用了一個路由快取來加速目的地位址查詢的過程。在路由快取的幫助下，只有當快取失敗發生時才會在路由表執行一個全程搜尋。

方塊流程圖

圖 4.12 描繪出 Linux 2.6 的 IPv4 封包轉發流程的函數呼叫圖。就一個來自上層的封包而言，如果此刻還不曉得它的路由途徑，決定輸出裝置（介面）的主函數就是 `__ip_route_output_key()`（在 `src/net/ipv4/route.c` 裡）。`__ip_route_output_key()` 會試著使用雜湊函數 `rt_hash()` 在路由快取中找出封包的路由路徑（輸出裝置），而 `rt_hash()` 最終會呼叫位於 `include/linux/jhash.h` 裡的 Bob Jenkins 的雜湊函數 `jhash()`（請參考 http://burtleburtle.net/bob/hash/）。如果路由路徑不存在於路由快取之中，`ip_route_output_slow()` 就會被呼叫，而它會呼叫 `fib_lookup()` 在路由表內查詢目的地。

演算法之實作

從一個網路介面接收到一個封包的時候，封包首先被拷貝到核心的 `sk_buff`。一般的情況下 `skb->dst` 是空的，也就是說還沒有供這個封包使用的虛擬快取路徑。`ip_rcv_finish()` 會呼叫 `ip_route_input()` 去決定該如何轉發這個封包。如同在前述的案例一樣，`ip_route_input()` 會先去試著找出在路由快取裡的路由途徑。如果找不到的話，`ip_route_input_slow()` 會被呼叫，然後它會呼叫 `fib_lookup()` 去查詢路由表。

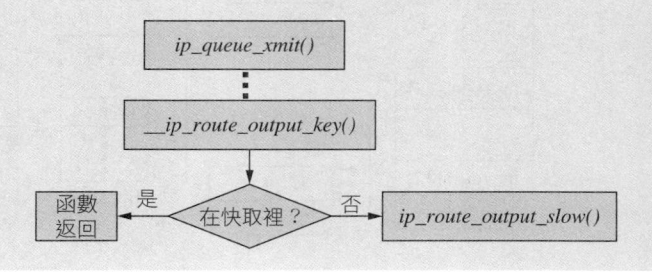

圖 4.12　IP 轉發之實作：`__ip_route_output_key`

資料結構

路由快取裡的資料是以 `rt_hash_table` 的資料結構來維護,而 `rt_hash_table` 是 `rt_hash_bucket` 所形成的一個陣列。`rt_hash_table` 的每一個項目指向一連串的 `rtable`,如圖 4.13 所示。`rt_hash()` 在從封包取得的三個參數上執行雜湊函數運算,這三個參數分別是:來源位址、目的地位址以及服務類型。當 `rt_hash()` 獲得了雜湊表的項目,接著就會在項目所指向的一連串的 `rtable` 上面執行線性搜尋。

如果在路由快取裡找不到目的地位址,轉發資訊資料庫(Forwarding Information dataBase, FIB)將會被搜尋。FIB 的資料結構相當複雜,如圖 4.14 所示。Linux 2.6 核心允許有多個 IP 路由表,每一個 IP 路由表是由一個獨立的 `fib_table` 資料結構所描述。這個資料結構的最後一個欄位,`tb_data`,它指向一個 `fn_hash` 資料結構,而 `fn_hash` 是由一個雜湊表 `fn_zones` 和一個雜湊串列 `fn_zone_list` 構成。`fn_zones` 是一個 33 個 `fn_zone` 所組成的陣列,其中 `fn_zones[z]` 是指向一個字首長度為 z 的雜湊表,0 <= z <= 32。然後 `fn_zones` 所有不是空的項目會被 `fn_zone_list` 所串連起來,而產生的串列的開頭是有最長字首的項目。`fib_lookup()` 會呼叫每一個表的 `tb_lookup()` 函數去搜尋路由表。預設的 `tb_lookup()` 函數是 `fn_hash_lookup()`(位於 `src/net/ipv4/fib_hash.c`

圖 4.13 路由快取

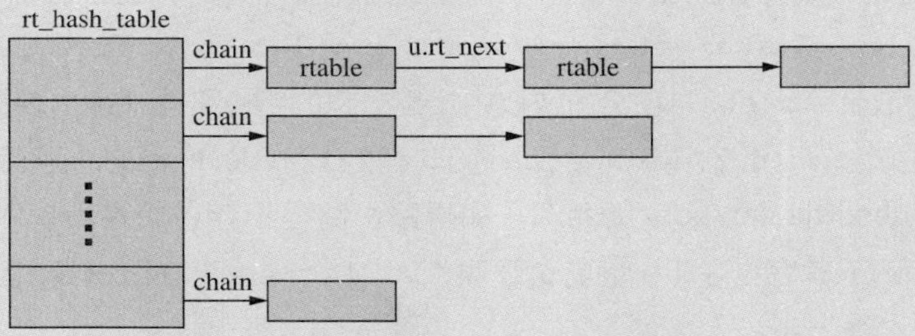

圖 4.14 FIB 資料結構

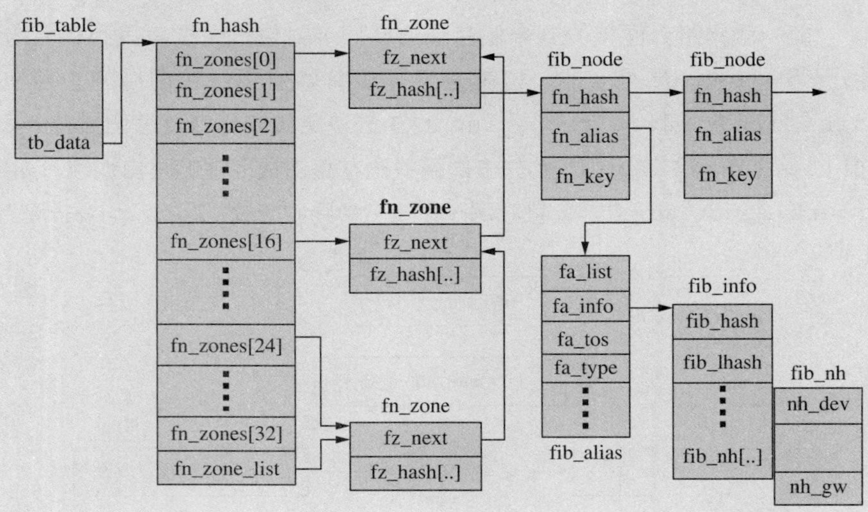

裡)，而它會從頭到尾走訪過 fn_zone_list，以便循序搜尋每個字首長度的雜湊表。當第一個比對被找到時，這種循序搜尋就結束了。從 fn_zone_list 的頭部開始搜尋起，這就保證了最長字首比對的演算法。也就是說，第一個比對符合的結果肯定是最長字首比對的結果。

在圖 4.14 的中間，每個 fn_zones 的項目指向一個 fn_zone 的資料結構。fn_zone 是由一個指向 fn_zone_list 的指標和一個雜湊表 fz_hash 所組成，而 fz_hash 是一群指向 fib_node 的指標的陣列。一個 fib_node 對應著一個獨一無二的子網。雜湊鍵值 (hash key) fn_key 是子網的字首，舉例來說，如果子網是 200.1.1.0/24，則 fn_key 就是 200.1.1。雜湊函數 fn_hash() 是被定義在 src/net/ipv4/fib_hash.c 裡的一個行內函數 (inline function)。在每一個 fib_node 裡的 fn_alias 項目指向一個 fib_alias 結構，而 fib_alias 含有一些子網的基本資訊，例如 fa_tos、fa_type 和 fa_scope，還有一個指標指向一個 fib_info 資料結構。最後，fib_info 含有一個路由表項目的詳細資訊，包括了輸出裝置以及下一站之路由器。

對於任何不為零的字首長度，路由表的預設尺寸 (fz_hash 所含有的項目之數量) 是 16。如果儲存在路由表的節點數量超過路由尺寸的兩倍，第一次發生這種情況時，路由表尺寸會被增加到 256，而第二次發生時會被增加到 1024，然後在這之後每次再發生時，路由表的尺寸就會被加倍。

練習題

1. 使用一個範例去追蹤 __ip_route_output_key()，並且寫下路由快取是如何被搜尋的。
2. 追蹤 fib_lookup() 以便探索 FIB 是如何被搜尋的。

效能專欄：在路由快取和路由表所花費的查詢時間

當一個封包流裡的第一個封包抵達時，路由機制很可能會引發兩個路由途徑查詢之操作，一個是在路由快取上操作，而其最後會導致查詢失敗；另一個在 FIB 路由表上的操作則會查詢成功。接下來封包流裡的每一個隨後抵達的封包，路由機制便可以幫它們在路由快取裡找出之前第一個抵達的封包所得到的查詢結果，這表示總共只需要一個在快取上的查詢。一個很有趣的問題是：到底我們能夠以多快的速度在這兩個資料結構內執行路由途徑查詢？我們需要測量執行 ip_route_output_key() 和 ip_route_output_slow() 所花費的時間。在一個有輕微負載的 Linux 路由器上測量它處理長 64 位元組的封包，我們測量到 ip_route_output_key() 和 ip_route_output_slow() 花費的時間分別是 0.6 微秒和 25 微秒，而這個結果指出兩者間的差異高達 42 倍。雖然這兩個操作都使用雜湊表，FIB 的表是很多個雜湊表所組成的一個陣列，所以在 FIB 上的搜尋操作可能需要從最長字首的雜湊表開始循序搜尋陣列中所有的雜湊表。

圖 4.15　IPv4 封包格式

0	4	8	16	24	31
版本	標頭長度	服務類型	封包長度（位元組）		
辨識碼			旗標	長 13 位元的分割偏移量	
存活時間（TTL）		上層協定	標頭校驗和		
來源 IP 位址					
目的地 IP 位址					
選項					
資料					

封包格式

接著我們來看 IP 封包的格式。一個 IP 封包是由一個標頭欄位再接著一個資料欄位所組成，而它的長度必須是 4 位元組之字組（4-byte word）長度的倍數。圖 4.15 顯示 IP 標頭的格式。我們在下面描述 IP 標頭裡每個欄位的語義：

- 版本編號：版本編號指出 IP 協定的版本。IP 協定目前的版本是 4，而新世代 IP 的版本是 6。
- 標頭長度：IPv4 標頭的長度是可變的。這個欄位指出 IP 標頭以 4 位元組之字組為單位的長度。如果沒有選項（option）欄位的話，一般標頭的長度是五個字組，也就是 20 個位元組。
- 服務類型（Type of Service, TOS）：TOS 指出 IP 封包想要的服務。理想的情況是路由器會根據封包的 TOS 來處理封包。然而，並非全部的路由器都有這個能力。根據 RFC 791 和 1349（見圖 4.16），TOS 裡的前三個位元是被用來定義封包的優先權。接下來的四個位元則定義處理這個封包時所要優化的效能指標。效能

圖 4.16　TOS 的定義

優先權	服務類型	R

優先權 定義在 RFC 791：
111：網路控制
110：互聯網路
101：CRITIC/ECP
100：優先於閃速
011：閃速
010：中等程度
001：優先
000：常式

TOS 定義在 RFC 1349：
1000：延遲最小化
0100：處理量最大化
0010：可靠性最大化
0001：花費最小化
0000：正常服務
1111：安全性最大化

R：保留

指標包括了延遲時間、處理量、可靠性和花費。最近，RFC 2474 把 TOS 前面的 6 個位元定義成差別服務（Differentiated Services, DS）的欄位，它攜帶了封包的 DS 代碼位置點。

- 封包長度：這個欄位指出以位元組數量所表示的整個 IP 封包的長度，包括封包的標頭和資料部分。因為這個欄位的長度為 16 位元，所以一個 IP 封包的最大長度是 65,536 個位元組，而這個長度被稱為最大傳輸單位（maximum transfer unit, MTU）。

- 辨識碼：辨識碼會獨一無二地標示出一個 IP 封包。它也被稱為序列編號（sequence number），或是簡稱為序號，尤其在 IP 分割（IP fragmentation）中非常有用。我們稍後會詳細討論 IP 分割的議題。

- 旗標：旗標欄位裡最低有效的兩個位元是被用於 IP 分割之控制。第一個控制位元被稱作不要分割（do not fragment）之位元。如果這個位元被設立的話，IP 封包就不應該被分割。最後一個控制位元被稱作更多分割片段（more fragment）之位元。如果這個位元被設立的話，它代表目前這一個封包僅僅是一個很大封包之中的一部分。

- 分割偏移量：如果目前的封包是一個分割片段，這個欄位會指出分割片段在原來封包裡的位置。偏移量的測量單位是 8 位元組，因為讓給了旗標欄位 3 個位元之後，這個欄位僅含有 13 個位元。

- 存活時間（time-to-live, TTL）：TTL 指出封包被允許穿越過的路由器的數量。TTL 在新版的 IP 協定裡被稱為跳站限制（hop limit）。每站的路由器在把封包轉發到下一站路由器之前，會把 TTL 的數值減去 1。如果 TTL 達到零的時候，路由器會把封包丟掉並且發送一個錯誤訊息，也就是一個 ICMP 訊息，傳給訊息的來源。

- 上層協定：這個欄位指出封包應該被送達的上層協定。舉例來說，這個欄位裡數值 1、6、17 代表上層協定分別是 ICMP、TCP、UDP。RFC 1700 定義了這個欄位裡可以使用的數值。

- 標頭校驗和：校驗和被用來偵測在接收到的 IP 封包裡的位元錯誤。和 CRC 不同，這個長 16 位元的校驗和的計算方式是把整個 IP 標頭當作一連串的 16 位元之字組，用 1 的補數的加法算數把這些字組累加起來，然後把得出的結果取 1 的補數。我們在第 3 章已經描述過類似的流程。雖然這個 16 位元校驗和的保護功能不像 CRC-16 這麼強，但是它的計算比較快速而且可以很容易以軟體實作。當 IP 封包抵達它的目的地時，如果把 IP 封包的所有 16 位元之字組累加起來的結果不等於零，就可偵測出封包內有錯誤。一個出錯的封包通常會被丟棄。

- 來源和目的地 IP 位址：這兩個欄位指出封包的來源和目的地的 IP 位址。如同之前討論的一樣，目的地位址是轉發封包到最終目的地的關鍵。

開放源碼之實作 4.3：以組合語言編寫的 IPv4 校驗和

總覽

　　一個 IP 封包的校驗和的計算方式是把整個 IP 封包當作一連串的 16 位元之字組，用 1 的補數的加法算數把這些字組累加起來，然後把結果取 1 的補數。

演算法之實作

　　IP 標頭的校驗和是使用 `ip_fast_csum()` 函數（在 `src/include/asm_i386/checksum.h` 裡）所計算出來。因為每一個封包都需要校驗和的計算，所以它必須要有快速的演算法。Linux 核心以和機器相關的組合語言來編寫這個函數，以便優化校驗和之計算。就 80x86 的機器而言，`ip_fast_csum()` 函數會以 32 位元之字組而非 16 位元之字組來執行加法計算。它的 C 語言版本的程式碼看起來像是：

```
for (sum=0;length>0;length--)
    sum += *buf++;
```

在 `ip_fast_csum()` 裡，該程式碼被翻譯成：

```
"1: adcl 16(%1), %0 ;\n"  /* 和被放在 %0；以 32 位元來計算加法 */
"lea 4(%1), %1 ;\n"  /* 把 buf 指標移動 4 個位置（以位元組為單位）*/
"decl %2 ;\n"  /* 把長度減去 2（以 16 位元為計算單位）*/
"jne 1b ;\n"  /* 繼續執行迴圈直到長度 ==0 */
```

然後計算的結果被拷貝到另一個暫存器。把這兩個暫存器做位移操作，以便在它們低階的部分裡有 16 個位元，然後把這兩個暫存器相加起來。把結果取 1 的補數便可得出校驗和。

練習題

　　寫出一個計算 IP 校驗和的程式。用 Wireshark 軟體捕捉一個真正的 IP 封包，然後比較真正 IP 封包和程式所計算出的校驗和，藉此來驗證該程式的正確性。

- 選項：並非每個封包裡都一定要有選項欄位。它的長度可變，取決於選項的類型。通常，選項欄位是被用於測試或偵錯之用。因此，它牽涉到路由器之間的合作。舉例來說，來源路由是一個常見的選項，其指定出路由之路徑，也就是從來源到最終目的地的一連串路由器。選項欄位不常被使用，因此，IP 標頭的固定部分並沒有包括選項欄位。
- 資料：資料欄位含有從上層來且要被傳遞給目的地的**協定資料單位（protocol data unit, PDU）**。

封包分割與重組

就像 IP 協定有它自己的 MTU 限制,每個鏈結層協定在每一次可以傳送的最大訊框尺寸上也有一個更狹窄的限制。舉例來說,之前我們曾提過乙太網路有一個 1518 位元組的 MTU 限制,其包含協定標頭的 18 個位元組以及資料酬載的 1500 個位元組(上層的資料)。換句話說,當在乙太網路介面上傳輸一個 IP 封包時,IP 封包的最大長度就是 1500 個位元組。然而,從上層來的封包可能大於乙太網路協定的硬性限制 1500 個位元組,前述之 IP 協定的 MTU 是 65,536 位元組。IP 分割是把一個很大的 IP 封包給分割成兩個或更多個較小尺寸的 IP 封包,而這些小封包是小到足以通過鏈結層,正如圖 4.17 所示。這些較小的 IP 封包被稱為 IP 分割片段。因為鏈結層的 MTU 會隨著底下所使用的鏈結層協定而變動,IP 分割可能會在封包的來源之處執行,但是也可能在中繼的路由器執行。至於重組(reassembly)就是使用這些 IP 分割片段來重建原來的封包。在 IP 協定裡,重組只會在最終目的地來實行,以避免在路由器之處造成緩衝的延長。

如何重組一個 IP 封包的作法會影響分割程序的設計,所以首先讓我們考慮 IP 重組的流程。要重組一個 IP 封包,我們需要收集到同一個封包的所有分割片段。因此,我們需要一個辨識碼來分辨出哪些同一個封包的分割片段,而哪些又是其他封包的分割片段,而且我們還需要知道是否已經收齊所有的分割片段。要能夠做到這一點的話,IP 分割程序必須讓同一個封包裡的所有分割片段在標頭的*辨識碼欄位(序號欄位)*裡有相同的號碼。它使用*旗標欄位*裡的*更多分割片段*之位元來指出這個分割片段是否為最後一個。當給予一個 IP 封包的所有分割,重組程式需要判斷每個分割片段在原來封包裡的位置。這一點的實現是藉由把位置的偏移量記錄在 IP 標頭的*分割偏移量欄位*裡。因此,每個分割片段實際上是一個正常的 IP 封包,而這個 IP 封包在它的標頭裡攜帶了分割的資訊並且在酬載裡攜帶了原來封包的一部分資料。就如同一個正常的 IP 封包一樣,一個 IP 分割片段可以在中繼路由器之處被進一步地分割。目的地使用標頭裡的*辨識碼、旗標以及分割偏移量*等欄位來重組回原來的封包。

圖 4.18 顯示一個範例,其中有一個長 3200 位元組的封包被分割成三個分割片段,以便能通過乙太網路的介面。(記得之前提過乙太網路的 MTU 是 1518 個位元

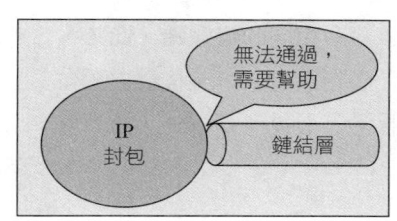

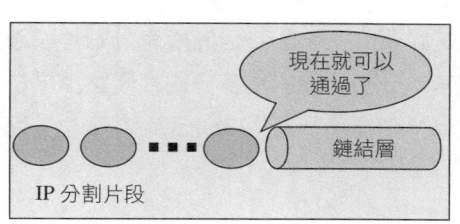

圖 4.17 IP 分割

圖 4.18 一個 IP 分割的範例
（註：id – 辨識碼；more – 更多分割片段；offset – 分割偏移量）

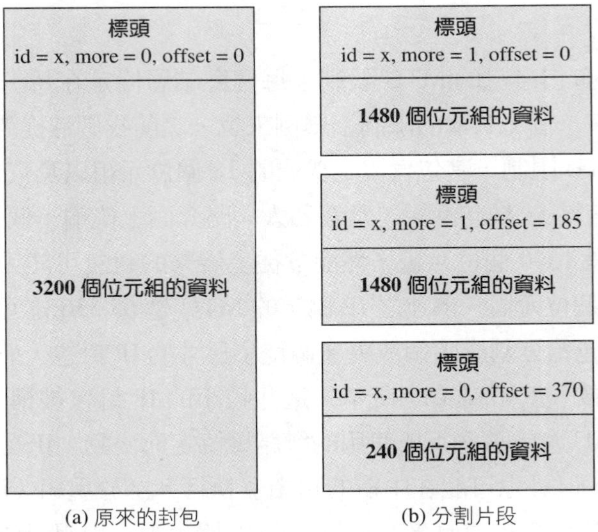

(a) 原來的封包

標頭
id = x, more = 0, offset = 0

3200 個位元組的資料

(b) 分割片段

標頭
id = x, more = 1, offset = 0

1480 個位元組的資料

標頭
id = x, more = 1, offset = 185

1480 個位元組的資料

標頭
id = x, more = 0, offset = 370

240 個位元組的資料

組，包含長 18 位元組的標頭和標尾。）注意到分割偏移量是以 8 位元組為單位，因為它僅使用 13 個位元（而非 16 個位元）來記錄分割片段在原來 IP 封包裡的偏移位置。因此，除了最後的分割片段之外，每個分割片段的封包長度必定是 8 位元組的倍數。在圖 4.18 的範例，去掉 IP 標頭的 20 個位元組，可以被放進一個分割片段的最大位元組數量是 1500 − 20 = 1480。每個分割片段的標頭除了旗標和分割偏移量兩個欄位之外，都和原來封包的標頭一樣。除了最後一個分割片段之外，所有的分割片段裡旗標的更多分割片段之位元應該被設為 1。目的地能夠藉由辨識碼欄位來分辨出同一個封包的分割片段，能夠用更多分割片段之位元來辨認出最後一個分割片段，並且能夠用分割偏移量來把全部的分割片段重組成原來的封包。

開放源碼之實作 4.4：IPv4 封包分割

總覽

當傳送一個封包其尺寸大於鏈結層的 MTU 時，就需要封包分割。因此，在傳送一個 IP 封包之前，檢查封包的尺寸是必要的。一個封包的所有分割片段應該擁有相同的辨識碼。此外，除了最後一個以外，所有其他分割片段的更多分割片段之旗標位元必須被設立。偏移量之欄位也需要被正確地設立，所有分割偏移量是以 8 位元組為單位，而且除了最後一個以外，所有其他分割片段的尺寸都應該是 8 位元組的倍數。要能夠成功地用分割片段來重組一個 IP 封包，重組函數需要依賴這些分割片段的標頭裡的辨識碼、更多分割片段之旗標位元以及偏移量欄位等資訊。此外，分割片段重組的實作應該被仔細地設計，以避免緩衝區間溢位之攻擊。

資料結構

IP 標頭的資料結構是 `iphdr`，而它的定義是在 `src/include/linux/ip.h`。

```
struct iphdr {
      #if defined(__LITTLE_ENDIAN_BITFIELD)
            __u8 ihl:4,
                version:4;
      #elif defined (__BIG_ENDIAN_BITFIELD)
            __u8 version:4,
                ihl:4;
      #else
      #error  "Please fix <asm/byteorder.h>"
      #endif
            __u8     tos;
            __be16   tot_len;
            __be16   id;
            __be16   frag_off;
            __u8     ttl;
            __u8     protocol;
            __sum16  check;
            __be32   saddr;
            __be32   daddr;
            /* 選項開始於此 */
};
```

演算法之實作

在接下來的內容，我們會專注在 IP 分割和重組的函數。分割可以在一個 IP 封包要被傳遞給一個網路介面的時候執行。上層協定會呼叫 `ip_queue_xmit()` 去透過 IP 層來送出上層的資料。在 `ip_queue_xmit()` 函數裡決定了路由之後，`ip_queue_xmit2()` 會被呼叫去檢查封包長度是否大於下一條鏈結的 MTU。如果是的話，`ip_fragment()` 會被呼叫去執行分割。在 `ip_fragment()` 裡的一個 while 迴圈是負責分割原來的封包。除了最後一個分割片段以外，分割片段的尺寸是被設定成小於 MTU 的最大 8 位元組之倍數。每一個分割片段的標頭和資料被正確地設好之後，它隨後會被依序送到網路介面。(這些函數都是位於 `src/net/ipv4/ip_output.c` 裡。)

圖 4.19 Linux 裡的 IP 分割和重組

```
net_bh() → ip_rcv() → ip_route_input() → ip_local_deliver()
```

在 **ip_local_deliver()**：
```
more 或 offset 被設立？ ─是→ ip_defrag()
       │否
       ↓
ip_local_deliver_finish()
```

在 **ip_defrag()**：
```
ip_find() → ip_frag_queue() → 收到全部分割片段？ ─是→ ip_frag_reasm()
```

在 **ip_find()**：
```
ipqhashfn() → 在雜湊表裡找到佇列？ ─是→ return queue
                   │否
                   ↓
              ip_frag_create()
```

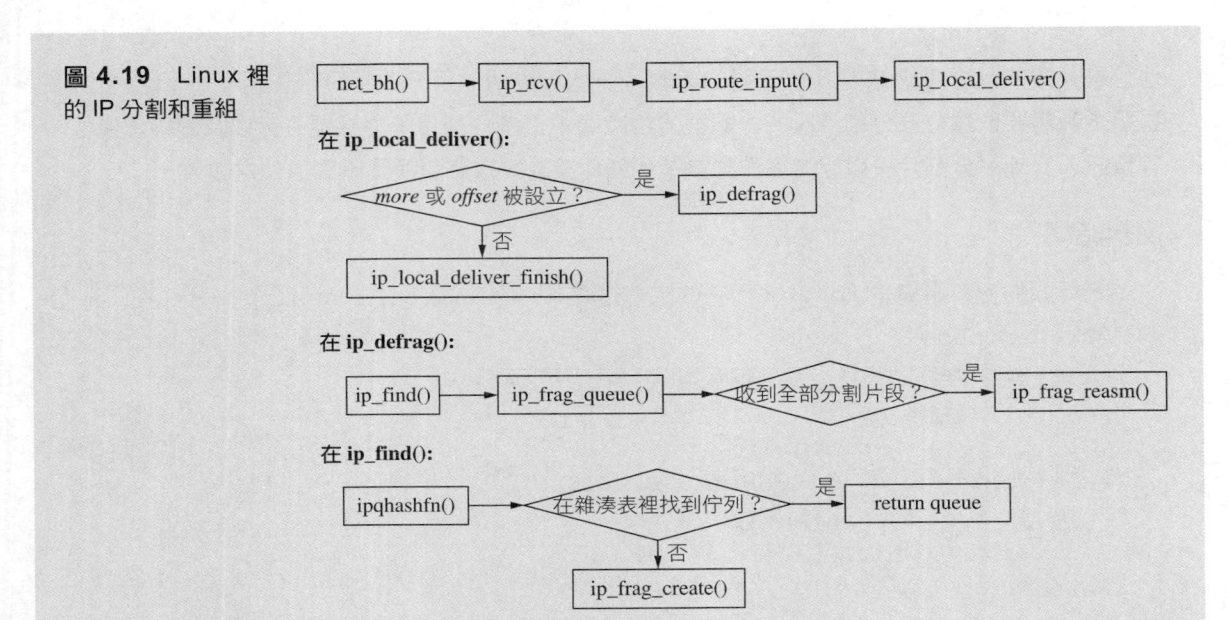

圖 4.19 顯示出重組程序的函數呼叫圖。（大部分的函數是位在 `src/net/ipv4/ip_fragment.c` 裡。）當自鏈結層接收一個 IP 封包的時候，`ip_rcv()` 函數會被呼叫去處理這個封包。它又會呼叫 `ip_route_input()` 去判斷是否要轉發這個封包或者把封包傳遞給上層。在後者的情況裡，`ip_local_deliver()` 會被呼叫，然後如果封包標頭裡的更多分割片段之位元或分割偏移量並非是零的話，它又會呼叫 `ip_defrag()`。IP 分割片段是被維持在一個被稱為 `ipq_hash` 的雜湊表裡，而該雜湊表是 `ipq` 結構所組成的一個陣列。雜湊函數 `ipqhashfn()` 會被呼叫，而它會根據四個欄位使用雜湊函數把 IP 分割片段給映射到 `ipq_hash` 雜湊表；這四個欄位分別是封包的辨識碼、來源 IP 位址、目的地 IP 位址以及上層協定 id。`ip_defrag()` 函數首先呼叫 `ip_find()`，而 `ip_find()` 接著又呼叫 `ipqhashfn()` 去找出專門負責儲存該封包的分割片段的 `ipq` 結構之佇列。如果沒有找到這種佇列，它會呼叫 `ipq_frag_create()` 去建立一個佇列，然後後者函數會呼叫 `ipq_frag_intern()` 去把佇列放進雜湊表裡。然後 `ip_defrag()` 函數呼叫 `ip_frag_queue()` 去把封包的分割片段放到佇列裡。如果已經接收到所有的分割片段，`ip_frag_reasm()` 會被呼叫去重組封包。

練習題

使用 Wireshark 軟體去捕捉一些 IP 分割片段，然後觀察它們標頭裡的辨識碼、更多分割片段之旗標位元以及分割偏移量等欄位。

4.2.2 網路位址轉換（NAT）

為了隱私和安全上的考量，有一些 IP 位址被保留起來作為純粹私人使用或企業內部的通訊之用。這些位址被稱為私用 IP 位址，被定義在 RFC 1918 裡。有三個區塊的 IP 位址空間是被保留以供私有互聯網來使用：

10.0.0.0 – 10.255.255.255 (10.0.0.0/8),
172.16.0.0 – 172.31.255.255 (172.16.0.0/12),
192.168.0.0 – 192.168.255.255 (192.168.0.0/16).

如我們所見，第一個區塊是一個單一 A 類網路位址，第二個區塊是一組 16 個連續的 B 類網路位址，而第三個區塊是一組 256 個連續的 C 類網路位址。

除了隱私和安全上的考量，還有一些其他的理由會需要使用私用 IP 位址；舉例來說，為了避免隨著外部網路拓樸的改變（例如更換 ISP）而跟著改變 IP 位址。近來，一個相當常見的理由是 IP 位址耗竭的問題。我們或許可以採用新世代的網際網路協定在根本上來解決這個問題；但在此時此刻，私用 IP 位址和網路位址轉換可以作為短期的解決方案。

基本 NAT 和 NAPT

NAT 是被用來把 IP 位址從一個群組映射到另一個群組的一種方法。更常見的是 NAT 被用來提供對終端使用者呈現透明性的公用網際網路和私有互聯網之間的連接。有兩種不同版本的 NAT，分別是基本 NAT 以及網路位址埠轉換（Network Address Port Translation, NAPT）。為了讓一台擁有私用位址的主機能夠接取公用的網際網路，基本 NAT 會指派一個全球唯一的公用 IP 位址給私有網路裡的每一台主機，不論是使用動態或靜態的指派方法。封包標頭內源自於私有網路的來源位址，它會被該來源的指派公用 IP 位址替換掉。至於要給私有互聯網的內部主機的傳入封包，同樣的替換也會發生在它的目的地位址上。

基本 NAT 需要給每一台想要接取網際網路的內部主機一個公用 IP 位址。然而，對於小型公司來說，很多台內部主機必須要共用很少數量的 IP 位址，所以基本 NAT 不適合它們。另一種方法 NAPT 則是把轉換的範圍進一步延伸到包括 IP 位址以及傳輸層辨識碼。NAPT 使用 TCP/UDP 埠號碼或 ICMP 訊息辨識碼等傳輸層辨識碼，分辨出兩台共享同一個公用 IP 位址的內部主機。圖 4.20 顯示基本 NAT 和 NAPT 的轉換。兩者都會建立並且維持一個 NAT 轉換表，提供 IP 位址和傳輸層辨識碼之轉換。就基本 NAT 而言，轉換表內的每一個項目包含一對位址：（私用 IP 位址，公用 IP 位址）。舉例來說，在圖 4.20 的 NAT 轉換表中，私用位址 10.2.2.2 是被映射到 140.123.101.30。因此，NAT 伺服器會把每一個擁有 IP 位址 10.2.2.2 的

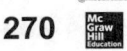

封包攔截下來，然後把它們的來源 IP 位址替換成 140.123.101.30。另一方面，一個 NAPT 轉換表的每一項目包含 IP 位址和傳輸層辨識碼的配對：(私用 IP 位址, 私用傳輸層 id, 公用 IP 位址, 公用傳輸層 id)。舉例來說，在圖 4.20 的 NAPT 轉換表裡，NAT 伺服器會把每一個擁有 IP 位址 10.2.2.3 以及埠號碼 1175 的封包攔截下來，然後把它們的來源 IP 位址以及埠號碼分別替換成 140.123.101.31 和 6175。

靜態或動態之映射

　　NAT 轉換表可以被靜態地或動態地設定和更新。如果一個組織擁有充分的公用 IP 位址，但卻為了隱私和安全上的考量而使用 NAT，該組織可以用手動的方式來設立公用 IP 位址和私用 IP 位址之間一對一的映射。在這個情況下，每一台內部主機會擁有一個獨一無二的公用 IP 位址，而對於使用者來說，公用 IP 位址是透明的 (換句話說，使用者端不會意識到公用 IP 位址的存在)；這不但讓內部主機可以接取公用網際網路，也可以允許外部主機反方向地連接到內部主機。然而，在大多數情況下，NAT 轉換表是在有需求時才會被更新。NAT 維護一個稱為公用 IP 位址之池 (pool) 的資料結構，裡面儲存了許多可供 NAT 使用而且尚未被指派的 IP 位址。當一個傳出的封包抵達 NAT，NAT 會用封包的來源位址來查詢它的轉發。如果查詢後能找出一個項目，NAT 會把封包的私用位址轉換成項目裡所對應的公用 IP 位址。(在 NAPT 裡，傳輸層辨識碼也會被轉換。) 否則的話，NAT 會從 IP 位址池挑出一個未被指派的項目，並且把它指派給那台擁有來源位址的內部主機。(很類似地，在 NAPT 則是選出一個新的傳輸層辨識碼。) 此外，NAT 轉換表裡的每一個項目都會和一個計時器聯繫起來，如此一來就能夠偵測出一直沒有使用到的項目，然後把它釋回 IP 位址池。

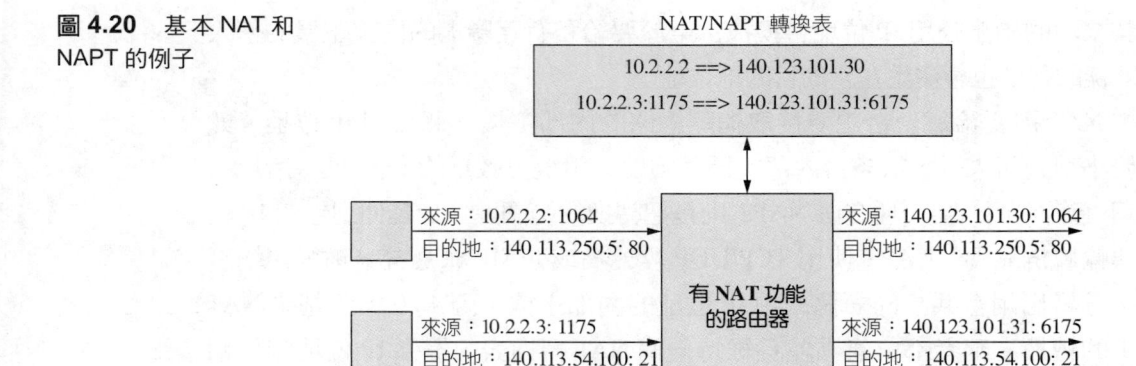

圖 4.20 基本 NAT 和 NAPT 的例子

NAT/NAPT 轉換表

10.2.2.2 ==> 140.123.101.30
10.2.2.3:1175 ==> 140.123.101.31:6175

來源：10.2.2.2: 1064
目的地：140.113.250.5: 80

來源：10.2.2.3: 1175
目的地：140.113.54.100: 21

有 NAT 功能的路由器

來源：140.123.101.30: 1064
目的地：140.113.250.5: 80

來源：140.123.101.31: 6175
目的地：140.113.54.100: 21

原理應用：各種不同類型的 NAT

　　根據一台外部主機能夠以何種方式透過一個映射的公用位址和埠來傳送封包，NAT 之實作可以被歸類成四種類型：全錐型（full cone）、受限錐型（restricted cone）、埠受限錐型（port restricted cone）以及對稱型（symmetric）。在這些類型之中，全錐型是市場裡最常見的 NAT 實作類型，而如果就最難被穿透的這一點而論，對稱型提供了最佳的安全性。這些實作的運作細節被描繪在圖 4.21，簡要描述如下：

　　全錐型：一旦一個內部位址 (iAddr: iport) 已經被映射到一個外部位址 (eAddr: eport)，從 (iAddr: iport) 來的所有封包將會透過 (eAddr: eport) 被送出，而且任何外部主機都可以透過 (eAddr: eport) 來傳送封包到 (iAddr: iport)。換句話說，NAT 伺服器不會檢查傳進來的封包的來源 IP 位址和埠號碼。

　　受限錐型：幾乎和前述一樣，唯一的不同就是只有那些從 (iAddr: iport) 接收到封包的外部主機能夠透過 (eAddr: eport) 傳送封包到 (iAddr: iport)。換句話說，NAT 伺服器會記住外出封包的目的地 IP 位址，並且會對照所記住的目的地 IP 位址來檢查進入封包的來源 IP 位址。

　　埠受限錐型：幾乎和前述一樣，不同處在於外部主機必須使用從 (iAddr: iport) 接收封包的相同埠，才能夠透過 (eAddr: eport) 傳送封包到 (iAddr: iport)。換句話說，NAT 伺服器會同時檢查進入封包的來源 IP 位址和埠號碼。

　　對稱型：它對進入封包的操作幾乎和埠受限錐型 NAT 一樣。然而，每一個外部的來源 IP 位址和埠號碼之組合都會對應到獨一無二的從 (iAddr: iport) 到 (eAddr: eport) 的映射。換句話說，就算是從同樣 (iAddr: iport) 出去的封包，只要出去的封包擁有不同的目的地 IP 位址或埠

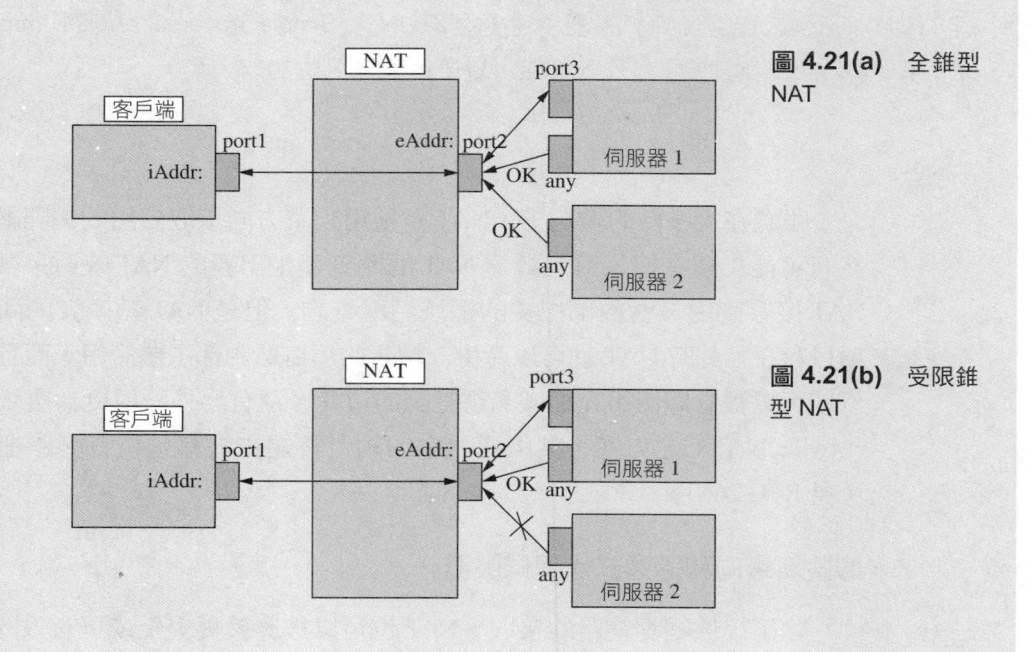

圖 4.21(a) 全錐型 NAT

圖 4.21(b) 受限錐型 NAT

圖 4.21(c) 埠受限錐型 NAT

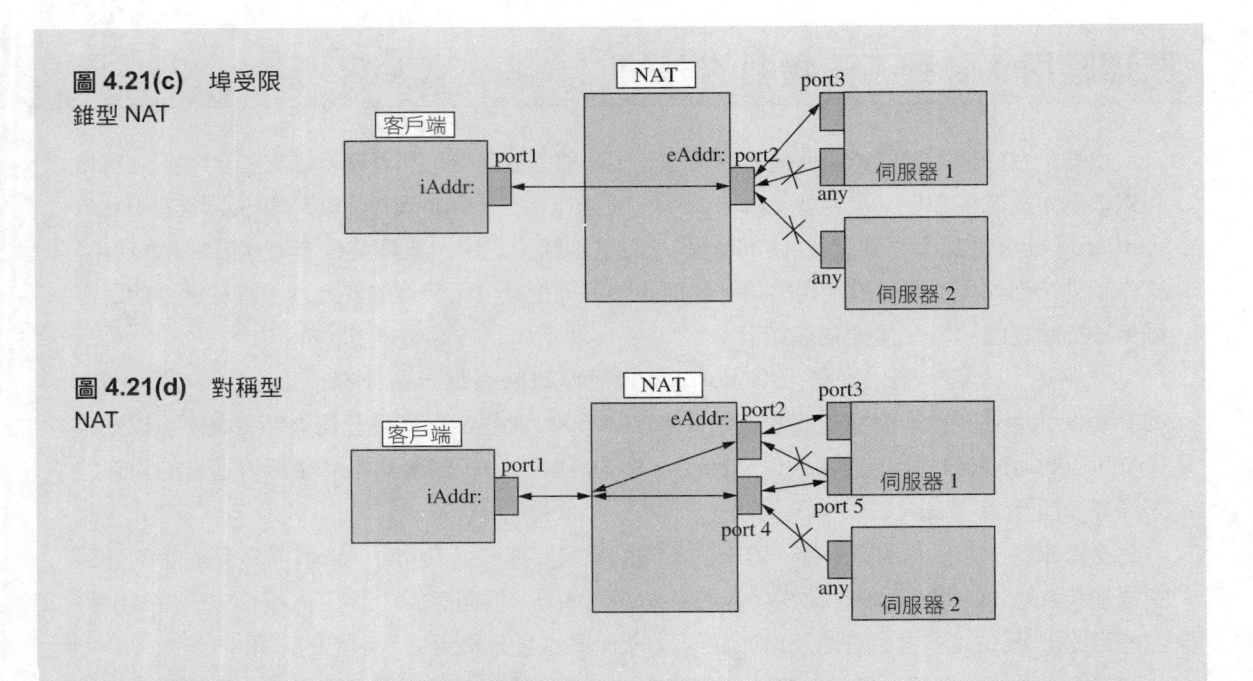

圖 4.21(d) 對稱型 NAT

號碼，那麼它們仍然會被映射到不同 (eAddr: eport)。

當兩台主機通訊時，如果發起者（通常是客戶端）是處於 NAT 的後面，而回應者（通常是伺服器）則否，那麼上述的其中一種位址解析流程將會被調用。如果是相反的情況，則需要在 NAT 伺服器有基本 NAT 或埠重新導向（port redirection）。如果通訊的雙方都處於 NAT 伺服器的後面呢？RFC 3489 提出 STUN（Simple Traversal of UDP through NATs），用來提供同時處於 NAT 伺服器後面的兩台主機之間的 UDP 通訊。它基本的概念是藉著送出請求給一個 STUN 伺服器來穿越 NAT 伺服器。稍後的 STUNT（Simple Traversal of UDP through NATs and TCP too）協定則擴充了 STUN 協定，以便包含 TCP 之功能。

雖然在大多數的情況下，NAT 是被用來單方向接取公用的網際網路，但是仍然有可能出現在傳入封包抵達 NAT 的時刻產生出新的 NAT 映射。舉例來說，當 NAT 接收到對一台內部主機的網域名稱查詢，但是 NAT 轉換表內尚未有相關的項目存在，此時 NAT 就可以產生一個新的項目給內部主機使用，而且新指派的 IP 位址可以被立即使用在網域名稱查詢的回覆。還有另外一種更為複雜的兩次 NAT（twice NAT）之方案，其中通訊中的兩台終端主機都是私有網路裡的內部主機（見 RFC 2663）。

埠重新導向和通透式代理伺服器

除了提供網際網路的接取，NAT 也可以被應於更安全或更有效的應用，例如埠重新導向（port redirection）或通透式代理伺服器（transparent proxy）。舉例來說，一個網路管理員可能想要把所有的 WWW 請求重新導向到一個特定 IP 位址和一個私有的埠號碼。管理員可以在**網路名稱伺服器（domain name server, DNS）**的資料庫內產生一筆紀錄，比方說把 www.cs.ccu.edu.tw 映射到 140.123.101.38 的一筆紀錄。然後，在 NAT 轉換表內會產生一個項目，把映射重新導向到想要的私有位址和埠號碼，比方說把 140.123.101.38:80 映射到 10.2.2.2:8080，其中的「:80」和「:8080」代表著埠號碼，我們會在第 5 章正式介紹埠號碼。因此，公用網際網路裡的主機只知道 WWW 伺服器是擁有 IP 位址 140.123.101.38 的 www.cs.ccu.edu.tw；在私有位址未被洩漏的情況下，真正的伺服器可以更安全地抵抗入侵攻擊。更進一步來說，如果這樣做的話，當另一台機器替換掉 WWW 伺服器之後，我們也只需要簡單地更改 NAT 轉換表而不需要動到 DNS 的資料庫。以上的過程被稱為埠重新導向。另一個使用 NAT 的例子被稱作通透式代理伺服器，它是把所有外出的 WWW 請求重新導向到一個通透式的代理伺服器；如此一來，代理伺服器的快取就可以幫忙加速請求之處理，又或者代理伺服器便能夠檢查請求或回覆。舉例來說，在 NAT 轉換表內可以產生一個項目把 WWW 服務（140.123.101.38:80）映射到一個內部的 WWW 代理伺服器（10.1.1.1:3128）。因此，外出的 WWW 請求就會被 NAT 轉換並且被重新導向到內部的 WWW 代理伺服器。接下來，內部的代理伺服器或許能夠直接從它本地的快取來準備好 WWW 回覆；如果無法回覆的話，它會把 WWW 請求轉發給真正的伺服器來處理。

原理應用：混亂複雜的 NAT 應用層閘道器

　　NAT 和 NAPT 的轉換會更改 IP 標頭和傳輸層標頭裡的位址，所以在轉換之後，這些標頭裡的校驗和必須被重新計算。此外，IP 位址和傳輸層辨識碼的轉換可能會影響某些應用的功能。這尤其會影響到那些把協定訊息裡的來源／目的地 IP 位址或埠給加密的應用。因此，NAT 通常伴隨著應用層閘道器（application level gateways, ALG）。讓我們思考一下 ICMP 和 FTP 需要什麼樣的 NAT 修改。

　　ICMP 是一種用於 TCP/UDP/IP 的錯誤回報協定，稍後將在第 4.5 節詳細描述 ICMP。一個 ICMP 錯誤訊息，例如 destination unreachable error（目的地不可抵達之錯誤），會把出錯的封包嵌入在 ICMP 封包的酬載裡。因此，不只是 ICMP 封包的位址，出錯封包的來源或目的地位址也需要被 NAT 轉換。然而，這些位址的任何改變都需要重新計算 ICMP 標頭的校驗和以及被嵌入在酬載內的 IP 標頭的校驗和。如果使用的是 NAPT 轉換的話，被嵌入的 IP 標頭的 TCP/UDP 埠號碼也需要被修改。如果 ICMP 訊息是 ICMP echo request/reply（回聲請求

／回覆）訊息的話，因為它使用一個查詢辨識碼（query identifier）來辨識回聲訊息，而這個查詢辨識碼就等同於傳輸層辨識碼一樣，所以這個查詢辨識碼也必須被轉換。總而言之，如果 ICMP 的查詢辨識碼被改變的話，ICMP 標頭的校驗和也必須被重新計算。

檔案傳輸協定（file transfer protocol, FTP）是一個很普遍的網際網路應用，將在第 6 章介紹。FTP 也需要一個 ALG，才能在 NAT 轉換下保持正確的運作。問題是來自 FTP 的 PORT 指令和 PASV 回應，因為這兩個指令含有一對 IP 位址和 TCP 埠號碼，兩者都被編碼成 ASCII 代碼。因此，FTP ALG 必須確定 PORT 和 PASV 指令裡的 IP 位址和埠號碼也被正確的轉換。轉換之後，ASCII 編碼的 IP 位址和埠號碼的長度可能會改變，比方說從長 13 個位元組的 10.1.1.1:3128 變成長 17 個位元組的 140.123.101.38:21，而這會使得問題更加複雜。如此一來，封包的長度可能也會被改變，而這接著就可能會影響到後來 TCP 封包的序列號碼。為了讓這些改變不被 FTP 應用所察覺，FTP ALG 需要一個特殊的表來矯正 TCP 的序列號碼和確認號碼，而 ftp 連接之後的所有封包上面都必須執行這個矯正操作。

開放源碼之實作 4.5：NAT

總覽

在 Linux 核心 2.2 版之前，NAT 的實作一直被稱作 IP 偽裝（IP masquerade）。自從 Linux 核心 2.4 版開始，NAT 的實作就和 `iptables` 整合在一起，而後者乃是一種封包過濾函數的實作。NAT 的實作可以被分類成兩種類型：來源 NAT（source NAT）是供外出封包所使用的，以及目的地 NAT（destination NAT）是供從網際網路或從上層而來的進入封包所使用的。來源 NAT 會改變來源 IP 位址和傳輸層辨識碼，而目的地 NAT 則會改變目的地位址和傳輸層辨識碼。來源 NAT 被執行的時間點是在封包過濾之後但在封包被送到輸出介面之前。在 Linux，來源 NAT 在 `iptables` 的掛鉤（hook）名稱是 `NF_INET_POST_ROUTING`。目的地 NAT 被執行的時間點是在封包過濾被運用在從網路介面卡或從上層而來的封包之前。前者的掛鉤叫做 `NF_INET_PRE_REOUTING`，而後者的掛鉤是 `NF_INET_LOCAL_OUT`。

資料結構

設立來源 NAT 的掛鉤和目的地 NAT 的掛鉤的 IP 表，其資料結構如下（見 `/net/ipv4/netfilter/nf_nat_rule.c`）：

```
static struct xt_target ipt_snat_reg __read_mostly = {
    .name = "SNAT",
```

```
    .target = ipt_snat_target,
    .targetsize =sizeof(struct nf_nat_multi_range_compat),
    .table = "nat",
    .hooks = 1 << NF_INET_POST_ROUTING,
    .checkentry = ipt_snat_checkentry,
    .family     = AF_INET,
};
static struct xt_target ipt_dnat_reg __read_mostly = {
    .name = "DNAT",
    .target = ipt_dnat_target,
    .targetsize = sizeof(struct nf_nat_multi_range_compat),
    .table = "nat",
    .hooks =(1 << NF_INET_PRE_ROUTING) |
    (1 << NF_INET_LOCAL_OUT),
    .checkentry = ipt_dnat_checkentry,
    .family = AF_INET,
};
```

NAT 的掛鉤函數，例如我們稍後將會追蹤的 nf_nat_in、nf_nat_out、nf_nat_local_fn 和 nf_nat_fn 和目的地 NAT 的掛鉤的 IP 表，其資料結構如下（見 /net/ipv4/netfilter/nf_nat_standalone.c）：

```
static struct nf_hook_ops nf_nat_ops[] __read_mostly = {
/* 在封包過濾之前，變更目的地 */
{
        .hook       = nf_nat_in,
        .owner      = THIS_MODULE,
        .pf         = PF_INET,
        .hooknum    = NF_INET_PRE_ROUTING,
        .priority   = NF_IP_PRI_NAT_DST,
    },
/* 在封包過濾之後，變更來源 */
{
        .hook       = nf_nat_out,
        .owner      = THIS_MODULE,
        .pf         = PF_INET,
        .hooknum    = NF_INET_POST_ROUTING,
        .priority   = NF_IP_PRI_NAT_SRC,
    },
/* 在封包過濾之前，變更目的地 */
{
```

```
                .hook       = nf_nat_local_fn,
                .owner      = THIS_MODULE,
                .pf         = PF_INET,
                .hooknum    = NF_INET_LOCAL_OUT,
                .priority   = NF_IP_PRI_NAT_DST,
        },
/* 在封包過濾之後，變更來源 */
        {
                .hook       = nf_nat_fn,
                .owner      = THIS_MODULE,
                .pf         = PF_INET,
                .hooknum    = NF_INET_LOCAL_IN,
                .priority   = NF_IP_PRI_NAT_SRC,
        },
};
```

最後，追蹤連接的資料結構如下：

```
struct nf_conn {
...
    struct nf_conntrack_tuple_hash tuplehash[IP_CT_DIR_MAX];
...
    struct nf_conn *master;
    /* 保留給其他模組的儲存空間： */
    union nf_conntrack_proto proto;
    /* 擴充 */
    struct nf_ct_ext *ext;
...
};
struct nf_conn_nat
{
    struct hlist_node bysource;
    struct nf_nat_seq seq[IP_CT_DIR_MAX];
    struct nf_conn *ct;
    union nf_conntrack_nat_help help;
#if defined(CONFIG_IP_NF_TARGET_MASQUERADE) || \
    defined(CONFIG_IP_NF_TARGET_MASQUERADE_MODULE)
    int masq_index;
#endif
};
```

圖 4.22 顯示出這些資料結構之間的關係。

圖 4.22 NAT 實作的資料結構

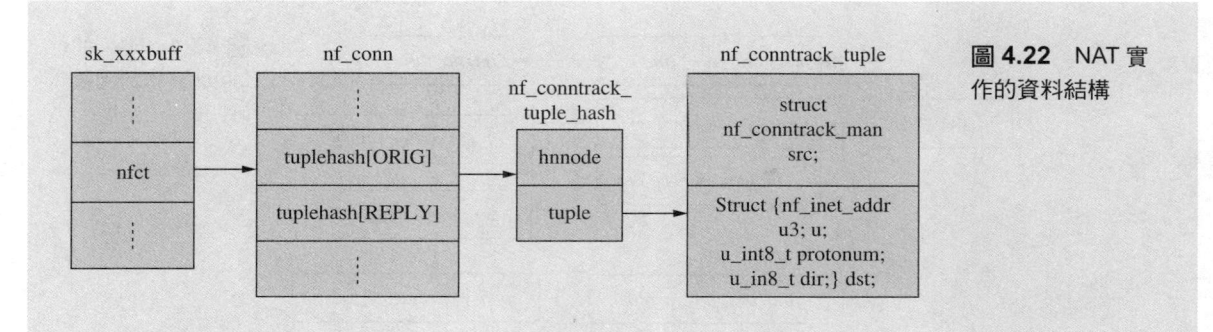

```
sk_xxxbuff      nf_conn           nf_conntrack_
                                  tuple_hash         nf_conntrack_tuple
    ⋮              ⋮                                     struct
   nfct        tuplehash[ORIG]  →    hnnode           nf_conntrack_man
                                                          src;
    ⋮          tuplehash[REPLY] →    tuple
                                                    Struct {nf_inet_addr
                   ⋮                                    u3; u;
                                                    u_int8_t protonum;
                                                    u_in8_t dir;} dst;
```

演算法之實作

NAT 模組的初始化是藉由呼叫 `nf_nat_standalone_init()` 來完成，而後者會呼叫 `nf_nat_rule_init()` 去幫 NAT 在 `iptables` 註冊以及呼叫 `nf_register_hooks()` 去設立 NAT 掛鉤函數。

如圖 4.23 裡所示，替 `NF_INET_PRE_ROUTING`、`NF_INET_LOCAL_OUT` 和 `NF_INET_POST_ROUTING` 等掛鉤來執行 NAT 的函數，其分別為 `nf_nat_in()`、`nf_nat_local_fn()` 以及 `nf_nat_out()`。所有的這三個函數最後會呼叫 `nf_nat_fn()` 去執行 NAT 操作。

圖 4.24 描繪出 `nf_nat_fn()` 的函數呼叫圖。`nf_nat_fn()` 函數從 `sk_buff` 獲得連接的追蹤資訊（`nfcta` 和 `nfctinfo`）。如果 `nfctinfo` 是 `IP_CT_NEW` 而且 NAT 尚未被初始化，在 `LOCAL_In` 還沒有鍊（chain），也就是 NAT 規則還沒有被設立時，`alloc_null_binding()` 將會被呼叫；否則的話，`nf_nat_rule_find()` 將會被呼叫。這兩個函數都會呼叫 `nf_nat_setup_info()` 去執行封包的網路位址轉換。在 `nf_nat_setup_info()` 裡，`get_unique_tuple()` 會被呼叫以便取得一個元組（tuple）形式的轉換結果。如果本身是一個來源 NAT 的話，它會呼叫 `find_appropriate_src()` 去搜尋 `ipv4.nat_bysource` 雜湊表。如果搜尋失敗，它會呼叫 `find_best_ips_proto()` 替這個轉換取得

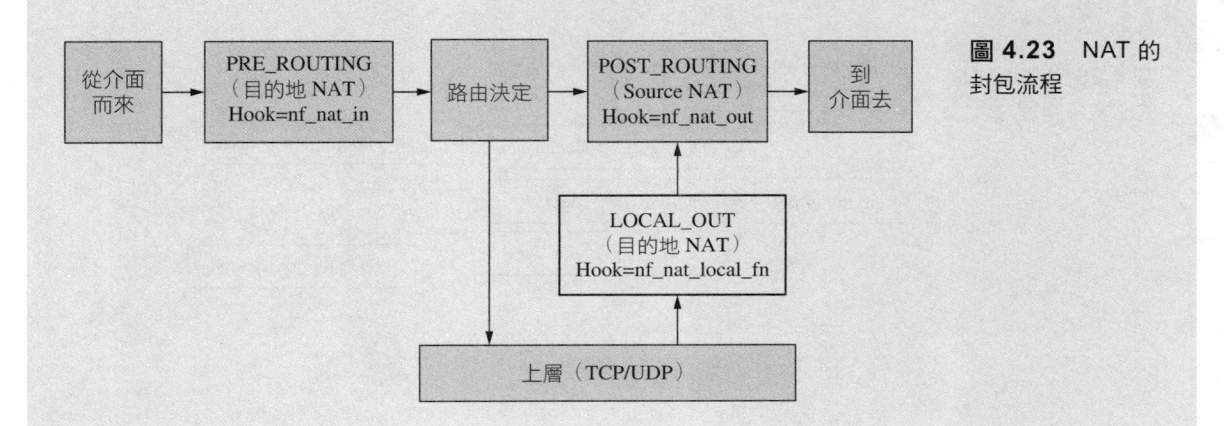

圖 4.23 NAT 的封包流程

```
從介面     PRE_ROUTING              POST_ROUTING          到
而來   →  （目的地 NAT）  → 路由決定 → （Source NAT）   → 介面去
          Hook=nf_nat_in            Hook=nf_nat_out
                                          ↑
                                          │
                                    LOCAL_OUT
                                   （目的地 NAT）
                                   Hook=nf_nat_local_fn
                                          ↑
                                    上層（TCP/UDP）
```

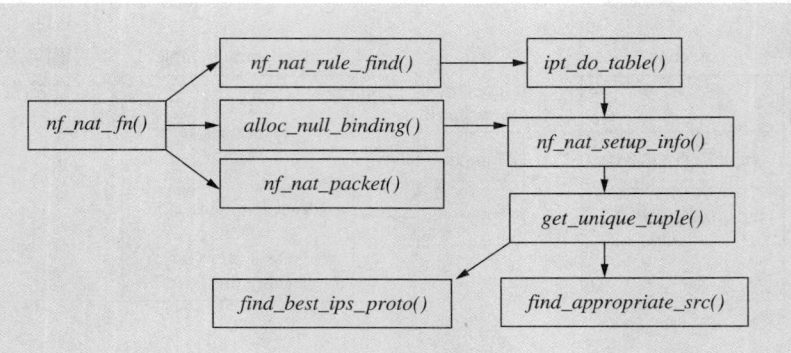

圖 4.24 NAT 的 Linux 實作的函數呼叫圖

```
nf_nat_fn() → nf_nat_rule_find() → ipt_do_table()
           → alloc_null_binding() → nf_nat_setup_info()
           → nf_nat_packet()       ↓
                                  get_unique_tuple()
                                  ↓            ↓
                          find_best_ips_proto()  find_appropriate_src()
```

一個新的元組。

在上述的 IP 層轉換被執行完畢之後，傳輸層的 NAT 函數會被呼叫。ALG 函數會被呼叫以作為輔助函數。舉例來說，FTP ALG 的輔助函數是 `nf_nat_ftp()`。圖 4.25 顯示在 Linux 核心 2.6 版 FTP ALG 實作的函數呼叫圖。透過 mangle 陣列，如果封包含有 PORT 或 PASV 指令，`mangle_rfc959_packet()` 會被呼叫；如果封包含有 EPRT 指令（IPv6 版本的 PORT 指令），`mangle_eprt_packet()` 會被呼叫；如果封包含有 EPSV 指令，`mangle_epsv_packet()` 會被呼叫。它們全部都會呼叫 `nf_nat_mangle_tcp_packet()` 去處理 NAT 必須提供給 TCP 的變更，例如序列號碼和校驗和的重新計算。

讓我們拿 ICMP 做為一個 NAPT 的例子。函數 `icmp_manip_pkt()` 是被用來修改 ICMP 訊息的校驗和及查詢辨識碼。在使用者指定的範圍內，`icmp_unique_tuple()` 會線性搜尋這個範圍來找出一個獨一無二的查詢辨識碼。ICMP 和 IP 的校驗和則會被 `inet_proto_csum_replace4()` 重新計算，而該函數又會呼叫 `csum_partial()` 去執行實際的校驗和調整。`csum_partial()` 是以組合語言來製作而成，以求獲得更快的執行速度。

練習題

追蹤 `adjust_tcp_sequence()` 這個函數，並且解釋當封包因為位址轉換而被修改時，它是如何調整 TCP 封包的序列號碼。

圖 4.25 FTP ALG 的函數呼叫圖

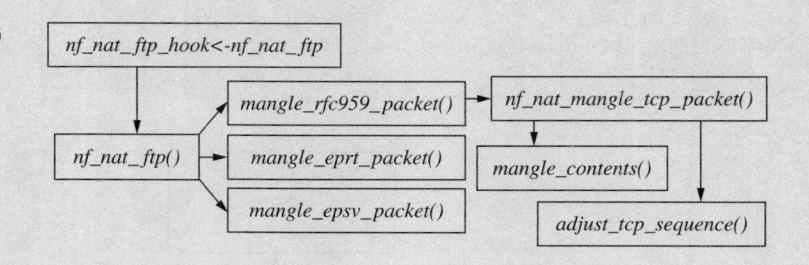

```
nf_nat_ftp_hook<-nf_nat_ftp
        ↓
   nf_nat_ftp() → mangle_rfc959_packet() → nf_nat_mangle_tcp_packet()
               → mangle_eprt_packet()   → mangle_contents()
               → mangle_epsv_packet()   → adjust_tcp_sequence()
```

效能專欄：NAT 之執行和其他機制所花費的 CPU 時間

雖然在 Linux 核心的 NAT 實作也運用雜湊函數，它的執行時間比封包轉發的查表函數的執行時間還要更久。這背後有兩個原因。在圖 4.23，一個封包可能要先通過目的地 NAT，然後再通過來源 NAT，每個都會引發雜湊表的查詢。另一個原因是除了 IP 位址和埠號碼的轉換之外，額外的 ALG 輔助函數也必須被呼叫。圖 4.26 畫出一個有 64 位元組酬載的 ICMP 封包在一個 2.33 GHz CPU 上轉發（有使用快取和使用 FIB 兩種，分別標示為「Routing cache」和「Routing FIB」）、NAT、防火牆和 VPN（有加密和認證兩種，分別標示為「3DES」和「HMAC-MD5」）的延遲時間。雖然 NAT 消耗的 CPU 時間大約和防火牆消耗的時間相等，而且比轉發所消耗的更多，NAT 的延遲時間比加密和認證所引起的延遲時間還要短得非常多。顯然，就以上的功能模組而論，它們需要硬體加速的急迫性排名應該是：加密、認證、NAT、防火牆以及轉發。就處理量低於 100 Mbps 的功能模組，只有加密和認證肯定需要硬體的解決方案；3DES 和 HMAC-MD5 在 Linux 核心的軟體實作分別可以達到大約 73 Mbps 和 85 Mbps 的處理量。可是那些動輒有數十億位元處理量的功能模組，它們全都需要採用硬體加速器。

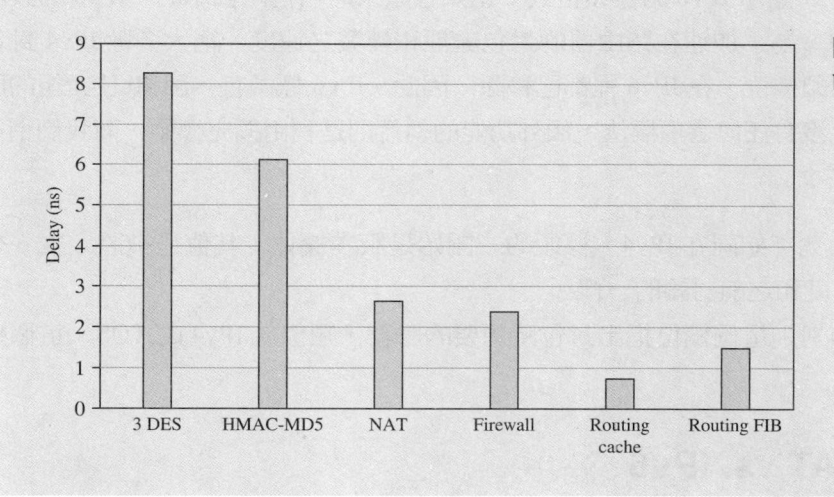

圖 4.26 重要網路功能的延遲時間

4.3 網際網路協定第 6 版

網際網路協定目前的版本遭遇到好幾個問題，而其中最為人所知的問題是 32 位元 IP 位址空間的耗竭。考慮到現在網際網路的成長趨勢以及 IP 位址空間的使用效率不彰，專家預計在 2011 年，世界將會用完目前尚未分配的 IANA IPv4 位址空間。在 1991 年，IETF 徵求新版本 IP 的設計提案，也就是 IP 新世代（IP Next Generation, IPng）。IETF 收到很多提案，而獲選的是簡單網際網路協定加強版

（Simple Internet Protocol Plus, SIPP）。原來提案中所建議的位址尺寸是 64 位元，但 IETP IPng 理事會稍後把位址尺寸加倍成 128 位元。由於第 5 版已經被指派給某個實驗性質的協定使用，因此指派給這個新的網際網路協定的正式版本號碼是第 6 版，也就是 IPv6。IPv6 被認為是解決 IPv4 位址耗竭的長期解決方案。

有許多新的功能被認為要放在 IPv6 裡支援。首先，位址尺寸被擴充到 128 位元。其次，為了加速在路由器的封包處理速度，IPv6 採用了固定長度的標頭格式。服務品質的支援也被考慮在內，其方法是在標頭裡包含一個流標籤（flow label）。此外，還有一種新的位址類型叫做**任一傳播（anycast）**，而它是被提出用來傳送封包給一群主機裡的任何一台主機（通常 anycast 是被用來傳送封包給一個子網內任何一台可抵達的路由器）。IPv6 也支援自動設定（autoconfiguration），和 DHCP 的功能很類似。最後，IPv6 使用擴充標頭（extension header）來支援分割、安全、增強路由等選項。

4.3.1　IPv6 的標頭格式

圖 4.27 顯示 IPv6 的標頭格式。正如它原來的名稱所表示的，IPv6 的設計原則十分簡單。為了加速在路由器的封包處理和轉發之速度，絕大多數 IPv4 封包沒使用到的標頭欄位，在 IPv6 裡都已移除。因此，IPv6 標頭有一個 40 位元組的固定長度，並且沒有任何選項欄位。額外功能的執行則是利用擴充標頭，而我們稍後再來討論這點。

- **版本編號**：如同在 IPv4，標頭的一開始是版本欄位，其值是被設定成 6 來代表 IPv6，就和之前討論的一樣。
- **訊流類別**：這個欄位指出封包所想要的服務，類似於 IPv4 的 TOS。這個欄位被

歷史演進：NAT vs. IPv6

　　NAT 和 IPv6 兩者都試著解決 IPv4 位址短缺的問題。很明顯地，在 2010 年此刻，由於 NAT 對於目前網際網路的相容性，所以 NAT 是被採用的解決方案。網際網路的歷史告訴我們，科技進化比革命性的劇變更受到青睞。從 IPv4 轉變到 IPv6 就像革命一樣，它需要修改所有在終端使用者的裝置和路由器之類的網路裝置裡的軟體。另一方面，使用 NAT 就如同科技進化一般，它只需要在某些短缺 IPv4 公用位址的子網來部署 NAT 伺服器。然而，當我們著手處理 IPv4 未配置位址的竭盡問題時，除了採用 IPv6 的科技革命之外，似乎也沒有其他更好的方法。迄今為止，這仍然是一個值得商榷的未定議題。

第 4 章　網際網路協定層

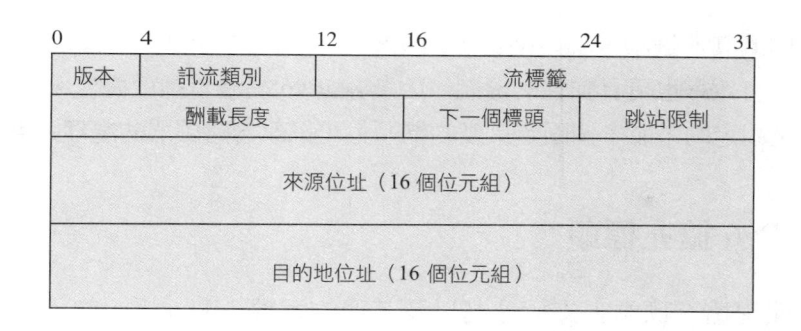

```
 0       4           12       16              24           31
┌─────┬─────────┬──────────────────────────────────┐
│版本 │訊流類別 │           流標籤                 │
├─────┴─────────┴──────────┬───────────┬──────────┤
│     酬載長度              │下一個標頭 │跳站限制  │
├───────────────────────────┴───────────┴──────────┤
│         來源位址（16 個位元組）                    │
├───────────────────────────────────────────────────┤
│         目的地位址（16 個位元組）                  │
└───────────────────────────────────────────────────┘
```

圖 4.27　IPv6 標頭格式

用來區分不同的封包所想要的服務類別。舉例來說，在差別服務（DiffServ）的架構裡，這個欄位的前 6 位元被用來作為 DS 代碼位置點 [RFC 2472]。

- 流標籤：這個欄位是意圖被用來指出屬於同一條流的封包，以便於提供差別式的服務品質。舉例來說，一個音訊串流的封包肯定想要很低的傳輸延遲和抖動，因此它們可以被看待成同一條流。然而，尚未有很明確的具體方法告訴我們如何去定義一條流。因此，一條流可以是一條 TCP 連接或是一個來源-目的地之配對，可是常見的作法則是認定擁有相同的來源 IP 位址、目的地 IP 位址、來源埠號碼、目的地埠號碼以及傳輸層協定的封包都屬於同一條流。很明顯地，根據這個定義，同一條 TCP 連接的封包就形成了一條流。

- 酬載長度：16 位元的酬載長度欄位指出，除掉 40 個位元組的標頭之後，以位元組為單位的封包長度。因此，最大酬載長度是 65535 個位元組。

- 下一個標頭：這個欄位指出上層的協定或下一個擴充標頭。它被用來代替 IPv4 裡的協定欄位以及選項欄位。如果沒有特殊選項的話，下一個標頭會指出在 IPv6 上運行的上層協定，例如 TCP 或 UDP。如果需要像分割、安全以及增強路由等特殊選項的話，IPv6 標頭的後面會接著一或數個擴充標頭，而下一個標頭之欄位會指出擴充標頭的類型。

- 跳站限制：這個欄位等同於 IPv4 裡的存活時間（TTL）。IPv6 把它的名稱更正為跳站限制，並且其使用就如同 IPv4 裡的 TTL 一樣。

- 來源和目的地位址：最後，標頭是以來源和目的地 IP 位址來結束，而每個長度為 128 位元。在 IPv6 裡有三種位址，其分別是單點傳播、任一傳播以及多點傳播。我們稍後會對它們做詳細的描述。

細心的讀者可能注意到，有好幾個 IPv4 裡的標頭欄位已經不被 IPv6 的標頭所用。首先，再也沒有校驗和了。從 IPv6 標頭裡拿掉校驗和有兩個很好的理由：一個像 TCP 之類的高層協定就能夠提供可靠性，而且這樣做也可以避免在中繼的路由器重新計算校驗和。其次，分割旗標和偏移量也不存在了，因為 IPv6 不允許在中繼的路由器執行分割。相同地，這麼做也是為了減輕路由器的處理負載。分割和例來源路由的其他選項，現在則是由擴充標頭來處理；和 IPv4 比較起來，擴充標頭是一個更有效率也更具彈性的機制。因為在 IPv6 裡沒有選項欄位，所以 IPv6 標頭的長度是固定的，而一個固定長度的標頭也可以改善路由器的處理速度。

4.3.2　IPv6 擴充標頭

IPv6 使用擴充標頭來支援分割以及其他的選項。IPv6 標頭的下一個標頭欄位則指出尾隨在 IPv6 標頭後面的擴充標頭的類型。每一個擴充標頭也都有一個下一個標頭欄位來指出尾隨在它後面的擴充標頭或上層協定標頭的類型。圖 4.28 是三個使用擴充標頭的範例。範例 (a) 是最常見的例子，其中 IPv6 標頭的後面接著 TCP 標頭。在這個例子裡，IPv6 標頭的下一個標頭欄位的值是 6，而這就代表 TCP 的協定辨識碼（protocol id）。如果想要增強路由，可以使用路由標頭（routing header），如圖 4.28(b) 所示。在這個範例裡，IPv6 標頭的下一個標頭欄位的值是 43，其中的 43 表示有一個路由標頭尾隨在 IPv6 標頭的後面，而路由標頭的下一個標頭欄位的值是 6。很類似的，如果需要的是路由選項和分割，擴充標頭的順序就如同圖 4.28(c) 所示的一樣。路由標頭的下一個標頭欄位的值是 6，代表著下一個標頭是分割標頭。

RFC 2460 推薦了數個處理擴充標頭的規則。首先，擴充標頭的順序應該要按照表 4.1 來排放。雖然，如 RFC 2460 所述，IPv6 節點必須接受並且嘗試去處理以任何順序排放的擴充標頭，可是它強烈建議 IPv6 封包的來源要遵循推薦的順序。尤其是逐站跳接選項（Hop-by-Hop Options）標頭更是被限制只能夠立刻出現在 IPv6 標頭之後，因為路由途徑上的所有中繼路由器都會處理這個標頭。其次，擴充標頭的處理順序必須嚴格地按照它們出現在封包的順序，因為每一個擴充標頭的

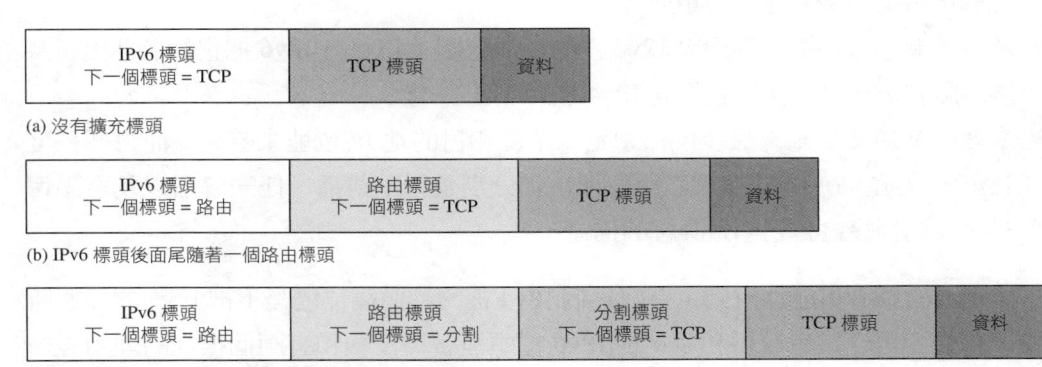

| IPv6 標頭
下一個標頭 = TCP | TCP 標頭 | 資料 |

(a) 沒有擴充標頭

| IPv6 標頭
下一個標頭 = 路由 | 路由標頭
下一個標頭 = TCP | TCP 標頭 | 資料 |

(b) IPv6 標頭後面尾隨著一個路由標頭

| IPv6 標頭
下一個標頭 = 路由 | 路由標頭
下一個標頭 = 分割 | 分割標頭
下一個標頭 = TCP | TCP 標頭 | 資料 |

(c) IPv6 標頭後面尾隨著一個路由標頭和一個分割標頭

圖 4.28　IPv6 擴充標頭之範例

表 4.1　IPv6 擴充標頭的順序

基本 IPv6 標頭
逐站跳接選項標頭（0）
目的地選項標頭（60）
路由標頭（43）
分割片段標頭（44）
認證標頭（51）
封裝安全酬載標頭（50）
目的地選項標頭（60）
移動性標頭（135）
沒有下一個標頭（59）
上層標頭：TCP（6）、UDP（17）、ICMPv6（58）

內容和語意會決定是否要繼續處理下一個標頭。第三，除了逐站跳接選項標頭之外，中繼路由器（並非目的地節點）不應該去處理其他的擴充標頭。最後，每個擴充標頭最多只能出現一次，但是目的地選項（Destination Options）標頭除外，因為它最多可以出現兩次（一次在路由標頭之前，而一次在上層標頭之前）。

4.3.3　IPv6 裡的封包分割

IPv6 裡的封包分割和 IPv4 裡的封包分割兩者稍微有些不同。首先，為了簡化路由器的封包處理，IPv6 不允許路由器執行封包分割。也就是說，封包分割只能由來源節點來執行。其次，分割的相關資訊，例如更多分割片段之位元和分割偏移量等，乃是由一個被稱作分割標頭（fragment header）的擴充標頭來攜帶，而非由 IPv6 標頭來攜帶。圖 4.29 顯示出分割標頭的格式。下一個標頭欄位指出下一個標頭的類型。分割偏移量以及更多分割片段之位元（途中的 M 位元）的使用方法，和 IPv4 的一樣。圖 4.30 顯示一個範例，範例中有一個大封包被分割成三個小的分割片段。圖中的前兩個分割片段裡的更多分割片段之位元被設定為 1。分割偏移量仍然是以 8 位元組為計算單位。

然而，還有一個問題尚未得到澄清：既然 IPv6 不允許中繼路由器執行封包分割，那麼一個來源節點又如何能夠得知路由途徑的 MTU 以便按照 MTU 來執行封包分割呢？有兩種方法來解決這個問題。第一，在 IPv6 網路裡，每一條鏈結都必須要有 1280 位元組以上的 MTU。因此，來源節點永遠可以假設每一條路由途徑的 MTU 是 1280 個位元組，並且把封包分割成 1280 個位元組以下的分割片段。其次，來源節點可以執行路徑 MTU 探索協定（Path MTU Discovery, RFC 1981）去找出一條路徑的 MTU。RFC 2460 強烈建議 IPv6 主機需要有路徑 MTU 探索協定，以便能有效地利用大於 1280 個位元組的路徑 MTU。

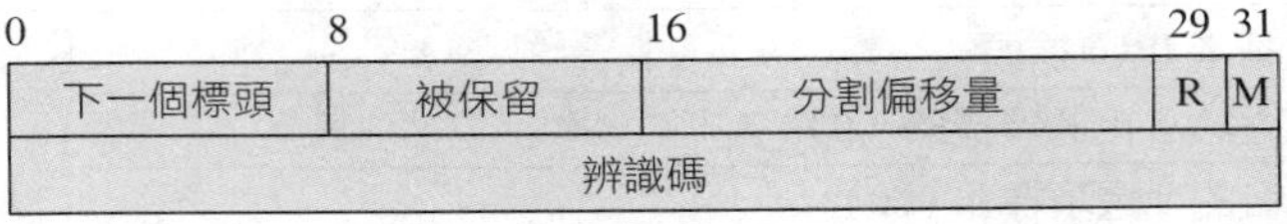

圖 4.29　分割標頭

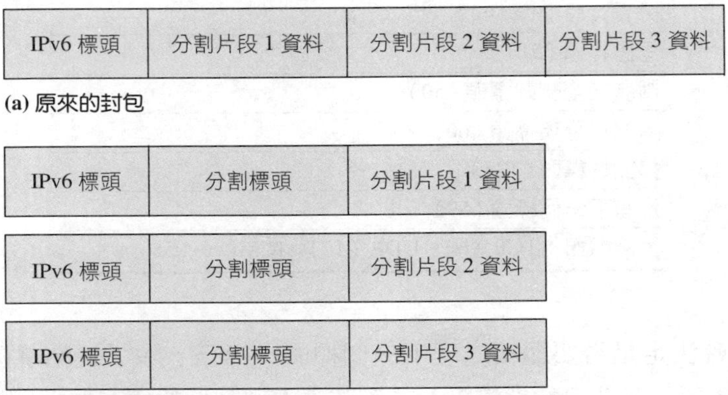

下一個標頭	被保留	分割偏移量	R	M
辨識碼				

0　　　　　　8　　　　　　16　　　　　　　　　29　31

圖 4.30　IPv6 封包分割的範例

| IPv6 標頭 | 分割片段 1 資料 | 分割片段 2 資料 | 分割片段 3 資料 |

(a) 原來的封包

| IPv6 標頭 | 分割標頭 | 分割片段 1 資料 |

| IPv6 標頭 | 分割標頭 | 分割片段 2 資料 |

| IPv6 標頭 | 分割標頭 | 分割片段 3 資料 |

(b) 分割後的片段

4.3.4　IPv6 位址表示法

由於 IPv6 位址的長度很長，IPv4 所使用的點分十進制表示法並不適合用來表示 IPv6 的位址。IPv6 位址所採用的是冒號十六進制表示法，它的格式為「X:X:X:X:X:X:X:X」，其中的「X」代表著 IPv6 位址中一部分 16 位元的十六進制代碼。下面是一個冒號十六進制表示法的範例：

3FFD:3600:0000:0000:0302:B3FF:FE3C: C0DB

冒號十六進制表示法仍然相當長，而且在大多數情況下，它是由大量連續的零所組成。因此，零壓縮（zero compression）表示法被提議出來，其方法乃是使用一對冒號來代表一連串連續的零。舉例來說，上面的位址可以被重新改寫成：

3FFD:3600::0302:B3FF:FE3C: C0DB

4.3.5　IPv6 位址空間的分配

和 IPv4 不同，IPv6 並沒有將位址分類。在 IPv6 裡，字首被用來指出 IPv6 位址的不同用途。IPv6 字首用途的最新定義是在 RFC 4291：IP 第 6 版定址結構（IP Version 6 Addressing Architecture）。表 4.2 顯示目前 IPv6 字首的配置以及配置給特定字首的 IPv6 位址空間的比例，而這個比例指的是字首佔據的 IPv6 位址空間在整

表 4.2　IPv6 位址的字首分配

字首	位址類型	比例
0000::/8	被保留	1/256
0100::/8	尚未被分配出去	1/256
0200::/7	尚未被分配出去	1/128
0400::/6	尚未被分配出去	1/64
0800::/5	尚未被分配出去	1/32
1000::/4	尚未被分配出去	1/16
2000::/3	全球單點傳播位址	1/8
4000::/3	尚未被分配出去	1/8
6000::/3	尚未被分配出去	1/8
8000::/3	尚未被分配出去	1/8
A000::/3	尚未被分配出去	1/8
C000::/3	尚未被分配出去	1/8
E000::/4	尚未被分配出去	1/16
F000::/5	尚未被分配出去	1/32
F800::/6	尚未被分配出去	1/64
FC00::/7	特定區域單點傳播	1/128
FE00::/9	尚未被分配出去	1/512
FE80::/10	鏈結區域單點傳播位址	1/1024
FEC0::/10	尚未被分配出去	1/1024
FF00::/8	多點傳播位址	1/256

個 IPv6 位址空間中所佔的比例。我們可以從表 4.2 觀察到大部分的位址皆尚未被分配出去——目前僅有 15% 的 IPv6 位址空間已經被分配。

有三種類型的 IP 位址：單點傳播、多點傳播、任一傳播。有一些值得注意的單點傳播位址包括 IPv4 相容位址（IPv4 compatible address，字首為 00000000）、**全球單點傳播位址（Global Unicast Address）**、以及**鏈結區域單點傳播位址（Link Local Unicast Address）**。一個多點傳播位址是以字首「11111111」開始。最後，任一傳播位址有一個子網字首（subnet prefix）後面接著一定數量的零，類似於 IPv4 子網位址的格式。一個群組的節點（路由器）可能共用一個任一傳播之位址。被送往一個任一傳播之位址的封包，它應該被傳遞給該群組之中正好一個成員，通常是最接近的一個節點。

以字首 00000000 開始的位址被保留，作為提供 IPv4 相容性之用。有兩種方法可以把 IPv4 位址編碼在 IPv6 位址裡。一台運行 IPv6 軟體的電腦主機可以被指派一個 IPv4 相容（IPv4-compatible）的 IPv6 位址，其開始為 96 個位元 0，而後面再接著 32 位元的 IPv4 位址。舉例來說，140.123.101.160 的 IPv4 相容的 IPv6 位址就是 0000:0000:0000:0000:0000:0000:8C7B:65A0，也可以被改寫成 ::8C7B:65A0。一台無法了解 IPv6 的傳統 IPv4 電腦則會被指派一個 IPv6 位址，其開始為 80 個位元 0，然後 16 個位元 1，而後面再接著 32 位元的 IPv4 位址；這種位址被稱為 IPv4 映射的 IPv6 位址（IPv4-mapped IPv6 address）。舉例來說，140.123.101.160 的 IPv6 不相容位址（IPv6 non-compatible address）或 IPv4 映射的 IPv6 位址便是 ::FFFF:8C7B:65A0。

有兩個特殊位址也是以字首 00000000 開始。所有位元皆為零的位址就是一個單點傳播未指定的位址（unicast unspecified address），該位址是被一台主機在執行啟動程序（bootstrap procedure）時所使用。被使用於區域測試的回送位址（loopback address）是 ::1。

IPv6 允許數個位址被指派給一個介面。因此，一個介面可能會同時擁有一個以上的全球單點傳播位址和鏈結區域單點傳播位址。鏈結區域位址並不具有全球唯一性，所以它被用來定址單一一條鏈結以供自動位址設定和鄰居節點探索之用。鏈結區域位址包含了一個「1111111010」之字首，而後面接著 56 個位元，然後再接一個 64 位元的介面辨識碼（interface id）。我們可以把硬體位址編碼成介面辨識碼，比方說 EUI-64 格式就是一個例子。

圖 4.31 顯示 IPv6 全球單點傳播位址的一般格式。為了支援路由和位址匯集（address aggregation），全球路由字首通常是有階層的結構。此外，除了以二進制 000 開始的位址之外，全部其他的全球單點傳播位址都擁有一個 64 位元的介面辨識碼欄位。如表 4.2 所示，目前尚未被分配出去的全球單點傳播位址，其字首為 2000::/3。截至 2009 年 11 月，IANA 總共分配了 36 個字首給 RIR 機構（RIPE、APNIC、ARIN、LACNIC、AfriNIC 等）。最新的 IPv6 單點傳播位址的字首分配在可以在下列的網址找到：

http://www.iana.org/assignments/ipv6-unicast-address-assignments

IPv6 多點傳播位址是以字首 11111111 開始，如圖 4.32 所示。和 IPv4 依賴 TTL 來控制多點傳播的範圍的作法不同，IPv6 多點傳播位址含有一個範圍（scope）欄位來指出多點傳播的範圍；IPv6 支援五種多點傳播的範圍：節點-區域（node-local）、鏈結-區域（link-local）、網站-區域（site-local）、組織-區域（organization-local）和全域（global）。它也有一個旗標欄位，其中有一個 T 位元可以指出多點傳播位址是否只是一個暫時的位址（T = 1）或是一個知名（well-known）的位址（以便提供持續性的多點傳播服務）。

n 個位元	m 個位元	128-n-m 個位元
全球路由字首	子網辨識碼	介面辨識碼

圖 4.31 IPv6 全球單點傳播位址的格式

8	4	4	112	位元
1111111	旗標	範圍	群組辨識碼	

圖 4.32 IPv6 多點傳播位址的格式

旗標：0RPT
T = 0：知名多點傳播位址
T = 1：暫時的多點傳播位址
P：位址的指派是否根據字首
　　（RFC 3306）
R：是否嵌入交會點之位址
　　（RFC 3956）

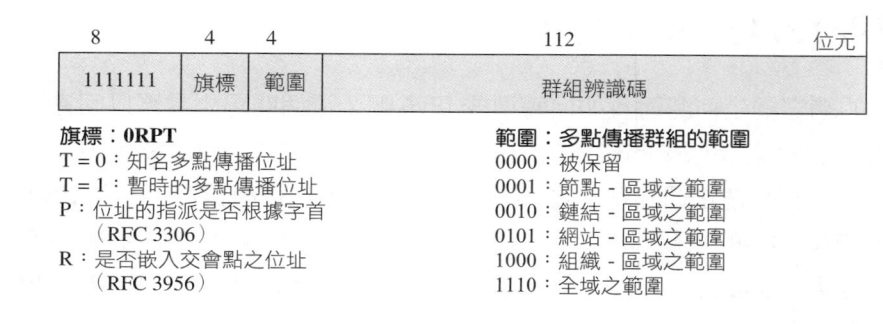

範圍：多點傳播群組的範圍
0000：被保留
0001：節點 - 區域之範圍
0010：鏈結 - 區域之範圍
0101：網站 - 區域之範圍
1000：組織 - 區域之範圍
1110：全域之範圍

有些多點傳播位址已保留給特殊用途。舉例來說，FF02:0:0:0:0:0:0:2 被用來傳達訊息給同一個實體網路裡所有的路由器。表 4.3 顯示出被保留的多點傳播位址的實例。

4.3.6　自動設定

IPv6 的其中一個特殊功能就是有支援自動設定（autoconfiguration）。不同於 DHCP 在每一個網路裡都需要一台 DHCP 伺服器或是一台轉接代理，IPv6 支援無需伺服器的自動設定。一台主機首先會產生一個唯一的鏈結區域位址。64 位元的介面辨識碼包含了鏈結區域位址的低階位元，而它可以從獨一無二的硬體位址被編碼製作而成，就如同之前所描述的一樣。然後主機使用這個鏈結區域位址來送出一個路由器邀請訊息（router solicitation message，屬於一種 ICMP 訊息）。一旦接收到請求訊息，路由器會回覆一個路由器廣告訊息（router advertisement message），其中含有網路 - 區域或全域位址的字首。接下來，主機就能夠使用該字首來設定它的網路 - 區域或全域位址。

表 4.3 被保留的 IPv6 多點傳播位址

範圍	被保留的位址	用途
節點 - 區域	FF01:0:0:0:0:0:0:1	所有的節點位址
	FF01:0:0:0:0:0:0:2	所有的路由器位址
鏈結 - 區域	FF02:0:0:0:0:0:0:1	所有的節點位址
	FF02:0:0:0:0:0:0:2	所有的路由器位址
	FF02:0:0:0:0:1:FFxx:xxxx	被請求的節點位址
網站 - 區域	FF05:0:0:0:0:0:0:2	所有的節點位址
	FF05:0:0:0:0:0:0:3	所有的 DHCP 伺服器位址

4.3.7 從 IPv4 到 IPv6 的轉型

目前的網際網是何時而且如何轉型成 IPv6 呢？這個問題相當難以回答，因為新版本的 IP 意味著新版本的網路軟體，況且也不可能要求網際網路裡所有的主機在特定某一天同時把它們的軟體更換成最新的版本。在這種情況下，當 IPv4 相容的主機和 IPv6 相容的主機同時存在的時候，網際網路該如何運作呢？RFC 1933 裡提出兩種方法：**雙堆疊（dual-stack）**和**穿越隧道（tunneling，簡稱穿隧）**。稍後，另一種協定轉換器的方法被提出來解決 IPv6 轉型的問題。

雙堆疊的作法是讓一台主機（或路由器）同時運行 IPv6 以及 IPv4。考慮一種情況，其中有一個子網是由 IPv4 相容之主機和 IPv6 相容之主機所混合組成。一台 IPv6 主機可以同時運行 IPv6 以及 IPv4，而如此一來，它就可以使用 IPv4 封包和 IPv4 相容之主機通訊，並且使用 IPv6 封包和 IPv6 相容之主機通訊。另外一個例子就是讓一個純 IPv6 網路的子網路由器去同時運行 IPv6 以及 IPv4 協定。從子網產生的 IPv6 封包在離開網路的時候，路由器會把它轉換成 IPv4 封包。另一方面，路由器接收到的 IPv4 封包在被轉發給目的地之前，路由器會把它轉換成 IPv6 封包。注意到一點，由於 IPv4 和 IPv6 協定並非完全相容，這種轉換可能會導致一些資訊的損失。

另一種方法是 IP 穿隧（IP tunneling），也就是一種把 IP 封包封裝在另一個 IP 封包的酬載欄位裡的過程。一條隧道（tunnel）可以被建立在寄件方和接收方之間或在兩台路由器之間。在第一種情況，寄件方和接收方都和 IPv6 相容，可是它們之間的路由器則否。因此，寄件方可以把 IPv6 封包封裝在 IPv4 封包裡並且把 Pv4 封包的目的地位址設定為接收方的位址。接下來，這個 IPv4 封包就像 IPv4 網路裡普通的 IPv4 封包一樣被轉發出去，而最後就到達了接收方。如果寄件方知道接收方的 IPv4 和 IPv6 位址，IPv4 相容的 IPv6 位址（IPv4-compatible IPv6 address）就可以被使用。一條隧道也可以被建立在兩台路由器之間。考慮一個案例，有兩個純 IPv6 網路被一個 IPv4 骨幹網路連接起來。子網所產生的 IPv6 封包會被封裝在 IPv4 封包裡，而 IPv4 封包的目的地則被設定為接收方的路由器。當這個 IPv4 封包到達了接收方的路由器時，路由器會認出它其實是一個封裝過的封包，接著路由器會把嵌入在裡面的 IPv6 封包取出，然後將它轉發給接收方。有許多 IP 穿隧的提案已經被提出，包括設定穿隧和自動穿隧等。RFC 3053 提出的隧道掮客（tunnel broker）能夠幫助使用者設定雙向的隧道。正如 RFC 3056 裡所描述的，有一種叫作 6to4 的特殊位址字首，它能夠幫助 IPv6 網域的連接穿過 IPv4 網路。6to4 遭遇到的一個問題就是 IPv4 NAT 後面的主機要連接到 IPv6 主機，而 RFC 4380 裡定義的 Teredo 是解決該問題的一種方案。另一種自動穿隧的機制叫作內部網站自動穿隧定址協定（Intra-Site Automatic Tunneling Addressing Protocol, ISATAP），其定義是在 RFC 5214 裡。它的目的是透過一個 IPv4 網路來連接 IPv6 主機和路由器。

另一種可能的方法是協定轉換器。當協定轉換器幫純 IPv4 主機和純 IPv6 主機傳達封包給對方時，它會把封包從一個協定傳成另一個協定。協定轉換需要在 IPv4 和 IPv6 網路之間放置一個閘道器，或是在協定堆疊內放置一個中介軟體，以負責 IPv4 和 IPv6 之間協定及位址的轉換。已經提出的解決方案包括 SIIT（RFC 2765）、NAT-PT（RFC 2766、4966）、BIS（RFC 2767）以及 BIA（RFC 3338）。這些轉換機制也需要 DNS 擴充功能來支援 IPv6，而這部分是被定義在 RFC 3596 裡。

4.4 控制層面協定：位址管理

在這一節裡，我們會談論兩種 IP 位址的管理機制。在第 4.4.1 節，我們會檢視用來轉換網際網路協定層（第 3 層）位址和鏈結層（第 2 層）位址的位址解析協定。在第 4.4.2 節，我們會討論用來提供動態和自動 IP 位址設定的動態主機設定協定。

4.4.1 位址解析協定

記得之前提過，當一台主機想要送封包給一個目的地的時候，該主機首先會判斷目的地是否位於同一個 IP 子網裡。如果是的話，主機會透過鏈結層直接將封包傳遞給目的地；否則的話，主機也會透過鏈結層把封包傳送給一台路由器來轉發。問題是，既然 IP 位址是在 IP 層使用而硬體（MAC）位址（例如 48 位元的乙太網路位址）是被用於鏈結層，則主機如何能夠使用封包標頭裡的目的地 IP 位址來獲得目的地或路由器的 MAC 位址呢？因此，我們需要一種位址解析協定來把 IP 位址轉換成相對的 MAC 位址。

一般來說，有兩種方法可以實現位址解析：使用或者不用伺服器。如果有一台位址解析伺服器，所有的主機就可以傳送註冊訊息給這台伺服器，如此一來伺服器便知道所有主機的 IP 位址到 MAC 位址的映射。當一台主機需要送出封包給同一子網內的另一台主機（或路由器）時，它就可以詢問伺服器。為了避免在每一台主機都要手動設定位址解析伺服器的參數，主機可以廣播註冊訊息。這種方法的缺點是在每個 IP 子網內都需要一台位址解析伺服器。**位址解析協定（address resolution protocol, ARP）** 為網際網路所採用，它使用的是另一種不用伺服器的方法。當一台主機需要查詢目的地的 MAC 位址時，它會廣播一個 ARP 請求（ARP request）訊息。當收到請求時，目的地會以一個 ARP 回覆（ARP reply）訊息來回覆。因為 ARP 請求包含寄件方的 IP 位址和 MAC 位址，目的地可以使用單點傳播來送出 ARP 回覆。如果每次一個 IP 封包要被送出去時都跑一遍 APR 的話，會非常欠缺效率。因此，每台主機會維持一個（IP 位址, MAC 位址）配對的快取表；這樣一來，如果可以在快取裡找到映射的話，就不需要執行 ARP 了。另一方面，ARP 採用軟性狀態的方法，也就是說，它允許主機動態地改變它的 IP 位址或 MAC 位址（比方說，改變網路介面卡）。在 ARP 快取表裡，每一個項目都和一個計時器綁在一起，而計時器超時的項目將會被丟棄。因為 ARP 請求是一種廣播訊息，所有主機都可以接收到它並且可以看到寄件方的 IP 位址和 MAC 位址；它「好的」副作用就是：寄件方相關的快取項目都可以被廣播訊息更新。

在一些特殊的情況，我們可能需要一個從 MAC 位址到 IP 位址的反向映射，稱之為反向 ARP 協定。舉例來說，一台沒有硬碟的工作站知道自己的 MAC 位址，但是它可能需要從一台伺服器獲得自己的 IP 位址之後，才能夠使用這個 IP 位址去**存取網路檔案系統（nework file system, NFS）**，或者重新得到一個作業系統的影像去開機。接下來，我們將看到 ARP 也會支援反向 ARP 請求和回覆的操作。

ARP 封包格式

ARP 協定是一種用來轉換網路層和鏈結層位址的普遍協定。圖 4.33 顯示 ARP 封包的格式。位址類型和位址長度等欄位讓 ARP 可以被各種不同的網路層和鏈結層協定所使用。硬體位址類型和協定位址類型分別指出哪種協定是被鏈結層和網路層所使用。最常見的硬體位址類型是乙太網路，而它的代碼值是 1；IP 協定的類型則是 0x0800。位址類型欄位的後面接著兩個長度欄位：硬體位址長度和協定位址長度。乙太網路和 IP 的值分別為 6 和 4。操作代碼（operation code）則指出 ARP 訊息的操作。共有四種操作代碼：請求 (1)、回覆 (2)、RARP 請求 (3)，以及 RARP 回覆 (4)。接下來的兩個欄位是寄件方的鏈結層位址和 IP 位址。最後兩個欄位是接收方的鏈結層位址和 IP 位址。在一個 ARP 請求訊息裡，寄件方會把**目標硬體位址（Target Hardware Address）**欄位填滿位元零，因為它還不知道接收方的硬體位址。

圖 **4.33** ARP 封包格式

0	8	16	24	31
硬體位址類型			協定位址類型	
硬體位址長度	協定位址長度	操作代碼		
傳送方硬體位址（0-3）				
傳送方硬體位址（4-5）		傳送方協定位址（0-1）		
傳送方協定位址（2-3）		目標硬體位址（0-1）		
目標硬體位址（2-5）				
目標協定位址				

開放源碼之實作 4.6：ARP

總覽

實作 ARP 協定需要一個 ARP 快取表以及負責送出和接收 ARP 封包的函數。在 `src/net/ipv4/arp.c` 裡可以找到 ARP 大部分的程式源碼。

資料結構

最重要的資料結構是 `arp_tbl`，其維持了大部分 ARP 所使用的重要參數。`arp_tbl` 被定義為 `struct neigh_table`，而它是由 `hash_buckets` 項目所構成，以保存鄰居節點資訊的 ARP 快取。

```
struct neigh_table
{
    struct neigh_table          *next;
    int                         family;
    int                         entry_size;
    int                         key_len;
    __u32 (*hash)(const void *pkey, const struct net_device *);
    int (                       *constructor)(struct neighbour *);
    int                         (*pconstructor)(struct pneigh_entry *);
    void                        (*pdestructor)(struct pneigh_entry *);
    void                        (*proxy_redo)(struct sk_buff *skb);
    char                        *id;
    struct neigh_parms          parms;
    int                         gc_interval;
    int                         gc_thresh1;
    int                         gc_thresh2;
    int                         gc_thresh3;
    unsigned long               last_flush;
    struct timer_list           gc_timer;
    struct timer_list           proxy_timer;
    struct sk_buff_head         proxy_queue;
    atomic_t                    entries;
    rwlock_t                    lock;
    unsigned long               last_rand;
```

```
            struct kmem_cache              *kmem_cachep;
            struct neigh_statistics        *stats;
            struct neighbour               **hash_buckets;
            unsigned int                   hash_mask;
            __u32                          hash_rnd;
            unsigned int                   hash_chain_gc;
            struct pneigh_entry            **phash_buckets;
        };
```

方塊流程圖

傳送和接收 ARP 封包分別是由 `arp_send()` 和 `arp_rcv()` 所處理。圖 4.34 顯示出 `arp_send()` 和 `arp_rcv()` 的函數呼叫圖。`arp_send()` 呼叫 `arp_create()` 去產生一個 ARP 封包，然後呼叫 `arp_xmit()`，其接著呼叫 `dev_queue_xmit()` 去送出 ARP 封包。當一個 ARP 封包被接收到時，`arp_process()` 會被呼叫去照著規則去處理封包。`arp_process()` 裡會呼叫 `__niegh_lookp()`，而後者會使用來源 IP 位址作為雜湊鍵值來搜尋 `hash_buckets`。

演算法之實作

`arp_process()` 的工作是在收到要給本地主機的請求時，或是收到要給本地主機所代理的另一台主機的請求時，送出 ARP 回覆；或是在本地主機送出一個請求給另一台主機之後，處理對方送回來的 ARP 回覆。如果是後者情況，ARP 表裡對應到回覆訊息的來源節點的項目就會被更新。在 `arp_process()` 裡，這個更新的實作是先呼叫 `__niegh_lookp()` 去找出 ARP 表裡相關的項目。然後它再呼叫 `neigh_update()` 去更新該項目的狀態。

練習題

`__neigh_lookup()` 是常用來實作雜湊桶（hash bucket）的一種函數。

1. 使用一個免費的文字搜尋或是交叉參考（cross reference）工具來找出哪些函數有呼叫 `__neigh_lookup()`。

2. 追蹤 `__neigh_lookup()`，並且解釋如何在雜湊桶裡查找出一個項目。

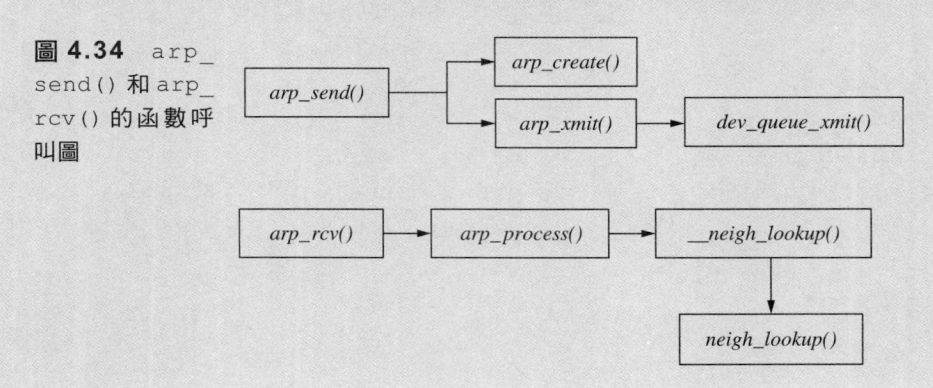

圖 4.34 `arp_send()` 和 `arp_rcv()` 的函數呼叫圖

因為 ARP 和 IP（以及其他網路層協定）是被攜帶在鏈結層訊框的酬載裡，在鏈結層標頭裡需要有不同網路層協定的封包多工和解多工地控制資訊。舉例來說，乙太網路有一個長 2 位元組的類型欄位來指出上層的協定。IP 和 ARP 兩者的協定辨識碼並不相同，分別是 0x0800 和 0x0806。在乙太網路，要廣播一個 ARP 請求訊息的話，就在 ARP 封包的目的地位址欄位填入 0xFFFFFFFFFFFF。

4.4.2 動態主機設定

從第 4.2 節，我們可以觀察到，如同我們經常幫辦公室電腦所做的，每一台主機需要正確地設定一個 IP 位址、子網遮罩以及預設路由器。〔我們也需要在主機設定好關於網域名稱伺服器的參數，而我們將會在第 6 章討論這個議題。〕對於新使用者而言，這種設定過程完全不具任何意義，而且它通常會變成網路管理員的工作負擔。因此，網路層參數的錯誤設定其實每天都在發生，而這一點都不會令人訝異。很不幸的是，和乙太網卡的 MAC 位址不同，這些參數無法在電腦的製造階段就被設定好，因為 IP 位址是有階層性的結構。總之，一種自動設定的方法是必要的。IETF 提出了動態主機設定協定，以便解決自動設定的問題。

一般而言，DHCP 遵循著客戶-伺服器之模式。一台主機扮演著客戶端的角色，送出它的請求給 DHCP 伺服器，而伺服器會回覆設定資訊給客戶端的主機。擴充性仍然是在客戶-伺服器模式的設計上最主要的議題。首先，一台主機如何才能夠聯絡到 DHCP 伺服器？一個簡單的方法是在每個 IP 子網內都設有一台 DHCP 伺服器，並且讓每個 DHCP 客戶端在它的子網內廣播它的請求。然而，這樣做會產生太多的 DHCP 伺服器。為了解決這個問題，每個沒有 DHCP 的子網裡會使用轉接代理。一台轉接代理會把 DHCP 請求訊息轉發給一台 DHCP 伺服器，然後把從伺服器而來的回覆給送還給客戶端的主機。

把 IP 位址指派給一台主機有數種方法。靜態設定的方法會把一個特定的 IP 位址映射到一個特定的主機，舉例來說，利用 MAC 位址來辨識每一台主機。這種方法的優點是網路比較容易管理，因為每一台主機都有一個獨一無二的 IP 位址。DHCP 只是幫忙去自動設定每台主機的 IP 位址。在使用靜態設定的情況下，當發生網路安全問題的時候，要追蹤哪台主機擁有某特定 IP 位址其實就和手動設定的情況一樣簡單。然而，當子網內主機的數量超過子網所擁有合法 IP 位址的數量時，我們需要另一種方法，也就是動態設定，以自動適應情況的方式來指派 IP 位址給需要使用 IP 位址的主機。在這種方法裡，DHCP 伺服器是被設定有一池子的 IP 位址群，而它會在客戶端主機有要求時才把 IP 位址指派給客戶端主機。當一台主機要求一個 IP 位址時，DHCP 伺服器會從池子中選出一個尚未被指派出去的 IP 位址，然後把選出的 IP 位址指派給主機。這個方法還有一種更複雜的使用方式，就是允許每台主機在 IP 位址請求裡寫下它所偏好的 IP 位址，這通常是它上一次被指派的 IP 位址，而如果這個主機所偏好的 IP 位址還沒有被指派出去的話，DHCP 伺服器就會把這個位址指派給主機。為了避免閒置的主機佔用 IP 位址太久，伺服器是以租借的方式，只在一段有限的時間內把一個 IP 位址出租給一台主機。在它的 IP 位址的租約到期之前，主機需要再一次請求租用 IP 位址；當然，目前使用中的 IP 位址將會是主機所偏好的位址。

DHCP 的運作

圖 4.35 顯示詳細的 DHCP 程序。當一台主機剛開始啟動時，它會廣播一個 DHCPDISCOVER 訊息，而該訊息是裝在一個埠號碼為 67 的 UDP 封包裡。所有接收到訊息的 DHCP 伺服器會以 UDP 埠號碼 68 送回給客戶端一個 DHCPOFFER 訊息。如果有很多台伺服器回覆的話，客戶端會從中選出一台，並且送回一個 DHCPREQUEST 訊息給提供服務的伺服器。如果一切進行順利的話，伺服器會回覆一個 DHCPACK 訊息。在這個時候，客戶端會先以伺服器所提供的 IP 位址以及其他資訊來設定好參數。客戶端在租約更新計時器到期之前（該計時器之期限通常是被設定為租約到期時間的一半），必須要再一次送出一個 DHCPREQUEST 訊息。如果在租約重新綁約時間（lease rebinding time）之前還沒有收到 DHCPACK 訊息的話，客戶端會再次送出一個 DHCPREQUEST 訊息。如果客戶端收到的是 DHCPNACK 訊息或是租約期限計時器到期的話，客戶端會放棄它的 IP 位址。

圖 4.36 顯示 DHCP 的封包格式 [RFC 2131]，其乃源自於 BOOTP。（BOOTP 起初是被設計用來讓沒有硬碟的工作站能夠自動開機的設定。）硬體類型指出鏈結層

圖 4.35 DHCP 的狀態圖

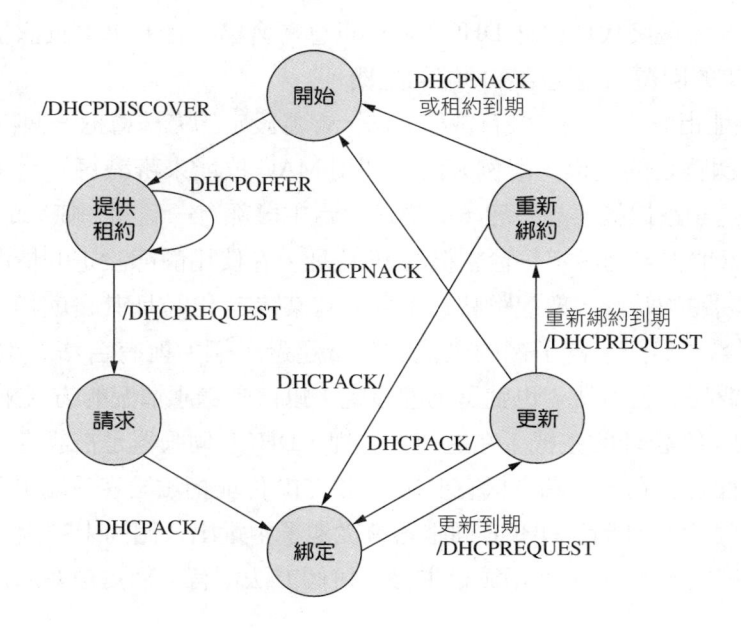

圖 4.36　DHCP 封包格式

0	8	16	24	31
操作代碼	硬體類型	硬體位址長度	跳站次數	

交易 ID

| 秒 | B | 旗標 |

| 客戶端 IP 位址 |
| 你的 IP 位址 |
| 伺服器 IP 位址 |
| 路由器 IP 位址 |
| 客戶端硬體位址（16 位元組） |
| 伺服器主機名稱（64 位元組） |
| 開機檔案名稱（128 位元組） |
| 選項（可變動） |

的協定，而硬體長度是以位元組為單位的鏈結層位址長度。跳站次數欄位會被客戶端設定為零，並且在封包通過一台轉接代理時，跳站次數就會被增加1。如果客戶端想要使用廣播位址而非硬體單點傳播位址來接收回覆，旗標裡的 B 位元會被設立。有些欄位雖然被 BOOTP 使用，但是卻沒有被 DHCP 使用。選項欄位是被用來攜帶額外的資訊，像是子網遮罩。一個封包內可以攜帶一個以上的選項。選項欄位一開始是一個長 4 位元組的 magic cookie「0x63825363」，後面接著就是一連串的選項。

　　每一個選項的格式，如圖 4.37 所示，是由一個 3 位元組的標頭再接著以位元組為單位的資料所組成。3 位元組的標頭包括一位元組的代碼、一位元組的長度，以及一位元組的類型欄位。為了能夠傳達不同類型的 DHCP 訊息，代碼值會被設定為 53，而類型欄位的值指出所傳送的是哪種訊息，如表 4.4 所示。舉例來說，一個 DHCP DISCOVER 訊息是被編碼成 code = 53、length = 1、type = 1。

　　對於每一種 DHCP 訊息，額外的選項會被包裝成 code-length-type 的格式，並且被附加在訊息的尾端。舉例來說，DHCP DISCOVER 訊息可能使用 code 50 來指定想要的 IP 位址。在這種情況下，選項有 code = 50、length = 4、type = 想要的 IP 位址。

0	8	16	23
代碼（53）	長度（1）	類型（1–7）	

圖 4.37　DHCP 選項欄位的標頭

表 4.4　DHCP 訊息的類型

類型	DHCP 訊息
1	DHCPDISCOVER
2	DHCPOFFER
3	DHCPREQUEST
4	DHCPDECLINE
5	DHCPACK
6	DHCPNACK
7	DHCPRELEASE

以下是一些經常使用的選項 [RFC 2132]：

代碼：	0	填補選項
代碼：	1	子網遮罩
代碼：	3	路由器
代碼：	6	網路名稱伺服器
代碼：	12	主機名稱
代碼：	15	網域名稱
代碼：	17	啟動路徑
代碼：	26	介面 MTU
代碼：	40	NIS 網域名稱
代碼：	50	被請求的 IP 位址（DHCPDISCOVER）
代碼：	51	IP 位址租約時間
代碼：	53	訊息類型
代碼：	54	伺器辨識碼
代碼：	55	參數請求之清單
代碼：	56	錯誤訊息
代碼：	57	最大 DHCP 訊息的尺寸
代碼：	58	更新（T1）時間之值
代碼：	59	重新綁約（T2）時間之值
代碼：	60	供應商類別的辨識碼
代碼：	61	客戶端辨識碼
代碼：	255	結束選項

圖 4.38 顯示一個 DHCP OFFER 訊息的選項欄位例子。

圖 **4.38** 一個 DHCP OFFER 訊息的例子

```
0                8                16               24               31
┌────────────────┬────────────────┬────────────────┬────────────────┐
│  操作 = 0x02   │  硬體 = 0x01   │  長度 = 0x06   │  跳站 = 0x00   │
├────────────────┴────────────────┴────────────────┴────────────────┤
│                    交易 ID = 0x3981691221                          │
├─────────────────────────────┬─┬────────────────────────────────────┤
│         秒數 = 0            │B│         旗標 = 0x0000              │
├─────────────────────────────┴─┴────────────────────────────────────┤
│                    客戶端 IP 位址 = 0x0000                         │
├────────────────────────────────────────────────────────────────────┤
│                    你的 IP 位址 = 192.168.1.2                      │
├────────────────────────────────────────────────────────────────────┤
│                    伺服器 IP 位址 = 0x0000                         │
├────────────────────────────────────────────────────────────────────┤
│                    路由器 IP 位址 = 0x0000                         │
├────────────────────────────────────────────────────────────────────┤
│           客戶端硬體位址 = 00:00:39:1c:86:2a                       │
├────────────────────────────────────────────────────────────────────┤
│       伺服器主機名稱／啟動檔案名稱 = 192 位元組個零                │
├────────────────────────────────────────────────────────────────────┤
│ 選項：                                                             │
│ Magic Cookie = 0x63825363                                          │
│ 訊息類型 DHCP 選項                                                 │
│     代碼：53；長度：1；訊息類型：2（提供租約）                     │
│ 伺服器辨識碼 DHCP 選項                                             │
│     代碼：54；長度：4；位址：192.168.1.1                           │
│ IP 位址租約時間 DHCP 選項                                          │
│     代碼：51；長度：4；值：4294967295                              │
│ 子網遮罩 DHCP 選項                                                 │
│     代碼：1；長度：4；位址：255.255.255.0                          │
│ 路由器 DHCP 選項                                                   │
│     代碼：3；長度：4；位址：192.168.101.3                          │
│ 網域名稱伺服器 DHCP 選項                                           │
│     代碼：6；長度：4；位址：192.168.1.100                          │
│ DHCP 選項結束                                                      │
│     代碼：255；                                                    │
└────────────────────────────────────────────────────────────────────┘
```

開放源碼之實作 4.7：DHCP

總覽

DHCP 是被實作為 BOOTP 協定的修改版。資訊是被攜帶在選項欄位裡，其一開始是 magic cookie「0x63825363」。在驗證過這個 magic cookie 之後，DHCP 訊息會被依照 RFC 2132 定義的選項代碼來加以處理。

資料結構

BOOTP/DHCP 協定的資料結構是 `src/net/ipv4/ipconfig.c` 裡的 `struct bootp_pkt`。

```
struct bootp_pkt {                      /* BOOTP 封包格式 */
    struct iphdr iph;                   /* IP 標頭 */
    struct udphdr udph;                 /* UDP 標頭 */
    u8 op;                              /* 1= 請求，2= 回覆 */
    u8 htype;                           /* 硬體位址類型 */
    u8 hlen;                            /* 硬體位址長度 */
    u8 hops;                            /* 只會被閘道器使用 */
    __be32 xid;                         /* 交易 ID */
    __be16 secs;                        /* 自從客戶端開始請求的秒數 */
    __be16 flags;                       /* 旗標 */
    __be32 client_ip;                   /* 客戶端的 IP 位址，如果知道的話 */
    __be32 your_ip;                     /* 被指派的 IP 位址 */
    __be32 server_ip;                   /* (下一個，例如 NFS) 伺服器的 IP 位址 */
    __be32 relay_ip;                    /* BOOTP 中繼的 IP 位址 */
    u8 hw_addr[16];                     /* 客戶端的硬體位址 */
    u8 serv_name[64];                   /* 伺服器主機名稱 */
    u8 boot_file[128];                  /* 啟動檔案的名稱 */
    u8 exten[312];                      /* DHCP 選項 /BOOTP 供應商之擴充 */
};
```

演算法之實作

如果自動設定被定義好了，`ip_auto_config()` 會被呼叫，而之前定義的協定（RARP、BOOTP 或 DHCP）將會被用來設定主機的 IP 位址和其他的參數。如圖 4.39 所示，`ip_auto_config()` 呼叫 `ic_bootp_send_if()`；如果已經知道 DHCP 伺服器的 IP 位址的話，`ic_bootp_send_if()` 會送出 DHCPREQUEST 訊息給 DHCP 伺服器，否則它會廣播 DHCPDISCOVER 訊息。這些 DHCP 訊息的選項，例如對子網遮罩和預設閘道器的請求，是由 `ic_dhcp_init_options()` 函數所設定。一台 DHCP 客戶端在使用其所請求的 IP 位址之前，需要先等待一個 DHCPACK，請看 `ic_dynamic()`。

一個被接收到的 DHCP 訊息是由 `ic_bootp_recv()` 函數來處理。在目前的實作裡只有 DHCPOFFER 和 DHCPACK 訊息會被處理。額外的設定資訊是由 `ic_do_bootp_ext()` 來處

圖 4.39 DHCP 開放源碼之實作的函數呼叫圖

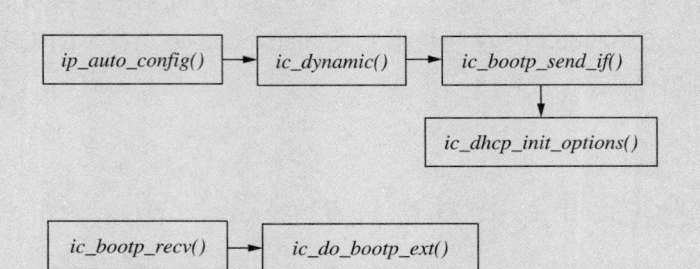

理，目前只有代碼 1（子網遮罩）、3（預設閘道器）、6（DNS 伺服器）、12（主機名稱）、15（網域名稱）、17（根之路徑，即 root path）、26（介面 MTU）、42（NIS 網域名稱）會被處理。注意到一點，額外的設定資訊永遠是 DHCP 訊息的最後一部分，並且是以位元組「0xFF」作為結束（見圖 4.38 的例子）。

練習題

1. 追蹤 `ic_bootp_recv()`，並且解釋 DHCP 訊息的選項欄位是如何被處理。
2. 在 RFC 2132 之後有許多新的 DHCP 選項被定義。以 RFC 5417 作為例子，請閱讀這份 RFC，並了解有哪些選項已經被定義。

4.5 控制層面協定：錯誤回報

在網際網路裡，錯誤可能經常會發生。舉例來說，一個封包可能由於 TTL 等於零或由於無法到達的目的地等原因而無法被進一步轉發出去。還記得你往往會在網頁瀏覽器上看到一個錯誤訊息，說伺服器可能已經關閉。網際網路可以用不同的方式處理錯誤——它可以只忽視錯誤並且安靜地丟掉出錯的封包。然而，為了偵錯、管理、追蹤網路狀態等緣故，將錯誤回報給來源節點或中繼路由器是一個比較好的解決方案。**網際網路控制訊息協定（Internet Control Message Protocol, ICMP）** 主要是被設計用來把路由器或主機所找到的錯誤，回報給來源節點。它也能夠被用作資訊報告。

4.5.1 ICMP 協定

ICMP 用於回報 TCP/IP 協定的錯誤以及一台主機／路由器的狀態。在大多數情況下，ICMP 是被實作成 IP 的一部分。雖然它是一個在 IP 層的控制協定，ICMP 訊息是由 IP 封包攜帶，也就是如圖 4.40 所示，ICMP 是在 IP 層的上方。因此，ICMP 對於 IP 來說就好像一個上層協定一樣。一個 ICMP 訊息是被裝在 IP 封包的

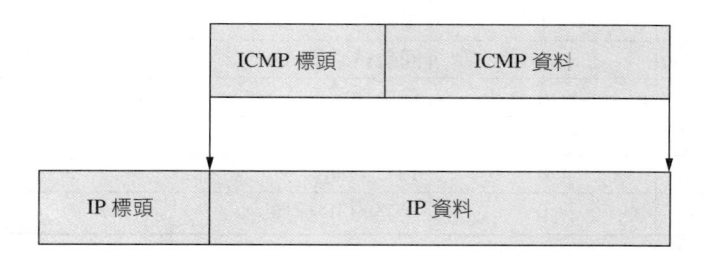

圖 4.40 在 IP 之上的 ICMP

酬載裡攜帶，而由於多工和解多工的緣故，封包標頭裡的上層協定 id 會被設定為 1。ICMP 訊息是由兩部分組成：標頭和資料。標頭有一個類型和一個代碼欄位，如圖 4.41 所示。一個 ICMP 酬載可能包含給資訊報告用的控制資料，或包含出錯 IP 封包的標頭和部分酬載以供錯誤回報之用。(在 RFC 792 裡，引起錯誤的資料包的前 8 個位元組會被回報；在 RFC 1122 裡，可能會有超過 8 個位元組被回報；在 RFC 1812 裡，在 ICMP 資料包的長度沒有超過 576 個位元組的情況下，一台路由器應該在 ICMP 酬載裡盡可能回報更多有關原來資料包的訊息。) 有不同的語意格式被定義給不同類型的 ICMP 訊息來使用。

表 4.5 顯示一份經常使用的 ICMP 訊息的類別和代碼的名單。其中有四個資訊訊息，也就是回聲回覆 (echo reply) 與請求、路由器廣告、探索；其餘的則是錯誤訊息。要讓一個來源能得知一個目的地是否還存活著，它可以送出一個**回聲請求 (echo request)** 訊息給目的地。一旦收到回聲請求時，目的地會以一個回聲回覆

圖 **4.41** ICMP 封包格式

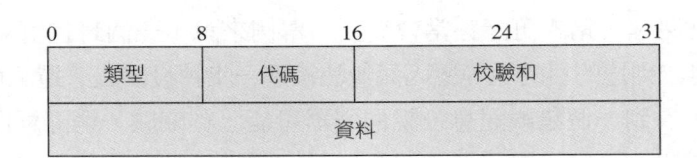

0	8	16	24	31
類型	代碼	校驗和		
資料					

表 **4.5** IPv4 使用的 ICMP 的類型和代碼

類型	代碼	描述
0	0	回聲回覆 (ping)
3	0	目的地網路無法到達
3	1	目的地主機無法到達
3	2	目的地協定無法到達
3	3	目的地埠無法到達
3	4	分割乃必須的而 DF 已被設立
3	5	來源路由失效
3	6	目的地網路不明
3	7	目的地主機不明
4	0	來源抑制 (壅塞控制)
5	0	重新導向 (目的地網路)
5	1	重新導向 (主機)
8	0	回聲請求 (ping)
9	0	路由途徑廣告
10	0	路由器探索
11	0	TTL 到期
12	0	錯誤的 IP 標頭

訊息來回應。這兩種訊息的酬載都包含一個 16 位元的辨識碼和一個 16 位元的序號，而這樣做的話，來源就能夠比對回覆是對應到哪個請求，如同圖 4.42 所示。著名的偵錯工具 ping 就是使用 ICMP 回聲請求和回聲回覆訊息所製作出來的。

在 ICMP 錯誤訊息中，類型 3 的目的地無法到達（destination unreachable, type 3）是被用來回報各式各樣無法到達的原因，例如網路、主機或埠無法到達。然而，類型 3 訊息的代碼 4 是被用來回報一種錯誤，就是在一台中繼路由器需要執行分割（由於 MTU 的緣故），但是在 IP 標頭裡的不要分割（do not fragment）之位元卻被設立。類型 4 和類型 5 的訊息在實際上很少被用到。來源抑制（source quench）訊息（類型 4）是被設計用在封包導致緩衝區溢位的時候（由於壅塞的緣故），讓一台路由器能夠送出一個錯誤訊息給來源節點。當接收到一個來源抑制訊息的時候，來源應該要減低它的傳送速度。對於一個擁有兩台以上路由器的 IP 子網，重新導向（redirect）訊息（類型 5）是被用來通知主機有另外一條更好的路由途徑可以通往目的地。通常，更好的路由途徑是把封包送給同一子網裡的另一台路由器。類型的訊息是被用來回報 IP 標頭裡的錯誤，比方說像是無效的 IP 標頭、錯誤的選項欄位等。

當路由器把 IP 封包的 TTL 減去一之後，如果 IP 封包的 TTL 變成零，則類型 11 的時間已超過（time exceeded）訊息會被送給封包的來源主機。這種類型的訊息尤其令人感興趣，因為 traceroute 程式使用它來追蹤從一台來源主機到一個目的地的路由途徑。traceroute 程式會按照以下的程序把一序列的 ICMP 訊息傳送給目的地。首先，它會送出一個 TTL = 1 的 ICMP 回聲請求到目標機器。當通往目的地的路由途徑上的第一台路由器接收到這個訊息時，它會回覆一個時間已超過的 ICMP 錯誤訊息，因為 TTL 在減去一之後會變成零。一旦接收到時間已超過之訊息，traceroute 程式接著會送出另一個 TTL = 2 的回聲請求給目的地。這一次，訊息會通過第一台路由器，但是會被第二台路由器丟棄掉，然後第二台路由器會把另一個時間已超過之訊息送回給來源。traceroute 程式會重複地送出 ICMP 回聲訊息但是每一次都會遞增訊息的 TTL 之值，一直到它接收到從目的地寄來的一個回聲回覆才停止。每一次 traceroute 程式接收到一個時間已超過之訊息，它會從中學習到存在於路由途徑上的一個新的路由器。(注意，大多數 traceroute 程式在每一個 TTL 的值會送出三個回聲請求的訊息，並且記錄路由器回覆的反應時間。)

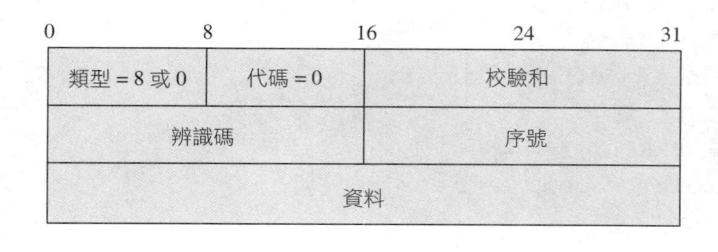

0	8	16	24	31
類型 = 8 或 0	代碼 = 0	校驗和			
辨識碼		序號		
資料				

圖 4.42 ICMP 回聲請求以及回覆的訊息格式

開放源碼之實作 4.8：ICMP

總覽

　　當一個封包無法被轉發出去或是當某些 ICMP 服務請求（例如說回聲請求）被接收到的時候，一個 ICMP 訊息會被送出。如果是屬於前者的情況，在封包轉發的過程中，例如 `ip_forward()` 或 `ip_route_input_slow()`，會有一個 ICMP 訊息被送出去。如果是屬於後者的情況，會有一個 ICMP 訊息從鏈結層被接收進來，然後 `icmp_rcv()` 會被呼叫去處理這個訊息的服務請求。

資料結構

　　為了用不同的處理常式去處理不同類型的 ICMP 訊息，有一個 `icmp_pointers[]` 表被用來儲存 ICMP 處理常式的指標（見 `src/net/ipv4/icmp.c`）。舉例來說，`icmp_unreach()` 是被用於類型 3、4、11 和 12；`icmp_redirect()` 被用於類型 5；`icmp_echo()` 被用於類型 8；`icmp_timestamp()` 被用於類型 13；`icmp_address()` 被用於類型 17；`icmp_address_reply()` 被用於類型 18；以及 `icmp_discard()` 被用於其他類型。`icmp_pointers[]` 表設立的資料結構如下：

```
static const struct icmp_control icmp_pointers[NR_
ICMP_TYPES + 1] = {
...
    [ICMP_REDIRECT] = {
        .handler = icmp_redirect,
        .error = 1,
    },
...
    [ICMP_ECHO] = {
        .handler = icmp_echo,
    },
...
    [ICMP_TIMESTAMP] = {
        .handler = icmp_timestamp,
    },
...
    [ICMP_ADDRESS] = {
        .handler = icmp_address,
    },
    [ICMP_ADDRESSREPLY] = {
        .handler = icmp_address_reply,
```

        },
    };

演算法之實作

圖 4.43 顯示出傳送和接收 ICMP 訊息的函數呼叫圖。當一個 IP 封包要被轉發出去的時候，`ip_forward()` 會被呼叫去處理該封包。如果這個封包沒有出錯的話，`ip_forward()` 會呼叫 `icmp_send()` 去把一個 ICMP 訊息送回給來源主機。`ip_forward()` 裡檢查封包的步驟的順序如下。首先，如果封包的 TTL 小於或等於 1，一個 ICMP 時間已超過的訊息會被送出去。其次，如果所要求的服務是嚴格的來源路由，但是從路由表獲得的下一個轉發站卻並非封包上指定的路由器，則一個 ICMP 目的地無法抵達的訊息就會被送出。第三，如果所需要的是路由途徑重新導向，`ip_rt_send_redirect()` 會被呼叫去重新導向封包，然後它會再呼叫 `icmp_send()` 去送出一個 ICMP 重新導向訊息。最後，如果封包的長度是大於介面的 MTU 而不要分割之位元卻又被設立，則一個 ICMP 目的地無法到達（代碼 =4, `ICMP_FRAG_NEEDED`）的訊息會被送出去。

還記得當一個被接收到的 IP 封包沒有符合儲存在快取裡的任何一條路由途徑的時候，該封包是由 `ip_route_input_slow()` 函數來處理。如果產生的路由表查詢返回的是 `RTN_UNREACHABLE`，`ip_error()` 會被呼叫，而它接著會調用 `icmp_send()` 去把一個 ICMP 目的地無法到達之訊息送回給來源。

最後，讓我們來檢視如何處理一個傳入的 ICMP 封包。當一個 ICMP 封包被接收到，網路介面卡的下半部中斷處理常式將會呼叫 `icmp_rcv()` 函數，而後者接著會根據 ICMP 訊息的類型欄位來呼叫一個恰當的 ICMP 類型處理常式。大多數 ICMP 類型會被 `icmp_unreach()` 函數所處理。除了檢查接收到的 ICMP 封包，如果錯誤處理常式已經被定義好了，`icmp_unreach()` 函數會將出錯的封包傳給恰當的上層協定。`icmp_echo()` 函數會處理被接收到的回聲請求；如果回聲請求的選項沒有被取消，一個回聲回覆的訊息會被返回給來源節點。

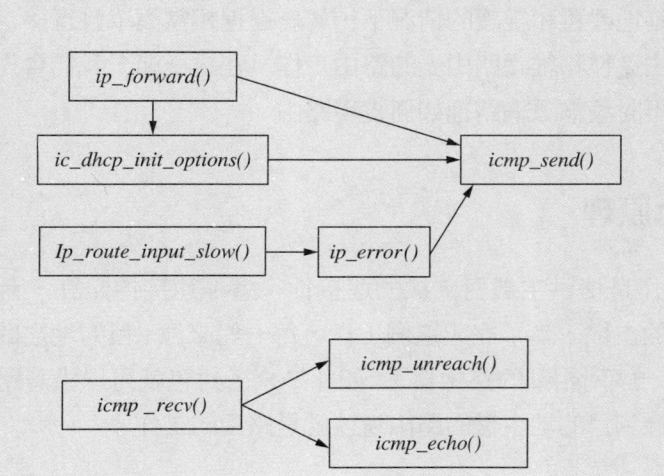

圖 4.43 傳送和接收一個 ICMP 訊息的函數呼叫圖

作為最後的一個備註，ICMPv6 函數是以類似的方式實作出來的（見 `src/net/ipv6/icmp.c`）。ICMP 訊息是由 `icmpv6_send()` 所送出，而 `icmpv6_rcv()` 會被呼叫去接收 ICMP 訊息。回聲請求訊息是由 `icmpv6_echo_reply()` 所回覆，而其他錯誤訊息，像封包太大、目的地無法到達、時間已超過以及參數問題等，則是由 `icmpv6_notify()` 來處理。如果錯誤處理常式已經被定義好，`icmpv6_notify()` 會把出錯封包傳給上層協定。鄰居節點探索是 IPv6 的一種新功能，而它是由五種訊息構成：路由器邀請、路由器廣告、鄰居節點邀請、鄰居節點廣告、路由途徑重新導向。一旦這些類型的訊息被接收到時，`ndisc_rcv()` 函數（見 `src/net/ipv6/ndisc.c`）就會被呼叫；然後根據訊息的類型，`ndisc_rcv()` 會切換到不同的函數。舉例來說，`ndisc_router_discovery()` 會被呼叫去處理路由器廣告之訊息。

練習題

寫出 traceroute 程式的虛擬程式碼，假設你可以呼叫核心內的 ICMP 函數。

有一組新的 ICMP 類型和代碼被定義出來，以供新世代的網際網路協定所使用，如表 4.6 所示。ICMPv6 的封包格式和 ICMPv4 一模一樣，但是 ICMPv6 類型欄位的值則是以一種更容易辨識的方式被定義出來；如此一來，所有錯誤訊息的類型的值都小於 127，而資訊訊息的類型的值都大於 127 但是小於 256。

4.6 控制層面協定：路由

在資料層面，我們已經看到一台路由器如何藉由查找它的路由表來轉發封包。在路由表被正確地建置和維護的情況下，轉發過程相當簡單且直接；然而，這全部取決於計算路由途徑和維護路由表的路由工作。在這一節，我們會先討論基本的路由原理，然後再討論網際網路裡如何實現路由。

4.6.1 路由原理

IP 層的工作是提供主機對主機的連接性。這種連接性允許一台主機送出封包到另一台遠端的主機。為了完成這個工作，每一對來源-目的地之間都必須建立一條路由途徑（一序列相鄰的路由器），如此一來，封包就可以沿著路由途徑傳送。找出從來源主機到目的地主機的路由途徑就是路由的工作。

表 4.6　ICMPv6 的類型和代碼

類型	代碼	描述
1	0	沒有通往目的地的路由途徑
1	1	和目的地的通訊是被管理政策所禁止
1	3	位址無法到達
1	4	埠無法到達
2	0	封包太大
3	0	在傳送途中，跳站限制已經超過
3	1	分割片段的重組時間已超過
4	0	遇到錯誤標頭欄位
4	1	下一個標頭的類型無法被辨識
4	2	遇到無法被辨識的 IPv6 選項
128	0	回聲請求
129	0	回聲回覆
130	0	多點傳播傾聽者查詢
131	0	多點傳播傾聽者回報
132	0	多點傳播傾聽者完成
133	0	路由器邀請
134	0	路由器廣告
135	0	鄰居節點邀請
136	0	鄰居節點廣告
137	0	重新導向

　　理想的路由機制之特性包括有效率、穩定、抗錯性佳、公平以及擴充性佳。因為網際網路採用封包交換，資源是共同分享的，而封包會先被儲存在路由器，然後再被路由器轉發。因此，路由的主要目標是有效的資源分享並同時維持很好的效能表現，例如低延遲時間和低封包遺失，而最佳的路由應該將資源利用率最大化，將封包延遲時間最小化，並且將封包遺失最小化。（注意，這些目標之間可能會互相衝突。）在網際網路裡，擴充性永遠是重要的。可擴充之路由包括一個供路由表使用的可擴充之資料結構、一個可擴充的路由資訊交換機制，以及一個可擴充之路由途徑計算的演算法。除此之外，在一條路徑裡不能形成任何的迴圈也是非常重要的，因為封包迴圈可能會浪費很多的頻寬並導致網路變得不穩定。由於網際網路內有大量的路由器，為了避免一條故障的鏈結或一台故障的路由器影響整個網路（即單點之失敗），具抗錯性的路由是必要的。最後，公平性也是一個令人想要的特性，因為節點應該被公平地對待。

　　有三種廣泛的路由類別：點對點、點對多點、多點對多點。第一類是指單點傳播之路由而其他兩類是指多點傳播路由。就單點傳播之傳輸而言，封包是從一個來源被傳送到一個目的地。如果是多點傳播之傳輸的話，可能有一台或更多台來源主機，而封包是從這些來源主機被傳送到一台以上的目的地主機。很明顯地，單點傳播路由和多點傳播路由非常不同。單點傳播路由是一個比較常見的情況，它是要找出一台來源主機和一台目的地主機之間的路由途徑。另一方面，多點傳播路由是要找出從一或多個來源通往多個目的地的多條路由途徑，而它們通常會形成一個被稱為多點傳播樹（multicast tree）的樹狀結構。在這一節我們會專注在單點傳播路由，至於多點傳播路由則留到下一節再談。

全域資訊或區域資訊

單點傳播路由協定和其他路由協定的差異在於其所使用的路由資訊的類型、路由資訊如何交換、以及如何決定路由途徑。一條路由途徑（route）的計算可以根據關於網路的全域（global，全部）資訊或區域（local，部分）資訊。如果可以獲得全域資訊，路由途徑之計算可以將網路內所有路由器和所有鏈結的狀態都納入考量；否則的話，路由途徑之計算只會考慮從鄰近的路由器和鏈結所得來的資訊。路由資訊必須於路由器之間交換，才能讓路由器可以獲得關於網路的全域或區域資訊。通常，全域資訊的獲得是透過一個可靠的廣播機制，而區域資訊的獲得可以藉由相鄰路由器之間彼此交換資訊。

對於如何決定一條路由途徑的議題，我們可以從數個方面來檢視。首先，一條路由途徑的決定可以是動態的或靜態的。靜態的路由表可以由網路管理員手動設定而成。然而，它無法適應動態的網路故障。因此，網際網路裡才會使用路由協定來動態地更新路由表。其次，決定一條路由途徑的演算法可以是集中式或分散式。集中式演算法需要全域資訊，而且它們可以被執行在一個中央伺服器或被分散於每台路由器來執行。網際網路裡有一些路由協定採用後者的方式以便獲得更好的抗錯性，其被稱為類似集中式（quasi-centralized）演算法。然而，有些網際網路路由協定則使用分散式演算法來決定路由途徑。最後，一條路由途徑可以由來源主機所計算出來，或是採用逐站決定的方式讓每一個中繼路由器來決定下一個轉發站。如果路由在每一站（每一台路由器）皆是單獨地被執行，則優先考量的會是類似集中式或分散式演算法。網際網路採用逐站跳接之路由演算法作為預設的路由機制，但它同時也支援來源路由作為一個選項。

何者才算是一條最佳路由途徑呢？不同的應用可能會有不同的標準。互動式（interactive）應用（例如 telnet）可能想要一條有最小延遲時間的路由途徑，而多媒體（multimedia）應用可能想要一條有充分頻寬、低延遲時間以及低抖動的路由途徑。傳統上，一條鏈結是和一個成本聯繫在一起，而該成本是被用來表示路由通過這條鏈結的適合程度。舉例來說，一條鏈結的成本可能反映出鏈結的延遲時間或是可用頻寬。因此路由問題就被塑造成一個圖形理論之問題，其中的節點代表著路由器，而邊則代表著鏈結。把一個網路轉換成一個圖形之後，路由問題就等同於最低成本路徑（least-cost path）之問題。有兩種類型的路由演算法在網際網路裡被用來解決最低成本路徑之問題：鏈結狀態路由（link-state routing）演算法和距離向量路由（distance vector routing）演算法。我們會詳細檢視這兩種類型的演算法。

逐站跳接路由的最佳化

讀者可能懷疑，如果路由在每台路由器都是單獨地被執行，我們如何能肯定封包會沿著最佳之路由途徑被轉發出去？有一個網際網路逐站跳接路由的最佳化原理（optimality principle）。那就是，如果 k 是在來源主機 s 通往目的地 d 的最佳路由途徑上的中繼節點，則在 s 通往 d 的最佳路由途徑上的 s 通往 k 的路由途徑也會是 s 通往 k 的最佳路由途徑。因此，每一台路由器可以簡單地相信它的鄰居節點，就是如果這個鄰居節點是通往一個遠端目的地的最佳路由途徑上的下一站，這個鄰居節點會知道如何沿著最佳路由途徑來轉發封包前往目的地。藉由最佳化之原則，每一台路由器本身可作為根，來建構一個涵蓋網路中其他全部路由器的最短路徑樹。

原理應用：最佳路由

在文獻中，一個圖形是被用來制訂路由問題。一個圖形 G = (N, E) 是由一組節點 N 和一組邊 E 所構成。對應到 IP 路由問題，圖形裡的一個節點代表著網際網路裡的一台路由器，而兩節點之間的一道邊代表著兩相鄰路由器之間的實體鏈結。圖 4.44 顯示這類圖形模型的例子。

還記得路由問題是要找出一個來源節點和一個目的地節點之間的一條路徑。很顯然地，在每一對來源-目的地節點之間有許多可供選擇的路徑。最佳路由是替每一個來源－目的地之配對去選擇出最好的路徑，可是到底什麼是最好的路徑呢？如何定義一條路徑的品質？在圖 4.44 顯示的圖形中，我們可以看到每一道邊都聯繫到一個成本。在圖形模型中，一條路徑的成本是被定義成在路徑上所有的邊的成本總和。藉著假設已經被給予邊的成本，最佳路由之問

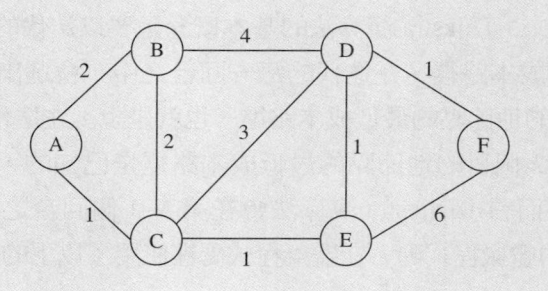

圖 4.44 路由途徑之計算的圖形模型

題就等同於找出最低成本的路徑。更進一步來說，如果圖形中所有的邊都擁有相同的成本，最低成本之路徑其實就等於最短之路徑。過去在 1950 年代的圖形理論文獻曾提出過許多著名的演算法，例如 Kruskal 的演算法、Dijkstra 的演算法等。這些演算法大多數實際上是要找出從一個來源節點到圖形中所有其他的節點的最短路徑，而這被稱為最短涵蓋樹（shortest spanning tree）或最小涵蓋樹（minimal spanning tree）。

很顯然地，如何定義邊的成本將決定「最低成本路徑」的品質以及意義。在某些路由協定中，比方說 RIP，所有的邊的成本都被設定為 1，而這樣的最低成本路徑就是最短路徑，也就是擁有最小跳站計數的路徑，也可以說是通過最少數量的路由器的路徑。最短路徑看起來是一個很合理的選擇，因為通過一台路由器會增加額外的處理、傳輸和佇列延遲。然而，每台路由器或許有不同的處理能力，而每條鏈結也會有不同的頻寬和訊流之負載。換句話說，它們的處理、傳輸和佇列延遲可能皆不相同。因此，某些路由協定，比方說 OSPF，就允許有多種的邊成本之定義，而每一種定義都牽涉到特定的服務品質之度量，比方說延遲時間、頻寬、可靠性、封包遺失。給每種 QoS 類型都支援一個路由表是有可能的。總結來說，縱然我們可以假設抽象的圖形模型中會給出邊的成本，但是如何定義邊的成本卻是決定最佳路徑（即最低成本路徑）品質的關鍵因素。

鏈結狀態路由

鏈結狀態路由需要全域資訊才能夠計算出最低成本之路徑。全域資訊指的是含有全部鏈結成本的網路拓樸，而獲得該資訊的方法是讓每一台路由器廣播相鄰的外送鏈結的成本，給網路中所有其他的路由器知道。結果，網路中所有的路由器對於網路拓樸和鏈結成本將會有一致性的看法。然後在每台路由器，Dijkstra 的演算法會被用來計算出最低成本路徑。因為所有的路由器都使用相同的最低成本路徑演算法和網路拓樸來建構出它們的路由表，封包將會以一站接著一站的形式在最低成本之路徑之上被轉發（記得之前提過，網際網路逐站跳接之路由的最佳化原理）。

Dijkstra 演算法所計算的是從一個來源節點到網路中所有其他節點的最低成本之路徑，而這些路徑形成了一個最小涵蓋樹。然後根據這個最小涵蓋樹，路由表就可以被建構起來。Dijkstra 演算法的基本概念是要以迭代的方式來找出通往所有其他節點的最低成本路徑。在迭代的每一回合之中，會選出一條新的從來源節點通往其中一個目的地節點的最低成本路徑。也就是說，在迭代的第 k 個回合之後，將會有 k 條通往 k 個目的地節點的最低成本路徑是已知的。因此，對於一個擁有 N 個節點的網路而言，Dijkstra 演算法會在第 N–1 個回合之後終止。圖 4.45 列出 Dijkstra 演算法的虛擬程式碼。在虛擬程式碼裡使用了以下的表示法：

```
每一個在 V-{s} 裡的節點 v {
        If v 和 s 相鄰
                C(v) = lc(s,v)
                P(v) = s
Else
                C(v) = ∞
}
T = {s}
While (T ≠ V) {
        在 (V-T) 裡，找出不在 T 裡而且 C(w) 是最小的 w 節點
        T = T ∪ {w}
        在 V-T 裡的每一個節點 v {
                C(v) = MIN(C(v), C(w)+lc(w,v))
                If ((C(w)+lc(w,v)) > C(v)) p(v) = w
        }
}
```

圖 4.45 Dijkstra 演算法

- **lc(s,v)**：從節點 s 到節點 v 的鏈結成本。如果 s 和 v 並非直接相連在一起，從 s 到 v 的鏈結成本會被設定為無窮大。
- **C(v)**：到目前的回合為止，從來源節點到節點 v 的路徑的最低成本。
- **p(v)**：在通往 v 的最低成本路徑上，正好是 v 前一站的節點。
- **T**：最低成本路徑為已知的節點所組成的集合。

最初，一個節點必須知道它的外送鏈結的成本。它到一個相鄰節點的成本是被設定為從它直接連到相鄰節點的鏈結的成本。Dijkstra 演算法維持了一個集合 T，而 T 是由最小涵蓋樹上面的節點所組成的。一開始，T 只包含了來源節點 s。在演算法的每一個回合，它會從尚未被放在涵蓋樹裡的節點之中選出一個節點 w，而 w 擁有最低的成本 C(w)。當節點 w 被加進去涵蓋樹（也就是集合 T）裡，對於任何一個尚未被放在涵蓋樹裡的節點 v 而言，如果從 s 到 v 的路由途徑通過新加進來的節點 v 之後從 s 到 v 的成本能夠減少，則節點 v 的成本就會被更新。圖裡的 while 迴圈在 N–1 次回合之後保證會結束，而 p(v) 記錄了 v 在最小涵蓋樹上的父節點。然後根據 p(v) 便可以建構出路由表。

讓我們進一步用一個範例來說明 Dijkstra 的演算法。考慮圖 4.46 的網路，而其中的節點 A 是來源節點。每一回合結束時的計算結果被記錄在圖 4.47 裡。一開始，A 只知道 B 和 C 的成本分別是 4 和 1（因為它們是 A 的鄰居）。通往 D 和 E 的成本則是無窮大，因為它們並未直接和 A 連接。在每一回合中，一個擁有最低成

本但卻還未被包括在 T 裡的節點會被選出來。（如果有發生平手的情況，就採用隨機選擇來打破平手局面。）因此，在第一回合，節點 C 會被選出並且被加到集合 T 裡，這代表著目前從 A 到 C 的最低成本路徑已經被判斷出來而最低成本就是 1。有了這個資訊，所有其他的節點就能夠試著透過 C 來連接到 A。（再次，回想前述網際網路逐站跳接之路由的最佳化原理。）舉例來說，目前 D 和 E 可以透過 C 到達 A，而該條路徑的成本是從 D（或 E）到 C 加上從 C 到 A 的最低成本之和。我們也可以觀察到如果路徑穿越過 C，也就是從 A 到 C 然後從 C 到 B，則 B 的成本可以被減少。在第一回合結束的時候，C 已經被加進集合 T。此外，B、D 和 E 已經更新從 A 到它們的最低成本。在第二回合，E 擁有最低成本，所以它會被加到 T 裡。從 A 到 D 的最低成本也會被更新，因為從 A 經過 E 到 D 的路徑的成本比經過 C 的路徑成本還要低。迴圈持續的進行，一直到所有的節點都被加到 T 裡，如圖 4.47 所示。從 A 通往所有其他節點的最低成本路徑可以靠著前一站節點的資訊而建構出來。別忘了路由演算法的真正目的是建構路由表。當建構從 A 到其他節點的最低成本路徑之後，A 的最後路由表顯示在圖 4.48。舉例來說，圖 4.47 的結果顯示，從 A 到 D 的最低成本路徑是 $A \to C \to E \to D$，而路徑成本是 3。因此，圖 4.48 裡從 A 到 D 的下一站是 C，而成本是 3。

圖 4.46 作為範例的網路

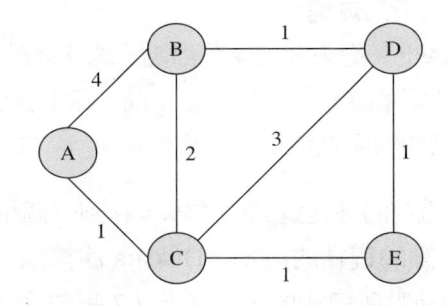

圖 4.47 在圖 4.46 的網路上執行 Dijkstra 演算法的結果

回合	T	$C(B),p(B)$	$C(C),p(C)$	$C(D),p(D)$	$C(E),p(E)$
0	A	4,A	1,A	∞	∞
1	AC	3,C		4,C	2,C
2	ACE	3,C		3,E	
3	$ACEB$			3,E	
4	$ACEBD$				

圖 4.48 圖 4.46 的網路裡，節點 A 的路由表

目的地	成本	下一站
B	3	C
C	1	C
D	3	C
E	2	C

距離向量路由

距離向量（distance vector）演算法是在網際網路裡使用的另一個主要的路由演算法。鏈結狀態演算法是一種使用全域資訊的類似集中式演算法，而距離向量演算法則是一種使用區域資訊的非同步、分散式演算法。它僅使用從直接相連的鄰居節點所交換得來的資訊。分散式 Bellman-Ford 演算法是被用來非同步地計算出最低成本路徑。也就是說，不同於鏈結狀態路由，它不需要所有的路由器在同一時間交換鏈結狀態資訊並且計算路由表。反而，每台路由器是在接收到從鄰居送來的路由資訊時才會執行路由途徑計算。在計算之後，路由器會把新的路由資訊送給它的鄰居。

圖 4.49 顯示距離向量路由演算法的虛擬程式碼。起初，每台路由器知道前往直接連接的鄰居的成本，就如同在 Dijkstra 的演算法一樣。然後每台路由器像圖 4.48 一樣以非同步的方式執行演算法。當一台路由器有了新的路由資訊，比方說前往一個目的地的最新的最低成本，則它會把該路由資訊送給直接連接的鄰居。當一台路由器從它的鄰居接收到路由資訊，如果必要的話它會更新它的路由表。對於路由器而言，路由資訊可能含有前往一個目的地的新的成本。在這個情況下，一個新的路由項目會被產生，而前往該目的地的成本，也就是前往傳來路由資訊的鄰居的成本加上從那個鄰居前往該目的地的成本之總和（後者之成本是從路由資訊所得知），會被計算出來。如果前往目的地的路由成本早已存在於路由表之中，路由器

```
While (1) {
    If 節點 x 從鄰居 y 接收到路由途徑更新訊息 {
        在 y 訊息裡的每一對(Dest, Distance) {
            If (Dest 是新的) { /* 路由表裡沒有目的地 Dest */
                替目的地 Dest 在路由表裡增加一個新項目
                rt(Dest).distance = Distance+lc(x,y)
                rt(Dest).NextHop = y
            }
            else if ((Distance+lc(x,y))<rt(Dest).distance){
                /* y 告訴 Dest 一條更短的距離 */
                rt(Dest).distance = Distance+lc(x,y)
                rt(Dest).NextHop = y
            }
        }
    }
    如果路由途徑改變的話，送出更新訊息給所有的鄰居
    也週期性地送出更新訊息給所有的鄰居
}
```

圖 4.49 距離向量路由演算法

會檢查新的成本是否會產生一條新的最低成本路徑。也就是說，如果前往傳來路由資訊的鄰居的成本加上從那個鄰居前往該目的地的成本之總和，是小於記錄在路由表裡前往該目的地的成本，則路由表裡的項目會被更新為新的成本，而傳來路由資訊的鄰居會變成通往該目的地新的下一站。

讓我們思考圖 4.46 的範例，並且用它來示範節點 A 如何根據距離向量演算法來計算出它的路由表。因為距離向量演算法以非同步方式來執行，當每一台路由器的路由表非同步地改變時，要清楚地描繪出整個網路的輪廓是很困難的。因此，我們就假裝演算法好像是在每台路由器同步地執行。也就是說，我們假設每一台路由器和它的鄰居同時交換新的路由資訊。交換了路由資訊之後，每一台路由器同時按照前述的方法來計算新的路由表。然後這個程序一直重複，直到每一台路由器的路由表收斂成一個穩定的狀態。（我們會檢查在每一台路由器的最後路由表和使用 Dijkstra 演算法所計算出的是否一模一樣。）

一開始，節點 A 只知道前往它的鄰居的成本，如圖 4.50 所示。然後，節點 A 會通知它的鄰居它目前路由表的資訊。同樣地，節點 B 和 C 也會送出它們新的路由表資訊給節點 A。舉例來說，節點 B 告訴節點 A 說它前往節點 C 和 D 的成本分別是 2 和 1。根據這個資訊，節點 A 會替節點 D 產生一個成本為 5 (4 + 1) 的新的路由項目。同樣地，節點 C 也會告訴節點 A 說它前往節點 B、D 和 E 的成本分別是 2、3 和 1。有了這個資訊，節點 A 會把它前往 B 和 D 的成本分別更新成 3 (1 + 2) 和 4 (1 + 3)。因為節點 E 對節點 A 而言是新認識的，節點 A 也會替節點 E 產生

圖 4.50 圖 4.46 裡節點的初始路由表

（Dt. = 目的地；C = 成本；NH = 下一站）

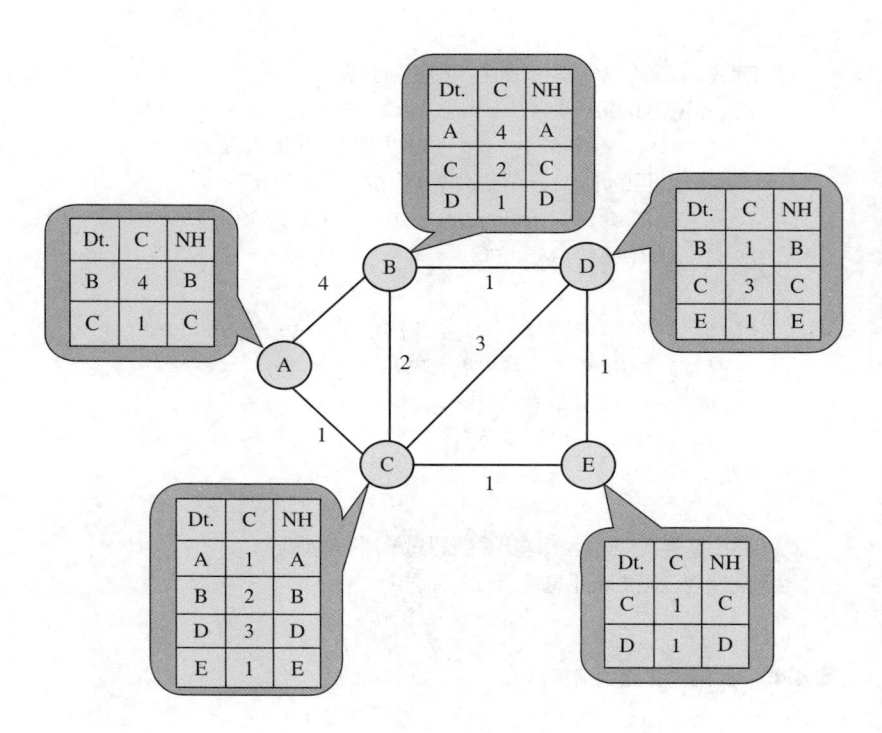

一個成本為 2 (1 + 1) 的路由項目。在這個時候，所有節點都已經更新了它們的路由表，所以必須再一次告知鄰居它們新的路由表資訊。（注意到在這個時候節點 C 知道它前往節點 D 的最低成本是 2，如圖 4.51 所示。）當節點 A 接收到從節點 B 和 C 傳來的新路由資訊，最後被更新的是前往節點 D 的最低成本，而節點 C 告訴節點 A 它的新成本是 2 而不是 3。因此，從節點 A 到節點 D 的新最低成本變成 3。圖 4.52 顯示當未找到新的成本更新時，每個節點所獲得的最後路由表。讀者應該注意到圖 4.52 的結果和 Dijkstra 演算法所計算出來的結果一樣。

距離向量路由的循環迴圈問題

從前述的範例可以觀察得知，距離向量路由演算法在路由表穩定之前，需要在鄰居節點之間進行許多回合的路由資訊更新。如果在暫時狀態的期間使用不穩定的路由表來轉發封包，是否會造成任何問題呢？或者更具體地說，由於節點路由表之間不一致的路由資訊，是否可能使得封包的轉發造成了封包繞著一個迴圈一直循環。很不幸地，答案是有可能的。尤其是有一個很有趣的現象叫作「好消息傳得快，而壞消息傳得慢」。換句話說，一台路由器很快就會學到一條更好的最低成本路徑，但是它很慢才會察覺到一條路徑的成本比較高。

讓我們使用圖 4.53 的網路來解釋為何好消息傳得快。一開始，節點 A 和節點 C 之間的鏈結成本是 7。如果這個鏈結成本變成 1，節點 A 和節點 C 會通知它們的鄰居。因為收到了一個路由更新訊息，節點 B、D 和 E 會知道它們前往節點 A 的最

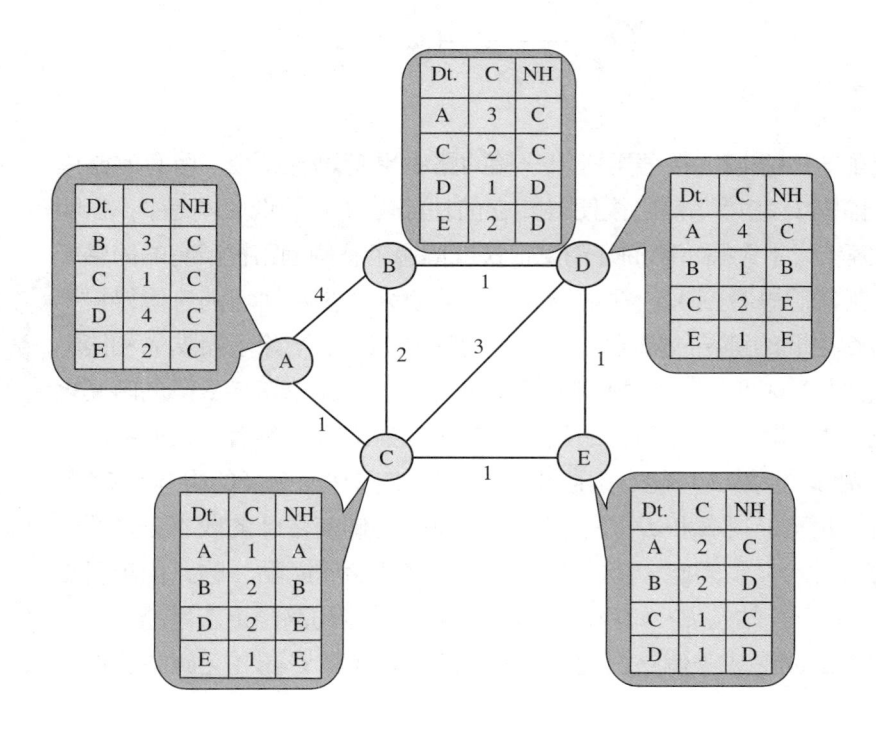

圖 4.51 圖 4.46 裡節點的中間路由表（直到第二個步驟）

（Dt. = 目的地；C = 成本；NH = 下一站）

圖 4.52 圖 4.46 裡收斂之後節點 A 所得到的路由表

（Dt. = 目的地；C = 成本；NH = 下一站）

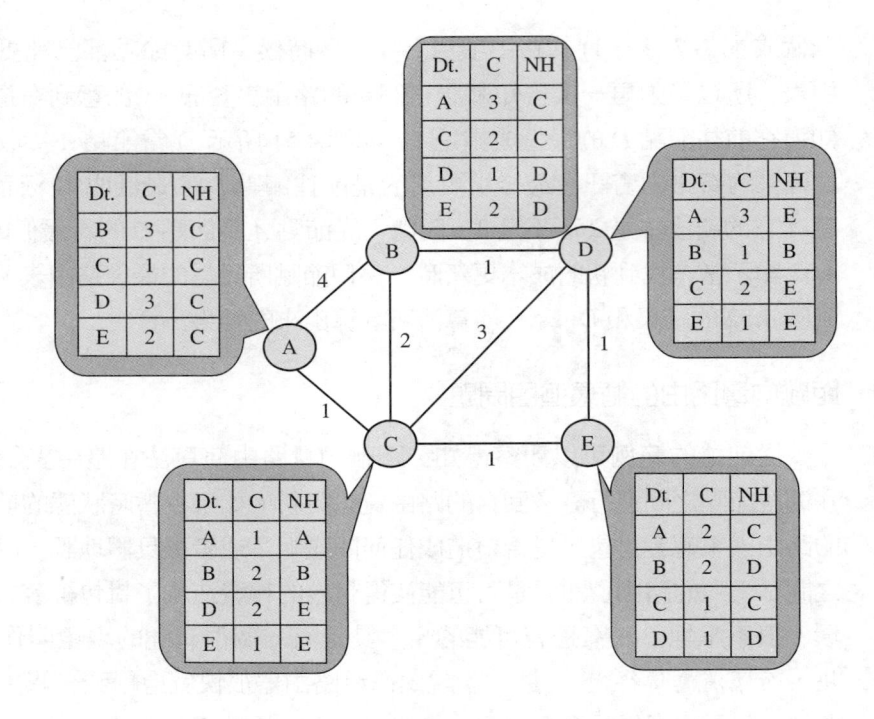

圖 4.53 在距離向量演算法裡，好消息傳得快

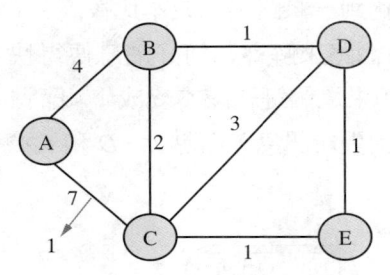

低成本分別變成了 3、4 和 2。接著再送出一輪的路由更新訊息之後，所有的路由表就會收斂，而節點 D 在第二輪之後便得知它前往節點 A 的最低成本是 3。很明顯地，關於某條鏈結成本大幅下降的好消息很快就傳遍了整個網路裡所有的節點。

另一方面，讓我們思考圖 4.54 裡鏈結成本的改變來解釋為何壞消息傳得慢。當節點 A 和節點 C 之間的鏈結故障（比方說成本變成無窮大），除了節點 A 和節點 C 之外，所有其他的節點可能無法很快地學到這個事實。當這條鏈結故障的時候，節點 C 會通知它的鄰居說目前它前往節點 A 的成本是無窮大。然而，根據路由表更新訊息抵達的時間，節點 E 可能立刻通知節點 C 說 E 前往節點 A 的成本是 2（舊的資訊）。〔節點 C 也可能從 B 和 D 那邊接收到訊息說它們前往 A 的成本分別變成 3 和 4（都是舊的資訊）。〕因此，節點 C 會把路由表裡關於節點 A 的路由項目更新為成本等於 3，而下一站為 E。如我們從圖中所見，上述的路由更新是錯誤的，因為它會在 C 和 E 之間形成一個路由迴圈。換句話說，節點 C 認為它應該透過節

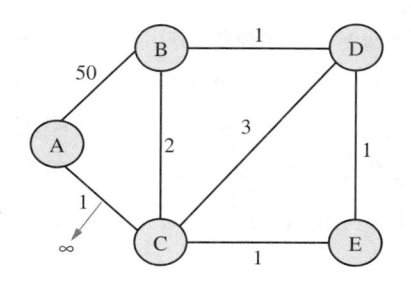

圖 4.54 在距離向量演算法裡，壞消息傳得慢

點 E 來轉發目的地為 A 的封包，而節點 E 也同時認為它應該透過節點 C 來轉發目的地為 A 的封包，然後封包會在 C 和 E 之間傳過來又傳過去。這個問題是由於節點 C 和 E 沒有在短時間內學到正確的路由途徑。讓我們繼續這個範例來觀察要到什麼時候所有的節點才能夠學到這個壞消息。如果節點 C 更新它的路由表，它接著會把路由更新訊息傳給它的鄰居。然後節點 B、D 和 E 會把它們前往節點 A 的最低成本分別更新成 5、3 和 4。當節點 E 把這個新的更新訊息傳給 C 之後，節點 C 接著把它自己前往 A 的成本更新成 5。這樣的程序重複地進行，一直到節點 B、C、D、E 全都學到它們前往 A 的最低成本路徑會通過 B 而不是 C。因為節點 A 和節點 C 之間的鏈結成本相當大，整個網路將要花上 25 輪的路由更新，才能夠讓路由表收斂。如果情況是 A 和 B 之間沒有鏈結存在，則這個程序將會重複進行下去，一直到前往節點 A 的成本變得太龐大而讓節點 B、C、D 和 E 相信它們前往節點 A 的成本其實是無窮大。因此，這種壞消息傳得慢的問題也被大家稱為「無限計數」（count to infinity）之問題。

現實裡有許多部分性的解決方案已經被用來處理循環迴圈的問題。我們可以從上述的範例觀察到，迴圈問題的發生是因為節點 C 並不曉得從節點 E 到節點 A 的最低成本路徑其實是通過節點 C 它自己。因此，最簡單的解決方案就是水平分割（split horizon），也就是禁止節點 E 把它前往節點 A 的最低成本告訴節點 C。一般而言，一台路由器從它的鄰居那邊學到了一條最低成本之路由途徑，就不應該再把這條路由的資訊告訴那位鄰居。舉例來說，既然節點 E 是從節點 C 學到它前往節點 A 的最低成本路徑，則節點 E 就不應該把它前往節點 A 的最低成本給包含在傳給節點 C 的訊息之中。有一種更強烈的方法叫作毒性逆轉（poison reverse），也就是說在我們所舉的例子中，節點 E 應該告訴節點 C，它前往節點 A 的最低成本是無窮大。很不幸地，這兩種解決方案只能夠解決牽涉到兩個節點的路由迴圈問題。如果牽涉到的是一個大的路由迴圈，它就需要一個更細緻的解決方案，比方說在路由更新訊息中加進去下一站之資訊。有一些商業用路由器則是採用另一種方法，就是使用一個保有計時器（hold down timer）。在這個方法裡，一台路由器會在一段相當於保有計時器的時間內，保留它的最低成本路徑的資訊；等到計時器到期後，它才能夠執行路由更新。舉例來說，繼續之前的範例，當節點 E 接收到從節點 C 傳來的路由更新並且知道它前往節點 A 的最低成本變成無窮大，此時一直到節點 E 的保有計時器到期之前，節點 E 都不應該更新它的路由表也不應該傳送新的路由更新給節點 C。這個方法將可以避免節點 C 接收到從所有其他節點通往節點 A 的最低成本路徑之資訊，並且因此得以給予節點 A 和節點 C 一些時間，以便讓所有其他的節點知道節點 A 和節點 C 之間的鏈結已經故障。

階層式路由

網際網路裡路由器的數量十分龐大，因此為了擴充性之考量，路由器並非被連接成一個扁平的網路。否則的話，鏈結狀態演算法和距離向量演算法的擴充性皆不足以支撐一個擁有數十萬路由器的網路。想像一下，如果網際網路裡所有的路由器都連接成一個扁平的網路，路由項目的數量將會變得多大。我們偏好把路由器劃分成許多群組還有另一個原因：管理自主權（administrative autonomy）。舉例來說，有許多的網際網路服務供應商（ISP），可是每一個都有它自己的路由器和骨幹網路。很自然地，每個 ISP 都會想要能夠完全控制自己的路由器和骨幹網路頻寬，而如此一來，有些 ISP 可能會想要禁止其他 ISP 的訊流通過它的骨幹網路。結果，網際網路路由器就被組織成一個兩層的階層。在底層，路由器是以管理網域（administrative domain）為組織單位，又被稱為自治系統（autonomous system, AS）。在一個 AS 裡的路由器是在同樣的管理控制之下並且執行同樣的路由協定，也就是被稱為內部網域路由協定（intra-domain routing protocol）或內部閘道器協定（interior gateway protocol, IGP）。從一個 AS 裡選出一些邊界路由器（border router），而這些路由器會擁有實體鏈結來連接到其他 AS 的邊界路由器。邊界路由器負責把封包轉發給外面的 AS，這些邊界路由器之間執行的路由協定被稱為跨網域路由協定（inter-domain routing protocol）或外部閘道器協定（exterior gateway protocol, EGP），而這種路由協定可能和內部網域路由協定不一樣。

網際網路因此可以被視為一組相互連接的自治系統。有三種類型的 AS：殘根（stub）AS、多宿主（multihomed）AS、過境（transit）AS。許多使用者是透過校園網路或企業網路來接取網際網路，而這些都是典型的 stub AS。因為一個 stub AS 只有一個邊界路由器並且只連接到一個 ISP，所以沒有任何過境的訊流會通過 stub AS。而 multihomed AS 可能擁有超過一個的邊界路由器，並且連接到一個以上的 ISP。但是，multihomed AS 也不允許過境訊流通過它的內部。大部分的 ISP 必須允許過境訊流並且擁有許多邊界路由器連接到其他的 ISP。因此，它們被稱為 transit AS。

在接下來的兩個小節中，我們會分別檢視內部網域路由和跨網域路由。圖 4.55 顯示一個由三個網域（AS）所構成的簡單網路：網域 A、B 和 C。每個網域裡有數個內部網域路由器，舉例來說，網域 B 裡有內部網域路由器 B.1、B.2、B.3 和 B.4。一種內部閘道器協定會在這些路由器之間運行，以便讓這些路由器能夠建立以及維護它們的路由表。A.3、B.1、B.4 和 C.1 是邊界路由器，並且運行一種外部閘道器協定來交換路由資訊。網域 A 和 C 是 stub AS 因為它們不允許過境訊流，而網域 B 是一個 transit AS。讓我們解釋內部網域路由和跨網域路由是如何用來從網域 A 裡的一台主機傳送封包到網域 C 裡的一個目的地。首先，根據內部網域路由的結果，從網域 A 產生並且前往 C 的所有封包必須被傳遞給 A 的邊界路由器 A.3。根據跨網域路由的結果，路由器 A.3 會把這些封包轉發給 B.1。根據跨網域路由，路由器 B.1 知道要把這些封包轉發給 B.4，但是它是根據內部網域路由才得知通往 B.4 的真正路由途徑。（換句話說，在 B.1 和 B.4 之間的路由途徑是被內部網域路由所找出來的。）最後，根據跨網域路由的結果，路由器 B.4 把這些封包轉發給網域 C 的邊界路由器 C.1。路由器 C.1 接著根據內部網域路由的結果，把這些封包轉發給恰當的路由器。

作為最後的備註，讓我們再一次檢視網際網路路由的擴充性問題。如果圖 4.55 的所有路由器都被視為一個扁平的網路，則網路內將有 10 台路由器，而且每一台都需要知道網路內其他 9 台路由器的路由資訊。然而，用了兩層的階層式組織之後，每台路由器只需要和 2 或 3 台路由器通訊。一個網域的路由資訊首先會被摘要，然後被交換於邊界路由器（或被稱為外部閘道器）之間，接下來這些摘要的資訊會被傳播到所有的內部路由器。藉由把需要通訊和交換路由資訊的路由器的數量給限制住，因此可以達成擴充性。

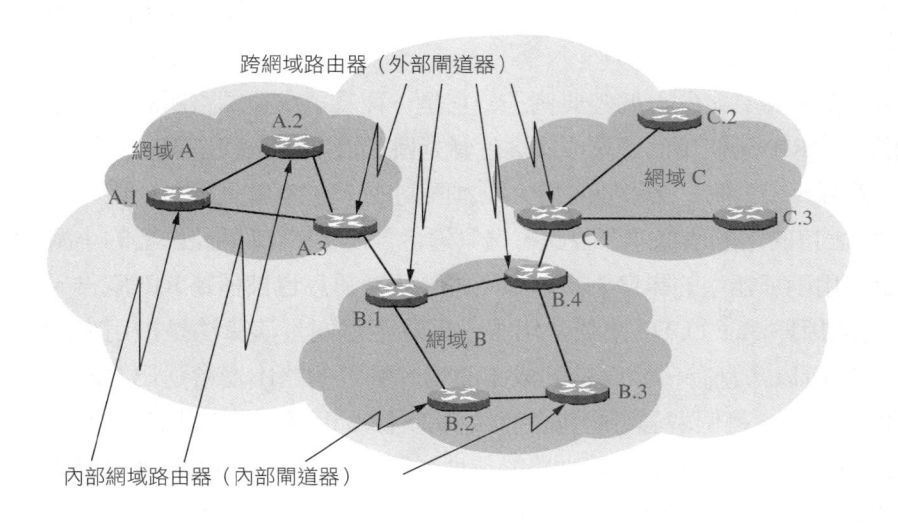

圖 **4.55** 跨 AS 路由和內部 AS 路由

4.6.2 內部網域路由

一個 AS 是由數個透過路由器連接起來的實體網路所組成。路由器的工作是提供這些網路之間的連接性。還記得一個 AS 裡的路由器是在同樣的管理控制之下。因此，一個 AS 的網路管理員可以完全控制所有的路由器，並且可以決定如何設定這些路由器、這些路由器上面要運行哪些路由協定，以及如何設定鏈結成本。如果 AS 內的設定和路由協定同質性的，路由協定所找出的最佳路徑（最低成本路徑）就反映出管理員對路由途徑品質的考量。舉例來說，如果鏈結成本的設定是根據延遲時間，則管理員所偏愛的就是一條有較短延遲時間的路徑。通常，鏈結成本的設定是為了讓一個 AS 內資源分享的效率被最大程度地提升。

內部網域路由協定又被稱為內部閘道器協定，而它是被用來維持在每台路由器的路由表，以便達成 AS 內所有路由器之間的連接性。在現實的情況中，兩種經常使用的內部網域路由協定是 RIP（Routing Information Protocol）和 OSPF（Open Shortest Path First）。接下來我們會從以下幾個方面來檢視這兩種協定：使用的是哪一種路徑選擇演算法、如何運作、擴充性和穩定性的考慮、封包格式以及開放源碼之實作。

RIP

RIP 是最被廣泛使用的內部網域路由協定的其中一種。它最初是被設計成在 Xerox 網路系統（XNS）結構裡使用的 Xerox PARC Universal Protocol。它的廣泛使用是因為在 1982 年很受歡迎的 Berkeley Software Distribution（BSD）版本的 UNIX 把 RIP 包含在內。第一版的 RIP（RIPv1）是被定義在 RFC 1058 裡，而 RIPv2 的最新更新則是被定義在 RFC 2453 裡。

RIP 是距離向量路由協定的一個經典例子。它是一種為了小型網路所設計的非常簡單的路由協定。RIP 所使用的鏈結成本之度量是跳站計次，也就是說所有的鏈結成本都是 1。此外，RIP 把一條路徑的最大成本限制成 15，也就是說，一條成本為 16 的路徑即代表目的地無法抵達。因此，它只適合直徑小於 15 站路由器的小型網路。RIP 協定使用兩種類型的訊息：請求和回應。回應訊息也被稱為 RIP 廣告。這些訊息是透過使用埠 52 的 UDP 來傳送出去。因為距離向量演算法是被用來找出最低成本路徑，所以一旦有一條鏈結的成本改變，鄰近的路由器會送出 RIP 廣告給它們的鄰居路由器。每個廣告可能包含有最多 25 個路由項目，也就是 25 個距離向量。每個路由項目包括一個目的地網路的位址、下一站，以及到目的地網路的距離。RIP 支援多個位址家族。換句話說，目的地網路位址的指定是使用一個家族（family）欄位和一個目的地位址欄位。在 RIP 裡，路由器也會週期性地送出 RIP 廣告給鄰居，而預設的週期是 30 秒鐘。此外，每個路由項目都和獨立的兩個計時器聯繫。第一個是路由途徑失效計時器（route invalid timer），也被稱為超時計時器（timeout timer）。如果一個路由項目在它的超時計時器到期之前還沒有收到路由更新，它就會被標示為失效（invalid）。這個計時器的預設值是 180 秒。一旦一個路由項目被標示為失效，就開始啟動刪除過程，而它首先把第二個計時器，也就是所謂的**垃圾收集計時器（garbage-collection timer）**，設定為 120 秒，並且把那個路由項目的成本設定為 16（無窮大）。當垃圾收集計時器到期的時候，就會從路由表裡刪除相關的路由途徑。

　　RIP 裡有採用數種機制來處理距離向量路由的穩定性問題。首先，它把路徑成本的上限值設定為 15，而這使得一條故障的鏈結可以很快地被指認出來。RIP 也採用了三種對迴圈問題的部分解決方案，分別是**水平分割（split horizon）**、**毒性反向（poison reverse）**以及**穩定計時器**（stabilization timer，也就是 hold-down timer）。如上述所討論的，水平分割會抑制在逆向路由途徑上的路由更新。毒性反向會明確地把路由更新傳給一個鄰居，可是對於從那個鄰居學到的路由途徑，毒性反向會在路由更新訊息裡把相關的路由途徑的成本都設定為無窮大。穩定計時器則避免太快送出路由更新資訊。

RIP 封包格式

　　RIP 第二版比它的第一版具有更好的擴充性。舉例來說，RIPv2 支援 CIDR，允許使用任意字首長度的路由途徑之匯集。圖 4.56 顯示出 RIPv2 的封包格式。每個封包內被填滿了路由項目。每個路由項目是由位址（協定）家族、目的地位址、子網遮罩、下一站以及距離等資訊所組成。

圖 4.56 RIPv2 封包格式

0	8	16	24	31
指令	版本	必須是零		
網路 1 的家族		網路 1 的路徑標籤		
網路 1 的位址				
網路 1 的子網遮罩				
網路 1 的下一站				
網路 1 的距離				
網路 2 的家族		網路 2 的路徑標籤		
網路 2 的位址				
網路 2 的子網遮罩				
網路 2 的下一站				
網路 2 的距離				
‧‧‧‧‧				

RIP 範例

讓我們來看一個 RIP 路由表的範例。圖 4.57 的路由表是從某大學系所的邊界路由器裡得來的（只顯示出部分的路由表）。這台路由器有數個埠，其中的一個埠是連接到 AS 邊界閘道器，140.123.1.250，其餘的介面則是被連接到區域 IP 子網。VLAN 已被開啟，以至於整個系是被劃分成數個 VLAN。它也支援 CIDR，因此目的地網路位址是聯繫著一個子網遮罩長度。大部分的路由途徑都是路由器從 RIP 廣告（旗標 R）所學來的。直接連接的子網的 RIP 成本為零，並且是由手動設定（旗標 C）。路由表也顯示出每個路由項目的更新計時器。

圖 4.57 從 cs.ccu.edu.tw 得來的 RIP 路由表

目的地	閘道器	距離/站次	更新計時器	旗標	介面
35.0.0.0/8	140.123.1.250	120/1	00:00:28	R	Vlan1
127.0.0.0/8	直接連接			C	Vlan0
136.142.0.0/16	140.123.1.250	120/1	00:00:17	R	Vlan1
150.144.0.0/16	140.123.1.250	120/1	00:00:08	R	Vlan1
140.123.230.0/24	直接連接			C	Vlan230
140.123.240.0/24	140.123.1.250	120/4	00:00:22	R	Vlan1
140.123.241.0/24	140.123.1.250	120/3	00:00:22	R	Vlan1
140.123.242.0/24	140.123.1.250	120/1	00:00:22	R	Vlan1
192.152.102.0/24	140.123.1.250	120/1	00:01:04	R	Vlan1
0.0.0.0/0	140.123.1.250	120/3	00:00:08	R	Vlan1

開放源碼之實作 4.9：RIP

總覽

大多數路由協定的開放源碼之實作，例如 routed 和 gated，是在使用者空間（user space）裡執行。被製作成應用層的使用者行程的路由協定，便能夠在 TCP 或 UDP 之上傳送和接收訊息（見圖 4.58）。自從 1996 年起，一個被發布在 GNU 通用公眾授權（General Public License）的免費路由軟體 GNU，Zebra 計畫（http://www.zebra.org），變成路由協定的主要開放源碼實作的其中之一。

Zebra

Zebra 的目標是提供擁有全功能路由協定的可靠路由伺服器。它支援數個經常使用的路由協定，例如 RIPv1、RIPv2、OSPFv2 以及 BGP-4（見表 4.7）。軟體的模組設計允許它支援多

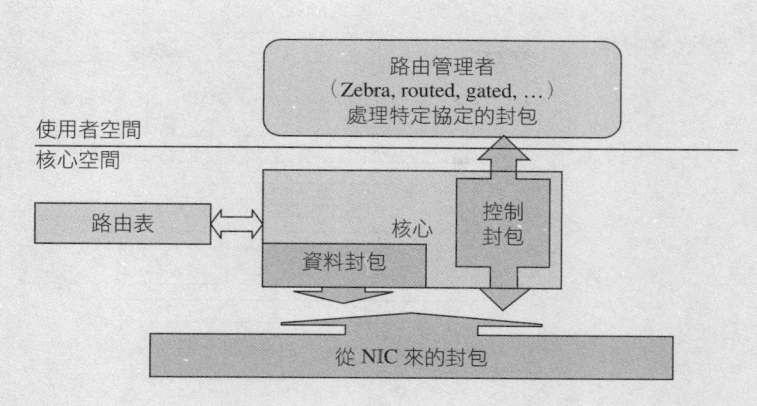

圖 4.58 把路由協定製作成使用者行程的實作

表 4.7 Zebra 支援的 RFC

守護行程	RFC #	功能
ripd	2453	管理 RIPv1、v2 協定
ripngd	2080	管理 RIPng 協定
ospfd	2328	管理 OSPFv2 協定
ospf6d	2740	管理 OSPFv3 協定
bgpd	1771	管理 BGP-4 和 BGP-4+ 協定

種的路由協定；也就是說，Zebra 對每個協定都有一個行程。模組化也使得 Zebra 有彈性而且很可靠。每個路由協定可以獨立地被升級，而且一個路由協定的故障不會影響到整個系統。Zebra 的另一個先進的功能就是它使用多執行緒（multithread）之技術。Zebra 的這些良好功能使它成為一流品質的路由引擎軟體。Zebra 目前的版本是在 2005 年發布的 beta 0.95a。Zebra 支援的平台包括 Linux、FreeBSD、NetBSD、OpenBSD。在 2003 年，一個新的叫作 Quagga（http://www.quagga.net）的計畫從 GNU Zebra 被分離出來，而它的目標是建立一個比 Zebra 還有更多參與的社群。

方塊流程圖

接下來，我們將使用 Zebra 作為路由協定的開放源碼之實作的例子。我們會檢視 RIP、OSPF 和 BGP 在 Zebra 裡的實作。在我們深入檢視每個路由協定的實作之前，讓我們先討論 Zebra 大致的軟體結構。圖 4.59 顯示出 Zebra 的結構，其中路由守護行程（routing daemons）會與 Zebra 守護行程直接通訊，而後者接下來會透過各種 API，像是 `netlink` 和 `rtnetlink`，來與核心進行通訊。

一個路由守護行程和 Zebra 守護行程之間的互動會遵照著客戶／伺服器的模式，如圖 4.60 所示。在同一台機器上執行數個路由協定是有可能的。在這種情況下，每一個路由守護行程有它自己的路由表，可是它們必須和 Zebra 守護行程溝通，才能改變核心內的路由表。

圖 4.59　Zebra 的結構

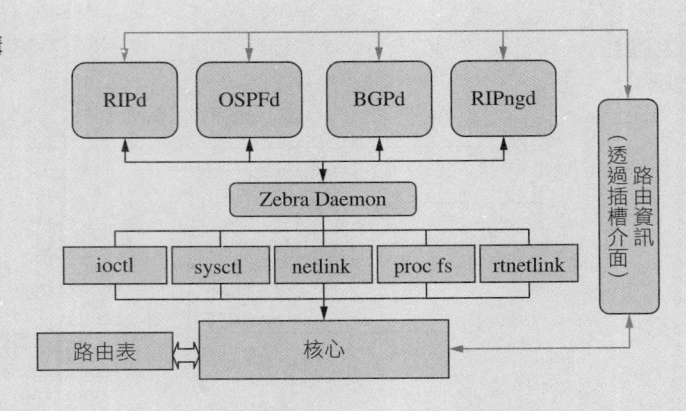

圖 4.60　Zebra 的客戶／伺服器模式

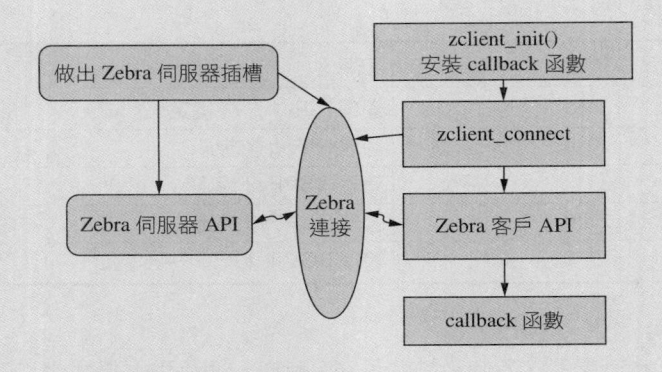

資料結構

Zebra 的全域路由表的進入點是被描述在資料結構 vrf_vector 裡。vrf_vector 是由一組動態路由表和一組靜態路由設定所組成，如下面的程式碼所示：

```
struct vrf {
    u_int32_t id;  /* 辨識碼（路由表向量索引）*/
    char *name;  /* 路由表名稱 */
    char *desc;  /* 描述 */
    u_char fib_id;  /* FIB 辨識碼 */
    struct route_table *table[AFI_MAX][SAFI_MAX];
        /* 路由表 */
    struct route_table *stable[AFI_MAX][SAFI_MAX];
        /* 靜態路由途徑之設定 */
}
```

每個 route_table 是由一個路由項目的樹所構成。每個路由項目是被描述在資料結構「route_node」裡。route_node 裡的兩個重要的變數是 prefix(struct prefix p;) 和 info(void *info;)，而它們分別描述著這個路由項目真正的字首和路由資訊。每一個路由行程會定義出它自己所擁有的這些結構的真正實例；舉例來說，RIP 行程會把變數資訊丟到一個 struct rip_info 的指標（pointer）。

演算法之實作

一個路由行程會透過一組函數，例如 vrf_create()、vrf_table()、vrf_lookup()、route_node_lookup()、route_node_get()、route_node_delete() 等，來維護它的路由表以及路由表內的 route_node。舉例來說，RIP 行程會呼叫 route_node_get(rip->table, (struct prefix *) &p) 來取得字首 p 的 route_node。

RIP 守護行程

總覽

RIP 協定是被實作成一個稱為 ripd 的路由守護行程。

資料結構

相關的資料結構是被定義在 ripd/ripd.h 裡，包括給 RIP 封包格式用的 rip_packet 資料結構、給一個 RIP 封包裡的路由表項目使用的 rte 結構以及給 RIP 路由資訊使用的 rip_info 資料結構（其指標為 route_node，渠作用是描述路由表裡的一個節點的詳細資訊）。一個 RIP 封包裡的 rte 包含了四個重要的組件：網路字首、子網遮罩、下一站以及路由度量（距離），就如以下所示。

```
struct rte
{
u_int16_t family;        /* 這個路由途徑的位址家族 */
u_int16_t tag;           /* 包含在 RIP2 封包的路由途徑標籤 */
struct in_addr prefix;       /* RIP 路由途徑的字首 */
struct in_addr mask;     /* RIP 路由途徑的子網遮罩 */
struct in_addr nexthop;      /* RIP 路由途徑的下一站 */
u_int32_t metric;        /* RIP 路由途徑的度量值 */
};
```

如前所述，RIP 的最大度量值（最大的路徑距離）是 16。此最大值的定義可以在 ripd/ripd.h 裡找到，如下所示。

```
#define RIP_METRIC_INFINITY               16
```

演算法之實作

圖 4.61 顯示 ripd 的函數呼叫圖。

Bellman-Ford 演算法是被實作在 ripd/ripd.c 檔案裡定義的 rip_rte_process() 函數。當一個 RIP 封包被接收到時，rip_rte_process() 會被呼叫，而 RIP 封包裡攜帶的

圖 4.61 ripd 的函數呼叫圖

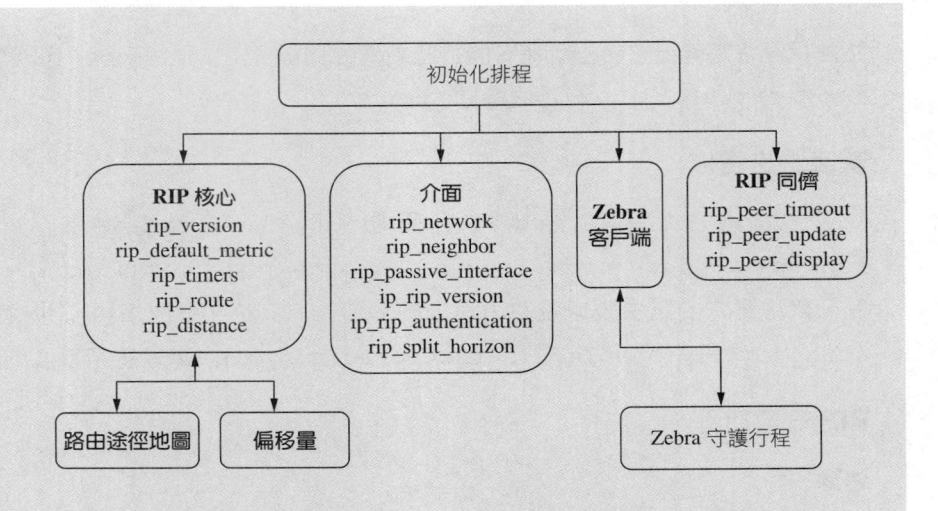

```
                        初始化排程
                            │
        ┌───────────┬───────┴────────┬─────────────┐
        ▼           ▼                ▼             ▼
     RIP 核心       介面            Zebra         RIP 同儕
   rip_version  rip_network       客戶端      rip_peer_timeout
rip_default_metric rip_neighbor                rip_peer_update
   rip_timers  rip_passive_interface            rip_peer_display
   rip_route   ip_rip_version
   rip_distance ip_rip_authentication
               rip_split_horizon
        │                              ▲
   ┌────┴────┐                         │
   ▼         ▼                    Zebra 守護行程
路由途徑地圖  偏移量
```

rte（路由表項目）則是函數的參數。根據 rte 的字首，route_node_get() 會被呼叫去從路由表取得節點資訊（route_node）。一旦 RIP 路由途徑資訊（rip_info）經由「info」指標被取得，Bellman-Ford 演算法就會被執行。舉例來說，如果路由表裡沒有這個節點的 RIP 路由途徑資訊，字首（Dest，目的地）必定是新的，而藉著呼叫 rip_info_new()，一個新的 rip_info 資料結構會被產生。然後 rte 的下一站和距離（metric）會被拷貝到新的項目裡。最後，rip_zebra_ipv4_add() 會被呼叫去把新的 route_node 加到路由表裡。否則，如果 rte 回報一個到字首（Dest）的較短距離，rip_rte_process() 裡的程式碼會更新在路由表裡這個字首的 route_node 的路由途徑。

練習題

追蹤 route_node_get()，並且解釋如何根據字首來找出 route_node。

OSPF

開放最短路徑優先（Open Shortest Path First, OSPF）是另一種經常被使用的內部網域路由協定。它被認為是 RIP 的繼承者，而且是主導的內部網域路由協定。OSPF 的第二版以及它的 IPv6 擴充分別被定義在 RFC 2328 和 RFC 5340 裡。和 RIP 不同，OSPF 是一種鏈結狀態路由協定。鏈結狀態資訊是被氾濫傳送到網域內的所有路由器。每台路由器使用 Dijkstra 演算法來計算出以自己作為根的最低成本路徑樹，然後根據這個樹來建立路由表。

OSPF 有數個獨特的功能，使得它比 RIP 更為優越。首先，就負載平衡（load balancing）而言，OSPF 支援相同成本的多重路徑之路由。有了這個功能，訊流可以被平均地分散在相同成本的路由途徑之上。其次，為了支援 CIDR 路由，每條路由途徑會被一個字首長度所描述。第三，多點傳播路由可以根據單點傳播的結果。多點傳播路由協定，**多點傳播 OSPF（Multicast OSPF, MOSPF）**使用和 OSPF 相同的拓樸資料庫。接下來，基於穩定和安全的理由，每個路由訊息會有一個長 8 位元組的密碼，以供認證之用。最後，為了擴充性，OSPF 有兩層的階層結構，而如此一來，一個 OSPF 自治系統可以進一步地被劃分為區（area）。一個區是一組連續的網路和主機。從外面看不見一個區的拓樸。因此，一個 AS 內的路由發生在兩個階層：內部區路由（intra-area routing）和跨區路由（inter-area routing）。

階層式 OSPF 網路

圖 4.62 顯示一個階層式結構的 OSPF 網路。我們可以從圖中看到，路由器被分成四種類型：兩種類型的邊界路由器以及兩種類型的內部路由器。一個區是由數個內部路由器和一或多個區邊界路由器（area border router）所組成。內部路由器只會執行內部區路由，並且從區邊界路由器學到關於外區的路由資訊。一個區邊界路由器會同時參與跨區路由和內部區路由；它負責摘要在 AS 內和 AS 外的其他區的路由資訊，並且把路由資訊廣播傳遍整個區。AS 邊界路由器（AS boundary router）參與內部網域路由（在跨區路由的層級）和跨網域路由。它執行 OSPF 以獲得在 AS 裡的路由資訊，並且執行一些外部路由協定，例如 BGP，以學習 AS 外的路由資訊。然後外部路由資訊會傳遍整個 AS，而且它的資訊不會有任何的修改。骨幹路由器（backbone router）是連接 AS 邊界路由器和區邊界路由器的中繼路由器。

OSPF 範例

讓我們使用圖 4.63 的網路作為一個範例，以說明在 OSPF 裡的兩層階層式

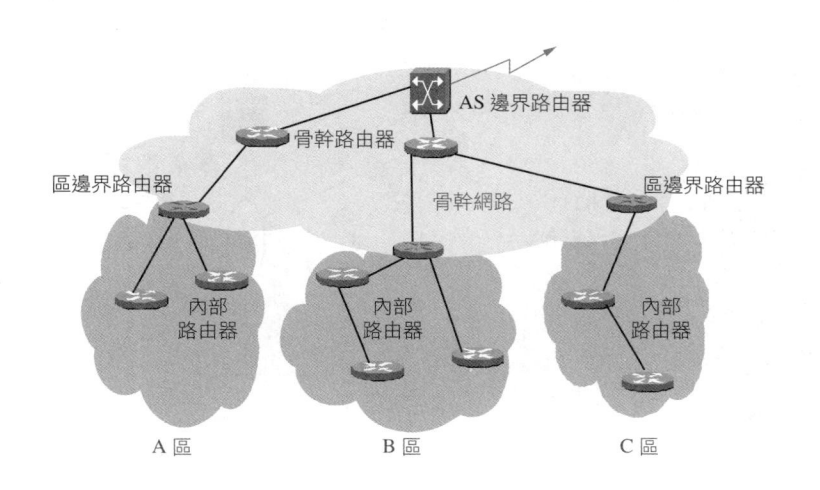

圖 4.62 OSPF 的兩層階層式結構

路由如何被執行[1]。圖 4.63 的 AS 是由五台內部路由器（RT1、RT2、RT8、RT9、RT12）、四台區邊界路由器（RT3、RT4、RT10、RT11）、一台骨幹路由器（RT6）以及兩台 AS 邊界路由器（RT5、RT7）所組成，而且它被設定成三個區（area）。Area 2 是一個特殊類型的區，被稱為 stub。一個區可以被設定成一個 stub，如果這個區的出口點只有單一一個。把一個區設定成一個 stub 的目的是為了避免外部路由資訊被廣播到一個 stub 區裡。AS 是由 11 個子網組成（N1 到 N11），而它是被連接到四個外部網路（N12 到 N15）。注意，圖 4.63 裡的鏈結成本是有方向性的。換句話說，一條鏈結的兩個終端點可能會指派給鏈結不同的成本。舉例來說，RT3 和 RT6 之間從 RT3 到 RT6 和 RT6 到 RT3 的鏈結成本分別是 8 和 6。

讓我們首先思考 Area 1 的內部路由。當透過氾濫傳播來交換路由資訊之後，區邊界路由器 RT3 和 RT4 會使用 Dijkstra 演算法來計算出最短的路徑。然後摘要過的路由資訊透過跨區路由被傳送到 AS 骨幹。表 4.8 顯示 RT3 和 RT4 所宣傳的路由途徑資訊。對於內部路由器 RT1 和 RT2，它們內部區網路的路由表也是以類似的方式建立。表 4.9 顯示出 RT1 的內部區路由表。

之後在 AS 骨幹上的區邊界路由器會彼此之間交換內部區路由途徑的摘要（intra-area route summaries）。每一台區邊界路由器會從所有其他的區邊界路由器聽到內部區路由途徑的摘要。根據這些路由途徑摘要，每台區邊界路由器會使用到

圖 **4.63** OSPF 網路的範例

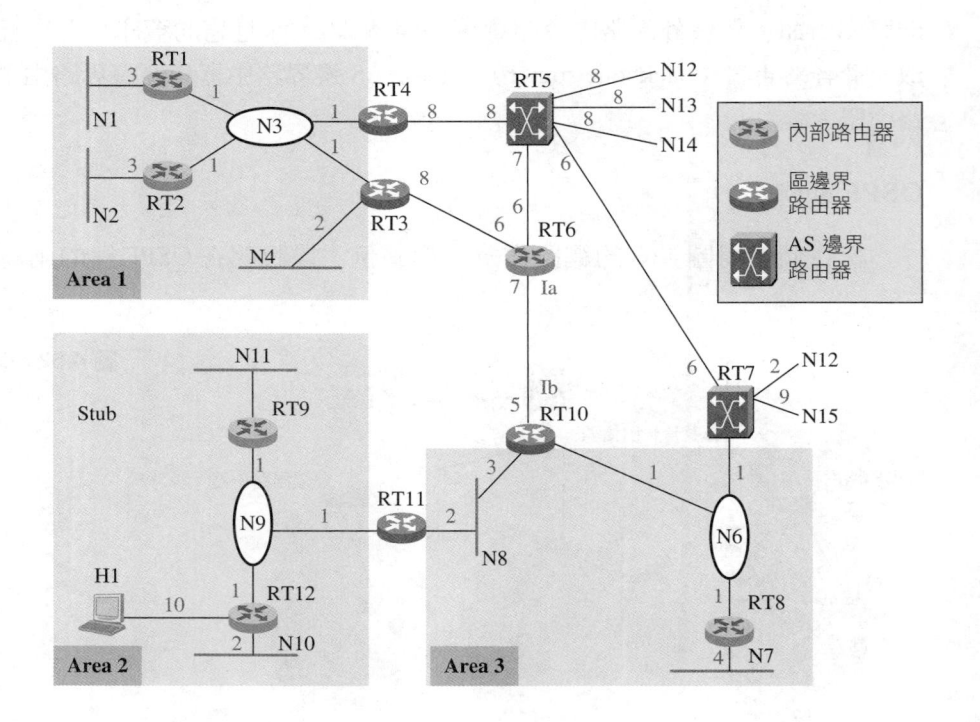

---

[1] 這個範例取自 RFC 2328。

表 4.8　RT3 和 RT4 宣傳給骨幹的路由途徑

網路	RT3 宣傳的成本	RT3 宣傳的成本
N1	4	4
N2	4	4
N3	1	1
N4	2	3

表 4.9　RT1 的內部區路由表

網路	成本	下一站
N1	3	直接
N2	4	RT2
N3	1	直接
N4	3	RT3

它的區域之外所有網路的距離以及 Dijkstra 演算法來形成一個圖。然後區邊界路由器會摘要並且把整個 AS 的路由途徑以氾濫傳送傳遍整個區。表 4.10 顯示 RT3 和 RT4 宣傳到 Area 1 的跨區路由途徑。注意到，Area 2 是被設定為一個 stub 網路，因此 N9、N10、N11 的路由資訊被濃縮成一個路由項目。通常，如果一個網路只有單一一個出口點，則這個網路會被設定成一個 stub 區。外部 AS 路由資訊並不會被氾濫傳送給傳進 stub 區。

　　除了跨區路由資訊，區邊界路由器 RT3 和 RT4 也將從 AS 邊界路由器那邊（RT5 和 RT7）聽到 AS 外面的路由資訊。有兩種類型的外部路由途徑之成本。類型 1 的外部成本是和區內部的路由成本相容，所以前往一個外部網路的成本等於內部成本和外部成本的總和。類型 2 的外部成本比內部成本大一個數量級，所以到一個外部網路的成本是單獨由外部成本所決定。當 RT3 或 RT4 把從 RT5 或 RT7 學到

表 4.10　RT3 和 RT4 宣傳到 Area 1 的路由途徑

目的地	RT3 宣傳的成本	RT4 宣傳的成本
Ia, Ib	20	27
N6	16	15
N7	20	19
N8	18	18
N9-N11	29	36
RT5	14	8
RT7	20	14

的外部成本廣播到 Area 1 的時候，Area 1 的內部路由器（例如 RT1）將會根據宣傳進來的外部成本的類型，建立起通往外部網路的路由途徑。最後，表 4.11 顯示出 RT4 的部分路由表裡的內部區、跨區以及外部路由途徑。

OSPF 封包格式

有五種類型的 OSPF 訊息，它們全都以同樣的標頭來開始，如圖 4.64 所示一樣。類型欄位指出訊息的類型，而表 4.12 顯示五種 OSPF 的訊息類型。類型欄位

表 4.11 RT4 的路由表

目的地	路徑類型	成本	下一站
N1	內部區	4	RT1
N2	內部區	4	RT2
N3	內部區	1	直接
N4	內部區	3	RT3
N6	內部區	15	RT5
N7	內部區	19	RT5
N8	內部區	25	RT5
N9-N11	內部區	36	RT5
N12	類型 1 外部	16	RT5
N13	類型 1 外部	16	RT5
N14	類型 1 外部	16	RT5
N15	類型 1 外部	23	RT5

圖 4.64 OSPF 標頭格式

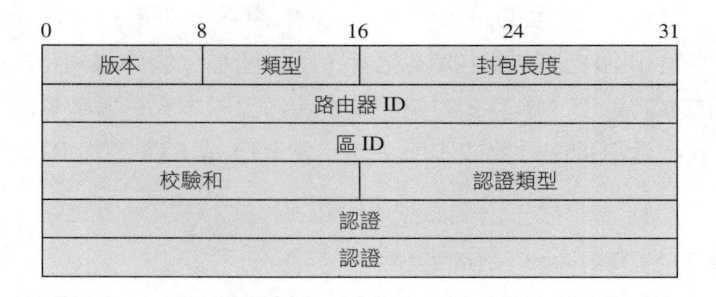

版本	類型	封包長度
路由器 ID		
區 ID		
校驗和		認證類型
認證		
認證		

表 4.12 五種 OSPF 訊息

類型	描述
1	Hello
2	資料庫描述
3	鏈結狀態請求
4	鏈結狀態更新
5	鏈結狀態確認

後面接的是 IP 位址以及來源路由器的區 ID（area ID）。整個訊息除了認證資料之外，全被一個 16 位元的校驗和所保護住，而各種的認證機制都可以被應用在它上面。認證類型（authentication type）指出所使用的機制。

除了 hello 訊息之外，其他類型的 OSPF 訊息是被用來請求、傳送以及回覆鏈結狀態資訊。一個 OSPF 訊息可能含有一或多個鏈結狀態廣告（link-state advertisement, LSA）訊息，而每一個 LSA 訊息描述著一條鏈結或一台路由器的成本資訊。如表 4.13 所示，LSA 共有五種類型，而且所有類型的 LSA 共用同樣的標頭，如圖 4.65 所示。每種類型的 LSA 是被不同的路由器用來描述不同的路由訊息。舉例來說，從 AS 邊界路由器產生的 AS-external LSA 描述通往其他自治系統裡的目的地的路由途徑。

表 4.13 五種 LSA 類型

LS 類型	LS 名稱	源自於	氾濫傳送範圍	描述
1	Router-LSA	所有路由器	區	描述所收集到的通往一個區的路由器介面的狀態。
2	Network-LSA	指定路由器	區	含有一份連接到網路的路由器之名單。
3	Summary-LSA（IP 網路）	區邊界路由器	相關的區	描述通往跨區網路的路由途徑。
4	Summary-LSA（ASBR）	區邊界路由器	相關的區	描述通往 AS 邊界路由器的路由途徑。
5	AS-external-LSA	AS 邊界路由器	AS	描述通往其他 AS 的路由途徑。

圖 4.65 LSA 標頭格式

0	8	16	24	31
LS 年齡		選項	LS 類型	
鏈結狀態 ID				
宣告廣告的路由器				
LS 序號				
LS 校驗和		長度		

開放源碼之實作 4.10：OSPF

總覽

OSPF 源碼最令人感興趣的部分是 Dijkstra 演算法之實作，如圖 4.45 所示。Dijkstra 演算法被實作在 `ospf_spf_calculate()`（被定義在 `ospf_spf.c`），而 `ospf_spf_calculate_timer()` 會呼叫該函數替計時器到期的每一區去計算最短路徑（計時器是由 `ospf_spf_calculate_schedule()` 來排程）。

資料結構

相關的資料結構包括了定義在 `ospf_spf.h` 和 `table.h` 裡的 `vertex`、`route_table` 以及 `route_node`。參數 `area->spf` 指向跨越一個區的最短路徑樹的根,而樹裡的每個節點是被一個 `vertex` 結構來描述:

```
struct vertex
    {
    u_char flags;
    u_char type; /* 路由器點或網路點 */
    struct in_addr id; /* 網路字首 */
    struct lsa_header *lsa;
    u_int32_t distance;
    list child; /* 子節點之名單 */
    list nexthop; /* 給路由表使用的下一站資訊 */
};
```

演算法之實作

當各種類型的 LSA(網路 LSA、路由器 LSA、摘要 LSA)被接收到或是當虛擬鏈結或區邊界路由器的狀態已經被改變的時候,`ospf_spf_calculate()` 會被排程去執行。圖 4.66 顯示出 Zebra 的 `ospfd` 的函數呼叫圖。

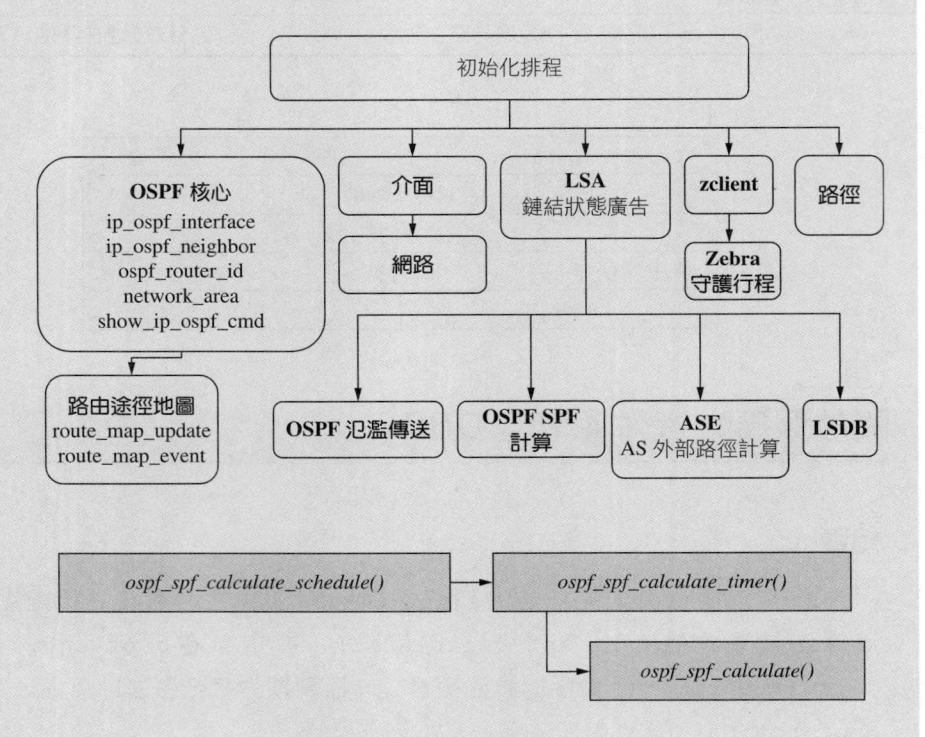

圖 4.66 OSPF 的 Zebra 之實作

圖 4.55 的 *while* 迴圈是以 `ospf_spf_calculate()` 裡的一個「*for*」迴圈實作出來。首先，沒有被包括在 T（即圖 4.45 裡的 V-T）裡的節點（候選者）之名單被 `ospf_spf_next()` 函數所獲得。從候選者之名單的頭部可以獲得擁有最低成本的節點。接著，`ospf_vertex_add_parent()` 被呼叫去設立下一站之資訊（即圖 4.45 裡的 p(v)=w），然後節點會被 `ospf_spf_register()` 給加到 SPF 樹。更新節點成本的操作（C(v)=MIN(C(v), C(w)+c(w,v))）也會在 `ospf_spf_next()` 裡以下列的陳述來執行：

```
w->distance = v->distance + ntohs (l->m[0].metric);
```

練習題

追蹤 Zebra 的源碼並解釋每一區的最短路徑樹是如何被維持的。

效能專欄：路由守護行程的計算耗損

圖 4.67 比較 RIP 和 OSPF 路由守護行程裡核心函數 `rip_rte_process()` 和 `ospf_spf_calculate()` 的執行時間。RIP 的擴充性很好，即使是在一個有 1500 台路由器的網路裡。然而，在一個有 250 台路由器的網路裡，OSPF 的執行時間超過 10 毫秒，而在一個有 1500 台路由器的網路裡甚至超過 100 毫秒。路由演算法的計算複雜度是影響執行時間的最關鍵的因素。RIP 採用的 Bellman-Ford 演算法的時間複雜度比 OSPF 採用的 Dijkstra 演算法的複雜度更低。

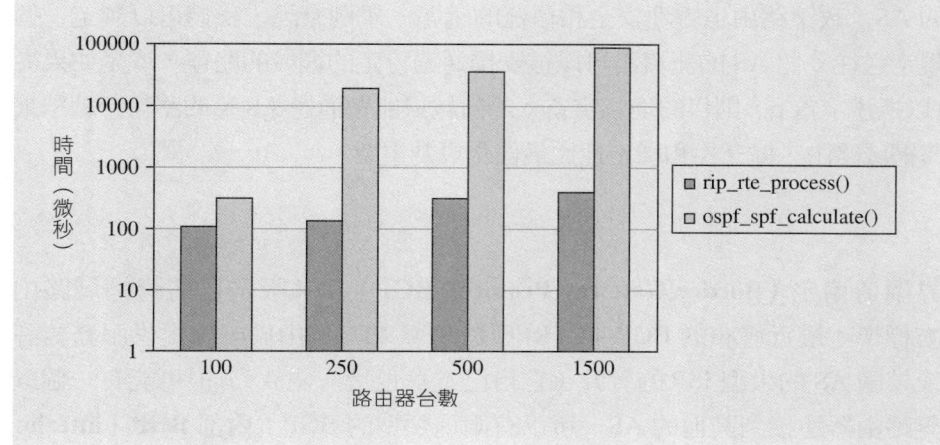

圖 4.67 RIP 和 OSPF 的執行時間

4.6.3 跨網域路由

跨網域路由的任務是要實現網際網路裡自治系統之間的連接性。相對於內部網域路由是發生在一個處於相同管理控制之下的 AS 裡，跨網域路由因為龐大的 AS 數量以及 AS 之間複雜的關係，要實行起來更加困難。跨網域路由最明顯的特色是，就它的考量而論，可到達性比資源分享更為重要。因為每個 AS 可能運行不同的路由協定而且根據不同的標準來指派鏈結成本，找出一對來源 - 目的地之間的最低成本路徑可能毫無意義。舉例來說，在運行 RIP 的 AS 裡，成本等於 15 被認為是相當大的成本，但是在另一個運行 OSPF 的 AS 裡，這樣的成本其實算是相對小的成本。因此，不同 AS 的鏈結成本可能並不相容，所以不能加在一起。（還記得基於相同的理由，OSPF 有兩種分別為類型 1 和類型 2 的外部成本。）另一方面，找出一個沒有迴圈且能抵達目的地網路的路徑，在跨網路路由裡是更為重要的。AS 之間複雜的關係使得找出一條沒有迴圈的路徑不是一項簡單的工作。舉例來說，假設一所大學擁有一個 AS 號碼而且運行 BGP 去連接到兩家分別擁有 X 和 Y 的網際網路服務供應商（ISP）。假設該所大學向 AS 號碼為 X 的 ISP 購買了較多的頻寬。此外，該所大學肯定不想讓從 AS X 傳給 AS Y 的訊流通過它的網域，而反之亦然。因此，它可能會設定一個政策：「除非 AS 故障，否則把所有的訊流的路由途徑都設定為通往 AS X；在 AS 故障的情況下，把所有的訊流的路由途徑都設定為通往 AS Y」以及「不能攜帶從 AS X 送到 AS Y 的訊流，而反之亦然」。這種路由被稱為政策路由（policy routing），即政策允許一個路由網域的管理員設定如何設定封包通往目的地的路由途徑的規則。政策可能指定出所偏好的 AS 或不能穿過的 AS。政策路由也處理安全和信任的議題。舉例來說，我們可以制定一個政策，規定送往一個 AS 的訊流不可以被安排通過特定的網域的路徑，或是如果從 AS X 可以抵達字首 p，則目的地為字首 p 的封包只能走通過 AS X 的路徑。總結來說，在跨網域路由，擴充性和穩定性比最佳化更為重要。

BGP

邊界閘道協定（Border Gateway Protocol, BGP）第 4 版是目前跨網域路由的非官方標準。最近發布的 BGP-4 的 RFC 是 RFC 4271。由於一家提供服務給許多企業或校園 AS 的大型 ISP 的骨幹（它自己本身也是一個 AS）很可能有一個以上的邊界路由器連接到其他的 AS，所以有兩種類型的 BGP：**內部 BGP（interior BGP, IBGP）**和**外部 BGP（exterior BGP, EBGP）**。建立 IBGP 對話（IBGP session），是為了提供同一個 AS（例如一家 ISP）裡的兩台 BGP 路由器進行通訊；而建立 EBGP 對話則是為了提供在不同 AS 裡的兩台 BGP 路由器進行通訊。IBGP 的目的是要確定如果在同一個 AS 裡有數台路由器運行 BGP，在它們之間的路由資訊能被保持同步。在一個 AS 裡最少要有一台路由器被選出作為 AS 的代表，而該路由器就被稱為 BGP 發言者（BGP speaker）。一台 BGP speaker 使用 EBGP 對話來和其他 AS 裡的同儕 BGP speaker 交換路由資訊。更進一步來說，既然穩定性和可靠性對於跨網域路由來說是非常重要的，BGP 會在 TCP 的埠 179 上運行，而且認證可以被使用來進一步保護 TCP 連接。對於同一個 AS 裡的路由器而言，它們之間會在 TCP 和底層的 IBGP 對話連接的基礎上，建立起一個邏輯上的網狀全連接（fully connected mesh）。最後，BGP 也會支援 CIDR。

路徑向量路由

在網際網路裡，龐大的 AS 路由器數量使得距離向量演算法比鏈結狀態演算法更適合被用來製作 BGP。然而，因為對於路由來說，可到達性和沒有迴圈的產生是比路由途徑之最佳化更加重要的考量，所以 BGP 採用**路徑向量演算法（path vector algorithm）**來找出兩個網路之間的路由途徑，而路徑向量是距離向量演算法的一種改編版。路徑向量演算法也讓相鄰的鄰居路由器交換路由資訊，可是為了避免迴圈的產生，當交換一個路由項目資訊的時候，完整的路徑資訊都會被廣告宣傳。因為每個 AS 都有一個獨一無二的 AS 號碼（一個 16 位元辨識碼），一條路徑的完整資訊會保存一個依照路徑已經穿越過的順序所排好的 AS 號碼序列。如果在路徑資訊裡發現目前所在的 AS 的號碼，這表示偵測到了迴圈。更進一步來說，由於不同的 AS 對成本的定義有其不一致性，被交換的路徑資訊中並未包含成本資訊。因此，一條路由途徑的選擇大多是取決於管理上的偏好以及在路徑上的 AS 之數量。

BGP 封包的四種類型為：OPEN、KEEPALIVE、UPDATE 及 NOTIFICATION。當兩台 BGP 路由器建立起一條 TCP 連線之後，路由器就會傳送一個 OPEN 訊息給對方。之後，它們會週期性地傳送 KEEPALIVE 訊息給彼此，以確保對方知道自己還活著。路由資訊的交換是使用 UPDATE 訊息。和 RIP 不同，BGP 由於它的路由表太大，所以不會週期性地更新整個路由表。UPDATE 訊息包含一組傳送方想要

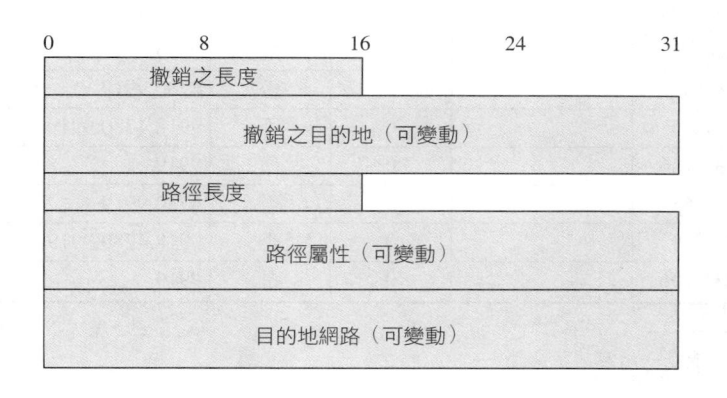

圖 4.68 BGP UPDATE 訊息的封包格式

撤銷的路由途徑，以及通往一組目的地網路的路徑資訊。圖 4.68 顯示 UPDATE 訊息的格式。路徑屬性會被運用在目的地網路（Destination Networks）裡列出的所有目的地（被稱為 Network Layer Reachability Information, NLRI）。路徑屬性裡攜帶的資訊可能包括路徑資訊的來源（從 IGP 或 EGP 而來或不完整）、在通往目的地的路徑上的 AS 之名單、通往目的地的下一站、用於多個 AS 出口點的鑑別器（Multi_Exit_Disc, MED）、指出在一個 AS 裡所偏好的路由器的本地之偏好（LOCAL_PREF）、已經被匯集過的路由途徑以及匯集路由途徑的 AS 的辨識碼。最後，當碰到錯誤發生時，BGP 路由器會送出一個 NOTIFICATION 訊息給對方。

每台 BGP 路由器會保留可以通往一個目的地的所有路徑，但是只會把「最佳」路徑告訴它的鄰居。最佳路徑的選擇取決於 AS 的政策。然而，一般而言，所偏好的是比較大的 LOCAL_PREF、較短的路徑、較低的來源代碼（origin code）（IGP 比 EGP 更受到偏好）、較低的 MED、較近的 IGP 鄰居以及擁有較低 IP 位址的 BGP 路由器。在決定了通往一個目的地[2]的最佳路由途徑之後，BGP speaker 會透過 EBGP，把它最偏好的通往每個目的地的路徑都告訴鄰居的 BGP speaker。一台 BGP speaker 也會透過 IBGP，將它所學到的路由資訊傳播給其他路由器（非 BGP speaker）。

BGP 範例

最後，讓我們來看一個 BGP 路由表的例子。表 4.14 顯示從一所大學的邊界路

表 4.14　BGP 路由表的範例

網路	下一站	LOCAL_PREF	權值	最佳？	路徑	來源
61.13.0.0/16	139.175.56.165		0	否	4780,9739	IGP
	140.123.231.103		0	否	9918,4780,9739	IGP
	140.123.231.100	0	0	是	9739	IGP
61.251.128.0/20	139.175.56.165		0	是	4780,9277,17577	IGP
	140.123.231.103		0	否	9918,4780,9277,17577	IGP
211.73.128.0/19	210.241.222.62		0	是	9674	IGP
218.32.0.0/17	139.175.56.165		0	否	4780,9919	IGP
	140.123.231.103		0	否	9918,4780,9919	IGP
	140.123.231.106		0	是	9919	IGP
218.32.128.0/17	139.175.56.165		0	否	4780,9919	IGP
	140.123.231.103		0	否	9918,4780,9919	IGP
	140.123.231.106		0	是	9919	IGP

---

[2] 事實上，也可能是一組目的地網路。

由器所取得的部分 BGP 路由表。(一台網際網路骨幹路由器的整個路由表擁有超過 300,000 條路由項目；目前 BGP 路由表的尺寸請參見 http://bgp.potaroo.net/。) 該所大學的 AS 號碼是 17712。第一項路由項目指出，BGP 路由器已經從三個鄰居 139.175.56.165、140.123.231.103 以及 140.123.231.100 那邊接收到關於目的地網路 61.13.0.0/16 的 UPDATE 訊息。通往 61.13.0.0/16 的最佳 AS 路徑是穿越過 140.123.231.100（可能只是因為這是最短的路徑）。來源代碼指出，路由器的鄰居 140.123.231.100 是透過一個 IGP 協定才學到這條 AS 路徑。

開放源碼之實作 4.11：BGP

總覽

BGP 採用距離向量路由，但是在它的訊息裡也包括路由的路徑資訊，以避免迴圈的發生。它著重在政策路由而非路徑成本的最佳化。因此，在 BGP 的實作裡，我們應該要找出它是如何根據一些政策來選擇偏好的路由途徑。

資料結構

BGP 路由表是一個 `bgp_table` 之結構，而它是由 BGP 節點（`bgp_node` 的結構）所組成（請看 bgpd/bpg_table.h）。每個 `bgp_node` 有一個指標指向 BGP 路由資訊，`struct bgp_info`，而它是被定義在 bgpd/bg_route.h。`bgp_info` 是裡面有一個指標指向著儲存鄰居路由器資訊的 `struct peer`。

演算法之實作

圖 4.69 顯示用來處理 BGP 封包的 bgpd 的函數呼叫圖。當一個 BGP UPDATE 封包被接收到，`bgp_update()` 會被呼叫，而路徑屬性 `attr` 會作為該函數呼叫的其中一個參數。然後 `bgp_update()` 呼叫 `bgp_process()` 去處理路由資訊的更新，而後者接著會呼叫 `bgp_info_cmp()` 根據下列的優先權規則來比較兩條路由途徑的優先權：

0. 空檢查：偏好不是空的路由途徑
1. 權值檢查：偏好較大的權值
2. 本地偏好檢查：如果本地偏好被設立，就會偏好較大的本地偏好值
3. 本地路由途徑檢查：偏好靜態的路徑、重新分配的路徑或是匯集過的路徑
4. AS 路徑長度檢查：偏好較短的 AS 路徑長度
5. 來源檢查：偏好從以下來源的順序所學到的路徑：IGP、EGP、不完整
6. MED 檢查：偏好較低的 MED（MULTI_EXIT_DISC）

圖 4.69　在 Zebra 裡的 bgpd 的函數呼叫圖

```
bgp_update() → bgp_process() → bgp_info_cmp()
```

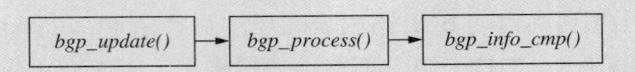

7. 同儕類型檢查：和 IBGP 同儕相比，更偏好 EBGP 同儕
8. IGP 度量檢查：偏好更近的 IGP
9. 成本社群檢查：偏好較低的成本
10. 最大路徑檢查：此項實作從缺
11. 如果兩條路徑屬於外部路徑，偏好先收到的那條（比較舊的）
12. 路由器 -ID 之比較：偏好較小的 ID
13. 叢集長度之比較：偏好較短的長度
14. 鄰居位址之比較：偏好較低的 IP 位址

練習題

這個練習題要求你去發掘目前 BGP 路由表的字首長度的分布。首先，瀏覽 http://thyme.apnic.net/current/ 這個網頁，而你會發現 APNIC 路由器所看到的一些關於 BGP 路由表的有趣分析。尤其是「每個字首長度所宣布的字首數量」（number of prefixes announced per prefix length）會讓你知道一台骨幹路由器的路由項目的數量以及這些路由項目的字首長度之分布。

1. 在你拜訪該網頁當天，一台骨幹路由器究竟有多少條路由項目？
2. 畫出一張圖以對數標度來顯示字首長度的分布（長度是從 1 到 32 不等），因為所宣布的字首數量是從 0 到數萬不等。

4.7　多點傳播路由

到目前為止，我們已經看到整個網際網路解決方案是如何提供從單一來源到單一目的地的主機對主機之封包傳遞。然而，許多新興的應用需要從單一或數個來源到一個目的地群組的封包傳遞。舉例來說，視訊會議和串流、遠距離學習、WWW 快取更新、分享布告欄以及網路遊戲等都是很流行的多方通訊（multi-party communication）之應用。把一個封包傳給數個接收方就是所謂的多點傳播。一個多點傳播對話（multicast session）是由一或數個傳送方以及接收方所組成，而且通常會有數個接收方在同一個多點傳播位址上來傳送或接收封包。

4.7.1　把複雜性轉移到路由器的身上

擴充性仍然是在實作網際網路多點傳播服務的主要考量。我們首先從傳送方、接收方以及路由器等方面來處理數個議題，但同時也要記住擴充性的考量。一位傳送方可能面臨以下的問題：傳送方如何傳送一個封包給一群接受方？傳送方是否需要知道接受方是誰以及位於何處？傳送方是否擁有對群組成員資格的控制權力？是否能夠有一個以上的傳送方同時傳送封包給一個群組？儘量把傳送方的工作保持簡單，就可以使得傳送封包到一個多點傳播之群組的工作有高度的擴充性，所以網際網路多點傳播所提供的解決方案是把多點傳播的負荷從傳送方的身上轉移到網際網路路由器的身上。然而，這樣做其實等於是把複雜性從網路邊緣的主機給轉回到核心網路的路由器身上。此外，它也會把核心網路從原本的無狀態（stateless）改變成有狀態（stateful），正如我們稍後將會看到的，而這對基礎結構有極大的影響。因此，是否把多點傳播放在 IP 層或是把它留在應用層仍然是一個值得商榷的議題。我們將會在這一節的最後再回來檢視這個議題。

如圖 4.7 所示，一個類別 D 的 IP 位址空間是被保留起來以供多點傳播使用。一個多點傳播之群組會被指派一個類別 D 的 IP 位址。意圖把封包送給多點傳播之群組的傳送方則只是把群組的類別 D IP 位址放在 IP 標頭的目的地欄位。傳送方不需要知道接收方在何處，也不需要知道封包如何被傳遞給群組的成員。換句話說，傳送方根本不需要負責維護群組成員的名單以及把接收方的 IP 位址放到 IP 標頭裡。擴充性因此而被達成，因為從一位傳送方的角度來看，傳送一個多點傳播封包就像傳送一個單點傳播封包一樣簡單。讓多位傳送方同時傳送封包給一個多點傳播之群組是被允許的。缺點是傳送方無法控制在網路層的群組成員資格（可是這可以在應用層來實現）。

從一位接收方的觀點來看，它可能會提出以下的問題：如何參加一個多點傳播之群組？如何知道在網際網路裡正在進行的多點傳播之群組？任何人都可以加入一個群組嗎？一位接收方能否動態地參加或離開一個群組？一位接收方能否曉得在群組裡的其他接收方？同樣地，網際網路的解決方案是讓接收多點傳播封包的工作盡可能和接收單點傳播封包一樣簡單。一位接收方會傳送一個加入訊息（join message）給離它最近的路由器，以便指出它想要加入哪一個多點傳播之群組（也就是哪一個類別 D 的 IP 位址）。然後一位接收方可以像接收單點傳播封包一樣來接收多點傳播封包。當然，接收方可以隨它的意願來加入或離開一個多點傳播。除了手動設定之外，並沒有其他特別的機制能夠把一個類別 D 的 IP 位址來指派給一個群組。然而，有一些協定和工具是被用來宣傳網際網路上的多點傳播對話的位址。進一步來說，IP 層並不會提供用來認識一個多點傳播群組裡所有接收方的機制。這項工作是留給應用層協定去完成。

最後，一台路由器可能會提出下列的問題：如何傳遞多點傳播的封包？一台路由器是否曉得在一個多點傳播群組裡所有的傳送方和接收方？當多點傳播的接收方和傳送方甩掉多點傳播的工作負荷之時，路由器必須擔任這項工作。多點傳播路由器有兩項工作：群組成員資格的管理（group membership management）以及多點傳播封包的傳遞（multicast packet delivery）。首先，一台路由器必須知道在它直接連接的子網內是否有任何主機已經加入了一個多點傳播之群組。被用來管理多點傳播的群組成員資訊的協定是**網際網路群組管理協定（Internet Group Management Protocol, IGMP）**。接下來，一台路由器必須知道如何傳遞多點傳播封包給所有的成員。有人可能會像要建立很多條一對一的連接來傳遞多點傳播封包。然而，這絕對不是一種有效率的作法，因為網際網路將會充斥著重複複製的封包。一個更為有效的方法是建立一個整個群組共用的多點傳播樹，而樹的根就是一位傳送方。然後多點傳播封包就可以被傳遞在多點傳播樹上，其中的封包只會在樹的分支點之處被複製。建立一個多點傳播樹的工作是由像 DVMRP、MOSPF 和 PIM 等多點傳播協定來完成。

現在應該很清楚，IP 層提供的多點傳播解決方案是盡可能讓傳送方和接收方的工作簡單化而把工作留給路由器負擔。接下來，我們專注在路由器的工作。明確地說，我們先檢視在一個 IP 子網內主機和指定的路由器之間運行的群組成員資格協定。它允許指定的路由器可以知道是否至少有一台主機已經加入了一個特定的多點傳播群組。我們接著討論多點傳播路由協定。多點傳播路由協定在有多點傳播功能的路由器之間運行，是被用來替每個多點傳播群組建立多點傳播樹。最後，因為大部分的多點傳播路由協定是被設計給內部網域多點傳播（intra-domain multicast）使用，我們將會介紹一些新研發的跨網域多點傳播（inter-domain multicast）技術。

4.7.2　群組成員資格之管理

如果一台路由器是負責把多點傳播封包傳遞給它直接連接的 IP 子網，則它就稱為指定路由器（designated router）。一台指定路由器必須維護子網內所有主機的群組成員資格的資訊；如此一來，它才知道是否應該要把特定多點傳播群組的封包給轉發到子網內部。網際網路裡所使用的群體成員資格管理協定被稱為網際網路群組管理協定。

網際網路群組管理協定（IGMP）

IGMP 目前的版本是 IGMPv3，被定義在 RFC 3376。IGMP 允許一台路由器詢問在它直接連接的子網內的主機，看看它們之中是否有任何主機已經加入一個特定的多點傳播群組。它也允許一台主機以報告來回應路由器的查詢或是通知路由器它即將離開一個多點傳播之群組。

基本上，有三種類型的 IGMP 訊息：查詢、報告、離開。圖 4.70 顯示 IGMP 封包的格式。查詢訊息的類別值為 0x11。一個查詢訊息可以是一般性查詢，或

```
 0            8           16          24          31
┌────────────┬────────────┬───────────────────────┐
│   類型     │ 最大反應時間│        校驗和         │
├────────────┴────────────┴───────────────────────┤
│              多點傳播群組位址                    │
└──────────────────────────────────────────────────┘
```

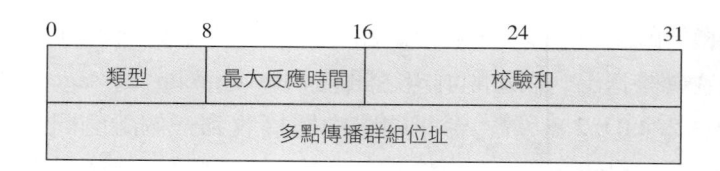

圖 4.70 IGMP 封包的格式

是一個特定群組的查詢。當多點傳播的訊息是一般性查詢訊息的時候，它的群組位址會被填滿零。IGMPv3 成員資格報告訊息的類別值是 0x22。為了提供回溯相容（backward compatibility），IGMPv1 成員資格報告、IGMPv2 成員資格報告、IGMPv2 離開群組訊息使用的類型分別為 0x12、0x16、0x17。IGMP 訊息是被攜帶在一個協定辨識碼為 2 的 IP 封包裡，並且被送給特定的多點傳播位址，像是全部系統（all-systems）之多點傳播位址以及全部路由器（all-routers）之多點傳播位址。

讓我們簡單地對 IGMP 的運作做一個總覽。一台多點傳播路由器會扮演著兩種角色的其中之一：查詢者（queries）和非查詢者（non-querier）。一台查詢者是負責維護成員資格的資訊。如果在一個 IP 子網內有超過一台的路由器，擁有最少 IP 位址的路由器會變成查詢者，而其他路由器則是非查詢者。查詢者會週期性地送出一般性查詢訊息來要求成員資格的資訊。一般性查詢訊息會被送到 224.0.0.1（全部系統多點傳播之群組）。

至少一位成員或一個也沒有

當一台主機接收到一般性查詢訊息，它會等待一段介於零和最大反應時間（在一般性查詢訊息裡給定）的隨機時間。當上述的隨機計時器到期時，主機會送出一個 TTL=1 的報告訊息。然而，如果主機看見由其他主機所送出的同一個多點傳播群組的報告訊息，則主機會停止計時器並且取消報告訊息。這種隨機計時器的使用是為了壓制其他群組成員傳來更多的報告訊息，因為路由器只在乎是否有至少一台主機加入多點傳播群組。當一台主機接收到一個特定群組的查詢訊息，如果該主機是查詢訊息所指定的多點傳播群組裡的成員，則它也會採取類似的行動。

當一台路由器接收到一個報告訊息時，它會把訊息裡所回報的群組加入它資料庫裡的多點傳播群組名單。它也會替成員資格來設定一個時間等於「Group Membership Interval」的計時器，而如果在計時器到期前沒有收到報告，則成員資格的項目將會被刪除。（記得之前提過，查詢訊息的傳送是週期性的，所以一台路由器會預期在計時器到期之前，看到報告被送回來。）除了回覆查詢訊息，一台主機在它想要加入一個多點傳播群組的時候，不需要被邀請就可以立即自動送出一個報告訊息。

當一台主機要離開一個多點傳播之群組，如果它是最後一台主機回覆該群組的查詢訊息，則它應該送出一個離開群組之訊息（leave group message）到 all-routers 多點傳播位址（224.0.0.2）。當一台訊問路由器接收到一個離開訊息，每隔一段「Last Member Query Interval」的時間，它會送出特定群組之查詢訊息給在它所附屬子網上的相關群組，而送出的次數總共是「Last Member Query Count」。如果沒有在「Last Member Query Interval」結束之前接收到報告，路由器會假設相關的群組並沒有本地的成員，所以不需要把那個群組的多點傳播封包轉發在它所附屬的子網上面。藉由這個假設，路由器不需要在一台主機離開群組之後計算子網內還有多少台主機是相關群組的成員；它只需要簡單地詢問「還有人在這個群組裡嗎？」

從 IGMP 運作的總覽，我們可以看出其中並沒有任何機制能夠控制誰可以加入一個多點傳播群組或誰可以送封包給一個多點傳播群組。它也沒有 IP 層的機制能夠知道在一個多點傳播群組裡的接收方。IGMPv3 增加了來源過濾「source filtering」的支援：換句話說，一位接收方可能會要求只從特定的來源位址來接收封包。一位接收方可能加入一個多點傳播之群組，藉由調用一個類似於 IPMulticastListen (socket, interface, multicast-address, filter-mode, source-list) 的函數，其中的過濾模式是 INCLUDE 或 EXCLUDE 的其中之一。如果過濾模式是 INCLUDE，接收方預期只會接收從來源名單裡傳送方送來的封包。另一方面，如果過濾模式是 EXCLUDE，將不會接收從來源名單裡傳送方送來的封包。

4.7.3　多點傳播路由協定

多點傳播的第二個元件是多點傳播路由協定，它負責建立多點傳播樹以供多點傳播封包的傳遞。一個多點傳播樹看起來應該是什麼樣子呢？從一個傳送方的觀點來看，它應該是一個根在傳送方的單向樹，而且它可以抵達所有的接收方。然而，一個擁有超過一位傳送方的多點傳播群組又是什麼樣的情形呢？在網際網路裡，有兩種建立多點傳播樹的方法已經被採用；它們之間的差別在於是否所有的傳送方都使用單一多點傳播樹來傳遞封包，或者每位傳送方有一個來源特定的多點傳播樹來傳遞封包。這兩種方法的擴充性如何？第一種方法，群組分享樹（group shared tree），比較具有擴充性，因為一台多點傳播路由器只會維護以每個群組為單位的狀態資訊，而後來以來源為基礎的方法則需要以每個來源並且每個群組為單位的狀態資訊。然而，以來源為基礎的方法會給予一條較短的路徑，因為封包是沿著樹來進行遍歷（traversal）。建立以來源為基礎之樹的多點傳播協定包括**距離向量多點傳播路由協定（Distance Vector Multicast Routing Protocol, DVMRP）、OSPF 多點傳播擴充（Multicast extensions to OSPF, MOSPF）**以及**協定獨立多點傳播的密集模式（Protocol Independent Multicast dense mode, PIM-DM）**。另一方面，PIM 的稀疏模式（PIM-SM）和基於核心之樹（Core-Based Trees, CBT）則建立群組分享樹。顯然，對於成員稀疏地分布在網路拓樸上的稀疏群組而言，分享樹的方法由於擴充性而較受青睞，我們稍後再來釐清此一重點。

斯坦納樹 vs. 最低成本路徑樹

在描述多點傳播路由協定的細節之前，讓我們檢視關於建立一個多點傳播樹的兩個議題。正如我們已經討論過點對點路由的最佳化，最佳的多點傳播路由為何呢？在文獻中，多點傳播的問題也被塑造成一個圖形理論的問題，其中的每一條鏈結都被指派一個成本值。最佳多點傳播路由是要找出一個擁有最小成本的多點傳播樹，而一個多點傳播樹的成本是在樹上的所有鏈結的成本之和。很明顯地，多點傳播樹的根必須位於來源並且涵蓋到全部的接收方。最佳多點傳播樹，也就是擁有最低總成本的樹，就被稱為一個**斯坦納樹（Steiner tree）**。很不幸地，找出一個斯坦納樹的問題是眾所皆知的 NP 完全（NP-complete）問題，即使是在全部的鏈結成本都是單位成本的情況下也是如此。因此，大部分之前的研究學者是專注在研發僅花費多項式時間（polynomial time）但產生近乎於最佳化的結果的探索式（heurisric）演算法。進一步來說，這些探索式演算法通常是保證它們的解決方法的成本是在最佳解決方法成本的兩倍以內。然而，縱使探索式演算法展現出好的效能表現，並沒有任何一種網際網路多點傳播路由協定試著去解決斯坦納樹的問題。為什麼？有三個顯著的理由使得這些探索式演算法不太實際。首先，這些演算法大多屬於集中式演算法並且需要全域資訊，也就是說，它們需要網路內全部的鏈結和節點的資訊。然而，一個集中式解決方案並不適合分散的網際網路環境。其次，斯坦納樹的問題是被制定成擁有靜態會員資格的多點傳播，其中的來源節點和所有的接收節點都是固定且已知的。這肯定不符合網際網路的實際情況。最後，大部分探索式演算法的計算複雜度對於線上計算而言是無法接受的。畢竟，將多點傳播樹的成本最小化遠不如擴充性來得重要。進一步來說，如果沒有一個明確的鏈結成本的定義，我們如何能夠解讀一個多點傳播樹的成本，而且成本最小化本身又有多重要呢？

建立一個多點傳播樹的另一項議題就是：多點傳播路由協定是否依賴著某個特定的單點傳播路由協定。與其解決斯坦納樹的問題，目前的網際網路多點傳播路由協定大多是根據最低成本路徑演算法來建立多點傳播樹。就以來源為基礎的樹而言，從來源到每個目的地的路徑是單點傳播路由所找出的最低成本路徑。因此，從來源到每位接收方的最低成本路徑的組合便形成一個根在來源的最低成本路徑樹。就群組分享樹而言，最低路徑樹的建立是從一個中心節點〔被稱為**會合點（rendezvous point）**或核心（core）〕到所有的接收節點。更進一步而言，最低成本路徑是被用來從來源送出封包到中心節點。因為這兩種類型的樹都是根據最低成本路徑所建立起來的，所以單點傳播路由的結果當然可以被利用。問題是一個多點傳播路由協定是否需要特定的單點傳播路由協定的合作，或者它是否獨立於底層的單點傳播路由協定之外？就目前相關的網際網路解決方案來看，DVMRP 是前者方法的一個例子；而 PIM，正如它的名字所表示的一樣，和單點傳播路由協定毫無關係。接下來我們會介紹兩種最常被使用的多點傳播路由協定：DVMRP 和 PIM。

距離向量多點傳播路由協定（DVMRP）

在 RFC 1075 裡提出的 DVMRP，是網際網路裡第一個也是最廣泛被使用的多點傳播路由協定。DVMRP 有 RIP 作為它內建的單點傳播路由協定。當網際網路多點傳播剛被啟動時，DVRMP 是運行在一個叫做 MBone 的實驗性骨幹網路上面的多點傳播路由協定。DVMRP 會替給一個多點傳播的傳送方來建構一個以來源為基礎的樹。一個多點傳播樹的建立是採用兩個步驟。在第一個步驟，**反向路徑廣播**（Reverse Path Broadcast, RPB）是被用來廣播多點傳播封包給所有的路由器。然後修剪（prune）訊息會被用來把 RPB 樹修剪成一個**反向路徑多點傳播**（Reverse Path Multicast, RPM）樹。

原理應用：當斯坦納樹有別於最低成本路徑樹

圖 4.71 顯示一個簡單的例子，其中的斯坦納樹並非最低成本路徑樹。在這個例子中，A 是來源節點，而 C、D 是兩個接收節點。從 A 到 C 的最低成本路徑是從 A 到 C、成本為 3 的直接鏈結。從 A 到 D 的最低成本路徑亦是如此。因此，最低成本路徑樹的根是從 A 然後延伸到 C 和 D，而它的成本是 6。然而，最佳的解決方案是斯坦納樹的根從 A 先連到 B，然後延伸到 C 和 D。斯坦納樹的成本是 5，該成本小於由最低成本路徑所組合而成的最低成本路徑樹。

圖 4.71 斯坦納樹有別於最低成本路徑樹的例子

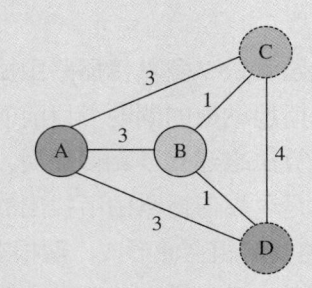

反向路徑廣播（RPB）

傳統上，一個網狀網路裡的廣播是被實作成氾濫傳送，也就是說，廣播封包會被轉發到除了封包被接收進來的介面之外的所有輸出鏈結介面。然而，由於氾濫傳送的緣故，一台路由器將會接收到同樣的封包很多次。如何避免一台路由器轉發同樣的封包超過一次呢？圖 4.72 顯示的 RPB 就是一個很聰明的設計點子。當一台路由器接收到一個廣播封包時，只有在封包抵達的鏈結是在從路由器回溯到傳送方的最短（最低成本）路徑上的情況，路由器才會將該封包氾濫傳送出去。否則的話，封包就會被丟掉。一個廣播封包保證只會被一台路由器氾濫傳送一次，而當全部路由器都做過一次氾濫傳送的時候，氾濫傳送的程序就此停止。一台路由器可能仍然會超過一次接收到同樣的封包，但是不會有循環迴圈（looping）或無止盡的氾濫傳送（infinite flooding）的問題。

很明顯地，RPB 要求每台路由器已經建立好它自己的單點傳播路由表。也就是說，DVMRP 需要一個底層的單點傳播路由演算法。RPB 被稱為「反向路徑」，因為雖然最短路徑樹的根應該是在傳送方然後延伸到接收方，但每台路由器是根據「反向最短路徑」（從路由器到傳送方）來決定是否要氾濫傳送封包。結果，封包會經由從接收方到傳送方的最短路徑來抵達每一個目的地。那麼為何不使用正向的最短路徑呢？記得之前提到，距離向量演算法會找出從一台路由器到目的地的下一站。因此，當一台路由器接收到一個廣播封包時，它並不曉得從傳送方到它自己的最短路徑，但卻知道從它自己到傳送方的最短路徑。

反向路徑多點傳播（RPM）

當一個來源廣播一個多點傳播封包給所有的路由器（以及子網），許多不想要接收這個封包的路由器和子網無法避免接收它。為了克服這個問題，一台不會通往

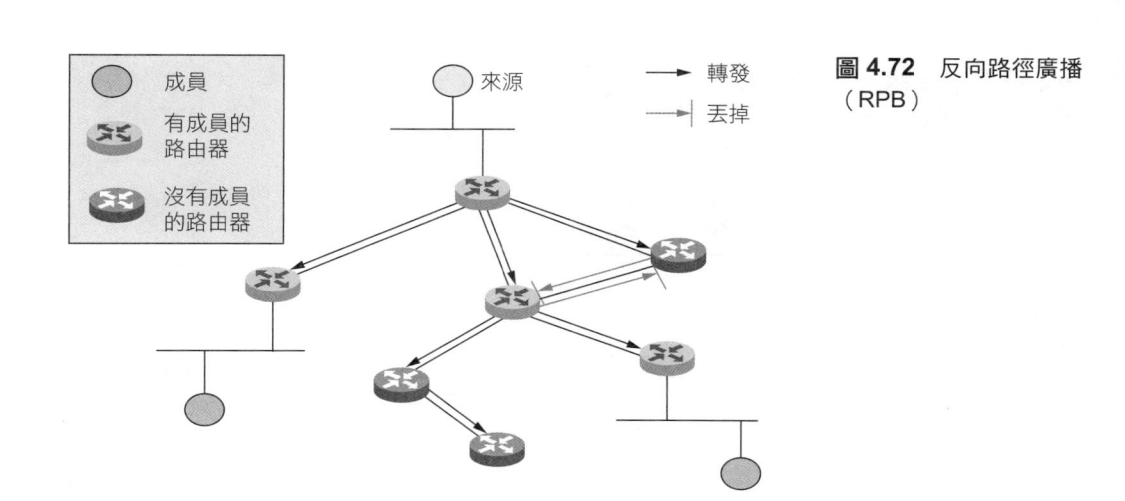

圖 4.72 反向路徑廣播（RPB）

任何接收器的路由器會送出一個修剪訊息給它的上游路由器,如圖 4.73 所示。(記得之前提過,一台路由器透過 IGMP 可以得知成員資格的資訊。)一台中繼路由器替每個多點傳播的群組維護一份依賴的下游路由器的名單。當一個修剪訊息被接收到,一台中繼路由器會檢查它的下游路由器之中是否沒有任何一台有成員加入和修剪訊息相關的多點傳播群組,也就是說所有成員都已經傳送修剪訊息給它了。如果是的話,該中繼路由器接著會送出另一個修剪訊息給它的上游路由器。一台路由器被從 RPB 樹給修剪掉之後,沒有封包會被送到這一台路由器。正如圖 4.74 所示,修剪了 RPB 樹之後,就會形成一個反向路徑多點傳播(RPM)樹。

下一個問題是,如果在一個被修剪掉的分支之下的一台主機想要加入多點傳播之群組,這樣會發生什麼事。有兩種可能的解決方案。首先,一個修剪訊息包括修剪壽命(prune lifetime),而它指出一個被修剪掉的分支會維持被修剪掉的狀態多久的時間。因此,在修剪壽命到期之後,這個被修剪掉的分支將會被加回到它原先的樹。換句話說,當修剪壽命到期的時候,一個多點傳播封包將會週期性地被氾濫

圖 4.73 修剪 RPB 樹

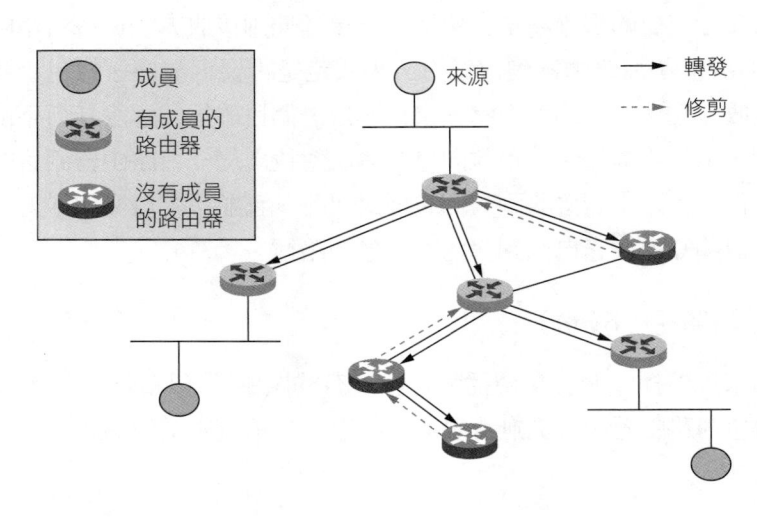

圖 4.74 圖 4.73 的 RPM 樹被修剪過之後

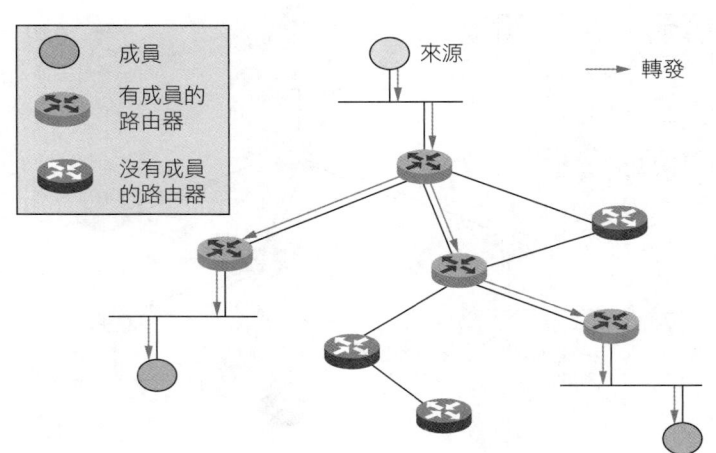

傳送出去。另一方面，一台路由器也可以明確地送出一個接枝（graft）訊息給它的上游路由器，強迫一個被修剪掉的分支被再次加回到它原先的多點傳播樹。

DVMRP 有幾個缺點。舉例來說，前幾個多點傳播封包必須被氾濫傳送給全部的路由器。這使得它只有在擁有密集成員的群組的情況之下，才會運作得很好。修剪訊息所特有的壽命功能也需要路由器週期性地更新它的修剪狀態。最後，因為 DVMRP 建立了以來源為基礎的樹，所以每台路由器必須維護每個來源且每個群組的狀態資訊。對於一個擁有兩個傳送方的多點傳播群組而言，一台中繼路由器必須替這個群組來維護兩種狀態，因為不同傳送方所使用的多點傳播樹會有所不同。也就是說，如何轉發封包是取決於傳送方是誰。結果，使用 DVMRP 的話，在每一台路由器上面都需要儲存大量的狀態資訊。總之，縱使 DVMRP 不具有很好的擴充性，但由於它的簡單性，所以仍然是最被廣泛使用的協定。

協定獨立多點傳播（PIM）

如我們已經看到的，在多點廣播群組的成員是稀疏地分布的情況下，DVRMP 的擴充性並不佳。其原因有兩個：首先，來源導向的樹之建構、RPB 樹被修剪成 RPM 樹的方式都不具有擴充性；其次，建立一個以來源為基礎的多點傳播樹不具有擴充性，因為它需要太多的狀態資訊。當路徑變得更長以及當群組的數量和每個群組的傳送方數量變得更大的時候，狀態耗損會非常快速地成長。對於稀疏分布的群組成員，一個共享的而且採用接收者導向來建構的樹將更具有擴充性，所以在網際網路裡已經提出一種新的多點傳播路由協定，其被稱為**協定獨立多點傳播（Protocol Independent Multicast, PIM）**之協定。PIM 明確地支援兩種方式來建構一個多點傳播樹。**PIM 密集模式（PIM dense mode, PIM-DM）** 會以類似於 DVMRP 的方式來建立起一個以來源為基礎的多點傳播樹，而它非常適合擁有密集分布成員的多點傳播群組。另一方面，**PIM 稀疏模式（PIM sparse mode, PIM-SM）** 只會替每個多點傳播群組來建立一個群組共享之樹，因此它適合擁有廣泛分布成員的群組。因為 PIM-DM 和 DVMRP 非常相似，我們在這一節將只討論 PIM-SM。PIM-SM 的一個最新版本是被描述在 RFC 4601。我們也注意到多點傳播的擴充性問題也源自於全世界的多點傳播群組的數量非常龐大，而這一點 DVMRP 和 PIM 都無法解決。

PIM-SM 的設計是根據一個原則，就是一台路由器如果沒有通往一個多點傳播會話的任何接收方，則它就不應該牽涉到相關的多點傳播路由。因此，在 PIM-SM，樹的建構是採用一種接收者驅動（receiver-driven）的方式：也就是說，一台通往接收方所在的子網的路由器，它必須要明確地送出一個加入訊息。一個共享樹的中心節點被稱作一個**會合點（rendezvous point, RP）**。每個多點傳播群組的 RP 是獨一無二地被一個雜湊函數所決定，而我們稍後再加以詳細描述。共享樹因此被稱為一個基於 RP 的樹（RP-based Tree, RPT）。負責轉發多點傳播之封包並且傳送加入訊息給子網的路由器被稱為**指定路由器（designated router, DR）**。被稱為**多點傳播路由資訊庫（Multicast Routing Information Base, MRIB）**的路由表是被一台 DR 用來決定任何加入／修剪訊息要被送往的下一站之鄰居。MRIB 可以直接從單點傳播路由表所取得，或使用一個單獨的路由協定來推導。讓我們來檢視 PIM-SM 以接收者導向的方式來建立起一個 RPT 的三個階段。

第一階段：RP 樹

在第一階段，一個 RP 樹被建構的方式如圖 4.75 所示。我們會從兩方面來描述這個程序：接收方和傳送方。當一個接收方想要加入一個多點傳播之群組，它會使用 IGMP 送出一個加入訊息給它的 DR。當接收到加入訊息時，DR 會送出一個一般群組加入訊息給 RP。一般群組加入訊息是以 (*,G) 來標示，而它指出接收方想要接收從所有來源而來的多點傳播封包。當 PIM 加入訊息沿著 DR 到 RP 的最短路徑朝著 RP 前來，它可能最後會抵達 RP（例如圖 4.75 來自 A 的加入訊息），或可能抵達一台早已在 RPT 之上的路由器（例如圖 4.75 來自 B 的訊息）。在這兩種情況裡，在 RPT 的路由器將會知道 DR 想要加入多點傳播群組，並且會沿著從 RP 到 DR 的反向最短路徑來轉發多點傳播封包。PIM-SM 的一個特別的功能是不會有回覆加入訊息的確認訊息被送回去 DR。因此，一台 DR 必須週期性地送出加入訊息來維持 RPT；否則的話，在時間到期之後，它會從 RPT 被修剪掉。

另一方面，一位想要送出多點傳播封包的傳送方可以把封包送到往多點傳播群組的位址。當收到一個多點傳播封包的時候，傳送方的 DR 會把它封裝在一個 PIM 註冊封包（PIM Register packet）裡，然後把它轉發給 RP。當 RP 接收到 PIM 註冊封包，RP 會把封包解封裝並且將它轉發給 RPT。讀者可能懷疑為何傳送方的 DR 必須封裝一個多點傳播封包？還記得任何主機可以變成一位傳送方，所以一個 RP 如何知道潛在的傳送方位於何處？即使 RP 知道傳送方在何處，一個 RP 又如何能接收從一位傳送方來的封包呢？在第一階段，一個 RP 是靠著傳送方的 DR 的幫助

圖 4.75 PIM-SM 第一階段的操作

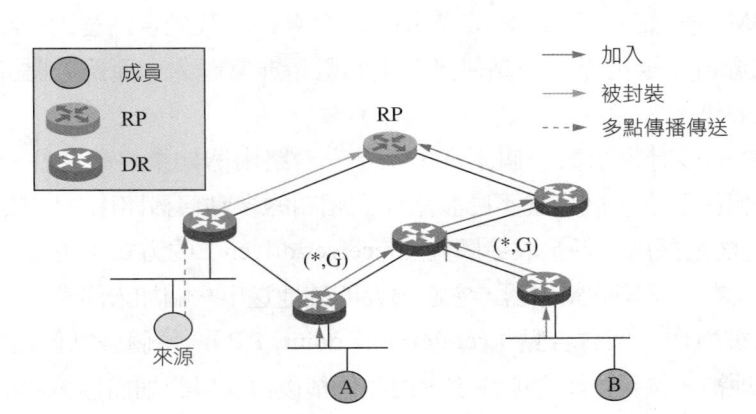

才能接收從傳送方來的封包，因為這台 DR 能夠辨識出一個多點傳播封包，並且知道相關的多點傳播群組的 RP 位於何處。

第二階段：註冊 - 停止

當封裝機制允許一個 RP 去接收從一位傳送方的 DR 送來的多點傳播封包，封裝和解封裝的操作太過於昂貴。因此，在第二階段（圖 4.76 所示），RP 會想要直接從傳送方來接收多點傳播封包而不使用封裝。為了能這樣做，RP 會發起一個 PIM 特定來源的加入訊息給傳送方。一個特定來源的加入訊息是以 (S,G) 來標示，而它指出接收方只想要從特定來源 S 接收多點傳播封包。當特定來源的加入訊息沿著從 RP 到來源的最短路徑行進，沿途上所有路由器都會在它們的多點傳播狀態資訊裡把加入資訊記錄下來。在加入訊息抵達了來源的 DR 之後，多點傳播封包就按照來源特定的 (S,G) 樹來開始流向 RP。結果，現在 RP 可能會接收到重複的封包，一個是以原始的多點傳播格式而另一個則是被封裝的。RP 會丟棄掉被封裝的封包並且送出一個 PIM 註冊 - 停止之訊息給傳送方的 DR。在同一時間，RP 應該繼續轉發多點傳播封包在 RPT 上面。之後，傳送方的 DR 將不再封裝封包以及把多點傳播封包轉發給 RP，所以 RP 能夠直接從傳送方來接收原始的多點傳播封包。

這個階段的一個有趣的情況是：如果一台路由器是同時在來源特定樹上，而且也是在 RPT 上面呢？很明顯地，這種情況下有可能走捷徑，而作法是把從來源特定樹接收到的多點傳播封包直接傳送給 RPT 的下游路由器。

第三階段：最短路徑樹

在被共享的樹上面傳遞多點傳播封包有一個缺點，就是整段路徑從傳送方到 RP 然後再加上從 RP 到接收方的路徑總和可能相當長。PIM-SM 的一個新穎的功能是允許一個接收方的 DR 選擇性地啟動從一個 RPT 切換到一個**來源特定樹（source-specific tree, SPT）**。圖 4.77 顯示從一個 RPT 切換到一個 SPT 所執行的步驟。一台接收方的 DR 首先發出一個來源特定的加入訊息 (S,G) 給來源 S。該加入訊息可能

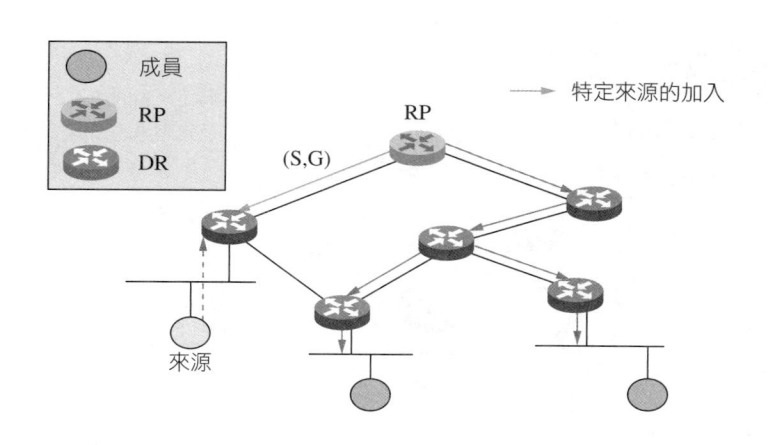

圖 4.76 PIM-SM 第二階段的操作

會抵達來源或匯集在 SPT 上某一台路由器。然後 DR 開始從這兩個樹來接收多點傳播封包的兩份拷貝。DR 會丟棄掉從 RPT 所接收的拷貝，然後送出一個來源特定的修剪訊息 (S,G)，給 RP。修剪訊息會抵達 RP 或是匯集在 RPT 上某一台路由器，然後 DR 就不會接收到從 RPT 來的封包。注意，修剪訊息是一種來源特定之訊息，因為 DR 仍然想要透過 RPT 接收從其他傳送方來的封包。

PIM-SM 也能夠配合 IGMPv3 的某些新的功能，尤其是來源特定的加入功能。如果一位接收方使用 IGMPv3 送出來源特定的加入，接收方的 DR 可能會省略掉一般群組加入 (*,G) 的執行。它反而應該發出一個來源特定的加入訊息 (S,G)。保留給來源特定之多點傳播的多點傳播位址，其範圍是從 232.0.0.0 到 232.255.255.255。此外，定義在 RFC 4607 裡的**來源特定之多點傳播（source-specific multicast, SSM）**會引進一種新的一對多的多點傳播之模式。它描述了如何使用 PIM-SM 來實現有一個來源位址和一個群組位址的多點傳播，而這尤其很適合散播類型的應用。

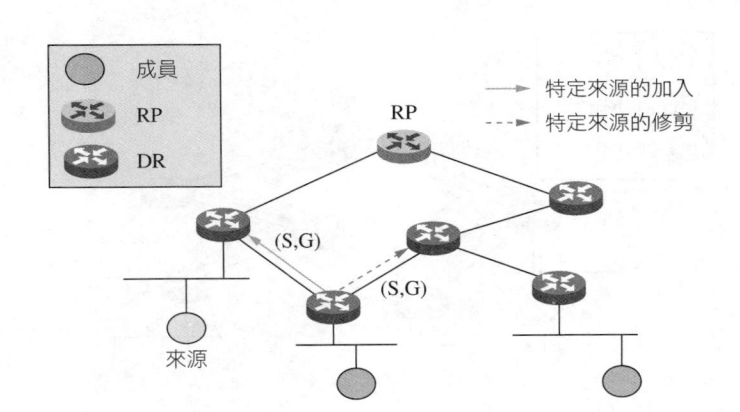

PIM 封包格式

圖 4.78 顯示一個 PIM 封包的標頭。第一個欄位描述著它的 PIM 版本；目前的 PIM 版本是 2。第二個欄位是類型欄位。總共有九個類型的 PIM 封包，如圖 4.78 所示。第三個欄位是被保留以備將來使用，而最後一個欄位是 PIM 封包的校驗和，也就是整個 PIM 封包的 1 的補數之和，然後再取 1 的補數。

4.7.4 跨網域多點傳播

讓一個群組共享一個 RP 的構想，使得 PIM-SM 牴觸了一個網路的自治本質，因此它很難被應用於跨網域多點傳播。舉例來說，如果在網域內的一位傳送方和一堆接收方形成了一個多點傳播之群組，可是該群組的 RP 是處於另一個網域之中，則所有的封包必須先前往位於另一個網域裡的 RP，然後它們才能夠被那些接收方

圖 4.77　PIM-SM 第三階段的操作

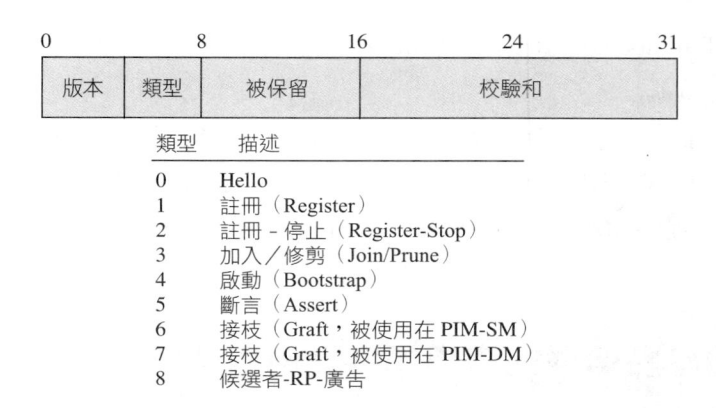

```
 0        8        16        24        31
┌────┬────┬──────────┬──────────────────┐
│版本│類型│ 被保留   │     校驗和        │
└────┴────┴──────────┴──────────────────┘

    類型    描述
    0       Hello
    1       註冊（Register）
    2       註冊 - 停止（Register-Stop）
    3       加入／修剪（Join/Prune）
    4       啟動（Bootstrap）
    5       斷言（Assert）
    6       接枝（Graft，被使用在 PIM-SM）
    7       接枝（Graft，被使用在 PIM-DM）
    8       候選者-RP-廣告
```

圖 4.78 PIM 封包格式

接收到。結果，PIM-SM 通常不會跨網域使用。每個群組在每個網域內會有一個 RP。

如果 PIM-SM 是被使用在一個單一網域裡，則每個 RP 會知道它管轄之下所有的群組以及每個群組裡所有的來源和接收方。然而，它並沒有任何機制來得知位於它網域之外的來源。**多點傳播來源探索協定（Multicast Source Discovery Protocol, MSDP）**被提出，讓 RP 學習關於在遠端網域裡的多點傳播之來源。特別是每一個網域裡 RP 會建立一個和遠端網域裡 RP 的 MSDP 同儕互連之關係。當 RP 學到在它自己網域裡有一個新的多點傳播之來源，它會使用 Source Active (SA) 訊息來通知它的 MSDP 同儕。RP 會把從來源所接收到的第一個資料封包封裝在一個 SA 訊息裡，然後傳送 SA 給全部的同儕，如圖 4.79 所示。如果接收方的 RP 有一個 (*,G) 項目供 SA 裡的群組使用，RP 會把一個 (S,G) 加入訊息送往原來的 RP，而如此一來，封包將可以被轉發給 RP。如果有接收方在 RP 的網域裡，RP 也會把資料解封裝，然後將資料朝它的共享樹下方來轉發。藉著傳送一個來源特定的加入訊息 (S,G)，就可以建立從來源的一條較短路徑。每個 RP 也會週期性地傳送 SA 給它的同儕，而 SA 裡包括 RP 的網域裡的全部來源。RFC 3446 也提出任一傳播 RP 協定

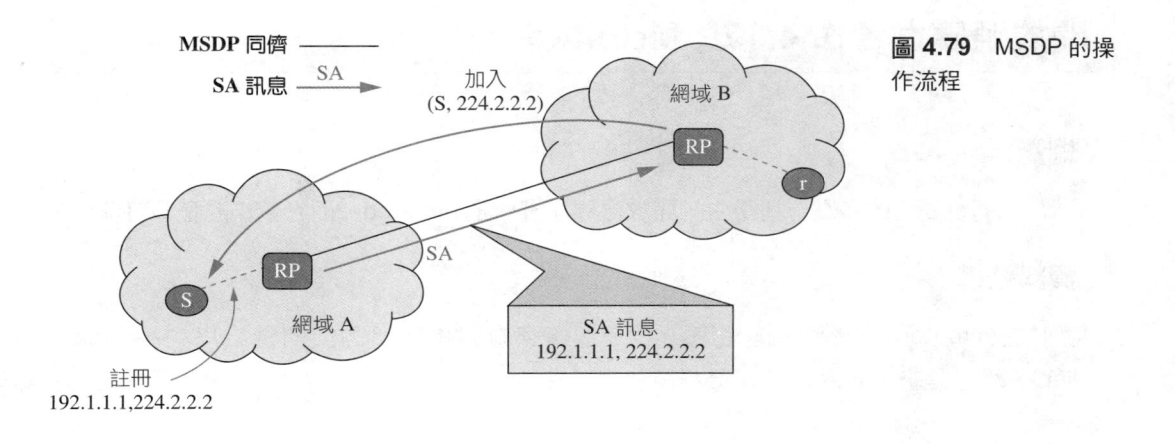

圖 4.79 MSDP 的操作流程

（Anycast RP protocol），用來提供 MSDP 之應用在 PIM-SM 網域內的容錯和負載分享。

另一方面，被定義在 RFC 2858 的 **BGP 多重協定擴充（multiprotocol extensions to BGP, MBGP）** 也允許路由器交換多點傳播之路由資訊。因此，如果 MBGP 被用來提供 MRIB，PIM-SM 的 DR 也將會擁有跨網域的路由途徑。

原理應用：IP 層多點傳播或應用層多點傳播？

在目前的網際網路裡，由於許多的考量，IP 多點傳播仍然無法被廣泛地部署。支援 IP 多點傳播的路由器必須維持所有活躍的多點傳播的對話狀態，所以隨著這些對話的數量增加，該路由器很可能變成系統的瓶頸，導致很糟糕的擴充性。此外，支援 IP 多點傳播的傳輸層仍然是開放性的議題。舉例來說，目前還沒有最佳的解決方案能夠滿足所有 IP 多點傳播之應用對於可靠性和壅塞控制的要求。更進一步來說，由於缺乏適當的計費機制，只有少數幾個網際網路服務供應商願意支援 IP 多點傳播，而這使得 IP 多點傳播很難有廣泛的部署。

有幾位研究學者提出了應用層多點傳播（application level multicasting, ALM）的觀念來解決這些問題。ALM 的基本概念就是，多點傳播服務是由應用層而非網路層來提供。使用者空間之部署使得 ALM 相容於目前的 IP 網路；換句話說，它不需要路由器和 ISP 有任何的改變或特殊支援。此外，ALM 允許在定制特殊應用的方面擁有更有彈性的控制，使得傳輸層的功能很容易來部署。一個 ALM 對話的參與者形成一個由參與者之間的單點傳播連接所構成的覆疊網（overlay）。參與者可以是專用的機器或是終端主機。一個基於基礎設施的 ALM 方法指的是由專用的機器所形成的覆疊網，而一個基於同儕對同儕（peer-to-peer-based）ALM 方法的覆疊網則是由終端主機所形成。近來，ALM 已變成同儕對同儕模型的一種特殊應用，而我們會在第 6 章進一步描述這個技術。

開放源碼之實作 4.12：Mrouted

總覽

我們將要看的多點傳播路由的開放源碼之實作是 mrouted，而它製作的是 DVMRP 協定。

資料結構

在 mrouted 裡，多點傳播路由表是被儲存為路由項目的雙向鏈結串列（doubly linked list），而它是被「`rtentry`」結構所代表（在 `mrouted/route.h`）。如果一個子網的多點傳

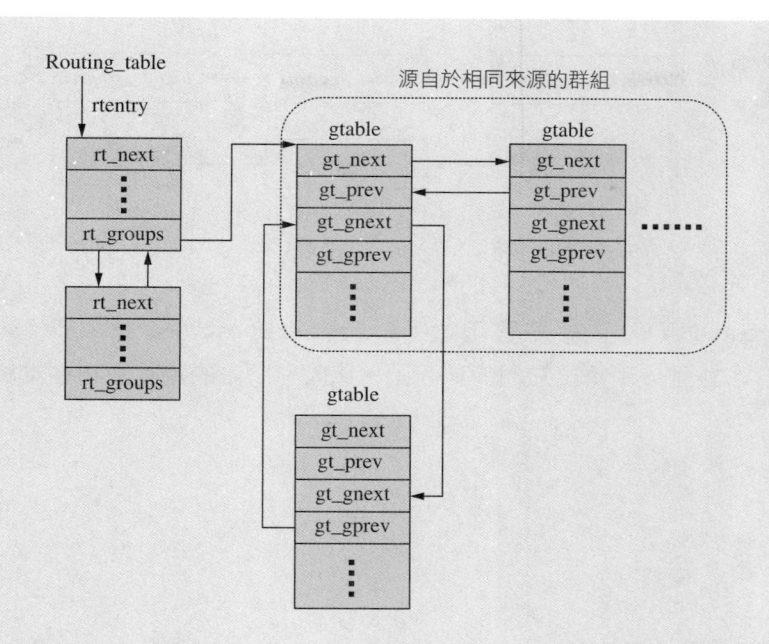

圖 4.80 mrouted 的資料結構

播功能被開啟，則它就有一個路由項目。一個子網裡活躍的多點傳播群組的名單被稱為**群組表**（group table）；如圖 4.80 所示，`rt_groups` 指標指向了群組表。群組表是由兩個群組項目的雙向鏈結串列所組成，而它們是被「`gtable`」結構所代表（被定義在 `mrouted/prune.h`）。第一個鏈結串列是同樣來源的活躍群組的串列，而該串列是以指標 `gt_next` 和 `gt_prev` 所指的路由項目之下的群組位址來排序。第二個鏈結串列（被 `gt_gprev` 和 `gt_gnext` 鏈結起來）是所有來源和群組的活躍群組名單，而 `kernel_table` 指向這個串列。

演算法之實作

圖 4.81 顯示出和 mrouted 裡多點傳播路由相關的函數呼叫圖。當一個 IGMP 封包被接收到，`accept_igmp()` 函數會被呼叫去處理該封包。取決於這個封包的類型和代碼，不同的函數會按照規則來調用。如果類型和 IGMP 協定相關，舉例來說，成員資格查詢或報告（第一版或第二版），則 `accept_membership_query()` 或 `accept_group_report()` 會分別被呼叫。另一方面，如果封包的類型是 IGMP_DVMRP，則封包的代碼會被檢查以便決定相對應的操作。舉例來說，如果代碼是 DVMRP_REPORT，則 `accept_report()` 會被調用。在 `accept_report()` 裡，封包裡所報告的路由途徑會被處理，然後 `update_route()` 會被呼叫去更新路由途徑。如果代碼是 DVMRP_PRUNE，則 `accept_prune()` 就會被呼叫。在 `accept_prune()` 裡，如果所有的子路由器都對該群組沒有興趣，`send_prune()` 會被呼叫去送出一個修剪訊息給上游路由器。

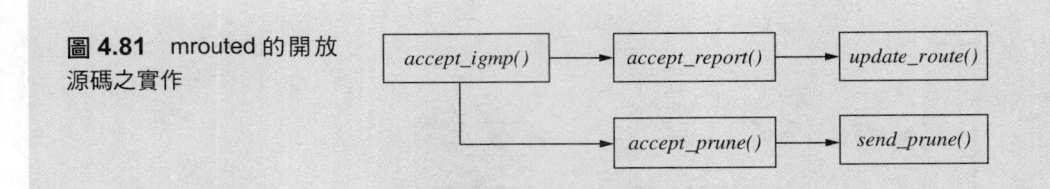

圖 4.81 mrouted 的開放源碼之實作

accept_igmp() → accept_report() → update_route()

accept_igmp() → accept_prune() → send_prune()

練習題

追蹤下列 mrouted 源碼裡的三個函數：`accept_report()`、`update_route()` 和 `accept_prune()`，並且分別畫出它們的流程圖。比較你所畫的流程圖和在本節所介紹的 DVMRP 協定。

4.8 總結

在這一章，我們學習網際網路協定堆疊裡的網際網路協定層，或被稱作網路層。它是用來達成全球連接性最重要的一個分層。我們已經討論過在網際網路裡用來提供主機對主機連接服務的數種控制層面和資料層面之機制。在這些機制之中，路由和轉發是這層的兩個最重要的機制。路由，一個控制層面的機制，決定了路由途徑或是封包所採用的從來源路由器到目的地路由器的路徑。另一方面，轉發是一種資料層面的操作，而它是根據控制層面計算的路由表，在路由器上把封包從一個進入網路介面給轉移到一個輸出網路介面。

考慮到一台路由器每秒鐘或許需要處理數百萬個封包，因此擴充性對於這兩種機制是非常重要的。對於路由來說，我們已經學到網際網路採用一個雙層的路由階層，分別是內部網域路由和跨網域路由。在較低的階層，路由器是被群組成自治系統（AS）的單位。在一個 AS 內部的路由器是處於同樣的管理控制之下，並且運行同樣的內部網域路由協定，像是 RIP 或 OSPF。從中被選出的路由器就被稱為邊界路由器，而它們彼此會連接起來並負責使用 BGP 之類的跨網域路由協定來實現 AS 之間的封包轉發。我們也檢視了兩種底層的路由演算法，也就是距離向量路由和鏈結狀態路由。目前的網際網路協定的設計是根據上述兩種基本路由演算法的其中之一。距離向量路由演算法採用只和鄰居交換路由資訊的分散式方法，而鏈結狀態路由演算法則是採用氾濫傳送路由資訊給相同網域內所有路由器的集中式方法；因此，每一台路由器可以建立一個包含全部路由器的全域拓樸資料庫。關於轉發，我們已經學到對於擴充性而言，路由表的資料結構以及在資料結構上使用的查表和更新演算法都是非常關鍵的因素。目前的網際網路骨幹裡的路由表包含有超過 300,000 條路由項目，這使得轉發更具有挑戰性。在某些環境裡可能會需要特定的 ASIC 將路由表查詢從 CPU 的身上卸載，以便能達到每秒數百萬封包的轉發速度。

在這一章已經談論了網際網路協定（IP）的兩個版本，也就是 IPv4 和 IPv6。大眾推測 IPv6 在未來數年之內將會變成非常盛行。為了解決 IP 位址耗竭的問題，我們也介紹了網路位址轉換（NAT）協定以及私有 IP 位址。除了 IP 協定之外，我們也學習了數種控制層面協定，例如 ARP、DHCP 以及 ICMP。

我們在這一章看到了三個類型的通訊，也就是單點傳播、多點傳播以及廣播。此外，我們也看見一種新的通訊，IPv6 裡支援的任一傳播。單點傳播，也就是點對點之傳播，已經是我們討論的主要焦點。事實上，廣播和多點傳播也同樣被 IPv4/IPv6 所支援。一個 IP 子網是被定義為一個廣播網域，其擁有一個被稱為子網位址的 IP 位址。獲得子網位址的方法是把一個 IP 位址和它的子網遮罩一起執行一個 AND 操作。以一個 IP 子網位址作為它的目的地位址的封包會被傳遞到該子網內全部的主機，而它通常對應到由數個第二層裝置所構成的一個區域網路。我們學到有數種協定依靠廣播服務，例如 ARP 和 DHCP。在本章的最後一部分，我們也已經看見數個多點傳播路由協定以及成員資格管理協定。

在完成了主機對主機之連接性的學習之後，現在是我們學習關於行程對行程之連接性的時機，也就是網際網路協定堆疊裡再上面一層的協定。我們將會看見從同一台主機上不同行程所送出的封包如何被多工混合在一起，以便能透過 IP 協定來送出。我們也將會學到如何在 IP 協定所提供的盡力而為之服務（best effort service）上建立起可靠的通訊。最後，我們也將看見如何使用插槽編程介面（socket programming interface）來編寫網路應用程式。

常見誤解

- **MAC 位址、IP 位址、網域名稱**

每個網路介面是和至少一個 MAC 位址、至少一個 IP 位址和至少一個網域名稱有關聯。它們是被協定堆疊的不同分層所使用以供定址之用。一個網路卡會附帶有一個 MAC 位址；它是被鏈結層協定所使用，而且是一個在每個網卡的生產過程中所指派以及硬性編碼的通用唯一性位址。因此，它是一個硬體位址（hardware address）。通常 MAC 位址並沒有一個階層式結構，所以只可以用在廣播環境裡的位址。IP 位址是被網路層協定所使用，如本章所述一樣。和 MAC 位址不同，IP 位址擁有一個階層式結構並且可以用於路由。它是被手動或自動設定；因此，它是一個軟體位址（software address）。網域名稱（domain name）是由人類可以讀懂的一連串字元符號所構成的字串。雖然在大多數情況下，網域名稱是英文字母所構成的字串，但是現今的網域名稱可以是任何語言。網域名稱的目的是讓人類可以更容易記住一台主機的位址，尤其是對於 WWW 之類的應用而言，其中的網域名稱是以 URL 格式表示。當傳送一個封包的時候，位址轉換是必要的，才能讓每一層的協定能取得正確的位址。因此，網域名稱系統（Domain name system, DNS）是用來把網域名稱給轉換成 IP 位址，而 ARP 是用來把 IP 位址轉換成 MAC 位址。DNS 和 ARP 也都支援反向的轉換。

- **轉發和路由**

再次提醒，能夠區分出轉發和路由之間的差異是很重要的。首先，轉發是一種資料層面的函數，而路由是一種控制層面的函數。其次，轉發的工作是在一台路由器把封包從一個輸入網路介面給傳送到一個外送網路介面，而路由的工作是找出任何兩台主機間的路由路徑。

- **有分類 IP 和 CIDR**

有分類 IP 定址指的是網際網路協定的 IP 位址的原來設計。使用有分類的 IP 位址之後，每一種類別的 IP 位址，它的網路字首的長度是固定的，因此用 IP 位址的前幾個位元就可以很容易地分辨出位址的類別。此外，一個網路字首所能容納的主機最大數量也是固定的。然而，這個設計會導致 IP 位址的配置很沒有彈性，並且會在路由表裡增加類別 C 位址的數量。因此無類別跨網域路由（Classless Inter Domain Routing, CIDR）被提出來以允許各種網路字首的長度。CIDR 在匯集數個類別 C 位址這一方面是最有效率的。現在，大部分的路由器都支援 CIDR。

- **DHCP 和 IPv6 自動設定**

在 IPv4，DHCP 是被用來自動設定一台主機的 IP 位址。然而，在 IPv6，自動設定是透過 ICMPv6 協定來支援，使用的是路由器廣告（router advertisement）和路由器邀請（router solicitation）訊息。它們是不同的嗎？我們在一個完全是 IPv6 的網路裡仍然需要 DHCP 嗎？這兩個問題的答案都是是的。DHCP 是以 BOOTP 為基礎。結果，封包標頭裡有很多欄位皆未被使用，而選項欄位是被用來攜帶我們真正要使用的資訊。IPv6 裡的自動設定程序是一種新的設計，並非以 DHCP 或 BOOTP 為基礎。然而，為了網路管理方面的考量，一個網路管理員可能會選擇使用一個 DHCP 伺服器來控制 IP 位址指派的工作。

- **多點傳播樹和斯坦納樹**

斯坦納樹是以 Jakob Steiner 來命名的，它是根在一個來源節點而且以最有的成本來涵蓋一組目的地節點的樹。它和最小涵蓋樹不同，因為一組目的地節點不見得非要包含圖形中所有的節點。因此，一個斯坦納樹可以被視為多點傳播路由的其中一種最佳解決方案。然而，在我們所學過的所有多點傳播路由協定裡，它們皆未試著建構一個斯坦納樹。它們大多寧願建構反向最短路徑樹，而樹的根是在來源節點或是在會合點（RP）。這背後的理由是找出一個斯坦納樹是屬於 NP 完全的問題，而且相關的探索式演算法大多需要全域資訊。因此，反向最短路徑樹變成在網際網路裡建構多點傳播樹的最為實際的解決方案。

進階閱讀

IPv4

如果從網際網路協定發展的歷史觀點來看，下列論文雖然發表年代久遠，但仍然是開拓此一領域之重要工作。它們的關鍵概念在本章以及第 1 章裡都已經討論過了。

- V. Cerf and R. Kahn, "A Protocol for Packet Network Intercommunication," *IEEE Transactions on Communications*, Vol. 22, pp. 637–648, May 1974.
- J. B. Postel, "Internetwork Protocol Approaches," *IEEE Transactions on Communications*, Vol. 28, pp. 604–611, Apr. 1980.
- J. Saltzer, D. Reed, and D. Clark, "End-to-End Arguments in System Design," *ACM Transactions on Computer Systems (TOCS)*, Vol. 2, No. 4, pp. 195–206, 1984.
- D. Clark, "The Design Philosophy of the Internet Protocols," *Proceedings of ACM SIGCOMM*, Sept. 1988.

與 IPv4、ICMP 以及 NAT 相關的 RFC 是：

- J. Postel, "Internet Protocol," RFC 0791, Sept. 1981.（亦可參考 STD 0005）
- K. Nichols, S. Blake, F. Baker, and D. Black, "Definition of the Differentiated Services Field (DS Field) in the IPv4 and IPv6 Headers," RFC 2472, Dec. 1998.
- J. Postel, "Internet Control Message Protocol," RFC 792, Sept. 1981.（亦可參考 STD 0005）
- P. Srisuresh and K. Egevang, "Traditional IP Network Address Translator (Traditional NAT)," RFC 3022, Jan. 2001.
- J. Rosenberg, R. Mahy, P. Matthews, and D. Wing, "Session Traversal Utilities for NAT (STUN)," RFC 5389, Oct. 2008.

快速查表

一個很令人感興趣、關於資料層面封包處理的議題是：供封包轉發和封包分類所用的快速查表（fast table lookup）。前者是在單一欄位（目的地 IP 位址）上執行最長字首比對，而後者是多重欄位的比對，比方說 5 元組（來源／目的地 IP 位址，來源／目的地埠號碼，協定 id）。下面列出的第一個論文是關於用一種軟體演算法來做封包處理，而它只需要很小尺寸的路由表，而接下來兩個是硬體解決方案。最後兩個論文是關於以硬體解決方案來做封包分類。

- M. Degermark, A. Brodnik, S. Carlsson, and S. Pink, "Small Forwarding Tables for Fast Routing Lookups," *ACM SIGCOMM'97*, pp. 3–14, Oct. 1997.
- M. Waldvogel, G. Varghese, J. Turner, and B. Plattner, "Scalable High Speed Routing Lookups,"

ACM SIGCOMM'97, pp. 25–36, Oct. 1997.
- P. Gupta, S. Lin, and N. McKeown, "Routing Lookups in Hardware at Memory Access Speeds," *IEEE INFOCOM*, Apr. 1998.
- P. Gupta and N. McKeown, "Packet Classification on Multiple Fields," *ACM SIGCOMM*, Sept. 1999.
- V. Srinivasan, G. Varghese, and S. Suri, "Packet Classification Using Tuple Space Search," *ACM SIGCOMM*, Sept. 1999.

IPv6

Bradner 和 Mankin 所寫的 RFC 開創了新世代 IP，他們也出版了一本關於 IPng 的書。IPv6 目前的版本、ICMPv6 以及 DNS 可以分別在 RFC 2460、4443 和 3596 裡找到。

- S. Bradner and A. Mankin, "The Recommendation for the Next Generation IP Protocol," RFC 1752, Jan. 1995.
- S. Bradner and A. Mankin, *IPng: Internet Protocol Next Generation*, Addison-Wesley, 1996.
- S. Deering and R. Hinden, "Internet Protocol, Version 6 (IPv6) Specification," RFC 2460, Dec. 1998.
- A. Conta, S. Deering, and M. Gupta, "Internet Control Message Protocol (ICMPv6) for the Internet Protocol Version 6 (IPv6) Specification," RFC 4443, Mar. 2006.
- S. Thomson, C. Huitema, V. Ksinant, and M. Souissi, "DNS Extensions to Support IP Version 6," RFC 3596, Oct. 2003.

主機和路由器所使用的基本的 IPv4 到 IPv6 轉換機制被描述在 RFC 4213 裡。此外，在 RFC 4038 裡可以找到轉換機制的應用方面。它的三種轉換方法，也就是雙堆疊（dual stacl）、穿隧（tunneling）以及協定轉換（protocol translation），已經有許多的解決方案的提案。舉例來說，RPC 3053 裡提出的隧道掮客（tunnel broker）可以幫助使用者來設定雙向的隧道。6to4 的特殊位址字首能夠幫助 IPv6 網域的連接來穿過 IPv4 網路。6to4 和它的補救方案 Tered 則是分別被描述在 RFC 3056 和 4380。RFC 5569 提出一個新的而且快速在 IPv4 基礎結構上部署的 IPv6 機制，而該機制是建立在 6to4 的基礎之上。ISATAP 被定義在 RFC 5214 裡。協定轉換的解決方案，像是 SIIT 和 NAT-PT，分別被定義在 RFC 2765 和 4966 裡。最後，Geoff Huston 寫了很多篇文章關於 IPv4 位址耗竭問題以及過渡到 IPv6 的過程。

- E. Nordmark and R. Gilligan, "Basic Transition Mechanisms for IPv6 Hosts and Routers," RFC 4213, Oct. 2005.
- M-K. Shin, Ed., Y-G. Hong, J. Hagino, P. Savola, and E. M. Castro, "Application Aspects of IPv6 Transition," RFC 4038, Mar. 2005.

- A. Durand, P. Fasano, I. Guardini, and D. Lento, "IPv6 Tunnel Broker," RFC 3053, Jan. 2001.
- B. Carpenter and K. Moore, "Connection of IPv6 Domains via IPv4 Clouds," RFC 3056, Feb. 2001.
- C. Huitema, "Teredo: Tunneling IPv6 over UDP through Network Address Translations (NATs)," RFC 4380, Feb. 2006.
- E. Exist and R. Despres, "IPv6 Rapid Deployment on IPv4 Infrastructures (6rd)," RFC 5569, Jan. 2010.
- F. Templin, T. Gleeson, and D. Thaler, "Intra-Site Automatic Tunnel Addressing Protocol (ISATAP)," RFC 5214, Mar. 2008.
- E. Nordmark, "Stateless IP/ICMP Translation Algorithm (SIIT)," RFC 2765, Feb. 2000.
- C. Aoun and E. Davies, "Reasons to Move the Network Address Translator–Protocol Translator (NAT-PT) to Historic Status," RFC 4966, July 2007.
- Geoff Huston, "IPv4 Address Report," retrieved April 24, 2010, from http://www.potaroo.net/tools/ipv4/index.html
- Geoff Huston, "Is the Transition to IPv6 a "Market Failure?' ," The ISP Column, Apr. 2010, retrieved April 24, 2010, from http://cidr-report.org/ispcol/ 2009-09/v6trans.html.

路由

關於 RIP、OSPF 和 BGP 的最新 RFC 分別是：

- G. Malkin, "RIP Version 2," RFC 2453, Nov. 1998.
- J. Moy, "OSPF Version 2," RFC 2328, Apr. 1998. (Also STD0054.)
- R. Coltun, D. Ferguson, J. Moy, and A. Lindem, "OSPF for IPv6," RFC 5340, July 2008.
- Y. Rekhter, T. Li, and S. Hares, "A Border Gateway Protocol 4 (BGP-4)," RFC 4271, Jan. 2006.

最佳路由在文獻中已經被制定為一種網路流的問題，其中訊流被塑造成在網路裡的來源和目的地之間的資訊流。Bertsekas 和 Gallagher 所寫的教科書可以作為這方面很好的輔助教材。

- D. Bertsekas and R. Gallagher, Data Networks, 2nd edition, Prentice Hall, Englewood Cliffs, NJ, 1991.

如果要更詳細地學習網際網路路由、OSPF 和 BGP，下面列出的書可能會很有幫助。

- C. Huitema, *Routing in the Internet*, 2nd edition, Prentice Hall, 1999.
- S. Halabi and D. McPherson, *Internet Routing Architectures*, 2nd edition, Cisco Press, 2000.
- J. T. Moy, *OSPF: Anatomy of an Internet Routing Protocol*, Addison-Wesley Professional, 1998.
- I. V. Beijnum, BGP, O'Reilly Media, 2002.

跨網域路由的動態透過測量和模型模擬等研究已經相當受到矚目。許多有趣的結果可以在 IEEE 網路雜誌關於跨網域路由的特殊議題裡找到，其出版日期是 Nov-Dec 2005。近來，BGP 容錯方面的議題也受到很多的關注，尤其是根據多路徑路由的解決方案。Xu 的團隊和 Wang 的團隊發表的論文都是很好的例子。

- M. Caesar and J. Rexford, "BGP Routing Policies in ISP Networks," *IEEE Network*, Vol. 19, Issue 6, Nov/Dec 2005.
- R. Musunuri and J. A. Cobb, "An Overview of Solutions to Avoid Persistent BGP Divergence," *IEEE Network*, Vol. 19, Issue 6, Nov/Dec 2005.
- A. D. Jaggard and V. Ramachandran, "Toward the Design of Robust Interdomain Routing Protocols," *IEEE Network*, Vol. 19, Issue 6, Nov/Dec 2005.
- W. Xu and J. Rexford, "Miro: Multi-Path Interdomain Routing," *ACM SIGCOMM*, Sept. 2006.
- F. Wang and L. Gao, "Path Diversity Aware Interdomain Routing," *IEEE IEEE INFOCOM*, Apr. 2009.

多點傳播

雖然在網際網路的部署並不十分成功，可是內部網域和跨網域多點傳播仍然有許多解決方案的提案。Ramalho 在這方面做了一個相當完整的研究調查論文。如果要了解多點傳播的原創機制，Deering 和 Cheriton 的論文非讀不可。如果要了解 IPv4 多點傳播和 IPv6 多點傳播之間的比較，讀者可以參考 Metz 和 Tatipamula 的論文。

- M. Ramalho, "Intra- and Inter-Domain Multicast Routing Protocols: A Survey and Taxonomy," *IEEE Communications Surveys and Tutorials*, Vol. 3, No. 1, 1st quarter, 2000.
- S. Deering and D. Cheriton, "Multicast Routing in Datagram Internetworks and Extended LANs," *ACM Transactions on Computer Systems*, Vol. 8, pp. 85–110, May 1990.
- C. Metz, and M. Tatipamula, "A Look at Native IPv6 Multicast," *IEEE Internet Computing*, Vol. 8, pp. 48–53, July/Aug 2004.

關於多點傳播成員資格之管理，最新發布的 RFC 是：

- B. Cain, S. Deering, I. Kouvelas, B. Fenner, and A. Thyagarajan, "Internet Group Management Protocol, Version 3," RFC 3376, Oct. 2002.
- D. Waitzman, C. Partridge, and S.E. Deering, "Distance Vector Multicast Routing Protocol," RFC 1075, Nov. 1998.
- B. Fenner, M. Handley, H. Holbrook, and I. Kouvelas, "Protocol Independent Multicast–Sparse Mode (PIMSM): Protocol Specification (Revised)," RFC 4601, Aug. 2006.

- N. Bhaskar, A. Gall, J. Lingard, and S. Venaas, "Bootstrap Router (BSR) Mechanism for Protocol Independent Multicast (PIM)," RFC 5059, Jan. 2008.
- D. Kim, D. Meyer, H. Kilmer, and D. Farinacci, "Anycast Rendevous Point (RP) Mechanism Using Protocol Independent Multicast (PIM) and Multicast Source Discovery Protocol (MSDP)," RFC 3446, Jan. 2003.

常見問題

1. 為何我們同時需要 MAC 位址和 IP 位址給一個網路介面使用？為何不使用一種位址就好？
   答案
   如果只用 IP 位址：沒有鏈結層的操作，也沒有橋接和廣播鏈結。
   如果只用 MAC 位址：沒有階層式的網際網路結構，也沒有子網操作和路由。

2. 為何說 MAC 位址是扁平式的而 IP 位址是階層式的？
   答案
   MAC 位址：製造時就擁有全球唯一性但沒有任何位置涵義，因此是扁平的。
   IP 位址：被設定成全球唯一性而且有位置涵義，因此是階層式的。

3. 為何在路由器和主機裡要使用網路遮罩？
   答案
   路由器：為了在符合的字首裡選出一個最長的。
   主機：為了判斷目的地 IP 位址是否在它的子網裡。

4. 路由和轉發之比較？（比較它們的工作類型以及所使用的演算法。）
   答案
   轉發：資料層面；用查表來做最長字首比對。
   路由：控制層面；用 Dijkstra 或 Bellman-Ford 演算法來找出最短路徑。

5. 為何路由器的查表可能會找出多條符合的 IP 字首呢？（解釋哪些網路設定可能會導致這種情況。）
   答案
   如果一個被配置到字首 140.113/16 的組織已經創造出兩個遠端的部門 140.113.0/18 和 140.113.192/18，則在所有的路由器裡它會有三個字首。如果一個封包要被送往 140.113.221.86，它會符合 140.113/16 和 140.113.192/18 這兩個字首，而後者是比對符合的最長字首。

6. 在 Linux 核心裡，如何製作出最長字首比對？為何比對出的字首保證是最長的呢？
   答案
   轉發表是被組織成一個雜湊表之陣列，而每個雜湊表裡儲存的是相同長度的字首。陣列是按照字首的長度來安排順序。最長字首比對是從擁有最長字首的不是空的雜湊表開始，因此第一個比對符合的字首肯定是最長的。

7. 在 Linux 核心，是如何組織轉發表？

    答案

    它包含了一個轉發快取和一個 FIB（轉發資訊庫）；前者是一個雜湊表裡儲存著最近查找的項目，而後者是雜湊表所組成的一個陣列，每個雜湊表裡儲存的是相同長度的字首。轉發快取的查找失敗之後接著才會查找 FIB。

8. 在目的地主機的 IP 重組需要哪些標頭欄位？

    答案

    辨識碼、更多分割片段之位元和分割偏移量。

9. FTP 通過 NAT 會需要哪些封包修改？

    答案

    非 ALG 的修改：來源（目的地）IP 位址和外出（輸入）封包的來源埠號碼、IP 標頭校驗和、TCP 校驗和。

    ALG 的修改：FTP 訊息裡的 IP 位址和埠號碼、TCP 序列號碼、TCP 確認號碼。

10. ICMP 通過 NAT 需要哪些封包修改？

    答案

    非 ALG 的修改：來源（目的地）IP 位址和外出（輸入）封包的來源埠號碼、IP 標頭校驗和。

    ALG 的修改：ICMP 訊息裡的 IP 位址和 ICMP 校驗和。

11. 在 Linux 核心裡如何製作出 NAT 表？

    答案

    用一個雜湊表來製作。

12. 哪些 IPv4 的標頭欄位被加進 IPv6 的標頭裡或是從後者裡被移除？原因為何？

    答案

    被加進：流標籤和下一個標頭。

    被移除：標頭校驗和、分割（辨識碼、更多分割片段之位元和分割偏移量）、協定和選項。

13. IPv4 和 IPv6 如何能夠共存？

    答案

    雙堆疊：在路由表和主機內同時採用 IPv4 和 IPv6 堆疊。

    穿隧：在被孤立 IPv6 主機之間採用 v6-v4-v6 之穿隧，或在被孤立 IPv4 主機之間採用 v4-v6-v4 之穿隧。

14. 一台主機如何透過 ARP 來把 IP 位址翻譯成 MAC 位址？

    答案

    在區域子網上面廣播一個擁有特定 IP 位址的 ARP 請求，然後會接收到從該特定 IP 位址的主機所送來一個單點傳播的 ARP 回覆。

15. 一台主機如何透過 DHCP 或 ARP 來獲得它自己的 IP 位址？

    答案

    DHCP：廣播 DHCPDISCOVER 來找出一台 DHCP 伺服器，然後取得相關設定。

    ARP：廣播一個含有它自己 MAC 位址的 RARP 請求，然後會收到從 RARP 伺服器傳來的單點傳播的 RARP 回覆。

16. 「ping」和「tracepath」是如何被製作出來？

    答案

    Ping：ICMP 回聲請求和回聲回覆。

    Tracepath：重複地送出 TTL=1, 2, … 的 UDP 或 ICMP 回聲請求，直到接收到一個 ICMP 埠不可抵達（在 UDP 的情況）或是從目標機器接收到 ICMP 回聲回覆（在 ICMP 回聲請求的情況）。

17. RIP 的無限計數（count to infinity）之問題是如何產生的？

    答案

    一台路由器偵測到一條鏈結故障之後，會更新距離向量，然後把距離向量傳給它的鄰居路由器。如果路由器也從它的鄰居那邊接收到並且接受一個距離向量而沒有檢查裡面的路徑是否會通過它自己，最後可能會變成它和鄰居遞增式地互相更新對方的距離向量，直到一條可用的路徑的資訊被傳播出去。在這段時間裡，在兩個同儕路由器之間可能會有封包循環迴圈。

18. RIP 和 OSPF 之比較？（比較它們的網路狀態資訊以及路由途徑之計算。）

    答案

    RIP：鄰居之間交換距離向量；用 Bellman-Ford 演算法來更新路由向量

    OSPF：廣播鏈結狀態給全部的路由器；根據全部的網路拓樸，用 Dijkstra 演算法來計算路由表。

19. 距離向量路由和鏈結狀態路由之比較？（比較它們的路由訊息的複雜度、計算複雜度、收斂的速度以及擴充性。）

    答案

    路由訊息的複雜度：DV > LS

    計算複雜度：LS > DV

    收斂的速度：LS > DV

    擴充性：DV > LS

    （DV 代表距離向量路由；LS 代表鏈結狀態路由）

20. RIP 和 BGP 之比較？（摘要它們相似之處和不同之處。）

    答案

    相似之處：鄰居之間交換路由資訊、Bellman-Ford 演算法。

    不同之處：距離向量 vs. 路徑向量（為了達成沒有迴圈的路由）、在 UDP 上運行 RIP vs. 在

TCP 上運行 BGP、最短路徑路由 vs. 最短路徑路由以及政策路由、單一路徑 vs. 多重路徑。

21. 為何 RIP、OSPF 和 BGP 分別運行在 UDP、IP 和 TCP 之上？

    答案

    RIP：在 UDP 埠 52 上面執行一個非連線式插槽可以接收從所有的鄰居路由器來的請求以及傳送回覆（廣告）給它們。

    OSPF：一個原始的 IP 插槽被用來廣播鏈結狀態給同一網域裡所有的路由器。

    BGP：連線導向的 TCP 插槽被用來提供和遠端同儕路由器之間的可靠傳送。

22. 你能夠估算出在內部 AS 和跨 AS 路由器裡的路由表項目的數量嗎？（估算出數量級的範圍。）

    答案

    內部 AS：數十到數百，取決於網域的大小。

    跨網域 AS：全球範圍的有數萬，取決於字首的數量。

23. 「zebra」裡的路由協定如何和其他路由器來交換訊息以及更新在核心裡的路由表？

    答案

    路由訊息交換：透過各種的插槽（IP、UDP、TCP）。

    路由表更新：透過 ioctl、sysctl、netlink、rtnetlink 等來存取核心。

24. 一台路由器如何透過 IGMP 來得知在它的子網裡是否有主機已經加入一個多點傳播群組？

    答案

    路由器會在它的子網上廣播一般性查詢或群組特定之查詢（給 224.0.0.1 all-system 多點傳播群組）來要求成員資格之資訊。如果一台主機的隨機計時器到期之前子網上都沒有其他主機回覆，則這台主機會回覆／廣播一個 TTL=1 的 IGMP 報告。如此一來，路由器就知道在這個子網上是否有任何主機加入了一個特定的多點傳播群組，但是路由器無法知道參加主機的身分以及總數。

25. 一台主機是否有辦法知道哪些主機已加入一個多點傳播之群組？

    答案

    沒辦法。它只能知道一個子網內是否有任何的主機參加了一個特定的多點傳播群組。

26. 基於來源（source-based）的多點傳播樹和基於核心（core-based）的多點傳播樹之比較？（比較它們的狀態的數量以及擴充性。）

    答案

    狀態的數量：基於來源 > 基於核心。

    擴充性：基於核心 > 基於來源。

27. 對於基於來源和基於核心的多點傳播樹而言，在它們的路由器裡分別保存了多少的狀態資訊？（考慮多點傳播群組和來源的數量。）什麼樣的狀態資訊可能會被保存？

答案
基於來源：每個群組乘上每個來源，也就是所有（群組，來源）的配對。
基於核心：每個群組。
狀態資訊：一個子網的成員資格狀態、修剪狀態或加入狀態。

28. 在 DVMRP 裡，多點傳播封包真的會在反向路徑多點傳播的最短路徑上流動嗎？

答案
不完全是。最短路徑是從一個下游路由器到來源路由器。它的反向路徑可能並非從來源路由器到下游路由器的最短路徑。

29. 在 DVMRP 裡，反向路徑多點傳播需要把何種狀態資訊保存在路由器？

答案
每個（群組，來源）配對的修剪狀態。

30. 在 PIM-SM，如何判斷出一個多點傳播群組的 RP？

答案
網域內的所有多點傳播路由器會運用同樣的雜湊函數在類別 D 的多點傳播 IP 位址之上。所得到的雜湊值會被轉換，然後用來從候選路由器的名單中選出一台多點傳播路由器。

練習題

動手實作練習題

1. 使用 Wireshark 或類似的軟體去觀察一個大型 IP 封包的分割片段。
2. 使用 Wireshark 或類似的軟體花上數秒鐘來捕捉封包。從你捕捉到的資料中找出一個 ARP 封包和一個 IP 封包。比較這兩個封包的 MAC 標頭之間的差異。你能夠從中找出 ARP 和 IP 的協定 ID 嗎？ARP 封包的目的地位址是一個廣播位址或是一個單點傳播位址？這個 ARP 封包是一個請求封包或是回覆封包呢？檢視這個 ARP 封包的酬載。
3. 使用 Wireshark 或類似的軟體來捕捉一個封包，並且分析這個封包的標頭和酬載。你能夠辨識出其中的傳輸層協定和應用層協定嗎？
4. 使用 Wireshark 或類似的軟體來找出 ping 是如何以 ICMP 訊息被實作出來。展示你捕捉到的封包來驗證你的答案。注意，不同的作業系統製作 ping 指令的方式可能有所不同。（提示：開始先用 Wireshark 捕捉封包，然後使用指令行來發出一個 ping 指令。）
5. 使用 Wireshark 或類似的軟體來找出 traceroute 是如何以 ICMP 訊息被實作出來。
6. 使用 virtual route 或 traceroute 來找出你的網域的基礎結構以及通往外國的路由途徑。（提示：traceroute 會給你一串路由器的名單。試著用它們的子網位址和往返延遲時間來分辨出不同類型的路由器。）
7. 使用基於 Linux 作業系統的 PC 來建構一台 NAT 伺服器。（提示：Linux 使用 IP TABLES

來製作 NAT。）

8. 使用基於 Linux 作業系統的 PC 來建構一台 DHCP 伺服器。
9. 編寫一個程式來製作 ping 指令。（提示：使用原始插槽介面來傳送 ICMP 封包。關於插槽介面請參考第 5 章。）
10. 追蹤 Linux 源碼裡的 `ip_route_input()` 和 `ip_route_output_key()`。分別描述 IP 封包是如何被轉發給上層和下一站。（提示：在 net/ipv4/route.c 裡可以找到這兩個函數。）

書面練習題

1. 當兩台主機使用相同的 IP 位址並且忽略了彼此的存在之時，會發生什麼問題？
2. 比較電話系統裡的和網際網路裡的定址之階層。（提示：電話系統使用地理的定址方式。）
3. 為何在 IP 層需要分割？分割和重組需要用到 IP 標頭裡的哪些欄位？
4. Pv4 標頭裡的辨識碼欄位有何用途？重複使用（wrap around）會是一個問題嗎？舉出一個例子來說明重複使用的問題。
5. IP 協定如何分辨出 IP 封包的上層協定？舉例來說，它怎麼知道封包是 ICMP、TCP 還是 UDP 封包？
6. 乙太網路驅動程式如何判斷一個訊框是否為一個 ARP 封包？
7. 考慮一個封包通過一台路由器：
   (a) 當一個 IP 封包已經通過路由器的時候，IP 標頭裡的哪些欄位必須被路由器更改？
   (b) IP 標頭裡哪些欄位可能會被路由器更改？
   (c) 設計一個有效率的演算法來重新計算校驗和欄位。（提示：想想看這些欄位是如何被更改？）
8. 考慮一家公司被指派一個 IP 字首 163.168.80.0/22。這家公司擁有三個分部；每個分部分別有 440、70 和 25 台電腦。每個分部都會被分配到一台有兩個 WAN 介面的路由器來提供網路互連，而總共三台的路由器會被完全連接在一起。如果你被要求協助這三個分部規劃出子網位址以及路由器介面的位址，你會怎麼做呢？（提示：每兩台路由器之間的鏈結也需要一個子網。）
9. 如果一台主機擁有一個 IP 位址 168.168.168.168 以及一個子網遮罩 255.255.255.240，它的 IP 子網位址為何？這個子網的廣播位址為何？在這個子網內有多少個可用的合法 IP 位址？這個 IP 位址是一個類別 B 的位址。假設它屬於一家公司。如果所有子網的子網遮罩都固定為 255.255.255.240，在這家公司裡可以產生多少個子網？
10. 考慮一台擁有 IP 位址 163.168.2.81 和子網遮罩 255.255.255.248 的主機 X。現在，假設 X 把一個封包分別傳給下列的 IP 位址：163.168.2.76、163.168.2.86、163.168.168.168、140.123.101.1。每個 IP 封包傳送的路由有何不同？用來找出 MAC 位址所傳送的 ARP 封包又有什麼不同？（對於每個 IP 位址，路由和 ARP 封包的傳送可能相同，也可能不同，請解釋你的答案。）

11. 當一個封包被分割成許多片段，單一一個片段的遺失將會造成整個封包被丟掉。假設有一個內含 4000 個位元組的資料的 IP 封包要被傳遞給一個直接連接的目的地。考慮有兩個類型的鏈結層，其分別擁有不同的 MTU。類型 A 的技術使用 5 位元組的標頭，並且有一個 53 位元組的 MTU（你可以把它視為 ATM 技術）。另一方面，類型 B 的技術使用 18 位元組的標頭，並且有一個 1518 位元組的 MTU（比方說，它是乙太網路）。假設類型 A 的訊框遺失率是 0.001，而類型 B 的則是 0.01。比較在這兩種類型的鏈結層技術之下的封包遺失率。

12. 要在一個高速乙太網路上面傳送一個 1 MB 的 mp3 檔案，最少需要多少數量的 IP 分割片段？（提示：忽略 IP 層以上的標頭，所以一個最大的 IP 分割片段包含了一個長 20 位元組的標頭和一個 1480 位元組的酬載。）

13. 當重組分割片段的時候，接收方如何知道兩個片段是否屬於同一個 IP 封包？它如何知道每個片段的尺寸是否是正確的？

14. 以你的觀點來看，IPv6 是如何更好地支援服務品質？

15. 為何 IPv6 擴充標頭的順序非常重要而且不能被改變？

16. 描述定義在 RFC 1981 裡的路徑 MTU 探索程序。

17. 比較 IPv4 和 IPv6 標頭格式的差異，找出其中的改變並解釋為何會做出這些改變。

18. 比較 ICMPv4 和 ICMPv6 之間的差異。在 IPv6 裡，我們還需要 DHCP、ARP 和 IGMP 嗎？

19. 在 IPv4 的標頭裡有一個協定 id 欄位。這個欄位的功能為何？在 IPv6 標頭裡也有相當的欄位嗎？

20. 考慮一個長 6000 位元組的 IP 封包，假設該封包要被傳送在乙太網路上面。解釋在 IPv4 和 IPv6 的情況下它會如何被分割？（你應該清楚地解釋有多少分割片段會被產生、每個訊框的尺寸以及每個 IP 標頭裡的相關欄位會被如何設定。）

21. 討論在一個虛擬電路子網上面建立非連線式服務的困難，例如 IP over ATM。

22. ARP 快取的超時之數值會如何影響它的效能？

23. 一個 ARP 請求會在一個子網內廣播，以便獲得在相同子網內的一台主機的 IP 位址。如果要用一個 ARP 請求來獲得子網外的一台遠端主機的 IP 位址，這樣做合理嗎？

24. 如果在真正的 DHCP 伺服器回覆之前，一位入侵者使用一個 DHCP 欺騙裝置先對 DHCP 請求來送出回覆。這樣的話會有發生什麼事？

25. 如果一個攻擊裝置持續地改變自己的 MAC 位址，並且向一台 DHCP 伺服器來要求 IP 位址；這種情形有可能發生嗎？〔提示：這被稱為 DHCP 餓死（DHCP starvation）問題。〕

26. BOOTP 和 DHCP 之間的差異為何？為什麼 DHCP 的設計是根據 BOOTP？

27. 假設 A 是一台擁有私有 IP 位址的主機，而它透過一台 NAT 伺服器連接到網際網路。在 A

的子網外面的一台主機能夠以 telnet 連接到 A 嗎？

28. 為什麼 NAT 變成 P2P 應用的一個問題？對於對稱式 NAT 和錐形 NAT，我們是否需要不同的解決方案？

29. 考慮下面的區域網路，其中有一個乙太網路交換器 S、一個內部網域路由器 R 和兩台主機 X 和 Y。假設交換器 S 已經被啟動。

    (1) 描述當 X 傳送一個 IP 封包給 Y 的時候，在 X、Y 和 S 所執行的路由和位址解析的步驟。

    (2) 描述當 Y 回覆一個 IP 封包給 X 的時候，在 X、Y 和 S 所執行的路由和位址解析的步驟。

    (3) 描述當 X 傳送一個 IP 封包給網域外面的一台主機的時候，在 X、S 和 S 所執行的路由和位址解析的步驟。（提示：別忘記要解釋 X 如何知道路由器 R。）

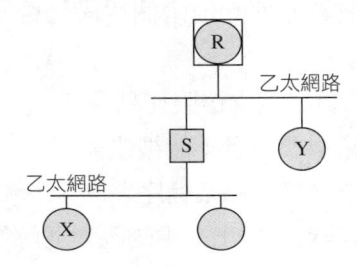

30. 考慮下面的網路拓樸。分別顯示出節點 A 如何使用鏈結狀態路由和距離向量路由來建構它的路由表。

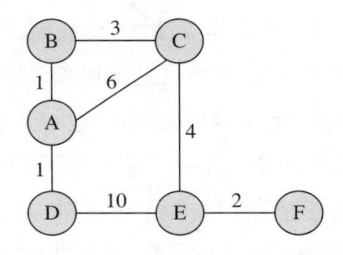

31. 延續上一個問題。現在假設鏈結 A-B 故障，LS 和 DV 路由如何對這個改變作出反應？

32. 比較 LS 和 DV 路由的訊息複雜度和收斂速度。

33. 假設我們已經知道所有鏈結成本的一個正下限值。設計出一個新的鏈結狀態演算法，讓它在每個回合能夠把一個以上的節點加到 N 集合裡。

34. 距離向量路由演算法是被採用在內部網域路由（例如 RIP）和跨網域路由（例如 BGP），但是它的實作則有不同的考量和額外的功能。在內部網域路由和跨網域路由皆使用距離向量演算法的情況下，比較兩者之間的差異。

35. 路由途徑迴圈在 RIP 裡是一個問題，為何它在 BGP 裡就不是問題呢？

36. 鏈結狀態路由和距離向量路由之間的主要差異為何？距離向量演算法的穩定性問題為何，而這些問題的可能解決方案為何？
37. 如果路由的目標是要找出一條擁有最大可用頻寬的路徑（稱為最寬的路徑），這樣的話該如何定義鏈結成本呢？當計算路徑成本時，哪些地方必須被更改？（並非單純地把鏈結成本加到路徑成本裡！）
38. 最長字首比對是什麼？為何路由器要使用最長字首比對？這對於 IPv6 仍然是個問題嗎？（為什麼是或為什麼不是，請證明你的答案。）
39. 為了提供 QoS 給某些多媒體的應用，QoS 路由已經被研究一段時間了（但是沒有成功）。考慮一個串流視訊的應用，它要求固定位元速度（constant bit rate）的傳輸。如何替這類的應用來執行 QoS 路由？解釋如何定義鏈結成本函數，如何從鏈結成本、路由決定的細緻度、應用協定和 QoS 路由之間的互動計算路徑成本。
40. 考慮兩台多點傳播路由器之間的穿隧技術。描述一個多點傳播封包是如何被封裝在一個單點傳播封包裡？在隧道另一邊的多點傳播路由器如何知道收到的是一個封裝過的封包？
41. 因為在 IP 多點傳播位址指派並沒有集中式的控制，所以如果兩個群組的使用者隨機選擇它們的位址，它們選到同樣多點傳播位址的機率是多少？
42. 考慮 IGMP 協定的操作；當一台路由器（查詢者）傳送一個群組特定查詢給它的其中一個子網，如果多點傳播群組裡有許多使用者，ACK（報告訊息）爆炸問題如何平息下來？
43. 在 IGMPv3，如何能夠訂閱來自特定來源的多點傳播封包？
44. 對於每個目的地，DVMRP 是否能夠最大程度地減少網路頻寬的使用或終端對終端的延遲時間？一個節點是否會接收到同一個封包的許多拷貝？如果是的話，提出一個新的協定讓全部的節點都只會收到一個拷貝。
45. PIM 包含兩種模式：密集模式和稀疏模式。這兩種模式之間的差異為何？為什麼要定義這兩種模式？
46. 在 PIM-SM 裡，對於新加入一個多點傳播群組的成員，一台路由器如何知道它的 RP 在哪裡？
47. 當一台主機送出封包給一個多點傳播群組，在使用 DVMRP 和 PIM-SM 的情形下，指定路由器處理封包的方式有何不同？
48. 一個成本被最小化的多點傳播樹被稱為一個斯坦納樹。為什麼在 IETP RFC 裡並沒有提出任何協定來試著建構一個斯坦納多點傳播樹呢？
49. 一般而言，我們可能認為一個基於來源之樹的成本會小於一個基於分享之樹的成本。你是否同意上述的論點？原因為何？建構出一個反例來證明一個基於來源之樹的成本實際上是大於一個基於分享之樹的成本。
50. 請指出在下面網路拓樸裡，用 DVMRP 所建構出的多點傳播樹。

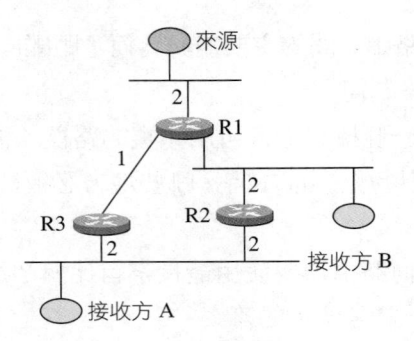

Chapter 5

傳輸層

傳輸層（transport layer），也就是眾所皆知的**終端對終端**（end-to-end）之協定層，因為它好比整個 TCP/IP 協定套件的介面，被用來提供終端對終端服務給應用程式。第 3 章的討論專注在鏈結層，而鏈結層提供直接鏈接在一起的節點之間的**節點對節點**（node-to-node）、單一跳接站（single-hop）之通訊通道，因此像「要以多快的速度送出資料？」以及「資料是否正確抵達到接附在同一條有線／無線鏈結上的接收器？」之類的問題出現在第 3 章。另一方面，IP 層則是提供了跨越網際網路的**主機對主機**（host-to-host）、多重跳接站（multi-hop）之通訊通道，而類似的問題也出現在第 4 章。

接下來，因為在一台主機上可能有多個應用行程在運行，所以傳輸層提供了在不同網際網路主機上運行的兩應用行程之間的**行程對行程**（process-to-process）之通訊通道。傳輸層提供的服務包括：(1) 定址（addressing），(2) 錯誤控制（error control），(3) 可靠性（reliability），以及 (4) 速率控制（rate control）。定址服務會判斷出一筆封包是屬於哪個應用行程；錯誤控制會偵測接收到的資料是否是有效的；可靠性服務則確保被傳送的資料會抵達它的目的地；速率控制會調整傳送方傳送給接收方的速度以達到流量控制（flow control）之目的，以及調整傳送方將資料送入網路的速度以達到壅塞控制（congestion control）之目的。

在面臨各式各樣應用程式的不同需求的情況下，一個傳輸層協定裡應該提供哪些服務仍是一個很大的議題。經過這麼多年的時間，傳輸層協定已經演進成兩個主要的協定：精密的**傳輸控制協定**（Transmission Control Protocol, TCP）以及基本的**使用者資料包協定**（User Datagram Protocol, UDP）。TCP 和 UDP 行使相同的定址方案和類似的錯誤控制方法，但是它們在可靠性和速率控制上的設計卻有極大的差異：TCP 詳細地製作上述的服務，但 UDP 完全省略掉可靠性和速率控制等服務。由於它精密的服務，TCP 必須先在兩台通訊主機之間建立一條終端對終端之邏輯連接，此乃所謂的連接導向式（connection-oriented），並且在每台主機上保存著必要的每條連接或每條流之狀態資訊，此即所謂的有狀態（stateful）。這一種連接導向式、有狀態之設計是為了實現每條流之可靠性和速率控制，以便能提供這些服務給一個特定的行程對行程之頻道來使用。相反地，UDP 是無狀態（stateless）及非連接式（connectionless）的，所以它不需要建立一條連接來行使它的定址和錯誤控制之方案。

對於執行即時傳輸之應用的主機而言，不論是 TCP 或 UDP 所提供的服務都有其不足和受限之處，因為它們都欠缺在兩通訊主機之間的時序和同步之資訊。因此，即時應用最常在基本的 UDP 上方納入一個額外的協定層，以便於加強服務品質。**即時傳輸協定（Real-Time Transport Protocol, RTP）／即時控制協定（Real-Time Control Protocol, RTCP）**是專門為上述目的所設計的一對標準通訊協定。這對標準通訊協定所提供的服務包括了音訊和視訊串流之間的同步、資料壓縮和解壓縮的資訊，以及路徑品質的統計資料（封包遺失率、終端至終端的延遲時間與它的變動）。

因為傳輸層是直接和應用層掛鉤在一起，所以網際網路插槽（Internet socket），通常在此被簡稱為**插槽（socket）**，是作為一個重要的**應用編程介面（application programming interface, API）**，供編程者來使用網際網路協定套件的下層服務。然而，應用層所能使用的並非只有 TCP 和 UDP 插槽介面。應用軟體可以越過傳輸層而直接使用 IP 層或鏈結層所提供的服務。稍後我們會討論 Linux 編程者如何透過不同的插槽介面來使用傳輸層、IP 層，甚至鏈結層所提供的服務。

本章內容的組織如下。第 5.1 節指出傳輸層的終端對終端之問題，並且把它們和鏈結層的問題做個比較。然後第 5.2 節和第 5.3 節描述網際網路如何解決傳輸層的問題。第 5.2 節說明原始的通訊協定 UDP，其提供了基本的行程對行程之通訊通道和錯誤控制。第 5.3 節專注於被廣泛地使用的傳輸協定 TCP，其賦予應用軟體的不僅包括了行程對行程之通訊通道和錯誤控制，還有可靠性和速率控制。到目前為止所討論到的網際網路協定套件的服務，這包括在第 3、4、5 章的服務，應用編程者都可透過各種插槽介面來使用。第 5.4 節解釋 Linux 如何實現插槽介面的方法。舉例來說，由於即時應用所需的額外軟體層，RTP/RTCP 通常被嵌入作為應用程式裡的函數庫。第 5.4 節描述應用層如何使用 RTP/RTCP。

讀完本章之後，讀者應該能夠回答 (1) 網際網路協定套件的傳輸層為何被設計成今天的樣子，以及 (2) Linux 如何實現傳輸層協定。

5.1 一般性議題

傳輸層或終端對終端之協定，正如其名稱所指，它定義出一個協定來負責一條通訊通道的終端點之間的資料傳輸。讓我們先來定義在本章會使用到的一些術語：在作業系統上運行的一個應用程式是一個行程（process），在傳輸層的資料傳輸之單位是被稱為一段（segment，指一段資料），而流進一條行程對行程之頻道的訊流則被稱為一條流（flow）。傳輸層最明顯的服務是提供給應用行程一條行程對行程之通訊通道。在一台主機上可能會有很多個行程同時執行，所以有了行程對行程之頻道的幫助，在網際網路裡任何主機上執行的任何行程都能夠實現彼此之間通訊。這種行程對行程之頻道的問題，和第 3 章節點對節點之頻道的問題非常類似。

一般來說，傳輸層處理連接性之需求的方法，是在每段資訊上使用行程對行程之通訊以及錯誤控制，並且對每一條流實施可靠性之控制；它處理資源分享之要求的方法是對每一條流實施速率控制。

5.1.1　節點對節點 vs. 終端對終端

對於在行程對行程之頻道上通訊，曾經在第 3 章中出現的經典問題又再度浮現，但是可以用在鏈結層的解決方案卻不一定能夠被應用在此。如圖 5.1 所示，單一跳接站之節點對結點的頻道和多重跳接站之行程對行程的頻道，兩者的主要差異在於延遲時間之分布──延遲時間指的是從一台終端主機到另一台終端主機透過頻道的傳輸所經歷的時間上的延遲。第 3 章的可靠性和速率控制的問題是比較容易解決的，因為在直接鏈結的兩台主機之間的延遲時間之分布是非常密集地集中在某個數值附近，而這個數值是取決於所選擇使用的鏈結層技術。相反地，行程對行程之頻道的延遲時間則很長，而且它的變動可能會很劇烈。因此，在傳輸層的可靠性和速率控制之演算法應該要能夠適應很長的延遲時間以及延遲時間的劇烈變動（通常被稱為 jitter，即抖動）。

表 5.1 呈現單一跳接站頻道上的鏈結層協定和多重跳接站頻道上的傳輸層協定之間的詳細比較。傳輸層協定提供了在 IP 層上方的服務，而鏈結層則是在實體層上方的服務。因為可能有許多個節點接附在鏈結之上，鏈結層定義了節點的位

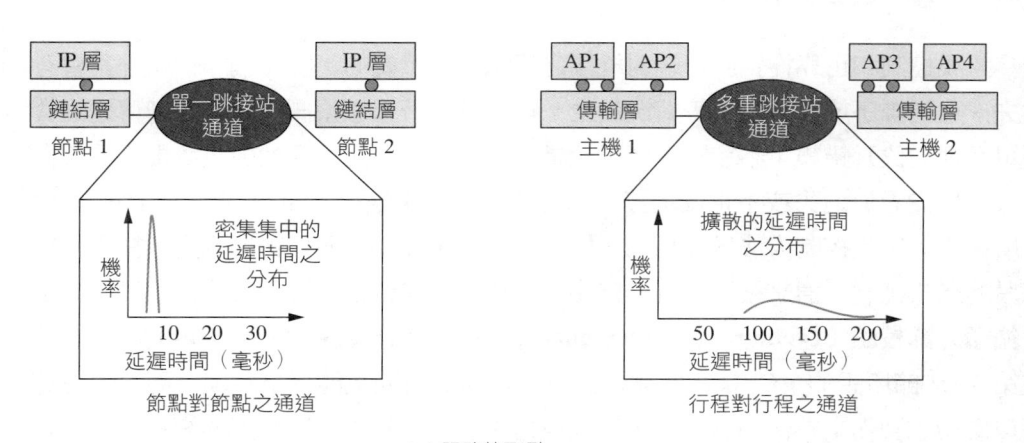

圖 5.1　單一跳接站通道和多重跳接站通道之間的差異

表 5.1　鏈結層協定和傳輸層協定之間的比較

		鏈結層協定	傳輸層協定
基於何種之服務？		實體層	IP 層
服務	定址	在一條鏈結內的節點對節點之頻道（使用 MAC 位址）	主機之間的行程對行程之頻道（使用埠號碼）
	錯誤控制	每個訊框	每段
	可靠性	每條鏈結	每條流
	速率控制	每條鏈結	每條流
頻道之延遲時間		密集集中之分布	擴散之分布

址（MAC 位址），以便能辨識出在一條直接鏈結上的節點對節點之通訊通道。同樣地，在每個終端主機上可能有許多個行程正在執行，因此傳輸層定義了埠號碼（port number），以便於定址一台主機上的一個行程。

定址

在傳輸層的定址相當簡單──我們只需要把本地主機上運行的每一個行程都標示一個獨一無二的辨識碼。如此一來，和鏈結層或網路層的位址比較起來，行程位址的長度應該比較短，而且本地主機的作業系統可以局部性地指派一個行程的位址。而我們將在本章看到網際網路之解決方案使用一個 16 位元的埠號碼來作為一個行程的位址。某個應用所使用的埠號碼可以是被全球所有主機所使用的一個眾所皆知的號碼，或是被本地主機所動態指派的一個可用之號碼。

5.1.2　錯誤控制和可靠性

錯誤控制和可靠性對於終端對終端之通訊是很重要的，因為網際網路經常會有遺失、重新排序或複製封包等情況發生。錯誤控制著重在偵測或修復在被傳送的資料單元裡的位元錯誤，不論該資料單元是訊框或是段，而可靠性進一步提供重傳機制，以便從看似遺失或不正確地接收到的資料單元來恢復。表 5.1 指出，鏈結層協定所採用的錯誤控制方法是在每個訊框的基礎上來操作，而傳輸層協定則採用基於每段的錯誤控制。通常被用在鏈結層協定的和被用在傳輸層協定的錯誤偵測碼分別是**循環冗餘校驗**（cyclic redundancy check, CRC）和**校驗和**（checksum）。如之前在第 3.1.3 節所說的，CRC 在偵測多個位元錯誤的方面更能抵抗錯誤，而且也更容易以硬體來製作；在傳輸層的校驗和則只是扮演一種針對節點錯誤的複檢機制，也就是被用來偵測資料在被節點處理的時候所產生的錯誤。

就可靠的傳輸而論，終端對終端之協定提供了每條流的可靠性之控制，可是大多數的鏈結層協定，像是乙太網路和 PPP，並未把重傳機制加入它們的機制中。它們把重傳的負擔留給上層的協定來處理。然而，有些鏈結層協定，例如 WLAN，其運作的環境可能會發生很嚴重的訊框遺失，所以這些鏈結層協定擁有內建的可靠性之機制，以便於改善由於上層協定的經常性重傳所導致的效率低落。舉例來說，一筆從傳輸層來的龐大外送資料段，它在 IP 層被分割成 10 個封包，然後被 WLAN 封裝成 10 個訊框，之後 WLAN 就能夠可靠地傳送每一筆訊框，而不需要訴諸於整筆龐大資料段的終端對終端之重傳。這樣和假如 WLAN 沒有內建的可靠性機制的情況相比之下，整筆訊框將會有較低的機率被終端對終端地重傳。

延遲時間的分布也和傳輸之可靠性有關係，因為它影響到**重傳計時器（retransmission timer）**的設計。如圖 5.1 所示，鏈結頻道的延遲時間之分布是集中在某個數值附近，如果我們把鏈結頻道的重傳計時器設定成在一段固定時間（例如 10 ms）之後就到期，將是種很適當的作法。然而，把這種方式運用在傳輸層就會出問題，因為終端到終端之頻道的延遲時間屬於擴散式的分布。在圖 5.1 中，舉例來說，如果我們把一個終端對終端之頻道的計時器到期時間設定成 150 ms，有些資料段或許會被錯誤地重傳，以致於網路會含有許多複製的資料段。可是如果我們把計時器到期時間設定成 200 ms，遺失的資料段將必須等待這段很長的計時器時間到期之後才能夠被重傳，因而導致很差的效能。所有這些權衡考量會影響到鏈結和終端對終端之頻道的設計選擇。

5.1.3　速率控制：流量控制和壅塞控制

速率控制包括**流量控制（flow control）**和**壅塞控制（congestion control）**。它在傳輸層協定中所扮演的角色比在鏈結層更為重要，因為傳輸層協定所運作的廣域網路環境比起鏈結層協定所運作的區域網路環境更為複雜。流量控制只會運作在來源和目的地之間，而壅塞控制運作在來源和網路之間。也就是說，在網路裡的壅塞可以被壅塞控制，但不能被流量控制所減緩。在鏈結層協定裡並沒有壅塞控制，因為傳輸器和接收器之間僅是一個跳接站的距離。

壅塞控制可以由傳送方或由網路來實現。網路式（network-based）的壅塞控制在中繼路由器之處使用各種佇列排隊規則以及排班演算法，以便能避免網路壅塞。傳送方式（sender-based）的壅塞控制依賴每一個傳送方的自我控制來避免以太快的速度將太多資料傳送至網路中。然而，網路式的壅塞控制已經超出本章的範圍。

在文獻中，流量控制或壅塞控制之機制可以被分類成窗框式（window-based）或速率式（rate-based）。窗框式的控制會藉著控制同時在傳輸中但尚未被確認之封包（outstanding packets）的數量來調節傳送速率。一個未被確認之封包代表著一個封包已經被送出去但是它的**確認**（acknowledgment）還尚未被返回。另一方面，當接收到一個明確的通知告知應該以多快的速率傳送，一個速率式所控制的傳送方會直接調整它的傳送速率。

即時之要求

即時之應用需要額外的資訊來建構播放內容，因此上述以外的額外支援應該被提供。這些額外的支援包括音訊和視訊串流之間的同步、資料壓縮和解壓縮之資訊，以及路徑品質之數據（封包遺失率、終端對終端之延遲時間和它的變動）。為了能夠支援這些額外的要求，所有必需的額外資訊，例如**時間戳記**（timestamp）、**編解碼器**（codec）的類型、遺失率等，都必須被攜帶在協定訊息的標頭裡。因為 TCP 和 UDP 在它們的標頭裡並沒有這些欄位，需要其他的傳輸層協定來滿足即時之要求。

5.1.4　標準程式介面

網路應用通常會透過插槽程式介面（socket programming interfaces）來使用下層的服務。大多數的應用是在 TCP 或 UDP 上運行並且透過 TCP 插槽或 UDP 插槽來使用它們的服務，而選擇哪一種服務則是取決於網路應用是否需要可靠性和速率控制。然而，也有其他應用在需要讀寫 IP 標頭的時候，必須繞過傳輸層協定去使用 IP 層，而有些甚至於必須直接使用鏈結層來讀寫鏈結層的標頭。應用可以分別透過資料包插槽和原始插槽來使用 IP 層和鏈結層。

和**傳輸層介面**（transport layer interface, TLI）插槽以及 AT&T Unix 系統所研發的 TLI 插槽標準化之版本 X/Open TI（XTI）相比之下，BSD 插槽介面的語義已經變成大多數作業系統中最廣泛被使用的函數模板。有了插槽編程的標準化，應用程式將可以被攜帶到各種不同但支援該標準的作業系統上去執行。然而，程式開發者通常發現插槽應用仍然需要花費一番工夫在移植上面；舉例來說，對於一個已經成功在 Linux 作業系統上執行的應用程式，在 BSD 上執行仍然有所不同，即使 BSD 和 Linux 的差異僅在於它們的錯誤處理函數。

5.1.5　傳輸層的封包流程

在封包傳輸的過程中，傳輸層透過插槽從應用層來接收資料，接著用 TCP 或 UDP 標頭將資料加以封裝，然後把產生的資料段傳遞給 IP 層。當接收到封包的時候，傳輸層會從 IP 層接到一個資料段，接著把 TCP 或 UDP 標頭移除，然後把資料傳遞給應用層。開放源碼之實作 5.1 詳細地說明封包流程。

開放源碼之實作 5.1：傳輸層封包流程的函數呼叫圖

總覽

傳輸層包括一個和 IP 層的介面以及另一個和應用層的介面。如同在第 3 章和第 4 章所提，我們透過接收路徑和傳輸路徑來檢視這兩個介面。在接收路徑中，一個封包是從 IP 層接收而來，然後被傳遞給一個應用層協定來處理。在傳輸路徑中，一個封包是從應用層接收而來，然後被傳遞給 IP 層。

資料結構

在封包處理的流程中，幾乎每一個函數呼叫都會牽涉到使用 sk_buff 和 scck 這兩個資料結構。前者是被定義在 include/linux/skbuff.h，而第 1 章已經有介紹過；而在 include/linux/net/sock.h 則可以找到後者的定義。一個 TCP 流的 sock 資料結構，舉例來說，主要包括一個指向 tcp_sock 資料結構的指標，而 tcp_sock 保存了大多數運行 TCP 所必須的參數，例如用於 RTT 估計的 srtt 或用於窗框壅塞控制的 snd_wnd。sock 也包含兩個佇列資料結構 sk_receive_queue 和 sk_write_queue，而從 IP 層接收來的封包和要被傳送出去的封包會分別排隊在這兩個佇列裡等著被處理。更進一步來說，sock 會保存著指向許多回調函數（callback function）的指標，以便通知應用層有新的可用資料可以被接收到或新的可用記憶體空間可以被填寫。

函數呼叫圖

如圖 5.2 所示，當傳輸層從 IP 層接收到一個封包時，封包會被儲存在一個 skb 裡並且被傳遞給以下三個函數的其中之一：raw_v4_input()、udp_rcv() 或 tcp_v4_rcv()，根據 IP 標頭的協定辨識碼。然後，每個協定有相關的查詢函數，分別是 _raw_v4_lookup()、udp_v4_lookup() 以及 inet_lookup()，以便能取得和封包相關的 sock 資料結構。利用 sock 資料結構的資訊，傳輸層便可以辨識出輸入的封包屬於哪一條流。然後，藉由 skb_queue_tail()，被接收到的封包會被插入到它的流的排隊佇列。藉由 sk->sk_data_ready()，這條流所屬的應用行程會被告知資料已經準備好可以被接收了。接下來，應用行程可能會呼叫 read() 或 recvfrom() 來從 sock 資料結構獲得資料。recvfrom() 函數會觸發一連串的函數呼叫，而最後 skb_dequeue() 會被用來把資料從相關的流的佇列裡移入到一個 skb 空間，然後 skb_copy_datagram_iovec() 會被呼叫去把資料從核心空間記憶體給拷貝到使用者空間。

接下來，圖 5.3 顯示一個外送封包的函數呼叫圖。當一個應用行程打算要把資料送進網際網路，它會呼叫 write() 或 sendto()，而這些函數接著會根據插槽被建立時所指定的協定來呼叫 raw_sendmsg()、udp_sendmsg() 或 tcp_sendmsg()。如果呼叫的是一個原

圖 5.2 在傳輸層的一個輸入封包的函數呼叫圖

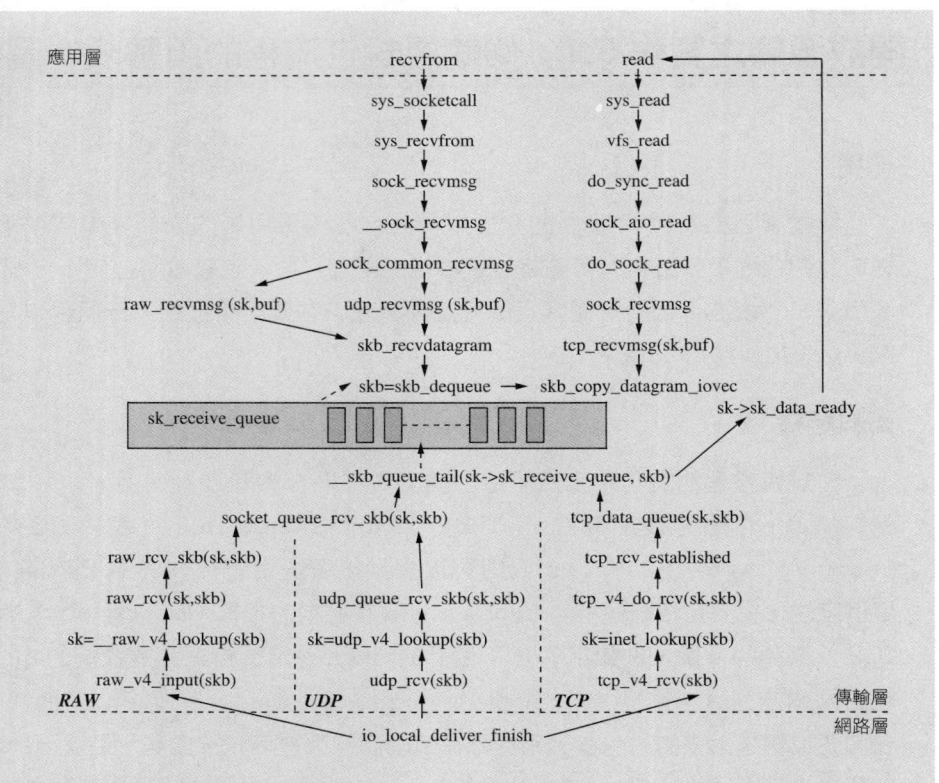

始插槽或 UDP 插槽，接著 `ip_append_data()` 就會被呼叫。然後，`sock_alloc_send_skb()` 和 `ip_generic_getfrag()` 會被呼叫去在核心空間記憶體裡配置一個 skb 緩衝區，然後從使用者空間記憶體把資料拷貝到 skb 緩衝區。最後，skb 會被插入到 sock 資料結構的 `sk_write_queue`。另一方面，`ip_push_pending_frame()` 重複地把資料從佇列中移出，然後把資料轉發給 IP 層。同樣地，如果是 TCP 插槽的話，`tcp_sendmsg()` 和 `skb_add_data()` 會被用來去把尾端的 skb 從佇列中移出，並且把資料拷貝到核心空間記憶體裡。如果被寫入的資料量比尾端的 skb 所能夠使用的空間還多，則 `sk_stream_alloc_page()` 會被呼叫在核心空間記憶體裡配置一個新的 skb 緩衝區。最後，`ip_queue_xmit()` 會被呼叫去透過 `ip_output()` 函數把資料從 `sk_write_queue` 轉發到 IP 層。

練習題

1. 有了圖 5.3 的函數呼叫圖，你可以追蹤 `udp_sendmsg()` 和 `tcp_sendmsg()`，以了解這些函數如何被實作出來。
2. 解釋在 `tcp_sendmsg()` 裡兩個大的「while」迴圈是做什麼用的？此外，為何這樣的迴圈結構並沒有出現在 `udp_sendmsg()` 裡？

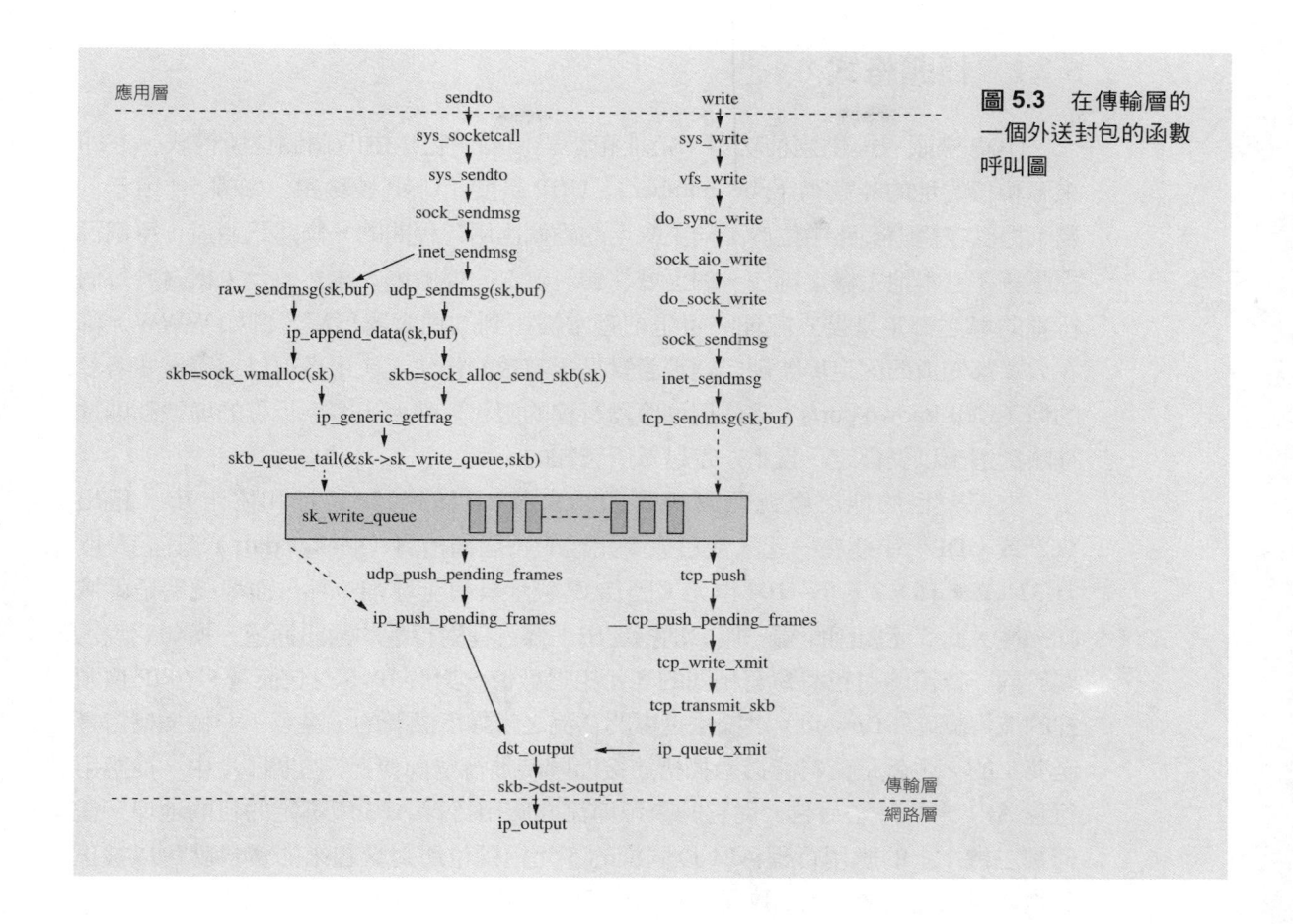

```
應用層                sendto                    write              圖 5.3  在傳輸層的
                   sys_socketcall            sys_write                   一個外送封包的函數
                   sys_sendto                vfs_write                   呼叫圖
                   sock_sendmsg              do_sync_write
                   inet_sendmsg              sock_aio_write
        raw_sendmsg(sk,buf)  udp_sendmsg(sk,buf)   do_sock_write
                   ip_append_data(sk,buf)    sock_sendmsg
        skb=sock_wmalloc(sk)  skb=sock_alloc_send_skb(sk)  inet_sendmsg
                   ip_generic_getfrag        tcp_sendmsg(sk,buf)
                   skb_queue_tail(&sk->sk_write_queue,skb)

                   sk_write_queue

                   udp_push_pending_frames   tcp_push
                   ip_push_pending_frames    __tcp_push_pending_frames
                                             tcp_write_xmit
                                             tcp_transmit_skb
                   dst_output  ←  ip_queue_xmit
                   skb->dst->output                       傳輸層
                                                         網路層
                   ip_output
```

5.2　不可靠的非連接式傳輸：UDP

使用者資料包協定（User Datagram Protocol, UDP） 是一種不可靠的非連接式傳輸層協定，它並沒有提供可靠性和速率控制。它是一種無狀態之協定，以致於一個資料段的傳送或接收和其他資料段並無關係。雖然 UDP 也有提供錯誤控制，但這僅是一種選項。由於它的簡單性質和沒有重傳之設計，許多對於可靠性不甚要求的即時應用則採用在 UDP 上執行 RTP 來傳送即時或串流資料。近年來，同儕式應用（peer-to-peer applications）使用 UDP 來傳送大量的查詢給同儕節點，然後使用 TCP 來和選出的同儕節點交換資料。

UDP 提供最簡單的傳輸服務：(1) 行程對行程之通訊通道，以及 (2) 每段的錯誤控制。

5.2.1 標頭格式

UDP 標頭只提供兩種功用：定址和錯誤偵測。它是由四個欄位所構成，亦即來源和目的地的埠號碼（port number）、UDP 長度、UDP 校驗和，如圖 5.4 所示。為了提供在網際網路中位於不同主機上的兩個應用行程間的一條通訊通道，每個行程應該在它本地主機上綁住一個區域性獨一無二的埠號碼。雖然每台主機對於每個行程的埠之綁定是獨立處理，可是把經常被用到的伺服器行程（例如 WWW）綁在大眾都知道的固定埠號碼已經被證實是很有效的作法。使用者可以透過這些著名的埠（well-known ports）來使用伺服器行程的服務。然而，客戶行程的埠號碼則是被隨機選出以供綁定，且不一定是眾所皆知的。

來源／目的地之埠號碼與 IP 標頭的來源／目的地 IP 位址和協定 ID（指出 TCP 或 UDP）串連在一起，便形成 5 元組的一個**插槽對（socket pair）**，其總長度為 $32 \times 2 + 16 \times 2 + 8 = 104$ 位元。因為 IP 位址具有全球唯一性，而埠號碼是區域唯一性，此 5 元組因此獨一無二地指認出一條行程對行程的通訊通道。換句話說，屬於同一條流的封包將會有相同的 5 元組之數值。對於 IPv6 封包而言，在 IP 標頭裡的流辨識碼（flow id）之欄位是專門為流之辨識所設計的。注意，一個插槽對是全雙工的，也就是資料能透過插槽連接而同時進行雙向傳送。在圖 5.1 中，從應用行程 AP1 來的外送封包，從它的來源埠流向應用行程 AP3 所綁定的目的地埠。任何被主機 1 上的應用行程 AP1 以同樣的 5 元組欄位所封裝起來的資料就可以被正確地傳送給在主機 2 上的應用行程 AP3 而不會有混淆不清的情況發生。

UDP 允許在不同主機上的應用行程將資料段直接送給另一個應用行程，而不必先建立好彼此間的一條連接。一個 UDP 埠會接收從一個區域應用行程來的資料段，把資料段打包成不超過 64K 位元組的**資料包（datagram）**單位，然後填入資料包的 16 位元長的來源和目的地之埠號碼以及其他的 UDP 標頭欄位。每個資料包會被當作一個獨立的 IP 封包來傳送出去，也就是第 4 章所說明的逐站跳接（hop-by-hop）式地轉發到目的地去。當含有 UDP 資料的 IP 封包抵達到它的目的地時，它會被導引至負責接收的應用行程所綁定的 UDP 埠。

5.2.2 錯誤控制：每段之校驗和

除了埠號碼之外，UDP 標頭也提供一個 16 位元長的校驗和欄位，以便用作每

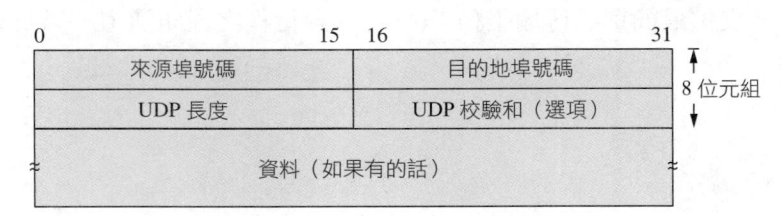

圖 5.4 UDP 資料包之格式

0	15	16	31
來源埠號碼		目的地埠號碼	
UDP 長度		UDP 校驗和（選項）	
資料（如果有的話）			

8 位元組

段的完整性之檢驗，正如圖 5.4 所示。因為 UDP 資料包的校驗和計算是個選項，把校驗和欄位給設定成零就可以取消這項功能。傳送方會產生校驗和之數值並將其填入到校驗和之欄位，而接收方則會驗證此一欄位。為了確保每個被接收到的資料包和傳送方所送出的資料包完全一樣，接收方會再一次計算其所接收到的資料包的校驗和，並且驗證該計算值是否吻合 UDP 資料包裡校驗和欄位所儲存的數值。如果封包的校驗和欄位之數值和 UDP 接收方計算出來的校驗和數值並不相符，則 UDP 接收方會丟掉這個封包。這種機制可以確保每段之資料完整性，但無法確保每段之資料可靠性。

UDP 校驗和欄位儲存在標頭和酬載中全部 16 位元字組的和的 1 的補數。它的計算類似第 4 章所討論的 IP 校驗和之計算。如果一個 UDP 資料包含有奇數個 8 位元組之數量，則最後一個 8 位元組後面會被填上 8 個零之位元來形成一個 16 位元之字組，以便於執行校驗和之計算。注意到一點，就是零位元之填充並不會真正作為資料包的一部分被傳送出去，因為在接收方的校驗和驗證會遵循同樣的填充步驟。校驗和所涵蓋的範圍也包括一個 96 位元長的虛擬標頭（pseudo header），其乃是由 IP 標頭的四個欄位所組成，分別是來源 IP 位址、目的地 IP 位址、協定、長度。涵蓋了虛擬標頭的校驗和，讓接收方能夠偵測出哪些資料包的傳遞、協定或長度資訊是不正確的。開放源碼之實作 5.2 詳細描述了校驗和的計算過程。

UDP 校驗和雖然只是一個選項但卻受到高度的推薦，因為有些鏈結協定並沒有執行錯誤控制。在 IPv6 上製作 UDP 的時候，校驗和變成是必備的，因為 IPv6 完全沒有提供校驗和之功能。UDP 校驗和只有在某些即時應用的情況下會被省略掉，因為對於這些即時應用而言，兩應用行程之間的延遲時間和抖動比錯誤控制更加關鍵。

開放源碼之實作 5.2：UDP 校驗和與 TCP 校驗和

總覽

藉由追蹤在 `tcp_ipv4.c` 的 `tcp_v4_send_check()` 函數的程式碼，我們可以學到 Linux 2.6 的校驗和計算的流程圖以及 IP 校驗和。UDP 校驗和的流程圖和 TCP 相同。

資料結構

在 `skb` 資料結構中，有一個叫做 `csum` 的欄位，是被用來儲存 `sk_buff` 所攜帶的應用資料的校驗和。`csum` 的定義可以在 `include/linux/skbuff.h` 被找到。當一個封包被送出去時，在 `skb->csum` 的數值和封包標頭會一起被傳遞給校驗和函數，以計算封包的最後校驗和數值,正如以下所介紹的一般。

演算法之實作

圖 5.5 列出 `tcp_v4_send_check()` 的部分程式碼。應用資料首先經過校驗和計算,然後被存入到 `skb->csum`,之後透過函數呼叫 `csum_partial()`,`skb->csum` 會和指標 `th` 所指向的傳輸層標頭一起再做一次校驗和。被計算出來的結果又會和 IP 標頭的來源及目的地 IP 位址一起被 `tcp_v4_check()` 再做一次校驗和計算,而後者之函數包含了 `csum_tcpudp_magic()`。最後的結果會被儲存在 TCP/UDP 校驗和欄位。另一方面,IP 校驗和則是被單獨地從 IP 標頭來計算得出,而在 `net/ipv4/af_inet.c` 搜尋「iph->check」這個關鍵字可以找到它的相關程式碼。

方塊流程圖

根據上面的描述,圖 5.6 畫出了校驗和計算的流程圖。我們可以從圖中發現:(1) 傳輸層的校驗和是根據應用層資料的校驗和所計算得來;(2) IP 校驗和沒有涵蓋 IP 封包之酬載。在圖 5.6 中,`D` 代表著指向應用層資料的指標,`lenD` 代表著應用層資料的長度,`T` 代表著指向傳輸層標頭(TCP, UDP)的指標,`lenT` 代表著傳輸層標頭的長度,`lenS` 代表著資料段的長度(包含資料段的標頭),`iph` 代表著指向 IP 標頭的指標,`SA` 代表著來源 IP 位址,而 `DA` 代表著目的地 IP 位址。

練習題

如果你檢視在 `sk_buff` 的 `csum` 之定義,你可能會發現它的 4 位元組之記憶體空間是和另外兩個變數 `csum_start` 及 `csum_offset` 所共享的。請解釋這兩個變數的用途以及為何這兩個變數會和 `csum` 共用同一個記憶體空間。

圖 5.5 TCP/IP 校驗和程序的部分程式碼

```
th->check = tcp_v4_check( len , inet->saddr, inet->daddr,
    csum_partial((char *)th,
    th->doff << 2,
    skb->csum));
```

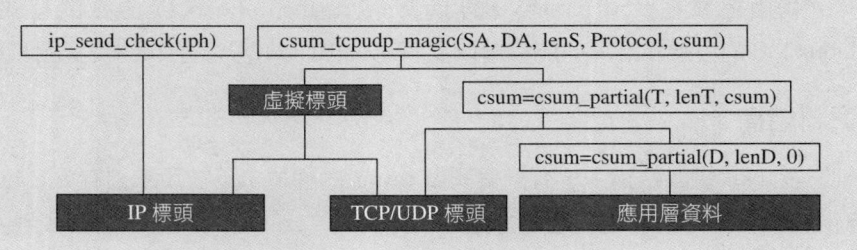

圖 5.6 Linux 2.6 的 TCP/IP 標頭的校驗和計算

- `ip_send_check(iph)`
- `csum_tcpudp_magic(SA, DA, lenS, Protocol, csum)`
- 虛擬標頭
- `csum=csum_partial(T, lenT, csum)`
- `csum=csum_partial(D, lenD, 0)`
- IP 標頭
- TCP/UDP 標頭
- 應用層資料

5.2.3 攜帶單點傳播／多點傳播的即時訊流

由於它的簡單性，UDP 適合作為單點傳播或多點傳播之即時訊流的載具。其背後的邏輯是即時訊流擁有下列特性：(1) 它並不需要每條流之可靠性。（重傳一個遺失的即時封包或許毫無意義，因為封包可能無法在時限之內抵達目的地。）(2) 它的位元速率（頻寬）主要取決於所選用的編解碼器，而且很可能不具有以每條流為單位的控制功能。這兩種特性把即時訊流所用的傳輸層簡化成僅提供定址服務之功能。

然而，除了基本的行程對行程之通訊服務之外，即時應用也需要額外的服務，其包括了音訊和視訊串流之同步、資料壓縮和解壓縮之資訊，以及路徑品質之統計資料。這些服務大部分是由 RTP 所提供，所以在第 5.5 節，我們會研究建立於 UDP 上的 RTP 的設計。

5.3 可靠的連接導向式傳輸：TCP

現今網路應用的多數是使用傳輸控制協定（TCP）來通訊，因為它提供可靠且有秩序的資料傳遞。更進一步來說，TCP 會自動調整它的傳送速率，使其能適應網路壅塞或接收方接收能力之變動。

TCP 的目標是提供：(1) 行程對行程之通訊通道的定址，(2) 每段之錯誤控制，(3) 每條流之可靠性，以及 (4) 每條流之流量控制或壅塞控制。TCP 頻道之定址和每段之錯誤控制和 UDP 的一樣。因為最後兩個目標是以每條流為基礎，在第 5.3.1 節，我們先討論一條 TCP 流是如何被建立起來和被釋放掉；然後在第 5.3.2 節說明 TCP 的可靠性控制。TCP 的流量控制和壅塞控制分別被呈現於第 5.3.3 節和第 5.3.4 節。第 5.3.5 節則詳細描述 TCP 標頭的格式。TCP 計時器管理的問題會在第 5.3.6 節裡討論。最後，TCP 的效能問題和補強機制則會在第 5.3.7 節中談論。

5.3.1 連接之管理

連接之管理是處理行程的終端對終端之連接的建立和終止。如同在 UDP，一條 TCP 連接是以 5 元組來作為唯一性之識別，也就是來源／目的地 IP 位址、來源／目的地埠號碼以及協定 ID。建立和終止一條 TCP 連接很像我們在日常生活中和別人通電話。要和某人透過電話來通話，我們會把電話拿起來，然後選擇要撥的通話對方的電話號碼（IP 位址）以及分機號碼（埠號碼）。接下來，我們會撥電話給對方（發出一個連接的請求），等待對方的回應（連接之建立），然後開始講話（傳送資料）。最後，我們和對方說再見並且把電話掛掉（終止連接）。

由於現實裡網際網路會經常地遺失、儲存以及複製封包，所以在網際網路上建立一條連接並不像聽起來一樣這麼容易。網際網路是以「儲存再轉發」（store-and-forward）的方式將封包傳送到它的目的地去——也就是說，中繼路由器首先完全儲存好接收到的封包，然後再把它們轉發到它們的目的地或是下一站去。在網際網路裡儲存封包會引進封包延遲和複製，而這些因素會困擾著傳送方或接收方，尤其是如果封包可以永久存在於網路裡的話，這會使得有待解決的模糊不清情況更加複雜。TCP 的選擇是把封包最大生命時間限制為 120 秒。在這個選擇之下，TCP 利用 Tomlinson 在 1975 年提出的三向握手協定（three-way handshake protocol）來解決延遲之重複封包所導致的模糊情況。

連接之建立／終止：三向握手協定

在連接開始時，客戶端（client）和伺服器端（server）之行程會隨機選出它們的**初始序列號碼（initial sequence number, ISN）**，以便減少可能的延遲之重複封包所帶來模糊不清效應。當一個客戶端行程想要建立一條和一個伺服器端行程的連接，如圖 5.7(a) 所示，它會送出一個 SYN 段來指出 (1) 客戶端想要連接的伺服器之埠號碼，以及 (2) 客戶端所送出的段的 ISN。伺服器端行程是以一個（ACK+SYN）段來回應 SYN 段，以便於 (1) 跟客戶端來確認其請求，並且也 (2) 宣告從伺服器端行程所送出的段的 ISN。最後，客戶端行程也必須確認從伺服器端行程來的 SYN 以便確定連接之建立。注意到一點，如果要告知在每個通訊方向的 ISN，序列號碼和確認號碼必須遵照圖 5.7(a) 中所描繪的語義。此一協定也被稱為三向握手協定。

不同於連接之建立，TCP 連接之終止會用到四個段而非三個。如圖 5.7(b) 所示，這是一種每個方向都是雙向握手方式，由一個 FIN 而後面再接一個 FIN 的 ACK 所組成。一條 TCP 連接是全雙工的，也就是說從客戶端流向伺服器和從伺服器流向客戶端的資料互相獨立沒有關聯。因為以一個 FIN 關閉一個方向之通訊並不會影響到另一個方向之通訊，所以另一個方向之通訊也需要另一個 FIN 來關閉。注意到，用三向握手關閉一條連接是可能的。也就是說，客戶端送出一個 FIN，伺服器端以一個 FIN+ACK 作為回覆（只是把這兩個段合併為一個），最後客戶端再以一個 ACK 來回覆。

送出第一個 SYN 來開啟一條 TCP 連接的那一方是被稱為執行一個主動式開啟（active open），而它在埠上聆聽以便接收進入的連接請求的另一邊之同儕，則被稱為執行一個被動式開啟（passive open）。很類似地，送出第一個 FIN 來終止一條 TCP 連接的那一方被稱為執行一個主動式關閉（active close），而它的同儕則是執行一個被動式關閉（passive close）。它們之間的差異的細節可以由接下來所描述的 TCP 狀態轉換圖說明。

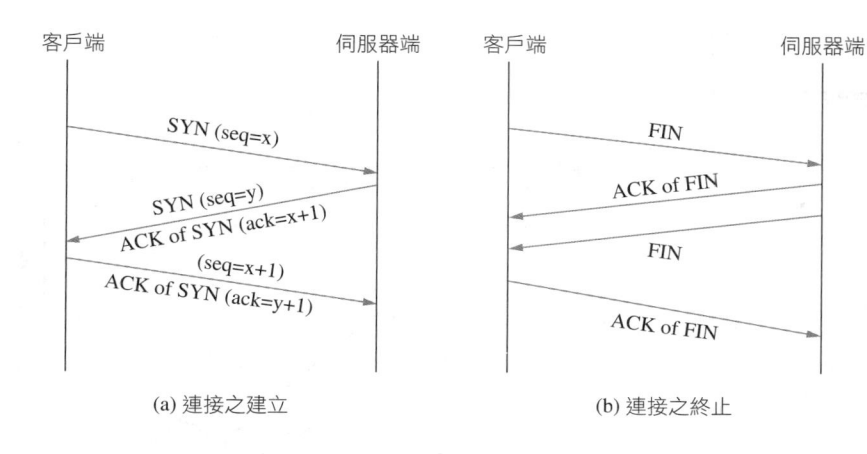

圖 **5.7** TCP 連接之建立和終止所使用的握手協定

（seq 表示序列號碼；ack 表示確認號碼）

(a) 連接之建立

(b) 連接之終止

TCP 狀態轉換

一條 TCP 連接在它的一生中會經歷過一序列的狀態。一條 TCP 連接總共有 11 個可能的狀態，其分別是 LISTEN、SYN-SENT、SYN-RECEIVED、ESTABLISHED、FIN-WAIT-1、FIN-WAIT-2、CLOSE-WAIT、CLOSING、LAST-ACK、TIME-WAIT 以及虛構的狀態 CLOSED。CLOSED 是虛構的狀態，因為它代表著當 TCP 連接被終止時的狀態。TCP 狀態的涵義被描述於下：

- LISTEN：等著任何一台遠端的 TCP 客戶端送來連接請求。
- SYN-SENT：在送出一個連接請求之後，等著接收一個符合的連接請求。
- SYN-RECEIVED：在收到一個連接請求並且送出一個連接請求之後，等著接收該連接請求之確認。
- ESTABLISHED：已建立一條開啟的連接，而資料在該連接上能夠被雙向傳送。此是連接在資料傳送階段的正常狀態。
- FIN-WAIT-1：等著遠端 TCP 送來連接終止請求，或對於先前送出的連接終止請求的確認。
- FIN-WAIT-2：等待從遠端 TCP 送來的連接終止請求。
- CLOSE-WAIT：等待從本地使用者送來的連接終止請求。
- CLOSING：等待從遠端 TCP 送來的連接終止請求之確認。
- LAST-ACK：等待對於先前傳送給遠端 TCP 的連接終止的確認。
- TIME_WAIT：在轉換到 CLOSED 狀態之前，等待一段充足的時間以確保遠端 TCP 已接收到它最後的 ACK。

正如 RFC 793 所定義的一樣，TCP 的運作是藉由執行圖 5.8 所示的狀態機。客戶端和伺服器端行程的表現會遵循著圖中的狀態轉換圖。圖中的粗線箭頭和虛線箭頭分別代表著客戶端行程和伺服器端行程的正常轉換。圖 5.8 中整個狀態轉

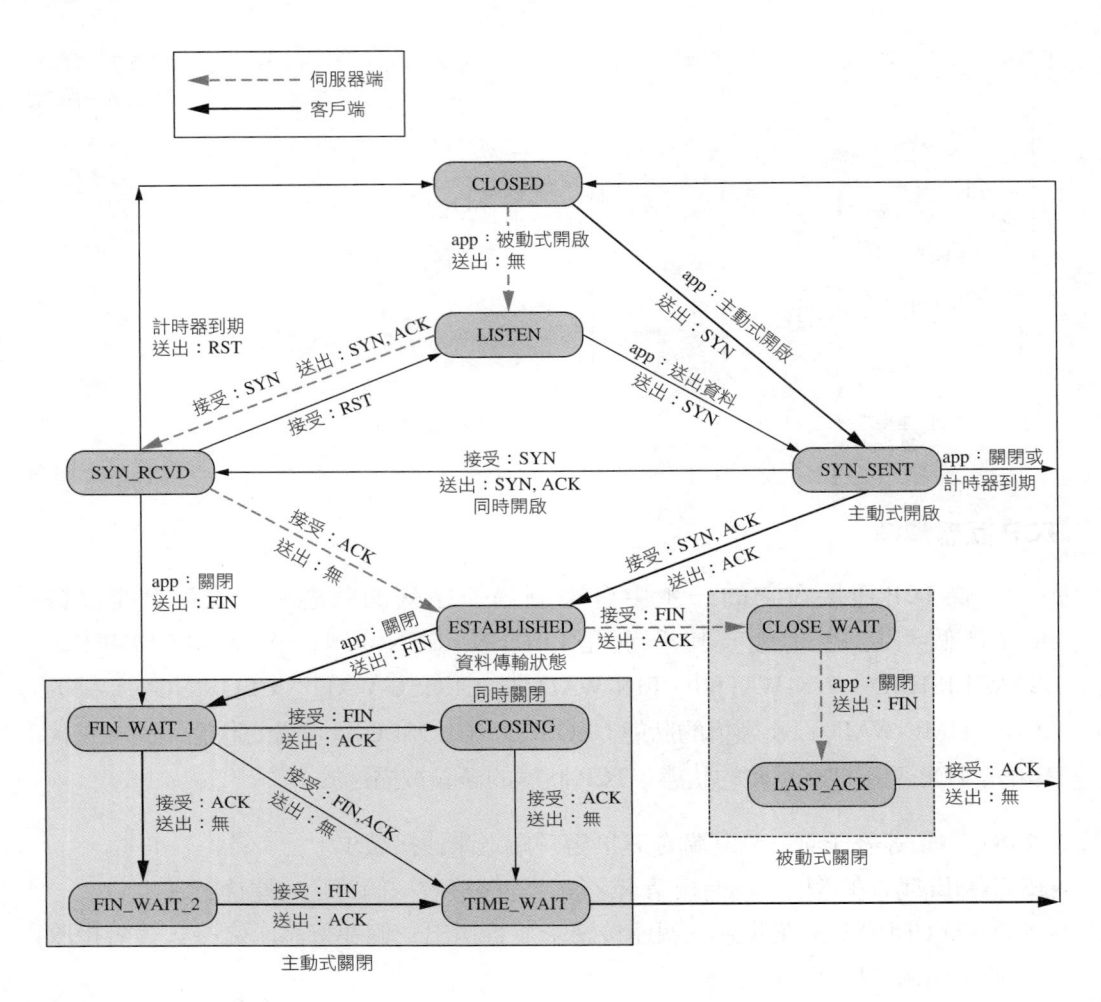

圖 5.8 TCP 狀態轉換圖

換可以被分成三個階段：連接建立（connection establishment）、資料傳送（data transfer）、連接終止（connection termination）。當客戶端和伺服器端雙方都轉換到 ESTABLISHED 狀態時，它們的 TCP 連接會進入資料傳送階段。在資料傳送階段，客戶端可以送出一個服務的請求給伺服器；一旦請求被准許的話，通訊雙方就可以透過 TCP 連接來傳送資料給對方。在資料服務的情況下，最常見的是伺服器端行程會作為一個 TCP 傳送方，把所請求的資料檔案傳送給客戶端行程。

圖 5.9 顯示正常的連接建立和連接終止的狀態轉換，並有標籤指出客戶端和伺服器端所進入的狀態。因為雙方都有可能同時送給對方一個 SYN 來建立一條 TCP 連接，縱然這種情況發生的機率很小，圖 5.8 的狀態轉換也考慮到這種「同時開啟」（simultaneous open）的情況。圖 5.10(a) 顯示同時開啟的狀態轉換。同樣地，在 TCP 也允許通訊雙方同時進行連接的關閉，而這被稱為「同時關閉」（simultaneous close）。圖 5.10(b) 顯示出這種情況的狀態轉換。

(a) 連接建立的狀態轉換　　　　　　　　(b) 連接終止的狀態轉換

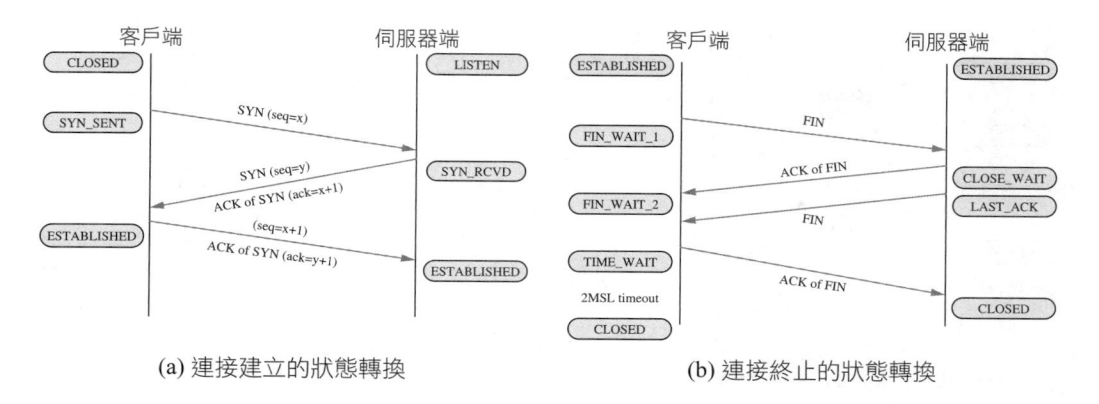

圖 5.9　連接建立和連接終止的狀態轉換

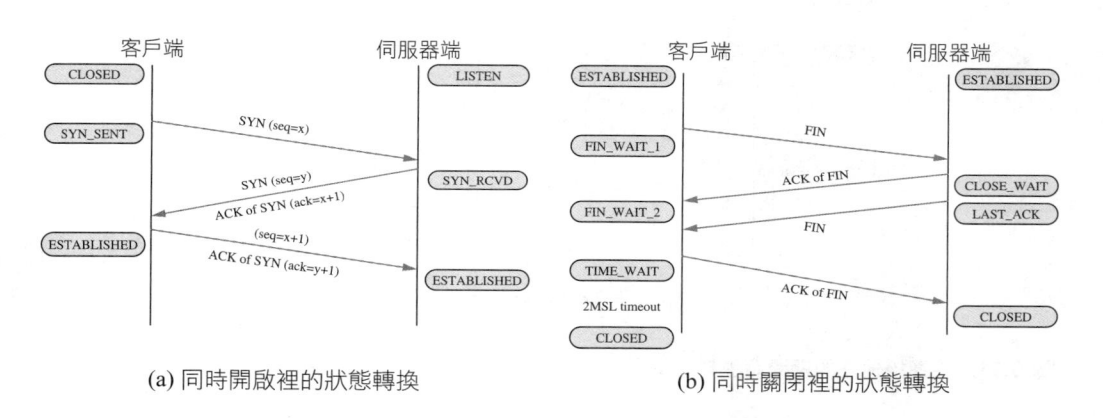

(a) 同時開啟裡的狀態轉換　　　　　　　(b) 同時關閉裡的狀態轉換

圖 5.10　同時開啟和同時關閉的狀態轉換

　　另一方面，在某些不正常情況裡的狀態轉換，包括在連接建立期間發生 SYN、SYN/ACK 和 ACK 的遺失，則分別顯示在圖 5.11(a)、(b) 和 (c)。段的遺失會觸發在客戶端上該條連接的計時器到期，接下來客戶端便返回 CLOSED 之狀態，如圖 5.11(a) 和 (b) 所示。然而，在圖 5.11(b) 和 (c) 裡伺服器連接的計時器到期，則導致伺服器返回到 CLOSED 之狀態，而且一個 RST 段將被送出，以便重設客戶端的狀態。

　　也有一些其他不正常的案例，比方說，在連接終止的期間出現半開啟（half-open）的連接。當 TCP 連接有一端的終端主機故障時，我們稱該 TCP 連接為半開啟。如果剩下的一端處於閒置狀態，則這條 TCP 連接可能會有很長一段時間都維持著半開啟的狀態，而且這段時間沒有上限。在第 5.3.6 節將會介紹一種存活計時器（keepalive timer），可以用來解決這個問題。

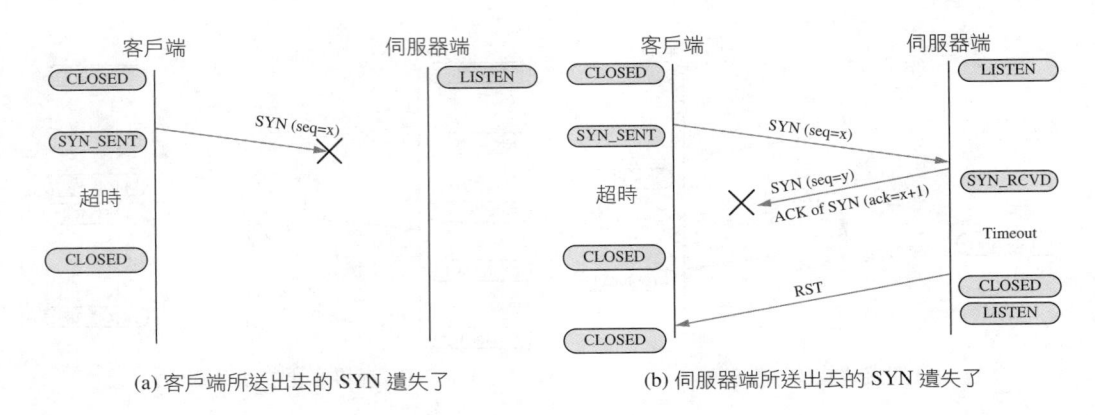

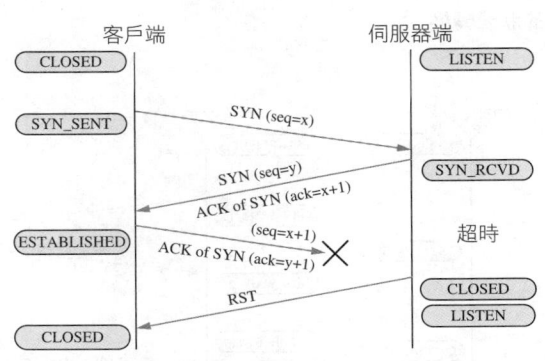

图 5.11　在連接建立的期間發生封包遺失的狀態轉換

5.3.2　資料傳送的可靠性

TCP 使用校驗和作為每段的錯誤控制，並且使用確認的序列號碼作為每條流的可靠性控制。它們在目標和解決方法上的差別將在此描述。

每段的錯誤控制：校驗和

如之前在第 5.2 節所提到，TCP 校驗和之計算是和 UDP 的完全相同。它也涵蓋 IP 標頭的一些欄位，以確保封包抵達的是正確的目的地。UDP 校驗和只是作為一種選項，而 TCP 校驗和卻是強制必備的。雖然這兩種協定都提供校驗和欄位以確保資料完整性，和乙太網路所使用的循環冗餘校驗相比之下，校驗和是相對較弱的檢驗。

每條流的可靠性：序列號碼和確認

每段的校驗和是不足以確保可靠而有秩序地傳遞整個封包化之資料流，其是依照順序透過一個行程對行程之頻道被傳送到目的地。因為在網際網路封包化的資料可能會經常性地遺失，所以必須要有一種機制來重傳遺失的封包。更進一步來說，由於網際網路的無狀態路由本質的緣故，依照順序送出去的封包可能在被接收到的時候順序會亂掉，所以一定要有另一種機制把順序被打亂的封包重新整理順序。這兩種機制分別依賴**確認（acknowledgements, ACK）**和**序列號碼（sequence number）**來提供每條流的可靠性。

概念上，每一位元組的資料就會被指派一個序列號碼。然後，一個段的序列號碼代表了它的第一個資料位元組的序列號碼，而該序號是被儲存在它的 TCP 標頭的 32 位元長的序列號碼欄位。TCP 傳送方會編排並且追蹤它已經送出去的資料位元組的號碼，並且等著接收方送回來這些資料位元組的確認。當接收到一個資料段，TCP 接收方會回覆一個攜帶了一個確認號碼的 ACK 段，而該 ACK 號碼指出了 (1) 接收方預期的下一個資料段之序列號碼以及 (2) 序號在該 ACK 號碼之前的所有資料位元組都已經被成功地接收到了。舉例來說，TCP 接收方可能回覆 ACK=x 來確認一個成功接收到的段，其中的 x 表示：「序號在 x 之前的所有資料位元組都已經收到了。下一個希望收到的段的序號是 x。把它傳送給我。」

ACK 有兩種可能的類型：選擇性 ACK（selective ACK）和累積性 ACK（cumulative ACK）。選擇性 ACK 指出的資訊是，接收方已經收到一個段，而它的序號是選擇性 ACK 記錄的 ACK 號碼。另一方面，累積性 ACK 則指出在 ACK 號碼之前所有送出的資料位元組都已經被接收到。因為非對稱式鏈結很普遍，以致於壅塞可能會發生在從客戶端（接收方之端）到伺服器端（傳送方之端）的路徑，因此資料可能不常遺失，反倒是 ACK 比較常遺失。因此，TCP 使用累積性 ACK，以隨後的 ACK 來彌補在它之前遺失的 ACK。

不正常的情況：資料遺失、ACK 遺失、延遲以及順序錯亂

圖 5.12 說明了 4 種可能發生在 TCP 傳輸期間的不正常情況。如果是資料遺失的情況，傳送方會在**重傳超時（retransmission timeout）**之後察覺到這種遺失，然後會重傳遺失的資料段，正如圖 5.12(a) 所示。另一方面，很長的傳播延遲可能會導致過早的超時，進而造成不必要的重傳。正如我們在圖 5.12(b) 所見，接收方可能會把重傳的封包當成重複的資料並因此就把它丟掉。在這種情況下，雖然可靠性仍然被保證，但是如果這發生得很頻繁的話，則頻寬將會被顯著地浪費掉。因此，如何能估計出一個適當的重傳超時之時間長度是非常重要的，而第 5.3.6 節將會解釋這種估計。

圖 5.12(c) 顯示在 TCP 使用累積性 ACK 的好處。這裡的 ACK 遺失並不會造成任何不必要的資料重傳，因為接下來的 ACK 會重複著先前遺失的 ACK 裡的確認資訊；也就是說，ACK=180 重複了先前遺失的 ACK=150 的資訊。使用累積性

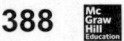

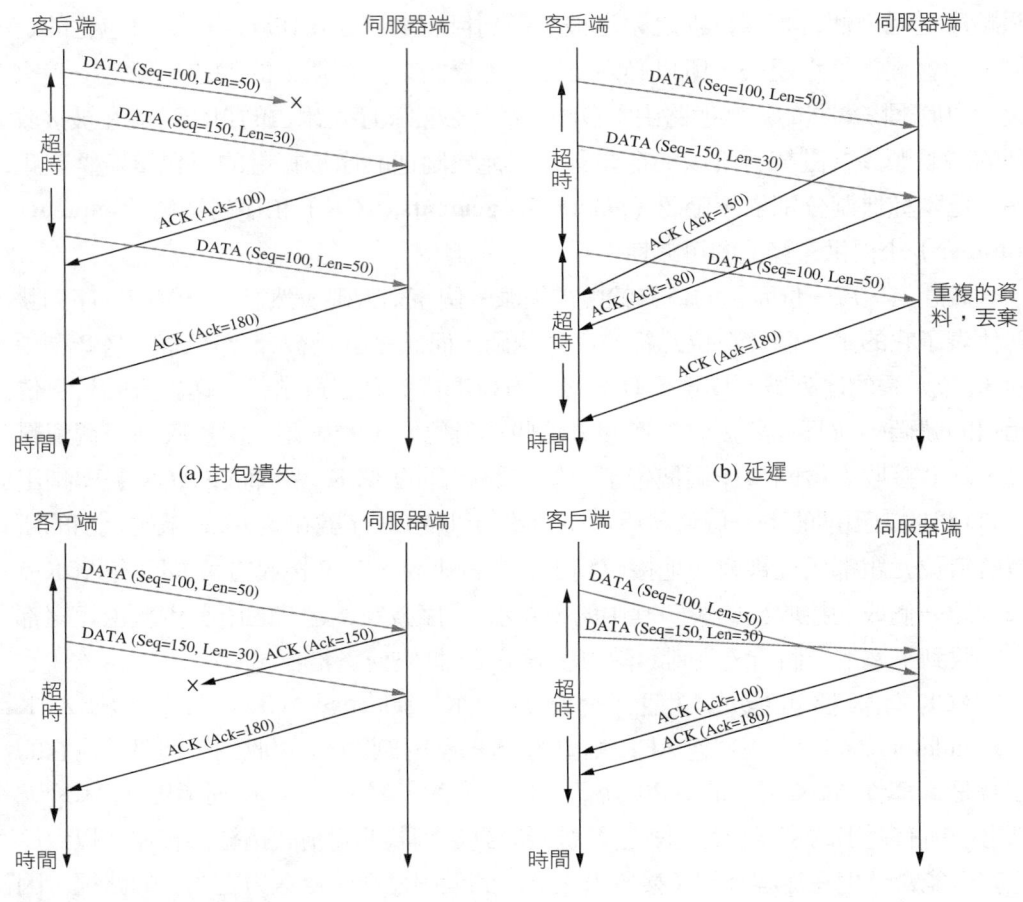

圖 5.12 TCP 之可靠性

（Seq 表示序號，Len 表示長度，Ack 表示確認號碼）

ACK 在資料段被接收的順序錯亂時，也會導致一個有趣的情形。接收方在接收到下一個資料段時，會以重複的 ACK 來作為回覆，如圖 5.12(d) 所示，就好像接收方遺失的資料段一樣。從圖 5.12 的範例中，我們可以了解到 TCP 使用累積性 ACK 和等待確認的重傳超時之機制，就能夠達成可靠的傳送。

5.3.3 TCP 流量控制

網際網路的延遲時間之分布是如此擴散，以致於 TCP 傳送方必須夠聰明並且有足夠的適應性才能最大限度地提升效能，同時又能尊重它的接收方的緩衝區空間以及其他傳送者的網路資源的分享額度。TCP 利用窗框式的流量控制和壅塞控制機制來決定在各種情況下它應該以多快的速度來傳送資料。藉由流量控制，TCP 傳送方可以知道它還能夠消耗多少的頻寬而不會造成接收方的緩衝區溢位。同樣地,藉由壅塞控制,TCP 傳送方避免讓全球分享的網路資源變得負擔過重。此一小節描述 TCP 流量控制而把 TCP 壅塞控制留到下一小節再談。

滑窗流量控制

窗框式的流量控制運用了滑窗機制,以達到增加資料傳輸產能的目的。傳送方維持了一個序列號碼的窗框,其名為傳送窗框(sending window),而它是用一個開始序列號碼和一個結束序列號碼來描述可以傳送的序列號碼。只有序號在傳送窗框之內的資料段才可以被送出去。已被送出但尚未被確認的資料段會被保留在重傳緩衝區。當傳送窗框的開始序列所對應的資料段被確認的時候,這個傳送窗框將會滑動。

圖 5.13 顯示傳送方的虛擬滑窗程式碼。圖 5.14 也顯示一個滑窗的範例。為了清楚起見,我們假設所有的段都有相同的尺寸。在圖 5.14 中,為了要能夠依照順序送出一條段化之位元組串流的資料流,滑窗只會從左滑向右。為了能夠控制住正在傳輸中而尚未被確認的段(outstanding segment)的數量,**窗框尺寸(window size)** 會動態地擴增或縮減,如我們稍後會看見的一樣。當資料段流到目的地時,它們所對應的 ACK 段會流回到傳送方並且觸發窗框的滑動。一旦窗框涵蓋到尚未被傳送的資料段時,該資料段就會被送進網路管道。在原來的情況,如圖 5.14(a) 所示,傳送方的滑窗範圍是 4 號段到 8 號段,也就是說,有三個資料段已經被送出去。當傳送方接收到 ACK(Ack=5),這表示接收方已經成功地收到 4 號段,也就是滑窗裡第一個段。因此,接收方會把滑窗向右滑動一個段,如圖 5.14(b) 所示。同樣地,圖 5.14(c) 和 (d) 分別顯示,當傳送方接收到 ACK(Ack=6)和 ACK(Ack=7),窗框滑動的情形。在正常的情況下,當傳送方接收到一個依照順序傳來的 ACK,它會把窗框滑動一個段。

現在,我們來觀察另外一種情況,就是封包抵達接收方的順序是錯亂的,如圖 5.15 所示。在這種情況,接收方會先收到 DATA 5、DATA 6,然後是 DATA 4。因為 TCP 使用累積性 ACK,在接收方接收到 DATA 5 之後,傳送方將會收到接收方

```
SWS:傳送窗框尺寸
n:目前的序列號碼,也就是下一個要被傳送的封包
LAR:最後一個被接收到的確認
if 傳送方有資料要送出去
    在最後一個被接收到的確認 LAR 之後,最多傳送高達 SWS
    個封包,也就是說,它可以傳送封包 n,只要 n < LAR+SWS
endif
if 一個 ACK 抵達
    如果它的 ack 號碼 > LAR,把 LAR 設成 ack 號碼
endif
```

圖 5.13 傳送方的虛擬滑窗程式碼

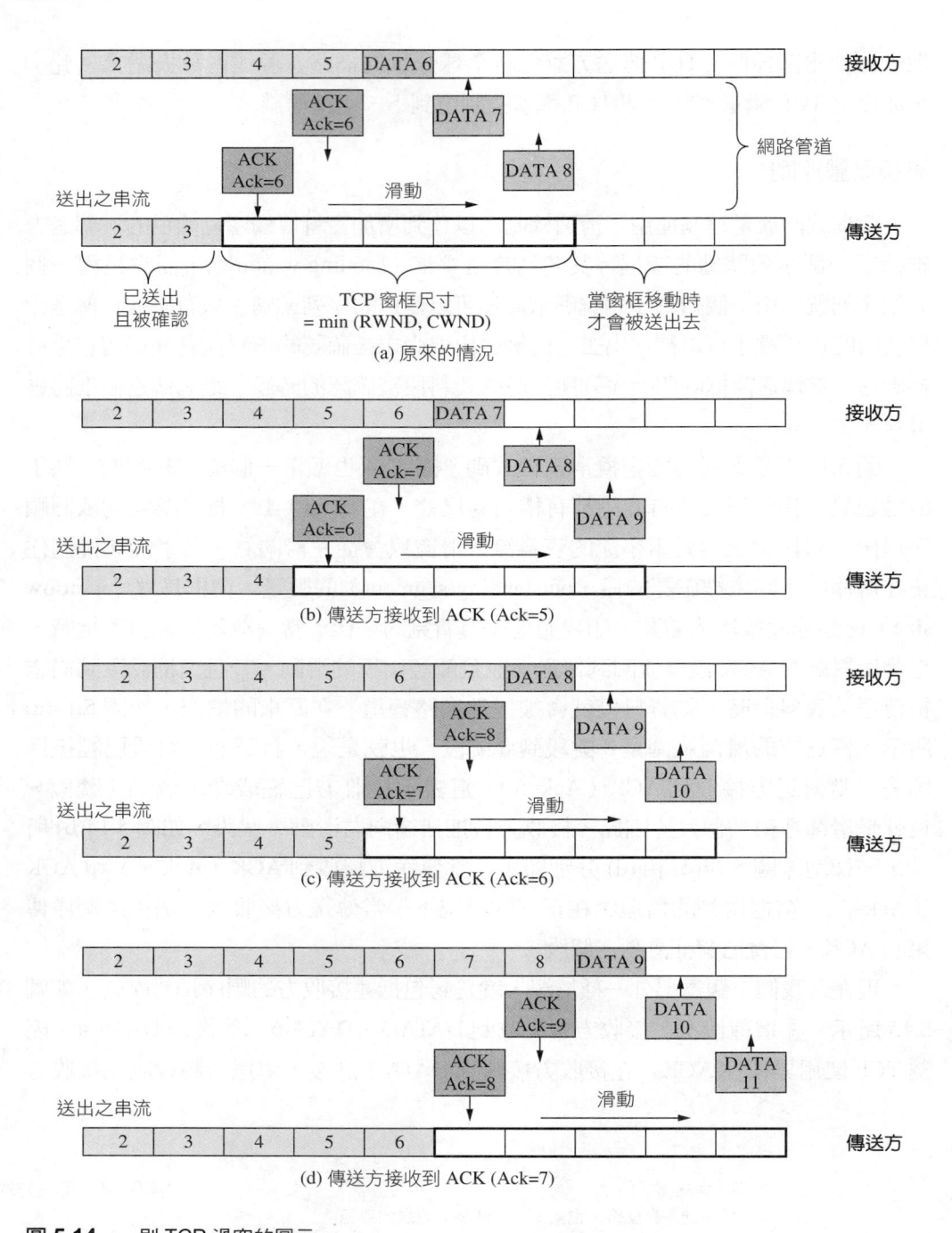

圖 5.14　一則 TCP 滑窗的圖示

送來的第一個重複的 ACK（Ack=4），正如在圖 5.15(b) 所看見的一樣。此時窗框不能滑動。當接收方接收到 DATA 6 之後，傳送方會收到接收方送來的第二個重複的 ACK（Ack=4），但此刻窗框還是不能滑動，如圖 5.15(c) 所示。當接收方接收到延

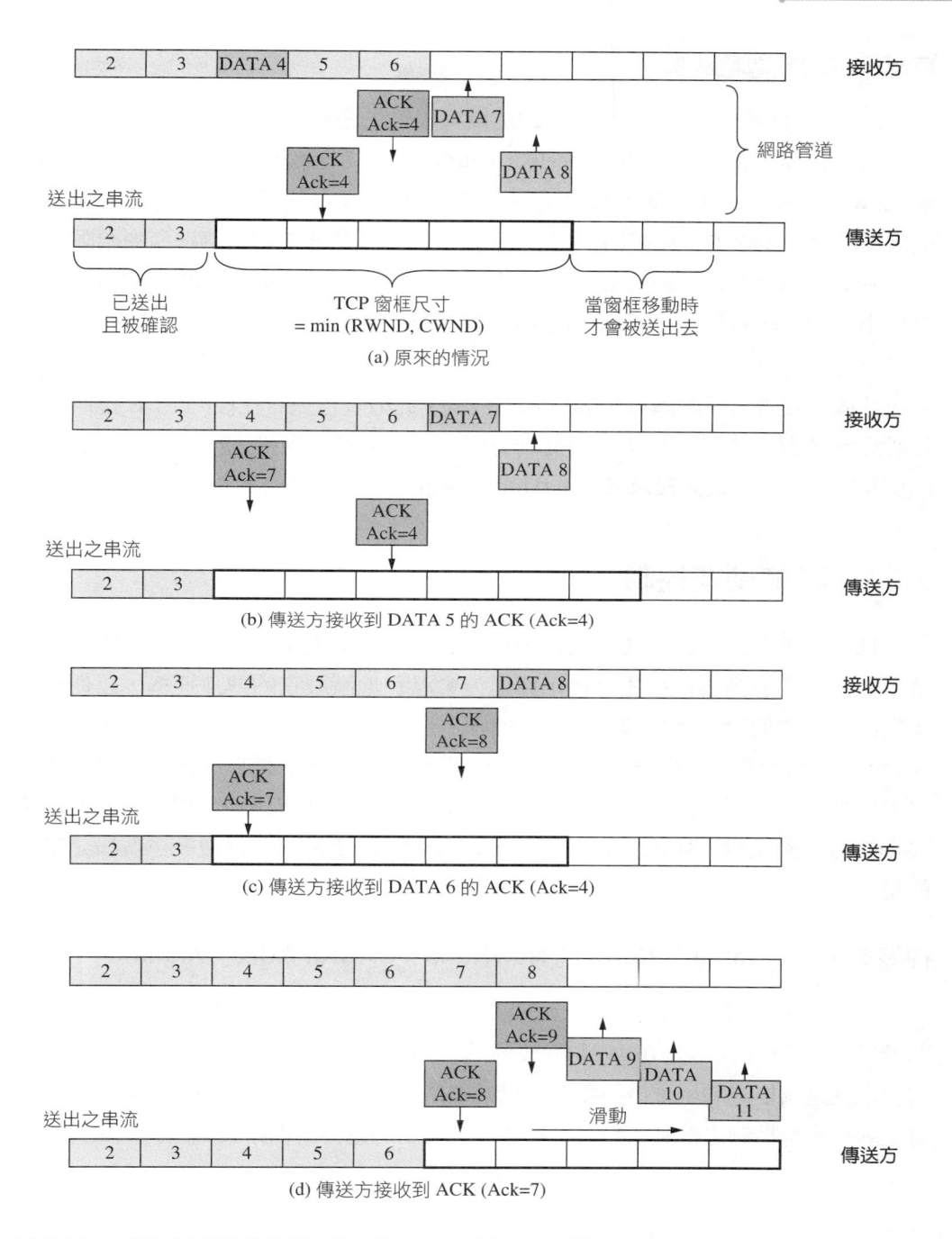

圖 5.15 一則 TCP 滑窗的範例，其中資料封包的抵達順序錯亂

遲的 DATA 4 之後，傳送方會收到從接收方送來的 ACK（Ack=7），然後傳送方會把窗框滑動三個段。

窗框尺寸的擴增和縮減

滑窗流量控制的另一項重要議題是窗框尺寸。窗框尺寸是由兩個窗框數值的最小值所決定：**接收方窗框（receiver window, RWND）**和**壅塞窗框（congestion window, CWND）**，正如圖 5.16 所示。一個 TCP 傳送方試著同時考慮它的接收方的處理能力（RWND）和網路處理能力（CWND），藉著把它的傳送速率給限制成 min (RWND, CWND)。RWND 是由接收方告知傳送方的，而 CWND 是由傳送方所計算出來的，而我們會在下一小節來探討 CWND 之計算。注意到窗框尺寸實際上是以位元組而並非以段為單位來計算。TCP 接收方會在 TCP 標頭的 16 位元長的窗框尺寸欄位宣告它緩衝區可用的位元組數量。此種宣告只有在段的 ACK 控制位元被設立的情況下才可以被使用。另一方面，TCP 傳送方會推測出網路內所能容納的位元組數量，以**最大段尺寸（maximum segment size, MSS）**為單位來計算。

5.3.4　TCP 壅塞控制

TCP 傳送方是被設計成能夠藉由偵測資料段的遺失事件，來推測網路的壅塞情形。在一個遺失事件發生之後，傳送方會溫和地減緩它的傳送速率，以便保持資料流的速率低於會觸發遺失事件的速率。這種過程被稱為**壅塞控制（congestion control）**，其目標是達成有效率的資源分享而同時又避免網路壅塞。一般而言，TCP 壅塞控制的基本概念是讓每個 TCP 傳送方來判斷在傳送方到接收方的路由路徑上的可用頻寬量。如此一來，TCP 傳送方就能夠知道同時傳送多少個段是安全的量。

從基本 TCP、Tahoe、Reno 到 NewReno、SACK/FACK、Vegas

TCP 協定已經歷了二十年以上的演進。有許多 TCP 的版本被提出來提升傳輸的效能。第一個版本是在 1981 年被標準化為 RFC793，它定義了 TCP 的基本結構，也就是窗框式的流量控制和較粗糙的重傳計時器。注意到一點，RFC 793 並沒有定義出壅塞控制之機制，因為在那個時代使用的電傳式網路裝置已有流量控制，

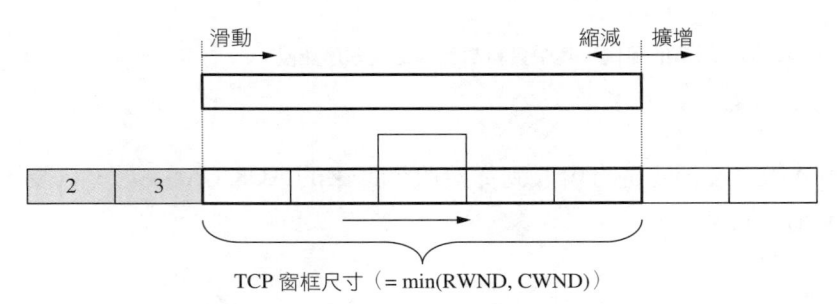

圖 5.16　窗框的尺寸變動和滑動

開放源碼之實作 5.3：TCP 滑窗流量控制

總覽

Linux 2.6 版的核心在 `tcp_output.c` 製作了 `tcp_write_xmit()` 函數來把封包寫入到網路上。該函數會詢問 `tcp_snd_test()` 函數，以便檢查是否有任何可以被傳送出去的，而在 `tcp_snd_test()`，核心會根據滑窗的觀念來做數種測試。

演算法之實作

在 `tcp_snd_test()` 會呼叫三個檢查函數：`tcp_cwnd_test()`、`tcp_snd_wnd_test()`、`tcp_nagle_test()`。在 `tcp_cwnd_test()`，藉著評估 `tcp_packets_in_flight() < tp->snd_cwnd` 這個條件，核心會判斷出未被確認的段的數量（包含正常和重傳的段）是否超出了目前的網路處理能力（cwnd）。其次，在 `tcp_snd_wnd_test()`，核心會藉由函數呼叫 `after(TCP_SKBCB(skb))->end_seq, tp->snd_una + tp->snd_wnd)`，來判斷最後送出的段是否已超出了接收方緩衝區的極限。`after(x,y)` 函數是一個判斷「x>y」條件的布林函數（Boolean function）。如果最後送出的段（end_seq）已經超過了尚未被確認的位元組（snd_una）加上窗框尺寸（snd_wnd）的邊界，傳送方應該停止傳送。第三，在 `tcp_nagle_test()`，核心會使用 `tcp_nagle_check()` 來執行 Nagle 的測試，在第 5.3.7 節會討論此一議題。只有在通過這些檢查的情況下，核心才會呼叫 `tcp_transmit_skb()` 函數去送出窗框內的一筆資料段。

我們可以從這個實作觀察到另一個有趣的表現，就是 Linux 2.6 核心在送出窗框內的資料段是採用最精細的細緻度。也就是說，在通過上述所有測驗時，Linux 2.6 核心只會送出一個段，然後對下一筆要送出的段，它會再重複所有的測試。如果有任何窗框的擴增或縮減是發生在送出資料段的作業期間，核心可以馬上改變在網路上可允許的段的數量。然而，這樣做會帶來很大的耗損，因為它一次只能送出一個段。

練習題

在 `tcp_snd_test()`，在上述三個函數之前，有另一個函數 `tcp_init_tso_segs()` 會被呼叫。請解釋此函數的作用為何。

而當時的網際網路流量不像現在的流量如此驚人。TCP 壅塞控制是直到 1980 年代末才由 Van Jacobson 引進到網際網路，大約是在 TCP/IP 協定套件正式運作的八年之後才出現。在那個時候，網際網路開始蒙受壅塞崩潰（congestion collapse）之苦——終端主機會以接收方宣告的窗框所能允許的最快速度，把封包傳入網際網路；

然後壅塞便會在某台路由器上發生，導致封包被丟掉；接著主機上會發生重傳超時而遺失的封包將會被重傳，進而造成更嚴重的壅塞。因此，1988 年在 BSD 4.2 裡發布了第二版的 TCP Tahoe，它增加了壅塞避免（congestion avoidance）和 Van Jacobson 所提出的快速重傳（fast retransmit）方案。第三版 TCP Reno 則進一步在壅塞控制裡加入了快速恢復（fast recovery）。TCP Reno 被標準化在 RFC 2001 中，而 RFC 2581 則是它的廣義版本。自從 2000 年起，TCP Reno 是最多人採用的版本，可是最近的報告則指出，目前的主流已變成了 TCP NewReno。

TCP Reno 有許多缺陷，最受人注目的是**多重封包遺失（multiple-packet-loss, MPL）**之問題；當短時間內有多筆資料段遺失時，Reno 通常會引起一個超時事件並且導致頻寬的低使用率。NewReno、SACK（Selective ACKnowledgement，在 RFC 1072 中定義）以及 Vegas（L. Brakmo 和 L. Peterson 在 1995 年提出）以三種不同的方式去尋求此問題的解決之道。TCP FACK（Forward ACKnowledgement）版本接著進一步改良 TCP SACK 版本。我們首先檢視 TCP 壅塞控制的基礎版本，也就是 TCP Tahoe 和 TCP Reno。NewReno、SACK、FACK、Vegas 的進一步改善方案則留到第 5.3.7 節再談。

TCP Tahoe 的壅塞控制

Tahoe 使用一個壅塞窗框（`cwnd`）來控制在一回合往返時間（round-trip time, RTT）內傳送的資料量，並使用一個最大窗框（`mwnd`）來限制 `cwnd` 的最大值。Tahoe 把未確認的資料的數量 `awnd` 估計成 `snd.nxt - snd.una`，其中的 `snd.nxt` 和 `snd.una` 分別代表著下一筆尚未送出的資料的序號以及下一筆尚未確認的

歷史演進：眾多 TCP 版本的統計數據

TCP NewReno 確實逐漸變成網際網路裡 TCP 的主流版本。根據國際計算機科學學院（International Computer Science Institute, ICSI）發布的一份調查報告，在這份報告裡所有成功辨識出的 35,242 台網頁伺服器之中，伺服器使用 TCP NewReno 的百分比從 2001 年的 35% 增加到 2004 年的 76%。此外，伺服器支援 TCP SACK 的百分比也從 2001 年的 40% 增加到 2004 年的 68%。更進一步來說，許多知名的作業系統都啟用 TCP NewReno 和 SACK，例如 Linux、Windows XP、Solarios。相對於 TCP NewReno 和 SACK 的使用率增加，使用 TCP Reno 和 Tahoe 的百分比則分別降到 5% 和 2%。TCP NewReno 和 SACK 的部署能擴充如此迅速的其中一個原因是：它們提供連接一個更高的傳輸量，此乃使用者所偏好的一種性質，而同時也不會讓網路壅塞情況惡化，此是網路管理人員的主要考量。

資料的序號。只要 awnd 小於 cwnd，傳送方會繼續送出新的封包。否則的話，傳送方會停止傳送。Tahoe 的控制方案可以被分解成四種狀態。圖 5.17 描繪出 Tahoe 的狀態轉換圖，而該圖的解釋如下。

1. **緩慢啟動（slow start）**：緩慢啟動的目標是快速地在幾個回合的 RTT 內就探測出可用的頻寬。當一條連接剛開始時或是在重傳超時發生之後，緩慢啟動的狀態就被啟動，而此時 cwnd 的初始值會被設為一個封包（也就是一個 MSS）。在此狀態中，傳送方會指數性地增加 cwnd，而作法是每次接收到一個 ACK 就把 cwnd 增加一個封包。換句話說，每一回合的 RTT 之後，如果所有的 ACK 都在時限內被正確地接收到，cwnd 就會倍增（1、2、4、8，以此類推），如圖 5.18 所示。因此，緩慢啟動其實一點都不慢。一個 TCP 傳送方會待在緩慢啟動的狀態，一直到它的 cwnd 攀升到緩慢啟動之臨界值 ssthresh（也就是圖 5.17 的 ssth）；在這之後，它會進入壅塞避免之狀態。注意到當一條連接剛開始時，ssthresh 會被設定成 ssthresh 之最大值（該最大值是取決於儲存 ssthresh 的資料類別），而這樣做是為了不要限制住緩慢啟動的頻寬探測。如果有連續三個重複的 ACK 被接收到，TCP 傳送方會進入快速重傳狀態，而 cwnd 會被重新設定成 1，如果在重傳超時之前沒有接收到任何的 ACK，cwnd 會被重新設定成 1，而且 TCP 傳送方會進入重傳超時之狀態。

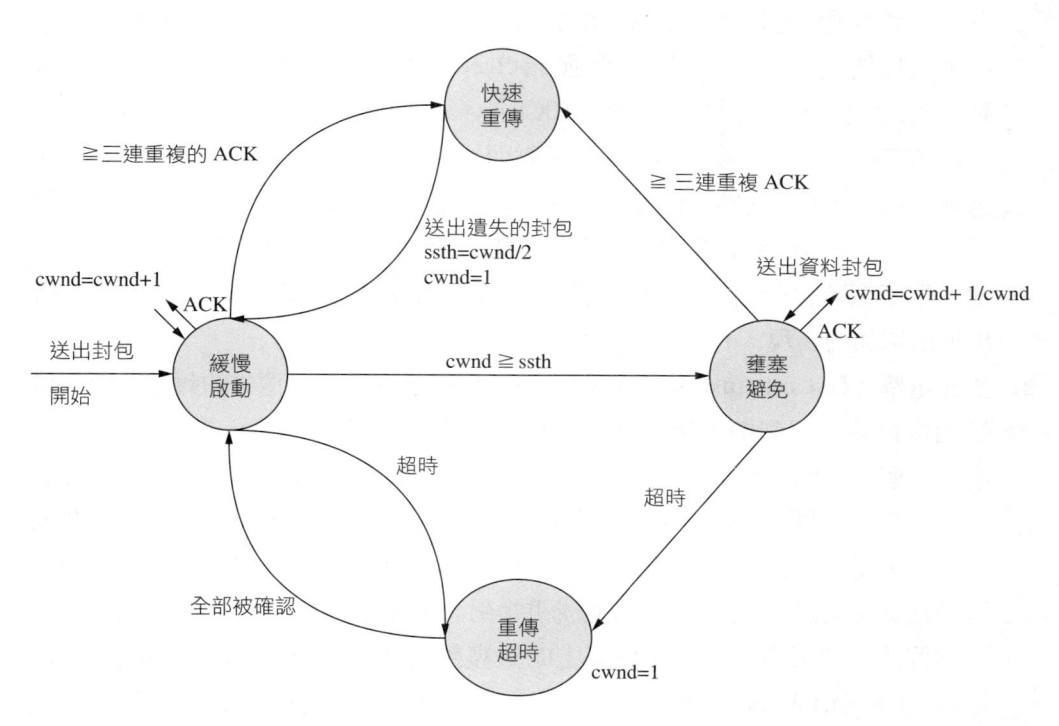

圖 5.17 TCP Tahoe 的壅塞控制演算法

圖 5.18 緩慢啟動狀態時傳輸中的封包之圖示

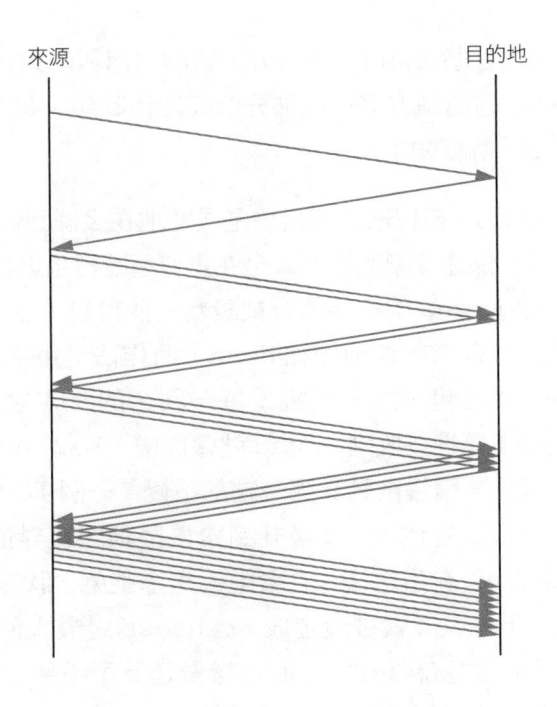

2. **壅塞避免（congestion avoidance）**：壅塞避免的目標是緩慢地探測出可用頻寬但快速地對壅塞事件做出回應。它遵循著**加法增加乘法減少（Additive Increase Multiplicative Decrease, AIMD）**之原則。因為在緩慢啟動狀態的窗框尺寸是指數性地增加，用這種增加速度來傳送封包很快會造成網路壅塞。要避免這種情況發生，當 cwnd 超過 ssthresh 的時候，壅塞避免狀態就會啟動。在此情況下，每接收到一個 ACK 時，cwnd 個封包就會被加上 1/cwnd，以便讓窗框尺寸採取線性增長。就這點而論，每一回合的 RTT 之後，cwnd 通常會被增加 1（等同於每接收一個 ACK 就加上 1/cwnd），可是如果接收到連續三個重複的 ACK 而觸發快速重傳之狀態時，cwnd 會被重設為 1。很類似地，重傳超時會觸發 cwnd 的重設以及轉換到重傳超時之狀態。圖 5.19 描繪出加法增加的表現。

3. **快速重傳（fast retransmit）**：快速重傳的目標是立刻傳送遺失的封包，而不是等到重傳計時器到期才傳送遺失的封包。如第 5.3.2 節所述，重複的 ACK 是由於一個遺失的資料封包（在圖 5.12(a)），或是由於接收方收到了一個重複的資料封包（在圖 5.12(b)）或一個順序錯誤的資料封包（在圖 5.12(c)）所造成的。如果是資料封包遺失而造成重複的 ACK，傳送方應該重傳遺失的封包。因為傳送方無法確切地判斷出造成重複封包的原因為何，因此快速重傳行使一種假設：如果有一連串三個以上的重複封包被接收到，也就是所謂的三連重複 ACK（triple duplicate ACK, TDA），則 TCP 傳送方就假設封包遺失已經

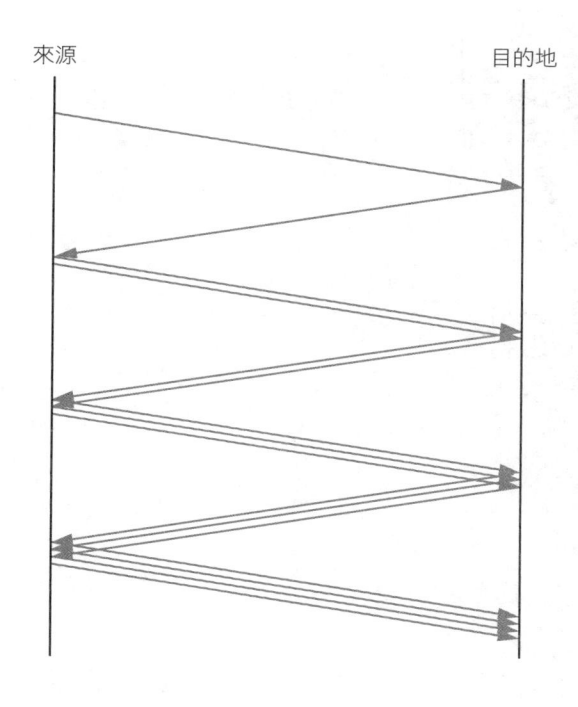

來源　　　　　　　　　　　目的地　　**圖 5.19**　壅塞避免狀態時傳輸中的封包之圖示

開放源碼之實作 5.4：TCP 的緩慢啟動和壅塞避免

總覽

在 Linux 2.6 核心的 `tcp_cong.c`，緩慢啟動和壅塞避免是以三個函數實作而成。這些函數分別是 `tcp_slow_start()`、`tcp_reno_cong_avoid()` 以及 `tcp_cong_avoid_ai()`。

資料結構

在這三個函數裡，tp 是一個指標，指著插槽結構 `tcp_sock`，而其定義可以在 `linux/include/linux/tcp.h` 找到。`tcp_sock` 含有 `snd_cwnd` 和 `snd_ssthresh`、`snd_cwnd_cnt` 以及 `snd_cwnd_clamp`。`snd_cwnd` 和 `snd_ssthresh` 分別儲存了壅塞窗框和緩慢啟動臨界值；`snd_cwnd_cnt` 是被用來簡化在壅塞避免裡接收到每個 ACK 就要加上 1/cwnd 個封包的製作；`snd_cwnd_clamp` 被用來限制壅塞窗框（非標準）。

演算法之實作

圖 5.20 顯示 Linux 2.6 核心的 `tcp_cong.c` 中緩慢啟動和壅塞避免的摘要程式碼。注意到在壅塞避免裡，接收到每個 ACK 就加上 1/cwnd 被簡化成接收到所有 cwnd 個段的 ACK

```
1:   if (tp->snd_cwnd <= tp->snd_ssthresh) {        /* Slow start*/
2:       if (tp->snd_cwnd < tp->snd_cwnd_clamp)
3:           tp->snd_cwnd++;
4:   } else {
5:       if (tp->snd_cwnd_cnt >= tp->snd_cwnd) {  /* Congestion Avoidance*/
6:           if (tp->snd_cwnd < tp->snd_cwnd_clamp)
7:               tp->snd_cwnd++;
8:           tp->snd_cwnd_cnt=0;
9:       } else {
10:          tp->snd_cwnd_cnt++;
11:   }
12: }
```

圖 5.20 Linux 2.6 的 TCP 緩慢啟動和壅塞避免

再把 cwnd 加上一個完整的段（其長度為 MSS 個位元組），正如第 5~11 行程式碼所示。

練習題

目前在 tcp_cong.c 的實作提供了一個很有彈性的結構，而該結構容許我們用其他方法替換掉 Reno 的緩慢啟動和壅塞避免。

1. 請解釋這種彈性的允許如何被實現。
2. 從核心源碼找出一個透過此彈性結構來改變 Reno 演算法的範例。

發生。然後傳送方就把看起來是遺失封包重新傳送一次，而不會等待較粗糙的重傳計時器到期。當傳送方送出遺失的封包之後，它會依照 AIMD 之原則把 ssthresh 設定為目前 cwnd 數值的一半，然後再度把 cwnd 重設成 1 並進入緩慢啟動之狀態。

4. **重傳超時（retransmission timeout）**：重傳超時提供了最後的也是最慢的手段來重傳遺失的封包。傳送方維持了一個重傳計時器，而該計時器是被用來檢查它所等待的一個可以把傳送窗框左緣向前推進的確認是否已經超時了。如果發生超時的狀況，處理方式就和在快速重傳狀態一樣，傳送方把 ssthresh 縮減成 cwnd/2，把 cwnd 重設為 1，然後從緩慢啟動狀態重新開始。超時的時間值很大程度取決於 RTT 及 RTT 的變動程度。如果測量到的 RTT 數值的波動很大，就應改選用比 RTT 較大的超時時間值，才不會發生重傳成功抵達的資料段的情況；如果測量到的 RTT 數值很穩定，超時時間值就可以被設定為很接近 RTT 之值，以便能快速地重傳遺失的封包。就這一點而論，TCP 採用 Van Jacobson 在 1988 年提出的一個高度動態的演算法，而該演算法會經常性地根據連續測量到的 RTT 之數值來調整超時時間值之長度。第 5.3.6 節會深入討論這個議題。

TCP Reno 的壅塞控制

TCP Reno 把 Tahoe 的壅塞控制之方案加以擴充，其作法是把一個新的快速恢復（fast-recovery）狀態引進在一個封包遺失之後接下來的恢復階段。圖 5.21 描繪出 Reno 的控制機制。快速恢復專注於在網路管道裡保存足夠的未確認之封包，以便保留 TCP 的**自我同步（self-clocking）**之行為。網路管道之觀念和 TCP 的自我同步之行為將會在第 5.3.7 節詳細解說。當快速重傳被執行時，`ssthresh` 會被設定成 `cwnd` 的一半，然後 `cwnd` 被設定成 `ssthresh` 加上 3，因為有接收到 3 個重複的 ACK。每個被接收到的重複 ACK 表示，有另一個資料封包已經從網路管道出去了，所以就觸發快速重傳的三個重複 ACK；更正確的想法是 `awnd` 減 3，而非 `cwnd` 加 3，其中 `awnd` 是在網路管道中未確認封包之數量。然而，在 Reno 裡 `awnd` 的計算是 `snd.nxt-snd.una`，而它的值在這個狀態裡是固定不變的。因此，Reno 是增加 `cwnd` 而非減少 `awnd` 來達到相同的目的。當被重傳的封包的 ACK 被接收到時，`cwnd` 是被設定成 `ssthresh`，而傳送方會再度進入壅塞避免之狀態。換句話說，在快速恢復之後，`cwnd` 會被設定為 `cwnd` 舊值的一半。

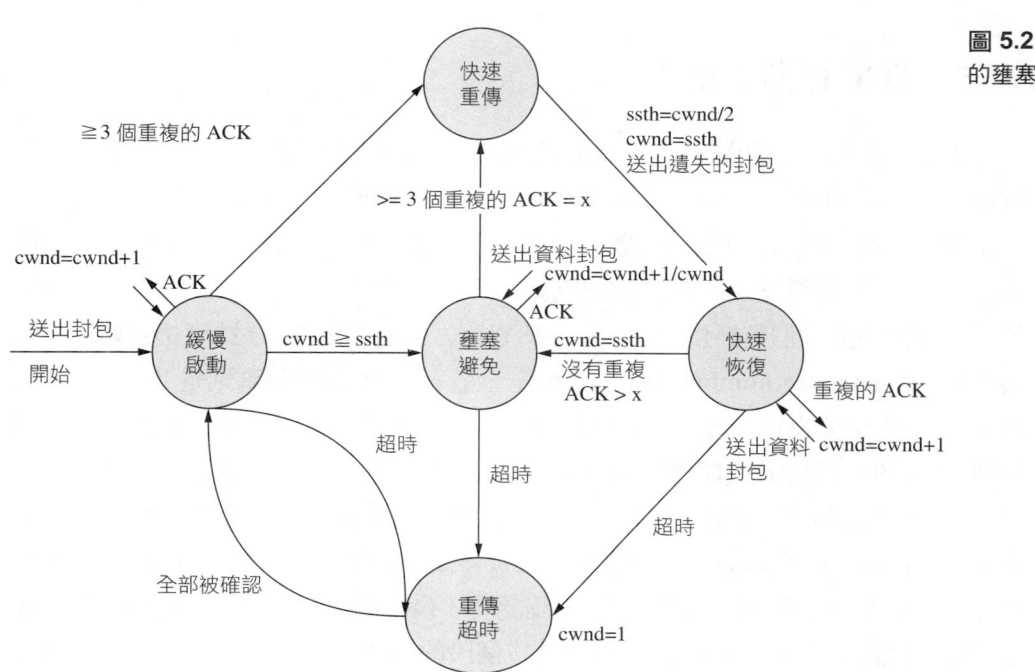

圖 5.21 TCP Reno 的壅塞控制演算法

我們使用一個範例來強調 Tahoe 和 Reno 之間的差異，而其中之差異分別顯示在圖 5.22 和圖 5.23。在這些圖中，第 30 號封包的 ACK 被接收到而傳送方送出了第 31 到 38 號封包。假設 cwnd 等於 8 個封包，而第 31 號封包在傳輸中遺失了。因為第 32、33、34、35、36、37 和 38 號封包被接收到，接收方會送出 7 個重複的 ACK。當 Tahoe 傳送方接收到第三個連續的重複 ACK 時，它發覺第 31 號封包已經遺失了，所以它立刻把 cwnd 設定成 1 個封包，重傳遺失的第 31 號封包，接著返回到緩慢啟動之狀態。又收到 4 個重複封包之後，傳送方將 cwnd 維持為 1，而 awnd 則是 8 (39 − 31)。收到了第 38 號封包的 ACK 之後，傳送方可以送出新的第 39 號封包。

另一方面，當 Reno 傳送方發現第 31 號封包遺失的時候，它會立刻把 cwnd 設定為 [8/2]+3 個封包，重傳遺失的封包，然後進入快速恢復狀態。又收到 4 個重複封包之後，傳送方會將 cwnd 增加 4，然後就可以送出新的第 39、40 和 41 號封包。收到了第 38 號封包的 ACK 之後，傳送方會離開快速恢復並且進入壅塞避免，而 cwnd 會被設定為 4 個封包，也就是 cwnd 舊值的一半。因為現在 awnd = 3 (42 − 39)，傳送方可以送出新的第 42 號封包。

比較圖 5.22 和圖 5.33 的步驟 (4)，Tahoe 無法送出任何新的封包，但是 Reno 卻可以。因此很明顯的，在一個封包遺失之後，TCP Reno 利用快速恢復來達到更有效率的傳送。

雖然 Reno 已經成為最為普及的 TCP 版本，它苦於多重封包遺失（multiple-packet-loss）之問題導致效能降低。我們會在第 5.3.7 節探索這個問題及解決方案。

5.3.5　TCP 標頭之格式

在這一小節，我們檢視圖 5.25 還沒有提到的 TCP 標頭欄位。如同第 5.3.2 節所指出，一個 TCP 段含有一個 16 位元的來源埠之號碼、一個 16 位元的目的地埠之號碼、一個 32 位元的序列號碼、一個 32 位元的確認號碼。這些欄位資訊被攜帶在 TCP 段的標頭裡，以便於穿越過網路。當 SYN 位元沒有被設立時，序列號碼對應到段的第一個資料位元組。如果 SYN 位元有被設立，序號就是**初始序列號碼（initial sequence number, ISN）**，而第一個資料位元組的號碼則是 ISN+1。如果 ACK 控制位元被設立，確認號碼欄位會含有下一個序列號碼的值，而該序號值對應到 ACK 段的傳送方所期望收到的下一筆資料段之序號。跟在確認號碼後面的是 4 位元的標頭長度，它指出在 TCP 標頭包含 TCP 之選項，總共有多少個 32 位元之字組。從技術的觀點來看，它也暗示應用資料從哪開始。圖 5.25 的 16 位元的窗框尺寸，只有在設立有 ACK 控制位元的確認時才會被使用。它指出了從確認欄位裡記錄的序號開始，TCP 接收方（也就是這個段的傳送者）所願意接收的資料位元

第 5 章　傳輸層

(1) S　cwnd=8　awnd=8　[38 37 36 35 34 33 32 31]　D　傳送方送出第 31–38 號封包

(2) S　cwnd=8　awnd=8　[31 31 31 31 31 31 31]　D　接收方回覆 7 個重複的 ACK（ack 號碼 = 31）

(3) S　cwnd=1　awnd=8　31 [31 31 31 31]　D　傳送方收到 3 個重複的 ACK 而 cwnd 被改變成 1 個封包。遺失的第 31 號封包被重傳。傳送方離開快速重傳，並且進入緩慢啟動之狀態

(4) S　cwnd=1　awnd=8　[39]　D　當接收方收到重傳的第 31 號封包，它會回覆 ACK（ack 號碼 = 39）

(5) S　cwnd=1　awnd=1　[39]　D　傳送方送出第 39 號封包

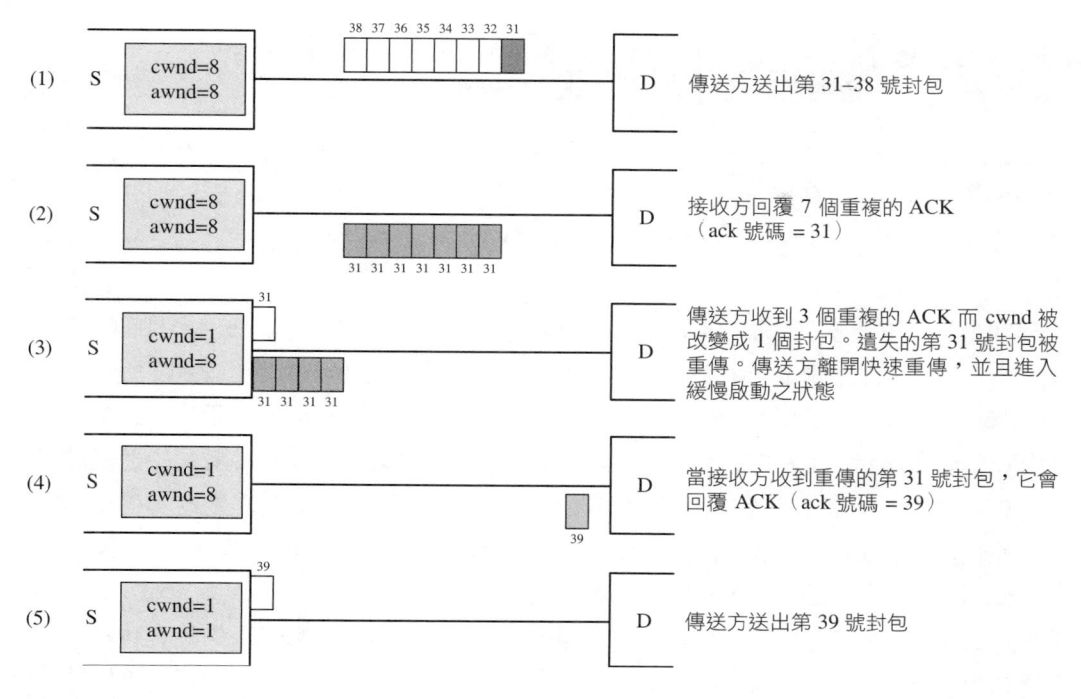

圖 5.22　一則 TCP Tahoe 壅塞控制之範例

---

(1) S　cwnd=8　awnd=8　[38 37 36 35 34 33 32 31]　D　傳送方送出第 31 – 38 號封包

(2) S　cwnd=8　awnd=8　[31 31 31 31 31 31 31]　D　接收方回覆 7 個重複的 ACK（ack 號碼 = 31）

(3) S　cwnd=7　awnd=8　31 [31 31 31 31]　D　傳送方收到 3 個重複的 ACK 而 cwnd 被改變成 (8/2) + 3 個封包。遺失的第 31 號封包被重傳。傳送方離開快速重傳，並且進入快速恢復之狀態

(4) S　cwnd=11　awnd=8->11　39 40 41 [39]　D　當接收方收到重傳的第 31 號封包，它會回覆 ACK（ack 號碼 = 39）

(5) S　cwnd=4　awnd=3->4　42 [40 41 42]　D　傳送方離開快速恢復並且進入壅塞避免之狀態。cwnd 被改變成 4 個封包

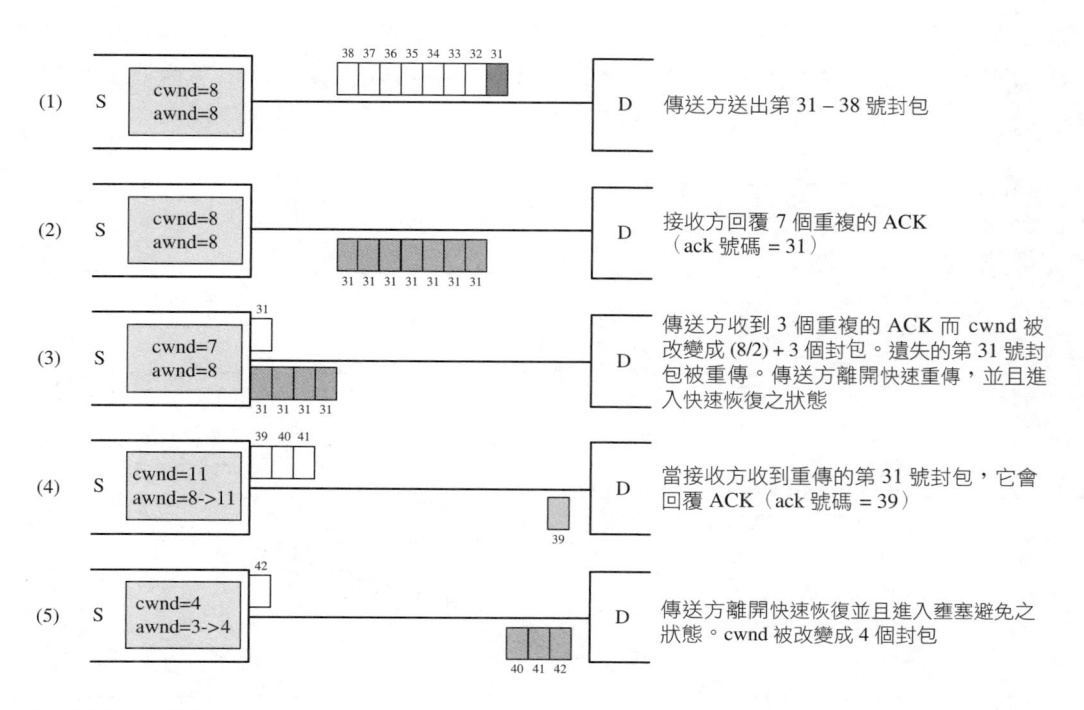

圖 5.23　一則 TCP Reno 壅塞控制之範例

原理應用：TCP 壅塞控制之行為

Linux 2.6 有各種 TCP 版本的聯合實作，包括 NewReno、SACK，以及在第 5.3.7 節會學習到的 FACK。然而，在一個封包遺失的情況下，它們的基本行為其實和 Reno 大致相同。圖 5.24 顯示一個 Linux 2.6 壅塞控制的範例的截圖。該截圖的產生是藉由處理在核心裡記錄的傳送窗框尺寸和監看到的封包標頭。

在圖 5.24(a) 中，在壅塞發生於 1.45 秒之前，緩慢啟動狀態中的 cwnd 很快就增長超越過圖的邊框之外。然而，注意到 rwnd 幾乎一直保持在 21 個封包，以致於如圖 5.24(b) 所示，在 0.75 到 1.45 秒之間，傳送速率是被 21 個封包/RTT 所限制住。這是因為真正的傳送窗框之尺寸是由 cwnd 和 rwnd 的最小值所決定。因此，cwnd 在 0.75 到 1.45 秒時增長的速率沒有像在 0 到 0.75 秒時如此劇烈，因為輸入 ACK 的速率在 0.75 到 1.45 秒是固定的。在 0.75 到 1.45 秒的期間，全雙工的網路管道是經常被填滿了 21 個封包；如果網路的正向路徑和反向路徑是對稱的，則其中一半的封包就是 ACK。

當壅塞發生於 1.5 秒時，連續三個重複的 ACK 會觸發快速重傳來重傳遺失的資料段。TCP 來源端因此就進入了快速恢復之狀態，並且把 ssthresh 重設為 cwnd/2=10 並且把 cwnd 重設為 ssthresh+3。在快速恢復的期間，每當又收到一個重複的 ACK 時，TCP 傳送方會把 cwnd 加上一個 MSS，以便保持足夠的資料段在傳輸中。快速恢復之狀態結束於 1.7 秒，當遺失的資料段被接收到。在這一刻，cwnd 被設定成 ssthresh（之前被設為 10）而且傳送方轉變為壅塞避免之狀態。此後，每當滑窗的所有 ACK 被接收到時，cwnd 就會被加上一個 MSS。

圖 5.24 Linux 2.6 的緩慢啟動和壅塞避免：CWND vs. 序號

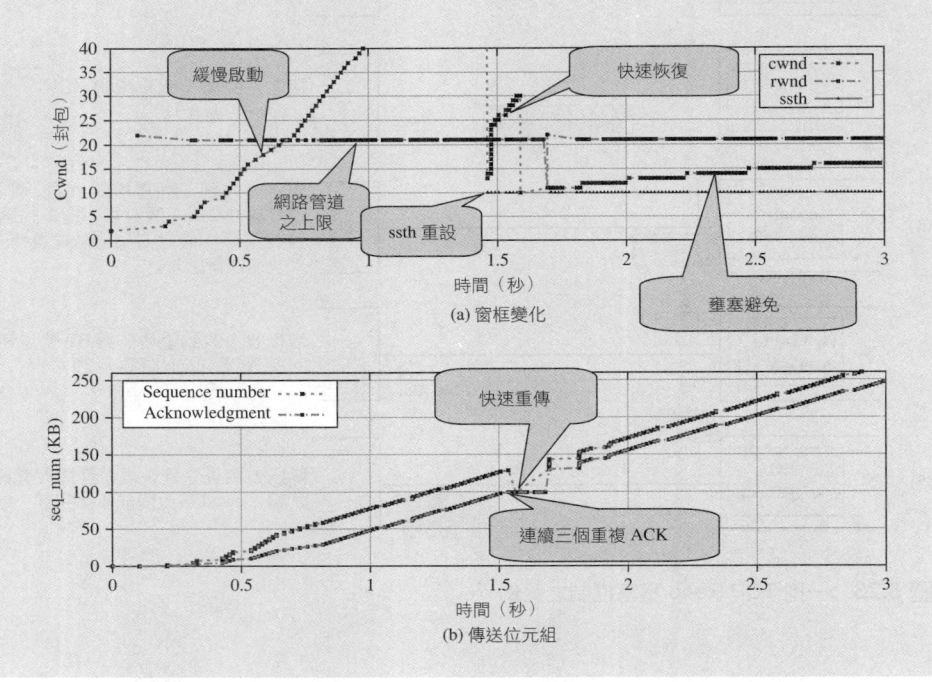

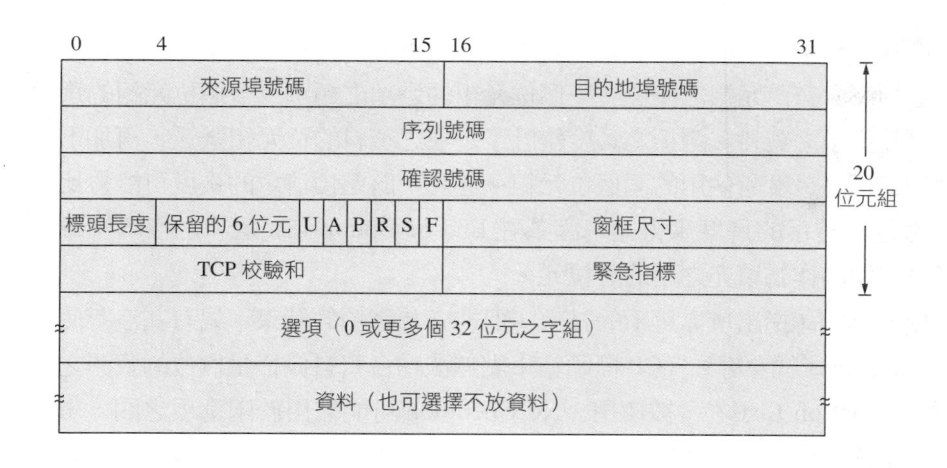

```
 0       4              15 16                        31
┌─────────────────────────┬─────────────────────────┐
│       來源埠號碼        │      目的地埠號碼       │
├─────────────────────────┴─────────────────────────┤
│                    序列號碼                       │
├───────────────────────────────────────────────────┤
│                    確認號碼                       │
├─────┬──────────┬─┬─┬─┬─┬─┬─┬──────────────────────┤
│標頭 │保留的6位元│U│A│P│R│S│F│      窗框尺寸       │
│長度 │          │ │ │ │ │ │ │                     │
├─────┴──────────┴─┴─┴─┴─┴─┴─┼──────────────────────┤
│        TCP 校驗和         │      緊急指標        │
├───────────────────────────┴──────────────────────┤
│           選項（0 或更多個 32 位元之字組）        │
├───────────────────────────────────────────────────┤
│           資料（也可選擇不放資料）                │
└───────────────────────────────────────────────────┘
```

圖 5.25 TCP 標頭格式

組之數量。窗框尺寸取決於插槽緩衝區的尺寸以及接收端的接收速度。使用插槽 API `setsockopt()` 就能夠制定插槽緩衝區的尺寸。

標頭長度欄位的後面接著就是 6 位元的控制位元欄位。第一個位元是 URG 位元；當 URG 被設定成 1 時，意味著 16 位元的緊急指標（Urgent pointer）欄位正在使用中。緊急指標是從序列號碼開始算起的偏移量，指的是最後的緊急資料位元組。這個機制可促進一條 TCP 連接的頻內訊號的施行。舉例來說，使用者可以使用 `Ctrl+C` 觸發一個緊急訊號，以便於取消在同儕終端所執行的一個操作。下一個位元是 ACK 位元，它指出了確認號碼欄位的資訊是有效的。如果 ACK 位元還沒有被設立，確認號碼欄位會被忽略不理。接下來的是 PSH 位元，其工作乃是通知接收方要立刻把緩衝區內所有資料傳遞給接收的應用程式，而不要等待足夠的應用資料填滿緩衝區才傳遞。下一個位元是 RST，是被用來重設一條連接。任何接收到有設立 RST 的封包的主機應該立刻關閉和封包相關的插槽。下一個位元是 SYN 位元，正如第 5.3.1 節所示，SYN 位元被用來初始化一條連接。最後一個控制位元 FIN，如同第 5.3.1 節說明的一樣，是被用來指出傳送方已沒有資料要送出，所以雙方可以關閉連接。

TCP 標頭，和接下來會討論的選項，它們的總長度必須是 32 位元之字組的倍數。長度可變的填充位元會被附加在 TCP 標頭之後，以確保 TCP 標頭結束於而 TCP 酬載開始於一個 32 位元之字組的邊界。該填充是由零之位元所構成。

TCP 的選項

選項會佔據 TCP 標頭的尾端的空間。一個選項的長度是位元組之倍數，並且可以開始於任何可能的位元組之邊界。目前已定義出的選項包括 End of Option List、No Operation、Maximum Segment Size、Window Scale Factor 以及 Timestamp。注意，校驗和之計算會包含所有的選項。圖 5.26 描繪出 TCP 選項的格式。End of

Option List 和 No Operation 只有一個位元組的選項之類別（option-kind）的欄位；剩餘的每種選項都含有 3 元組之欄位：一個位元組的選項之類別、一個位元組的選項之長度，以及選項之資料。選項之長度統計了選項之資料的位元組數量，再加上選項之類別和選項之長度所佔用的兩個位元組。注意，該選項清單的長度可能會比資料偏移量欄位所暗示的長度來得短，因為在 End-of-Option-List 選項之後的標頭內容，其實是一連串作為填充之用的零位元。

End of Option List 指出所有選項的結束，而非每個選項的結束。只有在沒有使用 End of Option Lists 就會導致 TCP 標頭結束點無法吻合資料偏移量欄位的資訊之情況下，End of Option List 才會被使用。No Operation 可能被用於兩選項之間，舉例來說，為了讓接下來選項的開始點可以對齊到字組的邊界。然而，沒有任何保證說傳送方一定會使用 No Operation 來對齊選項，所以接收方必須準備好在選項沒有對齊到字組邊界的情況下也能夠去處理選項。

如果最大段尺寸（Maximum Segment Size, MSS）之選項有出現，它的作用是把送出這個段的 TCP 終端所能接收的最大段尺寸告訴對方。這個欄位只有在初始連接請求裡才可以被送出（也就是在 SYN 控制位元有被設立的段裡）。如果沒有使用這個選項的話，任何長度的段尺寸都被允許。

如果傳送資料的長度大於 2^{32} 個位元組，32 位元的序列號碼就會被用完。正常的情況下，這並不構成問題，因為序號可以從頭循環再使用。然而，在高速網路中，序號循環使用的速度可能會太快，以致於循環使用會導致接收方收到兩個序號重複的封包，進而導致接收方的混淆。因此，我們需要**防止回繞序號（Protection Against Wrapped Sequence number, PAWS）**來避免上述的副作用。當使用 TCP

End of option list	類型=0			
No operation	類型=1			
Maximum segment size	類型=2	長度=4	最大段尺寸（MSS）	
Window scale factor	類型=3	長度=3	位移之計數	
Timestamp	類型=8	長度=10	時戳之值	時戳的回聲回覆

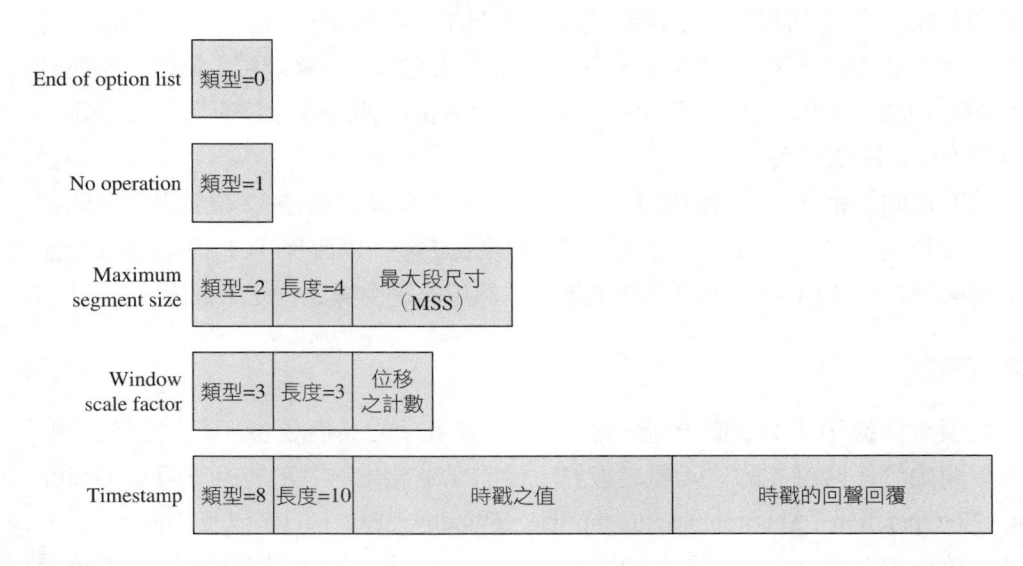

圖 5.26 TCP 之選項

Window Scaling Factor 的選項時，TCP 接收方可以和傳送方協商出一個位移之計數（shift count）來擴充窗框尺寸的規模，以便能告知對方一個非常大的窗框尺寸。這樣做的話，傳送方便能夠以非常快的速度來傳送。為了實行 PAWS，TCP Timestamp 之選項被用來把一個時戳附加在每個送出的段上。接收方會把該時戳值拷貝到相對應的 ACK 上面，好讓擁有回繞序號的段可以被分辨出來而不會混淆 RTT 的估計器。

額外的 TCP SACK 選項是被用來改善 TCP 壅塞控制的快速恢復階段的效能。該選項含有兩個欄位，其分別指出一串連續接收到的段的開始序號和結束序號。第 5.3.7 節會詳細地講解 TCP SACK。

5.3.6　TCP 計時器的管理

每條 TCP 連接會維持一組計時器來驅動它的狀態機（如圖 5.8 所示），即使在沒有任何輸入封包來觸發它狀態之轉換的情況下亦是如此。表 5.2 摘要出這些計時器的功能。在這一節裡，我們要詳細研究兩種必要的計時器，也就是**重傳計時器（retransmission timers）**和**持續計時器（persist timer）**，以及一種可選用的**存活計時器（keepalive timer）**。由於考量效能的緣故，各家作業系統製作這些計時器的方式各有不同。

1. TCP 重傳計時器

第 5.3.2 節和第 5.3.4 節已經介紹過 TCP 重傳計時器的角色，而這一節則研究 RTT 估計器的內部設計。為了能測量 RTT，傳送方使用 TCP 選項在每個資料段上放了時戳資訊，而接收方會把時戳資訊放在 ACK 段裡送回。然後傳送方用一個減碼就能替每個 ACK 找出準確 RTT 之測量值。RTT 測量器採用 Van Jacobson 在 1988 年所提出的**指數加權移動平均（Exponential Weighted Moving Average, EWMA）**之方法，而該方法把新的 RTT 測量值的 1/8 加上舊的 RTT 估計值的 7/8 來形成一個新的 RTT 估計之平均值。其中的「8」是 2 的一個指數值，所以這個運算能夠很容易地以一個 3 位元之位移指令製作出來。「移動平均」指出這個計算是根據一種遞迴形式的平均值之計算。很類似地，新的平均偏差值（mean deviation）是由 1/4 的新測量值加上 3/4 的舊平均偏差值所計算得來。「4」可以用一個 2 位元之位移指令製作出來。**重傳超時（Retransmission TimeOut, RTO）**之時間值是被計算成 RTT 平均值和 RTT 平均偏差值這兩個數值的一個線性函數，而該函數通常被制訂成 RTO = RTT 平均值 + 4×RTT 平均偏差值。對於一條擁有很高的延遲時間變動的路徑，TCP 的 RTO 會顯著增加。

表 5.2　所有 TCP 計時器的功能

名稱	功能
連接計時器	一個 SYN 段被送出，以便建立一條新的 TCP 連接。如果在連接計時器的時限內沒有收到該 SYN 段之回覆，連接就被捨棄掉。
重傳計時器	如果資料段沒有被確認而這個計時器又超時了，TCP 就會再度重傳該資料段。
延遲 ACK 計時器	接收方必須要等到延遲 ACK 計時器超時之後才能將 ACK 送出。如果在這段期間內有資料需要被傳送，接收方會把 ACK 資訊裝在資料封包來送出。
持續計時器	TCP 死結問題的解決方法是在持續計時器超時之後，讓傳送方送出週期性的探測封包。
存活計時器	如果連接有好幾個小時都處於閒置狀態，存活計時器會超時，而 TCP 會送出探測封包。如果之後沒收到任何回覆的話，TCP 會認為另一端已經故障了。
FIN_WAIT_2 計時器	這個計時器可避免在如果另一端故障的情況下，一條連結無止盡地停留在 FIN_WAIT_2 之狀態。
TIME_WAIT 計時器	這個計時器是被使用在 TIME_WAIT 狀態之下來進入 CLOSED 狀態。

　　RTT 之動態估計所遇到的一個問題是，當一筆資料段已經超時然後又被重傳之後，應該要採取什麼措施？當一個確認被送進來時，資料段之傳送方並不清楚究竟該筆確認指的是最初送的資料段還是後面重傳的資料段。錯誤的猜測可能會讓 RTT 之估計嚴重失真。Phil Karn 在 1987 年發現這個問題，並且提出在資料段被重傳的時候不要更新 RTT。替代方案是在每一次重傳超時的時候將 RTO 倍增，直到資料段第一次成功傳送過去。這個修補方案被稱為 Karn 演算法。

開放源碼之實作 5.5：TCP 重傳計時器

總覽

　　在文獻中，用於往返時間的計時時脈之預設值是 500 ms，也就是說傳送方每 500 ms 會查看是否有超時的狀況。因為在超時之前沒有封包會被重傳，所以一條 TCP 連接可能會花很長的時間才能從上述情形中恢復，而 TCP 效能將會嚴重降低。上述情形尤其在重傳超時（RTO）的值遠小於 500 ms 的情況下更為嚴重，而這很有可能發生在目前的網際網路。現今 Linux 2.6 維持了一個較細緻的計時器來避免這樣的效能降低。

演算法之實作

當有一個輸入的 ACK 自 IP 層而來，它會被傳遞給 `tcp_input.c` 的 `tcp_ack()` 函數。`tcp_ack()` 會以 `tcp_ack_update_window()` 來更新傳送窗框，檢查是否可以用 `tcp_clean_rtx_queue()` 函數由重傳佇列中拿出任何資料，以及是否可以用 `tcp_cong_avoid()` 函數照著規則來調整 cwnd。`tcp_clean_rtx_queue()` 會更新好幾個參數，並且調用 `tcp_ack_update_rtt()` 去更新 RTT 之測量。如果 Timestamp 選項被使用，該函數永遠會呼叫 `tcp_rtt_estimator()` 去計算 RTT 之估計值，如圖 5.27 所示，並且使用 `tcp_set_rto()` 函數以 RTT 估計值去更新 RTO 之數值。如果 Timestamp 選項沒有出現，當輸入的 ACK 確認了一個重傳的段，上述的更新將不會被執行（根據 Karn 演算法）。

`tcp_rtt_estimator()` 的內容，如圖 5.27 所示，遵照 Van Jacobson 在 1988 年所提出的建議以及他在 1990 年所提出的進一步改良方法，計算出平滑的 RTT 估計值。注意到 `srtt` 和 `mdev` 是 RTT 和平均偏差值經過比例調整後的版本，以便能以最快的速度來計算出結果。依據 RFC 1122 的規定，RTO 的初始值是 3 秒鐘，而它在連接的期間將會在 20 ms 到 120 s 之間變動。這些值都被定義在 `net/tcp.h`。

在圖 5.27，m 代表著目前測量到的 RTT 測量值，tp 是指向 `tcp_sock` 資料結構的指標，正如之前在開放源碼之實作 5.4 所見的一樣，`mdev` 指的是平均偏差，而 `srtt` 代表著平滑的 RTT 估計值。「>>3」之操作是等同於除以 8，而「>>2」等同於除以 4。

練習題

圖 5.27 顯示，如何根據 m 以及 `srtt` 和 `mdev` 的舊值來更新 `srtt` 和 `mdev`。接著，你知道在哪裡有給出 `srtt` 和 `mdev` 的初始值，而這又是如何做到的呢？

```
m -= (tp->srtt >> 3); /* m is now error in rtt est */
tp->srtt += m; /* rtt = 7/8 rtt + 1/8 new */
if (m < 0) {
    m = -m; /* m is now abs(error) */
    m -= (tp->mdev >> 2); /* similar update on mdev */
    if (m > 0)
        m >>= 3;
} else {
    m -= (tp->mdev >> 2); /* similar update on mdev */
}
```

圖 5.27 Linux 2.6 的 RTT 估計器

2. TCP 持續計時器

　　TCP 持續計時器是單純被設計用來避免下列的死結情況。接收方送出一個接收方窗框尺寸為零的確認，告訴傳送方安靜地等待。稍後，接收方更新它的窗框尺寸並將此資訊送給傳送方，可是內含更新資訊的封包卻遺失了。此時，傳送方和接收方雙方都在等對方採取行動，而這便形成了一個死結。因此，當持續計時器終止時，傳送方會送出一個探測封包給接收方，而探測封包的回覆會給出窗框尺寸。如果它仍然是零，持續計時器會被再次設立起來，然後上述步驟又會再重複一次；如果窗框尺寸不為零，資料就能夠被送出。

3. TCP 存活計時器（非標準配備）

　　要透過 TCP/IP 來偵測出故障的系統是很困難的。如果應用行程沒有資料要傳送的話，TCP 並不需要透過連接傳送任何資訊。此外，TCP/IP 被使用在許多媒介之上（例如乙太網路），可是這些媒介之中有許多並未提供一個可靠的方式來判斷某台特定的主機是否正常運作。如果一台伺服器沒有聽到一台客戶端主機送來任何訊息，這可能是因為客戶端沒有任何資訊要給伺服器端、伺服器和客戶端之間的網路無法正常運作、伺服器的或客戶端的網路介面可能失去連接、或是客戶端可能已經故障。網路故障通常是暫時性的（舉例來說，當一台路由器停止運作後，通常新的路由途徑需要花好幾分鐘的時間才能夠穩定下來），所以 TCP 連接不應該因此被丟棄。

　　存活計時器是插槽 API 的一項功能。該功能會週期性地在閒置的連接上傳送空白封包。如果遠端系統仍然正常運作的話，空白封包應該會引起遠端系統送回一個確認；如果該系統已重新啟動的話，它會送來一個 RST 以啟動重設；或如果該系統已停止運作的話，重傳超時就會發生。通常要在連接已經閒置了好幾個小時之後，這些空白封包才會被送出。其目的不是要立刻偵測出故障，而是要避免非必要的連接永遠霸佔著資源。

　　如果需要能夠更快偵測出遠端的故障，這應該可以被製作在應用協定中。目前大多數應用的守護行程，像是 FTP 和 TELNET 等，會偵測使用者是否已經閒置了一段時間。如果是的話，守護行程會關閉連接。

開放源碼之實作 5.6：TCP 持續計時器和存活計時器

總覽

在 Linux 2.6 核心裡，持續計時器被稱為探測計時器（probe timer）。它是由 `tcp_timer.c` 的 `tcp_probe_timer()` 所維護，而存活計時器則是由 `tcp_timer.c` 的 `tcp_keepalive_timer()` 函數所維護。

資料結構

為了能即時呼叫這兩個函數，它們應該被掛鉤在一個時間清單上面。舉例來說，`tcp_keepalive_timer()` 是被 `inet_csk_init_xmit_timers()` 掛鉤在 `sk->sk_timer` 上面。`sk_timer` 是一個 `timer_list` 之結構，而它的定義可以是在 `include/linux/timer.h`。該結構包括一個函數指標來指出當時間到的時候，哪個函數會被呼叫。同樣地，變數 `data` 是被用來保存要被傳遞給函數的參數。因此，`data` 保存了一個指標指向相關的插槽，以便讓 `tcp_keepalive_timer()` 知道要檢查哪個插槽。

演算法之實作

`tcp_probe_timer()` 呼叫 `tcp_send_probe0()` 去送出一個探測封包。在函數名稱之中的「0」指的是接收方所更新的 0 之窗框尺寸。如果探測計時器超時，傳送方將會送出一個零-窗框-探測的段，其中含有一個舊的序列號碼來觸發接收方回覆一個新的窗框更新。

存活計時器的預設的呼叫週期是 75 秒。當它發動時，它會檢查每一條已建立之連接是否為閒置狀態，並且對這些連接來送出探測封包。在預設情況下，每條連接的探測封包數量是被限制為 5。所以如果連接的另一頭主機故障了但又沒有重新啟動，探測封包的傳送方會以 `tcp_keepopen_proc()` 函數來清除 TCP 的狀態；如果另一頭故障了但在 5 次探測內又重新啟動，當它收到一個探測封包時將會回覆一個 RST。然後，探測封包的傳送方就能夠清除 TCP 的狀態。

練習題

閱讀 `net/ipv4/tcp_timer.c`，並且釐清 `tcp_probe_timer()` 被掛鉤的地方在何處而又是如何做到的。它是否和 `tcp_keepalive_timer()` 一樣，是直接被掛鉤在一個 `time_list` 結構的上面呢？

5.3.7 TCP 的效能問題和增強機制

基於 TCP 的應用，其傳輸風格可以被歸類於 (1) 互動式連接和 (2) 大容量資料之傳輸。互動式應用，像是 telnet 和 WWW，會執行由連續的請求／回應之配對所組成的交易（transaction）。相比之下，某些應用會有大容量資料之傳輸，例如使用 FTP 或 P2P 去下載／上傳檔案。如果之前提到的 TCP 版本被使用的話，這兩種資料傳輸的風格有它們自己的效能問題，如表 5.3 所示，此節介紹這些效能問題並且呈現它們的解決方案。

表 5.3 TCP 效能問題和解決方案

傳輸風格	問題	解決方案
互動式連接	愚蠢窗框症狀	Nagle、Clark
大容量資料之傳輸	ACK 壓縮	Zhang
	Reno 的 MPL* 問題	NewReno、SACK、FACK

* MPL 為多重封包遺失（Multiple-Packet-Loss）。

1. 互動式 TCP 的效能問題：愚蠢窗框症狀

在互動式應用中，TCP 的窗框式流量控制在一種著名的**愚蠢窗框症狀（silly window syndrome, SWS）**情況下，會蒙受效能降低的損害。當此情況發生時，透過連接交換的都是小封包（而非內容滿載的封包），而這暗示了相同的資料量需要送出更多的封包。因為每個封包有固定大小的標頭耗損，所以用小封包來傳送資料意味著頻寬的浪費，而這個問題雖然在一個區域網路裡不甚顯著，但在廣域網路裡卻是特別嚴重。

SWS 狀況可能是由任何一邊的終端所引起的。傳送方可能就直接送出一個小封包，而沒有等應用行程送來更多資料再送出一個滿載的封包。用「telnet」作為一個例子：因為在 telnet 裡，每按一次按鍵就產生一個封包和一個 ACK，隔著一個 RTT 很大的廣域網路而使用 telnet 會浪費全球共享的廣域網路之頻寬。讀者可能會爭論說互動式應用的封包不論多小都應該被立刻傳送出去。實際上，在有限範圍內的延遲時間（數十到上百毫秒）都不會影響到使用者所感受到的互動性。

接收方也可能造成 SWS 狀況。如果接收方沒有等待更多資料從緩衝區被移到接收的應用行程，它可能會因此宣傳一個小於滿載封包的接收方窗框，其最終將導致 SWS 狀況。讓我們來思考圖 5.28 的一個範例。假設 MSS=320，而且伺服器的 RWND 初始值是被設定為同樣的 320。再假設客戶端永遠有資料要傳送，而伺服器端則非常忙碌，以致於它每收到 4 位元組就只能從緩衝區移走 1 位元組。這個範例的進行如下：

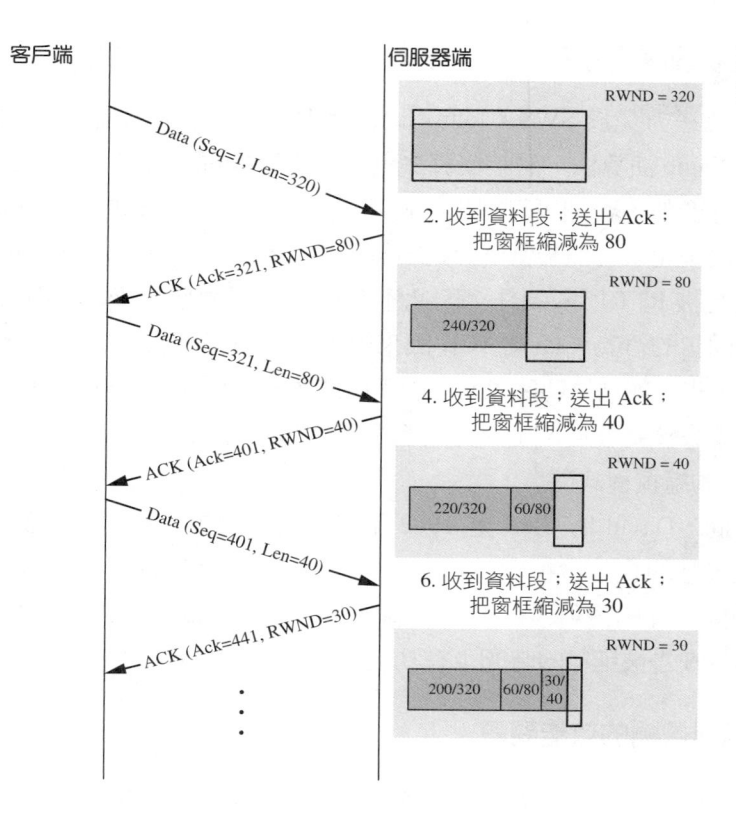

圖 5.28 接收方所導致的愚蠢窗框症狀

1. 客戶端的窗框是 320，所以它立刻送給伺服器端一個長 320 位元組的段。
2. 當伺服器端收到這個段時，它會送出這個段的確認。因為只有 80 個位元組移出緩衝區，伺服器端會把窗框尺寸從 320 縮減為 80，並且在 ACK 裡宣告 RWND 為 80。
3. 客戶端收到這個 ACK，並且知道窗框尺寸被縮減到 80，所以它送出一個 80 位元組的段。
4. 當這個 80 位元組的段抵達時，緩衝區現在含有 220 個位元組（第一個段剩下 240 個位元組，而假設在傳播延遲的期間，有額外的 20 個位元組被移除）。然後伺服器立刻處理這些 80 個位元組的四分之一，所以 60 個位元組被加到早就在緩衝區裡的 220 個位元組。然後伺服器端送出一個帶有 RWND=40 的 ACK。
5. 客戶端接收到這個 ACK，並且知道窗框尺寸被縮減到 40，所以它送出一個 40 位元組的段。
6. 在傳播延遲的期間，伺服器端移除 20 個位元組，而這產生 260 個位元組餘留在緩衝區。它從客戶端接收 40 個位元組，移除其中的四分之一，所以 30 個位元組被加到緩衝區，使得緩衝區變成 290 個位元組。因此伺服器端會把窗框尺寸縮減成 320 − 290 = 30 個位元組。

愚蠢窗框症狀的解決方案

為了讓傳送方免於 SWS，John Nagle 在 1984 年提出一個簡單卻精美的演算法，被稱為 Nagle 演算法，而該演算法會在頻寬飽和的時候減少封包的數量：除非沒有未確認之資料，否則不可送出一個新的小資料段。採用的方法則是讓 TCP 把小資料段給收集起來，然後當 ACK 抵達時用一個單一資料段來送出去。這個收集的時間長度會被 RTT 所限制住，因此不會影響到互動性。Nagle 演算法的精美之處在於自我同步的行為：如果 ACK 回來得很快，頻寬可能相當大，所以資料封包會很快被送出去；如果 ACK 返回的 RTT 時間很長，這可能意味著窄頻之路徑，所以 Nagle 演算法會藉著送出全尺寸的資料段來減少小資料段的數量。圖 5.29 顯示 Nagle 演算法的虛擬程式碼。

另一方面，David D. Clark 在 1982 年提出的解決方案則是用來讓接收方免於 SWS。窗框尺寸的宣告會被暫時延緩，直到接收方的緩衝區有一半空出來或是可以存放一個全尺寸的資料段。因此這個條件保證送給傳送方的是一個大窗框之宣告。同樣地，宣告被延緩的時間也有其上限。

2. 大容量資料傳輸的效能問題

在大容量資料傳輸的應用中，藉由**頻寬延遲積（bandwidth delay product, BDP）**或管道尺寸是最容易了解 TCP 窗框式流量控制的效能的方式。在圖 5.30 之中，我們可以看到一條全雙工、終端對終端的 TCP 網路管道，其由一條正向資料頻道和一條反向 ACK 頻道所構成。你可以想像一條網路管道就如同一條水管一般運作，而水管的寬度和長度則分別對應到網路管道的頻寬和 RTT。利用這個比喻，管道尺寸是對應到水管裡可以填滿的水量。如果全雙工的頻道永遠是滿的，我們可以很容易地得出這類連接的效能是

```
if there is new data to send
  if window size >= MSS and available data >= MSS
    send complete MSS segment
  else
    if there is outstanding data and queued data live time <threshold
      enqueue data in the buffer until an ACK is received
    else
      send data immediately
    endif
  endif
endif
```

圖 5.29 Nagle 演算法

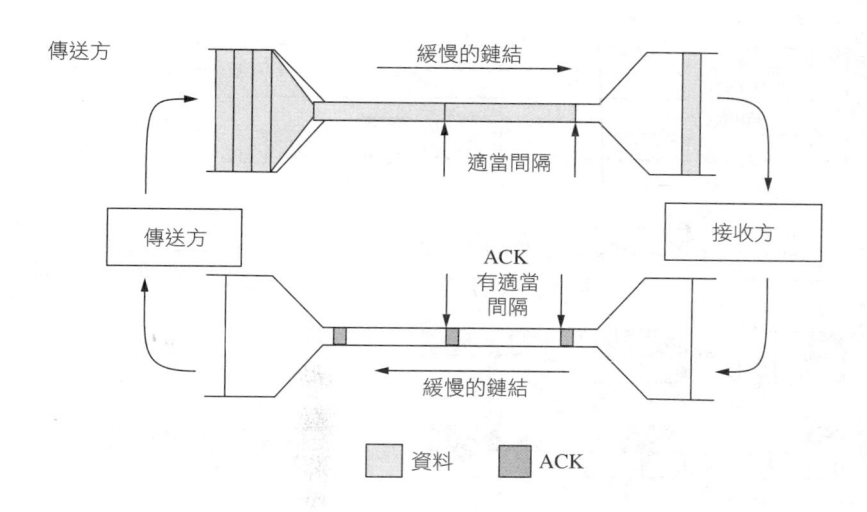

圖 5.30 終端對終端、全雙工之網路管道的圖示

$$傳輸量 = \frac{管道尺寸}{RTT} \qquad (5.1)$$

憑直覺而言，(5.1) 式指的是在 RTT 時間內可以傳送的管道中的資料量。當然，傳輸量就等於管道的頻寬。然而，管道不可能永遠會是滿的。當一條 TCP 連接剛開始和遭遇到封包遺失的時候，TCP 傳送方將視網路壅塞來調整它的窗框。在 TCP 可以填滿管道之前，它的效能等式應該被推導成

$$傳輸量 = \frac{未確認之位元組}{RTT} = \frac{最小值（CWND, RWND）}{RTT} \qquad (5.2)$$

(5.1) 式和 (5.2) 式暗示，如果一條 TCP 連接的 RTT 是固定的，連接的傳輸量就會被網路處理能力（管道尺寸）的最大值、接收方的緩衝區（RWND）和網路的狀況（CWND）所限制住。換句話說，(5.1) 式是連接傳輸量的上限。

因為較好的效能意味著較有效的網路管道的利用率，所以填滿管道的程序會大幅影響到效能。圖 5.31 說明了使用 TCP 來填滿一個網路管道的步驟。

圖 5.31 (1) 到 (6) 展示了從左邊傳送方送到右邊接收方的第一個封包，以及從接收方回覆傳送方的一個 ACK。在圖 5.31 (7) 裡，在接收了 ACK 之後，傳送方把它的壅塞窗框調升為 2。這個過程繼續下去，就如同圖 5.31 接下來的子圖所顯示的一樣。在圖 5.31 (35) 壅塞窗框達到 6 之後，網路管道就變成滿的。

注意到一點，使用 TCP 的大容量資料傳輸的傳輸量可以被模擬成一個有數個參數的函數，而其中的參數像是 RTT 和封包遺失率等。在此領域的先進研究其目標是針對 TCP 來源端的傳輸量做出準確的預測。主要的挑戰是在於我們如何解讀先前採樣的封包遺失事件來預測出一條 TCP 連接的未來效能。封包遺失之間的時間間隔可能是獨立的或是互相有關聯的。Padhye 的研究工作提供一個容易了解的

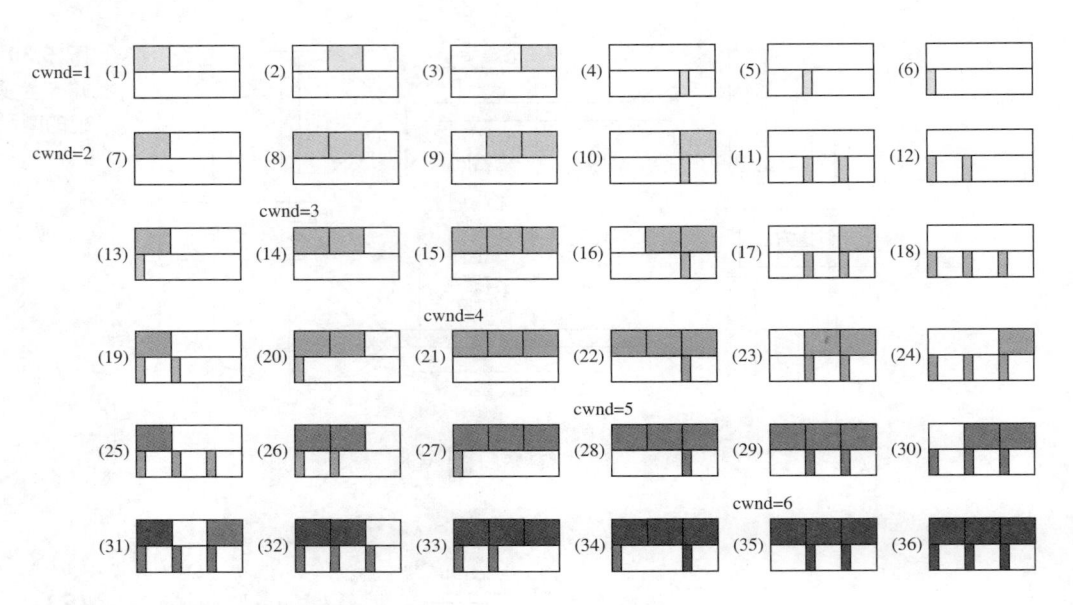

圖 5.31 使用 TCP 來填滿管道的步驟

模型,而它不僅考慮到快速重傳演算法,也考慮到 RTO 所恢復的封包遺失。

接下來我們將研究大容量資料傳輸所遭遇到的兩個主要效能問題:ACK 壓縮問題以及 TCP Reno 的多重封包遺失之問題。建議或解決方案會一一探討。

ACK 壓縮之問題

在圖 5.32 中,全雙工的管道只含有從左邊傳送方送出的資料串流,所以 ACK 之間的間隔可以定義出一個固定的時脈速度,其會觸發傳送方送出新的資料封包。然而,當右邊也產生訊流時,如圖 5.32 所示,並且和圖 5.30 相互比較之下,連續的 ACK 之間的間隔將會變得不恰當,因為在反向頻道裡的 ACK 和資料訊流會混合在同一個佇列裡。因為一個大資料封包的傳輸時間遠大於一個 64 位元組的 ACK 的傳輸時間,所以 ACK 可能會週期性地被壓縮成一串一串的叢集,並且造成傳送方發射出爆發性的資料訊流,進而導致中繼路由器的佇列長度會快速地波動。讓 ACK 搭載在資料封包裡可能會減輕這種 ACK 壓縮(ACK-compression)的問題。然而,因為終端對終端之頻道基本上是許多逐站跳接系統的串連,所以中繼網際網路路由器的背景訊流也可能會造成這種現象。

TCP Reno 的多重封包遺失的問題

在 Reno 中,當多重封包遺失(MPL)發生在一個窗框內,因為接收方總以同樣的重複 ACK 來作為回應,傳送方會假設每個 RTT 最多有一個新的封包遺失。因此,在這樣的情況下,傳送方必須花上無數個 RTT 的時間去處理所有的這些遺

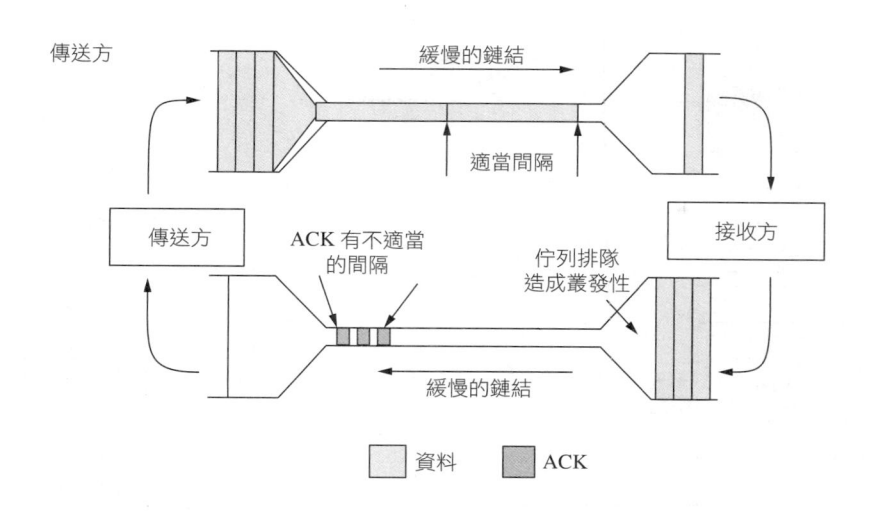

圖 5.32 ACK 壓縮之現象

失。在此同時，重傳超時會更為頻繁地發生，因為縱使有許多未確認的封包需要被重傳，可是只有幾個封包能夠被送出。其背後原因是由於快速恢復觸發的 cwnd 之縮減，因而造成可傳送的封包數量受到限制。讓我們來討論圖 5.33 的範例，其中第 30 號封包的 ACK 被接收，而傳送方送出第 31 到 38 號封包。同樣地，為了清楚起見，在 ACK 封包的確認號碼是被接收封包的序列號碼，而不是接收方預期要收到的下一個封包的序列號碼。

假設 cwnd 等於 8 個封包，而且第 31、33 和 34 號封包在傳輸中遺失。因為第 32、35、36、37 和 38 號封包被接收到，接收方會送出 5 筆重複的 ACK（ack 號碼 =31）。當收到了連續第三筆重複的 ACK（ack 號碼 =31），傳送方察覺到第 31 號封包遺失了，然後它立刻將 cwnd 設定為 [8/2]+3 個封包並且重傳遺失的封包。在收到了更多的連續兩筆重複 ACK（ack 號碼 =31）之後，傳送方繼續將 cwnd 加上 2 並且送出一筆新的第 39 號封包。收到了 ACK（ack 號碼 =33）之後，傳送方會從快速恢復轉換成壅塞避免，並且將 cwnd 設定為 4 個封包。然後，傳送方收到了一筆重複的 ACK（ack 號碼 = 33）。當 cwnd 等於 4 而 awnd 等於 7 (40 – 33) 的時候，傳送方停止送出任何的封包，而這導致了一個重傳超時！

注意到當遺失了一個窗框內的多筆資料段時，Reno 並非總是會超時。當多重遺失之事件發生在 cwnd 是非常大的情況下，任何的部分 ACK（partial ACK）可能不只把 Reno 帶出快速恢復狀態，也會由於另一輪的三連重複 ACK 而觸發另一輪的快速重傳。雖然三連重複 ACK 觸發了緩慢的遺失恢復之機制，但是到目前為止一切還好。可是萬一有太多封包遺失發生在一段 RTT 時間內，導致 cwnd 在接下來好幾回合的 RTT 被減半太多次，以致於在管道內的資料段太少而無法觸發另一輪的快速重傳，則 Reno 將會發生超時，而超時將進一步延長遺失恢復的時間。

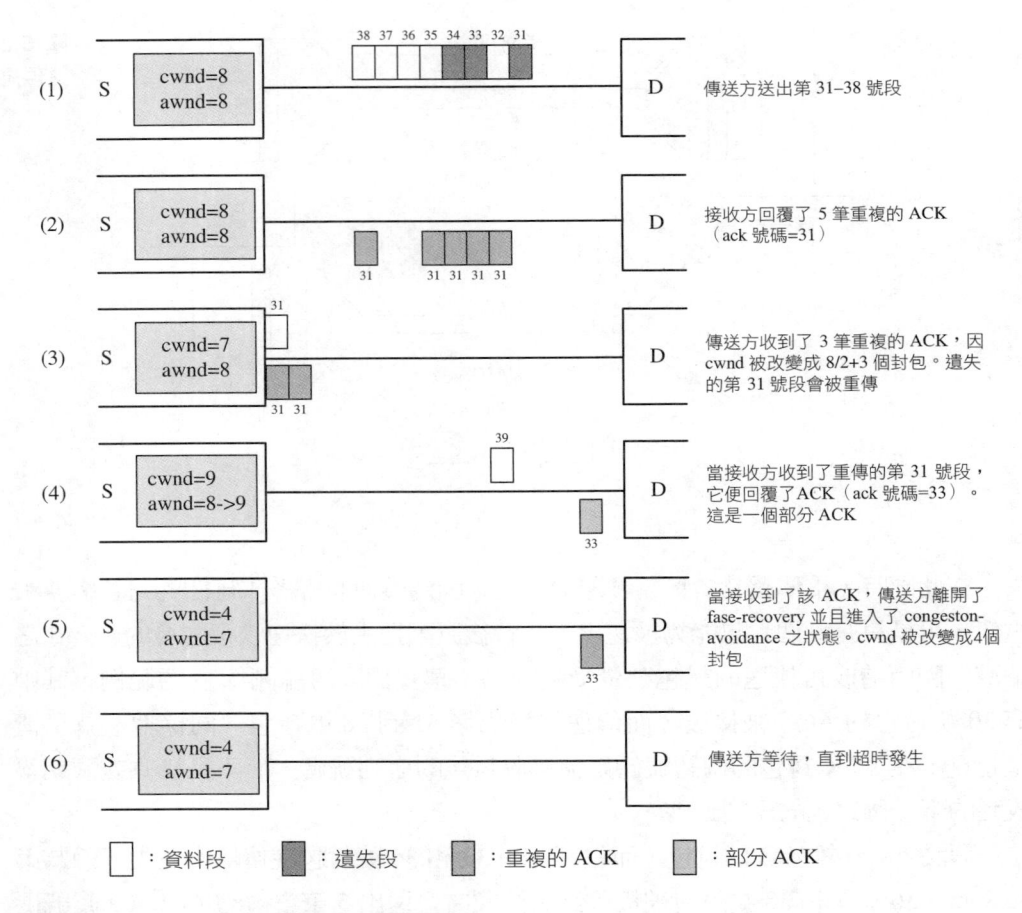

圖 5.33 Reno 的多重封包遺失之問題

　　為了緩和多重封包遺失之問題，NewReno 和 SACK（Selective ACKnowledgement，在 RFC 1072 中定義）版本以兩種相當不同的方式去尋求此問題的解決之道。在前者的方法，當收到了部分確認之後，傳送方繼續運作於快速恢復狀態而非返回壅塞避免狀態。相反地，在 RFC 1072 首先提出的 SACK 則修改了接收方之行為，讓接收方把已接收到且在佇列中排放的非連續性資料之集合，用額外的 SACK 選項貼附在重複 ACK 裡來通知傳送方。一旦有了 SACK 選項的資訊，傳送方可以正確而迅速地重新傳送遺失的封包。之後 Mathis 和 Mahdavi 提出了 Forward ACKnowledgment（FACK）來改善 SACK 的快速恢復機制。和改善快速重傳及快速恢復機制的 NewReno/SACK/FACK 相比，在 1995 年提出來的 TCP Vegas 使用了較細緻的 RTT 來促進封包遺失和壅塞之偵測，並因此降低了 Reno 發生超時的機率。

歷史演進：NewReno、SACK、FACK、Vegas 的多重封包遺失之恢復機制

在此，我們同樣使用圖 5.33 的範例來進一步詳細描述 NewReno、SACK、FACK 以及 Vegas 如何減緩 Reno 的 MPL 問題。

對於 TCP Reno 問題的解決方案 1：TCP NewReno

NewReno 是被標準化在 RFC 2582 中。它修改了 Reno 的快速恢復之階段，以便能減輕 Reno 的多重封包遺失之問題。它和原來的快速恢復機制之間的分歧之處只在於傳送方接獲一筆特定的 ACK 時，而該 ACK 是被用來確認傳送方在偵測到第一筆遺失封包之前最後送出的封包。在 NewReno，這個離開的時機點被定義為「快速恢復的結束時間點」，而這個時間點之前的任何非重複的 ACK 會被視為一個部分 ACK。

Reno 將一個部分 ACK（partial ACK）視為一次成功的遺失封包之重傳，所以傳送方會返回壅塞避免狀態來傳送新的封包。相較之下，NewReno 將其視為一個更多封包遺失的前兆，因此傳送方會立刻重傳遺失的封包。當接收到一個部分 ACK，傳送方會從 cwnd 中扣除掉被確認的新資料的數量，並由於重傳資料的緣故給 cwnd 加上一個封包。傳送方仍停留在快速恢復之狀態，直到快速恢復的結束時間點。因此，當一個窗框內有多筆封包遺失的時候，NewReno 可能不用重傳超時就能恢復這些遺失的封包。

就圖 5.33 說明的相同範例中，當步驟 4 重傳的第 31 號封包被接收到的時候，部分 ACK（ack 號碼 =33）就被傳送出去。圖 5.34 說明了 NewReno 的修改。當傳送方收到了部分 ACK（ack 號碼 =33）時，它立刻重傳遺失的第 33 號封包並且把 cwnd 設定成 (9 − 2 + 1)，其中的 2 是被確認的新資料的數量（第 31 和 32 號封包），而 1 代表了已離開管道的重傳封包。同樣地，當傳送方收到了部分 ACK（ack 號碼 = 34），它立刻重傳了遺失的第 34 號封包。傳送方成功地離開了快速恢復狀態而沒有任何超時情況發生，直到第 40 號封包的 ACK 被接收到。

對於 TCP Reno 問題的解決方案 2：TCP SACK

雖然 NewReno 減緩了多重封包遺失的問題，傳送方在一回合 RTT 內，只學到一個新的封包遺失。然而，RFC 1072 所提出的 SACK 選項解決了這個缺陷。透過傳送結合了 SACK 選項的重複 ACK，接收方藉此回應順序錯亂的封包。RFC 2018 改善了 SACK 選項，並且完整地描述了傳送方和接收方的行為。

一個 SACK 選項是用於報告接收方成功收到的一個非連續性資料的區段，而作法是透過兩個序列號碼：每個區段的第一筆和最後一筆封包的序列號碼。由於 TCP 選項的長度限制，在一筆重複 ACK 內所能允許的 SACK 選項有其最大數量之上限。第一個 SACK 選項必須報告

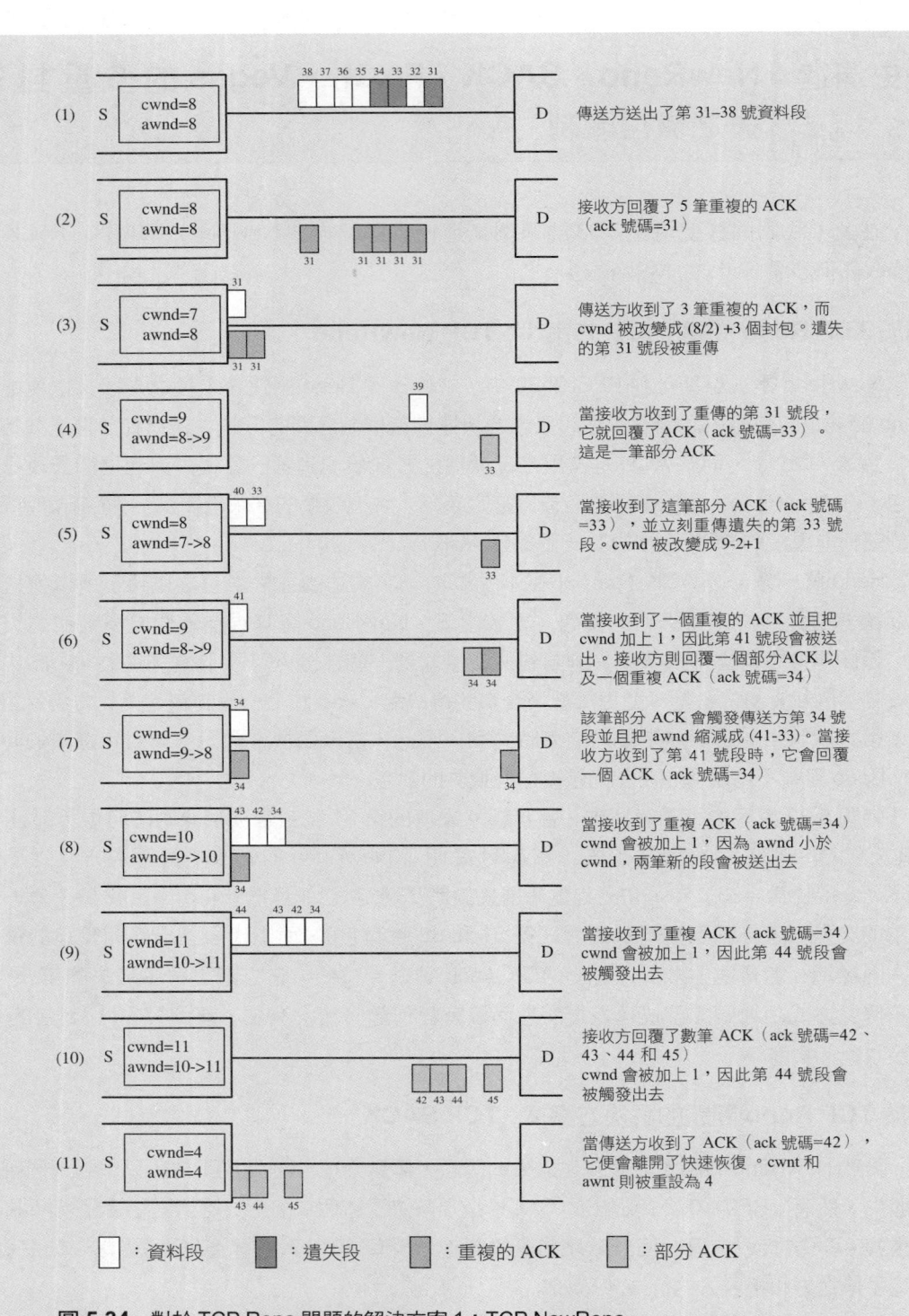

圖 5.34 對於 TCP Reno 問題的解決方案 1：TCP NewReno

最近所接收到的資料區段，其包含了觸發這筆 ACK 的封包。

SACK 會直接調整 awnd 而非 cwnd。因此，當進入到快速恢復狀態，cwnd 在這段時間內會被減半並固定住。當傳送方送出一筆新封包或重傳一筆舊封包，awnd 就會被加上 1。然而，當傳送方收到了一筆重複的 ACK，其中有一個 SACK 選項指出新的資料已經被接收到，則 awnd 會被減 1。SACK 的傳送方也會以特殊的方式來處理部分 ACK。換句話說，傳送方會將 awnd 減少 2 而非 1，因為一筆部分 ACK 代表兩筆封包已經離開了網路管道：原來的封包（被假定已經遺失的）以及重傳的封包。

圖 5.35 說明了 SACK 演算法的一個範例。每一筆重複的 ACK 包含了被成功接收到的資料區段的資訊。當傳送方收到了 3 筆重複的 ACK，它就曉得第 31、33 和 34 號封包已經遺失了。因此如果允許的話，傳送方就立刻重傳遺失的封包。

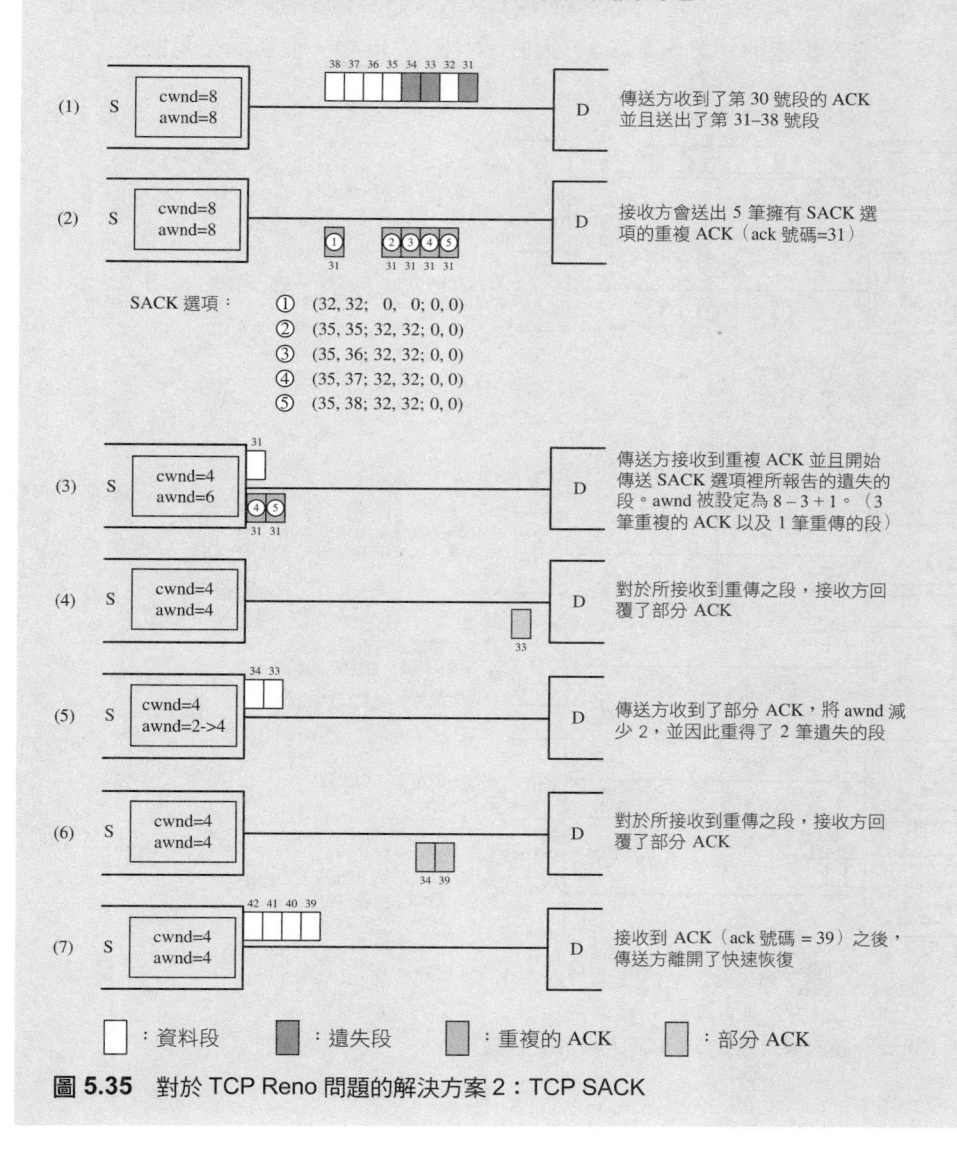

SACK 選項：
① (32, 32; 0, 0; 0, 0)
② (35, 35; 32, 32; 0, 0)
③ (35, 36; 32, 32; 0, 0)
④ (35, 37; 32, 32; 0, 0)
⑤ (35, 38; 32, 32; 0, 0)

圖 5.35　對於 TCP Reno 問題的解決方案 2：TCP SACK

對於 TCP Reno 問題的解決方案 3：TCP FACK

　　FACK 是被提出來作為 SACK 的輔助。在 FACK 裡，傳送方使用 SACK 選項來判斷出被接收到的發送最早（forward-most）之封包，其中發送最早的封包指的是擁有最高序列號碼且被正確接收到的封包。為了改善準確度，FACK 將 awnd 估計為 (snd.nxt - snd.fack + retran_data)，其中 snd.fack 是在 SACK 選項中報告的發送最早的封包再加上 1，而 retran_data 是在先前的部分 ACK 之後重傳封包的數量。因為傳送方可能要花一段很長的時間才能等到 3 筆重複的 ACK，FACK 會比較早就進入快速重傳狀態。換句話說，當 (snd.fack - snd.una) 大於 3，傳送方就進入快速重傳而不用等待 3 筆重複的 ACK。

　　圖 5.36 描繪出 FACK 之修改。傳送方在接收到第 2 筆重傳 ACK 之後就啟動重傳，因為 (snd.fack - snd.una) = (36 - 31) 大於 3。在 FACK 裡遺失的封包被重傳的速度會比在 SACK 裡更快，因為前者正確地計算出 awnd。因此，在圖 5.36 中，很顯而易見的是，未

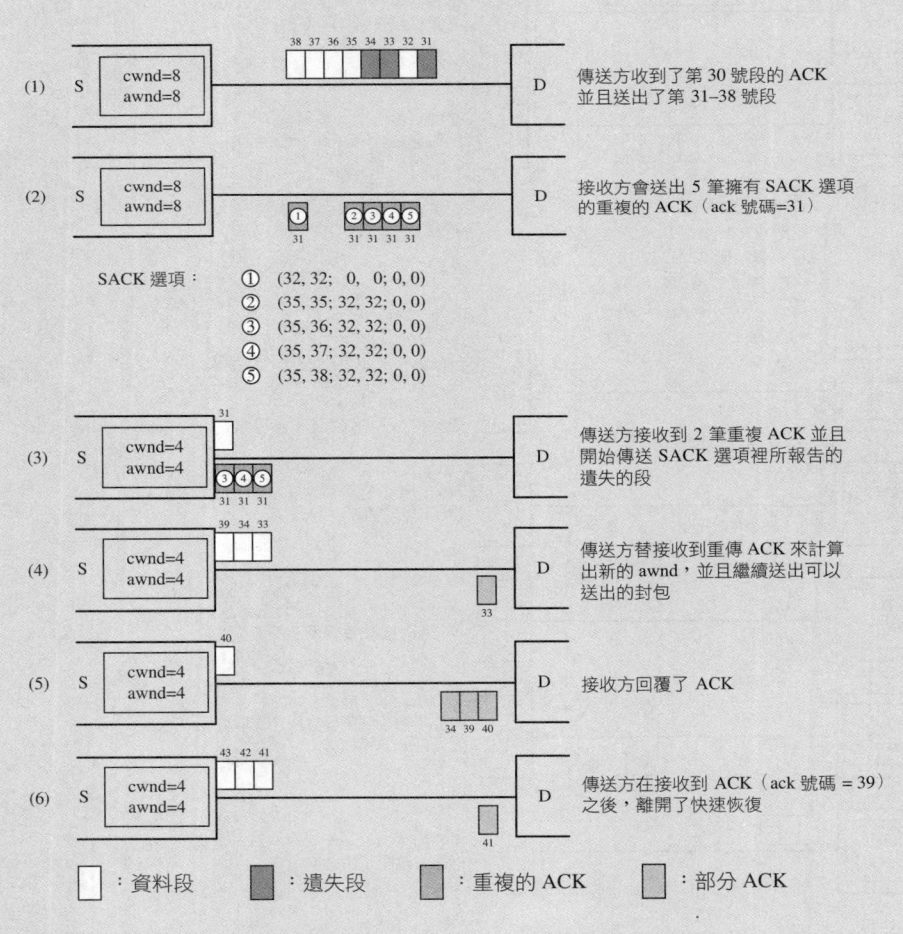

圖 5.36　對於 TCP Reno 問題的解決方案 3：TCP FACK 之修改

確認封包的數量是穩定維持在 4。

對於 TCP Reno 問題的解決方案 4：TCP Vegas

Vegas 首先修改了 Reno 觸發快速重傳的時機。一旦有一筆重複 ACK 被接收到，Vegas 會藉著檢視目前時間和相關封包傳送時間的時間差再加上最小 RTT 是否大於超時時間值，來判斷是否要觸發快速重傳。如果是的話，Vegas 觸發快速重傳而不需要等待更多重複 ACK 的到來。此一修改可以避免一種情況，就是傳送方永遠沒有接收到三連重複 ACK，因而必須依賴較粗糙的重傳超時。

在一個重傳之後，傳送方會藉著檢查較細緻的未確認封包之超時，以判斷是否有多重封包遺失的發生。如果有任何超時發生，傳送方立刻重傳封包而不用等待任何重複 ACK 的到來。

事實上，TCP Vegas 也使用較細緻的 RTT 來改善壅塞控制機制。和對封包遺失做出回應並降低傳送速率以減緩壅塞的 Reno 比較之下，Vegas 意圖要預料壅塞的發生並且盡早降低傳送速率，以避免壅塞和封包遺失的發生。為了預料壅塞的發生，在連接的期間，Vegas 會追蹤最小 RTT，並且把它儲存在名為 *BaseBTT* 的一個參數之中。然後，藉著把 cwnd 除以 *BaseRTT*，Vegas 學得了期望的傳送速率，其被標示為 *Expected*，而連接可以使用此一速率而不會造成任何封包在路徑內排隊。接下來，Vegas 比較 *Expected* 和目前實際的傳送速度，後者以 *Actual* 表示之，並照著規則來調整 cwnd。讓 *Diff = Expected − Actual* 並給出兩個以 KB/s 為單位的臨界值，$a<b$。然後每一回合 RTT 當 *Diff* $<a$ 時，Vegas 的 cwnd 會被加上 1；如果 *Diff* $> b$，則 cwnd 會被減去 1；而如果 *Diff* 是介於 a 和 b 之間的話，cwnd 就保持不變。

調整傳送速率讓 *Diff* 維持在 a 和 b 之間，這代表著一條 Vegas 連接所佔據的網路緩衝區平均起來最少會是足以很好地利用頻寬的每秒鐘 a 個位元組，而最多會是可以避免網路負載過重的每秒鐘 b 個位元組。根據 Vegas 作者的建議，a 和 b 會分別被指定為 1 和 3 倍的 MSS/*BaseRTT*。

原理應用：針對有高頻寬延遲積的網路所使用的 TCP

隨著網路技術持續的進步，鏈結的處理能力增加，進而導致網路內出現了有很大頻寬延遲積（bandwidth-delay product）的路徑。頻寬延遲積指的是路徑的頻寬和 RTT 的乘積。這類網路的一個實例就是衛星連接的網路，其中的 RTT 很大，而鏈結頻寬也很高。

傳統的 TCP 在這類型的網路裡表現得很差，因為它無法充分利用可用的頻寬。該協定只有在傳送方送出足夠大量而超過頻寬延遲積的未確認資料時，才能夠達成最佳的傳輸量。如果所傳送的資料量不足，則路徑就無法被保持於忙碌之狀態，而在此一路徑上運作的協定則低於其最佳的傳輸效率。然而，在一個頻寬延遲積很大的網路之中，上述不足之條件很容易出現。有些新的 TCP 壅塞控制機制，例如 BIC、CUBIC、FastTCP 以及 HighSpeed TCP（HSTCP），試著要解決這個問題。它們的概念是要更劇烈地增加傳輸的速度，可是當遭遇到封包遺失時，它雖然會減慢速度，但也會快速地恢復其劇烈的增加傳輸速度的行為。

BIC 所用的最重要的組件是二元搜尋增加（binary search increase）。當封包遺失之事件發生，BIC 就縮減它的窗框。正好在縮減之前那一刻的窗框尺寸被設定為最大值，而正好在縮減之後那一刻的窗框尺寸被設定為最小值。然後，BIC 就藉著跳到目標值（也就是最大值和最小值之間的中間值）以便執行一次二元搜尋。接下來根據是否又發生了封包遺失，最大值或最小值就會被更新。當目前窗框尺寸和目標窗框尺寸的差距很大時，二元搜尋增加能讓 BIC 具有侵略性。當這兩個窗框尺寸縮減時，由於 TCP 公平性的緣故，它會強迫協定變得較不具侵略性。

CUBIC 使用一個較為簡單的三次方函數，而該函數的形狀是類似於 BIC 窗框曲線來達成同樣的目標。在接近目標窗框尺寸的附近，此函數的成長速度比二元搜尋的速度要慢許多。Fast TCP 會測量排隊延遲時間而非封包遺失機率，以便能判斷出網路內的壅塞情況。藉著測量這個因素，它能夠比 TCP 以更快的速度來增加壅塞窗框。在 HS-TCP 達到一個窗框臨界值之後會很具侵略性地增加壅塞窗框，所以能更快地對可用頻寬的改變來做出回應。它使用一個表格來判斷要以何種倍數來增加壅塞窗框。

5.4 插槽程式介面

網路應用是使用下層協定所提供的服務來執行特殊目的的網路工作。舉例來說，諸如 `telnet` 和 `ftp` 之類的應用就使用了傳輸層協定所提供的服務；`ping`、`traceroute` 和 `arp` 直接使用 IP 層所提供的服務；直接運行在鏈結協定上的封包擷取應用（packet capturing application）可能被設定成去擷取包含了鏈結層標頭的整筆封包。在這一節裡，我們將會見到 Linux 如何製作出用來編輯上述應用程式的插槽介面。

5.4.1 插槽

一個插槽（socket）是一條通訊通道的抽象化。如其名稱所指，終端對終端協定層控制了一條頻道的兩端點之間的資料通訊。網路應用使用一個適當類型的插槽 API 來建立出端點。然後網路應用就能夠在那個插槽上執行一連串的操作。可以被執行在插槽上的操作包括控制操作（control operations，例如把一個埠號碼和插槽聯繫在一起，初始化或接收在插槽上的一條連接，或者釋放掉插槽）、資料傳輸操作（data transfer operations，例如透過插槽把資料寫到某個同儕應用，或透過插槽從某個同儕應用來讀入資料）以及狀態操作（status operations，例如找出插槽所聯繫到的 IP 位址）。一整套可在插槽上執行的操作就組成了插槽 API。

要開啟一個插槽，一個應用程式首先呼叫 `socket()` 函數去初始化一條終端對終端之頻道。標準的插槽呼叫 `sk=socket(domain, type, protocol)` 需要三個參數。第一個參數指明域或位址族群。常用的位址族群提供給綁定在本地機器上的通訊來使用的 `AF_UNIX`，以及提供給基於 IPv4 協定的通訊來使用的 `AF_INET`。第二個參數則指出插槽的類型。當處理 `AF_INET` 族群時，插槽類型的常用數值包括 `SOCK_STREAM`（通常和 TCP 聯繫在一起）和 `SOCK_DGRAM`（和 UDP 聯繫在一起）。插槽類型影響到在封包被傳遞給應用之前，核心如何去處理封包。最後一個參數指明哪個協定去處理流過插槽的封包。`socket` 函數會返回一個檔案描述子，而透過該描述子在插槽上的操作就可以被施行。

插槽參數的數值取決於是哪個下層協定被使用。在接下來的兩個小節，我們會檢視三種插槽 API。它們分別對應到接取傳輸層、IP 層和鏈結層的服務，如同我們將會在它們的開放源碼之實作裡看到的一樣。

5.4.2 通過 UDP 和 TCP 來綁定應用程式

網路應用最廣泛使用的服務是由傳輸層協定像 UDP 和 TCP 所提供的服務。一個插槽檔案描述子會從 `socket(AF_INET, SOCK_DGRAM, IPPROTO_UDP)` 函數被返還，而且會被初始化成為一個 UDP 插槽，其中的 `AF_INET` 指的是網際網路位址之族群，`SOCK_DGRAM` 指的是資料包之服務，而 `IPPROTO_UDP` 指的是 UDP 協定。有一連串的操作能夠被執行在檔案描述子上面，例如圖 5.37 的那些函數。

在圖 5.37 中，在連接被建立之前，UDP 伺服器端以及客戶端會建立一個插槽，並且使用 `bind()` 系統呼叫去指派一個 IP 位址和一個埠號碼給插槽。注意到 `bind()` 是可選擇性使用的，而且通常不是在客戶端被呼叫。當 `bind()` 沒有被呼叫，核心會選擇將預設 IP 位址和一個埠號碼給客戶端來使用。然後，在一台伺服器綁定到一個埠號碼之後，它就準備好要接收從 UDP 客戶端來的請求。UDP 客戶端可能會在 `sendto()` 和 `recvfrom()` 函數之間循環來做些有用的工作，直到它完成了它的工作。UDP 伺服器端會繼續接收請求、處理請求，並且使用 `sendto()` 和 `recvfrom()` 將結果回饋給客戶端。正常情況下，一個 UDP 客

圖 5.37 供簡單 UDP 客戶-伺服器程式所使用的插槽函數

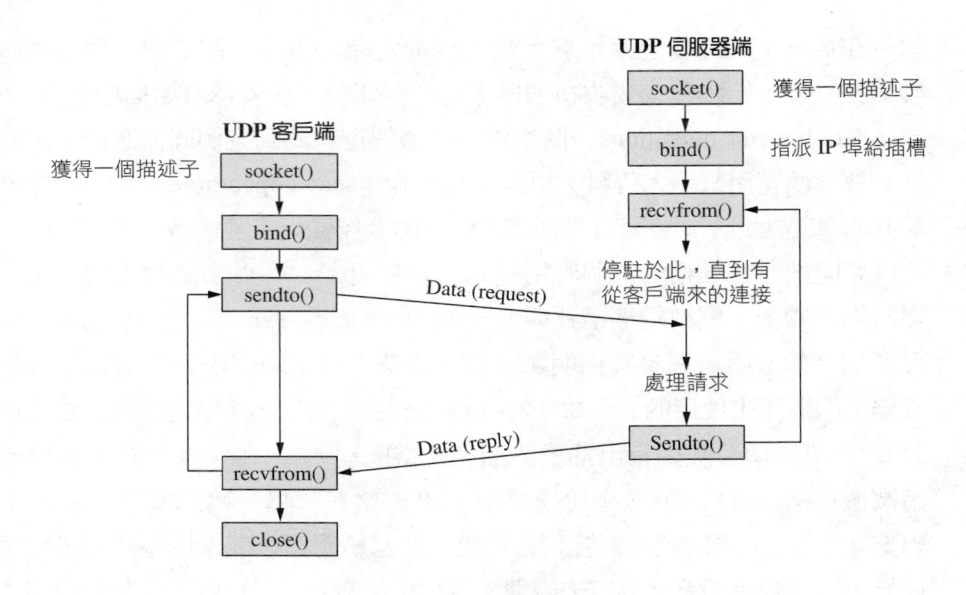

　　戶端並不需要呼叫 bind()，因為它不需要使用眾所皆知的埠號碼。當客戶端呼叫 sendto() 時，核心會動態地指派一個沒有被使用的埠號碼給客戶端。

　　同樣地，從 socket(AF_INET, SOCK_STREAM, IPPROTO_TCP) 返還的一個插槽檔案描述子是被初始化成為一個 TCP 插槽，其中的 AF_INET 指的是網路位址族群，SOCK_STREAM 代表著可靠的位元組串流之服務，而 IPPROTO_TCP 指的是 TCP 協定。圖 5.38 描繪出在該描述子上執行的函數。此處在預設的情況下，bind() 不會在客戶端被呼叫。

　　簡單 TCP 客戶-伺服器程式的流程圖稍微比較複雜一點，由於 TCP 的連線導向之特性。它包含了連接之建立、資料傳輸和連接終止等階段。除了 bind() 之外，伺服器會呼叫 listen() 去配置連接佇列給插槽使用，並且等待從客戶端來的連接請求。listen()（聆聽）系統呼叫則表達了伺服器願意開始接收進入的連接請求。每個聆聽的插槽含有兩個佇列：(1) 已部分建立的請求佇列和 (2) 已完全建立的請求佇列。一個請求在其三向握手之期間會先停留在已部分建立的請求佇列。在三向握手結束而連接已建立之後，該請求會被移到已完全建立的請求佇列。

　　在大多數的作業系統裡，已部分建立的請求佇列有一個最大佇列長度之上限（例如 5），縱使使用者規定一個比它更大的數值。因此，已部分建立的請求佇列可能會成為**阻斷服務 (Denial of Service, DoS)** 攻擊的目標。如果一位駭客持續地送出 SYN 請求而不完成三向握手之流程，請求佇列將會飽合並且無法接收來自表現良好的客戶端的新連接請求。

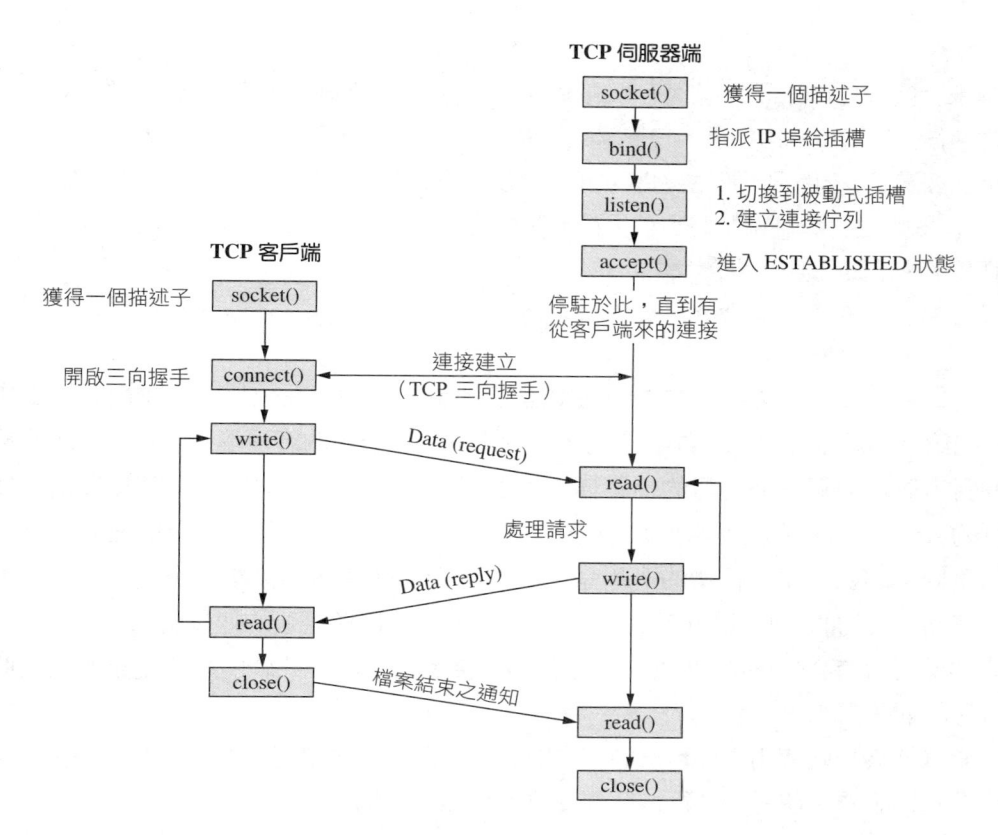

圖 5.38 供簡單 TCP 客戶 - 伺服器程式所使用的插槽函數

原理應用：SYN 氾濫傳送和 Cookies

　　使用三向握手協定可能會導致一種 SYN 氾濫傳送攻擊（SYN flooding attack），其中會有一位攻擊者送出許多連續的 SYN 請求給一位受害者的系統。它運作的方式是讓伺服器在收到一個 SYN 之後配置出資源，但伺服器永遠不會接收到一個 ACK。當這些半開啟（half-open）的連接耗盡伺服器上所有的資源，沒有新的合法連接能夠被建立起來，進而造成阻斷服務（DoS）。有兩種主要的方法去運作一個 SYN 氾濫傳送攻擊：故意不送出最後的 ACK，或偽造 SYN 的來源 IP 位址，導致伺服器送出 SYN+ACK 給偽造的 IP 位址，並因此永遠接收不到 ACK。

　　SYN cookies 可以用來防範 SYN 氾濫傳送之攻擊。SYN cookies 被定義為「TCP 伺服器獨特選擇出的初始 TCP 序列號碼」。一台使用 SYN cookies 的伺服器，當它儲存 SYN 的佇列滿了的時候並不會丟棄連接。它反而送回一個有獨特設計的初始序號的 SYN+ACK，也就是所謂的 SYN cookie。當伺服器收到隨後從客戶端送來的 ACK，它先檢查這個序號，然後用被編碼在這個序號裡的資訊來重建出虛擬 SYN 佇列項（pseudo SYN queue entry），就好像有一個 SYN 本來就儲存在它的 SYN 佇列。換句話說，當 SYN cookies 被發布出去時，伺服器不會仰賴 SYN 佇列來追蹤三向握手。它依賴的反而是被編碼的 SYN cookies。因此，即使它的 SYN 佇列已經滿了，伺服器仍然能夠接收真正可以完成三向握手的連接。正如我們將在第 6 章所見，一個很類似的 cookie 構想也被用於無狀態的超文件傳輸協定（HyperText Transfer Protocol, HTTP）來追蹤長期的對話狀態。

listen() 系統呼叫的後面通常是接著 accept() 系統呼叫，而後者的工作是把第一個請求從已完全建立的請求佇列中取出，替它的客戶端初始化一個新的插槽對，並且把新的插槽對的檔案描述子返回給客戶端。也就是說，BSD 插槽所提供的 accept() 系統呼叫導致一個新插槽的自動生成，而這和 TLI 插槽有非常大的不同。因為在 TLI 插槽的應用是：必須明確地替新的連接建立一個新的插槽。注意到，最初的聆聽插槽仍然在它眾所皆知的埠上面聆聽新的連接請求。當然，新的插槽對含有客戶端的 IP 位址和埠號碼。接著伺服器程式就能夠決定是否去接收客戶的連接請求。

TCP 客戶端使用 connect() 去啟動三向握手程序來建立連接。在這之後，客戶端和伺服器端便能夠執行彼此間的位元組串流傳輸。

開放源碼之實作 5.7：插槽的 Read/Write 內部構造之揭露

總覽

圖 5.39 顯示 Linux 2.6 核心的每個被提及部分的相對位置。一般的插槽 API 和它們隨後的函數呼叫是位於 net 目錄中。IPv4 源碼是被單獨地放在 ipv4 目錄中，而 IPv6 的源碼也是如此。BSD 插槽只是對它下層協定（例如 IPX 和 INET）的一個介面。如果插槽位址族群是被指定為 AF_INET，則目前廣泛被使用的 IPv4 協定就相當於 INET 插槽。主流的鏈結層技術乙太網路，它的標頭則是被建立在 net/ethernet/eth.c。在這之後，乙太網路訊框會從主記憶體被 drivers/net/ 目錄的乙太網路驅動程式搬移到網路介面卡。這個目錄的驅動程式具有硬體依賴性，因為許多供應商擁有不同內部設計的乙太網路卡產品。類似的結構也運用在 WLAN 和其他鏈結技術。

演算法之實作

圖 5.40 說明 Linux 的簡單 TCP 客戶-伺服器程式所使用的插槽 API 的內部構造。從使用

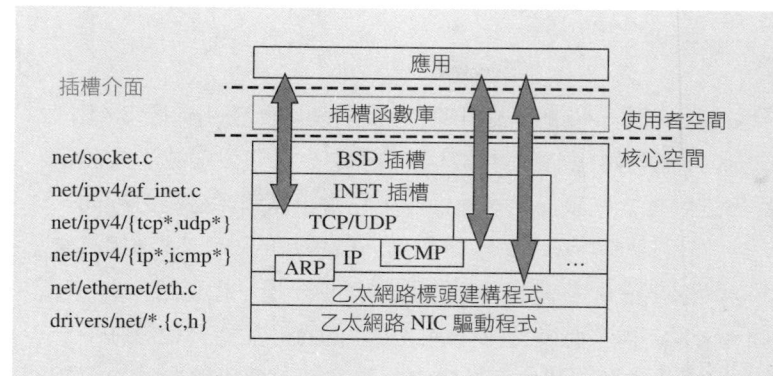

圖 5.39 Linux 2.6 的協定堆疊和編程介面

```
插槽介面                        應用
                    ─────────────────────
                        插槽函數庫              使用者空間
net/socket.c       ─────────────────────  ─────
                        BSD 插槽              核心空間
net/ipv4/af_inet.c      INET 插槽
net/ipv4/{tcp*,udp*}    TCP/UDP
net/ipv4/{ip*,icmp*}    ARP  IP  ICMP  ...
net/ethernet/eth.c      乙太網路標頭建構程式
drivers/net/*.{c,h}     乙太網路 NIC 驅動程式
```

者空間程式所啟動的編程 API 是被轉換成 `sys_socketcall()` 核心呼叫，然後被分派到它們相關的 `sys_*()` 呼叫。`sys_socket()` （在 `net/socket.c`）會呼叫 `sock_create()` 去配置插槽，然後呼叫 `inet_create()` 根據被給予的參數來初始化插槽結構。其他的 `sys_*()` 函數會呼叫它們相關的 `inet_*()` 函數，因為 `sock` 結構是被初始化成為網際網路位址族群（`AF_INET`）。既然圖 5.40 的 `read()` 和 `write()` 不是特定插槽的 API，而是被檔案 I/O 操作普遍使用的 API，它們的呼叫流程會遵照它們在檔案系統裡的 `inode` 操作，並發現所給予的檔案描述子其實是聯繫到一個 `sock` 結構。接下來，它們會被轉換成相關的 `do_sock_read()` 和 `do_sock_write()` 等函數，而這些函數具有關於插槽的知識。

在大多數的 UNIX 系統，`read()/write()` 函數是被整合在虛擬檔案系統（Virtual File System, VFS）。VFS 是核心內提供檔案系統介面給使用者空間程式的軟體層。它也提供了核心內的一種抽象表現，允許不同檔案系統實作同時存在。

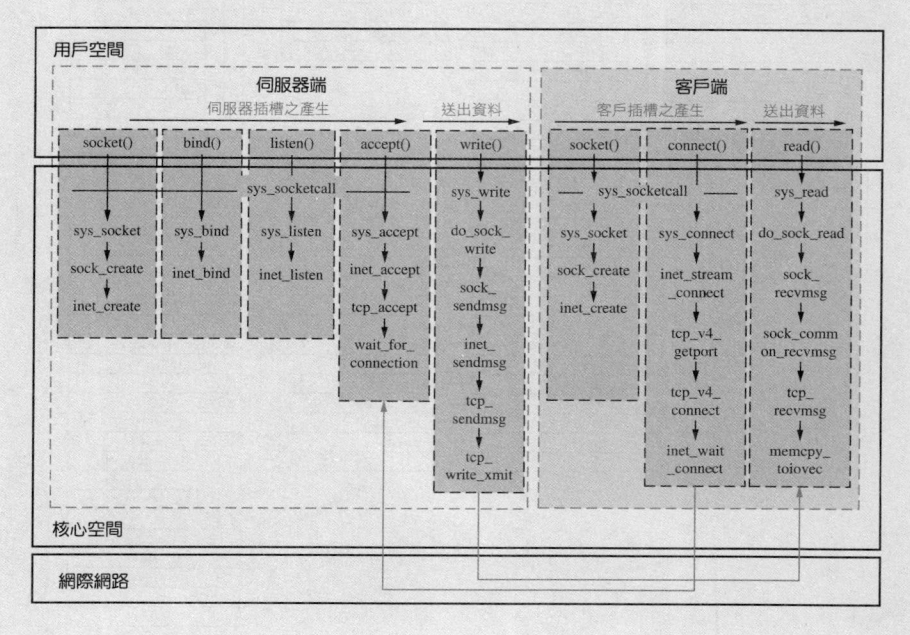

圖 5.40 Linux 的插槽 read/write：核心空間 vs. 使用者空間

```
用戶空間
  伺服器端                              客戶端
  伺服器插槽之產生    送出資料      客戶插槽之產生    送出資料
  socket()  bind()  listen()  accept()  write()   socket()  connect()  read()
─────────────────────────────────────────────────────────────────
核心空間
            sys_socketcall         sys_write      sys_socketcall    sys_read
  sys_socket  sys_bind  sys_listen  sys_accept   do_sock_   sys_socket  sys_connect   do_sock_read
  sock_create inet_bind inet_listen inet_accept    write     sock_create inet_stream   sock_
  inet_create                                    sock_      inet_create  _connect     recvmsg
                                    tcp_accept   sendmsg                 tcp_v4_      sock_comm
                                    wait_for_    inet_                   getport      on_recvmsg
                                    connection   sendmsg                 tcp_v4_      tcp_
                                                 tcp_                    connect      recvmsg
                                                 sendmsg                 inet_wait    memcpy_
                                                 tcp_                    _connect     toiovec
                                                 write_xmit
─────────────────────────────────────────────────────────────────
網際網路
```

資料結構

在 Linux 2.6，核心的資料結構是被像圖 5.40 的一個 TCP 連接的函數所使用。圖 5.41 則說明了核心的資料結構。在傳送方將插槽初始化並獲得檔案描述子之後（假設描述子是開啟檔案之表格裡的 `fd[1]`），當使用者空間程式在該描述子上操作，它會跟隨箭頭鏈結去指向一個特定的 `file` 結構，而其中含有一個目錄項 `f_dentry` 是指向一個特定的 `inode` 結構。該 `inode` 結構可以被初始化成為 Linux 所支援的眾多檔案系統類型的其中一種，也包括 `socket` 結構類型。`socket` 結構含有一個 `sock` 結構，而後者保存網路相關的資訊並從傳輸層往下一直到鏈結層的資料結構。當插槽被初始化成為一個位元組串流、可靠性、連接導向式的 TCP 插槽，傳輸層協定的資訊 `tp_pinfo` 就接著被初始化成為 `tcp_opt` 結構。在 `tcp_opt` 中儲存了許多 TCP 相關的變數和資料結構，比方說壅塞窗框便是一個例子。`sock` 結構的 `proto` 指標則指向一個特定的 `proto` 結構其內含有協定的操作原始函數。`proto` 結構的每個成員是一個函數指標。就 TCP 而言，`proto` 結構的函數指標是被初始化為指向一個被包含在 `tcp_func` 結構的函數清單。任何人如果想寫下他自己的 Linux 版本的傳輸協定，就應該遵照著 `proto` 結構所定義的介面。

練習題

如圖 5.41 所示，`sock` 結構裡的 `proto` 結構提供一份函數指標之清單，其指向插槽的必

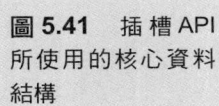

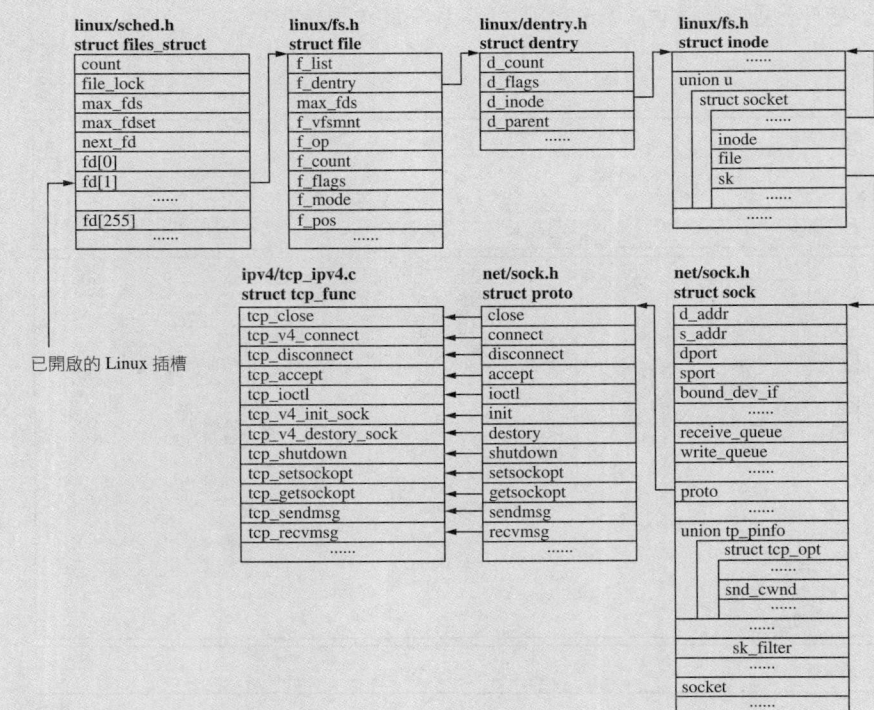

圖 5.41 插槽 API 所使用的核心資料結構

已開啟的 Linux 插槽

linux/sched.h struct files_struct
count
file_lock
max_fds
max_fdset
next_fd
fd[0]
fd[1]
......
fd[255]
......

linux/fs.h struct file
f_list
f_dentry
max_fds
f_vfsmnt
f_op
f_count
f_flags
f_mode
f_pos
......

linux/dentry.h struct dentry
d_count
d_flags
d_inode
d_parent
......

linux/fs.h struct inode
......
union u
struct socket
......
inode
file
sk
......

ipv4/tcp_ipv4.c struct tcp_func
tcp_close
tcp_v4_connect
tcp_disconnect
tcp_accept
tcp_ioctl
tcp_v4_init_sock
tcp_v4_destory_sock
tcp_shutdown
tcp_setsockopt
tcp_getsockopt
tcp_sendmsg
tcp_recvmsg
......

net/sock.h struct proto
close
connect
disconnect
accept
ioctl
init
destory
shutdown
setsockopt
getsockopt
sendmsg
recvmsg
......

net/sock.h struct sock
d_addr
s_addr
dport
sport
bound_dev_if
receive_queue
write_queue
......
proto
......
union tp_pinfo
struct tcp_opt
......
snd_cwnd
......
sk_filter
......
socket
......

要操作，比方說 `connect`、`sendmsg` 和 `recvmsg`。藉由把不同的函數集給連結到清單，一個插槽便可以透過不同的協定來傳送或接收資料。請找出並且閱讀其他協定（例如 UDP）的函數集。

效能專欄：插槽的中斷處理和記憶體拷貝

在插槽上接收段，其實會引發如圖 5.2 函數呼叫圖所顯示的兩個處理流程。第一個流程是開始於 `read()` 系統呼叫，稍後則停留在 `tcp_recvmsg()` 之處等待（就 TCP 的情況而言），而後者必須被 `sk_data_ready()` 觸發，然後結束於函數呼叫返回到使用者空間。因此，花在這個流程上的時間代表了使用者所感覺到的延遲時間。第二個流程開始於 `tcp_v4_rcv()`（就 TCP 的情況而言）而結束於 `sk_data_ready()`；前者是被 IP 層以一個輸入封包來呼叫，而後者會觸發第一個流程恢復它的執行。圖 5.42 顯示傳輸層在接收 TCP 段上所花費的時間。`tcp_recvmsg()` 是負責從核心結構將資料拷貝到使用者緩衝區，所以它花掉最多時間（2.6 微秒）。系統呼叫，`read()`，則花時間在使用者模式和核心模式之間的轉換。此外，它還要負擔系統表格查詢時間。因此，`read()` 花掉了很多時間（2.4 微秒）。最後，在第二個流程中，花在 `tcp_data_queue()` 和 `tcp_v4_rcv()` 上的時間分別是用在把段存放在佇列裡以及驗證段是否有效。

圖 5.43 顯示在傳送 TCP 段所花費的時間。前兩名最花時間的函數在功能上很類似於在接收 TCP 段時所用的函數。前兩名是從使用者緩衝區將資料拷貝到核心結構的 `tcp_sendmsg()` 以及在使用者模式和核心模式之間切換的系統呼叫，`write()`。在檢視完 TCP 段的傳輸和接收所花的時間之後，我們可以得出一個結論，就是 TCP 層的瓶頸發生在兩個地方：在使用者緩衝區和核心結構之間的記憶體拷貝，以及在使用者模式和核心模式之間的切換。

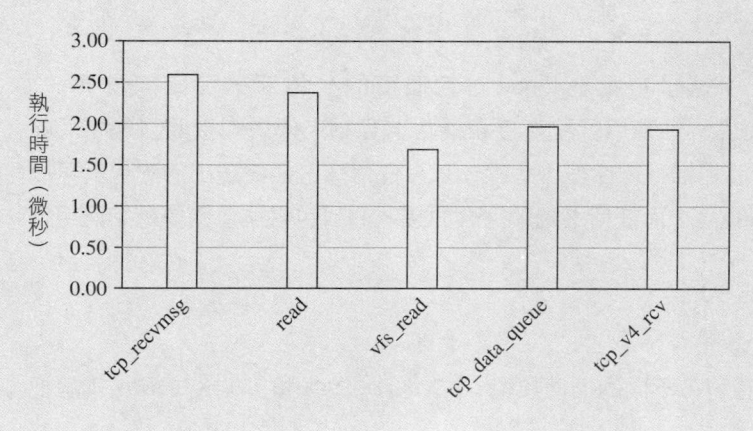

圖 5.42 在 TCP 層裡的接收 TCP 段的延遲時間

圖 5.43 在 TCP 層裡的傳送 TCP 段的延遲時間

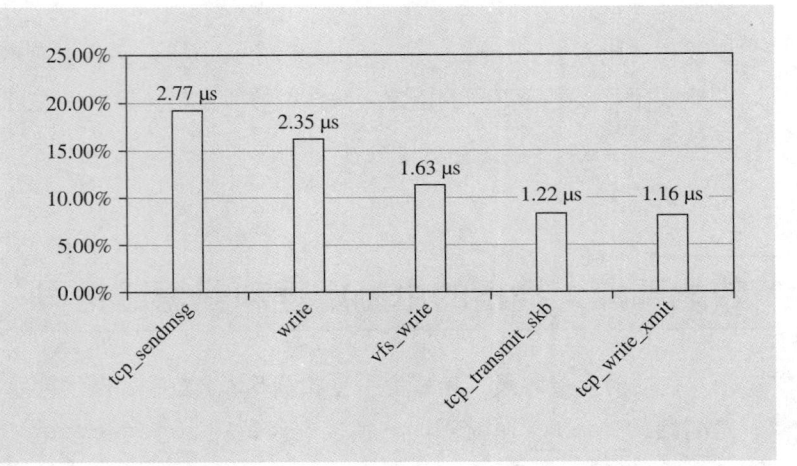

5.4.3 繞過 UDP 和 TCP

有些時候，應用程式並不想使用傳輸層所提供的服務。像 `ping` 和 `traceroute` 之類的工具會直接送出封包而不開啟 UDP 或 TCP 插槽，也就是說它們只使用 IP 層所提供的服務。有些應用程式甚至繞過 IP 層的服務而直接透過鏈結頻道來通訊。舉例來說，封包嗅探（packet-sniffing）之應用，例如 `tcpdump` 和 `wireshark`，會直接捕捉在線上的原始封包。和 UDP 或 TCP 的插槽相比，這些應用需要開啟完全不同種類的插槽。本節會探索在 Linux 裡能夠達成上述目標的編程方法。接下來我們要探討可以達到上述目標的三種開放源碼之實作。

開放源碼之實作 5.8：繞過傳輸層

總覽

在 Linux 2.0 之後的版本，引進了被稱為 Linux 封包插槽的一種新的協定族群 (AF_PACKET)，而 AF_PACKET 能允許一個應用行程直接和網路卡互動來傳送和接收封包，而非採用通常的 TCP/IP 或 UDP/IP 協定堆疊來處理。這樣一來，任何透過插槽送出的封包就可以被應用行程直接傳遞給乙太網路介面，而任何透過網路介面接收的封包將被直接傳遞給應用行程。

演算法之實作

AF_PACKET 族群有支援兩種稍微不同的插槽類型：`SOCK_DGRAM` 和 `SOCK_RAW`。前者把增加或移除乙太網路層標頭的負擔留給核心，而後者卻讓應用行程完全控制乙太網路標頭。它們的實作是在 net/packet/af_packet.c 檔案中。藉由檢查 packet_ops 這個結構變數，你可以找出該族群的主要操作函數的位置。這些函數包括 packet_bind()、packet_sendmsg() 以及 packet_recvmsg() 等等。

在 packet_recvmsg() 的程式碼是很容易了解的。首先，它會呼叫 skb_recv_datagram() 去透過 skb 緩衝區來獲得一個封包。然後，封包資料會被 skb_copy_datagram_iovec() 拷貝到使用者空間，而稍後資料將會被傳遞給使用者空間行程。最後，skb_free_datagram() 會將 skb 釋放掉。

和 packet_recvmsg() 相比，packet_sendmsg() 的程序更為複雜。它首先檢查鏈結層的來源位址是否已經被上層空間的程式所指定。如果沒有的話，它會依據輸出裝置儲存的資訊來設定該位址。然後，sock_alloc_send_skb() 會配置好一個 skb 緩衝區，而使用者空間資料將會被 memcpy_fromiovec() 拷貝到 skb 緩衝區。另一方面，如果插槽是被開啟為 SOCK_DGRAM 之類型，dev_hard_header() 會被呼叫去處理乙太網路層的標頭。最後，dev_queue_xmit() 將會送出封包，而 kfree_skb() 會將 skb 釋放掉。

使用方法之範例

要開啟一個 AF_PACKET 族群的插槽，在 socket() 呼叫中給定的協定欄位必須符合在 /usr/include/linux/if_ether.h 裡所定義的其中一個乙太網路 ID，而後者代表了可以被放進一個乙太網路訊框的已註冊之協定。除非是要處理非常特定的協定，一般通常會使用 ETH_P_IP，其包括所有的 IP 套件協定（舉例來說，TCP、UDP、ICMP、raw IP 等）。然而，如果你想要捕捉所有的封包，你要使用的就是 ETH_P_ALL 而非 ETH_P_IP，正如下面的範例程式：

```
#include "stdio.h"
#include "unistd.h"
#include "sys/socket.h"
#include "sys/types.h"
#include "sys/ioctl.h"
#include "net/if.h"
#include "arpa/inet.h"
#include "netdb.h"
#include "netinet/in.h"
#include "linux/if_ether.h"

int main()
{
    int n;
```

```
        int fd;
        char buf[2048];
         if((fd = socket(PF_PACKET, SOCK_RAW, htons(ETH_P_ALL))) ==
-1)
        {
            Printf("fail to open socket\n");
            Return(1);
    }
    while(1)
    {
        n = recvfrom(fd, buf, sizeof(buf),0,0,0);
        if(n>0)
            printf("recv %d bytes\n", n);
    }
        return 0;
}
```

因為 AF_PACKET 族群的插槽有嚴重的安全隱憂（舉例來說，你可以偽造一個乙太網路訊框，並給它一個偽造的 MAC 位址），只有那些有主機 root 權限的使用者才能使用這類插槽。

練習題

修改並且編譯上面的程式範例，以便把 MAC 標頭的欄位存到一個檔案中，並且辨識出每個收到的封包所使用的傳輸協定。注意到你必須要有主機的 root 權限才能夠執行這個程式。

封包捕捉：混雜模式 vs. 非混雜模式

不論是有線或無線媒介，任何人如果能夠直接存取傳輸媒介的話，便可以捕捉在媒介中的封包。做這種工作的應用軟體則被稱為封包嗅探器（packet sniffer），而這類軟體通常被用於網路應用之偵錯，以便檢查一筆被送出去的封包是否有正確的標頭和酬載。AF_PACKET 族群可允許一個應用行程去擷取封包，而被截取的封包則保持它們在網路卡層被接收的原貌，但仍無法讓一個應用程式去讀取那些並非寄給它的主機的封包。如我們之前所見，這是因為網路卡會丟棄掉那些不含有它自己 MAC 位址的封包──一種被稱為非混雜（non-promiscuous）模式的操作模式，其中的每個網路介面卡只管自己的事並且只讀取那些寄給它的訊框。此規則有三個例外情況：

1. 如果一筆訊框的目的地 MAC 位址是特殊廣播位址（FF:FF:FF:FF:FF:FF），任何網路卡都會提取這筆訊框。

2. 如果一筆訊框的目的地 MAC 位址是一個多點傳播位址,那些有啟用多點傳播接收的網路卡會提取這筆訊框。
3. 一個已被設定在混雜模式下運作的網路卡會提取每一筆它感測到的訊框。

開放源碼之實作 5.9:自我設定成混雜模式

總覽

對於本節的目的而言,上述三個例外的最後一種情況是最令我們感興趣的。如果要把一個網路卡設定為混雜模式(promiscuous mode),我們所要做的只是發出一個特定的系統呼叫 `ioctl()` 給一個在該網路卡上的已開啟插槽。因為這種操作具有潛在的安全威脅性,該系統呼叫只能夠被具有 root 權限的使用者來使用。假設「`sock`」含有一個已經開啟的插槽,接下來的指令將會把工作完成:

```
strncpy(ethreq.ifr_name,"eth0",IFNAMSIZ);
ioctl(sock, SIOCGIFFLAGS, &ethreq);
ethreq.ifr_flags |= IFF_PROMISC;
ioctl(sock, SIOCSIFFLAGS, &ethreq);
```

`ethreq` 是一個定義在 `/usr/include/net/if.h` 的 `ifreq` 結構。第一個 `ioctl` 會讀取乙太網路卡的旗標的目前數值;然後把旗標數值和 `IFF_PROMISC` 一起做 OR 運算。第二個 `ioctl` 會把 OR 計算出的數值寫回到網路卡來啟動混雜模式。你可以很容易查看上述程式執行的結果,只要執行 `ifconfig` 命令並且觀察第三行的輸出訊息。

演算法之實作

然而,在你調用了 `ioctl()` 系統呼叫之後,發生了什麼事而使你的網路卡變成混雜模式?不論何時當一個應用層的程式去呼叫 `ioctl()`,核心會呼叫 `dev_ioctl()` 去處理全部的網路類型的 I/O 控制請求。取決於傳進來的參數,接下來會呼叫不同的函數去處理相關的任務。舉例來說,當被給予 SIOCSIFFLAGS 這個參數時,`dev_ifsioc` 會被呼叫去設定一個對應到插槽的中斷旗標。接著,`_dev_set_promiscuity()` 將會被呼叫,而它會透過 `ndo_change_rx_flags()` 和 `ndo_set_rx_mode()` 去改變裝置的旗標,而它們是網路裝置驅動程式所提供的回調函數(callback function)。前者函數讓一個裝置接收方在多點傳播或混雜模式被啟動時去變更裝置的設定,而後者函數會告訴裝置接收方關於裝置的位址清單過濾之變動。

練習題

研究一下網路裝置的驅動程式並且去理解 `ndo_change_rx_flags()` 和 `ndo_set_rx_mode()` 是如何被製作出來。如果你無法找到它們的實作,則在驅動程式裡啟動混雜模式的相關程式碼到底是被放在何處?

核心內的封包捕捉和封包過濾

身為一個網路應用而且是以使用者空間的行程來運行,一個封包嗅探行程可能在一筆封包到來時無法立刻被核心排上 CPU 去執行,因此核心應該將封包暫時存放在核心的插槽緩衝區,直到封包嗅探行程被排上 CPU 去執行。此外,使用者可能指定封包過濾器(packet filter)給嗅探器,以便讓嗅探器只去捕捉使用者感興趣的封包。當在使用者空間過濾封包的時候,封包捕捉的效能可能會降低,因為有大量的使用者不感興趣的封包必須被轉移跨過核心空間和使用者空間之間的邊界。如果是在一個繁忙的網路上,這類的嗅探器可能無法趕在封包溢出插槽緩衝區之前及時捕捉到封包。將封包過濾的工作移到核心去便可以有效地改善效能。

開放源碼之實作 5.10:Linux 的插槽過濾器

總覽

Tcpdump 程式是經由命令列參數來接收使用者的過濾器之請求,以便捕捉一組使用者感興趣的封包。然後 tcpdump 會呼叫 `libpcap`(可攜帶式封包捕捉函數庫)來存取適當的核心層的封包過濾器。在 BSD 系統中,Berkeley Packet Filter(BPF)在核心內執行封包過濾。Linux 過去一直都沒有配備核心封包過濾的功能,一直到 Linux Socket Filter(LSF)出現在 Linux 2.0.36。BPF 和 LSF 很大部分是相同的,除了一些小程度上的差異,像是使用者使用服務的權限。

方塊流程圖

圖 5.44 呈現了一個封包捕捉和封包過濾的分層模型。輸入的封包從一般協定堆疊(protocol stack)被複製到 BPF,而後者接著在核心內根據相關應用所安裝的 BPF 指令來過濾封包。因為只有通過 BPG 的封包會被傳遞給使用者空間程式,在使用者空間和核心空間之

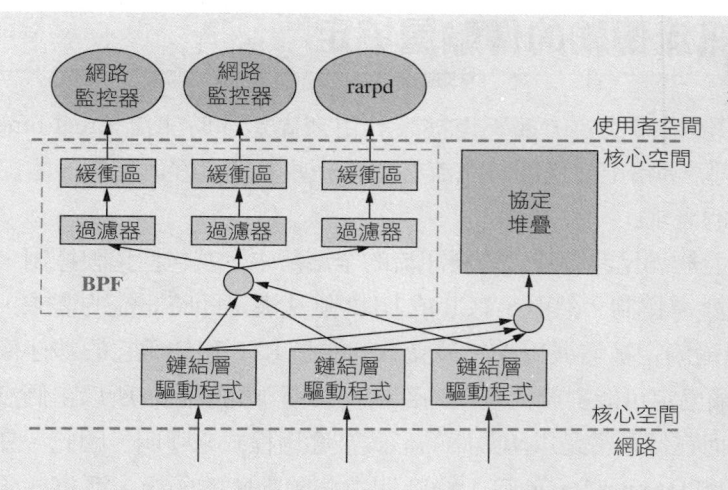

圖 5.44 實現有效的封包過濾：分層模型

間的資料交換之耗損就可以被顯著地減少。

如果要在一個插槽上使用 Linux 插槽過濾器的話，我們可以使用在 socket.c 裡製作的 setsockopt() 函數，並且把參數 optname 設定為 SO_ATTACH_FILTER，而這樣做就能夠把 BPF 指令傳遞給核心。setsockopt() 函數會把 BPF 指令指派給圖 5.41 顯示的 sock->sk_filter。BPF 封包過濾引擎是以 Steve McCanne 和 Van Jacobson 的特定虛擬機器程式碼語言所撰寫。BPF 實際上看起來像一種真實的組合語言；它有一對暫存器和幾個指令去載入和儲存數值並且去執行算數運算和條件式分支指令。

過濾器程式碼會檢視其所依附的插槽上的每個封包。過濾器處理的結果是一個整數，而這個整數指出插槽應該把封包的多少個位元組傳遞給應用層。這帶來了更進一步的好處。因為通常為了封包捕捉和封包過濾的目的，我們只對一筆封包的前幾個位元組感興趣，所以不拷貝不需要的位元組可以省下處理時間。

練習題

如果你閱讀了 tcpdump 的操作手冊網頁，你會發現 tcpdump 能夠根據你所給予的過濾條件（例如 tcpdump -d host 192.168.1.1），以人類可以讀懂的樣式或 C 程式片段的樣式來產生 BPF 程式碼。首先去理解所產生出來的 BPF 程式碼。然後，撰寫一個程式去開啟一個原始插槽（請參考開放源碼之實作 5.8），啟動混雜模式（請參考開放源碼之實作 5.9），使用 setsockopt 把 BPF 程式碼注入到 BPF。最後，觀察你從插槽接收到的封包是否都符合所給的過濾器。

5.5 用於即時訊流傳輸的傳輸層協定

到目前為止提到的傳輸層協定，都不是被設計用來滿足即時訊流（real-time traffic）的需求。要在網際網路上傳送即時訊流必須有一些其他良好的機制。本節首先會著墨於即時訊流的需求。

到目前為止，TCP 能夠滿足非即時之資料訊流的全部需求，其包括錯誤控制、可靠性、流量控制以及壅塞控制。然而，TCP 或 UDP 無法滿足即時訊流的需求，因此，有數個其他的傳輸協定被發展出來。最受歡迎的是 RTP 和伴隨它的夥伴協定 RTCP。因為這些傳輸協定可能對於大規模的部署而言還不夠成熟，所以它們沒有被製作在核心內；反而它們經常是以函數庫的形式被應用程式來呼叫。因此，許多即時應用（像 Skype 和 Internet Radio 等）會呼叫這些函數庫的函數，而這些函數再透過 UDP 來傳送應用程式的資料。因為所解決的需求實際上是屬於傳輸層的議題，所以我們選擇在本章而非第 6 章來探討即時訊流傳輸。

5.5.1 即時傳輸所需的條件

即時訊流通常有多重串流，比方說視訊、音訊和文字等，要在一個**對話**（session）內傳輸，也就是說有一群連接來傳送這些串流。因此，第一個新需要的條件就是對話內的多重串流彼此之間能夠同步。傳送方和接收方之間的接收和播放串流也需要同步。這兩種同步必須有時序資訊（timing information）傳遞在傳送方和接收方之間。此外，即時訊流對於中斷（interrupt）比較敏感，而這種中斷可能是由於移動跨越不同網路所造成的。因此，在移動情況下，支援服務之連續性是第二個新需要的條件。

即時訊流是連續性的，因此它需要一個穩定或平順的可用之傳輸速率而不能有延遲的情況發生。但是它仍然需要平穩的壅塞控制來保持網際網路的健康並且友好地對待會自我調整的 TCP 訊流。這使得平穩性和 TCP 友好性變成第三個需要的條件。有些即時訊流的適應性非常好，以致於當可用速率起伏波動時，即時訊流甚至會改變媒介的編碼速率（也就是編碼一秒鐘長度的內容所需的平均位元數量）。當然，這就加上了第四個需要的條件，也就是替傳送方收集關於路徑品質（path quality）的報告。

很不幸的是，目前流行的傳輸層協定沒有一個可以滿足全部上述四個即時傳輸之需求。如我們接下來會看到的，每一個協定只滿足了部分的需求。RTP 和 RTCP 滿足了第一個和第四個條件，而且看起來是目前最受歡迎的即時傳輸協定。

多重串流和多重宿主

作為另一個傳輸協定，**串流控制傳輸協定（Stream Control Transmission Protocol, SCTP）**是由 R. Stewart 和 C. Metz 在 RFC 3286 中首先提出，並且在 RFC 4960 中制訂出來。類似於 TCP，它提供了一條可靠的頻道以作為資料傳輸之用，並且採用同樣的壅塞控制演算法。然而，既然「串流」這個術語出現在 SCTP 的名稱裡，SCTP 提供有利於串流應用的兩個額外功能，它們分別是**多重串流（multi-streaming）**和**多重宿主（multi-homing）**。

支援多重串流是表示說多條串流（比方說音訊和視訊）可以透過一個對話來被同時傳送出去。也就是說，SCTP 能夠個別地對每條串流來支援有順序之接收而同時避免 TCP 的**線路前端阻塞（Head-of-Line, HOL blocking）**：在 TCP，控制訊息或某些重要訊息經常會由於一堆資料封包堆積在傳送方或接收方的緩衝區前端而被阻塞。

支援多重宿主是指即使當一位移動性使用者從一個網路遷移到另一個，該使用者不會感受到在它接收的串流上有發生任何中斷。為了要支援多重宿主之功能，一個 SCTP 對話可以被通過不同網路適配器的多條連接同時建構起來，舉例來說，一條連接來自乙太網路，而另一條來自無線區域網路。此外，每一條連接需要有一種心跳訊息（heartbeat message）來確保它的連接性。如此一來，當其中一條連接失敗的時候，SCTP 可以立刻透過其他連接來傳送訊流。

除此之外，SCTP 也修改了一條 TCP 連接的建立程序和關閉程序。舉例來說，一個四向之握手機制被提出來用於連接之建立，以便克服 TCP 的安全問題。

平穩的速率控制和 TCP 友好性

就在 TCP 訊流仍然主宰著網際網路的時候，有一些研究結果指出，TCP 的大多數版本裡所使用的壅塞控制機制，可能導致傳輸速率變得太過於震盪而無法以低抖動之品質來傳送即時訊流。因為 TCP 可能不適合即時應用，開發人員傾向於設計出它們自己的壅塞控制或甚至不使用壅塞控制。這樣的舉動很受到網際網路社群的關注，因為網際網路的頻寬是大眾所共享的，而網際網路裡沒有一種控制機制去決定一條資料流應該使用網際網路裡多少的頻寬，而後者在過去是由 TCP 自我控制。

在 1998 年，一種叫做 TCP 友好的概念在 RFC 2309 中被提出。這種概念是說一條資料流應該在過渡狀態（transit state）下對壅塞做出反應，並且在穩定狀態（steady state）下使用不超過一條 TCP 流的頻寬；而假設兩條流有同樣的網路條件，例如同樣的封包遺失率和 RTT 等。這樣的概念是要求任何網際網路上的流必須使用壅塞控制並且使用不超過其他 TCP 連接的頻寬。不幸的是，就這一點而論，目前對於什麼是最佳的壅塞控制還沒有一個確切的答案。因此，一個叫做**資料包壅塞控制協定（Datagram Congestion Control Protocol, DCCP）**的新傳輸協定由 E. Kohler 等人在 RFC 4340 中提出。DCCP 允許自由選擇一種壅塞控制之方案。該協定目前只包括兩種方案，也就是 TCP-like 和 TCP-friendly rate control（TFRC）。TFRC 在 2000 年首先被提出，並且在 RFC 3448 中被制定為一種協定，詳細描述哪種資訊應該在兩台終端主機之間交換，以便能調整一條連接的速率來滿足 TCP 友好性。

重播重建和路徑品質報告

由於網際網路是一個共享的資料包網路，在網際網路上被傳送的封包會有無法預測的延遲時間和抖動。然而，即時應用像 VoIP 和視訊會議則需要時序資訊（timing information）來重建在接收端的**重播（playback）**。在接收端的重建需要編解碼器的類型（codec type）才能選出正確的解碼器來解壓縮封包的酬載；它需要

原理應用：串流傳輸：TCP 或 UDP？

為何 TCP 不適用於串流？首先，遺失重傳之機制是被緊密地嵌入在 TCP 中，這對於串流來說不是必要的，而且它甚至會增加資料接收的延遲時間和抖動。其次，連續的速率波動可能會不利於串流。換句話說，雖然對於串流選擇一個編碼速率而言，可用頻寬之估計或許是必要的，但是串流不會喜歡一個震盪的傳輸速率，尤其是對於封包遺失所做出的激烈回應，而這種回應最初是被設計用來避免連續的封包遺失。串流應用可以接受封包遺失並且放棄遺失的封包。因為有些在 TCP 裡的機制不適用於串流，人們轉而透過 UDP 攜帶串流。很不幸的是，UDP 太過於簡單，沒有提供任何機制估計目前可用的傳輸速度。此外，基於安全理由起見，UDP 封包有時會被當下的中繼網路裝置丟棄。

雖然 TCP 和 UDP 都不適用於串流，它們仍然是現今網際網路中僅有的兩個成熟的傳輸協定。因此，大部分的串流資料其實是由這兩個協定來攜帶。UDP 是被用來攜帶純音訊串流，例如 VoIP 等。這些串流可以很容易以固定的位元速率來傳送而不需要太多壅塞控制，因為它們所需的頻寬通常低於現今網際網路裡的可用頻寬。另一方面，TCP 是被用於所需頻寬並不能被網際網路滿足的串流，例如視訊和音訊的混合應用。因此，為了要緩和 TCP 的震盪速率（TCP 的頻寬偵測機制的副作用），在接收端會使用大容量的緩衝區，然而這種作法卻會延長延遲時間。雖然對於單向的應用（例如說觀賞 YouTube 的影片）而言，延遲時間是可以容忍的，但是對於互動式應用（像是視訊會議）而言則否。這就是為什麼研究人員需要發展出之前所介紹的平穩速率控制。

時戳（timestamp）來重建原來的時序，才能以正確的速度來播放資料；它也需要序列號碼，才能把傳入的資料封包排成正確的順序並能偵測出封包遺失。另一方面，即時應用的傳送端也需要來自接收端的路徑品質回饋資訊，才能對網路壅塞做出回應。此外，在一個多點傳播的環境，成員資訊必須被管理。這些控制層面機制應該被建立在標準協定中。

總結而論，即時應用的資料層面必須要考慮到編解碼器、序列號碼、時戳；在控制層面裡的焦點則是在終端對終端的延遲時間／抖動／遺失和成員管理等的回饋報告。為了要滿足這些必要條件，RTP 和 RTCP 於是被提出來，而接下來兩節會介紹它們。注意到 RTP 和 RTCP 通常是由應用自行製作，而不是被製作在作業系統裡。因此，應用便能夠擁有對每個 RTP 封包的完全控制，例如定義 RTP 標頭選項。

5.5.2 標準的資料層面通訊協定：RTP

RFC 1889 給出了一個標準資料層面協定的輪廓：即時傳輸協定（Real-time Transport Protocol, RTP）。它是被用來攜帶聲音／視訊訊流來回橫跨網路的協定。RTP 沒有一個眾所皆知的埠號碼，因為它會和不同應用一起運作，而這些應用本身就有自己專用的埠號碼。因此，RTP 會運作在一個 UDP 埠上面，而 5004 是被設定為它的預設埠號碼。RTP 是被設計來配合輔助控制協定 RTCP 一起運作，以便獲得關於資料傳輸的品質的回饋資訊以及關於正在進行的對話中的參與者資訊。

RTP 如何運作

RTP 訊息是由標頭和酬載所構成。圖 5.45 顯示出 RTP 標頭的格式。即時訊流是被攜帶在 RTP 封包的酬載之中。注意到 RTP 本身不會去處理關於資源管理和資源保留等問題，而且也不會保證即時服務的服務品質。RTP 假設如果有這些功能的話，便是由下層網路所提供。因為網際網路經常遺失封包、攪亂封包的順序以及拖延它們一段長度不一的時間，所以為了要應付這些損害，RTP 標頭含有時戳資訊和一個序列號碼來允許接收端重建出來源所產生的時序。有了這兩個欄位，RTP 能夠確保封包是按照順序，也能夠判斷是否有任何封包遺失發生，並且能夠將多條訊流一起同步。每筆被送出的 RTP 資料封包其序列號碼會遞增。時戳則反映出在 RTP 資料封包裡第一個位元組的採樣那一瞬間的時間。採樣瞬間的時間必須從一個在時間上會單調性且線性增加的時鐘之處取得，以便能允許同步和抖動之計算。值得注意的是，當一筆視訊訊框被分拆成多筆 RTP 封包時，這些 RTP 封包會擁有同樣的時戳，而這就是為什麼單靠時戳是不足以重新排列封包的順序。

圖 5.45 RTP 標頭格式

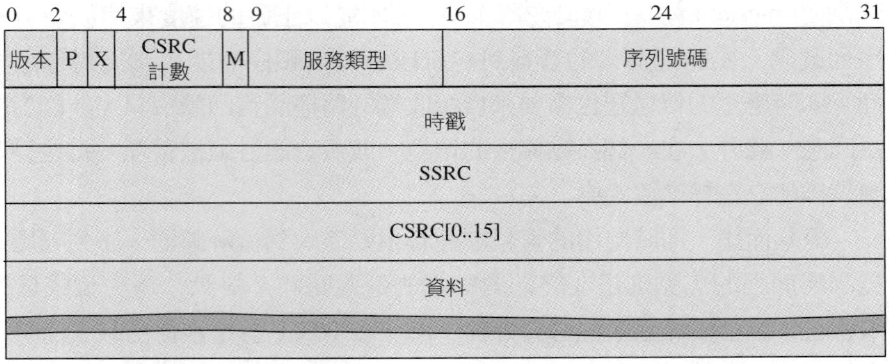

0	2	4	8	9	16	24	31
版本	P	X	CSRC 計數	M	服務類型	序列號碼
時戳
SSRC
CSRC[0..15]
資料

包含在 RTP 標頭中的一個欄位是 32 位元的**同步來源辨識碼（Synchronization Source Identifier, SSRC）**，而它能夠被用來區分在同樣 RTP 對話內不同的同步來源。因為多條聲音／視訊之串流能夠使用同樣的 RTP 對話，所以 SSRC 欄位會指出訊息的傳送方以達成在接收應用的同步目的。SSRC 是一個被隨機選出的號碼以確保沒有兩個同步來源會在同一條 RTP 對話內使用同樣的號碼。舉例來說，分行辦公室之間可能使用一個 VoIP 閘道器來建立彼此間的一條 RTP 對話。然而，每一邊都有安裝許多電話，以致於 RTP 對話可能同時含有許多通話連接。這些通話連接可以藉由 SSRC 欄位來被多工傳輸。

封裝

為了要重建在接收方的即時訊流，接收方必須知道如何解讀接收到的封包。酬載類型辨識碼（payload type identifier）指出酬載的格式和編碼／壓縮的方案。酬載類型包括 PCM、MPEG1/MPEG2 音訊和視訊、JPEG 視訊、H.261 視訊串流等。在傳輸中的任何時間，一個 RTP 傳送方只能送出一種類型的酬載，縱然酬載類型可能會在傳輸中改變，比方說，為了適應網路壅塞所做的調整。

5.5.3 標準的控制層面通訊協定：RTCP

RTCP 是被設計用來配合 RTP 一起運作的一種控制協定。它是被標準化在 RFC 1889 和 1890 中。在一個 RTP 對話裡，參與者週期性地送出 RTCP 封包來傳達關於資料傳遞品質的回饋資訊以及會員資訊。RFC 1889 定義出五種 RTCP 的封包類別：

1. **RR：receiver report**。RTP 對話內的參與者如果不是活躍的傳送方，則它們可以送出接收方的報告。RR 包含了關於資料傳遞的接收品質回饋，包括已收到的最高封包號碼、遺失的封包數量、抵達間隔的抖動，以及被用來計算傳送方和接收方之間往返時間的時戳。該資訊對於自適應性編碼能夠有直接的幫助。舉例來說，如果 RTP 對話的品質被發現隨著時間過去而趨於惡化，則傳送方可能會決定轉換成一種低位元速率的編碼，好讓使用者可以感覺到即時傳輸更為平順。另一方面，網路管理人員可以藉由監控 RTCP 封包來評估網路的效能。

2. SR：sender report。傳送方的報告是由活躍的傳送方所產生。除了像在 RR 的接收品質回饋之外，SR 含有一節傳送方資訊，其提供了媒介之間的同步、累積的封包計數以及所送出的位元組數量等資訊。
3. SDES：source description。在 RTP 資料封包中，隨機產生的 32 位元辨識碼可以被用來辨識出來源。這些辨識碼對於人類使用者而言很不方便。RTCP SDES 含有對話參與者的全球唯一性辨識碼。它可能包括使用者的名字、email 位址或其他資訊。
4. BYE：它指出參與對話已經要結束。
5. APP：application-specific functions。APP 是被打算在新的應用或功能被開發出來時供實驗上的使用。

由於一位參與者可能在任何時間點加入或離開一個對話，所以知道誰正在參與對話還有它們的接收品質如何是非常重要的。為了這個緣故，非活躍狀態的參與者應該週期性地送出 RR 封包，而當它們計畫要離開時則應該送出 BYE。另一方面，活躍的傳送者應該送出 SR 封包，而該封包不只提供和 RR 封包相同的功能，也確保每位參與者知道如何去重播所接收到的媒介之資料。最後，為了幫助參與者獲得更多關於其他參與者的資訊，參與者應該週期性地送出帶有自己的辨識碼的 SDES 封包，以便介紹自己的聯絡資訊。

歷史演進：可用於 RTP 實作的資源

RTP 是一種沒有提供已經實作好的系統呼叫的開放式協定。它的實作是和它的應用緊密地結合在一起。應用開發人員必須自己把全部的 RTP 功能加入應用層。然而，分享和重複使用程式碼永遠是比重新撰寫程式碼要來得更有效率。RFC 1889 的規格本身就含有大量的程式碼片段，而應用程式可以直接借用這些程式碼。此處我們提供一些有可用源碼的實作。在源碼裡的許多模組稍微修改後就可以使用。下列是一些有用資源的清單：

- **self-contained sample code in RFC1889**。
- **vat**（http://www.nrg.ee.lbl.gov/vat/）

- **tptools**（ftp://ftp.cs.columbia.edu/pub/schulzrinne/rtptools/）
- **NeVoT**（http://www.cs.columbia.edu/~hgs/rtp/nevot.html）
- **RTP Library**（http://www.iasi.rm.cnr.it/iasi/netlab/gettingSoftware.html）：是 E. A. Mastromartino 所撰寫的。這個函數庫提供便捷的方式，可將 RTP 功能合併到 C++ 網際網路應用。

5.6 總結

在本章，我們首先學會在傳輸層裡考慮的三種關鍵功能，而它們提供了一條橫跨網際網路的行程對行程之頻道。這些關鍵功能包括 (1) 埠層級的定址，(2) 可靠的封包傳遞，以及 (3) 流的速率控制。然後，我們學會了不可靠的非連接式傳輸協定 UDP 以及廣泛被使用的傳輸協定 TCP。和只在 IP 層上面增加埠層級之定址的 UDP 相比，TCP 就像一種完全解決方案，而它擁有許多被充分證明的技術，其包括 (1) 用於連接建立／終止的三向握手協定，(2) 確認和重傳之機制，是用來確保接收方可以無誤地收到從來源傳遞過來的全部資料，而來源可能位於距離接收方數千英哩之遠，(3) 滑窗流量控制和持續演進的壅塞控制演算法，是用來提升傳輸量並且降低封包遺失比例。我們說明了許多不同的 TCP 版本，並且比較它們在重傳可能已經遺失的封包時的行為。最後，我們學習了一個傳輸層協定在處理即時串流時所需的條件以及相關問題，包括多重串流、多重宿主、平穩的速率控制、TCP 友好性、播放重建和路徑品質報告。

除了協定之外，本章也解釋 Linux 實現插槽介面的方式，並且簡介它們的函數呼叫。插槽介面是介於核心空間的網路協定和使用者空間的應用程式之間的邊界。因此，有了插槽介面，應用開發人員只需要專注於他們所想要透過網際網路送出或接收的東西，而不必處理複雜的 4 層網路協定以及核心相關問題，大幅降低應用開發的門檻。因此，在第 6 章，我們將看到各種有趣的和每天都會使用的應用，例如 e-mail、檔案傳輸、WWW、即時文字／聲音通訊、線上音訊／視訊串流，以及同儕式應用。它們是建構在 UDP、TCP 或兩者的服務上。

常見誤解

- **窗框尺寸：封包計數模式和位元組計數模式之對比**

  不同的實作可能對 TCP 標準有不同的解讀。讀者可能會對於在封包計數（packet-count）模式和位元組計數（byte-count）模式的窗框尺寸感到困惑。雖然接收方所回報的 rwnd 是以位元組為單位來計算，可是先前關於 cwnd 的說明是以封包為單位，而稍後再將其乘上 MSS 來轉換成位元組的單位,以便能從 min(cwnd, rwnd) 選出窗框尺寸。有些作業系統可能直接使用位元組計數模式的 cwnd,所以它的演算法應該被調整成如下:

```
if (cwnd < ssthresh){
    cwnd = cwnd + MSS;
else {
    cwnd = cwnd + (MSS*MSS)/cwnd
}
```

換句話說,在緩慢啟動的階段,與其在封包計數的模式下把 cwnd 加 1,我們每次接收到一個 ACK 的時候就在位元組模式下把 cwnd 加上 MSS。在壅塞避免的階段,我們每次接收到一個 ACK 的時候就把 cwnd 加上 MSS/cwnd。

- **RSVP、RTP、RTCP、RTSP**

本章討論用於網際網路內即時訊流的 RTP 和 RTCP 協定。然而,它們和相關協定(例如 RSVP 和 RTSP)之間的差異必須被釐清:
- RSVP 是一種發出訊號之協定(signaling protocol)。它會通知沿著路徑上的網路元件去保留足夠的資源(例如頻寬、計算能力、或佇列空間)以供即時應用使用。它不會傳遞資料。我們會在第 6 章中學習 RSVP。
- RTP 是一種用於即時資料的傳輸協定。它提供時戳、序列號碼和其他方式去處理即時資料傳輸裡的時序問題。如果有支援 RSVP 的話,RTP 依賴 RSVP 的資源保留來提供服務品質。
- RTCP 是一種配合 RTP 的控制協定。它提供服務品質和成員管理來幫助 RTP。
- RTSP 是一種控制協定。它會啟動並且導引從伺服器送來的多媒體串流之傳遞。它類似於一種「網際網路 VCR 遠端控制協定」。它的角色就是提供遠端控制,而真正的資料傳遞則是另外分開來完成;最有可能是由 RTP 來完成。

進階閱讀

TCP 標準

Postel 率先在 RFC 793 裡制定出 TCP 的標頭和狀態圖,可是它的壅塞控制技術是稍後由 Jacobson 所提出和修改,因為在網際網路一開始的時候並沒有壅塞的問題。Zhang、Shenker 和 Clark 的著作提出 TCP 壅塞控制的觀察,而 RFC 1122 則提供對 TCP 的製作和修正的更深入的建議。Stevens 和 Paxson 把 TCP 裡壅塞控制的四個關鍵行為標準化。SACK 和 FACK 的定義分別是在 RFC 2018 和一篇論文中。至於解決愚蠢窗框症狀的 Nagle 演算法和 Clark 的方法,它們的描述分別是在 Nagle 的 SIGCOMM '84 論文和 RFC 813 中。

- J. Postel, "Transmission Control Protocol," RFC 793, Sept. 1981.
- V. Jacobson, "Congestion Avoidance and Control," *ACM SIGCOMM*, pp. 273–288, Stanford, CA, Aug. 1988.
- V. Jacobson, "Modified TCP Congestion Avoidance Algorithm," mailing list, end2end-interest, 30 Apr. 1990.
- L. Zhang, S. Shenker, and D.D. Clark, "Observations on the Dynamics of a Congestion Control Algorithm: The Effects of Two-Way Traffic," *ACM SIGCOMM*, Sept. 1991.
- R. Braden, "Requirements for Internet Hosts—Communication Layers," STD3, RFC 1122, Oct. 1989.
- W. Stevens, "TCP Slow Start, Congestion Avoidance, Fast Retransmit, and Fast Recovery Algorithms," RFC 2001, Jan. 1997.
- V. Paxson, "TCP Congestion Control," RFC 2581, Apr. 1999.
- M. Mathis, J. Mahdavi, S. Floyd, and A. Romanow, "TCP Selective Acknowledgment Options," RFC 2018, Oct. 1996.
- M. Mathis and J. Mahdavi, "Forward Acknowledgment: Refining TCP Congestion Control," *ACM SIGCOMM*, pp. 281–291, Stanford, CA, Aug. 1996.
- J. Nagle, "Congestion Control in IP/TCP Internetworks," *ACM SIGCOMM*, pp. 11–17, Oct. 1984.
- D. D. Clark, "Window and Acknowledgment Strategy in TCP," RFC 813, July 1982.

關於 TCP 的版本

前兩篇論文對不同版本的 TCP 做出比較；第三篇論文推出了 TCP Vegas；而最後兩篇論文則研究關於在高頻寬延遲積的網路內的壅塞控制之應用，並且提出了解決方案。

- K. Fall and S. Floyd, "Simulation-Based Comparisons of Tahoe, Reno, and SACK TCP," *ACM Computer Communication Review*, Vol. 26, No. 3, pp. 5–21, Jul. 1996.
- J. Padhye and S. Floyd, "On Inferring TCP Behavior," in *Proceedings of ACM SIGCOMM*, pp. 287–298, San Diego, CA, Aug. 2001.
- L. Brakmo and L. Peterson, "TCP Vegas: End to End Congestion Avoidance on a Global Internet," *IEEE Journal on Selected Areas in Communications*, Vol. 13, No. 8, pp. 1465–1480, Oct. 1995.
- D. Wei, C. Jin, S. H. Low, and S. Hegde, "FAST TCP: Motivation, Architecture, Algorithms, Performance," *IEEE/ACM Transactions on Networking*, Vol. 14, No. 6, pp. 1246–1259, Dec. 2006.
- D. Katabi, M. Handley, and C. Rohrs, "Congestion Control for High Bandwidth-Delay Product Networks," in *Proceedings of ACM SIGCOMM*, pp. 89–102, Aug. 2002.

建立 TCP 傳輸量的模型

接下來的兩篇論文裡提出兩個被廣泛地引用的 TCP 傳輸量公式。把一條 TCP 連接的封包遺失率、RTT 和 RTO 等參數輸入這些公式，將會得到該條連接的平均傳輸量。

- J. Padhye, V. Firoiu, D. Towsley, and J. Kurose, "Modeling TCP Throughput: A Simple Model and its Empirical Validation," *ACM SIGCOMM*, Vancouver, British Columbia, Sept. 1998.
- E. Altman, K. Avrachenkov, and C. Barakat, "A Stochastic Model of TCP/IP with Stationary Random Losses," *IEEE/ACM Transactions on Networking*, Vol. 13, No. 2, pp. 356–369, April 2005.

Berkeley 封包過濾器

這篇論文是 BSD 封包過濾器的來源。

- S. McCanne and V. Jacobson, "The BSD Packet Filter: A New Architecture for User-Level Packet Capture," *Proceedings of the Winter 1993 USENIX Conference*, pp. 259–269, Jan. 1993.

用於即時訊流的傳輸協定

前兩篇提出了用於串流的協定。最後兩篇是經典的 TCP 友好性壅塞控制演算法，而它們是被用來控制在網際網路上串流的傳輸量。

- R. Stewart and C. Metz, "SCTP: New Transport Protocol for TCP/IP," *IEEE Internet Computing*, Vol. 5, No. 6, pp. 64–69, Nov/Dec 2001.
- S. Floyd, M. Handley, J. Padhye, and J. Widmer, "Equation-Based Congestion Control for Unicast Applications," *ACM SIGCOMM*, Aug. 2000.
- Y. Yang and S. Lam, "General AIMD Congestion Control," *Proceedings of the IEEE ICNP 2000*, pp. 187–98, Nov. 2000.
- E. Kohler, M. Handley, and S. Floyd, "Designing DCCP: Congestion Control Without Reliability," *ACM SIGCOMM Computer Communication Review*, Vol. 36, No. 4, Sept. 2006.

NS2 模擬器

NS2 是一個被網際網路研究社群廣泛使用的網路模擬器。

- K. Fall and S. Floyd, ns–Network Simulator, http://www.isi.edu/nsnam/ns/.
- M. Greis, "Tutorial for the Network Simulator ns," http://www.isi.edu/nsnam/ns/tutorial/index.html.

常見問題

1. 請比較第二層（Layer-2）頻道和第四層（Layer-2）頻道？（比較它們的頻道長度、錯誤、延遲時間之分布。）

   答案

   頻道長度：鏈結 vs. 路徑。

   頻道錯誤：鏈結 vs. 鏈結和節點。

   頻道延遲時間之分布：密集集中 vs. 擴散。

2. 請比較 TCP 和 UDP？（比較它們的連接管理、錯誤控制、流量控制。）

   答案

   連接管理：TCP 有，而 UDP 沒有。

   錯誤控制：
   - UDP：校驗和是選項、沒有 ack，也沒有重傳。
   - TCP：校驗和、ack、序列號碼、重傳。

   流量控制：
   - UDP：無。
   - TCP：動態窗框尺寸是被用來控制在傳輸中尚未被確認的位元組數量；會受到網路情況和接收器的緩衝區佔用情況所影響。

3. 為何大部分的即時訊流是在 UDP 上運行？

   答案

   大部分的即時訊流可以容忍某種程度的封包遺失而不需要會拖延時間的重傳。它們的位元速率取決於在傳送方的編解碼器，並且不應該受到太多流量控制。

4. 要支援 TCP 的錯誤控制需要哪些機制？

   答案

   校驗和、ack、序列號碼、重傳。

5. 為何 TCP 在設立連接時需要三向握手而非二向握手？

   答案

   兩邊都需要通知對方自己的初始序列號碼並且送回確認訊息。第一個 ack 是和第二個通知結合在一起。因此，我們會用到三個段：第一個通知、第一個 ack + 第二個通知，以及第二個 ack。

6. 一筆遺失的 TCP 段在什麼時候才會被重傳？

   答案

   三筆連續的重複 ack（快的情況）或 RTO（重傳超時）（慢的情況）。

7. 在決定 TCP 窗框尺寸的時候會考慮哪些因素？
   答案
   （壅塞窗框尺寸，接收方窗框尺寸）兩者的最小值。壅塞窗框尺寸會執行 AIMD（加法增加和乘法減少），而接收方窗框尺寸是被告知的接收方的可用緩衝區空間。前者是關於網路情況，而後者是關於接收方的情況。

8. 在緩慢啟動和壅塞避免時，窗框是如何增加？
   答案
   緩慢啟動：指數增加（比方說從 1 到 2、4、8、16、…）。
   壅塞避免：線性增加（比方說從 32 到 33、34、35、…）。

9. 為何要把快速重傳和快速恢復加入到 TCP？ New Reno 做了哪些改變？
   答案
   快速重傳：如果有三連重複 ack 的話就重傳（早於 RTO）。
   快速恢復：在遺失恢復的期間，維持自我同步的行為（藉著保持足夠的窗框尺寸來送出新的段）。
   NewReno：擴充快速恢復階段（這階段有足夠大的窗框尺寸），一直到在偵測到三連重複 ack 之前所送出的段全都被確認。這可以加速去恢復多重封包之遺失。

10. 在 Linux 裡是如何製作插槽？（簡要地描述插槽函數的處理流程以及插槽的資料結構。）
    答案
    處理流程：在客戶端或在伺服器裡被呼叫的插槽函數是會產生軟體中斷的系統呼叫。該軟體中斷會強迫系統進入核心模式並且執行已註冊的核心函數去處理中斷。這些核心函數會在核心空間緩衝區（也就是 sk_buff）和使用者空間緩衝區之間移動資料。
    資料結構：在檔案系統裡的特殊 inode 結構。

11. 有哪些可用的 Linux 核心空間程式和使用者空間程式能夠過濾和捕捉封包？
    答案
    核心空間：Linux socket filter。
    使用者空間函數庫：libpcap。
    使用者空間工具：tcpdump、wireshark 等。

12. 除了支援 UDP 之外，在 RTP 和 RTCP 上可以做到哪些額外的支援？
    答案
    RTP：編解碼器封裝、用於延遲時間之測量的時戳、用來偵測遺失的序列號碼以及同步。
    RTCP：回報延遲時間、抖動、遺失等資訊給傳送方來調整編解碼器的位元速率。

練習題

動手實作練習題

1. 目前 ns-2 是用於 TCP 研究最受歡迎的模擬器。它包含了被稱為 NAM 的一個封包，而 NAM 能夠以任何時間長度為單元並且以視覺化呈現的方式來重播整個模擬。在網際網路上可以找到許多介紹 ns-2 的網站。在中繼路由器有和沒有緩衝區溢位的兩種不同情況下，用 NAM 去觀察一條 TCP 從一個來源到一個目的地的運作。

    - 步驟 1：搜尋 ns-2 網站並且下載一個適合你選定平台的版本。
    - 步驟 2：依照安裝手冊安裝全部的包裹。
    - 步驟 3：建立一個模擬場景其中有三個串聯在一起的節點：一個節點作為 Reno TCP 來源，一個作為中繼閘道器，而一個作為目的地。連接這些節點的是全雙工的 1 Mbps 鏈結。
    - 步驟 4：配置給閘道器一個大的緩衝區。運行一個 TCP 來源往目的地以傳輸資料。
    - 步驟 5：配置給閘道器一個小的緩衝區。運行一個 TCP 來源往目的地以傳輸資料。

    對於上述兩個測試案例裡 Reno TCP 來源進入的所有 Reno TCP 之狀態，把它們的相關數據畫面儲存下來並且指出 TCP 來源是處於哪個狀態之中。儲存下來的這些圖彼此間應該有相關性。舉例來說，如果要表示緩慢啟動狀態下的行為，你可以用兩個圖來顯示它：(1) 一筆 ACK 正被回傳回來；(2) 某特定的 ACK 觸發兩筆新的資料段的傳送。仔細地安排這些圖以便讓結果能呈現在一張 A4 紙張的版面上。你只需要在數據畫面上顯示出必要的資訊。先行加工處理這些圖，以便讓這些圖不會顯示出視窗裝飾物件（例如視窗邊框、NAM 按鈕等）。

2. 當控制需要平順化快速波動的數值時，指數加權移動平均（Exponential Weighted Moving Average, EWMA）是經常被使用的方法。一般是被應用在平順化所測量到的往返時間，或是被應用在計算出隨機早期偵測（Random Early Detection, RED）佇列的平均佇列長度。在這個練習題，你需要執行一個 EWMA 程式並且去觀察執行的結果。調整網路延遲時間參數並且觀察 EWMA 數值如何演變。

3. 照著下列步驟來重新做出圖 5.24。

    - 步驟 1：修改核心：記錄有時戳的 CWND 和序列號碼。
    - 步驟 2：重新編譯核心。
    - 步驟 3：安裝新的核心並且重新啟動。

4. 當你想要產生任意一種類型的封包的時候，Linux Packet Socket 是一個滿有用的工具。修改範例源碼來產生一個封包，並且用同樣的程式去嗅探該筆封包。

5. 找出在 FreeBSD 8.X Stable 裡的重傳計時器之管理（retransmit timer management）模組。它如何管理重傳計時器呢？使用一個緊密的表格來比較它和 Linux 2.6 裡同樣的模組。提示：你開始做題目時，可以先閱讀並且追蹤兩個函數的呼叫路徑；這兩個函數分別是 FreeBSD 的 `netinet/tcp_timer.c` 裡面的函數 `tcp_timer_rexmt()` 和 Linux 的 `net/ipv4/tcp_timer.c` 裡的 `tcp_retransmit_timer()`。

6. Linux 如何把 NewReno、SACK 和 FACK 整合在一起？在第 5.3.7 節有提到相關的變數。請指出它們之間的差異，並且找出 Linux 如何解決變數之間的衝突。

7. 哪些傳輸協定是被使用在 Skype、MSN 或其他的通訊軟體裡？請使用 wireshark 去觀察它們的訊流並且找出答案。

8. 哪些傳輸協定是被使用在 MS media player 或 realmedia 裡？請使用 wireshark 去觀察它們的訊流並且找出答案。

9. 用插槽介面來編寫一個客戶／伺服器程式。一旦使用者按下 Enter 按鍵，客戶端程式可能會送一些字給伺服器端，而伺服器端將會以一些有意義的術語來回應這些字。然而，伺服器一旦接收「bye」這個字，它就會關閉連接。此外，一旦使用者鍵入「GiveMeYourVideo」，伺服器會立刻以 500 位元組的訊息尺寸為單位來傳送一筆 50 MB 長的資料。

10. 編寫一個客戶／伺服器程式或者修改練習題 9 裡的程式。對於以 500 位元組訊息為單位的 50 MB 之資料傳輸，此程式每 0.1 秒就會去計算並且記錄資料傳輸速率。使用 xgraph 或 gnuplot 去顯示出結果。

11. 繼續練習題 9 所完成的工作。修改客戶端程式來使用一個內嵌有插槽過濾器的插槽去過濾掉內含有「the_packet_is_infected」這個用語的全部封包。然後，對於一筆 50 MB 的資料傳輸，請比較這個插槽和一個單純在使用者層丟棄掉上述訊息的客戶端程式它們兩個所提供的平均傳輸速率。提示：開放源碼之實作 5.10 可提供你關於如何把一個插槽過濾器嵌入到插槽的資訊。

12. 修改在練習題 9 所編寫的程式。建立一個基於 SCTP 的插槽來展示語音通話可以繼續通話，而不會由於龐大檔案的傳輸造成通話阻塞；也就是說，請展示 SCTP 多重串流的好處。提示：只要把關鍵字「SCTP multi-streaming demo code」輸入搜索引擎，便可以從網際網路上找到一個示範程式。

書面練習題

1. 比較錯誤控制（error control）在資料鏈結層、IP 層和終端對終端層裡所扮演的角色。在所有鏈結層技術之中，選擇乙太網路作為討論的主題。使用一個有關鍵字的緊密表格來比較其目的、所涵蓋到的欄位、演算法、欄位長度，以及任何其他相同／不同之特性。為什麼在一個封包的一生必須要有這麼多的錯誤控制？請逐項列出你的理由。

2. 比較定址（addressing）在資料鏈結層、IP 層、終端對終端層和即時傳輸層裡所扮演的角色。在所有鏈結層技術之中,選擇乙太網路作為討論的主題。在所有即時傳輸協定之中,選擇 RTP 作為討論的主題。使用一個有關鍵字的緊密表格來比較其目的、獨特性、分散／階層以及其他特性。

3. 比較流量控制在資料鏈結層會和終端對終端層之間的角色。在所有鏈結層技術之中,選擇快速乙太網路作為討論的主題。使用一個有關鍵字的緊密表格來比較其目的、流量控制演算法、壅塞控制演算法、重傳計時器／演算法以及其他重要特性。對於比較重要的表格項目應該有進一步的解釋。

4. 考慮一位移動的 TCP 接收方正從它的 TCP 接收方來接收資料。當接收方接近然後又遠離傳送方時,RTT 和 RTO 會如何演變?假設接收方的移動速度非常迅速,以致於在一秒內傳播延遲的範圍是從 100 到 300 毫秒。

5. 一條運行 TCP 的連接傳送封包越過一條有 500 毫秒傳播延遲的路徑,而路徑上沒有任何中繼閘道器是該傳輸的瓶頸。當 Window Scaling Factor 選項沒有被使用時,其最大傳輸量是多少?當 Window Scaling Factor 選項被使用時,其最大傳輸量是多少?

6. 假設一條 TCP 連接的傳輸量和它的 RTT 成反比。如果擁有不同 RTT 數值的多條連接分享同樣的一個佇列,則它們將會獲得不同的頻寬分享量。如果有三條連接的傳播延遲分別是 10 ms、100 ms、150 ms,而且所分享的佇列的服務速率是 200 kbps,則這三條連接最後的頻寬分享比例是多少?假設佇列尺寸是無限大而沒有緩衝區溢位的可能(沒有封包遺失),而且 TCP 傳送方的最大窗框是 20 個封包,每個封包含有 1500 個位元組。

7. 如果在練習題 6 裡被分享的佇列的服務速率變成 300 kbps,答案又是多少?

8. 如果 TCP 傳送方所保存的平滑 RTT 數值(估計值)目前是 30 毫秒,而接下來所測量到的 RTT 分別是 26、32 和 24 毫秒,新的 RTT 估計值是多少?

9. TCP 提供一個可靠的位元組串流,可是把在客戶端和伺服器之間傳送的資料給封裝起來則是由應用開發人員來做主。一筆 TCP 段的最大酬載是 65,515 個位元組。為何會選出這種奇怪的數字呢?此外,為什麼大多數的 TCP 傳送方只送出封包尺寸小於 1460 位元組的封包呢?舉例來說,縱使客戶端透過 `write()` 來送出 3000 個位元組,伺服器可能只讀到 1460 個位元組?

10. 在大部分的 UNIX 系統,基本上要有 root 權限才能去執行可直接存取互連網路層或鏈結層的程式。然而,有些常見的工具,像是 `ping` 和 `traceroute`,它們能夠使用一般使用者的帳號來存取互連網路層。這個自相矛盾的現象背後有何涵義呢?你如何能自行製作像上述工具一樣存取互連網路層的程式?請簡要地提出兩種解決方案。

11. 使用一個表來比較並且解釋 Linux 2.6 所支援的全部插槽的 domain、類型以及協定。

12. RTP 包含了一個序列號碼以及一個時戳欄位。RTP 是否能夠被設計成消去序列號碼欄位並且使用時戳欄位去把順序錯亂的封包給重排順序呢?(是或否,為什麼呢?)

13. 假設你要設計一個網際網路上的即時串流應用,而它會在 TCP 之上而非 UDP 之上來使用 RTP。在圖 5.21 裡顯示的每個 TCP 壅塞控制狀態,傳送方和接收方會遭遇到什麼情況呢？使用表格的形式來比較你預期的情況和那些在 UDP 上設計的即時串流應用會遭遇到的情況。

14. 之前的圖 5.1 提到，延遲時間的分布造成了單一跳接站環境和多重跳接站環境下同樣的問題卻有不同的解決方案。如果傳輸頻道是 one-hop、two-hop、…和 10-hop，延遲時間分布會如何演變呢？比照圖 5.1，畫出三個互相關連的延遲時間分布圖來盡力說明在增加跳接站數目的過程中的重要步驟（舉例來說，1-、2- 和 10-hop）。

15. 當 TCP 和 UDP 要把一個每段之校驗加入到一個段的時候，它們都會在段被傳遞到它們的下層（即 IP 層）之前就已經在它的校驗和計算裡包括了 IP 標頭的某些欄位。TCP 和 UDP 如何知道 IP 標頭欄位的數值呢？

16. 本章花了相當多的篇幅在介紹不同版本的 TCP。找出本章未提過的三個 TCP 版本。逐項列出這些版本，並且對於每個 TCP 版本，用三行以內的文字來強調它的貢獻。

17. 如圖 5.41 所示，Linux 2.6 裡有許多部分，例如 read/write 函數和插槽結構等，並非單獨供 TCP/IP 使用。 以一個編程人員的觀點，請分析 Linux 2.6 如何去組織它的函數和資料結構，才能讓這些函數和資料結構可以很容易被初始化供不同的協定來使用。簡要地指出被用來達成上述目標的基本的 C 編程機制。

18. 正如第 5.5 節所描述，有許多協定和演算法被提出來處理在攜帶串流來通過網際網路這方面的問題。請找出可支援在網際網路上多媒體串流傳輸的開放式解決方案。然後，觀察這些解決方案，看它們是否以及如何處理在第 5.5 節所討論的議題。這些解決方案有製作出本章所介紹的協定和演算法嗎？

19. 和封包遺失所驅動的壅塞控制（例如 NewReno 和 SACK 所使用的）相比，TCP Vegas 是一種 RTT 所驅動的壅塞控制，而這確實是一個新穎的想法。然而，TCP Vegas 在網際網路裡的使用很普遍嗎？當 TCP Vegas 的流和封包遺失所驅動的壅塞控制的流彼此因為一個網路瓶頸在競爭的時候，這個情況會導致任何問題嗎？

20. 除了 TCP Vegas 之外，你可以找出其他的 RTT 所驅動的壅塞控制嗎？或者，你有找到任何壅塞控制會同時考慮到封包遺失和 RTT，以便能避免壅塞並且控制速率？它們的抗錯性和安全性是否足以讓它們被部署在網際網路裡？

21. 正如在第 5.4.1 節所介紹的，當你想要替行程間或主機間的一條連接來開啟插槽，你需要把 domain 參數分別指定成 AF_UNIX 和 AF_INET。在插槽層的下面，不同的資料流和函數呼叫是如何被製作，以供不同 domain 參數的插槽來使用？還有其他被廣泛使用的 domain 參數之選項嗎？在何種狀況下你會需要把一個新的選項加入 domain 參數？

22. 除了 AF_UNIX 和 AF_INET，還有其他被廣泛使用的 domain 參數之選項嗎？它們的功用為何？

Chapter 6

應用層

有了下層的 TCP/IP 協定堆疊的支援,我們能夠在網際網路上提供哪些有用且令人感興趣的應用服務呢?自從 1970 年代早期開始,有好幾個網際網路應用被開發出來,讓使用者能夠透過網際網路傳送資訊。在 1971 年,RFC 172 推出了**檔案傳輸協定(File Transfer Protocol, FTP)**;這項服務可允許使用者列出在遠端伺服器上的檔案,並且在本地主機(local host)和遠端主機(remote host)之間傳送檔案。在 1972 年,第一個**電子郵件(electronic mail, e-mail)**軟體(SNDMSG 和 READMAIL)被開發出來,而稍後在 1982 年,它的協定被標準化成為 RFC 821 之中的**簡單郵件傳輸協定(Simple Mail Transfer Protocol, SMTP)**。SMTP 允許 e-mail 於電腦之間傳送,並且逐漸地變成最為普及的網路應用。第一個**遠端登錄(telnet)**的規格──RFC 318,也於同一年發表。Telnet 允許使用者登錄到遠端伺服器機器上面,而且操作這些遠端伺服器就如同坐在這些電腦前面一樣。USENET 是一個 UNIX 公司和使用者的協會,於 1979 年成立。USENET 使用者組成了數以千計的新聞團體在類似於公告欄的系統上運作;USENET 使用者可以在公告欄上閱讀或貼出訊息。稍後在 1986 年,新聞伺服器之間的訊息傳輸被標準化為 RFC 977 裡的**網路新聞傳輸協定(Network News Transfer Protocol, NNTP)**。

在 1980 年代,一種新類型的網際網路服務開始出現。不同於上述典型系統只允許獲得授權之使用者來使用,在此時許多新推出的網際網路服務幾乎開放給任何擁有適當客戶端軟體的人來使用。Archie 是第一個網際網路搜索引擎,其允許使用者在一個資料庫裡搜尋一組匿名 FTP 站所服務的檔案。Gopher 伺服器提供了一個選單式的介面,讓使用者在網際網路中,以檔案的摘要或標題裡的關鍵字來搜尋檔案。Gopher 協定稍後在 1993 年被標準化為 RFC 1436。**廣域資訊伺服器(Wide-Area Information Server, WAIS)**於 1994 年被定義在 RFC 1625 裡。WAIS 駕馭著多個 Gopher 系統去搜尋整個網際網路,並且把搜尋結果依照其關聯性來排名。**全球資訊網(World Wide Web, WWW)**源自 1989 年的歐洲粒子物理實驗室(European Laboratory for Particle Physics, CERN);稍後於 1996 年,它被制定為 RFC 1945 裡的**超文件傳輸協定(HyperText Transfer Protocol, HTTP)**。HTTP 允許使用者存取超文件標示語言（HyperText Makeup Language, HTML）格式的文件，而且它可以整合文字、圖像、聲音、影像和動畫。

　　隨著新的網際網路應用不斷地出現，一個令人感興趣的問題也隨之浮現：究竟是什麼力量在推動網路應用之創新？綜覽上述所提及的網際網路服務之演進，我們可以很容易得出一個結論：人類 - 機器以及人類 - 人類之間的通訊已經是推動新網際網路應用之開發的兩大主要動力。一般來說，人類 - 機器之間的通訊是用來存取網際網路上的資料和計算資源。舉例來說，telnet 提供了一個使用在遠端機器上的資源的方法；FTP 促成了資料分享；Gopher、WAIS 和 WWW 能夠搜尋和取得文件；還有更多例子可以繼續列舉下去。**網域名稱系統（Domain Name System, DNS）** 是於 1987 年被制定在 RFC 1035 裡；它把主機 IP 位址抽象化，成為一個可以理解的主機名稱，以此來解決主機定址和命名的問題。**簡單網路管理協定（Simple Network Management Protocol, SNMP）** 是於 1990 年被制定在 RFC 1157 裡；SNMP 可以被管理人員用於遠端網路管理和監控。另一方面，人類 - 人類之間的通訊是用於訊息交換。舉一些例子來說，e-mail 提供一個使用者之間訊息交換的非同步途徑；**網路電話（voice over IP, VoIP）** 則是一種人類 - 人類間的同步通訊方式，1999 年的 RFC 2543 裡定義了**對話啟動協定（Session Initiation Protocol, SIP）**。VoIP 讓人們使用網際網路作為電話通訊的傳輸媒介。在此同時，機器 - 機器之間的通訊例如**同儕對同儕（peer-to-peer, P2P）** 之應用正在崛起。P2P 被認為是訊息與資料交換的未來，因為它允許使用者不用透過集中式伺服器就可以和同儕交換檔案。BitTorrent（BT）是 P2P 應用的一個例子。雖然 IETF 並沒有制定 P2P 的標準化協定，Sun Microsystems 從 2001 年便著手進行一個 P2P 協定規格 JXTA（Juxtapose），其目的是改善 P2P 應用的協同運作能力。

　　在設計一個新的網際網路應用之前，我們必須先解決某些一般性問題和應用特定之問題。一般性問題的範圍是從如何設計協定訊息作為客戶端請求和伺服器回應之用；這些訊息是否應該以低層協定的固定長度之位元字串來呈現，或是以長度可變的 ASCII 代碼之字串來呈現，一直到客戶端如何定位伺服器或伺服器如何讓它們自己容易讓客戶端所進入；客戶端／伺服器是否應該在 TCP 上或 UDP 上運行；以及伺服器是否應該以並行的或疊代的方式來服務客戶端。然而，應用特定的議題是取決於應用的功能和特性。在第 6.1 節裡，我們將討論上述的一般性議題。應用特定的議題則留到個別應用的專屬之章節再談。

　　首先，提供階層式命名服務的 DNS 會被呈現在第 6.2 節。我們介紹 DNS 的關鍵概念，像網域階層、名稱伺服器以及名稱解析（name resolution），還有它的經典開放源碼套件──Berkeley Internet Name Domain（BIND）。接下來，e-mail 則於第 6.3 節討論。我們專注在訊息格式和三種 e-mail 協定，並且以解釋 qmail 來作為開放源碼之實作的一個範例。WWW 的介紹則是在第 6.4 節裡，其涵蓋了網頁命名和定址、網頁資料格式、HTTP、它的代理伺服器之機制，以及著名的 Apache 作為它的開放源碼之範例。第 6.5 節檢視 FTP 和它的檔案傳輸服務、運作模式和開放源碼之範例 Wu-ftp。在第 6.6 節裡會解釋網路管理。我們會檢視 SNMP，包括它的結構之框架、供資訊管理之用的資料結構、net-snmp 作為它的開放源碼之實作。然後我們會分別在第 6.7 節和第 6.8 節裡討論兩種網際網路的多媒體應用，其中還包括它們的開放源碼之範例 Asterisk 和 Darwin。最後，第 6.9 節會談到同儕式應用（peer-to-peer applications）以及 BitTorrent（BT）作為它們的實作範例。

歷史演進：行動應用

和桌上型應用相比，行動應用是為了運行在高移動性的手持裝置上，例如智慧型手機和行動電話。這些裝置通常是口袋大小的計算機裝置，並且配備有某種程度的計算和網際網路連線的能力，以及有限的資料儲存空間和電池供電力。在擁有大尺寸螢幕顯示、多重觸控介面、加速影像處理、加速規及位基技術（location-based technology），行動應用會幫助使用者把事情安排得井然有序，找出最近的資源、在工作地點之外工作、使資料和線上的帳戶或個人電腦能夠同步。現今有數種行動裝置平台，而且也有許多應用是為它們所設計的。表 6.1 列出了六家行動應用的市場供應商。應用市場是一種很受歡迎的線上服務；它允許使用者去瀏覽並且下載各式各樣的應用，其範圍從商用到遊戲以及從娛樂到教育。

目前桌上型應用已經成熟，也仍然持續在發展中。在此同時，一個新系列的行動應用已顯露端倪。讓我們觀察四個很受歡迎的 iPhone 行動應用。有了 Evernote，使用者能夠使用一個可以從任何瀏覽器來存取的線上帳戶，讓其所擁有的筆記、相片和音訊檔案能橫跨多種平台而保持同步。作為一種 GPS/3G 啟用的位基服務，AroundMe 依照鄰近之距離來列出使用者周遭的服務，像是附近的餐廳和停車場。Associated Press Mobile News Network 則是一種位基的私人新聞服務，而該服務會把當地有趣的新聞傳遞給使用者。Wikipanion 是維基百科之瀏覽應用；當使用者鍵入關鍵字的同時，該服務會自動去搜尋並呈現出網頁。

表 6.1　六家行動應用的市場供應商

名稱	供應商	可下載的應用之數量	作業系統	開發環境
Android Market	Google	15,000	Android	Android SDK
App Catalog	Palm	250	webOS	Mojo SDK
App Store	Apple	100,000	iPhone OS	iPhone SDK
App World	RIM	2000	BlackBerry OS	BlackBerry SDK
Ovi Store	Nokia	2500	Symbian	Symbian SDK
Marketplace for Mobile	Microsoft	376	Windows Mobile	Windows Mobile SDK

6.1 一般性議題

因為各種不同的應用必須共存在網際網路上,客戶端和伺服器端如何辨認彼此是第一個技術問題。我們會再次複習第 5 章所介紹的埠之觀念來解決此一問題。要在網際網路上提供一個服務之前,一台伺服器必須先啟動它的守護行程(daemon process);守護行程指的是一個軟體程式在背景運行來提供服務。因此,第二個議題便是伺服器如何被啟動。啟動一個守護行程的方式可以是直接的或間接的;換句話說,一個守護行程可以獨立地或是在一個超級守護行程的控制之下運行。網際網路應用可以被分類成互動式(interactive)、檔案傳輸(file transfer)或即時(real-time),而每一類對於延遲時間、抖動、傳輸量或遺失有不同的要求。有一些傳送即時訊流的應用對於低延遲時間的要求很嚴格,但卻又能夠容忍某種程度的資料遺失。其他應用則產生短的互動式訊流或長的檔案傳輸訊流;前者要求低延遲時間,而後者通常能夠包容較長的延遲時間,但是兩者的首要考量都是無封包遺失的可靠傳輸。這些要求必須被伺服器處理,因而使得網際網路伺服器的分類成為我們第三個議題。最後,雖然全部低層協定的訊息是固定長度的二進制字串,同樣的作法卻不能被運用在應用層協定上,因為它們的請求訊息和回覆訊息非常多樣化,而且往往含有很長而長度又可變動的參數。因此,這便是我們第四個議題。

6.1.1 連接埠如何運作

每一台網際網路上的伺服器機器會透過 TCP 或 UDP **埠(port)**來提供它的服務,正如第 5.1 節所提到的。埠是被用來命名邏輯連接的終端,而這些邏輯連接攜帶著長期或短期之通訊對話。根據**網際網路號碼分配局(Internet Assigned Numbers Authority, IANA)**的埠號碼分配,埠號碼分成下列三個類別:

1. 著名之埠(Well Known Ports)是從 0 到 1023。
2. 已註冊之埠(Registered Ports)是從 1024 到 49151。
3. 動態(Dynamic)和或私用之埠(Private Ports)是從 49152 到 65535。

只有系統(或根)的行程或擁有特權的使用者所執行的程式,才能夠使用著名之埠。已註冊之埠可以被一般的使用者行程所使用。動態之埠則是任何人都有權使用。

為了要顯示埠如何運作,我們用圖 6.1 的實際範例加以說明。伺服器機器正在執行四個守護行程來提供不同的服務。每個守護行程會在它自己特有的埠上聆聽進入的客戶端之到來以及客戶端之請求。舉例來說,在圖 6.1 中,FTP 守護行程在埠 21 上面聆聽,並且等待客戶端之請求的來臨。當一個 FTP 客戶端啟動了一個對

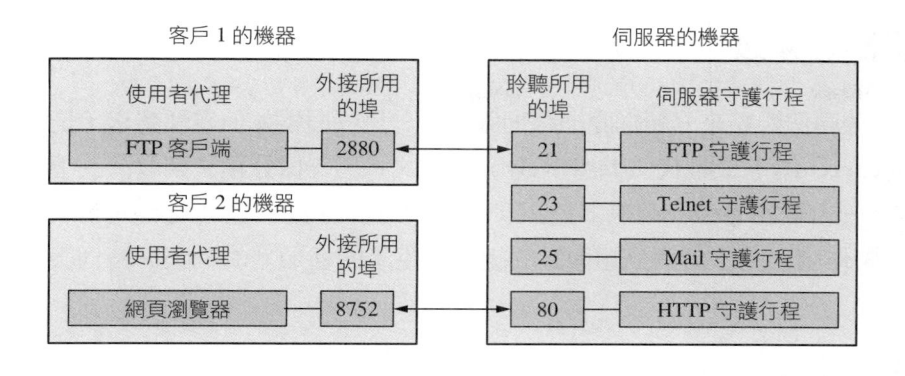

```
客戶 1 的機器                        伺服器的機器
┌─────────────────┐   外接所用      聆聽所用    ┌─────────────────┐
│   使用者代理     │    的埠         的埠       │  伺服器守護行程  │
│ ┌─────────────┐ │   ┌──────┐    ┌──────┐   │ ┌─────────────┐ │
│ │  FTP 客戶端  │─┼───│ 2880 │◄──►│  21  │───┼─│ FTP 守護行程 │ │
│ └─────────────┘ │   └──────┘    └──────┘   │ └─────────────┘ │
└─────────────────┘                           │                 │
客戶 2 的機器                                  │   ┌──────┐      │   ┌─────────────┐
┌─────────────────┐                           │   │  23  │──────┼───│Telnet 守護行程│
│   使用者代理     │   外接所用      │   └──────┘      │   └─────────────┘
│ ┌─────────────┐ │    的埠         │   ┌──────┐      │   ┌─────────────┐
│ │  網頁瀏覽器  │─┼───│ 8752 │◄──►│  25  │──────┼───│ Mail 守護行程│
│ └─────────────┘ │   └──────┘    │   └──────┘      │   └─────────────┘
└─────────────────┘                │   ┌──────┐      │   ┌─────────────┐
                                   └───│  80  │──────┼───│ HTTP 守護行程│
                                       └──────┘      │   └─────────────┘
```

圖 6.1 一個用來說明埠是如何運作的範例

外的連接，核心會指派一個號碼為 1023 以上但尚未被使用的埠作為它的來源埠，也就是我們範例中的 2880。FTP 客戶端在連接之請求裡會明確指出它自己的 IP 位址和來源埠，以及伺服器機器的 IP 位址和伺服器端之埠（亦即 21）。然後，連接之請求會被送給伺服器機器。一旦接收到客戶端的連接之請求，FTP 守護行程立刻會產生一份它自身行程的拷貝，而這種拷貝被稱為產生一個子行程（forking a child process）。然後，這個子行程會和 FTP 客戶端建立一條連接，並且處理從客戶端接下來傳來的請求；而父行程則回去繼續聆聽其他客戶端之到來。

6.1.2 伺服器如何啟動

在大多數的 UNIX/Linux 平台上，伺服器行程能夠以獨立的方式運行，或是在一個被稱為 (x)inetd 的超級守護行程的控制之下來運行。當 (x)inetd 在運行的時候，它會在每個服務埠上聆聽，而方法是對於名列在 (x)inetd 設定檔裡的每一個服務，把插槽綁定到相關的服務埠。當 (x)inetd 發覺到其所聆聽的一個埠上面出現了一個客戶端的到來，它會找出那個埠是對應到什麼服務，然後引發相關的伺服器程式去服務該位客戶端，並且回去繼續在埠上聆聽其他客戶端之到來。

藉由 (x)inetd 啟動伺服器程式有一些優點。首先，當一個伺服器程式的設定檔被變更時，所做的改變能夠立即生效。因為每次當一位客戶端到來的時候，(x)inetd 會重新啟動伺服器程式去讀取設定檔。另一方面，獨立的伺服器需要一個明確的重新啟動，才能讓在設定裡的改變生效。其次，當一個伺服器當掉時，(x)inetd 會產生一個新的伺服器行程，而一台當掉的獨立伺服器可能就因為沒有人發覺而導致使用者無法獲得服務。雖然 (x)inetd 擁有前述的優點，它卻有兩個缺點會導致效能下降。其一是對於每一個客戶端的到來，它必須產生一個子行程來執行伺服器程式。另一個則是伺服器程式必須建置它的可執行之影像，而且在每次客戶端到來之時都必須去讀取設定檔。一般而言，獨立伺服器的作法是被建議用於負載很重的伺服器。

6.1.3 伺服器之分類

我們可以根據兩個觀點來分類網際網路伺服器。一是伺服器如何處理請求,是採用**並行(concurrently)**或**疊代(iteratively)**的方式。另一種分類法則取決於下層的傳輸協定。一台連接導向式伺服器是以 TCP 製作出來,而一台非連接式伺服器則是以 UDP 製作出來。這兩個分類觀點的組合產生了四種類型的網際網路伺服器。

並行式伺服器 vs. 疊代式伺服器

大多數的網際網路服務是根據客戶端-伺服器之模式,而該模式的目標是讓使用者行程能夠分享網路資源,也就是說很多個客戶端可以同時和一台伺服器取得聯繫。伺服器是以兩種方案來回應此一設計原則:一台並行式伺服器(concurrent server)會同時處理多位客戶端,而一台疊代式伺服器(iterative server)則處理完一位再處理下一位客戶端。

一台並行式伺服器會同時處理多位客戶端。當伺服器受理一位客戶,它會產生一份自己的複製品,而該複製品可以是一個**子行程(child process)**或是一個**執行緒(thread)**。為了容易敘述,在此我們假設被產生出來的是子行程。每個子行程是一個伺服器程式之實例,而它從父行程那裡繼承了插槽的描述子(descriptors,在第 5.4.2 節裡曾敘述)以及其他變數。子行程會服務客戶,而這讓父行程能自服務中解脫,進而能夠受理新的客戶。因為父行程只處理新客戶的抵達,所以它不會被客戶攜帶的繁重工作負載所阻斷。同樣地,因為每位客戶都是由一個子行程來處理,而且全部的行程都有機會被安排讓處理器執行,所以子行程之間也就是現有客戶之間的並行處理就可以達成。

和並行式伺服器相比之下,一台疊代式伺服器一次只處理一位客戶。當多位客戶抵達時,它不會產生任何子行程;反而會把客戶儲存在佇列裡,然後依照先來後到之順序來處理它們。如果客戶的數量太多或某些客戶的請求有很長的服務時間,疊代式的處理可能導致阻斷,進而延長了對客戶的反應時間。因此,疊代式伺服器僅適用於客戶有少量且服務時間短暫的請求。

連接導向式伺服器 vs. 非連接式伺服器

另一種分類伺服器的方式取決於它們是連接導向式或非連接式。一台連接導向式伺服器會使用 TCP 作為它下層的傳輸協定,而一台非連接式伺服器則採用 UDP。這裡我們會探討這兩者之間不同之處。

首先,就每封被送出的封包而言,一台連接導向式伺服器會有長 20 個位元組的 TCP 標頭之耗損;非連接式伺服器僅有 8 個位元組的 UCP 標頭之耗損。其次,一台連接導向式伺服器在傳送資料前，必須先和客戶端建立起一條連接，並且必須在使用完畢後終止連接。然而，非連接式伺服器僅簡單地傳送資料給客戶端而不需要建立連接。因為一台非連接式伺服器不需要維護任何連接的狀態，所以它可以動態地支援更多短期的客戶。最後，當在客戶和伺服器之間一或多條鏈結變得壅塞，連接導向式伺服器使用 TCP 壅塞控制來調節客戶端的傳送速度，正如之前在第 5.3.4 節中所說明的一樣。另一方面，非連接式客戶和伺服器的資料傳送速度則沒有任何調節，僅受限於應用程式自己本身，或是接入鏈結的頻寬限制。因此，持續的壅塞所導致的過度封包遺失可能會發生在非連接式的網際網路服務；而且如果資料可靠性是必要的情況下，它也會導致客戶或伺服器花費額外的功夫重傳遺失的資料。

表 6.2 列出很普遍的網際網路應用，以及它們相對的應用層協定和傳輸層協定。這張表顯示出 e-mail、遠距終端存取（remote terminal access）、檔案傳輸以及網頁應用；這些應用者使用 TCP 作為下層的傳輸協定來傳遞應用層的資料，因為它們的正確運作是取決於可靠的資料傳遞。另一方面，DNS 之類的名稱解析應用則運作於 UDP 之上（而非 TCP 之上），以避免連接建立所衍生的時間延遲。網路管理應用會利用 UDP 去攜帶管理訊息穿越網際網路，因為它們是以交流（transaction，指的是兩方之間通訊，其互相影響通訊雙方之行為）為基礎，即使在惡劣的網路情況下也必須運作。在 RIP 中，UDP 比 TCP 更受到偏愛。因為兩相鄰路由器之間必須週期性地交換它們的 RIP 路由表的更新資訊，而遺失的更新資訊可以被下一筆新的更新資訊所彌補。然而，在 BGP 中，TCP 是讓 BGP 路由器使用以便能與遠端的同儕 BGP 路由器維持一種保活機制（keep-alive mechanism）。網

表 6.2 應用層協定和它們的下層協定

應用	應用層協定	下層協定
電子郵件	SMTP、POP3、IMAP4	TCP
遠距終端存取	Telnet	TCP
檔案傳輸	FTP	TCP
網頁	HTTP	TCP
網頁快取	ICP	通常是 UDP
名稱解析	DNS	通常是 UDP
網路檔案系統	NFS	通常是 UDP
網路管理	SNMP	通常是 UDP
路由協定	RIP、BGP、OSPF	UDP（RIP）、TCP（BGP）、IP（OSPF）
網際網路電話	SIP、RTP、RTCP 或私有協定（例如 Skype）	通常是 UDP
串流多媒體	RTSP 或私有協定（例如 RealNetworks）	通常是 UDP，有時候是 TCP
P2P	私有協定（例如 BitTorrent、eDonkey）	UDP 用於查詢而 TCP 用於資料傳輸

際網路電話和音訊／視訊串流應用通常在 UDP 上運行。這些應用可以容忍一小部分的封包遺失，所以可靠的資料傳輸對於它們的運作並非關鍵。此外，大多數的多點傳播應用是在 UDP 之上執行，僅因為 TCP 無法和多點傳播一起運作。一件關於 P2P 應用的有趣事情是：它們運行在 UDP 之上來傳送大量的搜尋查詢給同儕節點，但使用 TCP 來實行和選出的同儕節點之間的資料傳輸。

伺服器的四種類型

目前為止所介紹的伺服器可以被分類成以下四種組合：

1. 疊代非連接式伺服器（iterative connectionless server）。
2. 疊代連接導向式伺服器（iterative connection-oriented server）。
3. 並行非連接式伺服器（concurrent connectionless server）。
4. 並行連接導向式伺服器（concurrent connection-oriented servers）。

疊代非連接式伺服器很常見，它的實作也很平凡。圖 6.2 顯示在疊代非連接式客戶端和伺服器端之間的相關工作流程。首先，伺服器建立一個被綁定到特定著名埠的插槽以提供相關服務。之後，伺服器不斷地重複呼叫 readfrom() 函數，以便能從插槽讀取客戶之請求。而請求佇列裡儲存的客戶之請求會一個接著一個地被

圖 6.2 疊代非連接式的客戶端和伺服器端

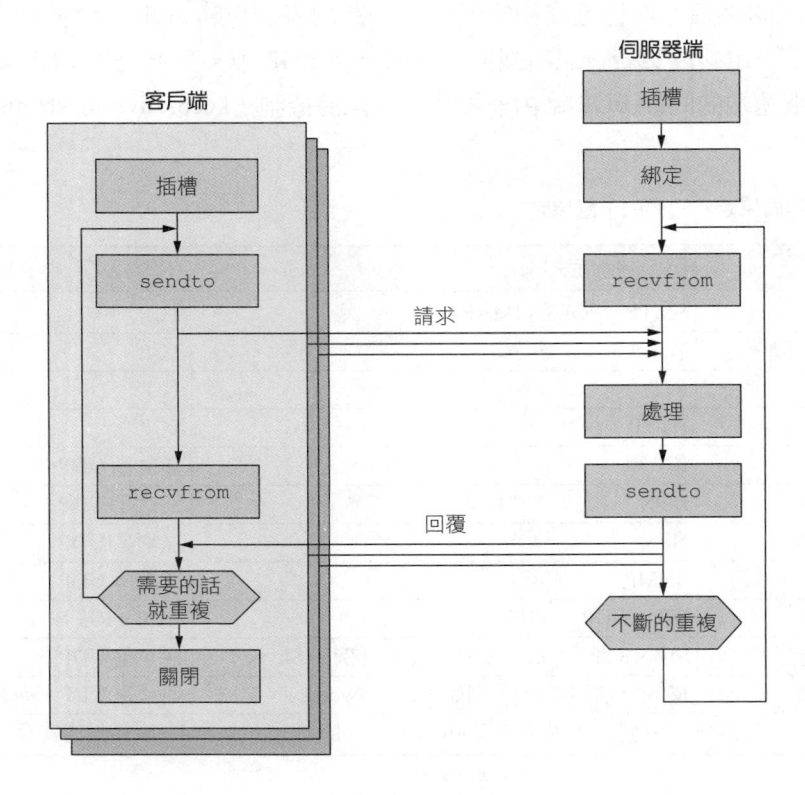

服務。接著伺服器會呼叫 `sendto()` 去送出回覆。由於這種架構的簡單性，對於短期的或不要緊的服務而言，使用疊代非連接式伺服器就已經足夠。

　　一台疊代連接導向式伺服器只有一個行程，而且每次只能處理一個客戶的連接。如前所述，伺服器先建立一個綁定在一個埠上的插槽。然後伺服器把插槽放在被動模式以聆聽第一筆連接請求的到來。伺服器一旦接受了一個客戶的連接，它會重複地接收來自該客戶的請求並且制定回覆。當客戶結束時，伺服器就關閉連接，並且返回到等著接受下一筆連接到來的階段。在服務時間內，如果有任何新的連接之請求抵達伺服器，這些請求都會被依順序儲存在佇列裡。對於短期的連接而言，疊代連接導向模式運作得就夠好了；但如果伺服器運行在疊代非連接式模式的話，耗損可能會比較少。對於長期的連接而言，疊代連接導向模式可能會造成很糟糕的並行性和延遲時間，因此此模式很少被使用。

　　並行非連接式伺服器適用於那些擁有大量的請求量但仍需要快速往返時間（turnaround time）的服務。DNS 和**網路檔案系統（Network File System, NFS）**是兩個現實中的例子。一台並行非連接式伺服器首先建立出一個被綁定到一個埠的插槽，但是讓該插槽保持無連接之狀態。也就是說，它可以被用來和任一位客戶進行交談。然後伺服器開始接收從客戶送來的請求，並且產生子行程或執行緒來處理這些請求。一旦工作完成，子行程或執行緒就立刻退出系統。

　　並行連接導向式伺服器的處理流程被描繪在圖 6.3 中，而此一模式被廣泛地採用。它的運作方式基本上很類似於並行非連接式伺服器，但兩者的差別在於牽涉到額外 TCP 三向握手的連接設置。在此一模式下，伺服器程式所使用的插槽有兩種：父行程所使用的聆聽插槽（listening socket）和子行程所使用的被連接或接受插槽（connected or accepting sockets）。當伺服器建立出一個綁定到一個埠的插槽並且把該插槽放在聆聽模式之後，伺服器行程會被阻斷於 `accept()` 函數，直到一位客戶的連接之請求抵達。伺服器行程一旦自 `accept()` 返回，將擁有一個新的檔案描述子可用於被連接的插槽，而且它會產生一個子行程，並且讓子行程繼承這兩個插槽。子行程會關閉聆聽用的插槽，並透過被連接的插槽來和客戶進行通訊。然後父行程關閉被連接的插槽，並回到被阻斷於 `accept()` 函數的狀態。

6.1.4　應用層協定之特徵

　　網際網路伺服器端和客戶端運行在終端主機上，並且透過應用層協定來通訊。一個應用層協定規定了在客戶端和伺服器端之間所交換之訊息的**語法（syntax）**和**語意（semantics）**。語法定義訊息的格式，而語意規定客戶和伺服器應該如何解讀訊息以及回覆對方。相較於下層的傳輸層協定與網際網路協定，應用層協定有許多不同的特徵如下所述。

圖 6.3　並行連接導向式的客戶端和伺服器端

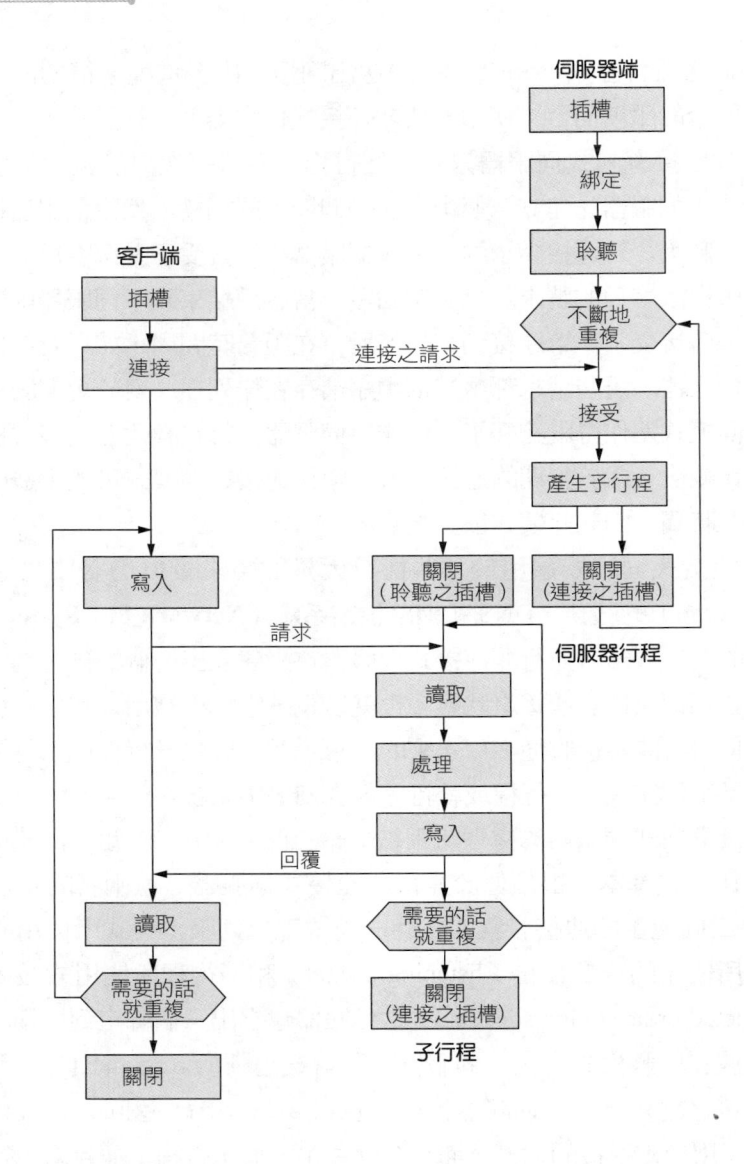

可變動的訊息格式和長度

不像第二層到第四層的協定擁有固定格式和長度，應用層協定的請求之指令和回應之回覆可以有可變的格式和長度。這是由於各式各樣不同長度的選項、參數或內容被攜帶於指令或回覆裡。舉例來說，當送出一個 HTTP 請求時，一位客戶能夠把某些欄位加到請求裡，以便指出客戶正在使用何種瀏覽器和語言。同樣地，一個 HTTP 回應是根據不同類型的內容來變換它的格式。

多樣性的資料類型

應用層協定擁有多樣性的資料類型，這是指指令和回覆能夠在文字或非文字格

> ## 歷史演進：雲端運算
>
> 　　傳統上，一個組織傾向於擁有自己的網路基礎設施、伺服器平台和應用軟體並且操作自己的計算環境。另一種被稱為雲端計算（cloud computing）的典範是把計算資源外包給一個集中式服務的供應商，而供應商的基礎設施可能是集中式或分散式的。國家標準和科技機構（National Institute of Standards and Technology, NIST）把雲端計算定義成一種模式，其能夠實現對一個共同分享的可配置計算資源池的需求即辦式存取，而雲端資源可以被快速地供給及釋放且只需花上最少的管理功夫。帶有精簡客戶端（thin-client）繁重伺服器端（heavy-server）之概念的網路計算演變而來，雲端計算更進一步以三種服務供應模式來把這些繁重伺服器端外包給服務供應商——軟體即服務（software as a service, SaaS）、平台即服務（platform as a service, PaaS）和基礎設施即服務（infrastructure as a service, IaaS）。
>
> 　　Google Apps（http://google.com/a/）和 Apps.Gov（http://apps.gov）是兩家早期的雲端供應商。可以預見的是，最終將會有一群數量非常有限的公開的 B2C（Business-to-Consumer）雲被像 Google、Microsoft 和 Amazon 之類的公司運作，但會有許多公開的 B2B（Business-to-Business）雲被像 IBM 之類的公司運作，而甚至會有更多非公開的雲由供應商或製造商運作。這裡的公開或非公開指的是雲端是否提供服務給一般大眾。

式下被傳送。舉例來說，telnet 的客戶端和伺服器端以二進制格式來傳送指令，而其開頭是一個特殊 8 位元（11111111）；另一方面，SMTP 的客戶端和伺服器端是以 U.S. 7 位元的 ASCII 代碼來通訊。一台 FTP 伺服器則以 ASCII 或二進制格式來傳送資料。一台網頁伺服器會回覆文字格式的網頁和二進制格式的圖像。

有狀態性

　　大部分的應用層協定是有狀態的。換句話說，伺服器保存著和客戶之間對話（session）的資訊。舉例來說，一台 FTP 伺服器會記得客戶目前所在的工作目錄以及目前的傳輸類型（ASCII 或二進制）。一台 SMTP 伺服器在等待著 DATA 指令以便送出一封 e-mail 訊息的內容時，它會記住關於該封 e-mail 訊息的傳送方和接收方雙方的資訊。然而，基於效率和擴充性的考量，HTTP 被設計為一個無狀態之協定，雖然有某些超越了原先協定設計的附加狀態可以被客戶端和伺服器端維持。另一個無狀態協定之範例是 SNMP，SNMP 也必須應付效率和擴充性的問題。DNS 可以是有狀態或無狀態的，取決於它運作的方式。我們接下來將會介紹 DNS。

6.2 網域名稱系統

網域名稱系統（Domain Name System, DNS）是一個階層式的分散式資料庫系統，用於提供主機名稱和 IP 位址兩者之間的映射服務給各種網際網路應用。它的目標是提供實用又具有可擴充性的名稱對位址（有時候是位址對名稱）的轉換服務。在本節裡，我們會從三個方面來介紹 DNS：(1) DNS 在其之下運作的名稱空間之結構；(2) 其定義了名稱對位址映射的資源紀錄（resource records, RR）之結構；(3) 名稱伺服器和名稱解析器（name resolver）之間的運作模式。最後，我們將介紹一個開放源碼之實作 BIND，希望能藉此提供讀者一個 DNS 實用面之觀點。

6.2.1 導論

連接到網路的電腦主機需要有一種方法來辨識自己和其他的電腦主機。除了二進制的 IP 位址之外，每台主機可能也會註冊一個 ASCII 字串，作為它的主機名稱。就好比郵政系統裡的地址含有一連串的文字來指出所在之國家、省份、城市、街道等資訊，主機名稱亦獨一無二地指出主機的位置，而它的 ASCII 字串格式比 IP 位址更容易被人記住。

在數十年前，ARPANET 的年代，當時的官方管理組織被稱為網路資訊中心（Network Information Center, NIC），而該中心把在一個區域內所有主機的 ASCII 名稱和相對的 IP 位址都儲存在一個名叫 HOST.TXT 的檔案裡。在 ARPANET 底下的主機的管理者會定期地從 NIC 之處取得最新的 HOST.TXT，並把他們的改變傳送給 NIC。不論何時當一台主機想要連接到另一台主機，它會根據 HOST.TXT 來把目的地主機的名稱轉換成相對的 IP 位址。這種方式在小型網路裡可以很成功地運作。然而，如果把它套用到一個大型網路的話，便會出現相關的擴充性和管理方面的問題。

RFC 882 和 883，稍後被新版的 RFC 1034 和 1035 所淘汰，其提出了一種階層式的分散式 DNS。該 DNS 提供了具可擴充性的網際網路主機定址和郵件轉發之支援的服務以及被用來製作網域名稱設施的協定和伺服器。在 DNS 下面的主機都有一個唯一的網域名稱。一個網域內的每一台 DNS 名稱伺服器會維持著它自己的資料庫來儲存名稱對位址之映射，以致於橫跨網際網路的其他系統（客戶）能夠透過 DNS 協定訊息來詢問名稱伺服器。但是我們如何把整個網域名稱空間給分拆成數個網域呢？下一個小節會回答這個問題。

6.2.2 網域名稱空間

頂層網域

為了讓大型網路裡的網域名稱轉換能有更佳的管控和擴充性，網域名稱空間被分割成數個頂層網域之類別，如表 6.3 所示。每個網域代表了某特定的服務或意義，而且能夠向下延伸到各個不同的子網域（sub-domains），然後再延伸到子 - 子網域（sub-sub-domains）以便形成一個階層式的網域樹。網域樹的一台主機繼承了其通往根節點的反向路徑上所有後繼網域的用途。舉例來說，主機「www.w3.org」是意圖被用來作為 WWW 協會的官方網站，而該協會是一個非營利組織，正如同它的頂層網域「org」所指出的涵義一樣。

有了階層式的網域名稱空間的分割，一台主機（或網域）在一個網域樹裡的位置可以被很輕易地辨識出來，並且因此讓我們能夠推斷出 DNS 的結構。圖 6.4 告訴我們一個「cs.nctu.edu.tw」網域如何被辨認出來的範例。注意到網域名稱沒有區分大小寫，而這意味著大寫的「CS」等同於小寫的「cs」。

除了早已被標準化的頂層網域之外，一個網域擁有對它隨後網域的完全管理權限。也就是說，一個網域的管理者能夠任意把該網域分割成數個子網域，並且指派這些子網域給其他組織。不論其方法是要遵循著頂層網域的格式（例如在 tw 之下設立 com 子網域），或是要創造出新的網域名稱（例如在 uk 之下的 co 子網域）。

表 6.3 頂層網域

網域	描述
com	商業組織，例如 Intel（intel.com）
org	非營利組織，例如 WWW 協會（w3.org）
gov	美國政府組織，例如 National Science Foundation（nsf.gov）
edu	教育組織，例如 UCLA（ucla.edu）
net	網路組織，例如維護 DNS 根伺服器的 Internet Assigned Numbers Authority（gtld-servers.net）
int	政府間的國際條約所建立的組織。舉例來說，International Telecommunication Union（itu.int）
mil	被保留僅供美國軍方使用。舉例來說，Networking Information Center, Department of Defense（nic.mil）
兩個字母的國家代碼	兩個字母的國家代碼頂層網域（country code top level domains, ccTLDs）是根據 ISO 3166-1 的兩個字母國家代碼。例子是 tw（台灣）和 uk（英國）
arpa	除了 in-addr.arpa 網域被用來維持給反向 DNS 查詢使用的資料庫以外，目前大多沒有被使用
其他	例如 .biz（商用）、.idv（個人網域）和 .info（類似於 .com）

圖 6.4　指出 cs.nctu.edu.tw 在名稱空間裡的位置

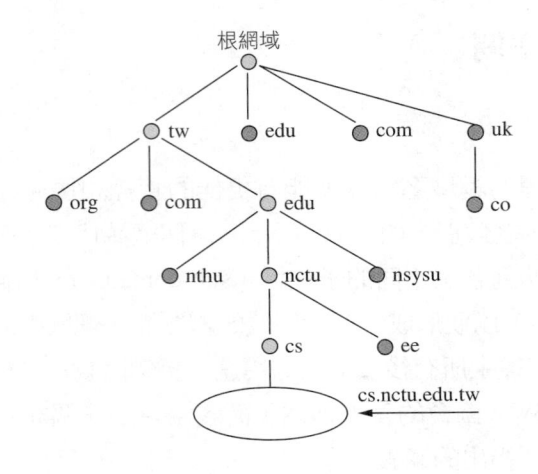

這種被稱為網域委派（domain delegation）的過程可以大幅減輕上層網域的管理負擔。

網區和名稱伺服器

在深入本節的內容之前，能夠很清楚地了解到**網域（domain）**和**網區（zone）**之間的分別是很重要的一件事。一個網域通常是數個網區所組成的一個**超集合（superset）**。以圖 6.4 為例，tw 網域含有四個網區：org、com、edu 和 tw 本身（你或許會想試試 http://www.tw 這個網址）。具體而言，tw 網區包含了形式為 *.tw 的所有網域名稱，但是 *.org.tw、*.com.tw 和 *.edu.tw 除外。屬於 .tw 網區的主機其用途通常是為了管理被委派出去的子網域。

名稱伺服器通常運作於 53 號埠，它們含有一個以**網區資料檔案（zone data file）**所建構的資料庫以及一個用來回答 DNS 查詢的解析程式。網區是一台名稱伺服器裡最基本的管理單位，而網區的資訊被儲存在一份網區資料檔案裡。當一台名稱伺服器接收到一個 DNS 查詢（提供了一個網域名稱並且要求它的相對 IP 位址），該名稱伺服器會搜尋它的資料庫來找出答案。如果有符合的搜尋結果，伺服器便回覆客戶；否則，它會在別的名稱伺服器裡進行更進一步的搜尋。一台名稱伺服器可能擁有管理多個網區的權限，而這表示它的資料庫可能涵蓋一個以上的網區，並也因此涵蓋一個以上的網區資料檔案，如圖 6.5 所示。在這張圖裡，方塊和橢圓分別代表著名稱伺服器和網區；中間的名稱伺服器同時涵蓋了網區 A 和網區 B。

由於可獲得性（availability）和負載平衡之考量，一個網區可能也會受到多台名稱伺服器管理，以避免高請求量壓垮了單一伺服器所導致的可能系統故障。如果有多台伺服器服務同一個網區，它們可以被分成單一主伺服器（master）和剩餘的僕伺服器（slaves）。一台主名稱伺服器擁有把主機加入到一個網區或把主機從一個

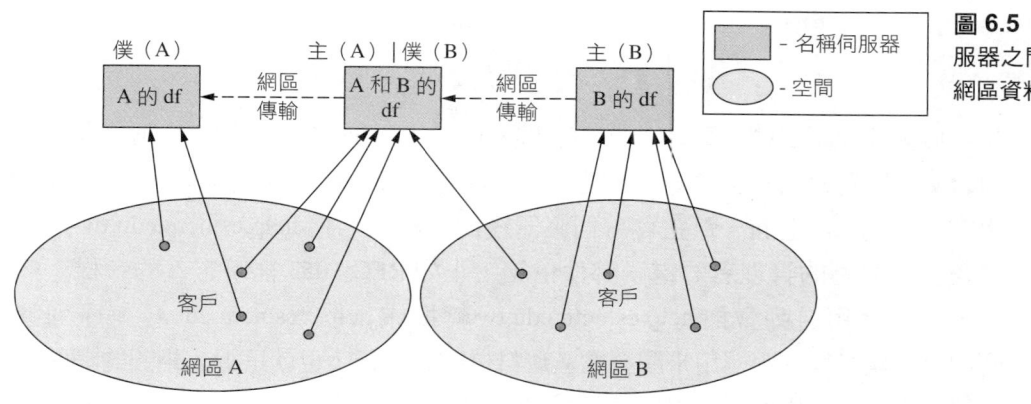

圖 6.5 主／僕名稱伺服器之間的關係（df：網區資料檔案）

網區裡刪除的權限，而僕伺服器只能透過一種被稱為網區傳輸（zone transfer）的程序來從它們的主人那邊獲得網區資訊。圖 6.5 說明網區 A 的主名稱伺服器可以是網區 B 的一台僕名稱伺服器。

6.2.3 資源紀錄

一份網區資料檔案包括數筆**資源紀錄（resource records, RR）**，而這些資源紀錄描述著網區的 DNS 設定。一筆 RR 通常含有一個五元組：擁有者（owner，也就是用來作為 RR 索引的網域名稱）、TTL（Time-To-Live，即存活時間，也就是名稱解析器能夠以快取儲存這筆 RR 的時間期限）、種類〔class，通常採用的是代表網際網路系統的 IN（Internet system）〕、型式（type）和 RDATA（一個可變長度的 8 位元之字串，被用來描述資源）。有六種型式的 RR 通常被用來描述一個網域名稱的各方面之資訊：

- **權限記錄開始（start of authority, SOA）**：一個 SOA 標示著一個 DNS 網區資料檔案的開始並指出該網區的官方管理者。換句話說，當我們想要知道一個網區的官方名稱伺服器，我們就發出一個對它 SOA 的查詢。以下提供一個範例：

```
cs.nctu.edu.tw.   86400   IN   SOA csserv.cs.nctu.edu.tw.
   help.cs.nctu.edu.tw.
   (
     2009112101   ; 序列號碼
     86400        ; 一天之後更新（86400 秒）
     3600         ; 如果沒有收到主伺服器的回覆，每一小時重試一次
     1728000      ; 如果仍然沒有更新，20 天後資料就過期
     86400        ; 如果被儲存作為別台名稱伺服器裡的快取拷貝，
```

```
                          ; 這個數值表示 RR 的 TTL
            )
```

如果要讓上述 SOA 更具有可讀性的話，我們可以把它進一步解讀為「cs.nctu.edu.tw 網域有一台官方名稱伺服器 csserv.cs.nctu.edu.tw」。這種解讀法可以被運用在其餘的 RR 上面。跟在官方伺服器後面的網域名稱 help.cs.nctu.edu.tw 指出了負責該網區的管理者的電子郵件信箱，正如 RFC 1053 裡所定義的一樣。然而，DNS 應用自動會把 help.cs.nctu.edu.tw 轉換成 help@cs.nctu.edu.tw。序列號碼則是給僕名稱伺服器用來觸發網區資料檔案的更新，也就是說，相關的網區傳輸只會發生在當僕名稱伺服器察覺到它的版本序列號碼小於主名稱伺服器的版本序列號碼之時。由於這個緣故，序列號碼通常被設定成修改日期。

- **位址（address, A）**：這是最重要的，也是最常被用於把網域名稱給對映到 IP 位址，即所謂的正向查詢（forward query）之服務。因為多宿主（multi-homed）主機擁有多個網路介面卡，也因此擁有多個 IP 位址，所以 DNS 允許多個 A 型式的 RR 附屬於同一個網域名稱。以下是一個多宿主主機的相關範例：

```
linux.cs.nctu.edu.tw    86400   IN   A 140.113.168.127
                        86400   IN   A 140.113.207.127
```

它意味著對於 linux.cs.nctu.edu.tw 的查詢，相對的回答會是這兩個 IP 位址。

- **正規名稱（canonical name, CNAME）**：一個 CNAME 產生了一個網域名稱的別名，其指向了一個 IP 位址的正規名稱。CNAME 尤其對於在單一 IP 位址上運作多種服務而言特別有用。在以下的範例中，cache.cs.nctu.edu.tw 原來是給在 IP 位址 140.113.166.122 的網頁快取服務（Web caching service）所使用，所以它是這個 IP 位址的正規名稱（canonical name）。然而，該伺服器同時也作為一台網頁伺服器，所以 www.cs.nctu.edu.tw 這個別名便被創造出來：

```
www.cs.nctu.edu.tw.    86400 IN CNAME cache.cs.nctu.edu.tw.
cache.cs.nctu.edu.tw.  86400 IN A 140.113.166.122
```

這樣一來，當一個別名被查詢時，名稱伺服器首先會尋找相對的正規名稱以及該正規名稱的 IP 位址，最後再送還這兩個結果。

- **指標（pointer, PTR）**：和 A 型式的 RR 相反，PTR 型式的 RR 是從 IP 位址指向它們相對的網域名稱。所謂的反向查詢（reverse query），也就是查詢一個 IP 位址所對映到的網域名稱，即採用這個方式。舉例來說，下列的 RR

```
10.23.113.140.in-addr.arpa. 86400 IN PTR laser0.cs.nctu.edu.tw.
```

其提供了從 IP 位址 140.113.23.10 到網域名稱的反向映射，其中的 IP 位址是被表示成在 in-addr.arpa 網域下的一個子網域以供反向 DNS 查詢。注意到 PTR 把一個 IP 位址儲存成一連串順序相反的位元組，因為一個網域名稱從左到右變得比較不具體。換句話說，IP 位址 140.113.23.10 是被儲存成網域名稱 10.23.113.140.in-addr.arpa 的形式並且指回到它的正規名稱。

- **名稱伺服器（name server, NS）**：一個 NS RR 標示出一筆 DNS 網區資料檔案的開始，而且它提供了負責該網區相關查詢的一台名稱伺服器的網域名稱。它通常出現在一個 SOA RR 後面，以便提供額外的名稱伺服器作為請求轉介（request referral）之用，而下一小節將會描述請求轉介。舉例來說，在 NCTU 的名稱伺服器 mDNS.nctu.edu.tw 裡，關於 CS 名稱伺服器的一條 NS 項目可能是：

```
cs.nctu.edu.tw.    86400   IN NS csserv.cs.nctu.edu.tw.
```

這讓名稱伺服器 mDNS.nctu.edu.tw 能夠把對於 cs.nctu.edu.tw 網域裡主機的查詢給轉介到官方的伺服器主機 cisserv.cs.nctu.edu.tw。注意到被定義在 SOA RR 裡的名稱伺服器總是擁有一個 NS RR，而且對於網區資料檔案裡的一台網區內名稱伺服器而言，其相關的 A RR 必須伴隨著它的 NS RR。

- **郵件交換主機（mail exchanger, MX）**：一個 MX RR 公布了負責一個網域名稱的郵件伺服器其名稱。這是被用來製作郵件轉發之服務。舉例來說，一個試著傳送 e-mail 給 help@cs.nctu.edu.tw 的郵寄器（mailer）可能會向名稱伺服器詢問關於 cs.nctu.edu.tw 的郵寄資訊。有了下列的 MX RRs，

```
cs.nctu.edu.tw 86400   IN MX 0  mail.cs.nctu.edu.tw.
cs.nctu.edu.tw 86400   IN MX 10 mail1.cs.nctu.edu.tw.
```

郵寄器便知道該把 e-mail 轉發給郵件交換主機 mail.cs.nctu.edu.tw。在 MX RR 裡，當有多台郵件交換主機可以選擇時，郵件交換主機欄位前的數字代表了該主機的優先權數值。在這個範例裡，郵寄器會選擇擁有較佳（較低）優先權數值的第一台來做郵件轉發。只有在第一台不能運作的情況下才會選擇第二台。

6.2.4　名稱解析

DNS 裡的另一個重要組件是**解析器程式（resolver program）**。它通常是由網路應用所使用的**函數庫常式（library routine）**所組成，例如需要把 URL 的 ASCII 字串轉換成有效 IP 位址的網頁瀏覽器。一個解析器會產生 DNS 查詢給在 UDP 或

TCP 53 號埠上面聆聽的名稱伺服器,並解讀從伺服器送回來的回應。**名稱解析（name resolution）**牽涉到一個詢問的解析器和一台被詢問的本地名稱伺服器,有時候還包括其他網區的名稱伺服器。

多次的疊代式查詢

在最好的情況下,如果本地名稱伺服器在它的資料庫裡找到答案的話,從解析器送出的一個查詢會立刻被本地名稱伺服器回答。否則,該伺服器會進行多次的疊代式查詢（multiple iterative queries）,而非簡單地把沒有被回答的查詢踢回至解析器。如圖 6.6 所示,本地名稱伺服器收到一筆對「www.dti.gov.uk」的查詢之後,它便開始多次的疊代式查詢。其作法是先去詢問在根網域裡的一台名稱伺服器,而非詢問恰好在本地伺服器一層之上的名稱伺服器。因為後者伺服器大概也不曉得答案,而且也不知道應該轉介誰給本地伺服器。如果根名稱伺服器也找不出答案,它的回應就是轉介在網域名稱階層架構裡最接近含有目的地主機的網域的名稱伺服器。可能會有多個適合轉介的候選對象,但它們之中只有一台會依序循環方式被選出。然後本地伺服器對被轉介的伺服器重複它的查詢,假設說它是「uk」名稱伺服器。「uk」名稱伺服器可能再次以另一個轉介對象,比方說「gov.uk」名稱伺服器,來作為對於查詢的回應。這種方式一直重複下去,直到查詢抵達了負責目的地主機所在網域的一台名稱伺服器。而在我們的範例中,查詢終止於「dti.gov.uk」名稱伺服器。然後這台名稱伺服器把目的地主機的 IP 位址提供給本地名稱伺服器,而後者接著把答案轉回給解析器並且完成了名稱解析的流程。

值得注意的是,此處的解析器所經歷過的查詢過程被視為*遞迴式的查詢*

圖 6.6 對於 www.dti.gov.uk 的多次疊代式名稱解析

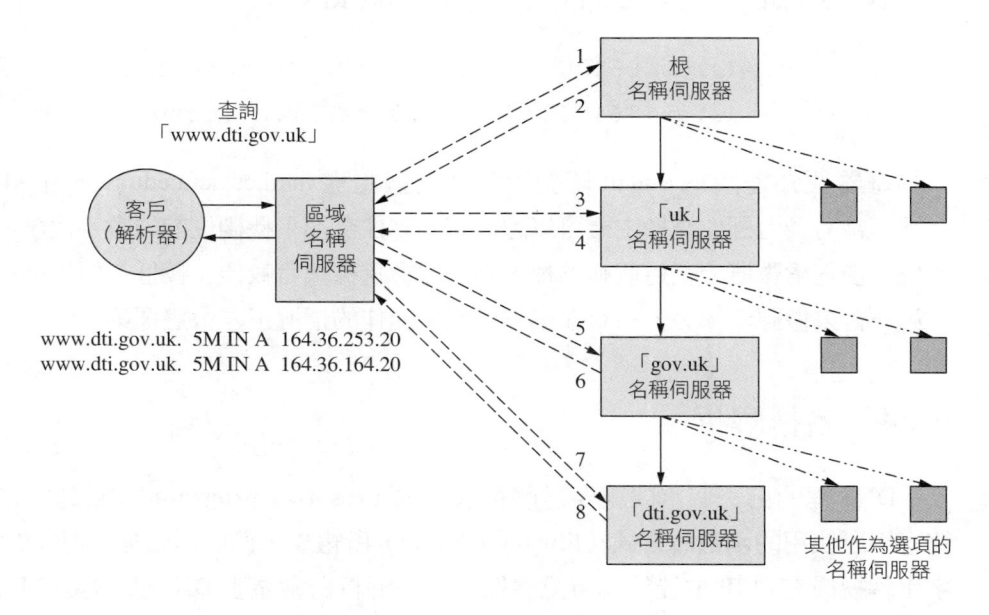

（recursive query）；其中能做遞迴查詢的本地名稱伺服器維持了一些狀態，以便使用多次疊代式查詢來解決遞迴式的查詢。如果本地名稱伺服器不能提供遞迴查詢，解析器必須送出疊代式的查詢給其他已知的名稱伺服器。幸好大部分的本地伺服器能夠做遞迴式查詢。

讓我們用反向 DNS 查詢來做為另一個例子。假設有一個遞迴式查詢是詢問映射到 IP 位址 164.36.164.20 的網域名稱，而該遞迴式查詢是藉由多次疊代式查詢來完成名稱解析。也就是說，我們想要查詢下列 RR：

```
20.164.36.164.in-addr.arpa. 86400 IN PTR www.dti.gov.uk.
```

不論何時，一旦本地名稱伺服器無法在它的資料庫裡找出相對的 RR，它會詢問負責 .arpa 網域的官方根名稱伺服器。該根名稱伺服器雖然很可能也還沒有所要求的 RR，但是它可以提供某些 RR 來作為轉介資訊，舉例來說：

```
164.in-addr.arpa.      86400 IN NS ARROWROOT.ARIN.NET.
ARROWROOT.ARIN.NET.    86400 IN A 198.133.199.110
```

它敘述說網域 164.*.*.* 是在擁有 IP 位址 198.133.199.110 的名稱伺服器 ARROWROOT.ARIN.NET 的管轄之下，而後者可以根據它本身的 RR 把查詢轉介給其他更好的名稱伺服器，舉例來說：

```
36.164.in-addr.arpa.   86400 IN NS NS2.JA.NET.
NS2.JA.NET.            86400 IN A 193.63.105.17
```

最後，所要找的 RR 是在名稱伺服器 NS2.JA.NET 裡找到。

正如我們在以上兩個範例所見，除了本地名稱伺服器以外的所有名稱伺服器在沒有所要求的 RR 的情況下，它們只提供轉介資訊，而不會代表本地名稱伺服器來發出查詢。後者的方式可能擴充性不佳，因為非本地名稱伺服器將必須保持所有正在進行中查詢的狀態。因此，只有能夠遞迴的本地名稱伺服器是有狀態的，而其他非本地名稱伺服器則運行於無狀態之模式。

歷史演進：全球的根 DNS 伺服器

一台根伺服器負責回答的查詢是針對階層式網域名稱空間裡 DNS 根網區（root zone）。根網區指的是頂層網域（top-level domains, TLD），也就是網際網路的最高層的網域名稱，其包含一般性頂層網域（generic top-level domains, gTLD）像是「.com」、國家代碼頂層網域（country code top-level domains, ccTLD）像是「.tw」。截至 2010 年初，在根網區裡總共有

20 個 gTLD 和 248 個 ccTLD。對於網際網路而言，根 DNS 伺服器是非常重要的，因為它們是站在全球性的網域名稱轉換 IP 位址服務的第一線。

總共有 13 台的根名稱伺服器（請見 http://www.root-servers.org/）製作出根 DNS 網區。13 台根名稱伺服器每一台都被標示一個從 A 到 M 的字母作為它的識別碼。雖然只有 13 個識別碼字母被使用，每個識別碼字母的營運者可以使用備援的實體伺服器機器來提供高效能的 DNS 查詢和很棒的容錯能力。表 6.4 顯示根 DNS 伺服器的資訊，而第二欄顯示的是代表性伺服器的 IP 位址。在名稱解析的過程中，一筆無法被本地名稱伺服器回答的查詢會先以依

表 6.4 根 DNS 伺服器

字母	IP 位址	營運者	所在位置	伺服器站
A	IPv4:198.41.0.4 IPv6:2001:503:BA3E::2:30	VeriSign, Inc.	Los Angeles, CA, US; New York, NY, US; Palo Alto, CA, US; Ashburn, VA, US	全球性：4
B	IPv4:192.228.79.201 IPv6:2001:478:65::53	USC-ISI	Marina Del Rey, California, US	區域性：1
C	IPv4:192.33.4.12	Cogent Communications	Herndon, VA, US; Los Angeles, CA, US; New York, NY, US; Chicago, IL, US; Frankfurt, DE; Madrid, ES	區域性：6
D	IPv4:128.8.10.90	University of Maryland	College Park, MD, US	全球性：1
E	IPv4:192.203.230.10	NASA Ames Research Center	Mountain View, CA, US	全球性：1
F	IPv4:192.5.5.241 IPv6:2001:500:2f::f	Internet Systems Consortium, Inc.	全球性：Palo Alto, CA, US; San Francisco, CA, US 區域性：47 個位置遍及全球	全球性：2 區域性：47
G	IPv4:192.112.36.4	U.S. DOD Network Information Center	Columbus, OH, US; San Antonio, TX, US; Honolulu, HI, US; Fussa, JP; Stuttgart-Vaihingen, DE; Naples, IT	全球性：6
H	IPv4:128.63.2.53 IPv6:2001:500:1::803f:235	U.S. Army Research Lab	Aberdeen Proving Ground, MD, US	全球性：1
I	IPv4:192.36.148.17	Autonomica	34 個位置遍及全球	區域性：34
J	IPv4:192.58.128.30 IPv6:2001:503:C27::2:30	VeriSign, Inc.	全球性：55 個位置遍及全球 區域性：Dulles, VA, US; Seattle, WA, US; Chicago, IL, US; Mountain View, CA, US; Beijing, CN; Nairobi, KE; Cairo, EG	全球性：55 區域性：5
K	IPv4:193.0.14.129 IPv6:2001:7fd::1	RIPE NCC	全球性：London, UK; Amsterdam, NL; Frankfurt, DE; Tokyo, JP; Miami, FL, US; Delhi, IN 區域性：12 個位置遍及全球	全球性：6 區域性：12

表 6.4　根 DNS 伺服器（續）

字母	IP 位址	營運者	所在位置	伺服器站
L	IPv4:199.7.83.42 IPv6:2001:500:3::42	ICANN	Los Angeles, CA, US; Miami, FL, US; Prague, CZ	全球性：3
M	IPv4:202.12.27.33 IPv6:2001:dc3::35	WIDE Project	**全球性**：Tokyo, JP (3 sites); Paris, FR; San Francisco, CA, US; **區域性**：Seoul, KR	全球性：5 區域性：1

序循環的方式，被轉發給 13 台預先被設定好的根名稱伺服器的其中一台。然後該代表性的伺服器將本地名稱伺服器導引到它的其中一台備援伺服器，而該備援伺服器會以下面一層網域的官方名稱伺服器的 IP 位址作為回覆。在表 6.4 之中，全球性和區域性伺服器站之間的差別在於其考量是針對全球性或區域性查詢的負載平衡。

協定訊息格式

DNS 協定所使用的訊息含有以下描述的五個區段，如圖 6.7 所示。

- **標頭區段**：它包含關於查詢的控制資訊。其中的 ID 是一個獨一無二的數字，作為辨認訊息之用，而且它也被用來比對伺服器的回覆是符合哪一筆尚未被回答的查詢。第二行含有一些旗標位元指出訊息的類型（QR 裡的位元指出是查詢還是回應）、操作（OPCODE 指出是正向或反向查詢）、是否想要遞迴式查詢（RD）、有無提供遞迴式查詢（RA）以及錯誤代碼（RCODE）。其他欄位則給予標頭之後各區段裡所含有的項目之數量。

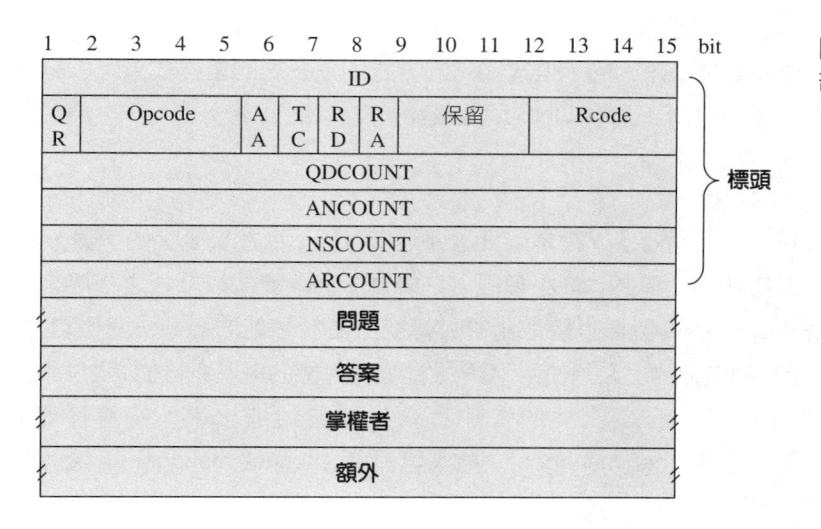

圖 6.7　DNS 訊息的內部格式

```
 1   2   3   4   5   6   7   8   9  10  11  12  13  14  15  bit
┌───────────────────────────────────────────────────────────┐
│                            ID                             │
├───┬───────────┬───┬───┬───┬───┬───────────┬───────────────┤
│ Q │  Opcode   │ A │ T │ R │ R │    保留    │     Rcode     │
│ R │           │ A │ C │ D │ A │           │               │
├───┴───────────┴───┴───┴───┴───┴───────────┴───────────────┤
│                         QDCOUNT                           │
├───────────────────────────────────────────────────────────┤
│                         ANCOUNT                           │
├───────────────────────────────────────────────────────────┤
│                         NSCOUNT                           │
├───────────────────────────────────────────────────────────┤
│                         ARCOUNT                           │
├───────────────────────────────────────────────────────────┤
│                           問題                             │
├───────────────────────────────────────────────────────────┤
│                           答案                             │
├───────────────────────────────────────────────────────────┤
│                          掌權者                            │
├───────────────────────────────────────────────────────────┤
│                           額外                             │
└───────────────────────────────────────────────────────────┘
```
標頭

- **問題區段**：它被用來攜帶一筆查詢裡的問題。在標頭區段裡的 QDCOUNT 指出本區段裡面含有的項目之數量（通常是 1）。

- **答案區段、掌權者區段、額外區段**：每個區段都含有若干數量的 RR，而標頭區段裡的 ANCOUNT、NSCOUNT 和 ARCOUNT 則指出區段中的 RR 之數量。RR 裡則有以 ASCII 格式儲存的擁有者資訊，其長度是可變動的。前兩個區段顯示對於查詢的回答以及相關的官方名稱伺服器，而額外區段提供關於查詢但並非確切答案的有用資訊。舉例來說，如果有一條像「nctu.edu.tw. 259200 IN NS ns.nctu.edu.tw.」的項目出現在掌權者區段，則額外區段大概也會有一條像「ns.nctu.edu.tw. 259200 IN A 140.113.250.135」的項目來提供該官方名稱伺服器的位址 RR。

開放源碼之實作 6.1：BIND

總覽

Berkeley Internet Name Domain（BIND）是由網際網路軟體協會（Internet Software Consortium, ISC）所維護。BIND 實作了可用於 BSD 衍生之作業系統的網域名稱伺服器。BIND 是由一個叫做 named 的多執行緒（依賴特定 OS 的）之守護行程和一個解析者函數庫所構成。解析器是一個系統函數庫裡的一組常式，其提供了特定介面，而網路應用可以透過介面來使用網域名稱服務。某些先進的功能和安全附加元件也被包含在 BIND 裡。到目前為止，BIND 是最常被用來在網際網路上提供 DNS 服務的軟體。它可以運行在大部分 UNIX 之類的作業系統，其中包括 FreeBSD 和 Linux。

我們可以總結說 BIND 是 DNS 的一種並行式的多執行緒之實作。BIND 在 53 號埠上同時支援了連接導向式和非連接式之服務，雖然後者由於反應速度快而更為大眾所偏好。預設的查詢之解析對於解析器而言是遞迴式的，但實踐它的方式卻是多次的重複式查詢。記得之前提過，除了本地 DNS 伺服器之外，所有 DNS 伺服器都是無狀態的。

方塊流程圖

在預設的情況下，named 守護行程是以根之權限來運行。由於安全上的考量，named 也能藉由 chroot() 系統呼叫（稱為「最小權限」之機制）而改變成以非根之權限來運行。通常它會透過 TCP 或 UDP 在 53 號埠上聽取請求。傳統上由於效能的緣故，我們會選擇 UDP 來傳送一般訊息，但在網區傳輸上必須使用 TCP 才能避免可能的網區資料檔案之遺失。

有了多執行緒的支援，三個主要的管理者執行緒被創造出來：任務管理者（task manager）、計時器管理者（timer manager）、插槽管理者（socket manager）。這些管理者顯

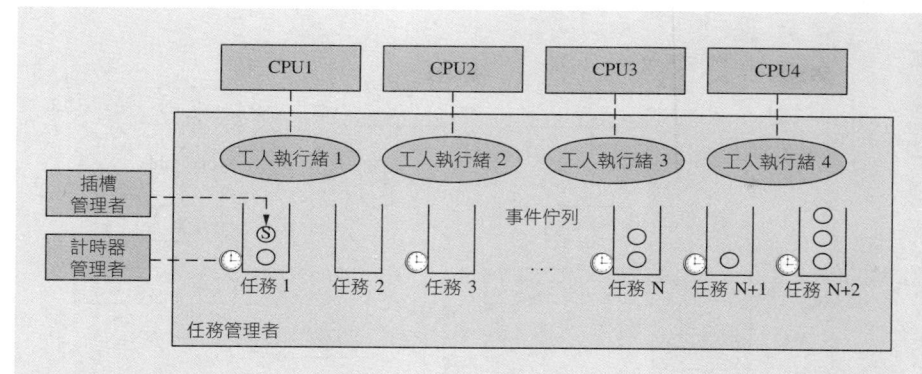

圖 6.8 BIND 裡的任務管理者、計時器管理者和插槽管理者之間的關係

示在圖 6.8 中，並簡要敘述如下。在圖 6.8 中，每個任務都會和計時器管理者的一個計時器聯繫起來。在所有任務之中，有四個任務是可執行的，而插槽管理者正發布一個 I/O 完成事件到任務 1 中。

因為 BIND 9 支援多處理器之平台，每個 CPU 會和任務管理者所產生的一個工人執行緒（worker thread）聯繫在一起，以便處理各式各樣的任務。一個任務有一連串的事件（舉例來說，解析之請求、計時器中斷等）依序排放在一個佇列裡。當一個任務的事件佇列並非空的之時，該任務是可執行的。當任務管理者指派一個可執行的任務給一個工人執行緒之時，工人執行緒執行該任務的方式是去處理它的事件佇列裡的事件。

一個計時器會被裝在一個任務之上是由於像客戶請求之超時、請求之排班以及快取失效（cache invalidation）等各種原因。計時器管理者是被用來產生和管理計時器，而計時器本身是事件的來源。插槽管理者提供 TCP 和 UDP 插槽，插槽也是事件的來源。當一個網路 I/O 完成之時，一個關於該插槽的完成事件就會被寄到之前請求相關 I/O 服務的任務的事件佇列裡。

許多其他的子管理者被創造出來，以便支援前述的管理者。舉例來說，網區管理者用於網區傳輸，而客戶管理者用於處理每筆進入的請求並產生相對的回覆。

資料結構

BIND 的資料庫是根據其中含有一組網區的 view 資料結構來儲存網區資訊。它把使用者分成好幾群，而各群擁有不同的存取 DNS 伺服器之權限。換句話說，一位使用者只被允許去存取它所匹配的那些 views。

一個以 views 來劃分使用者的實用範例便是所謂的分割式 DNS（split DNS）。一個企業或一個服務供應商通常含有兩類的主機：普通主機和伺服器。因為伺服器的 DNS 資訊必須被發布到外面世界，在某種程度上，企業應該允許從外面使用者來的查詢可以存取它的一些名稱伺服器。然而，如果外面使用者能夠詢問在企業網域裡的其他主機，則企業的網路拓樸可能因此曝光為外界所悉。這個難題可以被一種叫做分割式 DNS 的機制來解決。分割式 DNS 裡採用兩種類型的 DNS 伺服器，也就是外部的（external）和內部的（internal）這兩種。前者會提供關於伺服器的資訊給外面查詢，而後者僅服務內部主機。雖然此一方案確實解決了私有資

圖 6.9 named 的內部資料結構

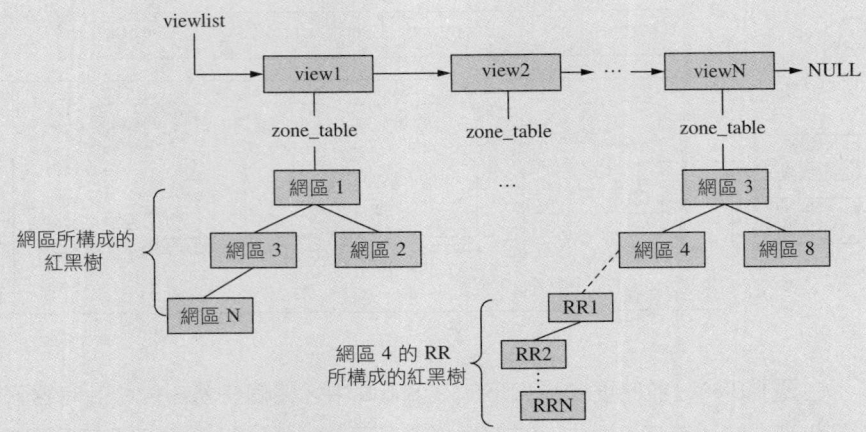

```
viewlist
   ↓
 view1 → view2 → … → viewN → NULL
   |        |              |
zone_table zone_table   zone_table
   ↓        ↓              ↓
 網區 1     …            網區 3
  / \                    / \
網區 3 網區 2          網區 4  網區 8
  |                     ⋮
網區 N                  RR1
                        RR2
          網區 4 的 RR   ⋮
          所構成的紅黑樹  RRN
```

網區所構成的紅黑樹

訊曝光的潛在風險，但使用額外的 DNS 伺服器也會造成額外的財務支出。幸好，有了 view 資料結構的幫助，就可以把使用者分成外部使用者群和內部使用者群，因此只需要一台伺服器機器便可支援分割式 DNS。

圖 6.9 顯示 named 所使用的資料結構。如果在設定檔內沒有明確關於 view 的陳述，一個符合任何使用者的預設 view 就會由所有網區資料檔案所構成。當有多於兩個以上的 view 被建立，它們會被串連成一條鏈結串列（link list）。伺服器機器會根據查詢的來源位址以及 view 的存取控制清單（access control list），來比對每筆進來的查詢符合哪個 view。然後就選用第一個比對符合的 view。

演算法之實作

在一個 view 裡是一群授權網區，而這些網區被組織成一個紅黑樹（Red-Black Tree, RBT）之結構。RBT 是一種平衡樹，避免了最差情況之搜尋，但也提供了相當好的在 log(N) 以內的搜尋時間，其中的 N 表示在樹裡的節點之數量。在一筆網區資料檔案裡所含有的 RR 也會被組織成一個 RBT 以便於利用現有用於網區的程式碼和工具。在此階段之中，對於所要求的 RR 而言的最佳網區會被選出，而比對的流程會在該網區的 RBT 裡持續地進行，直到所想要的 RR 被找到。如果沒有找到符合的，伺服器會訴諸於外面的名稱伺服器來替客戶繼續查詢的程序。

Dig —— 一個小型解析器之程式

和 named 一起在 BIND 套件裡的還有一個被稱為網域資訊探索器（domain information groper, dig）的強大的解析者工具。如圖 6.10 所示，dig 執行 DNS 查詢，而且和另一個很受歡迎的工具 nslookup 比較之下，dig 所顯示的從被詢問的名稱伺服器送來的資訊也更加豐富。除了簡單的查詢之外，使用者甚至能夠使用 dig 加上「+trace」選項沿著疊代路徑來追蹤被詢問的名稱伺服器。

```
; <<>> DiG 9.2.0 <<>> www.nctu.edu.tw
;; global options: printcmd
;; Got answer:
;; ->>HEADER<<- opcode: QUERY, status: NOERROR, id: 26027
;; flags: qraa rd ra; QUERY: 1, ANSWER: 1, AUTHORITY: 3, ADDITIONAL: 3
;; QUESTION SECTION:
; www.nctu.edu.tw .  IN A
;; ANSWER SECTION:
www.nctu.edu.tw .  259200 IN A 140.113.250.5
;; AUTHORITY SECTION:
nctu.edu.tw.    259200    IN    NS    ns.nctu.edu.tw.
nctu.edu.tw.    259200    IN    NS    ns2.nctu.edu.tw.
nctu.edu.tw.    259200    IN    NS    ns3.nctu.edu.tw.
;; ADDITIONAL SECTION:
ns.nctu.edu.tw.     259200    IN    A    140.113.250.135
ns2.nctu.edu.tw.    259200    IN    A    140.113.6.2
ns3.nctu.edu.tw.    259200    IN    A    163.28.64.11
```

圖 6.10　使用 dig 查詢 www.nctu.edu.tw 的範例

練習題

1. 找出哪些 .c 檔案和其中的哪幾行程式碼在製作疊代式解析。
2. 在你的其中一台本地主機上，找出正向查詢和反向查詢之中分別會查找哪幾筆 RR。
3. 用 dig 去取得在你的本地名稱伺服器裡面全部的 RR。

6.3　電子郵件（e-mail）

　　e-mail 和 FTP 以及 Telnet 是自 1970 年代起三個最早的網際網路應用。然而，e-mail 比其他兩者更為流行。雖然即時通訊（instant messaging）正在追趕上來，可是 e-mail 仍然是我們日常生活中不可缺少的網際網路應用。本節首先介紹 e-mail 傳遞系統的組成元件和處理流程。然後我們將描述基本的和進階的 e-mail 訊息格式：**網際網路訊息格式（Internet Message Format）**和**多用途網際網路郵件擴充（Multipurpose Internet Mail Extensions, MIME）**。接下來我們說明用來傳送和接收 e-mail 的協定，**簡單郵件傳輸協定（Simple Mail Transfer Protocol, SMTP）**；以及用來從郵件信箱裡取回電子郵件的協定，**郵局協定（Post Office Protocol, POP）**

和**網際網路訊息存取協定**（Internet Message Access Protocol, IMAP）。最後，我們挑選 qmail 作為 e-mail 的開放源碼之範例。

6.3.1　導論

現今的 e-mail 服務可以追溯到早期的 ARPANET 時代，也就是在 1973 年當 e-mail 訊息的編碼標準首次被提出來的時候（RFC 561）。在 1970 年代早期所傳送的 e-mail 很類似於現今在網際網路上傳送的 e-mail。在 1980 年代早期的進一步發展則奠定了今日 e-mail 服務之基礎。

e-mail 是一種把訊息透過電腦網路從一位使用者傳到另一位使用者的方式。傳統上，一封信是由寄件人寫好後再被丟進郵筒，然後信就暫時被存放在郵局裡直到它被遞送到收件人的信箱，最後收件人再從信箱取出信。傳送、接收和取回 e-mail 的方式類似於上述的郵件傳遞程序。一位寄件人用電腦寫好他的 e-mail 訊息並且把訊息傳送給一台郵件伺服器（mail server）。在這之後，該郵件伺服器會將這封訊息傳輸到在目的地伺服器裡的收件人之信箱。最後，收件人使用帳號和密碼資訊從它的信箱裡取回 e-mail 訊息。如此一來，一封 e-mail 可以在數秒內被傳遞給任何收件人，而不像傳統郵件需要花上數天的時間。

網際網路郵件定址

就像信封上的姓名和地址一樣，任何 e-mail 機制為了傳輸的緣故必須表示出一封 e-mail 的寄件方和收件方。藉由每位 e-mail 使用者的 e-mail 位址就可以聯繫到該位 e-mail 使用者，而 e-mail 位址格式被定義為

user@{host.}network

一個 e-mail 位址是由三個部分組成。第一個部分（user）和第二個部分（host）分別指出收件方的使用者名稱和郵件伺服器。e-mail 位址中有一個 @（at）符號分開第一部分和第二部分，其意味著「此位使用者存於該台郵件伺服器之中」。第三部分則指出該台郵件伺服器位置所在的網路或網域。注意到為求簡單，第二部分通常被省略掉，因為我們還是能夠從 DNS 的郵件交換主機（MX）資源紀錄中查找出一個網域的郵件伺服器，正如同之前在第 6.2 節裡所解釋的一樣。一個 e-mail 位址的範例是

ydlin@cs.nctu.edu.tw

其中的郵件伺服器位於台灣（tw）教育部（edu）之下國立交通大學（nctu）資訊工程系（cs）的網路之中。

網際網路郵件系統的組成元件

下一個問題是有哪些元件構成一個 e-mail 系統？一個 e-mail 系統是由四個關鍵的邏輯元件所組成：**郵件使用者代理（Mail User Agent, MUA）**、**郵件傳輸代理（Mail Transfer Agent, MTA）**、**郵件遞送代理（Mail Delivery Agent, MDA）**和**郵件取回代理（Mail Retrieval Agent, MRA）**，如圖 6.11 所示。下面將簡述每一個元件。

郵件使用者代理（MUA）

MUA 是一個 e-mail 客戶端程式，使用者可以透過 MUA 傳送並且接收訊息。一個 MUA 通常利用編輯器程式讓使用者去顯示和編輯訊息。除了閱讀和撰寫訊息之外，MUA 也能讓使用者在 e-mail 上附加檔案。常見的 MUA 應用包括在 UNIX 之類系統裡使用的 `elm`、`mutt` 和 `pine`，以及在微軟 Windows 系列裡使用的 `Outlook Express` 和 `Thunderbird`。替使用者傳送和接收訊息的自動化程式也可以被視為是 MUA。

郵件傳輸代理（MTA）和郵件遞送代理（MDA）

MTA，比方像 UNIX 系統平台所使用的 `sendmail`、`qmail` 和 `postfix` 等，其用途是透過簡單郵件傳輸協定（SMTP）來接收從 MUA 傳來的訊息，並且把訊息直接傳遞給在遠端郵件伺服器上的 MTA 或是給中繼的 MTA 來轉遞。然後，遠端郵件伺服器上的 MDA 會從接收訊息的 MTA 之處獲得訊息，並將信息寫入收件人的信箱，以便日後取回訊息。

郵件取回代理（MRA）

MRA 是被用來從一台伺服器裡的一個信箱中取回訊息，然後再將訊息以郵

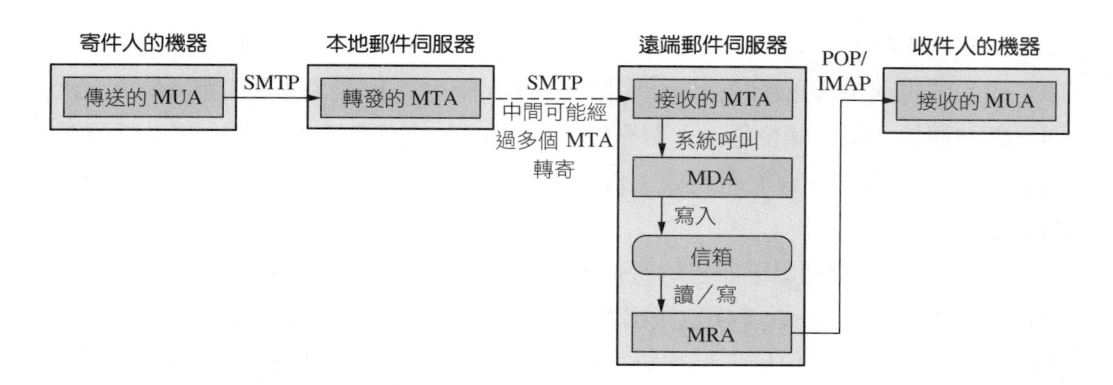

圖 6.11 e-mail 系統的邏輯元件

局協定（Post Office Protocol, POP）或網際網路訊息存取協定（Internet Message Access Protocol, IMAP）傳遞給一個 MUA。

從圖 6.11，我們可以看到一封訊息從寄件人編寫到訊息被收件人的機器取回的最後階段，它通過了 e-mail 系統裡的數個元件。這些元件需要某些協定來傳輸訊息。通常，寄件人的 MUA 會使用 SMTP 來傳送訊息給一個 MTA。因此，MTA 也被稱為 SMTP 伺服器。收信人可以透過 POP 或 IMAP 從郵件伺服器裡取回他的訊息。因此，用於儲存訊息和處理來自使用者的取回請求的郵件伺服器，我們稱之為 POP 伺服器或 IMAP 伺服器。我們將在第 6.3.3 節中詳細討論這些協定。

6.3.2 網際網路訊息標準

一封 e-mail 訊息通常是由兩個部分所組成，一部分是特定資料；而另一部分則是訊息的主體。根據其管理用途，特定資料可以被分類。第一類是對於傳輸媒介的特定資訊，比方說寄件人和收件人的位址。因此，這類資料被稱為信封（envelope）。它可能單獨被 MTA 傳送出去作為送給收件人的訊息。第二類是訊息標頭，包括主題和收件人的姓名，再接著是一行空白行而後面就是訊息主體。

e-mail 訊息的基本標準被定義在 RFC 822 裡，而後來的 RFC 2822 以及接下來的 RFC 5322 依序取而代之成為 e-mail 訊息的最新標準。RFC 822 規定了相當多關於訊息標頭格式的細節，並且讓訊息主體保持著單一的 ASCII 文字形式。然而，它無法應付各種不斷增加的需求，例如支援二進制字符（binary characters）、國際字符集（international character sets）和多媒體郵件擴充。因此，RFC 1341 裡便提出了一種被稱為**多用途網際網路郵件擴充（Multi-purpose Internet Mail Extensions, MIME）**的增強機制來應付這些新的需求。之後 RFC 1341 被新的 RFC 2045～2049 所取代。在本節的剩餘篇幅裡，我們將介紹這兩套標準。

RFC 822──網際網路訊息格式

RFC 822 規定了 e-mail 訊息的語法。此外，一封訊息是由一個信封和內容所構成，而其內容則包含訊息的標頭和主體。表 6.5 概括了 RFC 822 裡所定義的常見的訊息標頭欄位。每個欄位是由一個欄位名稱（field name）、一個冒號以及大多數欄位會有的一個值（value）所組成。根據欄位的用途，這些欄位可以被分類成不同的類型。

Originator 欄位列出了訊息的寄件人之資訊。From: 欄位指出是誰寫了並且寄出這封訊息。Reply-To: 欄位指出寄件人想要收件人的回覆被寄達的位址。當寄件人有好幾個 e-mail 位址、但卻想用最常使用的信箱來接收回覆的時候，這個欄位就可以派上用場。

表 6.5　常見的訊息標頭欄位

類型	欄位	描述
Originater（寄件人）	From:	要送出這封訊息的人。
	Reply-To:	提供了一個一般性之機制來指出訊息之回覆要被送到哪些信箱。
Receiver（收件人）	To:	訊息的主要收件人。
	Cc:	給次要收件人的訊息副本。
	Bcc:	給次要收件人的密件副本。包括 To:、Cc: 和 Bcc: 等收件人都無法看到有哪些其他的 Bcc: 收件人收到這封訊息。
Trace（追蹤）	Received:	每一個有轉發過訊息的傳輸服務都要把一份這個欄位加到標頭裡去。
	Return-Path:	最後一個傳輸服務，也就是傳遞訊息給收件人的傳輸服務，它要把這個欄位加上去。
Reference（參考）	Message-ID:	它含有一個獨一無二的辨識碼，而該辨識碼是由訊息起源之系統上的郵件傳輸所產生出來。
	In-Reply-To:	它指出這封訊息所要回覆的是先前的哪一封郵件。
Other（其他）	Subject:	它提供了一個訊息的摘要或指出訊息的本質。
Date（日期）	Date:	它提供了訊息被送出的日期和時間。
Extension（擴充）	X-anything:	它被用來製作還未被放到 RFC 裡的額外功能。

　　Receiver 欄位指出訊息的收件人資訊。常見的一種語法是 receiver 欄位裡任何兩個相鄰的收件人位址會被一個逗號分開。To: 欄位列出訊息的主要收件人。Cc: 欄位列出一連串會收到訊息的副本（carbon copy）的收件人位址。事實上，主要和次要收件人在訊息傳遞上而言是沒有任何區別的。通常，在 To: 欄位裡的收件人可能被預期會按照訊息來採取一些行動，而 Cc: 欄位裡的收件人僅接收一份拷貝本以供參考之用。Bcc: 欄位裡含有一連串額外的收件人位址，而這些位址將會接收到密件副本（blind carbon copy）。其中的差別是，其他接收到訊息的使用者無法知道有哪些 Bcc: 收件人。

　　Trace 欄位提供了訊息處理歷史的審查線索，並且指出一條返回訊息寄件人的路徑。每一台處理過訊息的機器其相關資訊將會被插入到 Received: 欄位裡，而其相關資訊包括機器的名稱、一個訊息 ID、機器收到訊息的時間和日期、訊息是來自於哪台機器以及所使用的是哪一種傳輸軟體。Return-Path: 欄位是被最後的傳輸系統（把訊息傳遞給收件人的傳輸系統）所加上去。這個欄位告訴我們如何按照特定路徑將回覆給傳回到訊息的來源。

　　Message-ID: 欄位含有一個獨一無二的辨識碼，而該辨識碼是由訊息起源之系統上的郵件傳輸所產生出來。它也指出訊息的版本。In-Reply-To: 欄位指出這封訊息所要回覆的是先前的哪一封郵件。Subject: 欄位以少數幾個字來描述訊息的內容。Date: 欄位提供訊息被送出的日期和時間。擴充欄位則被用來製作還 jd 1 被定義在 RFC 標準裡的額外功能。所有被使用者定義出來的欄位應該有一個以字串「X-」開始的名稱。

圖 6.12 是一個訊息標頭的範例。這個範例是說 ydlin@cs.nctu.edu.tw 送出一封訊息給 rhhwang@exodus.cs.ccu.edu.tw，而訊息的主旨是以「book」作為標題。該訊息首先被 mail.cs.nctu.edu.tw 處理，接著被 csmailgate.cs.nctu.edu.tw 執行病毒掃描，最後被傳遞給位於 exodus.cs.ccu.edu.tw 的郵件伺服器。

多用途網際網路郵件擴充（MIME）

多用途網際網路郵件擴充（Multipurpose Internet Mail Extensions, MIME）是一種用來增強傳統網際網路訊息格式的規格。MIME 使得 e-mail 訊息擁有：

1. 文字標頭和訊息主體能以除了 7 位元 ASCII 以外的字符集來顯示。
2. 在單一訊息內攜帶多個物件。

```
Return-Path: <ydlin@cs.nctu.edu.tw>
Delivered-To: rhhwang@exodus.cs.ccu.edu.tw
Received: from csmailgate.cs.nctu.edu.tw (csmailgate2.cs.nctu.edu.tw [140.113.235.117])
    by exodus.cs.ccu.edu.tw (Postfix) with ESMTPS id 431B212B01D
    for <rhhwang@exodus.cs.ccu.edu.tw>; Tue, 23 Jun 2009 00:25:52 +0000 (UTC)
Received: from mail.cs.nctu.edu.tw (csmail2 [140.113.235.72])
    by csmailgate.cs.nctu.edu.tw (Postfix) with ESMTP id 119193F65F
    for <rhhwang@exodus.cs.ccu.edu.tw>; Tue, 23 Jun 2009 00:22:57 +0800 (CST)
Received: from nctuc1cc065391 (f5hc76.RAS.NCTU.edu.tw [140.113.5.76])
    by mail.cs.nctu.edu.tw (Postfix) with ESMTPSA id 0577762148
    for <rhhwang@exodus.cs.ccu.edu.tw>; Tue, 23 Jun 2009 00:22:57 +0800 (CST)
Message-ID: <6CF49E76B3C6488AAB184E4A82FFDF66@nctuc1cc065391>
Reply-To: "Dr Ying-Dar Lin" <ydlin@cs.nctu.edu.tw>
From: "Dr Ying-Dar Lin" <ydlin@cs.nctu.edu.tw>
To: <rhhwang@exodus.cs.ccu.edu.tw>
Subject: book
Date: Tue, 23 Jun 2009 00:22:59 +0800
MIME-Version: 1.0
Content-Type: multipart/alternative;
    boundary="----=_NextPart_000_04F2_01C9F398.C3392310"
X-Priority: 3
X-MSMail-Priority: Normal
X-Mailer: Microsoft Outlook Express 6.00.2900.5512
X-MimeOLE: Produced By Microsoft MimeOLE V6.00.2900.5579
X-UIDL: mcA"!Ak,"!-Xn!!:pg"!
```

圖 6.12 訊息標頭的範例

3. 二進制或特定應用的檔案附件。
4. 多媒體檔案,例如影像、音訊和視訊檔案。

MIME 定義出新的標頭欄位,如表 6.6 所示。雖然 RFC 822 一直都是網際網路訊息唯一的格式標準,可是在某些情況下一台郵件處理代理仍會需要知道某一封訊息是否是根據新的標準所撰寫而成。因此,`MIME-Version:` 欄位被用來宣告正在使用中的網際網路訊息格式是何種版本。`Content-Type:` 欄位則描述包含在訊息主體裡的資料。如此一來,MUA 便可挑選出一個適合的機制來將資料呈現給使用者。藉著給出類型和子類型辨識符以及提供某些類型所需之參數,該欄位便能指出在訊息主體裡的資料之本質或主體之組件(body parts)。一般而言,其頂層的媒體類型宣告的是資料的一般類型,而其子類型則指出該資料類型的一種特定格式。`Content-Type:` 欄位的語法是

```
Content-Type := 類型 "/" 子類型 [";" 參數]…
```

有七種預先設好的內容類型,而它們最基本的特性被摘要於表 6.7。text 類型是用於傳送主要為文字形式的資料。multipart 類型指出構成多個主體組件的資料,而其中每一個都擁有它自己的資料類型。message 類型指出一筆被封裝的訊息。application 類型指出不符合任何其他類別的資料,例如像將會被某郵件應用處理但目前尚未被解讀的二進制資料或資訊。image 和 audio 類型分別指出影像和音訊資料。video 類型則指出該主體含有一個隨時間變化的影像,其可能伴隨有顏色和協調的聲音。

許多 Content-Type 的資料表示法是採用它們自然的格式,像 8 位元字符或二進制資料等。這些訊息之類型可能被傳送穿越過各式各樣的網路;然而,有些傳輸協定無法傳送這樣的資料。舉例來說,SMTP 限制它的郵件訊息為 7 位元的 US-ASCII 之資料,而且每行不能超過 1000 個字符,其中包含尾隨的 CRLF 分行字符。因此,對於那些擁有非 ASCII 部分的訊息,MIME 會將其編碼。Content-

表 6.6 MIME 的標頭欄位

欄位	描述
`MIME-Version:`	描述 MIME 訊息格式的版本。
`Content-Type:`	描述 MIME 內容的類型和子類型。
`Content-Transfer-Encoding:`	指出供傳輸使用的編碼方法。
`Content-ID:`	讓一個資訊主體能引用另一個主體。
`Content-Description:`	對於一個資訊主體的可能描述。

表 6.7　MIME 的 Content-Type 之集合

類型	子類型	重要參數
text	plain、html	Charset
multipart	mixed、alternative、parallel、digest	Boundary
message	RFC 822、partial、external-body	Id、number、total、access-type、expiration、size、permission
application	octet-stream、postscript、rtf、pdf、msword	type、padding
image	jpg、gif、tiff、x-xbitmap	無
audio	basic、wav	無
video	Mpeg	無

`Transfer-Encoding`：欄位告訴收件人一個訊息主體是如何被編碼以及如何才能將其解碼。以下描述了這個欄位所可能使用的值。

- **Quoted-Printable**：它的目的是表示特定的資料，而這些資料是由相當於 US-ASCII 字符集裡可列印字符的位元組所構成的。這裡每行長度不能超過 76 個字符。在第 75 個字符之後，剩下的字符就會被截斷放到下一行，而第 76 個字符會是一個作為跳脫字符（escape character）的「=」符號。
- **Base64**：這是用於那些要給 MIME 郵件程式使用者的資料和其他本文。Base64 使用從 US-ASCII 字符集衍生出來的一個 65 字符之子集合來編碼和解碼字符字串。這裡就像前述的 Quoted-Printable 編碼一樣，每行長度不能超過 76 個字符。
- **7bit**：它是預設值，其意味著訊息內容是純粹 ASCII 文字。
- **8bit**：這指的是資料是由 8 位元字符和以 CRLF 結尾的短行所構成。
- **Binary**：它類似於 8 位元之編碼但卻沒有 CRLF 分行符號。
- **X-Encoding**：它可以代表任何非標準的內容傳輸編碼。因此，任何額外增加的值必須有一個以「x-」作為開頭的名稱。

在建構一個高層使用者代理之時，可能會有需要讓一個訊息主體能夠引用另一個訊息主體。訊息主體可能會被貼上適當的 `Content-ID:` 欄位，其在語法上來說是等同於 RFC 822 的 `Message-ID:` 欄位。`Content-ID` 之值應該盡可能是獨一無二的。`Content-Description:` 欄位是被用來放一些關於某特定訊息主體的描述性之資訊。舉例來說，把一個「image」訊息主體給標示為「The front cover of the book」可能會有用，因為藉著該標示，訊息的收件人可以了解這個影像的含義。

圖 6.13 顯示出一個 MIME 訊息之範例。此訊息已被編碼，而所採用的是 base64 編碼法。

```
From: 'Yi-Neng Lin' <ynlin@cs.nctu.edu.tw>
To: ydlin@cs.nctu.edu.tw
Subject: Cover
MIME-Version: 1.0
Content-Type: image/jpg;
        name=cover.jpg'
Content-Transfer-Encoding: base64
Content-Description: The front cover of the book

<.....base64 encoded jpg image of cover...>
```

圖 6.13 MIME 訊息的範例

6.3.3 網際網路郵件協定

一個 e-mail 系統是依靠郵件協定來傳輸訊息於客戶端和伺服器端之間。這裡我們將介紹三個常見的郵件協定：SMTP、POP3 和 IMAP4。如之前在第 6.3.1 節中所描述的，SMTP 是被用來從一台郵件客戶傳送訊息到一台郵件伺服器，也就是從 MUA 傳送到 MTA，以及在郵件伺服器之間傳送訊息，也就是從 MTA 傳送到 MTA。POP3 是被用來讓客戶端從一台郵件伺服器取回訊息，也就是從 MRA 傳送到 MUA。IMAP4 類似於 POP3，但它支援一些額外的功能，例如在郵件伺服器上儲存和操作訊息。以下我們將詳細敘述這些郵件協定。

簡單郵件傳輸協定（SMTP）

簡單郵件傳輸協定（SMTP）是一個標準的主機對主機之郵件傳輸協定，其傳統上是透過 TCP 傳輸並且在埠 25 之上運作。SMTP 首先被定義在 RFC 821 裡，而後來被新的 RFC 2821 和 5321 所更新。一個聆聽於埠 25 之上並且使用 SMTP 協定來通訊的守護行程被稱為一台 SMTP 伺服器（亦即 MTA）。SMTP 伺服器會處理從寄件人和其他郵件伺服器而來的訊息。它接受了進入的連接之後，就把訊息傳遞給適當的收件人或給下一台 SMTP 伺服器。如果一台 SMTP 伺服器無法傳遞一個訊息到某特定位址，而其中的錯誤並非由於永久拒絕所導致，則該訊息會被存放在一個訊息佇列之中以便稍後再來傳送。之後，SMTP 伺服器會持續試著去傳送訊息，一直到傳遞成功或伺服器自己放棄；通常至少要經過 4 至 5 天之後伺服器才會放棄。如果 SMTP 伺服器放棄了訊息之傳遞，它會把無法傳遞的訊息和一份錯誤報告回傳給寄件人。

當一位 SMTP 客戶（MUA 或 MTA）建立了一條通往一台 SMTP 伺服器（MTA）的雙向傳輸頻道，該客戶可以產生並且傳送 SMTP 命令給 SMTP 伺服器。SMTP 回覆則從伺服器端傳送到客戶端，作為對於 SMTP 命令之回應。表

6.8 列出一些重要的 SMTP 命令。HELO 是用於雙方的對話之初，向 SMTP 伺服器表明 SMTP 客戶之身分。MAIL FROM: 告知 SMTP 伺服器誰是信件發送人。MAIL FROM: 使用在每封訊息的任何收件人身分被列出之前或在一個 RSET 命令之後。RCPT TO: 告知 SMTP 伺服器這封訊息要寄達的收件人是誰。多位收件人是被允許的，可是每位收件人的信箱必須被列名在 RCPT TO: 命令之中。RCPT TO: 命令是緊接在 MAIL FROM: 之後。DATA 指出郵件的資料。在 DATA 之後所輸入的所有一切都被視為訊息主體，並且會被送給收件人。訊息資料是以字符序列「<CRLF>.<CRLF>」作為結束。該字符序列意味著新的一行訊息中只含有一個英文句點「.」，其後再換新的一行。當上述英文句點被輸入之後，訊息可能被存放在佇列之中或被立刻傳送出去。RSET 會重設目前對話的狀態；目前所交流的 MAIL FROM: 和 RCPT TO: 都將被清除。最後，QUIT 被用來關掉目前的對話。

不論何時，只要 SMTP 伺服器收到從一位客戶送來的命令，該伺服器就會回覆一個 3 位數的數字代碼，以便指出剛才命令的執行結果是成功還是失敗。表 6.9 顯示回覆之代碼。代碼為 200 或 2xx 的回覆，意味著之前的命令已經被成功地處理完畢。

在了解 SMTP 命令和回覆的語法和語意之後，接下來我們來看圖 6.14 中客戶和伺服器之間的一個範例對話，其中 ynlin 傳送一封 e-mail 給 ydlin。注意到「R」指的是從接收的伺服器送來的回覆，而「S」指的是傳送的客戶端送給伺服器的輸入。

表 6.8 重要的 SMTP 命令

命令	描述
HELO	以傳送方的網域名稱來問候接收方。
MAIL FROM:	指出寄件人是誰，但也可能是要欺騙對方的不實資訊。
RCPT TO:	指出收件人是誰。
DATA	指出郵件的資料，而結尾是單獨一行裡放一個「.」字符。
RSET	重設目前的對話。
QUIT	關掉目前的對話。

表 6.9 SMTP 的回覆代碼

回覆代碼	描述
2xx	命令已被收到而且被處理完畢。
3xx	一般的流程控制。
4xx	關鍵的系統失敗或傳輸失敗。
5xx	SMTP 命令有誤。

R: 220 mail.cs.nctu.edu.tw Simple Mail Transfer Service Ready
S: HELO CS.NCTU.EDU.TW
R: 250 MAIL.CS.NCTU.EDU.TW Hello [140.113.235.72]
S: MAIL FROM:<ynlin@CS.NCTU.EDU.TW>
R: 250 OK
S: RCPT TO:<ydlin@CS.NCTU.EDU.TW>
R: 250 2.1.5 <ydlin@CS.NCTU.EDU.TW>
S: DATA
R: 354 Start mail input; end with <CRLF>.<CRLF>
S: ...mail content...
S: .
R: 250 2.6.0 <SK3MoY3AYg00000001@CS.NCTU.EDU.TW> Queued mail for delivery
S: QUIT
R: 221 mail.cs.nctu.edu.tw Service closing transmission channel

圖 6.14　SMTP 對話範例

郵局協定第三版（POP3）

郵局協定第三版（Post Office Protocol version 3, POP3）首先被定義在 RFC 1081 裡，而後來的 RFC 1225、1460、1725 和 1939 依序更新其定義。POP3 是被設計用來提供使用者對其電子郵件信箱之存取。一個聆聽於埠 110 之上並且使用 POP3 協定來通訊的守護行程被稱為一台 POP3 伺服器。SMTP 伺服器會接受來自於客戶端的連接並且讓客戶端取回他們的訊息。當一位 POP3 客戶和一台 POP3 伺服器之間建立好一條 TCP 連接之後，伺服器便傳送一個問候訊息給客戶，接著客戶就和伺服器互相交換命令和回覆。

一個 POP3 對話在它存在的時間中會經過一連串的階段。這些階段包括 AUTHORIZATION（認可）、TRANSACTION（交流）、UPDATE（更新）。一旦客戶連接到 POP3 伺服器並收到來自伺服器的問候訊息，對話就進入 AUTHORIZATION 狀態。接著為了證明它的身分，客戶必須告訴 POP3 伺服器它的使用者帳號和密碼。在客戶通過身分檢查之後，對話就進入 TRANSACTION 之狀態。此時，客戶可以發出命令給伺服器並要求伺服器照著命令去做事。舉例來說，叫它列出信箱裡的訊息。當客戶發出了 QUIT 命令時，對話就進入 UPDATE 之狀態。在此狀態之下，POP3 伺服器會釋放它在 AUTHORIZATION 狀態時配置給客戶的任何資源，和客戶告別，最後關閉它和客戶之間的連接。

表 6.10 概括列出一些基本的 POP3 命令。第三欄指出命令是屬於哪個對話狀態。USER 和 PASS 是被用來在 AUTHORIZATION 狀態下確認客戶的身分。STAT 是被用來取得信箱裡的訊息總數，以及總共佔用多少個位元組。LIST 是被用來取

得一封訊息或全部訊息的資訊量大小。如果一封訊息的名稱被放在 LIST 命令後面作為一個參數，則該訊息的資料將會被呈報給客戶端。RETR 是被用來從信箱中取回訊息。DELE 會將一封訊息標示成「已刪除」，而未來在任何一個 POP3 命令裡，如果引用到被標示為「已刪除」的訊息，將會產生錯誤。注意到如果在一個 POP3 對話中使用 DELE 來刪除訊息，被標示為「已刪除」的訊息實際上要等到這個 POP3 對話進入 UPDATE 之狀態的時候，才會被真正地刪除掉。NOOP 代表 no operation，也就是說使用這個命令後，POP3 伺服器除了傳送一個正面回應給客戶之外，其他什麼都不做。RSET 會把所有被標示成「已刪除」的訊息給重設成沒有被標示的狀態。最後，QUIT 會把 POP3 對話給轉變成 UPDATE 之狀態而接著就終止對話。

所有 POP3 回覆的開頭都是一個狀態行。這個狀態行含有一個狀態指示（status indicator）和一個關鍵字，其後可能還跟著一些額外的資訊。目前有兩種狀態指示：正面／正常（+OK）和負面／失敗（-ERR）。額外資訊會被列於狀態指示之後，兩者一起被列成單一一行的命令執行之結果。

圖 6.15 顯示一個 POP3 對話。注意到「S」代表從伺服器來的回應，而「C」是客戶所給的輸入。在這個範例中，有一個使用者登入到 POP3 伺服器。首先，他列出在他的信箱裡所有的訊息。然後他取回一封訊息，並接著關掉這個對話。

網際網路訊息存取協定第四版（IMAP4）

IMAP4 首先被定義在 RFC 1730 裡，而後來的 RFC 2060 和 3501 依序更新其定義。IMAP4 是被設計用來取代 POP3 協定。IMAP4 的出現是源自於一種需求：

表 6.10 基本的 POP3 命令

命令	描述	對話狀態
USER *name*	向伺服器表明使用者之身分。	AUTHORIZATION
PASS *string*	輸入使用者的密碼。	AUTHORIZATION
STAT	取得信箱裡的訊息總數以及總共佔用多少個位元組。	TRANSACTION
LIST [*msg*]	取得一封訊息或全部訊息的資訊量大小。	TRANSACTION
RETR *msg*	從信箱中取回訊息。	TRANSACTION
DELE *msg*	將 *msg* 標示成已從信箱中刪除。	TRANSACTION
NOOP	無操作（no operation）。	TRANSACTION
RSET	把所有被標示成「已刪除」的訊息給重設成沒有被標示的狀態。	TRANSACTION
QUIT	終止這個對話。	AUTHORIZATION UPDATE

```
S: +OK POP3 Server mail.cs.nctu.edu.tw
C: USER ydlin
S: +OK send your password
C: PASS *******
S: +OK maildrop locked and ready
C: ejqwe
S: -ERR illegal command
C: STAT
S: +OK 1 296
C: LIST
S: +OK 1 messages (296 octets)
C: RETR 1
S: +OK 296 octets
… <server start to send the mail content> …
C: QUIT
S: +OK ydlin POP3 server signing off (maildrop empty)
```

圖 6.15 POP3 對話範例

在任何地點都能使用網頁瀏覽器來存取郵件伺服器上的 e-mail，而不需要真正下載它們。IMAP4 和 POP3 之間的主要差別是在於 IMAP4 允許使用者在郵件伺服器上儲存和操作訊息，而 POP3 只允許使用者下載他們的訊息，然後在使用者的機器上來儲存和操作訊息。一個聆聽於埠 143 之上並且使用 IMAP4 協定來通訊的守護行程，被稱為一台 IMAP4 伺服器。使用者能夠使用在任何個人電腦上的一個 IMAP 郵件客戶端來閱讀、回覆和儲存在 IMAP 伺服器上的階層式目錄夾裡的訊息，並且把客戶訊息與 IMAP4 伺服器一起同步。

一個 IMAP4 對話會經過三個階段：一條客戶／伺服器之間連接地建立、從伺服器來的一個初始的問候、以及客戶／伺服器之間的互動。一個互動是由一個客戶的命令、伺服器的資料和伺服器的命令完成之回覆所組成。一台 IMAP4 伺服器的狀態可以是四種狀態的其中之一。大部分的命令只有在特定狀態中才會有效。以下將描述這四種狀態。

1. **尚未認證（non-authenticated）**：當一條連接被建立於 IMAP4 伺服器及客戶之間，伺服器便進入 `non-authenticated` 之狀態。客戶必須先提供身分認證的憑據之後才會被允許使用大部分的命令。

2. **已認證（authenticated）**：當一條事先被認證的連接開始之時，如果客戶已提供可接受的認證的情況下，或是在信箱選擇上發生錯誤之後，伺服器便會進入到 `authenticated` 之狀態。在 `authenticated` 之狀態下，客戶必須先行選擇一個信箱來存取，然後伺服器才會允許該客戶下達會影響訊息的命令。

3. 已選定（selected）：當一個信箱已被成功地選定之後，伺服器就會進入 selected 之狀態。在此狀態下，客戶已選好要存取哪一個信箱。
4. 登出（logout）：當客戶要求離開伺服器之時，伺服器就進入 logout 之狀態。在此時，伺服器將關閉連接。

表 6.11 列出 IMAP4 命令的一個摘要。我們不會在此對每個命令詳加解釋。簡而言之，IMAP4 包括用來創造、刪除和重新命名信箱的操作；用來檢查是否有新訊息的操作；用來永久移除訊息的操作；用來設定和清除旗標的操作；用來執行 RFC 822 訊息和 MIME 訊息之解析與搜尋的操作；以及選擇性取回訊息的屬性、本文和各部分內容的操作。客戶端是以訊息的序列號碼或其獨一無二的辨識碼來存取在 IMAP4 伺服器上的訊息。

每個 IMAP4 命令的開始是一個被稱為「tag」（標籤）的辨識碼（通常是一個短的字母數字的字串，例如 A001、A002 等等）。每個被送出的命令必須使用一個獨一無二的標籤。在兩種情況下，客戶的命令不會被完全地送出去。在兩者中的任一種情況，客戶會送出命令的第二個部分而沒有任何標籤；接著伺服器會以「+」符號為開頭的一行訊息來回覆這個命令。客戶必須完成整個命令的傳送之後才能送出另一個命令。

IMAP4 裡的回覆可以是有貼標籤或沒貼標籤的。一個有貼標籤的回覆意味著一個標籤相符的客戶命令已被執行完成。另一方面，沒貼標籤的回覆則表明了伺服器的問候或除了命令完成之外的伺服器狀態。伺服器狀態之回覆可採用三種型式：狀態回覆、伺服器資料和命令跨行繼續之請求。一位客戶在任何時候必須準備好接收下列的回覆。

1. 狀態回覆：狀態回覆可以表明客戶命令執行完畢的結果（OK、NO 或 BAD）或伺服器的問候和提醒（PREAUTH 和 BYE）。
2. 伺服器資料：當客戶接收到某一些伺服器資料時，它必須依照伺服器資料裡

表 6.11　IMAP4 命令之摘要

對話狀態	可使用的命令
任意	CAPABILITY、NOOP、LOGOUT
Non-authenticated	AUTHENTICATE、LOGIN
Authenticated	SELECT、EXAMINE、CREATE、DELETE、RENAME、SUBSCRIBE、UNSUBSCRIBE、LIST、LSUB、STATUS、APPDNED
Selected	CHECK、CLOSE、EXPUNCGE、SEARCH、FETCH、STORE、COPY UID

的描述來記錄這些資料。該資料傳遞了關鍵的資訊其會影響到隨後的所有命令和回覆之解讀。從伺服器傳回客戶的資料以及沒有指出命令完成的狀態回覆，這兩者都被稱作沒貼標籤的回覆。每個沒貼標籤的回覆其前面會冠以一個「*」符號。

3. 命令跨行繼續之請求：這些回覆表示說伺服器已經準備好從客戶那邊接受一個跨行命令之續行。這個回覆中會有一行文字作為提醒的訊息。

圖 6.16 顯示一個 IMAP4 對話的範例。一位使用者用他的帳號和密碼登入一台 IMAP4 伺服器。在認證成功之後，使用者就操作他的「inbox」信箱。使用者取回一封訊息之後，將訊息標示為要被刪除，最後關閉這個對話。

```
S: * OK Dovecot ready.
C: a001 login user passwd
S: a001 OK Logged in.
C: a002 select inbox
S: * FLAGS (\Answered \Flagged \Deleted \Seen \Draft unknown-3 unknown-4 unknown-0 NonJunk $MDNSent Junk
   $Forwarded)
S: * OK [PERMANENTFLAGS (\Answered \Flagged \Deleted \Seen \Draft unknown-3
   unknown-4 unknown-0 NonJunk $MDNSent Junk $Forwarded \*)] Flags permitted.
S: * 885 EXISTS
S: * 0 RECENT
S: * OK [UNSEEN 869] First unseen.
S: * OK [UIDVALIDITY 1243861681] UIDs valid
S: * OK [UIDNEXT 5146] Predicted next UID
S: a002 OK [READ-WRITE] Select completed.
C: a003 fetch 2 full
S: * 2 FETCH (FLAGS (\Seen) INTERNALDATE "05-Apr-2009 17:50:01 +0800"
   RFC822.SIZE 2104 ENVELOPE ("Sat, 5 Apr 2009 17:50:01 +0800")

   "=?big5?B? Rnc6IFJlOiC4Z7ZPsMqk5KTOusOrScV2ss6tcKrt?="
   (("rhhuang" NIL " rhhuang" " rhhwang@exodue.cs.ccu.edu.tw"))  (("rhhuang" NIL " rhhuang" "
   rhhwang@exodue.cs.ccu.edu.tw"))  (("rhhuang" NIL " rhhuang"  " rhhwang@exodue.cs.ccu.edu.tw")) BODY
   ("text" "html" ("charset" "big5") NIL NIL "base64" 1720 22))

S: a003 OK Fetch completed.
C: a004 fetch 2 body[header]
S: * 2 FETCH (BODY[HEADER] {384}
S: From: "rhhuang" <rhhwang@exodue.cs.ccu.edu.tw>
S: To: "ydlin" ydlin@cs.nctu.edu.tw>
S: Subject: =?big5?B?Rnc6IFJlOiC4Z7ZPsMqk5KTOusOrScV2ss6tcKrt?=
```

圖 6.16 IMAP4 對話範例

S: Date: Sat, 5 Apr 2009 17:50:01 +0800
S: MIME-Version: 1.0
S: Content-Type: text/html; charset="big5"; Content-Transfer-Encoding: base64
S: X-Priority: 3; X-MSMail-Priority: Normal; X-MimeOLE: Produced By Microsoft MimeOLE
S: a004 OK Fetch completed.
C: a005 store 2 +flags \deleted
S: * 2 FETCH (FLAGS (\Deleted \Seen))
S: a005 OK Store completed.
C: a006 logout
S: * BYE Logging out
S: a006 OK Logout completed.
S: Connection closed by foreign host.

圖 6.16 IMAP4 對話範例（續）

歷史演進：網頁式郵件 vs. 桌面式郵件

網頁式郵件（Webmail）是一種使用網頁瀏覽器來存取的 e-mail 服務，正好和桌面式 e-mail 程式像 Microsoft Outlook 或 Mozilla Thunderbird 等形成一個對比。*USA Today* 在 2008 年所做的一份調查報告指出，排名前四大的 Webmail 服務供應商是 Microsoft Windows Live Hotmail、Yahoo! Mail、Google Gmail 以及 AOL Mail。它們也提供了桌面式 e-mail 服務讓使用者取回 e-mail。相較於桌面式 e-mail 服務，Webmail 具有隨處皆可的存取性和微不足道的維護開銷這兩個優點。藉由 Webmail，客戶透過 IMAP4 命令來維護和操作在一台遠端 e-mail 伺服器上的 e-mail。和 Webmail 比較起來，桌面式 e-mail 服務要求客戶透過 POP3 或 IMAP4 命令從 e-mail 伺服器之處取回 e-mail 訊息，並且將它們儲存在使用者的本地電腦裡。桌面式 e-mail 服務仍然有兩個好處：對 e-mail 擁有全面控制以及能夠有效地存取被儲存在本地主機上的 e-mail。值得注意的一個有趣現象便是由於需要全面控制的緣故，工程師和科學家傾向於選擇桌面式 e-mail 而非 Webmail。

Webmail 服務存在兩個介面：(1) 在客戶和前端 Webmail 伺服器（第一個介面）之間使用 GET 和 POST HTTP 命令的網頁介面，以及 (2) 在前端 Webmail 伺服器和後端 e-mail 伺服器（第二個介面）之間使用 POP3/IMAP4 命令的 e-mail 介面。前端 Webmail 伺服器和後端 e-mail 伺服器可以被分開或被整合在一起，其分別如圖 6.17(a) 和 6.17(b) 所示。在圖 6.17(b) 中，第一個介面和第二個介面都被整合在同一台機器上面。

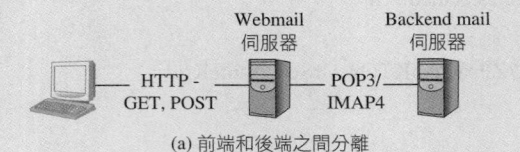

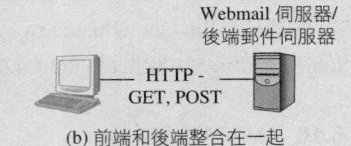

圖 6.17 Webmail 服務之架構

(a) 前端和後端之間分離　　　(b) 前端和後端整合在一起

開放源碼之實作 6.2：qmail

總覽

　　qmail 是一個安全、可靠、有效又簡單的 MTA，專門被設計在 UNIX 之類的作業系統下運作。它的目標是取代 sendmail，而後者是網際網路上最多人使用的 MTA。到目前為止，qmail 是排名第二最多人使用的 SMTP 伺服器，而且在所有網際網路上的 SMTP 伺服器之中，它的成長速度是最為迅速的。我們不在這裡介紹 sendmail 的原因是它的程式和設定檔很難理解。以下我們先介紹 qmail 的系統架構、控制檔案和資料流程。然後，我們將深入探討關於 qmail 佇列結構的細節。

　　總而言之，qmail 是 SMTP（埠 25）、POP3（埠 110）和 IMAP4（埠 143）這三種連接導向式、有狀態協定的一種並行式實作。它也支援 MIME 的訊息格式。

方塊流程圖

　　一個 e-mail 系統會執行各式各樣的任務，例如處理進入的訊息、管理佇列，以及把訊息傳遞給使用者。從程式結構的觀點來看，sendmail 是整塊式的（monolithic），也就是說它把全部的函數都放進一個龐大又複雜的程式裡。這導致許多安全上的缺陷和程式維修上的困難。然而 qmail 則是模組化的（modular），也就是說整個 qmail 系統是由數個模組程式所構成。qmail 的每個程式都是小而簡單，所以可以很有效率地執行它特定的任務。模組化的設計讓每個程式盡可能以最小的權限來運行，因此增強了系統的安全性。由於它良好的設計，qmail 也很容易被設定和管理。qmail 的核心模組和它們的函數被列在表 6.12。圖 6.18 以這些核心模組來顯示出 qmail 的方塊流程圖。我們將會在演算法之實作的小節來說明這個方塊流程圖中所指出的資料流程。

表 6.12　qmail 的核心模組

模組	描述
qmail-smtpd	透過 SMTP 來接收一個訊息。
qmail-inject	預先處理並且送出一個訊息。
qmail-queue	將一個訊息存放於佇列之中準備被傳遞出去。
qmail-send	將佇列裡的訊息傳遞出去。
qmail-clean	清除掉佇列的目錄。
qmail-lspawn	替本地的傳遞來排班。
qmail-local	傳遞或轉發一封訊息。
qmail-rspawn	替遠端的傳遞來排班。
qmail-remote	透過 SMTP 來送出一封訊息。
qmail-pop3d	透過 POP3 來分發訊息。

圖 6.18 qmail 套件裡的資料流程

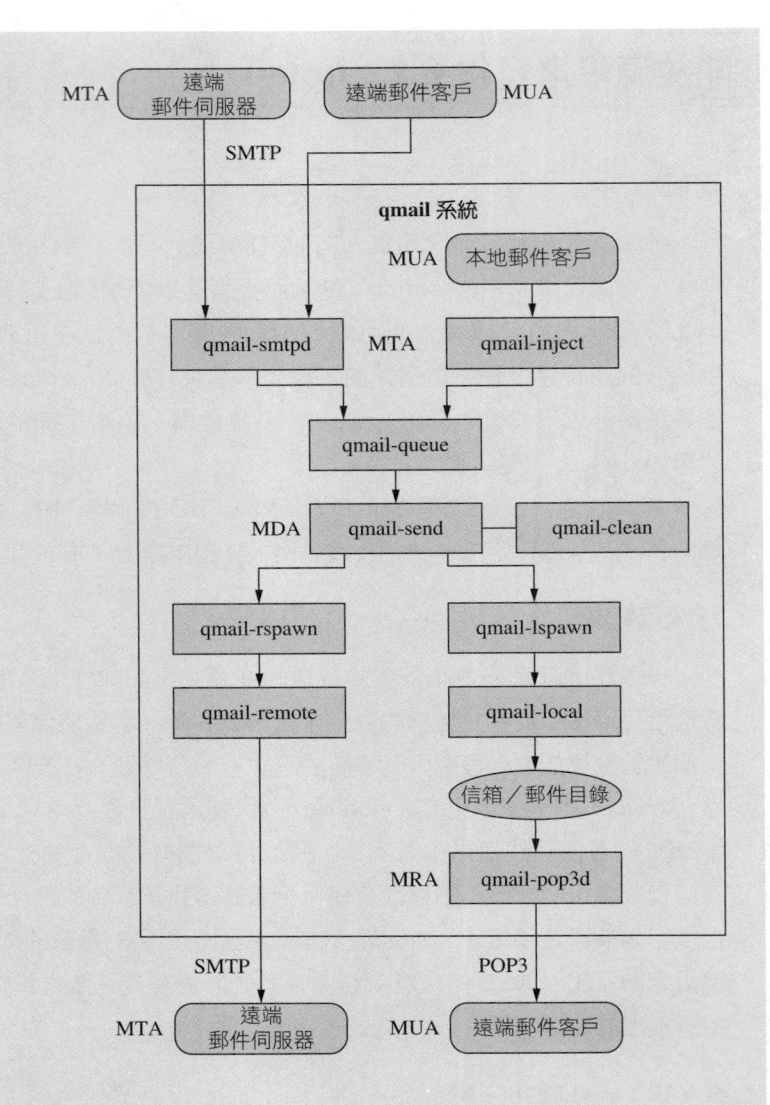

資料結構

　　qmail 使用許多設定檔來改變系統的行為。這些檔案位於 /var/qmail/control 目錄之下。在啟動 qmail 系統之前，我們必須修改某些檔案以達到所需之設定。表 6.13 列出一些控制檔案。這裡我們介紹三個最重要的檔案。me 檔案儲存本地主機的完全合格網域名稱（fully qualified domain name, FQDN）。rcpthosts 記錄 qmail 應該替哪些主機來接收訊息。留意到一點，所有的本地網域必須被列在這個檔案裡。locals 包含本地主機；換句話說，如果訊息是要被送往在 locals 檔案裡所列出的主機，則該訊息應該被遞送給本地使用者。

表 6.13 `qmail` 的一些控制檔案

控制檔案	預設	被誰所使用	描述
`me`	系統的 FQDN	許多個	作為許多控制檔案的預設值。
`rcpthosts`	無	`qmail-smtpd`	qmail 替檔案中的網域來接收訊息。
`locals`	`me`	`qmail-send`	qmail 需要在本地主機上傳遞的網域。
`defaultdomain`	`me`	`qmail-inject`	預設的網域名稱。
`plusdomain`	`me`	`qmail-inject`	被加到任何主機名稱其結尾是一個「+」符號。
`virtualdomains`	無	`qmail-send`	虛擬網域和使用者。

`qmail` 的佇列結構

qmail 會把接收到的訊息暫時儲存在一個中央佇列的目錄中，以便稍後傳遞。該目錄是位在 /var/qmail/queue，而且它擁有數個子目錄來儲存不同的資訊和資料。表 6.14 對這些子目錄和其所含有的內容做一個概括性的描述。

訊息從它進入到離開 qmail 佇列可能會通過好幾個子目錄，如同圖 6.19 所描繪的一樣。這是由三個階段所構成：(1) 訊息進入到佇列，(2) 佇列中的訊息被預先處理，以及 (3) 預先處理好的訊息被傳遞出去。

進入佇列

對於一個進入的訊息，qmail-queue 首先在「pid」目錄下產生一個擁有獨一無二檔名的檔案。檔案系統接著指派給該檔案一個獨一無二的「inode」號碼，例如 457。這個 inode 號碼是被 qmail-queue 用來辨認訊息。qmail-queue 會將新產生的檔案給重新命名，比方說將 pid/XXX 重新命名為 mess/457，並且把訊息寫到 mess/457。然後，qmail-queue 產生另一個新檔案，intd/457，並且把信封資訊寫到它裡面。接下來，

表 6.14 在 `qmail` 佇列裡的子目錄以及它們的內容

子目錄	內容
`Bounce`	永久傳遞之錯誤。
`Info`	信封寄件人位址。
`Intd`	信封正被 qmail-queue 建構中。
`Local`	本地的信封收件人位址。
`Lock`	鎖定檔。
`Mess`	訊息檔。
`Pid`	被 qmail-queue 用來取得一個 i-node 的號碼。
`Remote`	遠端的信封收件人位址。
`Todo`	完整的信封。

圖 6.19 訊息如何通過 `qmail` 佇列

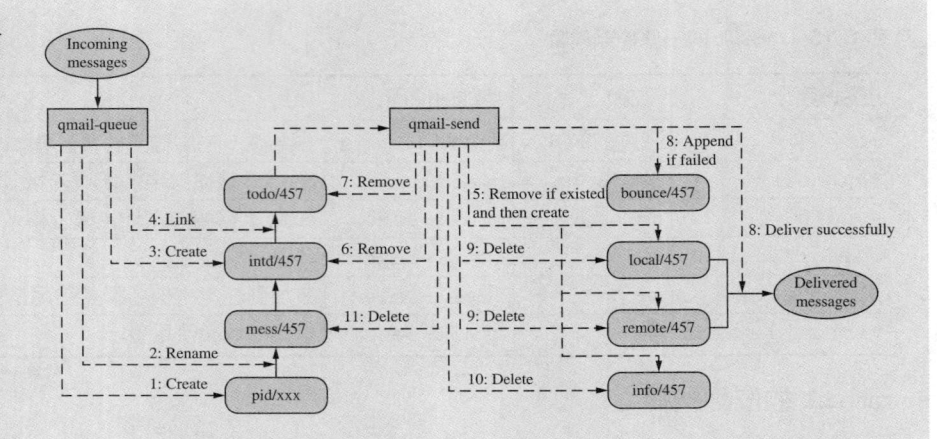

```
                    Incoming
                    messages
                       │
                       ▼
                  qmail-queue                    qmail-send ─────────8: Append──────────┐
                   │  │  │  │                    ║  ║  ║  ║            if failed        │
                   │  │  │  │         7: Remove  ║  ║  ║  ║                              │
                   │  │  │  └──────► todo/457 ◄──╢  ║  ║  ║  15: Remove if existed   bounce/457
                   │  │  │    4: Link    ▲       ║  ║  ║  ║  and then create
                   │  │  │                │       ║  ║  ║  ║                          8: Deliver successfully
                   │  │  │    3: Create   │       ║  ║  ║  ║    9: Delete
                   │  │  └─────────► intd/457 ◄──╢  ║  ║  ║  ─────────► local/457 ──────►
                   │  │                 6: Remove  ║  ║  ║                              Delivered
                   │  │                             ║  ║  ║    9: Delete                messages
                   │  └──────────► mess/457 ◄──────╢  ║  ║  ─────────► remote/457 ─────►
                   │           2: Rename  11: Delete ║  ║
                   │                                 ║  ║    10: Delete
                   │  1: Create                      ║  ╚════════════► info/457
                   └──────────► pid/xxx
```

qmail-queue 會把 `intd/457` 連到 `todo/457`。在這個步驟之後，訊息已經被成功地儲存在佇列裡而且將要被預先處理。

訊息的預先處理

訊息預先處理（message preprocessing）的目的是讓 qmail-send 能夠決定哪些收件人是本地的而哪些收件人是遠端的。當 qmail-send 找到 `todo/457`，它首先移除掉 `info/457`、`local/457` 和 `remote/457`，如果這些檔案存在的話。然後它讀取 `todo/457` 並且產生 `info/457`、`local/457` 和 `remote/457`。之後，它會移除掉 `intd/457` 和 `todo/457`。訊息的預先處理在此刻便全部完成。`local/457` 或 `remote/457` 現在含有收件人的位址。每個位址被標示著 NOT DONE 或 DONE 兩者其中之一。NOT DONE 和 DONE 的定義如下：

NOT DONE：如果已經嘗試過傳遞訊息到這個位址，這些嘗試全都已遭遇到暫時性的失敗。qmail-send 未來應該試著再次傳遞到這個位址。

DONE：這個訊息已被成功地傳遞，或是上一次傳遞的嘗試遭遇到永久性的失敗。無論是哪一種情況，qmail-send 不應該再試圖傳遞到這個位址。

訊息傳遞

在它閒暇之時，qmail-send 會傳遞某訊息到一個 NOT DONE 的位址。如果隨後的訊息傳遞成功的話，qmail-send 會把該位址標示為 DONE。如果遭遇到一個永久性的傳遞失誤，則 qmail-send 將會在 `bounce/457` 上附加一個說明，而如果需要的話它會先產生 `bounce/457`；然後，qmail-send 把該位址標示為 DONE。注意到一點，qmail-send 可能會把一個新的退回訊息注入到 `bounce/457`，並且在任何時間點刪掉 `bounce/457`。qmail-send 反覆地傳遞該訊息到 `local/457` 和 `remote/457` 裡的位址。當所有的位址都傳遞完畢之後，qmail-send 會刪掉 `local/457` 和 `remote/457`。然後，qmail-send 消除掉該訊息。首先，`qmail-send` 檢查 `bounce/457` 是否存在。如果 `bounce/457` 存在的話，`qmail-send` 會按照上述的流程來處理它。一旦 `bounce/457` 被刪掉之後，`qmail-send` 接著會刪掉 `info/457`，而最後則刪掉 `mess/457`。

演算法之實作

當 qmail 已經正確地被設定好以及運行之後，它就準備好接收從寄件人送來的訊息。一封訊息從被 qmail 收到，儲存在佇列中，到最後被傳遞給收件人，它會通過好幾個模組。圖 6.18 的方塊流程圖也顯示出在 qmail 套件裡的資料流程。首先，一個程式收到來自於一個寄件人的訊息。這個程式可能是針對透過 SMTP 送來的訊息的 `qmail-smtpd`，或是針對本地所產生的訊息的 `qmail-inject`。然後，`qmail-queue` 被 `qmail-smtpd` 或 `qmail-inject` 調用，以便將訊息放入到一個中央佇列目錄裡。然後該訊息被 `qmail-send` 和 `qmail-lspawn` 或 `qmail-rspawn` 一起合作傳遞出去，並且被 `qmail-clean` 清除掉。如果訊息是給本地使用者的，`qmail-lspawn` 會調用 `qmail-local` 去把訊息儲存到收件人的信箱或郵件目錄裡。如果訊息的收件人並非處於本地系統裡，`qmail-rspawn` 就調用 `qmail-remote` 去傳送訊息到收件人的郵件伺服器。隸屬於本地系統的收件人能夠透過 `qmail-pop3d` 去取回他們的訊息。留意到一點，`qmail-send`、`qmail-clean`、`qmail-lspawn` 和 `qmail-rspawn` 都是長時間運行的守護行程，而其他程式則是在需要之時才會被調用。

練習題

1. 找出哪些 .c 檔案和其中哪幾行程式碼在製作 `qmail-smtpd`、`qmail-remote` 以及 `qmail-pop3d`。
2. 在 qmail 結構的一個物件裡，找出 qmail 佇列其確切的結構定義。
3. 找出 e-mail 是如何被儲存在信箱和郵件目錄裡。

6.4 全球資訊網（WWW）

簡單可是卻很強大，全球資訊網（WWW）已促成網際網路顯著的成長，而且也改變了全世界分享資訊的方式。WWW 是從匿名性的資訊分享服務演進而來，其包括匿名性 FTP、Archie、Gopher 和 WAIS 等，可是 WWW 進一步把定址方法標準化並簡化成**統一資源定位器**（**Uniform Resource Locator, URL**）；把多媒體內容標準化成**超文件標示語言**（**HyperText Markup Language, HTML**）和後來的**可延伸標示語言**（**eXtensible Markup Language, XML**）；以及把存取協定標準化成為**超文件傳輸協定**（HyperText Transfer Protocol, HTTP）。本節首先以 URL 和其他類似的方案來介紹網頁命名和定址。然後我們將簡要地描述 HTML、XML 和 HTTP。**網頁快取**（Web caching）和**網頁代理**（Web proxying）機制也會被介紹。最後，Apache 會作為我們的開放源碼之範例，並將剖析它的效能。

6.4.1 導論

　　WWW 提供了一個網路空間讓全世界皆可存取人類的知識，並且允許位於不同地點的合作夥伴能夠分享他們的想法和他們共同計畫的各方面資訊。除非兩個計畫是被共同開發而非被獨立開發，兩個團體的結果可能無法被整合成一件完整銜接的工作。WWW 最早是由 Tim Berners-Lee 開始作為 European Organization for Nuclear Research（CERN）的一個計畫。自從 1989 年起，WWW 已經是最多人使用的各類資訊檢索之媒介。

　　藉著使用一個網頁瀏覽器，例如市售的 Microsoft Internet Explorer（IE）或其他剛興起的瀏覽器像 FireFox、Chrome 和 Opera 等，使用者能夠以圖 6.20 所說明的程序來存取任何線上提供的網頁。首先，在統一資源定位器（URL）裡的伺服器名稱，會透過 DNS 解析成一個 IP 位址。然後瀏覽器使用 TCP 三向握手協定來連接到在那個特定 IP 位址聆聽於一個 TCP 埠（通常是埠 80）之上的網頁伺服器。一旦 TCP 連接被設好之後，瀏覽器便發出一個超文件傳輸協定（HTTP）之請求給網頁伺服器來要求特定的資源。第一筆被請求的資源是一個以超文件標示語言（HTML）撰寫的網頁。網頁瀏覽器立刻解析該網頁，並且可能會發出對於圖片或網頁內任何其他檔案的額外請求。

　　HTTP 1.0 的標準是在 1996 年被制定於 RFC 1945 之中；而 HTTP 1.1 則是在 1997 年被制定於 RFC 2068 中，之後在 1999 年被 RFC 2616 淘汰。RFC 1866 在

圖 6.20 一位網頁客戶如何和一台網頁伺服器互動

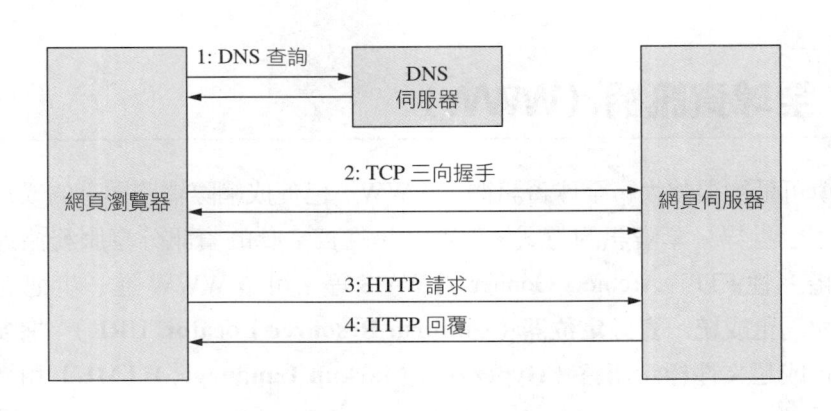

1995 年定義出 HTML，而在 2000 年被 RFC 2854 淘汰。URI 是 1995 年被定義在 RFC 1808 中，而在 2005 年被 RFC 3986 淘汰。

6.4.2　全球資訊網之命名和定址

　　資訊網（Web）是由大量的網頁和文件所形成的一個資訊空間。在資訊網上的資訊單位被稱為一筆資源（resource）。如何在此空間內找到資源並且操作資源是一項重要的議題。資訊網之命名是一種用來命名在資訊網上的資源的機制，而資訊網之定址則提供了存取這些資源的方法。**統一資源辨識符（Uniform Resource Identifier, URI）** 是一些簡短的字串，被用來辨認在資訊網上的資源。URI 使得資源可透過各種命名機制和存取方法而被獲取。統一資源定位器（URL）是 URI 的一個子集合，而前者描述可存取於資訊網上的資源的位址。另外一種 URI 是**統一資源名稱（Uniform Resource Name, URN）**。URN 是全球範圍之名稱，但它並不帶有位置的資訊。圖 6.21 顯示出 URI、URL 和 URN 之間的關係。注意到 URL 是被用來定位或找出資源，而 URN 是作為識別、辨識之用。

統一資源辨識符（URI）

　　一個 URI 是一串緊密的字元字串被用來識別一個抽象的或實體的資源。任何資源，不論是一頁文字、一張圖片、一段影片或聲音的片段、一個程式，它都有一個名稱被編碼在一個 URI 之中。一個 URI 通常是由三個部分所組成：

1. 被用來存取資源的命名方式。
2. 存放該資源的機器之名稱。
3. 資源自身的名稱，其形式為一條路徑或一個檔案名稱。

一般的 URI 語法包括絕對（absolute）和相對（relative）兩種形式。一個絕對的辨識符指出一筆資源，但其參考方式和目前的環境無關，而一個相對的辨識符指出一

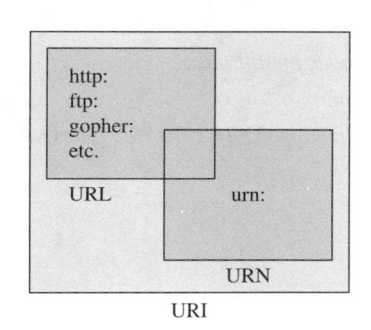

圖 6.21　URI、URL 和 URN 之間的關係

筆資源的參考方式是使用該資源和目前環境的 URI 之間的差別。絕對 URI 的語法是：

<scheme>:<scheme-specific-part>#<fragment>

其由三個部分所組成：所使用的方案之名稱（<scheme>）、一串字串（<scheme-specific-part>），而對於該字串的解讀是取決其所使用的方案，和一個作為選項的片段辨識符（<fragment>），其傳達了額外的參考資訊。

URI 的一個子集合分享一個共同的語意，而該語意是被用來表示在名稱空間裡的階層式關係。這產生一個通用的 URI 格式：

<scheme>:<authority><path>?<query>#<fragment>

其中 scheme-specific-part 已經被進一步分解成 <authority>、<path> 和 <query> 三個組件。許多 URI 方案包含一個階層式命名授權的頂級元件，因此 <authority> 被用來管理 URI 提示所定義的名稱空間。<path> 組件含有對管理機構有特定意義的資料，其指出在所指定的方案和管理機構的範圍內的資源。<query> 組件是一串字串，而其資訊是由資源來加以解讀。

有時候一個 URI 也能採用相對 URI 的形式，其中的 <scheme> 會被省略，而通常 <authority> 也會被省略。它的路徑一般指向目前環境所在的同一台機器上的一筆資源。相對 URI 的語法如下：

<path>?<query>#<fragment>.

圖 6.22 顯示一些 URI 的範例。第一個 URI 範例可以被解讀成以下的意思：一些位在伺服器「speed.cs.nctu.edu.tw」上的書本資訊是可以透過 HTTP 協定在路徑「~/ydlin/index.html」之處來存取。最後一個範例是一個相對 URI。假設我們有一個基礎 URI「http://www.cs.nctu.edu.tw/」。最後一個範例的相對 URI 就可以被擴展成完整的 URI「http://www.cs.nctu.edu.tw/icons/logo.gif」。

http://speed.cs.nctu.edu.tw/~ydlin/index.html#Books
http://www.google.com/search?q=linux
ftp://ftp.cs.nctu.edu.tw/Documents/IETF/rfc2300~2399/rfc2396.txt
mailto: ydlin@cs.nctu.edu.tw
news: comp.os.linux
telnet://bbs.cs.nctu.edu.tw/
../icons/logo.gif

圖 6.22 一些 URI 的範例

統一資源定位器（URL）

一個 URL 是一串緊密字串，而它表示著一筆資源在網際網路上的位置。它是 URI 的一種形式。URL 讓大眾和軟體應用能夠被導引到各種資訊，而這些資訊是可以透過若干不同的網際網路協定來存取。URL 的通用語法如下：

```
<service>//<user>:<password>@<host>:<port>/<url-path>
```

其中部分或全部的「`<user>:<password>@`」、「`:<password>`」、「`:<port>`」和「`/<url-path>`」可能被省略掉。在上述的語法中，`<service>` 指的是被用來供應資源的某特定方案。表 6.15 列出在此涵蓋的所有方案。在特定方案之後則是以一個雙斜線「`//`」開始的資料。`<user>` 和 `<password>` 則是使用者名稱和密碼這兩個選項。如果出現的話，使用者名稱和密碼中間是被一個冒號「`:`」所分開，而密碼後面則接著一個 at 符號「`@`」。`<host>` 指的是一台網路主機的網域名稱或 IP 位址。`<port>` 和它前面的 `<host>` 則被一個冒號所分開；`<port>` 是要連接的主機的埠號碼。`<url-path>` 給出如何表示某指定資源的位置的細節。注意到在 host（或 port）和 url-path 之間的斜線「`/`」並不屬於 url-path 中的一部分。

圖 6.23 顯示一些 URL 的範例。第一個 URL 指出在網站 www.cs.nctu.edu.tw 上的一個圖形檔案的位置，而第二個是可透過 SSL（Secure Socket Layer，即安全插槽層）協定（被「https」服務方案所指定）來存取的資訊工程系的 Webmail 網站。第三個 URL 指出在 ftp 伺服器「ftp.cs.nctu.edu.tw」上可以取得一個文字檔案。在這個範例中，使用者以它的使用者名稱「john」和密碼「secret」來登入 ftp 伺服器。第四個範例引用一篇在新聞伺服器「news.cs.nctu.edu.tw」上新聞團體

表 6.15 URL 中的特定方案

服務	描述
ftp	檔案傳輸協定
http	超文件傳輸協定
gopher	Gopher 協定
mailto	電子郵件位址
news	USENET 新聞
nntp	USENET 新聞，使用 NNTP 存取
telnet	對互動式對話的引用
wais	廣域資訊伺服器
file	特定主機的檔案名稱
prospero	Prospero 目錄服務

```
http://www.cs.nctu.edu.tw/chinese/ccg/titleMain.gif
https://mail.cs.nctu.edu.tw/
ftp://john:secret@ftp.cs.nctu.edu.tw/projects/book.txt
nntp://news.cs.nctu.edu.tw/cis.course.computer-networks/5238
telnet://mail.cs.nctu.edu.tw:110/
```

圖 6.23　一些 URL 的範例

「cs.course.computer-networks」裡編號為「5238」的新聞文章。最後的 URL 顯示出一個互動式服務,其可以被 Telnet 協定透過埠 110 來存取。

統一資源名稱(URN)

一個 URL 提供了一筆特定資源在資源網上的位置。如果該筆資源被移動到另一個位置,它的 URL 當然就會改變。URN 的用意是要藉由提供給資源一個能持續存在的辨識符來解決這個問題。一個 URN 是一個和位置無關的名稱,而它被用來辨識在資訊網上的一筆資源。URN 的語法是由四個部分所構成:

$$<URN> ::= \text{``urn:''} <NID> \text{``:''} <NSS>$$

其中的 <URN> 只是一個用來確認名稱是 URN 的標籤;「urn:」是一個名稱空間辨識符,用來判斷要如何處理這個 URN;<NID> 指的是一個名稱空間辨識符,而它指定了這個 URN 方案的官方權威;<NSS> 是一個特定的名稱字串,而它的語法和意義是被定義在 <NID> 的範疇之內。換句話說,<NSS> 的意思是由擁有該特定 URN 名稱空間的 <NID> 所指派以及決定。

圖 6.24 顯示一些 URN 的範例。「path」、「www-cs-nctu-edu-tw」和「isbn」是名稱辨識符。第一個範例是由一個命名權威(或路徑)「/home/ydlin/courses/」以及一個獨一無二的字串「index.html」所組成。第二個範例說明了網域「www-cs-nctu-edu-tw」中的一個學生。最後一個範例是一本書的 URN。這個 URN 使用書的 ISBN 號碼來命名這本書。如果一個服務想使用一個 URL 來引用該書,它可能看起來像

http://www.isbn.com/0-201-56317-7

其含有一個特定的協定和一個可能隨著時間被改變的網域名稱。URN 沒有使用這

```
urn:path:/home/ydlin/courses/index.html
urn:www-cs-nctu-edu-tw:student
urn:isbn:0-201-56317-7
```

圖 6.24　一些 URN 的範例

兩者中的任何一個，所以 URN 比較穩定。然而，如果有一個系統能夠把名稱映射到相對的資源，則 URN 將會變得更有用。這個流程被稱為解析（resolution），它很類似於 DNS 把一個網域名稱解析成 IP 位址的方式。RFC 1737 專注於把一個 URN 給解析成一個 URL 的案例，但是 URN 其實可以被解析成任何的網路資源或服務。

6.4.3　HTML 和 XML

超文件標示語言（HTML）是一種用於網頁的主要標示語言。作為全球資訊網協會（World Wide Web Consortium, W3C）所規定的**標準通用標示語言（Standard Generalized Markup Language, SGML）**的衍生語言，HTML 提供了一種方法來描述一份文件中以文字為主的資訊的結構，而該方法是把文字表示成超鏈結、標題、段落、清單等等，以及用互動式的表格嵌入式圖片和其他物件來支援文字。HTML 是以角括號（<>）環繞的**標籤（tag）**的形式所撰寫而成。

然而，純粹格式化已經被認為不足以幫助讀者吸收資訊。更進一步的期望是每個人能夠訂出他自己的標示語言標籤來描述資料，而非單純地將資料格式化。這就是可延伸標示語言（XML）的起源。XML 是在 2007 年被定義於 RFC 4826。它允許使用者定義標示的元件，並且幫助資訊系統分享結構化的資料。不同於 HTML 僅支援有限的樣式，XML 提供了一種被稱為**可延伸樣式語言（eXtensible Style Language, XSL）**的標準樣式之規範。和只能接受少數幾層巢狀結構（nested structure）的 HTML 比較起來，XML 允許任意層數的巢狀結構。它支援一種正式的語法將解析標準化，並使得解析更為容易。除了類似 HTML 的簡單超鏈結之外，XML 能夠做到延伸鏈結（extended links）。延伸鏈結裡的目標可以包括多個相同或不同資源類型的物件，使得內容的供應更為靈活。延伸鏈結能夠以 XML 鏈結語言（XML Linking Language, XLink）或 XML 指標語言（XML Pointer Language, XPointer）製作。

6.4.4　HTTP

The HTTP 訊息是由客戶和伺服器之間的請求（request）和回覆（response）所組成。一個請求訊息內有四個部分：(1) 請求行（request line），其包括一個要運用到資源上的方法（method）、資源的辨識符以及所使用的協定版本；(2) 標頭（header），其針對被請求的或要被提供的資料來定義出資料的各種樣貌；(3) 空白行（empty line），其被用來將標頭和訊息主體兩者隔開；以及 (4) 一個作為選項的訊息主體（message body）。

表 6.16 列出被用在請求訊息之中的請求方法。它們之中有許多值得進一步解釋。CONNECT 是被用來動態地從一條連接（connection）切換到一條隧道（tunnel），例如 SSL- 加密的穿隧（tunneling），以使通訊變得安全。GET 是最被廣泛用來取回某特定資源的方法。HEAD 是 GET 的虛擬版本，而它通常被用來測試超文字鏈結的正確性、可進入性和最近的修改。一個客戶可以使用 OPTIONS 來要求關於可用於指定 URL 的通訊選項之資訊，而不必去啟動一個資源行動或資源之提取。

POST 提交資料，以作為指定之資源的附屬項。PUT 要求資料被準確地儲存於指定之資源。如果指定之資源已經存在，資料應該被視為在來源伺服器上的資料的一個修改版。雖然 POST 和 PUT 很類似，但這兩者還是有一些差別。PUT 是一種有限的操作，而它只會把資料放到指定的 URL。然而，取決於伺服器的邏輯，POST 可以讓伺服器對資料做任何操作，包括把資料存在指定的網頁、一個新網頁、資料庫之中，或乾脆就把資料丟掉。TRACE 是被用來調用一個遠端的應用層的請求之環回（look-back）。也就是說，TRACE 讓客戶能看到在請求的接收方那端到底收到了什麼，然後客戶就可以使用這些資料作為測試或診斷用的資訊。

在接收到並解讀完一個請求訊息之後，伺服器會回傳一個 HTTP 回覆訊息。回覆訊息裡的第一行包括協定版本，再接著一個數值的狀態代碼以及和它相關的簡短文字敘述。表 6.17 簡要地列出回覆的狀態代碼。該狀態代碼是一個三位數的整數代碼，它反映了伺服器嘗試去滿足請求的結果。2xx 狀態代碼意味著請求已經被成功地處理完畢。

圖 6.25 提供一個 HTTP 對話之範例。在這個範例中，客戶下載了一些圖片檔案，然後上傳了數個文件到一台遠端伺服器。

表 6.16 HTTP 協定的請求方法

請求方法	描述
CONNECT	動態地從一條連接來切換到一條隧道，例如 SSL 加密的穿隧。
DELETE	如果可以的話，在伺服器上刪掉所指定的資源。
GET	要求所指定的資源的一種表示。
HEAD	像 GET 一樣要求回覆，但回覆裡沒有訊息主體。
OPTIONS	要求關於伺服器對指定的 URL 有支援的 HTTP 方法之資訊。
POST	提交資料以作為指定之資源的附屬項。
PUT	要求資料被存在指定的資源之下。
TRACE	調用一個遠端的應用層的請求之環回。

表 6.17　HTTP 協定的回覆狀態代碼

回覆狀態代碼	描述
1xx	訊息（Informational）：請求已收到，繼續整個流程。
2xx	成功（Success）：請求已被成功地收到、了解並接受。
3xx	重導向（Redirection）：必須採取進一步的行動才能完成請求。
4xx	客戶錯誤（Client Error）：請求裡含有不正確的語法或請求無法被完成。
5xx	伺服器錯誤（Server Error）：伺服器未能完成一個顯然是正確有效的請求。

從無狀態到有狀態

　　HTTP 基本上是一種無狀態之協定，也就是說，伺服器和客戶交流的期間中並不會保存任何的狀態。一台伺服器讓客戶取得他請求的網頁之後就完成了一次交流，所以每次的交流和任何其他交流都不相關。然而，有了來自客戶端的幫助，一

```
C: GET / HTTP/1.1\r\n
S: HTTP/1.1 200 OK\r\n
C: GET /images/doclist/icon_5_spread.gif HTTP/1.1\r\n
S: HTTP/1.1 200 OK\r\n
C: GET /images/doclist/icon_5_chrome_folder.gif HTTP/1.1\r\n
S: HTTP/1.1 200 OK\r\n
C: GET /doclist/client/js/3857076368-doclist_modularized-webkit_app__zh_tw.js HTTP/1.1\r\n
S: HTTP/1.1 200 OK\r\n
C: POST /ir HTTP/1.1\r\n
S: HTTP/1.1 200 OK\r\n
C: GET /DocAction?action=updoc&hl=zh_TW HTTP/1.1\r\n
S: HTTP/1.1 200 OK\r\n
C: GET /doclist/client/js/2829347588-doclist_upload__zh_tw.js HTTP/1.1\r\n
S: HTTP/1.1 200 OK\r\n
C: GET /images/doclist/icon_5_folder.gif HTTP/1.1\r\n
S: HTTP/1.1 200 OK\r\n
C: POST /upload/resumableupload HTTP/1.1\r\n
S: HTTP/1.1 201 Created\r\n
C: POST /upload/resumableupload/AEnB2Uqc0vh4TlTW3Kblk5ayKtlptLcH-mVAd2cvLdSFD1jSIQd
   1nNdJeZbVhOsKliVO4VeR9MP_gleoUDwU24rO07vUHUYvsQ/0 HTTP/1.1\r\n
S: HTTP/1.1 200 OK\r\n
C: GET / HTTP/1.1\r\n
S: HTTP/1.1 200 OK\r\n
C: POST /ir HTTP/1.1\r\n
S: HTTP/1.1 200 OK\r\n
```

圖 6.25　HTTP 對話範例

台 HTTP 伺服器可以被視為行為舉止就像有狀態的伺服器一樣。

有兩種方法能夠替需要保存狀態的應用來實現有狀態的 HTTP 交流。第一種是採用對話的概念，其中所有屬於一個潛在對話的參數會在客戶不知道的情況下被保存在伺服器裡。然而，由於伺服器的記憶體空間有限，這種方法缺乏擴充性，導致對話狀態很快會過期。為了解決這個缺點，體積相對較小的 cookie 可作為另一種選擇。在這個方法中，狀態被放在 HTTP 標頭裡傳送到客戶端，而客戶端則把這些狀態資訊以 cookie 的形式儲存。客戶端把 cookie 嵌入同一對話的後續 HTTP 請求。雖然擴充性被大幅度地增加，這種方法需要客戶端的配合，通常是透過使用者的手動設定來啟動 cookie 的使用，而且這也會給客戶帶來安全上的風險。

除了在交流層級的有狀態之外，還有額外的連接層級的有狀態是被依照 HTTP1.1 持久性（HTTP1.1 persistency）而提供。換句話說，僅一條 TCP 連接就足夠一位客戶用來攜帶它和一台伺服器之間的所有交流，當然這需要在有使用可設定之超時計時器的情況下才行。相較於普通的 HTTP1.0 替每一次交流都建立一條連接，上述作法顯著地減少所消耗的時間和記憶體空間。

原理應用：透過 80 連接埠或 HTTP 所傳輸的非 WWW 訊流

通常一個網際網路應用會和一個著名的伺服器埠號碼聯繫在一起。舉例來說，埠 53 是用於 DNS 服務，埠 20 和 21 則用於 FTP 服務，埠 25、110 和 143 則分別用於 SMTP、POP3 和 IMAP4 服務，而埠 port 80 用於 HTTP 服務。現在的網路攜帶了更為複雜的資訊流，例如 P2P 資訊流就會使用動態配置的埠號碼。然而，由於各種原因，這些非著名埠號碼上的資訊流通常會被企業的防火牆擋住。因此，許多這類的應用將它們的資訊流偽裝成是在 TCP 埠 80 之上或偽裝在 HTTP 訊息裡，以便於通過防火牆。舉例來說，Skype 可以被設定成運行在埠 80 之上。Windows Live Messenger 使用在 TCP 埠 1863 上運行的 Microsoft Notification Protocol（MSNP）來傳輸訊息，但是它也提供一個選項可將 MSNP 訊息給封裝在 HTTP 訊息之中。

透過埠 80 來傳輸和透過 HTTP 來傳輸是不同的兩回事。只要使用埠 80 來建立連接，前者就可以很容易被達成，而後者卻需要被原來的資訊流封裝在 HTTP 訊息之中。在這兩者中任一種情況下，其目標都是藉由埠 80 的資訊流或 HTTP 訊息來避開防火牆。如此一來，防火牆或網路管理者就無法依賴埠號碼或 HTTP 訊息來判斷訊息的類型，因為被認定為 Web 資訊流卻有可能是別的東西。

歷史演進：Google 應用程式

在雲端計算的年代，軟體可以出租給客戶作為一種服務，而非被售出讓客戶擁有。雖然 Google 是以提供網際網路搜尋服務而著名，它已經發布了好幾個以網頁為基礎的產品，包含 *Gmail*、*Google Maps*、*Google Calendar*、*Google Talk*、*Google Docs*、*Google Sites*、*Google Notebook*、*Google Chrome* 以及 *Picasaweb/Picasa*。Google 使用伺服器複製、資料備份、雲端計算等技術將工作量分散到所有的伺服器並且提升整體效能。最初，Google 應用只有支援線上版本，而線上版本中所有的操作都會被轉換成一連串的指令，透過網際網路傳送到 Google 伺服器並由伺服器去執行。現在 Google 應用也支援離線版本，其中使用者在本地主機上操作，並且當連接到 Google 伺服器之時再傳送最後的結果。

表 6.18 概括了各個類別的 Google 應用和它們的功能。*Google Docs* 是一種以網頁為基礎的線上應用套件，其類似於 Microsoft Office，但卻有更多線上協同工作的功能支援。*Google Notebook* 是一種以網頁為基礎的線上筆記本。*Google Chrome* 是一種網頁瀏覽器，其使用

表 6.18 Google 應用的分類

類別	應用名稱	註解
Office 套件	Google Docs	● 支援用在文件、試算表、簡報的文字編輯 ● 文字的共同編輯 ● 支援線上的使用
Web	Google Sites、 Google Notebook	● 網站的共同內容編輯 ● 支援線上的使用
照片編輯	Picasaweb、Picasa	● 組織／編輯數位照片 ● 支援線上／離線的使用
即時通訊／語音	Google Talk	● 使用 XMPP/Jingle 協定 ● 支援線上的使用
網頁瀏覽器	Google Chrome	● Webkit 版面編排引擎 ● V8 Javascript 引擎 ● 支援線上／離線的使用
時間管理	Google Calendar	● 應辦事項的管理、時間表安排、共享的線上日曆和行動日曆同步 ● 支援線上／離線的使用
地圖	Google Maps、 Google Earth	● 線上地圖服務 ● 支援線上的使用
通訊／合作	Google Wave	● 整合 e-mail、即時通訊、Wiki 和社交網路服務
電子郵件	Gmail	● 以網頁為基礎的介面 ● 支援 POP3、IMAP4 和 SMTP ● 支援線上／離線的使用

Webkit 版面編排引擎和 V8 Javascript 引擎。*Google Earth* 是一種地理資訊系統，其顯示出詳細的衛星地圖，甚至是街景。*Google Wave* 是一種以網頁為基礎的服務，被設計來整合用於個人通訊或共同通訊的 e-mail、即時通訊和社交網路。參與者可以傳送、回覆且編輯被稱為 *waves* 的訊息檔案；添加參與者；以及被通知發生了哪些改變，而且在這些 *waves* 檔案被其他合作者鍵入時，會即時回覆給這些 *waves*。

6.4.5 網頁快取和代理

網頁快取（Web caching）是一種用來促進在 WWW 下載文件的機制。就像電腦系統裡一般的快取概念，一份使用者之前已經取得的遠端內容的副本會被保存在本地的快取伺服器裡，以應付未來的存取。這樣做可以改善頻寬的使用效率及最重要的網上瀏覽之反應性。網頁快取對於經常請求的網頁是特別有幫助的。

當收到一筆請求時，快取伺服器會檢查內部是否有一份有效的副本。如果是的話（快取命中），伺服器會立刻把快取儲存的網頁送回給客戶；否則，伺服器將以一個找不到網頁的訊息來通知客戶（瀏覽器）。然後客戶瀏覽器繞過快取伺服器而直接送出一個請求給網頁伺服器，以便繼續進行網頁取回之請求。為了達到最大的網頁快取滿意度，有些方面必須仔細考量。

- **要儲存在快取的候選者**：雖然近年來磁碟製造技術一直都在進步，但磁碟容量仍然限制使用者不得濫用其磁碟配額。主要依賴磁碟儲存技術的快取機制亦是如此。因此，我們必須要有一種篩選機制來辨認出快取儲存的目標，而該目標通常指的是被頻繁讀取的靜態網頁，而非以 CGI/PHP/ASP 為基礎的動態內容。

- **內容替換**：為了進一步處理可能的磁碟儲存空間的短缺，通常會採用一些替換技術，例如移除（removal）和門檻值（threshold）之技術。前者是被行使於有限儲存空間的情況下；它會簡單地移除舊的網頁以便於容納新的網頁，儘管也可能搭配運用一個根據網頁的受歡迎程度和新穎度的選擇程序。在一個相對寬鬆的儲存要求之下，我們可以對內容設定一個門檻值，而超過門檻值時內容替換便會被執行。

- **快取一致性**：除了用來指認和移除舊內容的一般替換法之外，每個存放在快取的物件也和一個到期日期聯繫在一起，以避免內容變得過期。文件的到期時間可以根據最近一次文件被請求的時間或根據最近的有效日期計算出來，而後者被認為是必較恰當。然後，使用後者的代價就是計算量和通訊耗損的增加，尤其在尖峰時刻更為嚴重。

通透式的代理伺服器

一台快取伺服器也能夠作為一台代理伺服器，如此一來，當一個快取未中發生之時，它就可以幫忙轉發查詢到適當的目的地。轉發的目的地可以是其他快取伺服器或相關的網頁伺服器。這項功能在兩方面很有助益。首先，從客戶端再重送請求到網頁伺服器的耗損被消除。第二點也是最重要的，這樣做可以把全部的網頁存取集中到代理伺服器並且監控它們，進而達成最大程度的網路控管。

正常的情況下，網頁快取功能需要客戶端預先設定瀏覽器在第一時間先去查看快取伺服器；換句話說，瀏覽器必須知道快取伺服器的位址。然而，複雜的手動設定通常妨礙使用者啟動網頁快取。很幸運地，透明式代理伺服器（transparent proxy）能夠解決這個問題。透明式代理牽涉到一種被稱為埠重導向（port redirection）的閘道器層級技術。讓我們用很受歡迎的開放源碼套件 `Squid` 作為一個例子；`Squid` 支援了快取和透明式代理伺服器。一個網路的閘道器伺服器收集了所有目的地埠為 80 的網頁存取，並且將其導向至 `Squid` 伺服器（舉例來說，使用 Linux 裡的 `iptables`），而 `Squid` 伺服器常常會被整合到同一台閘道器之中。如此一來，伺服器對於一般使用者而言幾乎是透明的，所以手動設定自然也變成多餘的了。圖 6.26 的情形 (1) 描繪了把透明式代理伺服器整合在一台閘道器裡的概念。

然而，並非所有的系統管理者都偏好上述的整合式代理／快取伺服器之部署，如果不是由於效能考量的緣故，就是由於它們的網路拓樸裡並沒有閘道器。在這種情況下，我們便可以運用一台獨立的伺服器機盒透過政策路由來和一台分開的路由器一起合作，或是透過基於目的地埠號碼的交換規則來和一台第四層的交換器一起合作，就如同圖 6.26 的情形 (2) 所顯示的一樣。

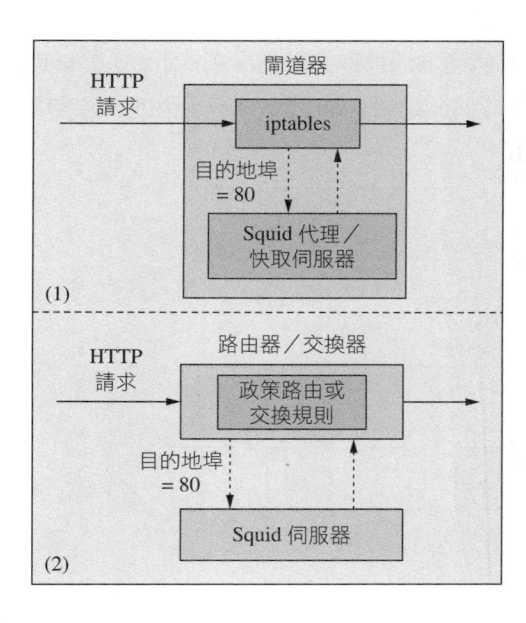

圖 6.26 透明式代理伺服器的兩種配置方式

開放源碼之實作 6.3：Apache

總覽

一提到開放源碼的網頁伺服器時，毫無疑問地 Apache 代表了最高的技術標準。憑藉著它功能全面的能力，例如動態網頁搭配資料庫（比方說，PHP+Mysql 或內建的 mod_dbd 模組）、SSL（安全插槽層）之支援、IPv6 之支援、XML 之支援和可擴充的多執行緒之結構，在 2010 年擁有 47% 市佔率的 Apache 繼續主宰著網頁伺服器市場。

隨著對於各種網頁相關服務的需求增加，Apache 網頁伺服器也變成開放源碼社群中最複雜的服務之一。然而，歸功於它的模組式設計，Apache 程式的內部設計仍然可以大略敘述於此。一般來說，Apache 是連接導向式、無狀態 HTTP 協定的一種並行式且預先產生子行程（pre-fork）之實作，而它是被綁定於埠 80。此外，Apache 把 cookie 嵌入在 HTTP 訊息中來額外支援長期的有狀態性。

方塊流程圖

Apache 伺服器程式的主要組件本質上就是階層式的，並且可以被分類成三個部分：(1) 伺服器行程的初始化，(2) 主伺服器，和 (3) 工人行程或工人執行緒（取決於實作），如圖 6.27 所示。我們將根據圖 6.29 的處理流程來描述這些組件。接下來，讓我們先介紹關於池（pool）的概念，而這對於 Apache 的軟體設計十分重要。

資料結構

就如同一般印象中的池是一組行程或執行緒，Apache 的記憶體資源也以池的形式來被操作。每個池會管理一條由資源區塊所構成的鏈結串列，而資源區塊則是池的基本元件。然而，當配置一個池的資源區塊時，在正確時間點來清理一下池裡的資料是必要的，以避免程式忘記釋放記憶體。為了確保資源區塊能適當地被取消配置，Apache 支援一定數量的內建階層式的池，而且每個池各有不同的存活時間，如圖 6.28 所示。一個池進一步包括一條由子池（sub-

圖 6.27 Apache 的內部架構

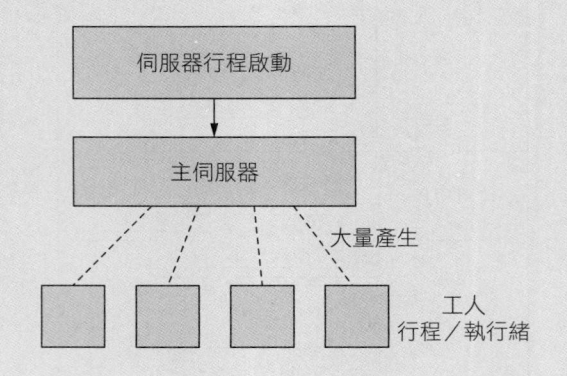

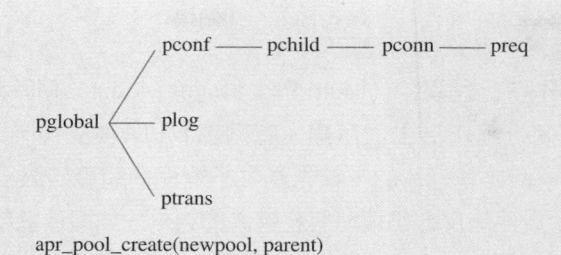

圖 6.28 Apache 裡池的階層結構

```
pconf ── pchild ── pconn ── preq
pglobal ─── plog
        ─── ptrans
apr_pool_create(newpool, parent)
```

pool）所構成的鏈結串列。當 pglobal 池在伺服器運行的整個期間都存在著，pconf、plog 和 ptrans 池所擁有的存活時間只到伺服器被重新啟動為止。同樣的存活時間之規則也應用在 pchild（子／工人行程／執行緒）、pconn（連接）和 preq（請求）。一個池可以被圖 6.29 的 apr_pool_create() 建立出來，其中的 parent 是被設定為 newpool 的父池。作為整個池資料結構的根，pglobal 是在伺服器啟動後自動被產生；如此一來，無論何時有需要子池的話（比方說，當新的連接要被建立時，當新的請求抵達時，等等），子池可以被啟動。

演算法之實作

現在讓我們討論圖 6.29 的 Apache 的處理流程。伺服器啟動是由 init_process() 所完成，其產生一池的行程以供最初之使用。然後 ap_setup_prelinked_modules() 把涉及到最初操作的模組初始化。一旦 apr_pool_create() 產生了上述的各個資源池之後，伺服器行程之初始化便已經完成。它後面接的是 ap_read_config() 去處理透過命令列所傳入

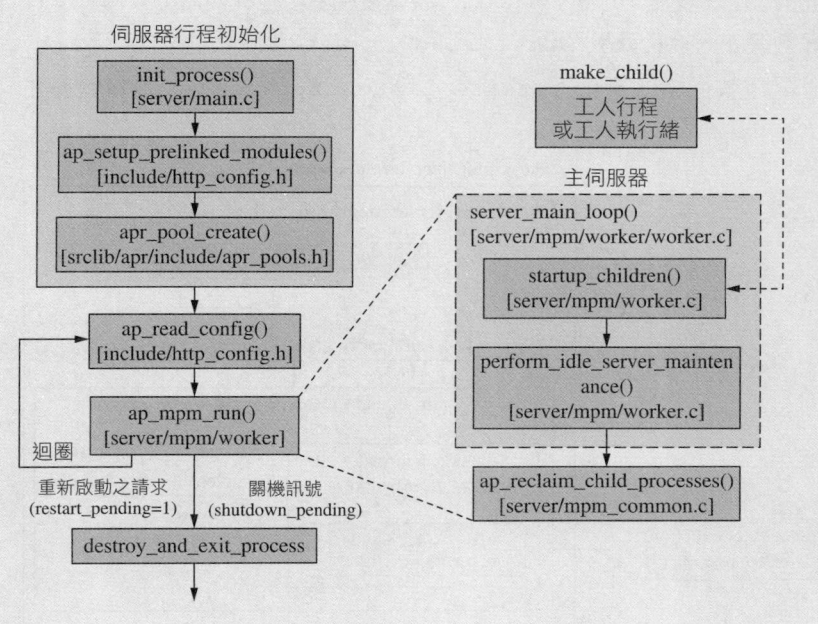

圖 6.29 Apache 網頁伺服器的內部

伺服器行程初始化

- init_process()
  [server/main.c]
- ap_setup_prelinked_modules()
  [include/http_config.h]
- apr_pool_create()
  [srclib/apr/include/apr_pools.h]
- ap_read_config()
  [include/http_config.h]
- ap_mpm_run()
  [server/mpm/worker]

迴圈

重新啟動之請求 (restart_pending=1)
關機訊號 (shutdown_pending)

destroy_and_exit_process

make_child()
工人行程或工人執行緒

主伺服器
- server_main_loop()
  [server/mpm/worker/worker.c]
- startup_children()
  [server/mpm/worker.c]
- perform_idle_server_maintenance()
  [server/mpm/worker.c]
- ap_reclaim_child_processes()
  [server/mpm_common.c]

的指令，然後反覆地讀取在相關子目錄裡的設定檔。

　　`ap_mpm_run()` 是在製作多行程模組（Multi-Processing Module, MPM）的一個主要里程碑。它是被調用來啟動一個行程作為主伺服器。有兩種 MPM 被支援，分別為 prefork 和 worker。prefork 機制實作了一個非執行緒的、預先產生子行程的網頁伺服器，其中有一預先設定好數量的行程將會被產生以便能反應迅速地服務進入的請求。如果要隔離每個請求以便讓單一請求的問題不會影響到任何其他的請求，prefork 也是最好的 MPM。然而，這種 MPM 缺乏擴充性，並且比較適合使用在沒有很好的執行緒函數庫（threading library）支援的舊型作業系統。現代作業系統像是 Linux 和 FreeBSD 等都裝備有執行緒函數庫，因此沒有這層顧慮。

　　為了彌補 prefork MPM 的弱點，worker MPM 製作了一種混合式的多執行緒的多行程伺服器。類似於 prefork 機制，一定數量的行程會被預先產生，但是在每個行程內會有多個執行緒進一步被預先啟動。和純粹以行程為基礎的伺服器相比之下，使用執行緒能夠以較少的系統資源來服務一個龐大數量的請求。worker MPM 執行多個行程，而每個行程有許多執行緒，所以它很大程度上仍然保留著以行程為基礎之伺服器所特有的穩定性。因此，我們將在剩餘的講解中使用 worker MPM，雖然預期在 `server/mpm/prefork/` 目錄中也有類似的函數用於 prefork MPM。

　　在 `ap_mpm_run()` 裡，`server_main_loop()` 會被調用來大量產生一預先設定好數量的子伺服器行程，其作法是重複地呼叫 `startup_children()` 裡的 `make_child()` 函數。取決於所選擇的多行程策略，每個子伺服器可能需要另一個初始化階段來存取適當操作所需之資源，舉例來說，連接到一個資料庫所需要的，而藉由呼叫 `make_child()` 裡的 `child_main()` 便能夠達到這個目的。如圖 6.30 所示，它使用 `apr_run_child_init()` 去啟動環境的設定。例如子執行緒的臨界區段（critical section），然後使用 `apr_thread_create()` 去大量產生一預先設定好數量的子執行緒。`apr_thread_create()` 隨後會調用 `start_threads()`，而後者處理兩種執行緒的產生：`create_listener_thread()` 函數會產生

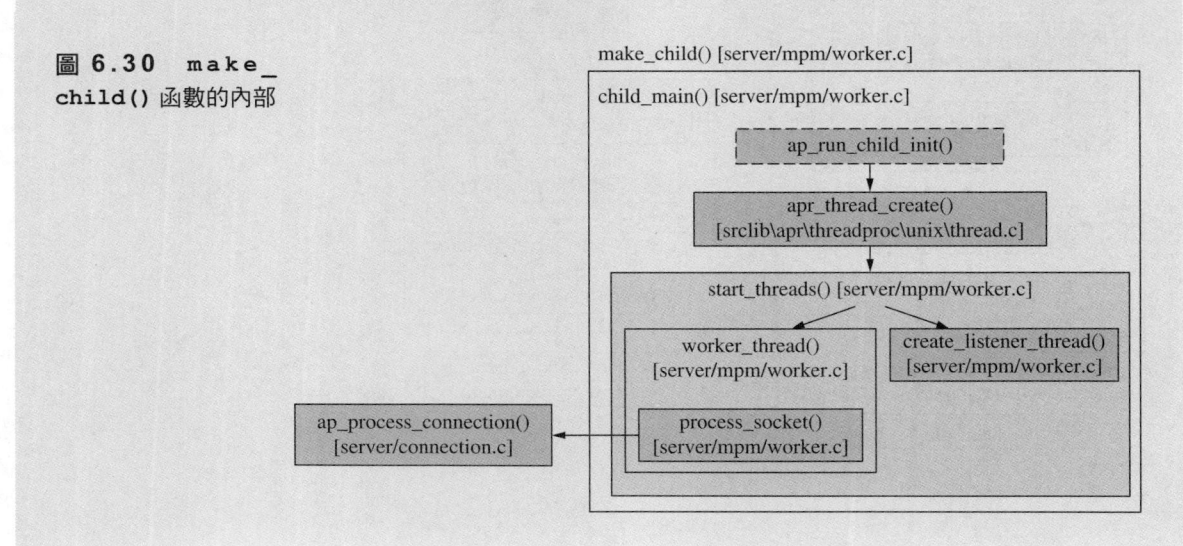

圖 6.30 `make_child()` 函數的內部

```
make_child() [server/mpm/worker.c]
  └─ child_main() [server/mpm/worker.c]
        ├─ ap_run_child_init()
        ├─ apr_thread_create()
        │     [srclib\apr\threadproc\unix\thread.c]
        └─ start_threads() [server/mpm/worker.c]
              ├─ worker_thread()           create_listener_thread()
              │   [server/mpm/worker.c]     [server/mpm/worker.c]
              │
              ├─ process_socket()
              │   [server/mpm/worker.c]
              └─ ap_process_connection()
                  [server/connection.c]
```

聆聽者執行緒（listener thread），其負責聽取新的連接請求；`worker_thread()` 則產生工人執行緒，其使用 `process_socket()` 和 `ap_process_connection()` 來處理插槽。注意到一點，只有當存在著一個以上的工人執行緒之時聆聽者執行緒才會被產生。我們可以用一個簡單的比喻來解釋這個構想：一間餐廳需要確定廚師們（工人執行緒）已經就緒，然後服務生（聆聽者執行緒）才能夠開始接受顧客的點餐。所以，系統必須三不五時地檢查工人執行緒的可獲得性，並在需要時補充執行緒池。

當子伺服器忙於處理請求之時，主伺服器正在執行圖 6.29 的 `server_main_loop()`，在產生子伺服器和找出即將死去（狀態為 SERVER_GRACEFUL，指的是禮貌性的關機）和死掉的子伺服器（狀態為 ERVER_DEAD）之後會進入 `perform_idle_server_maintenance()`。藉由監測著即將死去和死掉的伺服器，Apache 便能知道是否應該產生更多的伺服器。最後，如果一個關機訊號是由 `ap_mpm_run()` 所造成，主伺服器將開始以 `ap_reclaim_child_processes()` 來回收全部的子伺服器。

練習題

1. 找出哪些 .c 檔案和其中的哪幾行程式碼在製作 prefork。何時 prefork 會被啟動？
2. 找出哪些 .c 檔案和其中的哪幾行程式碼在製作 cookie 持久性。
3. 找出哪些 .c 檔案和其中的哪幾行程式碼在製作 HTTP 請求之處理和 HTTP 回覆之準備。

效能專欄：網頁伺服器的處理量和延遲時間

圖 6.31 顯示在 Apache 網頁伺服器中，HTTP 請求處理的函數呼叫圖。`ap_run_create_connection()` 配置資料結構給一個進入的請求並且將資料結構初始化，`ap_read_request()` 解析該請求，然後 `ap_process_request_internal()` 檢查其權限。要回覆一個請求的話，`ap_invoke_handler()` 調用內容產生器去準備好回覆的資料，`check_pipeline_flush()` 完成任何擱置的回覆，而 `ap_run_log_transaction()` 在日誌檔中記錄關於連接的資料。最後，`ap_lingering_close()` 關閉連接並清理資料結構。

圖 6.32 說明了每個函數在處理 HTTP 請求上所花費的時間。最值得留意的觀察是，在 `ap_invoke_handler()` 上花費的時間會隨著檔案大小而增加。在實驗中，一個 HTTP 回覆被設定為回覆一個靜態的（在硬碟上的）網頁，所以 `ap_invoke_handler()` 所啟動的內容產生器的任務是從硬碟讀取網頁並傳送檔案內容給客戶端。如果所有的檔案在傳輸前都需要被從硬碟讀取到使用者空間記憶體，則這就是最花時間的任務。

Linux 提供 `sendfile()` 系統呼叫來加速資料拷貝之任務，而 `ap_invoke_handler()`

圖 6.31 Apache 網頁伺服器裡的 HTTP 請求之處理

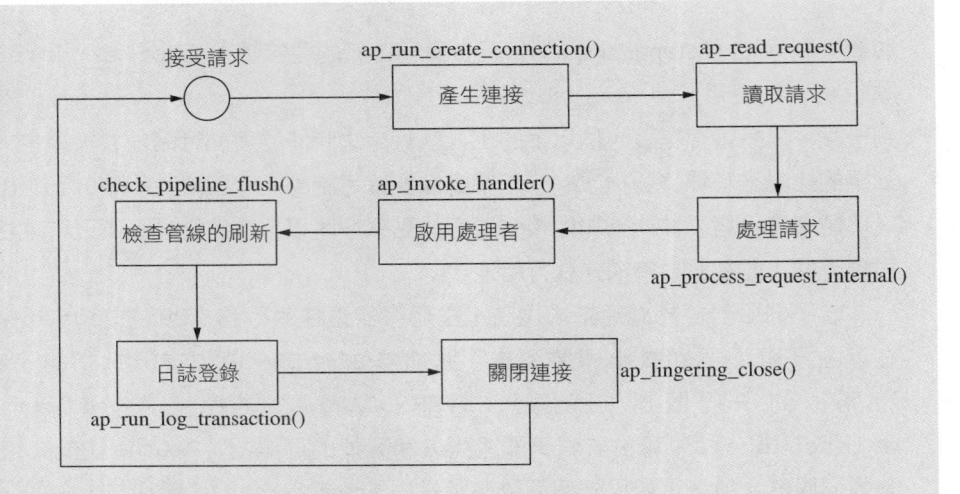

圖 6.32 HTTP 請求處理裡的主要函數的延遲時間

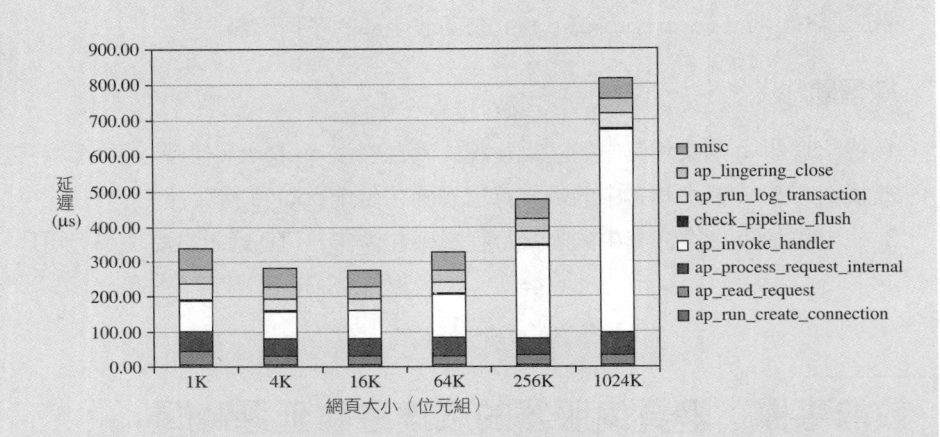

則利用該系統呼叫來產生 HTTP 回應。sendfile() 的原型是 ssize_t sendfile(int out_fd, int in_fd, off_t *offset, size_t count)，而藉由它，Linux 核心從一個檔案描述子（例如在硬碟上的一份檔案）直接拷貝到另一個檔案描述子（例如插槽），而不必經常性地在使用者空間和核心空間之間作內文切換。這種功能被稱為 zero-copy。每一次被呼叫，sendfile() 會拷貝檔案的一部分（其大小取決於檔案系統的結構），所以 sendfile() 必須被呼叫許多次才能完成一份檔案的拷貝。表 6.19 列出呼叫 sendfile() 送出網頁所花的時間。如果網頁愈大，sendfile() 所消耗的 ap_invoke_handler() 執行時間之比例就會增加。當傳送一個 1 K 位元組的網頁給客戶端時，僅 35% 的 ap_invoke_handler() 執行時間是花在 sendfile() 上面，而當網頁大小是 1024 K 位元組時，該比例就變成 87%。

表 6.19　`sendfile()` 佔用 `ap_invoke_handler()` 執行時間的比例

檔案大小	1K	4K	16K	64K	256K	1024K
呼叫 `sendfile()` 的次數	1	1	1	2	7	15
`sendfile()` 的總執行時間（微秒）	37	37	42	78	215	527
`ap_invoke_handler()` 被 `sendfile()` 佔用的比例	35%	38%	40%	53%	77%	87%

6.5　檔案傳輸協定（FTP）

身為最早的網際網路應用之一，檔案傳輸協定並不是像它聽起來一樣那麼簡單。事實上，它擁有一種相當獨特的雙連接之運作模式。雙連接運作模式運用了**頻外訊號通知（out-of-band signaling）**，其中命令／回覆和使用者資料是分別被傳輸在分開的控制連接（control connection）和資料連接（data connection）之上。大部分其他應用執行的是**頻內訊號（in-band signaling）**，其中控制訊息和資料都通過同一條連接。大概唯一和 FTP 類似的是 P2P 應用，其通常會送出大量的 UDP 資料段作為查詢／回覆訊息之用，並且建立 TCP 連接以供真正的資料傳輸來使用。本節將說明這種巧妙的雙連接操作模式以及一台 FTP 伺服器如何從主動模式（active mode）切換到被動模式（passive mode）以便在防火牆或 NAT 的後方還能連接。FTP 協定的訊息也會被介紹。我們挑選 `wu-ftp` 作為開放源碼之實作的一個範例。

6.5.1　導論

幾十年以前，人們撰寫程式並把它們存在磁帶或硬碟裡。為了要在一台遠端機器上執行程式，所有的磁帶和硬碟都要被運到機器那邊，並且把其中的程式和資料都載入到機器裡。這種作法通常既不方便又花時間。為了解決運送磁帶和硬碟的這種沒有效率的作法，檔案傳輸協定（FTP）被設計成允許使用者透過網際網路有效並可靠地從一台主機傳送檔案到另一台。另一個伴隨 FTP 而來的好處是資料複製，而這使得大規模的資料備份得以實現。FTP 是在 1971 年於 RFC 172 裡首先被提出，稍後依序被 RFC 265、354、542、765 所淘汰，而最後在 1985 年在 RFC 959 裡被標準化。2007 年的 RFC 3659 是 FTP 擴充功能的最新更新。

就像許多其他的網路應用一樣，FTP 是以客戶 - 伺服器模式來運作，並且運行於 TCP 之上，因此它保證了可靠的點對點式的連接。FTP 提供兩種存取：認證式

（authenticated）和匿名式（anonymous）。前者需要一組帳號和密碼以供使用者認證，而後者通常是不受限制，雖然某些來源 IP 位址可能會因為管理上的考量而被禁止。一位匿名使用者只需要以「anonymous」或「ftp」的名稱登入並且輸入使用者的 e-mail 位址作為密碼，而在許多情況下其實密碼通常不會被嚴格檢查。

舉例來說，如果你想要透過 FTP 從另一所大學下載一份檔案，你需要先登入到一台本地電腦。除非你使用匿名式 FTP，否則你也需要一個登入名稱和密碼來存取你在遠端 FTP 伺服器上的帳戶。在一個 FTP 對話中共有五個主要步驟：

1. 連接到或登入到一台特定的電腦。這台電腦可能是你想要上傳目標檔案過去或從它那裡下載目標檔案的電腦。
2. 啟動 FTP 客戶端程式。
3. 連接到特定的遠端 FTP 伺服器來下載或上傳目標檔案。
4. 提供使用者名稱和密碼來登入到遠端伺服器。
5. 發出一連串的命令給 FTP 伺服器來觀看或傳送目標檔案。

一個 FTP 客戶端應用能夠在 UNIX 之類或 Windows 的系統中執行。在 FTP 伺服器站上普遍都有支援基本的 FTP 命令。表 6.20 描述了這些基本的 FTP 命令。

我們甚至可以使用一個網頁瀏覽器來啟動一個 FTP 對話。舉例來說，在匿名模式中，如果你在瀏覽器的 URL 欄位裡輸入

```
ftp://ftp.cs.nctu.edu.tw
```

如果該 FTP 站允許匿名式登入，則瀏覽器會自動地把你登入到該 FTP 站上作為一位匿名使用者。在認證模式中，URL 欄位裡的登入格式是

```
ftp://user1@ftp.cs.nctu.edu.tw
```

表 6.20　一些 FTP 使用者命令

命令	描述
OPEN	連接到一台遠端主機
CAT	觀看在遠端主機上的一份檔案
GET	取回在遠端主機上的一份檔案
RENAME	更改在遠端主機上的一份檔案的名稱
RM	刪除在遠端主機上的一份檔案
QUIT	終止一個 FTP 對話

這意味著使用者要用「user1」的身分來登入伺服器 ftp.cis.nctu.edu.tw。接著將會提示一個輸入視窗，要求輸入密碼。

6.5.2 雙連接之運作模式：頻外訊號通知

在客戶端和伺服器端之間的 FTP 通訊會利用兩條獨立的連接，其分別為伺服器在 TCP 埠 21 上面聆聽的控制連接；以及伺服器在 TCP 埠 20 上面聆聽的資料連接。如同它們字面上所暗示的，控制連接負責處理命令、參數、回覆的交換，以及一些用於錯誤恢復的標示的交換，而資料連接則專門用於檔案之傳輸。前者在整個 FTP 對話中都持續存活著，而後者是有需要它時才會被產生以及刪除。不像大多數其他的應用會把控制和資料訊息混合在一起並且透過同一條連接傳送出去（即所謂的頻內訊號通知），這種雙連接之機制通常被稱為頻外訊號通知。如圖 6.33 所示，下面將詳細敘述一條 FTP 對話的程序。

建立了控制連接並且完成了認證流程之後，客戶端會發送給伺服器一個 FTP 請求，`PORT h1,h2,h3,h4,p1,p2`，而這個請求的意思是「你能夠建立一條資料連接到我這邊嗎？IP 位址是 h1.h2.h3.h4，而埠號碼是 p1p2。」而客戶端會在該 IP 位址的指定埠號碼上面聆聽。注意到 h1~h4 和 p1、p2 都是 16 進制數字。然後伺服器回覆給客戶端一個適當的狀態代碼作為確認之用。接下來客戶端可以發送命令來列出、下載、附加或上傳檔案於伺服器的檔案系統裡。伺服器會啟動一條的資料連接以用於檔案傳輸。注意到，因為上述的每一個命令都牽涉到一條獨立的資料連接，在它們之中任何一個命令被發送之前，應該總是先發送一個 `PORT` 命令。當

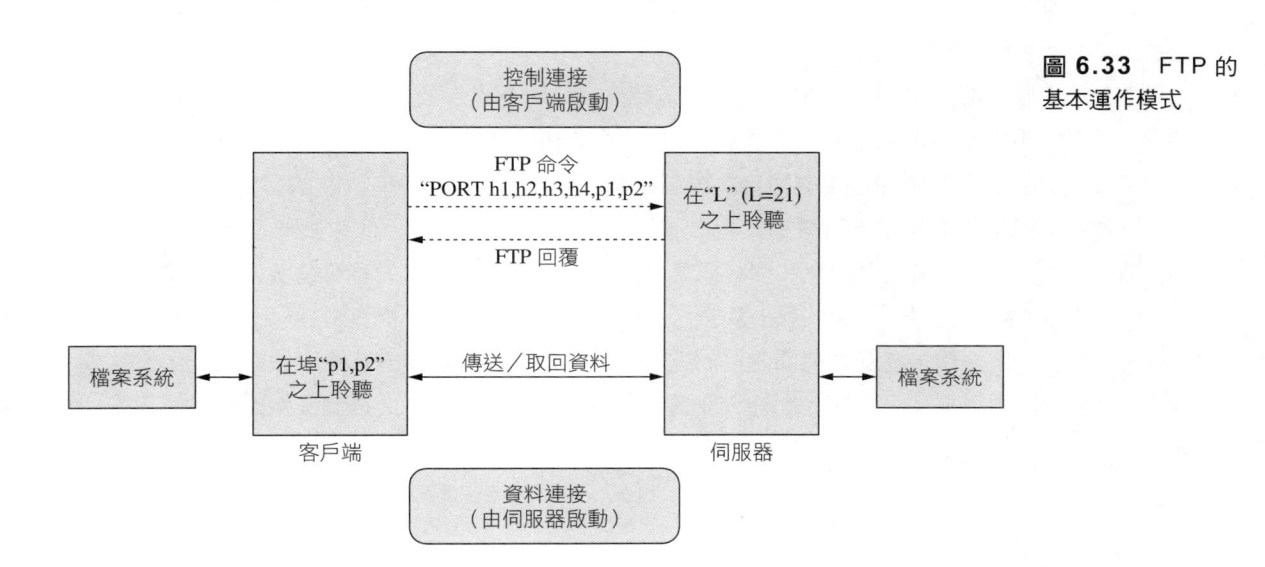

圖 6.33 FTP 的基本運作模式

所有的操作都完成之後，客戶端就透過控制連接來傳送「QUIT」命令給伺服器，以便終止 FTP 對話。

有時候，發出 FTP 命令的主機不一定非得是客戶端或伺服器端；換句話說，它可以是客戶和伺服器之間的掮客，其透過 FTP 命令來安排在客戶端或伺服器端之間的資料連接。舉例來說，這種模式可以使用在彼此的備份系統，其中檔案伺服器在一個中央控制器指定的埠上面聆聽，並等待著資料傳輸命令的到來。

主動模式 vs. 被動模式

在上述的模式中，控制連接是由客戶端來啟動，而資料連接則是由伺服器來啟動。從伺服器的觀點來看，這種啟動方式稱為主動模式。當然也有另一種稱為被動模式的方案，其中的兩條連接都是由客戶端來啟動。

如圖 6.34 所示，在主動模式中，當伺服器接收到一個 FTP 請求，它會連接到客戶端。然而，如果客戶端身處於 NAT 或防火牆之後，從伺服器來的資料連接大概會被擋住。當偵測到這種擋住的問題時，不管是使用者手動，或是客戶端應用自動，客戶端會請求伺服器去執行被動模式的 FTP，方法是發送 PASV 命令給伺服器。PASV 命令要求伺服器在一個特定的埠上面聽取一條資料連接的到來。如果該請求獲得伺服器的准許，伺服器會通知客戶端，其方法是發送 PORT 命令以及它目

歷史演進：為何 FTP 選擇使用頻外訊號通知？

由於 FTP 只比 telnet 晚幾天出現並且在網際網路的歷史上是排名第二古老的應用協定，FTP 採用頻外訊號通知的真正原因現在可能無法確定。然而，大家對於該原因卻有一個共識，雖然這其中牽涉到一點過去的歷史。

檔案傳輸服務的原本設計使用了資料傳輸協定（DTP）作為資料層面協定，而 FTP 只負責控制連接的部分。當 IP 被創造出來之後，DTP 就被 TCP 取代。與其把控制和資料連接合併成一條 TCP 連接，FTP 繼續使用雙連接之機制來盡可能地減少對於既有實作的影響。

令人訝異的是，這種頻外訊號通知也改善了 FTP 的效能。它避免像在單一連接的情況中要花費額外的功夫來區分控制訊息和資料訊息。換句話說，透過專用的資料連接來傳輸檔案可避免處理標頭或控制資訊所引起的額外耗損。另一個優點則是，當一條資料連接上面出現了一個拖延很久的檔案傳輸，在這個期間內控制連接仍然可以用於目錄查詢或用來啟動另一個檔案傳輸透過另一條資料連接來傳送。此外，雙連接模式讓之前提過的中間控制主機的使用能夠實現。

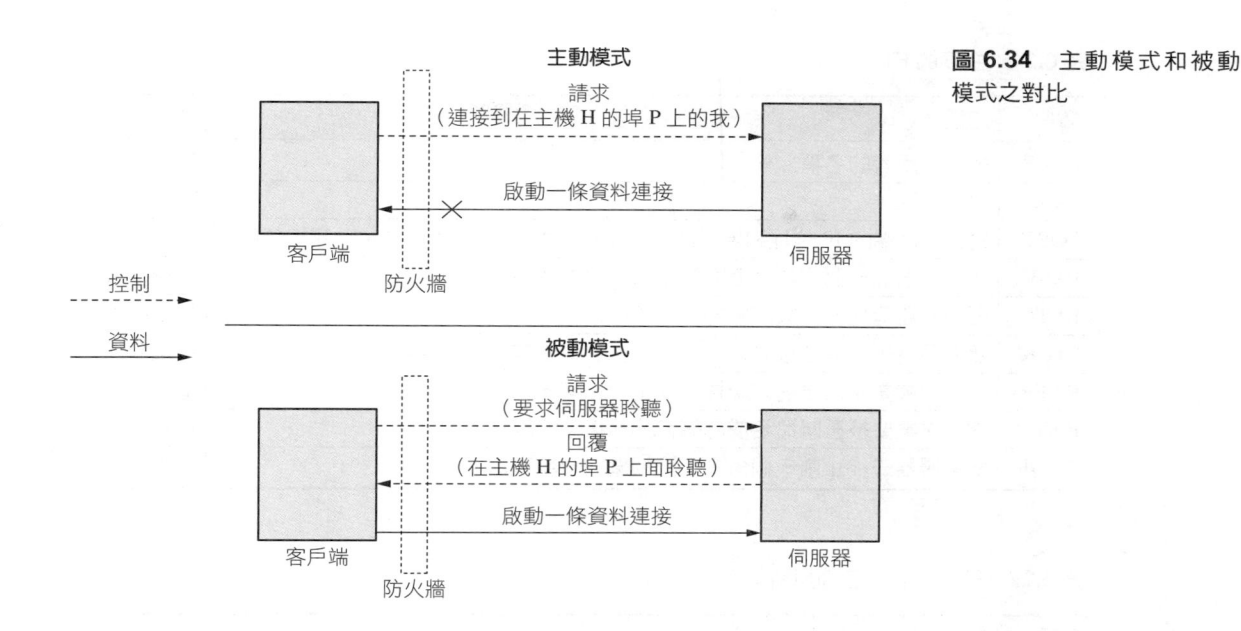

圖 6.34 主動模式和被動模式之對比

前正在聆聽的 IP 位址和埠號碼（埠號碼不會是 20）。現在雙方都進入被動模式。客戶端接著就啟動資料連接到伺服器，並且開始檔案傳輸。

6.5.3 FTP 協定訊息

表 6.21 列出主要的 FTP 命令。注意到這裡的命令和在表 6.20 所列出的命令不同。表 6.20 的命令是伺服器站支援、供終端使用者來使用的命令；這裡列出的是 RFC 裡定義的 FTP 協定訊息。伺服器會把一個使用者命令映射到一或多個 FTP 命令，而後者將執行實際的操作。舉例來說，當我們輸入以下的使用者命令

```
rename path_of_source_file  path_of_dest_file,
```

伺服器將它映射成下面兩個操作

```
RNFR path_of_souce_file  (ReNameFRom)
RNTO path_of_dest_file   (ReNameTO)
```

來完成檔案的重新命名。

FTP 伺服器永遠會送出一個回覆來通知客戶端前一次發送的命令的執行狀態。總共有五種功能群的回覆代碼，如表 6.22 所示。回覆代碼的第二位數字指出了語法錯誤、控制連接和資料連接的狀態等等，而它的第三位數字代表著在第二位數字的範圍內狀態的較細微差異程度。

表 6.21　主要的 FTP 命令

命令	描述	類型
USER	送出使用者的名稱。	存取控制
PASS	送出密碼。	存取控制
PORT	送出客戶端的 IP 位址和埠號碼，而資料將會被取回到該 IP 位址和埠號碼。	傳輸參數
PASV	要伺服器在一個資料埠上面聆聽而不要去啟動一條資料連接。	傳輸參數
RETR	要伺服器傳送一份被請求的檔案給客戶端。	檔案服務
STOR	要伺服器去接受並接收資料，然後把資料儲存成一個檔案。	檔案服務
RNFR	指出要被重新命名的來源檔案其路徑為何。	檔案服務
RNTO	指出檔案要被重新命名成哪個目的地檔案的路徑。	檔案服務
ABOR	要伺服器去終止前一個命令以及相關的資料傳輸。	檔案服務

表 6.22　FTP 回覆的五種類別

回覆	描述	類型
1yz	所請求的動作正被啟動中；預期在繼續進行下一個新命令以前會收到另一個回覆。	正面的初步回覆
2yz	所請求的動作已經被成功地完成。	正面的完成回覆
3yz	命令已經被接受，可是被請求的行動正被暫時停住，等待著下一個命令送來進一步的資訊。	正面的中間階段的回覆
4yz	命令沒有被接受而它請求的行動也沒發生。該動作可以被再次請求。	暫時的負面的完成回覆
5yz	類似於 4yz，除了錯誤的情況是永久的，所以該行動無法被再次請求。	永久的負面的完成回覆

圖 6.35 是一個 FTP 對話的範例。我們以「www」的使用者身分來登入並取回一份名為「test」的檔案。客戶端要求伺服器連接到其 IP 位址 140.113.189.29 的兩個不同的埠 4135（也就是 16 進制的 1027）和 4145（也就是 16 進制的 1031），而這兩個埠分別被用來取回目錄列表和「test」檔案。

以檢查點來重新啟動傳輸

到目前為止，我們已經介紹了一個 FTP 對話的初始化、命令和回覆。FTP 也實作了一個重新啟動的機制用來從錯誤中恢復，比方說當遭遇到一條斷掉的路徑和一台當掉的主機或行程。主要的概念在於使用「標記」（marker），而這種標記是由正在被傳輸的檔案的位元計數（bit count）所構成。

```
STATUS:> Connecting to www.cis.nctu.edu.tw (ip = 140.113.166.122)
STATUS:> Socket connected. Waiting for welcome message... 220
         www.cis.nctu.edu.tw FTP server (Version wu-2.6.0(1) Mon Feb 28 10:30:36 EST
         2000) ready.
COMMANDS:>           USER www
         331 Password required for www.
COMMANDS:>           PASS ********
         230 User www logged in.
COMMANDS:>           TYPE I
         200 Type set to I.
COMMANDS:>           REST 100
         350 Restarting at 100. Send STORE or RETRIEVE to initiate transfer.
COMMANDS:>           REST 0
         350 Restarting at 0. Send STORE or RETRIEVE to initiate transfer.
COMMANDS:>           pwd
         257 "/home/www" is current directory.
COMMANDS:>           TYPE A
         200 Type set to A.
COMMANDS:>           PORT 140,113,189,29,10,27   ← 告訴伺服器要連接到哪裡
         200 PORT command successful.
COMMANDS:>           LIST                        ← 取回目錄列表
         150 Opening ASCII mode data connection for /bin/ls. ← 檔案狀態正常；即將開啟資料連接；
         about to open data connection
.......list of files....
COMMANDS:>           TYPE I
         200 Type set to I.
COMMANDS:>           PORT 140,113,189,29,10,31
         200 PORT command successful.
COMMANDS:>           RETRtest                    ← 取回 "test" 檔案
         150 Opening BINARY mode data connection for test (5112 bytes).
```

圖 6.35 一個 FTP 對話的範例

　　在一份檔案的傳輸過程中，傳送方會在資料串流內一個便利的位置上插入一個標記。當接收到一個標記時，接收方會把位於標記之前的所有資料都寫到硬碟裡，在本地檔案系統裡標示標記的相關位置，然後把傳送方的和接收方的最新標記位置回覆給使用者；換句話說，控制主機和傳送方可能並非位在同一台機器上。不論何時當一個服務失敗發生，使用者可以發送重新啟動命令以及上述的標記資訊，就能在先前傳輸的檢查點來重新啟動傳送方。

開放源碼之實作 6.4：wu-ftpd

總覽

Wu-ftpd 是最受歡迎的 FTP 守護行程之一。它原來是由華盛頓大學研發，現在則是由 WU-FTPD 開發小組（WU-FTPD Development Group at http://www.wu-ftpd.org/）維護。

除了之前描述的基本檔案傳輸功能，wu-ftpd 也提供一些有用的工具，例如虛擬的 FTP 伺服器和即時壓縮（on-the-fly compression，需要時立即壓縮）。這些工具並沒有被定義在 RFC 裡，但事實上它們使得管理工作更為便利，並且改善檔案傳輸的效率。概括而論，wu-ftpd 是連接導向式、有狀態的 FTP 協定的一種並行式實作，而它是綁定在埠 20 號和 21 號。

演算法之實作

在 wu-ftpd 的執行中有三個主要階段，分別是初始化階段、命令接受階段和命令執行階段。如圖 6.36 裡的流程圖所示，wu-ftpd 行使一種典型的並行式伺服器模式其產生子行程來服務客戶。

在服務的初始化階段，我們首先執行「ftpd」命令，其可能是從 shell（命令列直譯器）或是從 (x)inetd 而來，以某些訂定伺服器行為的選項來啟動伺服器。舉例來說，選項「-t」是用來規定閒置連接的超時限制，以避免系統資源的浪費；「-p」是當伺服器行程的擁有者並沒有超級使用者的權限時，被用來規定資料埠號碼，這表示擁有者只能夠使用大於 1024 的埠號碼，而非預設的埠 20。然後伺服器讀取 ftpaccess 檔案裡的存取控制清單到記憶體裡，而這將告知伺服器它的存取能力的設定。

圖 6.36 wu-ftpd 內部的執行流程

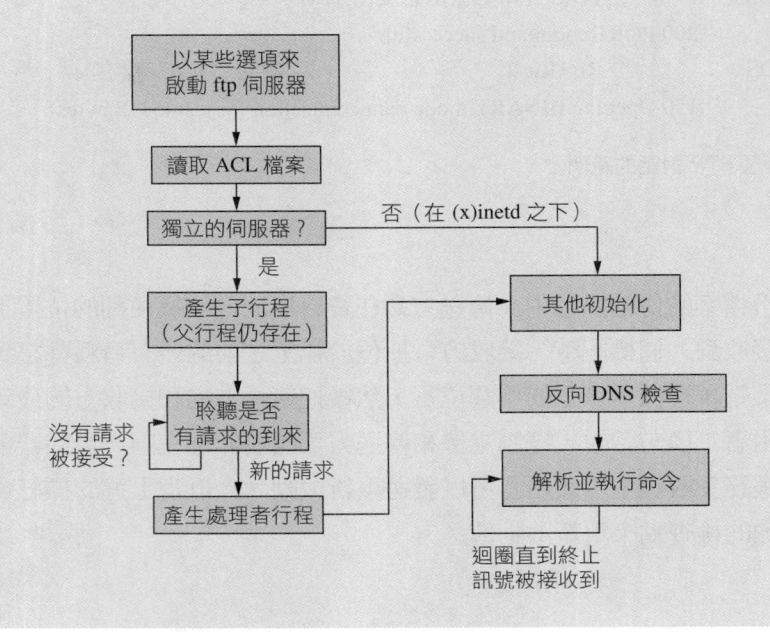

在讀取完主要的設定之後，初始行程會產生一個新的子行程以作為獨立的伺服器來聽取新請求的到來；然後初始行程便退出，好讓新產生的伺服器行程獨自運行。當接受一個請求之時，伺服器產生一個處理者行程（handler process）去處理在該 FTP 對話裡的後續步驟。如果伺服器並非是作為一個獨立伺服器在運行，這意味著伺服器是被 (x)inetd 所啟用。在服務初始化階段的最後是一些其他的初始化工作，比方說檢查客戶端的反向 DNS、檔案轉換檢查，以及把不同目的地站名的請求映射到相關設定的虛擬主機配置等等。

在第二個階段，FTP 命令的解析和執行的主要任務是透過 Yacc（Yet Another Compiler-Compiler）的使用而完成。Yacc 使用者可規定 FTP 輸入的結構以及當結構被辨識出來時所要調用的程式碼區段。Yacc 利用 FTP 命令的結構性輸入，其方法是在編譯時間之時把這種規定轉換成子程式來處理輸入。

虛擬 FTP 伺服器

當我們在單一機器上服務超過一個網域時，會採用虛擬 FTP 伺服器。它允許管理者去設定系統，以致於當一位使用者連接到 ftp.site1.com.tw 而另一位使用者連接到 ftp.site2.com.tw 時，每一位使用者都能獲得他自己的 FTP 標題和目錄，即使他們是在同一台機器的同一個埠號碼之上。如圖 6.37 所示，我們能透過使用一個名為「ftpaccess」的設定檔案來達成上述功能。總共需要有四個基本參數來設定一台虛擬 FTP 伺服器：伺服器名稱（或 IP）、根目錄、歡迎訊息之標題以及傳輸日誌（transfer log）。當接收到一個請求時，FTP 守護行程會比對請求訊息之中的目的地站名和在 ftpaccess 裡的規則。比對符合的請求會被接受，然後它會像在平常 FTP 伺服器裡一樣被處理。

即時壓縮

因為 FTP 需要至少兩個協定訊息（PORT 和 RETR）才能下載一份檔案，我們可以很容易地想像當下載很多小檔案時它會如何影響網路——網路中將會充斥著用來建立連接和拆除連

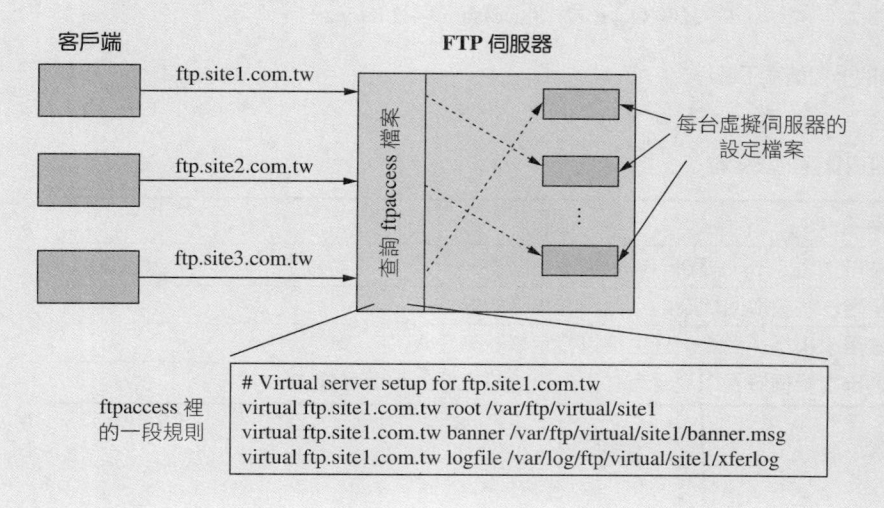

圖 6.37 虛擬 FTP 伺服器的概念

```
# Virtual server setup for ftp.site1.com.tw
virtual ftp.site1.com.tw root /var/ftp/virtual/site1
virtual ftp.site1.com.tw banner /var/ftp/virtual/site1/banner.msg
virtual ftp.site1.com.tw logfile /var/log/ftp/virtual/site1/xferlog
```

ftpaccess 裡的一段規則

接的訊息。為了彌補這個缺點，`wu-ftpd` 提供另一個很棒的工具，稱為即時壓縮（on-the-fly compression），也就是說伺服器是正好在檔案（目錄）要被送給使用者之前才會去壓縮檔案（目錄）。圖 6.38 是一個範例。

如我們在此範例中所見，客戶取得一份檔案「`ucd-snmp-4.2.1.tar.gz`」，可是在伺服器裡並沒有所謂的「tar-ball」〔壓縮的 tar 匯集檔案（archive file）〕，而只有一個目錄「`ucd-snmp-4.2.1`」。其中的技巧是讓伺服器提取出檔案名稱的字尾，並根據該字尾以及在一個名為「`ftpconversions`」的設定檔裡訂出的規則來執行適當的動作。在這個案例中，被啟動的動作是使用所給的檔案名稱來執行「`tar -zcf`」命令。表 6.23 列出了 `wu-ftpd` 的一些重要的設定檔。

練習題

1. 一個 FTP 對話的控制連接和資料連接是如何以及在哪裡被並行處理？它們是被同樣一個行程還是被兩個行程來處理？
2. 找出哪些 .c 檔案和其中的哪幾行程式碼在製作主動模式和被動模式。在什麼時候被動模式會被啟動？

```
Userynlin logged in.
Logged in to wwwpc.cis.nctu.edu.tw.
ncftp /home/ynlin > ls
Ltar.gz    Desktop/                ucd-snmp-4.2.1/
ncftp /home/ynlin > get ucd-snmp-4.2.Ltar.gz
ucd-snmp-4.2.ltar.gz:               7393280 bytes 552.83 kB/s
ncftp /home/ynlin >lls -l
drwxr-xr-x 24 gis88559 gis88        3584 Oct 8 12:18 .
drwxr-xr-x 88 root gis88            2048 Sep 10 17:48 ..
-rw-r---- 1 gis88559 gis88          7393280 Oct 8 12:18 ucd-snmp-4.2.ltar.gz
```

圖 6.38 使用即時壓縮的一個檔案下載

表 6.23 `wu-ftpd` 的四個重要的設定檔

檔案名稱	描述
ftpaccess	被用來設定 ftp 守護行程的運作
ftpconversions	規定一個被取回檔案的字尾和它相關的操作
ftphosts	被用來拒絕／允許一些主機以特定帳號來登入
ftpservers	列出虛擬伺服器以及含有它們自己的設定檔的相關目錄

6.6 簡單網路管理協定（SNMP）

在本章介紹的所有應用之中，網路管理是唯一一個不是被設計給一般使用者的。事實上，它是給網路管理者用來遠端管理網路。我們首先介紹網路管理的概念和架構，然後會介紹標準化的**管理資訊庫（Management Information Base, MIB）**以及**簡單網路管理協定（Simple Network Management Protocol, SNMP）**。MIB 是被用來表示受管理裝置的狀態，而 SNMP 則是被用來存取 MIB。一個稱為 Net-SNMP 的開放源碼之實作會被納入，好讓我們追蹤它的運作以更好地理解整個 SNMP 的架構。

6.6.1 導論

自從網際網路誕生的那一天起，大眾就一直很期待能有監視和控制網路的能力。為了實現這個目標，有許多小工具已被使用多年，舉例來說像 ping、traceroute 和 netstat（細節請參考附錄 D），前兩個工具是以 ICMP 為基礎，而最後一個工具是透過像 ioctl 之類的系統呼叫。即使這些工具的確符合一個擁有少數幾台主機和網路裝置的小型網路環境的基本需求，但是對於大型網路而言，這些工具所提供的資訊不再能夠滿足網路管理者。網路管理者想要的是一種更通用和更有系統的基礎設施來使網路管理工作變得方便容易。

上述問題就是簡單網路管理協定（SNMP）可以發揮的地方。它的構想就是在所有待管理的裝置上安裝一個代理程式（agent program），如此一來，一個管理者程式可以透過一個標準協定去詢問代理，以便收集並且更新一個裝置的管理資訊。管理資訊是被維護在一個標準化的管理資訊庫（MIB）的管理物件之中。這些機制提供了許多好處。第一，使用標準化的 MIB 和 SNMP 授予了多家供應商的管理者程式和裝置之間的協同操作能力。第二，代理程式的開發成本主要是由於程式移植的問題，因此現在這項成本可以大幅降低。同樣地，管理功能可以被清楚地定義給網路管理者和管理者程式的開發人員來遵循，所以就可管理的裝置的數量而言，這種結構更具有擴充性。

MIB 和它的加強版 MIB-II 最初分別於 1988 年和 1990 年，被定義在 RFC 1066 和 RFC 1158 裡。SNMP 首先於 1989 年被定義在 RFC 1098 裡，而這個稱為 SNMPv1 的版本由於整合了許多類型的管理物件並且具有多間供應商的產品之間的協同操作性，所以獲得了很多正面的回應。在 1993 年，稱為 SNMPv2 的 SNMP 第二版被提出於 RFC 1441 來補強第一版的功能性。最後在 1998 年，SNMPv3 被出版在 RFC 2261 裡來提出於第一版之中曾討論過的一些安全上附加功能。SNMP 的全部三個版本都使用相同的基本結構和組件。

網路管理的演進持續地進行，而它貢獻的 RFC 件數佔了所有應用層協定所產出的 RFC 件數的最高比例。有許多其他的補充協定和補充 MIB 被提出來供網路管理之用，舉例來說，1991 年在 RFC1271 裡定義的遠端網路監視（Remote network MONitoring, RMON）MIB 與大規模的訊流測量，以及 1997 年定義在 RFC 2021 的加強版 RMON2，而距今更近的是以 IPv6 為基礎的 OSPFv3 所使用的 MIB，其於 2009 年被定義在 RFC 5643 裡。然而，它們都超出本書的範圍，所以不予討論。

6.6.2 結構之框架

一個 SNMP 環境通常含有五個基本組件：管理站、代理、被管理的物件、被管理的裝置和管理協定。這些組件之間的關係描繪於圖 6.39 中，並且敘述於下。

- **管理站（management station）**：也被稱為管理者（manager）；它負責去協調在它管理之下所有的代理。它會定期檢查每位代理的狀態，並在需要時查詢或設定其所管理的物件的值。

- **代理（agent）**：作為一個中間人，運行在位於管理站和被管理的物件之間的一個被管理的裝置之上，代理負責執行被管理站請求的網路管理功能。

- **被管理的物件（managed abject）和 MIB**：一個被管理的物件描繪出被管理的裝置的某方面特徵。舉例來說，系統正常運行時間、已經接收到的封包數量、系統中活躍的 TCP 連接之數量等等。一個 MIB 是一組被管理物件的集合，而這些物件形成了一個虛擬資訊之儲藏庫。

- **被管理的裝置（managed device）**：它可以是一台路由器、交換器、主機或任何裝置其中有安裝一個代理或一個 MIB。

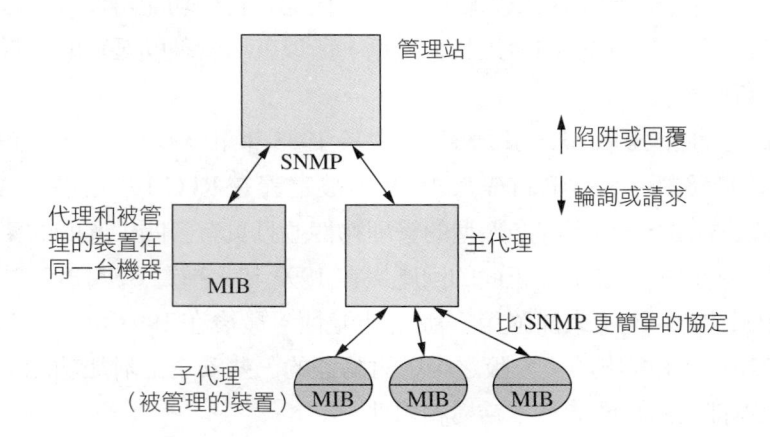

圖 6.39 SNMP 結構上的框架

- **管理協定（management protocol）**：它被用來作為一個共同的方法以於管理站和代理之間傳達資訊。

以輪詢為基礎的和以陷阱為基礎的偵測

在操作一個 SNMP 環境裡有三種基本活動：get、set 和 trap。前兩個是被管理站用來取得／設定在代理上的物件的值，而最後一個是被代理用來將特定事件通知管理站。

因為 SNMP 是以 UDP 為基礎，所以它沒有持久的 TCP 連接但是卻有**交流（transaction）**可讓管理站知道代理運作的健康狀況。通常在代理狀態的偵測中可見到兩種方案：以輪詢為基礎（poll-based）和以陷阱為基礎（trap-based）。在以輪詢為基礎的偵測之中，一個管理站會定期地送出詢問訊息給代理，而代理則以代理的狀態作為回覆。雖然以輪詢為基礎的偵測簡單而又直接，但使用了這個方案之後，一旦管理站有龐大數量的代理需要監視之時，管理站就變成了一個瓶頸。

以陷阱為基礎的偵測則被提出來以避免上述的缺陷。與其被動地等著被管理站詢問，當被管理的物件遇到事件時，代理主動地以陷阱來通知管理站該事件的發生。這種事件驅動的陷阱能減少在以輪詢為基礎的偵測中我們見到的一些不必要的訊息。在大多數情況下，管理站在重新開機時只會去檢查代理以取得它全部代理的基本情況。

代理機制

代理機制被認為是在 SNMP 中除了管理站和代理之間平常關係之外的另一個有用的操作方案。對於像數據機、集線器和橋接器等簡單且便宜的裝置而言，如果只為了能和 SNMP 相容就要替它們製作出一整套 TCP/IP 套件（包含 UDP），這種作法根本不切實際。為了容納那些沒有 SNMP 支援的裝備，代理機制的概念因而被提出：藉由此項機制，一個系統作為另一個系統的前端來回應協定之請求。前者系統被稱為主代理（master agent），而後者是子代理（subagent）。如圖 6.39 所示，沒有使用任何 MIB 來製作的主代理，其作為子代理之代表去處理從管理站送來的 SNMP 之請求。主代理只要將 SNMP 之請求訊息翻譯成子代理了解的某種非 SNMP 訊息。雖然子代理應該是非常簡單，但還是有一些協定，例如 Agent eXtensibility（AgentX）和 SNMP Multiplexing（SMUX），是被開發來加強子代理的功能。

6.6.3 管理資訊庫（MIB）

一個 MIB 可以被視為像樹一般的虛擬資訊之儲藏庫，雖然它並不是被用來作為一個儲存資訊的資料庫。事實上，它僅僅是一種規定，其列出所有被管理的物件，而在 MIB 樹裡每個物件都有一個獨一無二的**物件辨識碼（object identifier, OID）**。舉例來說，圖 6.40 顯示網際網路標準的 MIB（MIB-II）的結構，其中的 ip 物件群組的辨識碼是 OID 1.3.6.1.2.1.4。有了相關的 OID，一個物件就擁有較佳的可存取性。在一個 MIB 樹之中，只有葉物件（leaf object）是可以透過 OID 數值來存取，而在 `system` 群組下的一個葉節點 `sysUpTime` 就是一個例子。因此，一個存取 MIB 物件的典型情況就像這樣子：

1. 管理站送出訊息給代理，而信息中含有管理站要查詢的特定物件的 OID。
2. 當收到請求時，代理先檢查物件是否真的存在，然後驗證物件的可存取性。如果失敗的話，代理會以適當的錯誤訊息來回覆管理站。否則，它會在檔案、暫存器或本地系統的計數器裡尋找該物件實例的相關數值。

物件和物件實例

有些人可能會分不清楚物件（object）和物件實例（object instance）的意義。舉例來說，有些人認為他們要取得管理資訊的物件，而事實上他們要取得的是物件實例。一個物件有兩種屬性，類型（type）和實例（instance）。一個物件類型給予我們語法上的描述和物件的特質；物件實例是一個物件類型的特定實例，而且有一個特定的值綁定到它身上。拿物件 `sysUpTime` 作為一個範例。該物件的類型指出系統的正常運作時間是以 `TimeTicks` 為測量單位，而所有對於 `sysUpTime` 的存

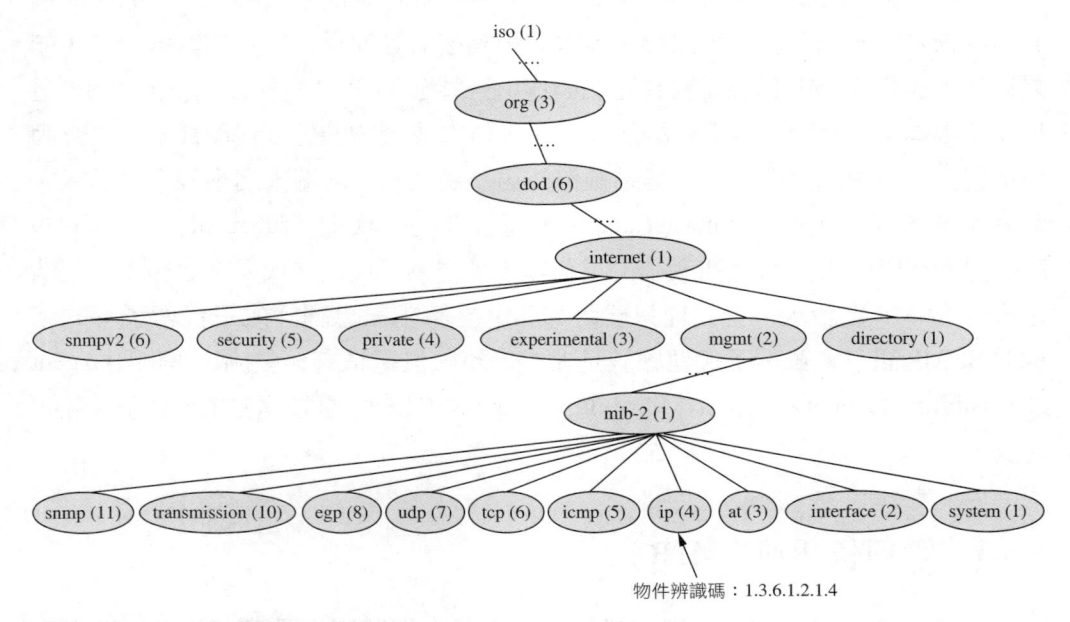

圖 6.40 網際網路標準的 MIB：MIB-II

取都是唯讀而已。但另一方面，該物件的實例則讓我們知道，自從最近一次系統重新開機已經過了多久的時間。除了簡單的物件之外，還有兩種類型的複合物件：純量（scalar）和表格（tabular）。純量物件定義了單一但有結構的物件實例，而表格物件則定義出被群組於一個表格之中的多個純量物件之實例。為了和在一個表格物件下的純量物件的表示方法有所區別，普通的純量物件的表示方式是以該物件的 OID 後面再加上額外的一個位元「0」。

目前，幾乎所有的 MIB 活動都發生在 ISO 分支的部分，而且專門用於在物件辨識碼 1.3.6.1 下的網際網路社群。在 SNMP 裡採用 MIB 也提供了可延伸性。這樣一來，我們就可以在 experimental 和 private 分支之下建造出自己的 MIB。前者是被用來指出哪些物件是由 IETF 工作小組所設計的，而一旦那些物件變成標準，它們就會被移到子樹 mgmt(2) 的下面。就在私有分支的底下存在著一個被稱為 enterprise 的 MIB 子樹，其被保留供網路裝置供應商來使用。然而，為了保證來自不同供應商的裝置之間的協同運作性以及避免它們之間的衝突，把 MIB 物件註冊到**網際網路號碼分配局（Internet Assigned Numbers Authority, IANA）**始終是被推薦的作法。

MIB-II 的主要貢獻是物件群組「mib-2」的定義，其更為精確地制定出給以 TCP/IP 為基礎的互聯網所使用的管理。以下，我們將扼要地描述 MIB-II 的每一個物件群組。

1. `system`（系統）：提供了關於被管理系統的一般資訊。舉例來說，系統的名稱、正常運作時間和位置。
2. `interface`（介面）：提供每個實體介面的設定資訊和統計數據。舉例來說，每個介面的類型、實體位址和狀態。
3. `at`：網路位址和實體位址之間的位址轉換。然而，它在 RFC 裡已經過時而且只有網路層級的位址可以和每個實體位址聯繫在一起。
4. `ip`：在一個本地系統裡關於 IP 的實作和操作的資訊。舉例來說，路由表和預設的 TTL。
5. `icmp`：關於 ICMP 的實作和操作的資訊。舉例來說，所送出和所接收的 ICMP 訊息的數量。
6. `tcp`：關於 TCP 的實作和操作的資訊。舉例來說，在系統裡最大限度的連接數量和活躍的連接數量。
7. `udp`：關於 UDP 的實作和操作的資訊。舉例來說，已送出的數據包之數量。
8. `egp`：關於 EGP（Exterior Gateway Protocol，外部閘道器協定）的實作和操作的資訊。
9. `transmission`（傳輸）：不同傳輸方案的資訊和統計數據。

10. `snmp`：SNMP 操作的存取（get、set 和 trap）和錯誤的相關資訊。

範例——MIB-II 裡的 TCP 連接表

圖 6.41 顯示在 MIB-II 裡的 tcp 群組之下的 TCP 連接表（TCP connection

```
-- the TCP Connection table
    -- The TCP connection table contains information about this
    -- entity's existing TCP connections.

  tcpConnTable  OBJECT-TYPE
      SYNTAX SEQUENCE OF TcpConnEntry
      ACCESS not-accessible
      STATUS mandatory
      DESCRIPTION
            "A table containing TCP connection-specific information."
      ::= { tcp 13 }
  tcpConnEntry OBJECT-TYPE
      SYNTAX TcpConnEntry
      ACCESS not-accessible
      STATUS mandatory
      DESCRIPTION
            "Information about a particular current TCP connection. An
object of this type is transient, in that it ceases to exist when (or soon after)
the connection makes the transition to the CLOSED state."
            INDEX  { tcpConnLocalAddress,
                tcpConnLocalPort,
                tcpConnRemAddress,
                tcpConnRemPort }
      ::= { tcpConnTable 1 }
  TcpConnEntry ::=
      SEQUENCE {
            tcpConnState INTEGER,
            tcpConnLocalAddress IpAddress,
            tcpConnLocalPort INTEGER (0..65535),
            tcpConnRemAddress IpAddress,
            tcpConnRemPort INTEGER (0..65535)
      }
  tcpConnState OBJECT-TYPE
      SYNTAX INTEGER {
            closed(1), listen(2), synSent(3), synReceived(4),
            established(5), finWait1(6), finWait2(7), closeWait(8),
            lastAck(9), closing(10), timeWait(11), deleteTCB(12)
      }
      ACCESS read-write
      STATUS mandatory
      DESCRIPTION
            "The state of this TCP connection.."
      ::= { tcpConnEntry 1 }
  tcpConnLocalAddress OBJECT-TYPE
      SYNTAX IpAddress
      ACCESS read-only
      STATUS mandatory
      DESCRIPTION
            "The local IP address for this TCP connection. In the
connection in the listen state which is willing to accept connections associated with the node, the value 0.0.0.0 is used."
      ::= { tcpConnEntry 2 }
  tcpConnLocalPort OBJECT-TYPE
      SYNTAX INTEGER (0..65535)
      ACCESS read-only
      STATUS mandatory
      DESCRIPTION
            "The local port number for this TCP connection."
      ::= { tcpConnEntry 3 }
  tcpConnRemAddress OBJECT-TYPE
      SYNTAX IpAddress
      ACCESS read-only
      STATUS mandatory
      DESCRIPTION
            "The remote IP address for this TCP connection."
      ::= { tcpConnEntry 4 }
  tcpConnRemPort OBJECT-TYPE
      SYNTAX INTEGER (0..65535)
      ACCESS read-only
      STATUS mandatory
      DESCRIPTION
            "The remote port number for this TCP connection."
      ::= { tcpConnEntry 5 }
}
```

圖 6.41   在 MIB-II 規定之中的 TCP 連接表

table)。它提供了一個相當好的範例來說明管理資訊之結構（Structure of Management Information, SMI，首先被定義在 RFC 1442）如何用來製作一個 MIB。

圖 6.41 的 TCP 連接表是一個二維表格，其中每列（row）代表一條 TCP 連接（TcpConnEntry），而且含有 TCP 連接的五個屬性：連接狀態、本地／遠端 IP 位址和本地／遠端的埠號碼。在一列中的每一行（column）是一個純量元素（scalar element），並且有它自己的屬性欄位被定義在 SMI 裡。該表是藉著使用兩個 Abstract Syntax Notation One（ASN.1，抽象語法表示法 1）所建構出來的，其分別為「SEQUENCE OF」和「SEQUENCE」。前者是把同樣類型的一或多個物件群組在一起，也就是這個範例中的 TcpConnEntry，而後者是把可能是不同類型的純量元素群組在一起，也就是這個範例中的 tcpConnState、tcpConnLocalAddress、tcpConnLocalPort、tcpConnRemAddress 和 tcpConnRemPort。此外，要辨認出一條連接需要用到一列中的四個元素，正如圖 6.41 左邊中間部分的 INDEX 條款所指出的一樣。表 6.24 是一個 TCP 連接表的範例，它讓我們可以清楚地看見 TCP 連接表的結構。

我們可以從該表看出目前在系統中有四條連接，而每條連接都可以使用它的本地／遠端 IP 位址和本地／遠端埠號碼〔也被稱為一個**插槽對（socket pair）**〕作為獨一無二的辨識碼。注意到表中的每一個純量物件也有它自己的 OID，以致於修改它的值是有可能的。舉例來說，在第四列中的「established state」的 OID 是被指派成「x.1.1.*140.113.88.164.23.140.113.88.174.3082*」，其中字尾的選擇是依照它所屬的連結，而一旦狀態有所改變，該純量物件的值就可以依照改變的狀態來修改。

6.6.4 SNMP 的基本操作

我們提過在 SNMP 裡有三種活動：get、set 和 trap。事實上，我們可以進一步

表 6.24 以表格顯示的 TCP 連結表

tcpConnTable (1.3.6.1.2.1.6.13) tcpConnEntry = (x.1)					
	tcpConnState (x.1.1)	tcpConnLocalAddress (x.1.2)	tcpConnLocalPort (x.1.3)	tcpConnRemAddress (x.1.4)	tcpConnRemPort (x.1.5)
x.1	Listen	0.0.0.0	23	0.0.0.0	0
x.1	Listen	0.0.0.0	161	0.0.0.0	0
x.1	close Wait	127.0.0.1	161	127.0.0.1	1029
x.1	established	140.113.88.164	23	140.113.88.174	3082

INDEX

使用表 6.25 的操作來具體說明這些活動,其中每個操作都被封裝在一個**協定資料單位(Protocol Data Unit, PDU)**中,以作為 SNMP 操作的基本單位。注意,表中的版本欄位代表著該 PDU 被提出當時所使用的 SNMP 版本。在 SNMP 版本 1 所提出的 PDU 仍然被廣泛地搭配著版本 2 中的一些功能性增強而使用。

每一筆 SNMP 訊息是被封裝在一個 UDP 數據包裡。SNMP 訊息是由三個主要部分所構成:共同的 SNMP 標頭、操作標頭(operation header)和變數綁定清單(variable-binding list)。共同的 SNMP 標頭是由 SNMP 版本、社群(一個用於存取控制的明文密碼)和 PDU 類型。表 6.25 的第一行給予可能的 PDU 類型。操作標頭則提供了操作的資訊,其包括請求之 id(以便能夠比對尚未被回覆的請求)和錯誤狀態。變數綁定清單是由一連串的變數-值之配對所組成;它是用來幫助資訊的交換。正常的操作會藉由 GetRequest 或 SetRequest 在一個物件上分別執行一次取回或一次設定。然而,也有可能一次存取多個物件。管理站會把物件的 OID 放進變數綁定清單的「variable」欄位裡,把這個 PDU 傳送給一個代理,而代理接著會填好相關的值之欄位,並且把它作為一個 GetResponse PDU 來回覆給管理站。

走訪一個 MIB 樹

GetNextRequest 用於取得依照字典順序排列所指定的 OID 的下一個物件。雖然這個 PDU 很類似於 GetRequest,但是它在探索一個 MIB 樹的結構時是很有幫助的。為了釐清這個 PDU 的概念,讓我們再一次使用表 6.24 的 TCP 連接表,但把它表示成圖 6.42 中樹的結構。

在 OID 之樹中存在有階層式的關係,故其中也存有一種字典排列的順序。這

表 6.25 SNMP 裡的基本操作

PDU	描述	版本
GetRequest	取回一個葉物件的值。	V1
GetNextRequest	依照字母順序排列,取得所指定物件的下一個物件。	V1
SetRequest	使用一個值去設定(更新)一個葉物件。	V1
GetResponse	對於 GetRequest (value) 或 SetRequest (ACK) 的回覆。	V1
Trap	這是由代理所發送,以便於非同步性地通知管理站發生了哪些重大的事件。	V1
GetBulkRequest	取回大塊的資料,例如一個表格中好幾列的資訊。	V2
InformRequest	允許一台 MS 送出陷阱資訊給其他的 MS 並接收一個回覆。	V2

PDU:SNMP 操作裡的基本資料單位。
MS:管理站。
Variable-binding list:一份列出了在一個 PDU 中所有變數和相關之值的清單。

```
                          tcpConnTable (1.3.6.1.2.1.6.13=x)

                              tcpConnEntry= (x.1)
        ┌──────────────────────────┼──────────────────────────┐                    ...
    tcpConnState              tcpConnLocalAddress          tcpConnLocalPort
      (x.1.1)                      (x.1.2)                     (x.1.3)
      Listen                       0.0.0.0                       23
  (x.1.1.0.0.0.0.23.0.0        (x.1.2.0.0.0.0.23.0.0        (x.1.3.0.0.0.0.23.0.0
       .0.0.0)                      .0.0.0)                      .0.0.0)
      Listen                       0.0.0.0                       161
  (x.1.1.0.0.0.0.161.0.0       (x.1.2.0.0.0.0.161.0.0       (x.1.3.0.0.0.0.161.0.0
       .0.0.0)                      .0.0.0)                      .0.0.0)
     closeWait                    127.0.0.1                      161
  (x.1.1.127.0.0.1.161.        (x.1.2.127.0.0.1.161.        (x.1.3.127.0.0.1.161.
     127.0.0.1.1029)              127.0.0.1.1029)              127.0.0.1.1029)
     established                 140.113.88.164                   23
 (x.1.1.140.113.88.164.23.   (x.1.2.140.113.88.164.23.    (x.1.3.140.113.88.164.23.
    140.113.88.174.3082)        140.113.88.174.3082)         140.113.88.174.3082)
```

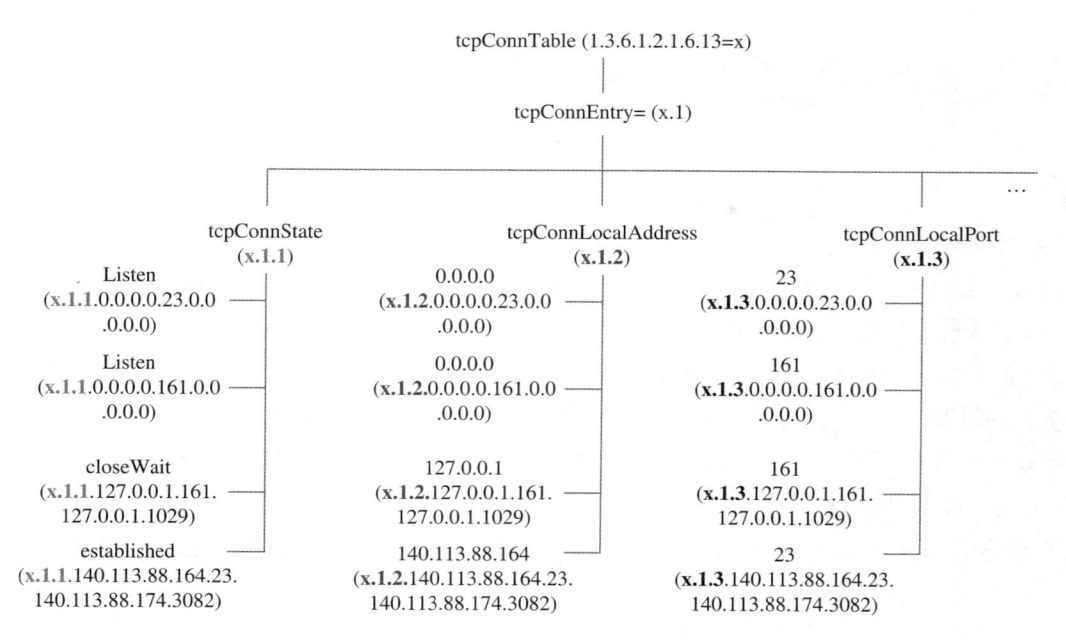

圖 6.42 以字典順序排列的方式來顯示的 TCP 連接樹

讓我們可以使用 DFS（Depth First Search，深度優先搜尋）來走訪 OID 之樹。考慮一台管理站只使用 GetRequest PDU。因為在一個 MIB 樹中的 OID 並非是連續的，所以如果管理站沒有一個完整的 OID 表，它就無法得知 MIB 的結構。然而，一旦被裝備有 GetNextRequest，管理站便能夠走訪完整個樹。

MIB 物件的大塊傳輸

為了提高效率，SNMPv2 裡採用 GetBulkRequest PDU。和 GetNextRequest 相比起來，GetBulkRequest 支援一種更為強大的資料取回方式，也就是用於多個物件的範圍式取回，而非執行好多次連續的資料取回。管理站只會在 PDU 裡規定一開始的 OID 和想取回的範圍。收到 PDU 的代理則送回給管理站一筆 GetResponse，而它的變數綁定清單內則會被嵌入那些被請求的變數 - 值之配對。就圖 6.42 中的範例而言，GetBulkRequest[2,4]（system, interface tcpConnState, tcpConnLocalAddress, tcpConnLocalPort）將會返回四對的變數 - 值之配對。

開放源碼之實作 6.5：Net-SNMP

總覽

這個套裝軟體原先是在 Carnegie Mellon University（~1995年）和 University of California at Davis（1995~2000年）研發，而它現在是由網站位於 http://sourceforge.net/projects/net-snmp 的 Net-SNMP 開發小組（2000年~）負責維護。它提供了：(1) 一個擁有 MIB 編譯器的可延伸之代理，其使用者藉由該編譯器就能夠開發出他自己的 MIB；(2) 可供進一步開發的 SNMP 函數庫；(3) 能夠從一個 SNMP 代理來取得或設定資訊的工具；以及 (4) 用來產生和處理 SNMP 陷阱的工具。它也支援 SNMPv1、v2、v3 和其他 SNMP 相關的協定。不同於本章中大多數其他的開放源碼之實作，Net-snmp 是一種疊代式實作，其支援了無狀態的 SNMP 協定的非連接式（在 UDP 埠 161 之上）和連接導向式（在 TCP 埠 1161 之上）之模式。

基本命令和範例

表 6.26 顯示關於 Net-SNMP 裡一些命令和所使用的相關 PDU 的描述。基本上，它們單純是不同版本的 PDU 的實作。在圖 6.43 中，我們使用 snmpget、snmpset 和 snmpwalk 作為示範之用。snmpwalk 會使用 GetNextRequest PDU 來走訪一個子樹之下所有的物件。我們使用一個預先設定好的使用者「ynlin」以及密碼「ynlinpasswd」來取回一個物件實例 system.sysContact.0。安全層級是被設定為「authNoPriv」(這意味著只有認證而沒有資料隱私，也就是說需要使用資料加密），而認證方法是被設為 MD5。

表 6.26 Net-SNMP 裡用來查詢、設定、設定陷阱的一些命令

名稱	描述和範例	所使用的 PDU
SNMPGET	使用 get 去取回一個葉物件的值。	GetRequest
SNMPSET	用一個值去設定（更新）一個葉物件。	SetRequest
SNMPBULKGET	一次取得多個物件，可能是在不同的子樹之下。	GetBulkRequest
SNMPWALK	探索在一個 MIB 子樹之下的所有物件。	GetNextRequest
SNMPTRAP	使用 TRAP 請求來送出資訊給一個網路管理者。一個以上的物件辨識符可以作為參數來運用。	Trap
SNMPSTATUS	用來從一個網路實體之處取回數個重要統計數據。如果有任何錯誤的話，該錯誤也將會被回報。	
SNMPNETSTAT	顯示出各種網路相關的值，而這些值是藉著使用 SNMP 協定從一個遠端系統之處所取回的。	

```
$ snmpget -v 3 -u ynlin -l authNoPriv -a MD5 -A ynlinsnmp localhost system.sysContact.0
system.sysContact.0 = ynlin@cs.nctu.edu.tw

$ snmpset -v 3 -u ynlin -l authNoPriv -a MD5 -A ynlinsnmp localhost system.sysContact.0
s gis88559 system.sysContact.0 = gis88559

$ snmpget -v 3 -u ynlin -l authNoPriv -a MD5 -A ynlinsnmp localhost system.sysContact.0
system.sysContact.0 = gis88559

$ /usr/local/bin/snmpbulkwalk -v 3 -u ynlin -l authNoPriv -a MD5 -A ynlinpasswd localhost
system system.sysDescr.0 = Linux ynlin2.cis.nctu.edu.tw 2.4.14 #5 SMP Thursday
November 22 23:6 system.sysObjectID.0 = OID: enterprises.ucdavis.ucdSnmpAgent.linux
system.sysIlpTime.0 = Timeticks: (30411450) 3 days, 12:28:34.50 system.sysContact.0 =
gis88559 system.sysName.0 = ynlin2.cs.nctu.edu.tw system.sysLocation.0 = ynlin2
system.sysORLastChange.0 = Timeticks: (0) 0:00:00.00 system.sysORTable.sysOREntry.
sysORID.1 = OID: ifMIB
system.sysORTable.sysOREntry.sysORID.2 = OID: .iso.org.dod.internet.snmpV2.snmpB
system.sysORTable.sysOREntry.sysORID.3 = OID: tcpMIB system.sysORTable.sysOREntry.
sysORID.4 = OID: ip system.sysORTable.sysOREntry.sysORID.5 = OID: udpMIB
```

圖 6.43 SNMPv3 裡的 snmpget、snmpset 和 snmpwalk 之範例

演算法之實作

圖 6.44 顯示 Net-SNMP 內部是如何運行。伺服器的啟動是藉著用一些像是把日誌記錄在 syslog 之類的選項來執行 snmpd 並且開始執行某些模組。然後 init_agent() 被呼叫去讀取設定檔、設定所需的資料結構（例如，物件樹），而且可能會初始化其他的子代理，例如 AgentX。進一步載入設定是由 init_snmp() 所完成，而該函數也會解析 MIB 模組。接著一個主代理被啟動。它宣告了所需要的對話，其結構被描繪在圖 6.45 中，以及替相關的對話去註冊回調函數（callback function）。舉例來說，handle_master_agentx_packet() 函數是被註冊來替一個名為 sess 的對話用於特定 AgentX 的封包處理。最後，程式會進入一個接收之迴圈去處理各個對話。

select() 函數被用來服務對話，其方法是藉由和其他守護行程一起參與 I/O 多工。然而，snmp_select_info() 函數與此技術毫不相關。它其實會執行一些內部管理的工作來管理 (1) 給即將到來的 select() 所用的活躍中之對話，以及 (2) 將要被關閉的對話，而活躍中的對話是被記錄在 fd_set 和 numfd 結構裡。snmp_read() 函數會讀取所選擇的對話的請求。它使用 snmp_parse() 函數去檢查在 fd_set 裡的那些對話是否屬於 SNMP 封包，然後把請求裡不必要的部分給剝掉以便形成一個 SNMP PDU。所形成的 PDU 被傳遞給先前為該對話所註冊的回調函數，而一旦函數成功地返回，被要求的資訊就會被送回給詢問者。

最後，netsnmp_check_outstanding_agent_requests() 檢查是否有任何尚未被

圖 6.44 Net-SNMP 內部的處理流程

```
                    用所需的選項
                    來啟動伺服器
                         │
                         ▼
                    init_agent()
                    [agent/snmp_vars.c]
                         │
                         ▼
                    init_snmp()
                    [agent/snmp_api.c]
                         │
                         ▼
                    init_master_agent()
                    [agent/snmp_agent.c]
                         │              while (netsnmp_running)
                         ▼
    ┌─receive() [agent/snmpdt.c]──────────────────┐
    │                                              │
    │          snmp_select_info()                  │
    │          [snmplib/snmp_api.c]                │
    │                                              │
    │    count = select(numfds, & fdset, 0, 0, tvp)│
    │                                              │
    │          snmp_read()                         │
    │          [snmplib/snmp_api.c]                │
    │                                              │
    │  netsnmp_check_outstanding_agent_requests()  │
    │          [agent/snmp_agent.c]                │
    └──────────────────────────────────────────────┘
```

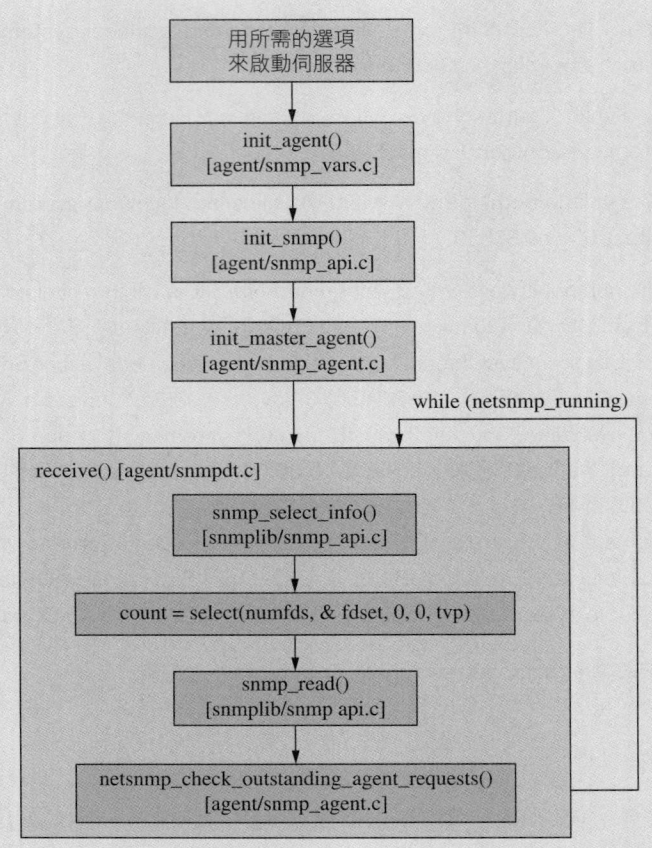

/** snmp 的版本 */
long   version;
/** 超時之前所允許重試的次數 */
int   retries;
struct snmp_session *subsession;
struct snmp_session *next;
/** 同儕的 UDP 埠號碼 (已不再被使用 - 現在使用的是 peername) */
u_short   remote_port;
/** 我的網域名稱或點分十進制格式的 IP 位址；預設值是 0 */
char   *localname;
/** 我的 UDP 埠號碼；預設值是 0，會被隨機挑選 */
u_short   local_port;
/** 用來解讀輸入資料的函數 */
netsnmp_callback callback;
/** 對話 id - 只限於 AgentX */
long   sessid;
* SNMPv1、SNMPv2c 和 SNMPv3 的欄位

圖 6.45 一個對話的結構（部分資訊）

確認的委派之請求。如果是的話，它會使用存取控制模組（access control module, ACM）來驗證，而一旦通過了驗證，它就去處理請求。

當一個模組需要更多時間來完成一個輸入的請求，它可以把請求標示成被委託（delegated）然後返回，而這允許代理去處理其他的請求。舉例來說，代理會把任何必須被 AgentX 子代理處理的請求給標示成被委託，以便在等待子代理回覆之時解放自己去處理其他請求。Net-SNMP 要求在 set 請求能夠被處理之前，所有尚未完成的委託之請求先被處理完畢。如果那時候仍有尚未完成的委託之請求，set 和所有其他的輸入之請求會被存放在佇列裡，一直到委託之請求全被執行完畢。

練習題

1. 找出哪些 .c 檔案和其中的哪幾行程式碼在製作 set 操作。
2. 找出一個 SNMP 對話的結構其確切的定義。

6.7 網路電話（VoIP）

在本章介紹的兩個即時應用之中，**網路電話（Voice over IP, VoIP）** 是被視為**硬性即時（hard real-time）**，而**串流（streaming）** 是**軟性即時（soft real-time）**。前者在往返時間（RTT）方面有大約 250 毫秒的限制作為使用者之延遲感知的臨界值；可是後者卻可藉由它的**延遲重播（delayed playback）** 而容忍高達數秒的 RTT。歸功於超額配置的光纖骨幹網路，VoIP 在 21 世紀初便開始起飛。隨著它的演進，有兩個標準被開發出來：出自於 TU-T 的 H.323 和出自於 IETP 的 SIP。SIP 已經贏了但尚未主宰整個市場，因為市面上有好幾個其他的私有 VoIP 協定。本節將介紹並且比較 H.323 和 SIP，以及說明 Asterisk 以作為 SIP 的開放源碼之實作範例。

6.7.1 導論

在世界的大部分地區裡，電話服務和通話裝置被視為理所當然。固定或行動式電話和連接到低價、高品質的全球網路之可得性，被視為是一個現代社會的基本條件。然而，語音通訊的世界已不再由傳統的**公共交換電話網路（Public Switched Telephone Network, PSTN）**所主宰。由於有愈來愈多的語音通訊被封包化並且被透過網際網路來傳輸，電話服務典範的轉變其實已經發生。使用網際網路協定的語音通訊，其被稱為網路電話，亦即「Voice over IP (VoIP)」或「IP Telephony」，由於具備下列優點所以非常有吸引力：

- **費用便宜**：網路電話在撥打長途電話上面的確省下很多費用，尤其是對於擁有國際分公司和市場的企業而言更是如此。網際網路上的固定費率（flat-rate）收費模式是指不論你傳送的資料有多少和多久，你只需付固定的接入費用，而這種模式和 PSTN 的付費模式相當不同。

- **簡單**：一個整合起來的語音／資料網路可以簡化網路操作和管理。管理一個網路應該比管理兩個更具有成本效益。

- **消耗較少的頻寬**：在電話公司的電路內的語音頻道是被切割成標準的 64 kbps，其使用的方法是**脈衝編碼調變**（pulse code modulation, PCM）。另一方面，在一個 IP 網路之下，如果有一個強大的編解碼器，使用 G.723.1 可以讓單一語音頻道的頻寬能被進一步縮減成 6.3 kbps。

- **延伸性**：利用即時語音通訊和資料處理的新型服務可以被支援。新功能可以被延伸到，舉例來說，白板應用、通話中心、電話通訊辦公和遠距教學。

雖然 VoIP 擁有許多的優點，像**服務品質**（Quality of Service, QoS）的議題必須解決，以減少自 IP 網路所繼承的遺失、延遲和抖動的影響。歸功於 2000 年左右在光纖網路基礎設施上的大舉投資，VoIP 的應用目前在大部分區域中運行的品質都很令人滿意，可是在一世紀以前卻並非如此。

歷史演進：私有網路電話服務──Skype 和 MSN

沿著 VoIP 歷史的一路上，不論是在公共領域或私有領域都已經有許多應用被開發出來。然而，只有其中幾個能廣為盛行，例如 Skype（私有）、MSN（私有）和 Asterisk（開放源）。令人驚奇的是，在它們三個中只有 Asterisk 採用 SIP 協定，而其他兩個則培養自己的協定，亦即加密的 Skype 協定和 MSNMS（MSN Messenger Service）協定。雖然 MSN 曾在 2005 年版本中提供過 SIP 選項，可是其中被發現有協同運作方面的問題而之後就被捨棄了。

一般相信，這些協定都訴諸類似的方法，也就是類似於 SIP 的協定，因為 SIP 已經被廣泛地討論和分析過了。然而，由於在商業上的考量，維護一個私有社群乃是它們部分的核心價值，而其方法是使用一個非 RTP/RTCP 的傳輸協定以及不同的編解碼器。這種潮流幾乎和傳統的電信市場一模一樣；在傳統的電信市場中，很少有互通性存在於不同供應商的產品之間。截至 2010 年初，Skype 使用者的數量是 4.43 億（每天有 4,220 萬位活躍的使用者），而 MSN 的資訊則沒有被披露。由於在安裝和操作上的複雜度，Asterisk 的使用者數量應該比其他兩者要少得多。然而，它主要是被企業而非被終端使用者所採用。

本節涵蓋了兩種 VoIP 協定，H.323 和 SIP，以及它們延伸之結構。H.323 是由國際電信聯盟（International Telecommunications Union, ITU-T）所定義；它的開發早於 IETF 的 SIP，可是已經被後者所取代。簡單性讓 SIP 比 H.323 成為更有利的解決方案。SIP 是在 1999 年被定義在 RFC 2543 裡，而稍後在 2002 年被 RFC 3261 所淘汰。

6.7.2　H.323

H.323 協定套件是被許多商品採用的主要 VoIP 協定。這個最初發布於 1996 年的建議，原來是針對區域網路上的多媒體會議，但後來被擴充成涵蓋了 VoIP。進一步增強的功能包括讓端點透過**資源保留通訊協定（Resource Reservation Protocol, RSVP）**、URL 風格的位址、通話設置、頻寬管理和安全功能去設定 QoS 的能力。

在一個 H.323 網路中的元件

一個 H.323 環境被稱為一個區（zone），其通常是由四種元件所組成的：一或多個終端、閘道器、多點控制單位（multipoint control units, MCU）和閘道管理器，其定義如下。

1. **終端（terminal）**：一個 H.323 終端通常是一個客戶端之軟體。它是被用來初始化一條和另一個 H.323 終端、MCU 或閘道器之間的雙向通訊。
2. **閘道器（gateway）**：它作為一個 VoIP 區和另一類網路（通常是一個 PSTN 網路）之間的掮客。閘道器提供一種轉換服務以便於實現雙向通訊。
3. **多點控制單位（multipoint control unit）**：一個 MCU 是一個 H.323 端點，其操控著參與一個多點會議的三或多個終端或閘道器。它可以是獨立式或被整合到一個終端、閘道器或閘道管理器裡。

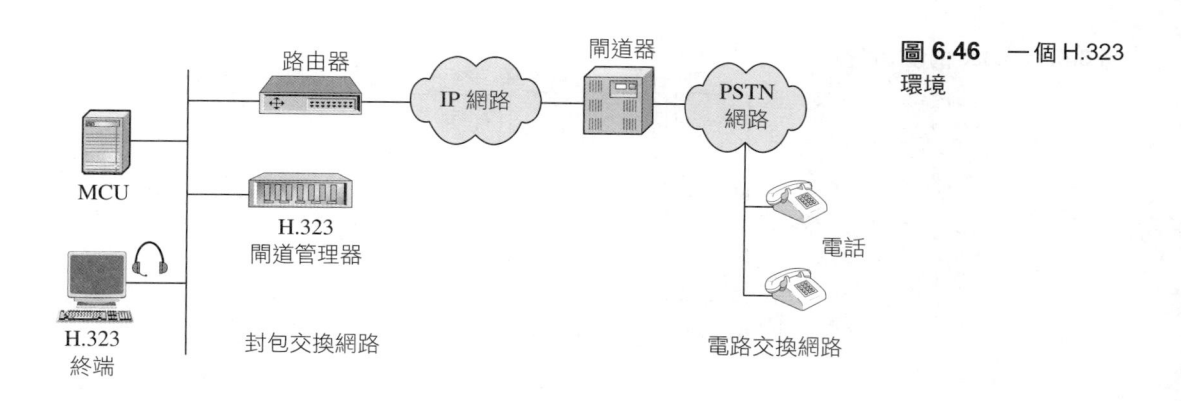

圖 6.46　一個 H.323 環境

4. 閘道管理器（gatekeeper）：它提供了各種服務給網路中的其他實體，例如位址轉換、准許進入控制和頻寬控制。補充服務〔像位置服務，亦即替一個已註冊的終端來找出一台閘道器〕和通話管理等都可能被包含在內。然而，這些都是選項而已，因為在沒有額外服務支援的情況下，兩個終端仍然可以互相聯絡。

圖 6.46 顯示在一個 H.323 區裡四種元件之間的關係。一個正常的 VoIP 交流可被描述如下：在 H.323 網路裡的每一個實體都有一個獨一無二的網路位址。不論何時當一個終端想要連接到另一個終端來進行語音通話，如果需要的話，它首先發送一個請求給閘道管理器以要求通話之允許。如果被允許的話，致電方（caller）會送給遠方的終端一個指出目的地位址和埠號碼的連接請求，例如「ras://host@domain:port」。在一些能力的協商之後，一個通訊頻道被建立給兩個終端來使用。MCU 和閘道器分別只可能會牽涉於三向通話或跨網路通話之中。

H.323 的協定堆疊

圖 6.47 顯示 H.323 協定系列，其可以被分拆為控制層面和資料層面。控制層面會協調一個 VoIP 對話的建置流程和拆除流程，而資料層面則去處理聲音和多媒體資料的編碼和傳輸。我們在下面說明了每個協定的功能。

註冊、允許和狀態（Registration Admission and Status, RAS）是一個閘道管理器和它所控制的端點之間一種訊號通知的方法。被定義在 H.225.0 中，RAS 支援一個通話的註冊／取消註冊、允許、頻寬改變和脫離以供終端來使用。Q.931 是一種訊號通知的方法以供兩終端之間的通話設置和拆除。由於它是被設計給 PSTN 用的 Q.931 協定的一種修改版本，H.323 和 PSTN 網路互聯的設計也因此被簡化了許多。H.245 是被用於兩終端間的能力協調（capability negotiation），例如音訊編解碼器（G.711、G.723、G.729）或視訊編解碼器（H.263）的類型，並決定終端之間的主僕關係。主／僕間的分際是必要的，因為必須有一個仲裁者，也就是主導者（主），來描述邏輯頻道之特徵並且決定多點傳播群組之位址，以提供所有的 RTP/

圖 6.47 H.323 的協定堆疊

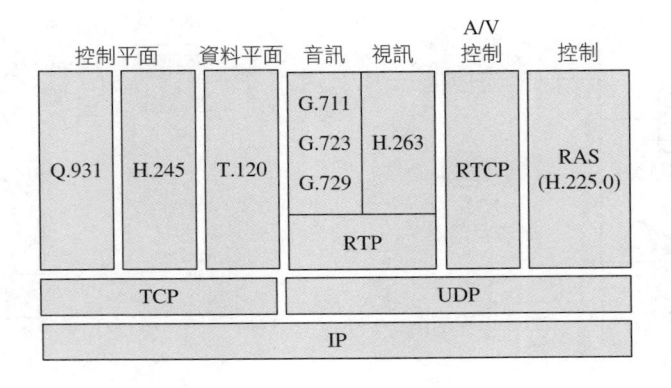

RTCP 對話來使用。當這些初始化都完成之後，一個數量的邏輯頻道就可以藉由 H.245 而建立。T.120 是由一組供多媒體會議使用的資料協定所組成，舉例來說，在一個 VoIP 對話期間的應用分享、白板應用和檔案傳輸。

如同在第 5.5 節所介紹的，即時傳輸協定（RTP）是一種被設計用來傳送和同步化即時訊流的簡單協定，其方法是利用 UDP 之類的既有傳輸協定裡並沒有使用到的序列號碼。即時控制協定（RTCP）是被 IETP 定義成 RTP 的夥伴協定。RTCP 是基於週期性地傳送控制封包給對話裡全部的參與者。它主要負責提供關於資料傳輸品質的回饋訊息給全部的參與者，而這種回饋訊息有助於建議參與者挑選出適當的編解碼器。下層的傳輸協定必須提供 RTP 和 RTCP 封包的多工，例如藉由使用分開的 UDP 埠號碼。第 5.5 節已全面地涵蓋了 RTP 和 RTCP 這兩個協定。RTP 和 RTCP 也被 H.323 和 SIP 用來提供 VoIP 的服務，而它們也被用來提供第 6.8 節將介紹的串流服務。

一個 H.323 通話的設置程序

一個 H.323 通話的設置程序有兩種可能的情況：一種情況是有閘道管理器，而另一種則無。通常一個優質、完全可控制的通話牽涉到在本地裡一台管理方的閘道管理器和另一個遠端的閘道管理器一起合作。這種模式被稱為閘道管理器 - 路由之通話訊號（gatekeeper-routed call signaling）。

圖 6.48 顯示一個閘道管理器 - 路由的 H.323 通話的一般設置程序。在閘道管理員存在的情況下，所有的控制訊息（包括通話之請求）被送到或被路由傳送到閘道管理員。一個通話之請求是由實作在一台特定閘道管理器的 RAS 所處理，而該閘道管理器是被用來提供註冊允許，以及其他像位址轉換和頻寬配置等 VoIP 服務提供商在計費和帳務上所需要用到的服務。然後本地的閘道管理器發送一個設置訊

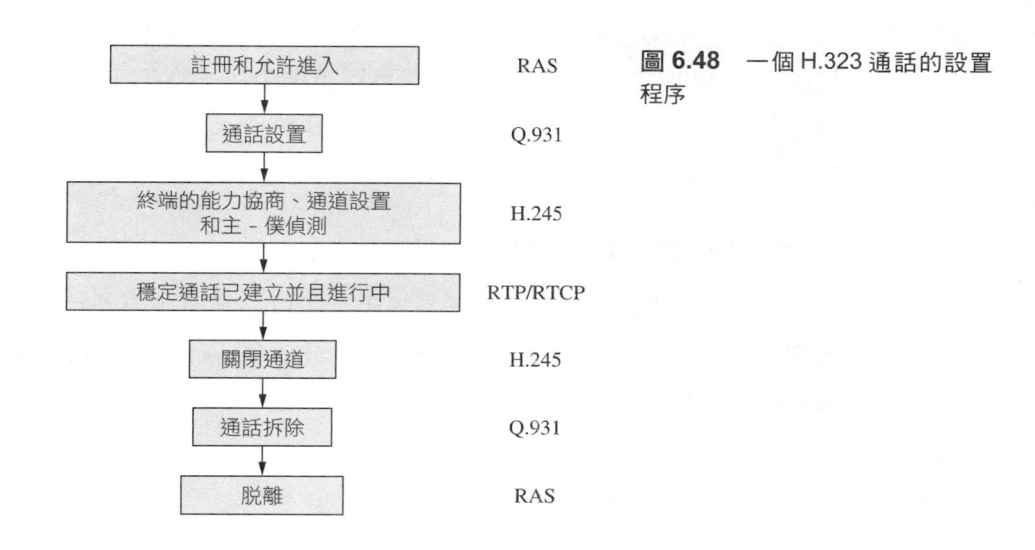

註冊和允許進入	RAS
通話設置	Q.931
終端的能力協商、通道設置和主 - 僕偵測	H.245
穩定通話已建立並且進行中	RTP/RTCP
關閉通道	H.245
通話拆除	Q.931
脫離	RAS

圖 6.48　一個 H.323 通話的設置程序

息（setup message）給接收通話的收電方，而收電方再詢問他自己的閘道管理員看看它是否想要處理這個對話。如果允許的話，收電方會送出一個正面回覆給來源的閘道管理器，而所有未來的控制訊息將會被路由傳送經過這兩台閘道管理器。

當一個通話請求被雙方的閘道管理器准許之後，致電方就繼續進行 Q.931 之設置。Q.931 協定類似於打通電話讓電話鈴響了之後就返回一個動態配置的埠號碼，以供 H.245 控制頻道來使用。在 H.245 頻道建立流程以及能力協商和主／僕確定之後，邏輯頻道就被開啟，而兩個終端就以 RTP 來開始交談並且被 RTCP 所監控。頻道的關閉和通話的拆除也是採用類似的方式。

我們不難發現在 H.323 中，訊息交換的耗損是很龐大的；尤其是當閘道管理器 - 路由模式被使用的時候。為了克服這個缺點，一個名為快速連接（fast connect）的程序被導入。快速連接程序涉及到在 Q.931 訊息之內攜帶 H.245 的資訊，而且沒有使用單獨分開的 H.245 控制頻道。因此，結束一個通話也很快速。通話被釋放只需要藉由送出 Q.931 釋放完全訊息，而該訊息的功效也如同 H.245 一樣能關閉所有與通話相關的邏輯頻道。

6.7.3 對話啟動協定（SIP）

對話啟動協定（Session Initiation Protocol, SIP）是另一種可供選擇的 VoIP 訊號通知協定。它是由 IETF 所提出，目標是藉由它的簡單性以及與 IP 網路中既有協定的相容性等優勢來取代 ITU-T 的 H.323，而事實上 IP 網路中大多數的協定也都是由 IETF 所制定的。有了對話的描述和由其他補充協定所提供的多點傳播之能力，要處理多媒體對話的設置、修改和拆除將會是很容易的事。由於其即時傳輸之本質，SIP 也依賴即時傳輸協定（RTP）作為它的傳輸協定。

類似於 HTTP 是以文字為基礎的協定，SIP 借用 HTTP 的訊息類型、標頭欄位和客戶 - 伺服器之設計方案。然而，不同於 HTTP 是運行於 TCP 之上，SIP 可以選擇使用 UDP 或 TCP。多條 SIP 交流可以被攜帶在一條 TCP 連接或一條 UDP 流之內。此外，它使用代理（proxying）和重導向（redirecting）來達成使用者之移動性，而其中的重導向會提供一位使用者的目前位置。

在一個 SIP 網路中的元件

由於 SIP 是以客戶 - 伺服器為基礎，所以必須至少有一位致電方作為**使用者代理客戶**（User Agent Client, UAC）和一位收電方作為**使用者代理伺服器**（User Agent Server, UAS），再加上某些輔助的伺服器，如圖 6.49 所示並且描述於下。

圖 6.49　一個 SIP 環境

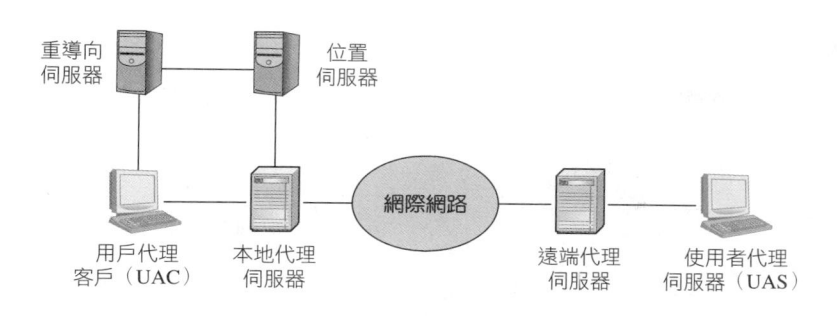

1. **代理伺服器**：就像 HTTP 裡的代理伺服器一樣，一台 SIP 代理伺服器是作為一位客戶的代表而行動，並且在翻譯完請求之後，可能把請求轉發給其他的伺服器。它可以被用來儲存資訊以達到計費和帳務的目的。
2. **重導向伺服器**：重導向伺服器回應一個客戶請求的方式是告知該客戶其請求的伺服器之定址為何。它不會像代理伺服器一樣去啟動一個 SIP 請求，也不會像一個 UAS 一樣去接受通話。
3. **位置伺服器**：位置伺服器是被用來處理從代理伺服器或重導向伺服器送來的對於收電方可能所在位置之請求。通常它是一台外部伺服器其使用非 SIP 協定或路由政策來找出使用者的位置。一位使用者可能在該伺服器上註冊了它目前所在位置。它有可能和其他 SIP 伺服器位於同一台機器上。

一個 UAC 發送出一個通話請求（也可被稱為一個 INVITE 請求），不論是直接送給 UAS 或是透過代理伺服器。在前者的情況下，如果 UAC 只曉得 UAS 的 URL 但完全不清楚 UAS 的位置，則 invite 請求就會被傳送給重導向伺服器。接著，重導向伺服器會詢問位置伺服器關於 UAS 的位置資訊；假設 UAS 已經在位置伺服器上註冊，重導向伺服器就會回覆相關資訊給 UAC。如果一台代理伺服器被使用，UAC 就傳送請求給代理伺服器而不用去煩惱 UAS 的位置為何，因為代理伺服器將會聯絡位置伺服器。一般情況下，一台代理伺服器是被實作成有重導向的能力，所以當一個 UAC 聯絡該台代理伺服器之時，它只需要指明它想要的服務是重導向服務還是代理服務。

SIP 的協定堆疊

如圖 6.50 所示，建立 SIP 操作的基礎需要使用到好幾個協定。用 RTP 提供即時傳輸以及用 RTCP 來監控這兩個部分都和 H.323 一樣。我們接著會詳細描述 SIP 和它的補充協定，**對話通告協定（Session Announcement Protocol, SAP）**和**對話描述協定（Session Description Protocol, SDP）**。

辨識 SIP 客戶端的方法是藉由一個 SIP URL，而 SIP URL 則是遵循著「user@host」之格式。注意到，這種定址方式看起來很類似一個 e-mail 位址。其

圖 6.50　SIP 的協定堆疊

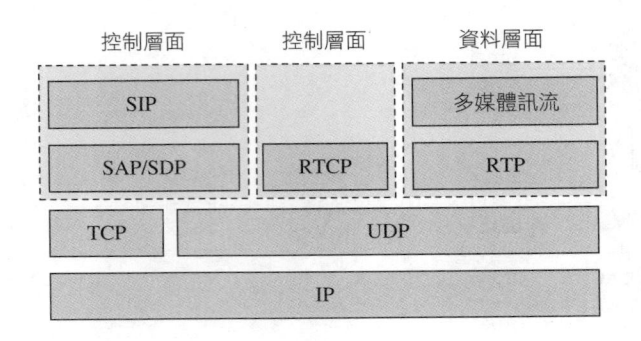

```
         控制層面          控制層面         資料層面
        ┌────────┐       ┌────────┐      ┌────────┐
        │  SIP   │       │        │      │多媒體訊流│
        ├────────┤       │  RTCP  │      ├────────┤
        │SAP/SDP │       │        │      │  RTP   │
        └────────┘       └────────┘      └────────┘
        ┌────────┐  ┌──────────────────────────────┐
        │  TCP   │  │            UDP               │
        └────────┘  └──────────────────────────────┘
        ┌──────────────────────────────────────────┐
        │                  IP                      │
        └──────────────────────────────────────────┘
```

中的使用者部分可能是使用者名稱或是一個電話號碼。主機部分可以是一個網域名稱、一台主機的名稱或是一個數值顯示的網路位址。舉例來說，

```
callee@cs.nctu.edu.tw 和
+56667@nctu.edu.tw
```

一個 SIP 通話的設置程序

一旦一位收電方的位址是已知的，一位致電方可以發送一序列的命令或運算元來啟動一個通話。表 6.27 列出 SIP 的運算元和命令。前四種運算元是被用在通話設置和通話拆除。一般的情形可能會像這樣：一個致電方發送 INVITE 給在 URL 裡指明的一位收電方以便啟動一個新的 VoIP 對話，並且等待對方的回應。INVITE 裡通常含有一個以 SDP 撰寫的對話描述。如果目的地 IP 位址是已知的，該請求會被直接傳送給收電方。否則的話，它會被送給一台擁有內建位置伺服器的本地代理伺服器，而該伺服器可以運作於重導向模式或代理模式。如果是後者的情況，代理伺服器會根據從位置伺服器獲得的資訊把 INVITE 訊息轉發到目的地，而轉發過程有可能是透過其他的代理伺服器。

現在，收電人的電話鈴聲響了。如果收電人同意該對話要求（其已經被本地機器檢查過了）並且想要參與該對話（接電話了），則它會回覆致電方一個適當的回

表 6.27　一些 SIP 命令

運算元	描述
INVITE	邀請一位使用者參加通話
ACK	對於最後回覆的確認
BYE	終止在端點間的一個通話
CANCEL	終止搜尋一位使用者的或終止一個通話之請求
OPTIONS	支援的通話功能
REGISTER	在位置伺服器上註冊客戶的目前位置
INFO	用於在對話中的訊號通知

表 6.28 SIP 的回覆代碼

回覆代碼	描述
1xx（訊息）	嘗試中、通話鈴響和排隊等候中
2xx（成功）	請求已成功
3xx（重導向）	給出關於接收者的新位置的資訊
4xx（請求失敗）	從某台伺服器傳來的失敗回覆
5xx（伺服器失敗）	當伺服器自己本身有錯誤時所給出的失敗回覆
6xx（全域失敗）	忙碌、拒絕、無法接受的請求

覆代碼（如 200 OK），如表 6.28 之中所顯示。致電方接著會送回一個 ACK 訊息給收電方，藉此來確認收電方的回覆。此刻這個握手程序已經完成了，而雙方的交談就可以開始。然而，也有可能收電方非常忙碌，以致於 INVITE 請求要等好長一段時間之後才會被處理。在這種情形下，致電方可能放棄這個通話邀請而送出一個 CANCEL 訊息。

當交談要被關閉時，其中一方參與者會掛斷電話，進而導致一個 BYE 訊息被送出去。然後接收的主機就以 200 OK 作為回覆來確認該訊息已被接收；此刻，通話就被終止。

SIP 是作為一個對話中的命令產生器，而另一個也是以文字為基礎的協定 SDP 則是被用來描述對話的特性，以便讓對話參與者得悉。一個對話是由一定數量的媒體串流（media stream）所組成。因此，一個對話的描述牽涉到關於每條媒體串流的許多參數的規範，例如傳輸協定和媒體類型（音訊、視訊或應用），以及關於對話自身的許多參數的規範，例如協定版本、來源、對話名稱以及對話的開始／停止時間。

雖然 SDP 描述了一個對話的特性，可是它並不會提供方法來實現在一個對話設置開始時的對話廣告。就這一點而言，SAP 是被用來在一個 SIP 對話期間對參與者來宣傳多媒體會議和其他多點傳播之對話以及傳送相關的對話設置資訊給參與者。一個 SAP 播報器（announcer）會週期性地送出一個宣告封包到一個著名的多點傳播位址和埠（9875），而如此一來，接收方，也就是潛在的對話參與者，可以使用對話描述來啟動某些參加對話所需要的工具。注意到如果封包的酬載中含有多點傳播對話的描述，它必須被寫成 SDP 的格式以便能支援所有參與者之間的協同操作性，因為在一個 SAP 宣告中並沒有能力協商。

歷史演進：H.323 vs. SIP

雖然 H.323 協定在 1996 年時就已經被定義，可是它並沒有成功地達成預期中的市場佔有率。相關分析已提出導致 H.323 失敗的各種因素，其中包括複雜的訊號通知、擴充性方面的問題和安全上的問題。這就是為何 SIP 的設計目標是成為一種輕薄、很容易實作的另一種選擇。在所有其他的優點之中，SIP 是一個建議標準（proposed standard），其首先被定義於 RFC 2543 之中，而稍後的 RFC 3261 為更新版。SIP 由來自於 IETP 的認可和支持。然而，H.323 仍然有它佔優勢的功能。以下列出了這兩個協定之間的一些其他差異。

1. 訊息編碼：H.323 把訊息編碼成二進制格式而非 ASCII 文字格式，所以它對於傳輸而言是比較緊密的。然而，使用 ASCII 字串會讓應用開發人員更容易偵錯和解碼。在 SIP 裡也提供了 ASCII 壓縮的方法。
2. 頻道的類型：H.323 在頻道類型上有提供能力交換和能力協商。頻道類型包括視訊、音訊和資料等。一個 SIP UAC 只可以建議一組資料類型來限制其他的 UAS。如果沒有支援這些資料類型的話，UAS 便以錯誤代碼像是 488（此處無法接受）和 606（無法接受）或以警告代碼像是 304（該媒體類型無法使用）來回覆 INVITE 訊息。
3. 資料會議：H.323 支援視訊、音訊和資料會議（使用 T.120），而且也已經定義出控制會議的程序。SIP 只有支援視訊和音訊會議，而且無法控制會議。

開放源碼之實作 6.6：Asterisk

總覽

與其去看一些簡單的點對點 VoIP 軟體，我們在此檢視一個整合式 PBX（Private Branch eXchange）系統 Asterisk。Asterisk 可作為軟體電話之間的橋接，而且還可以把軟體電話和 PSTN 裡的傳統電話透過一個 PSTN 閘道器來橋接在一起。如圖 6.51 所示，一台 Asterisk 伺服器作為 PSTN 和一個 VoIP 網路之間的通訊器。一個 VoIP 網路可能是由一台已安裝 VoIP 軟體且以 PC 為基礎的電話或是一台能夠使用 SIP 的電話所構成。當一台傳統電話和一個類比電話適配器（Analog Telephony Adaptor, ATA adaptor）結合在一起時，可以把類比訊號轉換成一個 VoIP 資料串流。所以在此情形下，一台傳統電話也可以被運用在 VoIP 網路上面。在技術上而言，Asterisk 是連接導向式、有狀態的 SIP 協定和非連接式、無狀態的 RTCP/RTP 協定的一種並行式之實作。它並沒有綁定特定的埠號碼。

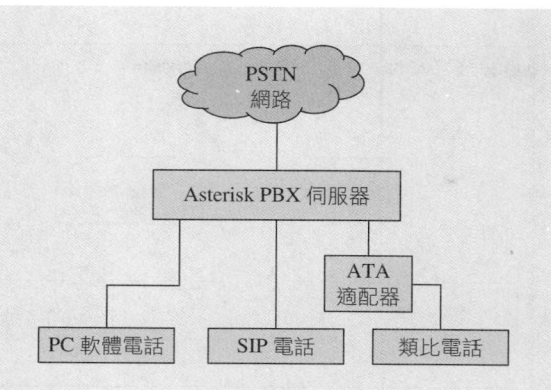

圖 6.51　一個以 Asterisk 為基礎的 VoIP 環境

方塊流程圖

Asterisk 提供了一個框架來建構一個訂製的 VoIP 系統。如圖 6.52 所示，其本身具有的靈活性是來自於可以增加和移除模組，例如像頻道、RTP 和訊框器（framer）等被用來建立基本傳輸服務的模組。Asterisk 的核心功能是提供 PBX 的服務，也就是交換在本地內（例如在一間辦公室或一棟建築裡）的通話。一些能夠讓高階管理變得更為容易的額外的實用工具像是 HTTP 伺服器、SNMP 代理和電話通聯記錄（Call Detail Record, CDR）引擎等也可以被裝備上去。

資料結構

一個 PBX 會用交換來把通話傳送到它們相關的目的地。然而，在目的地可能有許多分機號碼，因此在當地的區域內可能需要另一層的交換。如果要製作這種計畫方案的話，在一台 Asterisk PBX 裡需要被引進兩種名為所屬環境（context）和分機（extension）的概念。後者擴大了收電方之群組（callee group），而前者進一步擴充了可以支援的群組數量。如圖 6.53 所示，藉著合併多個 context 的作法，數間公司或機構只需共用一台 PBX 就能各自擁有自己的分機空間。

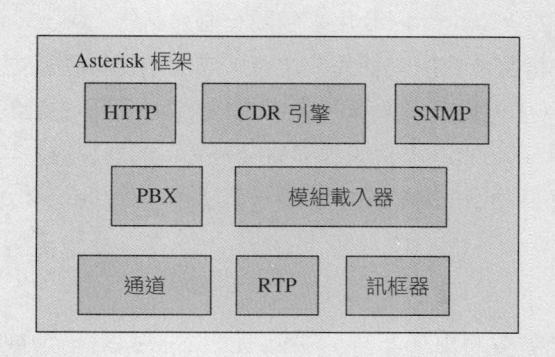

圖 6.52　Asterisk 的框架

圖 6.53 多個群組和它們分機的所屬環境（context）

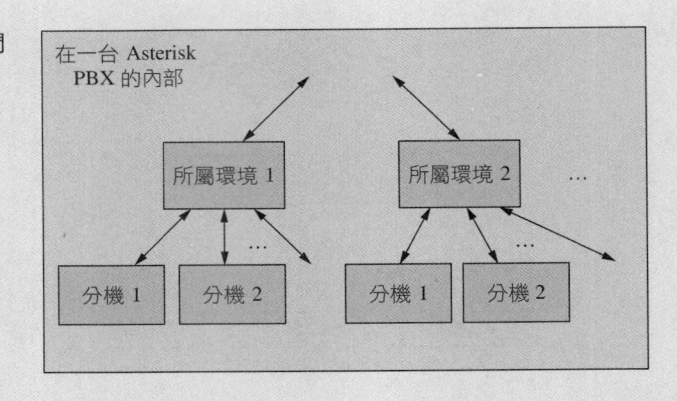

在一台 Asterisk PBX 的內部

所屬環境 1　　所屬環境 2　…

分機 1　分機 2　　分機 1　分機 2

更進一步的設計是每個分機可以有多個步驟，但在此處被稱為優先順序（priority）。這是為了組織一個撥接計畫（dial plan），好讓使用者預先設置他們自己的通話以便於達成自動化之目的。一個優先順序會和一個執行特定動作的應用聯繫在一起。舉例來說，一個通話可以由下列行動所構成：(1) 在優先順序 1，一個撥打的動作使用一個名為「Call」的應用來連接到收電方；(2) 在優先順序 2，一個回話動作會使用一個名為「Answer」的應用來重播一個預先錄製的聲音檔案；最後，(3) 在優先順序 3，一個掛斷動作使用一個名為「HangUp」的應用來關閉一個頻道。

演算法的實作

Asterisk 的內部執行可以分成四個步驟：(1) 管理介面的初始化；(2) 以所需的參數（例如優先順序和應用）來發起通話；(3) 供資料傳輸之用的頻道設置；以及 (4) 產生一個服務用的執行緒來建立 pbx 結構並且去實施通話。

管理介面的初始化

詳細的處理流程被顯示於圖 6.54 中，而其詳細敘述如下。在一開始的時候，`init_manager()` 會被呼叫去載入設定並且註冊重要的回調函數（callback functions），亦即所謂的動作（actions）。除了那些之前提到過的動作之外，一些動作的實例包括：(1) 用來測試兩方的端點並且保持連接繼續存活的「`Ping`」；(2) 用來啟動一個通話的「`Originate`」；(3) 用來列出通話狀態的「`Status`」。當整個初始化都完成之後，它開始聽取連接之請求。注意到在 Asterisk 裡的一個管理者對話（manager session）通常是指一個 HTTP 對話其擁有管理介面以便讓使用者去執行所要求的動作。因此，多個管理者對話是有可能達成的，其方法是在無阻塞插槽（non-blocking）上產生多個相關的執行緒並使用一個事件佇列（event queue）來儲存在那些對話中所觸發的動作。

通話的發起

當一個管理者對話的使用者要撥出電話時，`action_originate()` 就被呼叫，並且被

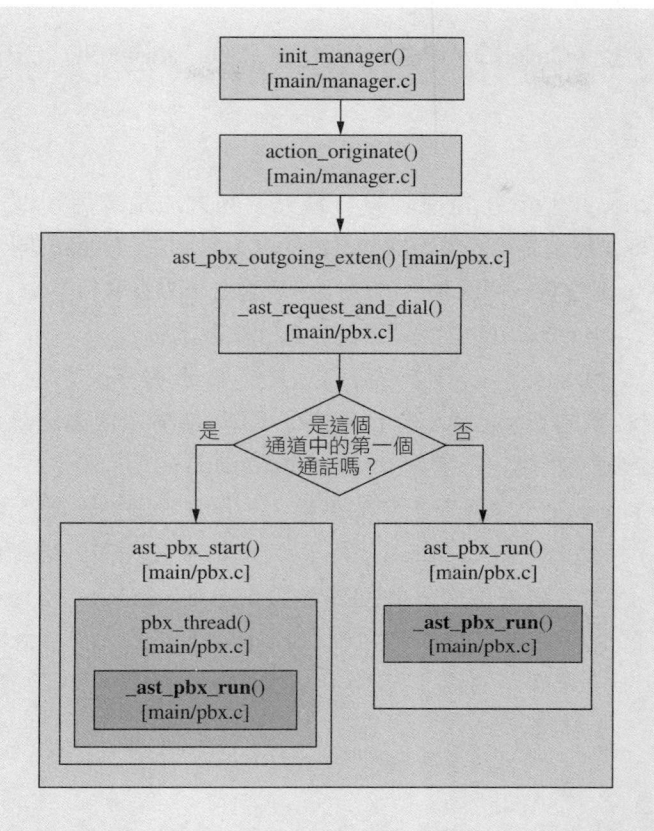

圖 6.54 Asterisk 內部的呼叫流程

```
init_manager()
[main/manager.c]
     ↓
action_originate()
[main/manager.c]
     ↓
┌─────────────────────────────────────────────┐
│  ast_pbx_outgoing_exten() [main/pbx.c]      │
│  ┌───────────────────────────┐              │
│  │ _ast_request_and_dial()   │              │
│  │ [main/pbx.c]              │              │
│  └───────────────────────────┘              │
│              ↓                              │
│       是這個通道中的第一個通話嗎？          │
│       是 ↙           ↘ 否                  │
│  ┌──────────────────┐  ┌──────────────────┐│
│  │ ast_pbx_start()  │  │ ast_pbx_run()    ││
│  │ [main/pbx.c]     │  │ [main/pbx.c]     ││
│  │ ┌──────────────┐ │  │ ┌──────────────┐ ││
│  │ │ pbx_thread() │ │  │ │_ast_pbx_run()│ ││
│  │ │ [main/pbx.c] │ │  │ │ [main/pbx.c] │ ││
│  │ │ ┌──────────┐ │ │  │ └──────────────┘ ││
│  │ │ │_ast_pbx_ │ │ │  │                  ││
│  │ │ │ run()    │ │ │  │                  ││
│  │ │ │[main/    │ │ │  │                  ││
│  │ │ │ pbx.c]   │ │ │  │                  ││
│  │ │ └──────────┘ │ │  │                  ││
│  │ └──────────────┘ │  │                  ││
│  └──────────────────┘  └──────────────────┘│
└─────────────────────────────────────────────┘
```

給予一個含有各種描述通話之參數的訊息。該訊息含有的參數像致電方 ID、動作 ID、通話名稱、分機／所屬環境／優先順序、使用者帳號和應用。在數個通話事件同時發生而資源又不足的情況下，通話發起之動作事實上是被儲存在一個致電方佇列（caller queue）之中，而非立刻被執行。在驗證過使用者帳號的認證狀態之後，ast_pbx_outgoing_exten()，其含有一序列重要程序來實施通話，就會被執行。

頻道的設置

ast_channel 結構描述一個頻道，而 chan 是 ast_channel 結構的一個實例。在該結構的所有屬性中，最關鍵的是 tech，它是 ast_channel_tech 結構的一個實例，而 ast_channel_tech 結構被用來指定傳輸技術。由於 chan->tech->requester() 已經被定義成一個函數指標，此處我們打算採用一種案例，其中 sip_request_call() 是被註冊為相關的回調函數來請求一個基於 SIP 的頻道。最終會有一個頻道會被授予給該函數，而且頻道的辨識碼會被一路返回給 ast_pbx_outgoing_exten() 函數，以供其他上層程序未來使用。

位於 channels/chan_sip.c 之中的 sip_request_call() 負責檢查所指定的編解碼器是否有被支援；如果有的話，它就調用 sip_alloc() 來建立一筆 SIP 私有資料之記錄 sip_pvt。sip_pvt 結構由數十個在 SIP 對話註冊和發起通話之期間描述私人對話的參數所構成；舉例來說，CallerID、IP 位址、能力、SDP session ID 和 RTP 插槽描述子（RTP socket descriptor）。

執行緒的產生

　　`ast_pbx_outgoing_exten()` 持續地撥打電話，其方法是調用 `ast_pbx_start()` 或 `ast_pbx_run()`，取決於這是否是第一次通話電話還是撥到之前通話的同一個目的地。如果這確實是第一次通話，則會有一個服務用的執行緒被建立出來去執行 `pbx_thread()`，而該函數隨後會調用 `_ast_pbx_run()` 並且把通話之統計次數遞增。

　　在圖 6.55 中，`_ast_pbx_run()` 作為通話的主要服務程序，它替那些使用 `ast_calloc()` 之頻道建立私有的 pbx 結構；它也建立了 CDR 結構以便去記錄那些使用 `ast_cdr_alloc()` 的通話活動。然後它在這個 context/extension 的所有優先順序上循環，並且以 `ast_spawn_extension()` 來執行所指定的應用，一直到一個掛斷電話之事件被觸發，並且被 `ast_hangup()` 所處理。`ast_hangup()` 也就是事先被註冊的掛斷動作。在 `ast_spawn_extension()` 之中，事先註冊好的回調函數 `sip_request_call()` 會被呼叫去建立一個描述 SIP 對話的 PVT 結構。之後，在 `sip_request_call()` 裡會執行 `ast_rtp_new_with_bindaddr()`（未顯示在圖 6.55 中）去啟動一個 RTP/RTCP 傳輸，並把這個 RTP/RTCP 傳輸指派給 PVT 結構。

圖 6.55 `ast_pbx_run()` 函數的內部

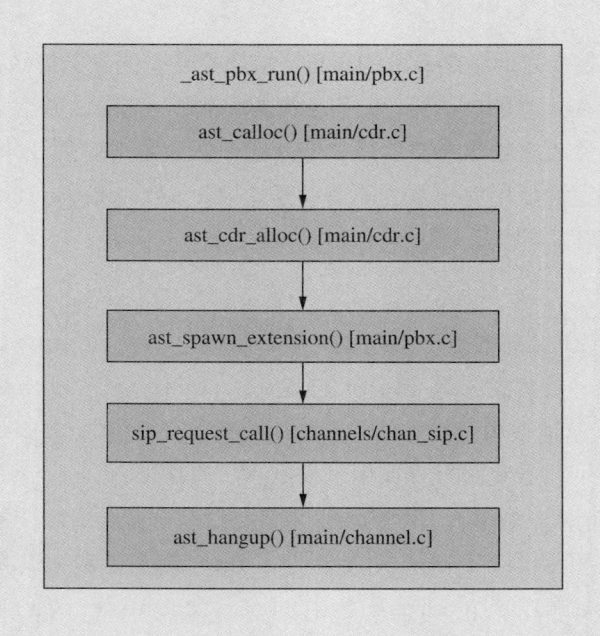

```
_ast_pbx_run() [main/pbx.c]
        │
        ▼
ast_calloc() [main/cdr.c]
        │
        ▼
ast_cdr_alloc() [main/cdr.c]
        │
        ▼
ast_spawn_extension() [main/pbx.c]
        │
        ▼
sip_request_call() [channels/chan_sip.c]
        │
        ▼
ast_hangup() [main/channel.c]
```

練習題

1. 找出哪些 .c 檔案和其中的哪幾行程式碼是關於 sip_request_call() 被註冊成一個回調函數。
2. 描述 sip_pvt 結構並解釋在該結構之中重要的變數。
3. 找出哪些 .c 檔案和其中的哪幾行程式碼是關於 RTP/RTCP 傳輸被建立起來給 SIP 對話使用。

6.8 串流傳輸

作為一個軟性即時應用，**串流傳輸（streaming）**比 VoIP 更早流行於大眾之間。串流傳輸自從 1990 年代末就蔚為流行，其時間是早於 2000 年左右在光纖骨幹網路上的巨額投資。它比 VoIP 還能夠吸收並且容納更高的**延遲時間（latency）**和**抖動（jitter）**。在本節，我們首先會介紹串流傳輸的客戶端和伺服器端的結構和組件。然後，我們會簡單敘述一些常見的壓縮和解壓縮技術，其可以顯著地減少視訊／音訊的位元速率以便促進網路傳輸。再接下來則介紹並且比較兩種串流機制，**即時串流傳輸協定（Real-Time Streaming Protocol, RTSP）**和 HTTP 串流傳輸（HTTP streaming）。進階議題包括串流傳輸期間的 QoS 控制和同步，也會被論述。最後會介紹 **Darwin 串流伺服器（Darwin Streaming Server, DSS）**以作為開放源碼實作之範例。

6.8.1 導論

傳統多媒體娛樂的實行方式大多是先儲存或下載一個媒體檔案到一台客戶端 PC 上面，然後再播放該媒體檔案。然而，這種下載再播放的方式並不能支援現場直播節目。對於錄影節目而言，它需要很長的延遲時間才能開始回放，以及需要在客戶端有大量的儲存空間。串流傳輸是被設計用來克服上述缺陷；它可以即時將直播或錄影的媒體串流傳播給觀眾。不同於下載再播放的模式，只要一部電影的開始一部分片段抵達了客戶端，這部電影就可以開始播放。然後，電影片段的傳輸和回放是以並行或交錯的方式在進行。一部串流傳輸的電影從來沒有被真正地下載，因為相關的封包在被播放完之後就立刻被丟掉。如此一來，串流傳輸不但節省了在客戶端那邊的啟動延遲時間和儲存空間之耗損，同時還能夠支援現場直播。

要形成一個串流傳輸系統需要有很多功能的支援。舉例來說，必須要有一個壓縮機制（compression mechanism）才能將數位攝影機的視訊和音訊資料轉換成適當的格式。我們也需要特殊用途的傳輸協定以提供即時之資料傳輸。QoS 控制也必須要被提供，以確保在串流傳輸之對話中的流暢度。客戶端需要一個解壓縮器或**解碼器（decoder）**，其可以採用硬體製作或軟體製作，以及一個可以適應延遲時間、抖動和遺失的回放機制。此外，還需要某種同步機制來協調視訊和音訊的回放。

圖 6.56 提供一個串流傳輸之結構。其中通常有兩類的參與者：一台散布媒體內容的串流伺服器，以及許多位參與多媒體對話的客戶端。一般串流傳輸之處理其摘要如下：從錄製裝置來的原始視訊和音訊資料會被壓縮，也就是被編碼，然後再被儲存到一個儲存裝置裡。當收到一個客戶的請求，串流伺服器會取出某個儲存之內容，然後透過一個傳輸協定將它送出去。在送出內容之前，某個應用層之 QoS 控制模組會被啟動，使得位元串流能夠適應網路狀態和 QoS 要求。

在客戶端成功地收到封包之後，封包會經過傳輸層處理而後再經過接收方的 QoS 模組來處理，最後在視訊／音訊的解碼器之處被解碼。在封包被播放之前，媒體同步機制會先被執行，以使得視訊和音訊能同步呈現。我們在接下來的三個小節裡會詳細闡述這些組件。

6.8.2　壓縮演算法

現實情況是原始的視訊／音訊資料非常龐大，僅十秒鐘長度的原始、未壓縮的 NTSC（National Television System Committee，此是一種電視標準）就會填滿多達 300 MB 的儲存空間。這就是為什麼串流傳輸非常需要壓縮，尤其對於要產生小到足以在網頁上播放的檔案而言更是如此。

一個壓縮演算法會分析資料並且會移除或改變位元，以便於縮減檔案的體積和

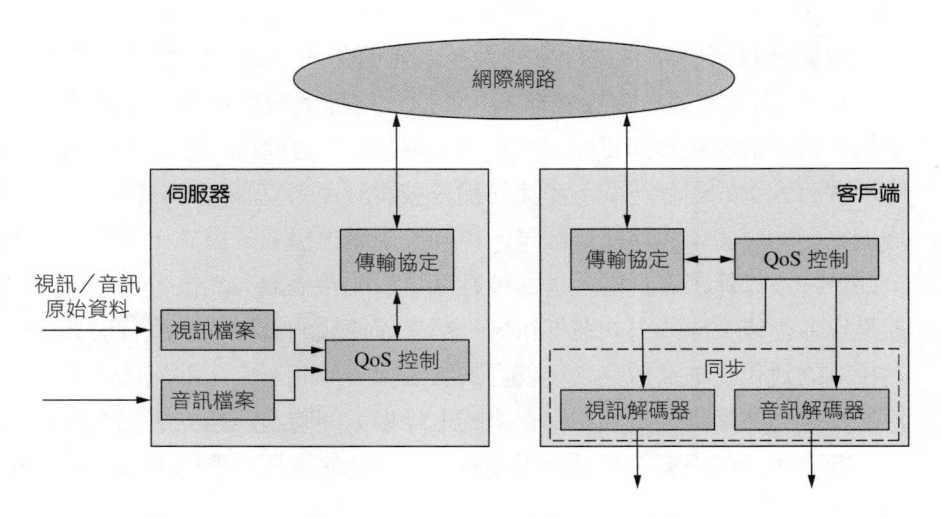

圖 6.56　串流傳輸的結構以及組件

位元速率而同時又盡量保有原來內容的完整性。通常被檢視的壓縮演算法之特性有三個：空間性或時間性、失真性或非失真性，以及對稱性或非對稱性。

空間性或時間性

空間性壓縮法（spatial compression）找尋在一個靜止圖框（frame）裡相似或重複的圖樣。舉例來說，在一張含有藍色天空的圖片中，空間性壓縮法會注意到一個特別之區域（亦即天空）其中含有類似的畫素，然後它會以記錄更為簡短許多的位元串流的方式來表示該特定區域是淡藍色的，而不必累贅地去描述數千個重複畫素，進而達到了縮減檔案體積之目的。幾乎所有 ITU-T 或 ISO 承認的視訊壓縮之方法／格式都採用一種離散餘弦轉換（discrete cosine transform, DCT）來減少空間上的冗餘資訊。

另一方面，時間性壓縮法（temporal compression）則是找尋在一序列的圖框中的改變。舉例來說，在一段談話的視訊片段裡通常是只有說話的人在移動，所以時間性壓縮法只會注意在說話的人的四周有哪些畫素改變。第一個圖框被稱為關鍵圖框（key frame），它會被完整地描述。時間性壓縮法會比較關鍵圖框和隨後的下一個圖框（被稱為一個 delta 圖框）來找出兩者間的任何變化。在關鍵圖框之後，它只會保留隨後圖框裡變動的資訊。如果發生了一整個場景的改變（scence change），也就是如果圖框中大部分的內容和關鍵圖框並不相同，則新場景的第一個畫框就會被標示為新的關鍵圖框，而時間性壓縮法會繼續去比較後續的圖框和這個新的關鍵圖框。因此，其所產生的檔案體積很容易受到關鍵圖框之數量所影響。MPEG（Moving Picture Experts Group）標準是世界上最受歡迎的視訊編解碼器標準之一，它就是使用時間性壓縮法。

必須留意的一點就是，這兩種技術有可能被合併在一起使用。舉例來說，幾乎所有的 QuickTime 的電影都涉及到這兩種壓縮技術的使用。

失真性或非失真性

一個壓縮演算法是非失真性（lossless）或失真性（lossy），這取決於檔案被解壓縮時是否能夠恢復所有原來的資料。使用非失真性壓縮法時，原先在檔案裡的每一個資料位元在檔案被解壓縮之後會維持原狀；全部的資訊會被完全恢復。這通常是用在文字或試算表檔案時所選擇的技術，因為在此情況下遺失文字或財務數字必將帶來不小的問題。對於多媒體資料而言，GIF（Graphics Interchange File）是一種用於網頁上的圖像格式，其提供非失真性之壓縮。其他圖像格式還有 PNG 和 TIFF。

另一方面，失真性壓縮法可藉由永久消除某些資訊，尤其是冗餘之資訊，來縮減一個檔案的體積。當檔案被解壓縮時，縱然使用者可能完全無法察覺，可是僅有一部分原來的資訊還存在著。失真性壓縮法通常被使用在視訊和音訊上，因為如果其中發生的資訊遺失量小於一定數量時，大多數使用者並不會察覺到任何差別。JPEG 圖像檔案是一種使用失真性壓縮的圖像格式，而它通常被用於照片或網頁上其他複雜的靜止圖像。如果使用 JPEG 壓縮，編輯者可以決定要引進多少的資料遺失以及在檔案體積和圖像品質之間的取捨。像 MPEG-4 和 H.264 這類的視訊壓縮標準也採用失真性壓縮法，以便能達到比無失真性壓縮法相對更大的壓縮比率（compression ratio）。

對稱性或非對稱性

對稱性（symmetrical）和非對稱性（asymmetrical）壓縮法之間的主要差別是在於兩者在壓縮和解壓縮上所花費的時間。使用對稱性壓縮法在壓縮和解壓縮上所花費的時間是相同的，而當採用的是非對稱性壓縮法時所花費的時間就不相同。更具體地說，非對稱性意味著它會花更多的時間來壓縮多媒體資料，因此在某種意義上，它會產出較高的品質。所以說一個串流伺服器通常傳送的是被非對稱性壓縮的檔案（比方說 MPEG 和 AVI 視訊檔案），而如此一來就可以減輕解壓縮之負擔而且同時又可以提供令客戶滿意的品質。然而，對於透過手機傳輸的即時視訊會議而言，對稱性編解碼器像 H.264 等才是經常被使用的標準，但這只是因為編碼器硬體根本沒有強大到足以負擔非對稱性壓縮法。

6.8.3 串流協定

圖 6.57 中描繪出用於串流傳輸的協定堆疊。雖然市面上有其他的私有串流協定，這裡我們將介紹在公用領域裡經常被使用的兩種串流機制：RTSP 和 HTTP。

即時串流協定（RTSP）

即時串流協定（RTSP）是一種客戶 - 伺服器式的多媒體對話控制協定。它可以很好地支援大批觀眾（多點串播）以及單一觀眾的媒體點播（單點傳播）。RTSP 其中的一個主要功能是去建立並且控制在媒體伺服器和媒體客戶端之間的視訊和音

圖 6.57 用於串流傳輸的協定堆疊

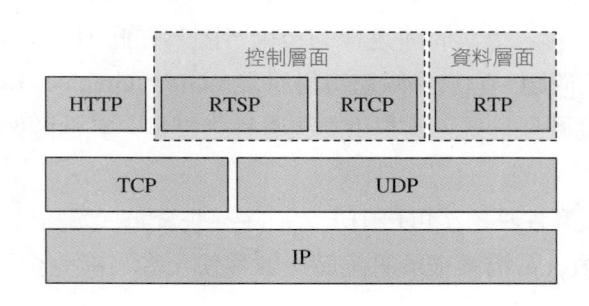

訊媒體的串流。控制一個串流的方式是被定義在伺服器那邊的一個顯示描述檔案（presentation description file）裡，而客戶端可以使用 e-mail 來取得這個檔案。該檔案指出了編碼方式、要使用的語言、傳輸能力以及其他參數，而這些參數能夠讓客戶選擇出最為合適的媒體組合。它也支援 VCR 之類的控制操作，例如停止、暫停／繼續、快轉、倒轉等。RTSP 像 SIP 一樣也可以邀約他人來參與一個已經存在的串流對話。從整體考量來看，RTSP 有下列的性質：

1. 對 HTTP 友善且具有可擴充性：因為 RTSP 採用和 HTTP 類似的以 ASCII 字串撰寫的語法和訊息格式，所以一個 RTSP 訊息能夠被標準的 HTTP 解析器來解析，而在此同時，更多的 HTTP 方法可以很容易地被加進來使用。URL 和狀態代碼也可以被重複利用。
2. 它和傳輸層是獨立分開的：只要經由客戶端和伺服器之間的協商，不論是 UDP 或 TCP 都可以被用來傳遞 RTSP 控制訊息。然而，TCP 不適合用來傳輸多媒體顯示，其倚賴以時間為基礎的操作；它也不適合用於大規模的廣播。透過 TCP 的 HTTP 串流在稍後會被介紹。這兩個傳輸協定給 RTSP 使用的預設埠號碼都是 554。
3. 能力的協商：舉例來說，如果在伺服器裡沒有製作尋找功能，客戶端就不會允許使用者去移動在使用者介面上的滑動位置指示器。

RTSP 的方法

在請求裡的 URL 所指出的資源之上能夠執行好幾種方法。不像 HTTP 裡的請求只能夠由客戶端來啟動，一台具有 RTSP 能力的串流伺服器可以和客戶端溝通，以便藉由 ANNOUNCE 來更新顯示描述檔案並藉由類似於「ping」的 GET_PARAMETER 來檢查客戶端的運作狀態。以下列出在一個 RTSP 實作裡必須要支援的一些方法，而有了這些方法才能執行基本的 RTSP 對話。

1. OPTIONS：當一個客戶端要嘗試一個非標準之請求時就可以發送一個 OPTIONS 請求。如果伺服器准許這個請求，就會返回一個 200 OK 回覆。
2. SETUP：它是被用來指出在取回一個 URL 的串流資料時所要採用的傳輸機制。
3. PLAY：這個命令告訴伺服器立刻使用在 SETUP 裡所指定的傳輸機制去開始傳送資料。在請求的標頭內有一些參數，而設定這些參數就可以啟動額外的功能。舉例來說，把「Scale」設定為 2 就表示要把觀看的速率變成兩倍，也就是所謂的快轉。
4. TEARDOWN：這會停止某特定 URL 的串流傳遞。相關的對話會被關閉，一直到另一個 SETUP 請求被發送出去。

HTTP 串流

除了 RTSP 之外，我們也可以透過 HTTP 來串流傳輸視訊和音訊之內容，而這種方式被稱作**虛擬串流傳輸（pseudo-streaming）**。這其中的技巧是客戶端必須要緩衝儲存目前傳送過來的媒體內容，而客戶端播放的內容其實是在緩衝區裡所儲存的內容。此外，媒體內容所是透過 TCP 來傳送的，而傳送所使用的頻寬可能會高於播放器所需要的頻寬。然而，由於 TCP 的重傳性質，當 TCP 在傳送更新的封包之前會不停地重傳遺失的封包，所以這非常可能會造成嚴重的封包丟失、效能低落以及高度的延遲抖動。結果是它實際的內容傳輸量無法像 UDP 或 RTSP 所傳送的那麼多。第 5.5.1 節的附錄探討過這些問題。雖然這種方法不甚有效而且抵抗封包遺失的能力也不佳，但是對於小規模地傳送串流內容的應用而言，它依然可作為一種合理、方便且不需要 RTSP 的替代方案。

歷史演進：用 Real Player、Media Player、QuickTime 和 YouTube 做串流傳輸

自從 RealNetworks 在 1995 年推出了多媒體播放器之後，多媒體播放器的供應商就開始補充他們產品的串流傳輸功能。此一競爭的結果是有三大陣營存活下來，其分別為 Microsoft（Media Player）、Apple（QuickTime）以及最早投入的 RealNetworks（RealPlayer），此外還有市佔規模非常小的其他品牌的播放器。然而，如果要形成一套完整的串流傳輸之解決方案，一個播放器軟體也必須和一台內容供應器（也就是伺服器）合併在一起。就這方面而言，Microsoft 擁有 Windows Media Services（視窗媒體服務；私有軟體），而 Apple 則有 QuickTime 串流伺服器（QuickTime Streaming Server；私有軟體）和 Darwin 串流伺服器（Darwin Streaming Server；開放源碼），至於 RealNetworks 則配備有 Helix DNA 伺服器（Helix DNA Server；支援私有和開放源碼兩種版本）。

雖然這些伺服器和播放器都是根據相同的傳輸結構（RTSP/RTCP/RTP），但是它們之間卻由於不同的串流內容格式（例如 AVI、RM、WMV）和授權許可之限制所以沒有支援彼此間的互通性。然而，它們通常都會支援像 MPEG 之類的標準格式。

另一個快速崛起的串流技術是出自於 Adobe 系統的 Flash Media Server。這個技術使用了私有的內容類型（FLV）和傳輸方法（透過 TCP 傳輸的即時訊息協定，即所謂的 Real Time Messaging Protocol, RTMP），而且已經變成了透過 HTTP 傳輸的隨點即播之視訊串流（也就是本節中所謂的虛擬串流傳輸）的主流方法。著名的視訊分享的入口網站 YouTube 便是採用這種技術。

6.8.4 服務品質和同步機制

使用者的感受如何是網路服務裡一直以來受到高度關注的問題。串流傳輸中有兩個因素直接影響使用者所感受到的品質：對資料傳輸的 QoS 控制，以及視訊內容和音訊內容之間的同步。

QoS 控制機制

想像一下，當一個串流對話搭配到一個差勁的服務品質（QoS）控制機制會是何種情況。在正常網路負載的情況下品質通常還好。然而，當網路負載過重時，增加的封包遺失率會導致壞掉或延遲的圖框，進而導致粗糙的播放品質。此外，由於對話之協調器不曉得網路的情況，它甚至可能會接納額外的串流傳輸而造成所有牽涉在內的對話的品質變差。

QoS 控制的目標是要在封包遺失發生的情況下最大限度地提升串流品質。串流傳輸裡的 QoS 控制通常是採取速率控制（rate control）之形式，而它試圖藉由調控串流傳輸的速率來配合可用的頻寬，以達成上述目標。在此我們扼要地介紹兩種速率控制的方法。

1. 基於來源端的速率控制（source-based rate control）：正如其名稱所透露的含意，傳送方負責使視訊傳輸速率去適應網路情況，而方法是透過關於網路情況的回饋訊息或根據某種模型公式。回饋訊息通常是從探測所獲得的可用頻寬。速率調適可以讓封包遺失率保持在一定的界線值之下。此外，也可以根據某些 TCP 之類的模型來執行速率調適，以便讓封包遺失能如同 TCP 一樣地被緩和。
2. 基於接收端的速率控制（receiver-based rate control）：在這種速率控制之下，調整是由接收方來實行，其方法是增加或丟棄和傳送方之間的頻道。由於一個視訊能夠被分解成許多具有不同重要性的層次，而每一層會被傳輸在和它相關的頻道之中，我們可藉由刪除某一些比較不重要的層和它相關的頻道，進一步減輕網路的負擔。

有另外一種混合版本是根據上述兩種速率控制方法。在這種方法中，接收端會藉由增加或增加或丟棄頻道的方式來調節其接收之速率，而傳送端會根據從接收端送來的回饋資訊來調整其傳送之速率。除了速率控制之外，緩衝管理機制可以避免溢位（overflow）和下溢（underflow）進而實現流暢的播放，因此緩衝管理機制通常也被運用於接收端，以便增進對於網路變動的容忍程度。

同步機制

在串流傳輸會影響使用者所感受到的品質的第二個因素為：視訊內容和音訊內容兩者是否可以很好地同步。由於網路和作業系統可能會引起媒體串流的延遲，因此必須要有媒體同步，才可以確保在客戶端的多媒體顯示能被適當地呈現出來。

同步有三種層級：串流內同步、串流間同步、物件間同步。以下簡要地描述這些同步層級。

1. 串流內同步（intra-stream synchronization）：一個串流是由一序列具有時間依賴性的資料單位所組成，而這些資料單位的傳送必須嚴格地依照順序而且兩單位中間要有充足的間距。如果沒有串流內同步的話，串流的呈現可能會受到停頓、空白間斷或暫時性的快轉所干擾。
2. 串流間同步（inter-stream synchronization）：因為一個多媒體對話主要是由視訊串流和音訊串流所構成，串流間如有不適當的同步將導致不協調，舉例來說，說話者的嘴唇動作和聲音之間的不協調。
3. 物件間同步（inter-object synchronization）：串流內容可以被進一步被抽象化到物件之層級並且被分為兩個類別：在上述兩個方法中所使用的時間依賴性之物件（time-dependent object）和無時間依賴性之物件（time-independent object）。無時間依賴性之物件的一個很好的範例是那些不論是視訊或音訊串流中都會顯示在螢幕邊緣的商業廣告或圖形。一個糟糕的物件間同步可能導致商業廣告被錯誤地顯示，比方說，廣告出現在一個它不應該出現的新聞報導之中。

開放源碼之實作 6.7：Darwin 串流伺服器

總覽

Darwin 串流伺服器（Darwin Streaming Server, DSS）是 Apple QuickTime 串流伺服器（QTSS）的開放源碼之版本。DSS 允許使用者透過 RTP 和 RTSP 在網際網路上傳遞串流媒體。使用者能夠收聽實況轉播節目或錄影節目的廣播，又或者他們可以點播錄影節目來觀賞。DSS 提供了很高程度的客製化，開發人員能夠擴充和修改既有的模組以符合他們的需求。DSS 可運行在各式各樣的作業系統之上，並且支援一定範圍的多媒體格式，包括 H.264/MPEG-4 AVC、MPEG-4 Part 2、3GP 和 MP3。此外，DSS 也提供了一種容易使用並且以網頁為基礎的管理、認證、伺服器方的播放清單、轉播支援，以及整合性的廣播裝置管理。

方塊流程圖

DSS 可以被分成兩個部分：核心伺服器和模組。圖 6.58 顯示 DSS 的方塊流程圖。核心伺服器就像在客戶端和模組之間的一個提供任務排班的介面，而任務物件會呼叫模組來提供特定的功能。物件稍後會被定義在資料結構裡。在如此的框架之下，DSS 可以支援非同步的操作，而這些操作的範圍從接受客戶之請求、配置資源、排班請求、擱置請求、串流傳輸程式、和客戶端互動，一直到回收資源。

為了解釋插槽事件（socket event）和任務（task）這兩種物件之間的關係，我們將說明一個客戶連接是如何被處理。當 DSS 接受從一位客戶送來的連接，一個插槽事件就會被捕獲，而 `RTSPListenerSocket` 任務物件會被通知。如果一切進行順利，`RTSPListenerSocket` 任務物件會產生一個新的 `RTSPSession` 任務物件去處理這個 RTSP 對話。接下來，客戶可以送出一個 PLAY 命令來要求媒體之內容。在處理完這個命令之後，`RTSPSession` 任務物件可能產生一個新的 `RTPSession` 任務物件，接著就將它排班，以便能連續地串流傳輸媒體之內容回到客戶端。這兩個任務物件會持續存活，一直到客戶端送出一個 TEARDOWN 命令來關閉這個 RTSP 對話。

模組可以被靜態地編譯或動態地連接。DSS 有三種模組：(1) 內容管理（content managing）模組，其管理和媒體來源（例如一個儲存的檔案或實況廣播）相關的 RTSP 請求和回應；(2) 伺服器支援（server support）模組，其執行的是伺服器資料蒐集和伺服器日誌紀錄之功能；以及 (3) 存取控制（access control）模組，其提供了認證和授權之功能以及 URL 路徑操縱。在串流伺服器開始運行的時候，核心伺服器會載入這些模組並且將其初始化。

資料結構

要知道核心伺服器是如何運作的話，我們首先應該了解到底什麼是一個任務。圖 6.59 顯示出 DSS 的重要物件。類別 `Task` 是所有能被排班之類別的基本類別。一個任務是一

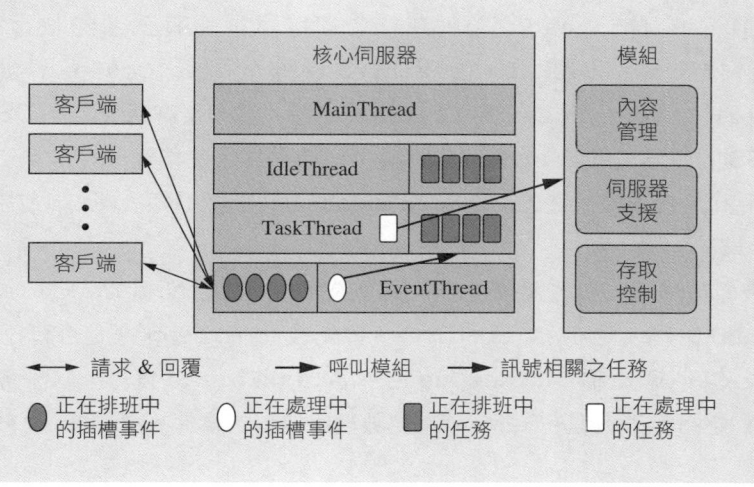

圖 6.58 DSS 的方塊圖

圖 6.59 重要類別的關係

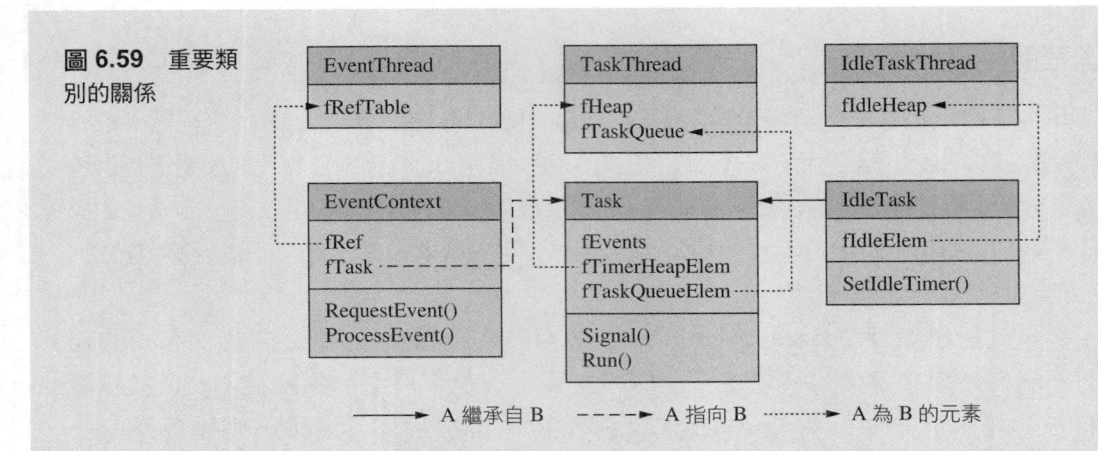

```
┌─────────────┐          ┌─────────────┐          ┌──────────────┐
│ EventThread │          │ TaskThread  │          │IdleTaskThread│
├─────────────┤          ├─────────────┤          ├──────────────┤
│ fRefTable   │◄─ ─ ─ ┐  │ fHeap       │          │ fIdleHeap ◄─┐│
└─────────────┘       │  │ fTaskQueue◄┐│          └──────────────┘│
                      │  └─────────────┘│                         │
┌─────────────┐       │  ┌─────────────┐│         ┌──────────────┐│
│EventContext │       │  │ Task        │◄─────────│ IdleTask     ││
├─────────────┤       │  ├─────────────┤          ├──────────────┤│
│ fRef ───────┼───────┘  │ fEvents     │          │ fIdleElem ───┘│
│ fTask ─ ─ ─ ┼ ─ ─ ─ ─ ►│ fTimerHeapElem          │ SetIdleTimer()│
├─────────────┤          │ fTaskQueueElem         └──────────────┘
│RequestEvent()│         ├─────────────┤
│ProcessEvent()│         │ Signal()    │
└─────────────┘          │ Run()       │
                         └─────────────┘
```

──────► A 繼承自 B   ─ ─ ─► A 指向 B   ········► A 為 B 的元素

個物件，其是直接或間接從類別 Task 繼承而來的類別之類型；因此，它可以被排班在一個 TaskThread 的 fHeap 或 fTaskQueue 裡。當 fTaskQueue 是一個 FIFO 佇列時，在 fHeap 裡的任務會被依照它們的預期喚醒時間而彈出（pop out）。

Signal() 是被用來排班任務物件到 TaskThread 的 fTaskQueue 裡並且有特定事件被標識在 fEvents 變數裡。Run() 則是一個虛擬函數，其提供了在任務物件要運轉之時所調用的一個概括介面。一般而言，Run() 的運作是根據在 fEvents 變數裡所標示的事件。

演算法之實作

任務處理

DSS 使用一組預先產生的執行緒來支援之前提到的操作。其他伺服器像 Apache 和 wu-ftpd，在一位客戶的整個對話期間內會使用單一執行緒專門去服務這位客戶，可是 DSS 和這些伺服器不同。DSS 的任務可以被排班或者被切換於不同執行緒之間。這個類似於作業系統的設計是由於串流應用的漫長對話生命的緣故。在這種情況下，用少數幾個執行緒就可以去處理一個龐大數量的重疊對話。

如圖 6.60 所示，除了 MainThread 之外，在核心伺服器裡還有三類的執行緒：(1) EventThread、(2) TaskThread 和 (3) IdleTaskThread。繼承 EventContext 類別的物件會把它們的 fRef 註冊在 EventThread 的 fRefTable 裡。當一位客戶連接到 DSS 或當它傳送一個命令給 DSS 的時候，EventThread 將獲得插槽事件，然後從 fRefTable 裡找出相關的 EventContext，接著執行它的 ProcessEvent() 以訊號通知 fTask 所指向的相關任務物件來回應客戶端。

當一個任務物件被訊號通知，它將會被以依序循環的方式指派給 N 個 TaskThreads 的其一個並且放入到 fTaskQueue 之中。TaskThread 會先檢查在 fHeap 裡是否有任何任務的睡眠時間已過。如果沒有，就去檢查 fTaskQueue。當 TaskThread 獲得一個任務時，它會調用該任務的 Run() 之實作去處理在 fEvents 變數裡所標示的事件。根據 Run() 的返還

圖 6.60 任務之處理

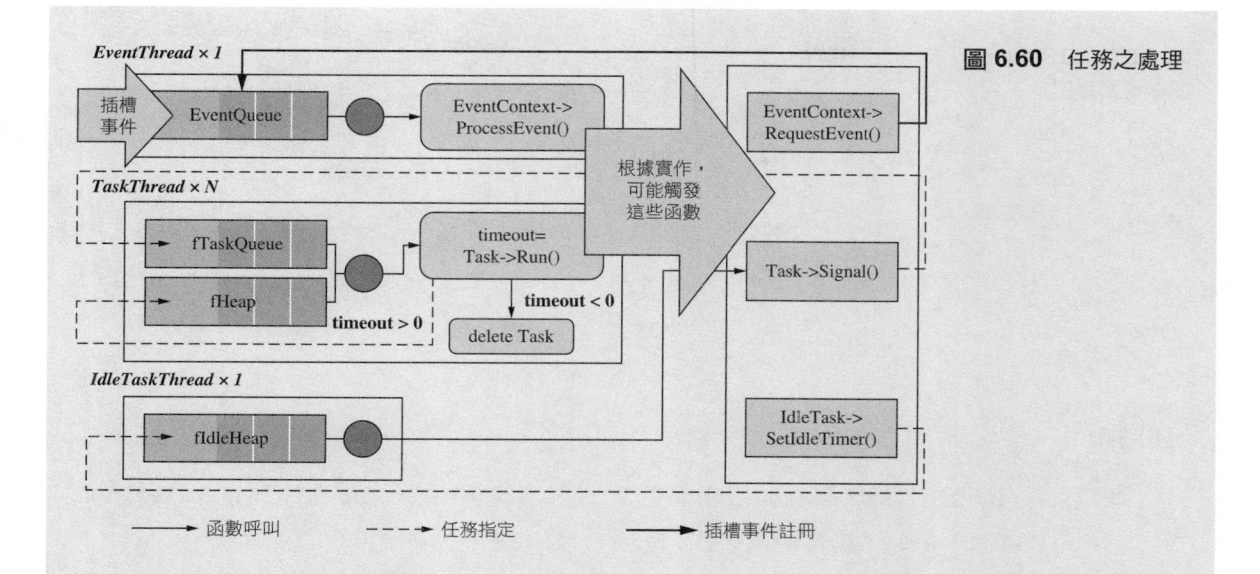

值，任務會被刪除掉或者被放入 fHeap，以便稍後再加以處理。

當一個 IdleTask 物件（也就是一個任務物件）的 SetIdleTimer() 被調用時，該任務物件會被放入到 fIdleHeap 裡等待一段睡眠時間流逝。這類似於把一個任務物件放入到 TaskThread 的 fHeap 裡，但兩者的差別是當 IdleTaskThread 從 fIdleHeap 彈出一個任務物件之後，它只會以訊號通知它以便讓任務物件再被排班一次。

根據不同的 Run() 和 ProcessEvnet() 之實作，諸如 RequestEvent()、Signal() 和 SetIdleTimer() 之類的功能可以被調用，以便讓任務能夠被排班。如何設計出適合 DSS 這類系統的任務是程式設計人員的另一個重要課題。

RTSP 對話之處理

當 RTSPListenerSocket 物件接受了一條連接時，它會產生一個 RTSPSession 物件，並且讓這個物件可以排班。在 RTSPSession 類別的 Run() 之實作裡，有一個定義明確的狀態機器被用來追蹤 RTSP 的處理狀態。因為如果要在此描述實際的狀態轉換圖會過於複雜，所以我們將其簡化成圖 6.61 所示的狀態圖。從 Reading First Request（讀取第一個請求）開始，如果 RTSP 對話的第一個請求是針對 HTTP 穿隧（HTTP tunneling），狀態會轉換成 Handling HTTP Tunnel（處理 HTTP 隧道）去處理 HTTP 穿隧。

如果請求是一個普通的 RTSP 請求，狀態會先轉換到 Filtering Request（過濾請求）去解析該請求；然後到 Routing Request（路由傳送請求）去路由傳送該請求到一個內容之目錄；然後到 Access Control（存取控制）去執行認證和授權；最後到 Processing Request（處理請求）去執行 RTP 對話之設置和帳務處理。這四個狀態全都使用相關的模組所提供的功能。送出一個回應給客戶端並且清除用來處理的相關資料結構之後，狀態會回到 Reading Request（讀取請求）來處理下一個 RTSP 請求。

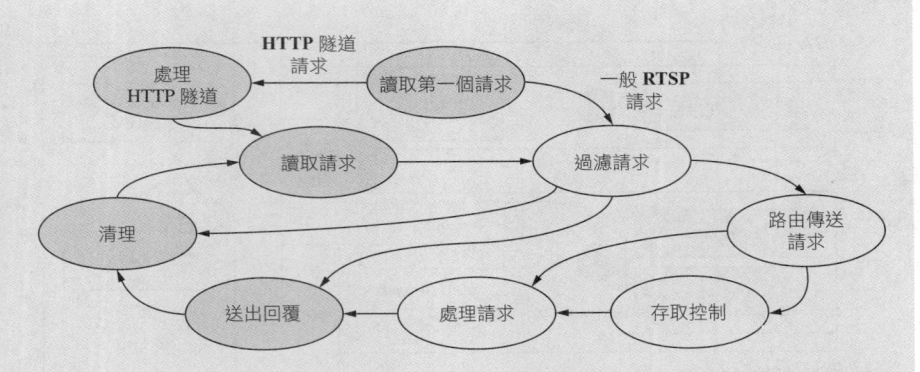

圖 6.61 RTSP 處理的狀態轉換圖

練習題

1. 找出在哪些情況下 DSS 核心伺服器會把 `RTSPListenerSocket` 物件放進 `IdleTask Thread` 的 `fIdleHeap` 裡去等候。
2. 參考 `Task::Signal()` 裡的函數。請解釋如何指派一個 Task 物件給一個 Task Thread 的相關步驟。

6.9 同儕式應用（P2P）

在 1990 年代，客戶-伺服器模式被認為是一種對網際網路應用具有擴充性的解決方案。這種信念是根據幾個理由。舉例來說，那時的使用者電腦在計算能力和儲存空間上都很差勁；80-20 法則指出大部分的網路流量是由於讀取某些很受歡迎的網頁。在過去一台強大的伺服器的確可以達到以一種有效、穩定、又具有擴充性之方式來儲存並且分享資訊的目的。然而，隨著個人電腦的計算能力、網路頻寬和硬碟空間快速地增加，使用者電腦的性能已獲得大幅提升。此外，由於住家的寬頻網路大為盛行，很多使用者電腦就像伺服器一樣一直保持連線在網際網路上。因此，在最近這幾年，有許多網際網路應用是依照同儕式（Peer-to-Peer, P2P）之結構被開發出來。這些應用給網際網路引進了一種新的通訊模式以及新的創意和新的商業模式。值得注意的是，根據 CacheLogic 的報告，P2P 已經佔了 60% 的網際網路流量！

這裡我們將從四個方面來介紹 P2P 應用：(1) P2P 運作的概括總覽，(2) 數個 P2P 結構的回顧，(3) P2P 的效能問題，和 (4) 很受歡迎的 P2P 檔案分享應用 BitTorrent（BT）的個案研究和它的開放源碼之實作。這一節比本章裡的其他節都還要繁重，絕大部分是由於 P2P 的複雜行為所致。

6.9.1 導論

不同於客戶-伺服器模式，P2P 是一種分散式網路結構，其中的每個參與者同時扮演著一位客戶和一台伺服器這兩種角色。P2P 網路裡的參與者通常是普通使用者的電腦。根據一些 P2P 協定，它們能夠在底下的 IP 網路上建構一個應用層的虛擬複疊網路（virtual overlay network），如圖 6.62 所示。在一個複疊網路裡的節點是 P2P 網路的參與者，而一條複疊網鏈結（overlay link）通常是在兩位參與者之間的一條 TCP 連接。舉例來說，圖 6.62 在 P1 和 P2 之間的虛擬鏈結是一條通過底下 IP 網路裡路由器 R1、R2 和 R3 的 TCP 連接。P2P 網路裡的參與者被稱為同儕（peer），因為它們被認為會同等地扮演資源消費者和資源生產者的角色。同儕節點會共同分享它們的一部分資源，例如處理能力、資料檔案、儲存能力以及網路鏈結能力。這種分享是透過直接通訊，而不必經過其他中繼節點。

一般而言，在 P2P 系統裡的操作是由三個階段所構成：加入 P2P 複疊網路、資源發現，以及資源取回。首先，一個同儕節點用某種參加程序來加入 P2P 複疊網路。舉例來說，一個同儕節點可以送出一個加入請求給一個著名的引導伺服器（bootstrap server）來獲取一份在複疊網路裡現存同儕節點之清單，或透過手動設定來加入複疊網路。在加入了 P2P 複疊網路之後，一個同儕節點通常會嘗試去搜索網路以尋找其他同儕願意分享的一個物件。如何在分散式網路裡去搜尋一個物件是 P2P 應用中最具挑戰性的問題。P2P 的搜尋演算法可以是根據一個中央目錄伺服器、請求之**氾濫傳送（request flooding）**或**分散式雜湊表（distributed hash table, DHT）**，取決於底層的 P2P 結構。我們接下來會描述不同的 P2P 結構。如果搜尋成功的話，同儕節點會獲得關於資源持有者的訊息，比方說它們的 IP 位址。取回共同分享的物件相對而言是簡單的多，因為直接的 TCP 連接可以被建立在尋求資源的同儕節點和資源持有者之間。然而，在考量許多因素，例如像持有者的上傳頻

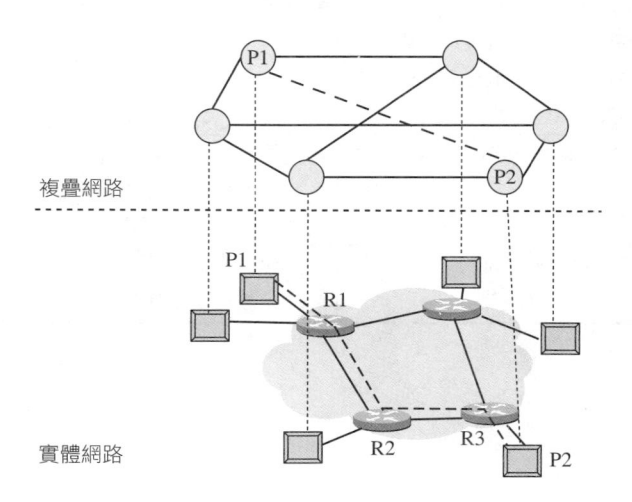

圖 6.62 在底下 IP 網路之上的 P2P 複疊網路

寬、並行式下載、持有者意外地斷掉連接、在一個已斷連的同儕節點重新連上網際網路之後如何繼續完成下載等，P2P系統可能會使用複雜的下載機制。

歷史演進：熱門的 P2P 應用

除了檔案分享之外，P2P還有其他應用。經由訊息、聲音和視訊的P2P通訊目前十分受到歡迎。透過P2P的串流傳輸愈來愈熱絡，而用於合作和研究的P2P計算亦是如此。表6.29列出熱門的P2P應用之分類。一般而言，P2P應用的整個運作可以被分成P2P和非P2P的部分。在初始化之階段，P2P應用的參與者通常會連接到某些預先設置好的伺服器以便取得更新資訊或訊息，而這部分是屬於傳統的客戶／伺服器關係。在此之後，參與者就開始建立它們彼此間的複疊網路連接作為彼此間交換資訊之用，而這部分是屬於P2P關係。

表 6.29　P2P 應用的分類

類別	應用名稱	功能
檔案分享 （File Sharing）	Napster、Limewire、Gnutella、BitTorrent、eMule、Kazaa	● 搜尋並下載其他使用者提供的分享檔案 ● 太大的檔案可以被分拆成數個區塊 ● 佔P2P總流量的最大一部分
IP電話 （IP Telephony）	Skype	● 免費打電話到網際網路的任何IP位址 ● 被建立在Kazaa基礎之上的P2P檔案分享 ● 用伺服器提供使用者的線上狀態資訊和SkypeOut的計費資訊
串流媒體 （Streaming Media）	Freecast、Peercast、Coolstreaming、PPLive、PPStream	● 被建立在下層的P2P檔案分享網路Kazaa的基礎之上 ● 隨點即播的內容傳送 ● 透過同儕去搜尋以及轉送串流
即時訊息 （Instant Messaging）	MSN messenger、Yahoo messenger、AOL Instant Messenger、ICQ	● 訊息／音訊／檔案之交換
合作社群 （Collaborative Community）	Microsoft GROOVE	● 文件分享和文件合作 ● 讓使用者間能獲得最新的共享資料 ● 將即時通訊和視訊會議整合在一起
網格計算 （Grid Computing）	SETI@HOME	● 用於科學計算 ● 匯集數百萬台電腦來搜索外星高智慧生物

歷史演進：Web 2.0 社交網路：Facebook、Plurk 和 Twitter

在傳統的 Web 1.0 中，內容和服務只由伺服器來提供而且觀看這些資訊只能夠在伺服器上進行。和 Web 1.0 相比之下，Web 2.0 允許客戶端貢獻內容和服務以及和同儕之間互動。例子包括維基百科（Wikipedia）、網頁服務、部落格（blogs）、微部落格（micro-blog）和線上社群（online communities）。典型的 Web 2.0 應用允許多位客戶彼此間用 e-mail 或即時訊息來互動，更新個人資料並通知其他人，或一起合作修改網站的內容。Facebook、Plurk 和 Twitter 屬於 Web 2.0 社交網路服務的類型，其建立了一個聯繫朋友的線上社群以及一個可信賴的推薦系統。此外，Plurk 和 Twitter 提供了微部落格服務；微部落格服務類似於傳統的部落格，但它的內容大小受到限制。微部落格裡的項目可以由單一句子、一個圖像或一個簡短十秒鐘的影片所構成。表 6.30 扼要地敘述它們的特色。Facebook 很受歡迎是因為它豐富的功能和應用使得它的使用者能夠很容易地和朋友互動。Plurk 和 Twitter 也追上 Facebook 了，主要由於它們允許使用者能即時地和朋友分享意見。

表 6.30　P2P 應用的分類

應用	服務類別	特色
Facebook	社交網路	● 數億名使用中的使用者 ● 超過 200 個擁有不同興趣和專業知識的團體 ● 一個標示語言 Facebook Markup Language 可讓開發人員客製化他們的應用 ● Wall: 一個讓朋友張貼訊息的使用者空間 ● Pokes: 一個虛擬的輕推來吸引他人的注意 ● Photos: 上傳照片 ● Status: 告知朋友自身的行蹤和動作 ● Gifts: 送出虛擬禮物給朋友 ● Marketplace: 張貼免費的分類廣告 ● Events: 告知朋友將要發生的活動 ● Video: 分享自製的影片 ● Asynchronous games: 一位使用者的遊戲動作會被儲存在網站，而下一個動作可以在任何時候來做
Plurk	社交網路、微部落格	● 簡短訊息（最多到 140 個字元） ● 更新（被稱為 plurks）是按照時間先後順序而列出 ● 用即時訊息來回覆更新 ● 朋友之間可進行團體會談 ● 可在正文之中加入表情符號
Twitter	社交網路、微部落格	● 簡短訊息（最多到 140 個字元） ● 在作者網頁上的訊息（被稱為 tweets）會被傳送給其訂閱者（被稱為 followers） ● 支援 SMS 訊息

6.9.2　P2P 結構

形成一個 P2P 複疊網路的方式可以被分成三個類別：集中式、分散且無結構式、分散且有結構式。這也和 P2P 應用的演進有所關聯，因為集中式 P2P 是第一代，分散且無結構式 P2P 是第二代，而分散且有結構式是第三代。一個 P2P 複疊網路的組織方式被稱為基礎結構（infrastructure），而基礎結構會影響 P2P 的搜尋操作以及複疊網路的維護之耗損。

集中式

集中式（centralized）的作法是利用一個中央目錄伺服器來找出在 P2P 網路裡的物件，正如圖 6.63 所示。中央目錄伺服器使一台穩定、一直在運作的伺服器，就像 WWW 或 FTP 伺服器一般。同儕節點能夠藉著把自己註冊在目錄伺服器來加入 P2P 網路。同儕節點也會告知目錄伺服器有哪些物件要被分享，比方說一份音樂檔案以及其詮釋資料（metadata）的清單。要搜尋一個物件時，一個同儕節點只須送出查詢訊息給中央目錄伺服器。搜尋可以採用關鍵字搜尋或詮釋資料搜尋，比方說歌名中的一個關鍵字或是歌手的名字。因為所有要被分享的物件都已經在伺服器裡註冊，搜尋可以單獨在伺服器上進行。如果搜尋成功的話，一個由關於內容持有者資訊的清單所構成的回覆會被送回給詢問者。詢問者接下來會從清單中選出一或多個同儕節點，並且直接從選出的節點來下載物件。

Napster 系統採用的便是集中式 P2P 的作法，而 Napster 是被公認為帶動近年來 P2P 發展的始祖。Napster 是由 Shawn Fanning 所創建；它是一個讓使用者透過一個集中式目錄伺服器來分享並交換音樂檔案。在它的首版發布之後，Napster 就很受到歡迎。然而，在 1999 年 12 月，美國唱片協會（Recording Industry Association of America, RIAA）控告 Napster 侵犯版權。在 2000 年 7 月，法庭勒令 Napster 關閉。稍後 Bertelsmann 在 2002 年收購 Napster。

圖 6.63　集中式 P2P

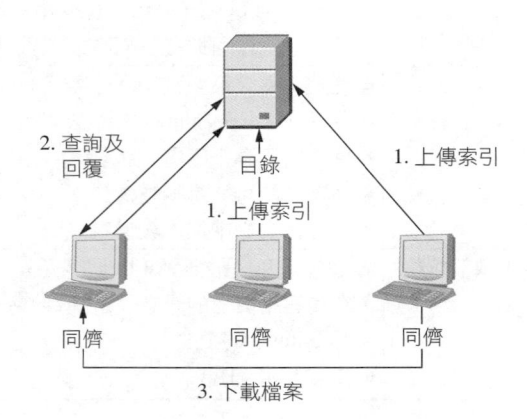

集中式的方法非常簡單且很容易被實作，而且也可以支援各式各樣的搜索方式，例如像關鍵字、全文和詮釋資料之搜索。很諷刺地，它並非是真正的 P2P 系統，因為它依靠著一台中央伺服器。沒有這台伺服器，系統將無法繼續運作。因此，它仍苦於一些客戶-伺服器模型的問題，例如伺服器是效能的瓶頸、由於單點失敗（single point of failure）所導致的不可靠性、擴充性不夠且易遭受 DoS 攻擊。最重要的是，它須負擔任何可能的侵犯版權之責任。

分散且無結構式

為了要擺脫掉集中式方法的目錄伺服器，分散且無結構式（decentralized and unstructured）之作法會把查詢訊息氾濫傳送到在一個複疊網路內的同儕節點，以尋找被分享的物件，正如圖 6.64 所示。為了減少氾濫傳送所耗損的訊流量，此種 P2P 系統會採取有限範圍的氾濫傳送；如此一來，當一封查詢訊息的跳站計數（hop-count）達到某個數值之後，該訊息就不會被繼續轉發下去。當同儕節點收到一封查詢訊息，如果它的鄰居同儕持有的資源符合該查詢訊息正在尋找的目標，則該同儕節點會回覆一個查詢命中訊息給前一站的傳送者而不是圖 6.64 中原來的查詢者。如果所接收到的查詢訊息並沒有重複而且也沒有超過它的範圍限制，則節點會把該查詢訊息轉發給全部的鄰居節點；否則的話，該訊息會被丟掉。一個查詢命中訊息會沿著反向路徑被送回給查詢者。查詢者接著便能夠直接從物件持有者之處下載所搜尋的物件。

當一名同儕節點要加入 P2P 網路，它需要某種頻外機制來得知至少一名已經在複疊網路上的同儕節點。然後該同儕節點送出一個加入訊息（或者一個呼喚訊息，亦即 ping message）給在複疊網路上的該名同儕節點。該名同儕節點接著回覆它的身分和鄰居名單給要加入的節點。它也可能將加入訊息轉發給它的其中一位或

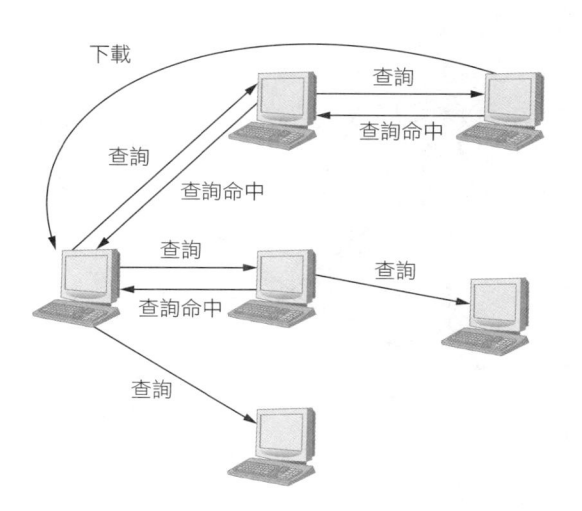

圖 6.64 在分散且無結構的 P2P 系統裡有限範圍的查詢之氾濫傳送

全部的鄰居。當接收到對於加入的回覆訊息時,新加入者就知道已經在複疊網路上的很多名同儕節點,於是它可以開始和選出的同儕節點來建立 TCP 連接,而這些節點將會變成新加入者的鄰居。

這種方法的優點在於該 P2P 系統是完全分散式的,能抵抗同儕節點的錯誤,而且很難被停止運作。然而,氾濫傳送的作法很明顯沒有可擴充性,因為它可能導致過多的查詢流量。在使用有限範圍之氾濫傳送的情況下,另一個浮現出來的關鍵問題是 P2P 系統有可能會經常無法找出實際存在於系統裡的分享物件。Gnutella 的第一個版本就是採用這個方法的例子。為了解決擴充性方面的問題,FastTrack,即 Kazaa 系統的私有協定,以及 Gnutella 的後來版本都採用如圖 6.65 所示的一種階層式複疊網路。

階層式複疊網路(hierarchical overlay) 把同儕節點分為一般同儕(ordinary peers)和超級同儕(super peers)。當一個同儕節點首次加入複疊網路,它是以一般同儕的身分在運作,而且會連接到至少一個超級同儕節點。稍後,如果該節點保持在系統中正常運作一段很長的時間,而且它有很大的上傳頻寬,則它可以被選為超級同儕。一個超級同儕是扮演著區域目錄資料庫的角色,其負責儲存著一般同儕所分享物件之索引。如果要尋找一個資料物件,一般同儕節點會送出一個查詢訊息給它的超級同儕鄰居。如果該超級同儕在它的區域目錄中找到了查詢訊息要找的分享物件,它便可以回覆這個查詢訊息;否則的話,它會以有限範圍的氾濫傳送方法來廣播這個查詢訊息給它全部的鄰居。總而言之,這種作法會建立一個兩種階層的複疊網路,其中的低階層採用中央目錄伺服器之作法,而高階層採用分散且無結構之作法。

分散且有結構式

Napster 和 Gnutella 都沒有把它們的同儕節點組織成一個有結構的複疊網路。

圖 6.65 有超級同儕節點的階層式複疊網路

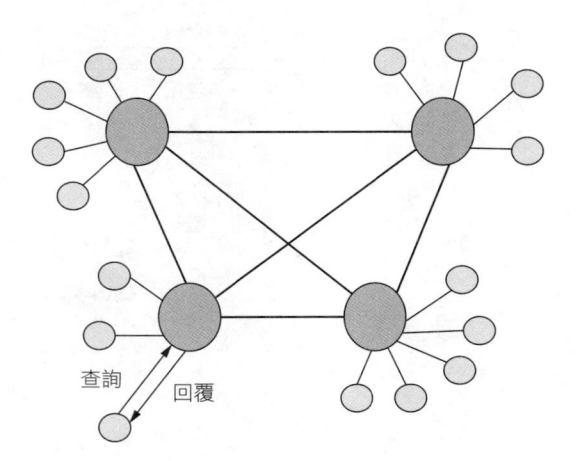

Napster 裡的集中式目錄沒有擴充性，而在 Gnutella 裡所使用的傳播查詢訊息的方法相當隨機因而很沒有效率。一個比較好的方式是把分散式的目錄服務和一個有效率的查詢訊息路由機制結合在一起。這導致了分散且有結構式的 P2P 系統的發展，例如像 Chord、CAN 和 Pastry。

這個方法的主要概念如下。為了達到分散式目錄服務的目的，一個雜湊函數（hash function）把同儕節點和分享物件給映射到同一個位址空間，以便讓分享物件能透過一種分散式的方法而被確定性地指派給同儕節點。為了達到有效率的查詢訊息之路由的目的，同儕節點依照它們在位址空間內的位置而被組織成一個有結構的複疊網路。雜湊函數應該把一組同儕節點和分享物件均勻地映射到整個位址空間，而這也被稱作一致性雜湊法（consistent hashing）。雜湊函數分散式地在每個同儕節點上運行；因此，這種作法也被稱為分散式雜湊表（Distributed Hash Tables, DHT）。接下來會提出一個關於 DHT 系統的總覽，並且以 Chord 作為講解所用的範例。

如前所述，所有的同儕節點和分享物件會被雜湊映射到同一個位址空間，而位址空間應該大到（128 位元）以避免映射時碰撞的發生。一個同儕節點可以使用它的 IP 位址或其他身分資料作為雜湊函數的輸入值，並且以雜湊函數的輸出結果作為它的節點 ID（node ID）。同樣地，一個同儕節點可以提供物件的檔案名稱或某種 URI 形式作為雜湊函數的輸入值，藉此獲得一個物件的物件 ID（object ID）。關於讓節點 ID 和物件 ID 共用同一個位址空間，其背後的關鍵概念是讓每個同儕節點負責一些特定物件的目錄服務，而這些特定物件的物件 ID 和同儕的節點 ID 相同。

根據這個概念，每個同儕先用事先定好的雜湊函數來產生它自己的節點 ID。對於它所持有並且要分享的每一個物件，該同儕節點會使用相同或另一個雜湊函數來產生物件 ID，然後該節點會送出一個物件註冊訊息給某特定節點，其節點 ID 和物件 ID 相同。如果一個同儕節點想要查詢一個物件，它會使用雜湊函數去產生一個物件 ID 並送出查詢訊息給負責該物件 ID 的節點。我們假設現存有一個很有效率的路由機制可被用來路由傳送查詢訊息。如果位址空間充斥著同儕節點和物件，則某些節點可能會擁有和物件 ID 相同的節點 ID。很不幸地，由於位址空間相同龐大，我們預期節點和物件會稀疏地分布於位址空間之中，所以很可能沒有任何節點的節點 ID 和物件 ID 相同。為了要克服這個問題，一個物件 ID 的註冊訊息會被路由傳送到某特定節點，而這個節點的節點 ID 是在全部節點中最接近於物件 ID 的；而查詢訊息的路由傳送也採用相同的作法。如此一來，一個同儕節點便能夠針對那些物件 ID 最接近它節點 ID 的物件，來提供相關的目錄服務。

問題是，要如何才能在 P2P 複疊網路中把一個訊息以路由傳送到一個特定的同儕節點，其節點 ID 最接近訊息的目的地 ID，而這個目的地 ID 可能是複疊網路裡的一個物件 ID 或是一個同儕節點 ID？關鍵在於讓每個同儕節點維持一個特別設計的路由表；如此一來，每個同儕節點便可以把抵達的訊息給轉發到它的其中一個鄰居同儕節點，而這個鄰居的節點 ID 是所有鄰居中最接近目的地 ID 的。接下來讓我們用 Chord 作為一個範例來解釋如何建立路由表以便達成在複疊網路裡有效率的路由。Chord 把它的位址空間視為一個一維的循環空間，而在這個空間裡的同儕節點形成了一個環狀複疊網路。

圖 6.66 顯示一個 Chord 的範例，其中在 6 位元位址空間裡含有 10 個節點所組成的一個 Chord 複疊網路。Chord 裡的路由表被稱為 finger table。對於一個 m 位元的位址空間，一個 ID = x 的節點的 finger table 是由最多 m 個項目所構成；第 i 個項目，$1 \leq i \leq m$，它指向節點 ID 在 $x + 2^{i-1}$ modulo（模）2^m 之後的第一個節點。讓我們思考圖 6.66 中節點 $N8$ 的 finger table，其中 $m = 6$。在這個範例中，節點 ID 的範圍是從 $N0$ 到 $N63$，可是實際只有 10 個節點存在環狀複疊網路上。

每一個節點會針對那些物件 ID 大於該節點前一個節點的 ID、但小於或等於該節點自己 ID 的物件來提供目錄服務。舉例來說，節點 $N15$ 負責保存從 ID 9 到 ID 15 的物件的資訊。記住這一個重點，接下來我們來檢視節點 $N8$ 的 finger table。第一個項目（$i = 1$）保存了下一站的資訊，其指向了主管 $N9$ 的節點。換句話說，這個項目指向了節點 ID 大於或等於 9 的第一個節點，也就是節點 $N15$。如果有一個查詢訊息是關於物件 ID 9，該訊息會被轉發給節點 $N15$，而 $N15$ 實際上也提供了這個物件的目錄服務。讓我們用最後一個項目，$i = 6$ 作為另一個範例。最後一項指向了一個特定的節點，其提供物件 ID = 8 + 32 = 40 的目錄服務。該路由項目指向了節點 $N42$，而這個節點負責從物件 ID 31 到 ID 42 的目錄服務。

圖 6.66　Chord 的 finger table

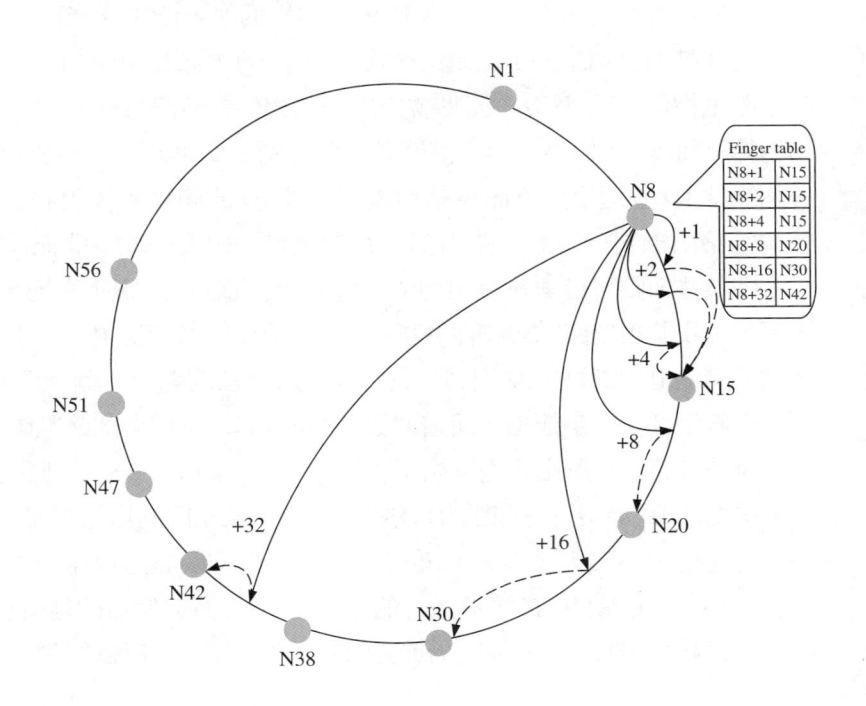

現在，讓我們考慮一個範例，其中從節點 *N8* 開始路由傳送一個查詢物件 54 的訊息，正如圖 6.67 所示。當節點要路由傳送一個訊息，它會查看它的 finger table 來找出最後一個 ID 小於物件 ID 的項目。因此，*N8* 會從它的 finger table 中找出最後一個符合的項目（ID = 40 < 54）並因此把訊息轉發給節點 *N42*。從 ID 42 到 54 的距離是 $12 < 2^4$；因此，*N42* 查找第四個項目（ID = 50 < 54）並且把訊息轉發給節點 *N51*。最後，從 ID 51 到 54 的距離是 $3 < 2^2$，因此節點 *N51* 查找第二個項目（ID = 53 < 54）並且把訊息轉發給節點 *N56*。由於節點 *N56* 負責物件 54 的目錄服務，所以它一收到查詢訊息後就會回覆。一個有趣的問題是訊息的轉發總共需要經過多少站？答案是，它的上限為 $O(\log n)$。一種直覺上的解釋是每次路由轉發給下一站就會把跟目的地 ID 之間的距離至少縮減一半。舉例來說，從 ID 8 到 54 的距離是 46，等於二進制表示的 101110。當訊息在節點 *N8* 選擇第 $i = 6$（距離 = 2^5）項目作為下一站時，訊息會被轉發給節點 *N8* 的一位擁有 ID 大於或等於 40（8 + 32）的鄰居，所以該鄰居的節點 ID 到 ID 54 的距離肯定小於 23（46/2），也就是小於上一站節點 *N8* 到 ID 54 之間距離的一半。換句話說，由於使用了 finger table，Chord 在路由轉發的每一個步驟都能把搜尋的位址空間減半。

已經有許多基於 DHT 並擁有巧妙設計的 P2P 系統被提出。然而，它們全都是建立在同樣的分散式目錄服務和結構式複疊網路的高效率路由的概念之上。雖然這些系統都是分散式而且高效率，但是 DHT 系統有一個主要缺點是搜尋受限制於只能是完全匹配（exact match）。記得之前提過，要獲取一個物件 ID 的方法是

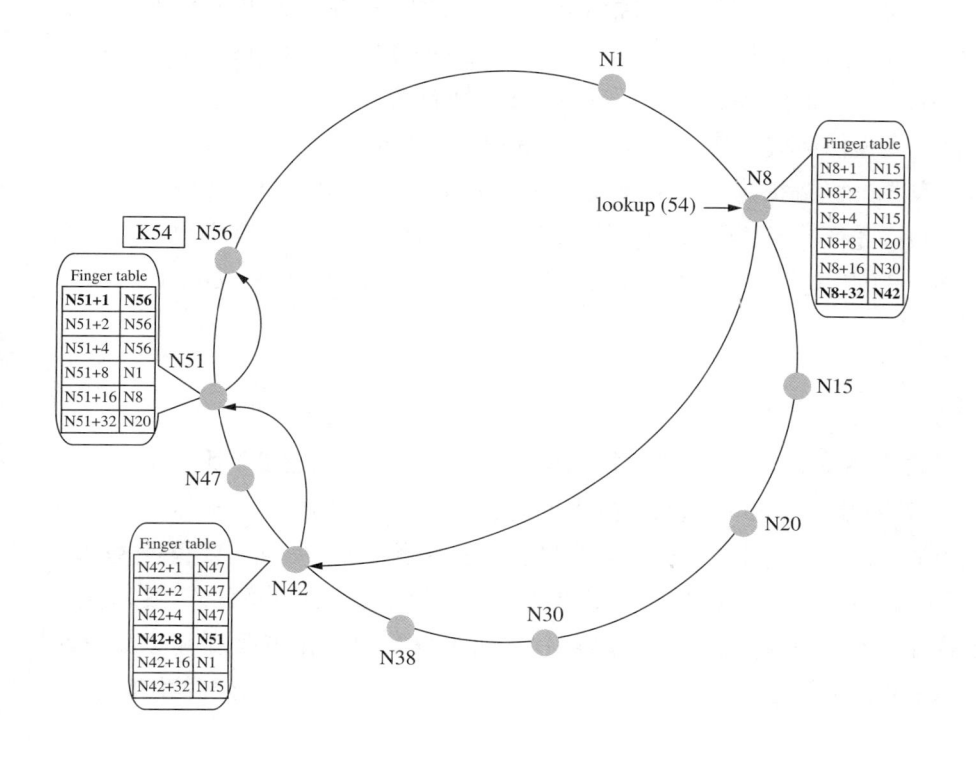

圖 **6.67** Chord 的路由

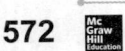

藉著取得物件名稱的雜湊函數值,所以物件名稱上只要有一點不同就會產生極大差異的雜湊函數值。因此,在一個 DHT 系統中很難以關鍵字(keywords)、語意(semantics)或全文(full text)來進行搜尋。DHT 的另一個缺點是複疊網路的建構和維護所花費的通訊開銷。

其他結構

由於不同的結構擁有自身的優點和缺點,在研究文獻中有提出過好幾種混合結構和階層式結構。

6.9.3　P2P 應用的效能議題

P2P 應用有幾個效能上的問題引起了研究學者的注意。接下來的篇幅將會討論其中一些主要議題。

搭便車

P2P 系統的擴充性所依靠的是同儕節點的貢獻。如果一個同儕節點只消費但沒有貢獻或只貢獻一點資源,則它會就是系統裡的一個搭便車者(free rider)。如果在系統裡有許多的搭便車者,則系統會退化成一種客戶-伺服器端模式,其中的搭便車者就如同客戶端一樣運作;而一小部分不搭便車的同儕節點就好比伺服器一般運作,並貢獻出大部分的資源給搭便車者使用。如果一個 P2P 系統不支援某種機制去防止這種情況發生,這將會導致很嚴重的問題。Hughes、Coulson 和 Walkerdine 在 2005 年的研究結果指出,Gnutella 裡有 85% 的同儕節點不會分享檔案,但卻沒有支援任何機制來對付搭便車之問題。對搭便車問題的一個普遍解決方案是製作出某種的激勵機制。舉例來說,在 BitTorrent 裡的**以牙還牙(tit-for-tat)**機制會把下載優先權給予那些貢獻較高上傳速率的同儕節點。在文獻中也有提出其他解決方案,例如以獎勵為基礎(reward-based)和以信用為基礎(credit-based)之機制。

快閃群眾

快閃群眾(flash crowd)之現象指的是對於某特定物件的需求,比方說對於一個新推出的 DVD 影片或 mp3 檔案的需求,突然有意想不到的增長。和這種現象相關的議題包括如何處理突然大量的查詢訊息以及在一個短暫的時間內要花多久的時間才能找到並下載好物件。雖然不同類型的 P2P 結構需要不同的解決方案,普遍來說,把物件的索引資料儲存在曾經轉發過相關回覆訊息的同儕節點上可以減少查詢的流量以及查詢的反應時間。另一方面,盡可能把物件複製到許多同儕節點上可以增加下載的速度。舉例來說，當一個同儕節點已經下載完成檔案之後，它會變成一顆種子。

對於網路拓樸的意識

以 DHT 為基礎的 P2P 系統能夠保證路由途徑長度是受到一個上限值所限制。然而，在路徑上的一條鏈結對應的是底下實體網路中的一條傳輸層之連接，如圖 6.62 所示。這樣的虛擬鏈結可能是很長一條橫跨大陸的終端對終端之連接，或是很短一條在區域網路內的連接。換句話說，如果同儕節點選擇它們的複疊網路鄰居時沒有考慮到底下實體網路拓樸（physical topology）的話，所產生的 P2P 網路可能會有複疊網路拓樸和實體網路拓樸兩者嚴重不相匹配的情況。因此，如何去實行具有拓樸意識（topology-aware）的複疊網路之建構和路由，會顯著地影響到 P2P 系統的表現。許多用在 P2P 複疊系統上的路由途徑接近（route-proximity）和鄰居接近（neighbor-proximity）之增強機制已經被提出，而這些增強機制是建構在 RTT 測量基礎、對於路由網域或 ISP 之偏好、地理資訊基礎之上。

NAT 穿透

如果一個同儕節點要能夠直接建立一條傳輸層連接到另一個同儕節點，該目的地同儕節點需要有一個公用 IP 位址。然而，許多寬頻接取的使用者是透過 NAT 裝置來連接到網際網路。在兩個同儕節點都位於 NAT 裝置之後的情況下，如果沒有其他同儕節點或 STUN 伺服器的幫忙，這兩個同儕節點就無法連接到對方，如同我們在第 4 章裡所討論的一樣。因此，一個 P2P 系統的基本要求便是提供同儕節點某種 NAT 穿透（NAT traversal）之機制。在大部分的情況下，NAT 穿透的解決方法是藉著擁有公用 IP 位址的同儕或超級同儕節點來轉傳訊息。

擾動

擾動（churn） 指的是同儕節點隨自己的意願動態地加入和離開系統的現象。直覺上而言，一個高擾動速率會嚴重地影響一個 P2P 系統的穩定性和擴充性。舉例來說，一個高擾動速率可能會導致 DHT 系統極大的複疊網路的維護開銷以及路由表現的劇烈下滑（也包含了路由正確性的劇烈下滑）。要對付節點擾動的問題，P2P 系統應該避免太僵硬的結構以及同儕節點之間的關係，例如像在 P2P 視訊串流裡的樹狀結構，而且同儕節點應該保持一串替補鄰居之清單以便在需要時能夠快速且動態地進行鄰居的更換。

安全

在 P2P 系統裡存在數個安全議題。舉例來說，帶有後門漏洞（木馬程式）的

P2P 程式、虛假內容、沒有要被分享的檔案卻被洩漏出去。在 P2P 系統裡，虛假內容或內容汙染（content pollution）之問題可能會減少內容的可獲得性並且增加多餘的流量。舉例來說，一位懷有惡意的使用者可能會分享一個很受歡迎的 mp3 檔案，但是該檔案有一部分內容卻被變更（被汙染）。如果使用者已經下載了這份受汙染的檔案，他們通常會試著再從其他來源下載這份檔案。如果受汙染的內容散播到整個 P2P 系統，使用者可能因為大部分被下載的物件根本沒有用而失去了參與這個 P2P 系統的興趣。對於內容污染問題的解決方案包括使用 MD5 之類的訊息摘要（message digest）來保護內容、同儕名聲系統以及物件名聲系統。舉例來說，在 BitTorrent 系統中，一個分享檔案的每一小塊部分的 MD5 摘要會被儲存在詮釋資料檔案（也就是 .torrent 檔案）之中。在 FastTrack 裡，UUHash 機制使用 MD5 來產生一個檔案中被選出區塊的雜湊函數值，藉此來防止檔案污染的問題。

侵犯版權

最後應該被注意的是，透過 P2P 系統來分享有版權的物件是嚴重阻礙到 P2P 系統的推廣與實用的一個原因。許多大學和機構禁止在它們的電腦上執行 P2P 應用程式。此外，不僅 P2P 使用者要負起侵權的責任，運作 P2P 應用的公司也須負起侵權的責任，而這尤其針對的是 P2P 系統如果沒有該公司的伺服器便無法存在的情況（例如 Napster 的案例）。

6.9.4 個案研究：BitTorrent

BitTorrent（BT）最初是由 Bram Cohen 在 2001 年所設計出來的。目前 BT 已經變成一個非常受歡迎的檔案分享軟體。在 2004 年，它貢獻了大約 30% 的網際網路流量。雖然 BT 現在有好幾個競爭者，例如 eDonkey 和 eMule，它仍是一個很多人使用的檔案分享軟體。BT 是被深思熟慮所設計出來的協定，並且有數個獨有的特色：(1) 它使用以牙還牙的激勵機制來處理搭便車者；(2) 它使用頻外搜尋來避免侵犯版權的問題；(3) 它使用拉曳式群聚法（pull-based swarming）來實現負載平衡；(4) 它使用雜湊值檢查來避免虛假內容的散布；(5) 當一個同儕節點成功下載一份檔案之後，它就變成一個可以散布檔案的播種者（seeder）。

在介紹 BT 協定之前，我們首先介紹一些 BT 裡所使用的術語。一個被分享的檔案會被切割成固定大小的很多部分。每一部分又被切割成很多塊（chunk），而 chunk 就是 BT 裡內容傳輸的基本資料單位。每個檔案部分的完整性是由一個 SHA-1 雜湊碼所保護；如此一來，一個受到汙染的部分將不會被散布出去。如果一個同儕節點已經成功下載檔案，它會變成該檔案的一個播種者。每一個被分享的檔案或一群檔案都有一個追蹤者（tracker）。追蹤者會追蹤正在下載的同儕節點和種子，並且協調檔案在同儕節點之中的分發。雖然從 2005 年無追蹤者的 BT 系統就已經出現（其中的每個同儕節點都扮演著追蹤者的角色），但是使用集中式追蹤者的 BT 系統還是比較常見。因此，我們將對使用集中式追蹤者的 BT 協定來做一個概要介紹。

運作之總覽

圖 6.68 簡要地描繪出 BT 運作的總覽圖。如果一個同儕節點要分享它的一個檔案，它首先產生一個「.torrent」的檔案，其中含有關於該分享檔案的詮釋資料（metadata）；這些詮釋資料包括檔案名稱、檔案長度、所採用的檔案部分之長度、每一個檔案部分的 SHA-1 雜湊碼、每一個檔案部分的狀態資訊以及追蹤者的 URL。BT 的 torrent 檔案通常被發布在某些著名的網站上。如果想要找出並且下載一個檔案，使用者首先瀏覽網站來找出該檔案的 torrent 檔。使用者接著用一個 BT 客戶端程式來打開這個 torrent 檔案。客戶端程式連接到追蹤者並取得一份目前正在下載檔案的同儕節點之清單。在此之後，客戶端程式就根據一個檔案部分之選擇演算法來連接到清單上的同儕節點並且取得檔案的各個部分。

檔案部分之選擇

對於前幾塊檔案部分（通常大約為 4），客戶端僅隨機選出一塊檔案部分來下載，而這種方式被稱為隨機的第一塊部分之選擇（random first piece selection）。在初始階段之後，最稀有者優先之政策（the rarest first policy）就開始作用。最稀有

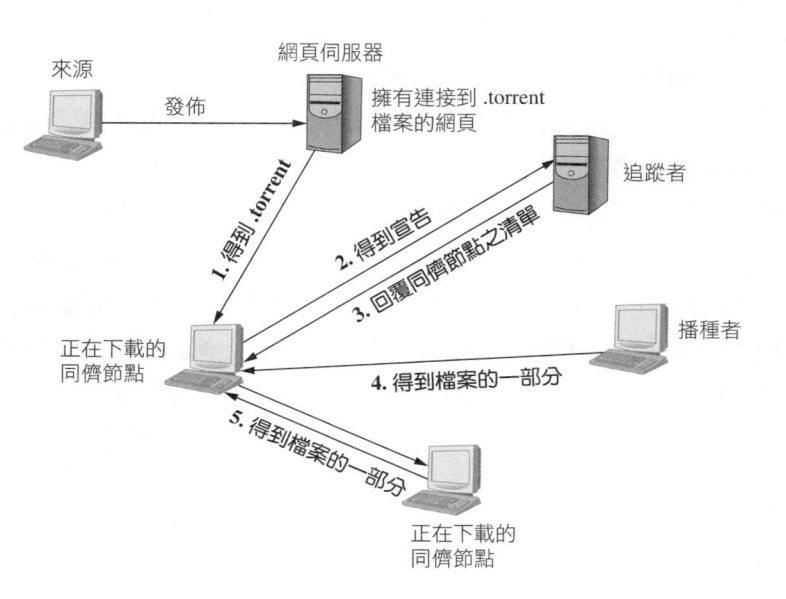

圖 6.68 BitTorrent 的運作之步驟

者優先之政策會選擇最稀有的檔案部分來優先下載，因為稍後可能由於某些同儕節點的離去而導致最稀有的檔案部分無法被取得。它也確保許多檔案部分是從播種者之處被下載。最後，為了加速完成檔案的下載，一個只缺少幾個檔案部分的同儕節點會進入一種遊戲結束之模式；在此模式下，它會把要求各個欠缺檔案部分的請求全都發送給所有的同儕節點。

同儕節點之選擇

一個同儕節點可能會收到從其他節點送來的檔案部分之請求。BT 使用一種被稱為以牙還牙的內建激勵演算法來挑選哪個節點可獲得上傳服務。以牙還牙是博弈理論（game theory）裡囚徒困境問題（prisoner's dilemma）最普遍採用的策略。其基本概念是如果對手合作的話，參與者就會合作；否則如果對手挑釁的話，參與者就會報復。同儕節點之選擇的演算法是由三個組件所構成：堵塞（choking）／解除堵塞（unchoking）、樂觀式解除堵塞（optimistic unchoking）以及抗冷落（anti-snubbing）。

堵塞／解除堵塞演算法採用的是以牙還牙之策略。堵塞指的是暫時性拒絕上傳給一個同儕節點。舉例來說，一開始的時候，同儕節點 A 把所有的同儕節點都設為被堵塞的狀態。然後同儕節點 A 解除堵塞一定數量的同儕節點（通常是 4）；它們之中有一些（通常是 3）是根據以牙還牙，而其餘（通常是 1）是根據樂觀式解除堵塞（optimistic unchoking）。從那些對同儕節點 A 的檔案部分感興趣的所有同儕節點之中，以牙還牙演算法會選出一定數量的同儕節點（通常是 3），而所選擇的是供節點 A 下載最多的同儕節點。具體而言，這種選擇只根據每個同儕節點所提供的下載速率。以牙還牙演算法每 10 秒鐘會被執行一次，而下載速率的評估是根據一個 20 秒鐘的移動窗框。然而，新的同儕節點在剛加入系統時必須要能夠邁出第一步；另一個值得做的是，探索更好的但是目前還沒有合作的同儕節點。因此，樂觀式解除堵塞的概念是從那些對檔案部分感興趣的節點中隨機選出一個同儕節點，不論它們提供的下載速率是快是慢。樂觀式解除堵塞是每 30 秒鐘執行一次，以一種循環順序來選出同儕節點。最後，抗冷落演算法的執行時機是當同儕節點被它全部的同儕節點給堵塞住。這種情況被稱為受到冷落，也就是說同儕節點在 60 秒鐘內沒有收到任何資料。一個受到冷落的同儕節點最好更頻繁地探索更多其他願意合作的同儕節點。因此，抗冷落演算法會停止上傳到以牙還牙演算法所選出的同儕節點，如此一來，便可以更頻繁地執行樂觀式解除堵塞。

開放源碼之實作 6.8：BitTorrent

總覽

　　檔案分享網路之應用有許多免費軟體，例如 Gnutella 的 Limewire、eDonkey 的 eMule 以及 BitTorrent 的 uTorrent 和 Azureus。由於採納了不同的設計哲學和基礎結構，這些軟體以不同方法來處理 P2P 系統的效能問題。舉例來說，Gnutella 採用分散式且無結構的網路拓樸，而稍後更採用超級同儕式的階層結構。DHT 技術則被 eMule 和 BT 所採用以避免使用集中式追蹤者（伺服器）。結果，由於它著名的分散式、無伺服器之拓樸，Gnutella 很能抵抗隨機的節點失敗；以分散式追蹤者著名的 eMule 則是建構在一個 DHT 解決方案 Kademlia 之上；BT 的著名特色包括把大型檔案分割成許多小塊部分、採用以牙還牙策略來對付搭便車者，以及使用完整性檢查來避免虛假內容的傳播。因為 BT 有這麼多獨一無二的特色，它仍然保持是最受歡迎的 P2P 檔案分享軟體之一。

　　在此我們回顧一下，BT 所採行用來對付效能議題的解決方案是：

1. 以牙還牙來避免搭便車的問題：BT 是根據兩同儕節點之間的下載速率來實作以牙還牙。使用下載速率作為報答之依據的優點是它可以很容易用每個同儕節點的本地資訊而被製作出來。其他解決方案，例如以名聲為基礎和以對所有同儕節點的下載速率為基礎的作法，則需要從其他同儕節點來獲得訊息，況且訊息是否正確仍是個問題。另一方面，BT 的方法對於新加入者而言比較不公平。
2. 頻外搜尋以避免侵犯版權：BT 假設一個同儕節點可以自行找到 .torrent 檔案而不用具體告訴它該如何去做。這種方式簡單而有效地撇清了侵犯版權之責任歸屬。其缺點是 .torrent 檔案的散布需要依賴第三者的伺服器。
3. 拉曳式群聚法以實現負載平衡：根據以牙還牙，同儕節點把檔案部分上傳給其他同儕節點以便能下載它們需要的檔案部分。對於強迫節點貢獻它們早已下載好的部分，這個方法是相當有效的。因此，當更多同儕節點加入系統之後，下載之過程就可以加速。這個方法有一個潛在的問題，就是一個同儕節點可能在下載完畢之後就立刻離開系統；這被稱作水蛭問題（leech problem）。很明顯地，播種者待在系統的時間愈久，群聚表現會愈好。
4. 訊息摘要以保護每塊檔案部分的完整性：BT 採用 SHA-1 來保護每塊檔案部分的完整性。雖然這個方法能夠有效地避免虛假內容的傳播，它需要在每一塊取回的檔案部分上進行 SHA-1 之計算。在 FastTrack（KaZaa）裡，訊息摘要只被運用在一份檔案的部分區塊上而已。這樣做雖然會節省一些計算上的開銷，但也會讓攻擊者汙染檔案而不被抓到。

　　由於 BitTorrent 的協定規格可供免費使用，許多 BT 客戶端程式是開放源碼。uTorrent、Vuze 和 BitComet 是在它們之中最受歡迎的一些客戶端程式。在本節我們會追蹤 Vuze 的 4.2.0.2 版本，而這是以 Java 所實作出來。

檔案和資料結構

Most of Vuze 的核心包裹大部分是位於 .\com\aelitis\azureus\core 目錄之下。表 6.31 顯示出在此一目錄中可以找到的包裹。

表 6.31 在 .\com\aelitis\azureus\core 目錄下的包裹

包裹	
package	clientmessageservice
package	cnetwork
package	content
package	crypto
package	custom
package	devices
package	dht
package	diskmanager
package	download
package	drm
package	helpers
package	impl
package	instancemanager
package	lws
package	messenger
package	metasearch
package	monitoring
package	nat
package	networkmanager
package	neuronal
package	peer
package	peermanager
package	proxy
package	security
package	speedmanager
package	stats
package	subs
package	torrent
package	update
package	util
package	versioncheck
package	vuzefile

同儕節點之選擇和檔案部分之選擇的大部分程式碼是在 .\com\aelitis\azureus\core\peermanager 目錄下面。在這個目錄之下，同儕節點之選擇和檔案部分之選擇的演算法分別可以在 \piecepicker 和 \unchocker 目錄下被找到；至於已被連接的同儕節點，其狀態資訊的相關程式碼可以在 \peerdb 目錄下被找到。

另一個重要的目錄是 \org\gudy\azureus2\core3 目錄。用來控制同儕節點之選擇和檔案部分之選擇的主程式是 PEPeerControlImpl.java，其位於此目錄的 \peer\impl\control 之下。同儕節點和檔案物件之物件的類別分別是 PEPeer 和 PEPiece，其被定義在 \org\gudy\azureus2\core3\peer 裡。

圖 6.69 顯示 PEPeer、PRPiece 和 PEPeerManager 等類別的階層結構。

演算法之實作

主程式

用來控制同儕節點和檔案部分之選擇的主程式是 PEPeerControlImpl 類別，而它繼承了兩

```
                    ┌──────────────────────────────────────────┐
                    │    org.gudy.azureus2.core3.peer.PEPeer   │
                    └──────────────────────────────────────────┘
                                          ▲
                    ┌──────────────────────────────────────────────┐
                    │ org.gudy.azureus2.core3.peer.impl.PEPeerTransport │
                    └──────────────────────────────────────────────┘
                                          ▲
┌──────────────────────────────────────────────────────┐   ┌──────────────────────────────────────────────────────────┐
│ org.gudy.azureus2.core3.peer.impl.transport.PEPeerTransportProtocol │   │ org.gudy.azureus2.pluginsimpl.local.peers.PeerForeignDelegate │
└──────────────────────────────────────────────────────┘   └──────────────────────────────────────────────────────────┘
```

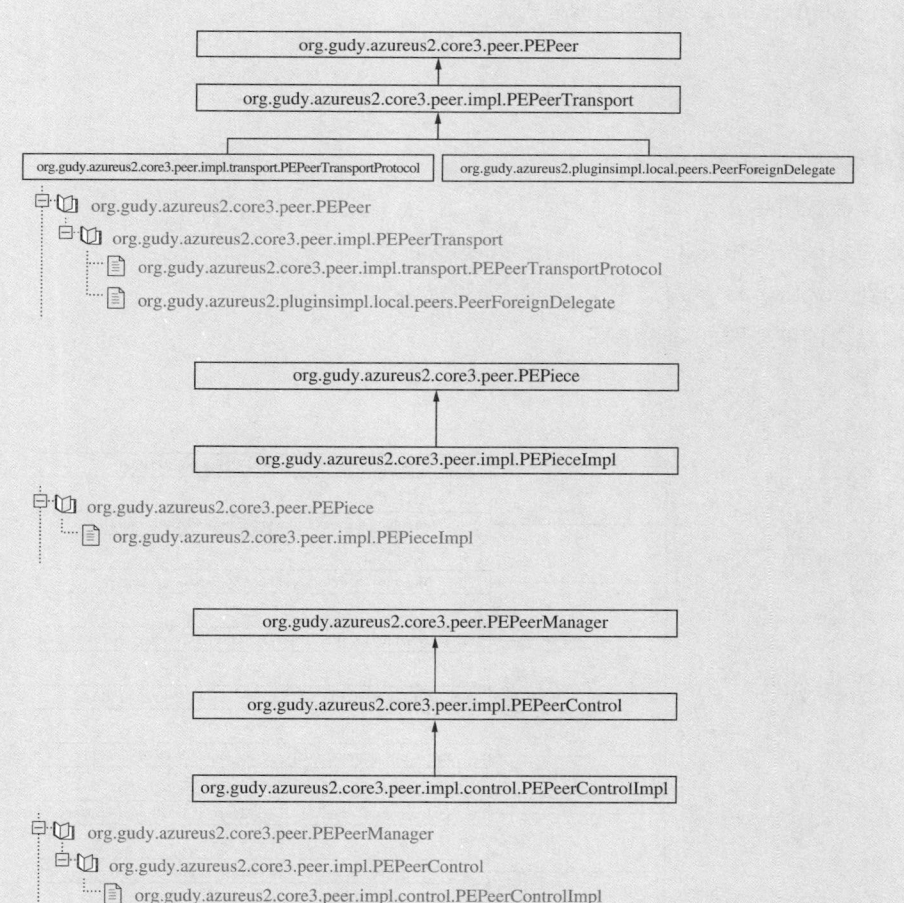

圖 6.69 **PEPeer**、**PEPiece** 和 **PEPeerManager** 等類別的階層結構

- org.gudy.azureus2.core3.peer.PEPeer
  - org.gudy.azureus2.core3.peer.impl.PEPeerTransport
    - org.gudy.azureus2.core3.peer.impl.transport.PEPeerTransportProtocol
    - org.gudy.azureus2.pluginsimpl.local.peers.PeerForeignDelegate

```
                    ┌──────────────────────────────────────────┐
                    │   org.gudy.azureus2.core3.peer.PEPiece    │
                    └──────────────────────────────────────────┘
                                          ▲
                    ┌──────────────────────────────────────────┐
                    │ org.gudy.azureus2.core3.peer.impl.PEPieceImpl │
                    └──────────────────────────────────────────┘
```

- org.gudy.azureus2.core3.peer.PEPiece
  - org.gudy.azureus2.core3.peer.impl.PEPieceImpl

```
                    ┌──────────────────────────────────────────────┐
                    │ org.gudy.azureus2.core3.peer.PEPeerManager   │
                    └──────────────────────────────────────────────┘
                                          ▲
                    ┌──────────────────────────────────────────────┐
                    │ org.gudy.azureus2.core3.peer.impl.PEPeerControl │
                    └──────────────────────────────────────────────┘
                                          ▲
                    ┌──────────────────────────────────────────────────┐
                    │ org.gudy.azureus2.core3.peer.impl.control.PEPeerControlImpl │
                    └──────────────────────────────────────────────────┘
```

- org.gudy.azureus2.core3.peer.PEPeerManager
  - org.gudy.azureus2.core3.peer.impl.PEPeerControl
    - org.gudy.azureus2.core3.peer.impl.control.PEPeerControlImpl

個類別：`PEPeerManager` 和 `PEPeerControl`。圖 6.70 顯示詳細的 `PEPeerControlImpl` 之繼承圖。這個類別的建構子會產生 `piecePicker` 物件。`schedule()` 函數也被定義在這個類別之中，而它會呼叫 `checkRequests()` 和 `piecePicker.allocateRequests()` 去排班檔案部分之請求，如果該同儕節點並非處於播種模式中。它接著呼叫 `doUnchokes()` 去處理節點堵塞和解除堵塞。在 `doUnchokes()` 中，`unchoker.calculateUnchokes()` 會被呼叫以決定哪個節點被解除堵塞。

同儕節點選擇的實作

供正在下載和播種的同儕節點所使用的解除堵塞之演算法是分別被製作在 `.\com\aelitis\azureus\core\peermanager\unchoker` 目錄下的 `DownloadingUnchocker.java` 和 `SeedingUnchocker.java` 之中。讓我們來追蹤以牙還牙和樂觀式解除堵塞的相關程式碼。以牙還牙的主程式是被製作在 `calculateUnchokes()` 裡。在這個函數裡用到了四個同儕節點之清單：`chokes`、`unchokes`、`optimistic_unchokes` 和 `best_peer`。它們被用來記錄哪些同儕節點被堵塞、解除堵塞、樂觀式解除堵塞以及哪些在下載速率而言是最好的同儕節點，所以應該被解除堵塞。接下來是 `calculateUnchokes()` 的虛擬程式碼：

```
calculateUnchokes()
```

BEGIN

    取得所有目前被解除堵塞的同儕節點；
    IF 該節點之前不是被我所堵塞 {
        IF 該節點是可以被解除堵塞 {
            把它加到 unchokes 清單之中；
            IF 該節點之前被樂觀式解除堵塞

圖 6.70
PEPeerControlImpl
詳細的繼承圖

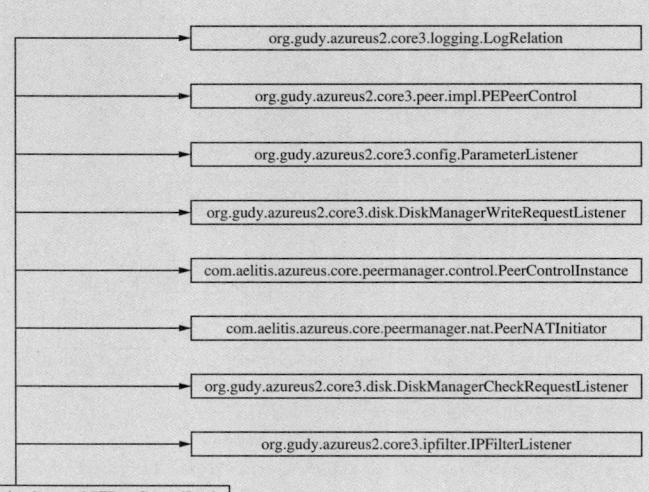

                    把它加到 optimistic_unchokes 清單之中；
            }
            ELSE
                add the peer to the chokes list
    }
    IF 沒有被強迫去更新樂觀式解除堵塞之同儕節點
        把 optimistic_unchokes 清單中的同儕節點給搬移到 best_peers 清單，直到節點數量超過 max_optimistic；
        IF 節點的下載速率高於 256，把它們加到 best_peers 清單之中
        呼叫 UnchokerUtil.updateLargestValueFirstSort 去根據下載速率來整理 best_peers 清單；
        IF 我們在 best_peers 清單中仍沒有足夠的同儕節點
            (小於 max_to_unchoke){
            用我們過去已下載過的同儕節點來填滿 best_peers 清單
                (uploaded_ratio < 3);
        }
        IF 我們在 best_peers 清單中仍有剩餘的空位
            呼叫 UnchokerUtil.getNextOptimisticPeer 去取得更多樂觀式解除堵塞的節點 (factor_reciprocated 設為 true)
        呼叫 chokes.add() 去更新 chokes 清單
        呼叫 unchokes.add() 去更新 unchokes 清單
END

在此函數中，同儕節點會根據它們的目前狀態而被放入 chokes、unchokes 或 optimistic_unchokes 清單中。目前被樂觀式解除堵塞的同儕節點將維持解除堵塞的狀態，除非樂觀式解除堵塞的同儕節點其數量超過了 max_optimistic 上限。對我們的檔案部分感興趣（peer.isInteresting()）並且可以被解除堵塞（UnchokerUtil.isUnchokable）的同儕節點，函數 peer.getStats().getSmoothDataReceiveRate() 會被呼叫去獲取它們的下載速率。這些同儕節點會被根據下載速率而被整理到 best_peers 清單之中，其方法是呼叫 UnchokerUtil.updateLargestValueFirstSort()。如果 best_peers 清單中的同儕節點之數量超過 max_to_unchoke，也就是超過可以解除堵塞的最大節點數量，則擁有 uploaded_ratio 大於 3 的同儕節點會被加入到 best_peers 清單裡，其中的 uploaded_ratio 是全部被送出的資料位元組除以全部被接收的資料位元組（加上 BLOCK_SIZE-1）。如果 best_peers 的數量仍小於 max_to_unchoke，UnchokerUtil.getNextOptimisticPeer() 會被呼叫去找出更多同儕節點作為樂觀式解除堵塞之用。UnchokerUtil.getNextOptimisticPeer() 函數會在挑選樂觀式的同儕節

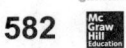

點時考慮同儕回報率（peer reciprocation ratio），又或者僅僅從 `optimistic_unchokes` 清單中隨機挑選同儕節點，而這取決於 `factor_reciprocated` 參數是否為 `true`。回報之分數是被定義為全部被送出的資料位元組和全部被接收的資料位元組之間的差，而且分數是愈低愈好。

檔案部分選擇的實作

在 .\com\aelitis\azureus\core\peermanager\piecepicker\impl 目錄下的 PiecePickerImpl.java 裡所定義的 `getRequestCandidate()` 函數是用來決定要下載哪個檔案區塊的核心函數。有兩個很重要的參數必須被先行了解：priority 和 avail。priority 指的是目前被檢視的某個檔案部分的優先權之總計，而 avail 是目前被檢視的某個檔案部分其群之層級的可獲取性。在這個方法中有三個階段。首先，如果有一塊 `FORCED_PIECE` 或保留的檔案部分，可能的話它會被啟動／繼續執行。其次，掃描所有活躍的檔案部分以便找出最稀有且擁有最高優先權的檔案部分，其已經被載入而且可以繼續下去。一塊檔案部分的可獲取性是以 `availability[i]` 所表示。第三，如果沒有檔案部分要繼續執行，找出最稀有且擁有最高優先權的檔案部分之清單作為開始下載一塊新的檔案部分的選擇名單。如果一個要求去做的請求被找到的話，該函數會返回 `int[]pieceNumber` 和 `blockNumber`。

練習題

1. 藉由考慮往返延遲時間（round trip delay）來勘查所在位置，並且依照這一點來改變 `getNextOptimisticPeer()` 函數裡的隨機選擇之程式碼。舉例來說，你可以偏向於選擇擁有較低往返延遲時間的同儕節點。
2. 討論為何在選擇樂觀式解除堵塞的同儕節點之時，考慮所在位置是很重要的一點。注意到一點，樂觀式解除堵塞在尋找可能的以牙還牙之同儕節點中扮演著啟動的角色。

6.10 總結

不像本書中其他的章節，抓住網際網路應用的共同主題雖然比較困難，但卻是必需的。本章一開始討論關於所有網際網路應用設計的一般性議題。我們學到了著名的埠如何運作、伺服器如何以守護行程的形式來運行、並行式連接導向式伺服器和疊代式非連接式伺服器之間的差別，以及為什麼應用協定有長度可變的 ASCII 訊息和有狀態／無狀態之分。然後我們介紹了主要的應用協定，從基本的 DNS，到經典的 SMTP、POP3、IMAP4、HTTP、FTP 和 SNMP，最後進入了即時傳輸的 SIP、RTP、RTCP、RTSP 和各式各樣的 P2P 協定。針對每一個應用協定，我們描述其設計概念、協定訊息和行為、對話之範例以及一個熱門的開放源碼之包裹。在此我們不打算描述個別應用的設計概念。反而，我們檢視它們共同的特點：著名的埠、長度可變的

ASCII 訊息、有狀態之設計和並行性。透過這種作法，我們更好地理解這些特點和超越現行作法的可能性。

首先，根據埠號碼來分類應用訊流已無法很好地發揮功效。許多應用把它們自己運行在埠號碼 80 之上或把自己的訊息封裝在 HTTP 訊息裡，以便能通過只允許網頁訊流通過的防火牆。此外，P2P 應用通常從著名埠號碼的範圍之外來動態地選出它們的埠號碼。因此，進入到應用層標頭或甚至酬載的深度封包檢測（deep packet inspection, DPI）是準確分類應用訊流所必需的。第二，不同於低層的協定採用二進制、固定長度之標頭，應用層協定擁有長度可變的 ASCII 格式。在單一欄位（目的地 IP 位址）之封包轉發和多欄位（5 元組）之封包分類所使用的查表演算法無法運用於此處。事實上，要達成分類和安全之目的必須要 DPI 加上標準的表達之解析或以簽章為基礎的字串匹配。這一種固定之形式和可變動之形式之間的差距在比喻成資料庫系統裡的一個對比：傳統關聯式資料庫（relational database）使用固定長度的表格，而 XML 裡半結構化（semi-structured）的資料格式或者搜索引擎裡被索引的無結構化資料則是長度可變的字串。就像半結構化和無結構化資料在資料庫的世界裡所佔的百分比逐漸增加，長度可變的協定訊息之處理在網路的世界中也逐漸獲得更多的關注。

第三點和第四點，採用有狀態式乃是一個協定的設計上之選擇，而採用並行式乃是一個協定伺服器的實作上之選擇。許多應用協定選擇採用有狀態式之設計來追蹤客戶端的連接狀態，但 HTTP 和 SNMP 由於效率和擴充性的緣故，所以採用無狀態式設計。DNS 則介於中間。區域內的 DNS 伺服器大多是有狀態式及遞迴式以便能完全負擔起 DNS 查詢之責任，而所有其他的 DNS 伺服器則基於同樣的效率和擴充性之緣故，所以是無狀態式及疊代式。雖然無狀態是 HTTP 伺服器之本質，可是 HTTP 伺服器可以藉由 cookie 機制而轉變成有狀態來服務長時間之對話。就並行式設計而論，其決定是取決服務一個對話或一個請求所需要之時間。如果服務時間很短，伺服器可以維持疊代式的運作。SNMP 屬於此類，因此在 net-snmp 的伺服器是被實作為一個疊代式伺服器。本章之中所有其他開放源碼之包裹由於它們冗長的服務時間的緣故，所以皆採用並行式伺服器之實作。

從第 2 章到第 6 章，我們已經學習了所有的協定層。有兩個進階之議題值得特別討論：服務品質（quality of service, QoS）和網路安全（network security）。一旦我們達成連接性，我們期盼連接不只夠快也夠安全。QoS 或效能議題在所有網路系統或組件的設計裡乃核心議題。

常見誤解

- 伺服器並行的其他方案

要製作一個並行式連接導向式伺服器的程式，最簡單的方法就是在需要時產生一個子行程來服務剛被接受的客戶端連接。開放源碼之實作 6.4 介紹的 wu-ftp 實行的就是這種方法。可是在考慮到開銷、延遲時間和擴充性等議題的情況之下，仍有許多其他可用的選擇方案來實現這種並行性。產生子行程的費用昂貴，因為它牽涉到在行程表裡產生一個新的項目、配置記憶體空間給行程之實體，以及從父行程主體來拷貝到子行程主體。一種低開銷的替代方案是執行緒，其中一個執行緒產生後會和它的父執行緒共享它的實體資源，因此不會有記憶體配置和拷貝。在開放源碼之實作 6.6 裡的 Asterisk 便屬於此一類別。另一方面，如果在需要時才產生子行程或執行緒，則在服務進來的客戶端時會有啟動之延遲。預先產生一池子的閒置子行程或執行緒而稍後需要時再派遣，這種方式確實會減少啟動的延遲時間。子行程或執行緒池可以被週期性地監控，以保持它的數量介於某上限值和某下限值之間。開放源碼之實作 6.3 介紹的 Apache 便運行這種方法。

最後，一個更為困難的議題是當一台伺服器必須處理數千條並行的連接時所面對的擴充性問題。這經常發生在介於客戶和伺服器之間的代理伺服器的身上。在單獨一台伺服器裡面維持數千個行程或執行緒是不可行的。有兩種常見的解決方案：單一行程加上 I/O 多工，或讓大量的連接在較少數量的行程或執行緒之間切換而被它們所服務（亦即非每條連接有專屬的行程或執行緒）。前者之解決方案在單一行程裡以 `select()` 函數來實行 I/O 多工，藉此在每條連接的專屬插槽所形成的陣列上聆聽，然後去處理有新客戶抵達的插槽。Squid 就是一種採用此法的開放源碼之代理伺服器。後者之解決方案在連接的生命時間中會去排班並且切換連接於一池子的行程和執行緒之間。在開放源碼之實作 6.1、6.2 和 6.7 中介紹的 BIND、qmail 和 Darwin 皆採用這種方案。

- **DNS 查詢：遞迴式或疊代式**

當我們說一個 DNS 查詢之解析過程是遞迴式的，這並非意味著所有的 DNS 伺服器是遞迴式而且有狀態的。事實上，只有區域內的 DNS 伺服器是遞迴式而且有狀態的。在 DNS 階層結構中，所有其他的 DNS 伺服器是疊代式而且是無狀態的。換句話說，它們只會回覆或重新導向來自區域 DNS 伺服器的查詢，但並不會轉發該查詢給其他的 DNS 伺服器。其原因是對於負載過重的伺服器的擴充性之考量，尤其是在階層結構的根伺服器附近的那些伺服器。另一方面，區域 DNS 伺服器不會負載過重，因為它們離階層結構的根伺服器很遙遠，所以能夠處理遞迴式的解析。雖然不怎麼可能，但是讓區域 DNS 伺服器以疊代式運行是有可能的。然後，處理遞迴就是解析器（DNS 客戶端）的工作。

- **ALM 和 P2P 之對比**

由於網路層 IP 多點傳播缺乏大規模的部署，應用層的多點傳播（application-layer multicast, ALM）在 2000 年代初期獲得很多的關注。正如它的名稱所暗示，ALM 是透過在參與者節點之間的 TCP 或 UDP 插槽來支援群組之應用。也就是說，ALM 在應用層來製作多點傳播之服務而不需要用到網路層的多點傳播協定。它可以被視為一種特殊類型的同儕式應用，因為它在應用層建構了一個多點傳播樹，而樹裡的中繼節點必須把從父節點送來的封包轉傳給子節點。因此,這些節點表現得不但像資料消費者也像資料提供者,就好比 P2P 系統中的同儕節點一樣。如何去建構一個多點傳播的複疊網路是 ALM 研究的主要焦點。另一方面,P2P 指的是一個範圍更廣的應用,而它可能需要也可能不需要多點傳播之支援。舉例來說,最熱門的應用,例如檔案分享,就不需要多點傳播的支援。至於視訊串流應用,大部分近期開發的 P2P 系統則採用資料驅動式的複疊網路或網狀複疊網路(mesh overlay),而非樹狀複疊網路,其主因是由於抗錯性之考量。Coolstreaming 是一個典型範例。

進階閱讀

DNS

自從 DNS 在 1987 年出現之後,有許多關於 DNS 的 RFC 被提出來。在此我們列出一些經典的 RFC,其開創了 DNS 之標準化。Albitz 和 Liu 也出版了一本的探討 DNS 的熱門書籍。此處也附上 BIND 計畫的首頁供讀者試用。

- P. Mockapetri, "Domain Names—Concept and Facilities," RFC 1034, Nov. 1987.
- P. Mockapetri, "Domain Names—Implementation and Specification," RFC1035 Nov. 1987.
- M. Crawford, "Binary Labels in the Domain Name System," RFC 2673, Aug. 1999.
- P. Albitz and C. Liu, *DNS and BIND*, 5 th edition, O'Reilly, 2006.
- BIND: a DNS server by Internet Systems Consortium, https://www.isc.org/products/BIND/

E-MAIL

以下我們列出關於 e-mail 的最近一些 RFC 更新。很顯然地,e-mail 系統的設計從來不曾停止演進。此處也附上 qmail 計畫的網站讓讀者能嘗試建構一個 e-mail 系統。

- J. Yao and W. Mao, "SMTP Extension for Internationalized E-mail Addresses," RFC 5336, Sept. 2008.
- J. Klensin, "Simple Mail Transfer Protocol," RFC 5321, October 2008.
- P. Resnick, "Internet Message Format," RFC 5322, October 2008.
- The qmail project, http://www.qmail.org/top.html

WWW

以下我們列出關於 WWW 的一些經典作品,包括一篇評論網頁搜尋的開創性文章、HTTP1.1 的 RFC,其更新了 1999 年發布的 HTTP1.0 並且到目前為止被廣為採用。此處也附上了 Tim Berners-Lee 談論 WWW 未來的結構。

- S. Lawrence and C. L. Giles, "Searching the World Wide Web," *Science*, Apr. 1998.
- R. Fielding et al., "Hypertext Transfer Protocol—http/1.1," RFC 2616, June 1999.
- World Wide Web Consortium (W3C), "Architecture of the World Wide Web, Volume One," W3C Recommendation, Dec. 2004.
- The Apache project, http://www.apache.org/

FTP

看起來 FTP 的發展仍在進步當中,雖然其進步的速度相當緩慢。讀者們可能會好奇到底最新的 FTP 擴充有何功能?可以找出 RFC 3659 看看它的內容。

- J. Postel and J. Reynolds, "File Transfer Protocol (FTP)," RFC 959, Oct. 1985.
- S. Bellovin, "Firewall-Friendly FTP," RFC 1579, Feb. 1994.
- M. Horowitz et al., "FTP Security Extensions," RFC 2228, Oct. 1997.
- P. Hethmon, "Extensions to FTP," RFC 3659, Mar. 2007.
- The wu-ftp project, http://www.wu-ftpd.org/

SNMP

討論 SNMP 的 RFC 數量很容易讓人吃驚。以下列出一些重要的著作供讀者參考。然而,出於一片誠摯的忠告,我們建議讀者先去找一本關於 SNMP 的書來研讀,否則讀者可能會迷失在一堆 SNMP 的文獻之中。

- M. Rose and K. McCloghrie, "Structure and Identification of Management Information for TCP/IP-based Internets," RFC 1155, May 1990.
- J. Case et al., "A Simple Network Management Protocol (SNMP)," RFC 1157, May 1990.
- J. Case et al., "Textual Conventions for Version 2 of the Simple Network Management Protocol (SNMPv2)," RFC 1903, Jan. 1996.
- J. Case et al., "Protocol Operations for Version 2 of the Simple Network Management Protocol (SNMPv2)," RFC 1905, Jan. 1996.
- J. Case et al., "Management Information Base for Version 2 of the Simple Network Management Protocol (SNMPv2)," RFC 1907, Jan. 1996.
- J. Case et al., "Introduction to Version 3 of the Internet-Standard Network Management Framework," RFC 2570, Apr. 1999.
- D. Harrington, "An Architecture for Describing SNMP Management Frameworks," RFC 2571, Apr. 1999.
- The Net-SNMP project, http://www.net-snmp.org/ .

- Douglas Mauro and Kevin Schmidt, *Essential SNMP*, 2nd edition, O'Reilly 2005.

VoIP

這裡列出關於 VoIP 主要建構組件的 RFC。RTCP 是 RFC 3550 的一部分。試著玩玩看 Asterisk 並且沉浸在 VoIP 的世界之中。

- M. Handley et al., "Session Announcement Protocol," RFC 2974, Oct. 2000.
- J. Rosenburg et al., "SIP: Session Initiation Protocol," RFC 3261, June 2002.
- H. Schulzrinne et al., "RTP: A Transport Protocol for Real-Time Applications," RFC 3550, July 2003.
- Asterisk, the Open-Source PBX and Telephony Platform, http://www.asterisk.org/

串流

雖然串流應用的傳輸協定可能很多樣化,從平常的 RTP 到 RealNetworks 私有的 RDT(Real Data Transport)這些範例看來,串流應用的控制協定基本上都是 RTSP。用 Darwin 和 Helix 包裹來試驗看看 RTSP。此外,你不會想要漏掉最熱門的 RTMP 協定,其是 Flash 視訊門戶(例如 YouTube 等)運作的主要動力。

- H. Schulzrinne et al., "Real Time Streaming Protocol (RTSP)," RFC 2326, Apr. 1998.
- M. Kaufmann, "QuickTime Toolkit Volume One: Basic Movie Playback and Media Types," Apple Computer, Inc., 2004.
- The Darwin Project, http://developer.apple.com/opensource/server/streaming/index.html
- The Helix Project, http://en.wikipedia.org/wiki/Helix_(project) .
- The RTMP protocol specification, http://www.adobe.com/ devnet/rtmp/

P2P

厭倦了膚淺的 P2P 客戶端嗎?以下的研究論文會確實帶領各位讀者進入 P2P 的領域。

- Q. Lv, P. Cao, E. Cohen, K. Li, and S. Shenker, "Search and Replication in Unstructured Peer-to-Peer Networks," in *Proceedings of ACM Supercomputing*, 2002.
- S. Androutsellis-Theotokis and D. Spinellis, "A Survey of Peer-to-Peer Content Distribution Technologies," *ACM Computing Surveys*, Vol. 36, No. 4, pp. 335–371, Dec. 2004.
- Daniel Hughes, Geoff Coulson, and James Walkerdine, "Free Riding on Gnutella Revisited: The Bell Tolls?," *IEEE Distributed Systems*, Vol. 6, No. 6, June 2005.
- Javed I. Khan and Adam Wierzbicki (eds.), "Foundation of Peer-to-Peer Computing," Special Issue, *Computer Communications*, Volume 31, Issue 2, Feb. 2008.

常見問題

1. 為什麼大多數網際網路應用的協定訊息採用 ASCII 編碼和可變動的長度？

   答案

   ASCII：很容易解碼，也具有可以擴充之彈性。

   可變之長度：可支援範圍很廣的參數值和長度。

2. 為什麼在 TCP 和 UDP 之上運行的伺服器分別會有並行式和疊代式的製作呢？

   答案

   並行式：如果服務時間重疊的話（通常服務時間很長）。

   疊代式：如果是非重疊的服務時間（通常很短暫）。

   TCP：可靠的連接導向式服務。

   UDP：不可靠的非連接式服務。

   最普遍的組合是並行式的 TCP（服務時間長而可靠）和疊代式 UDP（服務時間短而不可靠）

3. DNS 伺服器如何把一個網域名稱解析成一個 IP 位址？

   答案

   區域的名稱伺服器首先檢查它自己的快取記憶體。如果快取未中的話，查詢其中一台根名稱伺服器，而該台根伺服器會重導引區域名稱伺服器到第二層的名稱伺服器。第二層的名稱伺服器會重導引它到第三層的名稱伺服器，以此類推，直到一台名稱伺服器以一個 RR 紀錄（A 紀錄）來回應所查詢的網域名稱。以上的流程是疊代式的，而疊代式比遞迴式更為普遍（兩種方法都牽涉到在查詢過程中，名稱伺服器必須保存著狀態之資訊）。

4. DNS 伺服器如何把一個 IP 位址解析成一個網域名稱？

   答案

   除了查詢 PTR 紀錄而非 A 紀錄之外，其他的都和上一題一樣。

5. 哪些資源紀錄分別被用在正向 DNS（forward-DNS）和反向 DNS（reverse-DNS）？

   答案

   Forward-DNS：A 紀錄。

   Reverse-DNS：PTR 紀錄。

6. 如果你送出一封 e-mail 給你的朋友，這涉及到哪些實體和協定？

   答案

   SMTP：區域郵件伺服器的 MUA（mail user agent）→ MTA（mail transfer agent）。

   SMTP：區域郵件伺服器的 MDA（mail delivery agent）→ 遠端郵件伺服器的 MTA。

   　　　MDA → 在遠端郵件伺服器的郵箱。

   POP3 或 IMAP4：遠端郵件伺服器的 MRA（mail retrieval agent）→ MUA。

第 6 章　應用層

7. POP3 和 IMAP4 之比較？（比較它們的命令的數量、靈活性以及用途。）

   答案

   命令的數量：IMAP4 > POP3。

   靈活性：IMAP4 > POP3。

   用途：網頁郵件（IMAP4）vs. 下載（例如 Outlook）（POP3）。

8. 當你從伺服器之處下載郵件的時候，有哪些 POP3 訊息被交換？

   答案

   STAT、LIST、RETR、DELE、QUIT、+OK、–ERR 等等。

9. 在下載、填寫和上傳一個網頁表格時，有哪些 HTTP 訊息被交換？

   答案

   GET、POST 或 PUT、HTTP/1.1 200 OK 等等。

10. 在 HTTP 1.1 裡，連接的持久性是什麼意思？

    答案

    多個 HTTP 請求可以透過一條 TCP 連接來傳送。

11. 正向快取（forward-caching）和反向快取（reverse-caching）之比較？（比較它們的所在位置和快取內容。）

    答案

    正向快取：位於內容消費者那邊（客戶端）；很多網站所構成的內容。

    反向快取：位於內容提供者那邊（大型網站）；從這個網站來的同質內容。

12. 一台 HTTP 代理伺服器如何攔截要送往 HTTP 伺服器的 HTTP 之請求？

    答案

    它和客戶端進行 TCP 三向握手，接受 HTTP 之請求，處理該請求（比方說快取儲存、過濾、日誌紀錄）、如果 OK 的話把 HTTP 回覆送給客戶端。如果需要的話，它會和 HTTP 伺服器之間建立一條 TCP 連接，轉發 HTTP 請求給伺服器，得到回覆，處理該回覆，然後把回覆送回給客戶端。

13. 如果一個快取未中的話，一台 HTTP 快取伺服器會做些什麼？它會替一個特定的客戶端建立多少條 TCP 連接呢？

    答案

    它會建立一條 TCP 連接到伺服器，並且轉發請求到該伺服器。然後回覆會被傳回給客戶端。它有兩條 TCP 連接：一條和客戶端的 TCP 連接，而另一條和伺服器的連接。

14. FTP 裡的主動模式和被動模式之比較？（描述這些模式是出自於誰的觀點以及資料連接是如何被建立的。）

    答案

    這些模式是出自於伺服器的觀點。

    主動模式：客戶端透過到伺服器的連接來發出「PORT IP-address port-number」。伺服器回覆 200，然後連接到客戶端以建立資料連接。

被動模式：客戶端透過到伺服器的連接來發出「PASV」。伺服器回覆 IP 位址和埠號碼並在上面聆聽。然後客戶端連接到伺服器指定的 IP 位址和埠號碼以便建立資料連接。

15. 為何 FTP 裡有控制連接和資料連接？（解釋為什麼 FTP 需要兩條連接。）

    答案

    這種頻外訊號是為了即便在冗長的資料傳輸在進行之時仍可交換控制訊號。

16. 在 FTP 的主動模式和被動模式下，當下載或上傳一份檔案時，在控制連接上會有哪些協定訊息被交換？

    答案

    主動下載：PORT、200、RETR、200

    被動下載：PASV、200 IP-address port-number、RETR、200

    主動上傳：PORT、200、STOR、200

    被動上傳：PASV、200 IP-address port-number、STOR、200

17. 為什麼串流傳輸相當能夠抵抗網際網路的延遲、抖動和遺失？

    答案

    許多串流來源實施一種可擴充的分層編碼法，而且會根據所測量到的網路情況來調整它的編解碼器之速率。大多數的串流接收方會有一個抖動緩衝器來延緩視訊／音訊的播放時間，以便能吸收抖動並且流暢地播放。因為訊流是單方向的而沒有互動，所以延遲時間的增加對於使用者來說並不構成問題。

練習題

動手實作練習題

1. 先閱讀 BIND9 的「dig」手冊（包括更新的版本），尤其是「+trace」和「+recursive」這兩個選項，然後回答下列問題。

    a. dig 所產生的查詢其預設狀態就是遞迴式查詢（也就是說，一台區域名稱伺服器會代理客戶端來繼續進行查詢的工作）。為什麼它被 dig（或其他應用的解析器常式）所使用？此外，送出一個遞迴式的查詢給 www.ucla.edu，並且解釋在回覆裡所有五個區段中的每一個 RR。

    b. 描述在一個使用 dig 針對 www.ucla.edu 的疊代式查詢裡面每一個被諮詢的名稱伺服器。

2. 使用 qmail 在你的 Linux PC 上建立一個 e-mail 系統。該系統應該提供 SMTP、POP3 和 IMAP4 之服務。一個步驟接著一個步驟地寫下你操作的過程。請參考在 http://www.qmail.org/ 網站上的文件。

3. 先閱讀 SMTP 和 POP3 命令，然後用 telnet 連接到你的 SMTP 伺服器（埠號碼 25）並且送出一個訊息給你自己。在這之後，用 telnet 連接到你的 POP3 伺服器（埠號碼 110）並取回該訊息。記錄在對話上發生的每一件事。

4. 使用 Apache 在你的 Linux PC 上建構一個網頁伺服器。修改相關的設定檔來設定兩台虛擬主機。此外，編寫一些 HTML 網頁並將它們放在 Apache 的文件根目錄裡面。寫下你的虛擬主機之設定並且捕捉到顯示你的 HTML 檔案的瀏覽器畫面。

5. 用 Telnet 連接到你的網頁伺服器（埠號碼 80）並且使用 HTTP 1.0 來取得一份檔案。觀察 HTTP 回覆的標頭。記錄在對話上發生的每一件事。

6. 使用 Squid 在你的 Linux PC 上面建構一個快取代理伺服器，並且設定你的網頁瀏覽器去使用它。瀏覽你的網站好幾次，然後追蹤 Apache 和 Squid 的日誌檔案以便觀察哪台伺服器在服務相關的請求。請對日誌檔案的內容加以解釋。

7. 先閱讀 HTTP 請求和回覆的標頭的描述。使用嗅探器（Sniffer）或類似的軟體去觀察之前的練習題所產生的 HTTP 請求與回覆。捕捉一些畫面並加以解釋。

8. 安裝並且執行 wu-ftpd 或任何其他的 ftp 伺服器。把它設定成同時支援虛擬 ftp 伺服器和即時壓縮。一步步地把你的操作步驟和設定檔案寫下來。

9. 安裝並且執行 Net-SNMP。使用 `snmpbulkget` 來取回在本地主機裡的 `tcpConnTable`。一步步地把你的操作步驟寫下來並且記錄你的結果。

10. 透過更改在 `getNextOptimisticPeer()` 函數裡的隨機選擇程式碼，將往返延遲時間（round trip delay）納入考量，藉此來勘查所在位置。舉例來說，你可能偏好選擇擁有較低往返延遲時間的同儕節點。請討論：為什麼在選擇樂觀式解除堵塞的同儕節點時，考慮所在位置是很重要的。注意到，樂觀式解除堵塞在找出可能的以牙還牙同儕節點中，扮演著啟動者的角色。

書面練習題

1. 在本章裡介紹過的網際網路應用有使用哪些埠和啟動模式（(x)inetd 或 standalone）？把你的答案列成一張表。

2. 當處理並行式的請求時，在互動式無連接式伺服器和並行式連接導向式伺服器之間有哪些主要的差別？

3. 在圖 6.4 的 nctu 網域裡面有多少個網區（zone）？

4. 總共有多少台根名稱伺服器？請列出它們。

5. 在下列情況下，有哪些 RR 可能會被使用？請用一個範例來解釋每個情況。
   a. 在正向查詢的過程中。
   b. 在反向查詢的過程中。
   c. 在解析網域名稱 B，其乃是網域名稱 A 的一個別名。
   d. 在郵件轉發中。

6. 當送出 e-mail 訊息時，我們可以把收件方的 e-mail 位址放在 Cc: 和 Bcc: 欄位。這兩個欄位之間有何差別？
7. 網頁郵件是以網頁瀏覽器為基礎，而且包含支援 POP3 和 IMAP4。請描述以 POP3 為基礎的網頁郵件和以 IMAP4 為基礎的網頁郵件兩者之間的差別。
8. 垃圾郵件（spam）在網際網路上氾濫傳送，而許多垃圾郵件其實是同樣一份 email 訊息的拷貝，其意圖是強迫原本無意接收的人去接收垃圾郵件。請提出一些策略來對付垃圾郵件。
9. 在 URI、URL 和 URN 之間有什麼關係？請針對每一個方案寫下兩個範例，並且解釋它們的涵義。
10. HTML 和 XML 之間有哪些相似之處和不同之處？
11. 什麼是 HTTP 1.1 的管線式（pipelining）和持久性之連接？它們有哪些好處？
12. 請描述 HTTP 和 HTML 如何重新導引一條 HTTP 連接到一個不同的目的地。
13. 什麼時候一個快取代理伺服器不會快取儲存一個物件？
14. 強快取一致性和弱快取一致性之間有何主要差別？哪一個快取一致性方案適合一個新聞網站？為什麼？
15. 在沒有手動設定你的瀏覽器使用快取代理的情況下，你要如何強迫 HTTP 請求通過一台代理伺服器？
16. 請分別描述替 FTP 設定一條主動連接和一條被動連接的過程（包括所使用的命令和參數）。假設控制連接已經被建立在埠號碼 21 之上。
17. 請解釋圖 6.34 的 FTP 對話之範例裡面的回覆代碼。
18. ASN.1、SMI 和 MIB 之間的關係為何？
19. 在圖 6.39 之中，一台管理站要如何有效地使用 GetNextRequest PDU 來取得 MIB 樹裡的物件？請以圖示說明。（提示：在變數綁定之清單裡的數個物件。）
20. 一位 SNMP 代理（agent）有何應用？一位 SNMP 代理如何以它的引擎和應用來處理一個查詢請求？
21. 比較透過 IP 和透過訊框中繼來傳送聲音有何優缺點。請從它們的表現和網路拓樸／部署之花費來比較。
22. SIP、SDP 和 SAP 之間的關係為何？
23. H.323 和 SIP 之間的差異有哪些？請從它們的組成元件和功能性來解釋。
24. 比較 RTSP 和 HTTP 串流之間有何優缺點。
25. 在串流伺服器和串流客戶端裡面的 QoS 控制如何製作？如果封包的延遲時間／抖動過高的話，客戶端會做些什麼動作？
26. 在串流裡面的視訊訊息和音訊訊息如何同步？

Appendix A

誰是誰

　　許多專業組織和人士對於資料通訊的演進有重大貢獻。然而，要在本附錄中介紹所有相關的組織和人士是不可能的。由於這本書的主題是網際網路結構以及它的開放源碼之實作，我們在此針對網際網路工程任務小組（Internet Engineering Task Force, IETF）和數個開放源碼之社群來做介紹。前者定義網際網路結構，而後者使用開放源碼的方式將其製作出來。其他的標準組織和網路研究之社群在網際網路的演進中也扮演著很重要的角色。那些曾幫忙塑造出今日的網際網路但卻在演化過程中逐漸式微的科技亦是如此。雖然在本附錄中收錄的教材是非技術性的，可是它們提供了從過去到現在網際網路演進過程的完整回顧。理解這個演進的過程和在背後推動這個演進的力量，可以讓讀者領會這些努力的成果，同時也可激勵讀者參與持續進行中的網際網路之演進。

　　不同於許多其他的標準組織，IETF 並沒有一個明確的會員資格，而且它是採用由下往上而非由上往下的運作方式。任何人要參與 IETF 都受到歡迎，而表現活躍的那些人士則領導著工作的進行。不需要任何費用就能參加 IETF。此外，在許多組織裡是先訂好規格然後再去實作；和它們比較起來，IETF 的參與者在制定規格的過程中就同時進行實作。根據 IETF 在網際網路結構方面的主要設計師 David Clark 表示：「我們拒絕國王、總統及投票。我們只相信粗略的共識和實際運行的程式碼。」IETF 制定一個標準的 Request for Comments（RFC）文件的過程看起來或許相當鬆散，可是一旦標準獲得同意，IETF 會提出至少一種（最好是兩種）扎實且是大眾都可以取得的實作。我們可以這麼說，網際網路結構的標準化過程具有開放源碼的精神，而且這種過程之中就確認了所提出的解決方案實際上會運行得很好。

　　雖然開放源碼的運動是開始於 1984 年，也就是在第一個網際網路節點建立的 1969 年的 15 年之後，可是它和網際網路攜手共進，並且互相幫助彼此的發展。網際網路提供指導性之標準，以確保各種開放源碼實作之間有操作互通性，而且它還作為一個協調全世界研究工作的開放平台。開放源碼運動則促進了網際網路的「進展到哪裡就實作到哪裡」的標準化流程，而且它還有助於吸引全球的貢獻者和使用者。如果這些運行程式碼不是開放源碼的話，要把它們散播出去讓全世界的使用者採用，或是要協調分散各地的研究工作來修正程式碼，這兩者都將是很難以達成的事。

除了 IETF 之外，有數個機構和標準組織對於協定之設計與實作也都有貢獻。美國南加大的資訊科學學院就設計並實作出數個重要的協定。美國柏克萊大學的國際電腦科學學院發展出一些重要的演算法和工具。美國卡內基美隆大學的電腦緊急應變小組協調出安全威脅管理。歐洲電信標準協會（European Telecommunications Standard Institute, ETSI）則製作出行動通訊標準。大多數被廣泛使用的鏈結層協定標準，包括乙太網路和 WLAN 等，都是由電機與電子工程師學會（Institute of Electrical and Electronics Engineers, IEEE）所制定。在此同時，許多研究學者則在建立網際網路結構和演算法方面有關鍵的貢獻，而這些貢獻全都應該得到承認。

在我們回顧網際網路領域裡誰是誰的過程中，我們不只要注意那些勝出者，也需要檢視已經式微的組織和技術。它們在過去可能一度蔚為盛行，是某個時代的網路科技之主宰，或曾一度吸引了龐大的投資，但最終卻變成破滅的科技泡沫。這些結果的背後原因可能是技術或市場之緣故。如果有一種較為優秀的技術但需要巨大的開銷費用才能夠取代現有技術或是和其互通運作，則這種技術可能最後會被淘汰而成為歷史的一部分。另一方面，一種較次等但也較簡單的解決方案反而可能存活很久，而且還可能打敗許多設計精密的競爭對手。「IP 遍及每個角落，或是透過 IP 來實現任何事情，以及在任何事情上運用 IP 技術」已經變成了大眾之間的一個共識。同樣地，「乙太網路遍及每個角落」（進入辦公室及家庭裡）也已變成另一個共識。IP 和乙太網路以前看起來在任何方面都不具有優勢，可是它們最終還是勝出，而且會很好地存活下去。

在第 A.1 節，我們首先回顧 IETF 的歷史以及它如何產生 RFC。有超過 6,000 份 RFC 標準的數據被呈現出來。接下來我們在第 A.2 節介紹數個開放源碼之社群，其製作出核心的運行程式碼、超過 10,000 個軟體套件、甚至於 ASIC 硬體設計。它們從頂層（即應用軟體）、到中間層（即核心和驅動程式）、下至底層硬體（即 ASIC 設計）來進行系統開發。只要動一動你的手指，這些開放源碼的資源全都可以輕易獲得。第 A.3 節會對網路研究之社群和其他標準組織來做一個回顧。最後在第 A.4 節，我們將檢視在過去歷史中已經式微的技術，並試著解釋這些技術為何沒有獲得市場的青睞。

A.1　IETF：制定 RFC 標準

我們打算在這裡回答許多問題：網際網路的標準化是如何演進？誰扮演著其中的主要角色？IETF 是如何運作來制定一個 RFC？為什麼有這麼多 RFC？這些 RFC 是如何被分配來定義協定堆疊裡的各個層級？這些問題的答案應該會引領讀

者了解並參與 IETF 的活動。

A.1.1　IETF 的歷史

在 1970 年代末期，由於察覺到網際網路的成長是伴隨著對其感興趣的研究社群的規模一起成長並因此增加對協調機制的需求，DARPA 的網際網路計畫負責人 Vint Cerf 便成立了數個協調機構。在 1983 年，其中的一個機構轉變成網際網路活動委員會（Internet Activities Board, IAB），其轄下有許多個任務小組。網際網路工程任務小組（Internet Engineering Task Force, IETF）在那個時候只是眾多 IAM 任務小組的其中之一。稍後，網際網路在更多實用和工程方面有顯著的成長。這種成長導致 1985 年的 IETF 會議出席率暴增，而當時的 IETF 主席 Phil Gross 被迫以工作小組的形式來創建 IETF 旗下的子團體。

IETF 持續地成長。IETF 把工作小組合併成數個領域，而且指派領域指導者給每一個領域，而所有的領域指導者再組成一個網際網路工程指導小組（Internet Engineering Steering Group, IESG）。IAB 察覺到 IETF 的重要性逐漸增加，因此重新組織標準流程，以便明確地承認 IESG 是主要的標準評鑑機構。IAB 也被重新組織，以便讓剩餘的任務小組（除了 IETF 之外）被合併到一個網際網路研究任務小組（Internet Research Task Force, IRTF）。在 1992 年，IAB 又被重組並且被重新命名為網際網路結構委員會（Internet Architecture Board），而新的 IAB 是在網際網路協會（Internet Society）的主辦贊助之下運作。在新的 IAB 和 IESG 之間定義了一個更類似同儕般的關係，而 IETF 和 IESG 則在標準核准上負起更重的責任。

IETF 工作小組的成員主要是透過電子郵件名單和每年三場的會議來溝通協調。網際網路使用者可以免費參加 IETF，而加入 IETF 只需要加入特定工作小組的電子郵件名單，並透過電子郵件和工作小組內的其他成員通訊。定期的會議是為了讓活躍的工作小組來介紹及討論他們工作的成果。一直到 2010 年 3 月以前，IETF 已經舉辦了 76 場會議。每個會議進行五到七天，而會議地點是由主辦單位所選擇。

A.1.2　RFC 制定過程

IETF 把工作小組分成 8 個領域，每個領域含有 1 或 2 個領域指導者。大部分的 RFC 是在一個特定工作小組內部作業之後才會被發表。圖 A.1 展示 RFC 之制定過程。在發表一份 RFC 的過程中必須要經過數個階段，而每一個階段都會被 IESG 審查。要發表一份 RFC 的首要階段是發表它的網際網路草案（Internet Draft, ID），而這份草案會被放進 IETF 的草案目錄裡供人審查。有時在發表 ID 之後（至少兩個星期），ID 的作者可以發送一封 e-mail 給網際網路協會所資助的一位 RFC

歷史演進：在 IETF 裡誰是誰

過去 40 年來，IETF 已產出超過 6,000 份的 RFC 標準。最有名的貢獻者就是 Jonathan Postel，從 1969 年一直到 1998 年去世這段期間都擔任 RFC 之編輯。他曾參與超過 200 份的 RFC，而其中的大部分都屬於網際網路的基礎協定，例如像 IP 或 TCP 等。排名在 Jonathan Poster 之後的 Keith McCloghrie 是擁有第二高 RFC 出版數量的人。Keith 有 94 份 RFC 著作，其中大部分是關於 SNMP 和 MIB。表 A.1 根據 RFC 出版數量列出排名前八位的貢獻者以及他們的主要貢獻。

表 A.1　RFC 出版數量最多的貢獻者排名

姓名	RFC 數量	主要貢獻
Jonathan B. Postel	202	IP、TCP、UDP、ICMP、FTP
Keith McCloghrie	94	SNMP、MIB、COPS
Marshall T. Rose	67	POP3、SNMP
Yakov Rekhter	62	BGP4、MPLS
Henning Schulzrinne	62	SIP、RTP
Bob Braden	59	FTP、RSVP
Jonathan Rosenberg	52	SIP、STUN
Bernard Aboba	48	RADIUS、EAP

編輯來要求把這份 ID 作成一份資訊性（Informational）或實驗性（Experimental）RFC，而 RFC 編輯將會要求 IESG 審查這份 ID。在它變成一份 RFC 之前，ID 的作者可以修改它的內容。如果 ID 沒有被修改或在六個月內變成一份 RFC，它會從 IETF 的網際網路草案目錄之中被移除，而且相關作者會被告知。在此同時，如果 ID 已被審查而且準備好要變成一份 RFC，則它的作者將會有 48 小時的時間來檢查改正文件內各種可能的錯誤，例如像拼字錯誤或引用錯誤等。一旦它變成一份 RFC，其內容就不能被修改了。

如圖 A.1 所示，每份 RFC 都有一個狀態，包括不明（Unknown）、標準（Standard, STD）、歷史性（Historic）、目前最好的做法（Best Current Practice, BCP）以及一般性（general，包括 Informational 和 Experimental）的 RFC。Unknown 狀態是被指派給在 IETF 早年所發表的大多數 RFC，而在 1989 年 10 月之後就沒有出現過了。STD 狀態表示一份網際網路之標準；BCP 狀態表示一種達成某件事的最好方法；而 general 狀態顯示 RFC 還沒有準備好被標準化，或作者可能根本不打算將其標準化，例如 FAQ、指導方針等都屬於此類。一份 RFC 必須經過

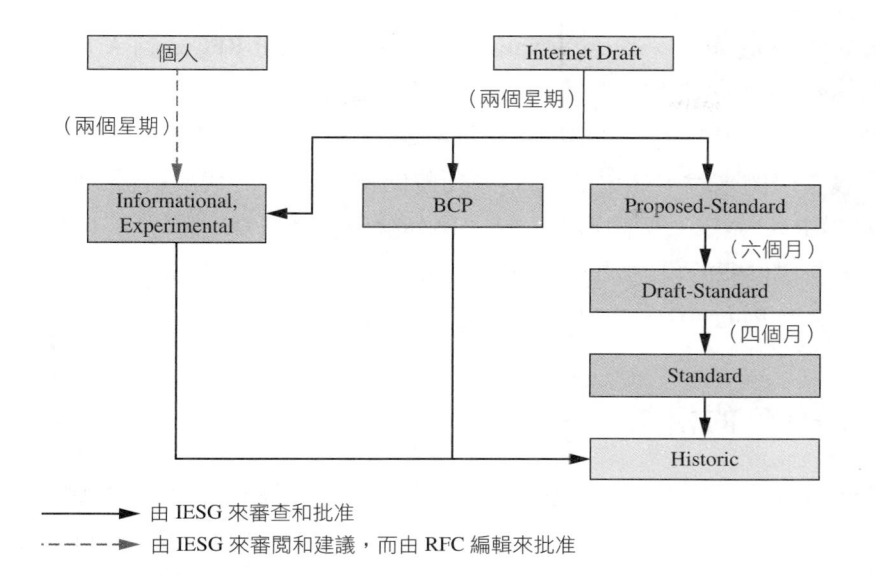

圖 **A.1** RFC 的制定過程

Proposed-STD（提案-STD）、Draft-STD（草案-STD）和 STD 這三個階段才能變成 STD。這些階段在術語上被稱為成熟等級（maturity level），其意味著要成為一份 STD 狀態的 RFC 就應該經過所有這些階段。不同階段的步驟有不一樣的限制。舉例來說，如果一份 RFC 很穩定，已經解決了已知的設計問題，被大眾認為已被充分理解，也已經接受了充分的社群審查，並且表現出享有足夠的和社群相同的興趣而且被認為是有價值的，則這份 RFC 就能夠被授予 Proposed-STD 之狀態。接下來，為了要獲得 Draft-STD 之狀態，一份 Proposed-STD RFC 必須有至少兩種獨立且可互通操作的實作版本，並待在處理佇列中至少長達六個月的時間。要從 Draft-STD 前進到 STD 狀態，RFC 必須有顯著的實作以及成功的運作經驗，而且也必須待在處理佇列中至少長達四個月的時間。如果有一種規格由於更新的規格出現而作廢，或是由於某種原因而被認為已過時，則它的狀態就會被指定成 Historic 狀態。

BCP 的程序很類似於 Proposed-STD 的程序。一開始先把 RFC 交給 IESG 審查；一旦 IESG 的審查通過，BCP 的流程就結束了。Informational 和 Experimental 的程序則不同於 STD 和 BCP 的程序。要被發表成這種非標準狀態的文件可以由 IETF 工作小組來提交給 IESG，或由個人直接交給一位 RFC 編輯。在第一種情況中，IESG 仍負責審查和批准文件，就和它在 STD 程序中的角色一樣。在第二種情況中，RFC 編輯則有最後的決定權，而 IESG 只負責審閱並提供審閱後的意見。RFC 編輯會先把這類的文件發表成為一份網際網路草案（Internet Draft），最多花兩個星期等待社群提供意見，然後以專家的觀點來判斷它是否適合成為一份 Informational 或 Experimental RFC。IESG 審閱文件並建議是否該文件適合成為標準。如果該文件被建議作為標準而且作者也同意，它將會進入 STD 之程序。否則的話，它會被發表成一份 Informational 或 Experimental RFC。圖 A.1 顯示 STD、BCP 和 general 狀態的 RFC 制定過程。

RFC 序列號碼的指派是根據它被批准的順序。然而，某一些序列號碼是有特殊的涵義。舉例來說，如果 RFC 的序列號碼結尾是 99，代表這份 RFC 將對接下來的 99 份 RFC 做出一個簡短的介紹。序列號碼結尾是 00，則表示 IAB 官方的協定標準，其提供關於目前 RFC 標準的簡短之狀態報告。對此議題感興趣的讀者可以進一步參考 RFC 2026: The Internet Standards Process。

A.1.3　RFC 的相關數據

截至 2010 年 11 月為止，已經被指派的 RFC 序列號碼高達 6082 號。在這些號碼中，有 205 個序列號碼未被使用，所以只有 5877 份 RFC。為了理解 RFC 如何被散播出去，我們彙編了這些 RFC 的統計數據。圖 A.2 呈現相關統計數據並顯示出前三名的 RFC 狀態分別為 Informational、Proposed Standard 和 Unknown。不令人意外地，RFC 1796 載明：「並非全部的 RFC 都是 Standard。」發表 Informational RFC 比通過 STD 流程更加容易。要變成一份 Standard RFC 必須先被充分地證明，因此許多 RFC 停留在 Proposed Standard 的層級。最後，Unknown 狀態則排名第三，因為 IETF 一直到 RFC 1310 的時候才發展出成熟等級和審查流程。

表 A.2 顯示四個協定層裡著名協定的 RFC 之統計數量。表中的數據包括用於資料鏈結層的點對點協定（RFC 1661）、用於網路層的網際網路協定（RFC 791）、用於傳輸層的傳輸控制協定（RFC 793），以及用於應用層的 Telnet 協定規格（RFC 854）。事實上，在超過 6000 份的 RFC 中，只有 30% 經常被使用在網際網路裡，而這引發一個問題：為何要有這麼多的 RFC 呢？這有數個原因。首先，當一份 RFC 被產生出來，沒有人可以更改它。因此，許多 RFC 其實早已過時或是被

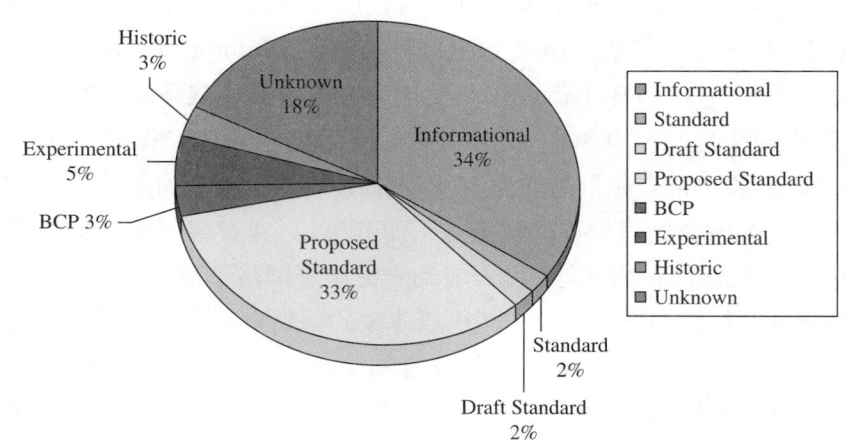

圖 A.2 RFC 狀態的統計數據

表 A.2　共 1561 份 RFC 定義的著名協定

層級	協定	數量	層級	協定	數量
資料鏈結層	ATM	46	傳輸層	TCP	111
	PPP	87		UDP	21
網路層	ARP/RARP	24	應用層	DNS	105
	BOOTP/DHCP	69		FTP/TFTP	51
	ICMP/ICMPv6	16		HTTP/HTML	37
	IP/IPv6	259		MIME	99
	Multicast	95		SMTP	41
	RIP/BGP/OSPF	154		SNMP/MIB	238
				TELNET	108

新的 RFC 所取代。其次，單一一個協定可能被數份 RFC 所定義。一個擁有豐富功能的協定在初版時可能還尚未被完成，因此當需求浮現之時，新的功能或選項會被個別地補充。最後，很多 RFC 定義了一些新技術，但這些新技術可能由於種種困難或出現了更新的選擇之緣故而沒有被部署。

舉 TELNET 協定為例，大約有 108 份的 RFC 是在描述這個協定。在這 108 份 RFC 之中，有 60 份是關於 TELNET 的選項之定義，但只有 8 份 RFC 在描述主要的協定，而剩餘的文件則是協定相關的討論、評論、加密方法或實驗。這些選項當時被定義是由於出現對 TELNET 協定的新需求，而這些選項使得協定的功能更加完善。在這 8 份 RFC 之中，RFC 854 是 TELNET 的最新的定義，而其餘的 7 份則已經過時或被更新。

A.2　開放源碼的社群

如之前所述，每一份 standard RFC 都必須有實作，而且實作應當對大眾公開以證明其實用性。正是這樣的準則助長了開放源碼的發展。事實上，有許多開放源碼的社群是致力於實作這些新的網際網路標準。在介紹這些社群之前，我們想要回答以下數個問題：開放源碼的活動是如何出現又為何會出現呢？如果要發表、使用、修改和散布一份開放源碼軟體套件，有哪些相關規則要遵守呢？在應用、作業系統核心和 ASIC 設計等方面，到目前為止已經有哪些實際運作的開放源碼被製作出來？這裡的簡介會帶領讀者進入開放源碼的遊戲。

A.2.1　遊戲的開始與規則

自由軟體基金會

在 1984 年，Richard Stallman（RMS, www.stallman.org）成立自由軟體基金會（www.fsf.org），這是一個免稅的慈善機構，致力於替 GNU 計畫（www.gnu.org）的工作募款。GNU 是「GNU's Not Unix」的遞迴式縮寫，也是「new」的同音詞。GNU 的目標是發展出和 Unix 相容的軟體並且倡導歸還軟體的自由權。它提出了 copyleft 和 GPL 來保障此自由權。Copylefts 基本上是搭配有 GPL 規章的版權。RMS 自己並非只是扮演著倡導者的角色，同時也是一個主要的開放源碼的貢獻者。他是 GNU C Compiler（GCC）、GNU symbolic debugger（GDB）和 GNU Emacs 等軟體的主要作者。這些軟體套件全都是 GNU/Linux 裡的必要工具。在 Fedora 8.0 發行版裡有 55 種 GNU 套裝軟件，其總共匯集了 1491 種軟體套件。

授權模式

如何處理一套開放源碼軟體的智慧財產權是很有意思但某些時候卻有爭論的議題。選擇出適當的授權模式來發布一套開放源碼軟體供大眾使用是很重要的。一般而言，有三種授權模式的特質需要注意：(1) 它是自由軟體（free software）嗎？(2) 它是 copyleft 嗎？(3) 它具有 GPL 相容性（GPL-compatible）嗎？自由軟體意味著程式可以被自由地修改與再散布。Copyleft 通常意味著放棄了智慧財產權和私人授權。GPL 相容的軟體套件可合法連結 GPL 軟體。然而，還有非常多的其他類型的授權模式。在此我們只描述三種主要的模式：GPL、LGPL 和 BSD。

通用公共授權（General Public License, GPL）是一種自由軟體授權和一種 copyleft 授權。它具有自我延續和傳染的性質，會嚴格地確保其衍生出來的工作也是在同樣的授權模式（即 GPL）下被散布出去。Linux 的核心（這裡指的是作業系統的 kernel）本身就是 GPL。除了衍生工作之外，如果程式被靜態地連結到 Linux 的話，它們也應該是 GPL。然而，如果程式被動態地連結到 Linux 的話，它們就不一定非得是 GPL。Lesser GPL（LGPL）一度被稱作為程式庫 GPL（Library GPL），其允許連結到非自由（non-free；私有的）模組。舉例來說，由於已存在了許多別家的 C 程式庫，如果 GNU C 程式庫被置於 GPL 授權模式下，這可能會趕走私有軟體的研發者並且導致他們使用別的 C 程式庫。因此，在某些情況下，LGPL 有助於自由軟體吸引更多的用戶和程式設計人員。GNU C 程式庫因此是 LGPL。另一方面，Berkeley Software Distribution（BSD）則聲明其程式碼可被自由散播，也允許它的衍生工作被置放在不同的授權條約下，而唯一的要求是充分承認 BSD 貢獻於其中的功勞。Apache、BSD 相關的作業系統以及 Sendmail 的自由版本都是在 BSD 的授權之下。簡而言之，GPL 意味著軟體是一種公共財（你不可以私自擁有它），而 BSD 意味著任何人都可以將其拿走的一份禮物。所有其他的授權模式則是介於這兩種極端模式之間。

A.2.2 開放源碼資源

Linux

一般大眾提起 Linux 都直接說 Linux，而鮮少強調它是 GNU/Linux。事實上，雖然我們看到的幕前魔術師是 Linux 核心，但真正變出把戲的卻是 GNU 軟體套件。在 1991 年，芬蘭赫爾辛基大學的一名研究所學生 Linux Torvalds 寫出了一套真正和 Unix 相容的作業系統，並把它發表在新聞群組 comp.os.minix 的公告欄上面。稍後在 1994 年之後，他把核心的維護工作交給 Allan Cox，但同時仍然持續地監控核心的版本以及有哪些東西被移入和移出核心，並且讓其他人去處理「用戶空間」的相關問題（程式庫、編譯器和任何 Linux 發行套件內的所有種類的實用工具和應用）。如今，GNU/Linux 已經證明它的組合非常成功。此外，另一位倡導者 Eric Raymond（www.tuxedo.org/~esr）在 1998 年稱呼這種在軟體發展上的改變為「開放源碼」（open source）運動。

軟體套件的分類

開放源碼的軟體套件的數量已經超過 10,000 套。這龐大的程式庫可以分成三個主要的類別：(1) 作業環境，其擁有主控台（console）或 GUI 介面，(2) 守護行程（daemons），其提供了各種服務，(3) 供程式設計人員使用的程式設計工具組及程式庫。我們深入這龐大的程式庫並將其摘要成圖 A.3 顯示的數據。舉例來說，總共有 97 個用於 HTTP 的守護行程；Apache 只是它們的其中之一，正好也是其中最受歡迎的一個。

Linux 的發行套件

如果核心是這整棟建築的堅固的地基，而每一套開放源碼軟體是它上面的一塊磚頭，一家供應商的 Linux 發行套件就像這棟擁有地基、各種磚塊和裝潢的建築的外觀。這些供應商會測試、整合這些開放源碼軟體並且把它們放在一起。接下來我們會介紹數個著名的 Linux 發行套件。

Slackware（www.slackware.com）是歷史悠久的一種 Linux 發行套件，而且它散布廣泛卻少有營利性質。Slackware 很穩定，也很容易使用。Debian（www.debian.org）是由將近 1000 名自願者所組成以及維護。許多進階使用者覺得 Debian

Console/GNOME/KDE/X11

[247] Administration	[028] Enlightenment Applets	[032] Multimedia
[019] AfterStep Applets	[023] FTP Clients	[480] Networking
[019] Anti-Spam	[044] File Managers	[048] News
[119] Applications	[052] File Systems	[053] OS
[048] Backup	[051] Financial	[048] Office Applications
[008] Browser Addons	[179] Firewall and Security	[042] Packaging
[023] CAE	[026] Fonts and Utilities	[053] Printing
[034] CD Writing Software	[593] Games	[189] Scientific Applications
[196] Communication	[277] Graphics	[007] Screensavers
[030] Compression	[008] Home Automation	[031] Shells
[009] Core	[103] IRC	[265] Sound
[130] Database	[053] Java	[136] System
[063] Desktop	[074] Log Analyzers	[041] TV and Video
[027] Development	[208] MP3	[011] Terminals
[006] Dialup Networking	[010] Mail Clients	[190] Text Utilities
[055] Documentation	[051] Mini Distributions	[665] Utilities
[108] Drivers	[021] Mirroring	[004] VRML
[088] Editors	[351] Misc	[033] Video
[062] Education	[028] Modeling	[038] Viewers
[165] eMail	[007] Modem Gettys	[684] Web Applications
[008] Embedded	[184] Monitoring	[038] Web Browsers
[088] Emulators	[003] Motif	[121] Window Maker Applets
[068] Encryption		[039] Window Managers

Daemons

[007] Anti-Virus	[050] IRC
[005] Batch Processing	[015] Mailinglist Managers
[030] BBS	[231] Misc
[010] Chat	[027] MUD
[032] Database	[009] Network Directory Service
[026] DNS	[013] NNTP
[015] Filesharing	[023] POP3
[009] Finger	[071] Proxy
[022] FTP	[031] SMTP
[006] Hardware	[005] SNMP
[097] HTTP	[002] Time
[013] Ident	
[013] IMAP	

Development

[010] Bug Tracking	[100] Perl Modules
[068] Compilers	[008] PHP Classes
[014] CORBA	[001] Pike Modules
[073] Database	[057] Python Modules
[038] Debugging	[031] Revision Control
[084] Environments	[019] Tcl Extensions
[028] Game SDK	[017] Test Suites
[048] Interfaces	[558] Tools
[173] Java Packages	[178] Web
[028] Kernel	[055] Widget Sets
[001] Kernel Patches	
[121] Languages	
[485] Libraries	

圖 A.3　開放源碼套件的分類

發行套件使用起來較有彈性也較有樂趣。Red Hat Linux（www.redhat.com）是由一家 S&P 500 公司 Red Hat, Inc. 所發行，而它開始把軟體和 Red Hat Packaging Manager（RPM）包裝在一起，以便提供比基本的「.tar.gz」更為簡單的安裝、解除安裝和更新。RPM 隱藏了軟體依賴性（software dependency），讓使用者省去很多麻煩。Red Hat, Inc. 把 Red Hat Linux 作為它們的商品 Red Hat Enterprise Linux（RHEL）一直到 2004 年為止，而之後大概由於版權和專利問題之緣故，它便停止維護 Red Hat Linux。目前，RHEL 是從 Red Hat 贊助的一個社群支援的發行套件 Fedora 中所分出來的版本。CentOS（Community ENTerprise Operating System, www.centos.org）是另一個社群支援的發行套件。它的目的是提供一個免費的企業等級的計算平台但同時又保持有與 RHEL 之間 100% 的二進制相容性（binary compatible）。就像 RHEL 和 Fedora 之間的關係一樣，SuSE Linux（www.novell.com/linux/）和 openSUSE（www.opensuse.org）分別是 Novell 所贊助的企業產品和社群支援的發行套件。SuSE 是以良好的文件檔案之支援和充沛的軟體套件之資源而著名。Mandriva Linux（http://www.mandriva.com/），也就是之前的 Mandrake Linux，一開始僅單純地把 Red Hat 發行套件和 KDE（K Desktop Environment）以及許多其他獨特而功能豐富的工具都打包在一起。這種組合結果大受歡迎，於是一家叫做 Mandriva 的公司便在那時成立。Ubuntu（http://www.ubuntu.com）其名稱來自於班圖語言「以人道對待他人」的意思。它是以 Debian 為基礎的一種發行套件，並且使用 GNOME（the GNU Network Object Model Environment）作為它的圖形桌面環境。它著名之處是安裝簡單以及容易使用的介面。自 2006 年起，報導指出 Ubuntu 是最為普及的發行套件。

A.2.3　開放源碼的網站

Freshmeat.net 與 SourceForge.net 網站

Freshmeat.net 網站的設立是為了要提供一個平台，讓 Linux 使用者能夠找到並且下載在開放源碼授權模式下所發布的軟體套件。就每一套軟體套件而言，除了簡介、網站首頁的 URL、發布之重點、最近的更改以及其依賴的程式庫之外，Freshmeat.net 網站裡還有三個有趣的指標，分別是評價（rating）、活力（vitality）和人氣（popularity）。一種使用者的投票機制提供了評價之數據，而其他兩種指標的計算則根據計畫的年紀、公告的數量、最後一次公告的日期、訂閱的數量、URL 點擊次數和檔案點擊次數。除了軟體套件，Freshmeat.net 包含許多原創的介紹軟體和程式設計的文章。

Freshmeat.net 是由 Geeknet, Inc. 這家公司來支援和維護。根據在它網站上給出的數據，Freshmeat.net 推動了超過 40,000 個計畫。該數據也報告了分別根據人氣和活力的排名所得出的前十名。舉例來說，在這兩方面的前十名之名單裡，最有名的兩個計畫分別是 GCC 和 MySQL，其中的 GCC 是之前提到的著名的 GNU 編譯器，而 MySQL 是網際網路裡最受歡迎的開放源碼資料庫的其中之一。

不同於 Freshmeat.net 提供資訊讓使用者來查詢、比較以及下載軟體套件，另一個名為 SourceForge.net 的網站則提供一個免費的平台讓軟體套件開發人員來管理計畫、問題、溝通以及程式碼。它主辦了超過 230,000 個計畫！在 SourceForge.

net 裡最活躍的計畫是 Notepad++，而下載次數最多的則是 eMule。前者是一種在 Windows 裡使用的文字編輯器，而後者是一種 P2P 檔案分享程式。

OpenCores.org

不僅軟體套件可以是開放源碼，硬體設計也可以。OpenCores.org 這個社群集合了對研發硬體感興趣並願意和別人分享其設計的一群人，就如同開放源碼軟體一樣。這裡唯一的差別是，程式碼是用 Verilog 和 VHDL 之類的硬體描述語言所撰寫。這個社群和它的入口網站是 Damjan Lampret 在 1999 年成立。截至 2009 年 12 月為止，在它的網站上已主辦了 701 個計畫，而且每個月有 500,000 次的網頁點擊次數。這些計畫被分類成 15 個類別，例如算術核心（這裡指的是硬體的核心 core）、通訊核心、密碼核心和 DSP 核心。

如同 Freshmeat.net，OpenCores.org 也替每個計畫維持數個令人感興趣的指標，例如人氣、下載次數、活動和評價等。舉例來說，人氣排名前六名的是 OpenRISC 1000、Ethernet MAC 10/100Mbps、ZPU、I2C 核心、VGA/LCD 控制器和 Plasma。

A.2.4 大事件及相關人士

表 A.3 列出了開放源碼運動裡的主要事件。有很多貢獻者挪出他們的時間來開發開放源碼的軟體。在此我們只提到一些比較有名的人士，但是那些比較少受到大眾關注的人士也應該獲得讚揚。

A.3 研究和其他標準的社群團體

除了 IETF 和開放源碼社群，還有數個重要的研究機構和標準組織也對網際網路的演進有很多的貢獻。我們在此一一介紹。

ISI：南加大資訊科學學院

ISI（Information Sciences Institute）是一所先進電腦和通訊技術的研究與開發中心，其成立於 1972 年。ISI 目前有 8 個部門，並僱用超過 300 名研究人員和工程師。它的電腦網路部門是網際網路前身 ARPANET 的其中一個誕生地。該部門也參與了許多我們每天都會使用到的網際網路協定和軟體的研發，比方說 TCP/IP、DNS、SMTP 和 Kerberos。

ICSI：柏克萊國際電腦科學學院

ICSI（International Computer Science Institute）是一所獨立且非營利性機構，

表 A.3 開放源碼的大事紀年表

年份	事件
1969 年	網際網路以 ARPAnet 系統的形式開始出現。Unix 系統問世。
1979 年	Berkeley Software Distribution（BSD）問世。
1983 年	Eric Allman 編寫的 Sendmail 問世。
1984 年	Richard Stallman 開始了 GNU 計畫。
1986 年	Berkeley Internet Name Domain（BIND）問世。
1987 年	Elaine Ashton 編寫的 Perl 問世。
1991 年	Linus Thorvald 寫出 Linux 作業系統。
1994 年	Allan Cox 接手 Linux 核心的維護工作。Rasmus Lerdorf 的 PHP 問世。
1995 年 2 月	有 8 名小組成員的 Apache HTTP 伺服器計畫正式開始。
1998 年 3 月	Navigator 變成開放源碼。
1998 年 8 月	微軟總裁 Steve Ballmer 表示：「當然，我們很擔心。」
1999 年 3 月	麥金塔在 APS 授權模式下發布了 Darwin（MacOSX 的核心）。
2000 年 7 月	Apache 網頁伺服器的數量超過 1,100 萬台（佔整個市場的 62.8%）。
2000 年 10 月	Sun Microsystems 公開 StarOffice 的程式碼。
2003 年 10 月	英國政府宣布和 IBM 達成在開放源碼上的一筆交易。
2004 年 10 月	IBM 提供 500 種專利給開放源碼的開發人員。
2005 年 1 月	Sun Microsystems 開放 Solaris 作業系統。
2007 年 5 月	微軟宣稱 Linux 侵犯它的專利。
2007 年 11 月	Google 發布一套叫做 Android 的開放式行動裝置平台。
2008 年 9 月	微軟 CEO 承認 40% 的網頁伺服器運行 Windows，但是 60% 則運行 Linux。
2009 年 7 月	Google 推出它的開放源碼作業系統 Google Chrome OS。

其專門從事於電腦科學研究。它成立於 1988 年，包括四個主要的研究團體：網際網路研究、電腦科學理論、人工智慧、自然語言處理。網際網路研究團體裡的科學家參與了許多著名且被廣泛部署的網路演算法及工具，例如 RED、TCP SACK、TFRC 和網路模擬器 2。該團體也提出一系列對目前網際網路流量和安全的測量及觀察，而這對於新的網際網際網路協定和演算法的設計及測試有很大的幫助。

CERT：卡內基美隆大學電腦緊急應變小組

CERT（Computer Emergency Response Team）協調中心成立於軟體工程學院，正值 1998 年 Morris 蠕蟲造成 10% 的網際網路系統當機之時。該中心的主要工作包括軟體保證、安全系統、組織安全、協作之反應，以及教育／訓練。此外，CERT 是全球資訊網（World-Wide Web）的誕生地。

ETSI：歐洲電信標準協會

ETSI（European Telecommunications Standards Institute）在 1988 年創立。它是歐洲電信產業的一個標準組織。它產生的標準包含固定的、行動的、無線電波的和網際網路的科技。ETSI 推動成功的最重要標準是 GSM（Global System for Mobile Communications，全球行動通訊系統）。

IEEE：電機與電子工程師學會

IEEE（Institute of Electrical and Electronics Engineers）是電子工程、電腦科學和電機領域裡最大的專業協會，它在超過 150 個國家裡擁有超過 365,000 名會員（截至 2008 年為止）。該協會出版了大約 130 份期刊或雜誌，每年主辦超過 400 場研討會，並且出版許多教科書。此外，它還是通訊領域中最重要的國際標準開發者之一。許多 PHY 和 MAC 協定在 IEEE 802 標準系列被標準化，其中包括 802.3（乙太網路）、802.11（無線區域網路）和 802.16（WiMAX）。這些標準的內容在第 3 章中介紹。

ISO：國際標準化組織

ISO 作為全球最大的國際標準開發者和出版者，它涉及了幾乎所有的領域，例如科技、商業、政府和社會。許多著名的電信系統是由 ISO 所標準化的。舉例來說，電話網路便是根據 ISO 的公共交換電話網路（Public Switched Telephone Networks, PSTN）標準。事實上，ISO 也做出許多資料網路的標準，雖然並非所有的這些標準都被用於目前的網際網路裡，比方說 OSI 的 7 層網路結構。

個別人士的貢獻

最後，我們要致敬的對象是一些個別人士，他們對於網際網路基本架構的建立貢獻良多。J.C.R. Licklider 和 Lawrence Roberts 在 1960 年代領導 ARPA 計畫，最後創建了 ARPANET。Paul Baran、Donald Davies 和 Leonard Kleinrock 被譽為「網際網路之父」，因為他們在 1696 年建立最初的封包交換 ARPANET。Bob Kahn 和 Vint Cerf 在 1970 年代開發出 TCP 和 IP。Robert M. Metcalfe 和 David R. Boggs 在 1973 年共同發明了第一代乙太網路技術。隨後 Jon Postel 寫出許多 TCP/IP、DNS、SMTP、FTP 等 RFC。David D. Clark 在 1980 年代則是網際網路結構開發的總協定設計師。Van Jacobson 在 1980 年代末貢獻了 TCP 壅塞控制。Sally Floyd 在 1990 年代開發出 RED 和 CBQ，並且改善了 TCP。Tim Berners-Lee 於 1989 年發明了全球資訊網，其導致了網際網路在 1990 年代的爆發性成長。

A.4 歷史

本節扼要地介紹在網際網路中曾短暫存在或已經失敗的技術,以及它們失敗的原因。圖 A.4 顯示出這些技術的紀年表。白色方塊代表該技術被研究了數年但卻未被實際部署或未被市場接受,而灰色方塊代表該技術曾經被實際部署,但被新的技術所取代或是沒有辦法取代現有的技術。接下來會對它們的歷史做一個簡介。

結構之標準:OSI

7 層的開放式系統互連(Open System Interconnection, OSI)結構是在 1980 年由 Zimmerman 提出,而在 1994 年被國際標準組織(ISO)採用。它的目標是取代在 1981 年訂定出來的 4 層 TCP/IP 堆疊。OSI 擁有額外的展現層(presentation)和對話層(session layer)這兩層,所以它的結構被認為比 TCP/IP 的結構更加完整。但為什麼 OSI 卻失敗了呢?主要有兩個原因。其一是 TCP/IP 已經普遍運作在大多數電腦運行的 UNIX 作業系統上。也就是說,TCP/IP 有一個很強的傳播媒介讓它能滲透全世界。其二是只要所有種類的應用都可以在 TCP/IP 上順暢地運行,其實沒有 OSI 宣稱的完整性之優點也不太要緊。這個結果證明了在網際網路上並不存在著絕對的權威,即使是由國際標準組織所批准和支援的技術也可能失敗。OSI 只是許多例子的其中之一而已。

整合服務:ISDN、搭配 ATM 的 B-ISDN

電信產業長期致力於攜帶語音和資料在同一個網路上。回到 1980 年代中期,電信產業只有提供語音服務的 POTS,當時它的連接導向式(connection-oriented)的 X.25 僅針對金融應用和企業網路提供有限的資料服務。X.25 是個成功的服務,而稍後隨著資料服務逐步演進成網際網路,X.25 逐漸被 1990 年代的訊框中繼以及 2000 年代在數位用戶線路上傳送 IP(IP over DSL)所取代。但此時的資料服

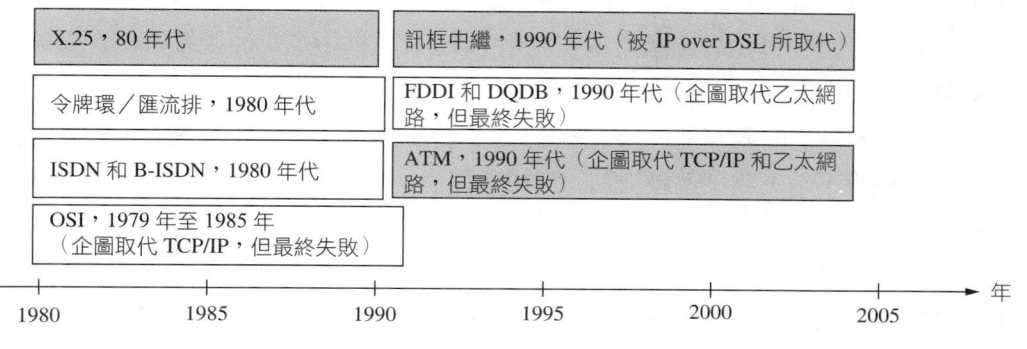

圖 A.4 一些曾短暫存在過的或已經失敗的技術的紀年表

務仍保持和語音服務分離的狀態，一直持續到 1980 年代末期出現了整合服務數位網路（Integrated Services Digital Network, ISDN），它也成為嘗試結合這兩種大眾服務的首例。ISDN 整合了用來存取資料和語音服務的使用者介面，可是仍然有兩個分離獨立的骨幹網路，其中一個是用來攜帶語音的電路交換網路；而另一個是用來攜帶資料的封包交換且連接導向式的網路。ISDN 在 1980 年代末期到 1990 年代中期的這一段短暫且成功的時期，一度是許多國家的服務供應商使用的媒介。

為了擺脫 ISDN 的諸多限制（例如固定的使用者介面、狹窄的頻寬和分離的骨幹網路），寬頻 -ISDN（broadband-ISDN, B-ISDN）在 1990 年代早期被提議給 ITU，以便提供有彈性的介面、寬頻服務和一個統一的骨幹網路。該骨幹網路依賴著信元交換（cell-switched）的非同步傳輸模式（Asynchronous Transfer Mode, ATM）技術，其中的信元是一種固定大小、53 位元組長的封包，以便讓硬體性的交換變得更容易。和 OSI 的命運一樣，雖然 ATM 是一個完整且精密的技術，可是它必須要能和已經主宰公共資料網路的 TCP/IP 技術一起共存。這種共存實行起來很困難，因為連接導向式信元交換的 ATM 技術和非連接式封包交換的 IP 技術兩者的性質互相衝突，所以只能透過網路互連（ATM-IP-ATM, IP-ATM-IP internetworking）或混合堆疊（IP-over-ATM hybrid stacking）的方法。在經過數十億美元的投資和許多辛苦的研究工作之後，這個技術最後在 1990 年代末期被放棄了，而 B-ISDN 自始至終從未有商業上的部署與使用。TCP/IP 贏得了第二場主要的戰役，並且繼續擴充它的服務範圍，從資料一直到語音和視訊。

WAN 之服務：X.25 和訊框中繼

如果 TCP/IP 是由資料通訊的陣營所提出的資料服務之解決方案，則 X.25 就是由電信通訊陣營所提出的第一套資料服務之解決方案。X.25 的協定有 3 層而且是連接導向式。可是由於其協定處理有高度耗損的緣故，X.25 的速度很慢。因此，它被重新設計而把協定堆疊給壓縮成兩層的訊框中繼（Frame Relay），而新的訊框中繼仍然維持連接導向式。轉變到訊框中繼是進化的一步，但卻鮮少有人注意到這一點。直到今日，仍然有金融系統在使用 X.25 或訊框中繼，而大多數的企業顧客已經轉換去使用 IP over DSL。

一個很有意思的觀察是，幾乎所有來自電信通訊陣營的資料服務都是連接導向式；而且最後不是失敗，就是被別的科技所取代。類似的故事也可能在無線資料服務的領域上演，包括擁有電路交換語音服務和封包交換，但連接導向式之資料服務的 GSM/GPRS 和 3G。另一方面，由資料通訊陣營方面和某些電信通訊業者所推動的 WiMAX 並未明確地區隔資料和語音，而且它的角色定位成一種用來攜帶 IP 層和 IP 層以上資料的純粹的第二層之技術。如果歷史會重演，最後的結果應該顯而易見。

LAN 技術：Token Ring、Token Bus、FDDI、DQDB 和 AT

和 IP 類似，乙太網路自 1980 年代早期起就已經是長期的贏家。它獲勝的主要原因是它保持簡單，而且經歷許多世代都還持續地進化。它在 1980 年代的首要競爭對手是 Token Ring（令牌環）和 Token Bus（令牌匯流排），而由於令牌傳遞的往返時間之性質，接附在環或匯流排上的工作站其傳輸延遲時間會有一定上限。可是這個優點沒有幫助它們贏得市佔率，主要是由於在介面卡和集中器的高度硬體複雜度的緣故。理論上，乙太網路不受限制的延遲時間並未損害乙太網路的市佔率，因為在實際運作時的延遲時間是可以被使用者接受的。接著乙太網路在 1990 年到的競爭對手則是 Fiber Distributed Data Interface（FDDI，光纖分散式資料介面）和 Distributed Queue Dual Bus（DQDB，分散式佇列雙匯流排）；和當時 10 Mbps 的乙太網路比較之下，FDDI 和 DQDB 可運作於 100 Mbps 速度且能提供 QoS（也就是能保證延遲時間有一定上限）。FDDI 加強了類似 Token Ring 的令牌傳遞協定，而 DQDB 則運行一種「請求上游的迷你時槽以便用於下游的資料時槽」的精密機制。乙太網路的回應則是進化成 10/100 Mbps 的版本，並且再一次靠著硬體簡單的這個優點而成功地保護它的市場優勢。

乙太網路在 1990 年代中期的競爭者則是 ATM，其是源自於 B-ISDN 的技術。在 1990 年代，ATM 的目標是涵蓋從最後一哩之介面，一直到 WAN、骨幹網路以及 LAN 等範圍。ATM LAN 提供令人印象深刻的每秒 gigabit 的處理速度，以及從 LAN 到 WAN 的全方位整合。它在市場上失敗的原因是：它的 B-ISDN 保護傘已經被市場拋棄，而乙太網路又已進化成 10/100/1000 Mbps 的版本。第 3 章對於乙太網路演進有完整介紹。

進階閱讀

IETF

幾乎所有 IETF 相關的文件都可以在網際網路上獲得。因為沒有專門討論 IETF 或 RFC 的書籍，因此讀者可以從 IETF 的官方網站 www.ietf.org 開始閱讀。

開放源碼的開發

第一項是第一個開放源碼計畫。接下來的兩項是一篇關於開放源碼的著名文章以及其衍生的一本書。第四項是關於開放源碼的開發過程的總覽。

- R. Stallman, The GNU project, http://www.gnu.org
- E. S. Raymond, "The Cathedral and the Bazaar," May 1997, http://www.tuxedo.org/~esr/writings/cathedral-bazaar/cathedral-bazaar
- E. S. Raymond, *The Cathedral and the Bazaar: Musings on Linux and Open Source by an Accidental Revolutionary*, O'Reilly & Associates, Jan. 2001.
- M. W. Wu and Y. D. Lin, "Open Source Software Development: An Overview," *IEEE Computer*, June 2001.

Appendix B

Linux 系統核心之總覽

在教授協定設計並穿插它們的 Linux 開放源碼之實作的時候，會浮現一個問題。學生可能不熟悉供使用者、管理者和開發者操作的 Linux 環境；他們在追蹤複雜的程式碼也沒有足夠的經驗。關於使用者和管理者的 Linux 環境，可以取得非常多容易閱讀的參考資料。對於開發者而言，有數份很好的參考資料，但對於選修電腦網路課程的學生則嫌太厚、不能快速閱讀。追蹤複雜的開放源碼看起來是另一道要跨越的門檻。因此，本書的附錄讓學生有更多機會接觸 Linux 開發環境和源碼。在這篇附錄裡提供了 Linux 源碼，而附錄 C 和附錄 D 中則分別會介紹 Linux 提供的開發和實用工具。

這篇附錄提供一篇關於追蹤 Linux 核心的簡單教學概要。同樣的做法可以被用在追蹤 Linux 的應用程式。我們首先介紹 Linux 源碼樹（Linux source tree），並且著重於作為本書主題的網路這一方面，而接下來介紹一些用來追蹤 Linux 源碼的實用工具。第 B.1 節介紹在預設目錄 /usr/src/linux 下面的核心源碼樹，其中會把 20 個目錄分類成 7 個類別，描述這些類別涵蓋的範圍，並列出它們重要的模組範例。

第 B.2 節把在第 3、4、5 章中提到的開放源碼之實作整理了一張摘要表。這可導引讀者專注在網路方面的源碼，並且縮小讀者需要追蹤的程式函數之範圍。注意到在第 6 章的開放源碼之實作是用戶空間的，而非 Linux 核心內的程式。

對於追蹤複雜的源碼而言，有效率的工具是不可或缺的。第 B.3 節會介紹數種很受歡迎的追蹤工具，並且實際演練如何使用 LXR（Linux Cross Reference）工具來追蹤一個開放源碼實作的範例，而這個範例是在第 4 章講解的 IP 重組（IP reassembly）。讀者可以把同樣的方法運用在本書中涵蓋的所有開放源碼之實作。

發行套件和版本

我們簡短地敘述一下 Linux 的歷史。Linux 是 Linus Torvalds 在 1991 年所撰寫，他當時是芬蘭赫爾辛基大學的一名研究生。Linux 是在 PC 的 Minix 作

611

業系統以及一台 80386 處理器上完成開發。然而,該核心本身在沒有 shell、編譯器、函式庫、文字編輯器等系統軟體的情況下是無法獨自運作的。因此,在 1992 年 12 月,Linux 版本 0.99 的發行是使用 GNU 通用公共授權。Torvalds 在 1994 之後把 Linux 核心的維護工作移交給 Allan Cox。

Linux 有許多種類的發行套件,例如 Red Hat、SuSE、Debian、Fedora、CentOS 和 Ubuntu。然而,不論你安裝的是哪一種發行套件,它們使用的 Linux 核心都相同。它們之間的差別是在於附加元件。你可以選擇一種擁有圖形安裝器、容易操作的伺服器設定工具、高安全性以及良好線上支援的發行套件。

Linux 核心有許多個版本。每一個版本是以 $x.y.z$ 來表示,其中的 x 是主要版本號碼,y 是次要版本號碼,而 z 是發行號碼。在版本 2.6.8 之後,第四個號碼可能被加入,以便指出一個細微版本號碼。有一個慣例是 Linux 核心使用奇數的次要版本號碼來表示開發版(development release),並且用偶數的次要版本號碼來表示穩定版(stable release)。截至 2009 年 6 月為止,最新的版本是 v2.6.30。

B.1 核心程式碼的樹狀結構

Linux 版本 v2.6.30 的源碼是由以下 20 個第一層目錄所組成:Documentation、arch、block、crypto、drivers、firmware、fs、include、init、ipc、kernel、lib、mm、net、samples、scripts、security、sound、usr、virt。每個目錄都含有特殊用途的檔案。舉例來說,Document/ 目錄下的檔案,其目的是闡明 Linux 核心的設計概念或實作細節。由於 Linux 高度演進的性質,一個目錄的名稱和位置可能被改變,比方說,在版本 v.2.6.27 之後韌體影像檔案是從 drivers/ 被萃取到 firmware/ 目錄。或是因為新的架構而建立新目錄,比方說,音效架構和它的第一層目錄 sound/ 是在版本 v.2.5.55 中被提出;或者被新功能所驅動,比方說,支援虛擬平台的結果在版本 v.2.6.25 中產生了 virt/ 目錄。

從一個高層級的觀點來看,我們仍然可以把這些目錄分類成表 B.1 的 7 種類別:創建、特定架構、作業系統核心的中心、檔案系統、網路、驅動程式和小幫手。本節剩餘的內容將介紹每個類別,以幫助讀者建立對 Linux 核心的總覽知識。

- 創建(Creation)

  在這個目錄下的檔案可幫助核心和核心相關系統的形成。有兩個目錄屬於這個類別:scripts/ 和 usr/ 目錄。scripts/ 目錄含有用來建立核心的命令列腳本程式和 C 源碼。舉例來說,當你在核心程式碼的頂層目錄之下鍵入「make menuconfig」,它其實會去執行在 scripts/kconfig/Makefile 裡定義的

表 B.1　Linux 核心程式碼的摘要

類別	目錄	描述
創建	`usr/`、`scripts/`	幫助核心的形成。
特定架構	`arch/`、`virt/`	特定架構的程式碼與標頭檔案。
作業系統核心的中心	`init/`、`kernel/`、`include/`、`lib/`、`block/`、`ipc/`、`mm/`、`security/`、`crypto/`	用於作業系統核心內的中心部分的函式和框架。
檔案系統	`fs/`	檔案系統相關的源碼。
網路	`net/`	網路相關的源碼。
驅動程式	`drivers/`、`sound/`、`firmware/`	裝置驅動程式。
小幫手	`Documentation/`、`samples/`	幫助你了解核心開發的文件和範例程式碼。

常式。接下來，在 `usr/` 目錄下的源碼可以被用來建立一個 cpio-archieved [1] 的初始的 ram 硬碟（ramdisk），其名為 `initrd`，而這個 ram 硬碟在載入真正的檔案系統之前的開機階段就可以被核心掛載（mount）[2]。

- **特定架構**（Architecture-specific）

  獨立而不依賴特定平台的程式碼是被放置在 `arch/` 目錄之下。為了減少移植所需之努力，Linux 核心之設計把低層的特定架構之函數，例如記憶體拷貝（memcpy），從一般常式中分離出來。在早期的版本之中，特定架構的標頭檔案（如 `*.h` 檔案）是位處於 `include/asm-<arch>` 的子目錄之下。自從版本 v2.6.23 發布以來，那些檔案逐漸被搬移到 `arch/` 目錄下面。舉例來說，特定用於 x86 PC 架構的程式碼是位於 `arch/x86` 目錄下面。目前所有特定架構的標頭檔案已被放置在 `arch/` 目錄下面。

  Linux 也計畫要支援以核心為基礎、硬體輔助的虛擬化。相關程式碼位於 `virt/` 目錄之下。目前只有一個利用 Intel VT-x 延伸版的模組可以被取得。

- **作業系統核心的中心**（Kernel core）

  此類別中包含的程式碼提供作業系統核心的核心函式。它包括核心啟動子程式和管理常式。具體而言，`init/main.c` 調用許多初始化之函數，產生出 ram 硬

---

[1] 在 Linux 2.6 之前，initrd 是從一個檔案系統的影像所產生；也就是把一個檔案系統的規劃用一個位元組接著一個位元組的方式來存放。因此，你需要管理者的權限，而這個條件對於程式開發者來說可能很不方便。Linux 2.6 新增一個新的 initrd 格式，其可以直接利用使用者空間的一個壓縮檔案集 cpio 來產生 initrd，因此全部的使用者能夠執行核心編譯而不用去麻煩管理者。

[2] 如果核心無法辨認出真正的檔案系統（比方說，它被儲存在一個加密的硬碟上），則核心需要 initrd 來才能帶出真正的檔案系統。

碟,執行使用者空間的系統初始化程式,然後開始排班。上述關於初始化、排班、同步和行程管理函式的實作是位於 `kernel/` 目錄的下面,記憶體管理常式是位於 `mm/` 目錄之下,而行程間通訊(inter-process communication, IPC)函式,例如共用記憶體管理,則位於 `ipc/` 目錄之下。

此外,此類別也涵蓋在 `lib/` 目錄之下實作的核心空間之共用函式,例如字串比較函式(`strcmp`)。密碼相關的應用程式介面(application programming interface, API)是獨立位於第一層目錄 `crypto/` 之下。它們的標頭檔案(如 `*.h` 檔案)以及所有核心模組所共用的其他常見的標頭檔案,例如 TCP 標頭等,都位於 `include/` 目錄之下。

最後,Linux 所定義的通用框架也屬於此一類別。它包括位於 `block/` 目錄下的區塊裝置介面(block-device interface),而安全框架和它的實作,即安全加強之 Linux(Security Enhanced Linux, SELinux)則被放在 `security/` 目錄之下。雖然音效架構(sound architecture),亦被稱為進階 Linux 音效架構(Advanced Linux Sound Architecture, ALSA),也是 Linux 的一個常見的架構,但是我們要把它們歸類在驅動程式的類別裡。這是因為在 `sound/` 目錄之下,大多數檔案實際上是裝置驅動程式。

- 檔案系統(File system)

Linux 支援數十種檔案系統,而這些檔案系統的實作是位於 `fs/` 目錄之下。所有檔案系統的中心被稱為虛擬檔案系統(virtual file system, VFS)。VFS 是一個抽象層,其負責提供檔案系統介面給使用者空間。簡而言之,一個遵守 VFS 的新的檔案系統,當要把自己註冊到作業系統或解除這種註冊關係時,它會分別調用 `register_filesystem()` 和 `unregister_filesystem()`。

在那些檔案系統之中,目前最常見的可能是第三代延伸檔案系統(the third extended file system, ext3)。ext3 的源碼和它的下一代 ext4 分別位於 `fs/ext3` 和 `fs/ext4` 子目錄下面。同樣地,著名的網路檔案系統(Network File System, NFS)的源碼是在 `fs/nfs` 子目錄的下面。

- 網路(Networking)

位處於 `net/` 目錄之下的網路架構和協定堆疊之實作,可能是核心開發中最活躍的部分。舉例來說,自從版本 v.2.6.29 的發布,Linux 開始支援 WiMAX,而它的源碼是在 `net/wimax/` 子目錄的下面。第 B.2 節將詳細敘述 `net/` 目錄。

- 驅動程式(Drivers)

本類別聚集了位於三個第一層目錄 `drivers/`、`sound/` 和 `firmware/` 裡驅動程式的核心源碼。除了音效卡驅動程式以外,所有種類的驅動程式都被放在 `drivers/` 目錄下面。由於有一個之前提到過的統一的音效架構 ALSA,音效卡驅動程式因此被搬移到第一層目錄 `sound/` 之下。`firmware/` 目錄含有從裝置驅動程式中所萃取出來的韌體映像（firmware image）檔案。那些韌體映像的授權資訊是被記錄在 `firmware/WHENCE` [3] 之下。

- 小幫手（Helper）

　　有非常豐富的文件檔案被放在 `Documentation/` 目錄下的核心程式碼內，以便幫助剛接觸核心的新手變成專家。`HOWTO` 檔案可能是你應該閱讀的第一份檔案。它會教導你如何變成一位 Linux 核心的開發人員。`kernel-docs.txt` 檔案列出數百份說明開發的線上文件，其範圍從核心到驅動程式。如果你正計畫要參與核心的開發，`CodingStyle`、`SubmittingDrivers`、`SubmittingPatches` 以及 `development-process/` 子目錄下面的檔案是很值得閱讀的。在這個目錄下面，你也能夠找到一個驅動程式或子系統的設計文件。也就是說，檔案系統相關的文件是在 `filesystems/` 子目錄之下。最後，如果要了解 `Documentation/` 目錄的內容，`00-INDEX` 應該是你的首選。

　　自從版本 v2.6.24 發布的開始，第一層目錄 `samples/` 被建立出來。就如同它的名稱所指，樣本程式碼被放置在此目錄之下。舉例來說，你可以藉由參考 Kconfig 檔案來學習如何加入你的「`make menuconfig`」介面的客製化選項。目前僅有數個範例被放在此目錄下面，但我們相信在未來發布的新版本中，範例的數量應該會增加。

　　最後，我們在圖 B.1 概要地描繪核心程式碼的樹狀結構（核心源碼樹）中

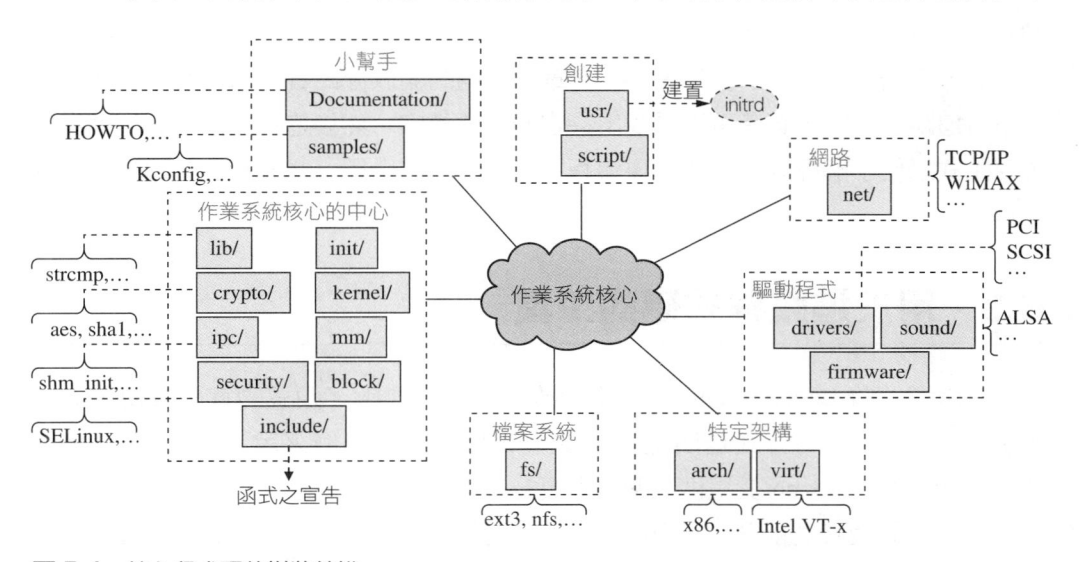

圖 B.1 核心程式碼的樹狀結構

---

[3] 韌體是機器語言或二進位設定，其目的為優化硬體的功能。它可以被儲存成映像檔案（即韌體映像檔案），而且和驅動程式一起被編譯，或是在運行時被載入。然而，它是由供應商所提供，因此需要供應商的授權才能使用韌體。

20 個第一層的目錄、它的 7 種類別，以及前面的一些例子。

B.2 網路的核心程式碼

在這些目錄之中，`include/`、`net/` 和 `drivers/` 這三個目錄和本書中談論的協定最有關聯。`include/` 目錄含有宣告檔（`*.h`）。核心和網路相關的宣告分別被定義在 `include/linux` 目錄和 `include/net` 目錄下面。舉例來說，IP 標頭 `struct iphdr` 是被宣告在 `include/linux/ip.h`，而 IP 相關的旗標、常數和函式則被宣告在 `include/net/ip.h`。

另一方面。`net/` 目錄擁有最多網路相關的程式碼。更具體而言，常見的主要函式被定義在 `net/core` 目錄下面的 `.c` 檔案中，例如 `dev.c`、`skbuff.c`。插槽介面的實作是在 `net/socket.c`；TCP/IPv4 協定的程式碼是位於 `net/ipv4` 目錄的下面，例如 `ip_input.c`、`ip_output.c`、`tcp_cong.c`、`tcp_ipv4.c` 和 `tcp_output.c`；IPv6 協定的程式碼是在 `net/ipv6` 目錄的下面，例如 `ip6_input.c`、`ip6_output.c` 和 `ip6_tunnel.c`。

最後，驅動程式（也就是硬體裝置和作業系統之間的介面），它們的實作是在 `drivers/` 目錄的下面。在這個目錄下有許多子目錄。在 `drivers/net` 目錄下面可以找到乙太網路介面卡的驅動程式，例如 `3c501.c` 和 `3c501.h` 就是 3Com 3c501 乙太網路驅動程式。在第 3 章所討論的 PPP 協定的程式碼也在此目錄之下，例如 `ppp_generic.c`。

表 B.2 扼要地記錄了在第 3、4、5 章追蹤過的開放源碼實作的目錄、檔案與函式。當追蹤它們時，讀者可以先找出特定源碼的檔案，然後追蹤在這張表中列出的主要函式以便了解程式執行的主要流程。第 B.3 節將介紹一些能夠有效追蹤源碼的工具。

B.3 用於追蹤程式碼的工具

有數種瀏覽 Linux 源碼的方式能夠搜尋出一個變數／函式的宣告或使用方式（引用）。最簡單的方式是瀏覽在網站上的程式碼。舉例來說，Linux 交叉參考 LXR（http://lxr.linux.no/）提供一個以網頁為基礎的 Linux 源碼之索引、交叉參考和導覽。LXR 的搜尋功能讓你能夠找出一個參數或函式是在哪裡被宣告或被引用。它也提供全文搜尋。

另一個常見的工具是駭客會使用的 `cscope`。`cscope` 是一個互動式、螢幕導向的工具，其允許使用者找出在 C、`lex` 或 `yacc` 來源檔案裡程式碼的特定元素。它使用一種符號的交叉參考來找到來源檔案裡的函式、函式呼叫、巨

表 B.2 網路相關的目錄和程式碼之摘要

層級	主題	目錄	檔案	函式	描述
資料鏈結層	接收訊框	`net/core/`	dev.c	net_rx_action()->netif_receive_skb()	當 NET_RX_SOFTIRQ 中斷發生時，核心調用 net_rx_action()，其接著調用 netif_receive_skb() 處理訊框。
資料鏈結層	傳送訊框	`net/core/`	dev.c	net_tx_action()->dev_queue_xmit()	當 NET_TX_SOFTIRQ 中斷發生時，核心調用 net_tx_action()，其接著調用 dev_queue_xmit() 傳送訊框。
資料鏈結層	網卡驅動程式	`drivers/net/`	3c501.c, etc.	el_interrupt()、el_open()、el_close() 等	網路介面驅動程式，包括了中斷處理常式。
資料鏈結層	PPP 外送流程	`drivers/net/`	ppp_generic.c	ppp_start_xmit()、ppp_send_frame()、start_xmit()	PPP 守護行程調用 ppp_write 而核心調用 ppp_start_xmit()。
資料鏈結層	PPP 外送流程	`drivers/net/`	ppp_generic.c	ppp_start_xmit()、ppp_input()、ppp_receive_frame()、netif_rx()	ppp_sync_receive() 拿出 tty->disc_data、netif_rx() 或 skb_queue_tail() 所接收的訊框。
資料鏈結層	橋接	`net/bridge/`	br_fdb.c	_br_fdb_get()、fdb_insert()	自主學習的橋接，MAC 表的查找。
資料鏈結層	橋接	`net/bridge/`	br_stp_bpdu.c	br_stp_rcv()、br_received_config_bpdu()、br_record_config_information()、br_configuration_update()	涵蓋樹協定。
網路層	封包轉發	`net/ipv4/`	route.c	ip_queue_xmit()、_ip_route_output_key()、ip_route_output_slow()、fib_lookup()、ip_rcv_finish()、ip_route_input()、ip_route_input_slow()	根據路由快取的資訊來轉發封包；如果快取未中，就根據路由表來轉發封包。
網路層	IPv4 校驗和	`include/asm_i386/`	checksum.h	ip_fast_csum()	用適用於任何機器的組合語言程式碼來加速校驗和之計算

表 B.2　網路相關的目錄和程式碼之摘要（續一）

層級	主題	目錄	檔案	函式	描述
網路層	IPv4 分割	net/ipv4/	ip_output.c ip_input.c ip_fragment.c	ip_fragment()、 ip_local_deliver()、 ip_defrag()、ip_find()、 ipqhashfn()、 inet_frag_find()、 ipq_frag_create()	IP 封包分割和重組之程序；雜湊值被用來辨識出一個封包的分割片段。
網路層	NAT	net/ipv4/ netfilter/	nf_conntrack_core.c nf_nat_standalone.c nf_nat_ftp.c nf_nat_proto_icmp.c ip_nat_helper.c	nf_conntrack_in()、 resolve_normal_ct()、 nf_conntrack_find_get()、 nf_nat_in()、 nf_nat_out()、 nf_nat_local_fn()、 nf_nat_fn()、 nf_nat_ftp()、 nf_nat_mangle_tcp_packet()、 mangle_contents()、 adjust_tcp_sequence()、 icmp_manip_pkt()	在封包過濾之後而且在傳送到外送介面之前，執行來源 NAT；在封包過濾之前對從網路介面卡或上層協定傳來的封包來執行目的地 NAT。用於 FTP 和 ICMP 的 NAT ALG（助手函式）。
網路層	IPv6	net/ipv6/	ip6_fib.c	fib6_lookup()、 fib6_lookup_1()、 ipv6_prefix_equal()	查找 IPv6 路由表（FIB），其被儲存在一個二元基數樹。
網路層	ARP	net/ipv4/	arp.c	arp_send()、 arp_rcv()、arp_process()	ARP 協定之實作，其包括 ARP 封包之傳送、接收和處理。
網路層	DHCP	net/ipv4/	ipconfig.c	ic_bootp_send_if()、 ic_dhcp_init_options()、 ic_bootp_recv()、 ic_do_bootp_ext()	DHCP/BOOTP/RARP 協定之實作；我們追蹤了一個 DHCP 封包的傳送和接收程序。
網路層	ICMP	net/ipv4/	icmp.c	icmp_send()、 icmp_unreach()、 icmp_redirect()、 icmp_echo()、 icmp_timestamp、 icmp_address()、 icmp_address_reply()、 icmp_discard()、 icmp_rcv()	ICMPv4 的實作；不同類型的 ICMP 訊息會被相關的函式所處理。

表 B.2　網路相關的目錄和程式碼之摘要（續二）

層級	主題	目錄	檔案	函式	描述
網路層	ICMPv6	net/ipv6/	icmp.c ndisc.c	icmpv6_send()、icmpv6_rcv()、icmpv6_echo_reply()、icmpv6_notify()、ndisc_rcv()、ndisc_router_discovery()	ICMPv6 的實作，其包括五種新的 ICMPv6 訊息：router solicitation、router advertisement、neighbor solicitation、neighbor advertisement 和 route redirect messages。
傳輸層	UDP 和 TCP 校驗和	net/ipv4/	tcp_ipv4.c	tcp_v4_send_check()、csum_partial()、csum_tcpudp_magic()	一個 TCP/UDP 段的校驗和之計算，其包括了偽標頭。
傳輸層	TCP 滑窗流量控制	net/ipv4/	tcp_output.c	tcp_snd_test()、tcp_packets_in_flight()、tcp_nagle_check()	在送出一個 TCP 段之前先檢查以下三種情況：(1) 未被確認的段的數量小於 cwnd；(2) number of 以傳送的段和要被傳送的段的數量之和小於 rwnd；(3) 執行 Nagle 的測試。
傳輸層	TCP 緩慢啟動和壅塞避免	net/ipv4/	tcp_cong.c	tcp_slow_start()、tcp_reno_cong_avoid()、tcp_cong_avoid_ai()	TCP 的緩慢啟動和壅塞避免。
傳輸層	TCP 重傳計時器	net/ipv4/	tcp_input.c	tcp_ack_update_rtt()、tcp_rtt_estimator()、tcp_set_rto()	測量 RTT，計算出平滑的 RTT，並且更新重傳超時（Retransmission TimeOut, RTO）。
傳輸層	TCP 持續計時器和存活計時器	net/ipv4/	tcp_timer.c	tcp_probe_timer()、tcp_send_probe0()、tcp_keepalive()、tcp_keepopen_proc()	用於管理持續計時器和存活計時器的程式碼。
傳輸層	TCP FACK 的實作	net/ipv4/	tcp_output.c	tcp_adjust_fackets_out()、tcp_adjust_pcount()、tcp_xmit_retransmit_queue()	使用 FACK 資訊來計算封包。
傳輸層	插槽 Read/Write 內部構造之揭露	net/	socket.c	sys_socketcall()、sys_socket()、sock_create()、inet_create()、sock_read()、sock_write()	解釋使用者空間的插槽是如何被實作於核心空間之內。
傳輸層	插槽過濾器	net/	socket.c	SYSCALL_DEFINE5(setsockopt,⋯)、sock_setsockopt()	柏克萊封包過濾器（Berkeley Packet Filter, BPF）的實作。

集（macros）、參數和預先處理器的符號。舉例來說，cscope 可以被用來兩階段追蹤 Linux 源碼。首先，在源碼的目錄下，你可以使用「find . -name '*.[chly]' -print | sort > cscope.files」來取得這個目錄與子目錄下的檔案名稱之清單，而該清單會被存入一個名叫 cscope.files 的檔案。你接下來可以使用 cscope -b -q -k 來建立符號交叉參考的資料庫（預設名稱是 cscope.out）。現在你可以使用 cscope -d 命令來搜尋一個參數或函式。在第 C.3.1 小節有更多描述 cscope 的細節。

最後，有數個源碼文件產生器工具非常有用。舉例來說，Doxygen（http://www.stack.nl/~dimitri/doxygen/）是一個以 GNU 通用公共授權模式所發布的自由軟體；它可以交叉參考文件和程式碼而產生出許多種格式的文件，其中包括 HTML、Latex、RTF（MS-Word）、PostScript、超連結的 PDF、壓縮的 HTML 和 Unix man pages。它也可以沒有文件說明的源碼中萃取出程式碼的結構。該程式碼結構可以藉由許多方式來顯現，其包括依賴關係圖（dependency graph）、繼承關係

範例：IPv4 封包碎片重組之追蹤

讓我們用第 4 章的圖 4.19 作為使用 LXR 網站來追蹤源碼的一個範例。圖 4.19 顯示 IP 封包碎片的重組程序的函數呼叫圖。為了方便解釋，在此我們把該圖再畫一次做成圖 B.2。

現在，讓我們從找到 ip_local_deliver() 函式來開始。如果要能做成這件事，我們

圖 B.2 重組程序的呼叫圖

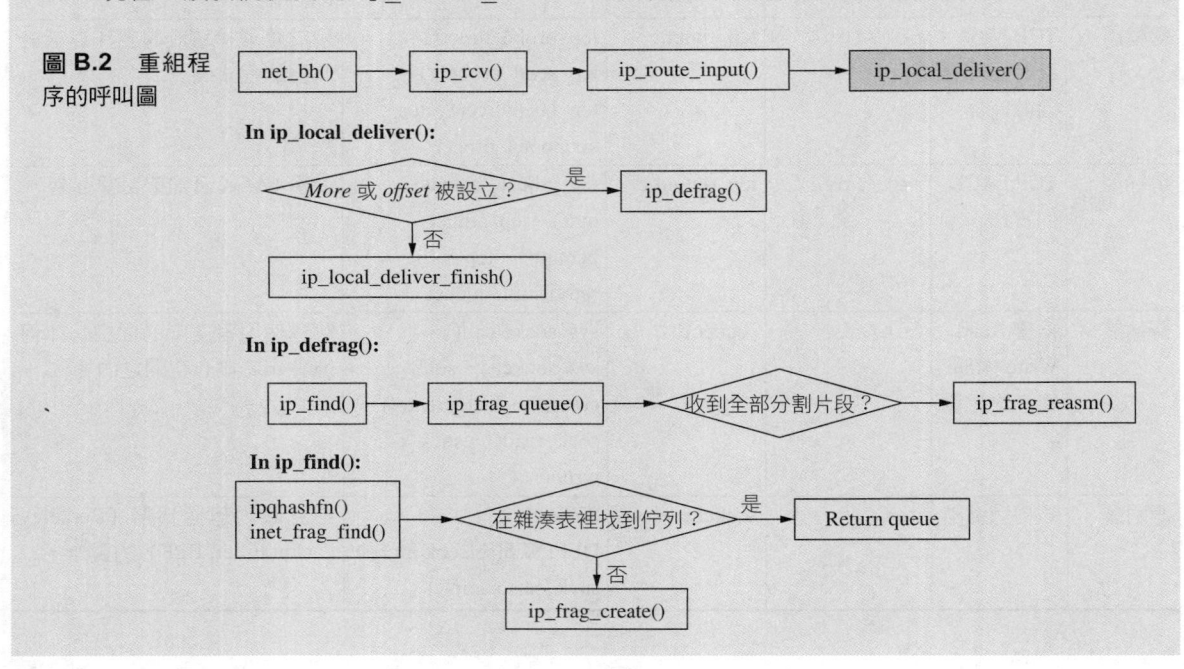

使用 LXR 網站的搜尋欄，並且鍵入 `ip_local_deliver` 以便搜尋該函式，正如圖 B.3 所示。

LXR 會返還一個網頁指出兩種資訊：該函式的實作位於何處以及該函式的宣告位於何處。圖 B.4 顯示上述例子的搜尋結果：`ip_local_deliver()` 的程式碼從 `net/ipv4/ip_input.c` 檔案的第 257 行開始，而 `ip_local_deliver()` 的宣告是在 `include/net/ip.h` 的第 98 行。如果要追蹤 `ip_local_deliver()` 的源碼，我們可以用滑鼠點擊 `net/ipv4/ip_input.c` 的超連結。

除了找到函式的程式碼與宣告的位置，我們也可以點擊 [usage…] 連結來檢查這個函式的使用情形，也就是說該函式被引用（被調用）的地方是在何處。舉例來說，當點擊某宣告的 usage 連結，LXR 會返還在圖 B.5 列出的引用之資訊。我們從這個返還的網頁中可以看到 `ip_local_deliver()` 被定義在 `net/ipv4/ipmr.c` 和 `net/ipv4/route.c` 這兩個檔案裡的函式總共引用了六次。

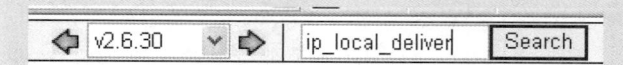

圖 B.3　LXR 搜尋欄

圖 B.4　從 LXR 得來的搜尋結果

圖 B.5　`ip_local_deliver()` 的使用情形

如果我們點擊 net/ipv4/ip_input.c，LXR 會返還在 net/ipv4/ip_input.c 的 ip_local_deliver() 程式碼，如圖 B.6 所示。參考圖 B.2 的函數呼叫圖，我們可以很清楚地了解，如果 offset 有數值而且 more 位元或 offset 有被設置，ip_defrag() 將會被調用。所以，讓我們點擊 ip_defrag 超連結，繼續追蹤 ip_defrag() 的程式碼。

如前所述，LXR 會顯示關於 ip_defrag 的搜尋結果，就如同我們在圖 B.7 中所見。這個網頁告訴我們 ip_defrag 的實作是位於 /net/ipv4/ip_fragment.c。讓我們點擊這個連結來繼續追蹤。

圖 B.8 顯示 ip_defrag() 的程式碼。參考函數呼叫圖，我們可看到在一些例行處理工作後，ip_defrag() 先呼叫 ip_find() 去查找這個封包的片段所專用的佇列標頭（queue header），或是替它們新建立一個佇列標頭。然後它呼叫 ip_frag_queue() 去處理目前的封包片段。如果全部的封包片段都已經被收到，ip_frag_queue() 會呼叫 ip_frag_reasm() 去重組這個封包。

藉著點擊 ip_find 的超連結，我們可以找到該函式，並且可以進入它的源碼，其結果分別如圖 B.9 和圖 B.10 所示。再次參考函數呼叫圖，其顯示 ip_find 先呼叫 ipqhashfn() 去取得一個雜湊函數值，並且呼叫 inet_frag_find() 用這個雜湊函數值找出封包的佇列標頭。

```
257  int ip_local_deliver(struct sk_buff *skb)
258  {
259      /*
260       *      Reassemble IP fragments.
261       */
262
263      if (ip_hdr(skb)->frag_off & htons(IP_MF | IP_OFFSET)) {
264          if (ip_defrag(skb, IP_DEFRAG_LOCAL_DELIVER))
265              return 0;
266      }
267
268      return NF_HOOK(PF_INET, NF_INET_LOCAL_IN, skb, skb->dev, NULL,
269                     ip_local_deliver_finish);
270  }
```

圖 B.6 `ip_local_deliver()` 的程式碼

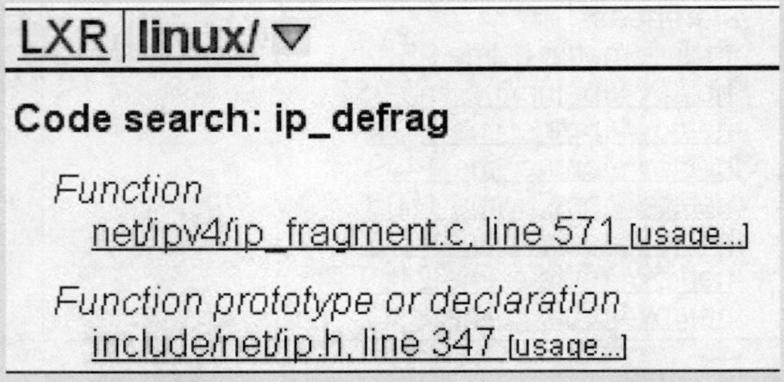

圖 B.7 關於 `ip_defrag()` 的搜尋結果

LXR | linux/ ▽

Code search: ip_defrag

Function
 net/ipv4/ip_fragment.c, line 571 [usage...]

Function prototype or declaration
 include/net/ip.h, line 347 [usage...]

```
570  /* Process an incoming IP datagram fragment. */
571  int ip_defrag(struct sk_buff *skb, u32 user)
572  {
573          struct ipq *qp;
574          struct net *net;
575
576          net = skb->dev ? dev_net(skb->dev) : dev_net(skb->dst->dev);
577          IP_INC_STATS_BH(net, IPSTATS_MIB_REASMREQDS);
578
579          /* Start by cleaning up the memory. */
580          if (atomic_read(&net->ipv4.frags.mem) > net->ipv4.frags.high_thresh)
581                  ip_evictor(net);
582
583          /* Lookup (or create) queue header */
584          if ((qp = ip_find(net, ip_hdr(skb), user)) != NULL) {
585                  int ret;
586
587                  spin_lock(&qp->q.lock);
588
589                  ret = ip_frag_queue(qp, skb);
590
591                  spin_unlock(&qp->q.lock);
592                  ipq_put(qp);
593                  return ret;
594          }
595
596          IP_INC_STATS_BH(net, IPSTATS_MIB_REASMFAILS);
597          kfree_skb(skb);
598          return -ENOMEM;
599  }
```

圖 B.8 `ip_defrag()` 的程式碼

圖 B.9 關於 `ip_find()` 的搜尋結果

Code search: ip_find

Function
　　net/ipv4/ip_fragment.c, line 222 [usage...]

```
222  static inline struct ipq *ip_find(struct net *net, struct iphdr *iph, u32 user)
223  {
224          struct inet_frag_queue *q;
225          struct ip4_create_arg arg;
226          unsigned int hash;
227
228          arg.iph = iph;
229          arg.user = user;
230
231          read_lock(&ip4_frags.lock);
232          hash = ipqhashfn(iph->id, iph->saddr, iph->daddr, iph->protocol);
233
234          q = inet_frag_find(&net->ipv4.frags, &ip4_frags, &arg, hash);
235          if (q == NULL)
236                  goto out_nomem;
237
238          return container_of(q, struct ipq, q);
239
240  out_nomem:
241          LIMIT_NETDEBUG(KERN_ERR "ip_frag_create: no memory left !\n");
242          return NULL;
243  }
```

圖 B.10 `ip_find()` 的程式碼

在 `inet_frag_find()` 程式碼裡，如果沒有找到佇列標頭，它會呼叫 `inet_frag_create()` 建立一個新的佇列標頭。`inet_frag_find()` 的程式碼顯示在圖 B.11 中。

```
268  struct inet_frag_queue *inet_frag_find(struct netns_frags *nf,
269                  struct inet_frags *f, void *key, unsigned int hash)
270      releases(&f->lock)
271  {
272      struct inet_frag_queue *q;
273      struct hlist_node *n;
274
275      hlist_for_each_entry(q, n, &f->hash[hash], list) {
276          if (q->net == nf && f->match(q, key)) {
277              atomic_inc(&q->refcnt);
278              read_unlock(&f->lock);
279              return q;
280          }
281      }
282      read_unlock(&f->lock);
283
284      return inet_frag_create(nf, f, key);
285  }
```

圖 B.11 `ip_frag_find()` 的程式碼

圖（inheritance diagram）和合作關係圖（collaboration diagram）。

進階閱讀

相關書籍

下列 O'Reilly 出版的兩本書是許多核心開發人員的指南。第一本書涵蓋了 Linux 核心的基礎知識，例如記憶體管理、行程管理、排班常式和檔案系統。第二本書詳細講解 Linux 裝置驅動程式的開發。

- M. Cesati and D. P. Bovet, *Understanding the Linux Kernel*, 3rd edition, O'Reilly Media, 2005.
- J. Corbet, A. Rubini, and G. Kroah-Hartman, *Linux Device Drivers*, 3rd edition, O'Reilly Media, 2005.

線上資源

在此我們列出和本篇附錄有高度關聯性的網站。這些著名網站未來將繼續存在且蓬勃發展。

1. Linux kernel archives, http://kernel.org/
2. Linux foundation, http://www.linuxfoundation.org/
3. Linux cross reference（LXR）, http://lxr.linux.no/

Appendix C

開發工具

在第 B.3 節，我們介紹了用來追蹤源碼的數種工具，並實際演練一個 LXR（Linux Cross Reference）之範例。然而，追蹤只是為了理解程式的其中一個步驟。要完成一個開發流程還需要其他步驟。附錄 C 呈現給 Linux 研發人員一套全面的開發工具。一名 Linux 研發人員可能在 Linux 主機寫出一個程式，但卻要把這個程式放在非 Linux 的目標機器上執行；反之亦然。當然也有可能開發和執行程式所使用的機器都採用 Linux。在此，我們專注於 Linux 主機的開發環境，而不考慮目標機器所使用的平台。我們將介紹在開發過程的各個不同階段裡會用到的一些必要且廣受歡迎的工具，其範圍從編寫程式、偵錯、維護一直到效能剖析和嵌入。

第 C.1 節先以編程工具帶領讀者展開一段軟體開發之旅。第一個步驟是先選用一個強大的文字編輯器〔例如 Visual Improved（vim）或 GNOME editor（gedit）等〕來寫出一小段程式碼。然後用 GNU C compiler（gcc）把程式編譯成二進制執行檔，再進一步使用 make 工具自動執行一些重複的編譯步驟。

舊的 80/20 法則仍適用於程式設計；也就是說，你的程式碼中有 80% 是來自於 20% 你總共花費的心力，而你其餘 80% 的心力則會用於該程式的 20% 偵錯上面。因此你需要在第 C.2 節裡討論的某種偵錯工具，其中包括源碼層級的偵錯器 GNU Debugger（gdb）、擁有圖形使用者介面的 Data Display Debugger（ddd）以及遠端核心偵錯器 Kernel GNU Debugger（kgdb）。

由於現在軟體元件彼此間的依賴性更為複雜而且貢獻者的來源更加分散，第 C.3 節會說明一位研發人員如何使用 cscope 來管理數十份的源碼檔案，而共同研發人員應該同意使用同一個版本控制系統，例如 Global Information Tracker（git），以避免軟體開發的混亂並且讓合作更加容易。

第 C.4 節描述研發人員如何利用效能剖析工具 GNU Profiler（gprof）和 Kernel Profiler（kernprof）來找出一個程式的瓶頸。第 C.5 節則介紹如何使用空間優化工具 busybox、輕量級工具鏈 uClibc 以及根檔案系統的嵌入式影像建立器 buildroot，以加速把程式移植到嵌入式系統上所需的功夫。

對於每個工具，我們會介紹它的目的和功能，接下來則是它的使用方法以及範例。最後會提供一些小技巧來幫助讀者熟悉這個工具。附錄 C 的目的並非作為一份完整的使用手冊，而是要充當一個足夠的新手入門指南。

C.1 編程

本節涵蓋了用於編程的必要工具，從用來編輯程式的 vim 和 gedit 到用來編譯程式的 gcc 和 make。然而，本節不會討論程式語言的基本要素。

C.1.1 文字編輯器 – vim 和 gedit

不論你選擇哪種編程語言，你都需要一個編輯器。編輯器是一種程式用於文字檔案的創作與修改。它在編程人員的工作時數裡扮演著很重要的角色，因為一個不便使用的文字編輯器會浪費編程人員的時間；但一個便利的編輯器卻可以分擔編輯上的許多雜務，而讓編程人員有更多時間思考。

什麼是 vim 和 gedit

在眾多文字編輯器例如 pico、joe 和 emacs 之中，由 vi 改善而來的 Visual Improved（vim）是目前最廣為盛行的一種文字編輯器。它在使用容易和功能強大這兩方面的平衡，讓它比 emacs 更容易被使用者操作，但又比 pico 的功能更加豐富。vim 擁有可以擴充的語法字庫；對於它能夠辨識的文件，包括像 c 程式碼和 html 檔案等等，vim 會以不同顏色來凸顯其中的語法。進階使用者可以使用 vim 來編譯他們的程式碼，撰寫巨集程式（macros），瀏覽一個檔案，或甚至寫出一個像井字棋之類的遊戲。

此外，作為一個命令列形式的編輯器，vim 廣受管理者採用。然而，如果是作為一個桌面工具，對於終端使用者而言它就變得有點過於複雜。內建的 GUI 編輯器 GNOME editor（gedit）在 Linux 桌面環境下相當常見。gedit 允許使用者以標籤欄來編輯多份檔案，像 vim 一樣凸顯語法，檢查拼字以及列印檔案。

如何使用 vim 和 gedit

在開始談論 vim 之前，我們應該意識到 vim 是採用兩個階段（或模式）運行的方式，而非像 pico 或其他普通文字編輯器採用一個階段的運作。請嘗試操作以下步驟：你啟動 vim（在命令列輸入 vim 來編輯一個新檔案或輸入 vim filename 來開啟一個舊檔）並且花一分鐘編輯檔案。如果你沒有輸入任何特殊字元，你就看不到螢幕上顯示任何東西。然後你試著按下方向鍵來移動游標，但卻發現游標依舊停止不動。尤其當你根本找不出脫困的方法時，事情變得更糟。稍後會提供解決辦法，所以請繼續閱讀下去。這些一開始的障礙，的確讓少數初學者感到挫折。然而，隨著你逐漸了解何時該插入文字以及何時該發出命令，一切便開始變得很美好。

在正常模式（Normal mode，即命令模式）下，輸入字元被視為命令，也意味著它們會觸發特殊動作，比方說，按下 h、j、k 和 l 分別會移動游標到左方、上方、下方和右方。然而，在插入模式（Insert mode）下，輸入字元會單純地被插入作為文字。大部分命令可以一起被串聯成一個更複雜的操作，

[#1] 命令 [#2] 目標

其中任何包含在中括號內的資訊都是選項而已；#1 是一個選項之數字，例如，該數字如果是 3，就表示跟在後面的命令要被執行 3 次；命令是任何有效的 vim 操作，比方說 y 代表複製（yank）文字；#2 是類似於 #1 的另一個選項之數字，其指定了受命令影響的目標（或範圍）的數量；目標指的是你想要命令加諸在哪段內文上面，比方說 G 代表著檔案結尾部分。雖然大部分的命令可以在主螢幕上執行，可是有些冒號命令（以冒號開始的命令）是被輸入在螢幕的最下方。當處理這些冒號命令時，你必須要先輸入一個冒號，以便把游標移動到螢幕的最後一行，然後，輸入你的命令字串並且按下 <Enter> 鍵來結束這個命令。例如，wq 會儲存目前的檔案並且退出 vim 程式。圖 C.1 描繪出 vim 文字編輯器的整體操作模式，而把更深入的移動、複製和刪除命令放在表 C.1。

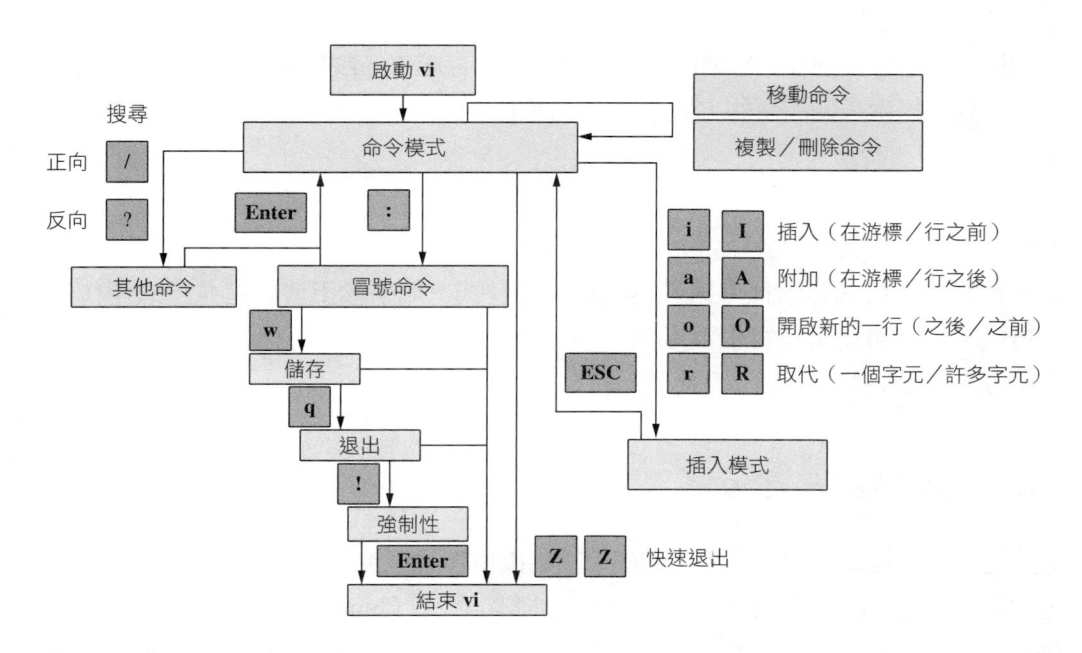

圖 C.1 vim 文字編輯器的運作模式

表 C.1　用來移動游標和編輯內文的重要指令

命令模式		作用
移動 （Motion）	h、j、k、l	左移、下移、上移、右移
	w、W	前進到下一個字、到下一個以空白分隔的字
	e、E	前進到字的尾端、到以空白分隔的字的尾端
	b、B	後移到字的開頭、到以空白分隔的字的開頭
	(,)	移動到上一句、下一句
	{ , }	移動到上一段、下一段
	0、$	移動到一行的開頭、到一行的尾端
	1G、G	移動到檔案的開頭、到檔案的尾端
	nG 或 :n	移動到第 n 行
	fc、Fc	前移到、後移到第 c 個字元
	H，M，L	移動到螢幕的頂部、中部、底部
複製 （Yanking）	yy	複製現在這一行
	:y	複製現在這一行
	Y	一直複製，直到行的尾端為止
刪除 （Deleting）	dd	刪除現在這一行
	:d	刪除現在這一行
	D	一直刪除，直到行的尾端為止

使用 gedit 遠比使用 vim 更加容易。一份正在編輯中的檔案會顯示於編輯區，其中你可以使用滑鼠來決定文字的位置或凸顯文字。標籤欄列出所有正在編輯中的檔案。如果一個檔案被修改過但卻沒有被儲存起來，該檔案上會被標註一個星號。工具欄提供一個簡便的方式來建立、開啟、儲存和列印一份檔案。圖 C.2 顯示 gedit 的螢幕截圖。

小技巧

- vim 的運作模式有兩種：插入模式和命令模式。如果你不清楚這些模式運作的方式，編輯可能會變得很混亂無章。不論在何種情況下，你永遠可以按下 ESC 按鍵來擺脫混亂而返回命令模式。

C.1.2　編譯器－ gcc

有了文字編輯器的幫助，我們便可開始撰寫程式。接下來，你會需要一個編譯器把用高階程式語言寫成的源碼轉換成二進制目的碼（binary object code）。因為合併已經編譯完成的既有函數是很普遍的，第二階段的過程通常會使用連結器來連結

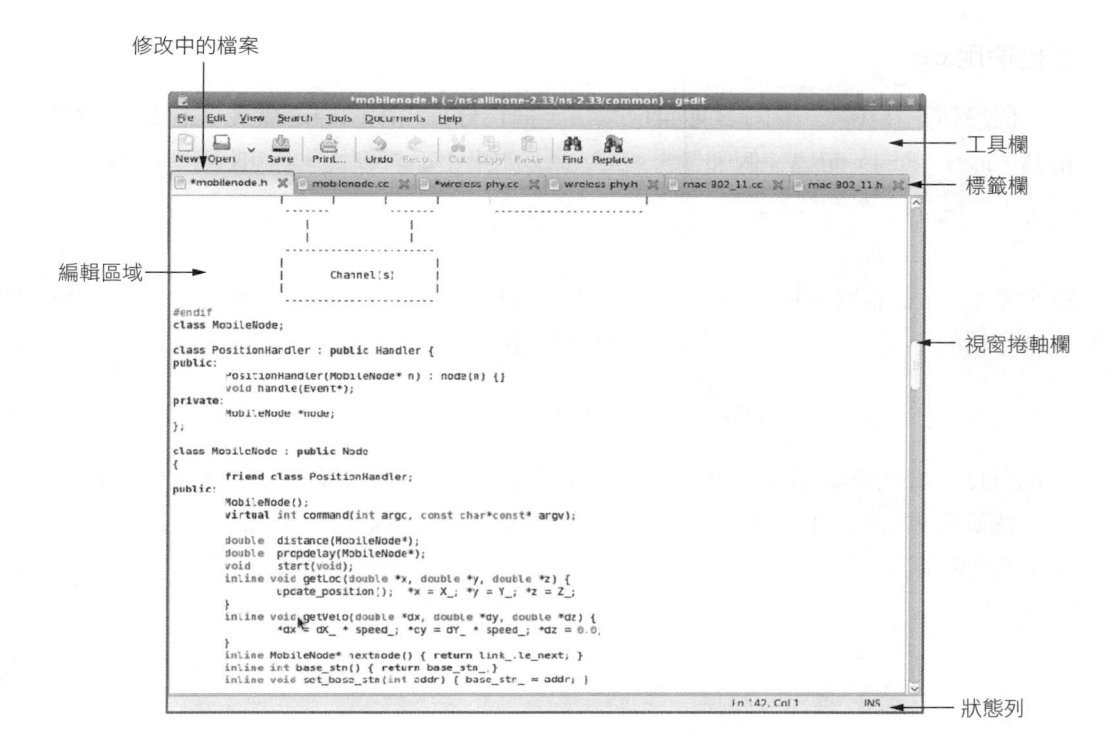

圖 C.2 螢幕截圖：`gedit` 的主視窗

被編譯的程式碼和現有的函數，進而產生出最後的可執行應用程式。此 `gcc` 編譯器的多個階段流程顯示在圖 C.3。

什麼是 gcc

　　GNU C compiler（`gcc`）是在大多數 Unix 系統上運行的一個著名 C 編譯器，其預設要編譯的 C 語言版本是 ANSI C[1]。它主要的編寫作者是 Richard Stallman，其成立了一個自由軟體基金會（Free Software Foundation）替 GNU 計畫的工作來募款。伴隨著其他 `gcc` 擁護者的努力，`gcc` 已經整合了數種版本的編譯器（C/C++、Fortran、Java），並已經改用 GCC Compiler Collection 這個名字。

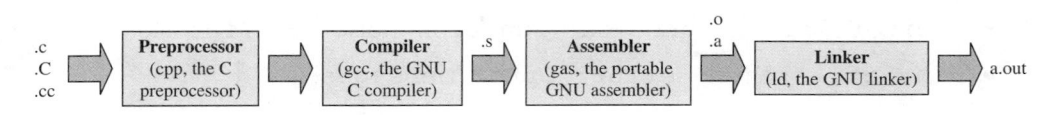

圖 C.3 `gcc` 的工作流程[2]

---

[1] ANSI C 比原來的 C 具有更強的強型別屬性，所以更可能幫助你盡快在編程時期就找出一些程式裡的錯誤。

[2] 預先處理的輸出通常直接被送入編譯器。

如何使用 gcc

假設你正在撰寫一個程式並且已經決定把它分拆成兩個源碼檔案。主要檔案被稱為「`main.c`」，而另一個則是「`sub.c`」。如果要編譯程式，你可以單純地輸入

```
gcc main.c sub.c
```

這會產生一個預設名稱為「`a.out`」的可執行程式。如果你願意的話，你也可以指定執行檔的名稱，比方說「`prog`」，而輸入的命令是

```
gcc -o prog main.c sub.c
```

如你所見，這些步驟都非常簡單。可是這個方法十分沒有效率，尤其當你一次只修改一個源碼檔案的時候，你必須很頻繁地重新編譯整個程式。你應該改用以下的方法來編譯程式：

```
gcc -c main.c
gcc -c sub.c
gcc -o prog main.o sub.o
```

前兩行產生目的檔「`main.o`」和「`sub.o`」，而第三行把目的檔連結在一起成為一個執行檔。如果你接下來只要修改「`sub.c`」，你只要輸入最後兩行命令就可以重新編譯你的程式。

就上面的範例而言，這些步驟看起來有點愚蠢，可是如果你有十個而非兩個源碼檔案，第二個方法會省下很多的時間。事實上，整個編譯過程是能夠被自動化的，而下一小節會介紹相關細節。

小技巧

當使用 gcc 的時候常會發生兩個常見的錯誤。其中一個錯誤指的是源碼裡的語法錯誤，而另一個則是當連結目的檔時發生無法解析的符號（unresolved symbol）。gcc 顯示一個語法錯誤如下：

- `sourcefile: In function 'function_name' : error messages`
- `sourcefile:#num: error: error messages`

它的意思是，在檔案 sourcefile 裡第 #num 行附近可能有語法錯誤。值得注意的是，錯誤並不一定總是發生在第 #num 行附近。舉例來說，當錯誤是由漏寫括號或多寫括號所引起的，回報的 #num 會距離真正的錯誤發生點很遠。

一個無法被解析的連結符號其格式如下：

- objectfile: In function 'function_caller':
- sourcefile: undefined reference to 'function_callee'

它告訴研發人員，在連結的時候函數 function_callee 無法被解析。那個無法被解析的函數是被檔案 sourcefile 裡的函數 function_caller 所使用。要解決這個問題，你可以檢查是否有一個其內含有 function_callee 的必要目的檔或函數庫沒有被連結。

C.1.3　自動編譯－ make

雖然一個成功而絲毫無錯的編譯確實會帶來很大的喜悅，可是在程式開發期間，重複的編譯過程對於編程人員而言卻是件苦差事。一個可執行程式可能是由數十或數百份 .c 檔案所建構而成，而這需要所有的 .c 檔案被 gcc 編譯成 .o 檔案，然後和額外的函數庫常式連結在一起。這個過程很沉悶並且可能會出錯，也就是為何 make 是很重要的原因所在。

什麼是 make

make 是一個程式，其提供了相對高層級的方式來指定建立衍生之物件所必需的源碼檔案，以及自動化建立過程所必需的步驟。make 減少了發生錯誤的可能性且讓編程人員的工作變得更加容易。值得注意的是，make 提供了隱性規則或捷徑，以便能執行許多常見的動作，比方說將 .c 檔案轉成 .o 檔案。

如何使用 make

make 處理一個名為 Makefile 的檔案。Makefile 裡的基本語法是

目標：附屬檔
< 命令列表 >

其告訴 make 如何執行一連串的指令，以便從附屬檔產生目標。在產生現在的目標之前，附屬檔必須先被解析，而這帶來了使用分治法（divide and conquer）建立某大型目標的機會。

範例

圖 C.4 的範例命令 cat 列出了 Makefile 的內容。這一份 Makefile 的涵義是 prog 依賴兩個檔案 main.o 和 sub.o，而這兩個檔案除了共同的標頭檔案 incl.h，它們又分別依賴它們相關的來源檔案 main.c 和 sub.c。藉由執行 gcc

圖 C.4 make 的範例

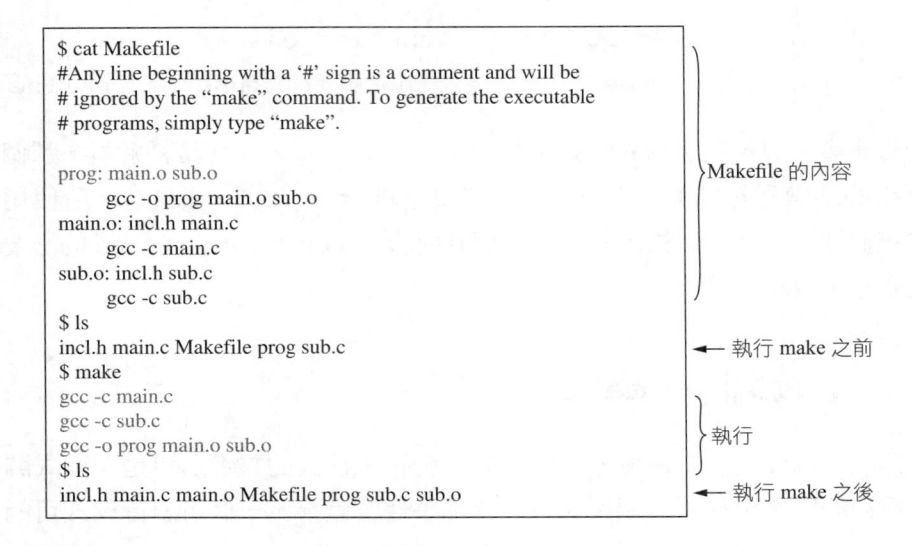

```
$ cat Makefile
#Any line beginning with a '#' sign is a comment and will be
# ignored by the "make" command. To generate the executable
# programs, simply type "make".

prog: main.o sub.o
        gcc -o prog main.o sub.o
main.o: incl.h main.c
        gcc -c main.c
sub.o: incl.h sub.c
        gcc -c sub.c
$ ls
incl.h main.c Makefile prog sub.c
$ make
gcc -c main.c
gcc -c sub.c
gcc -o prog main.o sub.o
$ ls
incl.h main.c main.o Makefile prog sub.c sub.o
```

- Makefile 的內容
- ← 執行 make 之前
- } 執行
- ← 執行 make 之後

命令，附屬檔 main.o 和 sub.o 就被自動編譯且連結成目標 prog。

小技巧

- 在撰寫 Makefile 時，每一行命令陳述的開頭必須放上一個 TAB 字元[3]。

C.2 偵錯

當撰寫一個程式時，除非它非常微不足道，否則編程人員必定得花費非常多的努力才能找出並移除程式中的錯誤。這種發掘錯誤的過程被稱為偵錯（debugging），而用於偵錯的工具便是偵錯器（debugger）。一般而言，偵錯器的目的是讓你在一個程式執行時調查程式中正發生些什麼事，或是程式在崩潰的那一刻正做些什麼事。在此我們介紹三個偵錯器：gdb 是屬於一般偵錯器，ddd 則是 gdb 的一種有圖形介面的版本，而 kgdb 是一個遠端核心偵錯器。

C.2.1 偵錯器－ gdb

Linux/FreeBSD 裡使用的傳統偵錯器是 gdb，其全名為 GNU 計畫偵錯器（GNU Project debugger）。它是被設計成能支援多種語言，但其主要針對的是 C 和 C++ 研發人員。雖然 gdb 本身使用命令列介面，但卻有數個圖形介面軟體可以作為它的介面，例如 ddd。此外，使用者也能夠透過串行傳輸鏈結（serial link）來運

---

[3] 它是一個歷史上的人為規定，可是沒有人想要改變它。

行 gdb 以便進行遠端偵錯，像 kgdb 就是一個例子。

什麼是 gdb

gdb 主要可以做四件事，加上用來支援這四件事的其他事情，以便幫助你在程式執行的時候抓出程式中的錯誤：

1. 啟動你的程式，指定可能會影響程式行為的任何情況。
2. 讓你的程式在指定的情況下停止。
3. 當你的程式停止時，檢查發生了什麼事。
4. 更改你程式裡的東西，讓你能夠實驗修改一個錯誤的效應。

如何使用 gdb

你可以閱讀官方版本的 gdb 使用手冊來學習關於 gdb 的全部知識。然而，只要懂一些少數的命令就足以讓我們開始使用偵錯器。在把可執行檔載入到 gdb 之前，我們應該以 -g 旗標來編譯目標程式，比如說以 gcc -g -o prog prog.c 來編譯目標程式 prog。

接下來，以 gdb prog 這個命令啟動 gdb。你應該在它的後面看到一個 gdb 命令提示。然後，藉著發布 list 命令來瀏覽源碼。在預設的情況下，list 命令會顯示出目前函數的前十行源碼，而再次執行 list 命令會顯示接下來的十行源碼，以此類推。

當你想嘗試找出程式中的一個錯誤時，在進入 gdb 之後，你可以使用 run 命令來執行該程式，並且確保相同的錯誤再度發生。然後你可以用 backtrace 命令來觀看堆疊追蹤（stack trace），其通常能夠揭露何者為錯誤之根源。現在你可以再次使用 list 命令來辨認出問題的所在位置，使用 next 命令來逐步執行程式，並且小心地使用 break 命令來設立停止點以及使用 print 命令來顯示變數的值。你應該能夠找到錯誤而最後以 quit gdb 命令來退出 gdb。此外，gdb 擁有一整組資訊網頁，而且也有可透過 help 命令使用的內建的小幫手。

範例

圖 C.5 的範例顯示一個因記憶體配置而導致的常見編程錯誤。當這個程式首次在 gdb 裡執行，它引起了記憶體區段錯誤。我們檢視目前的堆疊框（stack frame），之後發現錯誤的源頭可能在 Hello 函數之內。因此，一個停止點被設立在那邊，然後再執行一次這個程式。當抵達該停止點，gdb 就會暫停。接著我們瀏覽源碼，並使用 step 命令來逐步執行。檢視過 str 變數之後，我們找出錯誤是由於指標裡儲存的值不是一個有效的記憶體位置。

```
$ gdb prog
GNU gdb (GDB) Fedora (7.0.1-35.fc12)
Copyright (C) 2009 Free Software Foundation, Inc.
License GPLv3+: GNU GPL version 3 or later <http://gnu.org/licenses/gpl.html>
This is free software: you are free to change and redistribute it.
There is NO WARRANTY, to the extent permitted by law. Type "show copying"
and "show warranty" for details.
This GDB was configured as "i686-redhat-linux-gnu".
For bug reporting instructions, please see:
<http://www.gnu.org/software/gdb/bugs/>...
Reading symbols from /home/book/C.2.1/prog...done.
(gdb) run
Starting program: /home/book/C.2.1/prog                    ← 記憶體區段錯誤

Program received signal SIGSEGV, Segmentation fault.
0x0029b546 in memcpy () from /lib/libc.so.6
Missing separate debuginfos, use: debuginfo-install glibc-2.11.1-1.i686
(gdb) backtrace
#0 0x0029b546 in memcpy () from /lib/libc.so.6            ← 檢視目前的堆疊框
#1 0x00000000 in ?? ()
(gdb) break Hello                                          ← 設立一個停止點
Breakpoint 1 at 0x804841e: file sub.c, line 8.
(gdb) run
The program being debugged has been started already.
Start it from the beginning? (y or n) y

Starting program: /home/book/C.2.1/prog

Breakpoint 1, Hello () at sub.c:8
8           char*str = NULL;
(gdb) list
3
4       #include "incl.h"
5
6       void Hello()
7       {
8           char*str = NULL;
9           strcpy(str, "hello world\n");
10          printf(str);
11      }                                                  ← 瀏覽目前的源碼
(gdb) next
9           strcpy(str, "hello world\n");                  ← 逐步執行程式
(gdb) print str
$1 = 0x0                                                   ← 檢視一個變數
(gdb) quit
A debugging session is active.

    Inferior 2 [process 24886] will be killed.

Quit anyway? (y or n) y
```

圖 C.5　使用 gdb 偵錯的例子

C.2.2　有圖形使用者介面的偵錯器－ ddd

什麼是 ddd

因為 gdb 和許多其他的偵錯器都是不容易使用的命令列偵錯器，資料顯示，

偵錯器（Data Display Debugger, ddd）提供了一個方便的前端給所有這些偵錯器。除了既有的 gdb 功能之外，ddd 也因為它的互動式圖形資料顯示而著名，其中的資料結構被顯示成圖形。

如何使用 ddd

如果要使用 ddd，你也必須在編譯你的程式碼之時把偵錯資訊包含進去。在 Unix 系統，這表示你必須在 gcc 編譯命令裡面包含 -g 選項。如果你從未執行過 ddd，你可能必須藉由在命令列提示輸入「ddd --gdb」的方式，明白地告訴 ddd 去使用 gdb 偵錯器。你只需要做這個動作一次而已。隨後要執行 ddd 時，你就輸入「ddd prog」，其中的 prog 是你的程式的名稱，然後一個類似於圖 C.6 的視窗便會彈出。

圖 C.6 視窗的正中間是源碼。目前執行的位置是由一個綠色箭頭指出；停止點被顯示成停止標誌（stop sign）。你可以使用工具列上的「Lookup」按鈕或檔案選單中的「Open Source」按鈕來瀏覽程式碼。連續兩次點擊一個函數名稱會把你帶到它的定義。使用命令工具的「Undo」和「Redo」按鈕，你便能夠瀏覽之前面一個和後面一個位置──類似於你的網頁瀏覽器的操作。

你可以按滑鼠右鍵點擊在源碼視窗的一個程式碼敘述句的左邊空位，藉此便可以設立和編輯停止點；如果要逐步執行你的程式或繼續執行，使用於右側的命令工

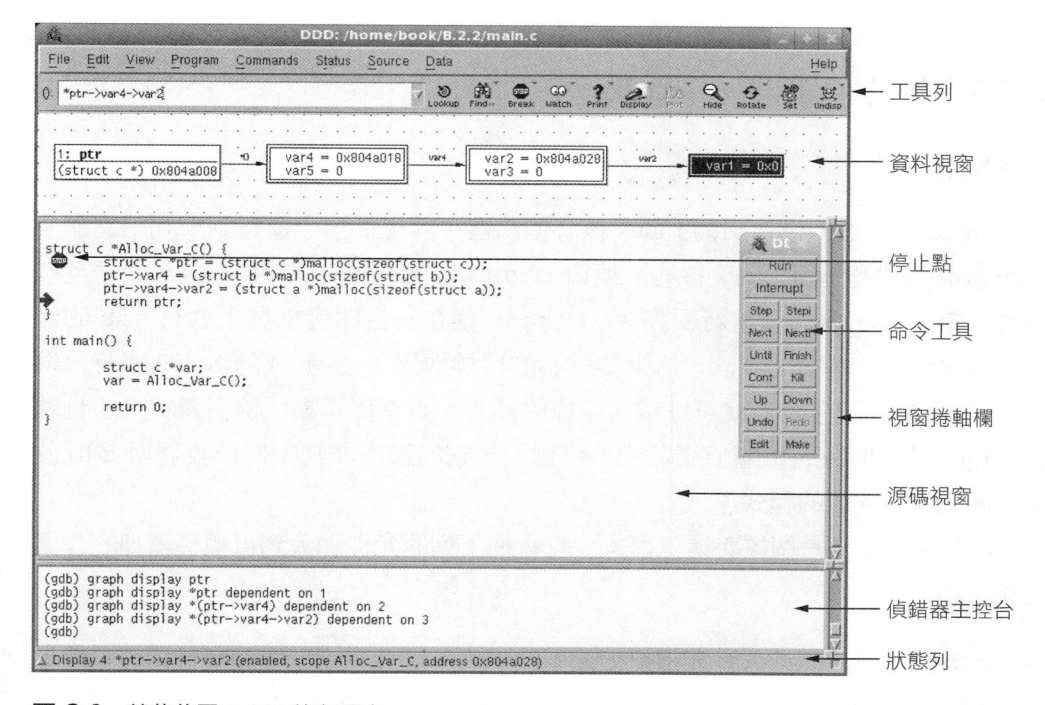

圖 C.6　螢幕截圖：ddd 的主視窗

具（該命令工具視窗並非固定式，可以被移動）。偏愛命令列的使用者仍然可以找到一個位於視窗底部的偵錯器主控台。如果你還需要其他東西，試試看 Help 選單以取得詳細的操作說明。

移動滑鼠指標到一個有效變數的上方，便可以把它的值顯示在一個小的彈出視窗裡。更複雜的數值的快照圖可以被列印在偵錯器主控台裡。使用「Display」按鈕就能永久觀看一個變數。這會建立一個永久資料視窗，其內顯示出變數名稱和它的數值。每次程式改變它的狀態時，這些顯示就會被更新。

如果要存取一個變數的數值，你必須把程式帶入到一個狀態，其中該變數實際上是活躍的；換句話說，它處於目前執行位置的範圍之內。在通常情況下，你在感興趣的函數之中設立一個停止點，執行程式，並且顯示該函數的變數。

如果真正要把資料結構具體地顯現出來（也就是說，資料以及資料間的關係），ddd 讓你只需簡單地連續兩次點擊指標參數，便可以從既有的顯示中產生新的顯示。舉例來說，如果你已經顯示一個指標參數之列表，你可以取消對它的引用並且觀看它所指向的數值。每個新的顯示會被自動編排成一個版面樣式，以便支援簡單的列表和樹的視覺化呈現。舉例來說，如果一個元件已經有了一個先行者，它的後繼者將會和這兩個元素被擺放成一直線。你隨時可以用很簡單的拖曳及放下顯示的手動方式來移動元件的位置。此外，ddd 讓你隨意捲動視窗，擺設結構，手動改變數值，監看它們在程式執行中的變化。Undo/Redo 的功能甚至讓你重新顯示出程式的前面一個和後面一個狀態，所以你可以觀察你的資料結構是如何演變。

C.2.3　核心偵錯器 ─ kgdb

什麼是 kgdb

kgdb 是一個源碼層級的 Linux 核心偵錯器，其提供了一種機制來利用之前介紹的 gdb 偵錯器進行 Linux 核心的偵錯。kgdb 是核心的一個補丁程式，而一旦核心被修補之後，你必須重新編譯核心。kgdb 讓在一台開發主機上執行 gdb 的使用者連接到正在運行有 kgdb 補丁的核心的目標機器（透過一條 RS-232 串行傳輸線）。然後核心研發人員就可以侵入目標的核心，設立停止點，檢視資料，並且執行其他一般人期待的相關偵錯功能。事實上，它的操作非常類似於我們用 gdb 偵錯一個使用者空間的程式。

因為 kgdb 是一個核心補丁程式，它會把下列的元件加入到目標機器裡的作業系統核心：

1. gdb 存根（stub）：gdb 存根是偵錯器的中心。它負責處理從開發機器（主機）上的 gdb 送來的請求，以及控制在目標機器上所有處理器的執行流程。

2. 對錯誤處理常式的修改：當意料之外的錯誤發生時，核心會把控制權移交給偵錯器。一個沒有 gdb 的核心，在遇到意料之外的錯誤時會不知所措。修改後的錯誤處理常式讓核心研發人員可以分析意外錯誤。
3. 串行通訊：這個元件使用一個核心內的串行式驅動程式並且提供一個對應到核心內 gdb 存根的介面。它負責在一條串行傳輸線上傳送和接收資料。這個元件也負責處理從 gdb 送來的控制停止之請求。

如何使用 kgdb

自從 Linux 核心 2.6.26 開始，kgdb 就被整合到主流的核心源碼樹之中。你需要做的只是開啟在核心設定裡的 kgdb 選項，然後編譯並且安裝有 kgdb 補丁的核心。如果要強迫核心暫停開機流程而等待從 gdb 送來的連接，參數「gdb」應該被傳遞給核心。啟動這個功能的具體做法是在 LILO 命令列介面上的核心名稱之後輸入「gdb」。串行傳輸裝置的預設名稱是 ttyS1，而其預設的鮑率則是 38400。這些參數都可以被改變，而方法是在命令列上使用「gdbttyS=」和「gdbbaud=」。

當核心啟動到某一個時機點時，它會等待 gdb 客戶端送來一條連接，之後在開發機器上有三件事需要完成：設定可被目標機器接受的鮑率，設定被目標機器使用的串行傳輸埠，然後繼續目標機器啟動流程的執行。這些可以藉由下列的三個 gdb 命令來達成：

- `set remotebaud <你想要設定的鮑率>`
- `target remote <當地串行傳輸埠的名稱>`
- `continue`

如果要在目標機器上觸發偵錯模式，你可以在目標機器上按下 Ctrl-C 或者從開發機器上發出 gdb 命令 `interrupt`。然後，你就可以使用全部 gdb 命令對目標的 Linux 進行追蹤或偵錯。

小技巧

- 在核心啟動期間，在目標機器上一次成功的設定會引起「waiting for remote debug…」（等待遠端偵錯…）之類的提示訊息。kgdb 將等待從開發機器送來的命令來指示它的下一步行動。這個命令通常是 gdb 命令 `continue`。在沒有任何命令輸入的情況下，目標機器將停駐不動。

C.3 維護

當一個軟體計畫的規模很小，要記住大部分資料結構定義以及函數實作的所在位置是很容易的。然而，當它的規模逐漸成長，記住所有資訊就變得愈來愈難。你需要一個工具幫助你管理數以百計的變數和函數宣告。另一方面，一個好的計畫也需要眾多優秀的研發人員的團隊合作。共同研發人員必須使用同一個版本的控制系統來協調彼此做出的修改。本節將介紹針對單一研發人員瀏覽程式碼之作業的 `cscope` 以及用來控制共同研發人員的源碼的 `git`。

C.3.1 程式碼瀏覽器 – `cscope`

什麼是 `cscope`

`cscope` 原本是貝爾實驗室開發出來的一種源碼瀏覽工具。在 2000 年，它成為開放源碼。`cscope` 提供的功能包括搜尋一個參數、巨集、函數宣告、被呼叫的函數和函數的被呼叫方，以及取代文字和甚至呼叫一個外部的文字編輯器去修改源碼。它的功能如此強大，以至於 AT&T 用它來管理涉及 500 萬行 C/C++ 程式碼的計畫。

如何使用 `cscope`

使用 `cscope` 的第一步是根據源碼檔（.c）和標頭檔（.h）來建立交叉引用表。在預設情況下，`cscope` 認定這些檔案的清單是被寫在一個名為 `cscope.files` 的檔案裡。因此，你可以發出下列的 Unix 命令來製作 `cscope.files`：

- `find . -name '*.[chly]' -print | sort > cscope.files`

現在你可以告訴 `cscope` 使用下列命令來建立交叉引用表：

- `cscope -b -q [-k]`

其中的旗標 `-b` 是用來建立交叉引用表，旗標 `-q` 則啟動反向索引表的建造，而旗標 `-k` 是一個可選用的旗標，其使用的時機只限於當你的計畫是核心源碼的一部分。執行完命令之後會產生三份檔案：

`cscope.out`: 交叉參考表
`cscope.in.out` 和 `cscope.po.out`: 反向索引表

此刻是啟動 `cscope` 的時候。執行下列命令，其將以一個文字模式的使用者介面來執行 cscope：

- cscope -d

其中的旗標 -d 表示，使用既有的交叉參考表而不要更新它們。此外，cscope 可以和 emacs 或 vim 一起合併，舉例來說，在 .vimrc 設定檔中加入「cs add cscope.out」就可以把 cscope 和 vim 整合在一起。

範例

圖 C.7 顯示 cscope 的螢幕截圖。在 cscope 介面上顯示出兩塊區域。一塊是命令區域，其中陳列出 cscope 命令。另一塊是結果區域，其中顯示出查詢結果。你可以藉著按下 TAB 按鍵在這個區域之間切換。此外，你可以切換在命令區域裡的命令或選擇在結果區域裡的一個結果，而方法是在那個區域上面使用 UP（上）或 DOWN（下）按鍵。嘗試在命令區域內列入一個命令名稱「Find this C symbol…」，而結果會被顯示在結果區域之中。現在你可以切換到結果區域，挑選一個項目，然後按下 Enter 按鍵以便呼叫外部的文字編輯器去修改它。最後，按下？按鍵會帶給你 help 操作手冊，而按下 Ctrl-D 則會退出 cscope。

小技巧

- 當你忘記一個符號的全名時，cscope 命令「Find this egrep pattern」可以幫助你找出你想搜尋的目標。

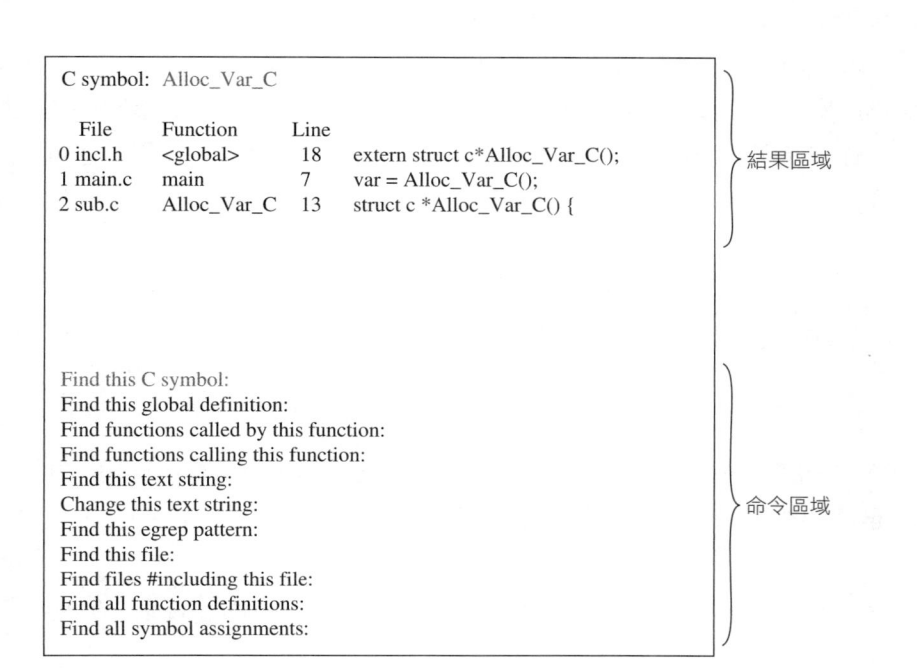

圖 C.7　cscope 的範例

```
C symbol: Alloc_Var_C

   File       Function      Line
0  incl.h     <global>      18    extern struct c*Alloc_Var_C();
1  main.c     main          7     var = Alloc_Var_C();
2  sub.c      Alloc_Var_C   13    struct c *Alloc_Var_C() {




Find this C symbol:
Find this global definition:
Find functions called by this function:
Find functions calling this function:
Find this text string:
Change this text string:
Find this egrep pattern:
Find this file:
Find files #including this file:
Find all function definitions:
Find all symbol assignments:
```

結果區域

命令區域

- 當你需要一次就改變廣布於許多檔案中的某個符號的名稱，使用 `cscope` 命令「Change this text string」。

C.3.2 版本控制 – `git`

什麼是 `git`

`git`[4]（Global Information Tracker，全球資訊追蹤器）是一個最初由 Linus Torvalds 開發出來的源碼控制系統。`git` 的兩個著名特色是高效能和分散式結構。由於它的高效率，目前有數百個開放源碼計畫，其中包括 Linux 核心和 Google Android 作業系統，都是藉由 `git` 來控制。`git` 提供一個分散式的控制結構。藉著使用 `git`，每位研發人員可以自己決定何時以及如何劃分出一個計畫。

如何使用 `git`

使用 `git` 的第一件事是建立一個儲藏庫。儲藏庫是一個目錄，其中含有一個源碼受到控制的計畫。你可以藉由初始化一個容納目前工作計畫的目錄，或者複製一個已經存在的 `git` 控制的計畫。這些可以用下列命令來達成：

- `git init project_directory`

或者

- `git clone git_controlled_url`

其中 `git_controlled_url` 是由其他研發人員主持的一個儲藏庫的所在位置。`git_controlled_url` 的一些重要格式列於表 C.2 之中。

有了一個儲藏室之後，你可以建立新的檔案或修改在儲藏室下的現有檔案。在提交修改之前，你可能想要檢視上一次的版本和目前工作計畫兩者間的差異。這可以藉由下列命令來達成：

- `git diff`

如果要提交你的修改，你可以執行下列命令：

- `git add . ; git commit -m "your log messages"`

在通常的情況下，一個計畫在開發過程中會留下數個分支。有些分支實作實驗性的構想，有些滿足不同客戶的需求，有些則充當里程碑。下列命令可以在 `git` 裡建

---

[4] 事實上，`git` 這個字是英國俚語，其意思是「豬頭，自認為永遠正確，好爭辯的」。Torvalds 諷刺地說：「我是個以自我為中心的混蛋，所以我根據我自己來命名我所有的計畫。最初是 Linux，現在是 `git`。」

表 C.2　在 `git` 裡可以使用的重要 `git_controlled_url`

格式	描述	Git 範例
local_path	git 儲藏庫是位於 `local_path`。	git clone /home/Bob/project
http://host/path	git 儲藏庫是受到一個了解 git 的網頁伺服器的控制[5]。	git clone http://1.2.3.4/project.git
https://host/path	和上一個的格式相同，但是有 SSL 加密。	git clone https://1.2.3.4/project.git
ssh://user@host/remote_path	git 儲藏庫被儲存在 `host/remote_path`，而且使用者可以經由一個安全通道並使用 SSH 協定來存取它[6]。	git clone ssh://Bob@1.2.3.4/home/Bob/project
git://host/remote_path	git 儲藏室是透過 git 協定而被儲存在該台遠端主機[7]。	git clone git://1.2.3.4/project.git

立一個新的分支：

- `git branch new_branch_name`

以下命令可以列出已經存在的分支：

- `git branch`

注意到，目前工作的分支被標上一個星號而預設的分支名稱是 `master`。在分支之間切換可以藉由下列命令來達成：

- `git checkout branch_name`

把一個分支合併到目前工作的分支是透過以下的命令：

- `git merge branch_name`

如果你的計畫是從一個已經存在的開放源碼所複製而來，現在是一個好的時機把你的修改回饋給開放源碼社群。git 提供了好幾種方式讓共同研發人員合併他們的儲藏庫。最簡單的方式是用 email 送回源碼的補丁。每個補丁表示一個版本和它後繼版本之間的差別。git 使用下列命令來產生從複製時間開始一直到你確認的最

---

[5] 閱讀在 git 首頁上面的 Git User's Manual 來學習如何把 git 整合到你的網頁伺服器。

[6] SSH（Secure Shell）是一個網路協定，其提供了兩台網路裝置之間認證過而且加密過的頻道。在大部分像 Fedora 之類的常見 Linux 發行套件裡都有內建的 SSH。如果要啟動它，你可能需要重新設定你的防火牆設定來允許外部訊流進入到 22 號埠，並且啟動它的守護行程 sshd。

[7] 最容易支援 git 協定的方法是使用「git daemon」命令來執行一個 git 守護行程。

新版本的一連串補丁:

- `git format-patch origin`

事實上,補丁檔案被格式化成 email 檔案,所以它們可以被 email 客戶端直接傳送給其他的研發人員。接收者使用下列命令來輸入補丁:

- `git am *.patch`

範例

雖然 Git 可以自動合併兩個分支的源碼,可是它還沒有聰明到足以合併在同一段程式碼上做不同的修改所導致的衝突。不幸的是,這是一個常見的情況,尤其是在一個正熱門開發中的計畫裡。幸好,手動合併的步驟簡單到任何人都可以學會。

考慮一個案例:兩個分支以不同的方式在修改同一個函數。其中一個分支,比如說 bonjour 版本,它指派給變數 `str` 的值為字串「`Bonjour!\n`」。第二個分支,比如說 goodday 版本,它修改相同的變數但是把該變數的值設定成字串「`Good day!\n`」。當他想要合併兩個分支的時候,一個衝突於是發生。

為了幫助解決這樣的衝突,git 用三行符號來圍住有發生衝突的程式碼區段:<<<<<<<、======= 和 >>>>>>>。在小於和等於符號內的程式碼區段是屬於目

```
$ git branch
  bonjour_version
*goodday_version
  master
$ git merge bonjour_version
Auto-merging sub.c
CONFLICT (content): Merge conflict in sub.c
Automatic merge failed; fix conflicts and then commit the result.
$ head -13 sub.c
#include <stdio.h>
#include <string.h>
#include <stdlib.h>

#include "incl.h"

void printHello()
{
<<<<<<< HEAD
    char *str = "Good day!\n";
=======
    char *str = "Bonjour!\n";
>>>>>>> bonjour_version
$ vi sub.c
$ git add . ; git commit -m "a merged version"
[goodday_version 626937e] a merged version
```

目前分支是「goodday 版本」

無法在第一次就成功合併兩個分支

此處是衝突區段

← 手動解決衝突
← 合併成功

圖 C.8 `git` 衝突需要手動合併的範例

前分支的源碼，而在等於和大於符號內的程式碼區段則是另一個分支的源碼。你可以很容易地找出兩者的差別，藉著編輯源碼的方式來解決衝突，然後成功地提交目前的版本。圖 C.8 說明了這個範例。

小技巧

- CVS（Concurrent Versions System，並行版本系統）是另一個源碼控制系統，其非常類似於過去流行的 RCS（Revision Control System，修訂控制系統）。不同於 git，CVS 是集中式；換句話說，有一個中央資料庫儲存整個計畫。每一位研發人員可以把他自己的樹的複本存入到他的自家目錄裡。在 CVS 的管理之下，多位研發人員可以同時對同一計畫進行工作。
- SVN（Subversion）是 CVS 的一個後繼者，因此它的語法看起來很像原版 CVS 的語法。和 CVS 比較之下，SVN 的主要優點是它支援交易。因此，當提交多份檔案時，根據「全有或全無」之原則，SVN 確保如果不是全部的檔案都被成功地提交，就是沒有一個檔案會被修改。

C.4 效能剖析

在編碼和偵錯之後，你的程式可能現在開始履行其職責。你如何知道程式是否很有效率地執行呢？在欠缺效能剖析的情況下，你可能需要一個碼錶才能評估它。效能剖析（profiling）記錄了一個正在執行中的程式的統計數據。一名研發人員因而可藉由分析效能剖析報告的方式來衡量其實作的效能。在這一節會介紹兩個效能剖析工具，一個是用於使用者空間應用程式，而另一個則是用於核心。

C.4.1 剖析器 – `gprof`

什麼是 `gprof`

GNU 剖析器 `gprof` 讓你能剖析一個執行中的程式。它會把效能剖析的結果報告寫入兩個表格，平面剖析（flat profile）和呼叫圖（call graph）。平面剖析呈報了每一個函數被調用的次數，以及花費在該函數上的時間。呼叫圖則進一步詳細說明所花費的時間以及一個函數和其子代函數之間的關係。檢視 `gprof` 的結果可以讓你發現一個程式的瓶頸與不良的設計。

如何使用 `gprof`

如果要使用 `gprof`，你的程式必須搭配一個特別的 gcc 旗標 `-pg` 而被重新編譯，以便讓 gcc 能夠把監測常式和紀錄常式加入該程式之中。舉例來說，如果要啟動一個叫做 prog 的程式的剖析功能，所使用的命令會像：

```
gcc -pg -o prog main.c
```

然後，你的程式會照常被執行來收集剖析結果。該結果將會被儲存在一個名為 gmon.out 的檔案裡。當程式結束之後，你可以執行下列命令來閱讀剖析結果：

- gprof -b program_name

其中的旗標 -b 告訴 gprof 不要顯示冗長的解釋。

範例

接下來圖 C.9 顯示的範例說明了 gprof 報告的結果。有三個函數被主函數使

```
$ gprof-b prog
Flat profile:

Each sample counts as 0.01 seconds.
  %     Cumulative   Self              Self    Total
 time    seconds    seconds   Calls   s/call   s/call   name
 91.11    3.38      3.38        1      3.38     3.38    funcA
  8.89    3.71      0.33      101      0.00     0.00    funcB
  0.00    3.71      0.00        1      0.00     0.33    funcC

              Call graph

Granularity: each sample hit covers 4 byte(s) for 0.27% of 3.71 seconds

index % time    self  children    called     name
                                           <spontaneous>
[1]    100.0    0.00    3.71                 main [1]
                3.38    0.00      1/1          funcA [2]
                0.00    0.33      1/1          funcC [4]
                0.00    0.00      1/101        funcB [3]
-----------------------------------------
                3.38    0.00      1/1          main [1]
[2]     91.1    3.38    0.00        1        funcA [2]
-----------------------------------------
                0.00    0.00      1/101        main [1]
                0.33    0.00    100/101      funcC [4]
[3]      8.9    0.33    0.00      101          funcB [3]
-----------------------------------------
                0.00    0.33      1/1          main [1]
[4]      8.8    0.00    0.33        1        funcC [4]
                0.33    0.00    100/101        funcB [3]
-----------------------------------------

Index by function name

  [2] funcA          [3] funcB          [4] funcC
```

平面剖析

身為呼叫方的函數
目前的函數
被呼叫的函數

呼叫圖

索引

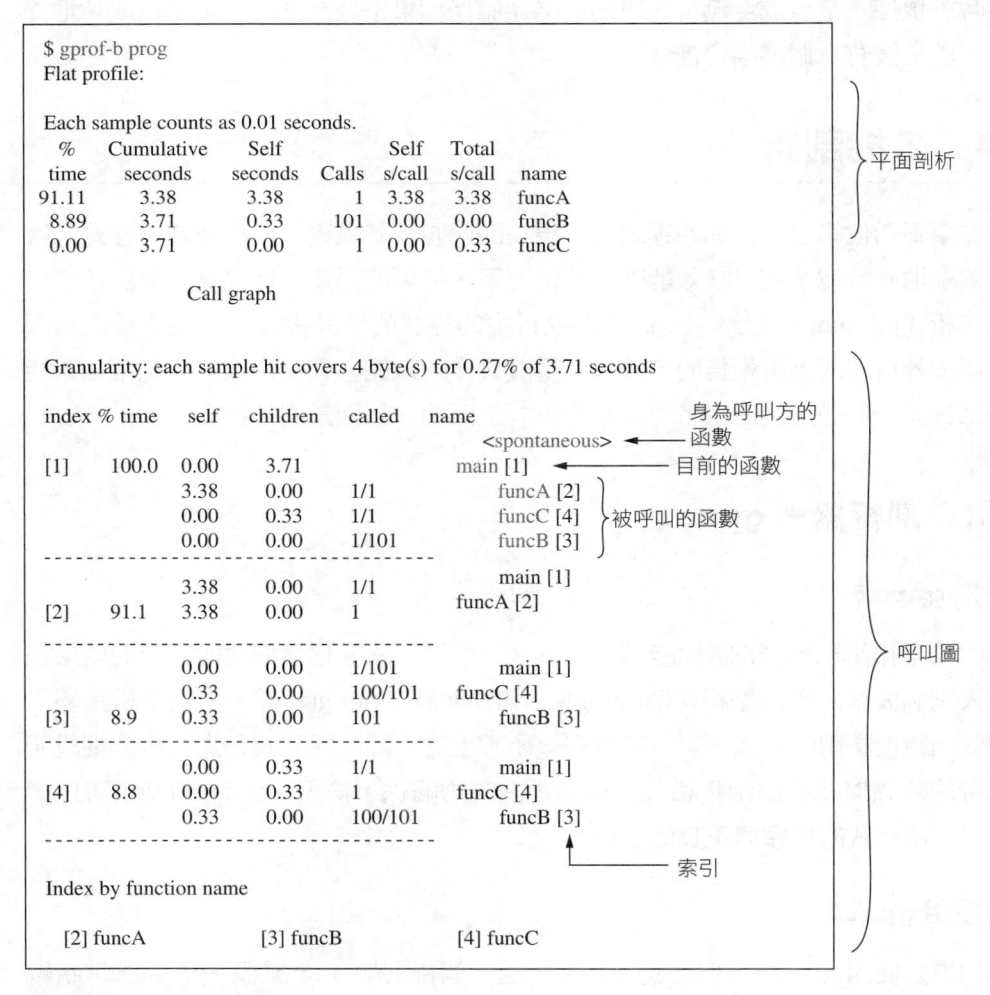

圖 C.9 `gprof` 的螢幕截圖

用,分別為 funcA、funcB 和 funcC。如平面剖析裡報告的一樣,funcA 耗費最多時間,約 3.38 秒,而 funcB 被重複呼叫 101 次。在這 101 次呼叫之中,呼叫圖進一步顯示其中有 100 次是被 funcC 呼叫的。

小技巧

- 如果要剖析一個守護行程程式,你必須關掉它的守護行程功能,因為只有當一個程式結束的時候,其剖析結果才可以被取得。在大多數情況下,你可以藉著找出函數呼叫 daemon,然後將其註解的方式來實行上述操作。
- Linux 裡的另外兩個著名剖析器是 LTTng(lttng.org)和 OProfile(oprofile.sourceforge.net)。LTTng 需要將 LTTng 提供的剖析 API 或測試者撰寫的回調函數加入目標程式的源碼之中。OProfile 可以在沒有修改源碼的情況下對其進行剖析。不同於 gprof 使用編譯器協助之技術,OProfile 受惠於一個核心驅動程式。這個搭配 OProfile 的驅動程式會週期性地收集統計數據。OProfile 的優點是它可以橫跨多個程式來進行剖析而不需要任何源碼,也就是所謂的全系統範圍的剖析器。它的缺點則是系統耗損太大以及需要超級使用者之特權。

C.4.2 核心剖析器 — kernprof

什麼是 kernprof

kernprof 是一組 Linux 核心補丁以及工具,它是 SGI(Silicon Graphics International)提供的開放源碼。有了 kernprof,系統分析師可以知道花費在每個核心函數上的時間,並可以找出在核心裡的瓶頸,就和 gprof 替使用者空間的應用程式所做的服務一樣。

如何使用 kernprof

如果要啟動 kernprof,你的核心源碼必須有相關的補丁。因此,你必須先到 kernprof 網頁下載符合你的核心版本的補丁程式。核心補丁完成之後,你現在可以重新編譯並且安裝有 kernprof 補丁的核心。接下來,你必須手動建立一個字元裝置(character device),其提供了它的使用者空間控制程式(即 kernprof)和有補丁過的核心兩者之間一個通訊頻道。這可以藉由以下命令來達成:

- mknod /dev/profile c 190 0

其中的數值 0 表示你的系統的第一個 CPU。同樣地,你可以替剩餘的每一個 CPU

建立一個字元裝置。

　　kernprof 提供了數個剖析模式。PC（Program Counter，程式計數器）採樣模式週期性地收集正在執行中的函數的資訊，而它的結果就類似於 gprof 所產生的平面剖析。呼叫圖模式建立一個有用於核心追蹤的呼叫圖。註釋的呼叫圖模式則混合以上兩種模式，所以其結果是符合 gprof 裡預設的輸出。

　　不同於 gprof 的是在一個程式的生命期間內收集資訊，你必須自己發出命令來明確地開啟或關閉 kernprof。舉例來說，如果要在註釋的呼叫圖模式裡開啟 kernprof，你可以指定使用以下命令：

- kernprof -b -t acg

其中的旗標 -t acg 代表註解的呼叫圖模式。如果要停止 kernprof 並產生一個 gprof 可以讀懂的結果，即 gnome.out，使用以下命令：

- kernprof -e
- kernprof -g

最後，你可以使用 gprof 來讀取結果，其方法是發出下列命令：

- gprof file_of_vmlinux

小技巧

- 一個已經啟用 kernprof 的核心可能會減慢你的 Linux 的執行速度。根據 kernprof 的常見問題，它可能導致系統效能下降超過 15%。因此，使用者可以準備兩個核心，啟用 kernprof 的核心和正常的核心，並且使用開機載入器在兩個核心之間切換。
- 除了之前提及的 LTTng 和 OProfile，Kernel Function Tracer（KFT, elinux.org/Kernel_Function_Trace）是另一個可以選擇的著名 Linux 核心剖析器。LTTng 和 KFT 像 kernprof 一樣，在進行剖析之前需要核心補丁，而 OProfile 則是以一個核心驅動程式和一個使用者空間守護行程作為它呈現的形式。因此，它可以被動態地載入和執行而不需要觸及核心源碼。

C.5　嵌入

　　把你的計畫移植到一個嵌入式系統裡，可能比在桌面上開發它更加困難。第一個而且可能是最重要的設計目標是縮減程式碼尺寸，因為嵌入式系統的資源有限。此外，你大概需要一個工具鏈〔即跨平台編譯器（cross-compiler）和函數庫〕，才能夠編譯和連結那些給特定目標結構執行的程式,並準備根檔案系統(即含有「/」根目錄以及開機所需的所有檔案和目錄,例如 /bin、/etc 和 /dev 目錄。有一些開放源碼計畫可以幫助你建立一個夠小的嵌入式 Linux。本節將討論如何使用空間優化的通用程式〔所謂的實用工具(utility)〕、輕量級的工具鏈及嵌入式根檔案系統,以加速移植工作。

C.5.1 微型實用工具 ─ busybox

什麼是 busybox

一台運行的 Linux 需要數十種基本的實用工具。然而,它們之中許多工具都有像字串拷貝之類共同的常式、像小幫手之類不常使用的功能和像操作手冊之類非必要性的文件。刪除它們以便縮減程式尺寸是很不錯的做法。busybox 是一個計畫,其整合了許多共同且基本的實用工具,而成為一個單一空間優化的程式。

如何使用 busybox

因為 busybox 具有高度可設定性,編譯一個客製化的版本是很容易的。首先,你可以使用下列命令:

- make menuconfig

來選擇你需要的實用工具,並且取消那些不想要的實用工具。尤其是在 menuconfig 的螢幕上,你可以使用 UP 和 DOWN 按鍵來移動游標,Enter 按鍵來選擇子選單,SPACE(空白)按鍵來選擇/取消一個選項,以及選擇 Exit(退出)選項來儲存以及退出一個子選單或設定。圖 C.10 是 menuconfig 的螢幕截圖。

接下來,輸入:

- make

以便編譯 busybox,而這個命令會在目前的目錄下面產生一個名為 busybox 的可執行程式。busybox 表現得好似不同的實用工具;當執行的時候,它先檢查它的程式名稱,所以你必須建立每個實用工具名稱到 busybox 的符號連結。舉例來說,如果實用工具 find 被 busybox 所取代,相關的符號連結:

    find-->busybox

就必須存在。因此,安裝 busybox 是要把程式拷貝到你的嵌入式系統,並且製作相關的符號連結。

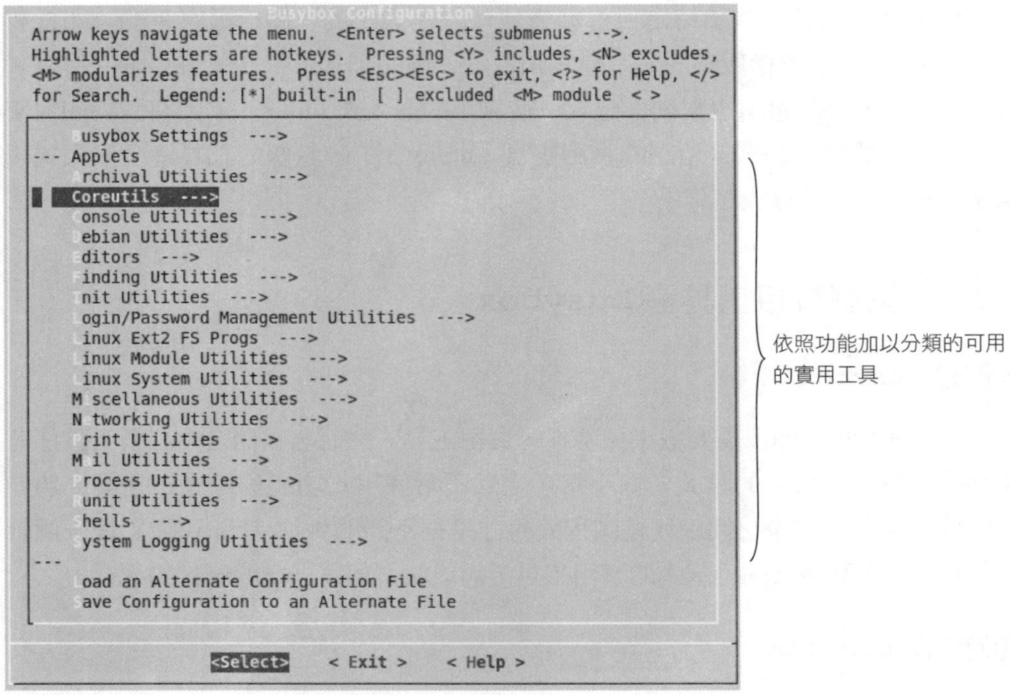

```
               ┌─ Busybox Configuration ─┐
Arrow keys navigate the menu.  <Enter> selects submenus --->.
Highlighted letters are hotkeys.  Pressing <Y> includes, <N> excludes,
<M> modularizes features.  Press <Esc><Esc> to exit, <?> for Help, </>
for Search.  Legend: [*] built-in  [ ] excluded  <M> module  < >

        usybox Settings  --->
    --- Applets
        rchival Utilities  --->
      ▌ Coreutils  --->
        onsole Utilities  --->
        ebian Utilities  --->
        ditors  --->
        inding Utilities  --->
        nit Utilities  --->
        ogin/Password Management Utilities  --->
        inux Ext2 FS Progs  --->
        inux Module Utilities  --->
        inux System Utilities  --->
      M scellaneous Utilities  --->
      N tworking Utilities  --->
        rint Utilities  --->
      M il Utilities  --->
        rocess Utilities  --->
        unit Utilities  --->
        hells  --->
        ystem Logging Utilities  --->
    ---
        oad an Alternate Configuration File
        ave Configuration to an Alternate File


              <Select>    < Exit >    < Help >
```

依照功能加以分類的可用的實用工具

圖 C.10 設定 `busybox`

小技巧

- 雖然設定和編譯 `busybox` 相當容易，可是最困難的部分卻是選出哪些是你的嵌入式系統裡真正不可缺少的。一個快速的方法是觀察一個嵌入式 Linux 既有的根檔案系統，例如下一小節介紹的 `buildroot` 所建立的根檔案系統。

C.5.2 嵌入開發 – `uClibc` 和 `buildroot`

什麼是 `uClibc` 和 `buildroot`

　　GNU C 函數庫 `glibc` 是最常見的用於桌面式 Linux 的 C 函數庫。它是被設計成能相容於各種的 C 標準以及過去遺留至今之物，但此相容性增加了它的體積。它也利用許多技巧來優化執行的速度，雖然其中的許多技巧需要更多記憶體空間。`uClibc` 是一款專門為嵌入式系統徹底重新設計的函數庫。因此，一個和 `uClibc` 連結的程式其體積可以遠小於該程式和 `glibc` 連結的體積。

　　一個 C 函數庫需要一個相符的工具鏈（即跨平台編譯器和系統軟體實用工具）來幫助一個程式和它連結。`uClibc` 開發團隊指出，如果想要一次就準備好全部的工具鏈，最簡單的方法是使用 `buildroot` 計畫。`buildroot` 是一組

makefile，其能夠自動從網際網路下載所需的軟體套件來建置一個客製化的根檔案系統。在預設情況下，它會以 uClibc 去編譯並且連結程式。此外，它也使用了在前一小節介紹的 busybox。結果，由 buildroot 所建造的檔案系統其空間要求是很小的，所以它很適合用於嵌入式系統。

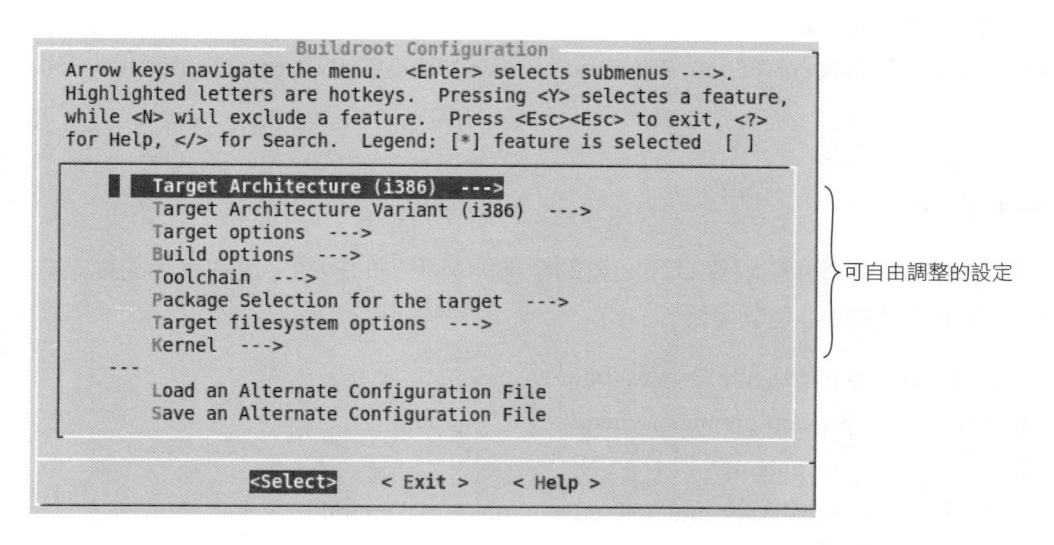

如何使用 **buildroot**

buildroot 也具有高度可設定性，就如同 busybox 計畫一樣。它們的編譯程序是相同的。因此，我們發出 make menuconfig 這個命令來配置設定，並且輸入 make 來編譯 buildroot。由 builroot 計畫建立的檔案系統，其生成的影像是位於目錄 binaries/uclibc/ 裡。圖 C.11 是它的 menuconfig 的螢幕截圖。

小技巧

- 這裡有個方法可以驗證一個被建置完成的根檔案系統的完整性[8]，但前提是目標機器擁有和開發平台相同的結構。第一步是找出被編譯的根檔案系統目錄的位置。在 buildroot 編譯快要結束之時，變數 rootdir 就是我們要找尋的目標。假設該目錄被命名為 directory_root，也就是 rootdir=directory_root。然後，輸入：

```
                    Buildroot Configuration
Arrow keys navigate the menu.  <Enter> selects submenus --->.
Highlighted letters are hotkeys.  Pressing <Y> selectes a feature,
while <N> will exclude a feature. Press <Esc><Esc> to exit, <?>
for Help, </> for Search.  Legend: [*] feature is selected  [ ]

       Target Architecture (i386)  --->
       Target Architecture Variant (i386)  --->
       Target options  --->
       Build options  --->
       Toolchain  --->
       Package Selection for the target  --->
       Target filesystem options  --->
       Kernel  --->
       ---
       Load an Alternate Configuration File
       Save an Alternate Configuration File


              <Select>    < Exit >    < Help >
```

右側標示：可自由調整的設定

圖 C.11 設定 **buildroot**

---

[8] 舉例來說，你可能想要檢查一個 shell 腳本程式是否可以正確地呼叫你的程式 /bin/your_prog。一個方法是把所有東西都放在目標機器上，然後真正啟動腳本程式來驗證它的執行流程。這裡的小技巧提供的另一種方法則是在開發平台上啟動腳本。

```
chroot directory_root sh
```

這會把根目錄更改成之前被編譯的目錄。接下來，你可以執行任何程式就像該程式早已被安裝在目標機器上一樣。在任一時間點，你可以使用 exit 命令來改回原來的根目錄。

進階閱讀

相關書籍

下列書籍涵蓋了附錄 C 所提及的大部分主題。不幸的是，我們還沒找到好到足以推薦的關於效能剖析的書籍。

- R. Mecklenburg, *Managing Projects with GNU Make (Nutshell Handbooks)*, 3rd edition, O'Reilly, 2009.
- R. M. Stallman, R. Pesch, and S. Shebs, *Debugging with GDB: The GNU Source-Level Debugger*, 9th edition, Free Software Foundation, 2002.
- M. Bar and K. Fogel, *Open Source Development with CVS*, 3rd edition, Paraglyph, 2003.
- C. Pilato, B. Collins-Sussman, B. Fitzpatrick, *Version Control with Subversion*, 2nd edition, O'Reilly Media, 2008.
- C. Hallinan, *Embedded Linux Primer: A Practical Real-World Approach*, Prentice Hall, 2006.

線上資源

我們在此簡單介紹附錄 C 所涵蓋的全部開發工具的網站。這些著名的網站未來將會繼續存在並且蓬勃發展。

1. VIM(Vi Improved), http://www.vim.org/
2. gedit, http://projects.gnome.org/gedit/
3. GCC, http://gcc.gnu.org/
4. GNU Make, http://www.gnu.org/software/make/make.html
5. GDB, http://sources.redhat.com/gdb/
6. DDD, http://www.gnu.org/manual/ddd/
7. kGDB, http://kgdb.sourceforge.net/
8. cscope, http://cscope.sourceforge.net/

9. CVS, http://www.cvshome.org/
10. GNU gprof, http://www.cs.utah.edu/dept/old/texinfo/as/gprof.html
11. Kernprof, http://oss.sgi.com/projects/kernprof/
12. BusyBox, http://www.busybox.net/
13. uClibc, http://www.uclibc.org/
14. Buldroot, http://buildroot.uclibc.org/

Appendix D

網路實用工具

　　Linux 系統的使用者和管理人員通常都需要透過各種工具來了解其系統。舉例來說，某人員可能需要檢查一台主機的 IP 位址，或者查看一個網路介面的訊流數據。另一方面，除了附錄 C 所呈現的開發工具，研發人員也可能需要藉助其他工具來觀察網路，以便促進偵錯過程。在一個真實系統開發之前和開發之後，某人員可能分別需要模擬（或仿真）系統設計和測試其開發出來的系統。我們可以統稱這些工具為網路實用工具（network utilities）。本附錄將這些工具分類成六大類別：名稱定址、周邊探測、訊流監測、效能評估指標、模擬與仿真以及駭客攻擊。

　　第 D.1 節討論，名稱定址如何使用 host 透過 DNS 查詢來幫助使用者認識網際網路裡誰是誰，並且以位址解析協定（Address Resolution Protocol, arp）和介面設定器（Interface Configurator, ifconfig）來協助取得當地（即 LAN）誰是誰的資訊。毫無疑問地，有些時候一個網路會不如預期般地正常運作。有些人會採用第 D.2 節探討的周邊探測，藉由 ping 來偵測一台遠端主機的可用性或藉由 tracepath 來偵測任何的網路瓶頸。一旦完成了故障排除，封包將可開始流動。第 D.3 節介紹用於操控訊流監控的工具。藉由 tcpdump 和 Wireshark，封包可以被轉儲以便於詳細地檢視它們的標頭和酬載。此外，使用 netstat 可以蒐集一些有用的網路數據和資訊。

　　由於效能是一個關鍵的議題，一個連通網路只有在它的效能已經被測量的情況下，才被視為是可以使用的。因此，第 D.4 節介紹效能評估指標工具，例如用於主機對主機處理量分析的 Test TCP（ttcp）。另一方面，發展一個系統而沒有事先評估設計通常過於昂貴而且風險很高。在這種情況下應該使用在第 D.5 節裡討論的網路模擬器（Network Simulator, ns）來模擬或使用 NIST Net 來仿真。最後，第 D.6 節會扼要地介紹使用 Nessus 的利用掃描（exploit-scanning）的駭客攻擊方法。

655

D.1 名稱定址

通訊的第一個步驟通常是把同儕的名稱解析成 IP 位址,或把同儕的 IP 位址解析成 MAC 位址。前者是網際網路裡誰是誰(在第 6 章討論的),可以透過網域名稱系統(Domain Name System, DNS)來達成;而後者是當地的誰是誰(在第 4 章探討的),可以透過位址解析協定來達成。本節討論名稱定址工具如何幫助使用者認識網際網路裡誰是誰和當地(即區域網路)誰是誰。

D.1.1 網際網路裡誰是誰 — `host`

什麼是 `host`

`host` 是一個程式讓使用者能夠查詢相對於一個網域名稱的 IP 位址;反之亦然。它實作了用來和一台當地 DNS 伺服器通訊的 DNS 協定,而該 DNS 伺服器進而詢問其他擁有相關映射資料的 DNS 伺服器。

如何使用 `host`

使用 `host` 是很簡單直接的。如果要查詢一個網域名稱的 IP 位址,只需要執行:

- `host domain_name`

同樣地,查詢一個 IP 位址的網域名稱可藉由以下命令來達成:

- `host ip_address`

範例

在圖 D.1 的範例中,我們想要查詢 www.google.com 的 IP 位址。`host` 告訴我們,www.google.com 有一個別名叫做 www.l.google.com,而這個名稱是被綁定在 6 個 IP 位址上面。

圖 D.1 `host` 的使用範例

```
$ host www.google.com
www.google.com is an alias for www.l.google.com.
www.l.google.com has address 74.125.153.103
www.l.google.com has address 74.125.153.104
www.l.google.com has address 74.125.153.105
www.l.google.com has address 74.125.153.106
www.l.google.com has address 74.125.153.147
www.l.google.com has address 74.125.153.99
```

小技巧

- 在預設情況下，host 發出查詢給系統設定好的本地 DNS 伺服器。你也可以藉由以下命令來指定一個網域名稱伺服器，比方說 target_dns：

  - host query_name target_dns

D.1.2　區域網路裡誰是誰 — arp

什麼是 arp

上層應用的通訊是透過 IP 層，而區域網路內實際的封包投遞則是根據 MAC 位址。arp 是一個程式，其幫助使用者查詢一個 IP 位址的 MAC 位址；反之亦然。管理人員也可以使用 arp 來管理全系統範圍的 ARP 表格，比方說加入一個靜態的 ARP 欄位。

arp 程式內部主要是透過位址解析協定來運作。基本上，arp 在區域網路上廣播一個 ARP 請求之訊息，以查詢一個特定 IP 位址的 MAC 位址。擁有該 IP 位址的裝置會送出一個單點傳輸的 ARP 回覆給提出查詢的主機。查詢的結果可以被動態地儲存在提出查詢之主機裡的全系統範圍的 ARP 表格，以便能加速未來查詢的反應時間。

如何使用 arp

使用 arp 也很簡單直接。如果要查詢一個 IP 位址的 MAC 位址，你可以使用下列命令：

- arp -a IP_address

加入一個項目到 ARP 表格裡，可以藉由下列命令來達成：

- arp -s IP_address MAC_address

此外，使用下列命令可以移除一個 ARP 欄位：

- arp -d IP_address

最後，你可以藉由輸入下列命令來瀏覽全系統範圍的 ARP 表格：

- arp

圖 D.2 arp 的使用範例

```
$ arp
Address                    HWtype  HWaddress          Flags Mask   Iface
88-router.cs.nctu.edu.t    ether   00:19:06:e8:0e:4b  C            eth0
140.113.88.140             ether   00:16:35:ae:f5:6c  C            eth0
```

範例

圖 D.2 展示了全系統範圍的 ARP 表格的瀏覽結果。在這個表格上，我們可以知道有兩個項目，其分別為 88-router.cis.nctu.edu.tw 和 140.113.88.140，被綁定在網路介面 eth0 之上。旗標「C」代表這是在系統上的一個快取儲存項目（並非一個靜態項目）。

小技巧

- 當你的區域網路上一台主機改變它的網路適配器的時候，你可能由於 ARP 快取儲存表的緣故而無法立刻存取它。如果要解決這個問題，你可以等待快取計時器截止，或者使用 arp -d 來移除之前描述的快取儲存項目。

D.1.3 我是誰－ ifconfig

什麼是 ifconfig

ifconfig（InterFace CONFIGurator，介面設定器）是一個程式讓使用者能夠查詢網路介面的 IP 位址、MAC 位址和統計數據。管理人員也可以用它來設立 IP 位址，並啟動／關閉一個網路介面。

如何使用 ifconfig

使用 ifconfig 是蠻簡單、直接的。如果要查詢網路介面的設定，你可以使用下列指令：

- ifconfig [interface_name]，

其中的 interface_name 是一個參數選項，其可以被用來指定一個網路介面。在沒有任何參數的情況下，ifconfig 會顯示出目前正在運作中的介面的設定。管理人員可以使用：

- ifconfig <interface_name> inet IP_address

來設定一個網路介面的 IP 位址，以及使用：

- ifconfig <interface_name> down/up

```
$ ifconfig
eth0      Link encap:Ethernet  HWaddr 00:1D:92:F1:8A:E9
          inet addr:192.168.1.1  Bcast:192.168.88.255  Mask:255.255.255.0
          inet6 addr: fe80::21d:92ff:fef1:8ae9/64 Scope:Link
          UP BROADCAST RUNNING MULTICAST  MTU:1500  Metric:1
          RX packets:1147154 errors:0 dropped:0 overruns:0 frame:0
          TX packets:296781 errors:0 dropped:0 overruns:0 carrier:0
          collisions:0 txqueuelen:100
          RX bytes:312608565 (298.1 MiB)  TX bytes: 110166934 (105.0 MiB)
          Memory:fe940000-fe960000
```

圖 D.3 `ifconfig` 的使用範例

來關閉／啟動一個網路介面。

範例

圖 D.3 是一個 `ifconfig` 的使用範例，其結果顯示系統有一個名為 `eth0` 的介面。它的 IP 位址是 192.168.1.1，而 MAC 位址是 00:1D:92:F1:8A:E9。該介面正在運作中，即 UP 旗標，並且已經傳輸了 296781 個封包（或大約 105 MB）。剩餘輸出資訊的詳細意義可以參考 `ifconfig` 的線上使用手冊。

小技巧

- 在微軟視窗平台上有提供一個類似的命令列程式 `ipconfig`。

D.2　周邊探測

當一個網路無法如預期般地正常工作時，我們可以採用周邊探測（perimeter-probing）工具來檢查主機的可用性或找出網路瓶頸。

D.2.1　偵測存活的呼喚 － `ping`

什麼是 `ping`

`ping` 是一個程式，其能夠檢視從主機連接到目標機器的路徑的可用性。它使用在網際網路控制訊息協定（Internet Control Message Protocol, ICMP）裡定義的兩種訊息。第一種訊息是 ICMP 回聲請求（echo request），而它是由主機送給目標。當接收到請求時，目標會將一個 ICMP 回聲回覆訊息送還給主機。主機因而可以知道可用性並計算出請求和回覆之間相隔的時間長度。

如何使用 ping

嘗試以下的命令：

- `ping target_machine`

來檢查在你的系統和目標之間的主機可用性。按下 Ctrl-C 來終止這個檢查並取得一份摘要報告。

範例

圖 D.4 的範例展示了 ping 的結果。藉著閱讀這些結果，我們可以曉得封包遺失率和到目標 192.168.1.2 的反應時間，其中包括最小、平均和最大反應時間。

小技巧

- 在預設情況下，ping 每秒鐘會送出一個請求。你可以藉著設定旗標 `-i` 來調整它，比方說：

`ping -i 10 192.168.1.2`

每隔 10 秒鐘會發出一個 ICMP 回聲請求。

D.2.2　找出特定的路 — `tracepath`

什麼是 tracepath

在使用 ping 的時候，你可能會發現到某一目標的封包遺失率是異常的高或反應時間很慢。如果要找出在你的主機和目標之間的路徑裡的瓶頸，tracepath 是很有用的工具。

tracepath 很好地利用在 IP 標頭裡的存活時間（time to live, TTL）欄位。它送出一個 UDP/IP 查詢訊息其內的 TTL 被設定為 1，所以在路徑上距離最近的路由

圖 D.4　ping 的使用範例

```
$ ping 192.168.1.2
PING 192.168.1.2 (192.168.1.2) 56(84) bytes of data.
64 bytes from 192.168.1.2: icmp_seq=1 ttl=128 time=2.01 ms
64 bytes from 192.168.1.2: icmp_seq=2 ttl=128 time=1.90 ms
64 bytes from 192.168.1.2: icmp_seq=3 ttl=128 time=1.96 ms
^C
--- 192.168.1.2 ping statistics ---
3 packets transmitted, 3 received, 0% packet loss, time 2990ms
rtt min/avg/max/mdev = 1.909/1.962/2.017/0.044 ms
```

每次循環的報告

摘要報告

器會立刻回覆一個 ICMP 時間已超過（time exceeded）的訊息給來源。來源因而能夠計算出到最近路由器的往返時間（round trip time, RTT）。同樣地，`tracepath` 會設定另一個查詢訊息內的 TTL 來測量更遠的路由器的 RTT。一旦有了這些 RTT 使用者，可以找出從來源到目標的路徑上的瓶頸。此外，`tracepath` 也可以發現一條路徑裡的最大傳輸單位（Maximum Transmission Unit, MTU）。

如何使用 `tracepath`

`tracepath` 相當容易使用。如果要檢視到一台目標機器的路徑，你可以簡單地使用以下命令：

- `tracepath target_machine`

你可以加上一個旗標 `-l pktlen` 來設定初始查詢訊息的長度。一旦遭遇到中繼路由器退回來訊息過長的退件時，`tracepath` 便會自動調整訊息長度。一個作為選項的參數 `/port` 可以被附加在 `target_machine` 的後面，以便指定 UDP 查詢訊息裡的目標埠號碼（target port number）。在 `tracepath` 的某些版本裡，目標埠號碼的預設值是 44444，可是在其他版本裡，這個號碼卻是隨機挑選的。不幸的是，有些路由器只會回覆目標埠號碼在 33434 到 33534 範圍內的查詢訊息，而這其實是在經典的 `traceroute` 實用工具裡的歷史設定。因此，有人建議，當使用 `traceroute` 時，最好明確地指定一個埠號碼（33434 是一個很好的數字選擇）。

範例

圖 D.5 的範例顯示 `tracepath` 測量到 www.google.com 的結果。結果裡的每一行顯示了來源和每一台中繼路由器（以及目標機器）之間的往返時間。在開始的

```
$ tracepath -l 2000 www.google.com/33434
 1: Stanley.cs.nctu.edu.tw (140.113.88.181)         0.048ms  pmtu 1500
 1: 88-router.cs.nctu.edu.tw (140.113.88.254)       1.904ms
 1: 88-router.cs.nctu.edu.tw (140.113.88.254)       2.589ms
 2: 140.113.0.198 (140.113.0.198)                   0.824ms
 3: 140.113.0.166 (140.113.0.166)                   0.753ms  asymm 4
 4: 140.113.0.74 (140.113.0.74)                     0.543ms  asymm 5
 5: 140.113.0.105 (140.113.0.105)                   1.096ms
 6: Nctu-NonLegal-address (203.72.36.2)             5.227ms
 7: TCNOC-R76-VLAN480-HSINCHU.IX.kbtelecom.net (203.187.9.233)  5.090ms
 8: TPNOC3-C65-G2-1-TCNOC.IX.kbtelecom.net (203.187.3.77)  23.713ms
 9: TPNOC3-P76-10G2-1-C65.IX.kbtelecom.net (203.187.23.98)  10.498ms
10: 72.14.219.65 (72.14.219.65)                     44.223ms  asymm 11
11: 209.85.243.30 (209.85.243.30)                   6.663ms   asymm 12
12: 209.85.243.23 (209.85.243.23)                   6.603ms   asymm 13
13: 72.14.233.130 (72.14.233.130)                   14.260ms
14: ty-in-f99.1e100.net (74.125.153.99)             6.802ms   reached
    Resume: pmtu 1500 hops 14 back 51
```

圖 D.5 `tracepath` 的使用範例

時候，tracepath 發出一封長達 2000 位元組的查詢訊息。第一個跳站點退回了這個訊息，並且要求 tracepath 使用 1500 位元組，也就是在第一行裡顯示的訊息「pmtu 1500」。對於剩餘的所有跳站點而言，長達 1500 位元組的訊息是可以接受的。最後，訊息「asymm #」代表由 tracepath 所找出的一條可能的非對稱性路由路徑。

小技巧

- traceroute 是 Unix 世界裡另一個可作為替代的著名工具。由於許多安全上的考量，某些 Linux 發行版（如 Ubuntu）的安裝就沒有包含它。
- tracert 是微軟平台裡的一個類似 tracepath 的實用工具。tracert 使用 ICMP 回聲請求而非 UDP 來作為它的查詢訊息。

D.3　訊流監測

一個網路協定的實作必須在真實的網路上通過驗證。本節將介紹用於訊流監測（traffic moniroting）的工具。封包可以被轉儲，以便詳細地檢視它們的標頭和酬載，一些有用的網路數據和資訊也可以被蒐集起來。

D.3.1　轉儲原始資料 – tcpdump

什麼是 tcpdump

tcpdump 是最受歡迎的命令列嗅探器（sniffer），其允許擁有權限的使用者把在一個網路介面接收到的訊流轉儲（dump）到其他地方。轉儲的訊流可以立刻被列印在主控台上面或被存成檔案，以便稍後分析。tcpdump 的力量來自於使用 libpcap 函數庫，其提供一個編程介面來捕捉訊流。WinDump 是 tcpdump 移植過去的一個視窗平台計畫。

如何使用 tcpdump

如果要捕捉所有東西，你可以只輸入以下命令：

- tcpdump

而稍後再按下 Ctrl-C 來終止捕捉。一個更為常見的 tcpdump 使用方法是指定過濾的條件，讓只有那些符合條件的封包被轉儲。有數十種的過濾條件可以被 tcpdump 使用。在此，我們用一個範例來介紹其中重要的條件，而這個範例可能滿足協定分析大部分常見的捕捉需求。範例的情況是：你想要記錄某些封包流，而其來源或目的地 IP 位址是 target_machine，TCP 埠號碼則是 target_port。假設 target_machine 是位於網路介面 eth0。tcpdump 命令將是

- tcpdump -i eth0 -X -s 0 host target_machine and port 80

其中的參數 -i eth0 要求 tcpdump 追蹤通過 eth0 的封包，參數 -X -s 0 要求 tcpdump 列印出包括標頭和酬載的整個封包，host target_machine 指出只要捕捉那些來源或目的地是 target_machine 的封包。而同樣地，port 80 限定了埠號碼。

範例

圖 D.6 顯示追蹤兩次 ping 循環的結果。如果要限定只能捕捉 4 個封包，你可以在命令中指定參數 -c 4。一個被捕捉到的封包是以兩欄來呈現：左邊的是以 16 進制字元來呈現，而右邊是被顯示成 ASCII 字元。非可列印的字元會被英文標點符號中的點號（dot）所取代。

D.3.2　有圖形使用者介面的嗅探器 — Wireshark

什麼是 Wireshark

Wireshark 是另一個有圖形使用介面的嗅探器。Ethereal 是它原本的名稱，而該計畫在 2006 年被重新命名為 Wireshark。

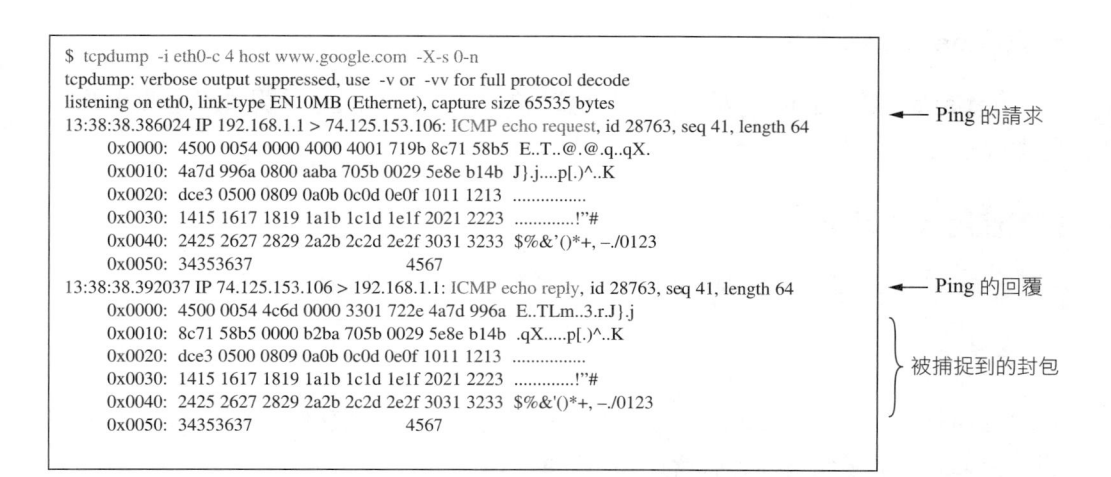

```
$ tcpdump  -i eth0-c 4 host www.google.com  -X-s 0-n
tcpdump: verbose output suppressed, use  -v or  -vv for full protocol decode
listening on eth0, link-type EN10MB (Ethernet), capture size 65535 bytes
13:38:38.386024 IP 192.168.1.1 > 74.125.153.106: ICMP echo request, id 28763, seq 41, length 64      ← Ping 的請求
        0x0000:  4500 0054 0000 4000 4001 719b 8c71 58b5  E..T..@.@.q..qX.
        0x0010:  4a7d 996a 0800 aaba 705b 0029 5e8e b14b  J}.j....p[.)^..K
        0x0020:  dce3 0500 0809 0a0b 0c0d 0e0f 1011 1213  ................
        0x0030:  1415 1617 1819 1a1b 1c1d 1e1f 2021 2223  .............!"#
        0x0040:  2425 2627 2829 2a2b 2c2d 2e2f 3031 3233  $%&'()*+,-./0123
        0x0050:  34353637                    4567
13:38:38.392037 IP 74.125.153.106 > 192.168.1.1: ICMP echo reply, id 28763, seq 41, length 64        ← Ping 的回覆
        0x0000:  4500 0054 4c6d 0000 3301 722e 4a7d 996a  E..TLm..3.r.J}.j
        0x0010:  8c71 58b5 0000 b2ba 705b 0029 5e8e b14b  .qX.....p[.)^..K        ⎫
        0x0020:  dce3 0500 0809 0a0b 0c0d 0e0f 1011 1213  ................       ⎬ 被捕捉到的封包
        0x0030:  1415 1617 1819 1a1b 1c1d 1e1f 2021 2223  .............!"#        ⎭
        0x0040:  2425 2627 2829 2a2b 2c2d 2e2f 3031 3233  $%&'()*+,-./0123
        0x0050:  34353637                    4567
```

圖 D.6　tcpdump 的使用範例

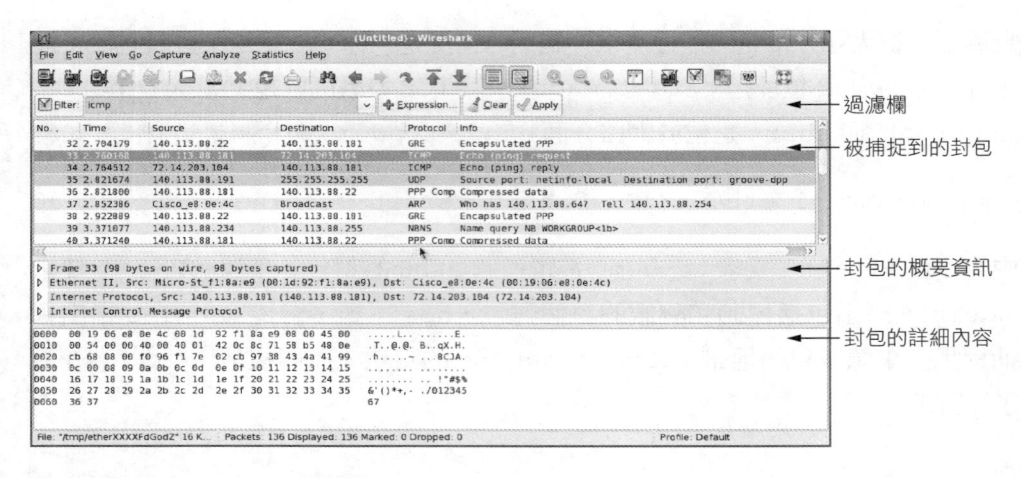

圖 D.7 Wireshark 的螢幕截圖

如何使用 Wireshark

按下在 Wireshark 選單的「Capture」子選單的「Interfaces」按鈕，便能夠開始進行封包捕捉。你也可以在那個子選單上面找到「Stop」按鈕。

Wireshark 的力量來自於它容易使用的介面。如圖 D.7 所示，Wireshark 的主視窗有四個主要區域。第一個區域是過濾欄。你可以藉由直接輸入過濾規則或使用「Expression」按鈕來設定過濾限制。第二個區域顯示被捕捉的封包。當游標指向一個項目時，它的概要資訊（例如 MAC 位址等等）會被顯示在第三個區域。最後，第四個區域顯示出封包的完整內容。

D.3.3 收集網路數據 – netstat

什麼是 netstat

netstat 是一個命令列工具，其可以顯示出連接的狀態、關於協定使用的統計數據以及路由表。

如何使用 netstat

netstat 的第一個主要功能是顯示連接狀態。你可以輸入以下命令：

- netstat -an

其中的旗標 -a 要求 netstat 列出所有協定的狀態，而旗標 -n 則以數值形式來顯示結果的位址，而這種方式會比顯示網域名稱更加快速。

netstat 的第二個功能是顯示關於協定使用的統計數據，而執行的命令是

圖 D.8 netstat 的結果

```
$ netstat -an
Active Internet connections (servers and established)
Proto  Recv-Q  Send-Q  Local Address       Foreign Address      State
tcp       0       0    0.0.0.0:22          0.0.0.0:*            LISTEN
tcp       0       0    0.0.0.0:80          0.0.0.0:*            LISTEN
tcp       0       0    192.168.1.1:22      192.168.1.2:50910    ESTABLISHED
```

- `netstat -s`

最後一個功能是顯示路由表，而方法則是執行以下命令：

- `netstat -rn`

範例

圖 D.8 為連接狀態的顯示。你可以看到該機器在許多埠上聆聽（埠的狀態為 LISTEN），例如 80（Apache 網頁服務），而且有一條連接是源自於 192.168.1.2。

小技巧

- 連接狀態也是一個有用的工具，可用來偵測駭客攻擊。舉例來說，阻斷服務（denial of service, DoS）之攻擊的特徵是出現數千條、非處於 LISTEN 狀態的連接。你也可以從 netstat 的結果來回溯找出攻擊者的來源。

D.4 效能評估指標

一個連通的網路只有在其效能已經被測量的情況下，才能被視為是可以使用的。本節會介紹用於主機對主機處理量分析的一個常見的效能評估指標之工具。

D.4.1 主機對主機的封包處理量－ `ttcp`

什麼是 `ttcp`

Test TCP 簡稱 `ttcp`，是一個效能評估指標之程式（benchmark program）。它能夠測試兩台機器之間的 TCP 或 UDP 處理量。目前有些路由器已併入此類工具的一個版本，讓使用者能夠很容易地評估網路的效能。

如何使用 `ttcp`

`ttcp` 有傳輸模式（transmit mode）和接收模式（receive mode）共兩種模式，其分別可以被參數 `-t` 和參數 `-r` 指定。該效能評估指標的過程開始於在一台機器上面啟動 ttcp 於接收模式，然後在另一台機器上面執行 ttcp 於傳輸模式。你可以對傳輸模式的 ttcp 投入特定的工作量，而工作量呈現的形式通常是一個檔案。該工作量將被傳輸到接收模式的 ttcp。在傳輸結束之時，統計數據會被顯示在兩個 ttcp 裡。結果包含處理量和每秒 I/O 呼叫的次數。

範例

在圖 D.9 的範例中，傳送方讀入充當工作量的檔案 test_file，並傳輸該檔案到位於 192.168.1.1 的接收方。該接收方不會儲存已接收到的內容，反而會丟棄它，也就是將它輸出到 /dev/null。圖中結果顯示，傳送方需要 12,500 次的 I/O 呼叫來傳輸 102,400,000 個位元組，而且由接收方測量到的處理量是每秒 723,557.59 KB。

小技巧

- 如果要在傳送方那邊產生一份龐大的樣本檔案，你可以使用下列的 dd 命令：
  - dd if=/dev/zero of=demo_file size = <size_in_512_bytes>

  其中的 if=/dev/zero 告訴 dd 去建立一個內容是以零填滿的檔案，of=demo_file 指定輸出檔案名稱，而 size_in_512_bytes 是一個數字，其指出了輸出檔案的容量。

- 如果要測量 UDP 的處理量，你可以在呼叫方的 ttcp 那邊指定 -u 旗標。

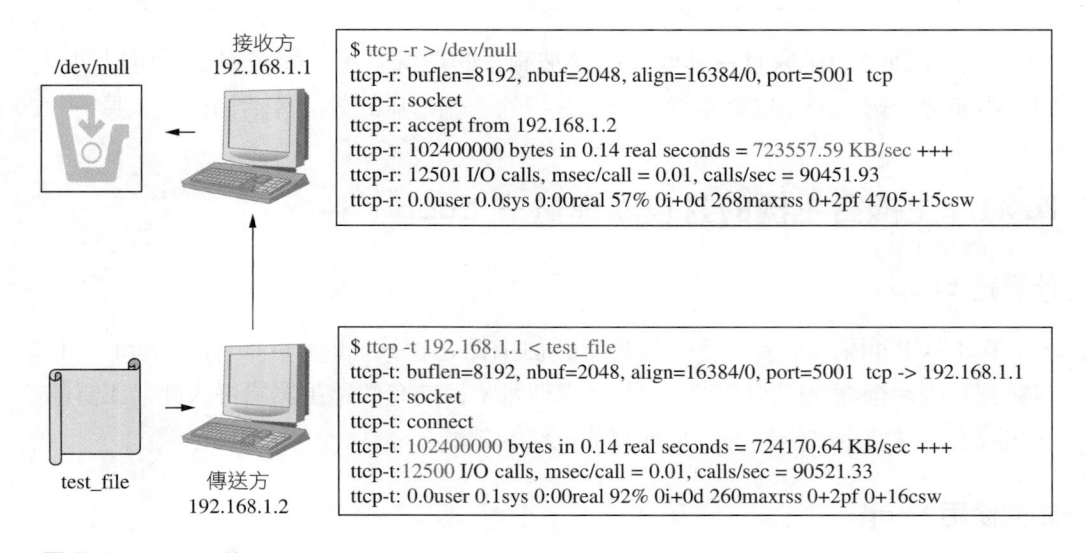

```
$ ttcp -r > /dev/null
ttcp-r: buflen=8192, nbuf=2048, align=16384/0, port=5001  tcp
ttcp-r: socket
ttcp-r: accept from 192.168.1.2
ttcp-r: 102400000 bytes in 0.14 real seconds = 723557.59 KB/sec +++
ttcp-r: 12501 I/O calls, msec/call = 0.01, calls/sec = 90451.93
ttcp-r: 0.0user 0.0sys 0:00real 57% 0i+0d 268maxrss 0+2pf 4705+15csw
```

```
$ ttcp -t 192.168.1.1 < test_file
ttcp-t: buflen=8192, nbuf=2048, align=16384/0, port=5001  tcp -> 192.168.1.1
ttcp-t: socket
ttcp-t: connect
ttcp-t: 102400000 bytes in 0.14 real seconds = 724170.64 KB/sec +++
ttcp-t:12500 I/O calls, msec/call = 0.01, calls/sec = 90521.33
ttcp-t: 0.0user 0.1sys 0:00real 92% 0i+0d 260maxrss 0+2pf 0+16csw
```

圖 D.9　ttcp 的使用範例

D.5 模擬與仿真

開發一個真實的網路可能花費很大。在開發之前,可以先行實施一個花費較少的效能評估。因此,模擬或仿真工具變成用來評估完整網路設計或網路元件設計的一個選項。

D.5.1 網路模擬 — ns

什麼是 ns

ns 於 1989 年開始是作為 REAL(寫實而大型)網路模擬器的改編版。它是一個合作而成的模擬平台,其提供了常見的參考與測試套件,以便模擬在有線網路和無線網路情況下鏈結層和其上層內的封包層級離散事件。它的數個強大功能包括用來建立客製化模擬環境的場景生成(scenario generation)以及藉助於 nam(Network Animator,網路動畫器)的視覺化。值得注意的是,ns 是以兩種語言 C++(用於 ns 的核心)和 OTcl(用於 ns 的設定)實作而成,以便在運行時間的效率和場景撰寫的便利性兩者之間取得平衡。此計畫為大眾所熟知的名稱叫做 ns-2,因為第二版是它最新的穩定發行版。

如何使用 ns

編譯 ns 是相當容易的,因為該計畫有一個 install 腳本可以自動地設定並且編譯它。試著用下列命令去建置 ns:

- cd ns-allinone-<version>; ./install

其中 <version> 是 ns 計畫的版本號碼。截至 2009 年 6 月,最新的版本是 2.34。ns 模擬了一個以 OTcl 腳本撰寫的網路場景。假設你已經寫好了一個名為 demo.tcl 的場景腳本。你可以執行下列的命令來模擬它:

- ns demo.tcl

尤其,一個場景會包含網路類型、拓樸、節點、訊流和定時事件。模擬的過程可以被記錄下來,以便能藉由一個叫做網路動畫器(network animator, nam)的 ns 實用工具,將它以動畫做視覺化的呈現。

範例

用 OTcl 腳本語言來撰寫一個網路腳本是有點複雜。幸好,有數十個範例腳本

圖 D.10　nam 的螢幕截圖

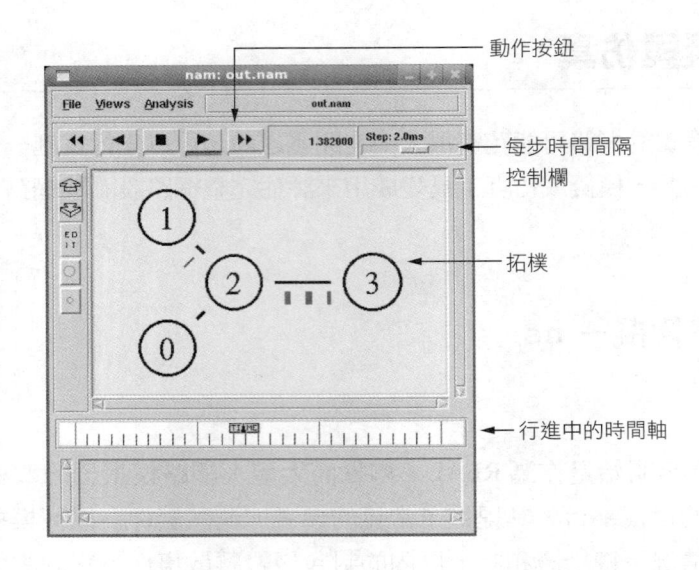

伴隨著 ns 計畫。你可以在相關目錄中閱讀這些範例：

- ns-allinone-<version>/ ns-<version>/tcl/ex

圖 D.10 展示一個 simple.tcl 範例的模擬結果。在這個範例中，4 個節點是有線的，2 個訊流被排定時程，而模擬過程被 nam 記錄下來並且具體呈現出來。

D.5.2　網路仿真－NIST Net

什麼是 NIST Net

一個網路仿真器（network emulator）提供了網路參數（例如延遲、遺失、抖動）的簡單使用者輸入，以便使用一個小型的實驗室設定就能夠模仿一個廣泛範圍的網路類型。使用 NIST Net 讓你能夠觀察相當多種網路數據，其包括封包延遲、封包順序錯亂（由於延遲之變動）、封包遺失、封包重複和頻寬限制。圖 D.11 說明 NIST Net 的網路結構。直接連接到 NIST Net 的兩終端點的訊流所體驗到的網路參數的影響，就如同該訊流真正通過一個大型網路。

如何使用 NIST Net

NIST Net 是由使用者空間工具和核心模組所構成。核心模組模仿了加諸在資料訊流上的網路參數之效應。雖然它被呈現成核心模組的形式而不需要核心補丁，但 NIST Net 的編譯仍然引用 Linux 核心源碼的設定；比方說，在 /usr/src/

圖 D.11 NIST Net 的網路結構

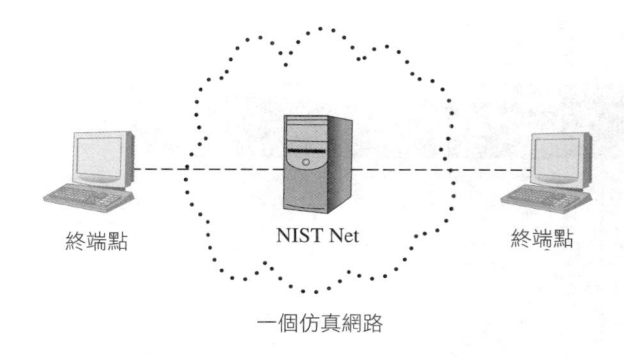

linux/.config 目錄的內容。因此，在編譯 NIST Net 之前需要執行核心源碼的設定。它的做法是在 Linux 核心源碼目錄下輸入以下命令：

- `make menuconfig`

在編譯和安裝完 NIST Net 套裝軟體之後，就可以用下列命令來載入核心模組：

- `Load.Nistnet`

現在你可以使用以下命令：

- `xnistnet`

來設定並且監測 NIST Net。

範例

圖 D.12 顯示 xnistnet 程式的螢幕截圖。你可以用這個程式來加入一對來源／目的地，並且修改它的網路參數。這對來源／目的地的訊流在通過這台機器時會經歷諸如延遲、頻寬和丟棄率等網路參數的影響。

小技巧

- 如果要轉送資料訊流，NIST Net 機器必須被設定成路由啟動（routing-enabled）。做法是在 /proc/sys/net/ipv4/ip_forward 檔案上設定數值為 1。換句話說，使用的命令是
  - `echo 1 > /proc/sys/net/ipv4/ip_forward`

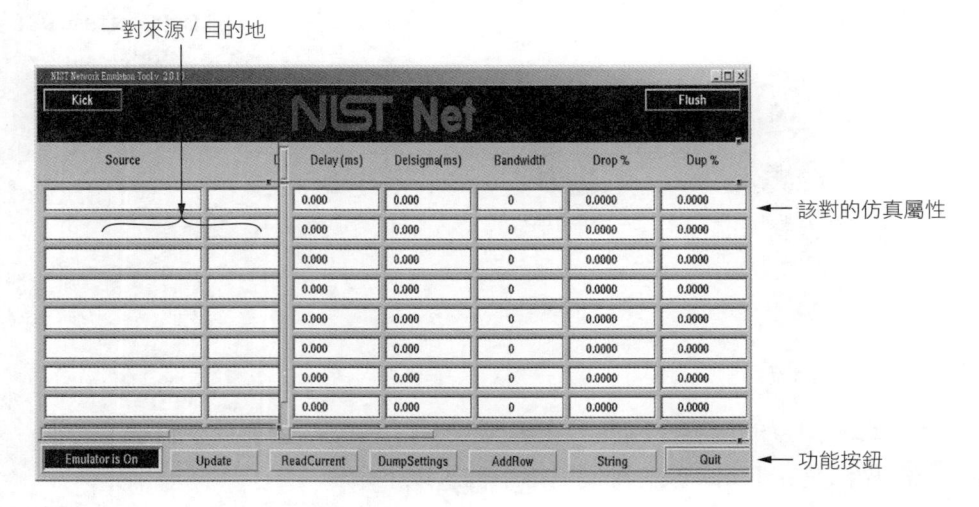

圖 D.12　NIST Net 的螢幕截圖

D.6　駭客攻擊

本節呈現了使用利用掃描（exploit-scanning）工具的駭客攻擊（hacking）方法。一名網路管理者可以使用這些工具來辨認其所管理的網路的弱點。

D.6.1　利用掃描技術－Nessus

什麼是 Nessus

Nessus 是在 Linux 社群中最受歡迎的一種掃描軟體。如圖 D.13 所示，Nessus 被設計成一個三層的結構。它的客戶端是一個有圖形顯示者介面的程式其允許管理者控制，並且管理 Nessus 的守護行程 nessusd。掃描方法和駭客資料

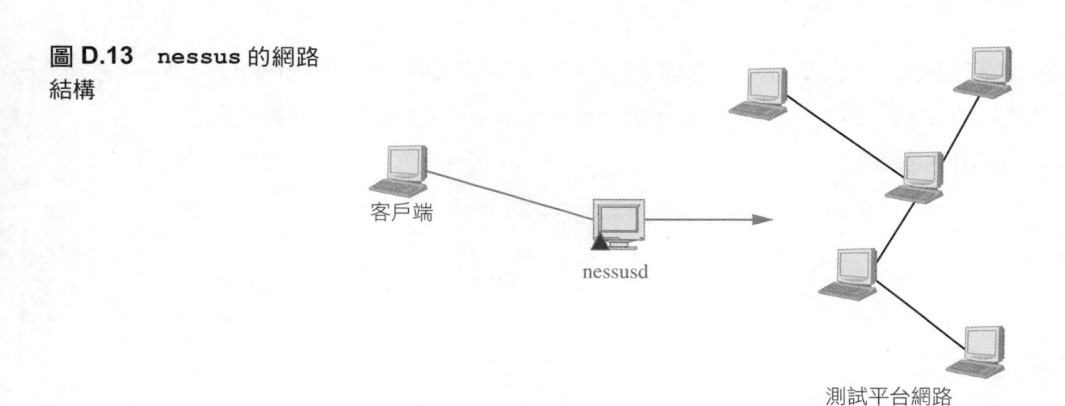

圖 D.13　nessus 的網路結構

庫（hacking database）是內建於 Nessus 守護行程裡面。該守護行程也負責掃描目標網路，收集掃描資料，並且向客戶端報告。

如何使用 Nessus

Nessus 的源碼是由四個部分組成：`nessus library`、`libnasl`、`nessus core` 和在 Nessus 世界中稱為 `plugin` 的駭客資料庫。如果要安裝 Nessus，你必須從 Nessus 的官方首頁下載這些部分，然後依序編譯並且安裝它們。下一步是執行以下命令：

- `nessus-mkcert`

其製作了一份證明以用於 Nessus 客戶端和守護行程之間的通訊。

在安裝成功之後，你可以開始啟動 Nessus 守護行程（即 `nessusd`）並且以下列命令來加入第一個有效的 Nessus 管理員：

- `nessus-adduser`

接下來你可以在客戶端機器來執行 Nessus 客戶（即 `nessus`），然後把客戶端連接到守護行程。

範例

如果要檢查一台目標機器的弱點，一名 Nessus 管理員先選擇某種駭客

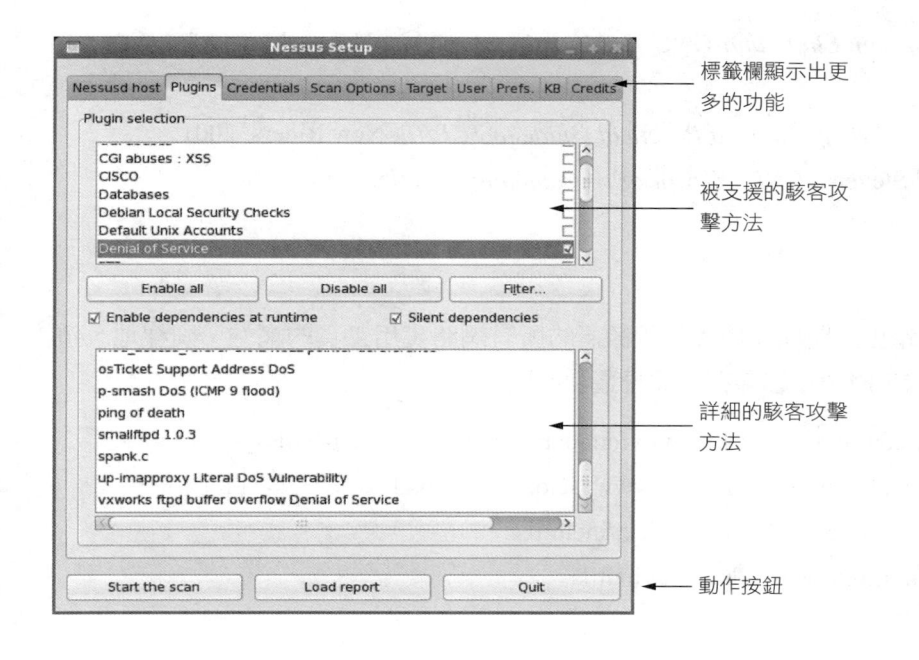

圖 D.14 Nessus 2 的螢幕截圖

攻擊方法，讓它使用 Nessus 客戶端。管理員可以按下標籤欄（tab bar）上的「Plugins」按鈕，並且選擇在標籤視窗上可用的駭客攻擊方法。圖 D.14 顯示選擇視窗的一個螢幕截圖。接下來，管理員在「Target」標籤視窗上指定目標機器，並且按下「Start the scan」按鈕來啟動掃描。掃描之後，一個報告視窗將會彈出來報告掃描的結果。

小技巧

- 在安裝 Nesuss 的動態連結函數庫 libnasl 之後，你將需要重新更新全系統範圍的函數庫快取。做法是重新開機或執行下列命令：
  - ldconfig /usr/local/lib
- 要小心一件事，某些掃描方法可能會損害系統或導致系統崩潰。
- 自從 Nessus 3 起，它就再也不是開放源碼，而只是以二進制執行檔的形式來發布。非營利團體使用最新版的 Nessus 仍然是免費的。一個被稱為 OpenVAS 的分支計畫則是開放源碼，而且正處於開發中階段。

進階閱讀

相關書籍

下列書籍涵蓋了大部分附錄 D 所提到的主題。第一本書教導如何使用 GNU 工具來管理網路。第二本提供 Linux TCP/IP 的手動教材。最後一本書雖然出版日期很早，可以仍是學習網路編程的經典書籍。

- T. Mginnis, *Sair Linux and GNU Certification*, Level 1: Networking, John Wiley & Sons, 2001.
- P. Eyler, *Networking Linux, a Practical Guide to TCP/IP*, New Riders, 2001.
- W. Richard Stevens, *UNIX Network Programming*, Prentice Hall, 1998.

線上資源

我們在此扼要地列出附錄 D 所涵蓋的所有網路實用工具的網站。同樣地，這些著名網站未來將會繼續存在，並且蓬勃發展。

1. arp and ifconfig, http://www.linuxfoundation.org/en/Net:Net-tools
2. host (a.k.a., bind9-host), https://www.isc.org/download
3. ping, http://directory.fsf.org/project/inetutils/
4. tracepath, http://www.skbuff.net/iputils

5. tcpdump, http://www.tcpdump.org/
6. Wireshark, http://www.wireshark.org/
7. ttcp, http://www.pcausa.com/Utilities/pcattcp.htm
8. WebBench 5.0, ftp://ftp.pcmag.com/benchmarks/webbench/
9. The Network Simulator - ns-2, http://www.isi.edu/nsnam/ns/
10. NIST Net, http://snad.ncsl.nist.gov/itg/nistnet/
11. Nessus, http://www.nessus.org/

索引

A

access control 存取控制 137, 248
Access Point, AP 接取點 188
acknowledgements, ACK 確認 149, 374, 387
adaptive coding and modulation, ACM 自適應編碼和調變 70
adaptor card 介面卡 27
Additive Increase Multiplicative Decrease, AIMD 加法增加乘法減少 32, 396
address resolution protocol, ARP 位址解析協定 244, 289
addressing 定址 137, 245
aging 老化 208
alternate mark inversion, AMI 交替記號反轉 62
amplitude shift keying, ASK 振幅偏移調變 90
analog 類比的 63
analog carrier 類比載波 53
analog-to-digital converter, ADC 類比到數位轉換器 65
anycast 任一傳播 280
aperiodic 非週期性 65
application programming interface, API 應用編程介面 370
application specific integrated circuit, ASIC 特殊應用積體電路 3
Asynchronous Connection-Less link, ACL link 非同步非連接式鏈結 200
attenuation 衰減 70
autonomous system, AS 自治系統 28

B

bandwidth 頻寬 12
bandwidth allocation 頻寬配置 18
bandwidth delay product, BDP 頻寬延遲積 15, 412

Barker code 巴克碼 106
baseband 基頻 53
baseline wandering 或 baseline drift 基線漂移 69
Basic Rate Interface, BRI 基本速率介面 87
basic service set, BSS 基本服務群 187
baud rate 鮑率 81
Best Effort, BE 盡力而為 204, 247
bipolar signaling 雙極性訊號 81
bit error rate, BER 位元錯誤率 118
bit interleaving 位元交錯 79
bit rate，以 bps 為單位 位元速率 81
bit time 位元時間 171
block codes 區塊碼 79
block coding 區塊編碼 82
Bluetooth 藍牙 111
Border Gateway Protocol, BGP 邊界閘道協定 33, 332
bridge protocol data unit, BPDU 橋接協定資料單元 213
bridging 橋接 137
broadband 寬頻 53
burst errors 叢發性錯誤 79
bursty traffic 叢發性訊流 8

C

cache 快取記憶體 258
carrier extension 載波延伸 182
carrier sense multiple access with collision avoidance, CSMA/CA 載波感測與碰撞避免 189
cellular system 蜂巢式系統 115
channel direction information, CDI 頻道方向訊息 120
channel quality information, CQI 頻道質量資訊 120
checksum 校驗和 143, 372

675

child process　子行程　458
churn　擾動　573
circuit switching　電路交換　8
classification database　分類資料庫　19
classifier　分類器　19
Classless Inter-Domain Routing, CIDR　無類別跨網域路由　255
coaxial cable　同軸電纜　73, 74
code division multiple access, CDMA　分碼多重存取　102, 105
codec　編解碼器　53, 374
code-division multiplexing, CDM　分碼多工　93
collision domain　碰撞網域　173
commands　命令　42
component vendor　組件供應商　36
computer networking　電腦網路　1
concurrently　並行　458
congestion　壅塞　15
congestion control　壅塞控制　21, 373
congestion window, CWND　壅塞窗框　392
congestion-avoidance　壅塞避免　396
constellation diagram　訊號星座圖　94
contention-free period, CFP　免競爭週期　190
control plane　控制層面　16
control protocols　控制協定　23
convolutional codes　卷積碼　79
correct　矯正　20
cyclic redundancy check, CRC　循環冗餘校驗　144, 372

D

Darwin Streaming Server, DSS　Darwin 串流伺服器　551
data　資料　63
data communications　資料通訊　1
Data Over Cable Service Interface Specification, DOCSIS　有線電纜資料服務介面規範　99
data plane　資料層面　16
data protocols　資料協定　23
data rate　資料速率　81

datagram　資料包　378
Datagram Congestion Control Protocol, DCCP　資料包壅塞控制協定　438
datagram switching　資料包交換　9
de facto standard　業界標準　22
decoder　解碼器　552
deep packet inspection, DPI　深度封包檢測　20
delayed playback　延遲重播　537
demodulation　解調　53
demultiplexer, DEMUX　解多工器　102
Denial of Service, DoS　阻斷服務　424
designated router, DR　指定路由器　346
destination address　目的地位址　141
detect　偵測　20
differential PSK, DPSK　差分式 PSK　94
digital　數位的　63
digital baseband modulation　數位基頻調變　67, 90
digital signal processing, DSP　數位訊號處理　78
direct sequence spread spectrum, DSSS　直接序列展頻　105
distance vector　距離向量　311
Distance Vector Multicast Routing Protocol, DVMRP　距離向量多點傳播路由協定　340
distortion　失真　70
distributed coordination function, DCF　分散式協調功能　189
distributed hash table, DHT　分散式雜湊表　563
distribution system, DS　分配系統　188
diversity　分集　118
domain　網域　7, 24, 29, 466
domain name server, DNS　網路名稱伺服器　273
Domain Name System, DNS　網域名稱系統　454, 464
Doppler shift　都普勒偏移　99
dual-stack　雙堆疊　288
duplexing　雙工　101
dwell time　停留時間　111
dynamic host IP configuration protocol, DHCP　動態主機設定協定　34, 244

E

echo request　回聲請求　300
end-to-end　終端對終端　20, 369
error　錯誤　15
error control　錯誤控制　18, 137
Ethernet　乙太網路　164
Ethernet in the First Mile, EFM　最先一哩的乙太網路　181
Exponential Weighted Moving Average, EWMA　指數加權移動平均　405
eXtensible Style Language, XSL　可延伸樣式語言　503
eXtensible Markup Language, XML　可延伸標示語言　497
extension bits　延伸位元　182
exterior BGP, EBGP　外部 BGP　332

F

fading　衰退　70
false carrier　偽造載波　175
fast Fourier transform, FFT　快速傅立葉轉換　105, 116
fast-retransmit　快速重傳　396
Fiber Distributed Data Interface, FDDI　光纖分散式資料介面　142
file transfer　檔案傳輸　31
File Transfer Protocol, FTP　檔案傳輸協定　453
flash crowd　快閃群眾　572
flow control　流量控制　21, 137, 149, 373
flux　通量　70
forward chain　轉發鍊　48
forwarding　轉發　17
Fourier theory　傅立葉理論　65
frame check sequence, FCS　訊框校驗序列　144
framing　訊框封裝　137
frequency division multiple access, FDMA　分頻多重存取　104
frequency hopping spread spectrum, FHSS　跳頻展頻　105, 111
frequency shift keying, FSK　頻率偏移調變　90

frequency-division multiplexing, FDM　分頻多工　93
full-duplex　全雙工　3

G

garbage-collection timer　垃圾收集計時器　319
gateway　閘道器　2
Global Unicast Address　全球單點傳播位址　285

H

Hadamard matrix　阿達馬矩陣　113
half-duplex　半雙工　3
Hamming codes　漢明碼　79
hard-decision algorithms　硬性決定演算法　88
Head-of-Line, HOL blocking　線路前端阻塞　437
Hertz　赫茲　81
hierarchical overlay　階層式複疊網路　568
High-level Data Link Control, HDLC　高階資料鏈結控制　83, 155, 156
hop-by-hop　逐站跳接　20, 247
host　主機　3
host-to-host　主機對主機　243, 369
hub　集線器　2, 208
HyperText Markup Language, HTML　超文件標示語言　454, 497
HyperText Transfer Protocol, HTTP　超文件傳輸協定　453, 498

I

implementation　實作　36
in-band signaling　頻內訊號　515
initial sequence number, ISN　初始序列號碼　382, 400
initial time delay　初始時間延遲　25
input chain　輸入鍊　48
integrated circuit, IC　積體電路　78
Integrated Services Digital Network, ISDN　整合服務數位網路　86
interactive　互動　31
inter-carrier interference, ICI　載波間干擾　71, 117
interface　介面　36

interference 干擾 70
interference canceling 干擾消除 120
interference nulling 干擾歸零 120
inter-frame gap, IFG 訊框間隔 171
interior BGP, IBGP 內部 BGP 332
intermediary interconnection device 中繼互連裝置 3
Internet 網際網路 244
Internet Assigned Numbers Authority, IAN 網際網路號碼分配局 456, 529
Internet Control Message Protocol, ICMP 網際網路控制訊息協定 34, 244, 299
Internet Group Management Protocol, IGMP 網際網路群組管理協定 338
Internet Message Access Protocol, IMAP 網際網路訊息存取協定 478
Internet Message Format 網際網路訊息格式 477
Internet Protocol Control Protocol, IPCP 網際網路協定控制協定 161
Internet Protocol, IP 網際網路協定 141, 243
internetwork 互聯網路 244
interoperability 協同運作能力 11
inter-symbol interference, ISI 符號間干擾 71, 116
inversed fast Fourier transform, IFFT 反快速傅立葉轉換 116
IP layer IP 層 27
IP masquerading IP 偽裝 48
iteratively 疊代 458

J

jitter 抖動 15, 551

K

keepalive timer 存活計時器 405
kernel space 核心空間 37
kilobyte, KB 千位元組 19

L

latency 延遲時間 12, 551
latency variation 延遲時間之變動 12, 15
layer-2 switch 第二層交換器 206

layered protocols 分層協定 23
least significant bit, LSB 最低有效位元 143
library routine 函數庫常式 469
light-emitting diode, LED 發光二極體 75
line codes 線路碼 80
line coding 線路編碼 62
line spectrum 線譜 65
Link Access Procedure, Balanced, LAP-B 鏈結存取程序平衡 156
link adaptation 鏈結調適 70
link aggregation 鏈結匯集 220
Link Control Protocol, LCP 鏈結控制協定 155
link layer 鏈結層 27
Link Local Unicast Address 鏈結區域單點傳播位址 285
links 鏈結 2
Logical Link Control, LLC 邏輯鏈結控制 156, 168
loss 遺失 12

M

MAC bridge MAC 橋接器 206
Mail Delivery Agent, MDA 郵件遞送代理 479
Mail Retrieval Agent, MRA 郵件取回代理 479
Mail Transfer Agent, MTA 郵件傳輸代理 479
Mail User Agent, MUA 郵件使用者代理 479
Management Information Base, MIB 管理資訊庫 525
management plane 管理層面 16
Manchester 曼徹斯特 62
maximum segment size, MSS 最大段尺寸 392
media access control, MAC 媒介存取控制 101, 151
megabyte, MB 百萬位元組 19
memory errors 記憶體錯誤 16
memory pointer 記憶體指標 43
minimum mean squared-error, MMSE 最小均方差 120
minimum shift keying, MSK 最小偏移調變 97
modulation 調變 53
modulation rate 調變速率 81

most significant bit, MSB 最高有效位元 143
multicarrier transmission 多重載波傳輸 115
Multicast extensions of OSPF, MOSPF OSPF 多點傳播擴充 340
Multicast OSPF, MOSPF 多點傳播 OSPF 325
Multicast Routing Information Base, MRIB 多點傳播路由資訊庫 346
Multicast Source Discovery Protocol, MSDP 多點傳播來源探索協定 349
multi-code transmission 多碼傳輸 115
multi-homing 多重宿主 437
multilevel 多階 81
multilevel transmission 3, MLT-3 多階傳輸 3 62
multiple-carrier modulation, MCM 多重載波調變 115
multiple-input multiple-output, MIMO 多重輸入多重輸出 105, 118
multiple-packet-loss, MPL 多重封包遺失 394
multiplexer, MUX 多工器 102
multiplexing 多工 67
multiprotocol extensions to BGP, MBGP BGP 多重協定擴充 350
Multi-purpose Internet Mail Extensions, MIME 多用途網際網路郵件擴充 477, 480
multistreaming 多重串流 437
multi-transition 多重轉換 81

N

name resolution 名稱解析 470
netmask 網路遮罩 29
network address translation, NAT 網路位址轉換 48
Network Control Protocol, NCP 網路控制協定 155
Network File System, NFS 網路檔案系統 461
Network News Transfer Protocol, NNTP 網路新聞傳輸協定 453
nework file system, NFS 存取網路檔案系統 290
nodes 節點 2
node-to-node 節點對節點 369
noise 雜訊 70

noise-tolerance 容忍雜訊 53
non-real-time polling Service, nrtPS 非即時輪詢服務 204
non-return-to-zero, NRZ 不歸零 62, 82
Nyquist-Shannon sampling theorem 奈奎斯特-夏農採樣理論 65

O

object identifier, OID 物件辨識碼 528
offered load 供給之負載 12
Open Shortest Path First, OSPF 開放最短路徑優先 33, 324
open source 開放源碼 36
operation 操作 11
optical fibers 光纖 73
Organization-Assigned Portion 組織指派部分 142
Organization-Unique Identifier, OUI 組織唯一識別碼 142
orthogonal frequency division multiplexing, OFDM 正交分頻多工 104
orthogonal frequency multiple access, OFDMA 正交分頻多重存取 104
orthogonal frequency division multiplexing, OFDM 正交頻率分割多工 104
orthogonal variable spreading factor, OVSF 正交參數擴展因素 113
out-of-band signaling 頻外訊號通知 515
output chain 輸出鍊 48

P

packet 封包 9
packet switching 封包交換 9
passband modulation 通頻調變 93
path 路徑 2
path vector algorithm 路徑向量演算法 333
payload 酬載 9
peer interface 同儕介面 22
peer-to-peer (P2P) application 同儕式應用 27
peer-to-peer, P2P 同儕對同儕 454
performance 效能 11
performance optimization 效能優化 27

periodic 週期性 65
persist timer 持續計時器 405
phase shift keying, PSK 相位偏移調變 90
physical encoding 實體編碼 140
physical layer 實體層 61
piconet 微微網 198
PIM dense mode, PIM-DM PIM 密集模式 345
PIM sparse mode, PIMSM PIM 稀疏模式 345
playback 重播 438
plug-in-play 隨插即用 34
point coordination function, PCF 點協調功能 189
point coordinator, PC 點協調器 190
point-to-point protocol, PPP 點對點協定 137, 154
poison reverse 毒性反向 319
polar signaling 極性訊號 81
port 埠 456
Post Office Protocol version 3, POP3 郵局協定第三版 487
Post Office Protocol, POP 郵局協定 477
PPP over Ethernet, PPPoE 在乙太網路上運行 PPP 55
prefix 字首 29
process 行程 37
process gain, PG 處理增益 106
process-to-process 行程對行程 369
proprietary closed 封閉式 36
proprietary protocol 私有協定 22
Protection Against Wrapped Sequence number, PAWS 防止回繞序號 404
protocol 通訊協定 9
protocol data unit, PDU 協定資料單位 264, 532
Protocol Independent Multicast dense mode, PIM-DM 協定獨立多點傳播的密集模式 340
Protocol Independent Multicast, PIM 協定獨立多點傳播 345
protocol stack 協定堆疊 23
pseudo-noise, PN 偽雜訊 105
pseudo-streaming 虛擬串流傳輸 556
Public Switched Telephone Network, PSTN 公共交換電話網路 537

pulse code modulation, PCM 脈衝編碼調變 538
pulse rate 脈衝速率 81
pulse-amplitude modulation, PAM 脈衝振幅調變 80
pulse-code modulation, PCM 脈衝碼調變 80
pulseduration modulation, PDM 脈衝時間調變 80
pulse-position modulation, PPM 脈衝位置調變 80
pulse-width modulation, PWM 脈衝寬度調變 80

Q

quadrature amplitude modulation, QAM 正交振幅調變 90
quality of service, QoS 服務品質 22, 538
quantization 量化 65

R

rate mismatch 速率不匹配 16
Real-Time Control Protocol, RTCP 即時控制協定 370
real-time 即時 31
Real-time Polling Service, rtPS 即時輪詢服務 204
Real-Time Streaming Protocol, RTSP 即時串流傳輸協定 551
Real-Time Transport Protocol, RTP 即時傳輸協定 370
receiver window, RWND 接收方窗框 392
reconstruction 重建 65
redundant bits 備援位元 20
Reed-Solomon codes Reed-Solomon 碼 79
refraction 折射 74
Registration Admission and Status, RAS 註冊、允許和狀態 540
rendezvous point, RP 會合點 341, 345
repeater hub 重複集線器 208
request flooding 氾濫傳送 563
resolver program 解析器程式 469
resource records, RR 資源紀錄 467
Resource Reservation Protocol, RSVP 資源保留通訊協定 539
retransmission time out, RTO 重傳超時 387, 398, 405

retransmission timer　重傳計時器　373, 405
Reverse Path Broadcast, RPB　反向路徑廣播　342
Reverse Path Multicast, RPM　反向路徑多點傳播　342
roaming　無線漫遊　187
router　路由器　2, 244
routing　路由　17
Routing Information Protocol, RIP　路由資訊協定　33
run length limited, RLL　長度有限　82
running disparity, RD　運行不對等　90

S

sampling　採樣　64
scrambling　擾亂碼　85
self learning　自主學習　138, 208
self-clocking　自調時脈　84
self-clocking　自我同步　399
semantics　語意　461
sequence number　序列號碼　387
service interface　服務介面　22
session　對話　436
Session Announcement Protocol, SAP　對話通告協定　543
Session Description Protocol, SDP　對話描述協定　543
Session Initiation Protocol, SIP　對話啟動協定　454, 542
shielded twisted pairs　遮蔽式雙絞線　73
signal　訊號　63
signal rate　訊號速率　81
signal-to-interference ratio, SIR　訊號干擾比　115
signal-to-noise ratio, SNR　訊號雜訊比　71
signatures　簽章　20
silly window syndrome, SWS　愚蠢窗框症狀　410
Simple Mail Transfer Protocol, SMTP　電子郵件　453
Simple Mail Transfer Protocol, SMTP　簡單郵件傳輸協定　453, 477
Simple Network Management Protocol, SNMP　簡單網路管理協定　454, 525

simplex　單工　3
single carrier frequency domain equalization, SC-FDE　單載波頻域等化器　104
sinusoidal carriers　正弦曲線載波　93
sliding window protocol　滑窗協定　150
slow-start　緩慢啟動　395
socket　插槽　370
socket pair　插槽對　378, 531
soft handoff　軟性交遞　115
source address　來源位址　141
source coding　信源編碼　67
source tree　源碼樹　35
source-specific multicast, SSM　來源特定之多點傳播　348
sourcespecific tree, SPT　來源特定樹　347
space division multiple access, SDMA　空間分割多重存取　118
space-time block coding, STBC　空間-時間區塊編碼　121
spanning tree　涵蓋樹　138
spanning tree protocol, STP　涵蓋樹協定　152, 213
spatial diversity　空間分集　62
spatial division multiplexing, SDM　空間分割多工　118
spatial multiplexing　空間多工　62, 102, 118
spectrum　頻譜　65
split horizon　水平分割　319
spread spectrum　展頻　105
stabilization timer　穩定計時器　319
Standard Generalized Markup Language, SGML　標準通用標示語言　503
state　狀態　25
status　狀態　42
Steiner tree　斯坦納樹　341
Stream Control Transmission Protocol, SCTP　串流控制傳輸協定　437
streaming　串流　537, 551
Structured Network Architecture, SNA　結構式網路架構　37
subnet　子網　7, 24, 28, 247
subnetwork　子網路　247

successive interference cancellation, SIC 連續干擾消除 120
supergroups 超級群組 7
superset 超集合 466
super-supergroups 超-超級群組 7
switch 交換器 2
symbol 符號 67
Synchronization Source Identifier, SSRC 同步來源辨識碼 440
Synchronous Connection-Oriented link, SCO link 同步連接導向式鏈結 200
Synchronous Data Link Control protocol, SDLC 同步資料鏈結控制協定 156
syntax 語法 461
system call 系統呼叫 37
system vendor 系統供應商 36

T

tag 標籤 217, 503
Target Hardware Address 目標硬體位址 290
third-party closed 第三方封閉式 36
thread 執行緒 458
throughput 處理量 12
time-division multiplexing, TDM 分時多工 93
timestamp 時間戳記 15, 374
timing 時序 38
tit-for-tat 以牙還牙 572
Token Ring 令牌環 151
total internal reflection 全內反射 74
traffic control 訊流控制 18
traffic engineering 訊流工程 18
transaction 交流 527
Transmission Control Protocol, TCP 傳輸控制協定 150, 369
transport layer 傳輸層 27, 369
transport layer interface, TLI 傳輸層介面 374
trie 查找樹 258
truncated binary exponential back-off 截斷式二元指數退讓法 171
tunneling 穿越隧道，簡稱穿隧 288
turbo codes 渦輪碼 79

twisted pairs 雙絞線 73

U

Uniform Resource Identifier, URI 統一資源辨識符 499
Uniform Resource Locator, URL 統一資源定位器 497
Uniform Resource Name, URN 統一資源名稱 499
unipolar signaling 單極性訊號 81
Universal Serial Bus, USB 通用序列匯流排 83
unshielded twisted pairs 無遮蔽式雙絞線 73
Unsolicited Grant Service, UGS 主動授予服務 204
User Agent Client, UAC 使用者代理客戶 542
User Agent Server, UAS 使用者代理伺服器 542
User Datagram Protocol, UDP 使用者資料包協定 369, 377
user space 空間 37

V

virtual carrier sense 虛擬載波感測 191
virtual circuit table 虛擬電路表 25
virtual LAN, VLAN 虛擬區域網路 216
voice over IP, VoIP 網路電話 454, 537
voltage-controlled oscillator, VCO 電壓控制振盪器 97

W

wavelength division multiple access, WDMA 波長分割多重存取 104
wavelength-division, WDM 波長分割多工 102
Web caching 網頁快取 498, 508
Web proxying 網頁代理 498
Wide-Area Information Server, WAIS 廣域資訊伺服器 453
Willard code 威拉德碼 107
window size 窗框尺寸 389
wired 有線 2
Wired Equivalent Privacy, WEP 有線等效保密 187

wireless 無線 2
wire-speed 線速 3, 12
World Wide Web, WWW 全球資訊網 453

Z

zone 網區 466